江苏省“十四五”时期重点出版物出版专项规划项目

贯流泵装置
设计关键技术研究与应用（上）

张仁田　刘雪芹　梁云辉
朱庆龙　周　伟　刘新泉
著

Key Technologies and Applications for Tubular Pumping Systems Design

镇　江

内容提要

本书以贯流泵装置设计中的关键技术为研究对象，开展不同型式贯流泵装置的性能优化设计与模型试验研究，针对具体泵站设计中的特定需求进行电动机结构、控制与保护系统、在线监测、循环水系统配置及其机组稳定性等关键技术研究。全书分为上、下两册，共10章，主要内容包括绪论、潜水贯流泵装置关键技术、灯泡贯流泵装置关键技术、全贯流泵装置关键技术、竖井贯流泵装置关键技术、水平轴伸式贯流泵装置关键技术和斜轴伸式贯流泵装置关键技术等。

本书不仅适用于从事工程设计的技术人员，而且可以作为高等院校相关专业本科生和研究生的参考书。

图书在版编目(CIP)数据

贯流泵装置设计关键技术研究与应用 / 张仁田等著
. -- 镇江 : 江苏大学出版社, 2023.12
ISBN 978-7-5684-1928-4

Ⅰ. ①贯… Ⅱ. ①张… Ⅲ. ①泵站-设计 Ⅳ.
①TV675

中国版本图书馆 CIP 数据核字(2022)第 256990 号

贯流泵装置设计关键技术研究与应用
Guanliubeng Zhuangzhi Sheji Guanjian Jishu Yanjiu yu Yingyong

著　　者/张仁田　刘雪芹　梁云辉　朱庆龙　周　伟　刘新泉
责任编辑/孙文婷　郑晨晖　李菊萍　李经晶
出版发行/江苏大学出版社
地　　址/江苏省镇江市京口区学府路 301 号(邮编: 212013)
电　　话/0511-84446464(传真)
网　　址/http://press.ujs.edu.cn
排　　版/镇江市江东印刷有限责任公司
印　　刷/南京爱德印刷有限公司
开　　本/787 mm×1 092 mm　1/16
印　　张/65.25
字　　数/1590 千字
版　　次/2023 年 12 月第 1 版
印　　次/2023 年 12 月第 1 次印刷
书　　号/ISBN 978-7-5684-1928-4
定　　价/380.00 元(全二册)

作者简介

张仁田　男，1964年生，中国致公党党员，工学博士、研究员级高级工程师，注册监理工程师(机电及金属结构)和项目管理师；江苏省"产业教授"，河海大学、江苏大学、扬州大学兼职教授、博士生导师。现任江苏省水利勘测设计研究院有限公司副总工程师、江苏省平原地区水利工程技术研究中心主任。首届"江苏省优秀工程勘察设计师"。先后参与南水北调东线工程、太湖治理工程、世界银行贷款黄淮海加强农业灌溉项目工程等多项国家重点工程项目及国际经援项目的工程设计、工程咨询、项目管理及工程监理工作。参与国家标准《泵站设计标准》(GB 50265—2022)的修编及地方标准《泵站反向发电技术规范》(DB32/T 3983—2021)等的编写工作，工程设计成果获得全国优秀水利水电工程勘测设计奖金质奖1项、中国水利工程优质(大禹)奖3项。主持、参与"十五"国家重大技术装备研制项目、"十一五"和"十二五"国家科技支撑计划重大项目、国家自然科学基金项目等国家级、省部级科研项目10余项。先后获得江苏省科学技术奖一等奖4项(2011、2013、2017、2019)、大禹水利科学技术奖一等奖(2012)、中国机械工业科学技术奖一等奖(2016)、中国产学研合作创新成果奖一等奖(2017)、教育部科技进步奖二等奖(2017)、江苏省科学技术奖三等奖3项(2001、2016、2021)等。发表学术论文70余篇，其中SCI/EI收录40余篇。获授权专利53项，其中发明专利6项。出版《泵站进水流道优化水力设计》(1997)、《澳大利亚水交易》(2001)、《南水北调东线工程泵站(群)优化运行》(2019)、《新型低扬程立式泵装置设计与应用》(2020)和《低扬程泵及泵装置设计理论方法与实践》(2021)等专(译)著5部。

刘雪芹　女，1978 年生，中国民主同盟盟员，工学学士、高级工程师，注册电气工程师（供配电）和注册监理工程师。长期从事泵站工程电气及自动化设计工作，主持南水北调刘山泵站、南水北调洪泽泵站、南水北调淮安二站、九圩港、新沟河枢纽、刘老涧泵站、淮阴泵站等 10 余座大型泵站的电气及自动化设计。发表学术论文 15 篇，其中 SCI/EI 收录 2 篇。获授权专利 17 项，其中发明专利 3 项。参与设计的大型泵站工程项目获得全国优秀水利水电工程勘测设计奖银质奖 2 项，江苏省优秀工程设计奖一等奖 2 项、二等奖 4 项。

梁云辉　男，1978 年生，中共党员，工学学士、高级工程师，注册电气工程师（发输变电）。现任江苏省水利勘测设计研究院有限公司智慧水利研究所副主任。长期从事水利工程电气及自动化、信息化与智慧化设计工作，主持南通市通吕运河水利枢纽工程、南水北调江都站改造工程、引淮入石泵站改造工程、泰州引江河第二期工程二线船闸工程、蚌埠闸水电站改造工程等 10 余座大型水利水电工程的电气及自动化设计，主持江苏省河湖资源与水利工程管理信息系统、泰州市河长制管理信息平台等信息化项目设计。发表学术论文 5 篇，获授权实用新型专利 3 项。参与设计的大型泵站和船闸工程项目获得全国优秀水利水电工程勘测设计奖银质奖 1 项，江苏省优秀工程设计奖一等奖 1 项、三等奖 1 项，江苏省勘察设计行业信息模型应用大赛二等奖 1 项。

朱庆龙　男，1961 年生，中共党员，工学硕士，第十届全国人大代表，享受国务院特殊津贴专家，合肥工业大学兼职教授。现任安徽恒大自控集团、合肥恒大江海泵业股份有限公司董事长。先后三次荣获省部级一等奖（第一完成人）、大禹水利科学技术奖二等奖、中国机械工业科学技术奖二等奖等。主持带领的团队拥有授权专利 209 项（含国际专利），其中发明专利 91 项，拥有软件著作权 52 项，带领公司及团队制定国家标准 7 项、起草行业标准 17 项。获评工信部先进工作者、全国煤炭物流领军人物、徽商领军人物（第一名）、2018 年安徽省制造业十佳优秀企业家。2012 年创办的合肥恒大江海泵业股份有限公司，是国家技术创新示范企业，国家工信部专精特新“小巨人”企业；承担国家“十三五”重大专项和国家科技计划 4 项；建有博士后科研工作站，大型潜水电泵及装备安徽省重点实验室，安徽省大型潜水电泵工程技术研究中心，安徽省智能流体输送装备工程研究中心。

周　伟　女，1970 年生，中国民主同盟盟员，工学学士、研究员级高级工程师。参与“十五”国家重大技术装备研制项目、江苏省水利科技项目等 8 项，获得中国机械工业科学技术奖一等奖（2016）、江苏省科学技术奖三等奖（2016）。发表学术论文 10 篇，获授权专利 5 项，合作出版《低扬程泵及泵装置设计理论方法与实践》（2021）专著。参与设计的大型泵站工程项目获得中国水利工程优质（大禹）奖 1 项，全国优秀水利水电工程勘测设计奖银质奖 3 项，江苏省优秀工程设计奖一等奖 2 项、二等奖 1 项。

刘新泉　男，1970 年生，中国民主同盟盟员，工学学士、研究员级高级工程师，注册电气工程师（供配电）。长期从事水利工程电气及自动化设计与研究工作，参与设计的大型泵站工程项目获得中国水利工程优质（大禹）奖 1 项，全国优秀水利水电工程勘测设计奖银质奖 3 项、铜质奖 1 项，江苏省优秀工程设计奖一等奖 4 项、二等奖 4 项、三等奖 2 项。参与江苏省水利科技项目 6 项，获得江苏省科学技术奖三等奖（2005）。发表学术论文 16 篇，其中 EI 收录 1 篇。获授权专利 10 项，其中发明专利 1 项。参与《泵站设计规范》（GB 50265—2010）修编及《水利工程施工图设计文件编制规范》（DB32/T 3260—2017）编写工作。

序　一

泵站工程作为国民经济的基础性工程，在众多领域广泛应用，是保障水资源供给和粮食安全的重要技术手段。据有关数据统计，全国现有机电排灌泵站总装机容量约 80 000 MW，其中大型泵站 500 余座，装机容量达 4 000 MW，因此提高效率、降低能耗是泵站工程设计的一项非常重要的工作。

在我国长三角、珠三角、三江平原、两湖地区、内蒙古河套灌区等许多地区，灌溉、排涝、调水及其他用途的泵站工作扬程普遍较低，因而泵站的装置型式及其运行控制方式是泵站节能降耗的关键性因素。早期建设的低扬程泵站以立式装置为主，性能普遍不高、能耗较大。江苏省是我国低扬程泵站建设大省，也是建设强省，在低扬程泵站工程设计、建设、运行及管理等方面均处于国内领先水平。江苏省水利勘测设计研究院有限公司作为江苏省内主要泵站工程设计的承担者，从 20 世纪 80 年代起，针对泵站扬程低、要求高等特点，与高校、科研机构合作，创新性地研发出水力性能较佳的多种装置型式贯流式泵站，其中包括轴伸贯流式、竖井贯流式、灯泡贯流式及潜水贯流式等，这类泵站既可以单向运行，也能够双向运行，在此过程中他们积累了较为丰富的低扬程泵站工程设计经验和研究成果，拓宽了低扬程泵站的工作与应用范围。

《贯流泵装置设计关键技术研究与应用》一书系江苏省水利勘测设计研究院有限公司研究员级高工张仁田及相关机电专业人员组成的科研团队对 20 多

年工程设计与研究成果的总结。作者紧密结合南水北调东线工程、江苏省通榆河工程及太湖流域治理工程等多项重点工程中大型低扬程泵站设计中的技术难题和关键技术，围绕泵站性能高效、设备安全可靠、运行维护智能等目标，从贯流式泵装置型式设计、水泵及装置水力性能优化、机组结构研发到适合于贯流式泵站的监测与控制系统、基于BIM的全生命周期智能运维系统等开展了系统性研究工作，取得了一系列富有成效的成果。该书既有理论创新，又有工程实际应用实践，是对现有泵站设计规范相关内容的有益补充，是低扬程泵站工程设计与科学研究领域难得的一本具有实用价值的参考书！

我非常乐意将《贯流泵装置设计关键技术研究与应用》一书推荐给从事泵站工程及其相关领域研究的广大读者，尤其是设计同行们。

中国工程院院士
长江勘测规划设计研究院原院长
全国工程勘察设计大师

2020年12月

序　二

泵作为通用机械应用于各行各业。我国平原地区兴建的低扬程泵站基本上都采用了轴流式和混流式叶片泵，这些泵站在优化配置水资源、排涝减灾、改善水生态环境等工程领域发挥了巨大作用。但与此同时，泵站的运行需要消耗大量的能源，从电网供电设备到泵站辅助系统的每个环节都会产生能源消耗。因此，在泵站工程设计中，实现节能降耗、保证安全运行是一项重要工作。

贯流式水泵由于其结构型式的特殊性，是机、电、水相互耦合的复杂系统，在水泵装置能够获得较好水力性能的同时，对机电设备的结构和性能都提出了更高的要求。仅其广泛应用的卧式电动机就结构及型式多样，既有异步电动机，也有同步电动机，还有潜水电动机；既有低速贴壁式结构的贯流式电动机，也有通过齿轮箱传动的高速电动机；既有常规电磁式电动机，也有采用最新技术的永磁电动机；既有恒速运行的电动机，也有变频调速运行的电动机，还有湿定子电动机。为此，针对不同型式的贯流泵装置研究、设计与之最适应的水泵叶轮和电动机结构型式及其控制、运行和保护方式，是保证泵站安全、可靠和高效运行的关键，其中有许多技术难题和关键技术需要多方联合攻克。在潜水贯流泵机组大型化的进程中，机组轴承与传动结构、电动机密封防泄漏、水压力脉动对稳定性的影响等技术难点的突破及关键技术的成功应用正

是产学研联合攻关的范例。

江苏省水利勘测设计研究院有限公司机电专业技术人员完成的《贯流泵装置设计关键技术研究与应用》一书是对他们20余年来在不同型式贯流泵站工程设计中的机电关键技术和设计研究成果的系统性总结。全书涉及泵站工程机电工程专业多个崭新的技术领域，特别是泵站的水泵叶轮研发与优化、电动机结构（包括密封型式、轴承布置、通风与冷却等）、自动控制与保护、实时在线监控、双向运行功能切换、降温与减噪、稳定性及趋势分析等研究成果均具有显著的创新性，在泵站工程乃至机电工程学术研究及应用实践领域均鲜见。

我坚信《贯流泵装置设计关键技术研究与应用》一书的出版发行一定能够在指导大型低扬程贯流泵站设计与建设，特别是潜水贯流泵机组大型化、智能化、环保节能等方面发挥独特的作用，其也是从事泵与泵站机电工程学术研究和教学的重要参考书。

是为序！

中国工程院院士 陈学东

2020年12月

序　三

在低扬程泵站中泵与进、出水流道是密不可分并相互影响的两个重要组成部分，贯流式机组尤其如此。

贯流式泵具有优越的水力性能，是最适合于低扬程、特低扬程泵站应用的装置型式，虽然其所采用的叶轮是轴流式叶轮，但它与立式轴流泵有着显著差异。为尽可能减少装置水力损失、提高装置性能，江苏省水利勘测设计研究院有限公司在20多年的工程设计中，与包括江苏大学在内的高校科研单位紧密合作，承担国家“十五”、“十一五”和“十二五”重大装备和科技支撑项目课题，开展多种贯流式泵装置型式的研发与优化，取得了一系列具有影响力的科研成果，并成功应用于南水北调东线一期、太湖治理等重大工程的多座泵站工程设计中，其先进性和创新性得到社会的广泛关注和认可。

《贯流泵装置设计关键技术研究与应用》一书系张仁田博士及其团队继《低扬程泵及泵装置设计理论方法与实践》著作之后在低扬程泵站工程设计方面的又一力作。作者对多年从事的工程设计中的关键技术进行系统性总结，按照贯流泵的型式和运行功能分为9种类型分别进行水力性能模拟和优化，特别是创新性地研发了虹吸式出水竖井贯流泵装置、双向竖井贯流泵装置、潜水贯流泵装置和变频调速灯泡贯流泵装置等，这些装置型式在国内都是首次应用于工程实践，极大地丰富了低扬程泵站装置的类型，具有广阔的推广应用前景。

《贯流泵装置设计关键技术研究与应用》一书即将正式出版发行，与读者见面，希望书中相关研究成果能够在未来的南水北调东线后续工程、引江济淮二期工程等大型低扬程泵站工程的设计及研究中发挥其应有的作用。我非常高兴将该书推荐给我的同行及相关学科的广大学者们！

江苏大学研究员、博士生导师
国家水泵及系统工程技术研究中心主任 袁寿其

2020 年 12 月

前　言

低扬程泵站用途广泛，在低扬程泵站设计中最需关注的是其水力性能，因此性能最优的贯流式泵装置应运而生。江苏省水利勘测设计研究院(以下简称“我院”)从20世纪70年代设计平面轴伸式双向贯流泵站的南京秦淮新河泵站起，先后设计了斜30°轴伸式贯流泵站无锡新夏港泵站、国内首座双向竖井贯流泵站苏州裴家圩泵站、大型可逆式灯泡贯流泵站淮安三站、无厂房潜水贯流泵站通榆河北延送水工程善后河北站等，在贯流泵装置型式方面创造了多项国内第一，在贯流泵装置研究方面也取得了一批有价值的成果，为贯流泵装置的推广应用积累了较为丰富的经验。这些贯流泵装置已经在全国各地得到成功应用，并且大型化的趋势正在加速。

贯流泵装置作为新型的低扬程泵站装置型式，在设计、建设及运行管理过程中不仅缺乏相关设计规程规范作为依据，而且可参考借鉴的技术资料也较少，因此在工程设计阶段开展关键技术的研究成为必不可少的一个重要环节。近20年来，我院在“十一五”国家科技支撑计划重大项目“大型贯流泵关键技术与泵站联合调度优化”(2006BAB04A03)、国务院南水北调办公室科技创新项目“南水北调东线一期工程低扬程大流量水泵装置水力特性、模型开发及试验研究”(JGZXJJ2006-17)、安徽省自然科学基金项目“高效率潜水电机电磁设计研究”(140808MKL81)、江苏省水利科技项目“大型卧式轴流泵降温降噪技术研究与应用”(2016033)等一系列国家和省(部)级科技项目，以及我院多项自主立项课题的资助下，结合南水北调东线一期工程等多项工程设计对不同型式的贯流泵装置设计中水力性能优化、机组结构研发、运行控制方式设计、在线监测和稳定性分析等多个领域开展创新性研究工作，并

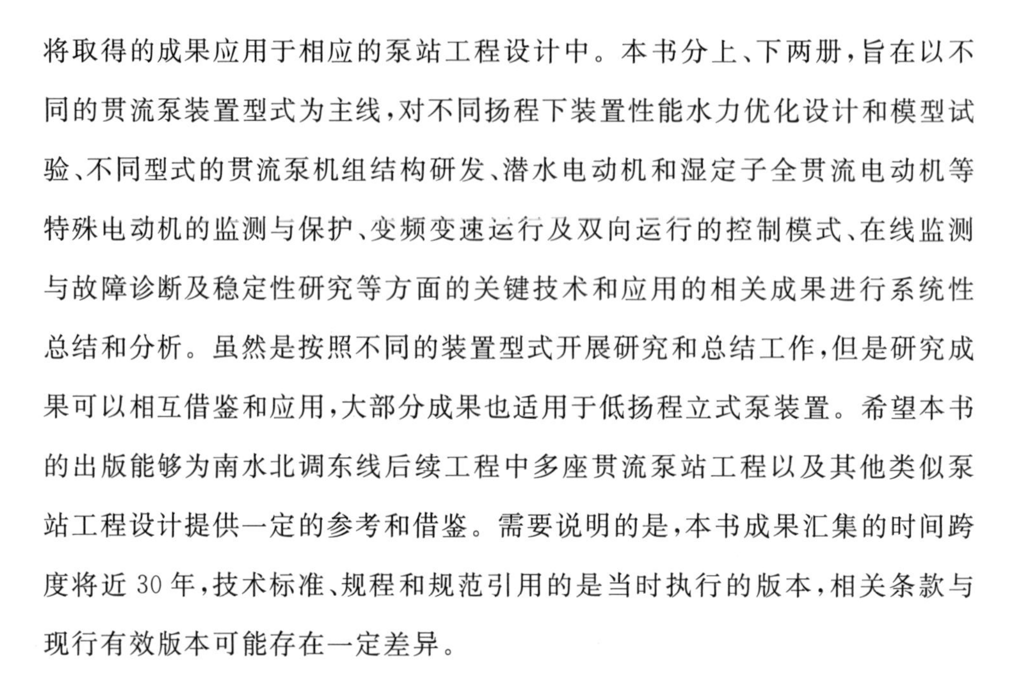

将取得的成果应用于相应的泵站工程设计中。本书分上、下两册，旨在以不同的贯流泵装置型式为主线，对不同扬程下装置性能水力优化设计和模型试验、不同型式的贯流泵机组结构研发、潜水电动机和湿定子全贯流电动机等特殊电动机的监测与保护、变频变速运行及双向运行的控制模式、在线监测与故障诊断及稳定性研究等方面的关键技术和应用的相关成果进行系统性总结和分析。虽然是按照不同的装置型式开展研究和总结工作，但是研究成果可以相互借鉴和应用，大部分成果也适用于低扬程立式泵装置。希望本书的出版能够为南水北调东线后续工程中多座贯流泵站工程以及其他类似泵站工程设计提供一定的参考和借鉴。需要说明的是，本书成果汇集的时间跨度将近30年，技术标准、规程和规范引用的是当时执行的版本，相关条款与现行有效版本可能存在一定差异。

感谢我院机电专业团队的周伟教高、刘新泉教高、刘雪芹高工、梁云辉高工、卜舸高工、张鹏高工、谢伟东教高、严维高工、余淼高工、姚林碧高工、汤泳高工、朱正伟教高等多年来的团结合作，正是大家一起辛勤工作和相互支持，才能够取得一批有价值的研究成果，设计完成一批具有鲜明特色的贯流式泵站。感谢陈浩、陈洪程、刘洋、朱峰等年轻同事及我所带的历届研究生参与资料搜集整理、基础性计算和部分插图的绘制工作。同时还要感谢众多的同行朋友，包括来自全国各地设计院、机电设备生产制造厂家、自动控制系统工程公司和高校科研单位的许多专家、学者。感谢合肥恒大江海泵业股份有限公司朱庆龙教授研究团队提供全贯流泵装置的相关研究和设计成果，感谢南京东禾自动化工程有限公司提供部分信息管理设计成果。特别感谢与我们长期开展合作研究的扬州大学朱红耕教授、汤方平教授、成立教授、陈松山教授、陆林广教授、仇宝云教授、金燕博士、石丽建博士，河海大学郑源教授、周大庆教授、于永海教授、李龙华副研究员，江苏大学张德胜教授、李彦军博士，上海大学陈红勋教授等。感谢水利部水利水电规划设计总院伍杰教高、山东省南水北调工程建设管理局于国平研究员、上海勘测设计研究院有限公司胡德义教高、中水北方勘测设计研究有限责任公司何成连教高、太湖规划设计研究院有限公司陈晔高工、淮安市水利勘测设计研究院有限公司王丽高工、盐城市水利勘测设计研究院费海蓉高工、江苏航天水力设备有限公司黄从兵总工、利欧集团湖南泵业有限公司朱泉荣副总工、荷兰耐荷泵业(Nijhuis Pompen B. V.) Jaap Arnold 先生、奥地利国家水力机械研究中心(ASTRÖ) Alfred Lang 先生、日立(无锡)泵制造有限公司高盘林先生、荏原机械淄博有限公司张洪兰女士、长沙水泵厂有限公司吴佩芝女士、苏州辰安信息技术有限公司王齐领总裁以及合肥恒大江海泵业股份有限公司金雷总工、胡薇副总工等为我们提供了大量工程技术资料。衷心感谢钮新强院士、陈学东院士、袁寿其教授在百忙之中拨冗作序,这是对我们的极大鞭策和鼓励!

最后要感谢作者所在单位江苏省水利勘测设计研究院的历届领导和同仁们,为我们创造了宽松的工作氛围。衷心感谢合肥恒大江海泵业股份有限公司为本书顺利出版慷慨资助。真诚感谢江苏大学出版社的编辑们为本书的策划以及江苏省“十四五”时期重点出版物出版专项规划项目的申报所付出的辛勤劳动!

本书涉及泵站工程、优化设计、试验技术、机电工程、测试理论、自动控制、信息技术等多学科,内容较为繁杂,且学科之间有交叉。尽管我们在撰写过程中做了很大努力,但限于自身的水平和经验,书中疏漏和不妥之处难免,恳请同行专家和广大读者赐教指正!(联系方式:r_zhang@yzu. edu. cn)

2021 年 7 月

目　录

(上册)

绪　论

1.1 贯流泵装置的分类与特点

贯流泵装置具有进、出水流道顺直，水流流态好，装置水力损失小等显著优点，是低扬程泵站中水力性能最佳的装置型式，因此在世界各地排涝、灌溉、城市防洪、生态用水以及跨流域调水的低扬程及特低扬程泵站应用广泛。根据机组结构和流道布置的不同，贯流式(tubular)泵装置可划分为潜水贯流泵装置、灯泡贯流泵装置、全贯流泵装置、竖井贯流泵装置和轴伸式贯流泵装置等5种主要型式，并均已有成功应用的先例，如图1-1所示。

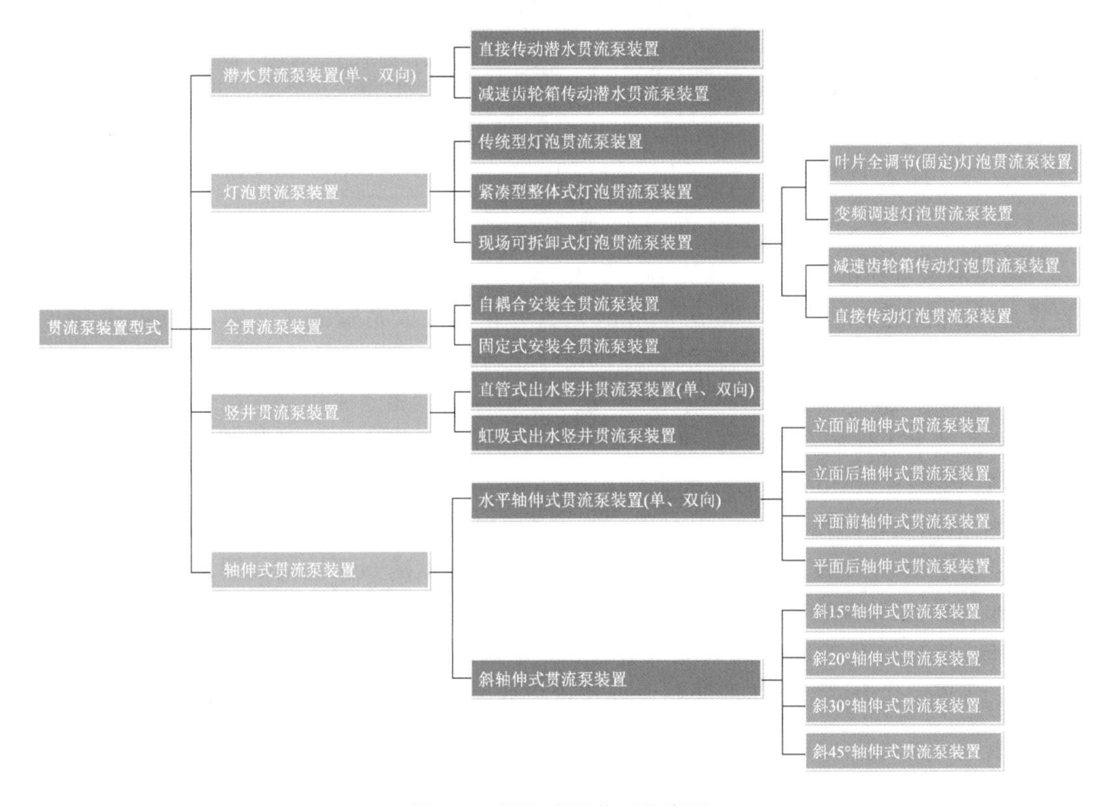

图1-1　贯流式泵装置分类图

其中，轴伸式贯流泵装置还可以根据轴线与水平面的夹角分为水平轴伸式和斜轴伸式贯流泵装置，水平轴伸式贯流泵装置又可进一步分为立面前轴伸式、立面后轴伸式、平面前轴伸式、平面后轴伸式贯流泵装置等 4 种型式；竖井贯流泵装置可以根据出水流道的不同分为直管式出水和虹吸式出水竖井贯流泵装置。在贯流泵装置中，轴伸式贯流泵装置、直管式出水竖井贯流泵装置和潜水贯流泵装置通过采用双向叶轮还可以实现泵站双向运行。

1.1.1 潜水贯流泵装置(submerged tubular pumping system)

潜水泵是国内应用较早、较为广泛，并且技术相对成熟的一种贯流泵装置。该水泵是将干式全封闭潜水三相异步电动机和轴(混)流泵段有机组合成一体的机电一体化抽水设备，可长期潜没在水中运行，并以立式安装为主，有水泵与电动机直接联接的结构型式，也有通过减速齿轮箱传动的结构型式，典型机组如图 1-2 所示。

(a) 直联结构

(b) 减速齿轮箱传动结构

图 1-2 典型潜水泵机组

采用潜水电动机的大型潜水泵卧式安装，配贯流式进水和出水流道，组成潜水贯流泵装置，在日本称之为筒形泵(tubular pump)，其叶轮既可以是轴流式叶轮，也可以是混流式叶轮；如果采用减速齿轮箱传动，则在水泵叶轮与潜水电动机之间直接布置行星减速齿轮箱，不再需要独立的壳体和冷却设施。潜水贯流泵装置由于采用潜水电动机，灯泡比减小，水泵段的水力性能有所改善，进、出水流道几何尺寸与灯泡贯流泵装置的相近。图 1-3 为日本觉路津(Kakurotsu)泵站水泵叶轮直径 2 200 mm、设计扬程 5.73 m、设计流量 12 m^3/s、减速齿轮箱传动、配套电动机功率 870 kW、叶片液压全调节的潜水贯流泵装置图，该泵站于 1980 年投入运行；图 1-4 为江苏省灌河北站潜水贯流泵装置图，水泵叶轮直径 2 000 mm、设计扬程 1.50 m、设计流量 10 m^3/s、配套电动机功率 330 kW，采用减速齿轮箱传动，该泵站于 2010 年正式投入运行。目前国内潜水贯流泵的最大单机功率已经达到 4 000 kW。代表性潜水贯流泵站主要技术参数见表 1-1。

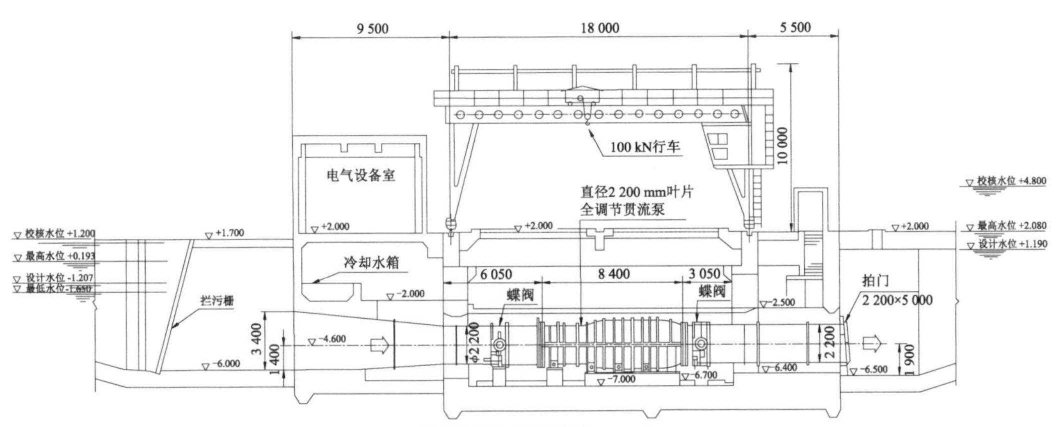

(a) 纵剖面图(长度单位：mm)

(b) 水泵机组结构图

图 1-3　日本觉路津泵站潜水贯流泵装置图

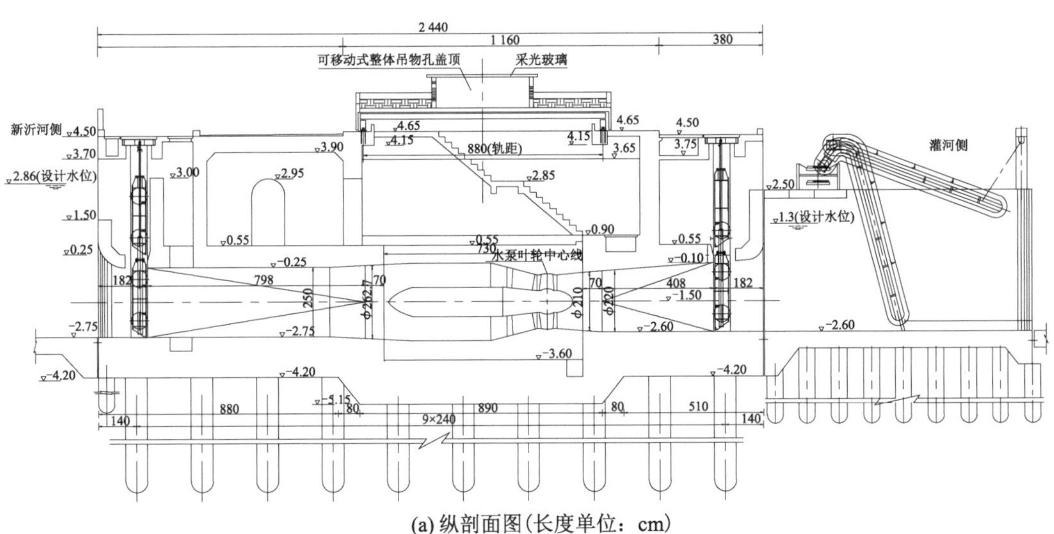

(a) 纵剖面图(长度单位：cm)

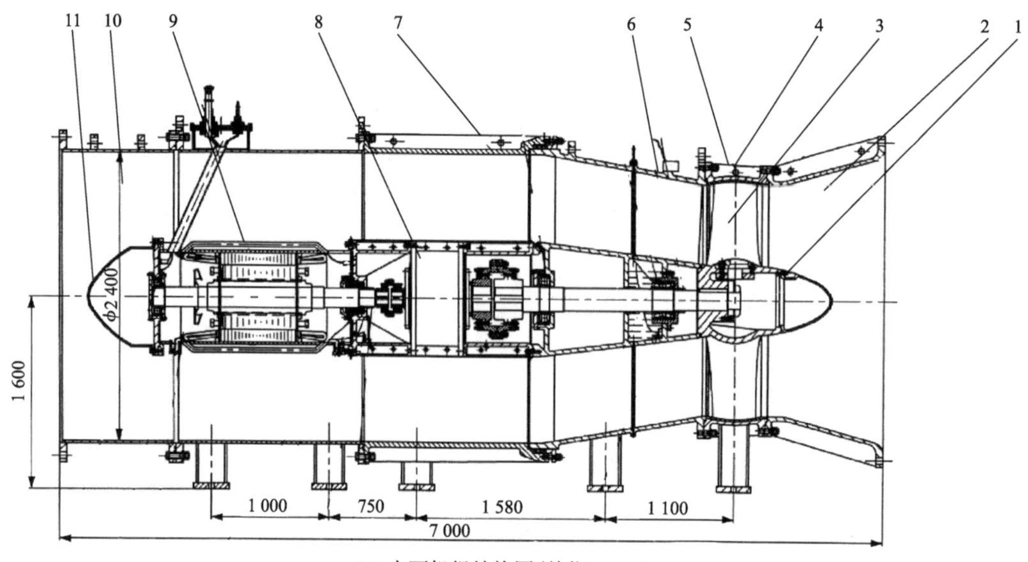

(b) 水泵机组结构图(单位：mm)

1—导流帽；2—进水喇叭口；3—叶轮部件；4—耐磨环；5—叶轮外壳；6—导叶；7—上、下填料座；8—减速齿轮箱；9—潜水电动机；10—出水管；11—导流锥。

图 1-4　灌河北站潜水贯流泵装置图

表 1-1　潜水贯流泵站主要技术参数

序号	站名	叶轮直径 D/mm	设计扬程 H/m	设计流量 Q/(m^3/s)	电动机功率 N/kW	水泵额定转速 n/(r/min)	备注
1	江苏善后河南站	2 000	1.76	10.00	330	160	
2	江苏灌河北站	2 000	1.76	10.00	330	160	
3	江苏里运河泵站	2 100	1.45/0.65	11.45/12.80	450	150	双向运行
4	江苏胜利河西闸站	1 650	1.45	7.50	280	185	
5	江苏中干河泵站	1 350	1.20/0.80	5.00/5.00	280	256	双向运行
6	江苏焦港泵站	2 000	1.64	10.00	500	180	
7	江苏小洋河泵站	1 540	2.10/1.30	6.00/6.90	250	206	双向运行
8	江苏串场河伍佑闸站	1 650	7.00	1.65	280	180	
9	江苏龙灶河闸站	1 680	1.50/1.10	6.67/5.00	315		双向运行
10	江苏扬州闸泵站	2 400	2.44/0.65	16.00/14.50	1 120	158/127	双速双向运行
11	江苏马中河闸站	1 600	1.15/0.30	6.67	280		双向运行
12	江苏永丰渠西闸站	1 680	1.20/0.50	6.67	315		双向运行
13	江苏永新河南闸站	1 680	1.20/0.50	6.67	315		双向运行

续表

序号	站名	叶轮直径 D/mm	设计扬程 H/m	设计流量 Q/(m^3/s)	电动机功率 N/kW	水泵额定转速 n/(r/min)	备注
14	江苏伍龙河闸站	2 000	1.25/0.30	10.00	400		双向运行
15	江苏元和塘泵站	1 260	0.88/0.69	5.00	315		双向运行
16	江苏马甸泵站	2 000	1.17	12.00	450	160	
17	广东古镇江头滘泵站	1 350	4.25/2.50	6.85/7.52	630	310	双向运行
18	广东白石涌泵站	2 650	2.00	24.50	1 000	145	
19	广东广昌水闸泵站	2 450	1.47	16.70	500	123	
20	广东永宁泵站	1 600	2.00	10.00	500	990	
21	广东发疯涌泵站	1 800	2.00	11.80	630		
22	浙江七里亭泵站	1 850	1.86	10.00	355	176	

1.1.2 灯泡贯流泵装置(bulb tubular pumping system)

灯泡贯流泵装置是低扬程泵站最理想的装置型式,与潜水贯流泵装置不同的是,其采用灯泡体替代潜水电动机,将电动机定子与灯泡体外壳结合组成直接联接的结构,或者通过减速齿轮箱传动,在灯泡体内或其他部位布置电动机。早期由于其结构复杂、加工制造要求高,虽然研究成果较多,但一直未能够得到推广应用。国内最早建成并投入运行的灯泡贯流泵站——江苏省淮安三站,因当时众多因素的限制,在运行过程中出现了一些问题,进一步阻碍了灯泡贯流泵的应用。随着南水北调工程的开工建设,通过开展技术合作、从国外引进设计和制造工艺、关键部件在国外生产等形式多样的方式,促进了国内灯泡贯流泵技术的快速进步。南水北调东线一期工程先后有 6 座泵站采用灯泡贯流泵装置。

与此同时,国内科研机构以及生产制造厂家也积极开展不同型式的灯泡贯流泵研发,如采用锥形齿轮传动的灯泡贯流泵,被应用于江苏省通榆河工程妇女河泵站和芦杨泵站中。

1. 传统型灯泡贯流泵装置

传统的灯泡贯流泵结构是参照灯泡贯流式水轮发电机组的结构型式,水泵主轴与电动机采用刚性联接或者共用一根轴,并由两轴承或三轴承系支撑;灯泡体底部采用混凝土墩固定,顶部采用管形柱支撑,并将其作为进人孔和联接设备的进出通道;外壳在进水侧和出水侧与混凝土的流道相联接。典型泵站为江苏省淮安三站,水泵叶轮直径 3 190 mm、设计扬程 4.2 m、设计流量 33 m^3/s、配套电动机功率 1 700 kW,叶片固定不调节、反向可逆发电。淮安三站装置如图 1-5 所示,1997 年建成并投入运行,2017 年底完成更新改造。

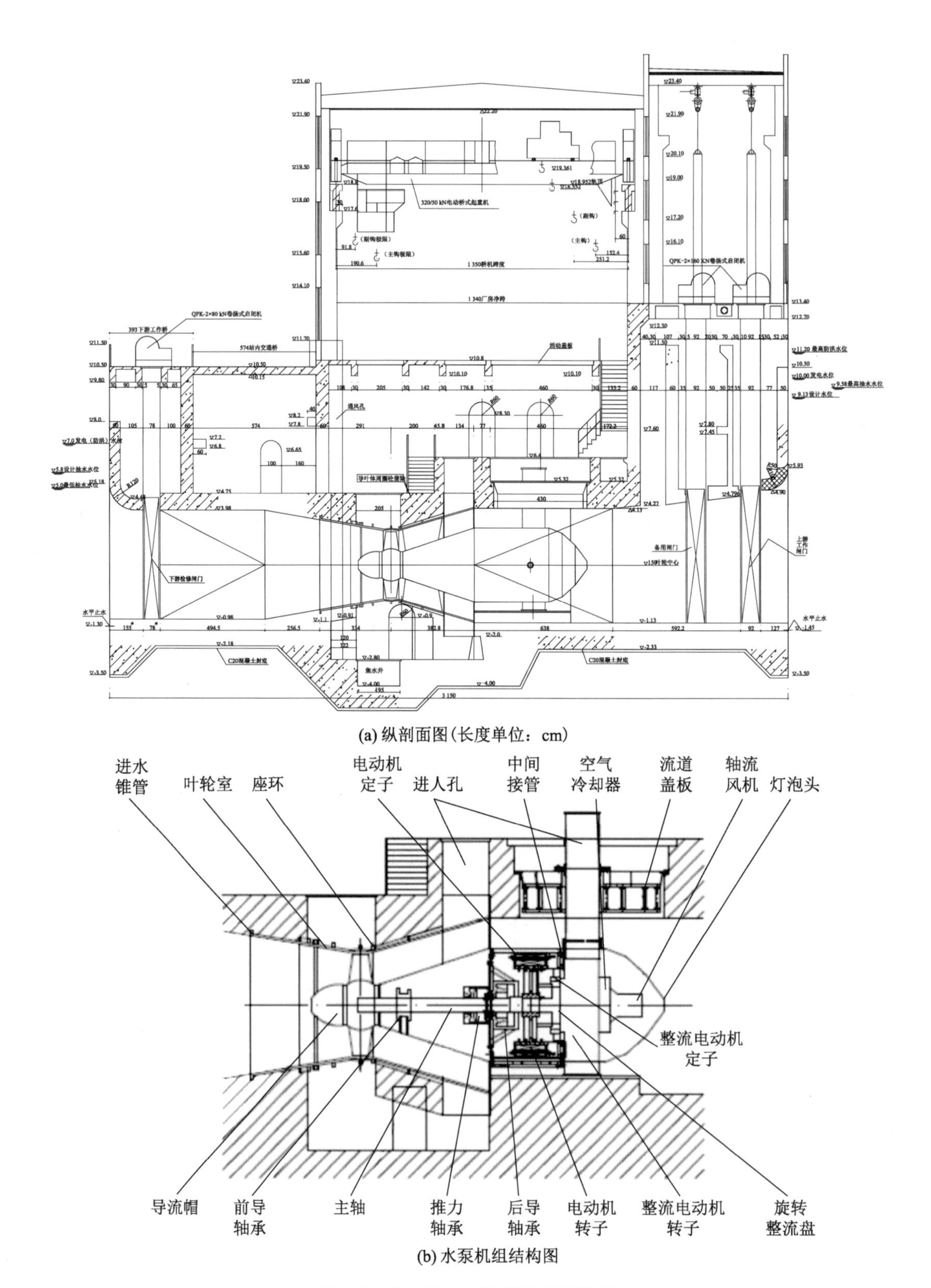

(a) 纵剖面图(长度单位：cm)

(b) 水泵机组结构图

图 1-5　淮安三站灯泡贯流泵装置图

2. 紧凑型整体式灯泡贯流泵装置

紧凑型整体式灯泡贯流泵装置结构机组部件少、重量轻，但需要整体返厂维护，现场无法拆卸检修，例如江苏省淮阴三站和山东省韩庄泵站。厂家提供的淮阴三站灯泡贯流泵装置仅有 45 个零部件，总质量约 65 t，水泵叶轮直径 3 140 mm，机组段长度为 6 570 mm。虽然机组段长度较短，但从进水流道进口到出水流道出口的总长度并未缩短，淮阴三站总长度达 34 000 mm，其中进水流道长 12 000 mm，收缩段长 6 340 mm，进口断面宽 7 250 mm、高 3 960 mm，当量收缩角为 12.91°；出水流道长 15 430 mm，扩散段长 10 930 mm，出口断面宽 6 800 mm、高 4 250 mm，导水锥从直径 2 800 mm 渐缩到 664 mm，并由宽为 450 mm 的支墩支承，当量扩散角为 11.69°。淮阴三站灯泡贯流泵装置如图 1-6 所示。

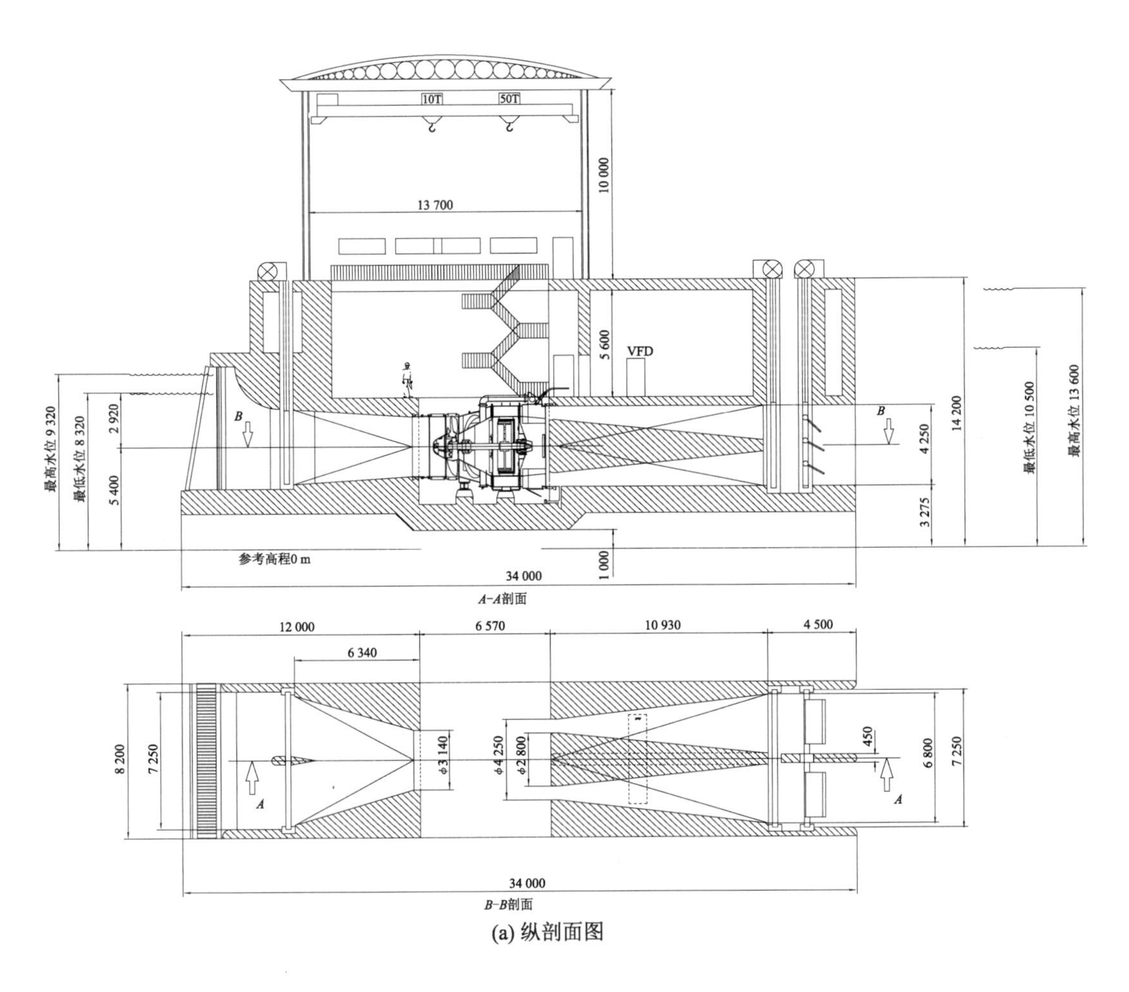

(a) 纵剖面图

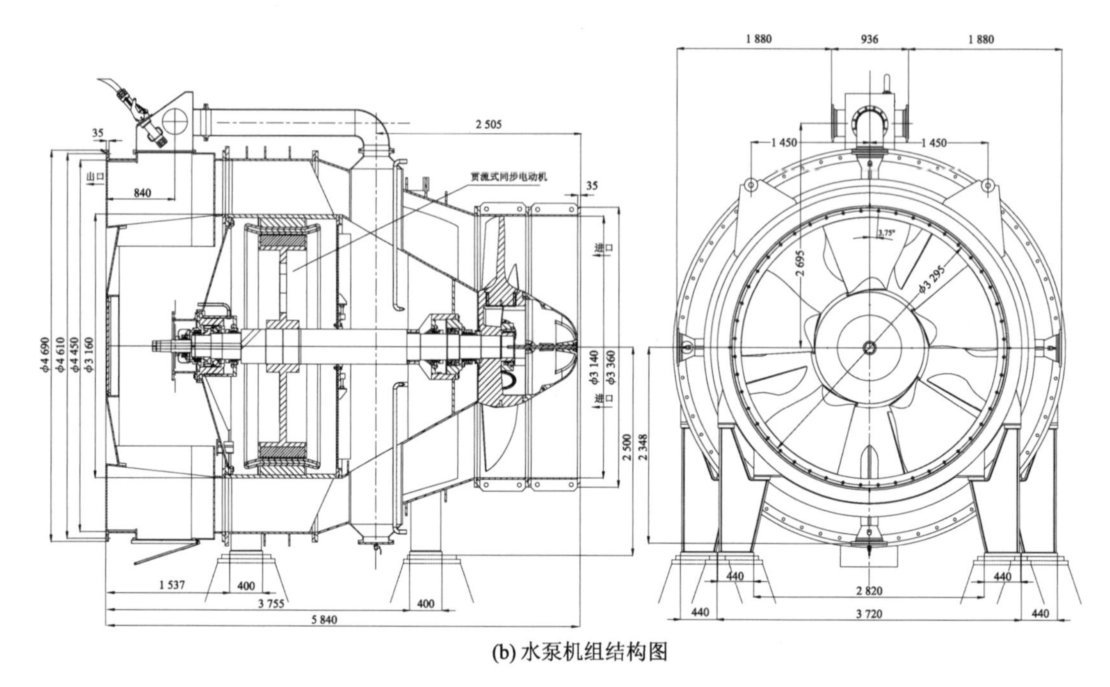

(b) 水泵机组结构图

图 1-6　淮阴三站灯泡贯流泵装置图(单位:mm)

3. 现场可拆卸式灯泡贯流泵装置

现场可拆卸式灯泡贯流泵装置根据传动方式和工况调节方式又可以进一步细分为减速齿轮箱传动和直接传动、叶片全调节和变频变速调节等不同结构型式。

(1) 减速齿轮箱传动灯泡贯流泵装置

减速齿轮箱传动灯泡贯流泵装置有采用行星减速齿轮箱和锥形减速齿轮箱传动两种结构型式。采用行星减速齿轮箱传动的有江苏省蔺家坝泵站,水泵叶轮直径 2 850 mm、设计扬程 2.40 m、设计流量 25 m^3/s、配套电动机功率 1 250 kW,装置如图 1-7 所示。采用锥形减速齿轮箱传动的有江苏省妇女河泵站和芦杨泵站,水泵叶轮直径 1 450 mm、工作扬程 1.5～9.6 m,仅有传动轴和锥形齿轮的灯泡体位于进水侧(前置),妇女河泵站的装置如图 1-8 所示,于 2004 年投入运行。日本福冈市兴德寺泵站安装的 4 台混流式叶轮直径为 1 400 mm 的贯流泵中,有 2 台采用锥形减速齿轮箱传动、490 kW 汽轮发动机驱动,设计扬程 5.70 m、单机流量 353 m^3/min,灯泡体亦前置,泵站装置型式如图 1-9 所示,在汽轮发动机中内置液力耦合器控制转速在额定转速的 70%～100%范围内变化。

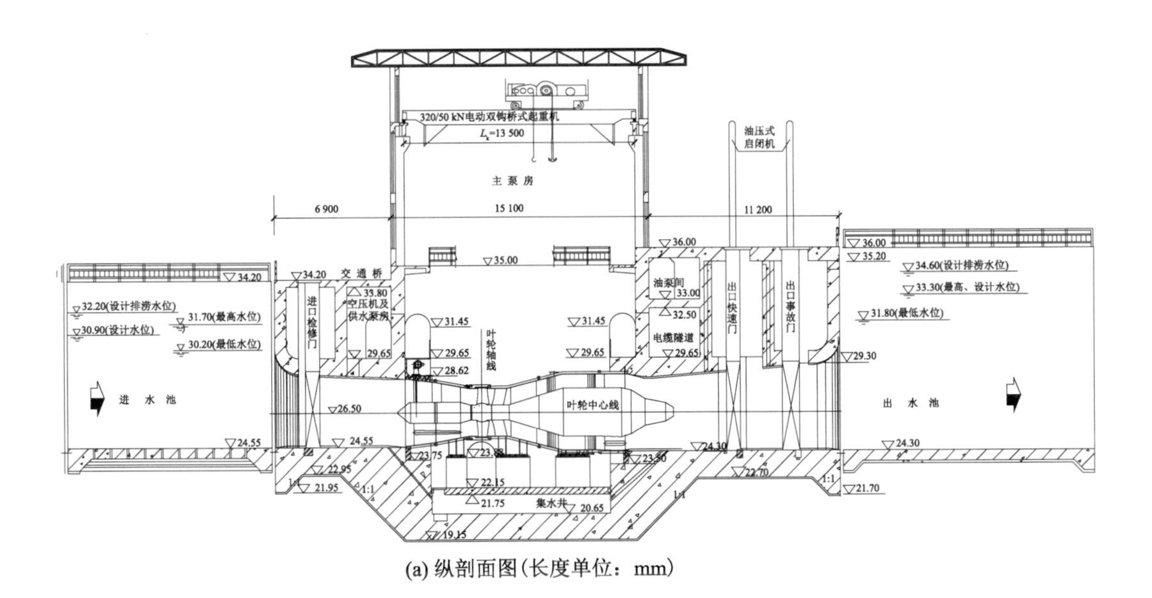

(a) 纵剖面图(长度单位：mm)

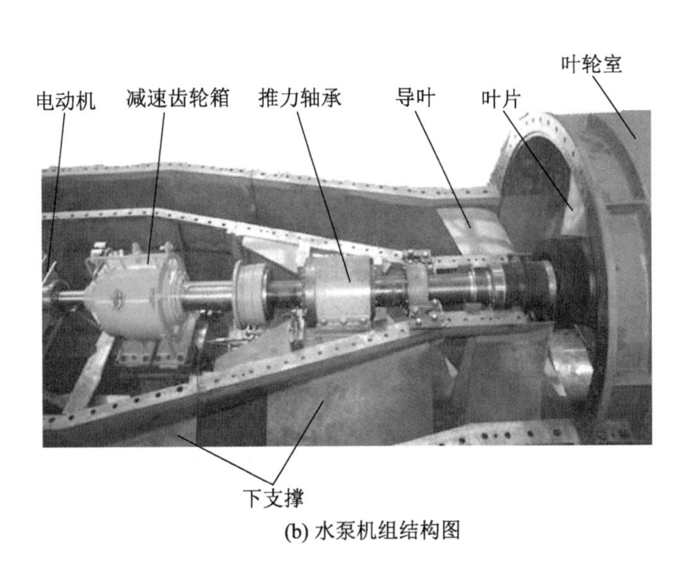

(b) 水泵机组结构图

图 1-7 蔺家坝泵站灯泡贯流泵装置图

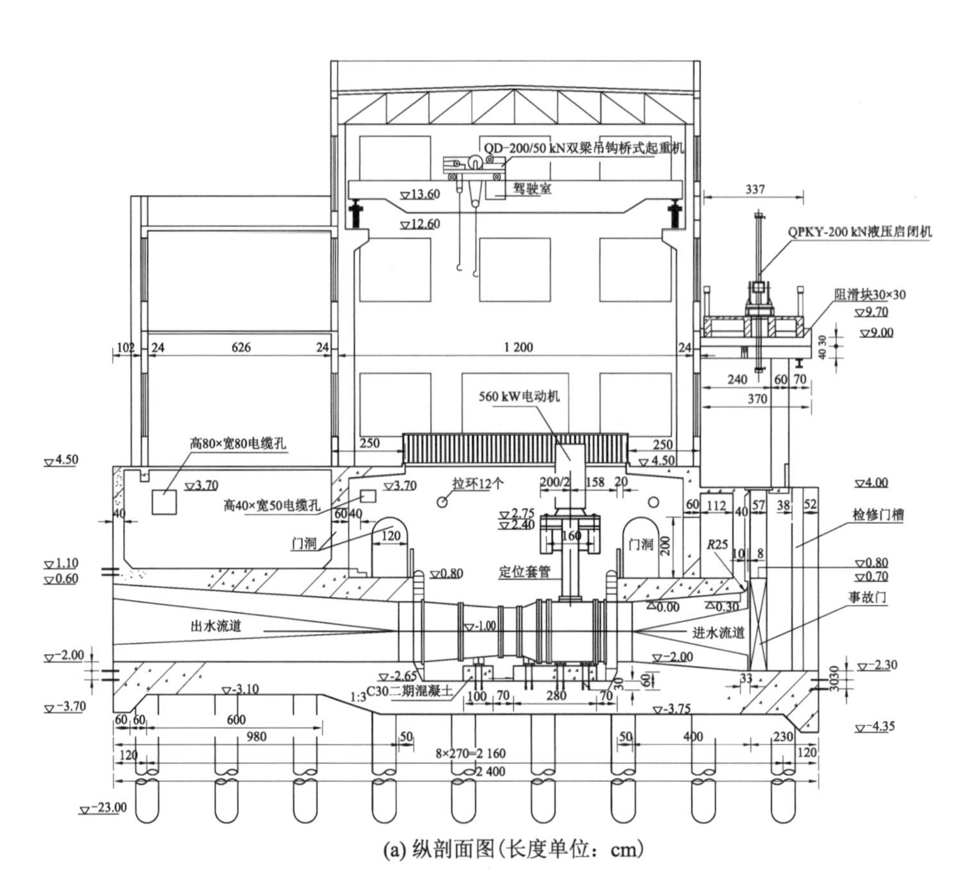

(a) 纵剖面图(长度单位：cm)

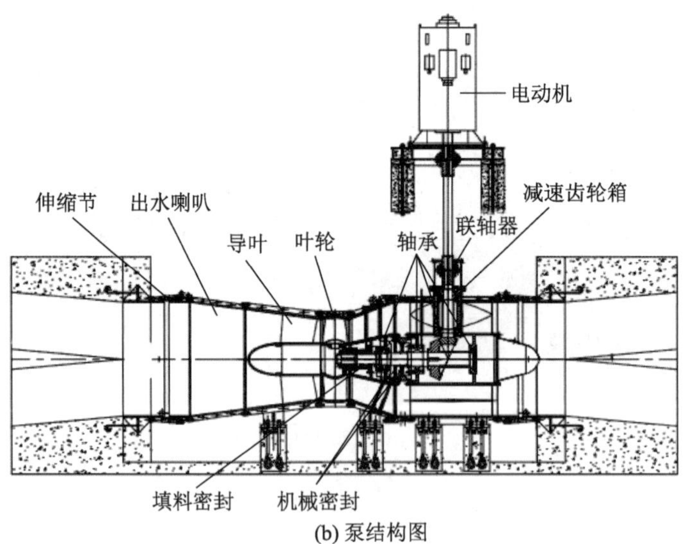

(b) 泵结构图

图 1-8　妇女河泵站灯泡贯流泵装置图

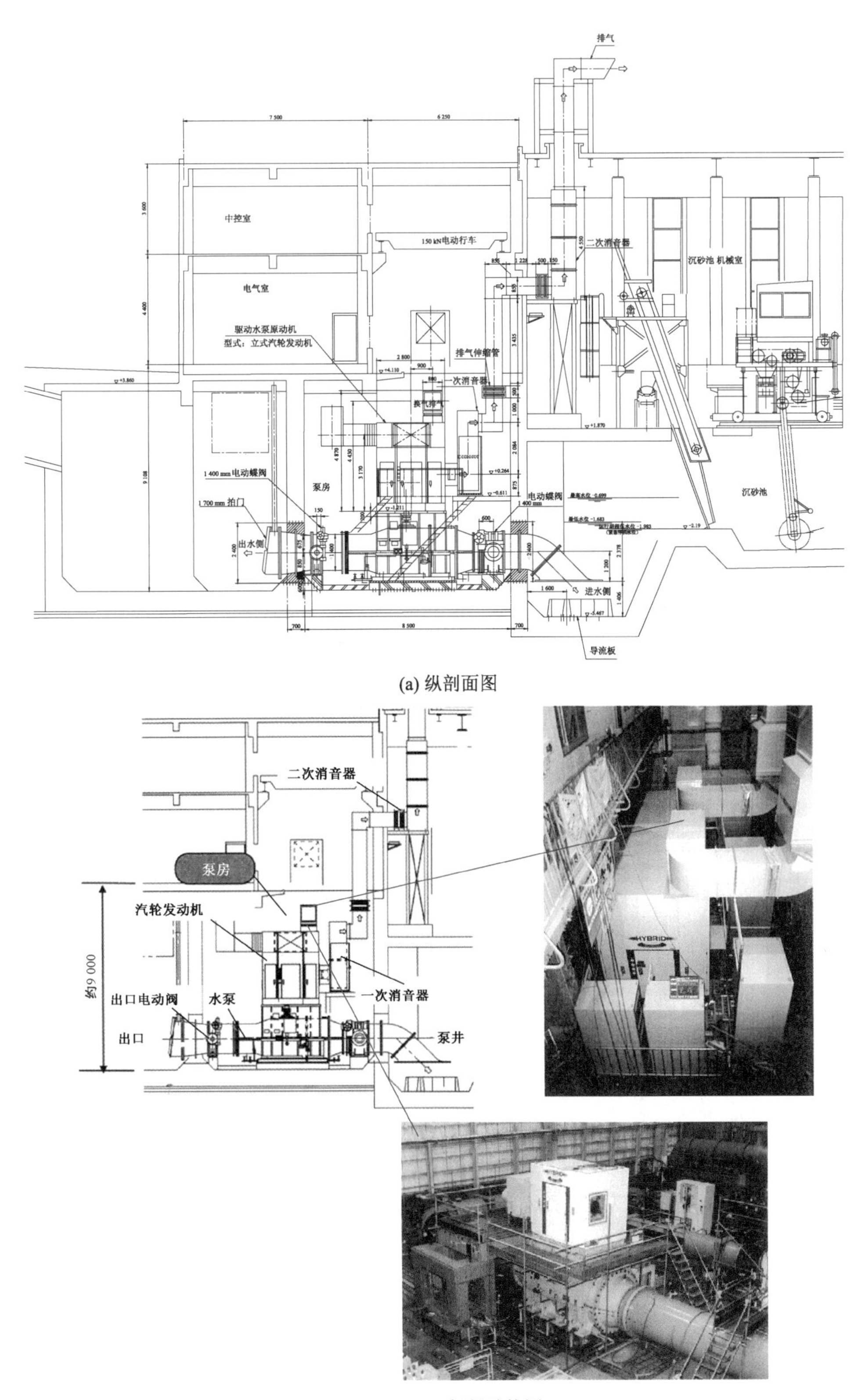

(a) 纵剖面图

(b) 机组结构图

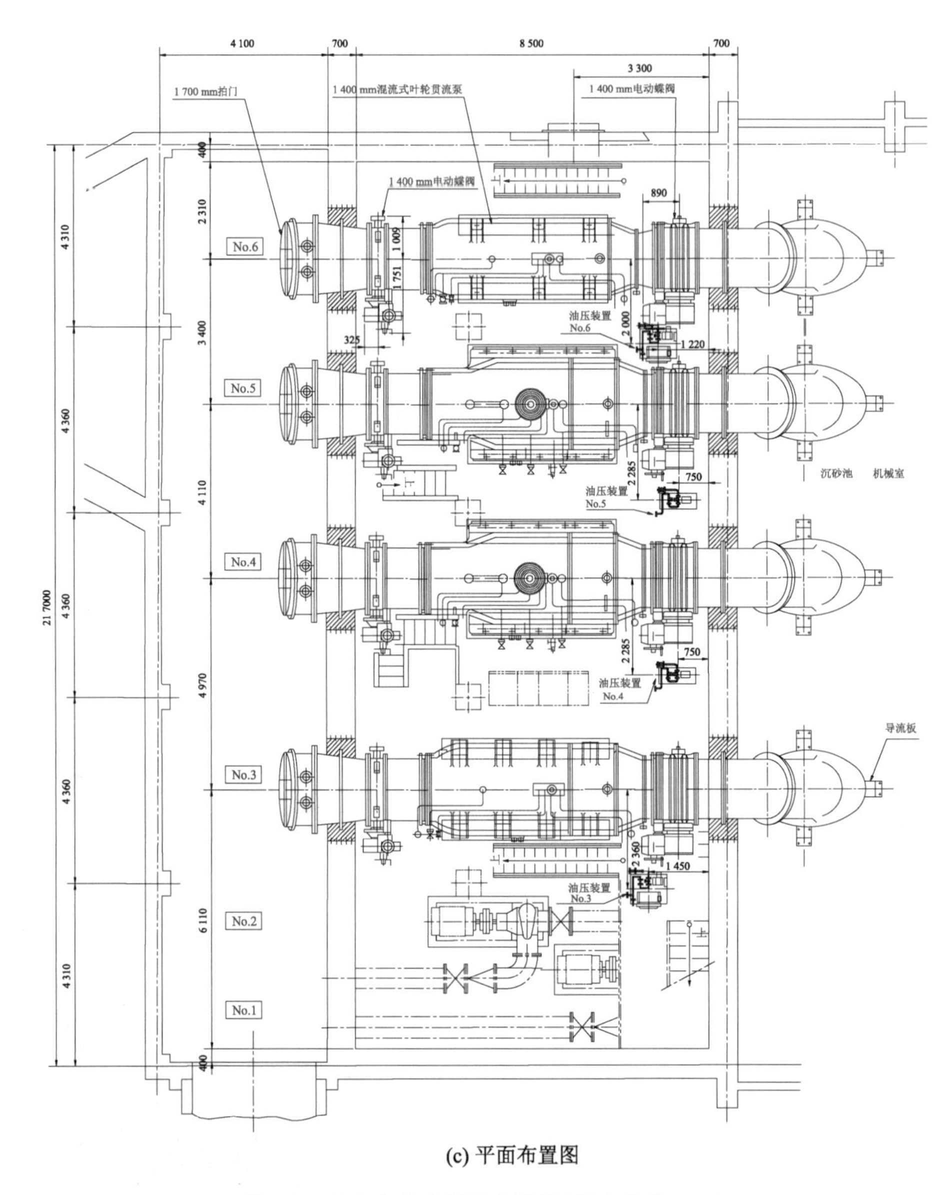

(c) 平面布置图

图 1-9　日本兴德寺泵站装置图(长度单位:mm)

（2）直接传动灯泡贯流泵装置

直接传动灯泡贯流泵装置的水泵与电动机直接联接，不同的结构中可采用共轴或分段刚性联接。图 1-10 为采用液压全调节、主轴分段的江苏省金湖泵站灯泡贯流泵装置，水泵叶轮直径 3 350 mm、设计扬程 2.45 m、设计流量 37.5 m^3/s、配套电动机功率 2 200 kW。

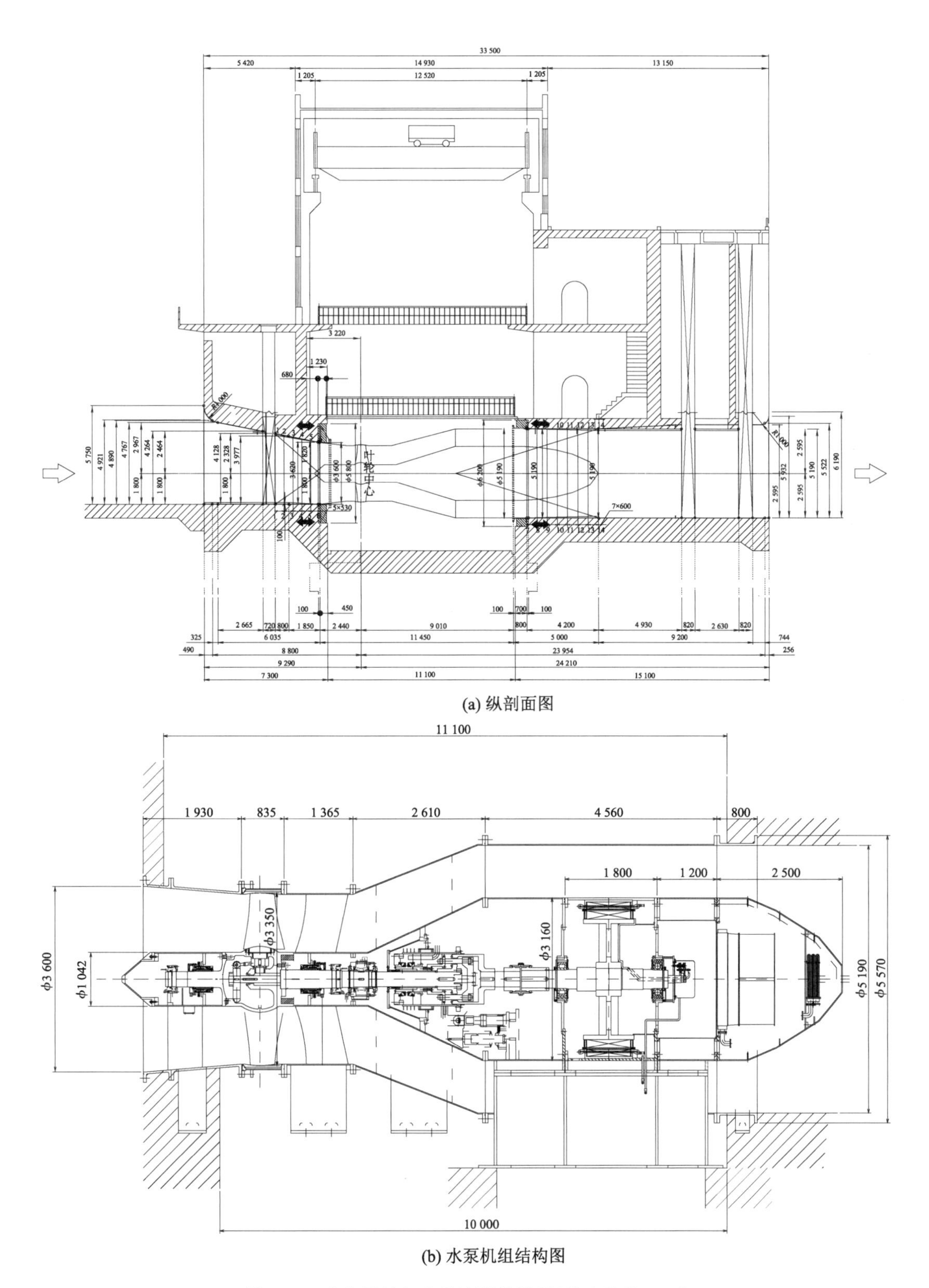

(a) 纵剖面图

(b) 水泵机组结构图

图 1-10 金湖泵站灯泡贯流泵装置图(长度单位:mm)

代表性灯泡贯流泵站主要技术参数如表 1-2 所示。

表 1-2　灯泡贯流泵站主要技术参数

序号	站名	叶轮直径 D/mm	设计扬程 H/m	设计流量 $Q/(m^3/s)$	电动机功率 N/kW	水泵额定转速 n/(r/min)	备注
1	江苏淮安三站	3 100	3.33	30.00	2 180	125	灯泡体下部底部固定(改造后)
2	江苏淮阴三站	3 140	4.28	33.40	2 200	125	出水流道导水锥由 2 800 mm 渐变至 664 mm,导流墩长 10 930 mm、厚 600 mm,变频调速
3	江苏金湖泵站	3 350	2.45	37.50	2 200	115	叶片全调节
4	江苏泗洪泵站	3 050	3.23	30.00	2 000	107	变频变速调节
5	江苏蔺家坝泵站	2 500	2.40	25.00	1 000	120	叶片全调节、减速齿轮箱传动
6	山东韩庄泵站	3 140	4.15	31.25	1 800	125	出水流道导水锥由 2 800 mm 渐变至 664 mm,导流墩长 10 930 mm、厚 600 mm,永磁电动机,变频调速
7	山东二级坝泵站	3 010	3.21	31.50	1 850	115	变频调速
8	江苏高邮泵站	4 200	1.50	52.86	1 800	83	叶片全调节、变频调速(规划中)
9	江苏金湖二站	3 900	3.12	52.86	2 800	100	叶片全调节(规划中)
10	江苏泗洪二站	4 000	2.90	48.60	3 400	100	变频调速(规划中)
11	江苏邳州二站	4 000	2.60	45.80	3 000	100	叶片全调节(规划中)
12	山东韩庄二站	3 650	4.15	48.60	2 900	107	叶片全调节(规划中)
13	山东二级坝二站	4 360	3.15	53.30	3 550	86	变频调速(规划中)
14	江苏妇女河泵站	1 445	5.07	8.33	560	295	锥形减速齿轮箱传动
15	江苏芦杨泵站	1 445	5.54	6.25	630	295	锥形减速齿轮箱传动

1.1.3　全贯流泵装置(full-flow electro-pumping system)

全贯流泵装置(叶轮内置式湿定子潜水贯流泵装置)是将潜水电动机技术与贯流泵技术相结合的新型机电一体化产品,它保持了贯流泵本身的优势,利用湿定子型潜水异步电动机技术,克服了传统贯流泵机组冷却、散热、密封等难题,是低扬程、大流量排涝泵站的泵型之一,也是目前推广应用的一种新型水泵装置。其原理是水泵叶轮安装在电动机的转子内腔,转子变成水泵的叶轮,使电动机的无效部分变成工作部分,工作时水流从转子内腔流过,因此称之为全贯流泵。全贯流泵整体结构紧凑,安装便利,在尺寸较大时,安装检修更为方便,因此适合大型低扬程、大流量泵站使用。典型的全贯流泵如图 1-11 所示,不同规格的全贯流泵装置如图 1-12 所示。目前应用中规格最大的为江西省萍乡市鹅湖泵站,叶轮直径 2 300 mm、配套电动机功率 900 kW(见图 1-12b)。国内已建全贯流泵站主要技术参数如表 1-3 所示。

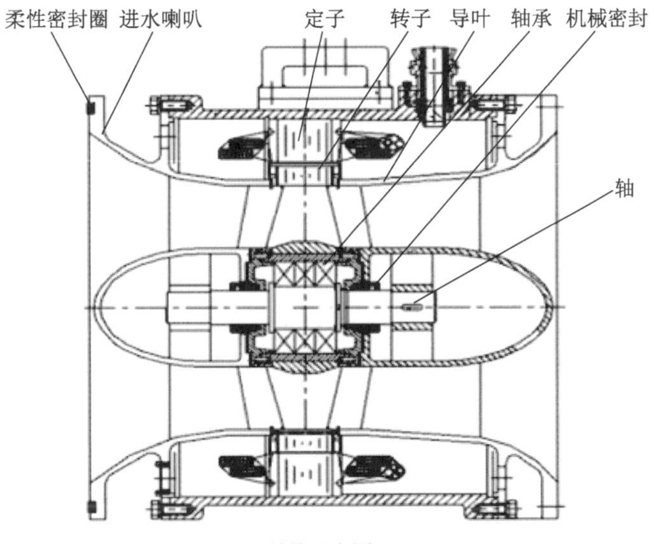

(a) 结构示意图

(b) 实物照片

图 1-11　全贯流泵结构图

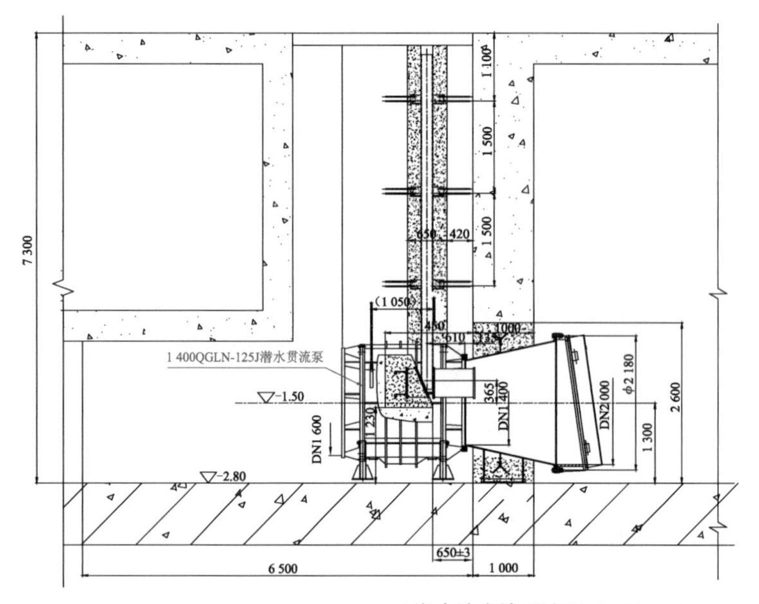

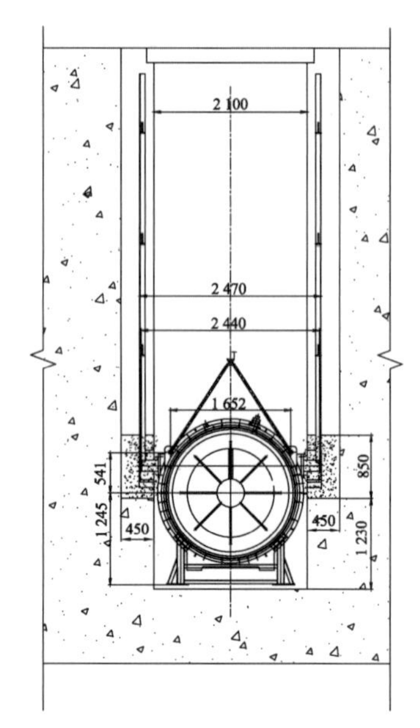

(a) 湖南清水塘泵站(D=1 400 mm)

(b) 江西鹅湖泵站(D=2 300 mm)

图 1-12　全贯流泵装置图(长度单位:mm)

表 1-3　全贯流泵站主要技术参数

序号	站名	叶轮直径 D/mm	设计扬程 H/m	设计流量 Q/(m^3/s)	电动机功率 N/kW	额定转速 n/(r/min)	安装方式
1	江苏马圩二站	870	5.40	2.70	250	490	自耦合安装
2	江苏马圩四站	870	5.40	2.70	250	490	自耦合安装
3	江苏串场河新兴闸站	1 200	2.00	5.12	220	295	自耦合安装
4	湖南清河泵站	650	1.30	1.41	65	590	
5	湖南新泉寺泵站	1 200	2.83	5.70	400	365	泵闸分离,带导轨耦合安装

续表

序号	站名	叶轮直径 D/mm	设计扬程 H/m	设计流量 $Q/(m^3/s)$	电动机功率 N/kW	额定转速 n/(r/min)	安装方式
6	湖南牛奶铺泵站(1)	1 200	9.09	5.30	630	365	自耦合安装
7	湖南牛奶铺泵站(2)	870	8.85	2.72	315	490	自耦合安装
8	广东西南卡泵站	1 200	2.87	5.76	280	295	自耦合安装
9	广东海珠涌泵站	1 200	3.79	7.55	450	365	
10	广东龙泉滘泵站	1 540	4.58	10.46	710	295	自耦合安装
11	湖北沽河口泵站(1)	1 200	3.87	5.42	450	365	自耦合安装
12	湖北沽河口泵站(2)	650	4.30	1.744	160	730	自耦合安装
13	湖北龙头泵站(1)	950	3.37	3.96	335	490	自耦合安装
14	湖北龙头泵站(2)	650	3.12	1.624	110	730	自耦合安装
15	天津宁河淮店泵站	700	7.50	1.50	155		
16	海南龙昆沟北泵站	2 250	1.73	16.00	560	145	带导轨耦合安装
17	广西竹排冲泵站	1 600	13.00	10.00	1 200		
18	江西鹅湖泵站	2 300	3.20	15.00	900	146	干坑安装

1.1.4 竖井贯流泵装置(pit tubular pumping system)

竖井贯流泵装置除具有贯流式机组的优点外,还具有其自身的优点:电动机及减速齿轮箱(通常都采用平行轴减速齿轮箱间接传动)布置在开敞的竖井内,通风、防潮条件优于潜水贯流泵、灯泡贯流泵和全贯流泵,运行和维护方便,机组结构简单,造价较低。国内将竖井贯流式水轮机应用于低水头水力发电工程有较成熟的经验,但在泵站上应用起步较晚。近年来为了适应平原地区城市防洪、生态用水等工程需要,逐步采用竖井贯流泵代替立式轴流泵,使得竖井贯流泵装置成为近 20 年来发展最快速的一种新型贯流泵装置型式,在低扬程尤其是特低扬程泵站得到广泛应用。而国外虽然较早有应用,例如日本的新川河口泵站,但后期应用并不多见。

1. 直管式出水竖井贯流泵装置

最常见的竖井贯流泵装置是采用混凝土竖井进水、平直管出水、快速闸门断流的型式。目前拥有国内叶轮直径大小排名前三的竖井贯流泵的是浙江省马山闸强排站、姚江二通道(慈江)工程中的化子闸泵站和澥浦闸站,这 3 座泵站分别安装有叶轮直径从 4 000 mm 至 3 900 mm 的竖井贯流泵 4 台套、4 台套和 5 台套,设计扬程分别为 1.70 m, 0.72 m 和 1.72 m,单机流量分别达 50.0 m^3/s,37.5 m^3/s 和 50.0 m^3/s。图 1-13 为江苏省早期采用竖井贯流泵的梅梁湖泵站装置示意图。代表性竖井贯流泵站主要技术参数如表 1-4 所示。

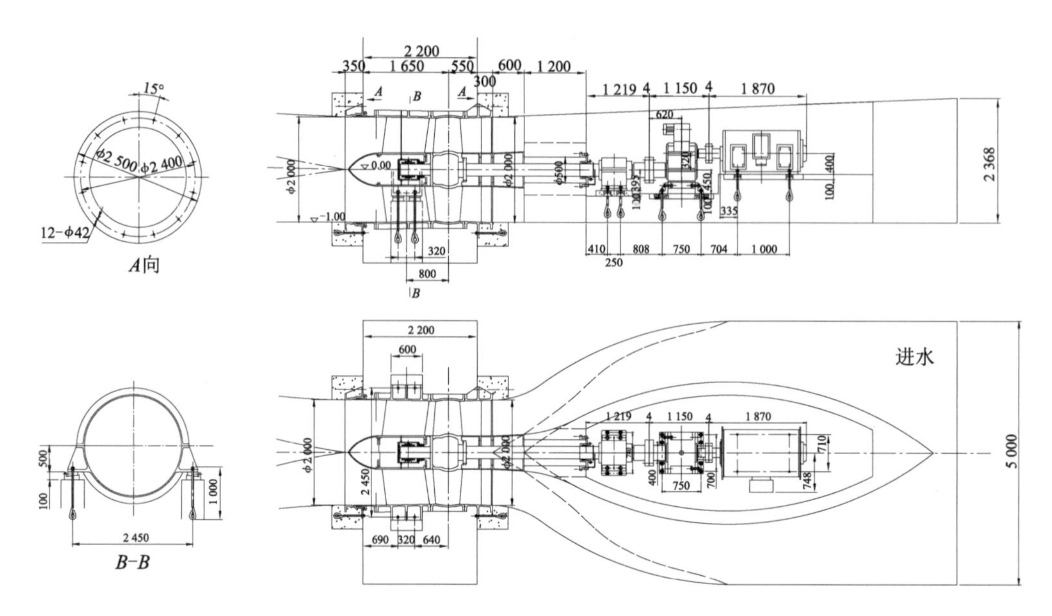

图 1-13　梅梁湖泵站竖井贯流泵装置图(长度单位:mm)

表 1-4　竖井贯流泵站主要技术参数

序号	站名	叶轮直径 D/mm	设计扬程 H/m	设计流量 Q/(m^3/s)	电动机功率 N/kW	机组台数	竖井形状	备注
1	江苏裴家圩泵站	1 900	0.40/1.18	8.00	300	5	锥形	双向运行
2	江苏澹台湖枢纽	2 500		20.00	800	3		
3	江苏大运河东枢纽	3 000	0.90	25.00	900	4	锥形	竖井纵向收缩半径 7 500 mm
4	江苏大运河西枢纽	2 400	1.30/1.60			4	锥形	双向运行
5	江苏横塘河北枢纽	2 200		10.00		4		
6	江苏遥观北枢纽	2 650	0.50/1.35	20.00	630(单) 710(双)	4	锥形	单、双向运行
7	江苏遥观南枢纽	2 520	0.70	15.00	400	4	半圆形	
8	江苏井头泵站	2 500	1.70	16.00	710	5	锥形	
9	江苏邳州泵站	3 300	3.10	33.40	1 950	4	锥形	竖井纵向不收缩、出水纵向向上倾角
10	江苏九圩港泵站	3 250	1.71	30.00	1 250	5	半圆形	出水纵向向上倾角
11	江苏通吕运河泵站	3 300	1.73	33.30	1 600	3	圆形	出水纵向向上倾角
12	江苏梅梁湖泵站	2 000	1.21	10.00	355	5	锥形	
13	江苏新村枢纽	2 350	1.24	15.00	500	4	锥形	
14	江苏窑头枢纽	1 900	1.44	10.00	355	3	锥形	

续表

序号	站名	叶轮直径 D/mm	设计扬程 H/m	设计流量 $Q/(m^3/s)$	电动机功率 N/kW	机组台数	竖井形状	备注
15	江苏大溪港泵站	2 000	1.73	10.00	400	3	锥形	
16	江苏大河港泵站	2 300	1.93/3.40	15.00	1 000	3		双向运行，变频调速
17	江苏西直湖港泵站	2 900	1.80	25.00	1 000	4	锥形	
18	江苏石桥泵站	2 100	0.34/0.71	10.00	400	4	锥形	单、双向运行
19	江苏蒋家荡泵站	1 950	1.44/1.54	10.00	355(单) 500(双)	4	锥形	单、双向运行
20	江苏龙山水利枢纽	2 400	1.16	14.80	400(单) 500(双)	4	锥形	单、双向运行
21	江苏常浒河枢纽	2 500	0.94	15.00	450	3		
22	江苏青墩塘、白茆塘枢纽	2 500		15.00		5		
23	江苏定波枢纽	3 200	1.44/2.76	30.00	1 800	4		双向运行
24	天津海河口泵站	3 200	2.17	33.00	1 600	7	椭圆形	竖井纵向不收缩、出水纵向向上扩散
25	浙江白龙港泵站	2 850	2.56	25.00	1 600	4	椭圆形	竖井纵向不收缩
26	浙江南台头泵站	3 100	2.26	37.50	2 500	4	半圆形	竖井纵向不收缩、出水纵向向上扩散
27	浙江姚江引水泵站	3 100	0.60	20.00		2	椭圆形	竖井纵向不收缩
28	浙江马山闸强排站	4 000	1.70	50.00	2 050	4		变频调速
29	浙江泗门泵站	2 630	3.09	25.00	1 250	4		
30	浙江杭嘉湖南排泵站	3 100				4		
31	浙江铜盆浦泵站	2 350	1.48	12.50	560	4		
32	浙江候青江泵站	2 630	2.03	20.00	1 000	4		
33	浙江兰溪堤防工程	2 100	3.12	17.80	1 300	4		
34	浙江化子闸泵站	3 900	0.72	37.50	800	4	锥形	
35	浙江澥浦泵站	3 900	1.72	50.00	1 850	5	锥形	出水纵向向上倾角，变频调速
36	福建杏林湾泵站	3 200	3.00	40.00	2 500	7	锥形	竖井纵向收缩
37	广东黄麻涌泵站	1 200	1.60/3.21	5.60/5.00	355		锥形	双向运行，竖井流道最大宽度 5 080 mm
38	广东裕丰泵站	1 200	0.40/1.84	6.00/5.60	355		锥形	
39	广东官涌泵站	1 200	0.40/1.84	5.80/5.60	355		锥形	
40	广东三元里泵站	1 400					锥形	竖井流道最大宽度 4 800 mm
41	广东新津河泵站	2 500				8		
42	广东沙坪联围泵站	3 300	2.30	36.00	2 100	3		

续表

序号	站名	叶轮直径 D/mm	设计扬程 H/m	设计流量 Q/(m^3/s)	电动机功率 N/kW	机组台数	竖井形状	备注
43	广东水头排涝泵站	2 600		15.00		3		
44	山东广南入库泵站	2 050	1.30	8.75	400	4	椭圆形	竖井纵向收缩、出水纵向扩散
45	广东西河泵站	3 900	2.19/1.20	50.00/48.60	2 500	8	椭圆形	4 台双向、4 台单向，变频调速
46	安徽峨溪河泵站	3 000	2.06	26.00	1 250	4	锥形	出水纵向扩散
47	湖北金融港应急排涝泵站	2 000		10.00	630	2		
48	江西乌沙河泵站	4 050	2.97	49.00	2 200	7		在建

2. 虹吸式出水竖井贯流泵装置

针对城市防洪泵站年运行时间短、安全可靠性要求高的特点，同时考虑便于安装检修、运行管理的要求，在充分调研、分析和比较现有的水泵装置结构型式与断流方式的基础上，研发出了一种竖井进水、虹吸出水和真空破坏阀断流的新型竖井贯流泵装置结构型式。

将虹吸式出水流道首次应用于竖井贯流泵装置的是江苏省盐城南洋中心河泵站，如图 1-14 所示。在进水流道采用竖井式不变的情况下，将虹吸式出水装置与直管式出水装置进行对比试验，结果表明两者性能相差无几。

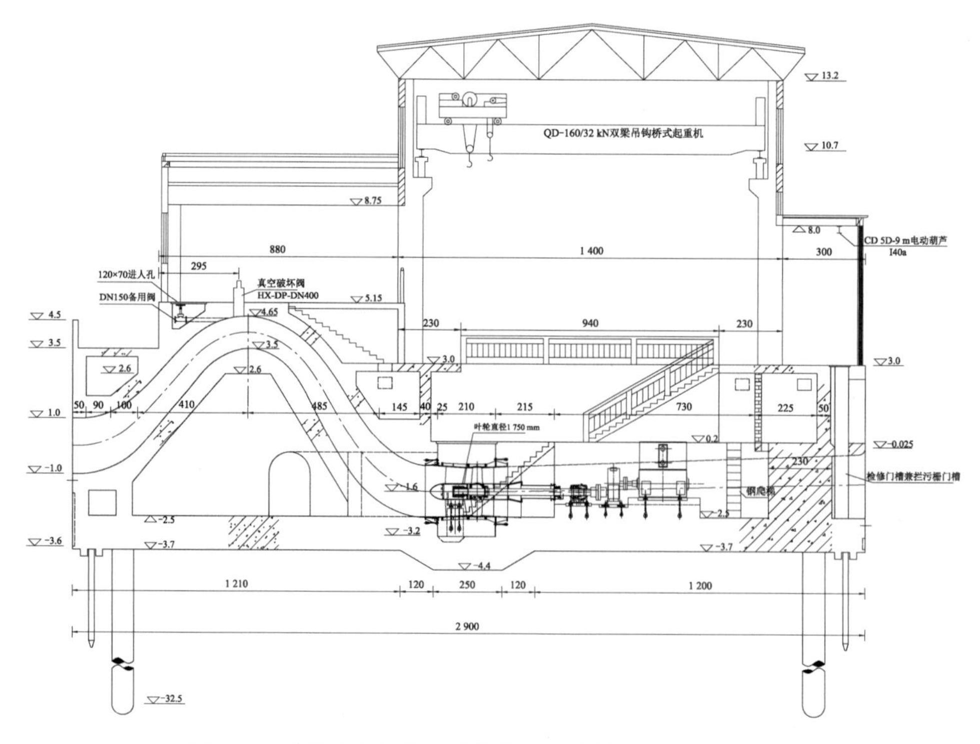

图 1-14　南洋中心河泵站竖井贯流泵装置图(长度单位：cm)

所有国内建成的单向运行竖井贯流泵站都无一例外地将竖井布置在进水侧，究其原因主要是这样布置可以简化泵的结构，水泵为常规的卧式泵，导叶位于出水侧，在回收动能的同时可起到支撑的作用。截至目前，只有奥地利 Andritz(安德里茨)公司在为我国南水北调东线工程推荐泵型时建议采用与日本新川河口泵站类似的后置式竖井贯流泵，如图 1-15 所示，但在国内没有具体工程实施。

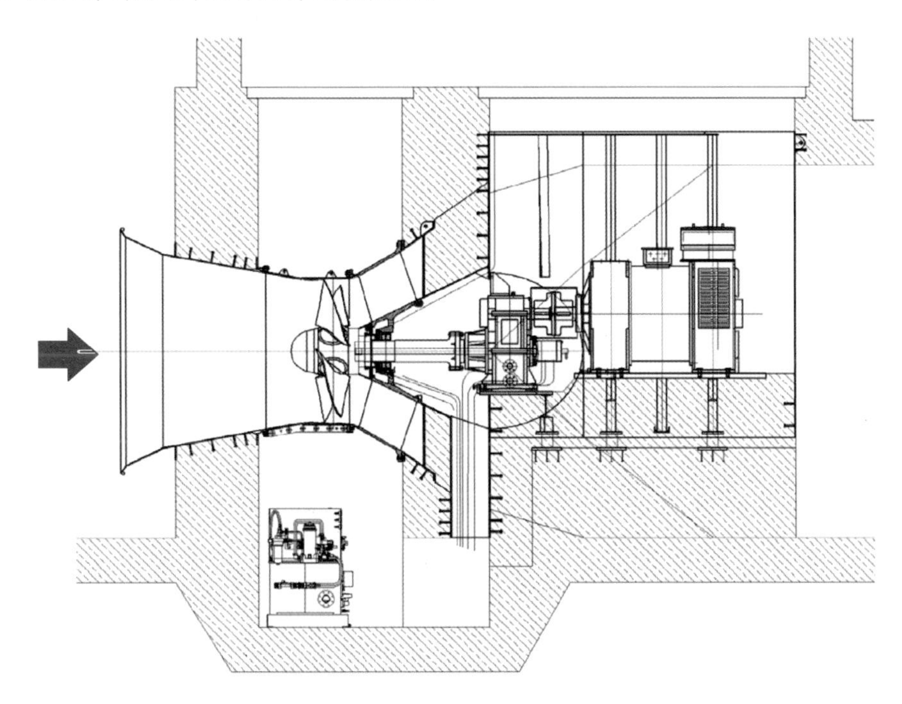

图 1-15 Andritz 公司推荐的后置式竖井贯流泵装置图

1.1.5 轴伸式贯流泵装置(shaft-extension type/standard tube tubular pumping system)

该装置型式是将电动机和减速齿轮箱敞开布置，减速齿轮箱型式选择的灵活性较大，不像灯泡贯流式机组受到空间尺寸的限制，只能采用行星减速齿轮箱，在轴伸式贯流机组中既可以采用减速齿轮箱传动，也可以直联。典型的轴伸式贯流机组结构如图 1-16 所示。轴伸式贯流泵装置包括水平轴伸式和斜轴伸式 2 种装置型式。

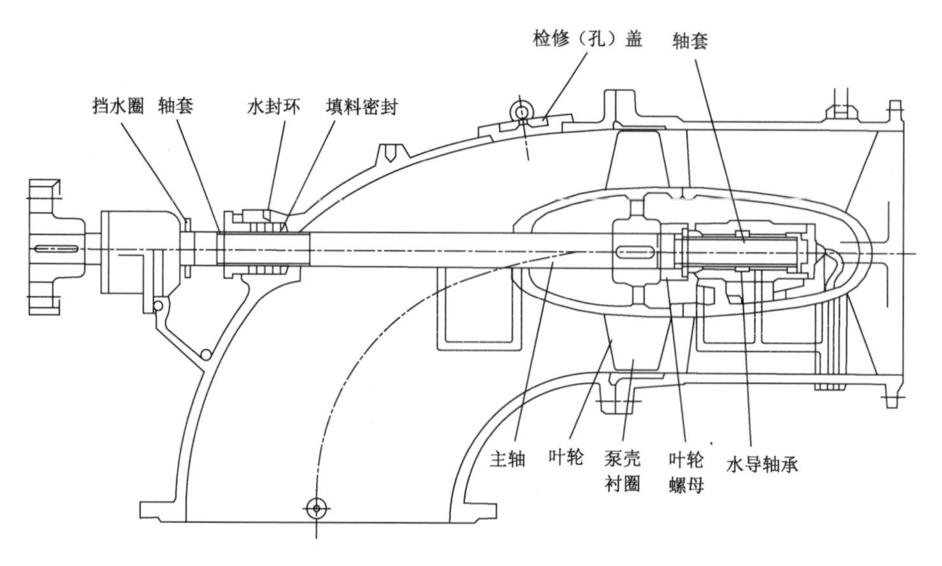

图 1-16　典型的轴伸式贯流机组结构图

1. 水平轴伸式贯流泵装置

根据电动机和减速齿轮箱布置位置的不同，水平轴伸式贯流泵装置可进一步细分为立面前轴伸式、立面后轴伸式、平面前轴伸式和平面后轴伸式 4 种装置型式。

(1) 立面轴伸式贯流泵装置

立面前轴伸式是将电动机和立式平行轴减速齿轮箱布置在进水侧；立面后轴伸式是将电动机和立式平行轴减速齿轮箱布置在出水侧。

立面轴伸式贯流泵装置是根据进、出水的水位差进行流道立面布置，通常出水流道高于进水流道，在立面上形成 S 弯，利用进、出水流道的上部空间或出水流道的下部空间进行设备的安装，也称之为立面 S 形装置，如图 1-17 所示。该装置型式可以充分利用低扬程泵站的特点，进水流道低于出水流道，在满足进水流道进口最小淹没深度的同时满足出水流道出口的淹没深度。图 1-17a 为采用柴油机配减速齿轮箱驱动布置在出水流道侧的荷兰某泵站，该站水泵叶轮直径为 3 600 mm，具有自流排水和水泵机械排水双重功能。图 1-17b 为德国 Voith(福伊特)公司为伊拉克农业灌溉提供的叶轮直径为 2 250 mm 的立面轴伸式泵站，减速齿轮箱及电动机布置在进水流道侧。图 1-17c 为乌克兰第聂伯-顿巴斯干渠泵站，水泵叶轮直径 2 200 mm，电动机直联驱动，并布置在进水流道侧，采用弧形门断流。该型式当时在苏联应用较为广泛。图 1-17d 为苏联某典型泵站，采用减速齿轮箱传动、电动机驱动，并采用拍门断流。图 1-17e 为广东西安泵站，水泵叶轮直径 3 000 mm，减速齿轮箱传动、电动机驱动，并布置在出水流道上部。相关文献还提出了将减速齿轮箱及电动机布置在出水流道下部的装置型式，如图 1-17f 所示。

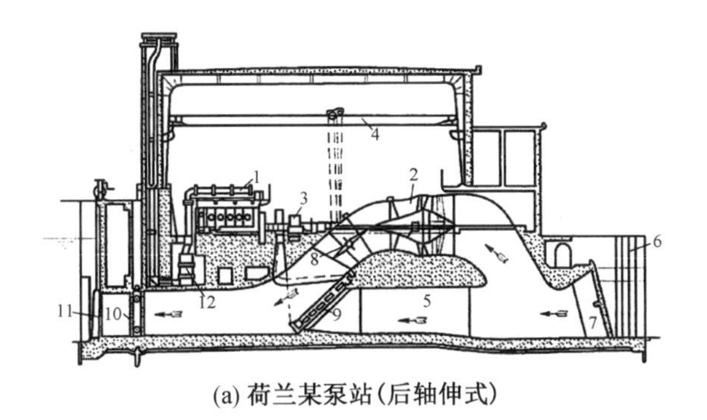

(a) 荷兰某泵站(后轴伸式)

1—柴油机;2—后轴伸式轴流泵(直径 3 600 mm);3—减速齿轮箱;4—桥式起重机;
5—自流涵洞;6—进口检修闸门;7—拦污栅;8—蝶阀;9—拍门;10—快速闸门;11—检修门;12—消音器。

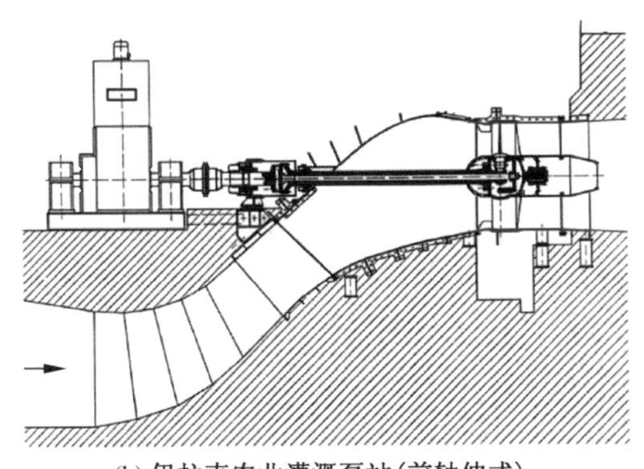

(b) 伊拉克农业灌溉泵站(前轴伸式)

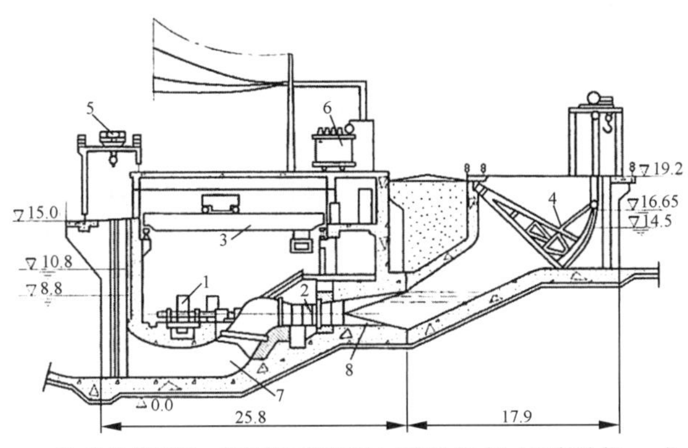

(c) 乌克兰第聂伯-顿巴斯干渠泵站(前轴伸式)(长度单位：m)

1—电动机;2—前轴伸式轴流泵(直径 2 200 mm);3—桥式起重机;
4—弧形快速闸门;5—检修闸门吊车;6—变压器;7—进水流道;8—出水流道。

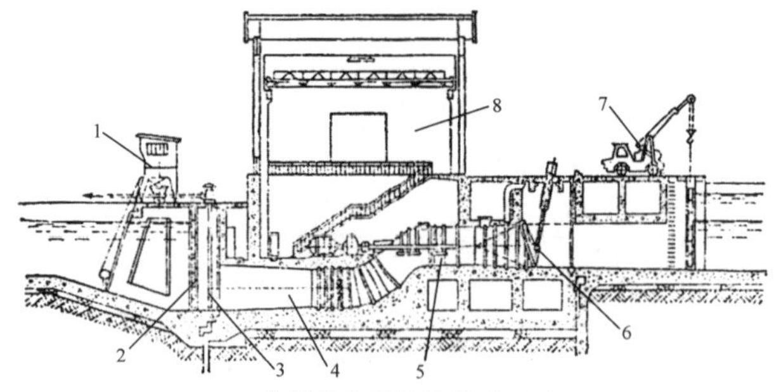

(d) 苏联某典型前轴伸式泵站

1—拦污栅清污机；2—检修闸门；3—进水流道排水泵；4—进水流道；
5—主水泵；6—闸门；7—吊车；8—厂房。

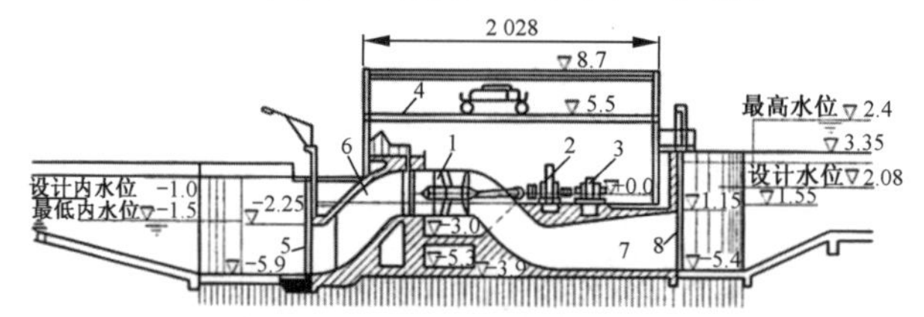

(e) 广东西安泵站（后轴伸式）（长度单位：cm）

1—后轴伸式主水泵（直径 3 000 mm）；2—减速齿轮箱；3—1 600 kW 电动机；4—桥式起重机；
5—检修闸门；6—进水流道；7—出水流道；8—液压快速闸门。

(f) 后轴伸式装置型式

图 1-17　立面轴伸式贯流泵装置

（2）平面轴伸式贯流泵装置

平面前轴伸式是将电动机和立式平行轴或水平平行轴减速齿轮箱平面布置在进水侧；平面后轴伸式是将电动机和立式平行轴或水平平行轴减速齿轮箱平面布置在出水侧。

平面轴伸式贯流泵装置可应用于开挖深度不宜过大，而且厂房布置面积不受限制的低扬程泵站，利用机组间的 S 弯空间安放传动设备（如果有的话）和原动机（电动机或柴油机），因此也称之为平面 S 形装置，根据需要设备可以安装在出水侧，也可以安装在进水侧。该装置型式在日本应用较为成熟和广泛。图 1-18a 为广东焦门河泵站，安装叶轮直径 1 600 mm 的半调节轴流泵 9 台套，设计扬程 2.16 m、单机流量 9.4 m^3/s，水泵与电动机直联，额定功率 355 kW、转速 250 r/min。图 1-18b 为江苏黄金坝泵站，安装叶轮直径

1 400 mm 的轴流泵 4 台套，设计扬程 0.65(1.22) m、单机流量 4.5(3.0) m^3/s、转速 225 r/min，减速齿轮箱传动，电动机功率 115(132) kW、转速为 725 r/min。其中，3 台机组单向运行、1 台机组双向运行。

(a) 广东焦门河泵站(前轴伸式)

(b) 江苏黄金坝泵站(双向运行)

图 1-18 平面轴伸式贯流泵装置

图 1-19 为日本新潟县的关根川排水泵站，安装叶轮直径 1 400 mm 的卧式轴流泵 2 台套，设计扬程 2.1 m、流量 4.6 m^3/s，行星减速齿轮箱传动、180PS 柴油机驱动。

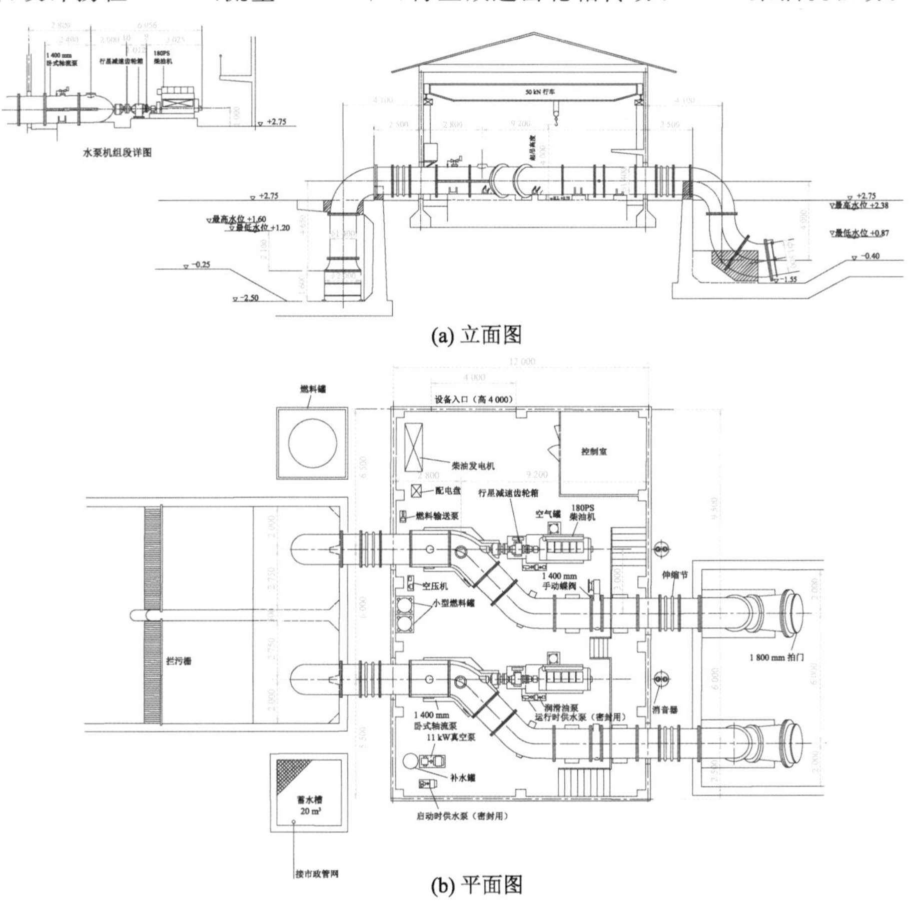

(a) 立面图

(b) 平面图

图 1-19 日本关根川排水泵站装置图(后轴伸式)(长度单位：mm)

国内代表性水平轴伸式贯流泵站主要技术参数如表 1-5 所示。

表 1-5 水平轴伸式贯流泵站主要技术参数

序号	站名	叶轮直径 D/mm	设计扬程 H/m	设计流量 $Q/(m^3/s)$	电动机功率 N/kW	电动机位置	备注
1	江苏溧阳新区枢纽	1 400	1.76			出水侧	平面轴伸式
2	江苏仙人大港枢纽	1 450	1.19/0.69	5.00	250	正向时出水侧	双向、平面轴伸式
3	江苏大墩闸站	1 600	0.91	5.00	185	正向时出水侧	双向、平面轴伸式
4	江苏西平河枢纽	1 400	1.28	5.00		出水侧	平面轴伸式
5	江苏潞横河东枢纽	1 400	1.28	5.00		出水侧	平面轴伸式
6	江苏陆步桥泵站	1 400		5.00		出水侧	
7	江苏南庄桥闸站	1 300	0.88	5.00	200	出水侧	平面轴伸式
8	江苏十八港南枢纽	1 600	1.01/0.88	5.00	200	正向时出水侧	双向、平面轴伸式
9	江苏十八港北枢纽	1 600	1.01/0.88	5.00	200	正向时出水侧	双向、平面轴伸式
10	江苏大龙港枢纽	1 450	0.88/0.79		250	正向时出水侧	双向、平面轴伸式
11	江苏周家浜闸站	1 600	0.60			出水侧	平面轴伸式
12	江苏秦淮新河泵站	1 600	2.50/2.00	10.00	630	正向时出水侧	双向、平面轴伸式
13	江苏黄金坝泵站	1 400	0.56/1.22	4.50	110(单) 132(双)	正向时出水侧	双向、平面轴伸式
14	江苏东风新泵站	1 450	1.19/0.69	5.00	250	正向时出水侧	双向、平面轴伸式
15	江苏安墩河闸站	1 600		5.25	200	出水侧	平面轴伸式
16	广东西安泵站	3 000	3.78	33.03	1 600	出水侧	立面轴伸式
17	广东联安泵站	1 600	1.50	8.50	400	出水侧	平面轴伸式
18	广东华远泵站	1 600	1.50	8.40	400	出水侧	平面轴伸式

2. 斜轴伸式贯流泵装置

该装置型式与立面轴伸式类似，不同的是出水流道不再水平，而是与水平面之间有一夹角，角度从 15°到 45°不等，同时为适应不同扬程及泵段结构布置的需要，进水流道弯肘段也做相应的调整。该型式在国内最早于 1988 年研制成功并实际应用于湖南黄盖湖铁山咀泵站，该站安装叶轮直径 3 000 mm 的斜 15°轴伸式贯流泵 3 台套，设计扬程 4.56 m、单机流量 31 m^3/s，减速齿轮箱传动，配 1 600 kW 斜式同步电动机，1991 年投入运行，在历年防汛抗灾中发挥了巨大作用，并于 2005 年开始增容改造，单机流量提高至 36 m^3/s、配套功率 2 000 kW。2009 年现场测试结果表明，扬程 3.0～5.0 m 之间为高效区，叶片安放角为 0°时，扬程在 3.9 m 左右，流量达 33 m^3/s，装置效率在 72%以上。图 1-20a 为浙江盐官泵站倾角为 15°的斜轴伸式泵装置，水泵叶轮直径 3 800 mm、单机设计流量 50 m^3/s。图 1-20b 为浙江三堡泵站倾角为 30°的斜轴伸式泵装置，水泵叶轮直径 3 560 mm、额定转速 115.4 r/min、设计扬程 3.65 m、单机流量 50 m^3/s。图 1-20c 为内蒙古红圪卜泵站倾角为45°的斜轴伸式泵装置，水泵叶轮直径2 500 mm、额定转速167.1 r/min、设计扬程2.70 m、单机流量16.7 m^3/s，水泵与电动机直联。国内代表性斜轴伸式贯流泵站主要技术参数列于表1-6。

表1-6　斜轴伸式贯流泵站主要技术参数

序号	站名	叶轮直径 D/mm	设计扬程 H/m	设计流量 $Q/(m^3/s)$	电动机功率 N/kW	传动方式	备注
1	广东文头岭泵站	2 800	0.81	23.20	1 000	减速齿轮箱	斜15°
2	江苏太浦河泵站	4 000	1.39	50.00	1 600	减速齿轮箱	斜15°
3	湖南铁山咀泵站	3 000	4.56	36.00	3 000	减速齿轮箱	斜15°
4	湖南苏家吉泵站	2 900	2.60	39.10		减速齿轮箱	斜15°
5	浙江盐官泵站	3 650	2.97	50.00	2 000	减速齿轮箱	斜15°、改造后
6	浙江长山河泵站	3 550	2.78	50.00	3 200	减速齿轮箱	斜20°
6	浙江八堡泵站	3 650	4.08	50.00	3 000	减速齿轮箱	斜20°
7	江苏新夏港泵站	2 050	2.00	15.00	800	减速齿轮箱	斜30°
8	广东小布泵站	1 680	4.70			直联	斜30°
9	广东潼湖围泵站	1 655	4.16	7.20	800	直联	斜30°
8	上海张家塘泵站	2 500	2.23	15.00		减速齿轮箱	斜30°
9	上海江镇河泵站	1 600	3.01	6.67	380	减速齿轮箱	斜30°
10	浙江三堡泵站	3 560	3.65	50.00	3 300	减速齿轮箱	斜30°
11	江西黄家坝泵站	1 800	2.18	12.80	560	减速齿轮箱	斜30°
12	江苏东台泵站	1 600	1.50	8.00	280	减速齿轮箱	斜45°
13	广东桂畔海泵站	2 500	2.70	17.00	630	减速齿轮箱	斜45°
14	内蒙古红圪卜泵站	2 500	2.70	16.70	630	直联	斜45°、改造后

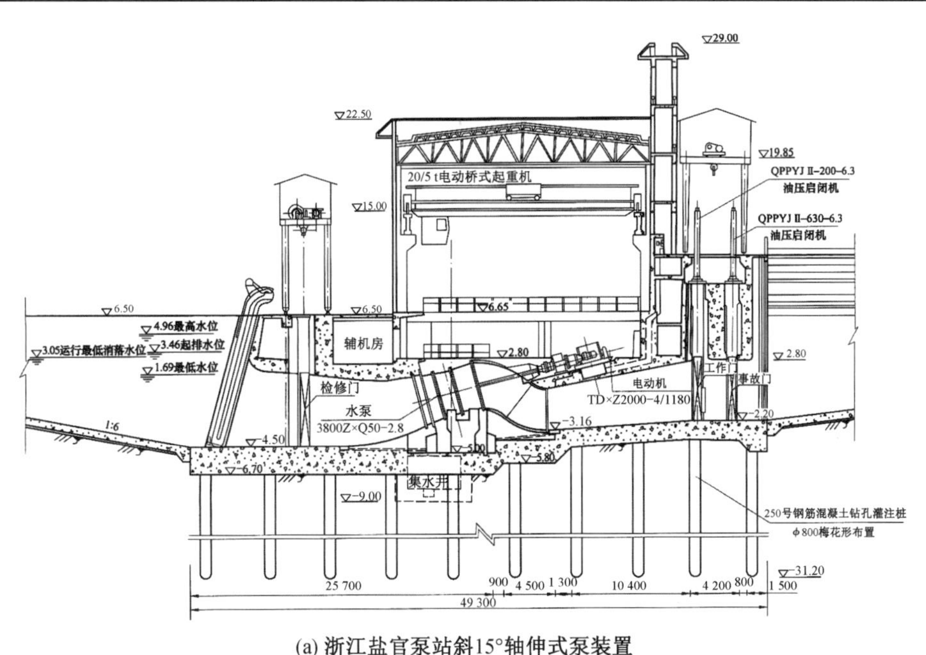

(a) 浙江盐官泵站斜15°轴伸式泵装置

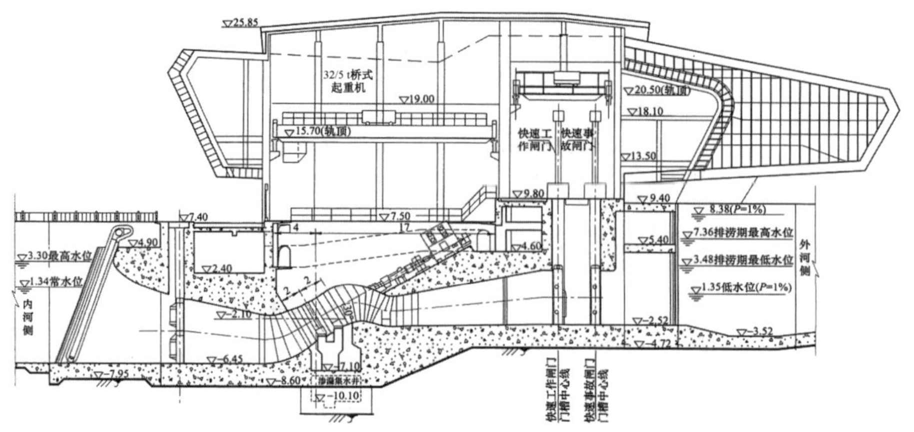

(b) 浙江三堡泵站斜30°轴伸式泵装置

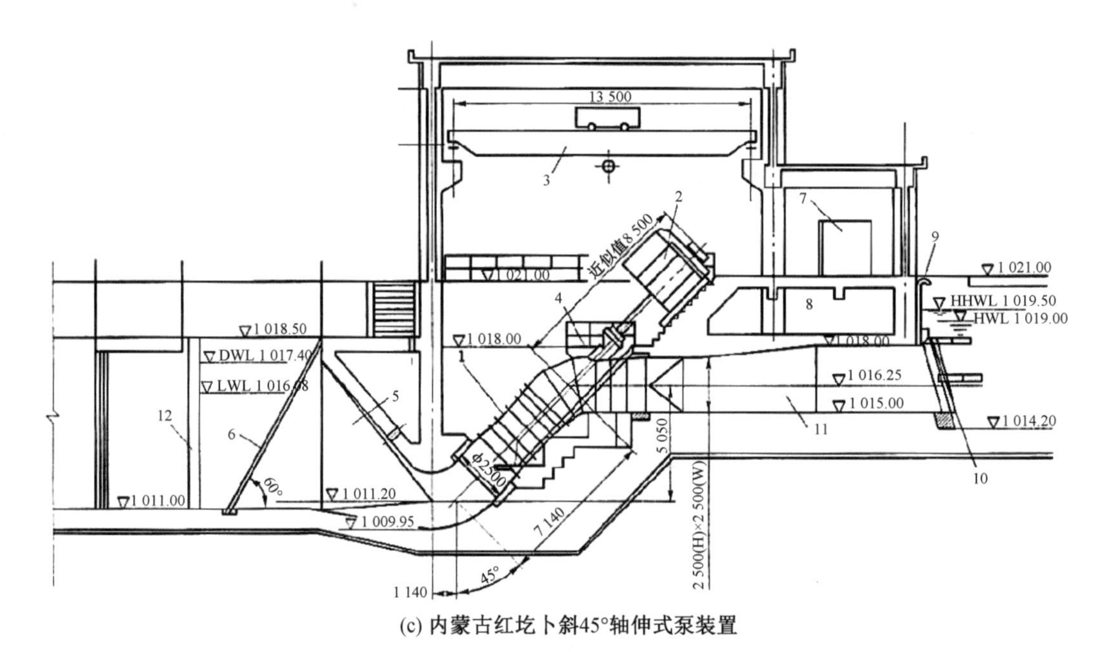

(c) 内蒙古红圪卜斜45°轴伸式泵装置

1—斜轴伸式轴流泵(直径 2 500 mm);2—630 kW 同步电动机;3—200 kN 桥式起重机;4—网纹板;5—进水流道;6—拦污栅;7—配电盘;8—电缆井;9—通气管;10—拍门;11—出水流道;12—检修闸门。

图 1-20　国内斜轴伸式泵装置(长度单位:mm)

斜轴伸式泵装置型式在其他许多国家都有成功应用的案例。在中东地区,以欧洲和日本水泵制造商供货为主。德国 Voith 公司自 1962 年起开始生产加工减速齿轮箱传动或者直接联接的斜轴伸式轴流泵,主要应用于埃及,典型泵站参数如表 1-7 所示,代表性的 2 座泵站如图 1-21 所示。仅日本日立公司在 20 世纪 60 年代就为埃及提供了 12 座斜 45°轴伸式泵站设备,其中 1 座泵站采用混流泵,全部采用减速齿轮箱传动,泵站参数如表 1-8 所示。1984 年投产的采用叶轮直径 2 500 mm、叶片全调节的斜 45°轴伸式轴流泵装置的艾萨拉姆运河泵站(El Salam)如图 1-22 所示,安装机组 5 台套,单机流量 16.5 m^3/s、扬程 2.15 m,配套电动机功率 463 kW,减速齿轮箱传动。

表 1-7 Voith 生产的典型斜轴伸式泵装置参数

泵站名称	扬程 H/m	流量 Q/(m^3/s)	转速 n/(r/min)	电动机功率 N/kW	叶轮直径 D/mm	台数	传动方式	倾角/(°)	投产年份
奥地利 Hieflau 电站蓄能用泵站	8.00	30.0	181	2 710	2 600	2	减速齿轮箱	45	1962
埃及亚历山大某泵站	4.25	12.5	198	613	1 900	6	减速齿轮箱	45	1976
埃及 Ehnasya 泵站	4.55	3.6	465	186	900	21	直联	30	1976
埃及 Abu Raheb 泵站	2.27	3.8	248	98	1 130				1976
埃及 Beni Mazar 泵站	4.17	3.0	405	141	900				1976
埃及 Kabkab 泵站	4.36	2.9	405	141	900				1976
埃及 Ehnasya Abu 泵站	1.27	1.63	230	28	900				1977
埃及尼罗河三角洲灌溉某泵站(1)	3.73	12.0	184	518	1 900	4	减速齿轮箱	45	1979
埃及尼罗河三角洲灌溉某泵站(2)	5.10	4.5	345	278	1 130	4	直联	35	1986
埃及亚历山大污水泵站	4.90	5.0	366	280	1 130	2	直联	35	1988
埃及尼罗河三角洲灌溉某泵站(3)	1.70	7.0	132	1 365	1 800	5	减速齿轮箱	45	1989
埃及尼罗河三角洲东部灌溉某泵站	4.55	4.5	335	228		5	减速齿轮箱	35	1990

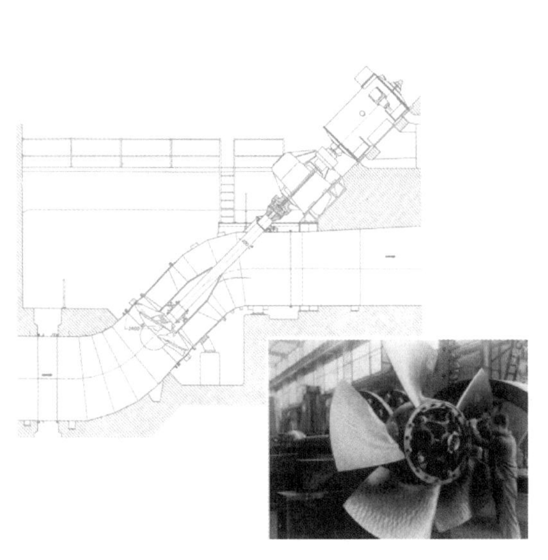

(a) 斜45°、减速齿轮箱传动

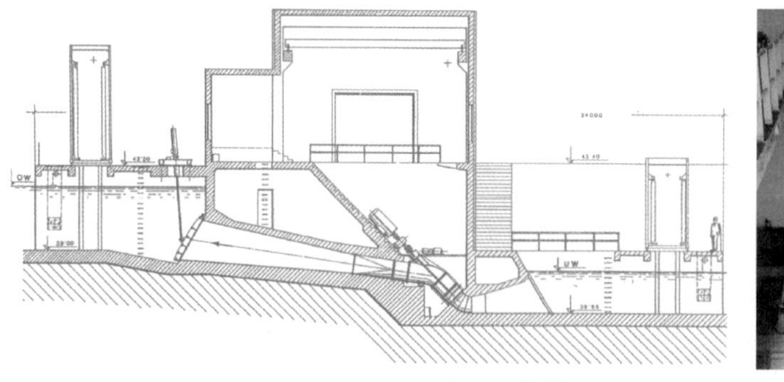

(b) 斜30°、直联

图 1-21 Voith 公司生产的斜轴伸式泵装置图

表 1-8 日立公司为埃及提供的斜 45°轴伸式泵装置参数

泵站名称	扬程 H/m	流量 Q/(m^3/s)	转速 n/(r/min)	电动机功率 N/kW	叶轮直径 D/mm	台数	泵型	投产年份
El Max 泵站	4.00	12.8	160	710	2 300	6	轴流泵	1960
Bany Himel 泵站	2.30	8.0	120	261	2 100	6	轴流泵	1963
El Marashda 泵站	4.70	8.0	215	522	1 800	5	轴流泵	1963
El Namasa 泵站	2.05	8.0	170	328	1 800	6	轴流泵	1964
Kafr Saad 泵站	2.30	8.0	113	261	2 100	4	轴流泵	1966
El Haris 泵站	3.20	8.0	180	358	1 800	4	轴流泵	1966
Bahr Tira 泵站	4.70	8.0	215	522	1 800	4	轴流泵	1966
El Tabia 泵站	5.50	8.0	239	611	1 800	5	轴流泵	1967
El Serw A'ala 泵站	6.90	8.0	134	820	1 800	3	混流泵	1967
El Irad 泵站	4.30	8.0	193	522	1 800	4	轴流泵	1967
El Matariya 泵站	4.60	8.0	211	522	1 800	3	轴流泵	1967
Lower Serw 泵站	3.80	8.0	189	410	1 800	4	轴流泵	1967

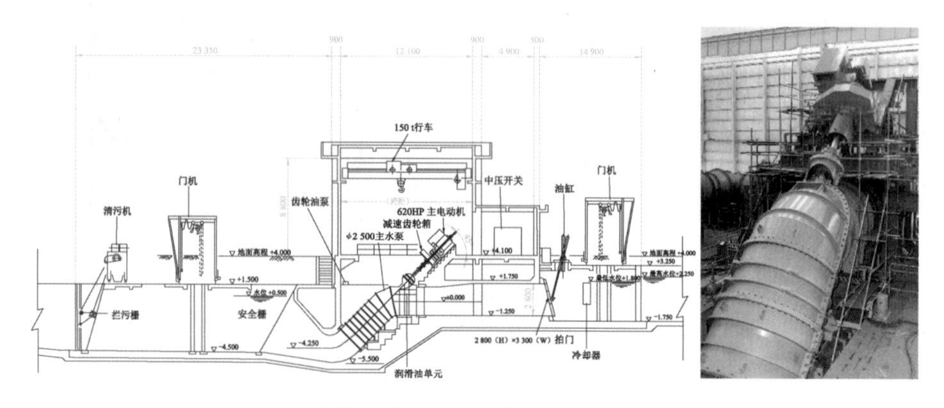

图 1-22 艾萨拉姆运河泵站装置图(长度单位:mm)

1.2 工程设计需求与研究方法

1.2.1 工程设计需求

改革开放以来，特别是近20年来，全国各地大规模兴建灌溉、排涝、城市防洪、生态供水以及跨流域引调水等水利工程，其中最主要的建筑物是泵站工程，而低扬程泵站占有较大比例，并出现形式多样的低扬程泵站装置型式。但在工程设计过程中，现有的设计规程、规范由于更新滞后，已无法满足实际工程设计的需要。

20世纪末，南水北调东线一期工程开工建设，该工程对低扬程泵站提出了更高的要求，由国务院南水北调工程建设委员会办公室提出的相关性能指标如表1-9所示，其中效率指标相比普通低扬程泵站有大幅度提升，因此，迫切需要研发高性能、高可靠性的水力模型，也需要研制高性能、强适应性的贯流泵装置型式。

表1-9 平均扬程工况下的水泵及装置模型效率参考值

泵站扬程 H/m	模型泵直径 D/mm	水泵效率 η_p/%	装置效率 η_{sy}/%
10.0	300	≥85.0	≥78.0
9.0	300	≥84.5	≥77.0
8.0	300	≥84.0	≥76.0
7.0	300	≥83.5	≥75.0
6.0	300	≥83.0	≥74.0
5.0	300	≥82.5	≥73.0
4.0	300	≥82.0	≥72.0
3.0	300	≥81.5	≥68.0
2.0	300	≥81.0	≥66.0

贯流式机组与立式机组的不同之处在于贯流式电动机为卧式或斜式安装，并且具有防潮、防湿、通风、散热等特殊要求，尤其是灯泡贯流式电动机、潜水电动机及湿定子全贯流电动机结构完全不同于常规电动机，永磁电动机更是一种新型的电动机型式，因此需要在工程设计过程中与设备制造厂紧密合作，开展适应不同型式贯流式电动机结构、保护及控制方式的研究。

由于南水北调等引调水工程以及许多城市供水工程的泵站年运行时间长，对泵站机电设备的运行可靠性提出了更加苛刻的要求，并且随着智能化技术的快速发展和成熟，常规的控制与保护模式已经无法满足泵站的运维功能需求，因此工程设计中需要采用先进的在线监控技术和基于不同算法的趋势分析系统对泵站设备进行全过程和全生命期的实时监控和诊断，在保证设备安全可靠、高效运行的同时，逐步实现泵站的智能化和智慧化。

1.2.2 主要研究方法与原则

为满足新型泵站工程设计的切实需求，在工程设计阶段由设计单位牵头，联合高等院校、科研机构、设备制造厂家组成攻关团队，在不同时期针对不同类型和功能的具体泵站设计中的关键技术难题开展系统性研究。

1. 数值模拟与优化设计

利用现代数值模拟技术，运用不同的分析软件，进行泵及装置内部流动、机组稳定性等数值模拟，机组通风、散热模拟，开、停机过渡过程数值模拟等，运用优化平台结合水工结构要求开展低扬程水力模型、贯流泵装置优化水力设计。

（1）数值模拟方法

数值模拟研究的范围包括无泵的进、出水流道单独研究，带水泵的全装置研究；研究的内容包括定常的内部流场和能量特性研究，非定常的内部流场、能量特性、稳定性研究以及空化特性、受力特性研究等。详细研究方法及内容可参见本章参考文献[1,2,5,16,20,22]。

1）进水流道优化设计目标函数

为水泵进口提供良好的流态是贯流泵装置进水流道水力设计的首要任务。根据轴流泵叶轮水力设计对进水流场的要求，相应地引入 2 个目标函数。

① 速度分布均匀度

$$v_u = \max\left[1 - \frac{1}{\bar{u}_a}\sqrt{\frac{\sum_{i=1}^{n}(u_{ai} - \bar{u}_a)^2}{n}}\right] \times 100\% \tag{1-1}$$

式中，u_{ai} 和 $\bar{u}_a$ 分别为进水流道出口断面各单元的轴向流速和平均轴向流速；n 为进水流道出口断面的单元总数。

② 水流入泵平均角度

$$\bar{\vartheta} = \max\left[\frac{\sum_{i=1}^{n}\left(90^\circ - \arctan\frac{u_{ti}}{u_{ai}}\right)}{n}\right] \tag{1-2}$$

式中，u_{ti} 为进水流道出口断面各单元的横向流速。

或采用加权平均表示：

$$\bar{\vartheta} = \max\left[\frac{\sum_{i=1}^{n}u_{ai}\left(90^\circ - \arctan\frac{u_{ti}}{u_{ai}}\right)}{\sum_{i=1}^{n}u_{ai}}\right] \tag{1-2a}$$

2）进、出水流道单独模拟与优化方法

随着计算流体动力学(CFD)的发展和应用，许多用于求解三维雷诺平均 N－S 方程和标准 $k-\varepsilon$ 紊流模型方程组的商业软件应运而生。这些软件包括 PHOENICS、ANSYS CFX 和 Fluent 等，它们已经被大量应用于模拟水轮机尾水管、蜗壳及转轮内部的流动，以及进行性能预测和优化设计，实践证明计算结果是可靠的。因此，这些软件同样可以应用于贯流泵站进水流道和出水流道的水力优化设计。

① 控制方程

进、出水流道三维流场的计算采用雷诺平均 N－S 方程，并以标准 $k-\varepsilon$ 紊流模型使方程组闭合。选用这种模型是因为实践证明标准 $k-\varepsilon$ 紊流模型对三维流动是非常适用的。

在定常条件下，计算泵站进、出水流道流场最为常用的是采用 RNG $k-\varepsilon$ 两方程紊流

模型求解不可压缩液体RANS方程。连续方程和动量方程分别为

$$\frac{\partial \overline{u}_j}{\partial x_j}=0 \tag{1-3}$$

$$\frac{\partial}{\partial t}(\rho\overline{u}_j)+\frac{\partial}{\partial x_j}(\rho\overline{u_i u_j})=\frac{\partial P^*}{\partial x_i}+\frac{\partial}{\partial x_j}\left[\mu_{\mathrm{eff}}\left(\frac{\partial \overline{u}_i}{\partial x_j}+\frac{\partial \overline{u}_j}{\partial x_i}\right)\right]+f_i \tag{1-4}$$

式中，P^* 为折算压力；u_j 为速度分量；ρ 为流体密度；μ_{eff} 为流体有效黏性系数，$\mu_{\mathrm{eff}}=\mu+\mu_t$，其中 μ 为流体动力黏性系数，μ_t 为运动黏性系数，$\mu_t=\rho C_\mu\frac{k^2}{\varepsilon}$，$C_\mu=0.09$；$f_i$ 为作用力，$f_i=-\rho[2\boldsymbol{\Omega}\times\boldsymbol{v}+\boldsymbol{\Omega}(\boldsymbol{\Omega}\times\boldsymbol{r})]_i$。

紊动能 k 和紊流耗散率 ε 由下列半经验方程式确定：

$$\frac{\partial(\rho k)}{\partial t}+\frac{\partial(\rho\overline{u}_j k)}{\partial x_j}=\frac{\partial}{\partial x_j}\left(\Gamma_k\frac{\partial k}{\partial x_j}\right)+P_k-\rho\varepsilon \tag{1-5}$$

$$\frac{\partial(\rho\varepsilon)}{\partial t}+\frac{\partial(\rho\overline{u}_j\varepsilon)}{\partial x_j}=\frac{\partial}{\partial x_j}\left(\Gamma_\varepsilon\frac{\partial \varepsilon}{\partial x_j}\right)+\frac{k}{\varepsilon}(C_{\varepsilon 1}k-\rho C_{\varepsilon 2}\varepsilon) \tag{1-6}$$

式中，$\Gamma_k=\mu+\frac{\mu_t}{\sigma_k}$，$\Gamma_\varepsilon=\mu+\frac{\mu_t}{\sigma_\varepsilon}$，$P_k=\mu_t\left(\frac{\partial \overline{u}_i}{\partial x_j}+\frac{\partial \overline{u}_j}{\partial x_i}\right)$，$C_{\varepsilon 1}=1.44-\frac{\eta(1-\eta/\eta_0)}{1+\beta\eta^3}\left[\eta=S\frac{k}{\varepsilon}\right.$，$\left.S=\sqrt{\left(\frac{\partial \overline{u}_i}{\partial x_j}+\frac{\partial \overline{u}_j}{\partial x_i}\right)\frac{\partial \overline{u}_i}{\partial x_j}}\right]$，其他经验系数为 $C_{\varepsilon 2}=1.92$，$\sigma_k=1.0$，$\sigma_\varepsilon=1.3$，$\eta_0=4.38$，$\beta=0.012$。

② 进水流道流场计算边界条件

a. 流场进口：进水流道优化水力设计计算流场的进口设置在前池中距流道进口足够远处，可认为来流速度在垂直水流方向上均匀分布、在铅直方向上为对数分布。

b. 流场出口：计算流场的出口设置在水泵叶轮室进口断面，这里无疑是充分发展的流动。在紊流流动中，下游边界的流动状态可认为影响不到上游方向的流动。在额定工况下，轴流泵叶轮转动所引起的水流的环量对水泵叶轮室以前的流场没有可测出的影响。因此，流场出口的边界条件仅提沿垂直于该断面方向的压力梯度等于零。

c. 固壁边界：进水流道边壁、前池底部及水泵导流帽等处均为固壁，其边界条件按固壁定律处理。固壁边界条件的处理中对所有固壁处的节点应用无滑移条件，而对紧靠固壁处节点的紊流特性，则应用所谓的对数式固壁函数处理，以减少近固壁区域的节点数。

d. 自由表面：前池的表面为自由水面，若忽略水面风引起的切应力及与大气层的热交换，则自由面可视为对称平面处理。

③ 出水流道流场计算边界条件

a. 流场进口：出水流道优化水力设计计算流场的进口设置在水泵导叶出口断面，这里是充分发展的流动。对于轴流泵，在设计工况下，导叶出口的剩余环量很小，可以认为导叶出口的环量为零。因此，流场进口的边界条件仅提进口流速垂直于流场进口断面。

b. 流场出口：计算流场的出口设置在距流道出口有一定距离的出水池内，这里的边界条件近似按静水压力分布给出，即$\frac{\partial u_x}{\partial x}=0$。

c. 固壁边界：出水流道边壁、出水池底部等处均为固壁，其边界条件的处理与进水流

道固壁的处理方法相同。

d. 自由表面：出水池的表面为自由水面，其边界条件的处理与前池自由面的处理方法相同。

3）带泵全装置模拟与优化方法

带泵全装置模拟是指将前池、进水池、进水流道、泵段、出水流道和出水池作为一个整体进行流道模拟分析，这样可以充分反映各组成部分之间的耦合作用，特别是进水流道出口与水泵进口之间的相互影响。这种模拟与优化方法不仅可以用于定常分析，而且可以用于非定常分析。

典型的贯流泵装置模拟域及主要过流部件和压力脉动监测点布置如图 1-23 所示。

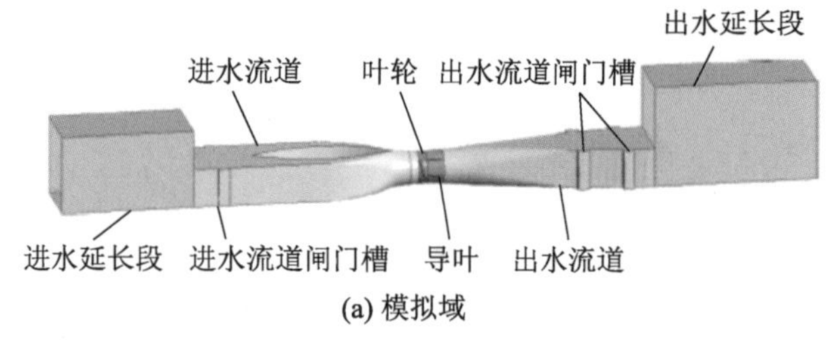

(a) 模拟域

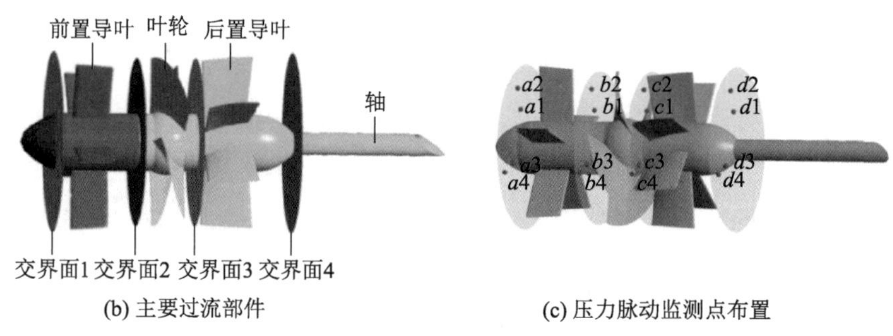

(b) 主要过流部件

(c) 压力脉动监测点布置

图 1-23 贯流泵装置模拟域及主要过流部件和压力脉动监测点布置

① 边界条件设置

a. 压力参考点：将压力参考点为零的位置设置在进水池表面上任意一点。

b. 速度进口条件：在进水池进口边界设置速度进口条件，速度值根据流量与断面面积确定。进口边界上的紊动能 k 和紊流耗散率 ε 采用式(1-5)和式(1-6)计算确定。

c. 自由出流条件：在出水池出口边界设置自由出流条件。由于对出水池进行了延长，可以认为出口的流动充分发展，沿流动方向没有变化。

d. 固体边壁：固体边壁包括进水流道和出水流道边壁、水泵叶片表面、水泵轮毂体表面、叶轮室内壁等。在近壁区，流动不是充分发展的紊流，需要针对近壁区流动设置近壁区处理模式。而这一处理模式又与网格尺度密切相关，对此，建议选择混合壁面函数处理模式。

e. 自由水面：进水池和出水池的表面为自由水面，作为运动边界需要赋以边界条件，通常采用刚盖假定法，即认为自由水面固定不变，其法向速度为零。

f. 旋转域：在泵段的流动计算区域中，因叶轮旋转，故采用两个坐标参考系。叶轮室内壁是静止壁面，故采用静止坐标系；水泵轮毂体及叶片为旋转壁面，故采用相对旋转坐标系，其旋转方向与叶轮旋转方向一致。

② 紊流模型

根据需要选择不同的紊流模型，可采用常用的与流道模拟一致的 RNG $k-\varepsilon$ 两方程紊流模型，也可采用 SST $k-\omega$ 模型等。在模拟空化性能时，可采用有关的空化模型。具体模型选择和对比等可参阅相关参考文献，这里不再赘述。

(2) 水力优化设计途径

在充分考虑贯流式机组支撑型式、传动方式、工况调节方式等的基础上，进行水泵装置内流数值模拟和优化设计，确定影响水力性能的主要因素，并分析这些因素与结构尺寸之间的关系。通过数值模拟，比较水力模型之间的差异，即水力模型与进、出水流道的匹配程度，分析工况调节方式和机组结构型式对装置性能的影响，研究贯流泵装置水力特性优化途径等，为机组结构设计提出参考性建议。

(3) 运行稳定性模拟与预测

1) 压力脉动数值分析

以前述定常计算结果为初始值，采用基于雷诺时均的 N－S 方程和标准 $k-\varepsilon$ 紊流模型，对整个贯流泵装置进行全工况的非定常数值计算。边界条件的设置与性能优化类似，计算区域进口采用总压进口、出口采用自由出流，动静交界面采用瞬态滑移交界面，壁面采用无滑移壁面。

通过对 CFD 非定常压力计算结果进行分析处理，得出各压力监测位置的压力脉动时域图和频域图，从而掌握关键点的压力脉动特性，指导模型泵装置压力脉动测试时传感器的选型和布置。

2) 压力脉动测试

在进行性能试验的同时，在与 CFD 模拟预测对应的位置布置压力传感器，测试得出不同运行工况下的压力脉动时域图和频域图。

3) 机组振动和摆度测试

采用先进的测试技术对模型装置和原型机组进行不同部位的振动及摆度测试，分析其与压力脉动和装置性能之间的关联性，给出机组稳定性运行范围和趋势判断。

2. 模型试验与测试

利用模型试验台对水力模型、装置模型等进行模型测试，测试不同工况下的水力性能、空化性能、压力脉动特性等，预测原型装置性能，并与数值模拟结果进行对比分析。

(1) 水力性能测试

对贯流泵装置进行模型试验，测试其能量特性、空化特性、飞逸特性和稳定特性等，再根据相似定律预测原型装置的性能，判断设计成果是否达到预期效果。试验通常在科研机构和高等院校的模型试验台进行，模型试验装置应能保证通过测量截面的液流具有下列特性：轴对称速度分布；等静压分布；无装置引起的漩涡。模型试验装置按循环管路系统分为开式和闭式 2 种。

开式试验台结构简单、使用方便，散热条件和稳定性好。缺点是调节进口阀进行空化特性试验时，会造成泵进口流动的不稳定，影响空化性能的测试精度。开式试验台水池的容量在可能的条件下做大些，对散热和稳定液流均有好处。开式试验台在西方国家应用较广泛，国内早期应用较多，近 20 多年应用不多。

闭式试验台系统中的液体与外界空气隔绝，单独构成密闭循环系统，既可以进行性能试验，又可以进行空化特性试验，其优点是空化特性试验的精度高。我国近期的模型装置试验均以闭式试验台试验为主。本书装置模型试验所涉及的有关试验台设施、试验方法等在相关章节中有详细介绍。

(2) 机组电气性能测试

由于贯流泵装置的结构特殊性，尤其是潜水贯流泵装置和全贯流泵装置，电动机与水泵是一整体，密不可分，而且电动机的性能是装置性能的决定性因素，因此不仅需要进行包括电动机在内的模型性能试验，还需要进行原型机组的性能测试，除了要测试水力性能，还要测试电动机包括绝缘性能参数等在内的各种电气性能参数，这些在潜水贯流泵及全贯流泵的相关章节中有详细介绍。

3. 机组结构及监控技术研发

开展新型机组结构、控制设备、监测系统研发，并进行结构强度、应力应变分析和系统仿真，确保工程设计的可靠性。

(1) 装置型式的比较分析

在水力性能综合比较分析的基础上，重点进行机组可靠性与安装维修便利性的比较、电动机运行环境与通风方式的比较以及泵站结构与设备布置的比较等，针对贯流泵机组主要故障的特点，从机械、水力、电气及泵站管理等 4 个方面进行综合比较，可以采用定性加定量的方法。

(2) 工况调节方式的比较与选择

贯流泵机组的工况调节方式包括叶片全调节和变速调节。叶片全调节有液压全调节、机械全调节和环保型组合式全调节 3 种类型；变速调节包括液力耦合器调节、变极电机调节、双速电机调节和变频变速调节等 4 种型式，最常用的是变频变速调节。工况调节方式的选择主要取决于机组启动及运行特性、泵站型式、泵站水位及扬程情况和运行时间长短等，主要有下列 3 个原则：

① 可靠性原则：选择的工况调节方式应使得机组的可靠性满足要求。

② 经济性原则：设置工况调节装置增加的设备费和安装调试费不应高于因调节机组运行工况而节约的总运行费用。

③ 管理方便原则：设置工况调节装置后，泵站运行控制应便于操作，机组应具有较好的启停机特性。

(3) 传动方式的比较分析

贯流泵机组传动方式可选择的类型包括水泵与电动机直接联接的直接传动和通过减速齿轮箱的间接传动 2 种。在间接传动中，减速齿轮箱的类型包括行星减速齿轮箱、柱形减速齿轮箱和锥形减速齿轮箱等。比较分析中需要考虑的因素包括传动效率、承载能力、电动机尺寸、安装维修便利性、可靠性、耐久性和造价等。

(4) 轴系的受力分析与轴承型式的选用

贯流泵机组运行时，转动轴受力和变形复杂，除静载外，还与浮力、水推力脉动、机械振动、电动机不平衡磁拉力等因素有关。轴系挠度值与轴径、各段轴长度、材料及支撑点分布等因素有关。因此，在考虑轴系的静载、部件浮力、机组运行扭矩、叶轮轴向水推力作用时，分析计算贯流泵机组轴系受力和挠度，主要方法如下：

1）轴向力分析

叶片所受轴向水推力

$$P_Z=4\pi R^2\rho gH_t\left[1-\left(\frac{R_h}{R}\right)^2-\frac{gH_t}{\omega R^2}\ln\frac{R}{R_h}\right] \tag{1-7}$$

式中，R_h 为轮毂半径；R 为叶轮半径；ρ 为水体密度；g 为重力加速度；H_t 为水泵理论扬程。

轮毂所受轴向水推力

$$P_{Zh}=\pi\rho gH_t(R_h^2-R_m^2) \tag{1-8}$$

式中，R_m 为泵轴半径。

叶轮总的轴向水推力

$$F_Z=P_Z+P_{Zh} \tag{1-9}$$

2）泵轴所受弯矩

贯流泵机组主轴受力复杂，主要有电动机转子重力、叶轮重力、主轴自重及轴承支承反力。采用商业软件，例如 MDSolids 等，根据泵轴长度、导轴承位置、电动机转子和叶轮的重力与作用位置，分析计算主轴各处所受的剪力和弯矩，典型分析结果如图 1-24 所示。

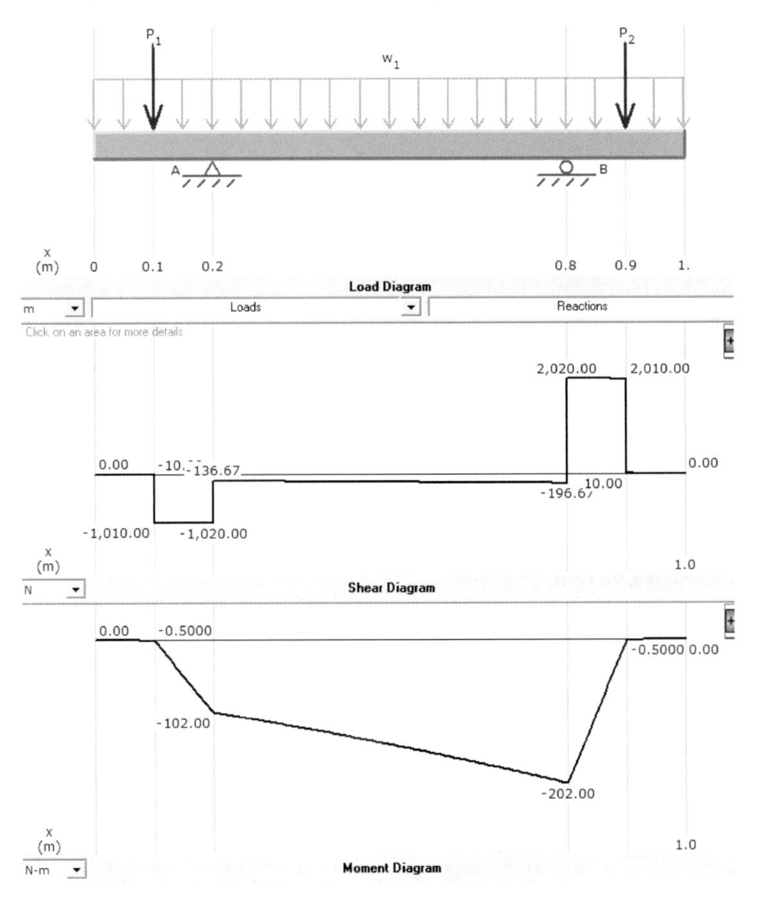

图 1-24　商业软件计算主轴弯矩图示例

3）泵轴所受扭矩

图 1-25a 所示为一曲拐 ABC，其中 AB 为等截面实心圆杆，A 端固定，C 端受一集中力 F 作用，现研究 AB 段的受力情况。将力 F 向 B 截面的形心处简化，简化后其等效力系可分成两组：B 端的横向力 F 以及作用在 B 端截面内的力偶。横向力 F 将引起 AB 杆发生弯曲，而力偶矩 Fa 将引起 AB 杆发生扭转。

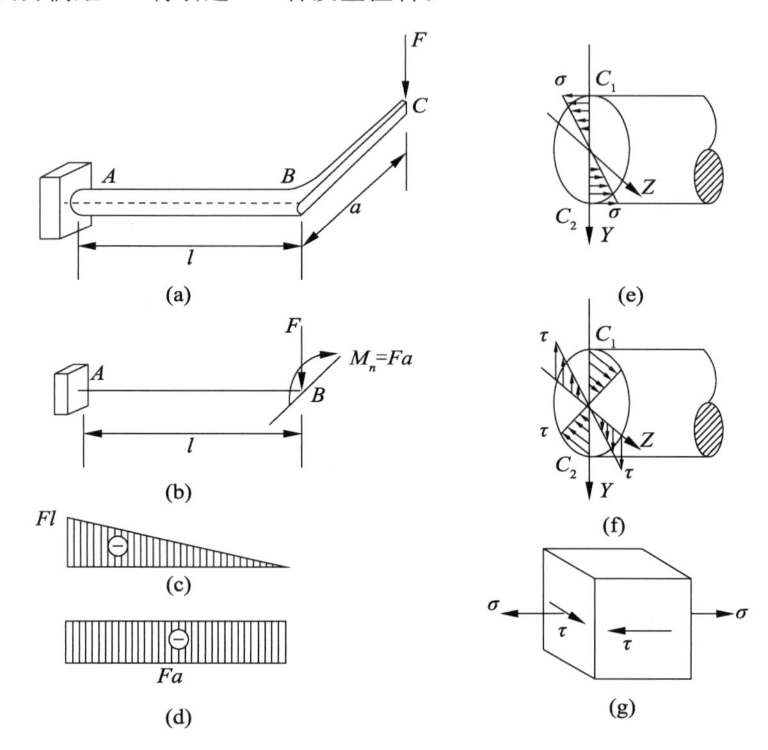

图 1-25 弯-扭组合变形杆

所以 AB 杆将发生弯曲与扭转的组合变形（见图 1-25b）。绘出力 F 单独作用下 AB 杆的弯矩图（见图 1-25c）以及力偶矩 Fa 单独作用下 AB 杆的扭矩图（见图 1-25d）。后置式灯泡贯流泵机组的主轴受力发生弯-扭-拉组合变形。

4）泵轴危险截面

根据图 1-25c 和图 1-25d 可判断出固定端 A 截面为危险截面，因为固定端截面处弯矩最大而扭矩沿各横截面均相等。

横截面上弯曲正应力和扭转切应力的分布规律分别如图 1-25e 和图 1-25f 所示。要进行强度计算，还必须确定危险截面处的危险点。由图可见，在横截面上、下两端点 C_1，C_2 处有最大弯曲正应力，而横截面周边各点处有最大扭转切应力。可见，C_1，C_2 两点是危险点。对于许用拉、压应力相等的塑性材料制成的杆，这两点同等危险。后置式灯泡贯流泵机组主轴发生弯-扭-拉组合变形，则上部 C_1 点拉应力叠加，因此，C_1 点为最危险点。

5）截面应力分析

C_1 点处既有弯曲正应力，又有扭转切应力，处于二向应力状态（此处由横向剪力引起的切应力为零）。要研究 C_1 点处的应力状态，可围绕 C_1 点用横截面、纵截面和平行于表面的截面截出一个单元体，绘出此单元体各面上的应力（见图 1-25g），此单元体最大主应力 σ_1 和最小主应力 σ_3 为

$$\begin{cases}\sigma_1=\dfrac{1}{2}(\sigma+\sqrt{\sigma^2+4\tau^2})\\ \sigma_3=\dfrac{1}{2}(\sigma-\sqrt{\sigma^2+4\tau^2})\end{cases} \tag{1-10}$$

而 $\sigma_2=0$。式中，σ 和 τ 分别为 C_1 点处的弯曲正应力和扭转切应力，可按下式计算：

$$\begin{cases}\sigma=\dfrac{F_Z}{A}+\dfrac{M}{W}=\dfrac{F_Z}{A}+\dfrac{32M}{\pi D^3(1-\alpha^4)}\\ \tau=\dfrac{T}{W_t}\end{cases} \tag{1-11}$$

式中，α 为空心轴内、外直径之比，实心轴为零；M，T，A 分别为危险截面上的弯矩、扭矩和该截面的横截面积；W，W_t 分别为弯曲、扭转截面系数。

6）泵轴强度校核

贯流泵机组主轴由钢材制成，所以采用第三或第四强度理论建立强度条件，构件的工作安全系数

$$n_\sigma=\frac{\sigma^{-1}}{\sigma_\alpha\dfrac{K_\sigma}{\varepsilon_\sigma\beta}+\sigma_m\psi_\sigma}\geqslant n_f \tag{1-12}$$

式中，σ_α 为 $(\sigma_1-\sigma_3)/2$；σ_m 为 $(\sigma_1+\sigma_3)/2$；σ^{-1} 为对称循环许用拉应力；K_σ 为有效应力集中系数；ε_σ 为尺寸因数；β 为表面质量因数；ψ_σ 为主轴材料对应力循环不对称性的敏感系数。切向安全系数 n_τ 也可以用形同式(1-12)的公式计算而得。

弯-扭组合交变应力作用下的疲劳强度，利用第三强度理论，由式(1-13)校核：

$$\frac{n_\sigma n_\tau}{\sqrt{n_\sigma^2+n_\tau^2}}\geqslant n \tag{1-13}$$

7）推力轴承校核

贯流泵机组的推力轴承包括巴氏合金瓦推力轴承、弹性金属塑料瓦推力轴承和采用油（脂）润滑的滚动推力轴承等 3 种结构型式；水泵导轴承主要有滚动轴承、水润滑非金属滑动轴承和油润滑金属滑动轴承等型式。

采用滚动轴承时，有效承载面积系数

$$\overline{A}_e=\frac{\vartheta'_m}{8D_1^2}\left(\frac{D_4^2-D_3^2}{\ln\dfrac{D_4}{D_3}}-\frac{D_2^2-D_1^2}{\ln\dfrac{D_2}{D_1}}\right) \tag{1-14}$$

式中，ϑ'_m 为面积系数；D_1，D_2，D_3 和 D_4 分别为轴径、滚子所在内径、滚子所在外径和推力轴承外径。

导轴承校核：

$$p=\frac{F_\alpha}{dB}\leqslant p_P \text{ 或 } pv=\frac{pn_Z}{191\,000B}\leqslant(pv)_P \tag{1-15}$$

式中，p 为轴瓦应力；F_α 为压力；d 为轴承直径；B 为轴承宽度；n_Z 为轴承转速；v 为轴承

圆周速度。

(5) 机组支撑型式的比较分析

贯流泵机组的总体结构不同,其支撑型式也不同,贯流泵机组转动轴系通过导轴承支座和推力轴承支座得到支撑。轴承支座设置数量应适当且位置分布合理,满足转动轴系受力合理、变形较小、稳定可靠性高和安装检修方便的要求。轴承支座承载整个转动部件的重量,其硬度和抗冲击性能必须能保证机组可靠运行。间接传动的机组,水泵轴和电动机轴分段,都要设置导轴承支撑,推力轴承设在水泵轴段,保证齿轮工作面没有轴向作用力,延长减速齿轮箱的使用寿命。贯流泵机组的支撑类型按层次可分为主轴系轴承支座支撑、灯泡体支撑和泵体支撑 3 种类型。

贯流泵机组的支撑结构应简单可靠,有足够的强度承受机组自身的重量、运行时的水推力,并能承受机组的振动,满足刚度、强度要求,保证机组能安全可靠运行,便于机组的安装、检修维护。结构比较中重点考虑支撑型式对机组稳定性和可靠性的影响以及对泵装置水力性能的影响,而这两者又互相矛盾,因此在设计支撑型式时需遵循下列原则:

① 轴承数量和分布科学合理,轴承支座有足够的强度和刚度,结构简单,易安装、检修维护。

② 灯泡贯流式的灯泡体支撑型式安全可靠,水力损失小。

③ 泵段支撑稳定,可靠性高,易于施工。

(6) 电动机冷却方式的比较与选择

贯流泵机组,特别是灯泡贯流泵机组的电动机冷却方式主要有强制通风冷却(风冷)、水冷、空-水冷结合等。

强制通风冷却分为外冷和内冷。外冷是对电动机外壳进行冷却;内冷是将空气强迫通入电动机内部缝隙和风道对电动机定子和转子进行冷却。风冷结构简单、费用低廉、维护方便,但比热容和导热系数小,需要较大的散热面积和通风量才能达到预期的冷却效果。

水冷也分为外冷和内冷。外冷是利用泵装置流道中的水对定子外壳进行冷却;内冷是直接将水体通入电动机内部的冷却腔对电动机进行冷却。由于水具有比热容及导热系数较大、价廉无毒、不助燃且无爆炸危险等特点,因此水内冷效果好,材料利用率高,但设备和运行成本也高。

空-水冷结合是指封闭循环通风冷却系统的冷空气进入电动机吸收热量后流出,被水冷后,重新进入电动机进行冷却。对热空气水冷有两种方法:一是迫使热空气流经紧靠灯泡壳体外壁的贴壁式风道,通过灯泡体外薄壁进行热交换,利用外部流道内的水流进行冷却;二是设置空气冷却器对热空气进行冷却。

1) 电动机通风散热计算

定子轴向通风槽面积

$$S_1 = 2z_1 l_1 (h_n b_n) \tag{1-16}$$

式中,h_n,b_n,l_1,z_1 分别为槽高、槽宽、定子铁芯长度和定子槽数。

定子绕组端部冷却面积

$$S_2 = 4\pi D_1 l_H \tag{1-17}$$

式中,D_1 为定子绕组的直径;l_H 为绕组轴向伸出长度。

定子铁芯对电动机内部空气的平均温升

$$\theta_{Fe}=\frac{k_1 P_{Fe}+P_{Cu}}{\alpha_1 S_n} \tag{1-18}$$

式中，k_1 为系数，通常取 0.72～0.84，其物理意义为，在定子热计算中，电动机内空气带走的仅为部分有效损耗，余下部分损耗直接经过定子外壳由外部流道内水流带走；P_{Fe} 为电动机铁损；P_{Cu} 为电动机铜损；α_1 为定子铁芯表面散热系数；S_n 为定子圆柱面冷却面积。

定子绕组对电动机内部空气的平均温升

$$\theta_{Cu}=\frac{c_1 P_{Cu} R_{CF} l_t+(1-c_1)P_{Cu} R_E l_E}{l_t+l_E} \tag{1-19}$$

式中，R_{CF}，R_E 分别为铜铁之间的热阻和定子线圈端部热阻；c_1 为定子铜耗通过定子圆柱面被空气冷却量所占的比例；l_t，l_E 分别为定子绕组的有效部分长度及端部长度。

电动机内部空气对外部空气的平均温升

$$\theta_B=\frac{P_{Fe}+P_{Cu}+P_f}{\alpha_B S_M} \tag{1-20}$$

式中，S_M 为电动机通风面积；α_B 为电动机内部与空气表面传热系数；P_f 为同步电动机励磁绕组铜耗。

径向通风系统可保证的近似风量

$$Q_B=3.5\left(\frac{n}{1\,000}\right)^{\frac{3}{4}}\left(\frac{D_{H2}}{100}\right)^2(z_k l_k+100)\times 10^{-2} \tag{1-21}$$

式中，z_k，l_k 分别为径向风道数和宽度；D_{H2} 为电动机外壳直径；n 为电动机的转速。

径向通风系统空气压力

$$\Delta p_1=785\left(\frac{n}{1\,000}\right)^2 D_{H2}^2 \tag{1-22}$$

对于带离心式风扇的轴向通风系统，轴向等效风阻 Δp_2 可根据图 1-26 得出，P 为电动机发热功率。

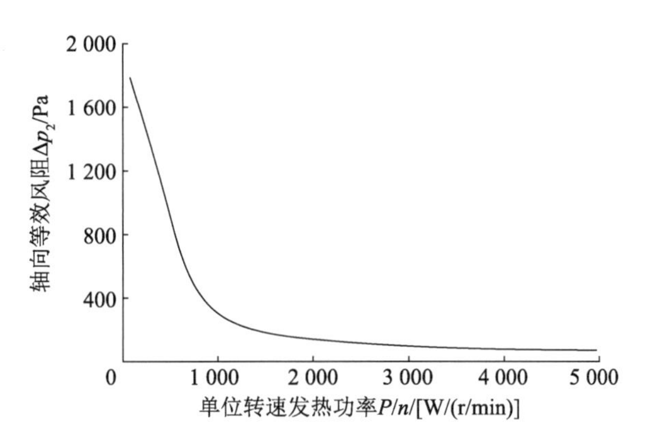

图 1-26 轴向通风系统等效风阻

2）灯泡体外水流对灯泡体内热空气的冷却计算

灯泡式贯流泵电动机贴壁式风道封闭式强制通风冷却系统总体风路示意如图 1-27 所示。设电动机环境空气温度为 t_0，流道水的温度 $t_W=t_0-(3\sim5)$，与流道水热交换的热

空气温度为 t_Q。

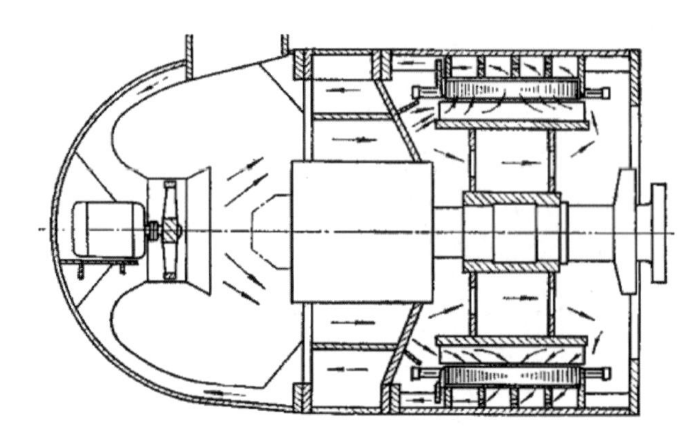

图 1-27 贴壁式通风系统示意图

流道水与壁的热交换系数

$$\alpha_w = 0.023 Re^{0.8} Pr^{0.4} \frac{\lambda_W}{D} \varepsilon_e \tag{1-23}$$

式中，Pr，λ_W 分别为温度为 t_W 时水的普朗特准则数和导热系数；Re 为水的雷诺数；D 为当量直径；ε_e 为修正系数。

通风孔的散热系数

$$\begin{cases} \alpha_v = a(1+1.2\sqrt{v}) & v>55 \text{ m/s 时} \\ \alpha_v = a(1+k_0\sqrt{v}) & v\leqslant 55 \text{ m/s 时} \end{cases} \tag{1-24}$$

式中，a 为在平静空气中的表面散热系数；k_0 为气流吹拂效率系数，取 0.1。

外壁流道水实际冷却量

$$P_1 = \frac{t_Q - t_W}{R_1 + R_2 + R_3 + R_4} \cdot \frac{1 - e^{-K_1}}{K_1} \tag{1-25}$$

式中，R_1，R_2，R_3 和 R_4 分别为散热筋、灯泡壁、灯泡壁防腐层和水与灯泡体之间的热阻；$K_1 = 10^{-3}/[(R_1R_2R_3R_4)Q_BC_a]$。

冷端空气温度

$$t_c = (t_Q - t_0)e^{-K_1} + t_W \tag{1-26}$$

通风量

$$Q_B = \frac{P}{C_a(t_Q - t_c)} \tag{1-27}$$

式中，C_a 为空气的体积比热容。

灯泡壳内风阻

$$\Delta p_3 = \lambda \frac{1}{R_S} \cdot \frac{v^2\rho}{2} \cdot l + \xi \frac{v^2\rho}{2} \tag{1-28}$$

式中，λ，ξ 分别为沿程阻力系数、局部阻力系数；R_S 为水力半径；l 为风管长度。对圆形管，$\frac{1}{\sqrt{\lambda}} = -2\lg\left(\frac{\Delta}{3.7D} + \frac{2.51}{Re\sqrt{\lambda}}\right)$；对同心管，$\lambda = 0.11\left(\frac{\Delta}{d} + \frac{68}{Re}\right)^{0.25}$，其中 Δ 为风管的粗糙

度，D 为圆形管直径，d 为同心管小口径端直径。

3）空气冷却器冷却计算

空气冷却器压差

$$\Delta p_4 = Eu \cdot \rho v^2 \quad (1\text{-}29)$$

式中，Eu 为欧拉准则数，$Eu = fRe^{-y}N$，其中 f，y 为待定的系数和指数，N 为冷却器管排数。计算出所需的冷却水泵的压力和流量，选用合适的冷却水泵。

4）通风回路阻力计算与风机选择

通风机有效压差

$$\Delta p = K_3 \sum_{i=1}^{4} \Delta p_i \quad (1\text{-}30)$$

式中，K_3 为通风系数，取 1.05～1.15。运行时，通风机有效功率为 $P_T = \Delta p Q_B$。

电动机定子绕组是电动机运行时温度最高的部位。以定子绕组允许最高温度为依据，对某贯流泵机组电动机开敞式通风系统进行分析，确定空气流速与电动机定子绕组温升的关系。当空气流速 15 m/s≤v≤55 m/s 时，定子绕组相对于电动机外空气的平均温升为

$$\Delta t_1 = \frac{P_T}{S_M(1.05v + 99.5)} - 0.168v + 39.93 \quad (1\text{-}31)$$

（7）监控系统的选择与设计

根据泵站功能需求和年运行时间选择与之相适应的控制和保护系统，以及具有特殊功能的在线监测系统，包括潜水电动机的绝缘监测、不同部位的振动和摆度监测等，并在综合比较的基础上决定配置的故障诊断及智能监控系统等。

4. 现场测试与分析

在泵站工程现场进行现场性能测试，进一步检验设计和研究成果的可信性和先进性。

工程竣工后投入试运行或正式运行时，在现场进行原型装置的性能测试，进一步检验工程设计和科研成果，为类似工程设计积累经验。除特殊专项试验，现场试验的重点是流量测试，其余参数利用现场监控设备采集的数据。

现场流量测试的方法较多，应用最多的是出水河道断面 ADCP 测流，也有的采用流速仪测流、盐水浓度测流、五孔测针测流、毕托巴流量计测流以及压差测流等，近期建成的泵站多采用单机组超声波测流。不同的测流方法精度差异较大，在对比研究成果时，采用相对值进行对比较为合理。现简要介绍最常用的河道断面 ADCP 测流和机组多声道超声波测流 2 种测流方法。

（1）河道断面 ADCP 测流

ADCP(acoustic Doppler current profiler)测流是利用声学多普勒频移效应原理进行流速测量，专门用于测量河流、水渠或狭窄海峡的流量，其测量原理属流速-面积法。ADCP 根据测定水体中微颗粒声波后向散射的多普勒频移来测量水体速度，它的换能器发射出一定频率的脉冲，该脉冲碰到水体中的悬浮物质后产生后向散射回波信号。由于悬浮物质随流漂移，该回波信号频率与发射频率之间会产生一个频差，即多普勒频移。根据这一频移的大小和符号（正负），即能计算出流速和流向。由于声波在一定深度（表层至几百

米深度)范围内的水体中的传播速度基本不变,根据声波由发射到接收的时间差便可确定深度。在使用 ADCP 测流时,设置不同厚度的深度单元,即将测流断面分成若干个子断面,利用不断发射的声波,确定一定的发射时间间隔及滞后,通过多普勒频以及谱宽度的估算,便可得到整个水体剖面逐层上水体的流速;在每个子断面内测量垂线上一点或多点流速并测量水深,从而得到子断面内的平均流速和流量,再将各个子断面的流量叠加,即可得到整个断面流量。

目前,针对水体流速测量,ADCP 主要包含定点式和走航式 2 种测量方式。定点式测量是在水流固定点(如水面桥墩)上安装 ADCP,利用 ADCP 测量水体,因为仪器在固定一点上测量数值,所以测定水体所得数值为真实值,可直接用于数据处理。而走航式测量是将 ADCP 安装于船体水下部分,通过船体移动检测水体,因为 ADCP 在移动状态下测量数据,所以测定数据是一种以船体作为参照物的相对测定值。假设水体流速与水体颗粒物的运动速度相同,ADCP 对颗粒物运动进行水跟踪,获得速度与 ADCP 速度相对值。如果 ADCP 平台安装固定,那么水跟踪所得流速就是水流绝对速度。若 ADCP 为移动安装,则将水跟踪所得相对速度扣除平台移动速度,即可获得水流绝对速度。ADCP 测流原理如图 1-28 所示,走航式测船及 ADCP 测流示意如图 1-29 所示。

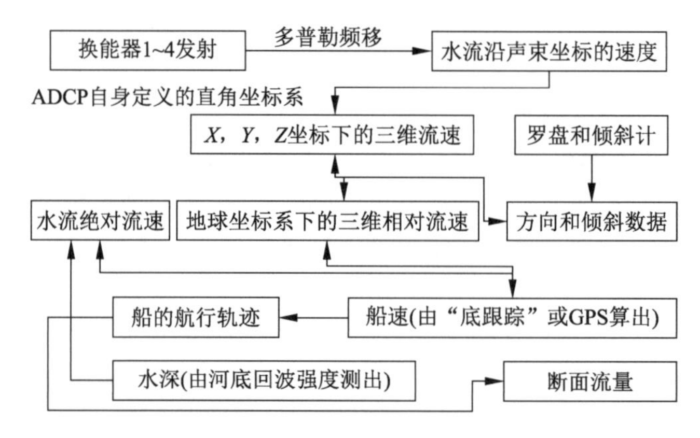

图 1-28 ADCP 测流原理图

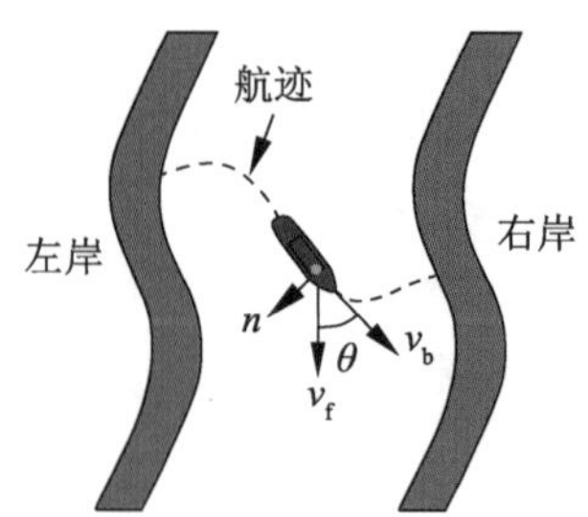

图 1-29 走航式测船及 ADCP 测流示意图

采用 ADCP 测定泵站流量,先连续测定泵站引河或出水河道过水断面上多条垂线上不同深度的流速,然后在整个断面上采用流速与面积的矢量积分,计算出流量,该流量即为泵站所有运行机组的流量之和。每次测定流量时,取走航式测船往返两次测定流量的平均值。测试中作业船速是影响流量测试精度的重要因素,即在测流过程中应根据河流流速状况，控制适宜船速，确保测试精度和安全。此外，水中含沙对“底跟踪”的影响、船对罗经的影响等都会影响 ADCP 的正常工作；船体的上下晃动会使埋深有较大的变化，要保持仪器水下埋深相对稳定，最佳方式是采用软性连接。

泵站多台机组运行时，ADCP 法测定的为泵站总流量，单台机组流量可以平均求得。但即使泵站安装的是同型号机组，且水泵叶片在同一安放角下，由于机组制造、安装质量的差异，特别是泵站流态的差异，机组之间的性能也会有差异。因此，用泵站所有运行机组总流量的平均值作为某一台机组的流量，会有一定误差。

(2) 机组多声道超声波测流

1) 多声道超声波流量计测量原理

多声道超声波流量计是通过传播时间差法测量超声脉冲传播时间得出介质流量的速度式流量计。如果液体没有流动，超声波将以相同速度向两个方向传播。当管道中的介质流速不为零时，沿介质方向顺流传播的脉冲将加快速度，而逆流传播的脉冲将减慢速度。因此，相对于没有介质的情况，顺流传播的时间 t_1 将缩短，逆流传播的时间 t_2 会延长，根据这两个传播时间，可利用下式计算出流速 v。

$$v=\frac{L^2}{2d}\cdot\frac{t_2-t_1}{t_1t_2} \tag{1-32}$$

式中，v 为流速；t_1 为顺流传播时间；t_2 为逆流传播时间；L 为传感器间距；d 为传感器轴向距离。

时差法超声波测流原理如图 1-30 所示。

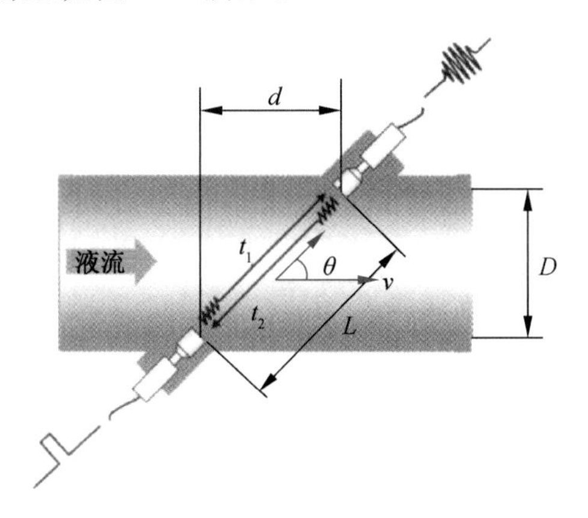

图 1-30　时差法超声波测流原理图

对圆形截面多声道超声波流量计，将各声道水平布置，如图 1-31 所示。通过时差法，测得流体横截面流线速度平均值，再生成流速分布函数，然后通过对面积分布函数和流速分布函数进行二重积分计算出流量 Q：

$$Q=\iint v(r)S(r)\mathrm{d}r\mathrm{d}s \tag{1-33}$$

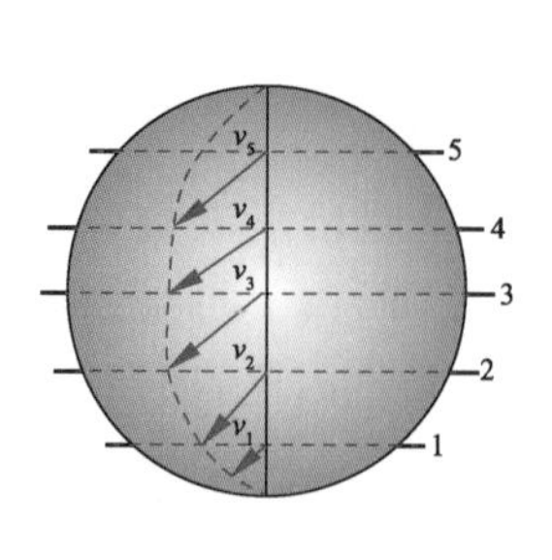

(a) 各声道平均流速分布函数

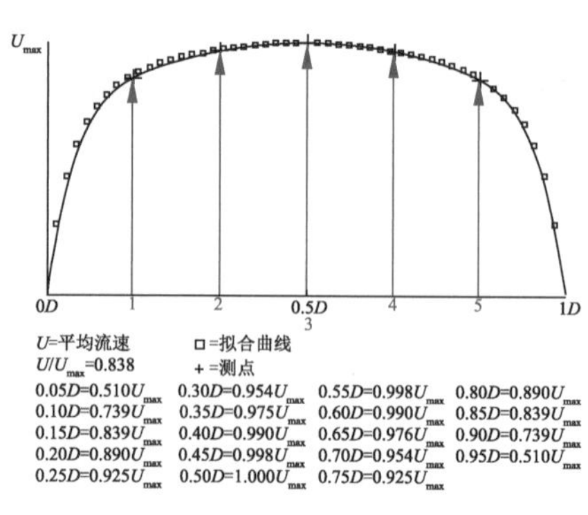

(b) 流速分布函数

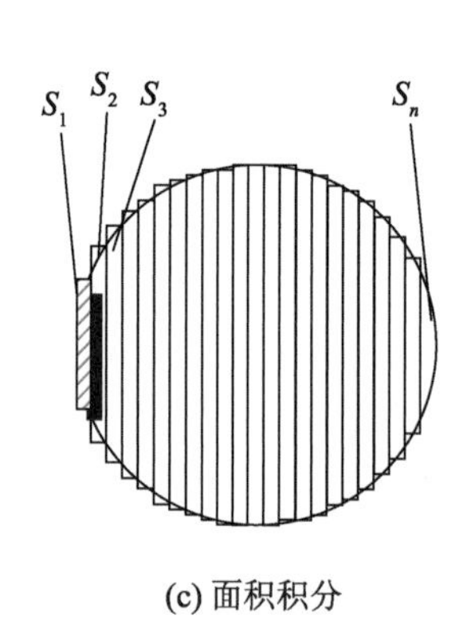

(c) 面积积分

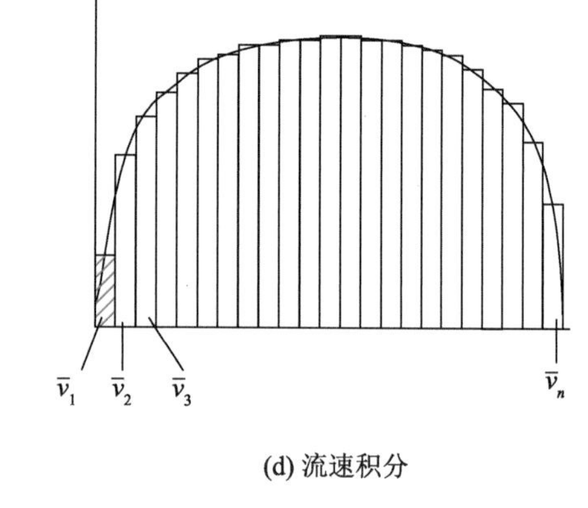

(d) 流速积分

图 1-31　流量计算流程图

建立流速分布函数和面积分布函数，并通过对其进行积分求得平均流速和流量的数学模型，即流量计算不受雷诺数和摩擦系数的影响，彻底摆脱了修正系数（加权指数），消除了由换能器安装的声道高度等几何参数偏差引起的流量误差，保证了高精度测量，同时使得安装工作简单化，即降低了安装难度，缩短了工期。

2）泵站单机流量测量

贯流式泵装置的流道短且不规则，不具备圆形断面测流的条件，给采用多声道超声波测流带来了困难。目前的做法是借助于 CFD 技术对进水流道某矩形断面的流场进行模拟，并通过优化确定测流通道信号发生器、换能器的安装位置及预测权重的方法，简称 OWISS（optimized weighted integration for simulated sections），其能够保证测流精度达到±0.5%。

进水流道进口某矩形断面流速分布计算结果如图 1-32 所示，从图中可以发现，流速范围为 0～1.7 m/s，在流道中心部位流速快速增大，相应地，测流断面的中部流速也增大较快。从图 1-32b 可以看到，测流断面流速从 0.5 m/s 到 1.3 m/s 变化，速度对面积的积分即为流量。

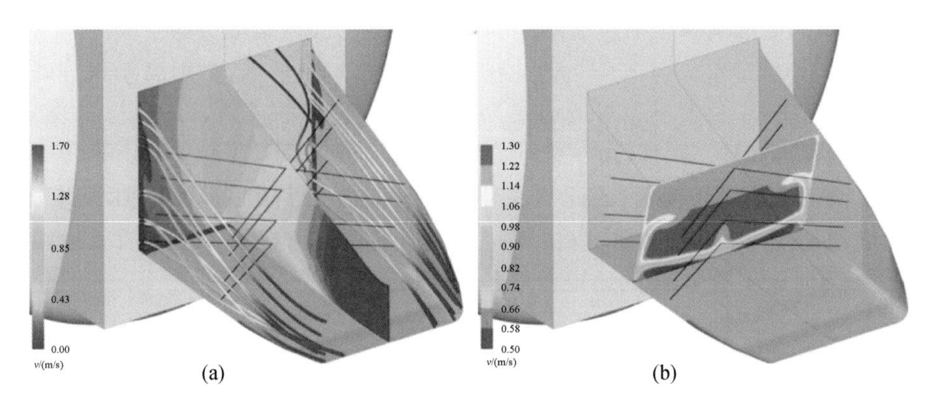

图 1-32 CFD 模拟的进水流道超声波测流断面流速分布

针对速度分布的不均匀性，优化超声脉冲传播时间测量位置，并根据模拟的速度分布调整每一测量通道的权重，引入面积流动函数 $F(z)$。当测流通道数一定时，面积流动函数 $F(z)$ 只是位置和权重的高斯(Gauss)积分：

$$F(z)=\overline{v}_{ax}(z)\cdot B \tag{1-34}$$

式中，$\overline{v}_{ax}(z)$ 为宽度方向上的速度平均值；B 为矩形截面的宽度。矩形截面上的面积流动函数含义如图 1-33 所示。

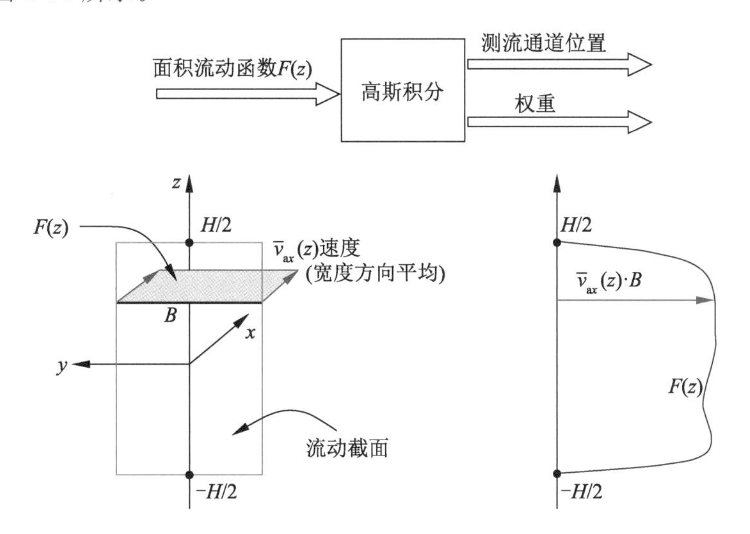

图 1-33 矩形截面上的面积流动函数含义

因此，流动截面上的流量 Q 为

$$Q=\int_{-H/2}^{H/2}F(z)\mathrm{d}z \tag{1-35}$$

4 通道矩形截面的流量可近似表示为

$$Q=\int_{-H/2}^{H/2}F(z)\mathrm{d}z\cong\frac{H}{2}\sum_{i=1}^{4}w_i\cdot F(d_i)=\frac{B\cdot H}{2}\sum_{i=1}^{4}w_i\cdot\overline{v}_{ax}(d_i) \tag{1-36}$$

式中，$\overline{v}_{ax}(d_i)$ 为通道位置 d_i 的平均(测量的)流速；w_i 为对应的通道权重。

面积流动函数越接近于实际流动分布，流量积分的精度就越高。因此，对每一个特定

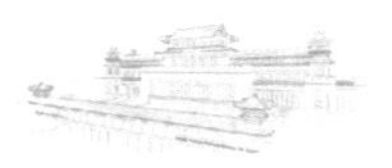

的贯流泵装置，需要准确确定面积流动函数，而采用数值模拟是唯一的手段。

对应于图 1-32，进水流道 2×4 通道测流布置如图 1-34 所示，采用高斯积分确定测流位置和权重。由于 d_1 位置过于靠近边壁，可能会影响速度的反射，因此 d_1 的位置下移，相应的权重也进行调整。同样，由于速度方向的倾斜，权重也需要修正。由于各通道测量的速度 v_{path} 并不垂直于中间面，因此 v_{path} 不是理论上的 v_{ax}，权重需要根据不同角度下两个方向速度分量进行必要的调整，以实现每个通道的位置和权重在测速面上达到理想状态。表 1-10 为对应于图 1-34 的通道位置尺寸和权重。

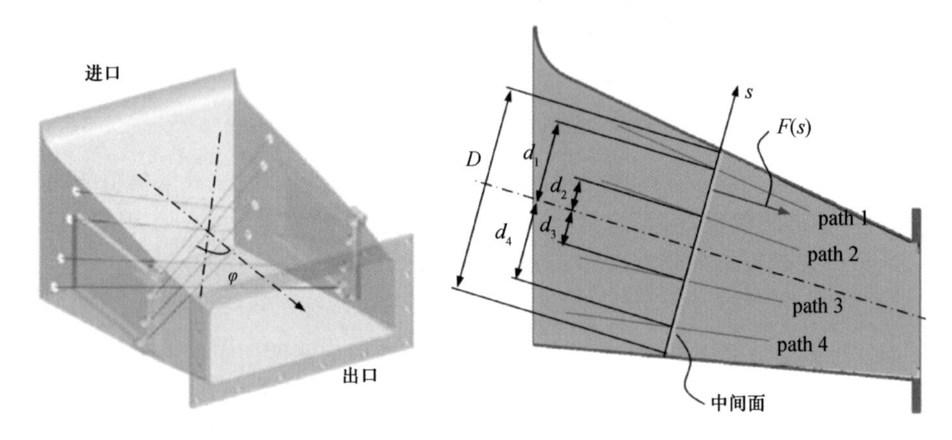

图 1-34　测流通道安装位置图

表 1-10　测流通道安装尺寸及权重

通道号	位置 $d_i/(D/2)$	权重 w_i
1	0.815 311	0.365 755
2	0.367 821	0.531 691
3	−0.268 017	0.624 188
4	−0.740 428	0.361 419

1.3　主要技术内容

本书是作者研究团队 20 余年来从事不同类型贯流泵站，尤其是南水北调东线一期泵站工程的设计、科研及咨询等系列工作的技术总结。由于技术规范的相对滞后，在这类泵站工程设计中可参考的技术资料较少，因此我们在“十一五”国家科技支撑计划重大项目“大型贯流泵关键技术与泵站联合调度优化”(2006BAB04A03)、国务院南水北调办公室科技创新项目“南水北调东线一期工程低扬程大流量水泵装置水力特性、模型开发及试验研究”(JGZXJJ2006 - 17)、安徽省自然科学基金项目“高效率潜水电机电磁设计研究”(140808MKL81)、江苏水利科技项目“大型卧式轴流泵降温降噪技术研究与应用”(2016033)等 10 余项课题的资助下，结合泵站工程设计，与高等院校、科研单位、制造厂商等合作开展关键技术研究，并将取得的成果应用于工程实践。本书主要内容包括：

① 采用CFD技术中的定常和非定常模型模拟潜水贯流泵装置、不同型式灯泡贯流泵装置、湿定子全贯流泵装置、直管式出水竖井贯流泵装置、虹吸式出水竖井贯流泵装置、双向竖井贯流泵装置、水平轴伸式贯流泵装置及斜轴伸式贯流泵装置的内部流态，进行叶轮研发和装置型式水力优化设计，并预测装置性能，为泵站工程设计提供最佳流道型线和断面控制尺寸等。

② 对上述不同型式贯流泵装置进行模型装置试验研究，测试模型装置能量特性、空化特性、飞逸特性以及压力脉动特性等，并与CFD模拟结果对比，研究特低扬程贯流泵装置性能预测方法和运行稳定性措施。

③ 针对贯流泵装置配套电动机及减速齿轮箱、变频装置、叶片调节机构、轴承、密封与其他设备的特定功能和结构稳定性要求，开展不同型式机组结构、系统通风冷却、机组双向运行切换、变频电动机运行模式、潜水电动机和湿定子电动机等特殊电动机保护等关键技术研究。

④ 开展贯流泵装置在线状态监测系统开发，研究机组压力脉动、振动、内部流态与装置性能之间的关系，为基于数字孪生的低扬程贯流泵站远程诊断和智慧泵站建设及运维提供技术保障，并开展基于BIM的全生命周期贯流泵站监控及诊断技术探索和研究。

⑤ 针对以排涝为主的贯流泵站技术供水水质难以得到保证的特殊情况，开发新型循环冷却水装置等配套设施，在保证冷却效果的同时，实现节能、环保。

⑥ 对早期建成的贯流泵站更新改造设计过程中的关键技术进行研究，开展现有运行机组降温减噪、控制系统更新升级等一系列专题技术研究。

参考文献

[1] 张仁田，周伟，卜舸. 低扬程泵及泵装置设计理论方法与实践[M]. 武汉：长江出版社，2021.

[2] 张仁田，单海春. 新型低扬程立式泵装置设计与应用[M]. 镇江：江苏大学出版社，2020.

[3] 张仁田. 低扬程大型泵站泵型与布置型式的选择[J]. 水力机械技术，1993(6)：12－23.

[4] 张仁田. 南水北调工程中大型泵站泵型选择的若干问题[J]. 水力发电学报，2003(4)：119－127.

[5] 陆林广，张仁田. 泵站进水流道优化水力设计[M]. 北京：中国水利水电出版社，1997.

[6] 徐辉. 贯流式泵站[M]. 北京：中国水利水电出版社，2008.

[7] 关醒凡，黄道见，刘厚林，等. 南水北调工程大型轴流泵选型中值得注意的几个问题[J]. 水泵技术，2002(2)：13－16.

[8] 刘超. 低扬程水泵及其装置的研究与发展[J]. 江苏农学院学报(水利专辑)，1998，19(增刊)：5－12.

[9] 葛强. 低扬程水泵装置水力特性换算与性能预测研究[D]. 南京：河海大学，2006.

[10] 周君亮. 低扬程泵和泵站水力装置原、模型参数换算研究（上）[J]. 江苏水利，2010(1)：8－9.

[11] 丘传忻，皮积瑞. 低扬程大泵的选型[J]. 水泵技术，1981(1)：32－40.

[12] 国务院南水北调工程建设委员会办公室. 南水北调工程建设专用技术规定：南水北调泵站工程水泵采购、监造、安装、验收指导意见：NSBD1—2005[S]. 2005.

[13] 水利电力部. 泵站技术规范（设计分册）：SD204—1986[S]. 北京：水利电力出版社，1988.

[14] 中华人民共和国水利部. 泵站设计标准：GB 50265—2022[S]. 北京：中国计划出版社，2022.

[15] 陆林广，刘荣华，梁金栋，等. 虹吸式出水流道与直管式出水流道的比较[J]. 南水北调与水利科技，2009,7(1)：91－94.

[16] 陆林广. 高性能大型低扬程泵装置优化水力设计[M]. 北京：中国水利水电出版社，2013.

[17] 关醒凡. 大中型低扬程泵选型手册[M]. 北京：机械工业出版社，2019.

[18] 荏原製作所ポソプ設備便覧編集委員会. ポソプ設備便覧（本编）[M]. 东京：荏原製作所，1994.

[19] 日立製作所機電事業本部官公需システム部. ポソプ設備計画便覧[M]. 东京：株式會社日立製作所，1985.

[20] 王福军. 水泵与泵站流动分析方法[M]. 北京：中国水利水电出版社，2020.

[21] 邓东升，李同春，张仁田，等. 大型贯流泵关键技术与泵站联合调度优化研究成果报告[R]. 南京：南水北调东线江苏水源有限责任公司，2010.

[22] 成立，刘超，颜红勤，等. 泵站水流运动特性及水力性能[M]. 北京：中国水利水电出版社，2016.

[23] 段桂芳，肖崇仁，席三忠，等. 泵试验技术实用手册[M]. 北京：机械工业出版社，2017.

2 潜水贯流泵装置关键技术

2.1 单向潜水贯流泵装置性能研究

2.1.1 研究背景

某泵站设计抽水流量为50 m^3/s，安装5台潜水贯流泵机组，单机流量10 m^3/s，泵站工程采用块基型结构布置，平直管进、出水流道，快速闸门断流，液压启闭机启闭，泵站年运行2 500 h左右，属于长期运行的大型潜水贯流泵机组，在国内类似项目较少，对设备性能(包括噪声、机组振动等)和材质要求高。

泵站采用潜水贯流泵方案，共安装5台2000GZBW－10/1.635型大型行星减速齿轮箱传动潜水贯流泵，配套电动机为YQGN850－8－500型潜水干式电动机，电压等级10 kV，单机功率500 kW，电动机设计效率92.1%，额定转速740 r/min。泵站运行特征水位和扬程如表2-1所示。在考虑清污机、拦污栅及门槽水力损失0.30 m后，泵站设计总扬程为1.935 m，最高总扬程为3.800 m。泵站装置如图2-1所示。

表2-1　泵站运行特征水位和扬程　　单位:m

特征值	长江侧水位	内河侧水位	净扬程	总扬程
设计	0.865	2.50	1.635	1.935
最高	－1.000	2.50	3.500	3.800
最低			0	0.300

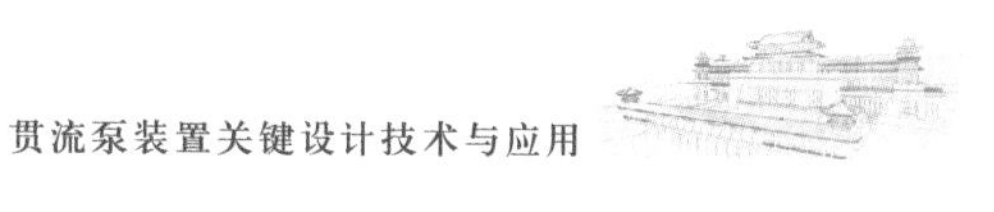

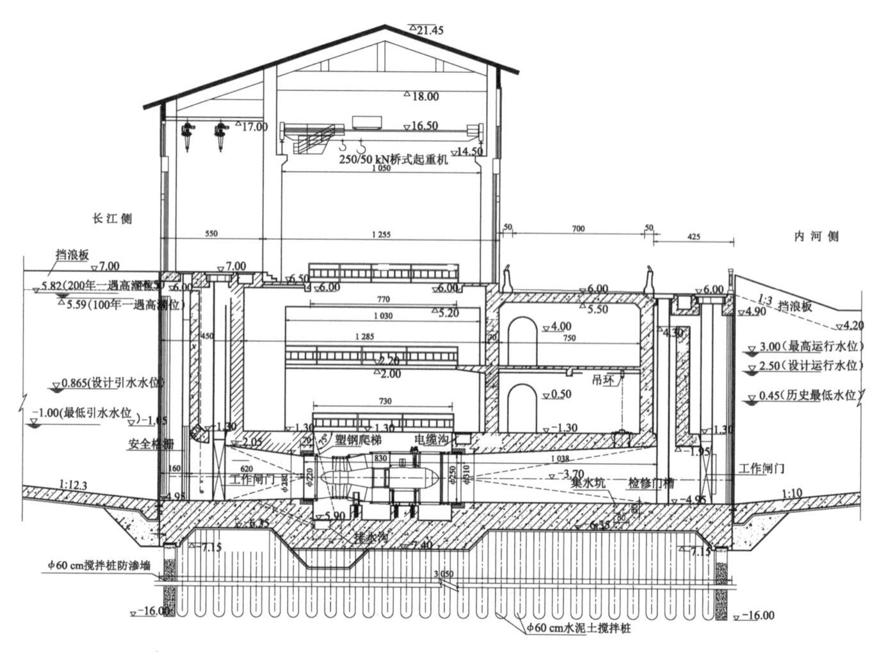

(a) 纵剖面图

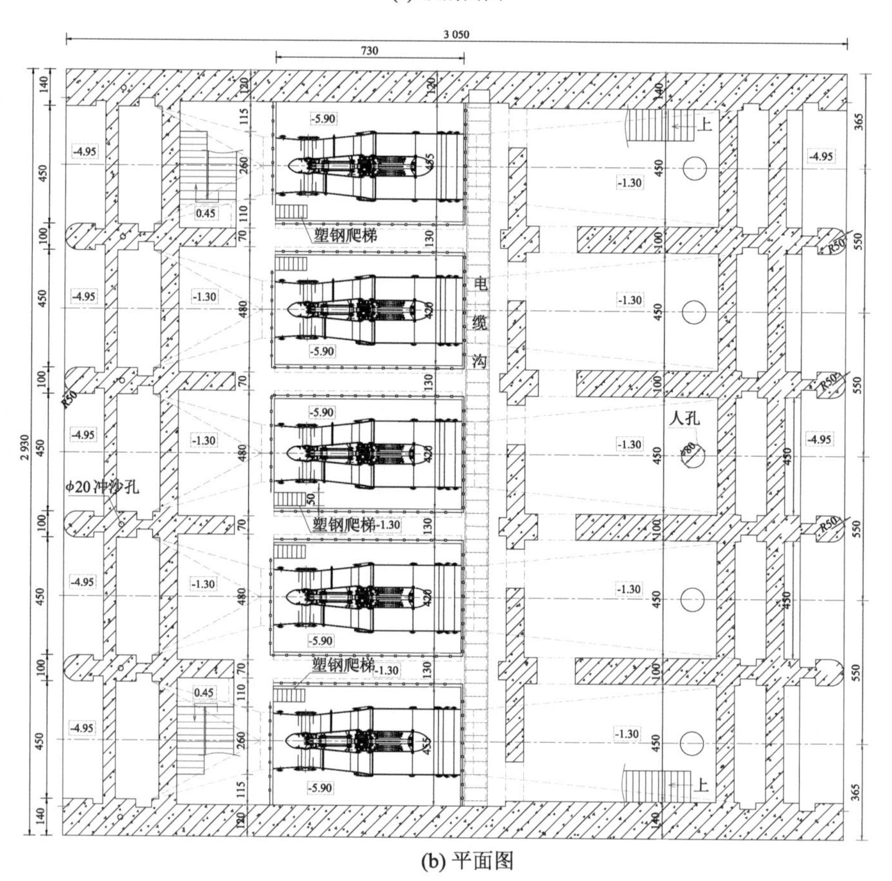

(b) 平面图

图 2-1　泵站装置图(长度单位:cm)

根据制造厂提供的潜水贯流泵结构尺寸,结合已有的工程设计经验设计的装置型式及流道型线如图 2-2 所示。水泵机组主要结构尺寸如图 2-3 所示,潜水电动机外壳与外层流道之间采用 8 块厚 40 mm 的筋板均布支撑,夹角为 45°,如图 2-4 所示。

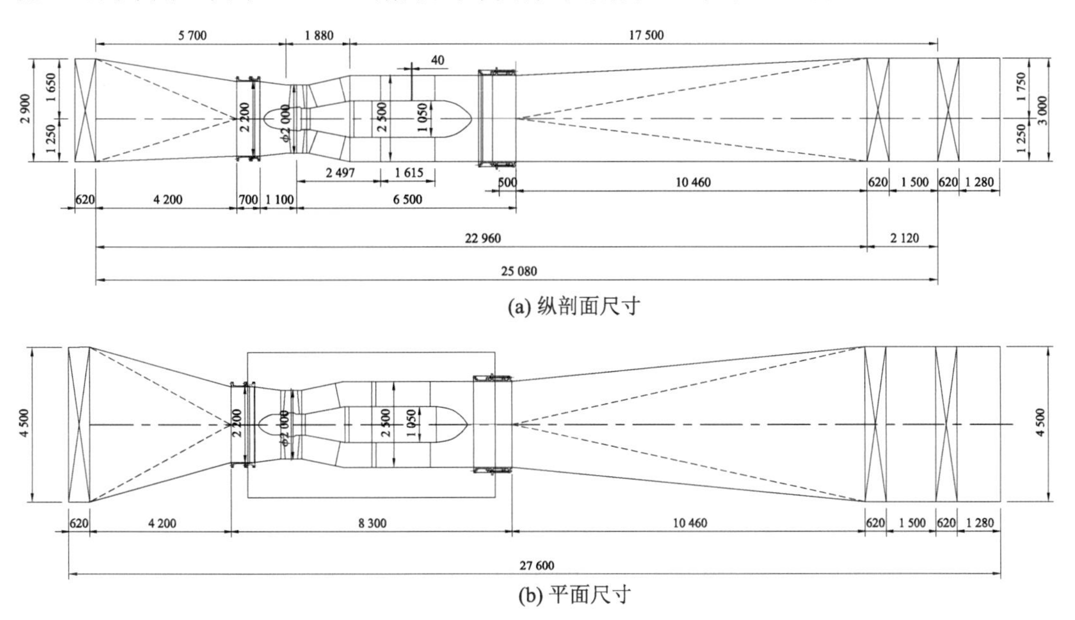

图 2-2 泵站装置型线尺寸(单位:mm)

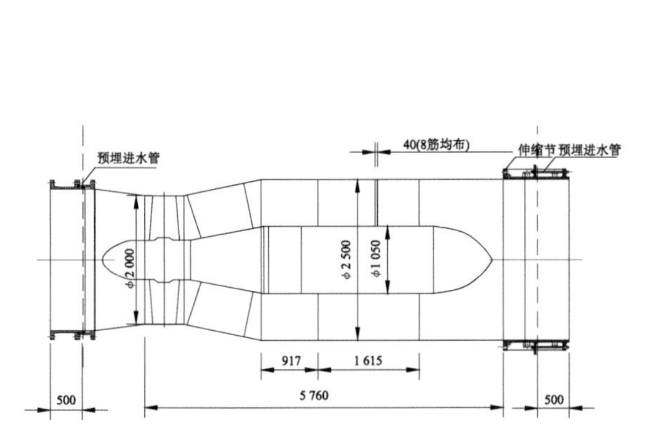

图 2-3 潜水贯流泵主要结构参数(单位:mm)

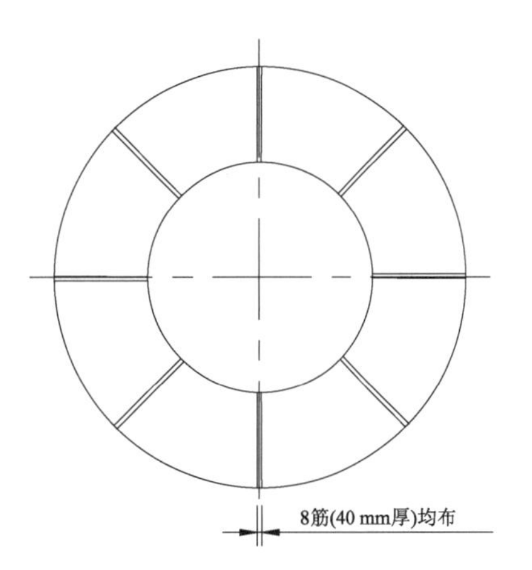

图 2-4 潜水电动机筋板布置图

2.1.2 水泵装置三维实体造型和网格剖分

采用大型工业三维造型软件实现计算域三维立体造型。贯流泵装置采用的水力模型为 TJ04－ZL－07,叶轮叶片数为 3,导叶片数为 7,其三维实体造型透视图如图 2-5 所示。由进水流道、潜水贯流泵机组、支撑筋板、金属外壳、出水流道和闸门槽等所有过流部件组成的潜水贯流泵装置如图 2-6 所示。为了保证数值模拟结果的准确性,在正式进行泵站的贯流泵装置进、出水流道 CFD 优化设计之前,进行了不同网格数对水泵装置效率影响

的网格无关性检验。本次模拟选择结构化网格和非结构化网格混合的网格剖分策略，在曲率半径较小的部位采取了局部加密，效率指标变动在 0.30%左右，能满足泵站进、出水流道 CFD 优化设计计算的精度要求。

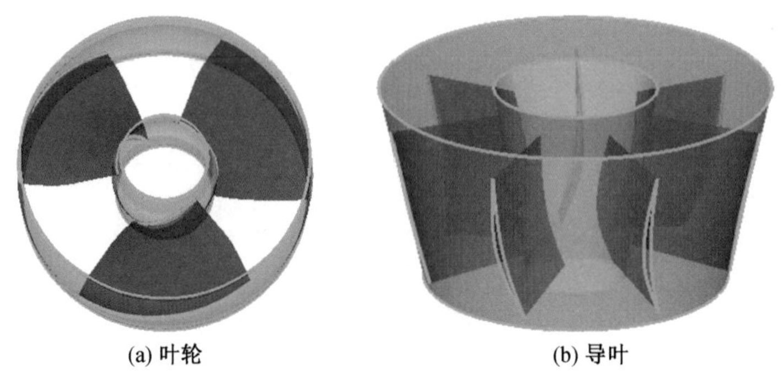

(a) 叶轮　　(b) 导叶

图 2-5　潜水贯流泵叶轮及导叶

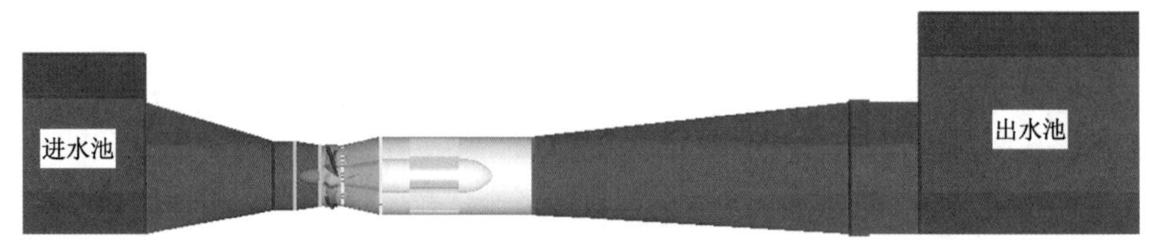

图 2-6　潜水贯流泵装置计算区域示意图

2.1.3　进水流道优化设计

1. 优化设计研究方法与方案拟定

根据泵站特征扬程和流量，依据泵站安装、检修等设计要求，以及进水流道的控制尺寸与水力设计优化目标，从内部流态、流道水力损失和水泵进水条件等方面综合分析，拟定 3 个方案对贯流泵装置进水流道的型线进行水力设计优化。

(1) 方案 1

将设计提供的进水流道方案作为方案 1，如图 2-7 所示，其主要设计参数为：进水流道进口断面宽度 4.50 m，进口断面高度 2.90 m，包括闸门槽在内流道长度 6.32 m(3.16D)，设计流量下进水流道进口断面平均流速为 0.766 m/s，取值合理。

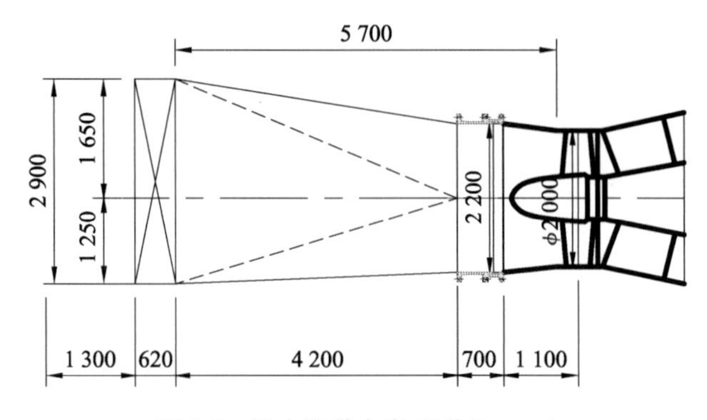

图 2-7　进水流道方案 1(单位：mm)

(2) 方案 2

方案 2 是在方案 1 的基础上保持总体控制尺寸不变,将水泵进口前的锥段向前延伸,保持进口收缩段的收缩角不变,取消圆柱段,使进口收缩段直接与水泵锥段相连。进水流道方案 2 的设计参数及优化前后的型线变化如图 2-8 所示。

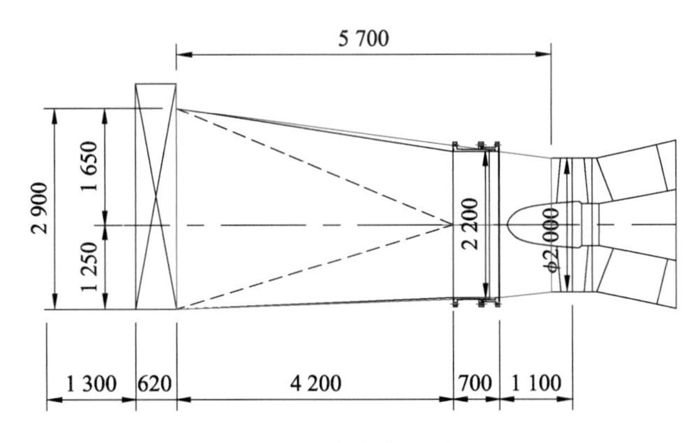

图 2-8 进水流道方案 2(单位:mm)

(3) 方案 3

为压缩进水流道方案 1 与方案 2 的进口收缩段上方的低速区,方案 3 在方案 1 的基础上对进水闸门前的一段空间加以利用,即将进水段向前方延伸 1.92 m,包括进水闸门宽度在内进水流道的长度增加到 7.62 m(3.81D),将顶部设计成圆弧形进口,与原进口收缩段平顺连接,以期达到平顺进口段流态从而压缩低速区的目的。此方案下的进口断面高度为 3.80 m,进口断面平均流速进一步降低到 0.585 m/s,有利于减小进口水力损失。进水流道方案 3 的单线图如图 2-9 所示。

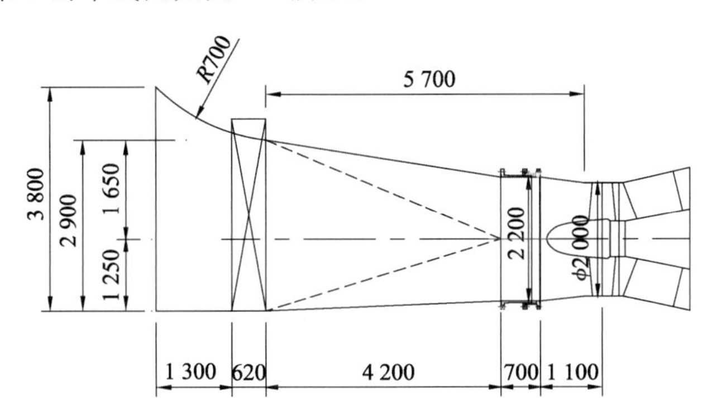

图 2-9 进水流道方案 3(单位:mm)

2. 方案 1 的流态及水力损失

对进水流道方案 1 进行 CFD 分析,在设计流量下的纵剖面内部流场如图 2-10 所示。从图中可看到,水流从进水池进入进水流道,由于进口断面过水面积较大,流速较低,随着收缩段过水断面面积的逐渐减小,水体质点沿程逐步加速,流场基本对称,流态较稳定,水流较平顺地进入水泵进口。由于在进水流道进口收缩段的末端设置了一个圆管直段渐变段,所以水泵进口前的渐缩段流速变化较为平稳。

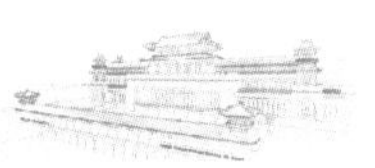

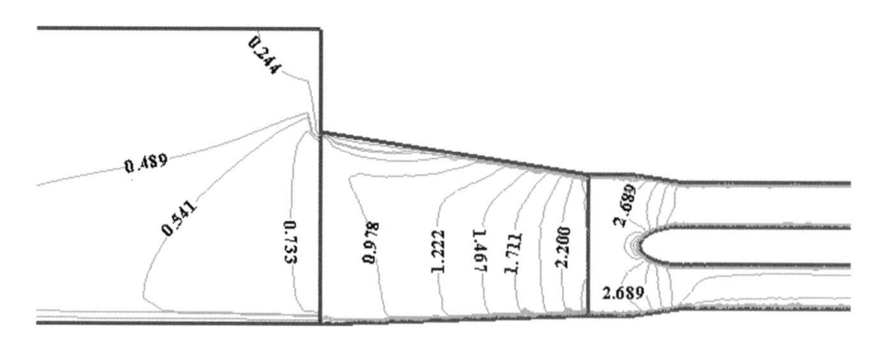

图 2-10 进水流道方案 1 纵剖面内部流场图(单位:m/s)

根据 CFD 分析结果可计算进水流道的水力损失,结果表明水力损失随流量增大而增大,基本符合二次方变化关系,设计流量下的水力损失为 0.042 m。

按照式(1-1)和式(1-2a)计算水泵进水条件,计算结果如表 2-2 所示。从表中可知,进水流道方案 1 提供的水泵进水条件良好,水泵进口轴向流速分布均匀度为 98.47%,入泵水流加权平均角为 87.446°。

表 2-2 不同方案进水流道提供的水泵进水条件计算结果

方案	流量 $Q/(m^3/s)$	最大轴向流速 $v_{max}/(m/s)$	最小轴向流速 $v_{min}/(m/s)$	轴向流速分布均匀度 $v_u/\%$	最大入流角 $\vartheta_{max}/(°)$	最小入流角 $\vartheta_{min}/(°)$	平均入流角 $\overline{\vartheta}/(°)$
1	10.0	3.776	3.499	98.47	89.835	84.659	87.446
2	10.0	3.750	3.528	98.75	89.810	85.372	87.584
3	10.0	3.805	3.539	98.52	89.832	84.674	87.543

3. 方案 2 的流态及水力损失

在设计流量下 CFD 分析得到的进水流道方案 2 的纵剖面内部流场如图 2-11 所示。从图中可看到,进水流道进口速度分布与方案 1 类似,差别在于取消方案 1 中的圆柱段后,随着进口收缩段过水断面面积的逐渐减小,水体质点沿程逐步加速,水流较平顺地进入水泵进口收缩段,流场基本对称,随后水流较均匀地进入水泵进口。

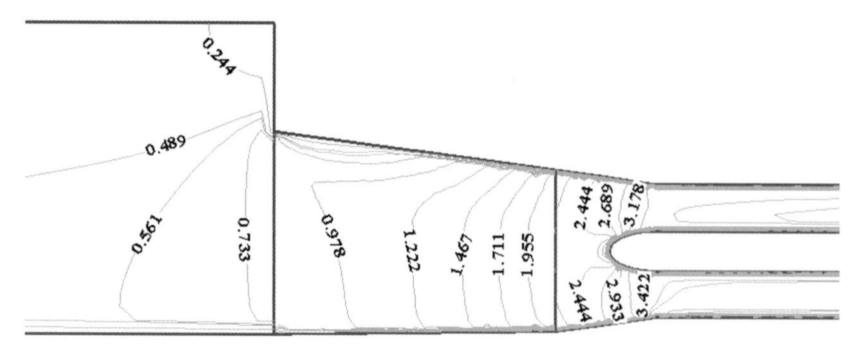

图 2-11 进水流道方案 2 纵剖面内部流场图(单位:m/s)

根据 CFD 分析结果,计算得到设计流量下进水流道方案 2 的水力损失为 0.036 m。同样对水泵进水条件进行计算,计算结果如表 2-2 所示。从表中可知,进水流道方案 2 提供的水泵进水条件良好,水泵进口轴向流速分布均匀度为 98.75%,入泵水流加权平均角为 87.584°。

4. 方案 3 的流态及水力损失

图 2-12 为设计流量下进水流道方案 3 的纵剖面内部流场图。从图中可看到,在进水流道长度增加和顶部设计成圆弧形进水结构后,进口流速较方案 1 明显降低,出现在进口段上部的低速区范围较方案 1 和方案 2 大幅度减小,有利于改善进水流道内部流态和水泵进水条件、减少水力损失。

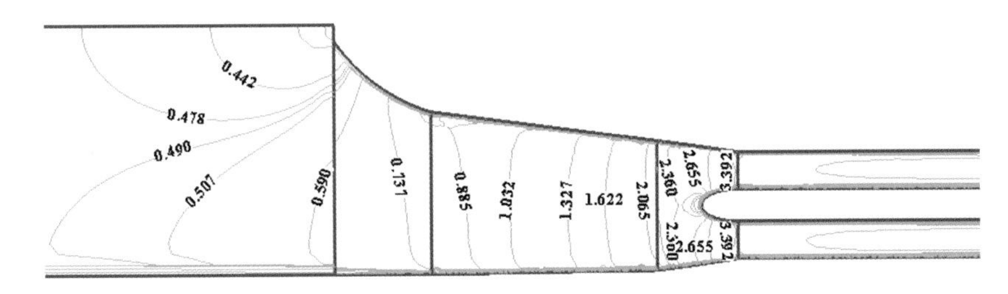

图 2-12　进水流道方案 3 纵剖面内部流场图(单位:m/s)

根据 CFD 分析结果,计算得到进水流道方案 3 在设计流量下的水力损失为 0.040 m,较方案 1 减小了 0.002 m。同样进行水泵进水条件计算,计算结果如表 2-2 所示。从表中可看到,进水流道方案 3 提供的水泵进水条件良好,水泵进口轴向流速分布均匀度为 98.52%,入泵水流加权平均角为 87.543°。进水流道方案 3 与进水流道方案 1 相比,水泵的进水条件有一定的改善,与进水流道方案 2 还有细微的差别。

5. 进水流道优化方案选择

由上述 CFD 分析结果可看到,进水流道方案 1、方案 2 和方案 3 在内部流态、水力损失和进水条件等方面存在一定的差异。3 种进水流道方案的水力损失最大相差 0.006 m,水泵进口断面的轴向流速分布均匀度都达到了 98%以上,入泵水流加权平均角都大于 87.4°,均能为水泵提供良好的进水条件。进水流道方案 2 的预埋件为非标准件,虽然流道的水力损失最小,但与方案 3 仅相差 0.004 m,相对 1.935 m 的设计扬程影响有限。方案 1 和方案 3 方便采用标准预埋件设计,从进水流道预埋件的设计、加工和制作方面来考虑,标准设计有利于机械加工和生产制造,制造质量更有保证,能为泵站管理和维护及金属构件的更换提供更多的便利。

综合来看,泵站 3 种进水流道方案的内部流动较平顺、水泵进水条件优良,水力损失相差十分有限,从利于进水流道预埋件的设计、加工标准化,以及方便管理和维护方面考虑,建议潜水贯流泵装置采用进水流道方案 3。进水流道型线及断面如图 2-13 和图 2-14 所示,断面参数如表 2-3 所示。

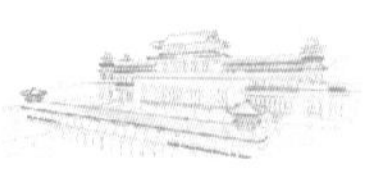

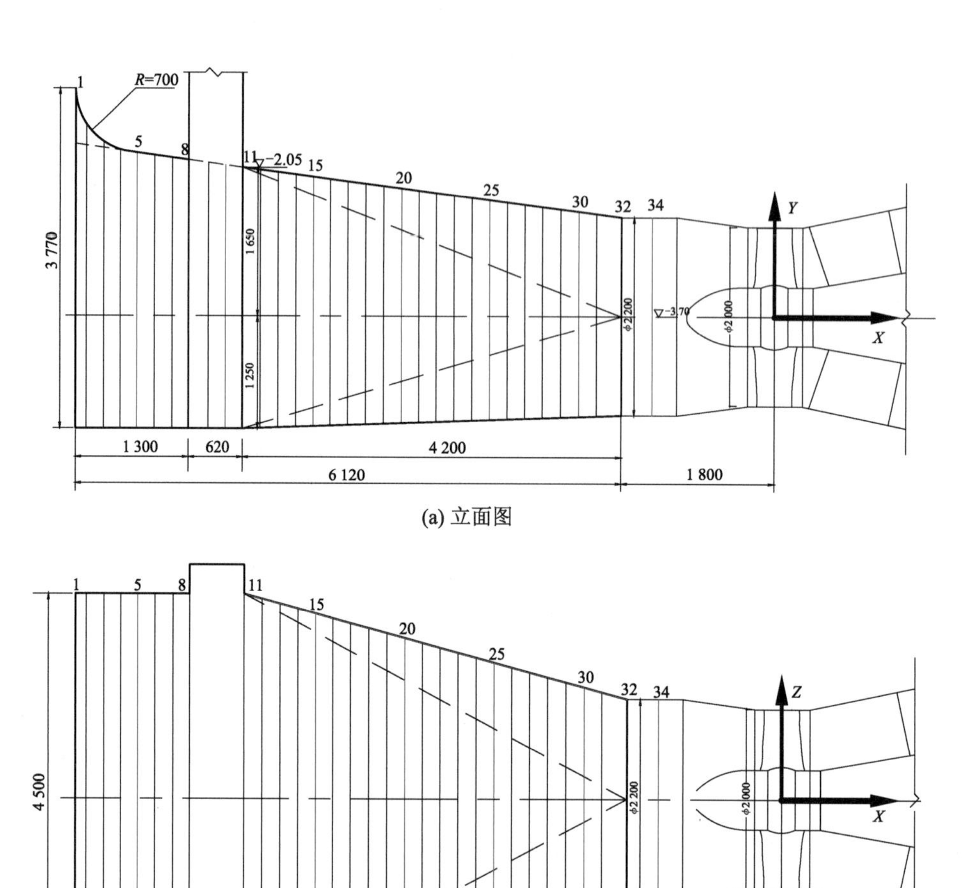

(a) 立面图

(b) 平面图

图 2-13　进水流道单线图(长度单位:mm)

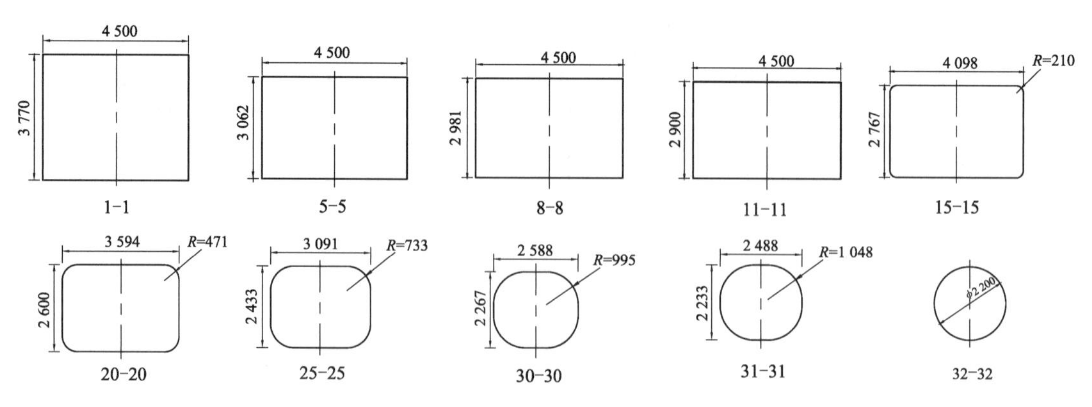

图 2-14　进水流道断面图(单位:mm)

表 2-3　进水流道断面参数　　单位:mm

断面编号	上边线坐标		下边线坐标		断面高度	断面宽度	过渡圆半径	中心线坐标		中心线长
	x_1	y_1	x_2	y_2				x_0	y_0	
1	−7 920	2 520	−7 920	−1 250	3 770	4 500	0	−7 920	635	0
2	−7 800	2 129	−7 800	−1 250	3 379	4 500	0	−7 800	440	229
3	−7 600	1 933	−7 600	−1 250	3 183	4 500	0	−7 600	342	452
4	−7 400	1 844	−7 400	−1 250	3 094	4 500	0	−7 400	297	657
5	−7 200	1 812	−7 200	−1 250	3 062	4 500	0	−7 200	281	858
6	−7 000	1 785	−7 000	−1 250	3 035	4 500	0	−7 000	268	1 058
7	−6 800	1 758	−6 800	−1 250	3 008	4 500	0	−6 800	254	1 259
8	−6 600	1 731	−6 600	−1 250	2 981	4 500	0	−6 600	241	1 459
9	−6 400	1 704	−6 400	−1 250	2 954	4 500	0	−6 400	227	1 659
10	−6 200	1 677	−6 200	−1 250	2 927	4 500	0	−6 200	214	1 860
11	−6 000	1 650	−6 000	−1 250	2 900	4 500	0	−6 000	200	2 060
12	−5 800	1 624	−5 800	−1 243	2 867	4 399	52	−5 800	190	2 261
13	−5 600	1 598	−5 600	−1 236	2 833	4 299	105	−5 600	181	2 461
14	−5 400	1 571	−5 400	−1 229	2 800	4 198	157	−5 400	171	2 661
15	−5 200	1 545	−5 200	−1 221	2 767	4 098	210	−5 200	162	2 861
16	−5 000	1 519	−5 000	−1 214	2 733	3 997	262	−5 000	152	3 062
17	−4 800	1 493	−4 800	−1 207	2 700	3 896	314	−4 800	143	3 262
18	−4 600	1 467	−4 600	−1 200	2 667	3 796	367	−4 600	133	3 462
19	−4 400	1 440	−4 400	−1 193	2 633	3 695	419	−4 400	124	3 662
20	−4 200	1 414	−4 200	−1 186	2 600	3 594	471	−4 200	114	3 862
21	−4 000	1 388	−4 000	−1 179	2 567	3 494	524	−4 000	105	4 063
22	−3 800	1 362	−3 800	−1 171	2 533	3 393	576	−3 800	95	4 263
23	−3 600	1 336	−3 600	−1 164	2 500	3 293	629	−3 600	86	4 463
24	−3 400	1 310	−3 400	−1 157	2 467	3 192	681	−3 400	76	4 663
25	−3 200	1 283	−3 200	−1 150	2 433	3 091	733	−3 200	67	4 864
26	−3 000	1 257	−3 000	−1 143	2 400	2 991	786	−3 000	57	5 064
27	−2 800	1 231	−2 800	−1 136	2 367	2 890	838	−2 800	48	5 264
28	−2 600	1 205	−2 600	−1 129	2 333	2 789	890	−2 600	38	5 464
29	−2 400	1 179	−2 400	−1 121	2 300	2 689	943	−2 400	29	5 664
30	−2 200	1 152	−2 200	−1 114	2 267	2 588	995	−2 200	19	5 865
31	−2 000	1 126	−2 000	−1 107	2 233	2 488	1 048	−2 000	10	6 065
32	−1 800	1 100	−1 800	−1 100	2 200	2 200	1 100	−1 800	0	6 265
33	−1 550	1 100	−1 550	−1 100	2 200	2 200	1 100	−1 550	0	6 515
34	−1 300	1 100	−1 300	−1 100	2 200	2 200	1 100	−1 300	0	6 765

2.1.4 出水流道优化设计

为了进一步减少出水流道的水力损失，提高潜水贯流泵装置效率，在保证水泵机组合理布置和方便安装检修的前提下，对不同出水流道方案（含潜水电动机）进行内流分析和优化设计。进水流道采用方案 3，与不同出水流道水力设计方案进行 CFD 分析，开展内部流态和水力损失比较（其中两道闸门间距根据实际布置的需要，由 1 500 mm 调整为 1 680 mm）。

1. 出水流道方案 1 内部流场及水力损失分析

进水流道方案 3 与出水流道方案 1 组成的潜水贯流泵装置单线图如图 2-15 所示。出水流道方案 1 的主要设计参数为：导叶出口直径 2.50 m，包括行星齿轮和电动机段在内出水流道总长 17.50 m；出口断面高度为 3.00 m、宽度为 4.50 m，断面平均流速为 0.741 m/s，符合相关规定。

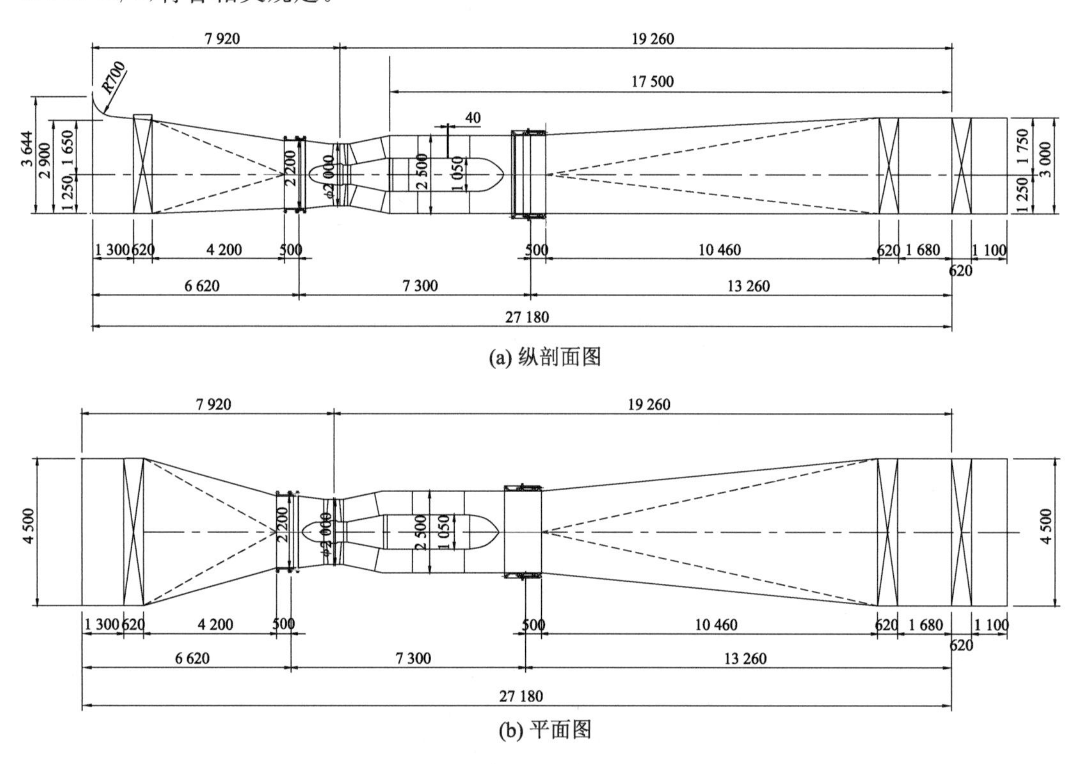

(a) 纵剖面图

(b) 平面图

图 2-15 出水流道方案 1 单线图（单位：mm）

图 2-16 为出水流道方案 1 的 CFD 计算结果，是设计流量下潜水贯流泵装置的内部流动迹线图。从图中可看出，水流进入进水池后经过收缩段，加速进入进水流道，内部流场基本对称。水体质点从水泵叶轮获得能量后，从导叶流出，绕流电动机外侧加强筋板后，进入出水流道扩散段，水流得到进一步减速，通过闸门后的平直段，最终进入出水池。

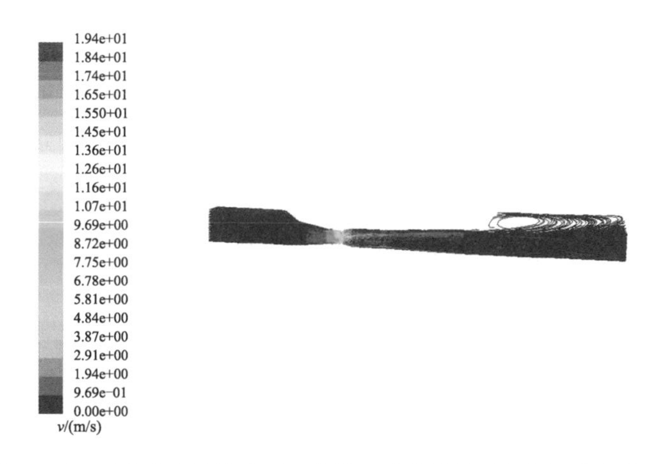

图 2-16 采用出水流道方案 1 的潜水贯流泵装置内部流动迹线图

为了便于比较潜水贯流泵装置不同剖面上的流场，对水泵装置内部典型断面位置进行编号，如图 2-17 所示。图 2-18 为采用出水流道方案 1 的潜水贯流泵装置典型断面流场图。

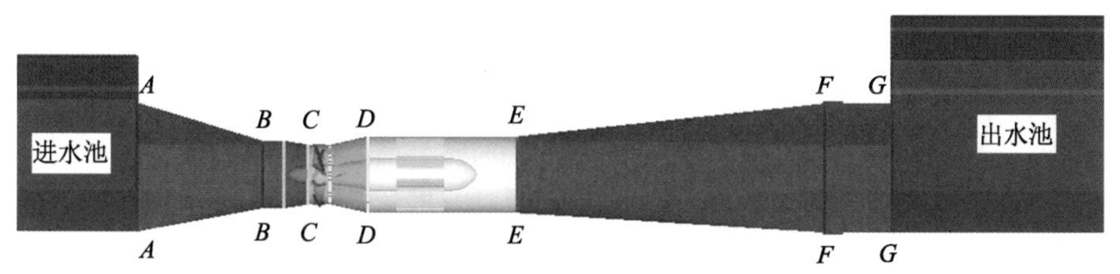

图 2-17 潜水贯流泵装置内部典型断面位置图

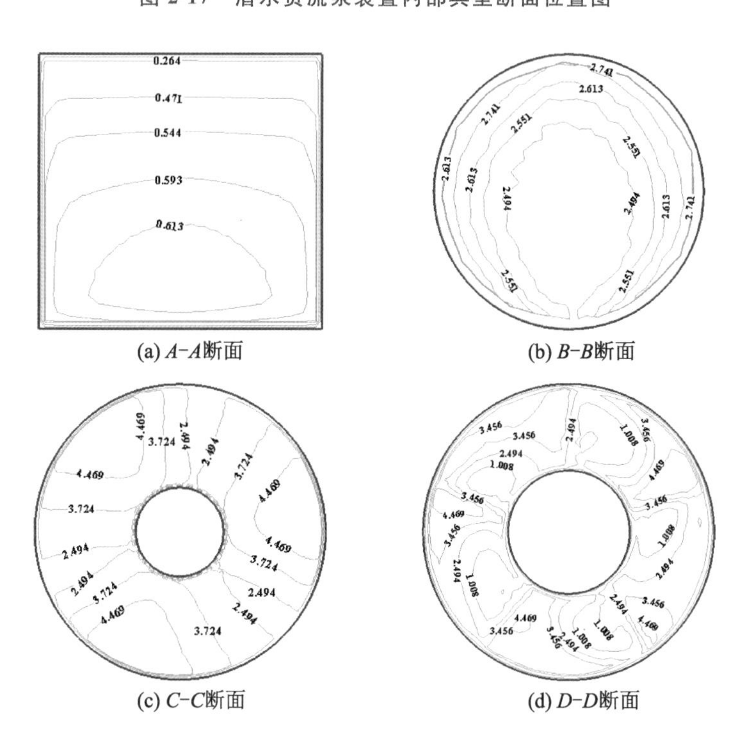

(a) A-A断面 (b) B-B断面

(c) C-C断面 (d) D-D断面

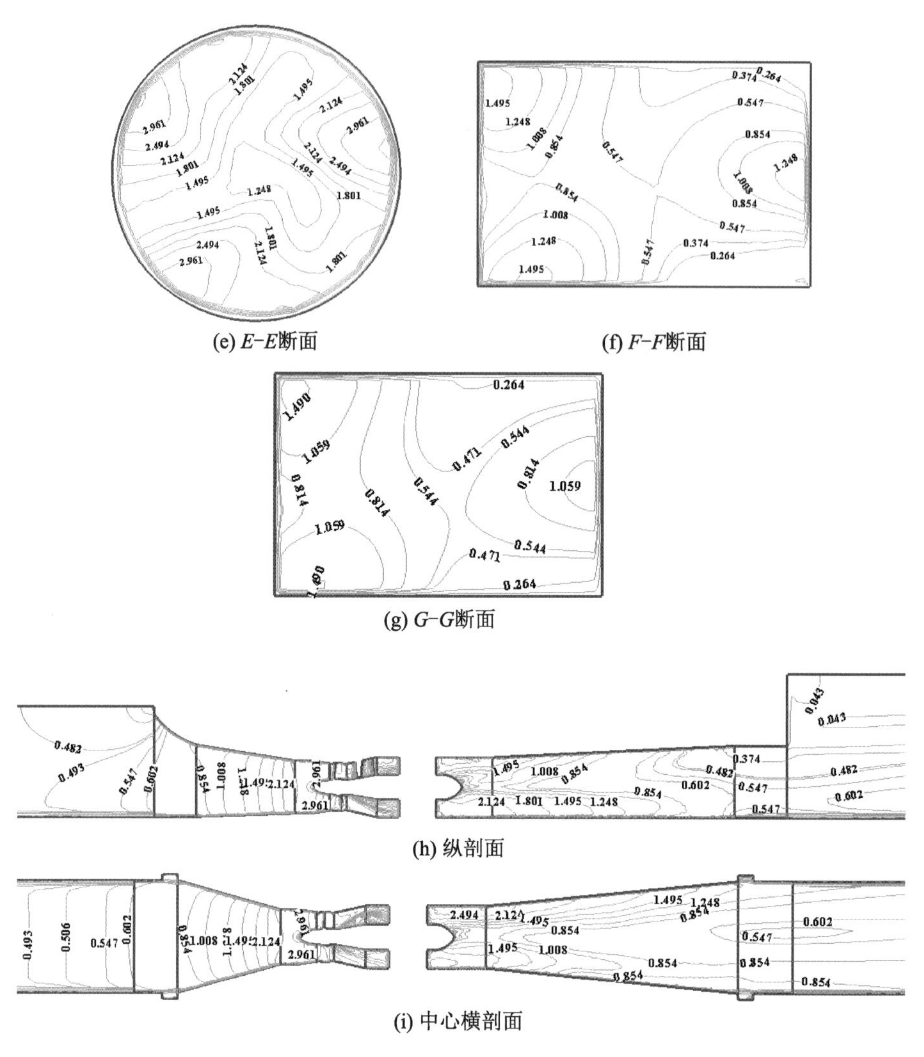

(e) E-E断面

(f) F-F断面

(g) G-G断面

(h) 纵剖面

(i) 中心横剖面

图 2-18 采用出水流道方案 1 的潜水贯流泵装置典型断面流场图(单位:m/s)

从图 2-18 可知,水流从进水池进入进水流道时,进口断面上部流速较低,底部流速稍高;沿程断面逐步收缩,水体质点逐步加速,随着断面形状由矩形变为圆形,两侧收缩加剧,到达收缩末端时,等流速线接近椭圆形;进入水泵叶轮室后,叶轮转动对水体做功,水体经过导叶流出,由于水体质点的惯性和剩余环量的影响,导叶出口断面的流速并不均匀且呈非对称分布。水体绕流电动机外壳和加强筋板后,潜水电动机后部有明显的低速尾迹。随后,水流进入出水流道扩散段,流速逐步降低,受剩余环量的影响,在纵剖面和横剖面上的分布并不均匀。流道出口断面上的速度分布亦不均匀,左侧流速较高,中心和右上方区域流速较低。

根据潜水贯流泵装置全流道 CFD 数值计算结果,可计算出不同流量下出水流道的水力损失。计算结果表明,出水流道的水力损失随流量增大先减小再增大,图 2-19 为出水流道方案 1 的水力损失曲线。潜水贯流泵装置出水流道的水力损失由沿程水力损失和局部水力损失两部分组成,是电动机段与扩散段的水力损失之和。从图 2-19 可以发现,在不同流量下，由于受导叶出口剩余环量和 8 组电动机支撑筋板的影响，在计算流量范围内，出水流道的水力损失随流量的变化关系并不符合二次抛物线分布规律，出水流道方案 1 在设计流量工况下的水力损失为 0.258 m。进水流道方案 3 的水力损失为 0.040 m，与出水流道方案 1 组成潜水贯流泵装置后，进、出水流道的水力损失总和为 0.298 m。

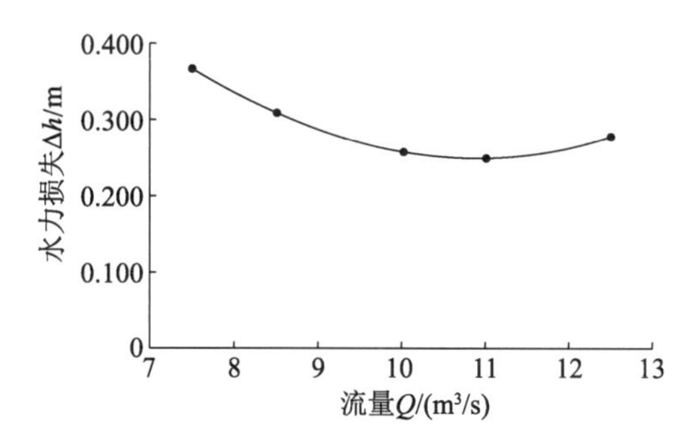

图 2-19　出水流道方案 1 水力损失曲线

2. 出水流道方案 2 内部流场及水力损失分析

出水流道方案 2 是在出水流道方案 1 的基础上保持进水流道、水泵和电动机段不变，保持出水流道扩散段到第 1 道检修闸门前的设计参数不变，对第 2 道闸门到出口之间的 1.72 m 长度加以利用，使得出水流道总长从 17.50 m 增加到 19.22 m，出口断面顶部设圆弧过渡，断面高度从 3.00 m 增加到 3.763 m，断面平均流速也从 0.741 m/s 降低到 0.591 m/s。采用出水流道方案 2 的潜水贯流泵装置单线图如图 2-20 所示。

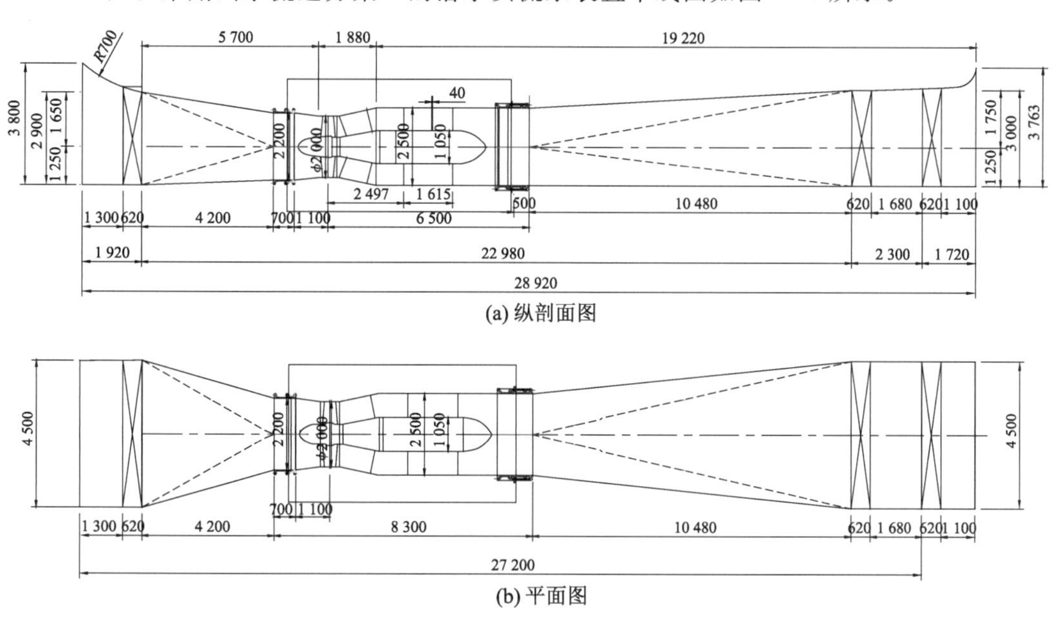

图 2-20　出水流道方案 2 单线图(单位:mm)

图 2-21 为采用出水流道方案 2 的潜水贯流泵装置典型断面流场图。由于进水流道及电动机段的设计参数未发生变化，故不再讨论这些位置的流场图，重点给出流道出口断面、纵剖面和中心横剖面的流场图。对比图 2-18 和图 2-21 可发现，采用出水流道方案 2

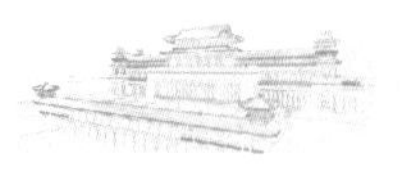

后，由于出水流道连续扩散，出口断面过水面积显著增大，理论上会使得出口断面的流速较方案1有所降低，实际情况也是如此，并且该断面上的流速也不是均匀分布的，在纵剖面上流速分布仍然是底部流速高、顶部流速低，在中心横剖面上流速分布呈现出两侧高、中间低的特点。

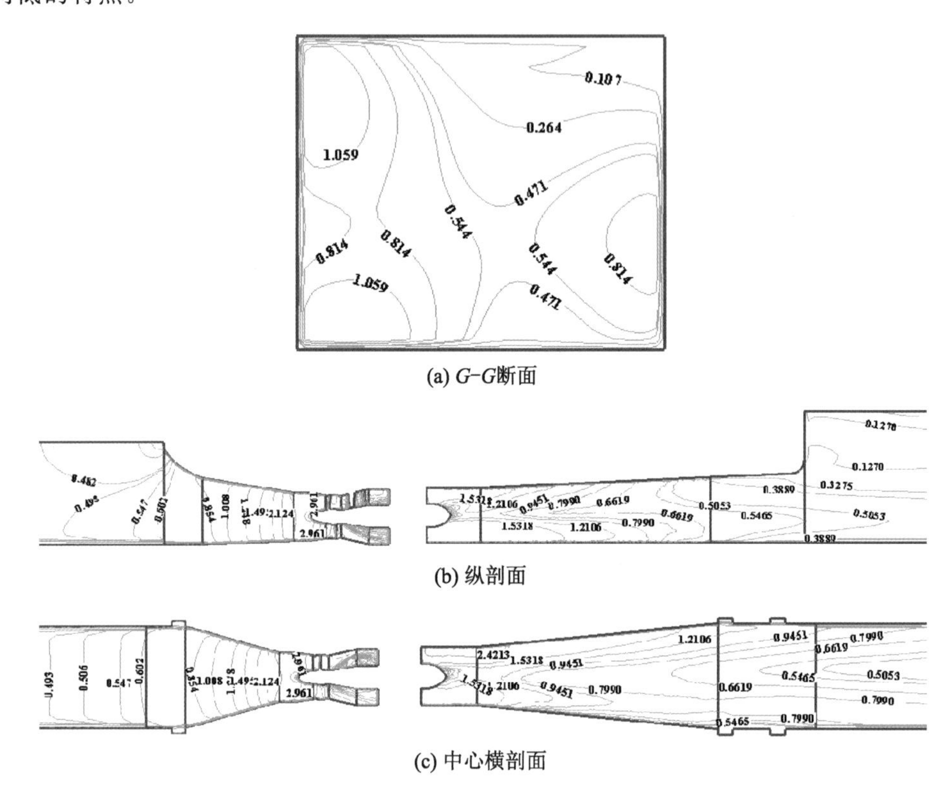

(a) G-G断面

(b) 纵剖面

(c) 中心横剖面

图2-21 采用出水流道方案2的潜水贯流泵装置典型断面流场图(单位:m/s)

根据CFD分析结果计算出水流道方案2的水力损失。计算结果表明，出水流道方案2在不同流量下的水力损失较方案1均有所增加。在设计流量工况下，出水流道方案2的水力损失为0.263 m，较方案1增大0.005 m。出水流道方案2的流道长度较方案1增加了1.72 m，扩散角保持不变，出口断面积从13.50 m^2 增大到16.93 m^2，出口平均流速从0.741 m/s降低到0.591 m/s，理论上出口水力损失会有所降低。但是，出水流道的总水力损失是由沿程损失和局部损失两部分组成的，出口断面实际流速分布并不均匀，出口断面面积增大并未达到预期目的。出水流道长度的增加势必会引起沿程损失的增加，两相抵消后，总损失不降反增，未能达到预想的减少水力损失、提高水泵装置效率的优化设计效果，对工程施工也造成影响，所以出水流道方案2不是优选方案。

因此，建议出水流道采用方案1，与进水流道方案3组成优化设计的潜水贯流泵装置。在设计工况下，这一潜水贯流泵装置进、出水流道的总水力损失为0.298 m。出水流道型线及断面分别如图2-22和图2-23所示，断面参数如表2-4所示。

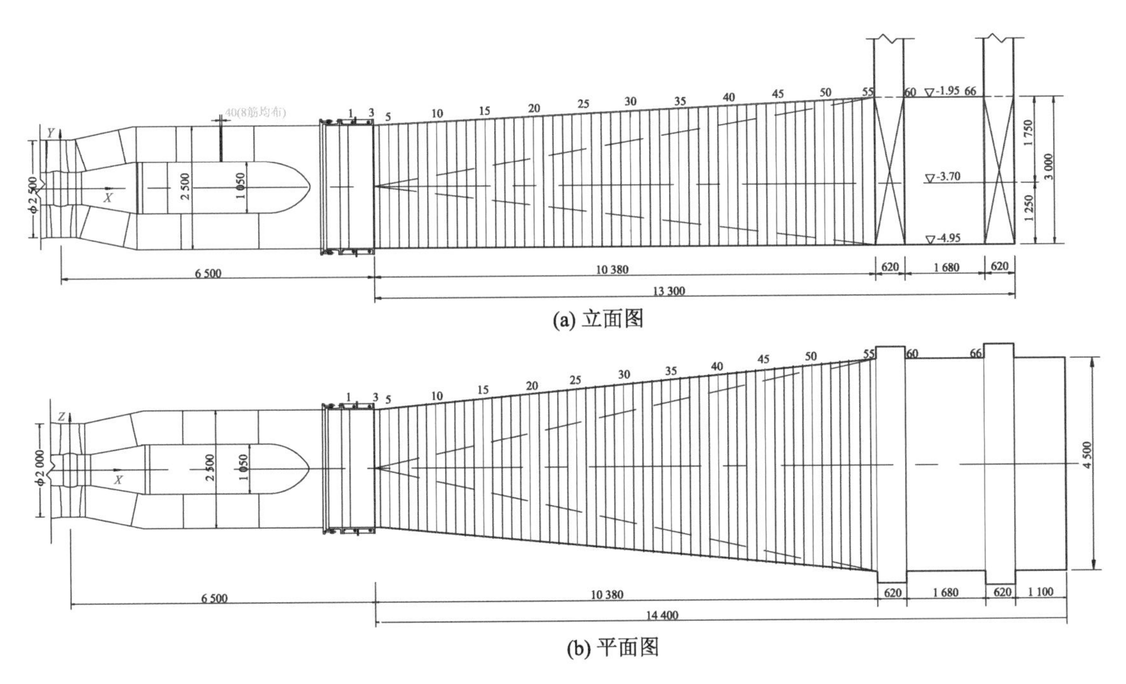

图 2-22　出水流道单线图(长度单位:mm)

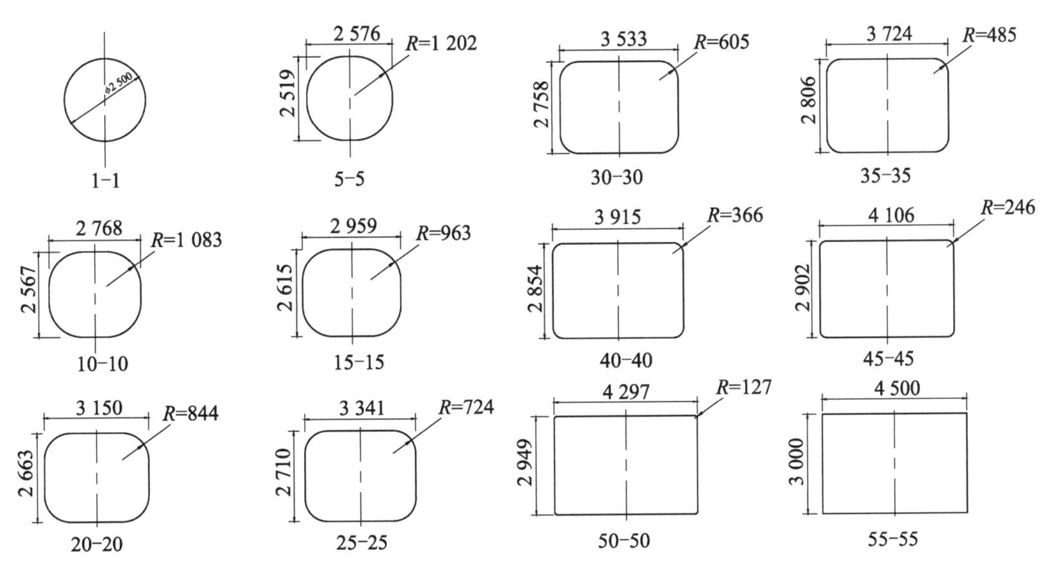

图 2-23　出水流道断面图(单位:mm)

表 2-4　出水流道断面参数

单位:mm

断面编号	上边线坐标		下边线坐标		断面高度	断面宽度	过渡圆半径	中心线坐标		中心线长
	x_1	y_1	x_2	y_2				x_0	y_0	
1	6 000	1 250	6 000	−1 250	2 500	2 500	1 250	6 000	0	0
2	6 250	1 250	6 250	−1 250	2 500	2 500	1 250	6 250	0	250
3	6 500	1 250	6 500	−1 250	2 500	2 500	1 250	6 500	0	500

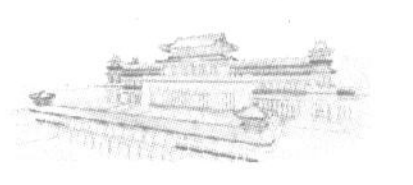

续表

断面编号	上边线坐标		下边线坐标		断面高度	断面宽度	过渡圆半径	中心线坐标		中心线长
	x_1	y_1	x_2	y_2				x_0	y_0	
4	6 700	1 260	6 700	−1 250	2 510	2 538	1 226	6 700	5	700
5	6 900	1 269	6 900	−1 250	2 519	2 576	1 202	6 900	10	900
6	7 100	1 279	7 100	−1 250	2 529	2 615	1 178	7 100	14	1 100
7	7 300	1 288	7 300	−1 250	2 538	2 653	1 154	7 300	19	1 300
8	7 500	1 298	7 500	−1 250	2 548	2 691	1 130	7 500	24	1 500
9	7 700	1 307	7 700	−1 250	2 557	2 729	1 107	7 700	29	1 700
10	7 900	1 317	7 900	−1 250	2 567	2 768	1 083	7 900	33	1 900
11	8 100	1 326	8 100	−1 250	2 576	2 806	1 059	8 100	38	2 100
12	8 300	1 336	8 300	−1 250	2 586	2 844	1 035	8 300	43	2 301
13	8 500	1 346	8 500	−1 250	2 596	2 882	1 011	8 500	48	2 501
14	8 700	1 355	8 700	−1 250	2 605	2 921	987	8 700	53	2 701
15	8 900	1 365	8 900	−1 250	2 615	2 959	963	8 900	57	2 901
16	9 100	1 374	9 100	−1 250	2 624	2 997	939	9 100	62	3 101
17	9 300	1 384	9 300	−1 250	2 634	3 035	915	9 300	67	3 301
18	9 500	1 393	9 500	−1 250	2 643	3 074	891	9 500	72	3 501
19	9 700	1 403	9 700	−1 250	2 653	3 112	868	9 700	76	3 701
20	9 900	1 413	9 900	−1 250	2 663	3 150	844	9 900	81	3 901
21	10 100	1 422	10 100	−1 250	2 672	3 188	820	10 100	86	4 101
22	10 300	1 432	10 300	−1 250	2 682	3 227	796	10 300	91	4 301
23	10 500	1 441	10 500	−1 250	2 691	3 265	772	10 500	96	4 501
24	10 700	1 451	10 700	−1 250	2 701	3 303	748	10 700	100	4 701
25	10 900	1 460	10 900	−1 250	2 710	3 341	724	10 900	105	4 901
26	11 100	1 470	11 100	−1 250	2 720	3 380	700	11 100	110	5 101
27	11 300	1 479	11 300	−1 250	2 729	3 418	676	11 300	115	5 301
28	11 500	1 489	11 500	−1 250	2 739	3 456	652	11 500	120	5 501
29	11 700	1 499	11 700	−1 250	2 749	3 494	629	11 700	124	5 701
30	11 900	1 508	11 900	−1 250	2 758	3 533	605	11 900	129	5 902
31	12 100	1 518	12 100	−1 250	2 768	3 571	581	12 100	134	6 102
32	12 300	1 527	12 300	−1 250	2 777	3 609	557	12 300	139	6 302
33	12 500	1 537	12 500	−1 250	2 787	3 647	533	12 500	143	6 502
34	12 700	1 546	12 700	−1 250	2 796	3 685	509	12 700	148	6 702
35	12 900	1 556	12 900	−1 250	2 806	3 724	485	12 900	153	6 902
36	13 100	1 565	13 100	−1 250	2 815	3 762	461	13 100	158	7 102
37	13 300	1 575	13 300	−1 250	2 825	3 800	437	13 300	163	7 302

续表

断面编号	上边线坐标		下边线坐标		断面高度	断面宽度	过渡圆半径	中心线坐标		中心线长
	x_1	y_1	x_2	y_2				x_0	y_0	
38	13 500	1 585	13 500	−1 250	2 835	3 838	413	13 500	167	7 502
39	13 700	1 594	13 700	−1 250	2 844	3 877	390	13 700	172	7 702
40	13 900	1 604	13 900	−1 250	2 854	3 915	366	13 900	177	7 902
41	14 100	1 613	14 100	−1 250	2 863	3 953	342	14 100	182	8 102
42	14 300	1 623	14 300	−1 250	2 873	3 991	318	14 300	186	8 302
43	14 500	1 632	14 500	−1 250	2 882	4 030	294	14 500	191	8 502
44	14 700	1 642	14 700	−1 250	2 892	4 068	270	14 700	196	8 702
45	14 900	1 652	14 900	−1 250	2 902	4 106	246	14 900	201	8 902
46	15 100	1 661	15 100	−1 250	2 911	4 144	222	15 100	206	9 102
47	15 300	1 671	15 300	−1 250	2 921	4 183	198	15 300	210	9 303
48	15 500	1 680	15 500	−1 250	2 930	4 221	174	15 500	215	9 503
49	15 700	1 690	15 700	−1 250	2 940	4 259	151	15 700	220	9 703
50	15 900	1 699	15 900	−1 250	2 949	4 297	127	15 900	225	9 903
51	16 100	1 709	16 100	−1 250	2 959	4 336	103	16 100	229	10 103
52	16 300	1 718	16 300	−1 250	2 968	4 374	79	16 300	234	10 303
53	16 500	1 728	16 500	−1 250	2 978	4 412	55	16 500	239	10 503
54	16 700	1 738	16 700	−1 250	2 988	4 450	31	16 700	244	10 703
55	16 960	1 750	16 960	−1 250	3 000	4 500	0	16 960	250	10 963
56	17 160	1 750	17 160	−1 250	3 000	4 500	0	17 160	250	11 163
57	17 360	1 750	17 360	−1 250	3 000	4 500	0	17 360	250	11 363
58	17 560	1 750	17 560	−1 250	3 000	4 500	0	17 560	250	11 563
59	17 760	1 750	17 760	−1 250	3 000	4 500	0	17 760	250	11 763
60	17 960	1 750	17 960	−1 250	3 000	4 500	0	17 960	250	11 963
61	18 160	1 750	18 160	−1 250	3 000	4 500	0	18 160	250	12 163
62	18 360	1 750	18 360	−1 250	3 000	4 500	0	18 360	250	12 363
63	18 560	1 750	18 560	−1 250	3 000	4 500	0	18 560	250	12 563
64	18 760	1 750	18 760	−1 250	3 000	4 500	0	18 760	250	12 763
65	18 960	1 750	18 960	−1 250	3 000	4 500	0	18 960	250	12 963
66	19 260	1 750	19 260	−1 250	3 000	4 500	0	19 260	250	13 263

2.1.5 结论

采用CFD方法，在满足泵站设计规范和泵站水工建筑物及设备设计与布置的前提下，通过确立潜水贯流泵装置进、出水流道优化设计目标，开展不同进水流道和出水流道设计方案组成的水泵装置内流分析和优化设计，从进、出水流道的内部流态，水泵进水条

件和水力损失等方面进行CFD分析和比较。优化设计的进水流道方案3和出水流道方案1组成的贯流泵装置内部流态好，水力损失小，进、出水流道的总损失为0.298 m。考虑到进水流道进口型线的美观及与其他建筑物的衔接，适当调整了进口连接的圆弧半径，推荐采用原型潜水贯流泵装置单线图，如图2-15所示。

CFD数值计算结果表明，进水流道方案3的内部流态较平顺、均匀，在设计工况下的水力损失为0.040 m，流道出口断面的轴向流速分布均匀度达到98.52%，入泵水流加权平均角为87.543°，能为水泵提供良好的进水条件；优化设计的出水流道方案1的内部流态较好，在设计工况下的水力损失为0.258 m。在采用TJ04－ZL－07水力模型时预测的原型装置性能曲线如图2-24所示。

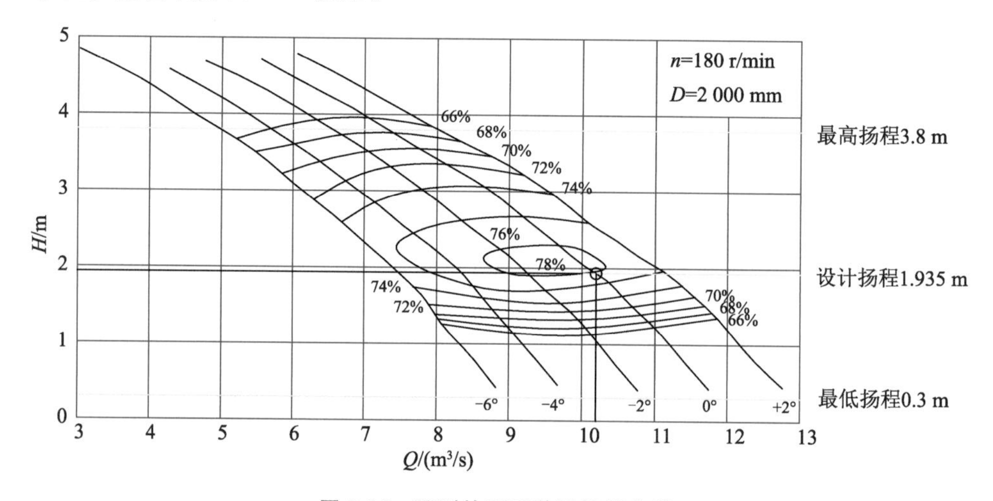

图2-24　预测的原型装置性能曲线

2.2　双向潜水贯流泵装置性能研究

2.2.1　研究背景

随着潜水电动机技术的不断进步和机组尺寸的大型化，将灯泡贯流泵中布置在灯泡体内的普通电动机改为潜水电动机，不仅能够使机组的结构简化，通风、散热等问题得到有效解决，而且能够改善装置的水力性能，并可实现泵站的双向运行。现以某双向泵站为例进行研究，正向排涝设计流量70 m^3/s，反向生态补水设计流量20 m^3/s，工程主要任务是防洪、排涝和生态补水。该泵站安装叶轮直径为2 100 mm的潜水贯流泵6台套，其中2台套采用S形叶片的双向叶轮实现双向运行。泵站特征水位及扬程组合如表2-5所示。

表 2-5 泵站特征水位及扬程 单位:m

工况		封闭段外水位	封闭段内水位	扬程
排涝	设计	10.8	9.5	1.3
	最低	10.0	10.0	0.0
	最高	11.2	9.0	2.2
生态补水	设计	9.2	9.7	0.5
	最低	8.5	10.0	1.5
	最高	9.0	9.0	0.0

2.2.2 数值计算与优化

为了与模型试验结果进行比较,以模型装置为计算装置,其叶轮直径为 300 mm,转速为 1 050 r/min。为比较计算方案整体水力性能,计算多个流量工况点,计算区域包括进水流道、叶轮、导叶和出水流道(见图 2-25)。单向泵装置采用 ZM25(GL－2010－03)水力模型,几何比尺为 $\lambda_l=7$,其他过流部件的尺寸按几何比尺确定。

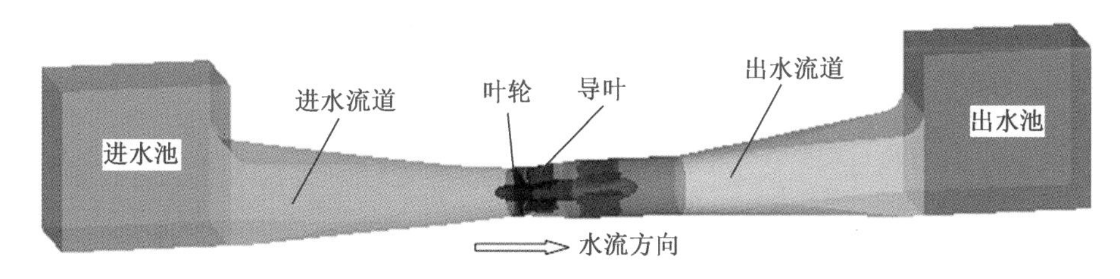

图 2-25 单向潜水贯流泵计算区域示意图

1. 单向潜水贯流泵装置

单向潜水贯流泵内部流动数值模拟计算了 4 个方案,方案 1 为初始设计方案,4 个方案主要控制尺寸如表 2-6 所示。

表 2-6 计算方案主要控制尺寸

方案	进水流道		出水流道		灯泡体支撑片		
	长度/mm	进口尺寸/(mm×mm)	长度/mm	出口尺寸/(mm×mm)	数量	厚度/mm	长度/mm
1	1 346	643×500	1 346	643×500	8	2.0	258
2	1 346	643×450	1 346	643×450	5	2.0	120
3	1 346	643×450	1 346	643×450	8	2.0	120
4	1 346	643×465	1 346	643×465	5	4.5	200

根据数值计算结果,方案 1 和方案 4 的流速分布较佳,故列出这 2 个方案的装置内部流场和装置性能的计算结果。流场分布如图 2-26 和图 2-27 所示,不同部位水力损失见表 2-7,预测性能曲线如图 2-28 和图 2-29 及表 2-8 所示。

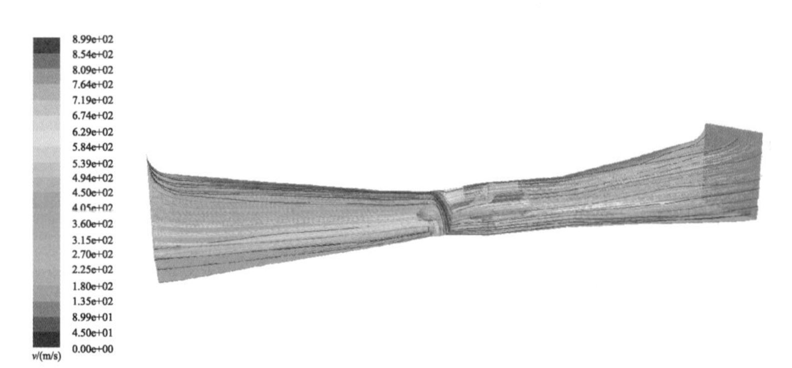

(a) 粒子迹线图

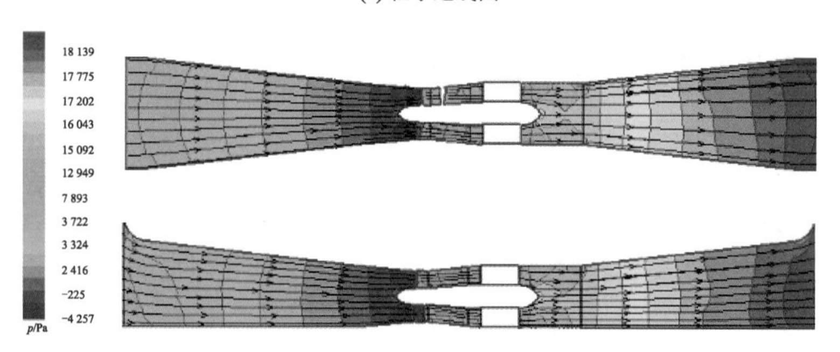

(b) 压力分布图

图 2-26　方案 1 最优工况装置内部流场图

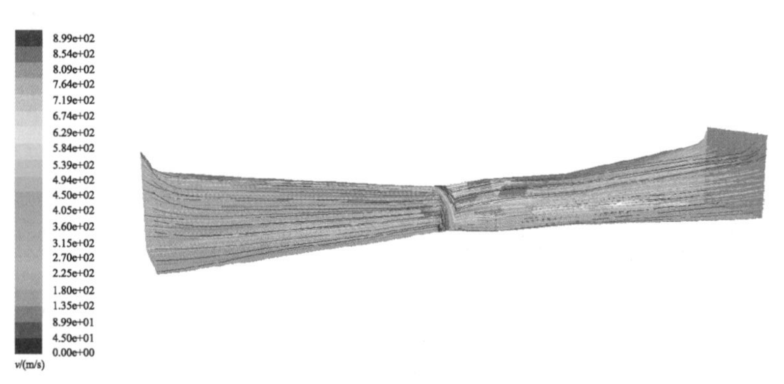

(a) 粒子迹线图

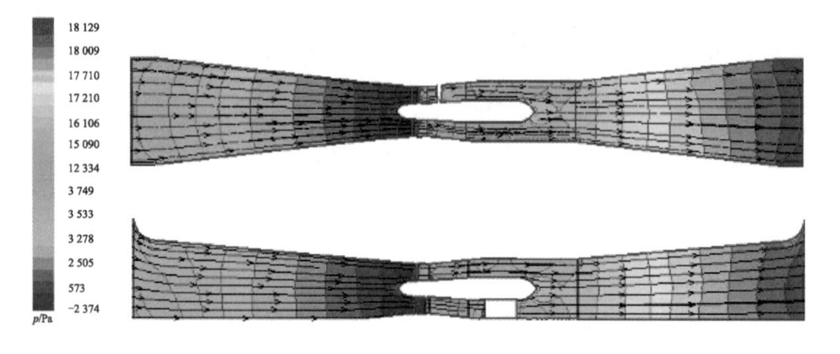

(b) 压力分布图

图 2-27　方案 4 最优工况装置内部流场图

表 2-7 不同方案水力损失计算结果

方案	水力损失/cm			总损失/cm
	进水流道/cm	导叶/cm	出水流道/cm	
1	5.45	6.44	6.40	18.29
4	5.16	6.44	6.65	18.25

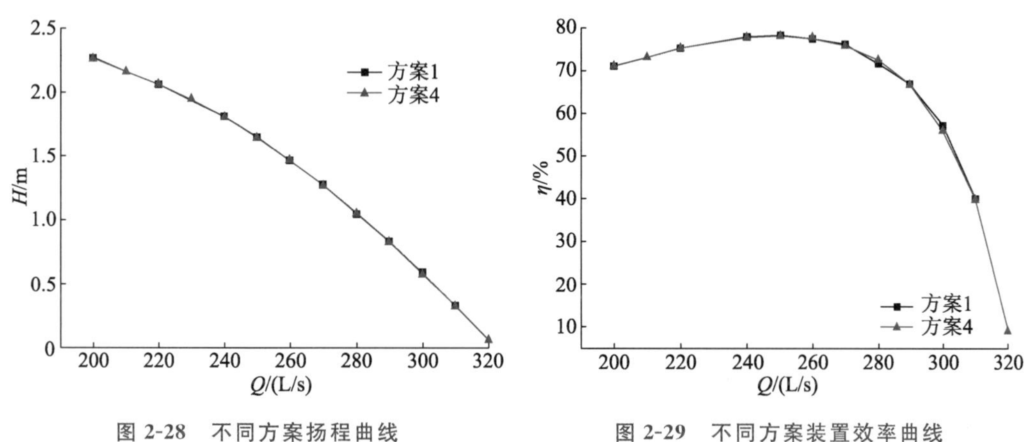

图 2-28 不同方案扬程曲线

图 2-29 不同方案装置效率曲线

表 2-8 数值模拟预测性能

方案	流量 Q/(L/s)	扬程 H/m	装置效率 η/%	叶轮直径 D/mm	叶片安放角 φ/(°)	转速 n/(r/min)
1	260	1.46	77.47	300	0	1 050
	270	1.27	76.17			
4	260	1.47	77.81			
	270	1.27	75.81			

由计算结果可以发现，方案 4 将流道进口和出口断面高度适当降低后装置水力性能基本保持不变。在实际工程中降低流道高度可以降低工作闸门高度，因此方案 4 具有一定的实际应用价值。

2. 双向潜水贯流泵装置

双向潜水贯流泵装置采用与单向装置方案 4 相同的流道尺寸，采用 ZMS30 双向叶轮，叶片数为 4，配 2 组导叶片数均为 7 的不同导叶，方案 s1 采用直导叶，方案 s2 采用小弯导叶，其装置结构图如图 2-30 和图 2-31 所示。

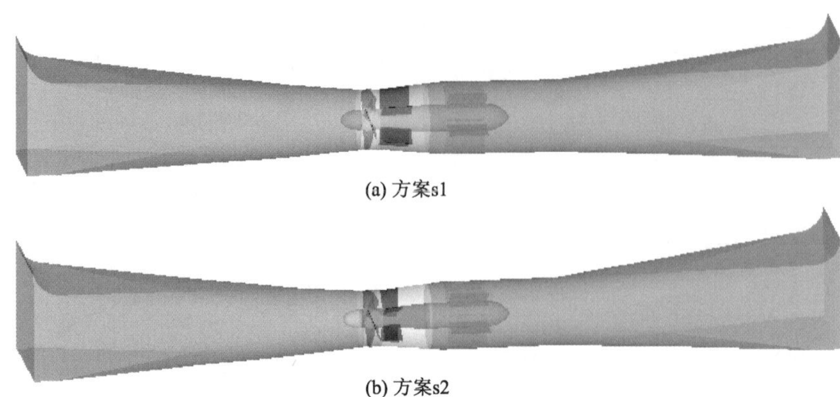

(a) 方案s1

(b) 方案s2

图 2-30　双向装置结构图

(a) 方案s1　　(b) 方案s2

图 2-31　导叶结构图

方案 s1 采用直导叶，其正、反向性能和流态均比较好，正向性能比反向性能稍差。方案 s2 采用小弯导叶，其正向性能和流态均比较好，但反向性能和流态比较差，主要是出水流道的流态紊乱，产生较大的水力损失，导致正、反向性能相差较大。图 2-32 和图 2-33 分别为方案 s1 的正、反向最优工况装置内部流场图；图 2-34 和图 2-35 分别为方案 s2 的正、反向最优工况装置内部流场图。

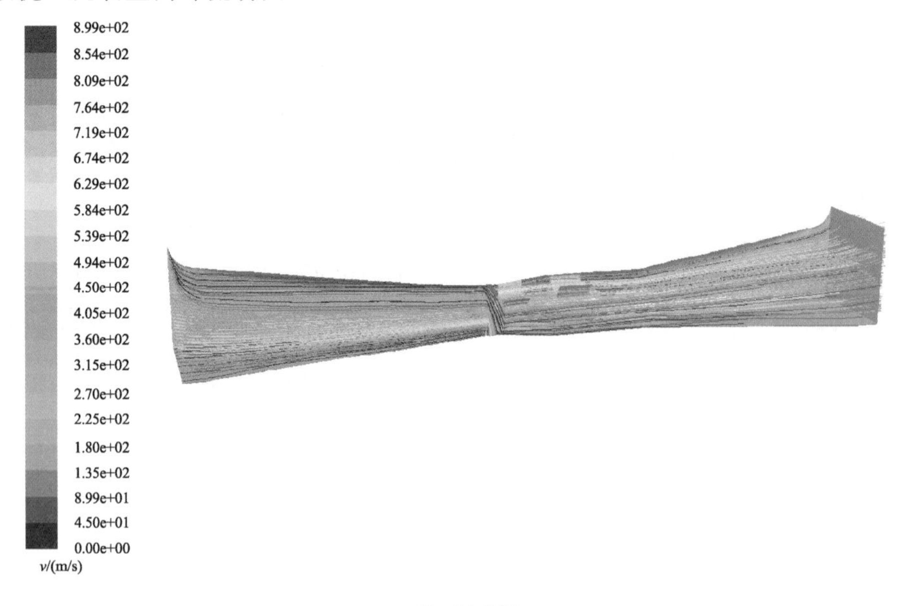

(a) 粒子迹线图

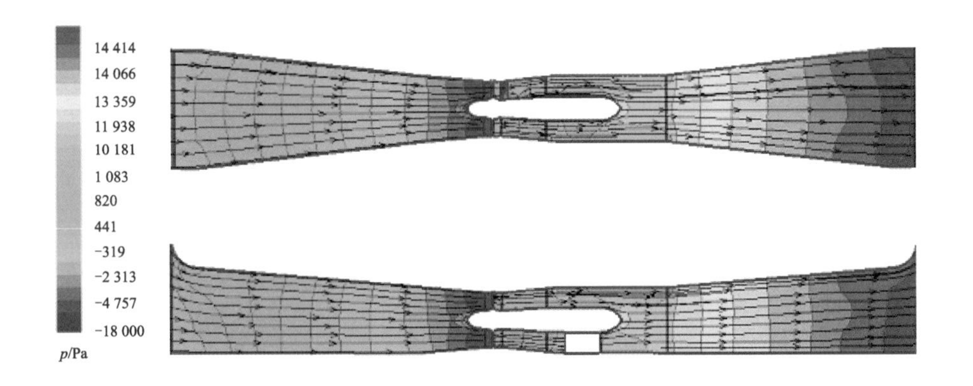

(b) 压力分布图

图 2-32　方案 s1 正向最优工况装置内部流场图

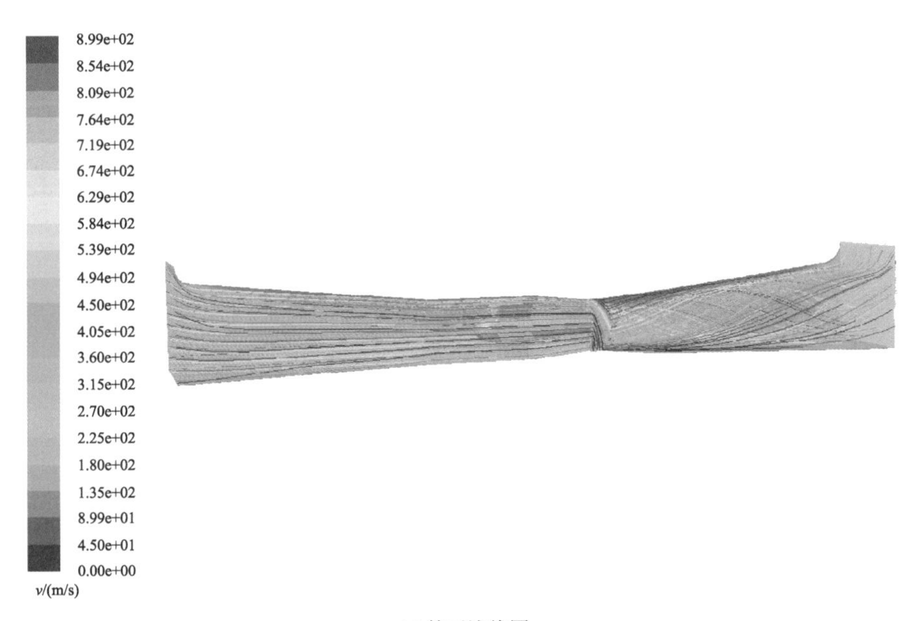

(a) 粒子迹线图

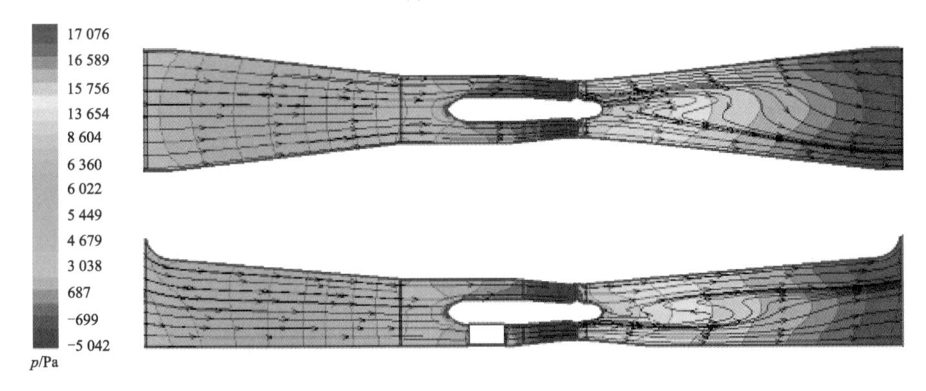

(b) 压力分布图

图 2-33　方案 s1 反向最优工况装置内部流场图

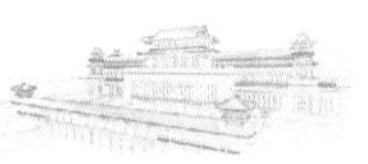

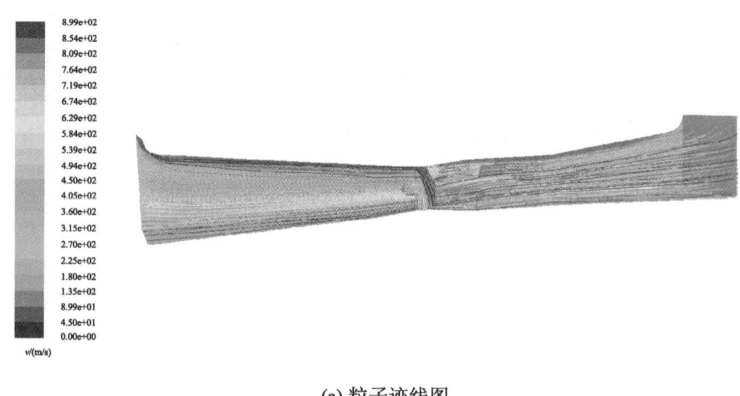

(a) 粒子迹线图

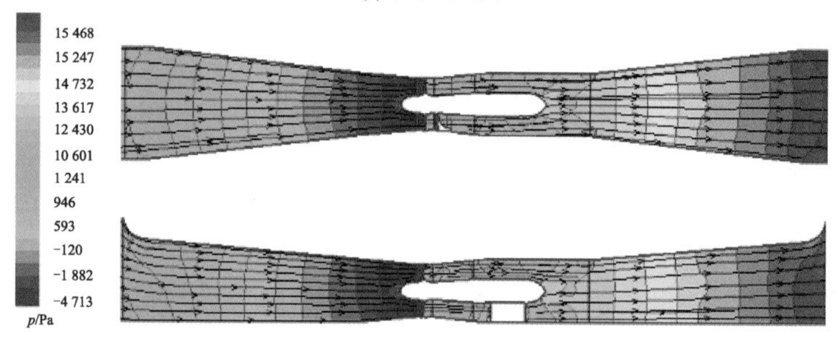

(b) 压力分布图

图 2-34　方案 s2 正向最优工况装置内部流场图

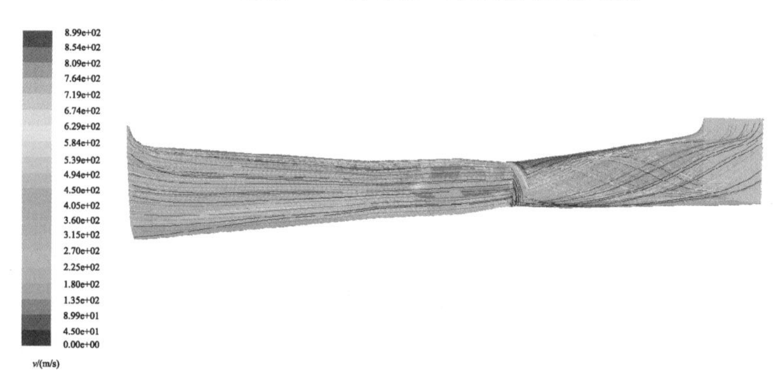

(a) 粒子迹线图

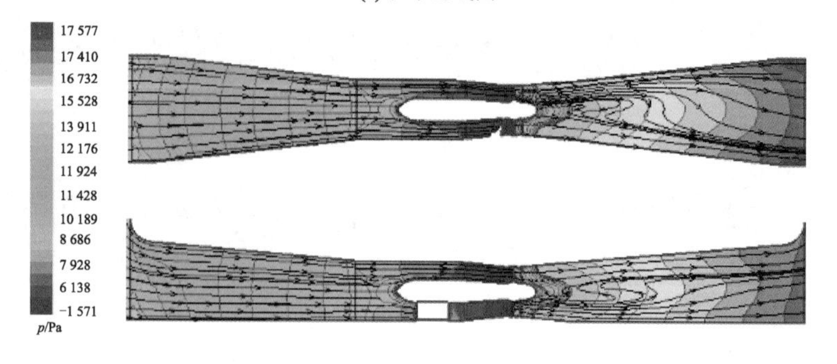

(b) 压力分布图

图 2-35　方案 s2 反向最优工况装置内部流场图

双向潜水贯流泵装置不同方案正向运行时的性能比较如图 2-36 和图 2-37 所示，反向运行时的性能比较如图 2-38 和图 2-39 所示。

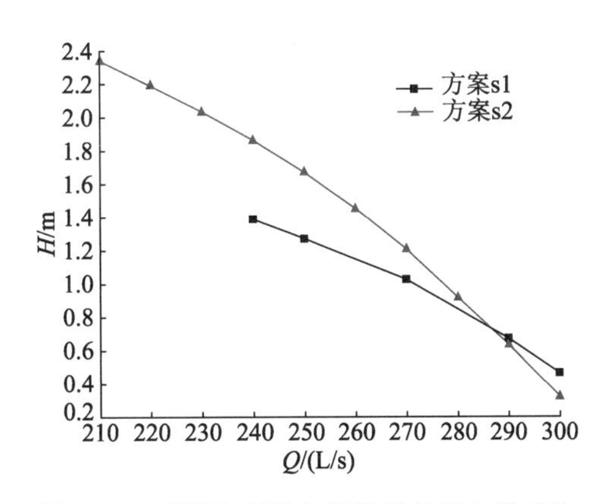

图 2-36　不同方案正向运行时扬程曲线对比

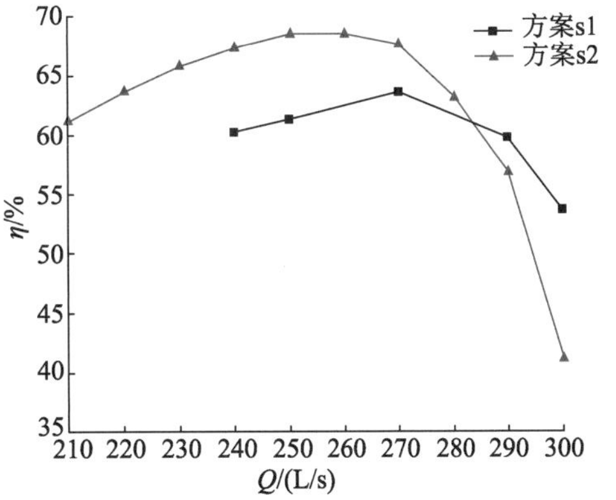

图 2-37　不同方案正向运行时装置效率曲线对比

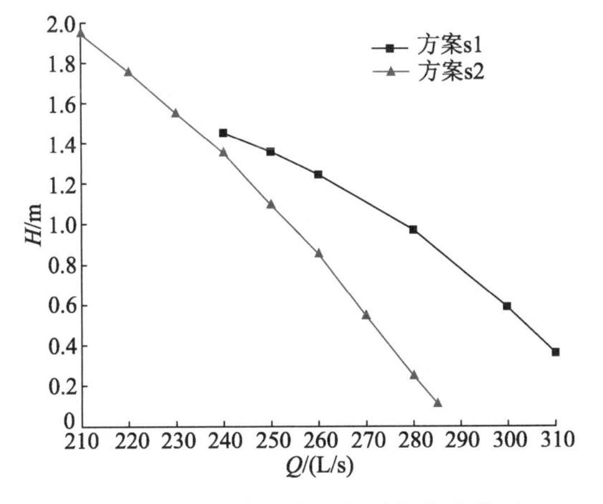

图 2-38　不同方案反向运行时扬程曲线对比

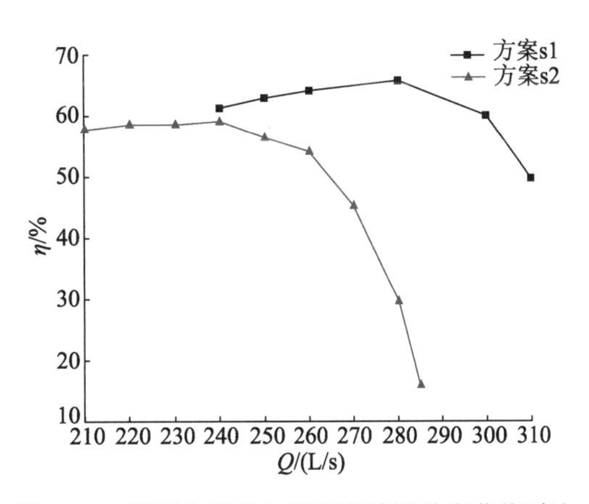

图 2-39　不同方案反向运行时装置效率曲线对比

数值模拟预测的性能结果如表 2-9 所示。采用直导叶的方案 s1，其正、反向的流态均较为平顺。正向运行时出水流道内有较小的漩涡流，这主要是直导叶与泵叶轮出口的水流角不一致，在导叶处产生脱流引起的，这使得出水流道水力损失增加，效率降低，正向运行的最高效率为 63％左右。反向运行时进、出水流道内均无漩涡流，这主要是因为反向出水无导叶，泵叶轮出口的水流不受阻挡，也不产生脱流，这使得出水流道水力损失较小，效率提高，反向运行的最高效率可达 65％左右，在扬程 0.5 m 时仍达到 60％左右。采用小弯导叶的方案 s2，其正向的流态较为平顺。正向运行时出水流道内无漩涡流，这主要是因为小弯导叶与泵叶轮出口的水流角较为一致，在导叶处不产生脱流，这使得出水流道水力损失较小，效率提高，正向运行的最高效率为 69％左右。反向的流态则较差，反向运行时出水流道内呈明显的螺旋流，这主要是因为小弯导叶对水泵进口的水流角产生较大的影响，水流有较大的预旋，从而导致水泵叶轮内和出水流道内的水流紊乱，使得水泵叶轮和出水流道水力损失增大，效率降低，反向运行的最高效率仅为 59％左右，在扬程 0.5 m 时只有 45％左右。考虑到该泵站双向泵年运行小时数较少，而且正、反向运行时间相差无几，建议双向潜水贯流泵装置采用方案 s1。

表 2-9　数值模拟预测双向运行性能

运行工况	方案	流量 Q/(L/s)	扬程 H/m	装置效率 η/%	叶轮直径 D/mm	叶片安放角 φ/(°)	转速 n/(r/min)
正向排涝	s1	250	1.27	61.27	300	+2	1 050
		270	1.02	63.54			
	s2	260	1.45	68.51			
		270	1.20	67.59			
反向生态补水	s1	280	0.97	65.58			
		300	0.59	59.92			
	s2	240	1.01	58.88			
		270	0.54	45.11			

2.2.3　模型试验研究

为检验数值模拟的准确性，采用与数值模拟具有相同水力模型的水泵进行装置模型试验，其中单向潜水贯流泵采用 GL－2010－03 水力模型，装置型式为数值模拟中的方案 4；双向潜水贯流泵采用 S 形叶片双向叶轮 ZMS30 水力模型，装置型式为数值模拟中的方案 s1。试验在扬州大学的试验台进行。

1. 单向潜水贯流泵装置模型试验结果

(1) 单向泵装置能量特性

单向模型泵装置能量特性试验测试了＋4°，＋2°，0°，－2°，－4°共 5 个叶片安放角下的性能，表 2-10 至表 2-14 列出了性能试验数据。根据试验结果得到的模型装置综合特性曲线如图 2-40 所示，相似换算的原型装置综合特性曲线如图 2-41 所示。

表 2-10　叶片安放角为＋4°时模型装置能量特性试验数据

序号	流量 Q/(L/s)	扬程 H/m	轴功率 P/kW	装置效率 η/%
1	347.59	0.55	3.74	49.78
2	334.25	0.87	4.48	63.05
3	325.94	1.07	4.97	68.51
4	316.58	1.27	5.46	71.78
5	306.30	1.49	5.97	74.80
6	293.05	1.72	6.40	76.72
7	273.02	2.06	7.11	77.23
8	262.96	2.28	7.65	76.43
9	255.79	2.39	7.87	75.82

续表

序号	流量 Q/(L/s)	扬程 H/m	轴功率 P/kW	装置效率 η/%
10	249.21	2.51	8.11	75.25
11	235.31	2.74	8.55	73.59
12	221.35	2.91	8.97	70.08
13	208.17	3.05	9.33	66.44
14	200.66	3.12	9.53	64.21
15	188.52	3.22	9.84	60.25
16	170.55	3.34	10.12	54.93
17	156.66	3.32	10.06	50.47
18	131.86	3.367	10.18	42.57
19	118.83	3.57	10.77	38.47
20	105.30	4.00	11.96	34.53

表 2-11　叶片安放角为+2°时模型装置能量特性试验数据

序号	流量 Q/(L/s)	扬程 H/m	轴功率 P/kW	装置效率 η/%
1	327.49	0.49	3.18	48.96
2	320.47	0.68	3.58	59.33
3	313.09	0.86	4.00	65.82
4	305.05	1.05	4.40	70.81
5	297.13	1.25	4.85	74.53
6	285.54	1.48	5.35	77.08
7	269.68	1.76	5.83	79.35
8	253.46	2.11	6.63	78.91
9	246.38	2.22	6.84	77.94
10	236.39	2.39	7.14	77.24
11	228.90	2.54	7.41	76.56
12	213.87	2.74	7.81	73.33
13	201.49	2.91	8.16	70.09
14	183.25	3.08	8.51	64.69
15	173.70	3.17	8.73	61.62
16	164.39	3.25	8.91	58.57
17	130.64	3.33	8.95	47.47
18	118.76	3.42	9.20	43.05
19	106.53	3.73	9.99	38.82
20	97.17	4.01	10.63	35.76

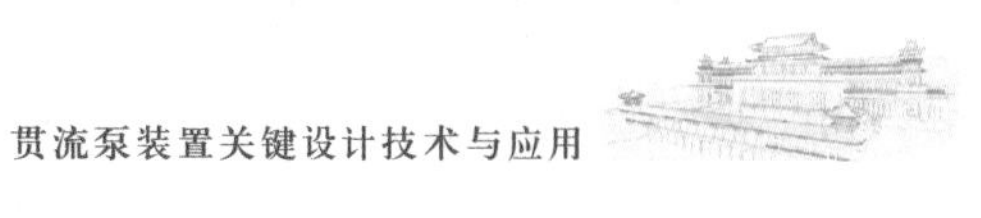

表 2-12　叶片安放角为 0°时模型装置能量特性试验数据

序号	流量 Q/(L/s)	扬程 H/m	轴功率 P/kW	装置效率 η/%
1	314.74	0.17	2.07	25.29
2	297.44	0.66	3.12	61.77
3	284.34	1.02	3.79	74.67
4	271.71	1.32	4.40	79.41
5	257.33	1.57	4.91	80.62
6	241.93	1.91	5.58	80.91
7	211.48	2.47	6.53	78.07
8	198.66	2.66	6.82	75.54
9	180.92	2.87	7.18	70.54
10	166.20	3.03	7.49	65.74
11	143.77	3.29	7.92	58.33
12	116.81	3.34	7.97	47.74
13	104.29	3.56	8.43	43.05
14	95.40	3.85	8.95	40.01
15	85.47	4.14	9.56	36.16
16	74.66	4.44	10.25	31.61

表 2-13　叶片安放角为−2°时模型装置能量特性试验数据

序号	流量 Q/(L/s)	扬程 H/m	轴功率 P/kW	装置效率 η/%
1	295.24	0.08	1.73	13.77
2	278.93	0.54	2.63	56.22
3	268.57	0.82	3.19	67.49
4	256.72	1.13	3.78	74.68
5	239.86	1.47	4.36	78.79
6	230.48	1.74	4.93	79.27
7	220.53	1.92	5.26	78.63
8	205.11	2.20	5.69	77.46
9	196.53	2.34	5.93	75.82
10	187.43	2.50	6.16	74.36
11	176.61	2.64	6.37	71.53
12	163.47	2.81	6.58	68.21

续表

序号	流量 Q/(L/s)	扬程 H/m	轴功率 P/kW	装置效率 η/%
13	151.71	2.97	6.84	64.63
14	142.37	3.12	7.05	61.52
15	129.38	3.24	7.26	56.67
16	104.33	3.35	7.38	46.21
17	93.22	3.62	7.92	41.62
18	81.10	3.98	8.61	36.56
19	71.15	4.29	9.23	32.26

表 2-14　叶片安放角为−4°时模型装置能量特性试验数据

序号	流量 Q/(L/s)	扬程 H/m	轴功率 P/kW	装置效率 η/%
1	267.35	0.09	1.63	13.77
2	251.60	0.53	2.43	54.11
3	237.76	0.93	3.12	69.37
4	223.61	1.22	3.56	74.92
5	213.87	1.51	4.10	77.12
6	205.14	1.71	4.41	77.56
7	195.58	1.90	4.71	76.98
8	183.92	2.12	5.05	75.48
9	170.39	2.36	5.36	73.25
10	160.18	2.50	5.53	70.82
11	148.09	2.70	5.73	68.03
12	140.93	2.81	5.86	66.08
13	132.16	2.93	5.98	63.25
14	120.20	3.09	6.17	58.70
15	114.98	3.13	6.23	56.49
16	107.99	3.17	6.20	53.82
17	96.64	3.25	6.38	48.10
18	87.23	3.47	6.72	43.94
19	75.91	3.81	7.30	38.67

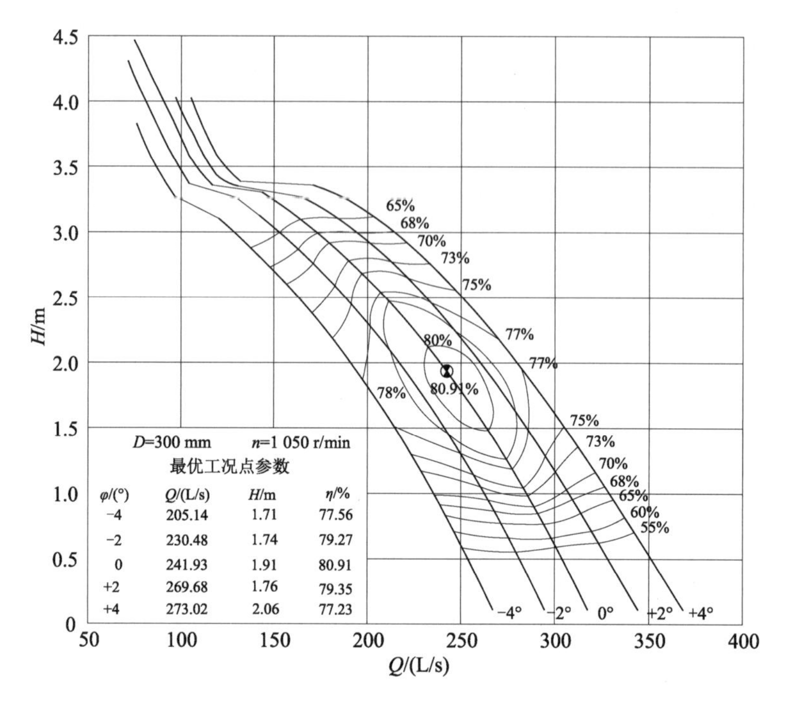

图 2-40 单向潜水贯流泵模型装置综合特性曲线

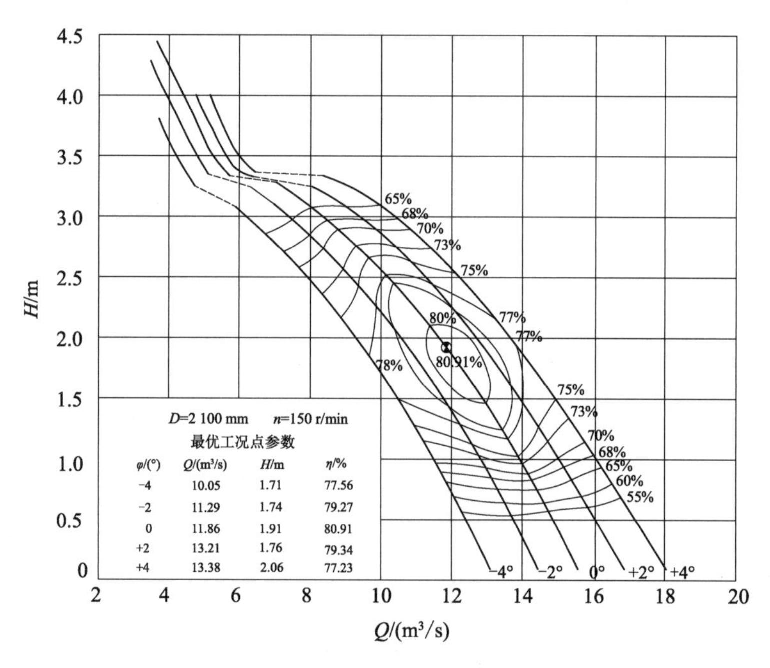

图 2-41 单向潜水贯流泵原型装置综合特性曲线

在设计扬程 1.45 m 时，单向潜水贯流泵原型装置（叶片安放角为 0°）的流量为 13.000 m^3/s、效率为 79.90%；在最高扬程 2.35 m 时，流量为 10.666 m^3/s、效率为 78.61%。

(2) 单向泵装置空化特性

模型泵装置的空化特性试验采用定流量的能量法，取效率降低1%的NPSH临界值(以叶轮中心为基准)。表2-15为各叶片安放角下不同流量点的NPSH临界值，不同叶片安放角下的空化特性试验结果如图2-42所示。

表 2-15 空化特性试验结果汇总

−4°	流量 Q/(L/s)	241.48	231.16	215.14	172.53	141.58
	$NPSH_r$/m	8.87	9.37	7.52	7.76	8.19
−2°	流量 Q/(L/s)	268.85	260.96	240.08	198.50	170.51
	$NPSH_r$/m	7.51	8.92	8.46	7.49	7.51
0°	流量 Q/(L/s)	288.50	282.06	254.60	223.08	182.20
	$NPSH_r$/m	9.40	9.35	8.82	9.45	9.14
+2°	流量 Q/(L/s)	314.52	305.70	287.50	239.09	209.60
	$NPSH_r$/m	8.24	8.17	8.69	7.87	8.61
+4°	流量 Q/(L/s)	335.45	326.91	307.13	257.74	230.85
	$NPSH_r$/m	8.57	8.69	7.94	7.41	8.46

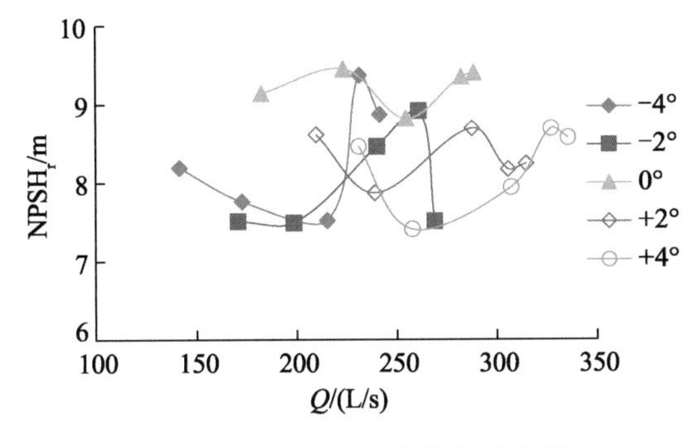

图 2-42 $NPSH_r$ 与流量关系曲线

(3) 单向泵装置飞逸特性

模型泵装置叶片安放角为+2°时的飞逸特性试验数据如表2-16所示。

表 2-16 模型泵装置飞逸特性试验数据

序号	水头 H/m	流量 Q/(L/s)	飞逸转速 n_f/(r/min)	单位飞逸转速 n'_{1f}
1	0.374	308.0	1 172.8	370.26
2	0.429	234.9	896.3	351.26
3	0.503	209.4	797.9	337.51
4	0.586	183.6	697.3	319.38
5	0.903	159.3	597.4	293.06

取单位飞逸转速 n'_{1f}=370，则原型泵装置在不同水头下的飞逸转速如图 2-43 所示，表 2-17 为原型泵装置飞逸特性试验数据。

表 2-17　原型泵装置飞逸特性试验数据(叶片安放角+2°)

水头 H/m	0.00	0.50	1.00	1.50	2.00	2.50
飞逸转速 n_f/(r/min)	0.00	124.59	176.19	215.79	249.17	278.58

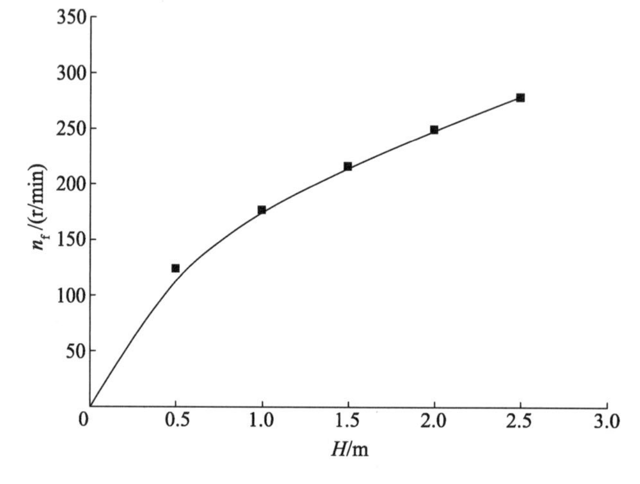

图 2-43　原型泵装置飞逸转速特性曲线

2. 双向潜水贯流泵装置模型试验结果

(1) 双向泵装置正向性能

双向模型泵装置正向性能试验测试了+4°,+2°,0°,−2°,−4°共 5 个叶片安放角下的性能，表 2-18 至表 2-22 列出了性能试验数据。根据试验结果得到的模型装置正向综合特性曲线如图 2-44 所示(转速 1 050 r/min，叶轮直径 300 mm)，相似换算的原型装置正向综合特性曲线如图 2-45 所示。

表 2-18　叶片安放角为+4°时模型装置正向性能试验数据

序号	流量 Q/(L/s)	扬程 H/m	轴功率 P/kW	装置效率 η/%
1	330.49	0.06	2.00	10.19
2	325.82	0.20	2.44	26.72
3	318.47	0.41	3.06	41.65
4	309.82	0.66	3.80	52.97
5	303.75	0.80	4.22	56.40
6	297.83	0.99	4.80	60.22
7	285.90	1.29	5.68	63.65
8	277.57	1.45	6.20	63.56

续表

序号	流量 Q/(L/s)	扬程 H/m	轴功率 P/kW	装置效率 η/%
9	266.86	1.64	6.88	62.24
10	257.93	1.79	7.34	61.52
11	249.44	2.04	8.12	61.17
12	232.61	2.35	9.11	58.53
13	223.55	2.50	9.57	57.09
14	201.06	2.80	10.39	53.00
15	175.06	2.98	10.73	47.55
16	162.64	3.04	10.76	44.92
17	144.21	3.45	11.86	41.02
18	131.75	3.73	12.68	37.85

表 2-19 叶片安放角为+2°时模型装置正向性能试验数据

序号	流量 Q/(L/s)	扬程 H/m	轴功率 P/kW	装置效率 η/%
1	305.50	0.06	1.75	9.54
2	299.22	0.21	2.21	28.06
3	293.36	0.41	2.70	43.13
4	285.33	0.65	3.34	54.11
5	280.80	0.81	3.73	59.56
6	273.66	1.01	4.32	62.53
7	260.47	1.30	5.15	64.32
8	252.79	1.46	5.59	64.44
9	244.54	1.66	6.22	63.78
10	236.29	1.87	6.86	62.97
11	224.81	2.11	7.54	61.55
12	213.43	2.33	8.17	59.46
13	196.87	2.60	8.90	56.25
14	180.32	2.80	9.37	52.74
15	163.02	2.96	9.65	48.87
16	133.76	3.46	10.62	42.56
17	121.75	3.71	11.26	39.26
18	113.63	4.02	11.98	37.30
19	104.12	4.34	12.68	34.84

表 2-20　叶片安放角为 0°时模型装置正向性能试验数据

序号	流量 Q/(L/s)	扬程 H/m	轴功率 P/kW	装置效率 η/%
1	278.28	0.07	1.40	14.07
2	274.08	0.20	1.79	29.18
3	268.87	0.40	2.28	45.50
4	261.18	0.66	2.99	56.44
5	256.58	0.81	3.38	60.12
6	248.79	1.00	3.85	63.06
7	244.58	1.16	4.25	65.46
8	239.15	1.32	4.72	65.18
9	230.74	1.52	5.30	64.69
10	225.09	1.65	5.70	63.74
11	216.95	1.82	6.10	63.13
12	209.61	1.99	6.52	62.46
13	192.70	2.34	7.36	59.80
14	183.41	2.50	7.78	57.70
15	162.05	2.80	8.41	52.66
16	152.85	2.90	8.59	50.39
17	126.76	3.25	9.15	43.97
18	116.05	3.57	10.00	40.53
19	106.26	3.98	10.85	38.07

表 2-21　叶片安放角为−2°时模型装置正向性能试验数据

序号	流量 Q/(L/s)	扬程 H/m	轴功率 P/kW	装置效率 η/%
1	258.77	0.02	1.08	4.37
2	253.50	0.21	1.56	33.98
3	246.97	0.43	2.11	49.01
4	240.28	0.66	2.68	57.41
5	234.85	0.82	3.08	61.40
6	227.96	1.00	3.51	63.89
7	219.76	1.22	4.05	64.47
8	214.69	1.36	4.46	63.87
9	209.56	1.52	4.91	63.51

续表

序号	流量 Q/(L/s)	扬程 H/m	轴功率 P/kW	装置效率 η/%
10	203.17	1.71	5.44	62.37
11	194.29	1.91	5.91	61.42
12	186.84	2.10	6.33	60.53
13	173.19	2.36	6.96	57.38
14	163.76	2.51	7.30	55.05
15	152.10	2.71	7.70	52.39
16	128.81	3.01	8.20	46.19
17	121.86	3.29	8.77	44.60
18	110.47	3.49	9.11	41.37
19	140.84	2.85	7.79	50.37

表 2-22　叶片安放角为−4°时模型装置正向性能试验数据

序号	流量 Q/(L/s)	扬程 H/m	轴功率 P/kW	装置效率 η/%
1	228.91	0.06	1.08	12.20
2	222.71	0.30	1.64	39.81
3	213.95	0.61	2.36	53.69
4	204.81	0.89	2.99	59.82
5	198.43	1.09	3.48	60.90
6	191.15	1.30	3.99	60.97
7	183.22	1.52	4.50	60.36
8	176.48	1.70	4.88	60.08
9	165.41	1.99	5.48	58.68
10	150.05	2.31	6.12	55.40
11	133.29	2.61	6.63	51.23
12	117.03	2.88	7.09	46.55
13	106.24	3.23	7.77	43.15
14	98.10	3.49	8.21	40.81
15	86.78	3.94	9.06	37.06

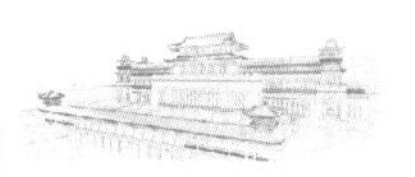

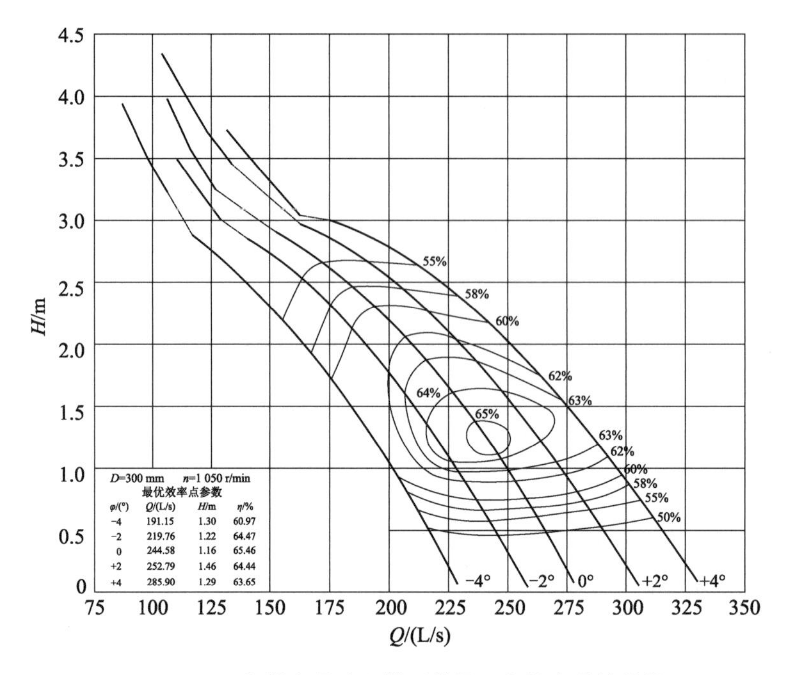

图 2-44 双向潜水贯流泵模型装置正向综合特性曲线

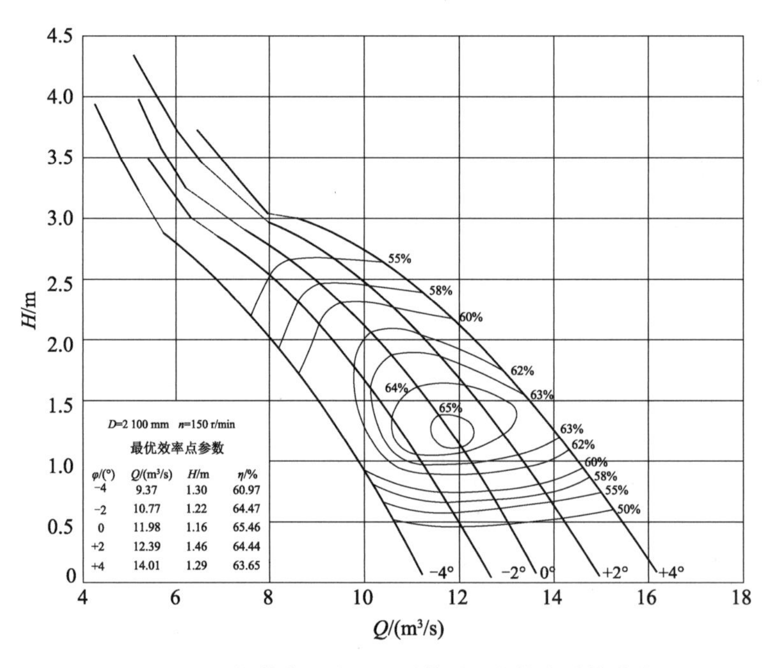

图 2-45 双向潜水贯流泵原型装置正向综合特性曲线

(2) 双向泵装置反向性能

双向模型泵装置反向性能试验测试了＋4°,＋2°,0°,－2°,－4°共 5 个叶片安放角下的性能,表 2-23 至表 2-27 列出了性能试验数据。根据试验结果得到的模型装置反向综合特性曲线如图 2-46 所示(转速 1 050 r/min,叶轮直径 300 mm),相似换算的原型装置反向综合特性曲线如图 2-47 所示。

表 2-23　叶片安放角为+4°时模型装置反向性能试验数据

序号	流量 Q/(L/s)	扬程 H/m	轴功率 P/kW	装置效率 η/%
1	324.16	0.04	2.43	4.72
2	319.70	0.21	2.92	22.04
3	313.61	0.41	3.44	36.53
4	308.96	0.55	3.90	42.66
5	302.24	0.74	4.51	48.71
6	293.87	0.99	5.25	53.90
7	285.74	1.19	5.86	56.72
8	281.60	1.30	6.21	57.70
9	275.34	1.46	6.67	59.02
10	270.02	1.59	7.03	59.80
11	261.55	1.79	7.53	60.74
12	254.02	1.95	7.99	60.66
13	247.16	2.10	8.40	60.30
14	240.56	2.25	8.84	59.88
15	229.61	2.50	9.50	59.01
16	216.32	2.74	10.15	57.05
17	201.69	2.98	10.78	54.48
18	190.56	3.14	11.17	52.37
19	178.24	3.25	11.62	48.71
20	162.16	3.26	11.94	43.23
21	154.22	3.18	12.07	39.67
22	143.36	3.22	12.41	36.30
23	121.20	3.47	13.03	31.54

表 2-24　叶片安放角为+2°时模型装置反向性能试验数据

序号	流量 Q/(L/s)	扬程 H/m	轴功率 P/kW	装置效率 η/%
1	304.72	0.06	1.58	11.43
2	300.12	0.21	1.96	30.89
3	294.80	0.42	2.57	46.95
4	289.56	0.56	2.97	52.99
5	282.28	0.75	3.63	57.20
6	273.61	1.00	4.40	60.92
7	266.49	1.20	5.03	62.30

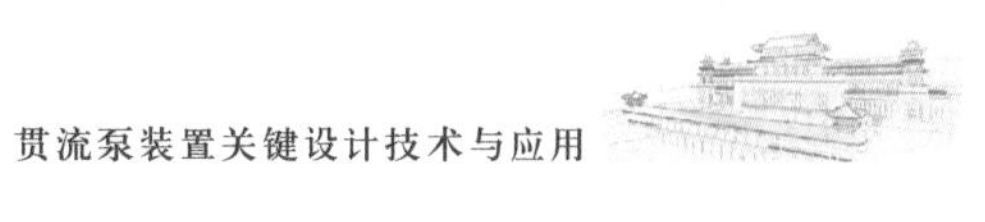

续表

序号	流量 Q/(L/s)	扬程 H/m	轴功率 P/kW	装置效率 η/%
8	262.36	1.31	5.39	62.49
9	256.75	1.46	5.82	62.90
10	249.32	1.62	6.33	62.33
11	243.40	1.76	6.77	61.88
12	236.71	1.93	7.26	61.42
13	228.17	2.12	7.83	60.51
14	219.61	2.30	8.33	59.32
15	210.65	2.50	8.91	57.73
16	190.72	2.80	9.83	53.05
17	178.83	2.95	10.18	50.63
18	167.99	3.02	10.51	47.24
19	156.00	3.04	10.72	43.29
20	145.52	3.04	11.12	38.81
21	128.48	3.27	11.86	34.62
22	113.30	3.42	12.21	31.01

表 2-25　叶片安放角为 0°时模型装置反向性能试验数据

序号	流量 Q/(L/s)	扬程 H/m	轴功率 P/kW	装置效率 η/%
1	278.20	0.05	1.46	9.60
2	274.00	0.21	1.87	30.52
3	267.66	0.41	2.39	45.01
4	263.13	0.57	2.81	52.15
5	257.98	0.74	3.29	56.71
6	248.41	1.01	4.06	60.14
7	243.41	1.17	4.47	62.14
8	238.46	1.31	4.87	62.55
9	232.81	1.44	5.28	62.26
10	227.17	1.60	5.66	62.76
11	219.64	1.79	6.17	62.29
12	211.23	1.99	6.71	61.26
13	203.15	2.20	7.24	60.30
14	193.21	2.41	7.77	58.50

续表

序号	流量 Q/(L/s)	扬程 H/m	轴功率 P/kW	装置效率 η/%
15	182.43	2.62	8.32	56.27
16	166.47	2.85	8.97	51.72
17	147.82	2.98	9.49	45.42
18	133.45	3.03	9.90	39.94
19	122.99	3.20	10.39	37.04
20	108.41	3.35	10.75	33.05

表 2-26 叶片安放角为−2°时模型装置反向性能试验数据

序号	流量 Q/(L/s)	扬程 H/m	轴功率 P/kW	装置效率 η/%
1	255.11	0.06	1.36	11.88
2	251.39	0.19	1.63	28.97
3	246.48	0.40	2.10	46.33
4	241.77	0.55	2.51	52.14
5	235.90	0.77	3.08	57.33
6	227.91	1.00	3.71	60.51
7	221.86	1.19	4.17	61.72
8	216.13	1.34	4.56	62.12
9	210.35	1.51	4.99	62.17
10	204.27	1.70	5.46	62.04
11	198.03	1.85	5.84	61.21
12	186.27	2.15	6.59	59.37
13	179.03	2.33	7.02	58.03
14	167.69	2.57	7.59	55.42
15	154.81	2.77	8.11	51.75
16	142.09	2.92	8.54	47.51
17	130.27	2.93	8.84	42.25
18	121.25	3.07	9.23	39.35
19	110.69	3.23	9.63	36.25
20	96.80	3.39	9.99	32.13

表 2-27　叶片安放角为−4°时模型装置反向性能试验数据

序号	流量 Q/(L/s)	扬程 H/m	轴功率 P/kW	装置效率 η/%
1	255.11	0.06	1.36	11.88
2	251.39	0.19	1.63	28.97
3	246.48	0.40	2.10	46.33
4	241.77	0.55	2.51	52.14
5	235.90	0.77	3.08	57.33
6	227.91	1.00	3.71	60.51
7	221.86	1.19	4.17	61.72
8	216.13	1.34	4.56	62.12
9	210.35	1.51	4.99	62.17
10	204.27	1.70	5.46	62.04
11	198.03	1.85	5.84	61.21
12	186.27	2.15	6.59	59.37
13	179.03	2.33	7.02	58.03
14	167.69	2.57	7.59	55.42
15	154.81	2.77	8.11	51.75
16	142.09	2.92	8.54	47.51
17	130.27	2.93	8.84	42.25
18	121.25	3.07	9.23	39.35
19	110.69	3.23	9.63	36.25
20	96.80	3.39	9.99	32.13

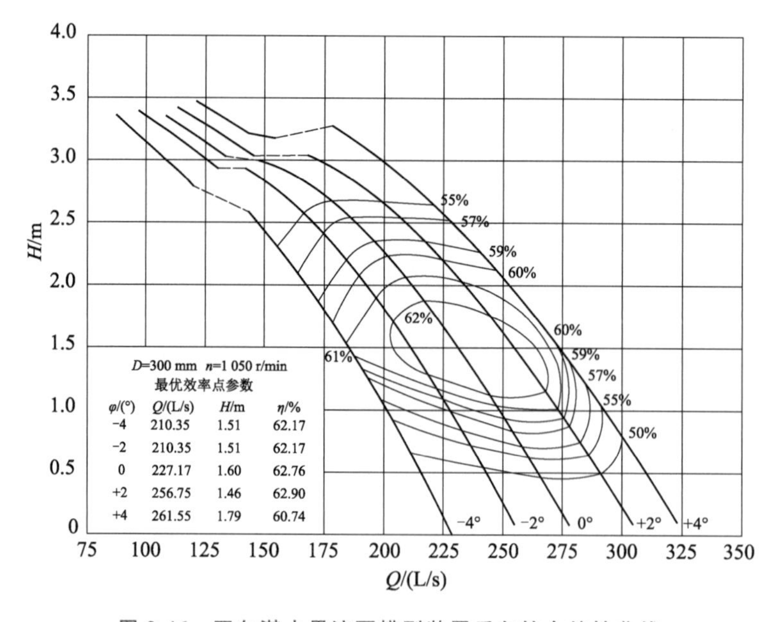

图 2-46　双向潜水贯流泵模型装置反向综合特性曲线

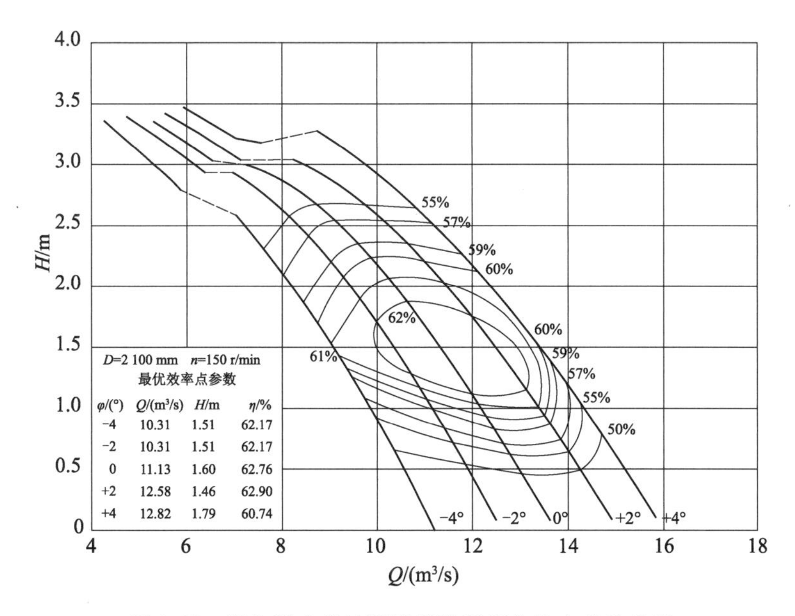

图 2-47 双向潜水贯流泵原型装置反向综合特性曲线

双向原型泵装置(叶片安放角为+2°)特征扬程下的流量、效率见表 2-28。

表 2-28 双向原型泵装置特征扬程下的流量、效率

工况		净扬程 H/m	流量 Q/(m^3/s)	装置效率 η/%
正向排涝	设计	1.45	12.48	64.44
	最高	2.35	10.37	59.18
反向生态补水	设计	0.65	14.01	55.14
	最高	1.65	12.20	62.30

(3) 双向泵装置正、反向空化特性

双向模型泵装置的正、反向运行空化特性试验均采用定流量的能量法,取效率降低1%的 NPSH 临界值(以叶轮中心为基准)。表 2-29 和表 2-30 分别为正向和反向运行时各叶片安放角下不同流量点的 NPSH 临界值试验数据。空化特性曲线如图 2-48 和图 2-49 所示。

表 2-29 正向运行时空化特性试验结果汇总

+4°	流量 Q/(L/s)	305	298	285	232	199
	扬程 H/m	0.80	1.01	1.30	2.36	2.81
	$NPSH_r$/m	6.82	6.42	6.05	5.71	7.96
+2°	流量 Q/(L/s)	281	274	259	215	183
	扬程 H/m	0.80	1.00	1.31	2.34	2.79
	$NPSH_r$/m	7.41	7.78	6.27	5.81	5.74

续表

0°	流量 Q/(L/s)	256	250	239	192	163
	扬程 H/m	0.81	1.00	1.30	2.36	2.80
	$NPSH_r$/m	5.97	8.34	7.68	5.04	5.92
−2°	流量 Q/(L/s)	235	228	216	174	144
	扬程 H/m	0.82	1.00	1.30	2.36	2.81
	$NPSH_r$/m	9.61	8.66	8.51	6.22	5.75

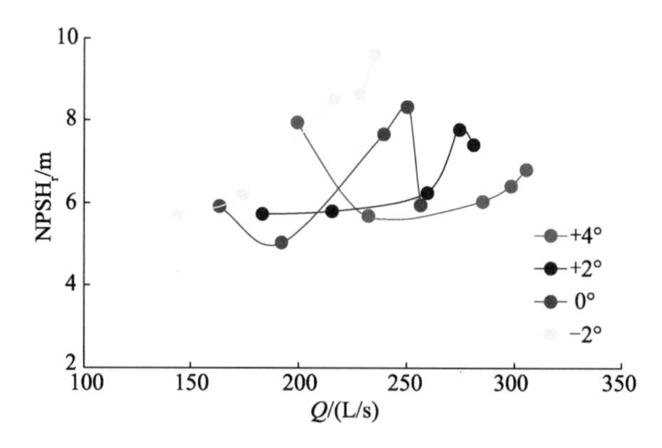

图 2-48 正向运行时 $NPSH_r$ 曲线

表 2-30 反向运行时空化特性试验结果汇总

+4°	流量 Q/(L/s)	306	294	267	255	230
	扬程 H/m	0.66	0.99	1.65	1.91	2.50
	$NPSH_r$/m	8.52	6.78	7.45	8.20	9.68
+2°	流量 Q/(L/s)	286	274	248	229	210
	扬程 H/m	0.63	1.00	1.66	2.13	2.51
	$NPSH_r$/m	8.37	7.17	8.25	8.21	9.43
0°	流量 Q/(L/s)	264	250	226	208	189
	扬程 H/m	0.56	1.00	1.65	2.10	2.52
	$NPSH_r$/m	7.89	8.21	8.04	8.19	8.07
−2°	流量 Q/(L/s)	241	228	204	189	171
	扬程 H/m	0.56	1.00	1.70	2.09	2.51
	$NPSH_r$/m	8.98	8.74	8.92	7.72	8.57
−4°	流量 Q/(L/s)	217	187			
	扬程 H/m	0.44	1.44			
	$NPSH_r$/m	8.17	8.93			

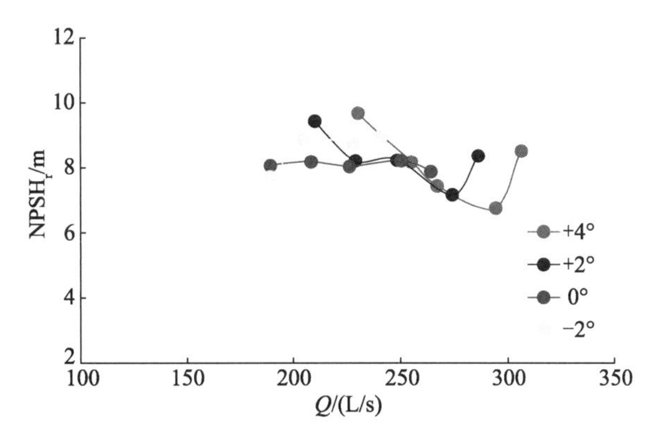

图 2-49 反向运行时 NPSH$_r$ 曲线

(4) 双向泵装置正向飞逸特性

双向模型泵装置正向飞逸特性试验数据如表 2-31 所示。取单位飞逸转速 $n'_{1f}=335$，则原型泵装置在不同水头下的飞逸转速如图 2-50 所示，表 2-32 为原型泵装置正向运行飞逸转速。

表 2-31 模型泵装置正向运行飞逸特性试验数据(叶片安放角 0°)

序号	水头 H/m	流量 Q/(L/s)	飞逸转速 n_f/(r/min)	单位飞逸转速 n'_{1f}
1	0.325	170.8	597.4	314.37
2	0.544	227.8	803.5	326.82
3	0.795	283.6	1 002.6	337.34
4	1.171	340.7	1 205.0	334.06

表 2-32 原型泵装置正向运行飞逸转速(叶片安放角 0°)

水头 H/m	0.00	0.50	1.00	1.50	2.00	2.50
飞逸转速 n_f/(r/min)	0.00	112.80	159.52	194.38	225.60	252.23

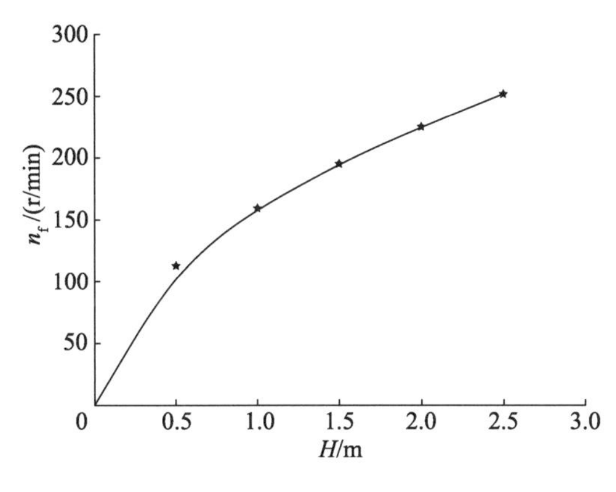

图 2-50 原型泵装置正向运行飞逸转速特性曲线

2.2.4 结论

1. 数值模拟与模型试验结果对比

(1) 单向泵装置

图 2-51 为单向泵装置数值模拟(CFD)与模型试验(Test)的性能曲线比较。由图可知,两者在最优工况和大流量工况下较为吻合,在小流量工况下存在偏差。

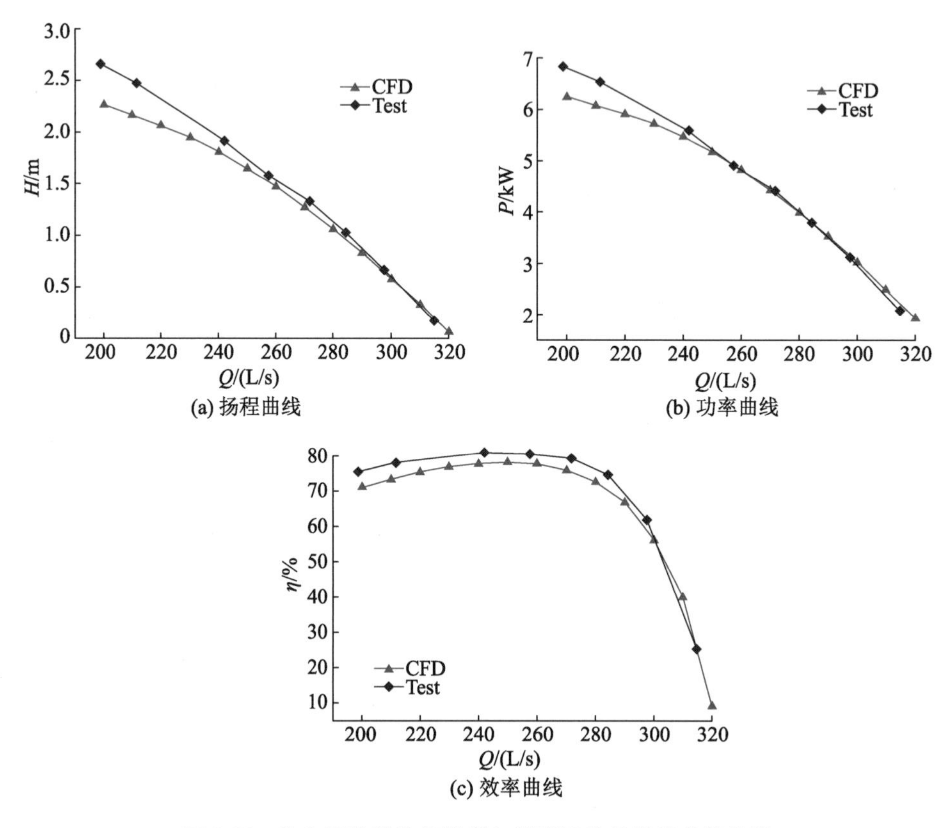

图 2-51 单向泵装置数值模拟与模型试验的性能曲线比较

(2) 双向泵装置

图 2-52 和图 2-53 分别为双向泵装置正向和反向运行数值模拟(CFD)与模型试验(Test)的性能曲线比较。由图可知,由于计算模型与试验装置的灯泡体部分和反向进水条件存在差异(试验装置的泵轴较长,有中间导轴承),模拟结果与试验结果仅在高效区比较一致,在小流量和大流量工况偏差均较大。

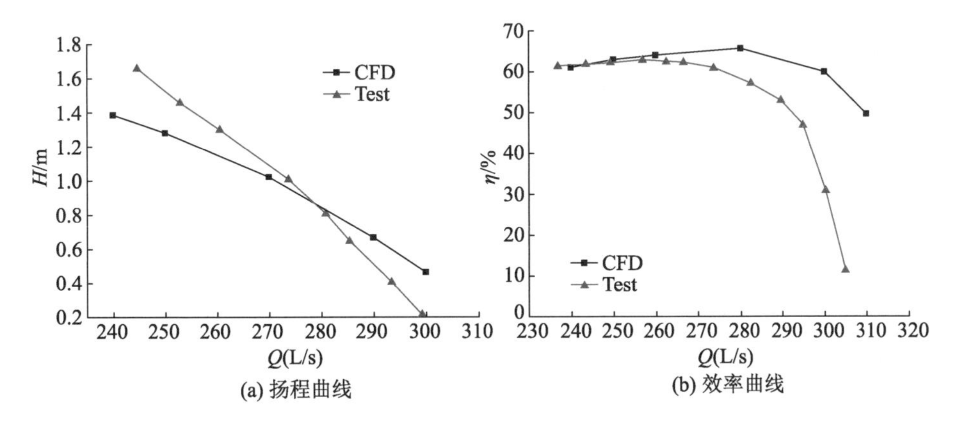

(a) 扬程曲线　(b) 效率曲线

图 2-52　双向泵装置正向运行数值模拟与模型试验的性能曲线比较

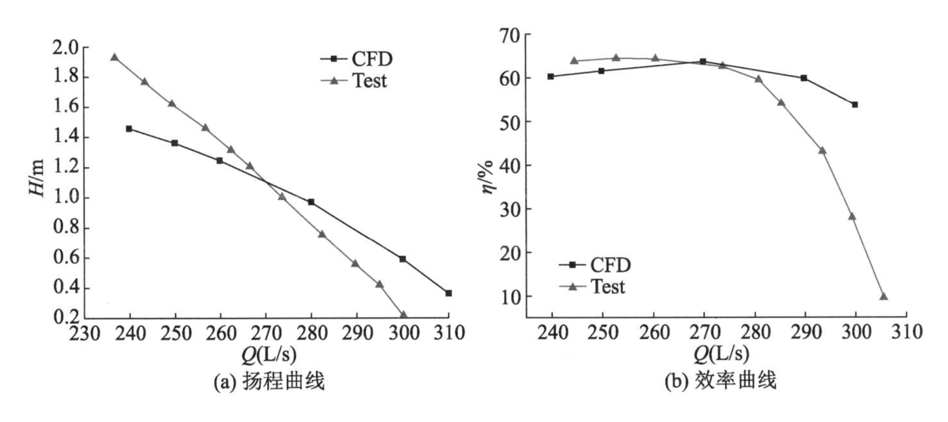

(a) 扬程曲线　(b) 效率曲线

图 2-53　双向泵装置反向运行数值模拟与模型试验的性能曲线比较

2. 试验结论与建议

① 根据试验结果，泵站单向泵模型装置最高效率点出现在叶片安放角为 0°时，最高装置效率为 80.91%，此时流量 Q=241.93 L/s，扬程 H=1.91 m，泵站单向潜水贯流泵装置的综合水力性能参数已达到较优水平。

② 叶片安放角为 0°的单向潜水贯流泵模型装置在设计扬程 1.45 m 时，装置效率为 77.95%，流量为 270 L/s，泵装置的主要性能参数均满足规定要求。

③ 单向泵装置叶片安放角为 0°时，最高运行扬程达 3.20 m，满足单向泵装置最高扬程 2.35 m 的要求。

④ 双向潜水贯流泵装置运行平稳，试验主要结果：叶片安放角为+2°时，正向运行的最高装置效率为 64.44%，对应流量为 252.79 L/s，扬程为 1.46 m；设计扬程 1.45 m 时，装置效率为 64.43%，流量为 252.81 L/s；扬程 2.35 m 时，装置效率为 59.36%，流量为 213.33 L/s；最高运行扬程为 3.12 m。叶片安放角为+2°时，反向运行的最高装置效率为 62.89%，对应流量为 256.75 L/s，扬程为 1.46 m；设计扬程 0.65 m 时，装置效率为 55%，流量为 286 L/s；扬程 1.65 m 时，装置效率为 62%，流量为 246 L/s；最高运行扬程为 3.02 m。双向泵装置性能达到了规定要求。

⑤ 双向泵装置叶片安放角为+2°时，正、反向最高运行扬程均在 3.0 m 以上，满足双

向泵装置最高扬程 2.35 m 的要求。

⑥ 推荐的装置型线如图 2-54 所示。

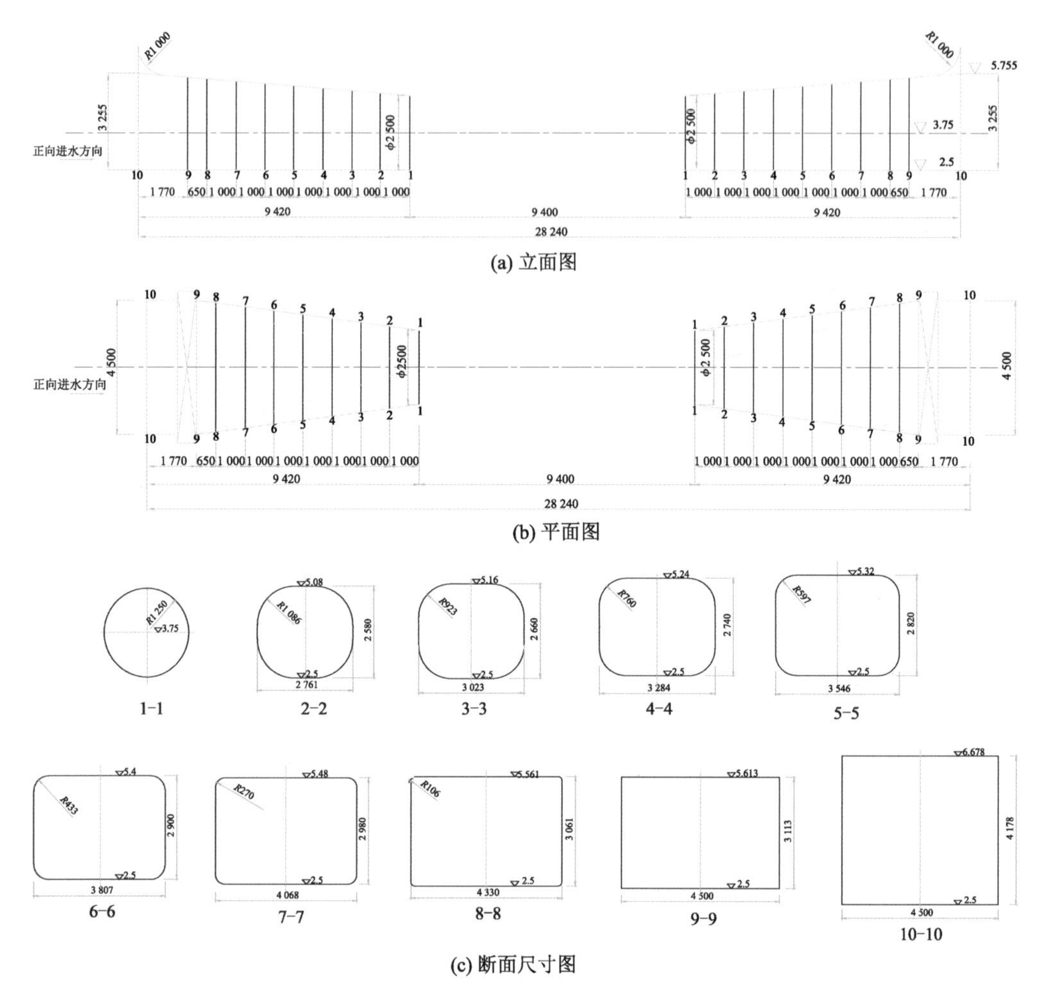

图 2-54 单向、双向潜水贯流泵装置型线图(长度单位:mm)

2.3 潜水贯流泵机组结构

2.3.1 整体结构

以第 2.1 节中潜水贯流泵机组为案例,研究机组的结构。大型潜水贯流泵机组采用行星减速齿轮箱传动设计,将电动机的外径从 1 600 mm 缩小至 1 050 mm,重量从 12.4 t 减轻到 4.7 t,机组的总重量从 30.5 t 减轻到 21.8 t,功率因数从 0.54 提高到 0.86 以上,灯泡比从 0.80 减小至 0.53,导叶的扩散角由 22°减小到 13°,有效减少了电动机对水流的阻碍,装置效率提高了约 3 个百分点,出水量增加 5%,从而成功地解决了大口径潜水泵配套大功率电动机的技术难题。YQGN850 - 8 - 500 型潜水干式电动机,设计效率

92.1%，额定转速 740 r/min，装置结构如图 2-55 所示。机组段长度为 7 300 mm，机组结构详图如图 2-56 所示，机组轴承均采用 SKF 滚动轴承，经计算轴承使用寿命均在 50 000 h 以上，水泵主轴轴承布置及型式如图 2-57 所示。

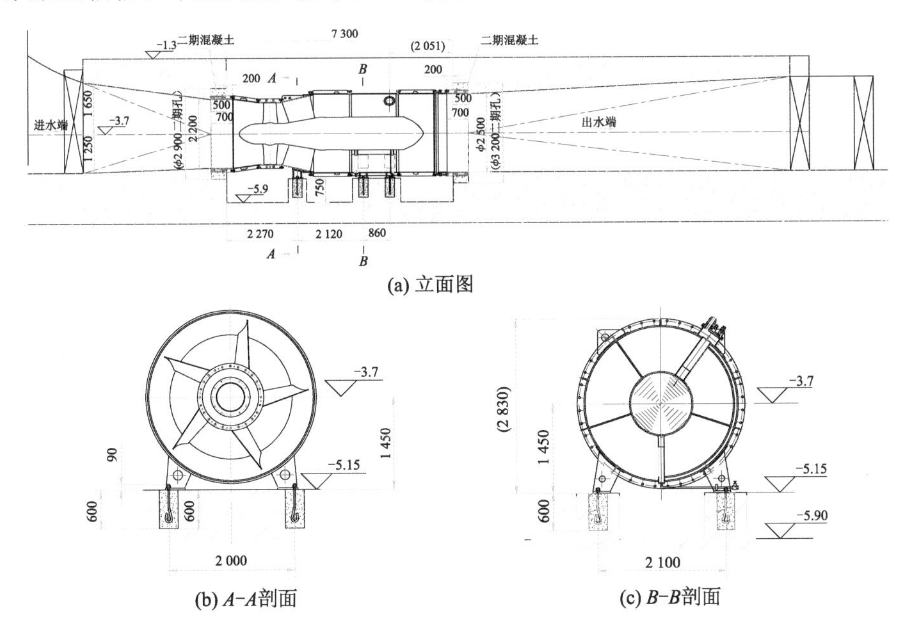

(a) 立面图

(b) A-A剖面

(c) B-B剖面

图 2-55　潜水贯流泵装置结构图(长度单位:mm)

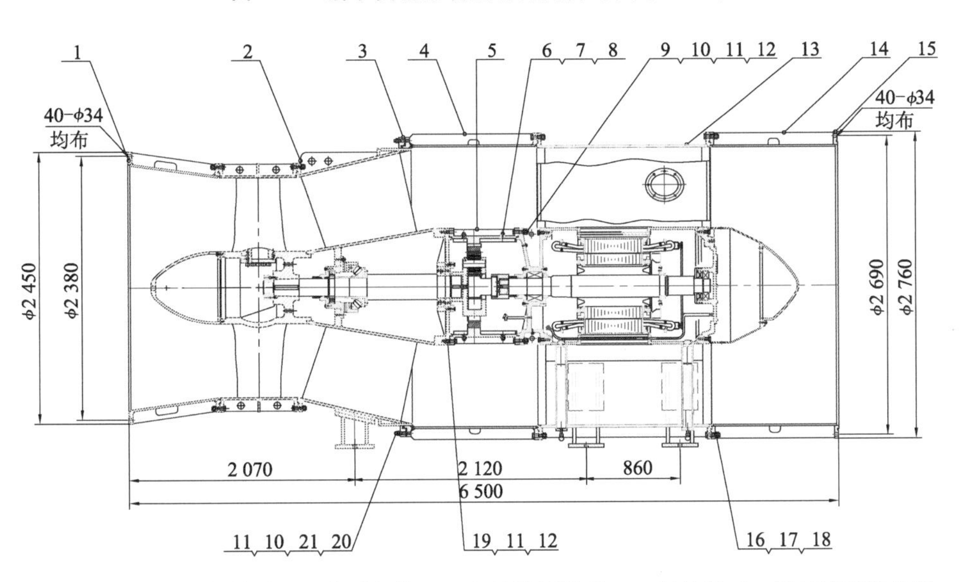

1,12,15,21—O 形密封圈；2—水泵组件；3—密封段压紧环；4—密封段；5—行星减速齿轮箱；6—矩形垫圈；7—橡胶垫圈；8—六角螺塞；9,16—六角螺栓；10,17,19—六角螺母；11,18—弹簧垫圈；13—潜水电动机；14—出水段；20—双头螺柱。

图 2-56　机组结构详图(单位:mm)

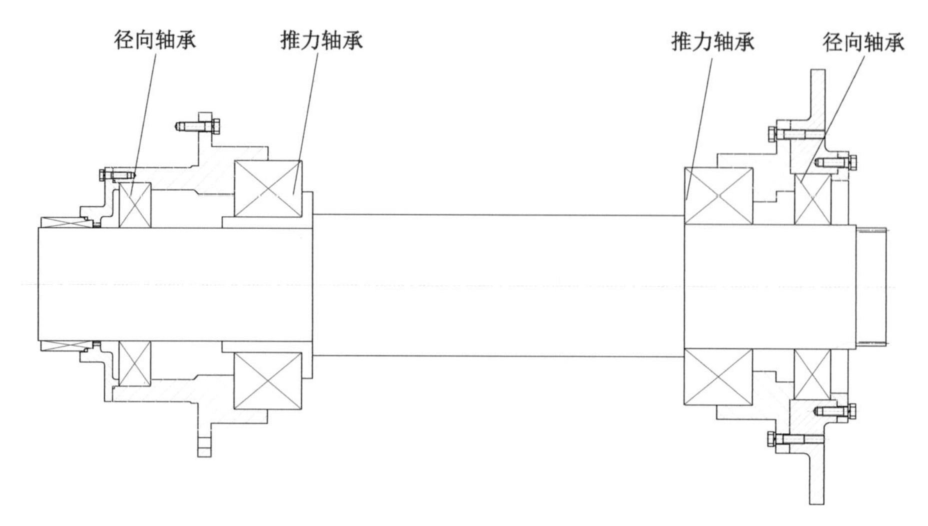

图 2-57　水泵主轴轴承布置

2.3.2　主轴密封结构及密封型式

1. 电动机端机械密封

电动机端密封采用进口 Burgmann(博格曼)机械密封,它由静环、动环、固定环、推环、弹簧、防转销、紧定螺钉及辅助 O 形密封圈组成,采用紧定螺钉传动。静环、动环摩擦副采用碳化硅材料。碳化硅硬度高,摩擦系数低,导热率高。O 形密封圈材质采用丁腈 40 橡胶,耐油耐热性好。弹簧及其他零件材质采用 1Cr18Ni9。弹簧采用多只小弹簧结构,受力均匀。此道机械密封是对电动机腔与油室腔进行密封。

2. 水泵端机械密封

水泵端机械密封也采用进口 Burgmann 机械密封,它由静环、动环、固定环、推环、弹簧、防转销、紧定螺钉及辅助 O 形密封圈组成,采用拨叉传动。静环、动环摩擦副采用碳化硅材料。O 形密封圈材质采用丁腈 40 橡胶。弹簧及其他零件材质采用 1Cr18Ni9。弹簧采用单只大弹簧结构,防缠绕性能好。此道机械密封是对油室腔与外界进行密封。

3. 骨架油封

在采用上述动密封之外,在电动机腔内设置一道骨架油封,防止轴承室内的润滑油进入电动机腔内。

机组采用上述动密封与静密封配合后,可有效保证气密性,从而保证机组安全无泄漏运行。机组密封结构示意图如图 2-58 所示。

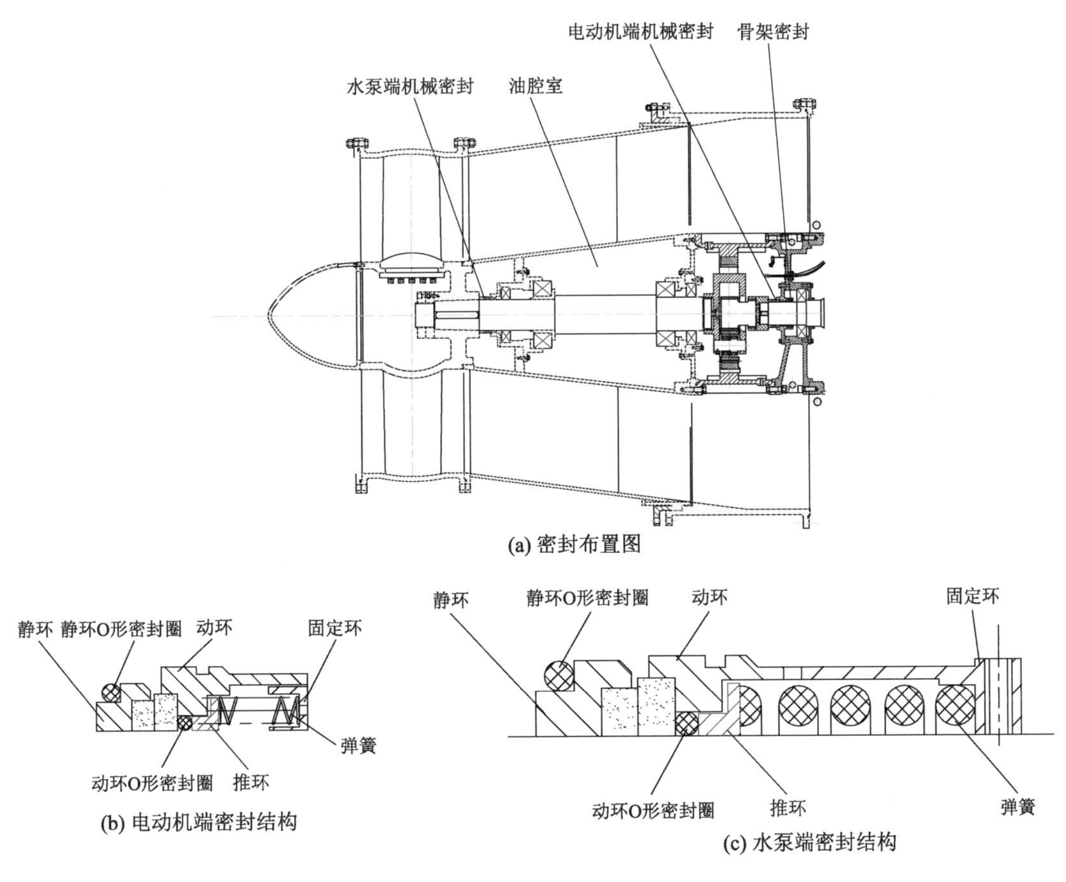

图 2-58 机组密封结构示意图

2.3.3 潜水电动机结构及冷却方式

1. 结构特点

潜水电动机结构如图 2-59 所示，电动机温升是决定电动机能否长期稳定运行的一个重要参数，尤其是转子温升。潜水电动机外表面有工作水流通过，其定子的热量可以直接通过机壳与周围工作水流进行热交换，散热条件好，温升较低，而转子的热量必须通过空气传递给机壳后再与工作水流进行热交换，如果电动机内部没有合理的通风散热系统，那么定、转子之间就会存在较大的温度差，转子的热膨胀将大于定子的热膨胀，导致气隙减小，严重时有可能造成定、转子相擦，直接影响到电动机的安全运行。因此，控制潜水电动机的定、转子温升，以及设计一个合理的通风散热系统是潜水电动机设计研究中的关键。本案例采用了下列关键技术措施。

① 合理进行潜水电动机电磁设计，降低损耗，提高效率。严格控制潜水电动机的各部分损耗及热负荷，降低热负荷能有效降低潜水电动机绕组及铁芯等部位的温升。

② 采取定、转子间空气强制循环，并经机壳与工作水流进行热交换的技术措施，降低转子表面的涡流损耗(电动机杂散损耗之一)约 30%，散热加强和损耗降低的共同作用能有效地降低转子温升。根据对转子温度场分布的测定，改进前、后转子温升取得了降低

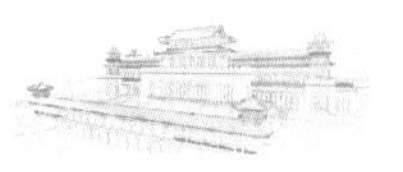

40 ℃的效果。

③ 潜水电动机内转子的一端设置高效离心风扇，机座上设置冷却通风管形成内部风路循环，电动机内部散发的热量通过风扇传递到机座及冷却通风管上，从而形成与外部工作水流的空-水冷却热交换，工作水流将电动机运行中产生的大部分热量带走。

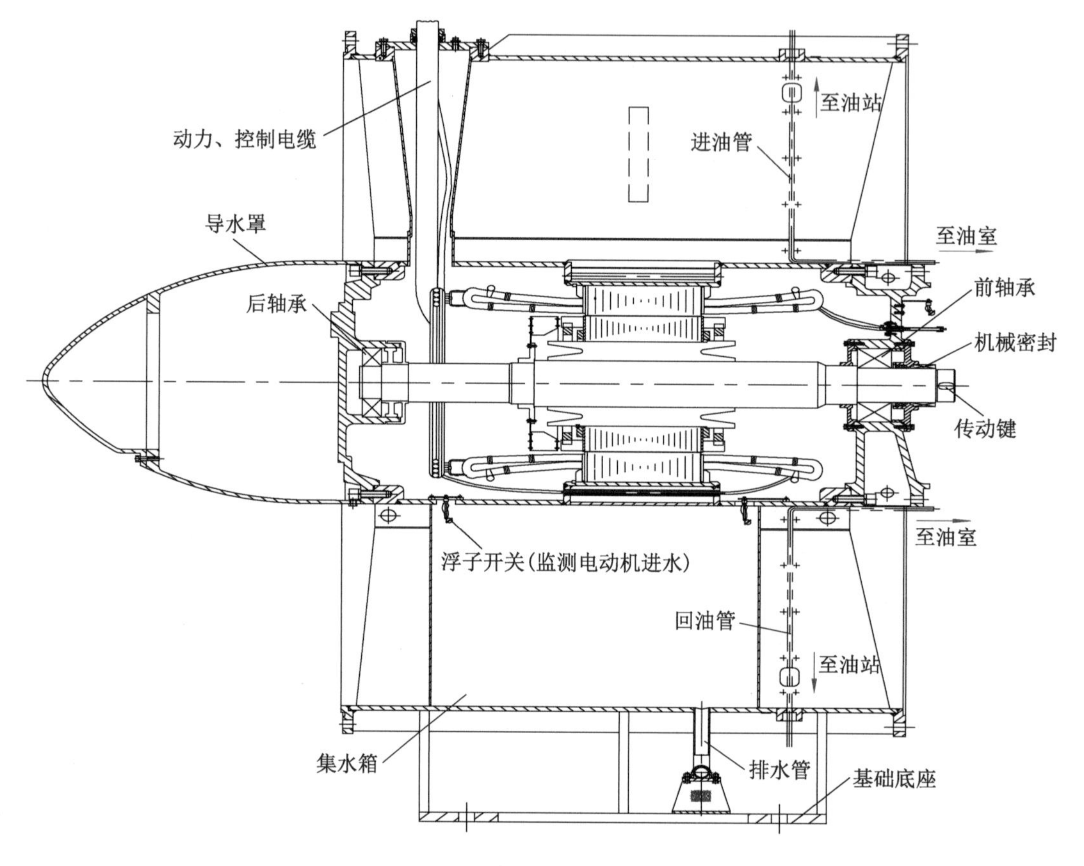

图 2-59　潜水电动机结构图

④ 合理布置轴承位置，保证轴承与定子绕组端部的间距，同时使轴承室的外表面与工作水流接触，提高轴承工作时的散热效果，保证轴承的运行可靠性和工作寿命。电动机前端盖采用双法兰结构，增强内部轴承的热交换能力，这有助于降低轴承温升，同时降低定子绕组端部的温升。

⑤ 在大量潜水电动机工厂型式试验、温升试验和运行经验的基础上，按电动机热交换的设计原理，准确地模拟出潜水电动机温升的仿真值，从而在设计阶段即可通过控制设计约束参数，实现对潜水电动机温升的有效设计控制。

2. 潜水电动机散热技术

近年来，各行业和各领域对潜水贯流泵的电动机功率、进出口径和流量都提出了大型化的要求，在大型化过程中遇到的一个共同技术难关是干定子潜水电动机在长期运行过程中会发生定、转子相擦的严重故障。在设备运行中，电动机各部位产生的能量损耗转变成热量而提高了工作温度即产生所谓温升，由于干定子潜水电动机的外壳有水流流过，具有良好的冷却条件,定子铁芯及定子线圈直接装配在定子外壳的内壁具有良好的散热特性,因此尽管定子铁芯中存在涡流损耗及磁滞损耗,且定子线圈中的铜损及附加损耗是产生热量的主要原因,但是最终定子能在某一温度下达到发热和散热的动态平衡;而潜水电动机的转子绕组,对异步电动机是鼠笼转子或绕线转子,对同步电动机是直流励磁转子,在运行时有感应电流或励磁电流流过,同样有铜损和杂散损耗产生,转子损耗产生的热量使转子温度不断升高,转子不通过金属传热体与水冷的电动机外壳接触,而是通过转子的端环和定、转子之间的间隙传递热量,因而转子散热条件比定子散热条件差很多。这样就出现转子温度高于定子温度的现象,转子温度高,转子直径的热膨胀量大于定子内孔的热膨胀量,就使得定、转子之间的间隙变小,当间隙小到一定程度,在不平衡离心力和定、转子间隙之间的单边磁拉力的作用下,就很可能发生定、转子相擦故障,这是很严重的潜水电动机故障。定、转子相擦产生的摩擦功转换成热量,会使摩擦面温度上升,甚至熔化转子导体,高温会彻底破坏定子绕组的绝缘,使整台潜水贯流泵报废。例如,经计算和测量发现,一台电压为 10 kV、功率为 800 kW、16 极的潜水电动机,在运行 4 h 后,转子温度为 185 ℃,定子温度为 95 ℃,定、转子之间的温差为 90 ℃,转子直径为 770 mm,定、转子之间的间隙为 1.8 mm,转子在 90 ℃的温差下的直径膨胀量为 0.8 mm,占气隙相对值的 44.7%。

依据电动机设计中转子刚度设计的原则,当气隙膨胀量≥25%时,在单边磁拉力的作用下,就会发生定、转子相擦的现象。随着潜水电动机向大型化方向发展,转子直径越大,膨胀量越大。

现根据大型潜水电动机冷却散热的特殊要求,采用下列关键技术。

① 在潜水电动机内部通风系统(见图 2-60)中,为加强定子、转子间气隙的强制通风,使定、转子间隙中的空气得到有效循环,在现有潜水电动机的转子表面车削大导程的多头螺旋槽。当转子旋转时,螺旋槽起到螺旋鼓风机的作用。经计算,当螺旋角为 45°时能取得最大的风压和风量,但由于工艺原因,螺旋角一般取 15°～20°,导程取 120～200 mm。为增大风量,螺旋槽应采用多头螺纹,螺纹头数应使其螺距为 40～50 mm。由于螺旋槽起鼓风作用,比原有离心风扇在定、转子间隙产生的轴向风速高 4～10 倍,所以能带走转子产生的热量。

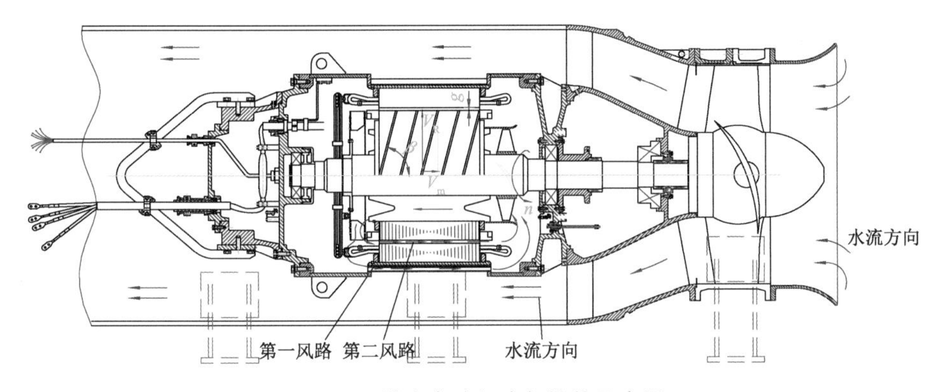

图 2-60 潜水电动机冷却散热示意图

② 为了增大定、转子间的轴向通风面积,又不增大定、转子间隙值,在定子槽口设置轴

向通风槽(见图 2-61)。定子槽口通风槽的尺寸比例取 $h_0/b_0=0.25\sim1.00$。

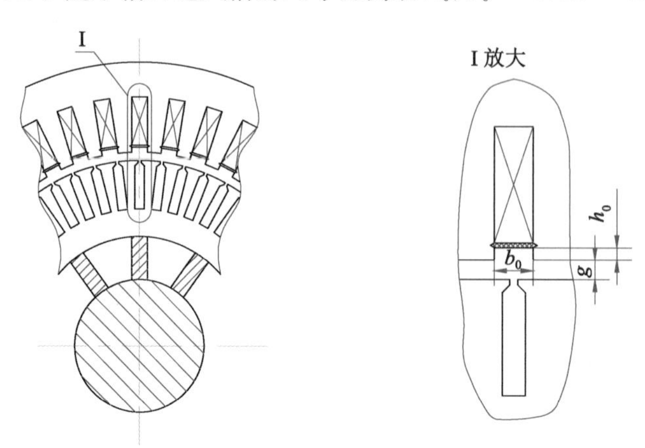

图 2-61 定子槽口设置轴向通风槽

③ 加强潜水电动机内部热空气与潜水贯流泵周围工作水流的热交换能力,即在定子铁芯中段的前法兰和后法兰之间,在圆周方向设置 N 根通风管,通风管的两端与法兰焊接,使之不漏水。由潜水电动机一端离心风扇产生的高压区中的热空气流经通风管、线圈端部后与螺旋槽送出的定、转子间的热风汇合,再经转子的内通风道回到离心风扇的负压区,形成内部空气流动的回路。当热空气流经通风管时,通风管四周都有水流逆向流过,产生热交换,将空气的热量带走,使通风管起到了空-水冷却器的作用。

④ 为了加强转子内部的通风,在转子内通风口的进口处设置了轴流风扇及导风罩。

⑤ 原有离心风扇与在转子外径设置的螺旋鼓风扇及轴流风扇的设置方向,使增加风压时作用相互叠加。

以前述的电压为 10 kV、功率为 800 kW、16 极的潜水电动机为例,定、转子之间的温差从 90 ℃下降到 30 ℃左右,转子膨胀后的气隙减小量不大于原气隙的 15%,从而保证了定、转子间隙,从根本上解决了定、转子相擦这一限制潜水电动机向大型化方向发展的关键问题。

⑥ 设置转子表面螺旋槽后,在电磁方面有积极的影响,即减小了转子表面的涡流损耗,当 β 角为 20°～30°时,总附加损耗可减小 15%左右,有利于降低温升,提高效率。但是也有消极影响,即会使等效定、转子间隙长度增大,使空载电流上升 2%～4%,功率因数下降 0.001～0.02。

⑦ 带鼠笼的转子是发热体,而转子支架是不产生热量的非发热体,转子套在转子支架上,机组运行时,冷却风经转子支架和鼠笼转子的内圆通过,同时冷却了转子支架和鼠笼转子。由于转子支架不产生热量,冷却快,而鼠笼转子产生热量,冷却慢,两者之间的配合性质发生了变化,即紧密度变差而形成微小的间隙,有间隙后,鼠笼转子与转子支架的热传导变差,进一步扩大了鼠笼转子与转子支架之间的间隙,最终造成鼠笼转子在转子支架上晃动,增加了定、转子之间相擦的可能性。解决这一问题的措施是用电焊将鼠笼转子与转子支架焊接在一起,为发热体鼠笼转子提供固定的传热通道,将鼠笼转子产生的热量传递给转子支架,这样既增加了散热面积,又阻断了两者之间的配合间

隙变大的恶性循环。

防止定、转子相擦的各条措施的大致贡献率如表 2-33 所示。

表 2-33 不同措施对防止定、转子相擦的贡献率

序号	技术措施	功能	贡献率/%
1	转子表面加工螺旋槽	① 加强气隙通风； ② 减小转子表面附加损耗	30
2	增加轴流风扇	加强气隙通风	15
3	定子槽口设置轴向通风槽	加大气隙通风面积	15
4	定子机壳设置通风槽管	降低平均温度	10
5	鼠笼转子与转子支架焊成整体	①增加转子散热面积； ②防止形成“内间隙”	30

⑧ 设计及结构禁忌：

a. 铸铝转子没有两端铸铝形成的风扇。转子热量几乎散不出去，定、转子相擦的概率(对 YQGN520 以上电动机)接近 100%，即使在中小型潜水电动机上也不允许。

b. 转子采用铸铁转子支架。由于不能采用表 2-33 中 5 号措施，定、转子相擦问题仍有 30%左右不能完全解决。

c. 定、转子间的间隙即气隙长度 g 小于 $0.0025D_2$(单边)，D_2 为转子外径(mm)。

2.3.4 软启动新技术

1. 软启动的作用

软启动装置填补了星-三角启动器和变频器在功能实用性和价格之间的鸿沟。采用软启动装置，可以控制电动机电压，使其在启动过程中逐渐升高，控制启动电流，实现在整个启动过程中无冲击而平滑地启动电动机，并根据电动机负载的特性来调节启动过程中的参数。此外，它还具有多种电动机保护功能，如过流保护、缺相保护、过热保护等，从根本上解决了传统的降压启动设备存在的诸多问题。软启动技术主要解决 3 个方面的问题：

① 电动机的输出力矩满足机械负载的启动力矩要求，并保证平滑加速、平滑过渡，避免破坏性力矩冲击，避免直接启动时齿轮或机械负载的冲击性损坏，保护负载设备；

② 启动电流满足电动机承受能力要求，避免电动机发热造成绝缘破坏或烧毁，避免冲击性力矩对机组产生破坏，保护电动机；

③ 启动电流满足电网电能质量相关标准要求，减小电压暂降幅度，减少高次谐波含量等，方便配电系统、变压器、电动机合理匹配，实现间接节能的目的，保护电网。

2. 软启动装置的类型

软启动装置有液体电阻软启动装置、晶闸管固态软启动装置及干式移磁无级调压软启动装置 3 种新型式。

(1) 液体电阻软启动装置

液体电阻软启动装置在电动机定子回路中串入液体电阻，以降低电动机的端电压；在

启动过程中，自动无级减小定子回路中的液体电阻，使电动机的端电压逐步升高，电动机投入全压后电阻自动被切除，停机时动极板反向运动复位，为下一次启动做好准备。液体电阻软启动装置价格便宜、使用方便，但体积较大，且受环境温度影响较大，冬天和夏天启动区别比较明显，夏天启动电流倍数大、启动容易，冬天启动电流倍数小、启动困难；液体蒸发明显，需要定期加水，同时热容量有限，启动次数和间隔时间受限，目前应用场合较少。

(2) 晶闸管固态软启动装置

晶闸管固态软启动装置主要由可控硅组件单元、控制和保护单元、人机接口单元等组成，元器件稳定且程序可靠，设备控制灵活，可设置不同的参数，采用移相控制改变交流电的导通区段来改变电动机的输入电压。根据检测到的电压信号及预设参数触发晶闸管，输出电压逐渐升高，从而降低电动机启动时的端电压和启动电流，使电动机转速逐渐平滑增大至额定转速，当检测电流下降到设定值时自动切至旁路，实现电动机的软启动。晶闸管固态软启动装置价格适中、控制精确、使用方便，与液体电阻软启动装置相比较，固态软启动装置是更新换代的产品。由于主回路采用可控硅电子元器件，所以晶闸管固态软启动装置对工作环境温、湿度要求相对较高。

(3) 干式移磁无级调压软启动装置

干式移磁无级调压软启动装置是近年发展起来的一种新型式，其利用多台磁圈变换调压装置梯级串接而成，以组合逐步调压的方式来实现大功率高压电动机的调压软启动。该装置将开关柜、运行旁路柜和启动柜进行一体化设计，设备占地小、安装方便、维护简易。利用磁感应原理、干式变压器的特性，投入使用后基本无须维护；主回路无任何可控硅等电子元器件，无谐波污染；采用全封闭真空注胶，不受使用环境温、湿度与地理位置的影响，适用于各种苛刻的环境条件，抗干扰性强，不怕雷击。它通过磁圈变换来调节二次侧的输出电压，节能效果好，因为通过改变电感的感抗来调压，没有功率消耗，耗能小。设备安全性高，过载能力强，控制参数及曲线调整范围大，可以进行频繁启动。由于材料主要以硅钢片和铜为主，所以设备价格较高，柜体较重。

2.3.5 工厂试验及结果

1. 试验方法

(1) 试验目的与依据

潜水贯流泵机组工作时，电动机和水泵机组整体潜于水下。为了更真实地反映水泵和电动机在使用条件下的性能，试验时同样要求水泵和电动机潜于水下，这就对测试项目、方法、内容和仪器提出了一系列特殊要求。由于潜水贯流泵的特殊性，试验时不仅要对水泵的性能进行测定，还要对电动机的性能进行测定。《潜水电泵　试验方法》(GB/T 12785—2014)是潜水贯流泵试验的主要依据。

GB/T 12785—2014 将潜水电泵的试验分为制造厂的产品性能检验(工厂试验)、合同验收试验和监督性抽查试验等 3 种。3 种试验分别根据不同的试验目的和要求检查产品的性能在保证点是否达到了保证值。规范中规定的主要试验项目包括：

① 电动机的空载试验；

② 电动机的负载试验；

③ 电动机的热试验；

④ 电动机的堵转试验；

⑤ 电动机最大转矩的测定；

⑥ 电动机的耐电压试验；

⑦ 泵的性能试验；

⑧ 机组成套试验。

潜水贯流泵试验时，水泵和电动机性能测试所要求的试验项目不同，但项目之间是相互关联的。例如，水泵性能测试时，水泵轴功率是通过采用损耗分析法测电动机的实际输出功率得到的。因此，进行水泵性能测试的同时也需要进行电动机的负载试验和空载试验，这样才能得到水泵轴功率。而在对电动机进行性能测试时，不仅需要进行负载、空载试验，还必须测量电动机绕组的冷态直流电阻和进行电动机的热试验得到电动机的温升，这样才能获得电动机在规定温度（基准温度）下的性能。

潜水贯流泵试验项目、测量参数及试验所得性能指标三者之间的关系如图 2-62 所示。图 2-62 中每一个试验项目框都清楚地表示出了该项目试验过程中需要测定的参数和试验结果，同时也说明了为了得到某一性能指标所必须进行的试验项目和各试验项目之间的关联。各试验项目可以独立完成，项目试验的先后顺序原则上也没有要求，但试验结果的计算处理一定要按照图 2-62 给出的顺序进行，否则会影响试验结果的正确性。

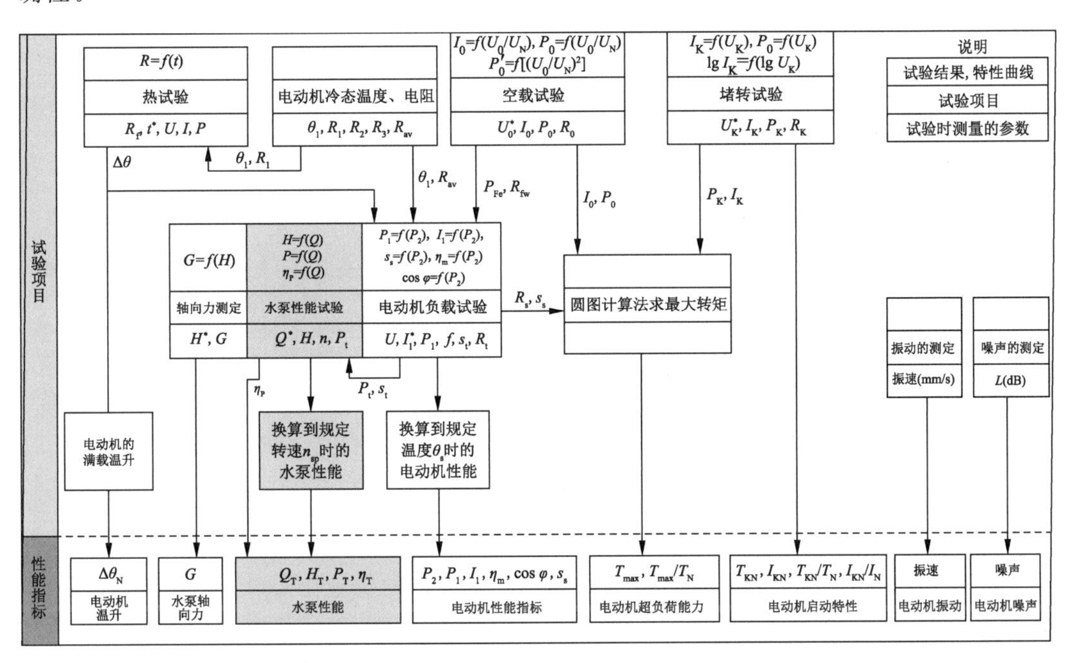

图 2-62　潜水贯流泵试验项目、测量参数和性能指标关系图

（2）试验条件

试验用液体与其他类型泵试验要求相同，为清洁冷水或者性质与清洁冷水相同的液

体。水中溶解气体和游离气体的总含量不得超过对应于试验用开敞式水池中的水温和压力下的饱和气体容积。

电动机的性能不仅与电源电压和频率的数值有关，还与电压波形和电压系统的对称性以及频率的偏差和稳定性有关。只有使用符合要求的电源并正确测量才能得到准确的试验数据。

机组引出电缆的长度会直接影响电动机的端电压及绕组直流电阻的测量值，试验时，尤其是型式试验时，电动机引出电缆的长度一般不应超过 5 m。

(3) 试验装置、设备及稳定运行条件

1) 试验装置

试验装置采用开敞式，如图 2-63 所示。其主要作用如下：

与被测试机组共同形成满足试验运转稳定性要求的液流，对于大功率机组的试验，还要保证试验过程中液体温度的稳定性。这是因为试验时潜水电动机因内部各种损耗所产生的热量会传入水中，如果水池容积过小或者水池的散热面积不够大，都会导致水温升高，甚至超出试验要求的冷水温度范围。

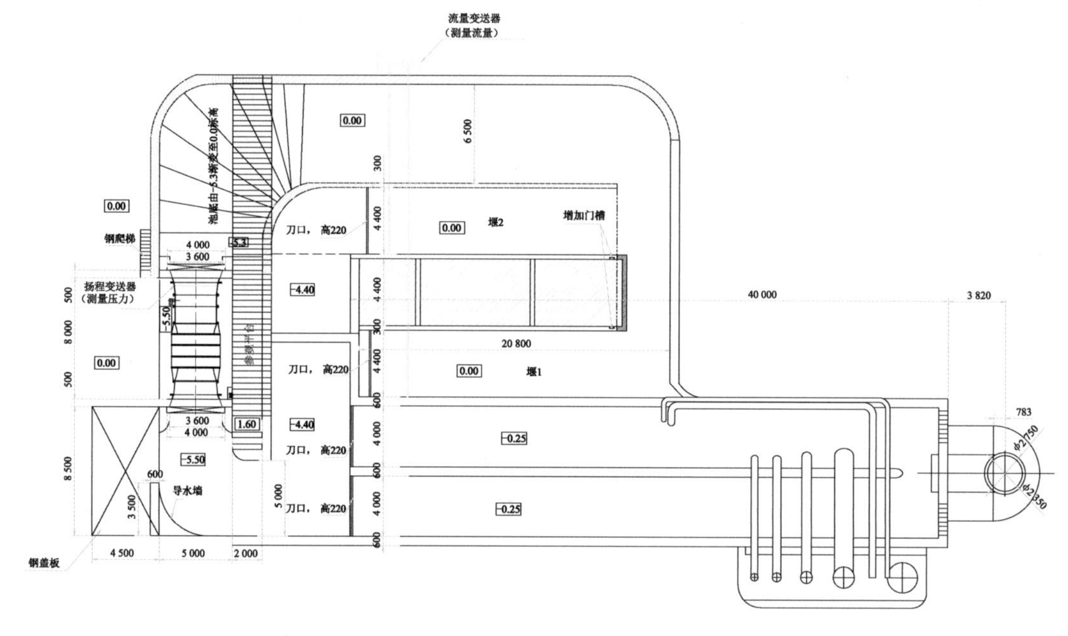

图 2-63　试验装置图(长度单位：mm)

2) 配电系统

配电系统用于向被测试的潜水电动机提供符合要求的电源，实现试验过程中对各种电气设备的选择、控制和调节，向测量系统提供符合要求的电量信号(电流、电压、电阻等)输出接线端子。配电系统典型的电气原理图如图 2-64 所示，包括从电源到被测试电动机的主回路及电量测量线路。

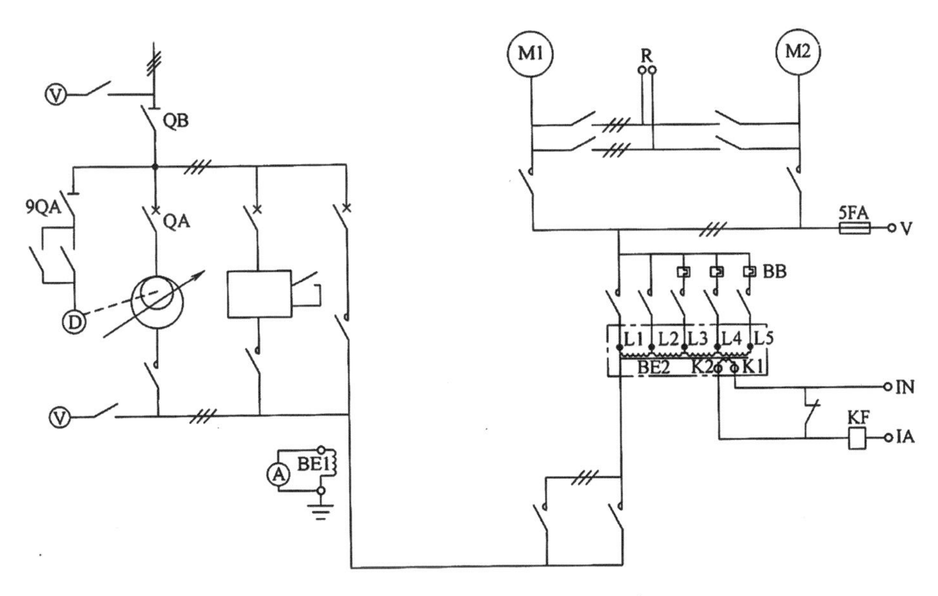

图 2-64 试验主回路及电量测量示意图

配电系统中配置的电压互感器、电流互感器用于向测量潜水电动机的输入功率、三相电流和三相电压的仪表提供≤100 V 的交流电压和≤5 A 的交流电流测量信号。在测试过程中,电流互感器的二次回路不允许开路,回路中不允许接入熔断器,也不允许在运行时还未接通旁路的情况下拆除电流表、继电器等设备。二次回路的一端应接地。

系统中的电压、电阻测量信号原则上应该从被测试电动机的引出电缆的接线端子处测量,以避免由于线路损耗引起测量误差。

3) 测量系统

测量系统由各类仪器仪表组成,用于潜水贯流泵机组试验中各种参数的测量。所有电压和电流的测量值均为有效值。所用仪器仪表的准确度等级或不确定度应符合 GB/T 12785—2014 中规定的要求:

① 电流表、电压表及瓦特表(包括低功率因数瓦特表)的准确度等级不低于 0.5 级(兆欧表除外),仪用互感器的准确度等级不低于 0.2 级;

② 三相电量变送器的准确度等级不低于 0.2 级;

③ 双臂电桥或数字微欧计的准确度等级不低于 0.2 级;

④ 转速测量仪表的最大允许误差为±0.1%,频率表的准确度等级不低于 0.1 级;

⑤ 转矩测量仪表的准确度等级不低于 0.5 级,测力计的准确度等级不低于 0.1 级;

⑥ 温度测量仪表的最大允许误差在±1 ℃内。

尽管测量程序、使用的仪器仪表及数据分析方法完全遵循现行标准要求,但是每个测量结果仍然不可避免地存在某些不确定度,GB/T 12785—2014 给出了潜水贯流泵各参数的总的测量不确定度允许值,如表 2-34 所示。

表 2-34　各参数的总的测量不确定度允许值

序号	测量参数	总的测量不确定度最大允许值（在保证点）/%	
		1 级	2 级、3 级
1	流量 Q	±2.0	±3.5
2	转速 n	±0.5	±2.0
3	转矩 T	±1.4	±3.0
4	泵总扬程 H	±1.5	±3.5
5	电动机输入功率 P_1	±1.5	±3.5
6	泵输入功率 P_t（由转矩和转速算出）	±1.5	±3.5
7	泵输入功率 P_t（由电动机的输入功率和效率算出）	±2.0	±4.0
8	机组效率 η_{set}（由 Q,H,P_1 算出）	±2.9	±6.1
9	泵效率 η_p（由 Q,H,T,n 算出）	±2.9	±6.1
10	泵效率 η_p（由 Q,H,P_1,η_m 算出）	±3.2	±6.4

潜水贯流泵试验中测量各参数常用的仪器仪表及互感器、变送器如表 2-35 所示。

表 2-35　试验中测量各参数常用的仪器仪表及互感器、变送器

序号	测量参数	常用仪器仪表及互感器、变送器	说明
1	电动机输入功率 P_1	指针式瓦特表，单相、三相数字功率仪，电流互感器，电压互感器	采用双瓦特表法测量三相功率
2	线电流 I	指针式交直流电流表，单相、三相数字功率仪，电流互感器	
3	线电压 U	指针式交直流电压表，单相、三相数字功率仪，电压互感器	
4	电动机绕组直流电阻 R	直流双臂电桥，数字式微欧仪，数字式电阻仪	采用四线制测量电阻时，连接线的长度和截面积（2.5 mm^2 以上）应相等
5	流量 Q	涡轮、电磁流量变送器＋数字式流量仪	
6	压力 p	弹簧压力计，数字式压力仪＋压力/差压变送器	
7	转速 n	振动测速仪＋加速度传感器	当不能用常规方法测量转差或转速时使用
8	转差 s_1	直流复射式检流仪＋感应线圈，数字转差仪＋感应线圈	
9	转矩 T	数字扭矩仪＋转矩转速传感器	
10	电网频率 f	指针式频率表，数字式频率仪或数字式转差转速仪	

续表

序号	测量参数	常用仪器仪表及互感器、变送器	说明
11	温度 θ	水银温度计，数字温度表＋温度传感器	
12	轴向力 F	数字式轴向力仪＋防水力传感器	
13	液位 z	直尺，卷尺，压力、液位变送器＋数字式压力仪	
14	绝缘电阻	兆欧表	

4）系统的稳定运行

潜水贯流泵试验中，除了堵转试验和耐电压试验外，其他试验项目均要求在系统稳定运行状态下进行，系统稳定运行包括泵的运转稳定和电动机的热稳定。

① 系统运转的稳定性

系统运转稳定是指潜水贯流泵运转时所有涉及的量（流量、泵出口压力、输入功率和转速）的平均值均不随时间变化或变化缓慢。为判定系统运转是否稳定，对一个试验工况点进行至少 10 s 的观测，如果所观测值的变化在表 2-36 给定的稳定条件的限度以内，同时其波动幅度不超过表 2-37 所给出的值，即认为系统达到了稳定条件。在稳定条件下，对所选定试验工况点仅需记录各个参数的一组读数组。

表 2-36　稳定条件下重复测量结果平均值之间的变化限度（95%置信度）

条件	读数组的数量或读数平均值的次数	每个量的最大、最小读数之差相对于平均值的允差值/%			
		流量、扬程、转矩、输入功率		转速	
		1 级	2 级、3 级	1 级	2 级、3 级
稳定	1	0.6	1.2	0.2	0.4

表 2-37　允许波动幅度　　单位：%

序号	测量项	1 级	2 级	3 级
1	流量	±2	±3	±6
2	泵出口压力	±2	±3	±6
3	输入功率	±2	±3	±6
4	转速	±0.5	±1	±2
5	转矩	±2	±3	±6

当参数平均值的变化超出表 2-36 给出的稳定条件的限度时，根据 GB/T 12785—2014 相关条款进行处理。

② 电动机运行的热稳定状态

电动机在运行时内部产生的损耗会全部转变为热能，引起电动机发热。随着电动机温度的升高，其温升速率会逐渐放缓，最后电动机的温度不再升高，而是稳定在某一温度下运行，此时电动机达到热稳定。稳定温度因电动机的负载和周围冷却介质的性质、温度不同而异，达到热稳定所需要的运行时间也不一样。

潜水贯流泵试验时机组潜于水下，除了在内部预埋温度传感器外，很难实现对电动机的温度实时监测，通常采用运转足够长时间的方法来达到热稳定。因此，GB/T 12785—2014 中对需要在热稳定状态下试验的项目均规定了试验前的预运转时间，应严格遵守。

(4) 试验方法与步骤

1) 试验前准备工作

① 受试潜水贯流泵检查

a. 检查机组装配质量，转动是否灵活。

b. 测定电动机绝缘电阻，测量后将绕组对地放电。当各相绕组的始、末端均引出外壳时，应分别测量每相绕组对机壳及相互间的绝缘电阻。如三相绕组已在电动机内连接，仅引出 3 个出线端，则测量各绕组对机壳的绝缘电阻。为安全起见，当绝缘电阻明显偏低，可能影响安全运行时，应查明原因并检修，否则不能进行试验。

c. 测定电动机在初始(冷)状态下的绕组温度 θ_1。在未进行任何试验前，电动机应在水池中静置一段时间。当电动机内埋置有检温计时，要求绕组温度与周围冷却介质温度之差不超过 2 ℃，可用埋置检温计直接测量绕组温度。

d. 测定电动机在初始(冷)状态下的绕组直流电阻。测量时，电动机内部温度应与周围冷却介质温度一致，因为它直接关系到电动机的温升和负载特性测试结果。测量时电动机的转子应静止不动。

e. 在电动机引出电缆端上测量定子绕组的电阻。每一线间电阻(简称“端电阻”)应测量 3 次，其中任意一次读数与 3 次读数的平均值之差应在平均值的±0.5%以内，以平均值作为端电阻的实际值。对三相电动机，各相电阻值按式(2-1)和式(2-2)计算。

假定 $R_{\mathrm{med}}=\dfrac{R_{\mathrm{ab}}+R_{\mathrm{bc}}+R_{\mathrm{ca}}}{2}$，则

绕组星形连接时

$$\begin{cases}R_{\mathrm{a}}=R_{\mathrm{med}}-R_{\mathrm{bc}}\\R_{\mathrm{b}}=R_{\mathrm{med}}-R_{\mathrm{ca}}\\R_{\mathrm{c}}=R_{\mathrm{med}}-R_{\mathrm{ab}}\end{cases}\tag{2-1}$$

绕组三角形连接时

$$\begin{cases}R_{\mathrm{a}}=\dfrac{R_{\mathrm{bc}}R_{\mathrm{ca}}}{R_{\mathrm{med}}-R_{\mathrm{ab}}}+R_{\mathrm{ab}}-R_{\mathrm{med}}\\R_{\mathrm{b}}=\dfrac{R_{\mathrm{ca}}R_{\mathrm{ab}}}{R_{\mathrm{med}}-R_{\mathrm{bc}}}+R_{\mathrm{bc}}-R_{\mathrm{med}}\\R_{\mathrm{c}}=\dfrac{R_{\mathrm{ab}}R_{\mathrm{bc}}}{R_{\mathrm{med}}-R_{\mathrm{ca}}}+R_{\mathrm{ca}}-R_{\mathrm{med}}\end{cases}\tag{2-2}$$

式中，R_{ab}，R_{bc}，R_{ca} 分别为引出电缆端 a 与 b、b 与 c、c 与 a 间测得的电阻；R_{a}，R_{b}，R_{c} 分别为每相绕组相电阻。

当各端电阻值与 3 个端电阻的平均值之差对星形连接的绕组不大于平均值的 2%、对三角形连接的绕组不大于平均值的 1.5%时，各相绕组的相电阻 R 可分别按式(2-3)和式(2-4)计算。

绕组星形连接时

$$R=\frac{1}{2}R_{av} \tag{2-3}$$

绕组三角形连接时

$$R=\frac{3}{2}R_{av} \tag{2-4}$$

式中，R_{av} 为定子绕组初始(冷)态 3 个端电阻的平均值。

② 试验设备、仪器的检查与选择

试验前对测试仪器进行检查和选择的目的在于保证试验能安全、可靠、顺利地进行，并且测量结果准确。为此，需要根据所测参数值的范围来选择仪器仪表的最佳量程，尽可能提高测试准确度。

根据试验可能达到的电流、电压值，选择电流、电压互感器的最佳挡位及调压器的容量。潜水贯流泵启动前电流互感器的二次侧应处于封表状态，一次侧应放在最大挡位。如果有不经过互感器的直通挡，则最好放在直通挡，以尽量减少启动对仪表造成的冲击。正常运转后再切换到所选挡位。

流量、扬程等的测量及仪表选择与常规泵试验一致。

2）电动机空载试验

① 试验目的与要求

空载试验的目的是测定电动机的空载特性，即在额定功率下电动机的空载损耗 P_0、空载电流 I_0 随外施电压 U_0 变化的特性。通过对数据的分析处理，可以获得电动机的铁损和机械损耗。

空载试验在负载试验结束后进行，试验时，水面应淹没机械密封面。

② 试验方法与步骤

在进行空载试验之前，应使电动机在额定电压、额定频率下运转 0.5～1.0 h，以使电动机达到热稳定状态，即输入功率相隔 15 min 的 2 个读数之差不大于前一个读数的 3%。

试验时对受试电动机施加额定频率的电压，电压从 1.1～1.3 倍额定电压开始，逐步降低到额定电压的 20%或者空载电流最小(电流开始回升)或不稳定时为止。在最高电压和额定电压的 60%之间均匀取 4 个或 5 个电压点，其中包括额定电压点。在约额定电压的 50%和最低电压之间取 3 个或更多的电压点。每个电压点应测定电压 U_0、电流 I_0 和输入功率 P_0。当使用指针式仪表时，功率测量尽量采用低功率因数瓦特表。

当电动机内埋置有检温计时，可用埋置检温计直接测量每个电压点时的绕组温度，根据温度与电阻成比例关系，将试验开始前测得的绕组初始端电阻、初始温度和每点温度代入式(2-5)确定每个电压点时的端电阻，即

$$R_0=R_{av}\frac{K_1+\theta_0}{K_1+\theta_1} \tag{2-5}$$

式中，R_0 为每个试验电压点的定子绕组端电阻平均值；θ_0 为每个试验电压点测得的定子绕组温度；R_{av} 为定子绕组初始(冷)态端电阻的平均值；θ_1 为定子绕组初始(冷)态的绕组温度；K_1 为导体材料在 0 ℃时电阻温度系数的倒数，铜的 $K_1=235$，铝的 $K_1=225$。

空载损耗的计算方法与灯泡贯流泵的电动机的空载损耗计算方法一致，可参见第 3.4.1 节。

3）电动机热试验

① 试验目的与要求

电动机热试验的日的是测定电动机在额定条件（额定频率、额定电压、额定输出）下运行时定子绕组温度高于冷却介质温度的温升，该温升不能超过规范规定的 80 K 限值。

② 温度的测量方法

在热试验中需要测定的参数有潜水电动机周围冷却介质的温度和电动机定子绕组的平均温度。冷却介质的温度可直接采用温度计测量电动机周围（距电动机 0.5 m 以内）的水温。对于潜水电动机定子绕组温度的测量，可以采用电阻法或直接测温，优先采用电阻法。当电动机内埋置有检温计（热电偶或电阻式温度传感器）时，可以用埋置检温计直接测量电动机内绕组温度和其他部位的温度，如电动机轴承处的温度以及铁芯温度等。

采用电阻法测温时，绕组冷、热态电阻必须在相同的电缆引出线端测量。

③ 试验方法与步骤

针对潜水电动机的试验条件，GB/T 12785－2014 中推荐使用直接负载法和间接负载法中的降低电流负载法。

直接负载法是在额定频率、额定电流和额定负载或铭牌电流下进行热试验，具体方法如下：在额定频率、额定电压和额定功率（或铭牌电流）下，使机组按照不同结构型式和功率大小分别运行 1.5～4.0 h，直到电动机达到热稳定为止。每隔 15 min 记录电压、电流、输入功率、频率、转速或转差以及周围冷却介质的温度。电动机内埋置有检温计时，还应记录绕组温度和轴承温度。试验期间，应采取措施尽量减少冷却介质温度的变化。待电动机达到热稳定后，停机测量电动机指定线间绕组直流电阻。

测量指定线间绕组直流电阻的方法是，待电动机达到热稳定后，停机并开始计时，连续测定一段时间间隔 $t_1, t_2, \cdots, t_n$ 时相应的电阻值，直至电阻变化缓慢为止。测定第一点电阻值的时间应尽可能短，对额定输出功率大于 200 kW 的机组，切断电源后到第一次读值的时间不应超过 60 s。电动机的温升曲线是一条指数曲线，通过采用半对数坐标绘制的电阻 R 随时间 t 变化的曲线（见图 2-65）可以很准确地获取电动机在断电瞬间绕组的直流电阻值，图中 $t=0$ 时的电阻值 R_f 即为断电瞬间的电阻值。电动机断电后如果能够在规定的时间内测定第一点读数，则以该值计算温升，而不需要外延至断电瞬间。如停机后电阻值连续上升，则应取测定的电阻最大值作为断电瞬间的电阻值，并按式（2-6）确定绕组温升。

$$\Delta\theta = \frac{R_f - R_1}{R_1}(K_1 + \theta_1) + \theta_1 - \theta_a \tag{2-6}$$

式中，$\Delta\theta$ 为试验时电动机定子绕组的平均温升；θ_a 为试验结束时电动机周围（0.5 m 以内）冷却介质的温度。

直接负载法测额定功率时绕组温升按式（2-7）和式（2-8）计算。

当 $5\% < |(I_1 - I_N)/I_N| \leqslant 10\%$ 时

$$\Delta\theta_N = \Delta\theta\left(\frac{I_N}{I_1}\right)^2\left[1 + \frac{\Delta\theta\left(\frac{I_N}{I_1}\right)^2 - \Delta\theta}{K_1 + \Delta\theta + \theta_a}\right] \tag{2-7}$$

当 $|(I_1 - I_N)/I_N| \leqslant 5\%$ 时

$$\Delta\theta_N = \Delta\theta\left(\frac{I_N}{I_1}\right)^2 \tag{2-8}$$

式中，$\Delta\theta_N$ 为额定功率时定子绕组温升；I_N 为满载电流，即额定功率时的电流，从电动机工作特性曲线上求得；I_1 为热试验时的电流，取在整个试验过程的最后 1/4 时间内按相等时间间隔测得的几个线电流的平均值；$\Delta\theta$ 为对应于 I_1 时的定子绕组温升。

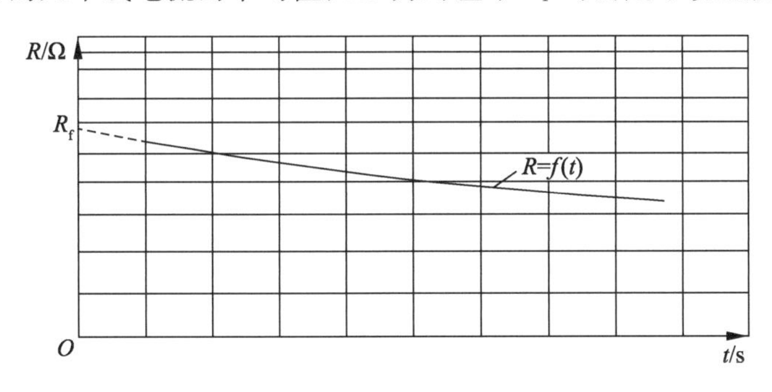

图 2-65 热试验曲线

4）电动机负载试验及泵性能试验

① 试验目的与要求

电动机负载试验的目的是测定电动机的负载特性，即在额定电压、额定频率和规定温度下电动机的输入功率 P_1、负载电流 I_1、效率 η_m、功率因数 $\cos\varphi$ 和转差率 s（或转速 n）随输出功率 P_2 变化的特性。泵性能试验的目的在于测定泵的工作特性，即在规定转速下泵的扬程 H、轴功率 P_t 和效率 η_p 随流量 Q 变化的特性。

电动机负载试验和泵性能试验在额定电压、额定频率下进行，采用损耗分析及推荐负载杂散损耗的方法确定电动机的效率和泵的轴功率。电动机的性能应换算到规定温度下，泵的性能应换算到规定转速下。对轴流泵可以在规定转速的 50%～120% 范围内进行性能试验，当试验转速的变化在规定转速的 ±20% 以内时，泵效率的改变可以忽略不计。

② 试验方法与步骤

潜水电动机的负载试验方法有额定电压负载法和圆图计算法 2 种。额定电压负载法试验是在额定频率、额定电压下进行的，可采用配套的潜水泵作为负载，电动机的负载特性和泵的工作特性 2 项试验在同一试验过程中完成。

用泵作为负载时，通过调节阀（闸）门开度改变泵的工况，也改变电动机的负载。在计算处理试验结果时，电动机和泵按各自的要求进行，如果试验时电动机的最大电流值没有达到额定电流，则在机组结构允许的情况下，可以通过反转电动机使水泵反转，处于不正常工作状态，从而增大电动机输出功率和电流，满足电动机负载试验的要求。

试验具体过程为，在额定频率、额定电压和泵的额定流量下，使机组按照不同结构型式和功率分别运行 1.0～1.5 h，直到电动机达到热稳定和试验系统达到表 2-36、表 2-37 规定的运转稳定条件为止。也可以在热试验后立即进行电动机负载试验和泵性能试验，以缩短电动机达到热稳定状态所需要的预运转时间。试验从阀（闸）门处于全开状态开

始，逐步减小流量至保证流量点的60%以下。其间应取13～15个不同流量点，所取流量点中应包含保证流量点Q_G、95%Q_G、105%Q_G，以及泵工作范围的最小流量点Q_{min}、最大流量点Q_{max}和电动机的额定电流点。当上述试验过程所能测定的电动机最大电流值达不到额定电流时，在机组结构允许的前提下，应在测定电阻后立即逆转水泵再测量2～3个点，使试验电流达到1.25倍额定电流，此时流量和压力不必记录。

2个工况点之间应有一定的时间间隔以保证后一工况点达到稳定状态。每个工况点应在额定电压、额定频率下同时测量下列参数：三相电流、三相电压、输入功率、频率、转差（或转速）、出口压力和流量。

试验结束应立即在引出电缆端测量定子绕组的热态直流电阻。当水泵结构不允许反转或反转仍达不到额定电流值时，可以采用圆图计算法确定额定负载点的参数。

③ 电动机负载试验结果计算、分析与评定

电动机的性能应换算到规定温度下。

a. 电动机特性计算

机械损耗P_{fw}和额定电压时的铁损P_{Fe}由空载特性确定。

规定温度下定子绕组I^2R损耗P_{cu1s}按式(2-9)和式(2-10)计算：

$$P_{cu1s}=1.5I_1^2R_s \tag{2-9}$$

$$R_s=R_{av}\frac{K_1+\theta_s}{K_1+\theta_1} \tag{2-10}$$

式中，P_{cu1s}为定子绕组I^2R损耗；I_1为测得的线电流的平均值；R_s为换算到规定温度θ_s时端电阻平均值；R_{av}为定子绕组初始（冷）态端电阻的平均值。

规定温度下电动机转差率s_s按式(2-11)计算：

$$s_s=s\frac{K_1+\theta_s}{K_1+\Delta\theta+\theta_a} \tag{2-11}$$

其中$s=1-\frac{n}{n_0}$，或$s=\frac{s_t}{f}$，$n_0=\frac{60f}{p}$。s为负载试验实测的转差率；s_t为负载试验实测的转差。

规定温度下转子绕组I^2R损耗P_{cu2s}按式(2-12)计算：

$$P_{cu2s}=s_s(P_1-P_{cu1s}-P_{Fe}) \tag{2-12}$$

b. 试验结果分析与评定

(i) 将测试结果转换为基于规定温度的数据。一般来说，潜水贯流泵试验时电动机的实际温度与规定温度有偏差，为了确定在额定电压、额定频率、规定温度下电动机的性能是否能达到保证值，需要将电动机的性能换算到规定温度下。如果试验电压与额定电压偏差不超过±5%，试验频率与额定频率偏差不超过±0.1%，则测试数据由电压和频率偏差引起的变化可以忽略。

(ii) 电动机的负载特性曲线。将测试结果转换为基于规定温度的数据后，分别绘制输入功率P_1、电流I_1、电动机效率η_m、功率因数$\cos\varphi$对输出功率P_2的最佳拟合曲线。曲线反映电动机的负载特性，如图2-66所示。

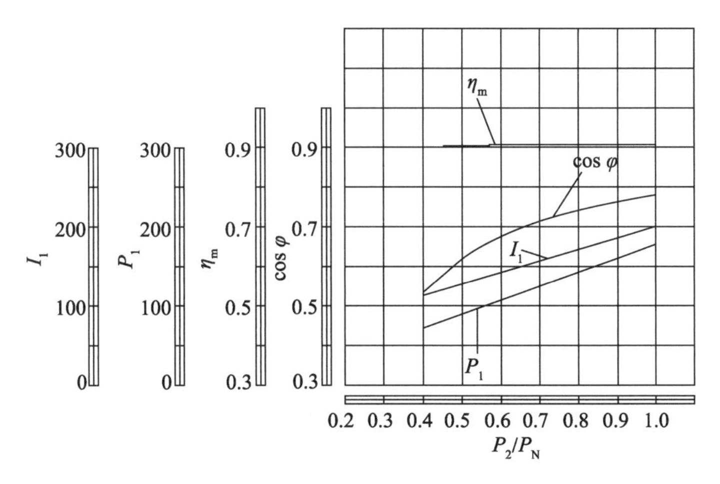

图 2-66 典型电动机负载特性曲线

(iii) 电动机性能评价。电动机的保证点由电动机的额定频率、额定电压和额定输出功率定义。电动机电气性能实测值应是负载特性曲线上电动机输出功率保证点所对应的各参数值。按照 GB/T 12785—2014 的要求,当实测值不超过表 2-38 所规定的容差时,电动机性能达到要求。

表 2-38 电动机参数保证值的容差

序号	参数		容差
1	效率 η_m	额定功率≤150 kW	$-0.15(1-\eta_N)$
		额定功率>150 kW	$-0.10(1-\eta_N)$
2	功率因数 cos φ		$-(1-\cos\varphi_N)/6$,最小绝对值 0.02,最大绝对值 0.07
3	堵转电流		电流保证值的+20%
4	堵转转矩		转矩保证值的−15%~+25%
5	最大转矩		转矩保证值的−15%
6	最小转矩		转矩保证值的−15%

5) 电动机堵转试验

① 试验目的与要求

堵转试验的目的是测得电动机的堵转特性,即在额定频率下电动机的堵转转矩 T_K、堵转电流 I_K 随外施电压 U_K 变化的特性,并通过对数据的分析处理,获得电动机在额定电压时的启动电流和启动转矩,评定受试电动机的启动特性是否合格。

堵转试验在电动机接近实际冷状态时进行。试验时应将电动机转子堵住,堵住转子的工具必须有足够的强度,防止发生对人身的伤害和对设备的损坏。试验前,应确认旋转的方向。

② 试验方法与步骤

三相电动机试验时施于定子绕组的电压应尽可能从不低于 90%的额定电压开始,逐

步降低电压至电流接近额定电流为止。其间共取 5～7 个点，每点应同时读取三相电压、三相电流、输入功率和转矩，每点连续通电时间不应超过 10 s。对 45 kW 以下的电动机，堵转试验时最大电流值应不低于 4.5 倍额定电流；对 45～300 kW 的电动机，应不低于 2.5～4.0 倍额定电流；对 300～500 kW 的电动机，应不低于 1.5～2.0 倍额定电流；对 500 kW 以上的电动机，应不低于 1.0～1.5 倍额定电流。

当受到试验及设备条件的限制时，可采用式(2-13)计算转矩，此时应在每点读数后，在两个引出电缆端间测量定子绕组的直流电阻。

$$T_K = 9.549 \frac{P_K - P_{Kcu1} - P_{Ks}}{n_0} \tag{2-13}$$

式中，P_K 为堵转试验时各点实测输入功率；P_{Kcu1} 为堵转试验时定子绕组的 I^2R 损耗，$P_{Kcu1} = 1.5I_K^2R_K$，I_K 为堵转试验时各点实测电流，R_K 为堵转试验时各点实测绕组端电阻平均值；P_{Ks} 为堵转试验时的杂散损耗(包括铁损)，对大、中型高压电动机取 $P_{Ks} = 0.10P_K$；n_0 为电动机转速。

如需要采用圆图计算法求取最大转矩，则堵转试验应含有 2.0～2.5 倍额定电流范围内一个点的电流；如需要采用圆图计算法求取电动机工作特性，则堵转试验应含有 1.0～1.1 倍额定电流范围内一个点的电流。

③ 试验结果分析与评定

堵转特性曲线 $I_K = f(U_K)$，$T_K = f(U_K)$，$\lg I_K = f(\lg U_K)$ 如图 2-67 和图 2-68 所示。

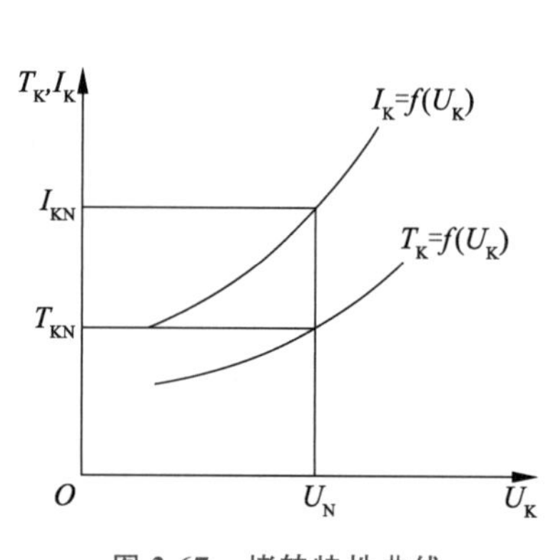

图 2-67　堵转特性曲线

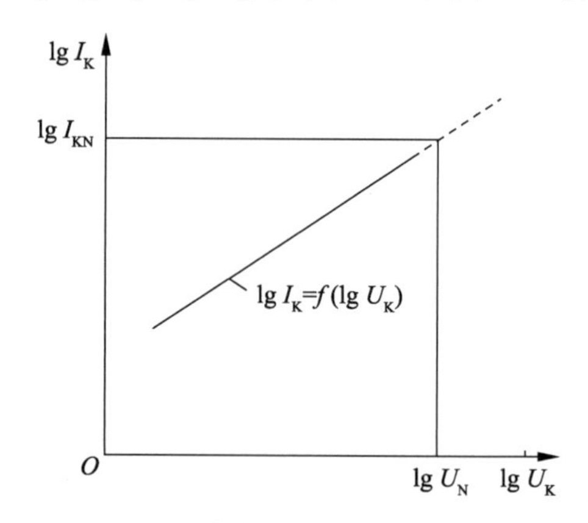

图 2-68　堵转电流-堵转电压对数曲线

电动机启动特性评定如下：

如果堵转试验的最高电压在 90%～110%的额定电压范围内，则堵转电流 I_{KN} 和堵转转矩 T_{KN} 可在堵转特性曲线上直接查取。

如果堵转试验的最高电压低于 90%的额定电压，则应绘制 $\lg I_K = f(\lg U_K)$ 曲线，并从最大电流点外延曲线，查取额定电压时的堵转电流值 I_{KN}，堵转转矩 T_{KN} 的计算式为

$$T_{KN} = T_K \left(\frac{I_{KN}}{I_K} \right)^2 \tag{2-14}$$

采用启动转矩倍数 K_T (堵转转矩与额定转矩之比值)、启动电流倍数 K_I (堵转电流与额定电流之比值)作为评定电动机启动性能的指标，则

$$
\begin{cases}
K_T = \dfrac{T_{KN}}{T_N} \\
K_I = \dfrac{I_{KN}}{I_N} \\
T_N = 9\ 550\ \dfrac{P_N}{n_0(1-s)}
\end{cases}
\tag{2-15}
$$

6）电动机耐电压试验

① 试验目的与要求

电动机的耐电压试验是为了确定电动机绕组的绝缘介质强度是否符合要求，通常应在各项试验完成之后，根据额定电压对电动机施加相应的高电压来进行耐电压试验。此试验仅针对装配完成的新电动机进行。该试验可能会对电动机绝缘造成损伤或破坏，故不宜重复进行。

试验时，电动机密封后应在静止状态下浸泡于水中，试验前应先测量绕组的绝缘电阻。

对于高压电动机，当其电容量较大时，试验变压器的容量应大于式(2-16)计算出的计算容量 S_T：

$$
S_T = 2\pi f C U_t U_{TN} \times 10^{-3} \tag{2-16}
$$

式中，C 为受试电动机的电容量；f 为试验电源频率；U_t 为试验电压；U_{TN} 为变压器高压侧的额定电压。

对额定电压在 3 kV 及以上的电动机进行耐电压试验时，建议在试验变压器接线柱与受试绕组之间并联接入放电铜球。试验电压应在试验变压器的高压侧进行测量。试验前应采取安全防护措施，试验中发现异常情况应立即切断试验电源，并将绕组对地放电。

② 试验方法与步骤

试验时电压应施于受试绕组与机壳之间，此时其他不参与试验的绕组均应和铁芯及机壳相接。对额定电压在 1 kV 以上的电动机，如果每相的两端均单独引出，则应每相逐一进行试验。试验电压的数值按《旋转电机　定额和性能》(GB/T 755－2019)的规定或相关产品的技术标准确定，通常为 2 倍额定电压＋1 000 V，最低为 1 500 V。

试验时施加的电压应从不超过试验电压全值的一半开始，然后稳步地或分段地以每段不超过全值的 5％逐步增加至全值。电压由半值增加至全值的时间应不少于 10 s，全值电压试验时间应维持 1 min。

2. 试验结果

潜水贯流泵机组出厂时在工厂进行电动机特性和机组的真机性能试验，试验时水温为 10 ℃，根据规定将测试数据换算至基准温度下。

(1) 电动机堵转特性试验结果

根据前述试验方法，堵转特性试验结果如表 2-39 所示，堵转对数特性曲线如图 2-69 所示。

表 2-39　堵转特性试验结果

试验电压/V	堵转电流/A	输入功率/kW	定子铜损/kW	杂散损耗/kW	电磁功率/kW	转矩/(N·m)
6 117	136.44	286.20	83.03	14.31	188.85	2 404.7
5 703	127.73	224.11	72.48	11.21	140.42	1 788.0
5 014	109.06	168.60	52.71	8.43	107.46	1 368.3
4 560	98.51	137.75	42.89	6.89	87.97	1 120.1
3 712	77.29	86.35	26.30	4.32	55.73	709.6
2 190	42.49	26.73	7.92	1.34	17.47	222.5

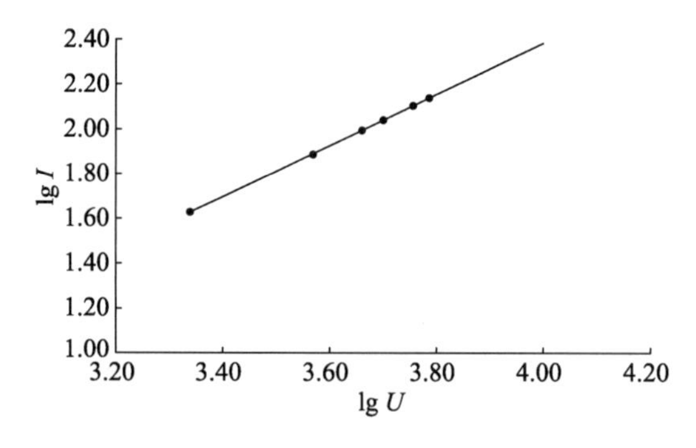

图 2-69　堵转对数特性曲线

(2) 电动机特性其他试验结果

电动机耐电压试验以及冷态绝缘特性、空载特性等试验结果如表 2-40 所示。

表 2-40　潜水电动机耐电压试验等试验结果

序号	检测项目名称	技术要求	检测结果
1	外观	机组应有可靠的防腐措施,机组表面应无污损、碰伤、裂痕等缺陷	通过
2	装配	电泵应能转动自如,平稳,无卡阻、停滞等现象;各紧固件均牢固、防松	通过
3	控制电缆保护元件	5—17　0 ℃ 时≈100 Ω　A 相绕组温度 6—18　0 ℃ 时≈100 Ω　B 相绕组温度 7—19　0 ℃ 时≈100 Ω　C 相绕组温度 1—11　0 ℃ 时≈100 Ω　推力轴承 13—14　0 ℃ 时≈100 Ω　电动机前轴承 15—16　0 ℃ 时≈100 Ω　电动机后轴承 2—12>33 kΩ　电动机浸水电极 4—12>33 kΩ　油室浮子	5—17=105.0 Ω 6—18=105.2 Ω 7—19=105.1 Ω 1—11=105.1 Ω 13—14=105.0 Ω 15—16=105.1 Ω 2—12=∞ 4—12=∞
4	定子绕组在实际冷状态下的直流电阻	75 ℃时三相直流电阻为 1.857 7 Ω	A 相:1.461 5 Ω B 相:1.461 5 Ω C 相:1.461 6 Ω
5	冷态绝缘电阻	≥100 MΩ	5 000 MΩ

续表

序号	检测项目名称	技术要求	检测结果
6	短时升高电压试验	将电动机电压升高到130%的额定电压，保持时间 3 min	13 000 V
7	耐电压试验	电动机的定子绕组应能承受有效值为 2 倍额定电压+1 000 V，最低为 1 500 V，历时 1 min 的耐电压试验而不发生击穿现象	21 000 V
8	匝间耐电压试验	电动机的定子绕组应能承受冲击试验电压为 2 倍额定电压+2 500 V，匝间绝缘冲击耐电压试验，而匝间绝缘不发生击穿	22 500 V
9	机组气密性试验	机组组装后，泵腔进行 1.5 倍工作压力(最小不得低于 0.2 MPa)，历时 5 min 的水(气)压试验而无冒气现象	0.2 MPa

注：表中第 3 行"5—17"等表示图 2-70 中对应位置传感器的电阻测量值。

(3) 机组性能试验结果

为检验机组性能保证值以及与模型试验结果对比，进行真机工厂测试，测试结果如表 2-41 所示。

表 2-41　真机工厂试验结果

序号	扬程 H/m	流量 Q/(m^3/h)	电功率 N/kW	轴功率 P/kW	电压 U/V	电流 I/A	泵效率 η_p/%	机组效率 η_{set}/%
1	3.46	31 490.11	397.46	370.01	9 771	30.43	80.09	74.55
2	3.65	29 820.65	408.70	380.92	9 780	31.15	77.76	72.47
3	3.84	28 394.09	421.13	392.86	9 806	32.33	75.52	70.45
4	3.99	27 067.98	430.70	402.26	9 806	32.57	73.06	68.23
5	4.22	24 867.99	444.03	415.37	9 812	32.87	68.77	64.33

2.4　潜水贯流泵机组控制与保护系统

由于潜水贯流泵机组的核心部件全部在水下工作，因此其可靠性是保证泵站安全运行的关键，在设备结构安全可靠的前提下，设计先进的控制与保护系统是一个重要的环节。下面针对潜水贯流泵电气设备的特点进行设计研究。

2.4.1　监控保护设置与设备选型

1. 潜水贯流泵自动保护设置

① 在电动机定子绕组 A,B,C 三相分别设置 2 只温度传感器(Pt100 铂电阻元件，一用一备)，以监测电动机定子温度，并作为超温时停机的检测元件。

② 在电动机腔内设置 2 只渗漏传感器(一备一用)，监测漏油及渗水，以防水进入电动机腔。另外，在电动机内腔设置 1 只湿度传感器，以监测电动机的结露情况。

③ 在电动机接线盒内设置 2 只渗漏传感器(一备一用),以监测接线盒内是否浸水。

④ 在轴承座内设置 2 只温度传感器(Pt100 铂电阻元件,一备一用),以监测推力轴承温度。

⑤ 在推力轴承油室内设置 2 只湿度传感器(一备一用),以监测油中水的含量。

⑥ 在电动机前、后轴承室各设置 2 只温度传感器(Pt100 铂电阻元件,一备一用),以监测前、后轴承温度。

以上传感器元件通过信号电缆由接线盒引出,所有输出信号与潜水贯流泵综合保护系统相匹配,输出信号采用防干扰屏蔽措施。信号电缆为 2 根 KVVRP 型柔性多芯屏蔽电缆,采用聚乙丙烯橡胶绝缘、氯丁橡胶护套,适合于水下使用。

2. 监控保护传感器的型号与功能

潜水贯流泵不同部位的监控保护传感器布置示意图如图 2-70 所示。

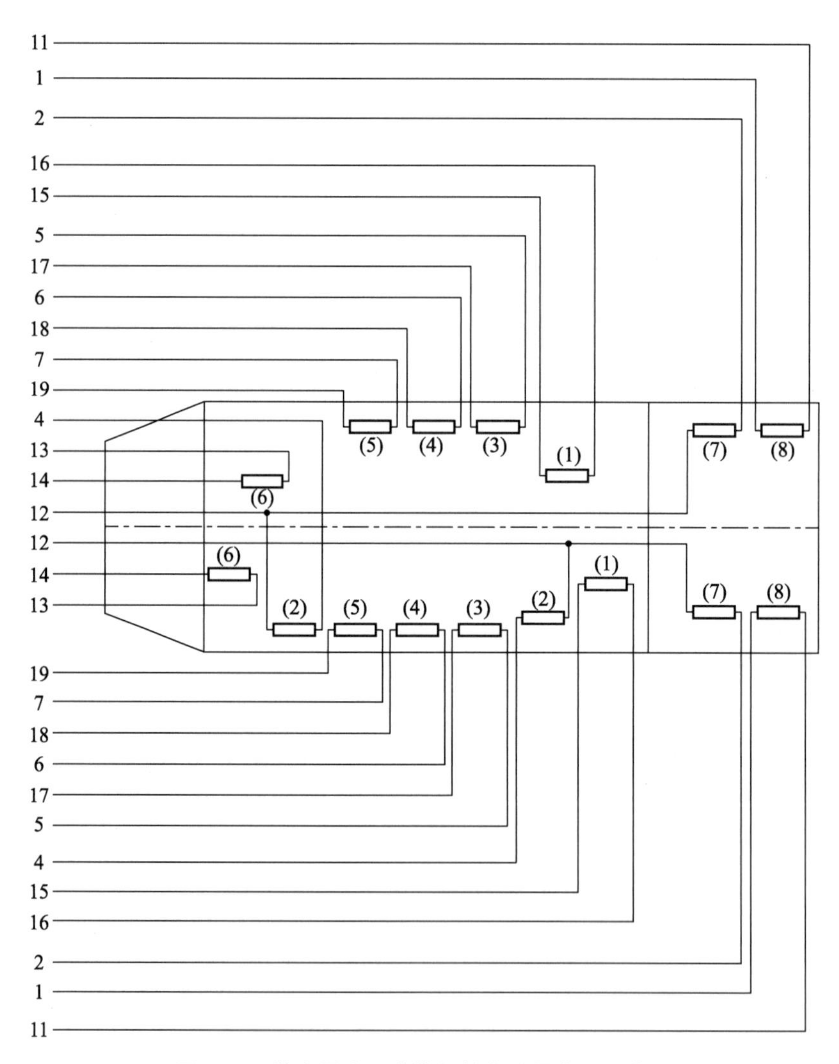

图 2-70 潜水贯流泵监控保护传感器布置示意图

潜水贯流泵监控保护传感器的型号及功能如表 2-42 所示。

表 2-42 潜水贯流泵监控保护传感器(2 套,一用一备)的型号及功能

传感器编号	电缆标号	传感器	功能	正常状态时电阻值	故障状态时电阻值
(1)	15,16	Pt100 温度传感器	监测电动机后轴承温度	0 ℃时≈100 Ω	95 ℃时≈136 Ω
(2)	4,12	电极	监测电动机内部湿度	>50 MΩ	相对湿度≥95%时 ≤33 kΩ
(3)	5,17	Pt100 温度传感器	A 相温度监测保护	0 ℃时≈100 Ω	135 ℃时≈151 Ω
(4)	6,18	Pt100 温度传感器	B 相温度监测保护	0 ℃时≈100 Ω	135 ℃时≈151 Ω
(5)	7,19	Pt100 温度传感器	C 相温度监测保护	0 ℃时≈100 Ω	135 ℃时≈151 Ω
(6)	13,14	Pt100 温度传感器	监测电动机前轴承温度	0 ℃时≈100 Ω	95 ℃时≈136 Ω
(7)	2,12	电极	监测油室内湿度	>50 MΩ	相对湿度≥95%时 ≤33 kΩ
(8)	1,11	Pt100 温度传感器	监测油室温度	0 ℃时≈100 Ω	95 ℃时≈136 Ω

2.4.2 控制和保护系统配置

1. 系统配置的主要原则

根据潜水贯流泵机组的特点,为实现机组安全、可靠运行,其控制和保护系统须具有短路、过载、欠压、接地、湿度、漏水、绕组及轴承超温等保护功能。潜水贯流泵配套设置综合保护智能控制器,主要具有以下功能:

① 电动机腔内浸水、湿度保护;

② 接线盒腔内浸水保护;

③ 油室浸水保护;

④ 电动机绕组温度保护(超温报警、跳闸控制);

⑤ 前、后轴承温度保护(超温报警、跳闸控制)。

当机组在运行过程中出现上述故障时,综合保护智能控制器会发出报警信号,超限时发出跳闸信号,同时通过 RS485 接口将信号送至计算机监控系统。

2. 控制器原理及安装接线图

综合保护智能控制器具有 6 点温度显示和浸水、泄漏、湿度状态显示,并带有 RS485 输出接口,与计算机监控系统通信,实时监控潜水贯流泵运行状况。控制器接线端子如图 2-71 所示。

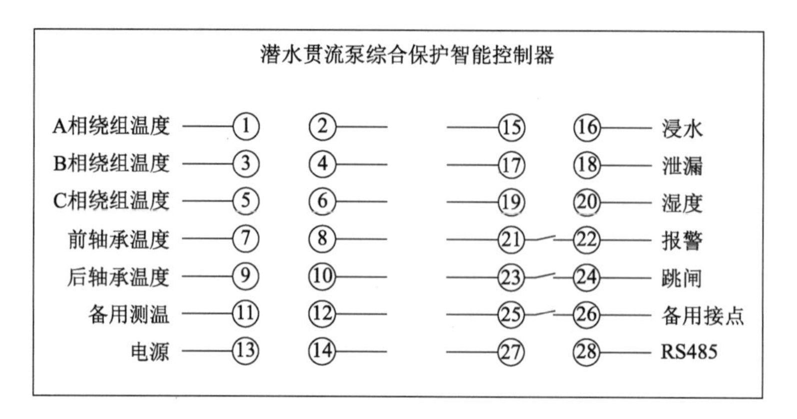

图 2-71 控制器接线端子图

控制器有 2 种工作模式:监控模式和监测模式。

(1) 监控模式

启动监控模式时控制器具有绕组超温、轴承超温、电动机浸水、油室浸水、接线盒浸水报警功能,自动显示电动机三相绕组和轴承温度,可以对绕组和轴承极限温度值进行设定,当任意一点温度超限或有浸水时,控制器会发出报警信号,同时对应的继电器触点闭合输出开关量信号,供外部控制回路报警和跳闸用。故障排除后需进行复位解除报警。

(2) 监测模式

启动监测模式时控制器具有绕组超温、轴承超温、电动机浸水、油室浸水、接线盒浸水报警功能,自动显示电动机三相绕组和轴承温度,可以对绕组和轴承极限温度值进行设定,当任意一点温度超限或有浸水时,控制器会发出报警信号,通过报警类别显示框的指示灯显示。

3. 主要设计指标

温度显示范围:5～180 ℃;

电动机三相绕组极限温度设定范围:0～200 ℃;

轴承极限温度设定范围:0～200 ℃;

温度显示误差:不大于±2 ℃;

温度显示方式:手动/自动;

控制模式:监控/监测;

温度显示误差修正方式:键操作;

温度传感器类型:Pt100;

电动机、接线盒电极间水导电阻:小于 33 kΩ;

油室电极间水导电阻:小于 33 kΩ。

4. 通信及其他指标

(1) 仪表通信接口

接口类型:RS485;

通信规约:MODBUS－RTU;

波特率:1 200,2 400,4 800,9 600 bps;

继电器触点容量：5 A/250 VAC，10 A/28 VDC；

装置电源电压：65～255 V(AC/DC)。

(2) 环境要求

供电电源：220 VAC/50 Hz；

工作温、湿度：－10～＋50 ℃，≤85%RH。

2.4.3 机组运行状态在线监测系统

1. 系统的主要功能

机组运行状态在线监测系统能够在机组运行过程中监测机组设备相关部位的振动、摆度等实时参数并记录，结合工程设备特点及其他运行过程量参数、工况参数等变化对设备状态进行分析和诊断，以评判机组的安全健康状况。其与控制和保护系统相结合，综合设备运行温度、机组运行工况等对运行中出现的状态参数突变及变化趋势进行分析和诊断，及时发现由机组振动诱发的故障，并为机组运行、维护、检修提供参考依据。

系统具有实时监测、数据采集、数据分析、数据管理、故障报警、运行工况分析、辅助诊断、状态报告和远程监测等功能，以及系统设置、权限管理等其他功能。

2. 系统的基本结构

数据采集单元具有现地监测、分析和试验功能，可对机组的振动、摆度等运行工况参数进行数据采集、处理和分析，并以图形、图表和曲线等方式进行显示。

机组运行状态具有丰富的显示方式，既有数据和报警显示，又有频率、幅值、时域等多种图像显示，还有不同运行时段的趋势分析显示，可以让不同层级的管理人员了解和掌握设备性能。

系统设有完整的数据库，可以满足不同方式的数据调取需求，为智能分析奠定基础。

机组运行状态在线监测系统与泵站控制和保护系统配合使用，具有良好的扩展功能和系统升级功能，能够满足泵站不断完善运行管理的需要。

系统采用分层分布式网络结构，包含现地层和上位机层两个层次。水泵机组为现地层，上位机层设在中控室，现地层和上位机层之间采用以太网方式进行信息传递和交流。

3. 系统的设计原则

潜水贯流泵机组运行状态在线监测系统设计结合工程特点，提出如下系统设计原则。

(1) 可靠性原则

系统具有高度的可靠性是潜水贯流泵机组运行状态在线监测系统在实际运行中发挥作用的前提，快速、有效、准确地对系统的可靠性进行评估与分析，正确估计系统的实际性能，减轻系统风险具有极其重要的现实意义。因此，在初期的系统设计、中期的硬件设备选型及后期的工程实际施工阶段，都需要综合考虑，从而确保系统的可靠性。数据采集装置应成熟可靠并已经过长期运行实践的检验，采用多重容错和抗干扰技术，以及先进的硬件设计和制造工艺，具有高度的可靠性。工程实施阶段的可靠性要求：一是在传感器安装及电缆铺设时充分考虑机组运行特性，在具体位置安装相应传感器，并且保证动力电缆与传感器电缆分别布线，从而避免信号干扰导致的数据失真；二是在系统接地以及机柜内部电缆接线时确保一一对应，对相应的电缆屏蔽层进行接地，从而确保机柜内部信号不会互

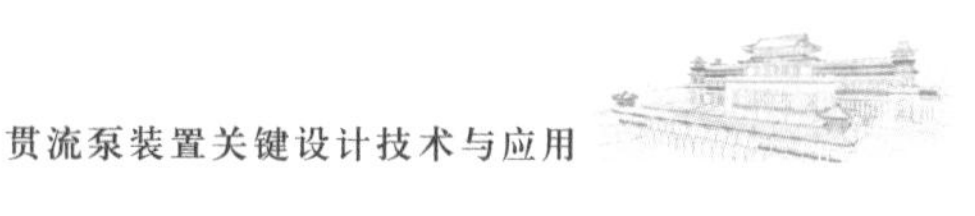

相干扰。

(2) 实用性原则

潜水贯流泵机组运行状态在线监测系统应可以让用户掌握机组的运行性能,及时发现缺陷和故障,为状态检修提供系统的、直接的技术数据和报告,并在机组长期运行数据监测的基础上对机组检修前后或一个大修周期内的机组性能变化进行趋势性分析和健康状态评价。

(3) 先进性原则

硬件采用前沿的数字电子技术开发,针对振动、摆度信号的数据特点采用整周期锁相技术;软件采用模块化、分布式设计,为后续软件功能升级优化提供便利;故障诊断方面针对机组设备建立专业的故障诊断数据库,能够对设备运行的特征参数进行提取,满足机组故障自诊断分析需要;数据存储方面根据机组运行状态下数据量变化的特性建立先进的实时数据库,使用户能够快速检索所有历史数据,确保数据存储的完整性及数据查看的便捷性。

4. 系统的组成及测点布置

(1) 系统的组成

潜水贯流泵机组运行状态在线监测系统由 3 部分组成。

① 现场一次元件:包含组成系统所需的振动、摆度、压力脉动等传感器及变送器,旋转机械保护装置。

② 数据采集单元:具有数据采集、传输等功能,用于接收现场一次元件中所有传感器和变送器的信号,并进行存储和初步分析。采集单元设于现场专用机柜内。

③ 智能监测管理平台:B/S 版软件界面。通过光纤接收数据采集单元初步分析后的数据,并对其进行深入的分析和监测,主要包括三维建模可视化图形显示、预测性维修诊断报告及各种实时波形图谱分析。管理平台设置于中控室,由状态监测数据服务器、工控机和软件包组成。

智能监测管理平台着重于建立数据库,以及对监测数据进行全面和完整的显示、分析、处理,具有趋势分析以及故障预测、分析和诊断功能,并与泵站自动化控制系统进行有关信息的双向交流,以建立完整的、科学的机组运行状态智能监测系统。该系统还可以利用网络技术和云计算与调度中心或远程中心进行信息交换,充分发挥调度中心或远程中心的技术指导功能,以便于后期扩展。

机组运行状态在线监测系统结构如图 2-72 所示。

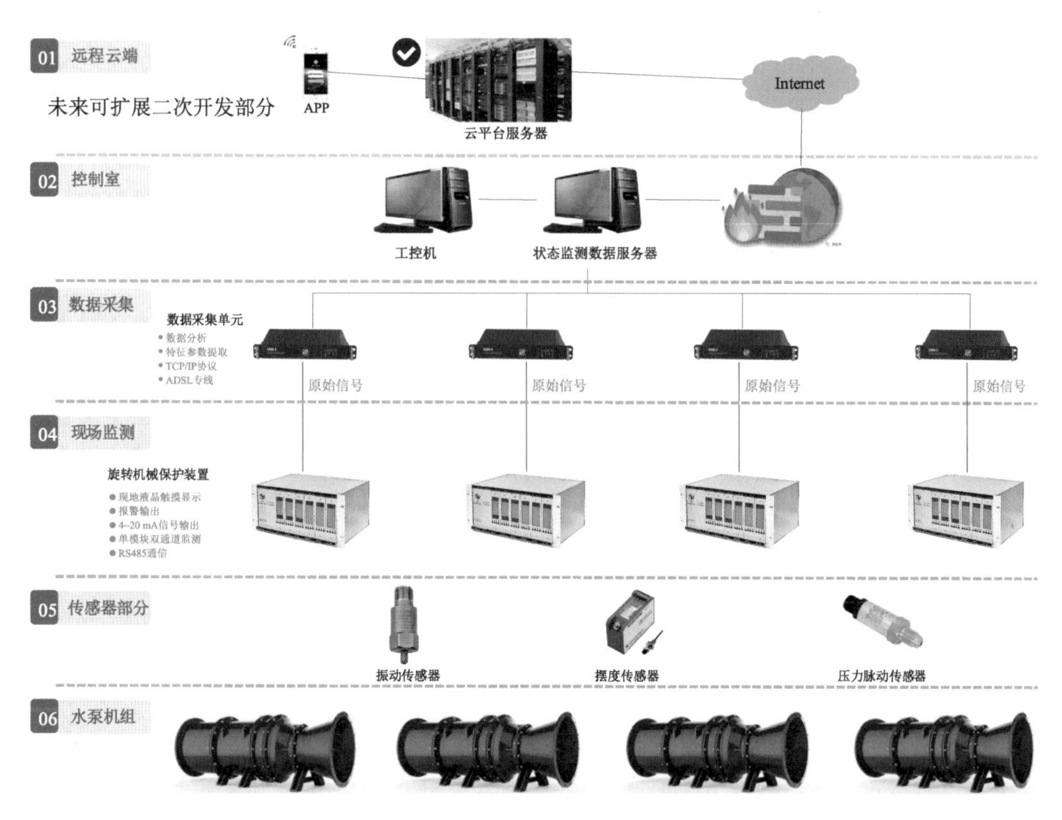

图 2-72 在线监测系统结构图

(2) 测点布置

以单台机组为例,潜水贯流泵机组设置的振动、摆度及转速测点如表 2-43 所示。

表 2-43 在线监测系统测点布置

序号	监测项目	监测方向	传感器类型	备注
1	电动机前轴承外壳	径向 X	低频位移性压电式加速度传感器	振动监测
		径向 Y		
2	电动机后轴承外壳	径向 X	低频位移性压电式加速度传感器	振动监测
		径向 Y		
3	推力轴承振动	径向 X	低频位移性压电式加速度传感器	振动监测
		径向 Y		
4	电动机轴摆度	径向 X	摆度传感器	摆度监测
		径向 Y		
5	机组键相(转速)	径向 X	电涡流传感器	键相监测

5. 系统的特点、优势及软件功能

(1) 系统的特点

机组运行状态在线监测系统数据服务软件套件可对监测装置进行自定义配置,更改参数,使监测装置能实时、准确地进行数据监测与采集。在连续监测中,当数据超过设定的报警值时,系统能通过多种途径报警,并通过专业化的分析功能对数据进行时域分析、频谱分析、时频分析等,评估机组状态,编写并提交诊断报告,实现对泵站机组报警事件的处理,并帮助维护人员完善维护计划。

系统产品均为工业级的可靠产品,特别是系统板卡的防腐性能,可满足在恶劣的工作环境下使用的要求。产品性能稳定、坚固耐用,易于安装和维护。在线监测和智能故障分析诊断相结合,使得用户可以在此平台上充分发挥监测硬件的优势,及时发现众多的机组故障隐患,如联轴器不对中(平行不对中、角度不对中)、转子体不平衡、泵轴弯曲、轴承损伤及安装不良(安装偏翘、润滑不良)、基础(地脚)松动、电动机机械故障和电气故障等。该监测系统适用于国家、行业、企业自定义的不同报警设置;基于机组参数的智能报警设置,根据机组的参数(如叶轮叶片数、轴承型号、电动机磁极数等)智能分析判断监测量超标的原因;针对机组个体测点的基于统计的报警机制,根据测点的实际测试数据,经数理统计形成针对该测点的监测量报警限值。

(2) 系统的优势

机组运行状态在线监测系统具有良好的数据开放性和可扩展性,既可自成完整独立的系统运行,也可与 PLC,SCADA,DCS 等自控系统进行无缝集成和数据交换。它具有丰富的诊断分析功能,能够为用户提供全面的设备故障诊断分析,还能够长期存储监测设备运行数据,为长期的故障诊断奠定基础。

该系统采用 SMT 工艺,减小了电路体积且具有较强的抗干扰能力,不受空中偶发磁场的干扰。系统采用标准 TCP/IP 协议将数据实时传送到数据库服务器。

(3) 系统的软件功能

系统配置有运行状态在线监测系统软件,该软件具备良好的系统开放性、可扩展性,以及智能诊断与处理能力、大规模数据管理和深层次数据挖掘能力。它还具有强大的系统整合和数据接入能力,可实现设备管理分层可视化;具有高度的开放性,可实现与信息管理系统、办公自动化管理系统等工程运行管理相关系统的无缝对接。

1) 系统健康评估功能

该功能用于结合整个机组的历史状态对当前运行状态进行健康评估,根据评估结果显示当前各个机组的健康状态。

机组运行状态在线监测系统能根据机组各部件运行状态,利用系统提供的各种分析工具,辅助分析异常原因,并根据分析结果指导机组检修。系统能对比机组检修前后的历史数据,直观评价检修效果,或通过检修后的各种机组常规试验数据,综合评价检修后机组各部件的性能。

设备运行状态评价报告主要包括的内容如图 2-73 所示。

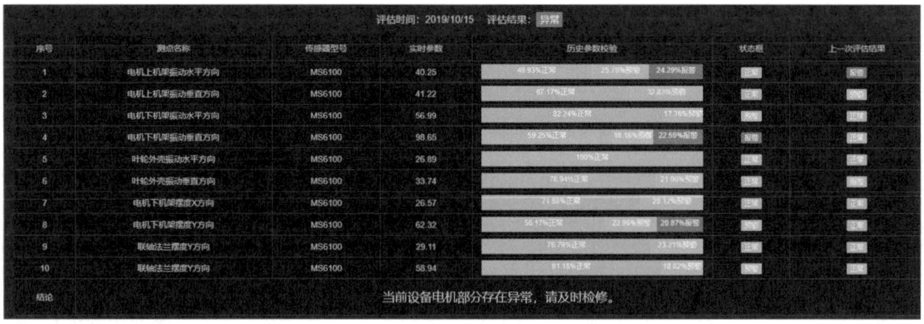

图 2-73 设备运行状态评价报告示例

2）系统智能监测功能

系统通过对各测点参数进行数据监测和采集，实现对机组运行状态的实时监测和报警。系统在界面中显示各测点实时变化的监测数值，并用不同的颜色表示各测点的状态（绿色表示正常，黄色表示报警，红色表示危险），当报警发生时，能明确指示出发生报警的测点，如图 2-74 所示。

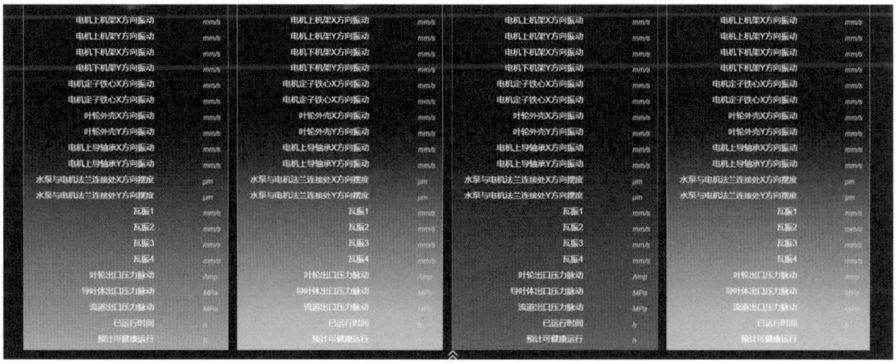

图 2-74 系统智能监测示例

3）系统智能分析功能

系统具备数据分析的能力，能以数值、图、表和曲线等形式提供各种专业的数据分析工具，并根据监测量的变化预测状态的发展趋势，提供趋势预报的功能。

系统能自动对机组稳态、暂态（包括瞬态）过程的振动、摆度、压力脉动、轴向位置等进行分析，提供波形、频谱、轴心轨迹、瀑布图、趋势图、相关趋势图等时域和频域分析工具，并将键相点显示在波形上，如图 2-75 所示。

系统软件支持与泵站计算机监控系统的有关运行工况信息的双向交流，从而将机组的运行工况、运行参数等信息与机组的振动、摆度、压力脉动等信息结合，综合各种因素进行泵站设备运行稳定性分析，得出设备的健康状态。该软件会定期出具设备状态报告，统计故障发生情况或者振动、摆度超标情况，形成报表和结论。

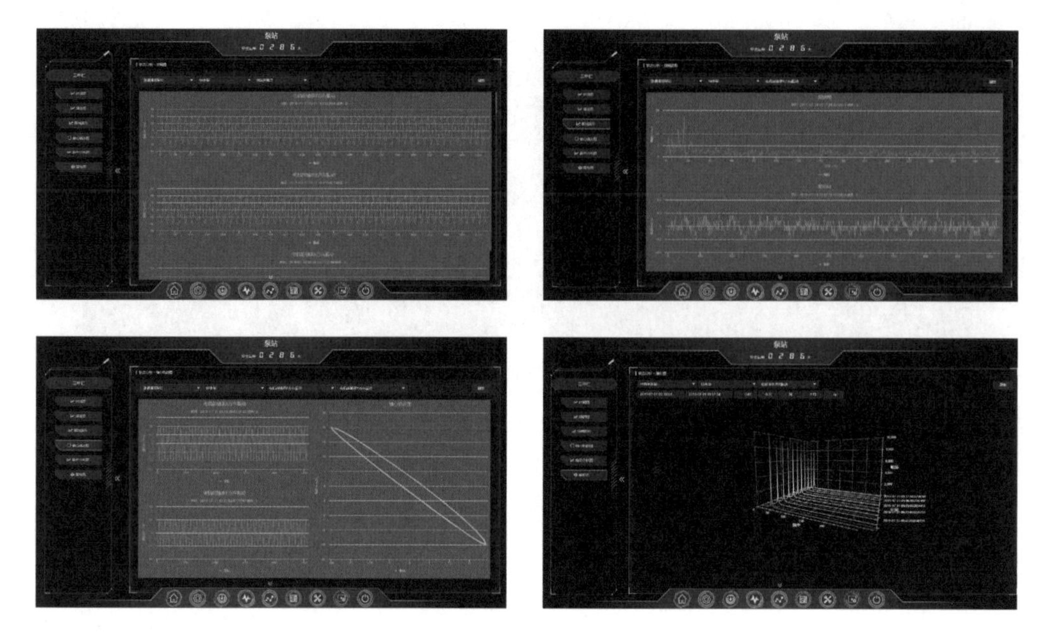

图 2-75　系统智能分析示例

4）系统智能诊断功能

系统可对机组运行过程中的振动、摆度等监测数据进行综合分析处理，根据监测到的各频率分量参数变化，对照报警阈值或故障特征值给出诊断结果，对常见故障进行自动识别和诊断分析，并形成检修指导性意见供运行管理人员参考。

系统根据各测点振幅、频谱、相位、转速和相关过程参数等数据可以自动诊断水泵机组的以下故障：$NPSH_a$ 与 $NPSH_r$ 之间差值太小，介质内混入空气，空气进入进水流道、泵进口或轴密封，转动部件产生摩擦，轴承磨损或松动，润滑油量不足或过量，叶轮损坏或不平衡，泵及电动机的联轴器未充分找正，泵轴变形或折断，轴承安装不规范，轴承不清洁，机组安装不平衡等。对其他复杂的故障情况也可及时提示，如图 2-76 所示。

系统全面支持故障自诊断报告的自动制作，全面提供机组动、稳态特性和各部件运行状态变化信息，用户无须通过烦琐的操作即可得到完整的报告，所有报告采用与 Excel，Word 等标准处理程序兼容的文件格式存储。状态报告的格式及内容可根据泵站机组特点灵活定义。

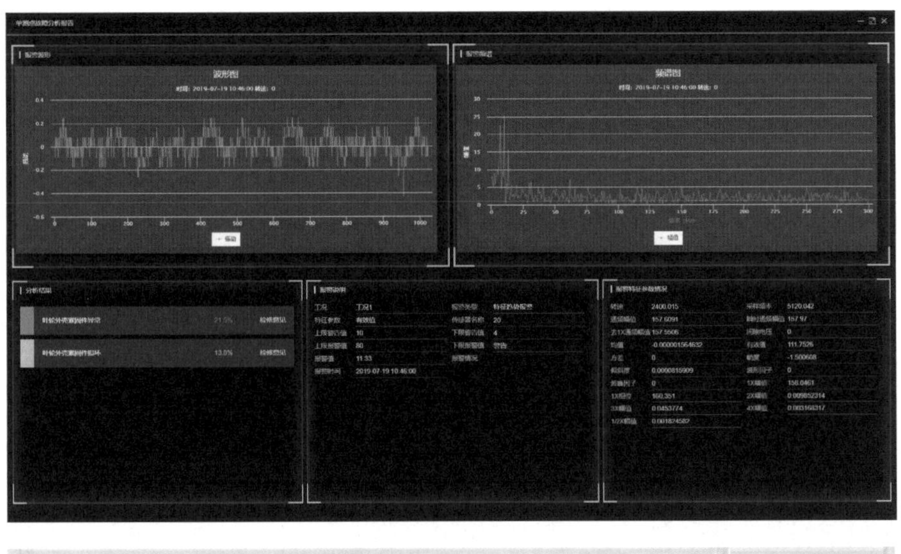

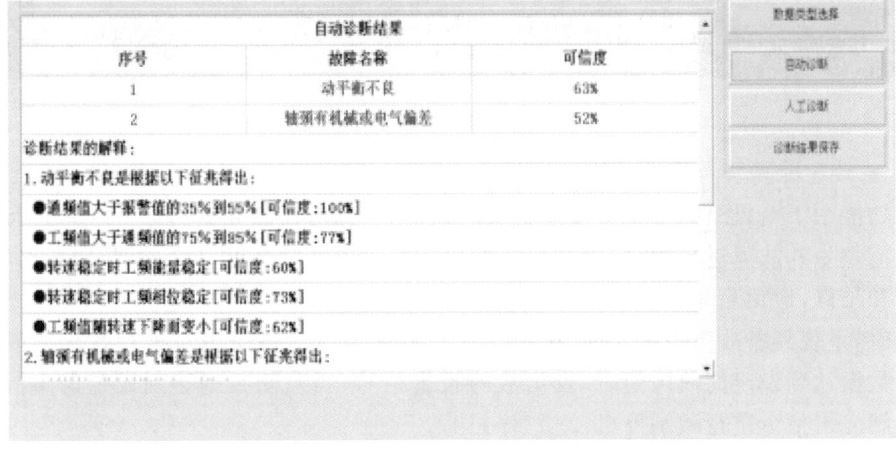

图 2-76　系统智能诊断示例

5）系统智能预报功能

该功能用于对每台机组的运行时间、累计运行时间和出厂后使用时间进行监测并进行存储，将机组关键部位的使用寿命、使用维护周期录入每台机组的档案中。系统内录入设备关键零部件的维修更换周期，当某个关键零部件达到维修更换周期时，系统会自动给出维修更换预报，提醒用户对零部件进行维修更换，避免因某个零部件的失效导致设备的故障停机，系统示例如图 2-77 所示。

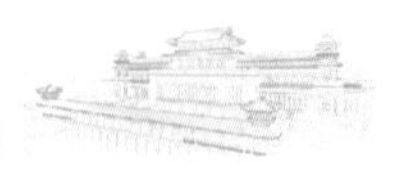

图 2-77 系统智能预报示例

6）系统智能预警及报警功能

该功能用于对机组的各个测点进行实时监测，根据对监测数据的分析结果，对运行过程中可能发生的故障进行预测，预判可能发生的故障的危险程度，从而提醒用户对机组进行检查和维修，避免重大事故的发生。

同时，系统具备故障报警功能，机组运行过程中系统对各个测点进行数据实时监测，当监测数据达到设定的故障值时，发出故障报警信号；当监测数据达到设定的事故值时，发出跳闸停机指令进行跳闸停机。

系统的报警参数及定值均可设置，报警逻辑和延迟时间可调节；当设定的状态监测量参数超过设定限值后，系统发出报警信号，并提供实时的机组报警信息一览表，用户可方便地浏览到机组的报警信息；当机组出现报警或系统模块出现故障时，报警平台窗口自动弹出，并以醒目的颜色变化进行提示，同时系统根据相关报警信息提供相应的处理意见并做出可能的故障预测；系统所有报警事件均可以自动存储，用户通过事件列表可调取事件记录，如图 2-78 所示。

系统能够智能发送故障报警，包括将邮件通知发给运行管理人员，支持手机移动端 APP。手机移动端 APP 部署在云端服务器上。

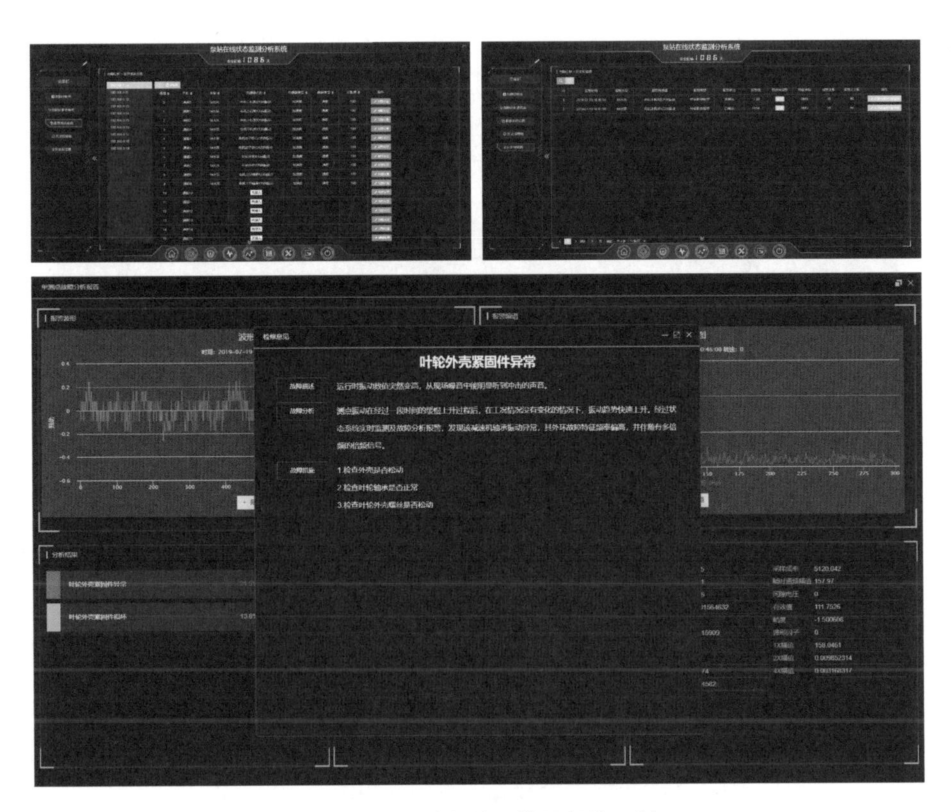

图 2-78　系统智能预警及报警示例

7）系统数据存储功能

系统能自动存储机组稳态、暂态（包括瞬态）过程的数据，具备状态监测特征量秒级数据存储及检索功能；系统数据库具备自动检索功能，用户可通过输入检索工况快速获得满足条件的数据；系统具有历史数据回放功能；系统具备状态监测运行报表（日报、月报）定制化编辑及按时间自动生成功能。

同时，系统能够根据工况来使用存储率配置，机组启动时开始采集数据，并分别每隔 2 min 和 30 min 采集趋势数据和波形数据。无论机组是否开机，始终存储报警数据，并且每隔 5 s 评估机组状态是否正常。功能示例如图 2-79 所示。

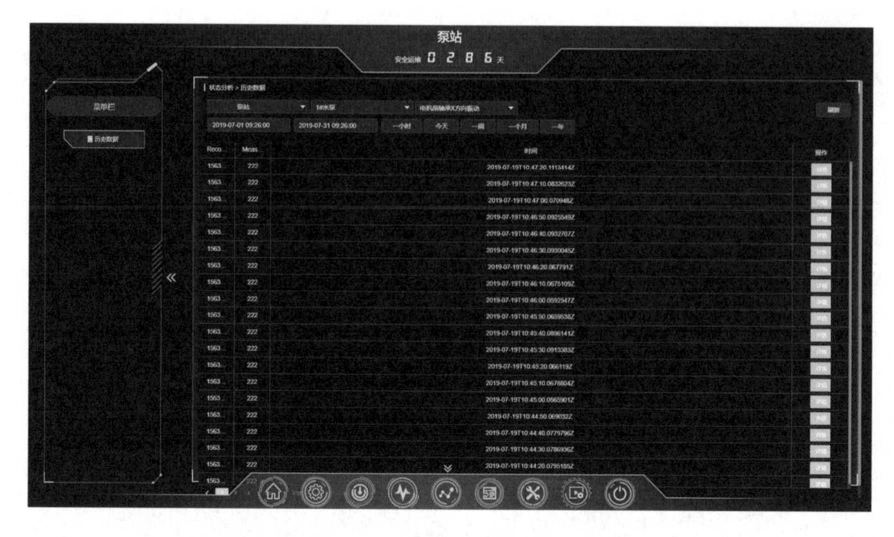

图 2-79　系统数据存储示例

8）系统趋势分析及比对功能

系统可分析所有监测参数的实时和历史趋势，具备振动、摆度、压力脉动等稳定性参数和转速、扬程等工况参数之间的相关趋势曲线显示分析功能。

系统能进行不同机组相同测点的曲线和图像比对分析，以实现对各机组状态进行评价。系统所有状态监测画面可进行定制化灵活组态，如图 2-80 所示。

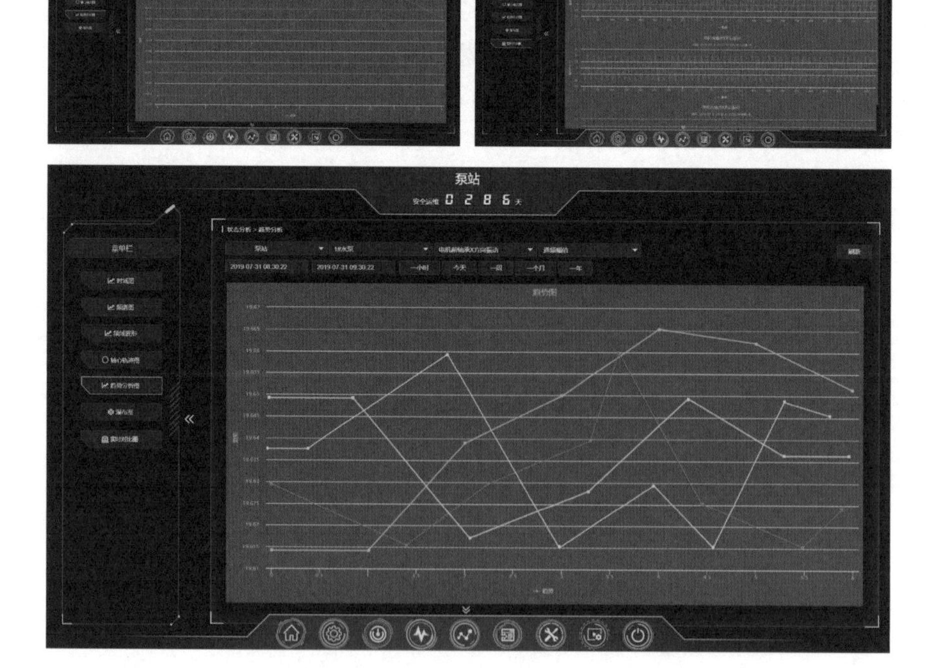

图 2-80　系统趋势分析及比对示例

系统可分析任一个或多个参量相对某个参量的变化趋势，其中横轴和纵轴可任意选定，时间段可任意设定。对监测量的长时间的趋势观察可以发现设备某些部件是否存在故障隐患，在故障发生前对这些部件进行及时检修，可以延长维修周期，同时提前采取相应的维护措施。

9）系统自诊断功能

系统具备网络对时获取标准时钟功能，数据服务器通过局域网定时对网络内的所有计算机进行时钟同步。

软件具有系统本身的自诊断功能，能判断系统硬件自身的故障（如传感器故障、电缆断裂等），使运行管理人员能够方便、可靠地使用。系统能够对监测所使用到的电涡流传感器及振动传感器进行自诊断，当传感器发生故障无法正常传输信号时，系统能够通过自诊断程序将元件故障信号显示在页面内，提示用户对监测元件进行检修，如图 2-81 所示。

例如，由于电涡流传感器静态输出一般为－2～－18 V 直流电压，在安装时，调至中点电压－10 V 左右。传感器通电后，系统模块根据这一特性，监测直流偏置电压－10 V。若出现断线，则偏置电压变为电源电压（－24 V）；若出现损坏，则偏置电压低于－5 V。当系统监测到传感器电压低于－5 V 或为－24 V 时就会提示传感器元件故障，用户就能第一时间处理，避免设备运行时监测元件故障导致重大损失。

三维可视化机组全生命周期监测管理与健康评估系统

安全运维 1085 天

ID	测点名称	类别	传感器类型	数据类...	安装方式	单位	灵敏度	a系数	b系数	状态
222	电机上机架X方向振动	振动测点	加速度	速度		mm/s	100			预警
223	电机上机架Y方向振动	振动测点	加速度	速度		mm/s	100			健康
224	电机下机架X方向振动	振动测点	加速度	速度		mm/s	100			健康
225	电机下机架Y方向振动	振动测点	加速度	速度		mm/s	100			健康
226	电机定子铁心X方向振动	振动测点	加速度	速度		mm/s	100			健康
227	电机定子铁心X方向振动	振动测点	加速度	速度		mm/s	100			健康
228	叶轮外壳X方向振动	振动测点	加速度	速度		mm/s	100			健康
229	叶轮外壳Y方向振动	振动测点	加速度	速度		mm/s	100			健康
230	电机上导轴承X方向振动	振动测点	加速度	速度		mm/s	100			健康
231	电机上导轴承Y方向振动	振动测点	加速度	速度		mm/s	100			健康
234	水泵与电机法兰连接处X方向摆度	振动测点	涡流	位移		μm	8			健康
235	水泵与电机法兰连接处Y方向摆度	振动测点	涡流	位移		μm	8			健康
236	瓦振1	振动测点	加速度	速度		mm/s	100			健康
237	瓦振2	振动测点	加速度	速度		mm/s	100			健康
238	瓦振3	振动测点	加速度	速度		mm/s	100			健康

< 1 2 > 到第 1 页 确定 共 19 条 10 条/页

图 2-81 系统自诊断示例

10）系统数据传输接口开放

系统具有开放的接口，在确保数据安全可靠的同时拥有良好的开放性、可扩展性，以及智能诊断与处理能力、大规模数据管理和深层数据挖掘能力。

系统可通过现场网络与泵站计算机监控系统和其他系统实现通信和数据共享，满足泵站日益增长的不同系统之间交换信息、共享数据的需要。数据服务器支持与泵站管理信息系统双向通信，可将机组在线监测系统测量得到的摆度、振动等参数数据传送到泵站管理信息系统中，同时可满足泵站管理信息系统对通信接口的软件和硬件要求。

同时，系统能够通过 OPC[object linking and embedding(OLE) for process control]通信的方式接收泵站计算机监控系统的参数数据，为机组的健康诊断提供充分的数据依托，使机组健康诊断的结果更加准确、可靠。

总之，在线监测系统具有强大的数据采集分析及数据处理传输能力，能够对泵站内大规模的数据进行深层的数据管理及数据挖掘，提取有效及可靠的机组运行数据用于机组健康运行的诊断分析。

2.4.4 高压绝缘在线监测仪

由于潜水贯流泵机组电动机具有长期在水下运行的特殊要求，对电动机的绝缘监测尤为重要，因此将高压电力系统绝缘水平在线监控测试仪(简称“高压绝缘在线监测仪”)应用于高压潜水电动机的在线绝缘监测。该监测仪是一种专门用于高压电动机在停运和运行情况下在线测量对地绝缘电阻的仪器，便于运行人员根据绝缘电阻的变化采取措施，有效地防止事故的发生和扩大。该监测仪适用于 3 kV,6 kV,10 kV 高压电力不接地系统。

监测仪的主要功用如下：

① 监测仪对高压电动机的绝缘监测就是对高压电动机的绕组在停机和运行情况下，对地施加间断或连续的 1 500 V 直流电压，测量其绝缘状况。

② 电动机停机或作为备用的情况下，监测仪始终监测其绝缘状况，发现问题及时闭锁电动机启动回路，使其不得投入运行。

③ 将冷备用的高压电动机作为热备用处理，免去启动电动机前用兆欧表对电动机进行绝缘测量，在确保良好绝缘的情况下随时启动高压电动机。

④ 监测仪在电动机停机时测量绕组的对地绝缘电阻，电动机启动投入运行后，高压施加到监测仪上，监测仪产生 1 500 V 直流电压对系统(电动机投入运行后，测到的绝缘是系统绝缘)进行绝缘测量，同时增加测量支路和设备的泄漏电流，根据系统的绝缘变化及支路和设备的泄漏电流情况，可立即判断出运行中绝缘下降的具体支路和设备。

⑤ 监测仪对运行的设备进行在线绝缘测量，可作为高压电力系统接地保护，其测量值包括电动机绕组对地、电缆线和架空线对地、变压器绕组总的对地绝缘值。其特征为：能观察、测量到绝缘变化过程，对事故的发生做到早发现、早预防、早处理，避免甚至杜绝事故的发生。

1. 监测仪的主要设计指标

(1) 绝缘电阻测量性能指标

绝缘电阻测量性能指标如表 2-44 所示。

表 2-44　绝缘电阻测量性能指标

名称	技术指标
测量范围	有效测量阻值范围为 0～1 999 MΩ，超出 1 999 MΩ 可持续显示直至溢出，溢出时仪表显示 9999

续表

名称	技术指标
分辨率	1 MΩ
基本误差	±(3%读数+2 个字)
测量电压输出	1 500 VDC(开路电压)
显示	4 位 LED 数字显示
绝缘电阻报警下限	1～99 MΩ(通过面板键盘设定)
低阻报警	当被测线路设备对地绝缘电阻小于设定值时,监测仪面板上报警 LED 发光报警,报警输出继电器常开触点闭合
线路电压	3 kVAC,6 kVAC,10 kVAC
限流电阻	最大短路电流<0.5 mA,10 kVAC

(2) 泄漏电流测量性能指标

泄漏电流测量性能指标如表 2-45 所示。

表 2-45　泄漏电流测量性能指标

名称	技术指标
测量范围	0～1 999 mA
分辨率	1 mA
基本误差	<±(10%读数+2 个字)
显示	4 位 LED 数字显示
泄漏电流报警上限	1～1 999 mA(通过面板键盘设定)
泄漏电流报警	当被测线路设备泄漏电流大于设定值时,监测仪面板上报警 LED 发光报警,报警输出继电器常开触点闭合

(3) 通信及其他指标

与第 2.4.2 节中相同。

2. 监测仪的工作方式及主要功能

(1) 工作方式

监测仪产生 1 500 V 直流电压施加于停机或运行的高压电动机对地之间。测阻施压分连续和断续两种,1 500 V 间断直流电压工作方式为:施压 3 min,保持 LED 灯灭;断压 3 min,保持 LED 灯亮。施压、断压时间可人工设定。

施压时,测量电动机绝缘电阻,并在仪表上显示。断压时,停止绝缘测量,仪表上保留上次的数据直至下次施压时再更新。

(2) 主要功能

① 测量功能:测量电动机绝缘电阻及泄漏电流。

② 报警功能:

当绝缘阻值小于整定值时,监测仪报警 LED 灯亮、测量数值闪烁、绝缘电阻报警输出

继电器无源常开触点闭合。

当泄漏电流大于整定值时，监测仪报警LED灯亮、测量数值闪烁、泄漏电流报警输出继电器无源常开触点闭合。

③ 记录功能：记录报警事件。

④ 数据远传：仪表具有RS485接口，便于组网将数据传至上位机。

主要功能示意图如图2-82所示。

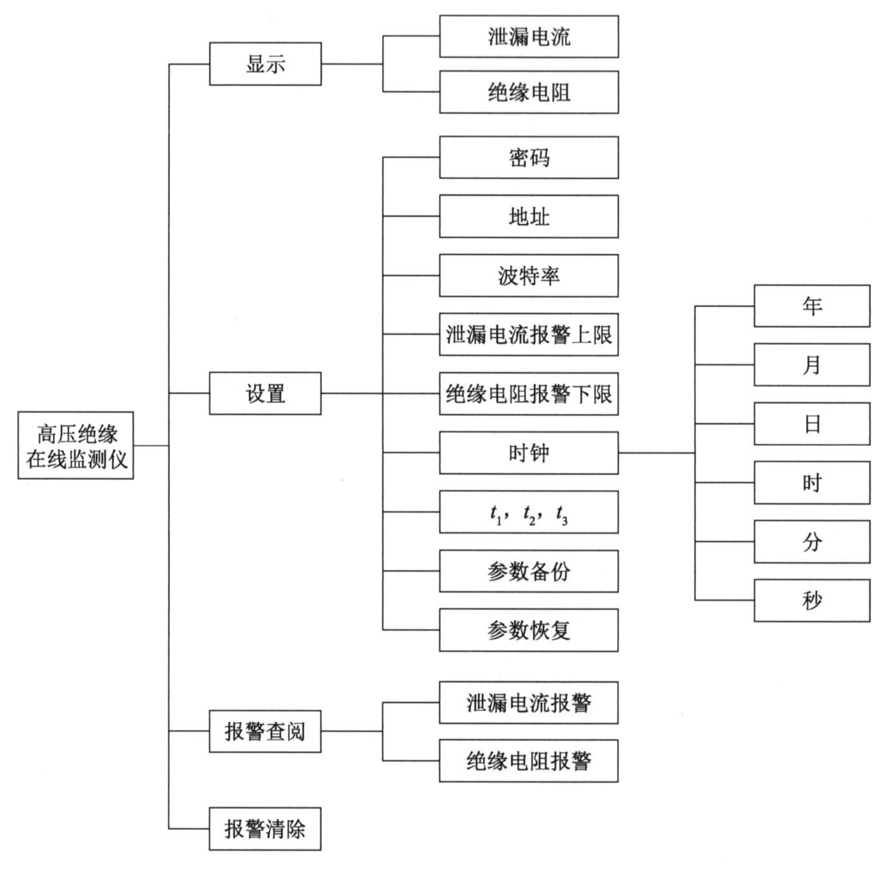

图2-82　主要功能示意图

3. 监测仪的监测原理及安装接线图

监测原理如图2-83所示。

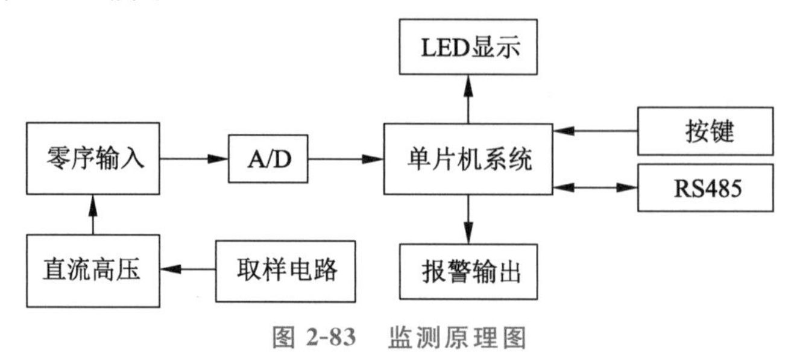

图2-83　监测原理图

安装接线图如图2-84所示。

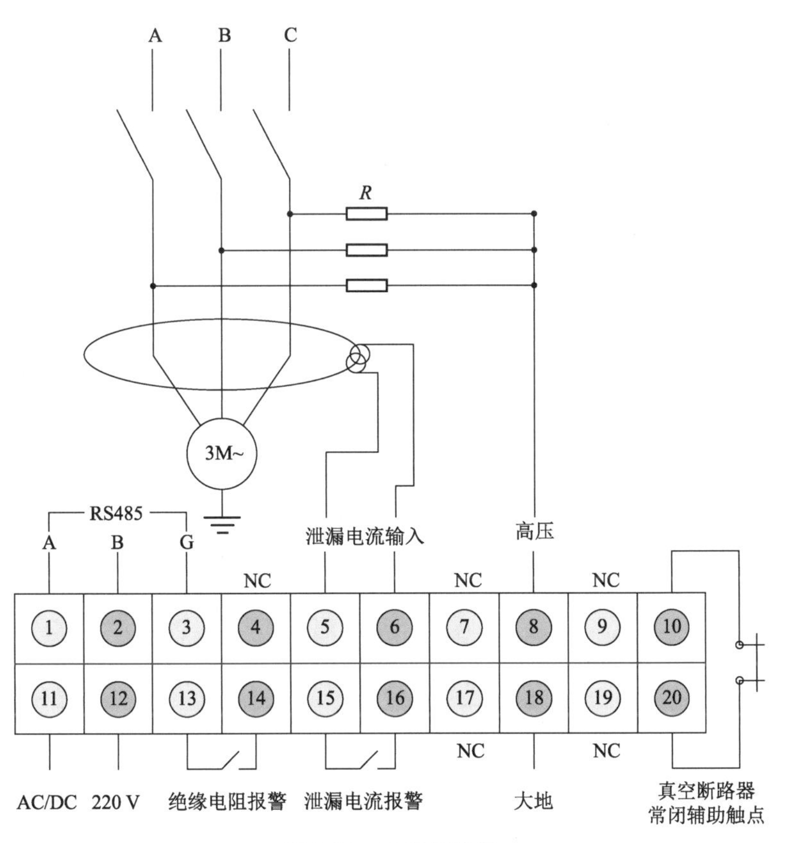

图 2-84 安装接线图

4. 监测仪的工作模式

监测仪有 4 种工作模式:运行、参数设置、报警查阅、报警清除。

(1) 运行模式

显示实时工况,包括泄漏电流有效值、绝缘电阻值。

(2) 参数设置模式

设置仪表工作参数,包括仪表地址、通信速度等。进入参数设置模式要求输入密码。

(3) 报警查阅模式

查阅泄漏电流历史报警记录和绝缘电阻历史报警记录。

(4) 报警清除模式

清除全部历史报警记录。进入报警清除模式要求输入密码。

2.4.5 试验与运行效果

1. 潜水电动机现场试验

(1) 检测内容及方法

潜水贯流泵机组试运行前对泵站主要电气设备如电动机、变压器、真空断路器等进行交接性试验,根据《电气装置安装工程 电气设备交接试验标准》(GB 50150－2016)和设备制造厂的运行管理要求进行检测。现场检测项目主要方法及仪器、设备见表 2-46。

表 2-46　检测项目、方法及仪器、设备汇总

检测项目	检测方法	仪器、设备	
绝缘电阻	量测法	KZC30 绝缘测试仪	
高压开关机械特性	量测法	HDGK－303 高压开关动态特性测试仪	
回路电阻	量测法	HLY－Ⅲ智能回路电阻测试仪	
直流电阻	量测法	BZC3396 变压器直流电阻测试仪	
交流耐电压	量测法	串联谐振耐电压系统	
直流耐电压	量测法	直流高压发生器	
接地电阻	量测法	接地电阻测试仪	
互感器特性	量测法	互感器特性测试仪	
变比	量测法	全自动变比测试仪	
继电保护调试	量测法	继电保护测试仪	
仪表校验	量测法	三相电能检测装置	

(2) 检测结果

潜水电动机绕组直流电阻、绝缘电阻吸收比及交流耐电压等主要参数测试结果如表 2-47 所示。测试条件为天气晴、气温 13 ℃、空气湿度 69%，现场测试结果与工厂试验结果一致，满足潜水电动机安全运行要求。

表 2-47 潜水电动机电气特性现场测试结果

<table>
<tr><td rowspan="6">绕组直流
电阻测量/MΩ</td><td>测量部位</td><td>电动机</td><td colspan="3">R_{ab}/MΩ</td><td colspan="3">R_{bc}/MΩ</td><td colspan="3">R_{ac}/MΩ</td><td colspan="3">误差/%</td></tr>
<tr><td rowspan="5">定子绕组</td><td>1#</td><td colspan="3">2.876</td><td colspan="3">2.859</td><td colspan="3">2.859</td><td colspan="3">0.59</td></tr>
<tr><td>2#</td><td colspan="3">2.877</td><td colspan="3">2.881</td><td colspan="3">2.880</td><td colspan="3">0.14</td></tr>
<tr><td>3#</td><td colspan="3">2.854</td><td colspan="3">2.853</td><td colspan="3">2.854</td><td colspan="3">0.04</td></tr>
<tr><td>4#</td><td colspan="3">2.861</td><td colspan="3">2.859</td><td colspan="3">2.860</td><td colspan="3">0.07</td></tr>
<tr><td>5#</td><td colspan="3">2.872</td><td colspan="3">2.873</td><td colspan="3">2.873</td><td colspan="3">0.04</td></tr>
<tr><td rowspan="7">绝缘电阻吸收
比测量/MΩ</td><td rowspan="2">测量部位</td><td rowspan="2">电动机</td><td colspan="6">耐电压前</td><td colspan="6">耐电压后</td></tr>
<tr><td colspan="2">R_{15}/MΩ</td><td colspan="2">R_{60}/MΩ</td><td colspan="2">R_{60}/ R_{15}</td><td colspan="2">R_{15}/MΩ</td><td colspan="2">R_{60}/MΩ</td><td colspan="2">R_{60}/ R_{15}</td></tr>
<tr><td rowspan="5">绕组对
外壳+地</td><td>1#</td><td colspan="2">2.09</td><td colspan="2">3.46</td><td colspan="2">1.66</td><td colspan="2">2.94</td><td colspan="2">4.61</td><td colspan="2">1.57</td></tr>
<tr><td>2#</td><td colspan="2">7.04</td><td colspan="2">17.80</td><td colspan="2">2.53</td><td colspan="2">7.24</td><td colspan="2">15.84</td><td colspan="2">2.19</td></tr>
<tr><td>3#</td><td colspan="2">1.34</td><td colspan="2">1.99</td><td colspan="2">1.49</td><td colspan="2">1.21</td><td colspan="2">1.89</td><td colspan="2">1.56</td></tr>
<tr><td>4#</td><td colspan="2">7.35</td><td colspan="2">26.60</td><td colspan="2">3.62</td><td colspan="2">6.25</td><td colspan="2">23.54</td><td colspan="2">3.77</td></tr>
<tr><td>5#</td><td colspan="2">6.97</td><td colspan="2">8.97</td><td colspan="2">1.29</td><td colspan="2">6.54</td><td colspan="2">8.24</td><td colspan="2">1.26</td></tr>
<tr><td rowspan="2">交流耐电压
测量</td><td colspan="2">加压部位</td><td colspan="6">试验电压/kV</td><td colspan="6">试验时间/min</td></tr>
<tr><td colspan="2">1#～5# 电动机
绕组对外壳+地</td><td colspan="6">16</td><td colspan="6">1</td></tr>
</table>

2. 运行效果及分析

泵站投入运行后，利用在线监测系统进行机组性能和稳定性监测，并利用安装在出水河道的ADCP测流装置进行泵站流量监测和累计。现对现场实时运行数据进行整理、分析。

(1) 机组性能

将不同时段、不同工作扬程下的运行数据汇总如表2-48所示，其中：流量为全站运行总流量的平均值；机组效率根据功率计算得出。由表可以看出，5台机组同时运行时功率相差不大，其中1#机组功率最小；虽然实际工作扬程均低于工厂试验值（见表2-41），但在扬程1.80 m左右，机组效率已达70%以上，优于其他装置型式，与CFD分析预测的机组性能（见图2-24）对照，流量和效率趋势基本吻合。

表 2-48 机组运行数据汇总

机组	扬程 H/m	流量 Q/(m^3/s)	功率 N/kW	机组效率 η/%
1#	1.05	12.46	230	55.80
2#	1.25	12.43	244	62.47
3#	1.54	11.81	268	66.57
4#	1.82	11.63	293	70.87
5#	1.88	11.65	298	72.10

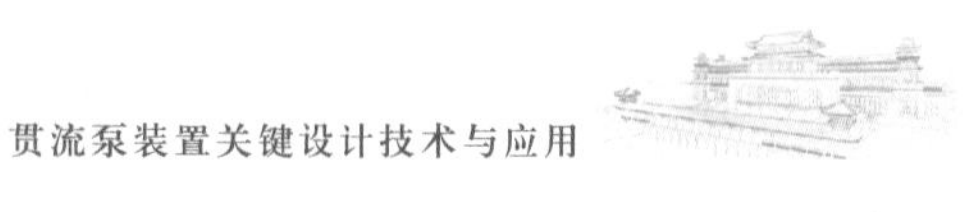

(2) 机组稳定性

在现场采用UT315A数字便携式测振仪对5台机组同时开机时叶轮外壳处的机组振动进行测量,并在机坑测量噪声,不同扬程工况下的测量数据如表2-49所示。测量结果表明,机组振动较小,运行稳定;噪声偏大,主要是背景噪声占比较高。

表2-49 机组振动及噪声测量结果

序号	扬程 H/m	机组振动/(mm/s)					噪声/dB
		1#机组	2#机组	3#机组	4#机组	5#机组	
1	0.26	0.12	0.06	0.10	0.10	0.07	92.4
2	0.37	0.08	0.08	0.08	0.09	0.06	92.5
3	0.38	0.08	0.09	0.09	0.08	0.08	92.3
4	0.93	0.09	0.10	0.07	0.08	0.09	93.1
5	1.24	0.08	0.09	0.10	0.09	0.08	92.4
6	1.26	0.09	0.11	0.10	0.09	0.07	93.2
7	1.27	0.08	0.09	0.08	0.10	0.07	92.3
8	1.36	0.08	0.09	0.09	0.10	0.07	93.2
9	1.58	0.05	0.12	0.09	0.11	0.10	94.2
10	1.73	0.08	0.07	0.08	0.06	0.05	95.0

2.5 本章小结

潜水贯流泵装置作为灯泡贯流泵的一种新型式,水力性能优异,重点是潜水电动机结构关键技术的进步,推动了潜水贯流泵装置从中小型向大型化的稳步发展。

① 潜水贯流泵装置的显著特点是采用潜水电动机后灯泡比减小,有利于提高装置的水力性能。在最常用的单向运行潜水贯流泵装置中,仍以潜水电动机后置为主,其主要原因与灯泡贯流泵相同,在直管式进水流道提供较佳的水力性能和吸入性能的同时,后置出水流道也具有较优的水力性能。

② 随着潜水灯泡贯流泵机组的大型化,采用行星减速齿轮箱传动是减小潜水电动机尺寸的主要技术措施,为此,机组结构复杂、密封性及可靠性要求高是设计中必须考虑的关键因素,也是设备制造厂商与工程设计单位必须密切配合应对的重点。

③ 由于潜水贯流泵装置结构的特殊性,有效的控制与保护是工程设计的重中之重,因此可以根据泵站的功能及运行特点设置机组运行状态在线监测系统、高压电动机绝缘监测系统等,确保潜水电动机的安全、可靠运行。

参考文献

[1] 谢伟东，方桂林，刘建龙，等. 灌北、善南泵站潜水贯流泵装置的水力特性研究[J]. 中国水利，2010(16)：13-15.

[2] 方桂林，谢伟东. 大型潜水贯流泵装置设计与应用[J]. 中国水利，2010(16)：8-10.

[3] 张伟进，王宁. 如皋市焦港泵站组设计技术浅析[J]. 治淮，2019(8)：30.

[4] 王宁，张伟进，朱红耕. 如皋焦港泵站大型潜水卧式贯流泵装置 CFD 分析与建议[J]. 治淮，2019(11)：18-20.

[5] 乔婷，黄志洪，李涛，等. 马甸水利枢纽的泵站设计研究[J]. 中国水运，2014,14(8)：197-198.

[6] 段桂芳，肖崇仁，席三忠，等. 泵试验技术实用手册[M]. 北京：机械工业出版社，2017.

[7] 胡薇，金雷. 分数槽绕组在潜水电机中的运用[J]. 电机技术，2014(3)：4-5，11.

[8] 全国农业机械标准化技术委员会. 潜水电泵　试验方法：GB/T 12785—2014[S]. 北京：中国标准出版社，2014.

[9] 全国旋转电机标准化技术委员会. 旋转电机　定额和性能：GB/T 755—2019[S]. 北京：中国标准出版社，2019.

[10] 江苏省水利勘测设计研究院有限公司. 焦港泵站初步设计报告[R]. 2018.

[11] 江苏省水利勘测设计研究院有限公司. 善北、善南泵站初步设计报告[R]. 2009.

[12] 江苏省水利勘测设计研究院有限公司. 马甸泵站初步设计报告[R]. 2012.

3 叶片全调节灯泡贯流泵装置关键技术

3.1 灯泡贯流泵水力模型研发

3.1.1 基本参数

现以南水北调东线工程中特征扬程变幅最大的灯泡贯流泵站为例，灯泡贯流泵装置的主要结构尺寸如下：水泵叶轮直径 D_p=3 300 mm，水泵转速 n_p=125 r/min，原型泵装置总长度为 33.50 m，灯泡比为 0.939D_p。

水泵设计扬程 2.35 m、设计流量 37.5 m^3/s，按等 nD 值换算到模型泵装置（叶轮直径 D=300 mm）的主要参数见表 3-1。

表 3-1 模型灯泡贯流泵装置主要参数

工况		调水	排涝
模型泵转速 n/(r/min)		1 375	1 375
模型泵设计流量 Q/(L/s)		310	310
净扬程 H/m	最高	2.75	4.75
	设计	2.35	4.45
	平均	2.05	
	最低	1.45	3.75

以调水工况为主，兼顾排涝工况，采用加大流量的方法确定模型泵的设计参数如下：模型泵叶轮直径 D=300 mm，模型泵转速 n=1 450 r/min，模型泵设计流量 Q=380 L/s，模型泵设计扬程 H=2.50 m。

3.1.2 初步设计

1. 基于面元法分析的平面叶栅法设计水力模型

采用简化的三元流动模型，叶轮出口平均速度分布满足简单径向平衡方程式。方程式可表示为

$$\eta_R \omega \frac{\mathrm{d}}{\mathrm{d}r}(r v_u) = \frac{v_u^2}{r} + v_z \frac{\mathrm{d}v_z}{\mathrm{d}r} + v_u \frac{\mathrm{d}v_u}{\mathrm{d}r} \tag{3-1}$$

式中，η_R 为叶轮效率；ω 为叶轮旋转角速度，$\omega=\frac{2\pi n}{60}$，其中 n 为叶轮转速；r 为叶轮半径；v_z 为轴向流速；v_u 为圆周分速度。

当流量、扬程给定时，式(3-1)就有流量(连续性)和总能量约束条件，因此，由式(3-1)确定的轴向流速分布取决于环量分布情况。适当降低叶片轮缘处的环量有利于提高空化性能，但对效率影响很小，轮缘处的无因次环量一般取 0.95 左右。降低叶片轮毂处的环量可避免叶片根部扭曲过大，轮毂处的无因次环量一般取 0.8 左右，这样轮毂处最大安放角一般不超过 45°。

叶片采用基于面元法分析的平面叶栅法造型，初步设计结果：GZM0602 叶轮轮毂比为 0.36，叶片数为 3；ZM42 叶轮轮毂比为 0.4，叶片数为 4。

2. 基于系列高效轴流泵叶轮的环量统计规律设计水力模型

基于系列高效轴流泵叶轮的环量统计规律，设计时考虑的主要原则如下：

① 考虑轴流泵进口预旋，轮毂、轮缘等边界条件对轴流泵环量分布和性能的影响；

② 通过减小轮毂侧的叶片角和增大轮缘侧的叶片角，减小叶片扭曲度，扩大高效范围；

③ 叶片出口采用非线性环量分布。

采用自行开发的水力设计与计算软件进行 5 种模型的设计和三维造型，模型叶轮直径为 300 mm，转速为 1 450 r/min，扬程分别为 2 m，3 m，4 m，5 m，6 m。新设计的叶轮轮毂比为 0.326，叶片数为 3，导叶片数为 5。图 3-1 是叶轮和导叶的三维建模图。

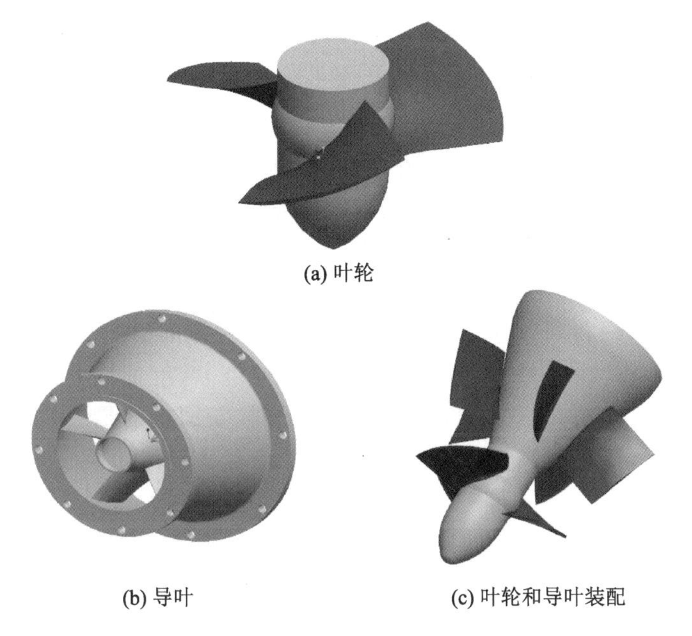

(a) 叶轮

(b) 导叶

(c) 叶轮和导叶装配

图 3-1 叶轮和导叶三维图

模型装置的主要尺寸参数如下：叶轮直径 $D=300$ mm，灯泡体直径 $D_1=282$ mm，灯

泡比＝0.94，流道部分长度 $L=2\ 174$ mm，流道进口尺寸＝745.5 mm×509 mm，流道出口尺寸＝600 mm×689.8 mm。装置模型如图 3-2 所示。

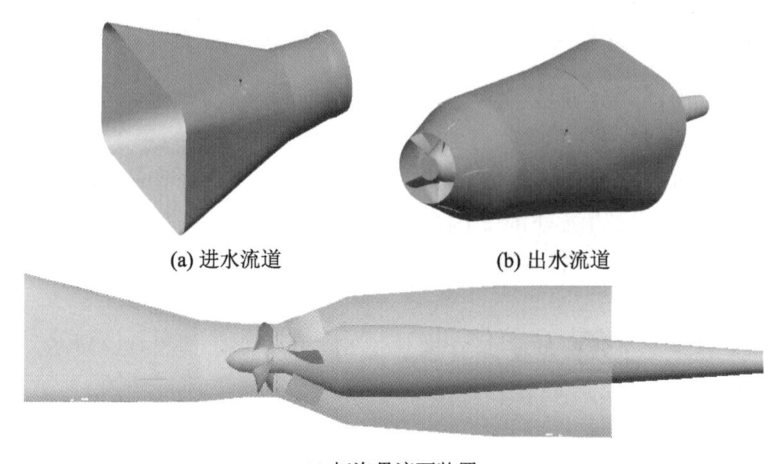

(a) 进水流道　　(b) 出水流道

(c) 灯泡贯流泵装置

图 3-2　装置模型三维图

3.1.3　模型叶轮参数优化

1. 主要参数

(1) 叶栅稠密度

叶栅稠密度是叶轮设计及优化时的重要参数之一，它不仅影响叶轮比转速的大小，而且直接影响叶轮水力效率和过流能力，同时也是决定空化性能的重要参数。当给定叶片安放角和一定的来流条件时，叶轮的叶栅稠密度必须能够满足能量转换条件。叶栅稠密度减小会导致水流相对速度增大，使叶轮的水力效率降低，并导致空化性能下降；叶栅稠密度增大又会使叶片阻力损失和叶片出口的旋转动能损失增加，同样使叶轮的水力效率降低。因此，对于一定比转速的轴流泵叶轮，其叶栅稠密度有一个最佳值可使叶片的各种损失之和最小，叶轮的水力效率最高，并能兼顾叶轮叶片的空化性能。由于叶轮叶片各圆柱断面的叶栅稠密度大小并不相等，所以在以往的设计中重点强调的是叶片的平均叶栅稠密度(即各个圆柱断面叶栅稠密度的算术平均值)与叶轮水力性能的关系，很少注意到叶栅稠密度沿叶展方向各断面的分布规律对叶轮水力性能的影响。由于在叶轮轮毂处圆柱断面半径最小而叶片受力最大，因此轮毂处翼型厚度、弯度都比其他圆柱断面的大，从而使轮毂处的空化性能恶化。为使轴流泵叶轮各圆柱断面上的最大真空度近似相等，提高整个叶轮的空化性能，一般轮毂处圆柱断面上的叶栅稠密度值要比轮缘处圆柱断面上的值稍微大些。

因此，选择叶轮的叶栅稠密度时应兼顾叶轮的效率和空化性能。同时，选择叶栅稠密度还应考虑叶片数的多少。苏联的 A. A. 洛马金推荐轮缘处叶栅稠密度按下式选取：

$$\left(\frac{l}{t}\right)_{\mathrm{t}}=0.628K_H-0.03$$

式中，K_H 为泵的扬程系数。

国内学者普遍认为上式的取值偏小。刘大铮、聂锦凰建议按下式取值：

$$Z=3\text{ 时},\left(\frac{l}{t}\right)_{t}=0.60\sim0.75$$

$$Z=4\text{ 时},\left(\frac{l}{t}\right)_{t}=0.78\sim0.85$$

关醒凡推荐：

$$Z=3\text{ 时},\left(\frac{l}{t}\right)_{t}=0.65\sim0.75$$

$$Z=4\text{ 时},\left(\frac{l}{t}\right)_{t}=0.75\sim0.85$$

$$Z=5\text{ 时},\left(\frac{l}{t}\right)_{t}=0.80\sim0.90$$

以上所述叶栅稠密度的各种取值范围主要是通过对试验数据的分析统计确定的，受到当时试验方案和试验条件的限制，离散性比较大，有些结论甚至存在矛盾。随着设计理论和设计手段的不断发展，叶轮叶栅稠密度的选取完全可以突破上述推荐的范围。

由于轮毂比为固定值，因此只需给出轮缘处叶栅稠密度和轮毂处叶栅稠密度相对于轮缘处叶栅稠密度的倍数即可得到每个断面的叶栅稠密度值，从而实现对轴流泵叶轮叶片几何形状改变的控制。一般文献推荐轮毂处与轮缘处的叶栅稠密度之比取 1.25 左右。取轮缘处叶栅稠密度$\left(\frac{l}{t}\right)_{t}$分别为 0.45，0.70 和 0.85，生成叶片的形状如图 3-3 所示。

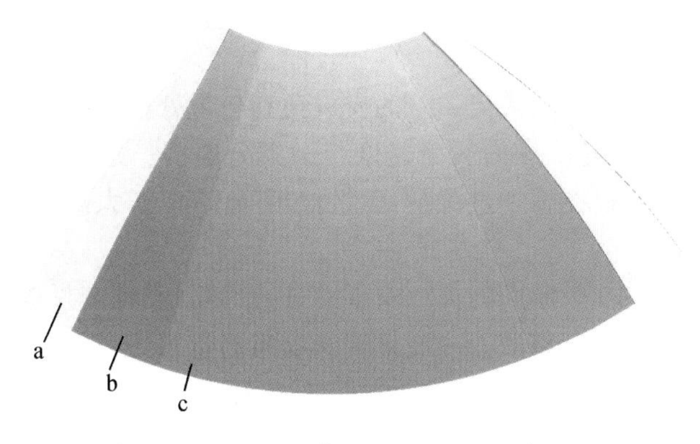

a—$\left(\frac{l}{t}\right)_{t}=0.85$；b—$\left(\frac{l}{t}\right)_{t}=0.70$；c—$\left(\frac{l}{t}\right)_{t}=0.45$。

图 3-3　不同轮缘处叶栅稠密度叶片形状的比较

当轮缘处叶栅稠密度$\left(\frac{l}{t}\right)_{t}=0.85$时，取轮毂处叶栅稠密度相对于轮缘处叶栅稠密度的倍数$\left(\frac{l}{t}\right)_{h}\Big/\left(\frac{l}{t}\right)_{t}$分别为 1.0，1.2 和 1.5，生成叶片的形状如图 3-4 所示。

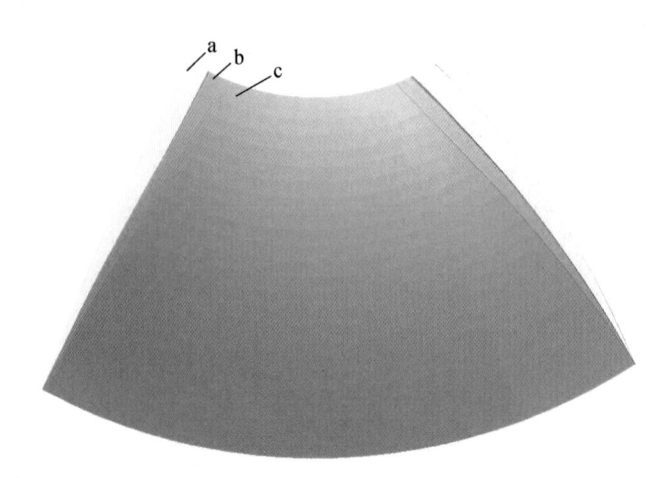

a—$\left(\frac{l}{t}\right)_h \Big/ \left(\frac{l}{t}\right)_t=1.5$；b—$\left(\frac{l}{t}\right)_h \Big/ \left(\frac{l}{t}\right)_t=1.2$；c—$\left(\frac{l}{t}\right)_h \Big/ \left(\frac{l}{t}\right)_t=1.0$。

图 3-4　不同轮毂处叶栅稠密度相对于轮缘处叶栅稠密度的倍数叶片形状的比较

从图 3-3 和图 3-4 可以看出，通过改变轮缘处叶栅稠密度和轮毂处叶栅稠密度相对于轮缘处叶栅稠密度的倍数这两个设计参数可以使叶片形状发生改变，并且可根据参数变化的大小控制叶片形状变化的范围。

(2) 翼型安放角

叶轮叶片的翼型安放角对轴流泵的性能有十分重要的影响。通常轴流泵叶轮叶片轮缘处的翼型很薄，近乎平直，并且叶片的冲角很小，所以其做功的能力不强，这与轮缘处翼型所起的作用很不适应。反之，轮毂处的翼型较厚，拱度大，且冲角很大，所以叶片扭曲严重。因此，设计时应适当减小轮毂处翼型的安放角和轮毂处的轴面速度与圆周分速度，增大轮缘处翼型的安放角和轮缘处的轴面速度与圆周分速度。这样可以减小叶片的扭曲，改善翼型的工作条件，不仅能增加过流量，而且对提高效率、扩大高效范围、提高空化性能等都有益。

选取从轮毂到轮缘 10 个断面的翼型安放角进行优化，设计变量过多会直接影响优化的速度和效率。因此，采用合理的方法对翼型安放角进行描述，用尽量少的变量控制各断面翼型安放角的变化。初始叶轮模型叶片对应的从轮毂到轮缘 10 个断面的翼型安放角分别为 48.685°，40.996°，35.338°，30.960°，27.429°，24.484°，21.960°，19.748°，17.773°和 15.980°。用二次多项式对这 10 个翼型安放角进行拟合，拟合得到的翼型安放角 β_m 与叶片展向各断面相对半径 $\bar{r}$ 的关系如下：

$$\beta_m=96.7432-151.6076\bar{r}+71.6156\bar{r}^2$$

定义此二次多项式的 3 个系数为 a_3，a_4，a_5 并作为优化设计的设计变量，通过控制这 3 个系数值的改变来控制各断面翼型安放角的变化，进而实现叶轮叶片的参数化造型。

二次多项式的系数 a_3，a_4，a_5 分别取不同的值时，生成叶片的形状如图 3-5 所示。其中，a 对应的二次多项式为 $\beta_m=106.7340-171.4320\bar{r}+78.5143\bar{r}^2$，b 为初始叶片，c 对应的二次多项式为 $\beta_m=91.3736-147.6360\bar{r}+76.1012\bar{r}^2$，各叶片从轮毂到轮缘 10 个断面的翼型安放角如表 3-2 所示。

从图 3-5 可以看出，通过改变表征各断面翼型安放角与相对半径的关系的二次多项式的 3 个系数 a_3，a_4，a_5，使叶片从轮毂到轮缘各断面的翼型安放角发生变化，能够实现叶片形状的改变，并且可根据参数变化的大小控制叶片形状变化的范围。

表 3-2　从轮毂到轮缘各断面的翼型安放角　　单位：(°)

模型	1	2	3	4	5	6	7	8	9	10
a	50.723	43.831	37.636	32.140	27.341	23.240	19.837	17.132	15.125	13.816
b	48.685	40.996	35.338	30.960	27.429	24.484	21.960	19.748	17.773	15.980
c	44.495	39.050	34.281	30.188	26.772	24.033	21.969	20.583	19.872	19.839

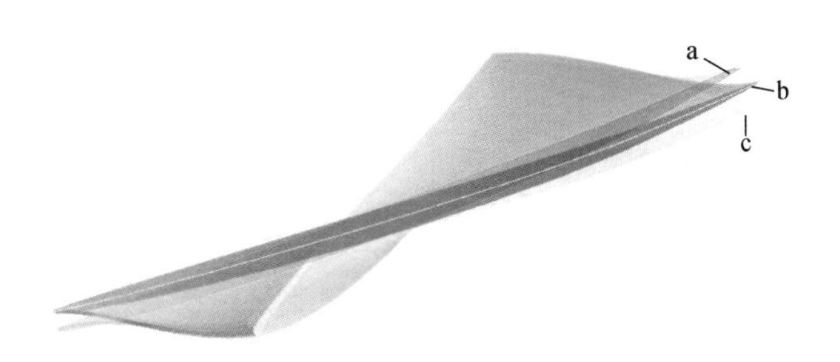

图 3-5　各断面翼型安放角不同时叶片形状的比较

2. Isight 的优化方法

优化设计的目的是寻找满足约束条件和目标函数的最好设计方案。Isight 的优化设计方法可以分为 3 大类：数值优化方法、全局探索优化法、启发式或者基于知识工程的优化方法。每种方法又包含了多种具体的算法，可以根据特定的设计问题任意组合成特定的优化方案。

数值优化方法一般假设设计空间是单峰值的、凸性的和连续的，本质上是一种局部优化技术。数值优化方法远比全局探索优化法和启发式优化方法应用普遍，因此，这类方法包含最多的可选算法。该类方法又分为直接法和罚函数法两类。直接法是在数学搜索过程中直接处理约束条件的方法。罚函数法是通过在目标函数中引入罚函数将约束问题转化为无约束问题的方法，包括外点罚函数法和 Hooke－Jeeves 模式搜索法。Isight 中包含以下几种数值优化算法：修正可行方向法（MMFD）、序列线性规划法（SLP）、连续二次规划法（DONLP）、非线性二次规划法（NLPQL）、逐次近似规划法（SANLP）、混合整数规划法（MOST）、可行方向法（CONMIN）、简约下降梯度法（LSGRG2）和逐次逼近法（SAM）。

全局探索优化法不受凸（凹）性、光滑性和设计空间连续性的限制，通常在整个设计空间中搜索全局最优解，可避免出现局部最优解的情况。Isight 中有多岛遗传算法（MIGA）和自适应模拟退火算法（ASA）两种全局探索优化算法。

直接启发式搜索（DHS）技术是 Isight 软件特有的一种算法，它按照用户定义的参数特性和交叉影响方向寻找最优方案。首先用户对每一个参数及其特性进行描述，然后 DHS 根据描述按照一种与其大小量级和影响力相一致的方式调整设计变量，从而有效地将大部分冗余设计点从设计空间剔除。因此，当参数的关系确定后，DHS 可以比标准数

学优化技术更高效地进行设计探索。

由于 Isight 提供了多种可供选择的优化算法，因此它能够处理几乎所有范围的优化问题，包括连续问题、离散问题、整数问题、混合变量问题、线性约束问题、非线性约束问题以及多学科问题等。

3. 轴流泵叶轮自动优化设计平台的架构

轴流泵叶轮的设计涉及几何建模、网格剖分和流体流场计算等多个软件，在传统的设计过程中不同软件往往分散使用，很难发挥软件的综合效能。把几何建模、网格剖分、流体流场计算集成为一个大系统，将各个软件工具统一集成到一个环境内，最大限度地发挥软件工具的效能，是进行叶轮优化设计的有效途径。此外，传统的叶轮设计方法主要依据设计者的经验对已有方案进行修改，通过设计、CFD 计算、再设计、再计算的循环往复过程寻求最佳设计方案，这种设计体系完全依赖设计者的经验和决定，效率低下。对此，现提出轴流泵叶轮自动优化设计平台的体系架构，如图 3-6 所示。

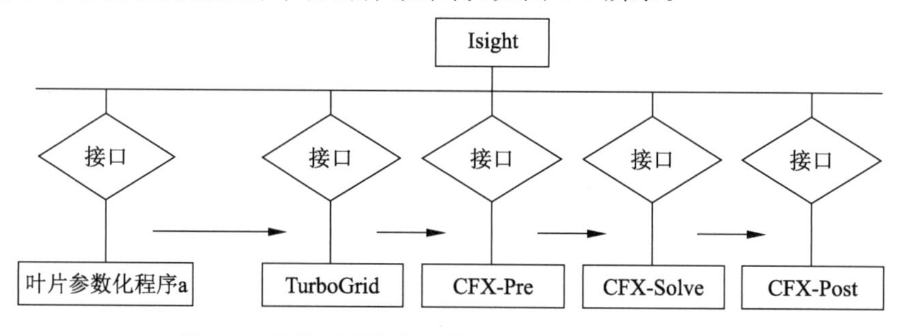

图 3-6　轴流泵叶轮自动优化设计平台体系架构图

① a 模块为叶片参数化程序，通过读取设计参数的值，生成叶片剖面的翼型数据，实现叶片的参数化造型。

② TurboGrid 软件主要负责轴流泵叶轮的几何建模和网格剖分，通过读入叶片剖面翼型、轮毂和叶轮外壳 3 个数据文件，建立轴流泵叶轮的几何形状，再套用软件内置的适用于轴流泵叶轮的网格模板，自动生成高质量的结构化网格。

③ CFX-Pre 为流体计算软件 CFX 的前处理器，读入 TurboGrid 生成的叶轮模型的网格数据后，设置轴流泵叶轮内部流场计算的进、出口边界条件以及求解控制参数。

④ CFX-Solve 为流体计算软件 CFX 的求解器，利用 CFX-Pre 生成的求解文件对轴流泵叶轮内部流场进行计算求解。

⑤ CFX-Post 为流体计算软件 CFX 的后处理器，通过 CFX-Solve 的求解结果计算出叶轮的效率和扬程，并提取轴流泵叶轮叶片吸力面外侧约 10%弦长范围内的最小压力，用于计算叶轮的 NPSH 必需值来预测叶轮的空化性能。

⑥ Isight 软件负责优化设计流程和数据管理，提供优化算法，自动运行优化设计过程，选取最优设计结果。轴流泵叶轮自动优化设计平台利用集成接口技术，把 TurboGrid，CFX-Pre，CFX-Solve 和 CFX-Post 有机集成到优化软件 Isight 中，利用其强大的自动化功能、集成化功能和最优化功能，完成轴流泵叶轮的自动优化设计。

4. 叶轮自动优化设计模型的建立

优化设计在现有的轴流泵叶轮模型的基础上进行，此模型的初始设计是经过多年的经验积累设计完成的,因此优化设计时的初始值,也就是叶轮的初始设计参数,应该在最优值的附近区域内。所以,不考虑初始设计参数的确定,仅对初始的叶轮模型进行水力性能优化设计。优化设计的目的就是在设计变量范围内寻找设计参数的最优值,使其满足目标函数的期望。因此,建立正确、合适的目标函数是成功进行优化设计的基础。经过综合分析,将轴流泵叶轮的优化问题定义为:允许扬程在很小范围内变化的情况下,对设计流量下的叶轮叶片的形状进行优化,使叶轮的效率最高,同时满足规定的空化性能要求。

优化目标函数:

$$\max \eta(x) \tag{3-2}$$

非等式约束条件:

$$\mathrm{NPSH_r}(x) < \mathrm{NPSH_{ub}} \tag{3-3}$$

$$H(x) > H_{\mathrm{lb}} \tag{3-4}$$

$$H(x) < H_{\mathrm{ub}} \tag{3-5}$$

设计变量:

$$x = \{a_1, a_2, a_3, a_4, a_5\} \tag{3-6}$$

式中,η 为轴流泵叶轮的效率;$\mathrm{NPSH_r}$ 为轴流泵叶轮的空化余量必需值;H 为轴流泵叶轮的扬程;下标 lb,ub 分别表示参数的下限值和上限值;a_1 为轴流泵叶轮的轮缘处叶栅稠密度 $\left(\frac{l}{t}\right)_{\mathrm{t}}$;$a_2$ 为轮毂处叶栅稠密度相对于轮缘处叶栅稠密度的倍数 $\left(\frac{l}{t}\right)_{\mathrm{h}} \Big/ \left(\frac{l}{t}\right)_{\mathrm{t}}$;$a_3$,$a_4$,$a_5$ 为拟合的轴流泵叶轮翼型安放角的二次多项式的系数。

综上,轴流泵叶轮的优化问题简化为单目标、多约束问题。为了减少优化计算的工作量,要求实现用较少的设计变量确定出定性合理、可变性较大的叶型。因此,选择对叶片性能影响较明显的 3 个参数作为设计变量,即叶轮叶栅稠密度、叶栅稠密度沿叶片展向的分布以及叶片的翼型安放角。其中,把沿叶轮叶片展向的 10 个断面的翼型安放角用二次多项式进行拟合,将设计变量的个数由 10 个减少为多项式的 3 个系数;而叶轮叶栅稠密度、叶栅稠密度沿叶片展向的分布分别采用轮缘处叶栅稠密度和轮毂处叶栅稠密度相对于轮缘处叶栅稠密度的倍数来描述,这样优化设计变量的个数最终为 5 个。

5. 优化方法

轴流泵叶轮的优化设计过程是一个串行过程。由于优化模型为有约束的非线性模型,因此优化算法采用 NLPQL,该算法是目前公认的最优秀的非线性规划算法之一。其核心算法是序列二次规划(sequential quadratic programming, SQP),它把目标函数以二阶泰勒(Taylor)级数展开,并把约束条件线性化,使非线性问题转化为二次规划问题。在当前的迭代点处,利用目标函数的二次近似和约束函数的一次近似构成一个二次规划,通过求解这个二次规划获得下一个迭代点,然后根据两个可供选择的优化值执行一次线性搜索。该算法的突出优点是具有良好的全局收敛性和局部超线性收敛性,求解过程迭代次数少,收敛速度快,并具有很强的沿约束边界进行搜索的能力,因此其对于求解优化变量少、约束条件不多的最优化问题是非常适宜的。

NLPQL 算法的基本思想如下:在某个近似解处,将原非线性规划问题简化为一个二次规划问题,求取最优解。如果有最优解,则认为它是原非线性规划问题的最优解;否则,

用近似解代替构成一个新的二次规划问题，继续迭代。一个典型的非线性规划问题具有如下形式：

对于一个约束问题：

$$\min f(x) \tag{3-7}$$

具有约束条件：

$$\boldsymbol{G}_i(\boldsymbol{x})=\boldsymbol{0} \quad i=1,\cdots,m_e \tag{3-8}$$

$$\boldsymbol{G}_i(\boldsymbol{x})<\boldsymbol{0} \quad i=m_e+1,\cdots,m \tag{3-9}$$

式中，$\boldsymbol{x}=[x_1,x_2,\cdots,x_n]$为设计参数向量；$\boldsymbol{G}_i(\boldsymbol{x})=[g_1(x),g_2(x),\cdots,g_m(x)]$为函数向量；$f(x)$为目标函数；$m_e$ 为等式约束和不等式约束的分界值。该算法通过对以下拉格朗日函数的二次近似求解 QP(二次规划)子问题：

$$L(x,\lambda)=f(x)+\sum_{i=1}^{m}\lambda_i g_i(x) \tag{3-10}$$

式中，λ_i 是拉格朗日因子。

通过线性化非线性约束条件后可以得到 QP 子问题，其目标函数为

$$\min \frac{1}{2}\boldsymbol{d}^{\mathrm{T}}\boldsymbol{H}_k\boldsymbol{d}+\nabla f(x_k)^{\mathrm{T}}\boldsymbol{d} \tag{3-11}$$

约束：

$$\nabla g_i(x)^{\mathrm{T}}\boldsymbol{d}+g_i(x)=0 \quad i=1,\cdots,m_e \tag{3-12}$$

$$\nabla g_i(x)^{\mathrm{T}}\boldsymbol{d}+g_i(x)<0 \quad i=m_e+1,\cdots,m \tag{3-13}$$

式中，$\boldsymbol{d}$ 是全变量搜索方向；符号∇表示梯度；矩阵 $\boldsymbol{H}_k$ 是拉格朗日函数的 Hessian(海森)矩阵的正定拟牛顿近似，通过 BFGS(Broyden，Fletcher，Goldfarb，Sbanno，一种逆秩 2 拟牛顿法)方法进行计算。式(3-11)可以通过任何 QP 算法求解，比如可以形成如下的新迭代方程：

$$\boldsymbol{x}_{k+1}=\boldsymbol{x}_k+\alpha_k\boldsymbol{d}_k \tag{3-14}$$

式中，$\boldsymbol{d}_k$ 表示 $\boldsymbol{x}_k$ 指向 $\boldsymbol{x}_{k+1}$ 的一个向量。标量步长参数 α_k 通过合适的线性搜索过程确定，从而可以使得某一指标函数值得到足够的减小量。

运用 NLPQL 自动调节输入参数进行轴流泵叶轮叶片形状的设计，可以可视化地调节叶片参数，大大提高了参数调节的效率。此外，因为该设计方法是在已有叶轮模型的基础上进行优化设计，不需要计算初始迭代点，所以避免了需要寻求可行初始点的困难。

6. 优化结果

优化目标为设计点效率最高，空化性能满足要求，扬程基本不变。图 3-7 为 ZM42 叶轮优化前后叶片形状对比，可以看出叶片形状变化比较小，说明初步设计理论和方法具有较高的设计精度和质量。优化后 GZM0602 叶轮效率提高 1 个百分点，ZM42 叶轮效率提高约 0.5 个百分点，设计结果分别如图 3-8 和图 3-9 所示。

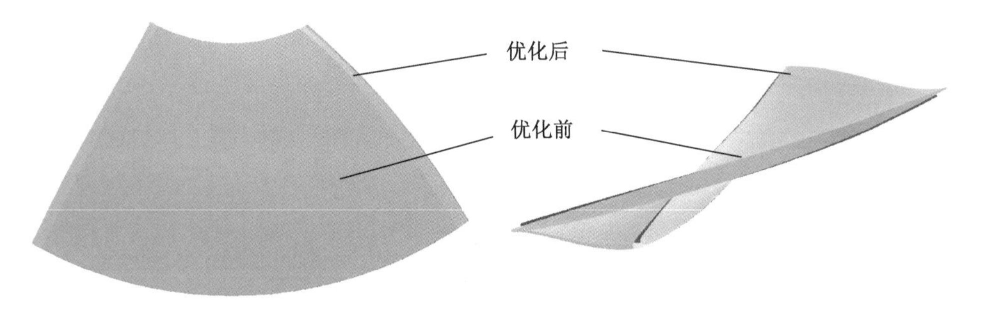

图 3-7 ZM42 叶轮优化前后叶片形状对比

图 3-8 GZM0602 叶轮

图 3-9 ZM42 叶轮

3.1.4 导叶设计

导叶内实际的流动很复杂，在设计中，对其内部流动做了一系列假设，用具有不同规律的流动代替导叶内的复杂流动，形成了所谓的一元、二元和三元理论设计方法。一元理论将复杂的三维流动简化成以流线为曲线坐标的一元流动，忽略了流体的周向不均匀及流动参数随叶高的变化。一元理论虽然有很大的缺陷，但由于其简单，易于实现，故目前仍广泛地采用一元理论进行泵的导叶设计。随着 CFD 技术的发展，采用数值模拟的手段对流体机械内部流场进行分析日益普及。因此，现在叶轮、导叶设计常采用的方法是根据初步设计所得到的几何参数，利用 CFD 手段对泵进行三维紊流计算，通过数值计算的结果来修正泵叶轮或导叶的某些几何参数，使得泵内的流动达到设计者所期望的效果，或者是达到目标功率、效率等参数。这样将 CAD - CFD 结合起来进行优化设计的研究比较多。现采用 CAD - CFD 相结合的方法对后置灯泡贯流泵的导叶进行优化设计。

采用方格网保角变换的方法进行叶片建模，导叶进口的水流速度取自叶轮 CFD 的计算结果，根据泵站扬程较低的情况，模型导叶设计流量确定为 $Q=363$ L/s。将各流线的进口边布置在同一轴面内，而出口边不处于同一轴面内，这样通过调整各流线的包角就可以得到扭曲型叶片，如图 3-10 所示。

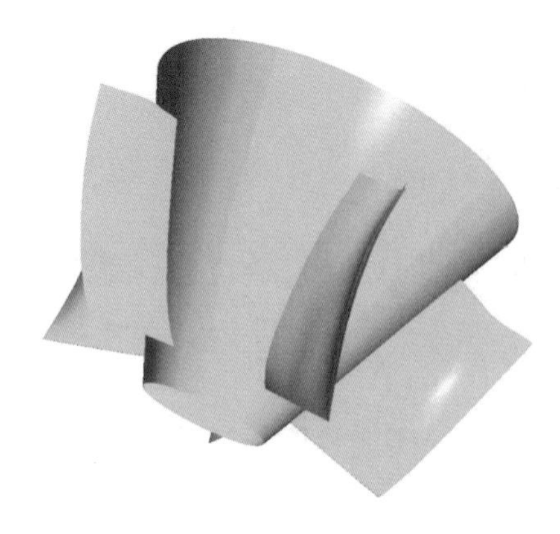

图 3-10　具有弯曲出口边的扩散导叶

导叶轴面尺寸的确定与灯泡体及泵筒尺寸紧密关联，如图 3-11 所示，导叶轴面主要几何参数为导叶长度 L、导叶轮毂单边扩散角 α 以及导叶内水流当量扩散角 β。导叶长度 L 不变时，α 越大，灯泡体直径越大，而泵筒直径受 α 和 β 两个角度控制。

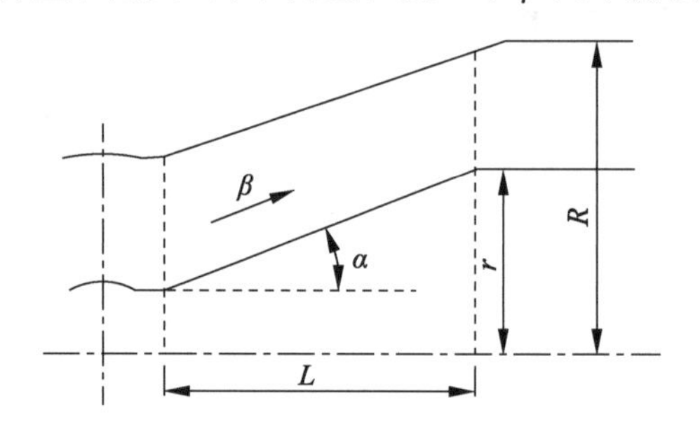

图 3-11　扩散导叶轴面主要几何参数

多方案贯流泵段（见图 3-12）CFD 分析显示，导叶内水流当量扩散角从 5.5°到 8.8°再到 12°，随着角度的增大，小流量时脱流加剧，导叶水力损失增大。水流当量扩散角增大，在导叶轴向长度不变时，灯泡体段过流面积增大，大流量时，水力损失减小。因此，水流当量扩散角取 5.5°～8.8°为宜。水流当量扩散角为 8.8°时，轴向长度不变，即灯泡体过流面积基本不变，导叶轮毂单边扩散角为 16°～21°时，灯泡体支承损失相当，16°时导叶损失在小流量工况略有增加，说明导叶轮毂单边扩散角小更容易造成小流量时导叶内脱流，使其水力性能下降，可见灯泡体不是越小越好。导叶轮毂单边扩散角为 24°时，适当增大灯泡体外筒直径，可使小流量时效率明显提高。选取几组不同参数（见表 3-3）导叶的贯流泵段 CFD 分析的效率曲线进行比较，如图 3-13 所示。

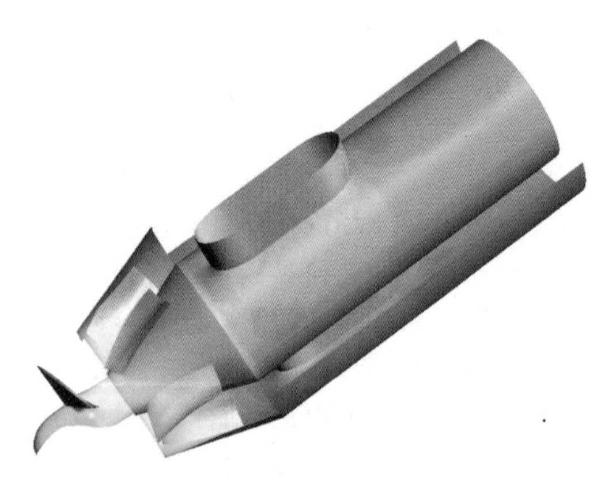

图 3-12　贯流泵段 CFD 计算区域

表 3-3 不同导叶主要几何参数

贯流泵段	轮毂单边扩散角 α/(°)	水流当量扩散角 β/(°)	导叶长度 L/mm	灯泡体半径 r/mm	泵筒半径 R/mm
Pump1	21.1	8.8	236.0	141.0	227.3
Pump5	24.0	5.5	236.0	156.9	227.3
Pump6	24.0	5.5		156.9	235.0
Pump8	24.0	5.5	236.0	141.0	227.3
Pump11	24.0	5.5	236.0	141.0	235.0
Pump12	27.0	5.5	196.3	150.0	227.3

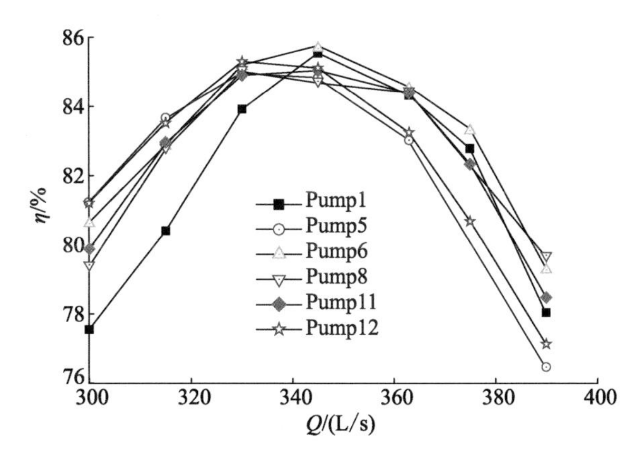

图 3-13 不同导叶贯流泵段效率比较

最后选定 DY88 和 DY55 两组基本导叶，轴面几何参数如图 3-14 所示。

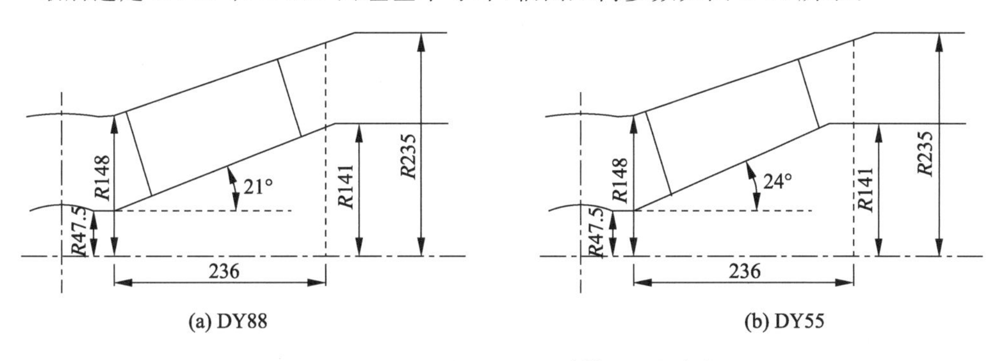

图 3-14 DY88 和 DY55 导叶轴面几何参数

3.1.5 水力模型加工

叶轮叶片采用黄铜材料，通过 Pro/E 软件实体造型后加工，可有效保证叶片表面的加工精度。由于采用三坐标数控加工中心，叶片正、反面分两次加工，不同叶片的厚度存在人工对刀误差，理想情况是采用五坐标以上的数控加工中心，但成本较高。图 3-15 为

GZM0602 叶轮实体照片，经检验总体尺寸精度符合规范要求。

图 3-15 GZM0602 叶轮实体照片

3.1.6 灯泡贯流泵装置数值模拟

1. 性能预测模型

由计算得到的流速场和压力场，根据伯努利能量方程计算泵装置净扬程，通过数值积分计算叶轮上作用的扭矩，从而预测泵装置的效率。将泵装置进水流道进口断面 1－1 与出水流道出口断面 2－2(见图 3-16)的总能量差定义为净扬程，用下式表示：

$$H_{\mathrm{net}}=\left(\frac{\int_{s2}p_2u_{\mathrm{t}}\mathrm{d}s}{\rho Qg}+H_2\right)-\left(\frac{\int_{s1}p_1u_{\mathrm{t}}\mathrm{d}s}{\rho Qg}+H_1+\frac{\int_{s1}u_1^2u_{\mathrm{t}}\mathrm{d}s}{2Qg}\right) \tag{3-15}$$

等式右边，第一项为出水流道静压，第二项为进水流道总压。因此，计算净扬程已扣除出水流道出口的速度头损失。

泵装置的效率即为

$$\eta=\frac{\rho gQH_{\mathrm{net}}}{T_{\mathrm{p}}\omega} \tag{3-16}$$

式中，T_{p} 为扭矩；ω 为叶轮角速度。

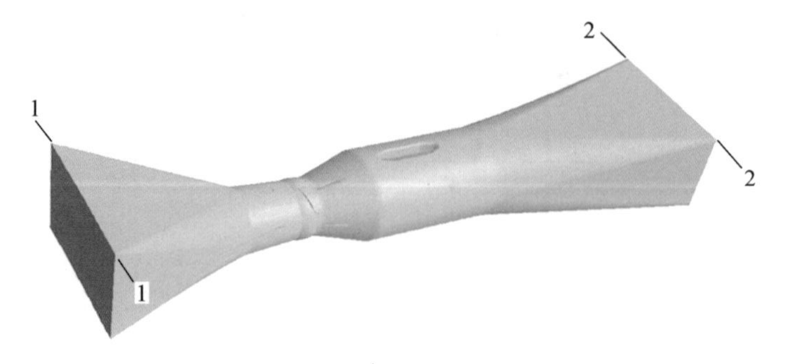

图 3-16 贯流泵装置示意图

2. 三维数值计算数学模型

(1) 控制方程

装置内部流动为非定常黏性流动，根据第 1.2.2 节，其流动规律可用 Navier－Stokes

方程来描述。采用雷诺时均法(RANS)将紊流的各种特征变量分解成时均值和脉动值建立时均雷诺方程,再引入紊流黏性系数,建立紊流模型。

研究表明,在设计工况下采用 RNG $k-\varepsilon$ 模型可获得较好的计算结果,但在非设计工况下,模型通常要进行修正。

(2) 动静交界面模型

对于轴流泵装置来说,其包含旋转的叶轮和静止的导叶、进水流道、出水流道,其中进水流道与叶轮、叶轮与导叶之间有相互流动耦合作用,如何处理动静交界面对整个泵装置的计算正确与否起重要影响。对此,采用多参考系模型(multiple reference frame, MRF),其基本思想是把旋转流场简化为在某一位置的瞬时流场,将非定常问题用定常方法计算。旋转部件区域的网格在计算时保持静止,在惯性坐标系中以作用的科氏力和离心力进行定常计算;而静止部件区域是在非惯性坐标系中进行定常计算。在两个子区域的交界面处交换各自坐标系下的绝对速度,保证交界面的连续性。

(3) 计算模型

图 3-17 为灯泡贯流泵模型装置初步设计的单线图,包括进水流道、叶轮、导叶、灯泡段和出水流道。模型装置的三维透视图如图 3-18 所示。

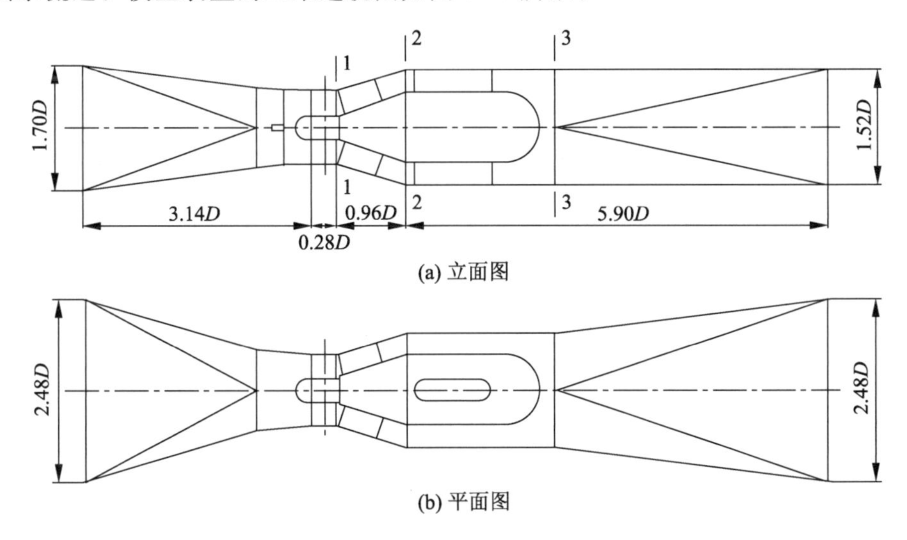

图 3-17 贯流泵装置模型单线图

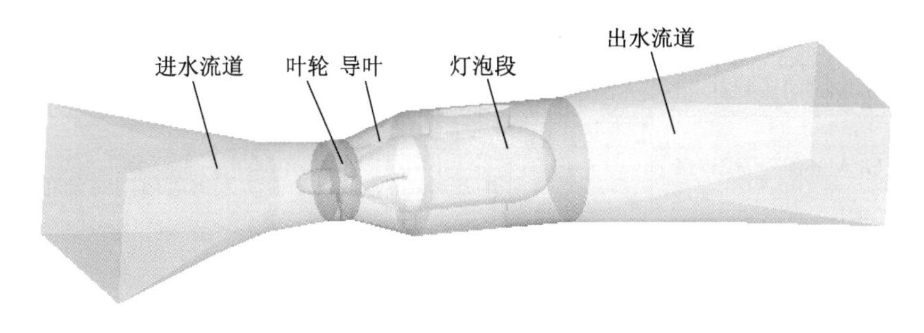

图 3-18 贯流泵模型装置三维透视图

进水流道入口的流速场给定，在水深方向设为对数式分布。出口边界取在出水流道较远处，按照静水压力分布给出。在固体边壁处规定无滑移条件(即 $u=v=w=0$)，在近壁区采用壁面函数法。

(4) 网格剖分

由于泵装置包括进水流道、出水流道、叶轮及导叶等，几何形状复杂，因此采用四面体单元的非结构化网格进行剖分。

(5) 计算方案

计算方案共 13 种，分别对新研制的 2 组叶轮和 2 组导叶的前置贯流泵 6 种方案(见表 3-4)与 2 组叶轮和 3 组导叶的后置贯流泵 7 种方案(见表 3-5)进行计算比较。图 3-19 为前置灯泡贯流泵结构图，图 3-20 为后置灯泡贯流泵结构图，其中叶轮直径为 3 300 mm。图 3-21 和图 3-22 分别为前置和后置方案叶轮与导叶组合图。

不管是前置还是后置，灯泡体的支承结构是一样的。前置原方案在叶轮前的收缩段下方设置了不对称的 3 片辅助支承；后置原方案为了在叶轮前布置叶片调节机构而设置了 5 片辅助支承。

表 3-4　前置贯流泵装置方案

方案号	叶轮＋导叶	备注
QZ1	GZM0601＋QZDY1	出水流道 7.5 m×4.6 m(进水侧下部设 3 片辅助支承)
QZ2	GZM0601＋QZDY2	
QZ3	GZM0601＋QZDY2	出水流道 8.2 m×5.0 m(进水侧下部设 3 片辅助支承)
QZ4	GZM0601＋QZDY2	出水流道 7.5 m×4.6 m(进水侧无辅助支承)
QZ5	GZM0601＋QZDY2	出水流道 7.5 m×4.6 m(进水侧 3 片辅助支承周向均匀分布)
QZ6	GZM0602＋QZDY2	出水流道 7.5 m×4.6 m(进水侧无辅助支承)

表 3-5　后置贯流泵装置方案

方案号	叶轮＋导叶	备注
HZ1	GZM0601＋HZDY1	出水流道 8.2 m×5.0 m(进水侧 5 片辅助支承周向均匀分布)
HZ2	GZM0601＋HZDY2	
HZ3	GZM0601＋HZDY3	
HZ4	GZM0601＋HZDY1	出水流道 8.6 m×5.4 m(进水侧 5 片辅助支承周向均匀分布)
HZ5	GZM0601＋HZDY2	出水流道 8.2 m×5.0 m (对称进水，进水侧 3 片辅助支承周向均匀分布)
HZ6	GZM0601＋HZDY2	出水流道 8.2 m×5.0 m(对称进水，无辅助支承)
HZ7	GZM0602＋HZDY2	

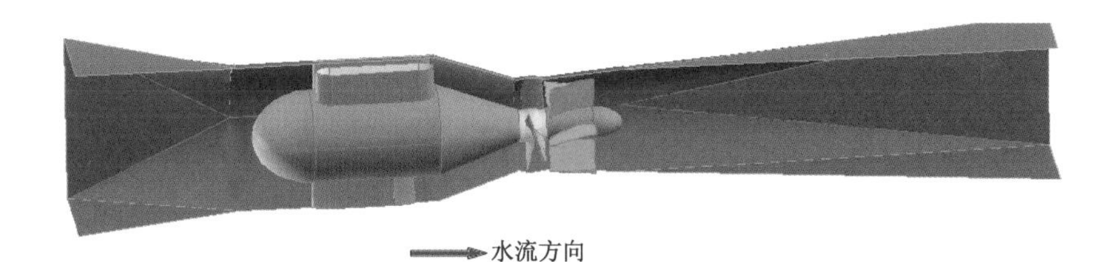

图 3-19 前置灯泡贯流泵结构图

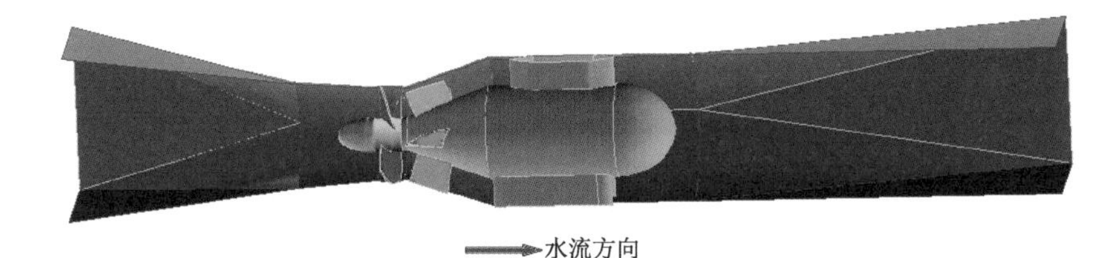

图 3-20 后置灯泡贯流泵结构图

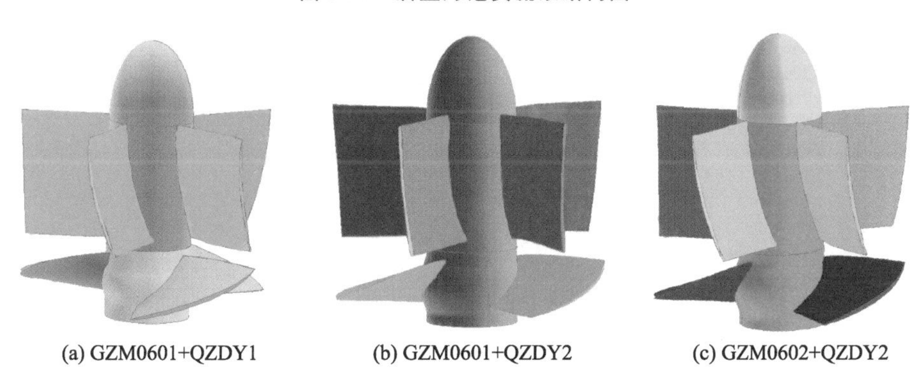

图 3-21 前置灯泡贯流泵方案叶轮及导叶组合图

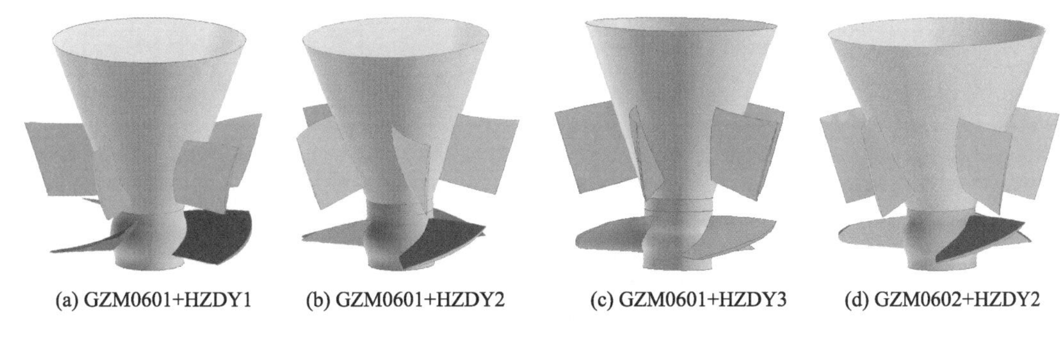

图 3-22 后置灯泡贯流泵方案叶轮及导叶组合图

3. 数值模拟及水力计算结果

(1) 前置贯流泵装置

在前置贯流泵装置中,进水流道由进水直段、灯泡段和收缩锥段组成。进水直段为断面渐变段,由矩形断面逐步变化为圆形断面,将水流逐步加速并平顺地引入灯泡段。根据设计,在灯泡段上部设宽 0.8 m 的进人孔,下部设置两个宽 0.5 m 的支撑作为基础。由于结构布置的原因,收缩锥段底部有 3 片辅助支承。

1）流动特性

图 3-23 为前置灯泡贯流泵装置纵断面流速图，图 3-24 为粒子迹线图。由图可知，进水流道内水流运动为收缩型流动，在灯泡体支撑处尾部有小范围的脱流，未见大面积回流区和漩涡区；出水流道内水流运动为扩散型流动，易产生脱流，由于导叶出口剩余环量的影响，水流表现出靠近边壁流速大，流道中心流速小的特点。在后导水帽尾部存在明显的低速区，随着出水流道的逐步扩散，该低速区有扩大的趋势。

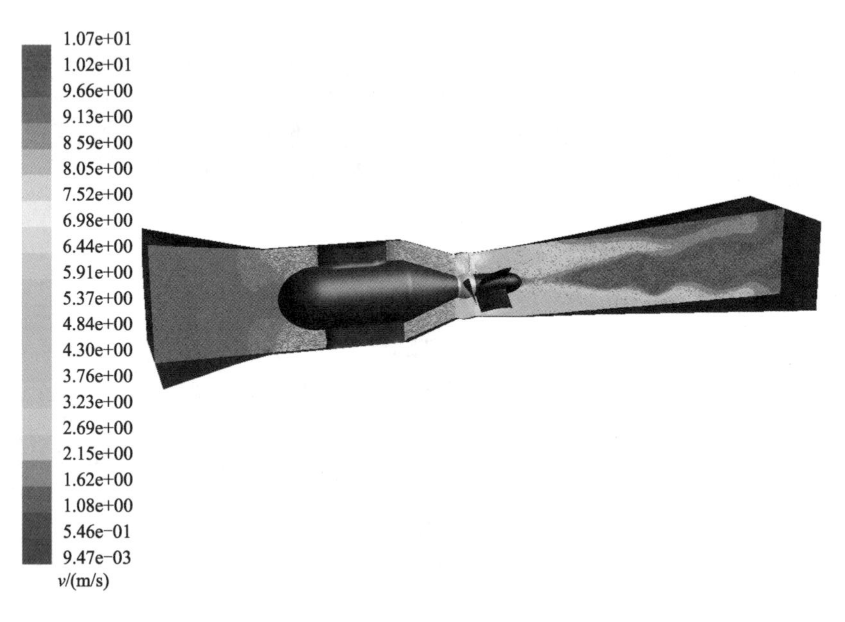

图 3-23　前置灯泡贯流泵装置纵断面流速图

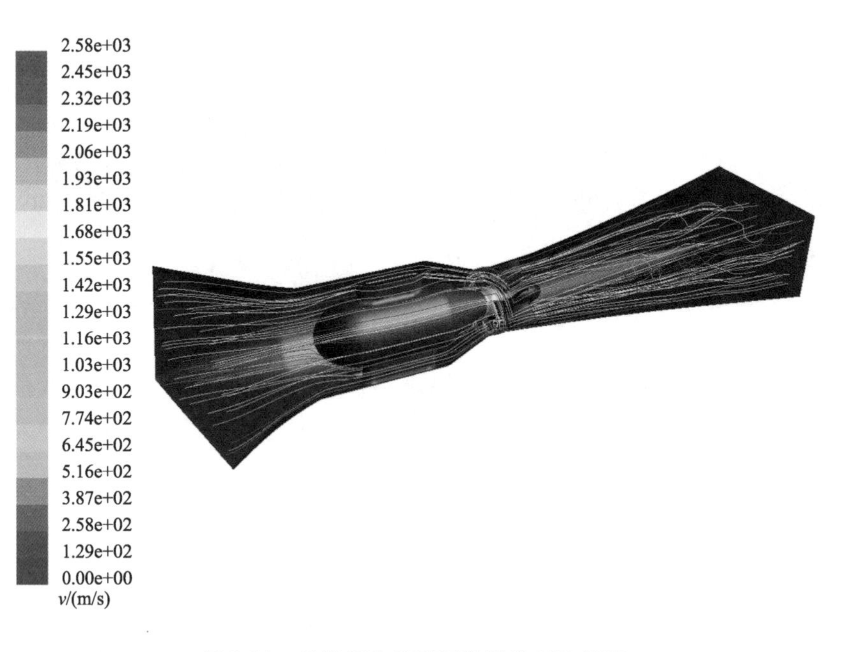

图 3-24　前置灯泡贯流泵装置粒子迹线图

2）进水侧辅助支承结构对水力性能的影响

分别对相同叶轮(GZM0601)和导叶(QZDY2)下 3 片辅助支承下部布置(QZ2 方案)、无辅助支承(QZ4 方案)和 3 片辅助支承周向均匀分布(QZ5 方案)3 种情况进行数值计算(见图 3-25)。结果表明，进水收缩锥段不对称布置的支承对泵装置水力性能影响较大，在流量 42 m^3/s 下 QZ4 方案效率比 QZ2 方案高 3.32 个百分点，QZ4 方案和 QZ5 方案水力性能相当(见图 3-26)。

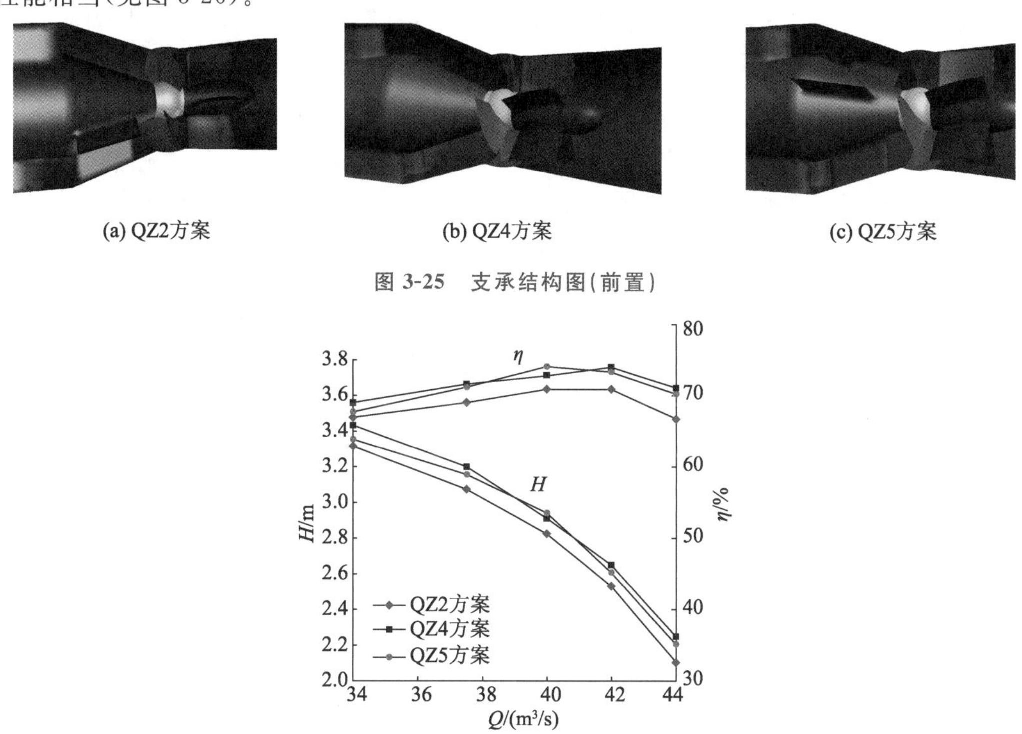

(a) QZ2方案　(b) QZ4方案　(c) QZ5方案

图 3-25　支承结构图(前置)

图 3-26　不同辅助支承方案水力性能比较图(前置)

图 3-27 为 3 种辅助支承方案进水流道出口断面轴向流速分布图，由图可知，叶轮进口的流速分布受到进水流道内支承的影响，其中支承不对称布置方案流速分布均匀性较差，无支承方案均匀性较好。图 3-28 为 QZ2 和 QZ4 方案叶片静压云图，由图可见，不对称进水支承导致叶轮压力分布不均，影响叶轮水力性能。表 3-6 为不同辅助支承方案流速分布均匀度和入泵角度计算结果，结果显示，辅助支承对流速分布均匀度影响显著，对入泵角度影响较小。

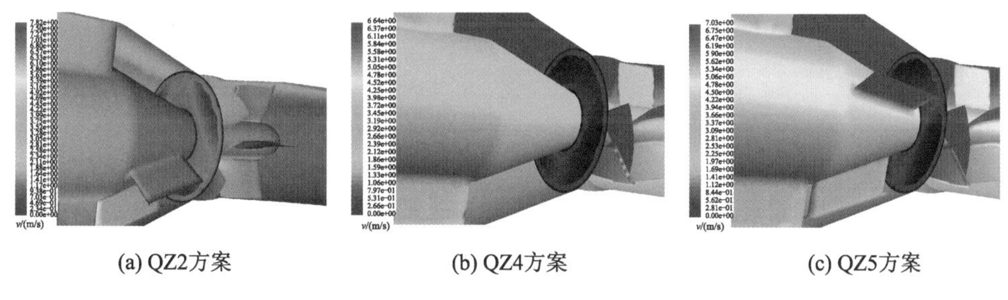

(a) QZ2方案　(b) QZ4方案　(c) QZ5方案

图 3-27　进水流道出口断面轴向流速分布图(前置)

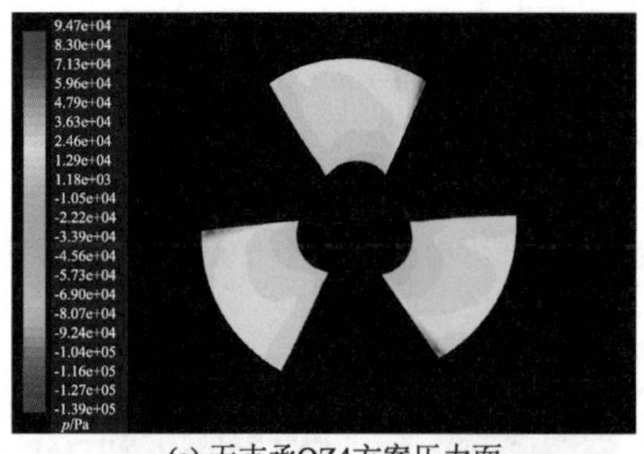

(a) 无支承QZ4方案压力面

(b) 3支承QZ2方案压力面

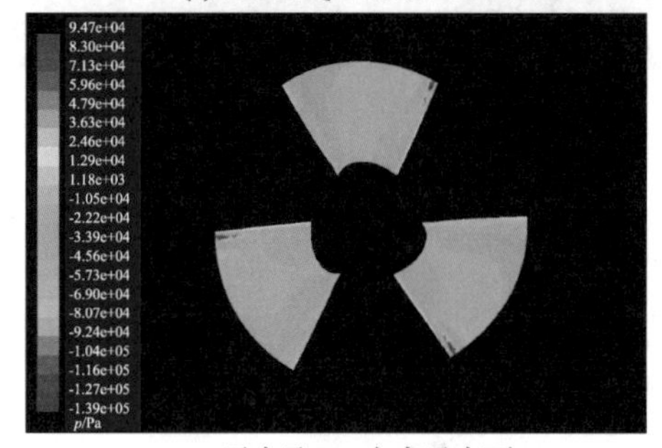

(c) 无支承QZ4方案吸力面

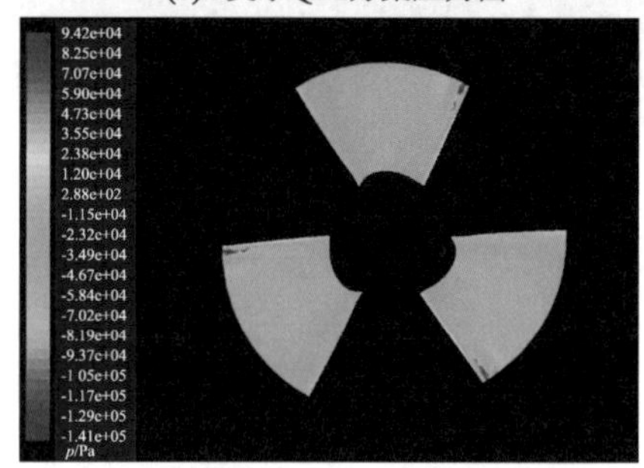

(d) 3支承QZ2方案吸力面

图 3-28　叶片静压云图(前置)

表 3-6　不同辅助支承方案流速分布均匀度和入泵角度计算结果(前置)

方案号	最大轴向流速 v_{max}/(m/s)	最小轴向流速 v_{min}/(m/s)	轴向流速分布均匀度 v_u/%	最小入流角 ϑ_{min}/(°)	最大入流角 ϑ_{max}/(°)	平均入流角 $\overline{\vartheta}$/(°)
QZ2	7.95	2.73	89.19	61.00	83.49	74.17
QZ4	7.26	4.09	91.19	69.84	82.73	74.32
QZ5	7.16	2.92	89.29	59.25	83.19	74.11

3）叶轮和导叶方案比较

前置灯泡贯流泵研究中设计了 2 组叶轮（GZM0601 和 GZM0602）和 2 组导叶（QZDY1 和 QZDY2）。

首先在相同叶轮(GZM0601)的基础上，比较 2 种导叶方案的水力性能(见图 3-29)，最终优选 QZ2 方案的 QZDY2 作为导叶方案。

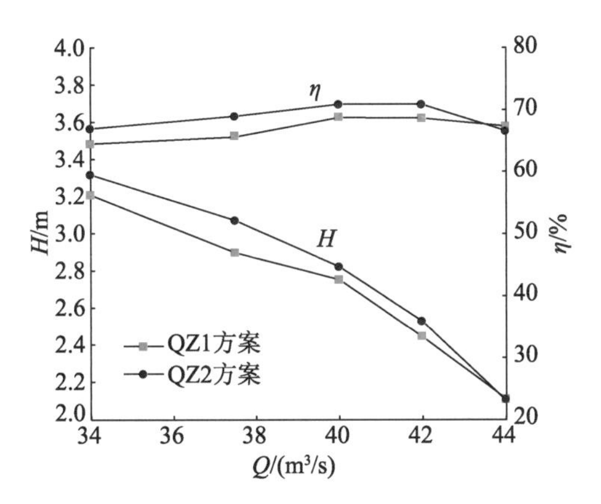

图 3-29 导叶方案水力性能比较图(前置)

然后选择无支承方案作为泵装置进水条件，比较 2 组叶轮（GZM0601 和 GZM0602）的水力性能，QZ6 方案采用 GZM0602 叶轮，QZ4 方案采用 GZM0601 叶轮。由图 3-30 可见，QZ6 方案装置效率略优于 QZ4 方案。

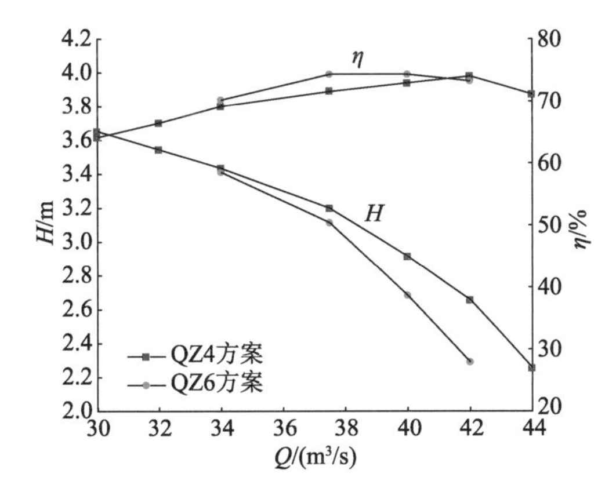

图 3-30 叶轮方案水力性能比较图(前置)

4）出水流道

QZ2 方案出水流道（出口面积 7.5 m×4.6 m）的当量扩散角为 11.64°，已接近《泵站设计规范》（GB 50265—2010）规定的 12°的临界值，增大出水流道的面积（8.2 m×5.0 m）后当量扩散角增大为 13.91°（QZ3 方案）。图 3-31 为 QZ2 和 QZ3 方案的单线图。

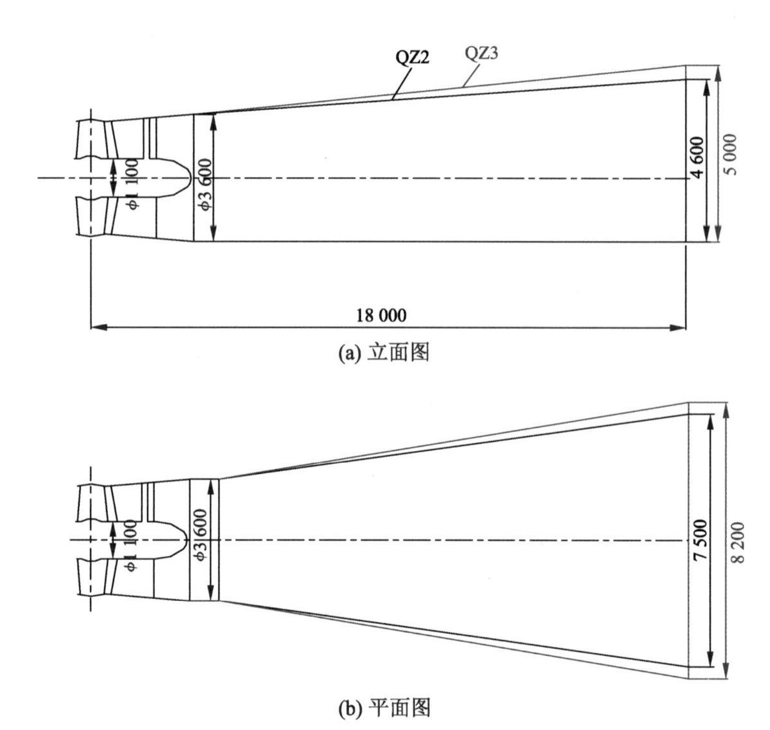

图 3-31　QZ2 和 QZ3 方案单线图(前置)(单位:mm)

根据流速场和压力场计算,得到表 3-7 中 QZ2 方案和 QZ3 方案在 42 m^3/s 流量下的出水流道动能回收系数,由表可知 QZ2 方案动能回收系数高于 QZ3 方案。

表 3-7　出水流道动能回收系数比较(Q=42 m^3/s)

方案号	动能回收系数 ξ/%
QZ2	75.00
QZ3	73.05

图 3-32 为 QZ2 和 QZ3 方案的水力性能比较,由图可知,在流道长度不变的情况下,出口面积增大将导致水力性能下降。因此,原设计方案中出水流道的设计是较为合理的。

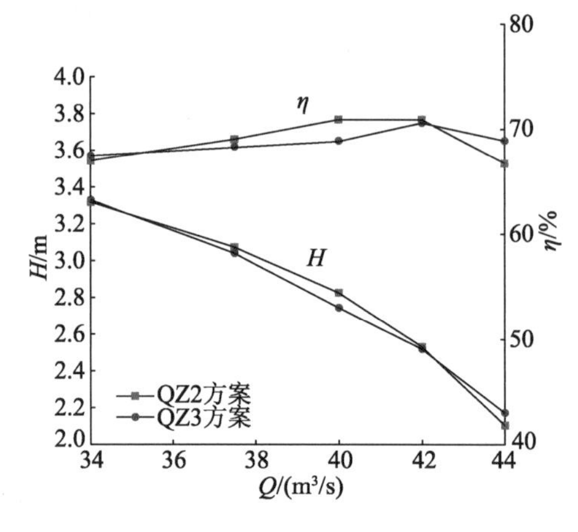

图 3-32　出口面积改变方案水力性能比较图(前置)

(2) 后置贯流泵装置

在后置贯流泵装置中,进水流道由进水收缩段和 5 片沿周向均匀分布的辅助支承组成。出水流道由扩散导叶、灯泡体和扩散段组成。扩散段为断面渐变段,由圆形断面逐步变化为矩形断面。根据初步设计,灯泡段支撑与前置方案相同。

1) 流动特性

图 3-33 为后置灯泡贯流泵装置纵断面流速图,图 3-34 为粒子迹线图。由图可知,进水流道内水流运动为收缩型流动,未见回流区和漩涡区;出水流道内水流运动为扩散型流动,由于导叶为扩散型,其出口可能产生脱流。在后灯泡体尾部存在低速区,随着出水流道的进一步扩散,该低速区向前延伸。

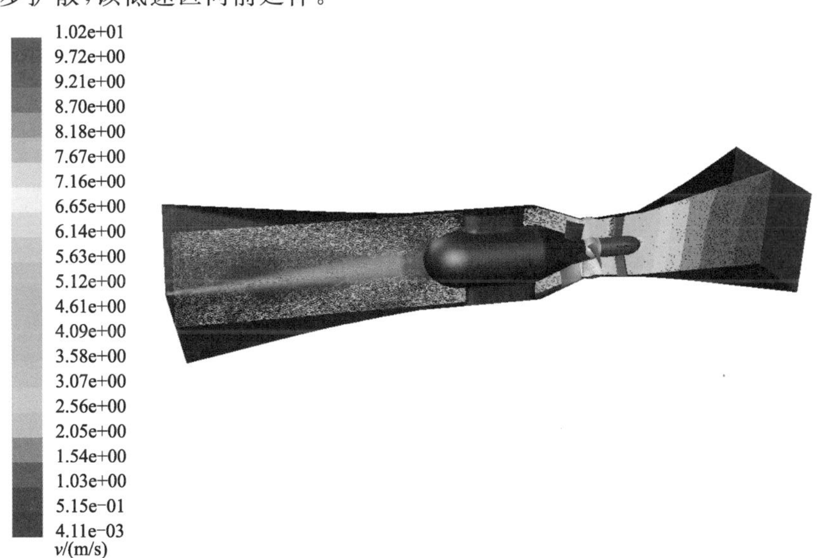

图 3-33　后置灯泡贯流泵装置纵断面流速图

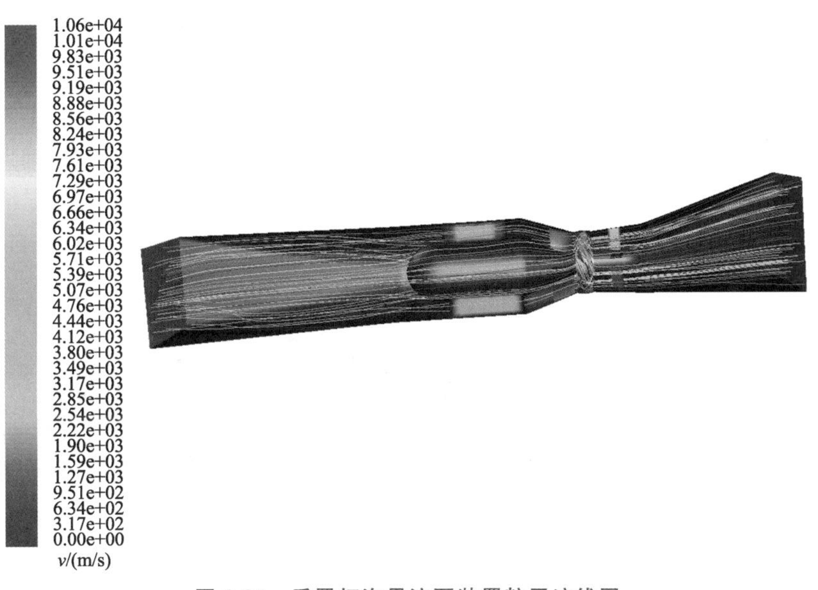

图 3-34　后置灯泡贯流泵装置粒子迹线图

2）进水侧辅助支承结构对水力性能的影响

分别计算相同叶轮（GZM0601）和导叶（HZDY2）下5片辅助支承周向均匀分布（HZ2方案）、3片辅助支承周向均匀分布（HZ5方案）和无辅助支承（HZ6方案）3种情况（见图3-35）。结果表明，进水侧辅助支承对泵装置水力性能影响较大，在流量42 m^3/s下无辅助支承方案效率比5片辅助支承方案高5.32个百分点，比3片辅助支承方案高2.03个百分点，如图3-36所示。

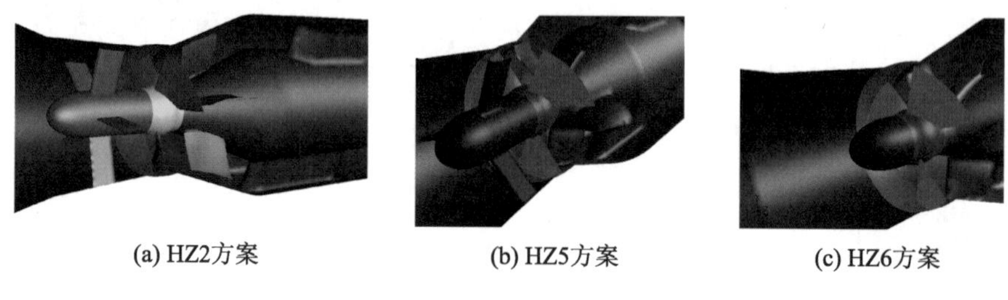

(a) HZ2方案　(b) HZ5方案　(c) HZ6方案

图3-35　支承结构图（后置）

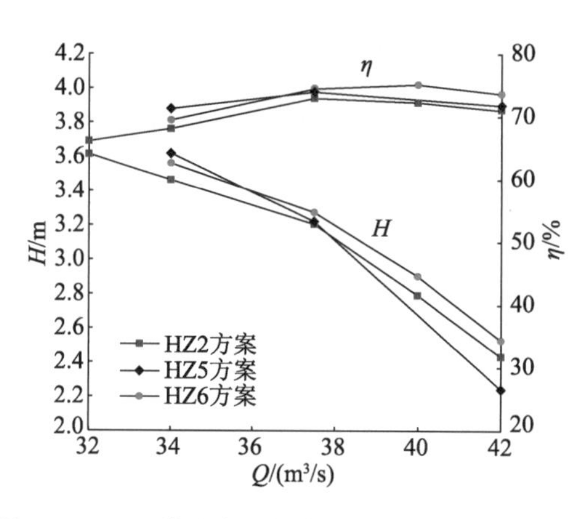

图3-36　不同辅助支承方案水力性能比较图（后置）

图3-37为3种辅助支承方案进水流道出口断面轴向流速分布图，由图可知，进水流道无辅助支承时叶轮进口的流速分布均匀性较好，布置辅助支承后其尾迹流动会影响叶轮进水条件。图3-38为HZ2和HZ6方案叶片静压云图，由图可见，进水侧辅助支承导致叶轮压力分布不均，影响叶轮水力性能，引起压力脉动。表3-8为不同辅助支承方案流速分布均匀度和入泵角度计算结果，结果显示，辅助支承对流速分布均匀度影响显著，均匀布置的辅助支承对入泵角度影响较小。

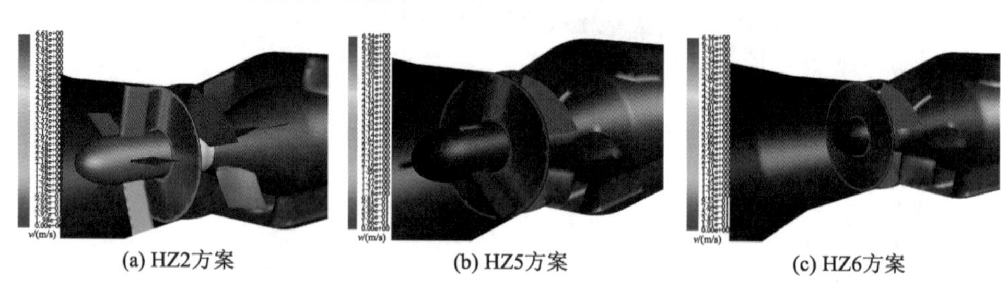

(a) HZ2方案　(b) HZ5方案　(c) HZ6方案

图3-37　进水流道出口断面轴向流速分布图（后置）

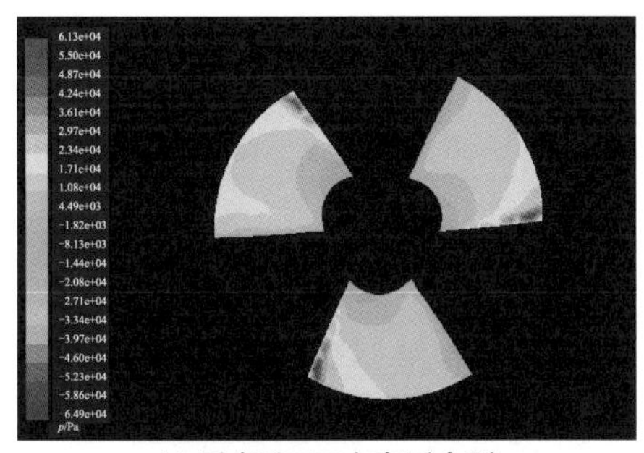

(a) 无支承HZ6方案压力面

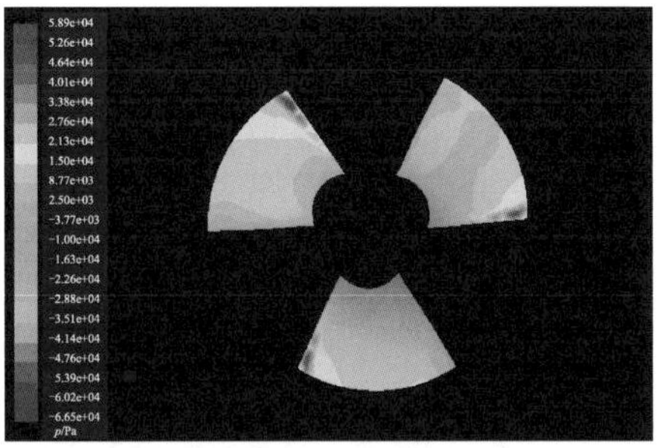

(b) 5支承HZ2方案压力面

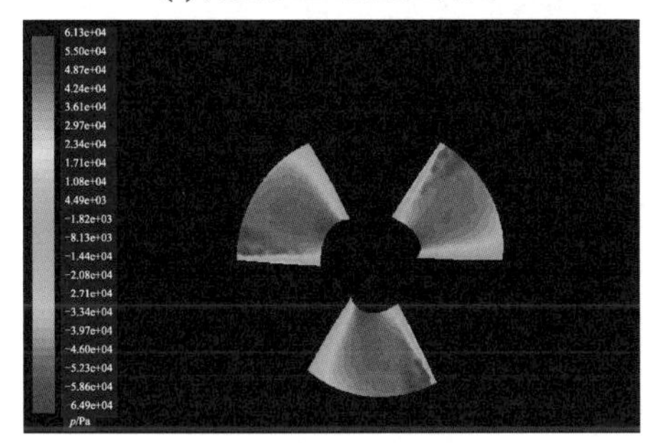

(c) 无支承HZ6方案吸力面

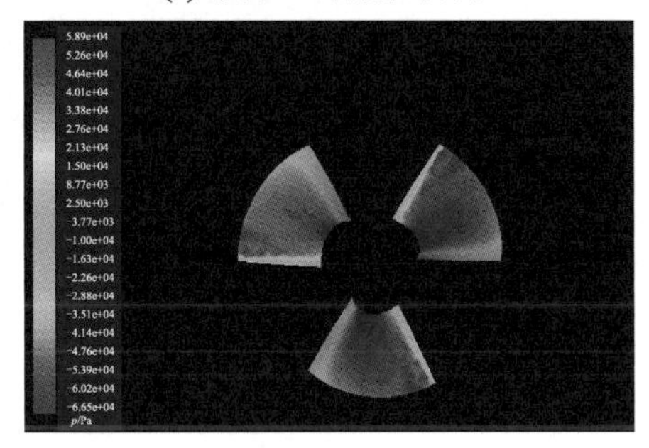

(d) 5支承HZ2方案吸力面

图 3-38 叶片静压云图(后置)

表 3-8 不同辅助支承方案流速分布均匀度和入泵角度计算结果(后置)

方案号	最大轴向流速 v_{max}(m/s)	最小轴向流速 v_{min}(m/s)	轴向流速分布均匀度 v_u/%	最小入流角 ϑ_{min}/(°)	最大入流角 ϑ_{max}/(°)	平均入流角 $\overline{\vartheta}$/(°)
HZ2	6.72	3.10	90.89	82.00	89.98	86.58
HZ5	6.76	3.49	90.73	82.03	89.98	86.86
HZ6	6.51	5.07	94.72	82.03	89.94	86.13

3) 叶轮和导叶方案比较

后置灯泡贯流泵研究中设计了 2 组叶轮(GZM0601 和 GZM0602)和 3 组导叶(HZDY1,HZDY2 和 HYDY3)。

首先在相同叶轮(GZM0601)的基础上,比较 3 种导叶方案的水力性能(见图 3-39),结果表明 HZ2 方案的 HZDY2 导叶性能较好。

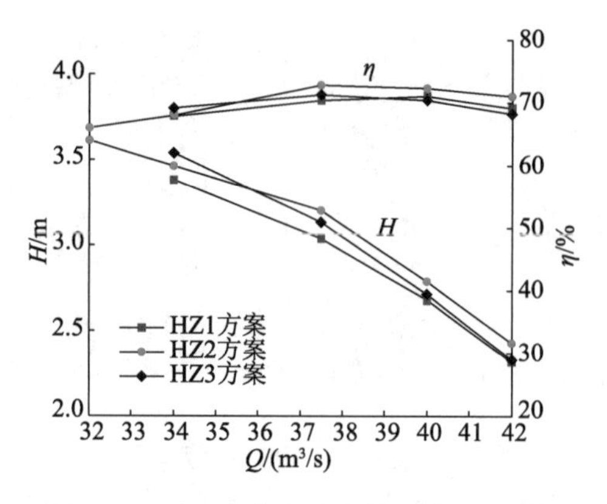

图 3-39　导叶方案水力性能比较图(后置)

然后比较配导叶 HZDY2 的 GZM0601(方案 HZ6)和 GZM0602(方案 HZ7)的装置水力性能(见图 3-40),结果表明叶轮 GZM0602 的水力性能优于 GZM0601。

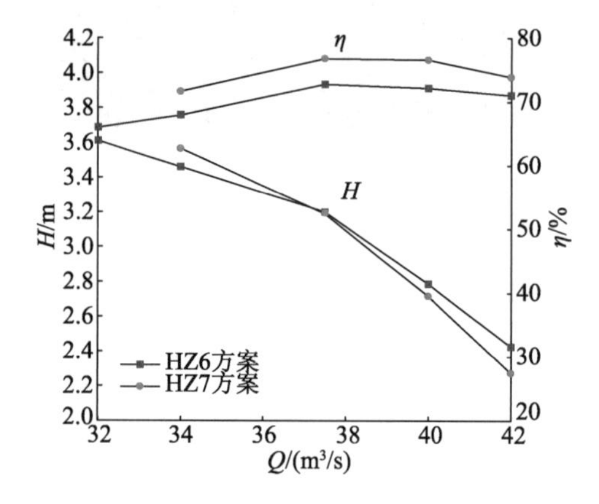

图 3-40　叶轮方案水力性能比较图(后置)

4) 出水流道

方案 HZ1 中,灯泡体后由圆变方的扩散段的当量扩散角为 10.17°,增大出水流道的面积(由 8.2 m×5.0 m 增大至 8.6 m×5.4 m)后当量扩散角为 12.28°(HZ4 方案)。图 3-41 为 HZ1 和 HZ4 方案的单线图。

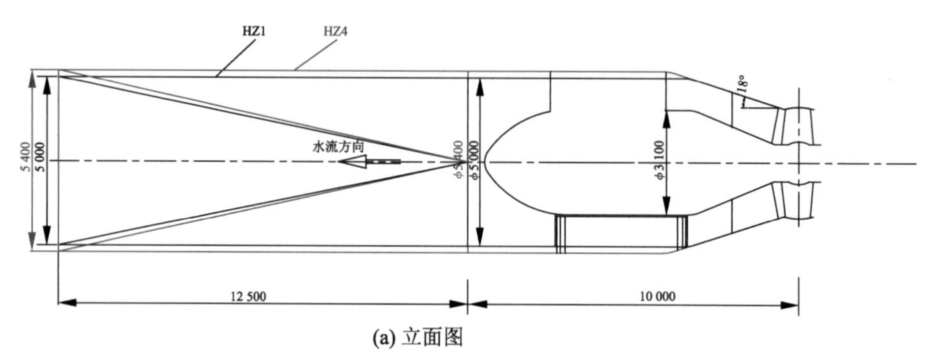

(a) 立面图

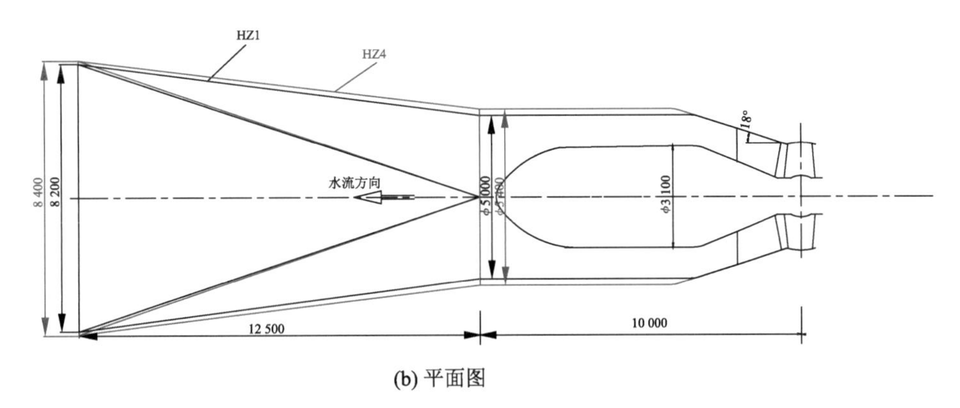

(b) 平面图

图 3-41 HZ1 和 HZ4 方案单线图(后置)(单位:mm)

根据流速场和压力场计算,得到表 3-9 中 HZ1 方案和 HZ4 方案在 42 m^3/s 流量下的出水流道效率及动能回收系数,由表可知,HZ1 方案出水流道效率比 HZ4 方案高 2.45 个百分点,两种方案动能回收系数基本相当。

表 3-9 出水流道效率及动能回收系数比较($Q=42\ m^3/s$)

方案号	出水流道效率 η_{out}/%	动能回收系数 ξ/%
HZ1	77.56	63.41
HZ4	75.11	64.32

根据 HZ1 和 HZ4 方案的水力性能比较(见图 3-42)可知,在不改变灯泡体尺寸和出水流道长度的条件下,增加出水流道的高度反而导致整体水力性能下降。

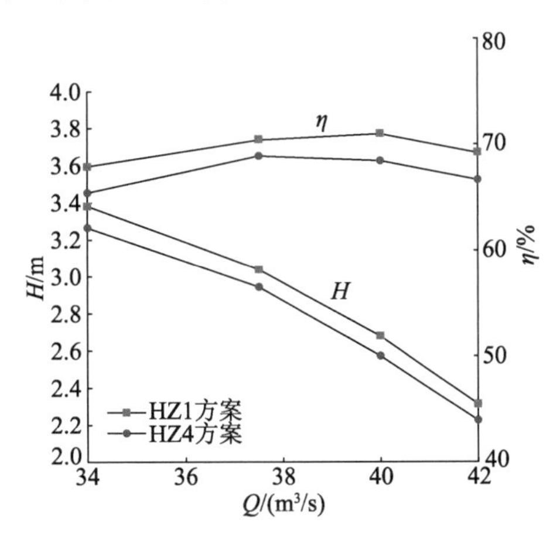

图 3-42 出口面积改变方案水力性能比较图(后置)

(3) 前置和后置泵装置性能比较

为便于与已有研究成果进行比较,前置和后置灯泡贯流泵装置均采用无进水侧辅助支承的方案。图 3-43 为采用 GZM0602 水力模型的前、后置泵装置性能比较。表 3-10 为前、后置方案泵装置性能参数比较,结果表明,后置方案水力性能优于前置方案,最优点装置效率达到 76.96%。

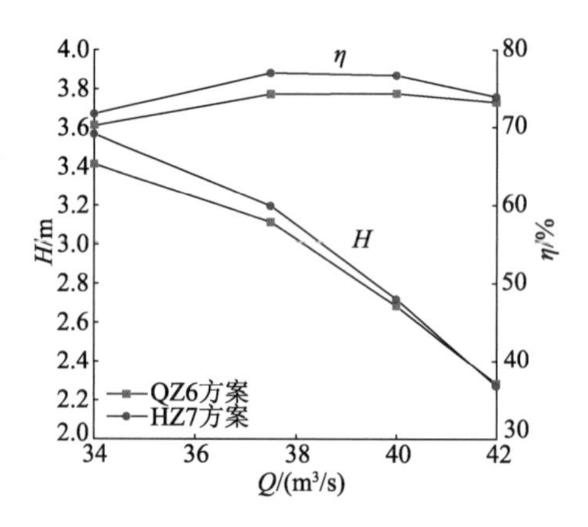

图 3-43 前、后置贯流泵装置性能比较图

表 3-10 前置 QZ6 方案与后置 HZ7 方案性能参数比较

流量 $Q/(m^3/s)$	前置 QZ6 方案			后置 HZ7 方案		
	扬程 H/m	功率 P/kW	装置效率 $\eta/\%$	扬程 H/m	功率 P/kW	装置效率 $\eta/\%$
34.0	3.412	1 616	70.30	3.567	1 656	71.77
37.5	3.113	1 541	74.24	3.197	1 526	76.96
40.0	2.680	1 412	74.37	2.719	1 390	76.68
42.0	2.286	1 286	73.18	2.274	1 264	74.01

(4) 前置和后置泵装置叶轮扬程和水力损失

表 3-11 和表 3-12 分别为 42 m^3/s 流量下的前、后置泵装置叶轮扬程及各部位水力损失。结果表明，前置方案中导叶 QZDY1 的水力损失较大，导叶 QZDY2 的水力损失约为导叶 QZDY1 的一半；后置方案中导叶 HZDY1 的水力损失最大，导叶 HZDY2 的水力损失与导叶 HZDY3 相当。前置方案泵装置叶轮扬程略高于后置方案。

表 3-11 前置泵装置叶轮扬程及各部位水力损失 单位：m

方案号	进水流道水力损失		叶轮扬程	导叶水力损失	出水流道水力损失
	进水灯泡体	收缩段			
QZ1	0.122 0	0.031 7	3.331 0	0.277 5	0.293 1
QZ2	0.122 0	0.031 7	3.282 0	0.141 0	0.296 0
QZ3	0.122 0	0.031 6	3.280 0	0.141 0	0.305 4
QZ4	0.123 0	0.005 5	3.326 0	0.141 0	0.247 5
QZ5	0.122 0	0.035 0	3.303 0	0.138 0	0.245 0
QZ6	0.122 0	0.031 0	2.805 0	0.143 0	0.250 0

表 3-12 后置泵装置叶轮扬程及各部位水力损失 单位：m

方案号	进水流道水力损失	叶轮扬程	导叶水力损失	出水流道水力损失
HZ1	0.146 0	3.126 0	0.424 0	0.250 8
HZ2	0.146 0	3.112 0	0.266 0	0.270 0
HZ3	0.146 0	3.113 0	0.272 0	0.359 8
HZ4	0.146 0	3.070 0	0.458 0	0.240 0
HZ5	0.116 0	3.080 0	0.266 0	0.281 0
HZ6	0.041 0	3.108 0	0.269 0	0.271 0
HZ7	0.042 9	2.837 0	0.254 0	0.265 0

3.1.7 多工况设计优化

1. 变工况运行对泵装置性能的要求

在实际工程中，泵通常都不会固定在设计工况运行。随着外部条件的变化，泵将在较宽的工况范围内运行。这就要求相应的泵水力模型（$D=300$ mm，$n=1\ 450$ r/min）在设计扬程时满足设计流量，在平均扬程时有较高的运行效率。在最高扬程时，主要通过控制空化性能确保安全稳定运行，在最低扬程时也是如此。在设计工况效率最高的泵并不能保证在运行范围内效率总是最优，必须兼顾各种运行工况出现的频率。因此，轴流泵水力模型的设计是一个典型的多工况、多目标、多约束的优化过程。

2. 优化数学模型

根据规划和初步设计确定的泵的特征工况点，并参照式(3-1)至式(3-5)对泵的能量性能和空化性能提出具体的指标要求。

优化目标函数：

$$\max\sum_{i=1}^{N}W_i\eta_i(x) \tag{3-17}$$

非等式约束条件：

$$\mathrm{NPSH}_{ri}(x)<\mathrm{NPSH}_{\mathrm{ub}i} \tag{3-18}$$

$$H_i(x)>H_{\mathrm{lb}i} \tag{3-19}$$

$$H_i(x)<H_{\mathrm{ub}i} \tag{3-20}$$

式中，N 为特征工况点个数；W_i 为各特征工况点效率权重，根据工况出现的频率高低确定；x 为设计变量；η_i 为各特征工况点泵的效率；NPSH_{ri} 为各特征工况点泵的空化余量必需值；H_i 为各特征工况点泵的扬程；下标 lb，ub 分别表示各参数的下限值和上限值。

这样就将轴流泵的多工况、多目标和多约束优化问题简化为单目标、多约束问题。设计变量个数应尽可能少。分析发现，通过调整主要几何设计参数来提高设计工况点效率的空间非常有限，泵性能综合优化的主要目标是适应工况的变化。轮毂比、叶轮叶栅稠密度、叶栅稠密度沿叶片展向的分布和导叶设计工况点的流量这 4 个设计变量是影响泵适应变工况运行的主要因素。

3. 优化过程的实现

泵性能的综合优化需要不断进行“设计－评估－改进”的循环。CAD－CFD 的引入

提高了这一过程的效率。CAD加快了叶轮和导叶叶片的造型，而CFD则避免了进行大量的试验，提供了有效的分析和评估工具。但是在这种设计过程中，80%以上的工作是没有创造性的重复性工作，中间环节繁杂易错。因此，设计者自然希望有这样一种工具，通过它能快速集成和耦合各种仿真软件，将所有设计流程组织到一个统一、有机的逻辑框架中，自动运行仿真软件，并自动重启设计流程，使整个设计流程实现全数字化和全自动化。采用Isight软件可自动实现优化过程(见图3-6)，图3-44所示的流程是一个理想化的优化流程，在现有的计算机硬件条件下实现起来比较困难。通过遗传算法(GA)能获得全局最优解，但单独使用时效率很低。一次迭代需进行2次CFD计算，如果考虑4个特征工况，则共需要进行8次CFD计算，计算时间长。如果设计变量变化范围较大，CFD计算网格自动剖分和粘接时网格质量会出现难以预见的问题。要使泵性能综合优化过程实用，必须研究适用的组合优化策略并对流程进行简化，特别是尽量减少CFD分析的次数。

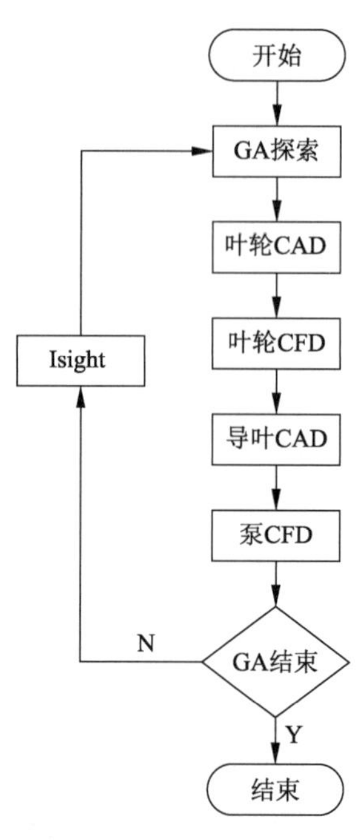

图3-44　泵优化流程

根据已有的设计和模型试验资料，一旦给定设计参数，即可基本把握设计变量的范围，避免全局探索。在这个局部范围内可通过正交试验设计(DOE)得到一定数量的CFD预测数据，然后以这些数据为基础，建立响应曲面模型(RSM)。最后采用SQP找出优化解。在优化迭代过程中，不需要进行CFD计算，计算效率大幅度提高。这是一个比较实用的组合优化策略，优化流程如图3-45所示。

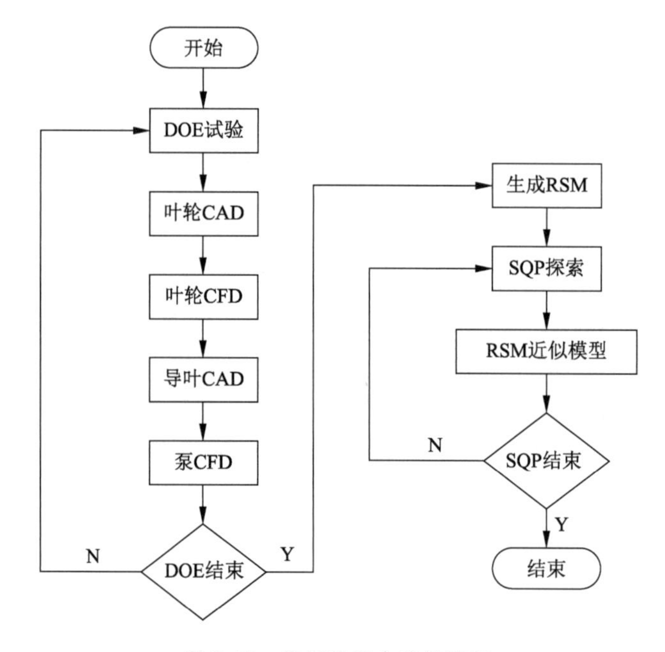

图3-45　实用泵组合优化流程

4. 优化结果

叶轮选定后,经扩散导叶、灯泡体支撑件和出水流道的数值优化可以显著提高装置的水力性能。图 3-46 为中间优化结果,结构比较紧凑,最高效率可达到 79%;图 3-47 为最终优化结果,最高效率达 82%。

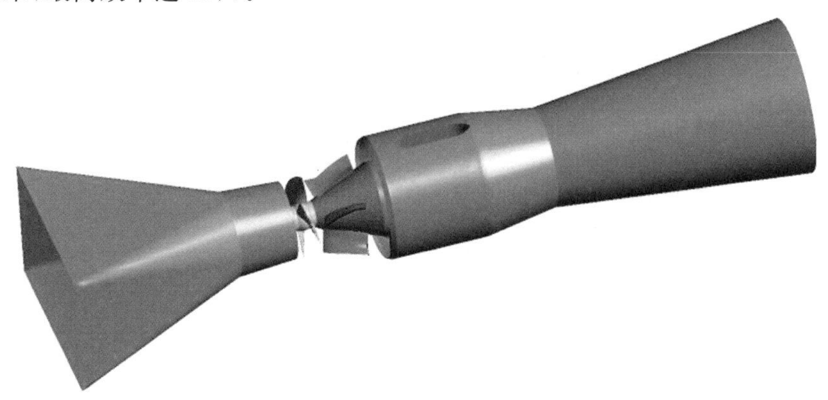

图 3-46 灯泡贯流泵模型装置中间优化结果

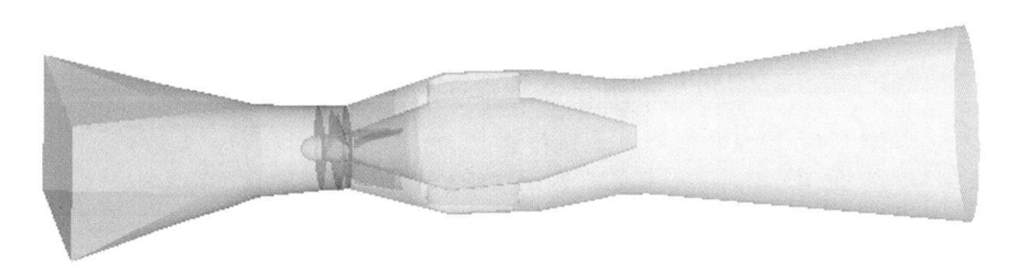

图 3-47 灯泡贯流泵模型装置最终优化结果

灯泡贯流泵模型装置优化结果的主要结构参数与国内外优秀贯流泵装置参数的比较见表 3-13,灯泡贯流泵模型装置的整体性能达到国际先进水平。

表 3-13 优秀贯流泵装置主要结构参数比较

	导叶轴向长度	单边扩散角/(°)	灯泡外径	工程应用
中国水科院泵装置	1.3D	17	1.73D	
日本日立公司泵装置	0.56D+1.11D	15	1.54D	蔺家坝泵站
日本荏原公司泵装置	1.22D	17	1.67D	二级坝泵站
中间优化结果	1.02D	19	1.57D	
最终优化结果	1.34D	16	1.67D	

3.1.8 模型试验

对 19 种方案贯流泵装置进行能量性能、空化性能测试,并进行典型方案压力脉动测试。试验的模型泵装置如图 3-48 所示,为方便观测流态,在叶轮室上开设观察窗,观察窗由有机玻璃制作。贯流泵装置包括从进水流道到圆柱形出水箱的所有部件。

图 3-48 模型泵装置图

1. 灯泡贯流泵装置模型比较试验研究

(1) 试验方案

为了比选叶轮、导叶、灯泡体和出水流道，以及验证 CFD 分析结果，共设计 19 种试验方案，如表 3-14 所示。

表 3-14 贯流泵装置模型试验方案

方案号	文件名	叶轮编号	导叶编号	测压位置	叶片角/(°)	效率最优点			备注
						流量/(L/s)	扬程/m	效率/%	
1	JHE0A	GZM0602	HZDY2A	进、出水箱	0	309.0	3.356	76.05	导叶片 5 片
	JHE4A				+4	345.8	3.739	74.89	
	JHEN4A				−4	259.1	3.138	75.22	
2	JHE0B	GZM0601	HZDY2A	进、出水箱	0	309.0	3.722	75.37	导叶片 5 片
	JHE4B				+4	357.3	3.757	74.37	
	JHEN4B				−4	272.5	3.098	76.27	
3	ZM50E0B	ZM50	HZDY2A	进、出水箱	0	319.2	4.282	72.38	导叶片 5 片
4	JHE0C	GZM0602	HZDY2B	进、出水箱	0	302.3	3.213	70.85	导叶片 10 片
5	JHE0A4	GZM0602	HZDY2AP	流道	0	303.4	3.356	75.52	导叶片 5 片
	JHE4A1				+4	352.3	3.543	75.66	
	JHEN4A1				−4	270.6	2.795	75.70	
6	JHE0A5	GZM0602	HZDY2APB	流道	0	306.9	3.285	76.05	导叶片 5 片
	JHE0A6			进、出水箱		300.4	3.411	75.11	
7	JHE0A7	GZM0602	HZDY2A	进、出水箱	0	297.6	3.526	76.59	导叶和支撑位置关系比较、导叶片 5 片
	JHE0A8					298.8	3.491	75.93	

续表

方案号	文件名	叶轮编号	导叶编号	测压位置	叶片角/(°)	效率最优点			备注
						流量/(L/s)	扬程/m	效率/%	
8	JHE0A9	GZM0602	HZDY2A	进、出水箱	0	297.6	3.553	76.62	全性能试验、导叶片5片
	JHQ0A10					300.0	空化试验		
	JHQ0A11					256.0			
	JHQ0A12					360.0			
	JHQ0A13					330.0			
	JHE4A9	GZM0602	HZDY2A	进、出水箱	+4	342.8	3.707	74.71	
	JHQ4A1					350.0	空化试验		
	JHQ4A2					310.0			
	JHQ4A3					415.0			
	JHQ4A4					385.0			
	JHE2A9	GZM0602	HZDY2A	进、出水箱	+2	317.2	3.721	75.41	
	JHQ2A1					325.0	空化试验		
	JHQ2A2					285.0			
	JHQ2A3					390.0			
	JHQ2A4					360.0			
	JHEN4A9	GZM0602	HZDY2A	进、出水箱	−4	269.6	2.810	5.96	
	JHQN4A1					278.0	空化试验		
	JHQN4A2					242.0			
	JHQN4A3					200.0			
	JHQN4A4					310.0			
	JHEN2A9	GZM0602	HZDY2A	进、出水箱	−2	283.1	3.204	76.18	
	JHQN2A1					300.0	空化试验		
	JHQN2A2					268.0			
	JHQN2A3					225.0			
	JHQN2A4					335.0			
9	JHE0D1	GZM0602	DY88	进、出水箱	0	311.1	3.112	74.17	不同导叶试验比较
	JHE0FA		DY55			291.1	3.767	73.72	
10	JHE0E0	GZM0602	DY88	进、出水箱	0	319.3	2.833	71.69	导叶片10片

续表

方案号	文件名	叶轮编号	导叶编号	测压位置	叶片角/(°)	效率最优点			备注
						流量/(L/s)	扬程/m	效率/%	
11	JHE0FJ	GZM0602		进、出水箱	0	294.0	3.577	73.60	无十字支撑；叶轮前加十字支撑，导叶片5片(塑料)
	JHE0FK					303.2	3.307	72.85	4 mm十字支撑
	JHE0FM					296.2	3.369	71.06	上、下50 mm和左、右4 mm十字支撑
12	ZM50E0D	ZM50		进、出水箱	0	325.0	4.180	72.40	换较高扬程叶轮，导叶片5片
13	911E0A	Y991		进、出水箱	0	325.6	3.445	75.26	换叶轮、打磨支撑，导叶片5片
	911E0B					318.5	3.726	75.80	
14	JHE0FO	GZM0602	HZDY2A	进、出水箱	0	299.7	3.500	77.92	加长灯泡尾部、打磨支撑
15	JHE0FQ	GZM0602		进、出水箱	0	307.5	3.232	76.70	无导叶
16	JHE0FQF	GZM0602		出水流道	0	307.2	2.516	57.39	无导叶；前置灯泡运行方式
	JHE0FQG		QZDY			267.8	3.787	63.11	加塑料导叶
	JHE0FQI		QZDY			299.5	3.056	69.10	换出水流道
17	JHE0ZC	GZM0602	HZDY3	出水流道	0	311.4	2.939	69.38	后置灯泡运行，换7片直导叶，新灯泡
18	JHE0ZD	Y991	HZDY3	出水流道	0	298.0	3.730	71.66	后置灯泡运行，换7片直导叶，新灯泡
19	JHEN4JA	GZM0602	HZDY2A		−4	255.3	3.140	78.14	灯泡尾部出水流道收腰，后接圆管扩散，能量试验
	JHEN2JA				−2	279.4	3.200	78.38	
	JHE0JA				0	307.6	3.320	78.04	
	JHE2JA				+2	331.7	3.420	77.94	
	JHE4JA				+4	350.4	3.510	77.70	

新设计叶轮2组，编号GZM0601和GZM0602；已有叶轮2组，分别为Y991和ZM50。后置灯泡扩散导叶以DY55和DY88为基础，试验不同加工方法、不同叶片数以及与灯泡体支撑不同相对位置对泵装置性能的影响。常规导叶(泵段中使用的形式)2组编号分别为QZDY和HZDY3。此外，还试验叶轮进口前十字支撑对后置灯泡贯流泵性能的影响。

(2) 叶轮比选

方案1、方案2和方案13的试验结果表明，GZM0601叶轮性能与Y991叶轮相当；GZM0602叶轮效率略高，且扬程较低，较适合研究泵站的扬程要求。因此，大部分试验方案均基于 GZM0602 叶轮。

方案 3 和方案 12 利用扬程较高的 ZM50 叶轮在上述装置上进行试验，效率只有 72.4%，远低于低扬程的其他 3 组叶轮，除导叶不是很匹配外，高扬程叶轮在贯流泵装置中的性能值得进一步探讨。

(3) 导叶对贯流泵装置性能的影响

方案 9 对 DY88 导叶和 DY55 导叶进行试验比较，图 3-49 为扬程曲线的比较，图 3-50 为效率曲线的比较。

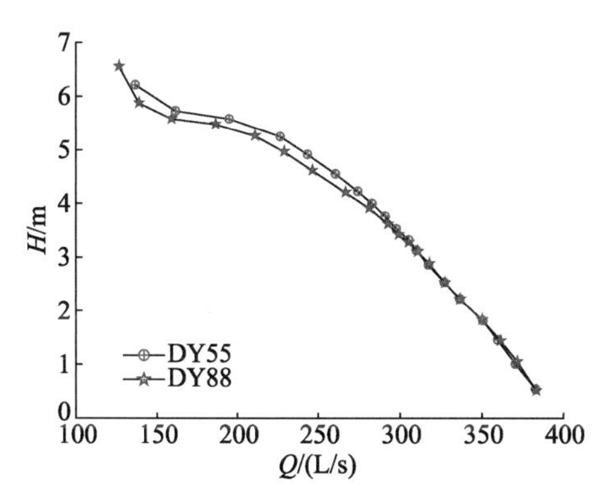

图 3-49 不同导叶泵装置扬程曲线的比较

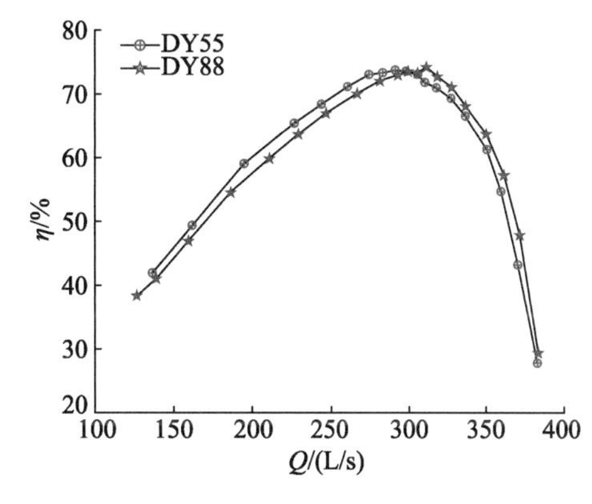

图 3-50 不同导叶泵装置效率曲线的比较

可以看出，2 组导叶最高效率和高效区宽度相当，但高效区的流量范围不同。2 组导叶性能的变化趋势与导叶设计时 CFD 分析结果相一致。由性能比较可见，DY88 更适合低扬程泵站应用。

单独将扩散导叶的叶片数由 5 片增加到 10 片，方案 4 和方案 10 的试验结果均表明，装置最高效率下降接近 2.5 个百分点，说明叶片数增加会加大导叶的水力损失。根据支承轴承的强度和刚度要求，叶片数变化后导叶片应重新进行设计。

无导叶方案 15 与相同装置结构的有导叶方案 14 的比较如图 3-51 和图 3-52 所示。

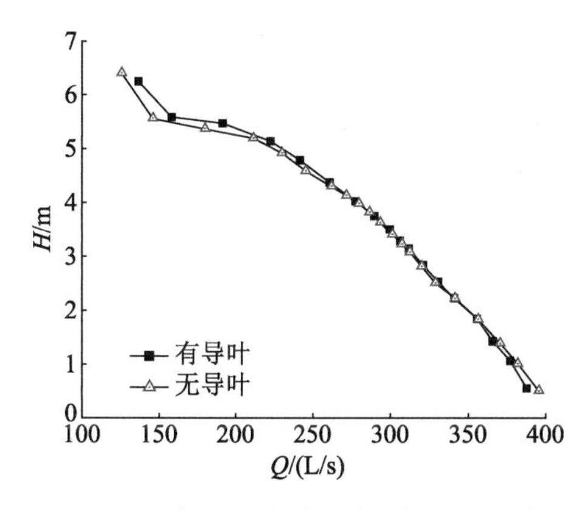

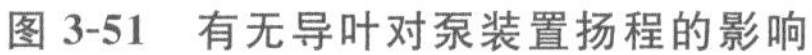
图 3-51 有无导叶对泵装置扬程的影响

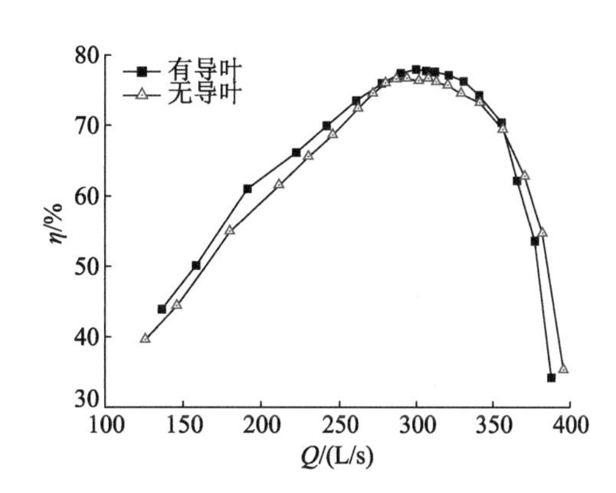

图 3-52 有无导叶对泵装置效率的影响

可以看出，当流量小于 357 L/s 时，有导叶装置的效率略高，当流量大于 357 L/s 后，无导叶装置的效率较高，两者总体性能非常接近，与其他泵装置中反映出来的性能有很大的不同。在其他的泵装置中，特别是立式泵装置中，无导叶时泵装置性能变化非常明显，最高效率下降明显。低扬程贯流泵装置无导叶时性能变化不明显，可能是低扬程后置灯泡贯流泵装置中的灯泡体支撑起到了一定的回收环量的作用。

（4）测压断面位置对测试结果的影响

方案 6 比较了不同的扬程测试断面对测试结果的影响。图 3-53 为扬程曲线的比较，图 3-54 为效率曲线的比较。

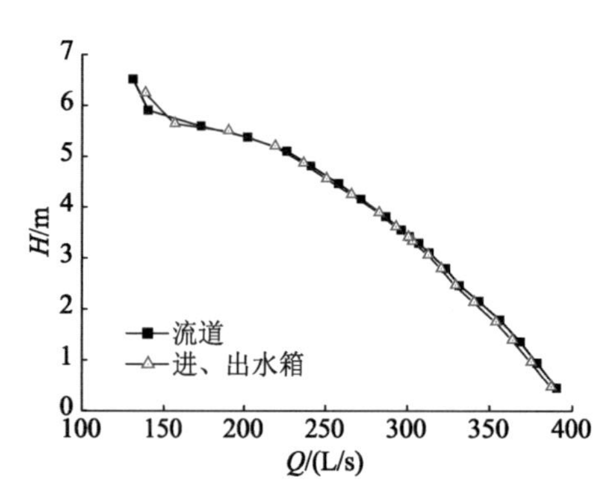

图 3-53　不同测压断面扬程曲线比较

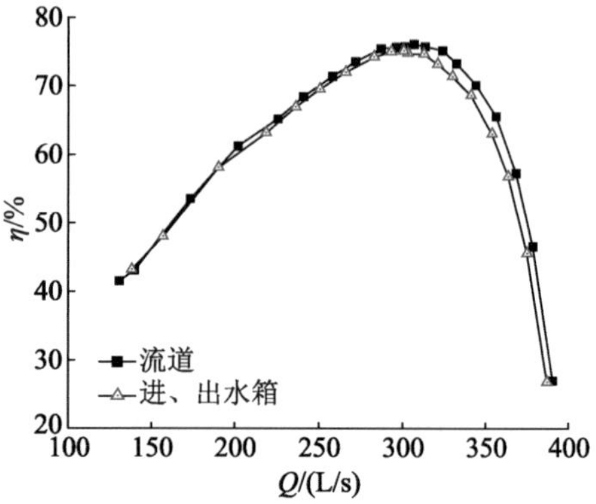

图 3-54　不同测压断面效率曲线比较

可以看出，在进、出水流道上测试扬程，再加上流道出口水力损失来推算泵装置扬程，得到的效率要略高于在进、出水箱上测试扬程得到的效率。流量越大，效率差别越明显。其主要原因是，流道出口的实际出水流速分布很不均匀，实际出口水力损失大于按平均流速计算的出口水力损失。

（5）导叶与灯泡体支撑相对位置对贯流泵装置性能的影响

贯流泵扩散导叶的导叶片数为 5 片，灯泡体支撑为上一下二，两者的相对位置可出现多种情况。方案 7 试验了两个相对位置的泵装置性能，位置一为导叶片出口边基本与灯泡体上支撑对齐，位置二为灯泡体上支撑位于两导叶片中间位置。扬程曲线对比如图 3-55 所示，效率曲线对比如图 3-56 所示。

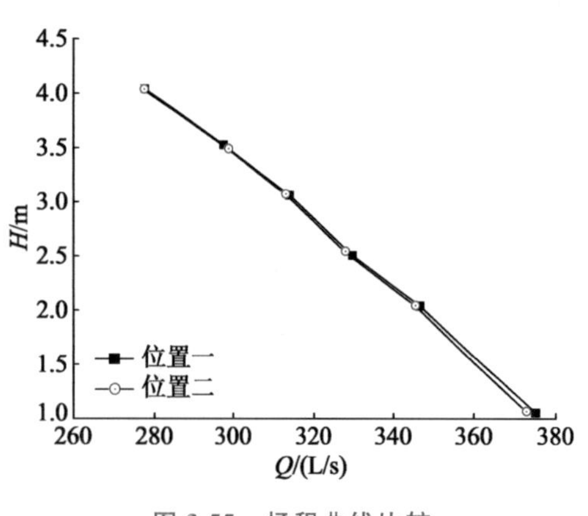

图 3-55　扬程曲线比较

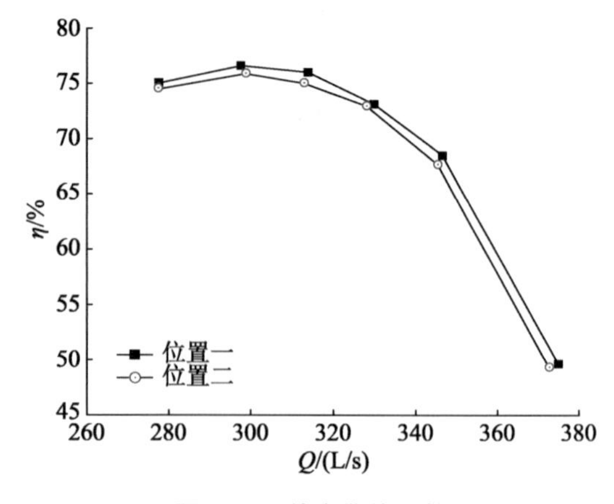

图 3-56　效率曲线比较

可以看出，相对位置一的扬程略高，说明水力损失较小，效率提高可达 0.8 个百分点。

(6) 叶轮前十字支撑对后置灯泡贯流泵装置性能的影响

在原型贯流泵装置中，通常在叶轮前放置叶片调节机构，需设置十字支撑。方案 11 试验对比了十字支撑对泵装置性能的影响，分无十字支撑，4 mm 厚度十字塑料支撑，以及上、下 50 mm 和左、右 4 mm 十字支撑 3 种情况。试验获得的扬程曲线如图 3-57 所示，效率曲线如图 3-58 所示。

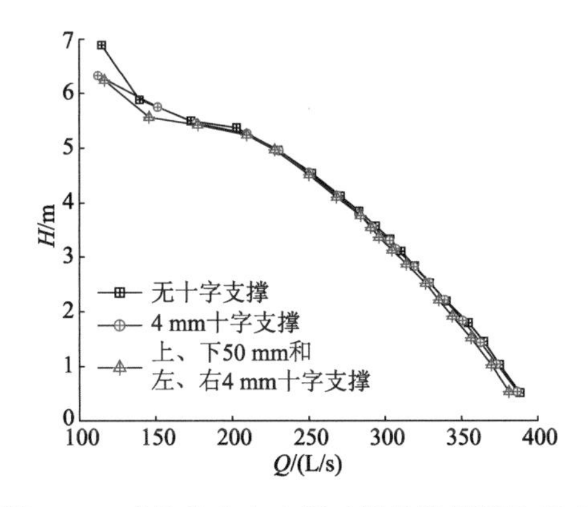

图 3-57 叶轮前十字支撑对泵装置扬程的影响

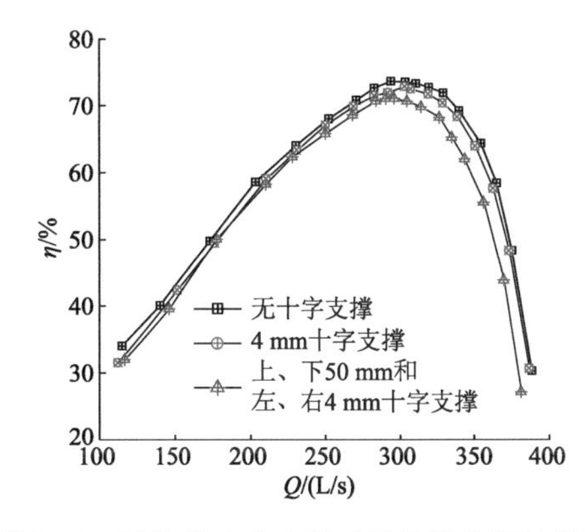

图 3-58 叶轮前十字支撑对泵装置效率的影响

试验结果表明，与无十字支撑相比，4 mm 厚度的薄壁十字支撑使泵装置效率下降 0.7 个百分点左右，振动和空化情况变化不明显。上、下支撑改成 50 mm 的厚支撑后，性能变化较大，最高效率下降达 2.5 个百分点，叶轮叶片在转到厚支撑尾流中时，发生较为严重的空化，产生明显的噪声和振动。因此，当叶轮前采用十字支撑时，应使支撑远离叶轮，支撑断面厚度尽量薄，并采用流线型以减少尾流对叶轮水力性能和稳定性的影响。

(7) 灯泡体尾部形状对后置灯泡贯流泵装置性能的影响

初始设计的贯流泵装置灯泡体尾部收缩较快，接近半球面的钝尾部(见图 3-59a)，根据水流逐渐扩散的要求，改灯泡体为流线型尾部(见图 3-59b)。图 3-60 为装置扬程曲线比较，图 3-61 为装置效率曲线比较。

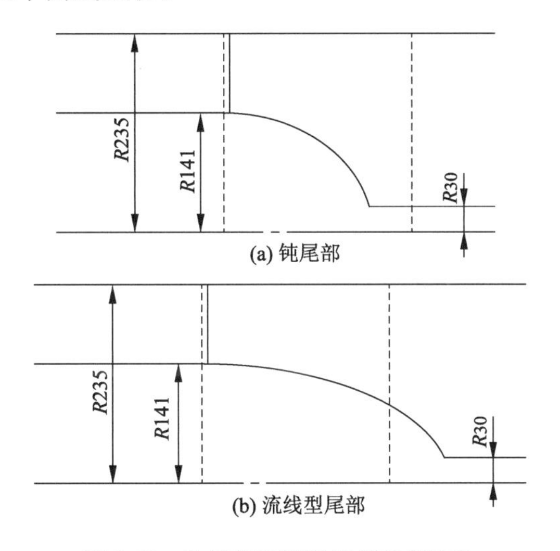

图 3-59 钝尾部和流线型尾部灯泡体

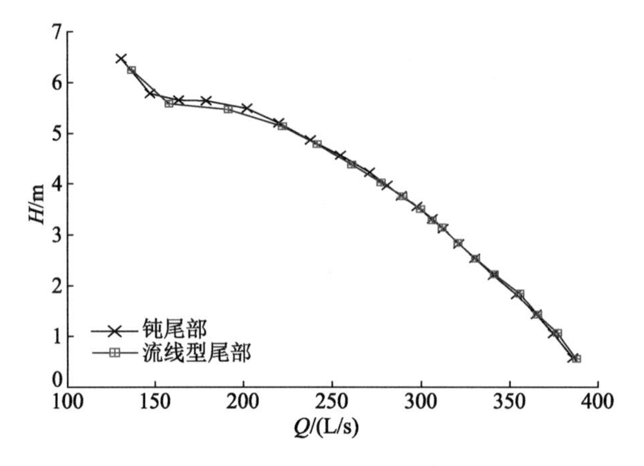

图 3-60　装置扬程曲线比较

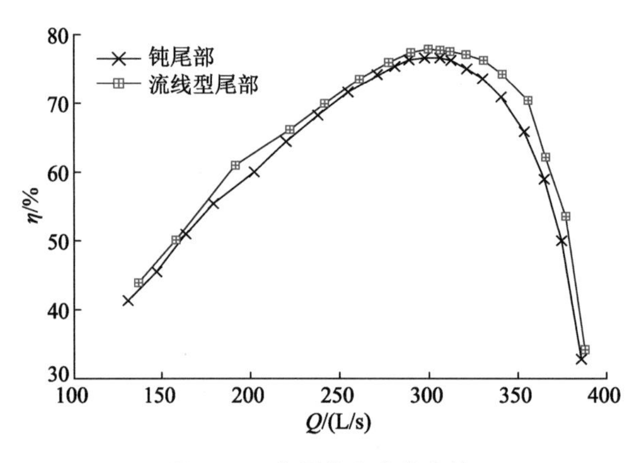

图 3-61　装置效率曲线比较

试验结果表明，流线型尾部在大流量时扬程有所提高，表明灯泡体尾部的出口水力损失有所减小，可提高效率 1 个百分点左右。

2. 前置灯泡贯流泵装置水力性能初步试验

为了解前置灯泡贯流泵装置的水力性能，将后置灯泡贯流泵装置的 GZM0602 叶轮叶片调节 180°，并使泵装置反向运行，就成为前置灯泡贯流泵装置。将原扩散导叶的叶片拆除，叶轮后不加导叶，即为方式一(见图 3-62)；加正常导叶，即为方式二(见图 3-63)；在方式二的基础上，将原进水流道加长，减小水流扩散角，即为方式三(见图 3-64)。

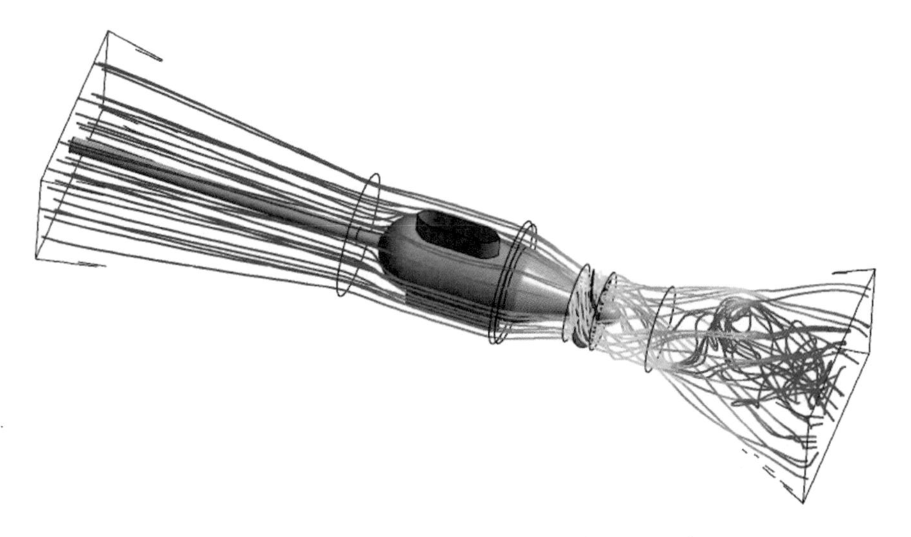

图 3-62　方式一 CFD 计算的流线(叶轮后无导叶)

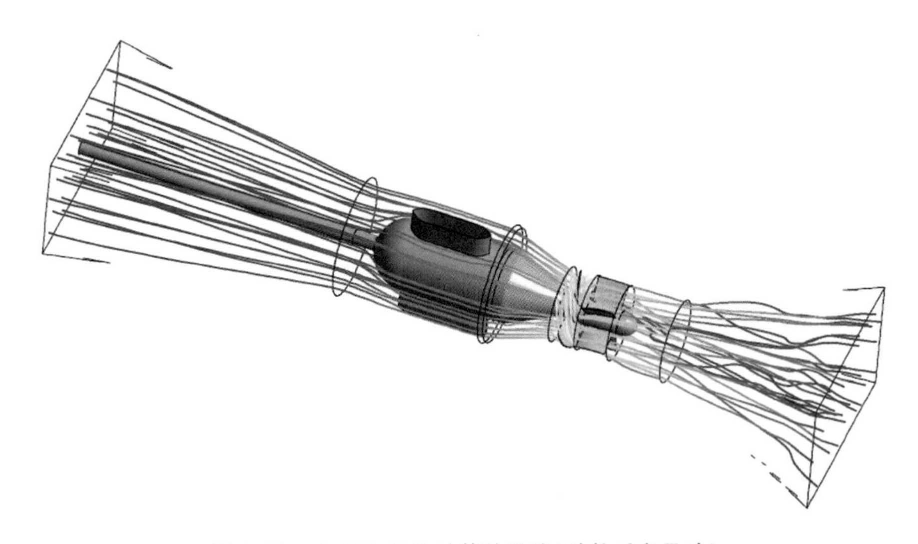

图 3-63　方式二 CFD 计算的流线(叶轮后有导叶)

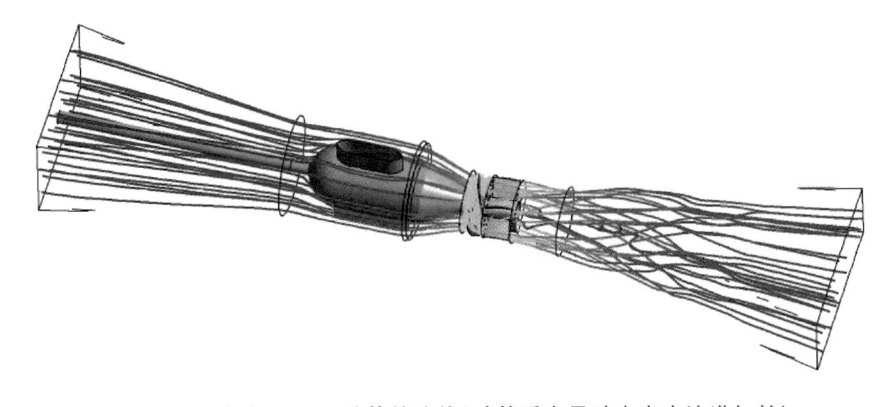

图 3-64　方式三 CFD 计算的流线(叶轮后有导叶+出水流道加长)

3 种方式试验结果如图 3-65 和图 3-66 所示。

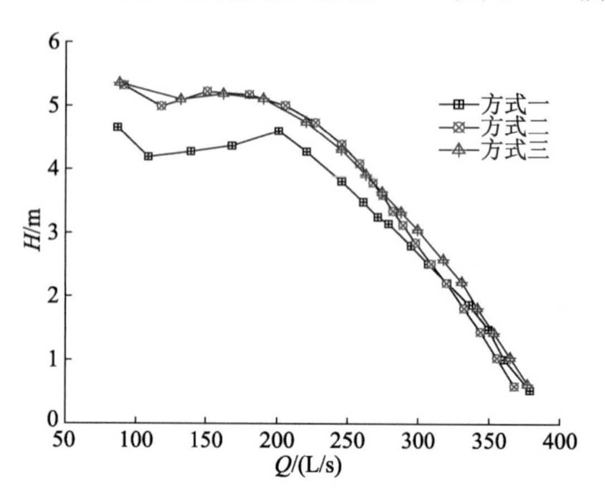

图 3-65　前置贯流泵装置扬程曲线比较

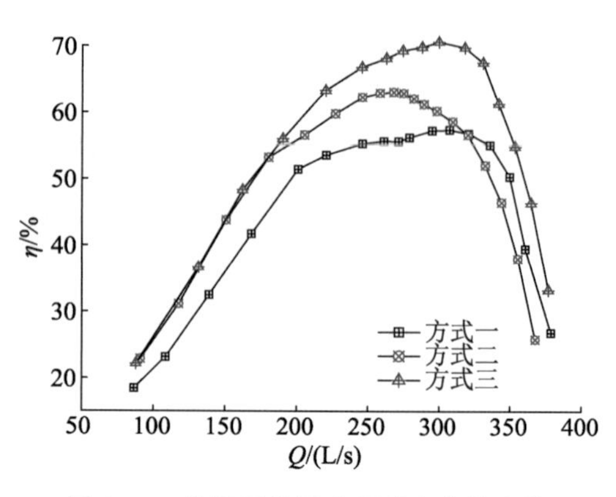

图 3-66　前置贯流泵装置效率曲线比较

试验结果表明，前置灯泡贯流泵装置在无导叶时效率很低，最高只有 57.39%；采用正常导叶后，效率有明显提高，最高达到 63.11%；改进出水流道(原进水流道)后，最高效率进一步提高到 69.1%，但与后置灯泡贯流泵装置相比仍有不小的差距。由于存在导叶不是很匹配的问题，在泵装置流道总长度相同的条件下，前置灯泡贯流泵装置的性能较难超越后置灯泡贯流泵装置的性能。前置灯泡贯流泵装置的导叶和出水流道必须精心优化，才能取得较高的效率。

3. 采用常规导叶的后置灯泡贯流泵装置性能试验

在原后置灯泡贯流泵装置的基础上，拆除扩散导叶内的导叶片，在叶轮和扩散导叶间加上 HZDY3 常规导叶(泵段使用的导叶)，改成方案 17 和方案 18 的常规导叶后置灯泡贯流泵装置方式(见图 3-67)。

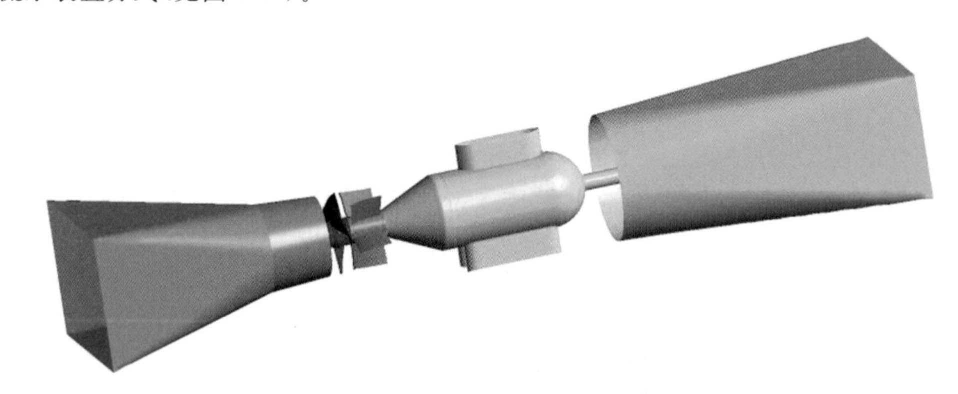

图 3-67　常规导叶后置灯泡贯流泵装置

采用 GZM0602 和 Y991 两组叶轮进行模型试验，其中方案 17 的试验结果与方案 8 的试验结果比较如图 3-68 和图 3-69 所示。

试验结果表明，方案 17 与方案 8 相比，效率不升反降，尽管同样存在导叶与叶轮不十分匹配的问题，但是仍可说明采用扩散导叶是比较合理的。增加一段常规导叶，不但会使泵轴长度增加，还存在水力损失增加的问题。

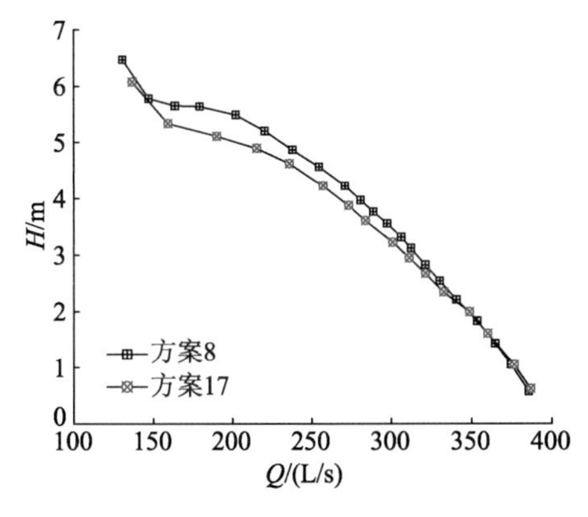

图 3-68 后置贯流泵装置扬程曲线比较

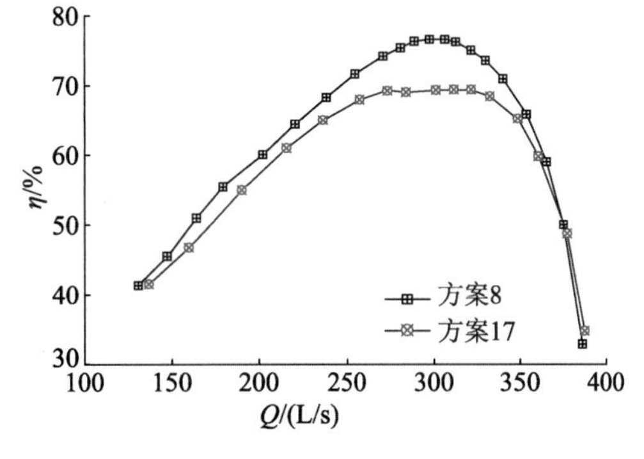

图 3-69 后置贯流泵装置效率曲线比较

3.1.9 灯泡贯流泵装置模型同台试验结果

择优选择 2 套泵装置 4 个水力模型(GL－2008－01,GL－2008－02 和 GL－2010－03,GL－2010－04)在中水北方勘测设计研究有限责任公司水力模型通用试验台上分别进行效率、空化、飞逸、水轮机工况及叶轮进出口压力脉动、进口渐变段压差测流等试验。采取定转速变流量进行能量特性试验。试验转速为 1 450 r/min,零流量和小流量时模型运行不稳定,故将转速降至 750 r/min 进行试验,再将试验结果统一换算到转速 1 450 r/min 下。

图 3-70 为 GL－2008－01 和 GL－2008－02 贯流泵装置模型图,图 3-17 为 GL－2010－03 和 GL－2010－04 贯流泵装置模型图,图 3-71 至图 3-74 为 4 组灯泡贯流泵装置综合特性曲线。

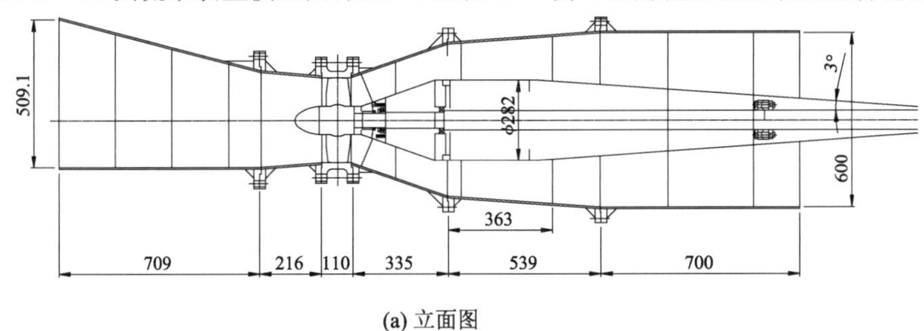

(a) 立面图

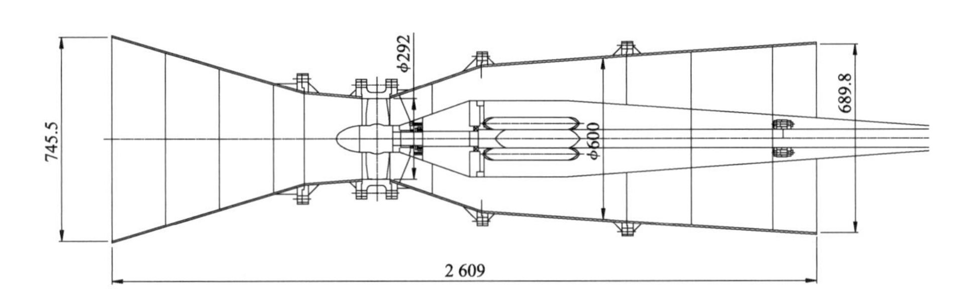

(b) 平面图

图 3-70 GL－2008－01/02 贯流泵装置模型图(单位:mm)

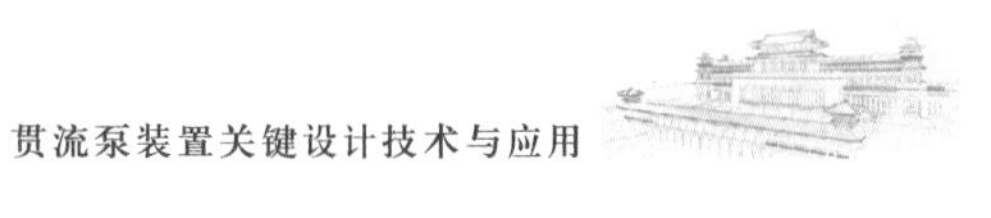

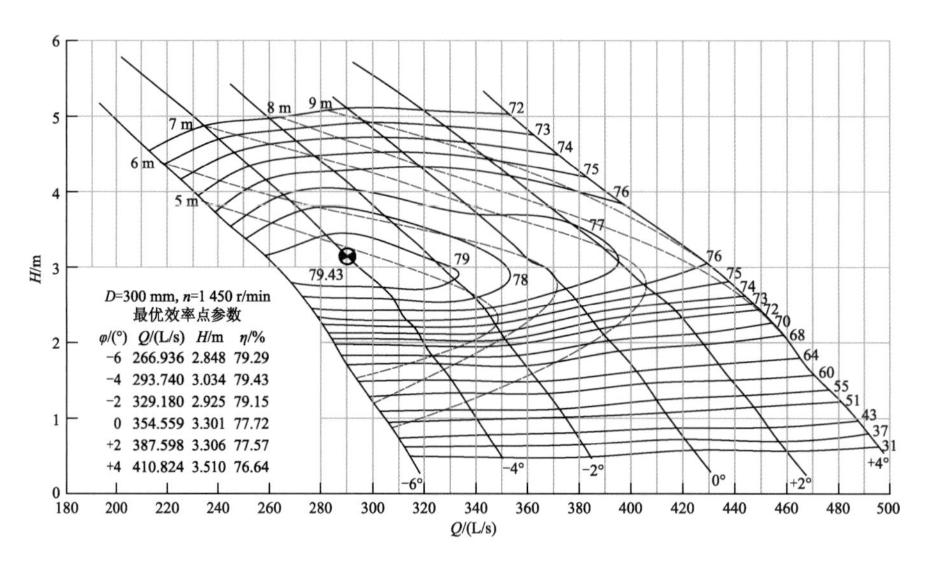

图 3-71　GL－2008－01 灯泡贯流泵模型装置综合特性曲线

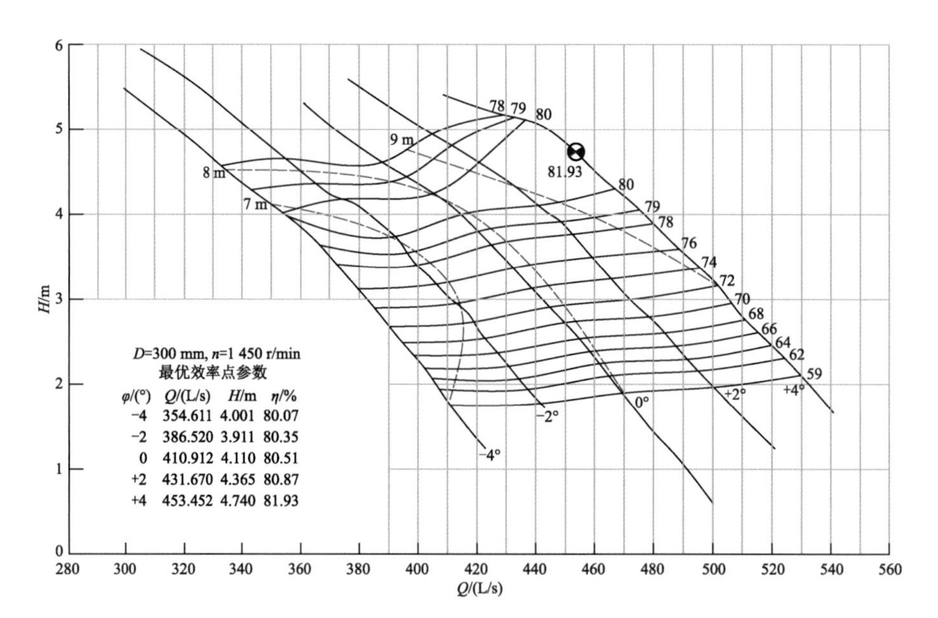

图 3-72　GL－2008－02 灯泡贯流泵模型装置综合特性曲线

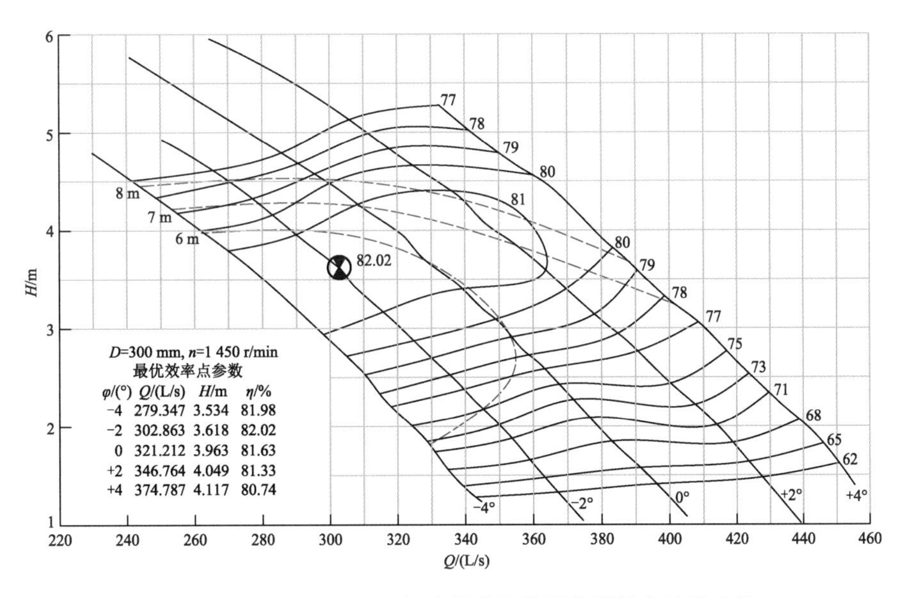

图 3-73 GL－2010－03 灯泡贯流泵模型装置综合特性曲线

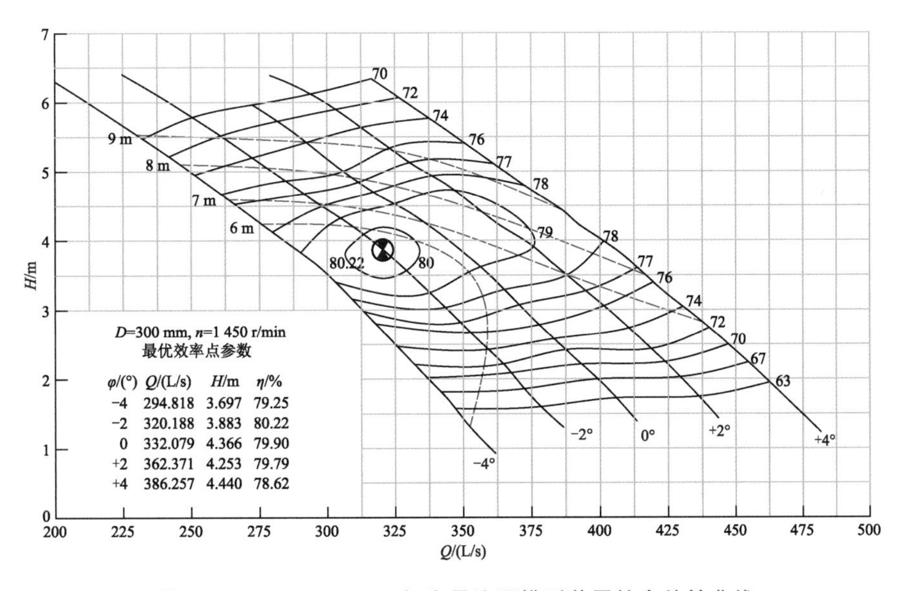

图 3-74 GL－2010－04 灯泡贯流泵模型装置综合特性曲线

试验结果表明，GL－2008－01 水力模型最高效率为 79.43%，比转速为 1 248，空化比转速为 1 362；GL－2008－02 水力模型最高效率为 81.93%，比转速为 1 109，空化比转速为 976；GL－2010－03 水力模型最高效率为 82.02%，比转速为 1 110，空化比转速为 1 341；GL－2010－04 水力模型最高效率为 80.22%，比转速为 1 083，空化比转速为 1 379。4 组装置模型综合性能良好，超越预期目标。

3.1.10 叶轮内部流场测量

为充分揭示性能优良的水力模型的内部流动规律，对 GL－2010－03 水力模型进行内部流场测量,为完善设计理论和方法提供依据。

1. 试验装置与测点布置

图 3-75 为测试系统装置图,包括贯流泵装置、激光多普勒测速仪(laser Doppler velocimeter,LDV)、流量计、扭矩仪、变频电机、计算机等。采用三维 LDV 流场测试技术对模型贯流泵装置内部流场进行测量,测试全透明装置见图 3-76,测试采用的叶轮直径为 120 mm,导叶内未设置叶片。

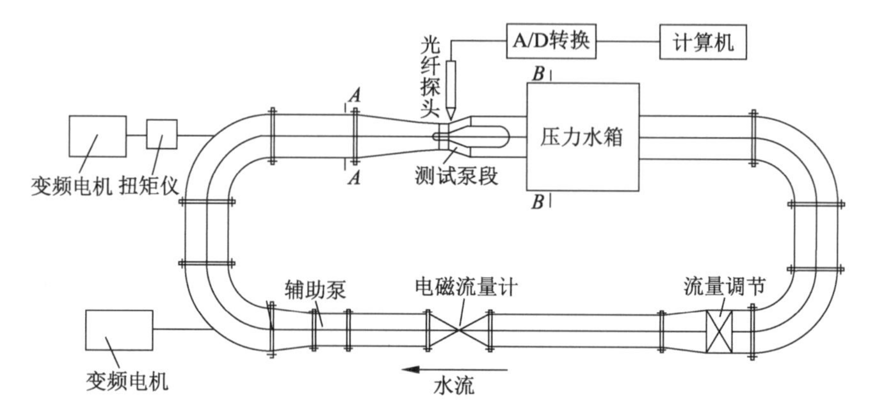

图 3-75 测试系统装置图

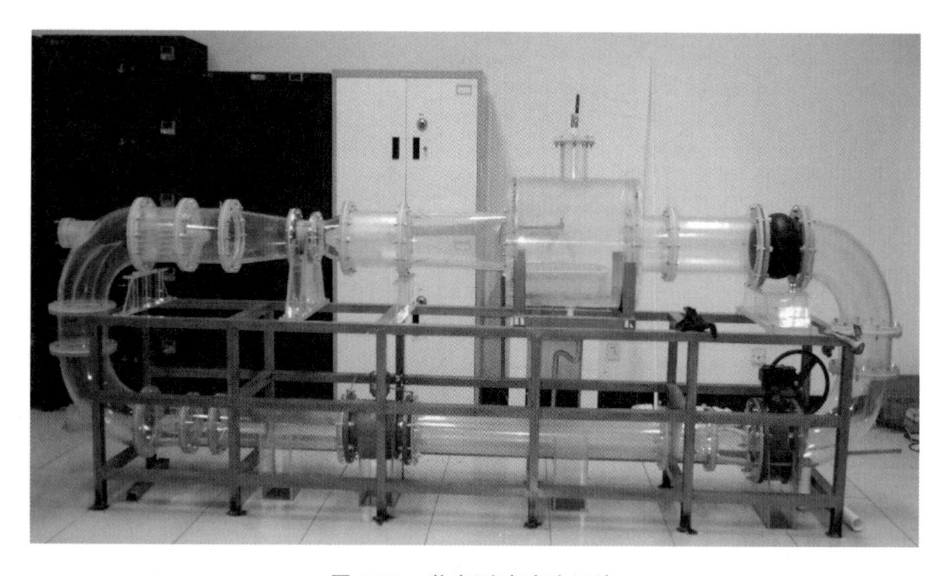

图 3-76 激光测试试验系统

本次测量了叶轮出口和导叶内的流场,测试窗口见图 3-77,测点布置见图 3-78。由于窗口的限制,只能测试叶轮出口垂直于轮毂表面的一条线上的速度场。导叶内共测量垂直于导叶外壳的 8 条线上的速度场,相邻测线之间的距离为 10 mm,测点是按照边壁密集、中间稀疏的原则布置的。试验采用五光束单透镜后散射模式的三维激光多普勒测速系统,五光束三维光纤探头激光分布如图 3-79 所示。

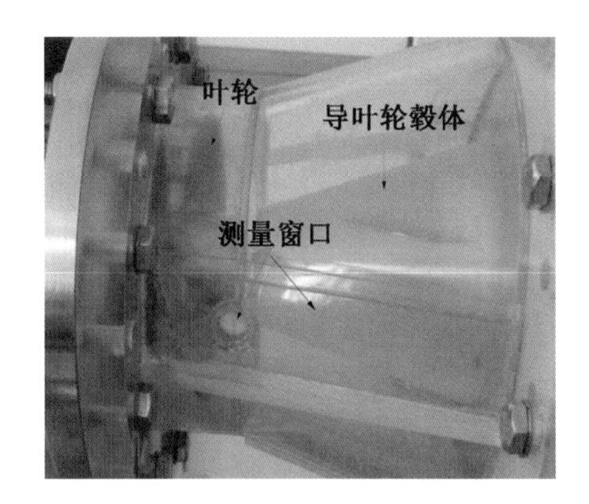

图 3-77　LDV 测量窗口示意图

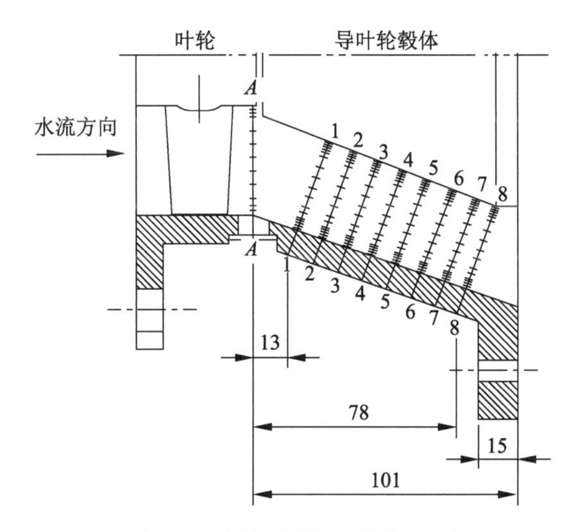

图 3-78　测点布置图(单位:mm)

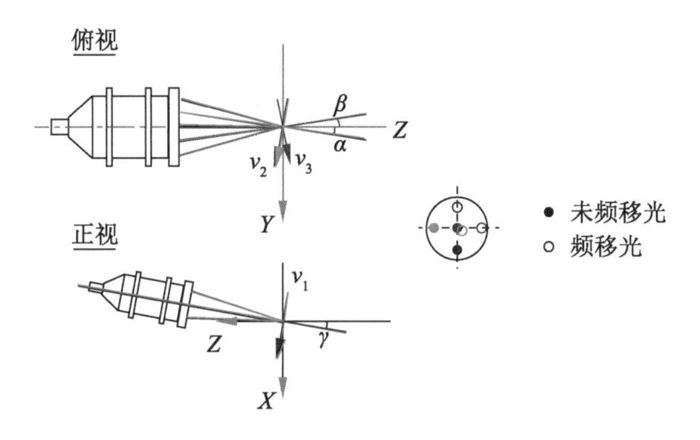

图 3-79　五光束三维光纤探头激光分布图

2. 测试结果比较

叶轮出口的流速分布计算结果与试验结果对比如图 3-80 所示，导叶水平纵剖面上各速度分量的等值线云图如图 3-81 至图 3-83 所示。计算和试验得到的速度分布规律基本相同，但在数值上仍存在明显差别，因此在提高数值计算和激光测试精度方面仍需开展大量的研究工作。

（1）叶轮出口流速分布

水流经过高速旋转的叶轮后，流态紊乱，叶轮出口流态对贯流泵性能影响很大。为了设计高效的贯流泵叶轮以及配套的扩散导叶，需要对贯流泵出口的旋转流场进行深入的研究。在叶轮转速为 2 000 r/min，测试流量为 28 L/s 时，计算叶轮出口流速分布。为了检验计算的可靠性，将计算结果与试验结果进行对比（计算采用的模型尺寸与图 3-76 透明试验台所测试模型的尺寸相同），测点的流速分布见图 3-80。

由图可知，由于水流经过高速旋转的叶轮后，在叶轮出口处环量较大，所以叶轮出口处水流周向速度比较大。计算和试验得到的速度分布规律基本相同，因为轮毂是随着叶片一起转动的，所以靠近轮毂处速度值较大。数值模拟采用的网格较密，反映出比较明显的边壁效应，离开轮毂壁面层后周向流速迅速下降，随后又逐渐升高，并趋于稳定，靠近轮缘处流速迅速减小，趋向于零。LDV 测量的点数较少，在边壁处未进行加密测量，所以其表现出的规律就是流速从轮毂到轮缘逐渐下降，在中间区域较为稳定，在靠近轮缘处也是呈迅速减小到零的趋势。周向速度的计算值总体上都高于试验值。轴向速度试验值的分布特征比较明显，靠近壁面处流速较小，在中间区域流速较大，呈“U”形分布，但是计算值的分布特征却基本上是由轮毂向轮缘处流速逐渐增大，只在靠近轮缘壁面处有所降低。径向速度的比较显示，计算值和试验值差距较大，其主要原因是径向速度是由绿光和紫光的混合光所测得的速度合成的，紫光相对于绿光和蓝光能量较弱，而透镜的夹角又比较小，只要在测量过程中透镜与窗口之间的垂直度产生偏差，对径向速度的影响就很大，所以径向速度的准确性比较难保证。

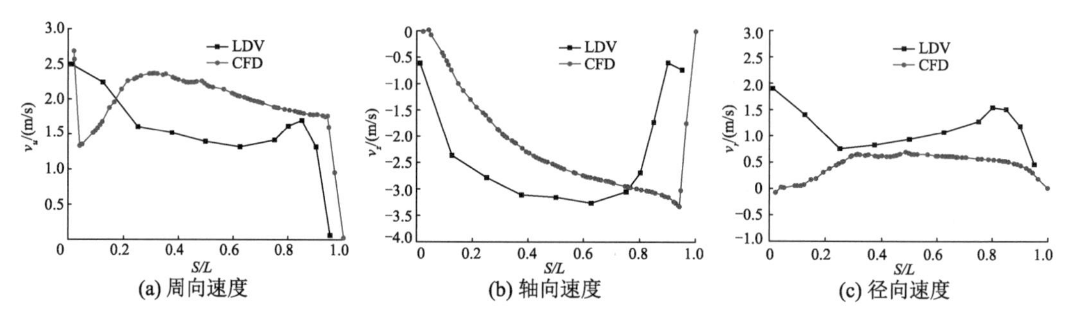

图 3-80　叶轮出口流速分布

（2）导叶内流速分布

考虑到透明试验台的强度不允许长时间高速运转，故采取降速运行的方式，将转速调至 1 450 r/min。通过数值模拟得到最高效率点对应的流量为 $Q=20$ L/s，为了方便与测试结果做对比，在测量导叶内流场时将流量调节至 20 L/s。

图 3-81 至图 3-83 是导叶内水平纵剖面上各速度分量的等值线云图。从周向速度等值线图来看，试验值和计算值的分布规律基本上一致，且流速大小比较接近，流速从导叶进口到出口逐渐减小，靠近壁面处流速较小，但是在导叶进口处流速分布有所不同，试验时的主流偏向轮毂，而计算时的主流偏向轮缘。从轴向速度等值线图来看，流速从轮毂到轮缘先逐渐增大后逐渐减小，且沿着水流方向呈逐渐减小的趋势，试验和计算的流速范围

大致相同。从径向速度等值线图来看，试验和计算得到的速度等值线分布规律基本上相似，沿着水流方向流速均有减小的趋势，但是速度大小相差较大。

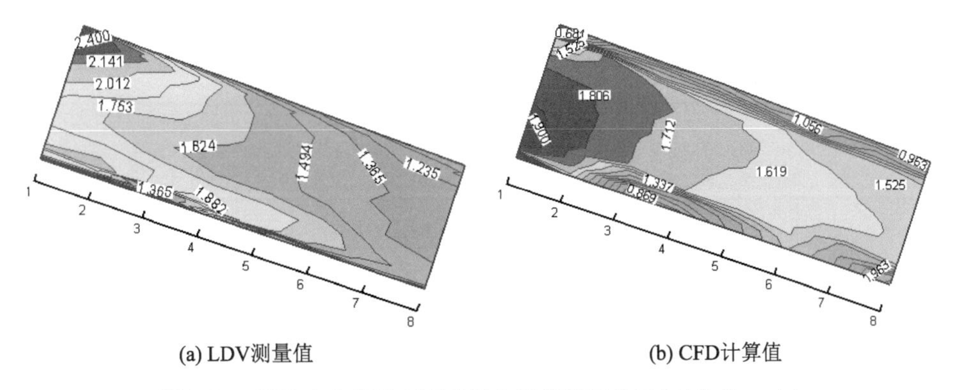

(a) LDV测量值　　(b) CFD计算值

图 3-81　导叶内水平纵剖面的周向速度等值线云图(单位:m/s)

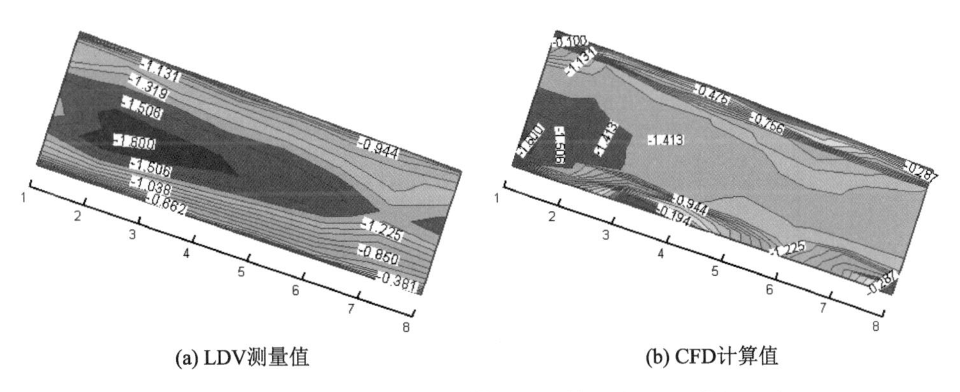

(a) LDV测量值　　(b) CFD计算值

图 3-82　导叶内水平纵剖面的轴向速度等值线云图(单位:m/s)

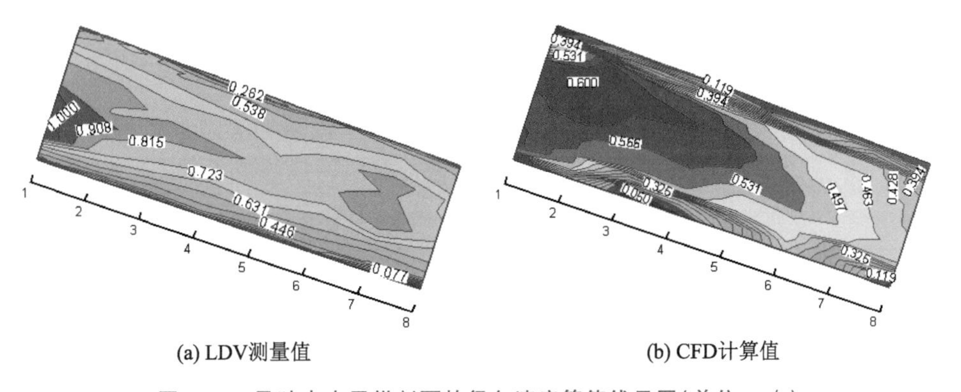

(a) LDV测量值　　(b) CFD计算值

图 3-83　导叶内水平纵剖面的径向速度等值线云图(单位:m/s)

3.2　直接传动灯泡贯流泵装置优化与性能试验

3.2.1　研究背景

现场拆卸型灯泡贯流泵是最常用也最适应我国现行管理体制的结构型式，现以设计

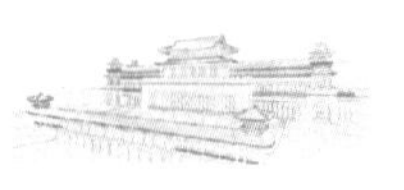

流量为 150 m^3/s 的某泵站为例，该泵站特征水位及扬程如表 3-15 所示。水泵叶轮直径为 3 350 mm，叶片数为 3，导叶片数为 5，叶轮叶片全调节，水泵转速为 115.4 r/min，配直联同步电动机，额定功率 2 200 kW。

表 3-15　泵站特征水位及扬程　　单位：m

工况			参数	
			站下	站上
特征水位	调水	设计	5.45	7.90
		最低	5.25	7.50
		最高	6.05	8.00
		平均	5.65	7.75
	排涝	设计	6.25	10.50
		最高	6.75	11.50
净扬程	调水	设计	2.45	
		最低	1.45	
		最高	2.75	
		平均	2.10	
	排涝	设计	4.25	
		最高	4.75	

注：表中站下水位已考虑河道、拦污栅损失 0.25 m。

3.2.2 数值模拟与优化设计

1. 初始方案流态分析

使用 CFD 对初始方案的原型机组灯泡体及进、出水流道的流态进行评价，针对设计流量进行计算。CFD 计算条件如表 3-16 所示，进行数值模拟的装置如图 3-84 所示。

表 3-16　灯泡贯流泵装置 CFD 计算条件

紊流模型	RNG $k-\varepsilon$
进口边界条件	静压一定
出口边界条件	质量流量一定
转速 n/(r/min)	115.4
模拟工况流量 Q/(m^3/s)	37.5
总节点数	约 5 000 000

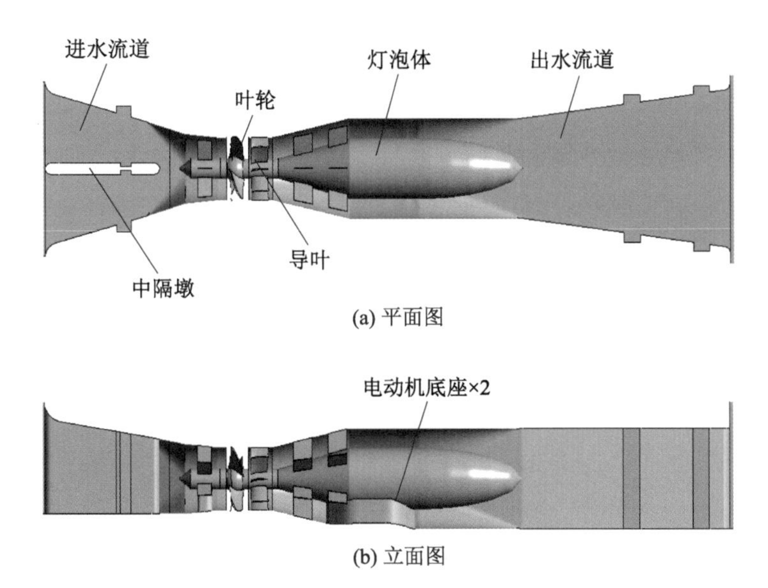

(a) 平面图

(b) 立面图

图 3-84 泵站灯泡贯流泵装置

图 3-85 所示为流速及压力分布的评价断面位置，断面划分为泵进口（A 断面）、导叶进口（E 断面）、灯泡体进口（F 断面）、灯泡体出口（I 断面）和泵出口（L 断面）。初步方案的数值模拟预测的水力损失结果见表 3-17（进口段：$A \sim E$ 断面；灯泡体段：$F \sim I$ 断面；出口段：$I \sim L$ 断面）。

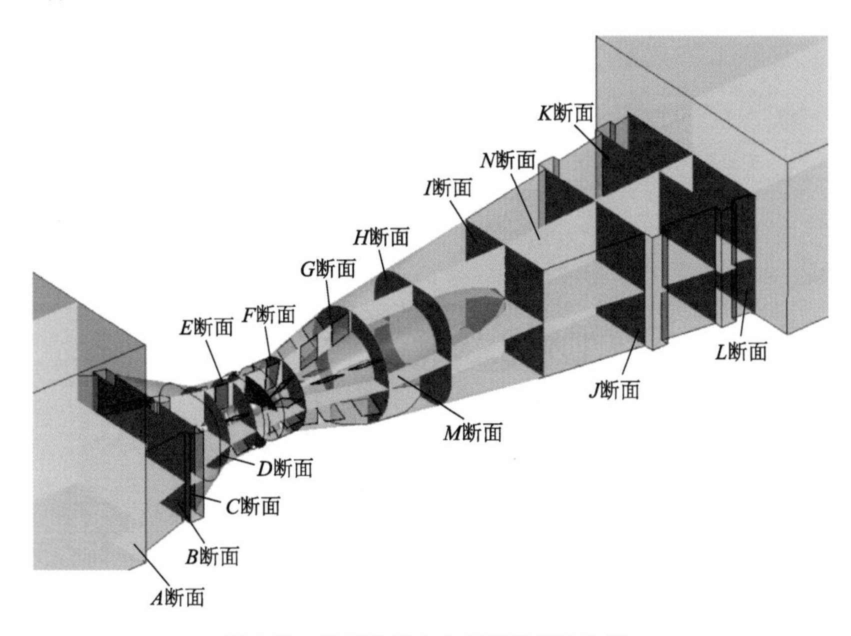

图 3-85 流速及压力分布评价断面位置

表 3-17　不同部位水力损失预测结果　单位：m

部位	水力损失 Δh		
	初始方案	优化后	差值
进口段	0.051	0.048	0.003
灯泡体段	0.208	0.189	0.019
出口段	0.005	0.004	0.001
流道整体	0.264	0.241	0.023

图 3-86 所示为装置内整体流态状况，图 3-87 所示为灯泡体附近的流态状况。虽然在电动机支墩附近有若干偏流，但其后方基本是均匀的流态。

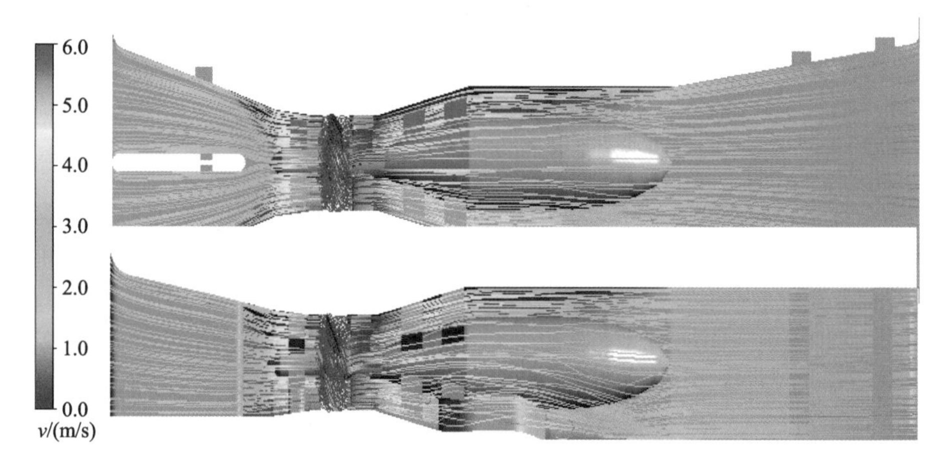

图 3-86　装置内整体流态状况

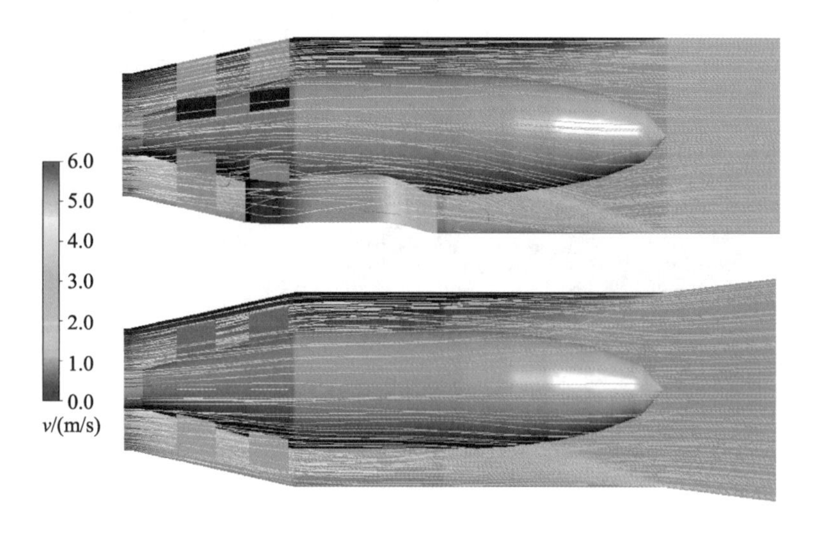

图 3-87　灯泡体附近的流态状况

进水流道进口到进水侧支承流道形状变化部分、出水侧圆形流道过渡到矩形流道部分的流态状况见图 3-88。从左侧图可以发现进水部分流态基本均匀；从右侧图可以发现灯泡体后端流态也基本均匀。

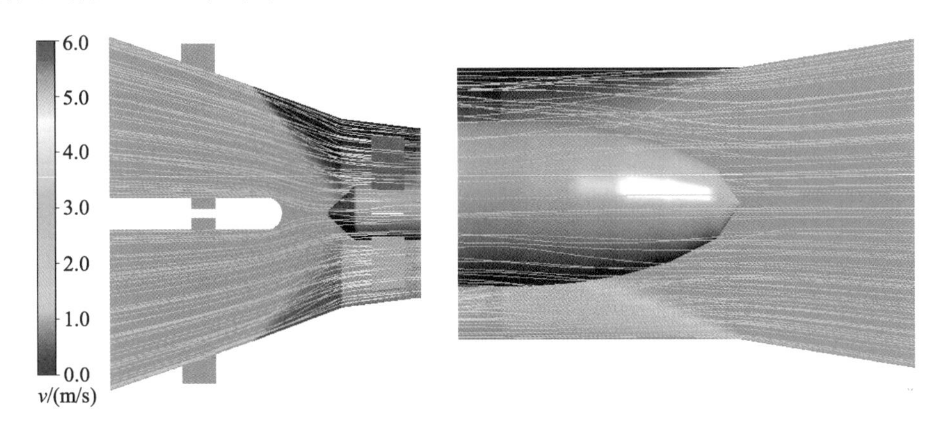

图 3-88　进、出水流道断面形状过渡部分的流态状况

2. 灯泡贯流泵装置优化

不同部位的水力损失预测结果显示，初始方案灯泡体部位的水力损失最大，可能不能满足装置性能保证值的要求，因此对灯泡贯流泵装置进行优化，并重新进行装置的 CFD 分析。优化后的灯泡贯流泵装置如图 3-89 所示。优化后的进水流道方变圆段从 1 850 mm 延长为 2 650 mm，出水流道圆变方段从 5 000 mm 延长为 8 400 mm，且电动机安装底板出水侧为流线型。装置不同断面尺寸如图 3-90 和图 3-91 所示。

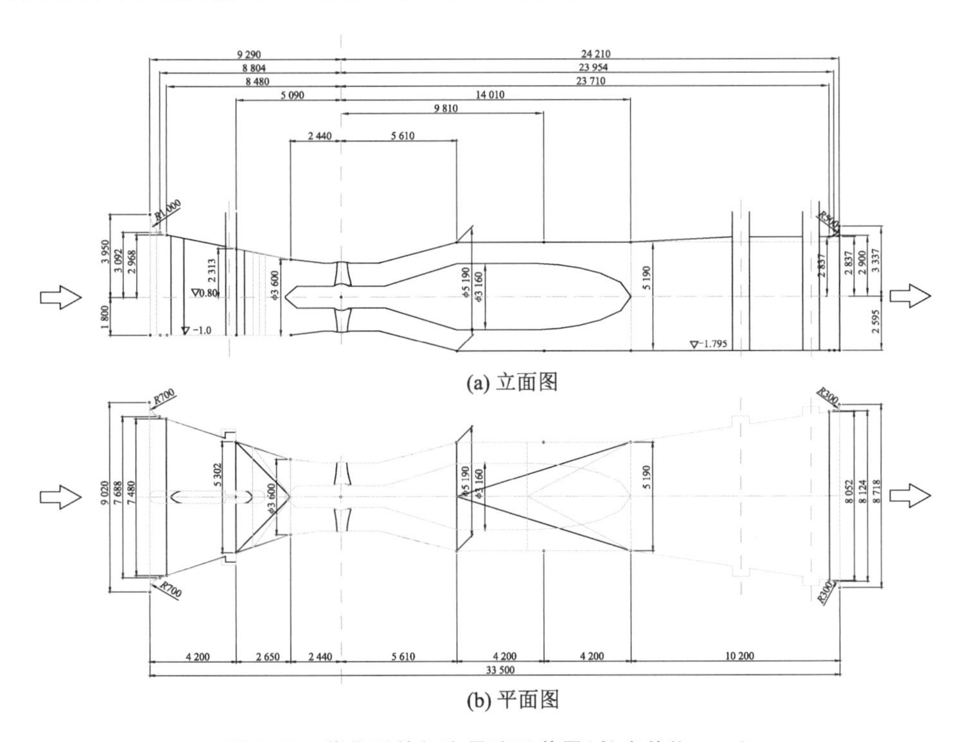

图 3-89　优化后的灯泡贯流泵装置(长度单位:mm)

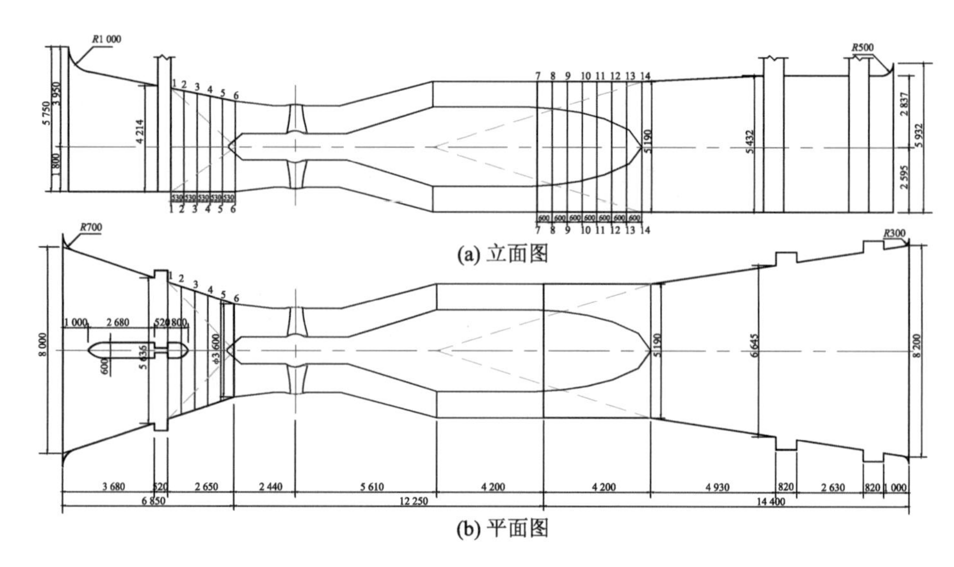

(a) 立面图

(b) 平面图

图 3-90　灯泡贯流泵装置型线图(单位:mm)

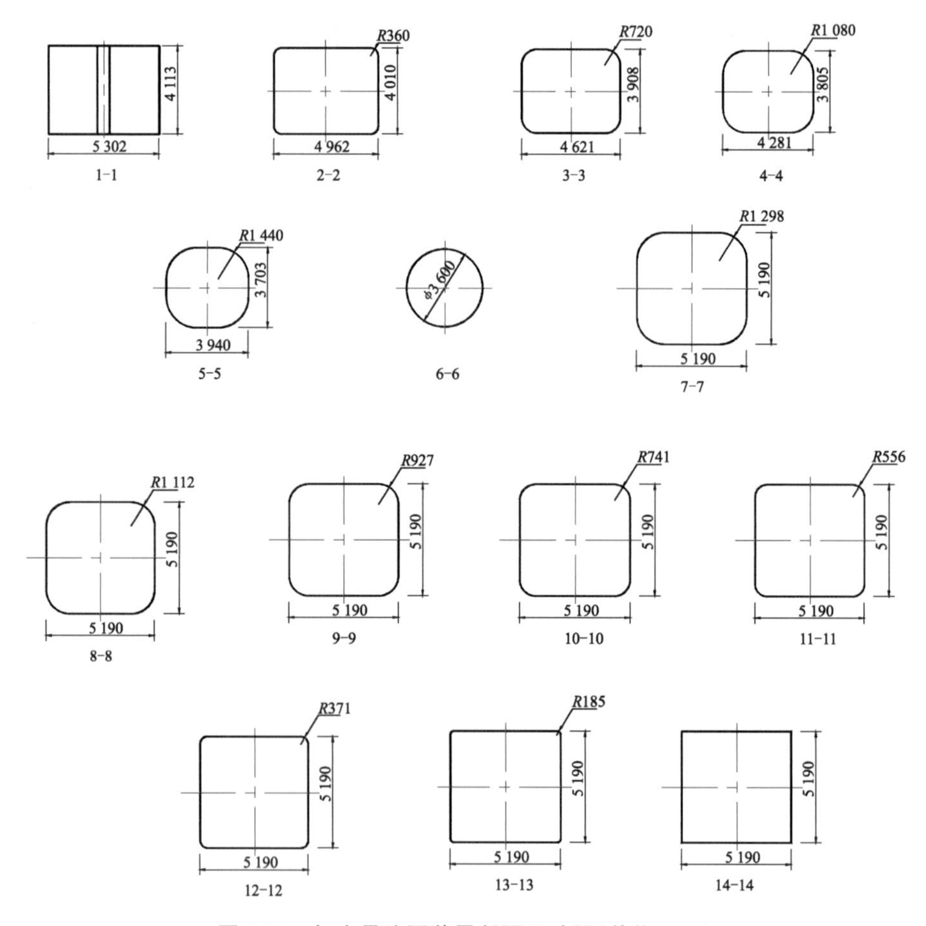

图 3-91　灯泡贯流泵装置断面尺寸图(单位:mm)

采用CFD对优化后的灯泡体及进、出水流道的流态进行评价，以设计流量工况进行计算，预测的不同部位水力损失见表3-17，灯泡体段水力损失由0.208 m减小为0.189 m，减小0.019 m，占10%左右，效果明显。不同断面的压力和流速分布等值线如图3-92所示，A断面至L断面左侧为压力分布，右侧为流速分布，M，N断面为流速分布。

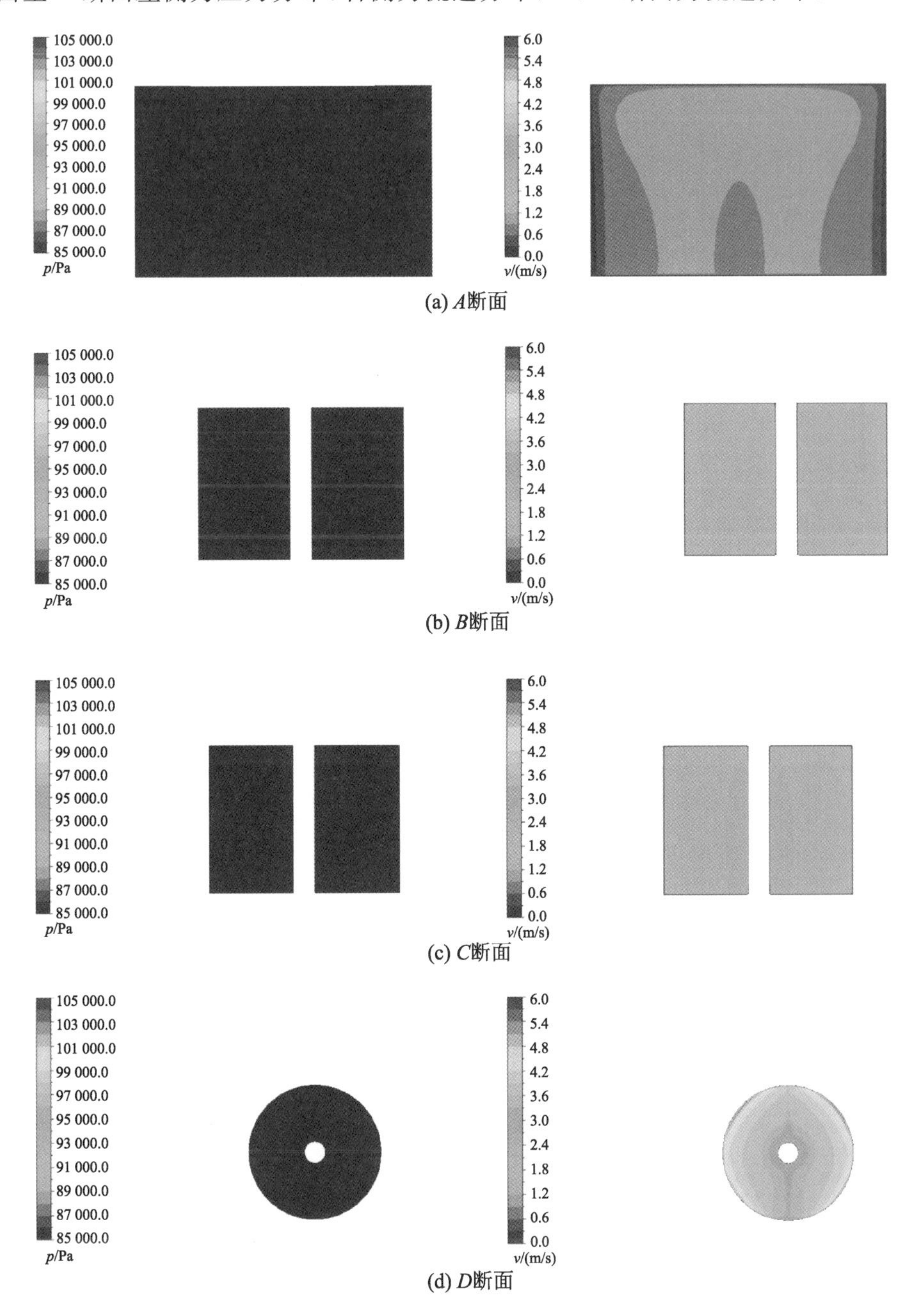

(a) A断面

(b) B断面

(c) C断面

(d) D断面

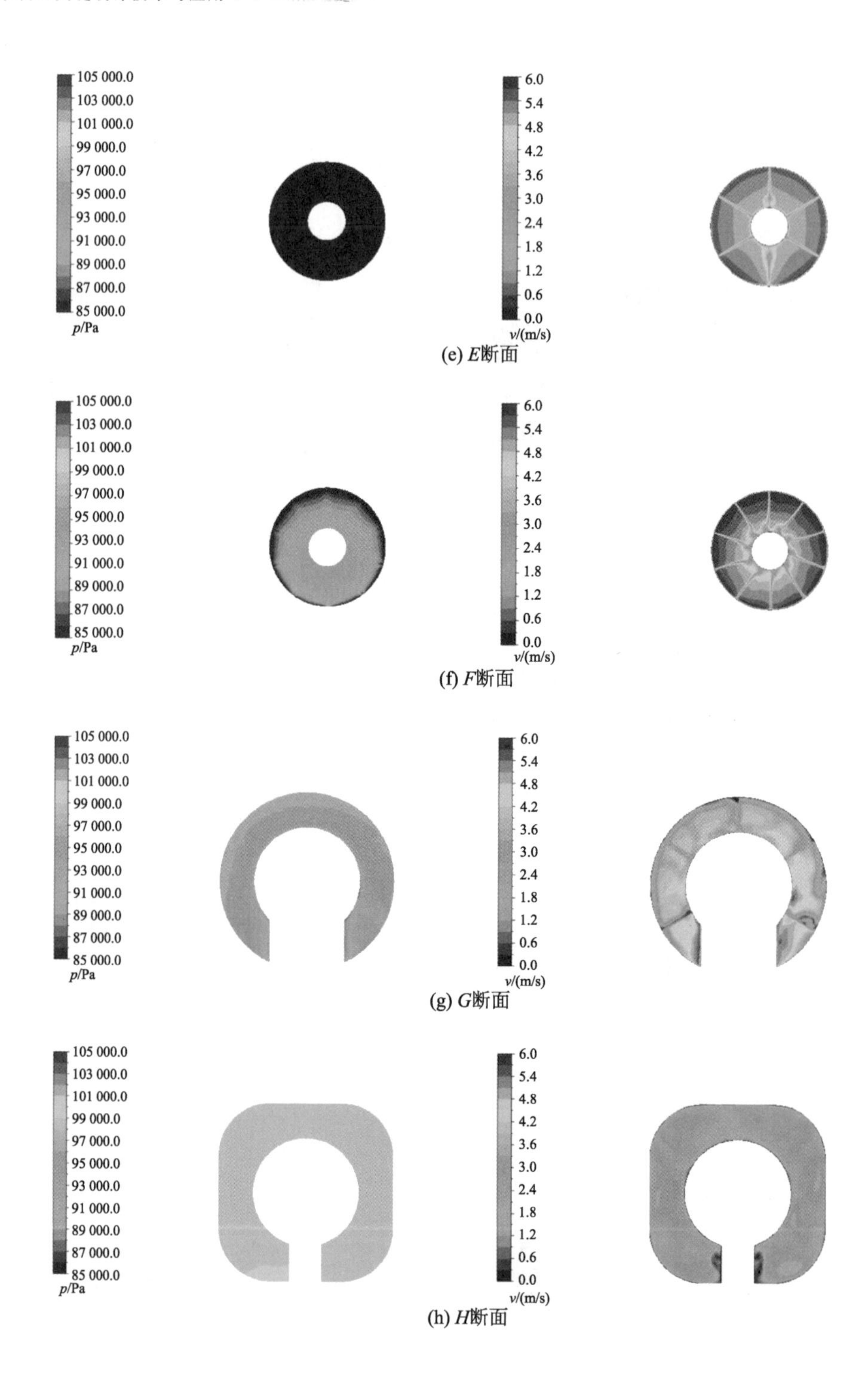

(e) E断面

(f) F断面

(g) G断面

(h) H断面

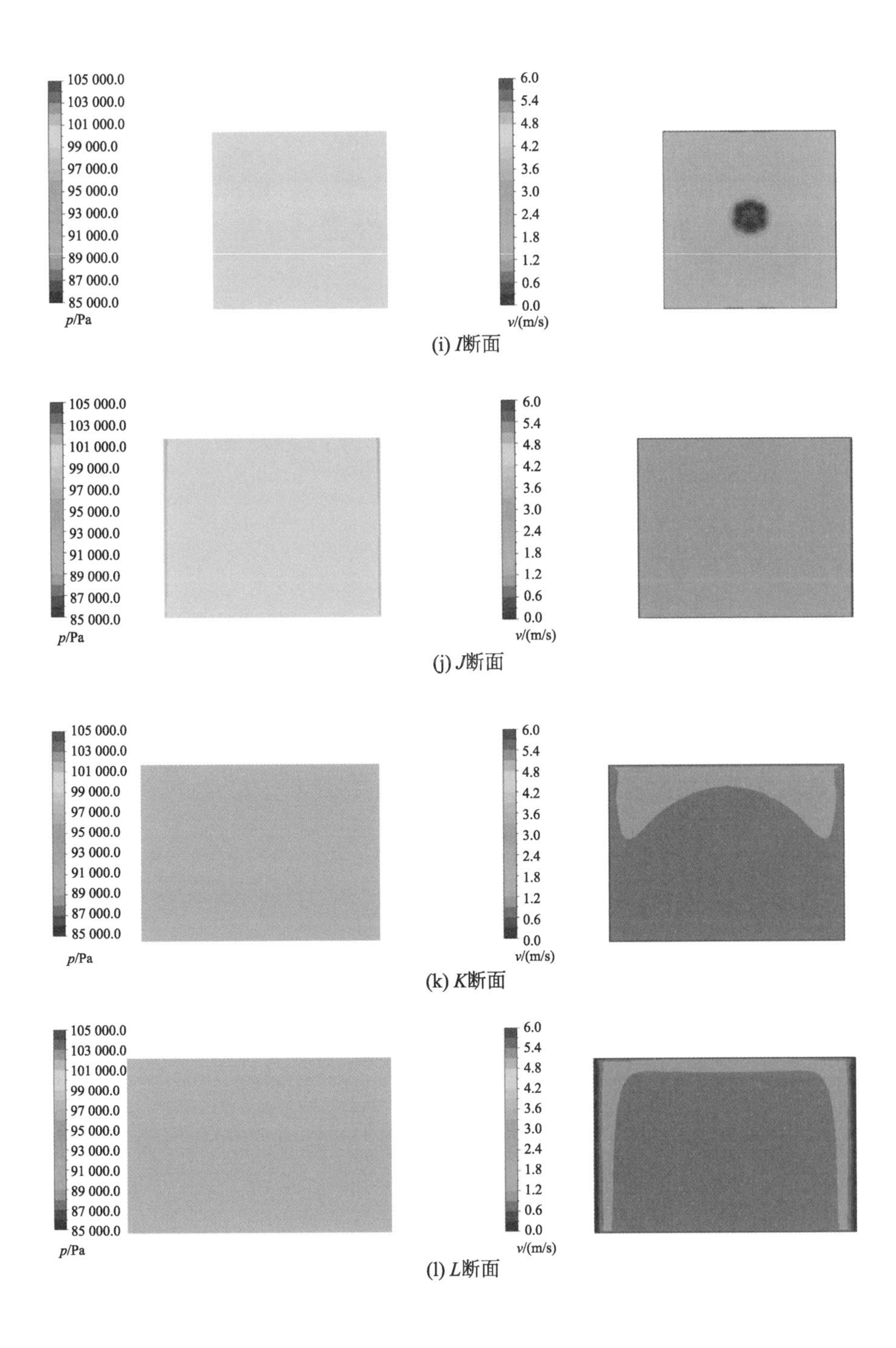

(i) *I*断面

(j) *J*断面

(k) *K*断面

(l) *L*断面

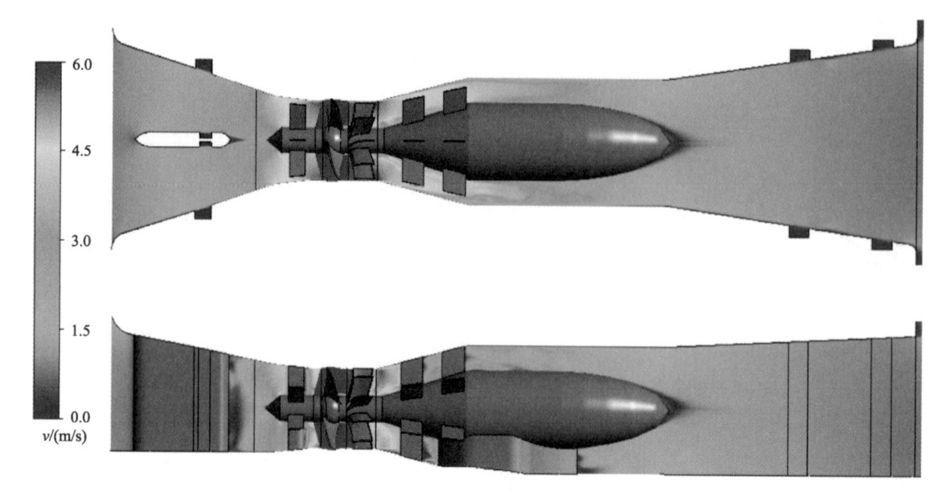

(m) M，N断面

图 3-92　优化后不同断面压力及流速分布

图 3-93 所示为优化后装置内整体流态状况，可以看出流态整体平滑。图 3-94 所示为灯泡体附近的流态状况，可以看出电动机支墩后没有大的紊流。进水流道进口到进水侧支承流道形状变化部分、出水侧圆形流道过渡到矩形流道部分的流态状况见图 3-95。从左侧图可以发现进水部分流态基本均匀；从右侧图可以发现出水侧、灯泡体后端流态也基本均匀，装置内整体流态得到有效改善。

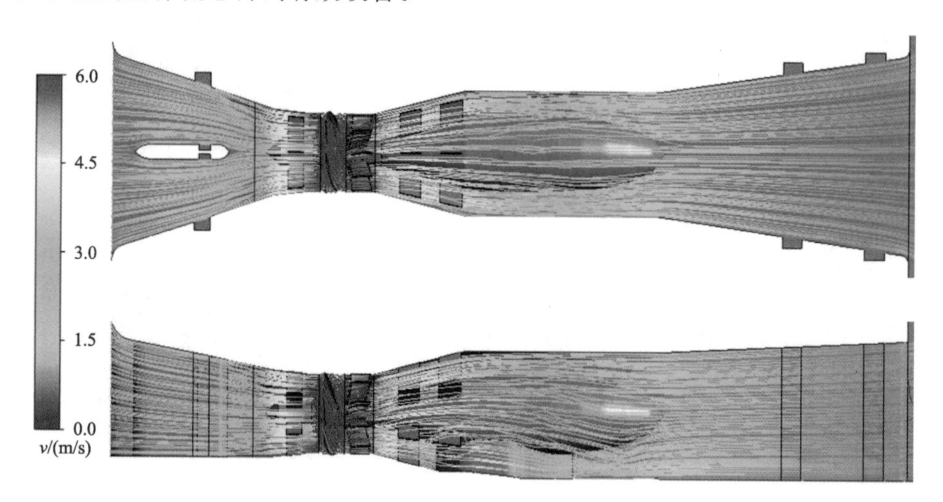

图 3-93　优化后装置内整体流态状况

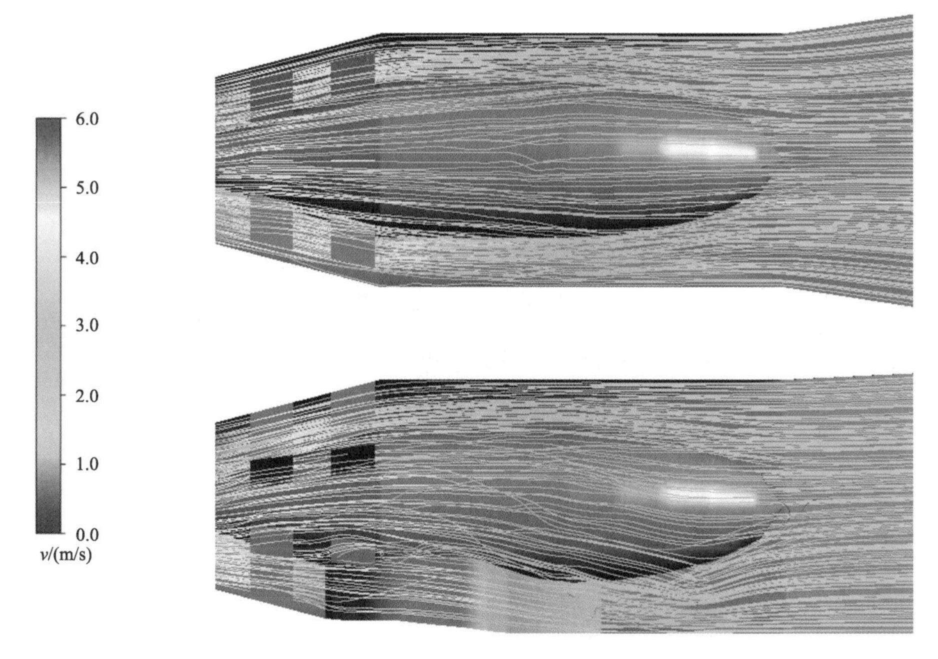

图 3-94 优化后灯泡体附近的流态状况

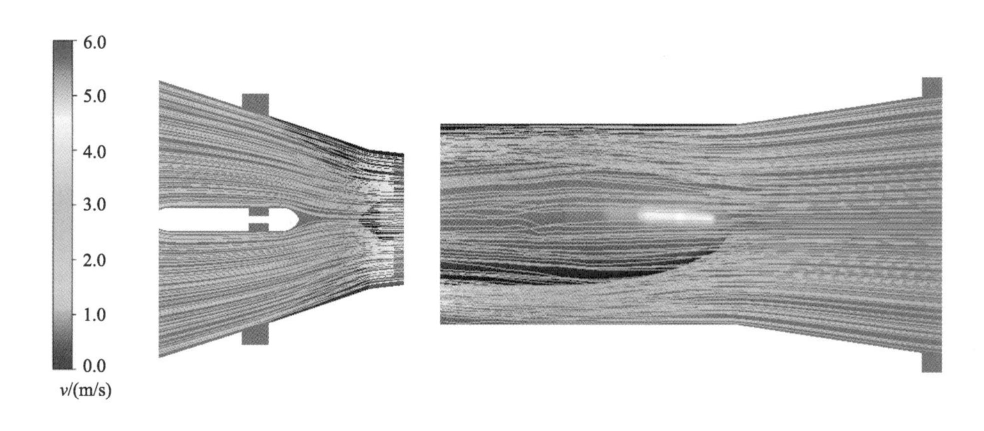

图 3-95 优化后进、出水流道断面形状过渡部分的流态状况

3.2.3 模型试验

流道装置和模型泵按照 IEC 60193—2019 和 SL 140—2006 的规定制作，模型泵叶轮直径为 315 mm，转速为 1 223 r/min。试验设备上装有调整进水压力的进水罐和调整流量的阀门。在叶轮室上设有观察口，用闪频观测器观察叶轮表面及周围的空化情况（见图 3-96）。

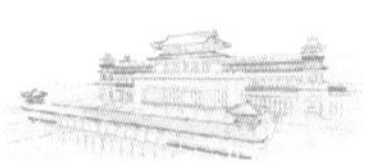

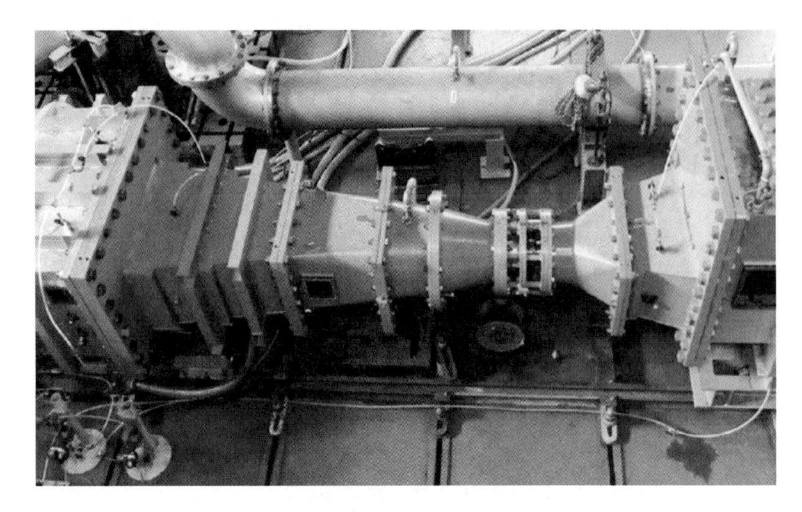

图 3-96 模型装置图

试验过程中，测量流量、进口压力、出口压力、扭矩、转速、气温、水温和大气压力等参数。按照叶片安放角分别为−6°，−4°，−2°，0°，+2°，+4°，+6°进行能量特性和空化特性测试，并进行飞逸特性、压力脉动特性和 Winter－Kennedy 特性试验。

1. 能量特性试验

模型装置能量特性曲线见图 3-97。

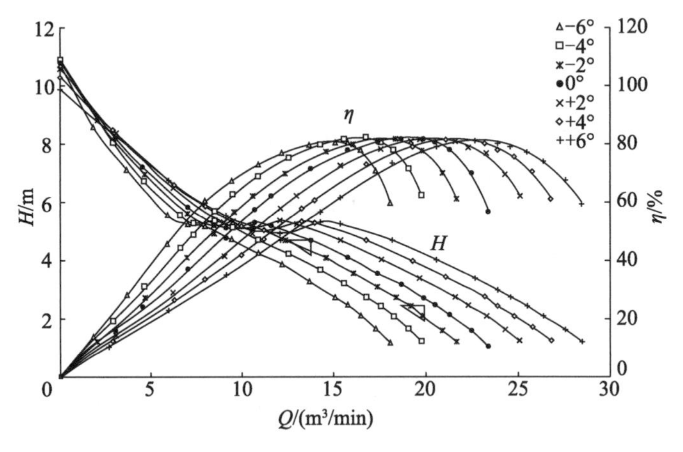

图 3-97 模型装置能量特性曲线

2. 空化特性试验

试验中改变 NPSH 有效值，按照效率下降 1% 确定 NPSH 的临界值，通过叶轮室上的观察口用闪频观测器观察叶轮表面及周围的空化初生情况。图 3-98 为不同叶片安放角下的 $NPSH_r$ 值。在叶片安放角 0°、设计扬程时，空化比转速 C＝1 300。

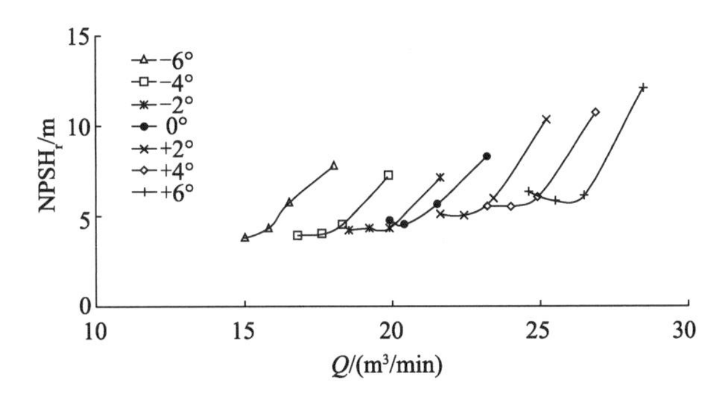

图 3-98 模型装置空化性能曲线

3. 飞逸特性试验

叶片安放角为 0°时利用水轮机运行的试验装置，通过循环泵产生逆流进行飞逸特性试验。在模型泵的飞逸转速分别为约 600 r/min，800 r/min，1 000 r/min 的条件下，测定流量及进水和出水流道之间的有效落差。根据试验结果，计算出在设计扬程 2.45 m 时原型泵的飞逸转速为 153.6 r/min，在排涝最高扬程 4.75 m 时原型泵的飞逸转速为 230.1 r/min。

4. 压力脉动特性试验

压力变换器安装在模型装置上测定，评估对象的脉动成分为 nZ，或为其调和成分。压力脉动也受模型试验回路配置的影响，测定时若产生噪声或共鸣，改变模型泵的转速进行试验。

测试的压力脉动值按照下式进行计算：

$$\overline{P}_{\mathrm{E}}=\frac{\overline{P}}{\rho g H} \tag{3-21}$$

式中，$\overline{P}_{\mathrm{E}}$ 为压力脉动系数；$\overline{P}$ 为压力脉动的全振幅（nZ 频率成分）；ρ 为水密度；g 为重力加速度；H 为工作扬程。

压力脉动的测量结果如表 3-18 及表 3-19 所示。对各叶片安放角下最高扬程、设计扬程、平均扬程工况进行压力脉动测量。压力脉动是计算 nZ 的调和成分的积分值作为双振幅，采用压力脉动系数（$\overline{P}_{\mathrm{E}}$）表示。叶片数为 3，$nZ$ 的频率 $f'=1\ 223\times 3/60=61.15$ Hz。叶片安放角为 0°时，不同特征工况下叶轮进口和叶轮与导叶之间的压力脉动值如图 3-99 至图 3-101 所示。

表 3-18 叶轮进口压力脉动测量结果

叶片安放角/(°)		−6	−4	−2	0	+2	+4	+6
压力脉动系数 $\overline{P}_{\mathrm{E}}$	最高扬程工况	0.002 60	0.007 17	0.003 07	0.006 03	0.002 97	0.003 74	0.002 78
	设计扬程工况	0.002 86	0.009 76	0.004 05	0.006 09	0.002 81	0.005 23	0.003 23
	平均扬程工况	0.003 97	0.011 10	0.005 04	0.006 20	0.004 87	0.006 12	0.005 02

表 3-19　叶轮与导叶之间压力脉动测量结果

叶片安放角/(°)		−6	−4	−2	0	+2	+4	+6
压力脉动系数 $\overline{P}_E$	最高扬程工况	0.084 1	0.085 4	0.075 4	0.098 2	0.085 4	0.082 0	0.071 0
	设计扬程工况	0.090 5	0.103 0	0.083 6	0.098 9	0.089 2	0.090 0	0.085 7
	平均扬程工况	0.110 0	0.111 0	0.102 0	0.112 0	0.109 0	0.107 0	0.100 0

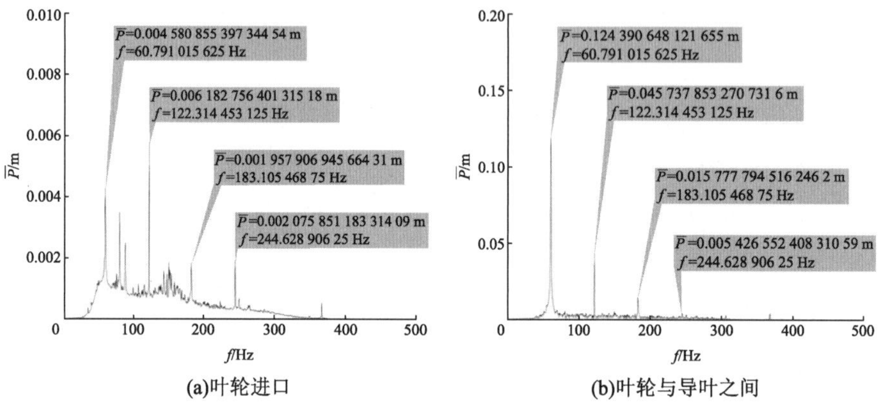

(a)叶轮进口　(b)叶轮与导叶之间

图 3-99　最高扬程时压力脉动

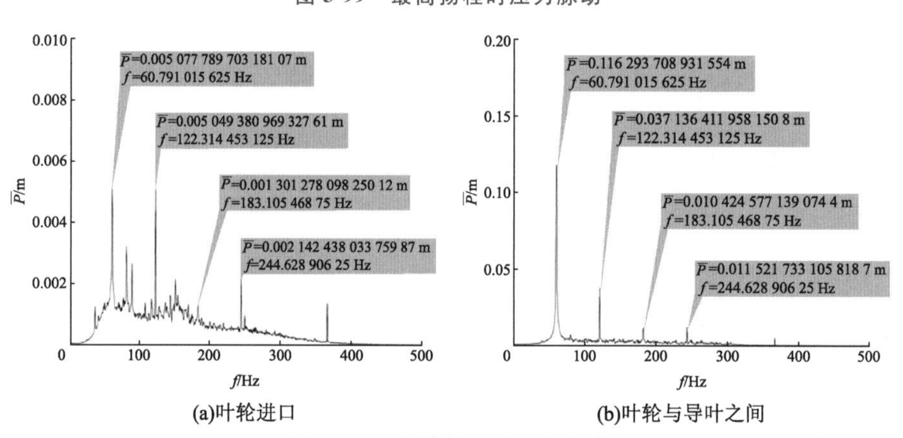

(a)叶轮进口　(b)叶轮与导叶之间

图 3-100　设计扬程时压力脉动

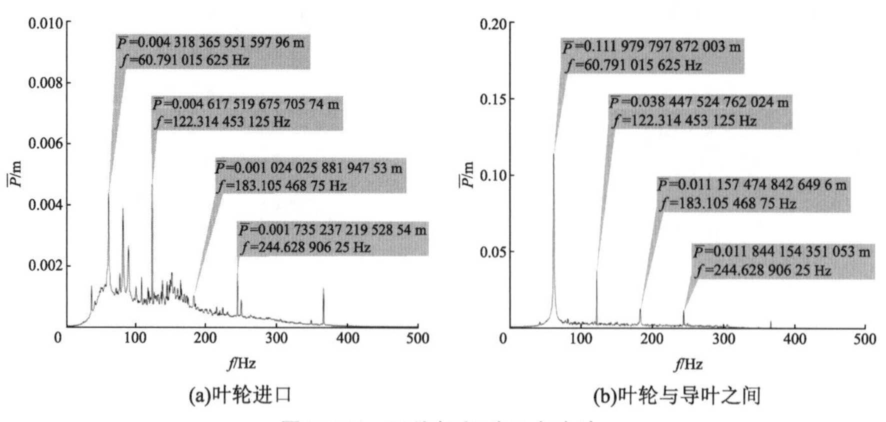

(a)叶轮进口　(b)叶轮与导叶之间

图 3-101　平均扬程时压力脉动

5. Winter－Kennedy 特性试验

为获得水泵流量与进水流道两点压力差之间的关系，在叶片安放角为 0°时，在 0.80Q，0.9Q，1.0Q，1.1Q，1.2Q 流量点，测定如图 3-102 所示位置（括号中红色数字标示的位置）压力测定孔间的压力差。测定得到的压力差 Δh_{m1} 与流量 Q_{m1} 的对应关系如图 3-103 所示，通过相似换算得到的原型机组 Winter－Kennedy 曲线如图 3-104 所示。流量率定系数 28.28 得到了 CFD 分析结果的验证。

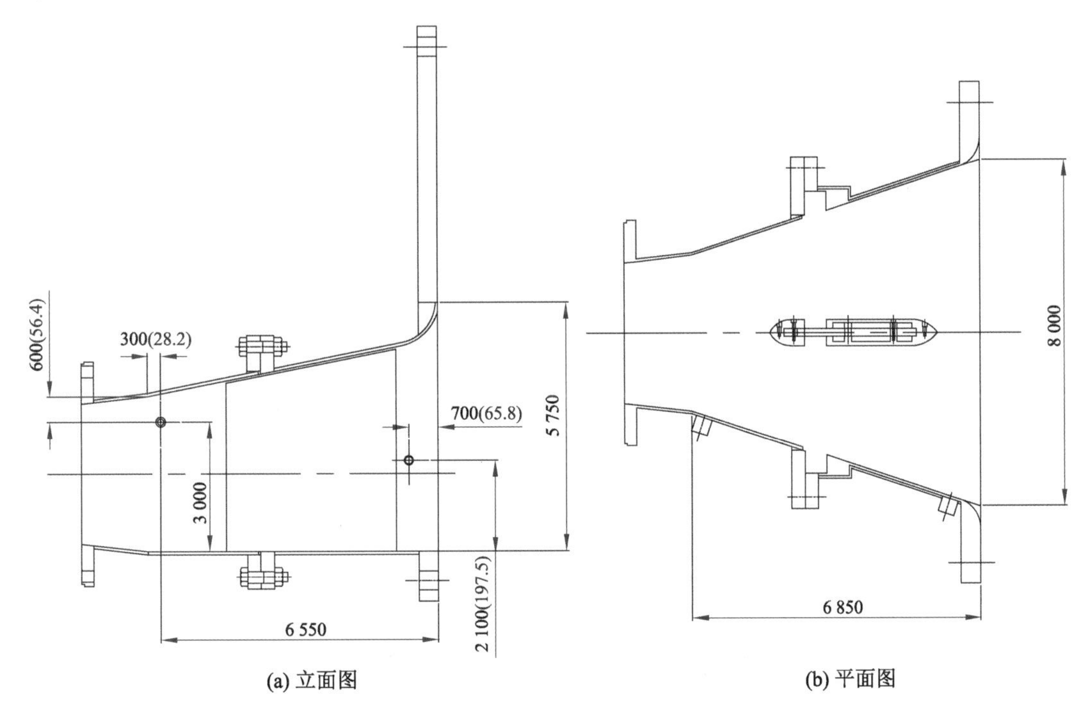

图 3-102　Winter－Kennedy 特性试验压力测点位置图（单位：mm）

注：括号中数字为模型尺寸。

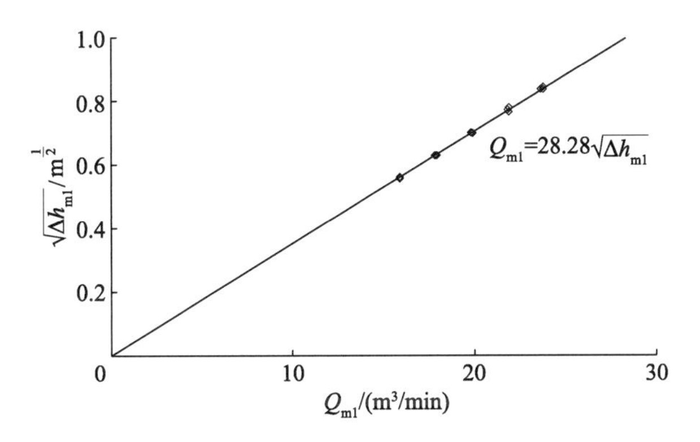

图 3-103　模型机组的 Winter－Kennedy 曲线

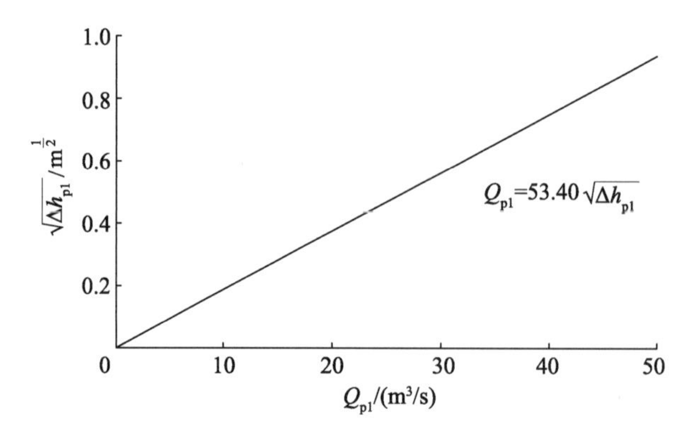

图 3-104 原型机组的 Winter－Kennedy 曲线

表 3-20 为模型装置试验实测的两测压点压差值，将表中流量与进水流道两测压点之间压力差的系列数据按最小二乘法进行拟合，获得模型装置试验测得的流量与进水流道两测压点之间压力差的函数关系为

$$Q_{m1}=0.4714\sqrt{\Delta h_{m1}}\,(m^3/s)=28.28\sqrt{\Delta h_{m1}}\,(m^3/min) \tag{3-22}$$

表 3-20 模型装置试验测压点压力差实测值

流量 $Q_{m1}/(m^3/s)$	进口断面平均流速 $v/(m/s)$	模型测试压力差 $\Delta h_{m1}/m$
0.265 3	0.578 4	0.318 0
0.265 7	0.579 1	0.314 0
0.298 2	0.649 9	0.400 0
0.298 7	0.651 0	0.400 0
0.299 5	0.652 8	0.397 0
0.331 5	0.722 6	0.496 0
0.332 0	0.723 7	0.490 0
0.332 2	0.724 0	0.494 0
0.364 7	0.794 9	0.602 0
0.364 8	0.795 2	0.591 0
0.365 2	0.796 0	0.612 0
0.395 0	0.861 0	0.705 0
0.396 7	0.864 6	0.714 0

应用 CFD 对不同流量下的进水流道水流进行数值模拟，获得的流量与两测压点之间压力差数值详见表 3-21。对表 3-21 中流量与进水流道两测压点之间压力差的系列数据也按最小二乘法进行拟合，获得数值模拟预测的模型流量与进水流道两测压点之间压力差的函数关系为

$$Q_{m2}=0.4704\sqrt{\Delta h_{m2}} \tag{3-23}$$

表 3-21　数值模拟模型测压点压力差

流量 Q_{m2}/(m^3/s)	测压点 1 的压强/Pa	测压点 2 的压强/Pa	压差/Pa	压力差 Δh_{m2}/m
0.265 3	−245.612 0	−3 372.453 4	3 126.841 4	0.318 8
0.265 7	−245.340 5	−3 385.008 8	3 139.668 3	0.320 1
0.298 2	−311.339 3	−4 258.480 5	3 947.141 2	0.402 4
0.298 7	−311.009 7	−4 272.651 9	3 961.642 2	0.403 9
0.299 5	−312.963 4	−4 294.598 6	3 981.635 2	0.405 9
0.331 5	−385.705 3	−5 255.352 1	4 869.646 8	0.496 5
0.332 0	−383.459 4	−5 269.949 7	4 886.490 3	0.498 2
0.332 2	−385.793 2	−5 278.168 0	4 892.374 8	0.498 8
0.364 7	−463.480 6	−6 355.960 9	5 892.480 3	0.600 7
0.364 8	−459.245 4	−6 358.252 4	5 899.007 0	0.601 4
0.365 2	−462.517 2	−6 368.188 0	5 905.670 8	0.602 1
0.395 0	−538.656 6	−7 445.901 4	6 907.244 8	0.704 2
0.396 7	−546.074 1	−7 508.085 0	6 962.010 9	0.709 8

对比式(3-22)和式(3-23)可以看到(见图 3-105),数值模拟方法预测的贯流泵进水流道模型的流量与进水流道两测压点之间压力差的函数关系和由模型装置试验方法获得的流量与进水流道两测压点之间压力差的函数关系差异很小,2 种方法对灯泡贯流泵装置进水流道模型两测压点之间压力差与流量的函数关系的预测精度相当,因此采用压差法测量流量是可行的,精度满足要求。

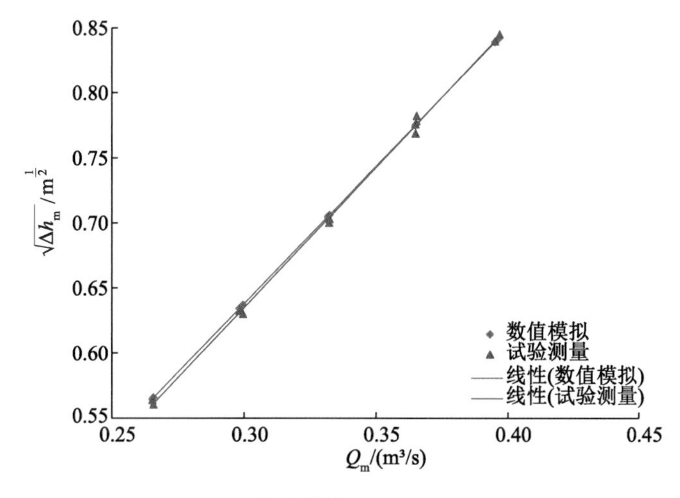

图 3-105　进水流道模型流量-压力差关系图

贯流泵进水流道原型的流量与进水流道两测压点之间压力差的函数关系,应用 CFD 数值模拟方法进行预测。在进水流道原型的数值模拟中,应用与进水流道模型数值模拟中相同的紊流模型、边界条件以及离散格式,对原型的数值模拟数据如表 3-22 所示,数值模拟方法预测的原型流量与进水流道两测压点之间压力差的函数关系为

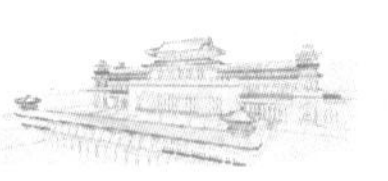

$$Q_{p2}=51.77\sqrt{\Delta h_{p2}} \tag{3-24}$$

率定系数 51.77 与根据模型装置试验实测数据换算至原型得到的系数 53.40 基本接近。

表 3-22　数值模拟原型测压点压力差

流量 $Q_{p2}/(m^3/s)$	测压点 1 的压强/Pa	测压点 2 的压强/Pa	压差/Pa	压力差 Δh_{p2}/m
26.0	−123.333 0	−2 558.106 7	2 434.773 75	0.248 2
29.0	−154.254 8	−3 192.812 3	3 038.557 54	0.309 8
33.0	−200.532 6	−4 167.664 6	3 967.131 99	0.404 4
35.0	−226.432 8	−4 693.680 2	4 467.247 45	0.455 4
36.0	−238.442 1	−4 976.814 9	4 738.372 82	0.483 1
38.0	−265.248 1	−5 553.951 2	5 288.703 06	0.539 2
39.0	−281.278 1	−5 885.553 7	5 604.275 59	0.571 4
40.0	−286.072 0	−6 174.122 6	5 888.050 58	0.600 3
42.0	−321.235 2	−6 826.077 1	6 504.841 87	0.663 2

3.3　减速齿轮箱传动灯泡贯流泵装置性能研究

3.3.1　研究背景

在灯泡贯流泵结构型式中，水泵与电动机之间通过减速齿轮箱间接传动，采用小体积的高速电动机，不仅可以缩小灯泡比，而且水泵转速选择的灵活性使得能够在更宽的范围内优选水力模型，对改善装置性能较为有益。现以某泵站为例开展研究，泵站设计流量 75 m^3/s，站内安装 4 台 2850ZGQ25－2.4 型灯泡贯流泵，减速齿轮箱传动，机械全调节，配套电动机功率 1 250 kW，总装机功率 5 000 kW。与第 3.2 节中研究对象结构不同的是，由于采用减速齿轮箱传动，叶片调节机构必须布置在进水侧，增加了进水侧长度。水位组合如表 3-23 所示。

表 3-23　泵站特征水位及扬程　　单位：m

工况		参数	
		进水池	出水池
特征水位	设计	30.90	33.30
	最低	30.20	31.80
	最高	31.70	33.30
净扬程	设计	2.40	
	最低	0.10	
	最高	3.10	
	平均	2.08	

注：表中进水池水位已考虑拦污栅等进口损失 0.30 m。

3.3.2 数值分析与优化设计

为预测水泵装置的水力性能，采用与第 3.2 节类似的方法，利用 CFD 仿真技术优化灯泡贯流泵装置过流部件的型线，模拟分析流道内的压力场和流速场，计算流道水力损失。CFD 仿真计算采用 RNG $k-\varepsilon$ 模型，经多次方案设计与计算结果比较，得出进、出水流道的最优方案，灯泡贯流泵机组及进、出水流道的最优型线结构图如图 3-106 所示，其具有水流流态好、水力损失小、装置效率高等特点。

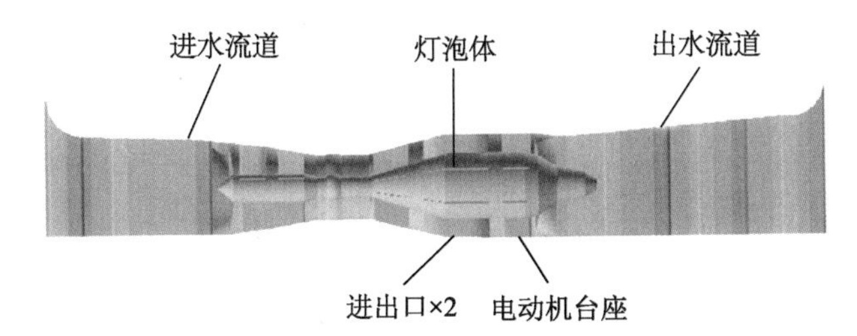

图 3-106 减速齿轮箱传动灯泡贯流泵装置

从计算结果可知，灯泡体支撑形状对水流影响很小，损失也可以控制在最小值。图 3-107 所示为流道损失的评价断面位置，并以 50%，80%，100%和 120%的设计流量计算水泵装置及进水流道（$A\sim G$ 断面）、灯泡体（$H\sim L$ 断面）和出水流道（$L\sim P$ 断面）各部分的水力损失值。水力损失结果见表 3-24。优化后设计流量工况下不同断面内部流场如图 3-108 所示，流道整体流态如图 3-109 所示，进、出水流道与机组接口处流场如图 3-110 和图 3-111 所示。

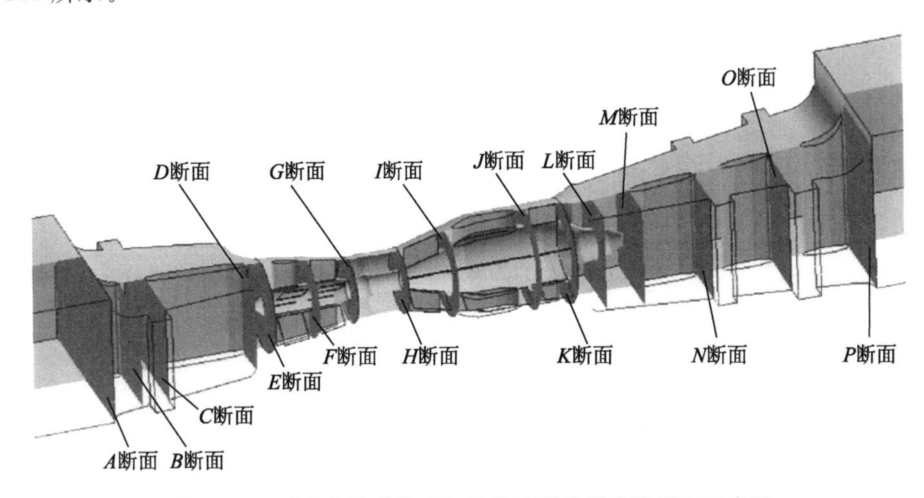

图 3-107 减速齿轮箱传动灯泡贯流泵机组分界断面示意图

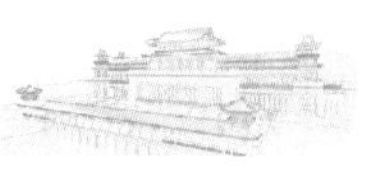

表 3-24　CFD 计算得到的不同流量下的水力损失值

占设计流量的百分比/%	原型流量/(m^3/s)	流道总水力损失/m	进水流道($A\sim G$ 断面)		灯泡体($H\sim L$ 断面)		出水流道($L\sim P$ 断面)	
			水力损失/m	占比/%	水力损失/m	占比/%	水力损失/m	占比/%
50	12.5	0.09	0.02	22.22	0.04	44.44	0.03	33.33
80	20.0	0.20	0.04	18.18	0.10	45.45	0.08	36.36
100	25.0	0.28	0.07	21.88	0.14	43.75	0.11	34.38
120	30.0	0.44	0.10	19.23	0.20	38.46	0.22	42.31

注：流道总水力损失中没有包括装有叶轮及导叶的水泵段($G\sim H$ 断面)的损失。

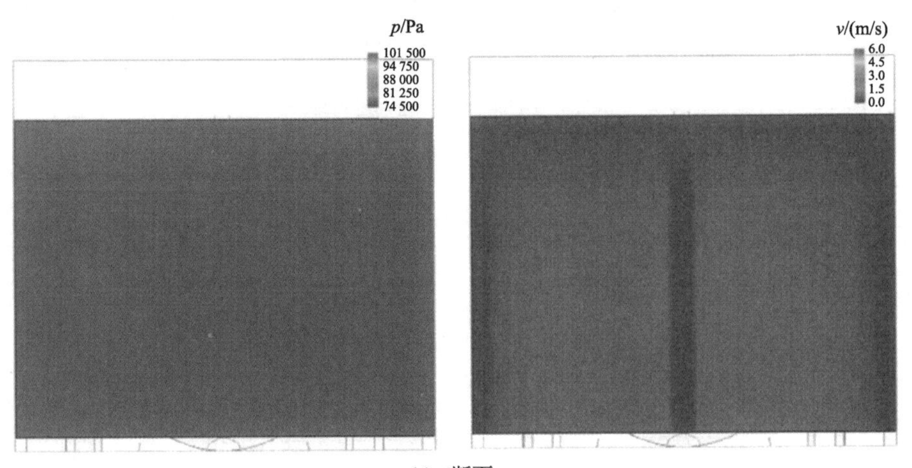

(a) A断面

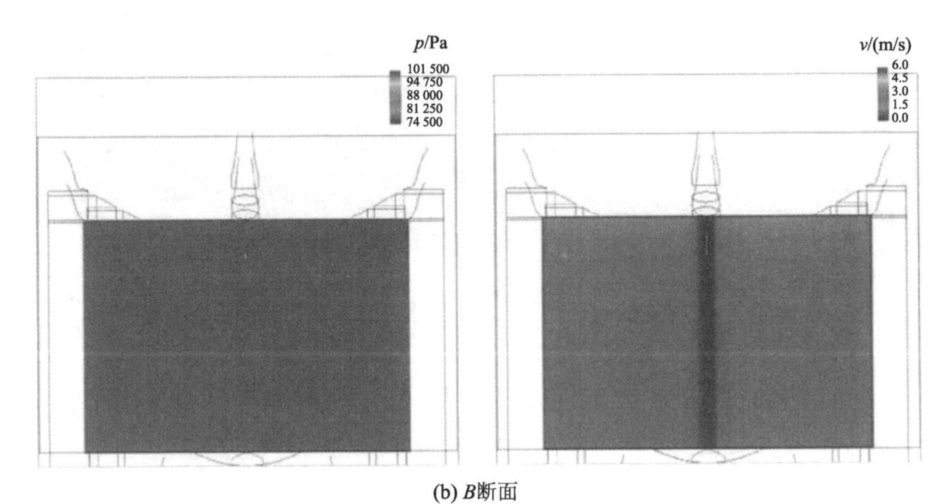

(b) B断面

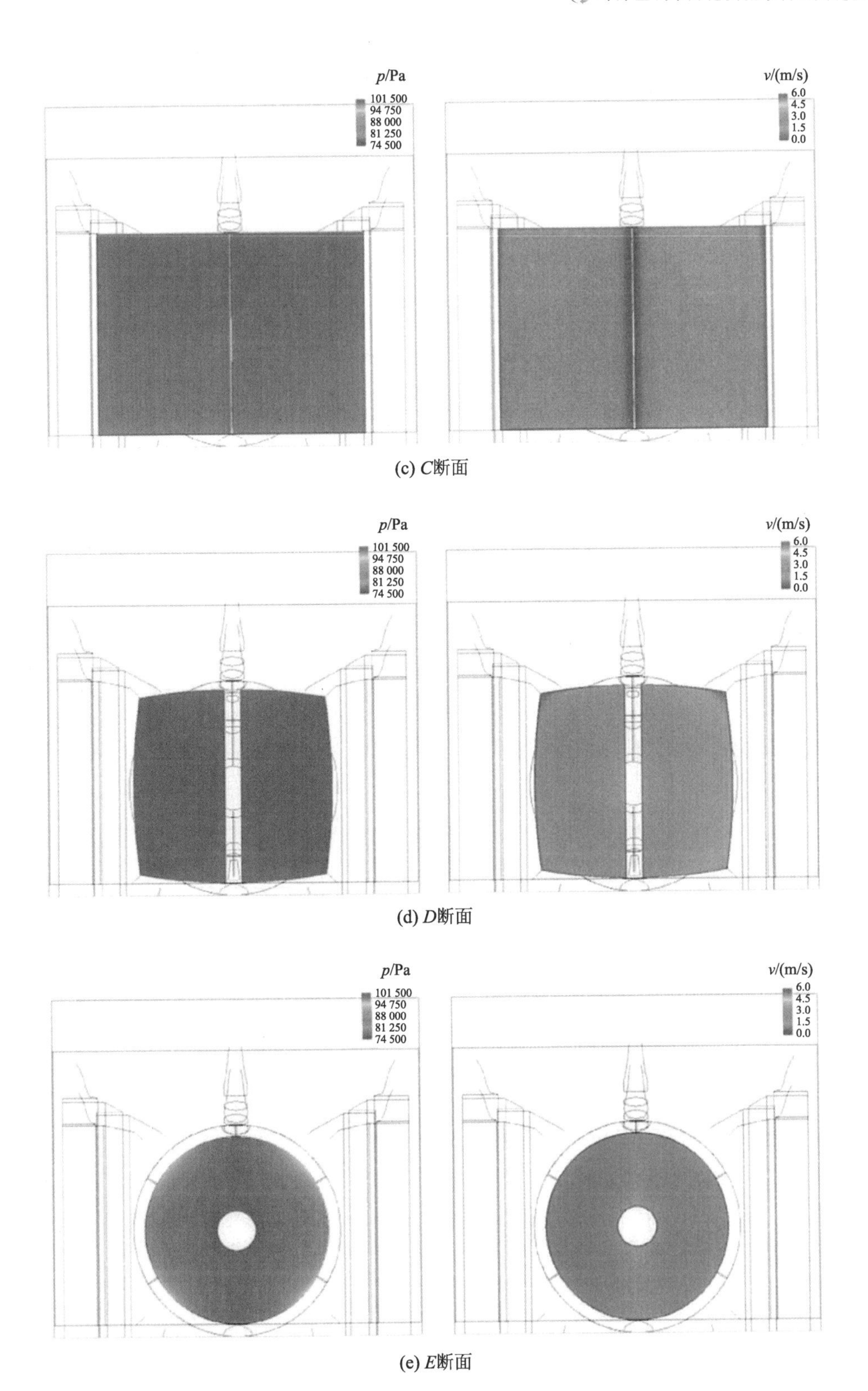

(c) *C*断面

(d) *D*断面

(e) *E*断面

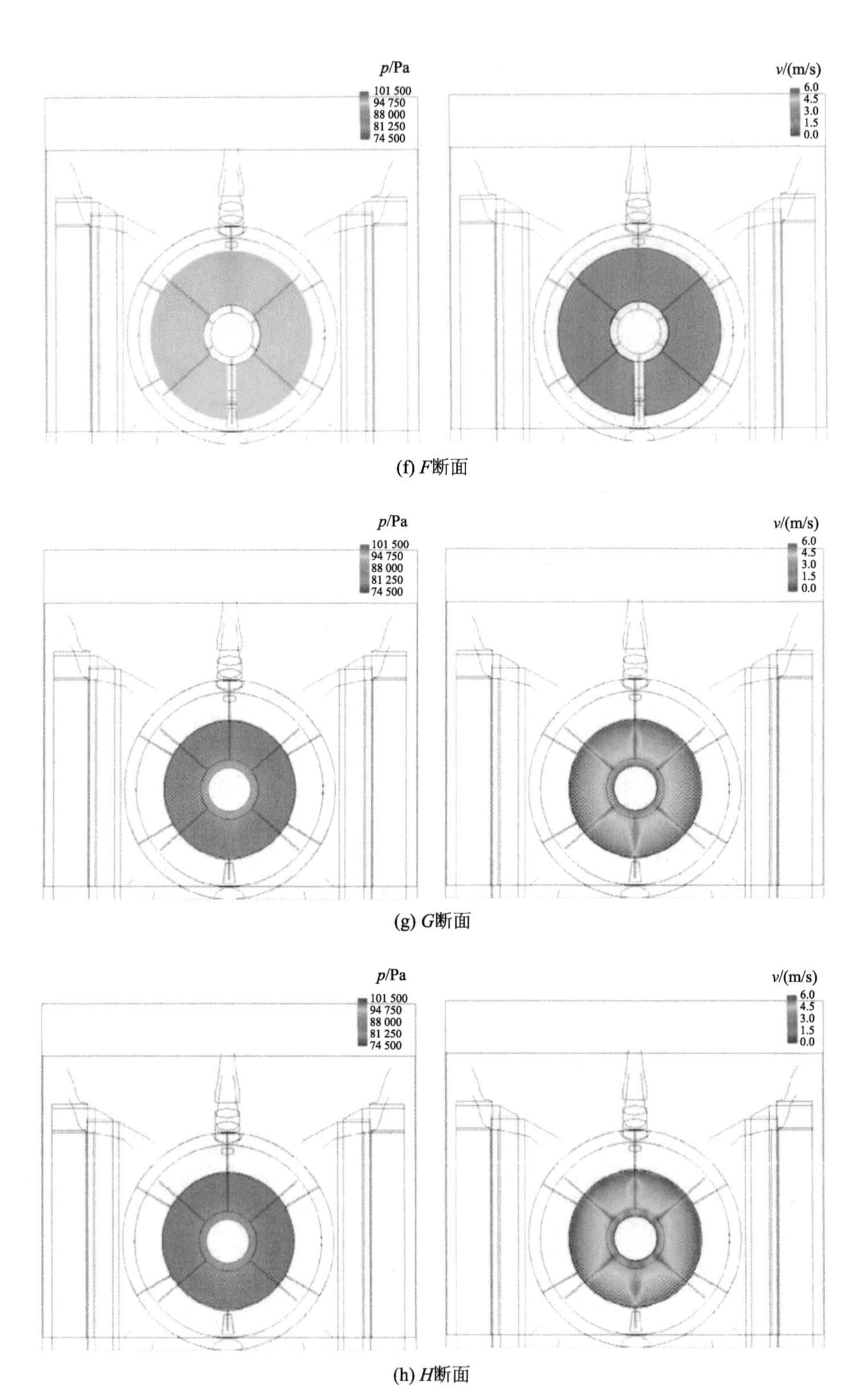

(f) F断面

(g) G断面

(h) H断面

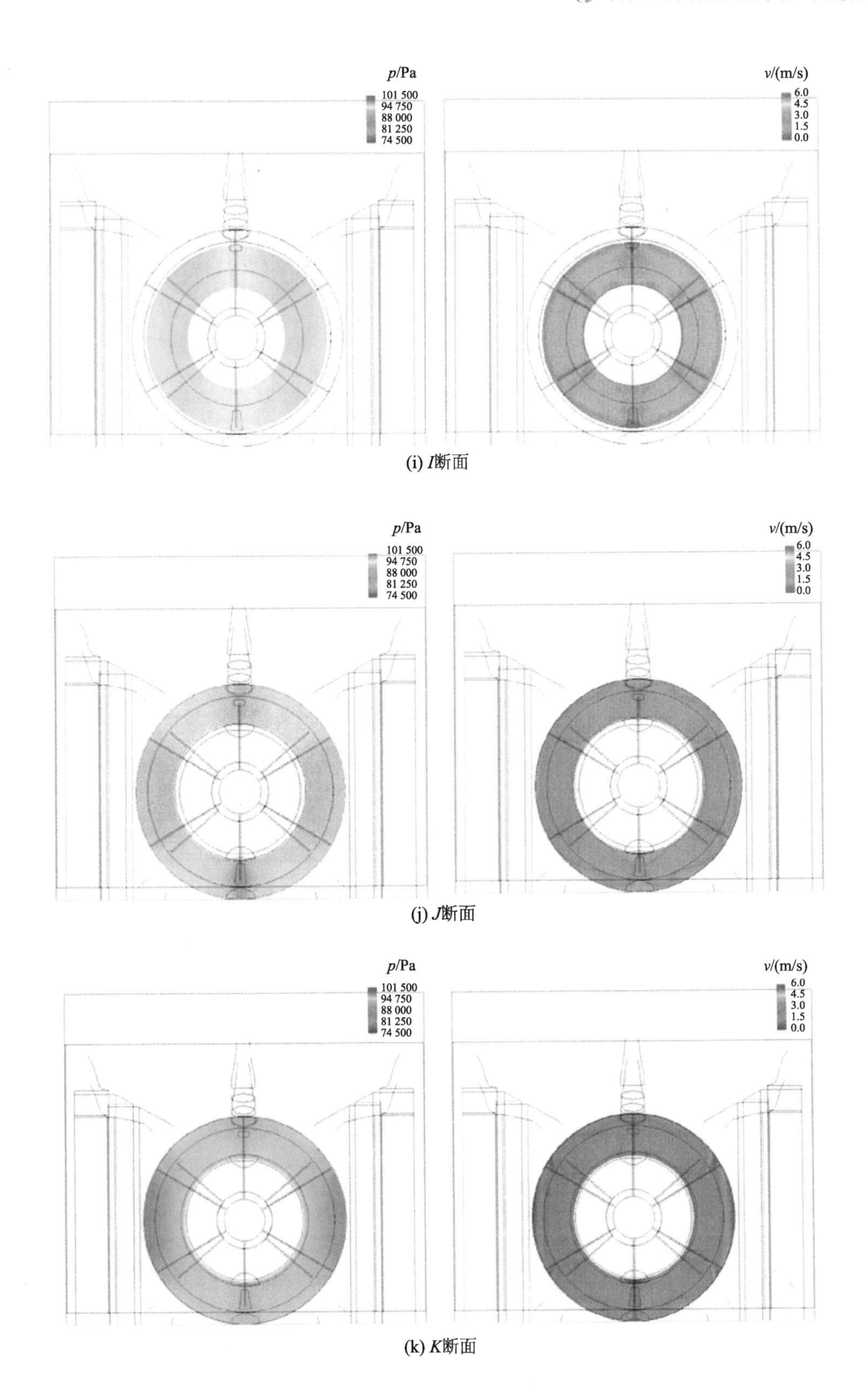

(i) I断面

(j) J断面

(k) K断面

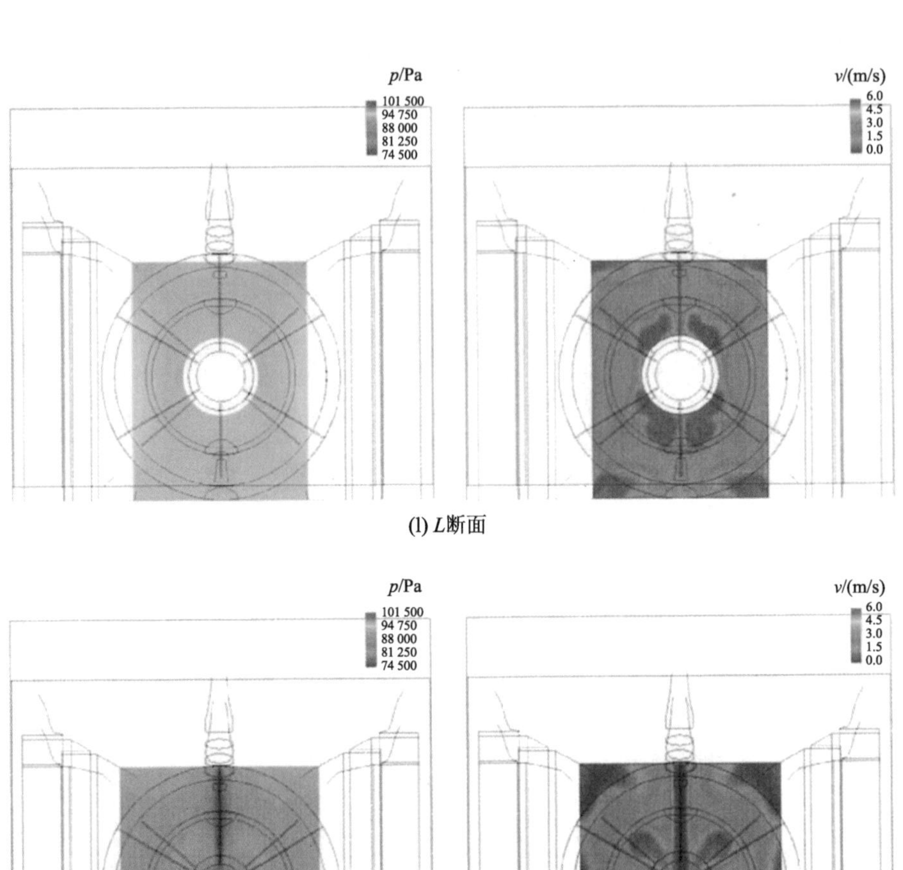

(l) *L*断面

(m) *M*断面

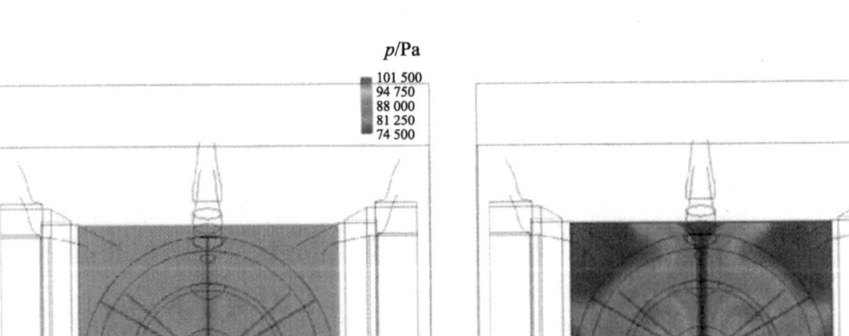

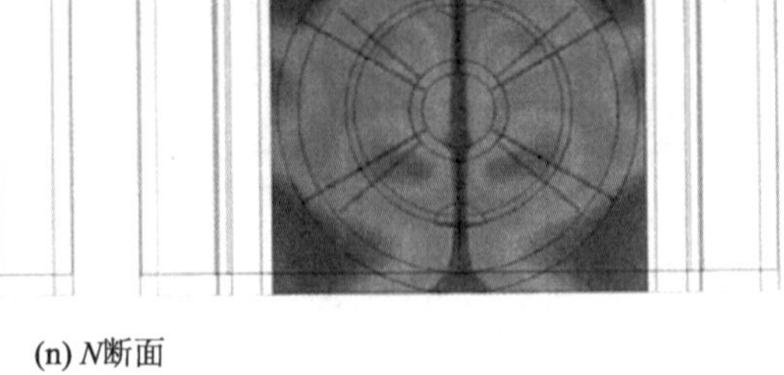

(n) *N*断面

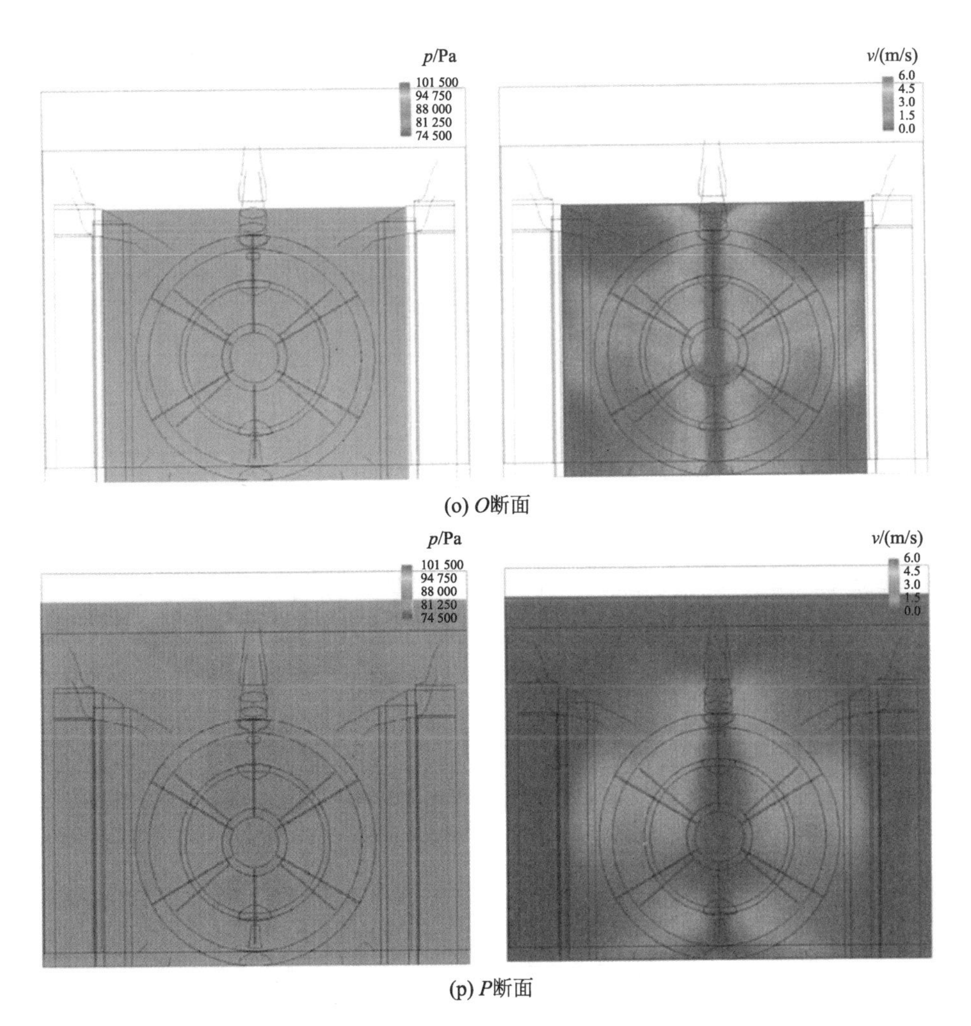

(o) O断面

(p) P断面

图 3-108　不同断面压力及流速分布图

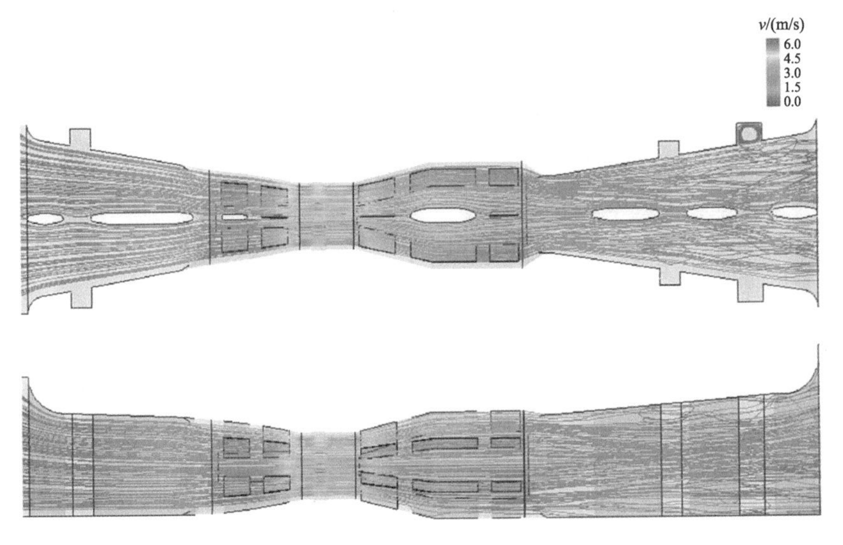

图 3-109　减速齿轮箱传动灯泡贯流泵装置内部流场图

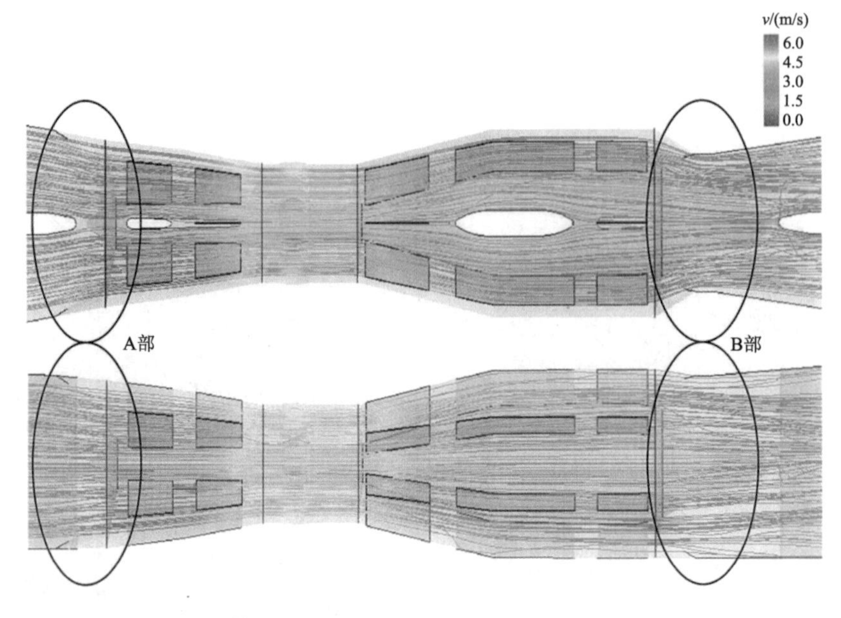

图 3-110　机组与流道接口部位流场图

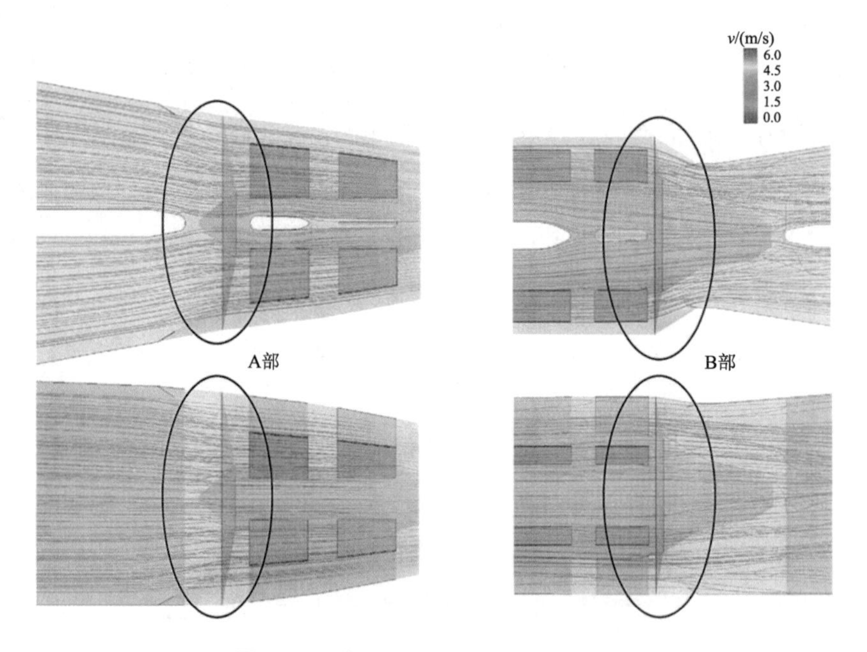

图 3-111　部位 A 和部位 B 处流场详图

CFD 计算结果表明，进水流道由矩形断面渐变成圆形断面的过渡段（部位 A）处水流流态较平顺，基本无紊流现象；出水流道由圆形断面渐变成矩形断面的过渡段（部位 B）处由于流道的扩散，水流存在部分紊流现象。与图 3-95 相类似，图 3-111 中部位 A 处的水力损失占整个流道总损失的 0.2%，部位 B 处的水力损失约占 6.9%，说明流道形状是合适的，在随后的模型装置试验中进行流道损失的测量。

优化设计后的流道型线和断面图分别如图 3-112 和图 3-113 所示。进水侧机组段较长的原因是要布置叶轮前端的机械式叶片调节机构。

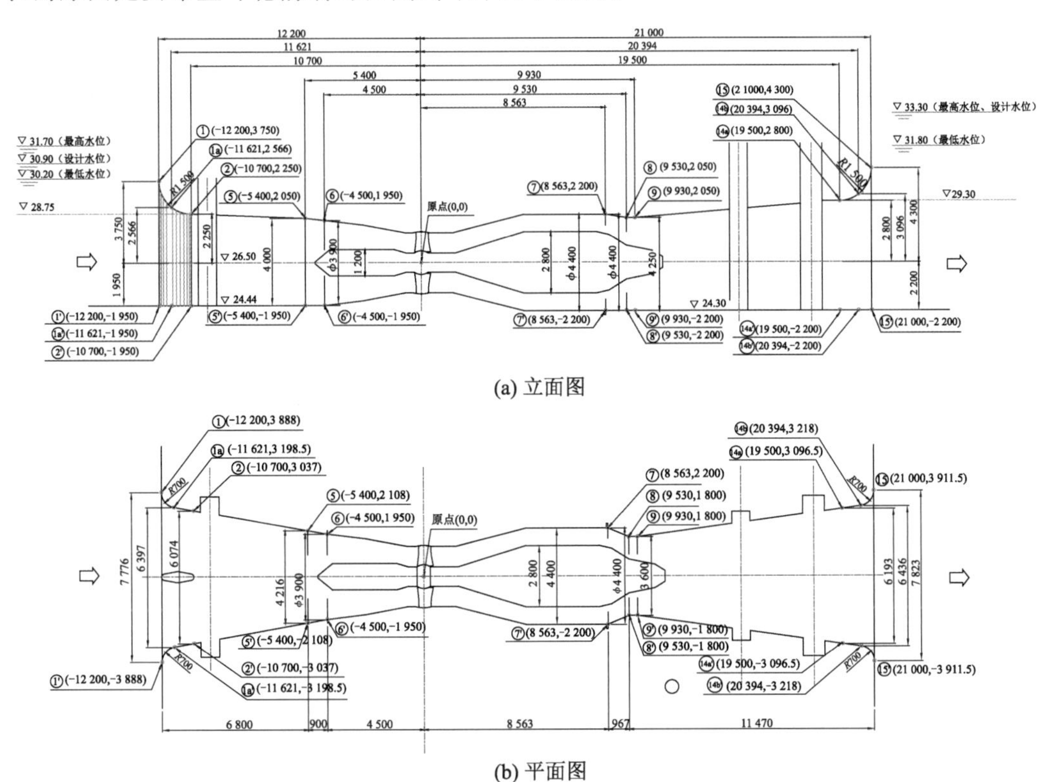

(a) 立面图

(b) 平面图

图 3-112 泵站流道型线图(长度单位:mm)

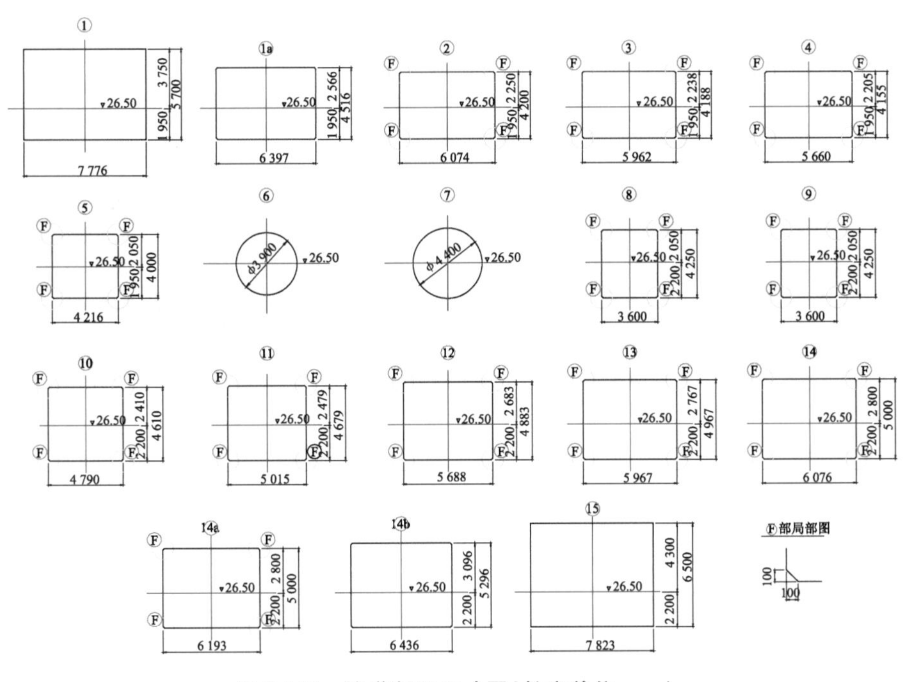

图 3-113 流道断面尺寸图(长度单位:mm)

3.3.3 模型装置试验及流道模型试验

1. 模型泵装置

模型装置试验的范围包括原型机组从进口闸门槽到出口闸门槽在内的全部范围，模型装置的各部位与原型机组相应的区段几何相似，模型装置结构如图 3-114 和图 3-115 所示，参数如表 3-25 所示。

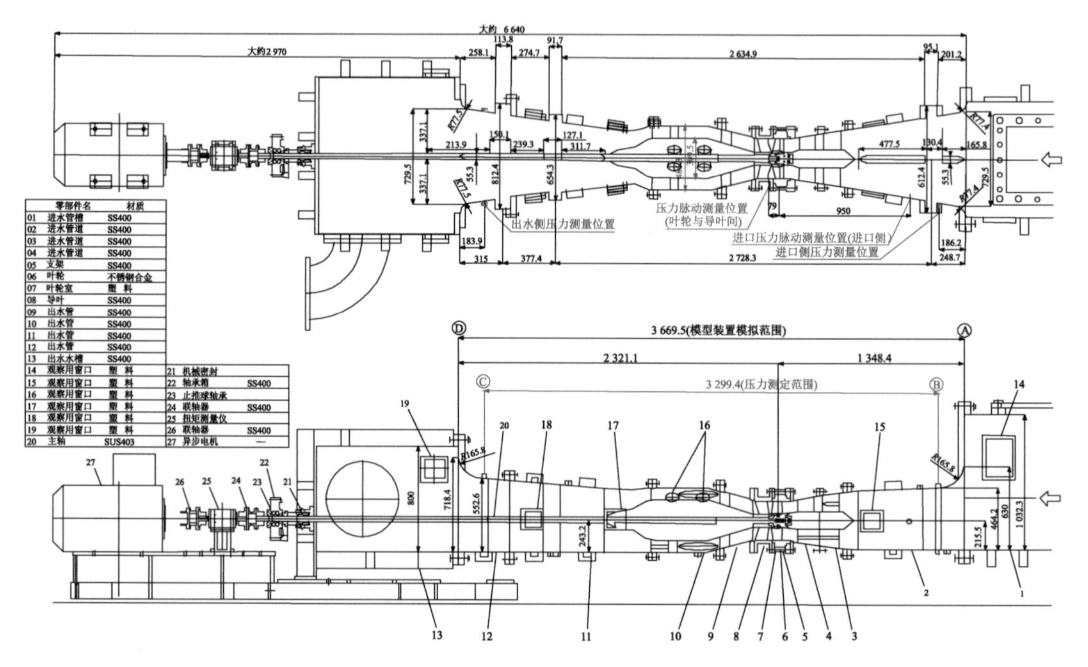

图 3-114 模型装置尺寸及结构图(单位:mm)

图 3-115 模型装置实物照片

表 3-25 模型、原型装置技术参数

技术参数	模型装置	原型装置	备注
叶轮类型	轴流泵	轴流泵	
进口尺寸/(mm×mm)	630×729.5	5 700×6 600	
出口尺寸/(mm×mm)	718.5×729.5	6 500×6 600	

续表

技术参数	模型装置	原型装置	备注
设计流量/(m^3/min)	20.76	1 500	额定流量值
扬程/m	3.08*1	2.40	设计扬程
	3.98	3.10	最高扬程
	2.67	2.08	平均扬程
	0.13	0.10	最低扬程
$NPSH_{r3}$/m	≤6.48	≤5.05	设计点，扬程下降3%
旋转方向	顺时针方向	顺时针方向	从电动机侧观察
转速/(r/min)	1 230	120	
功率/kW	最大132	1 250	
设计效率/%	≥71.5	≥71.5	设计工况点
平均扬程效率/%	≥70.0	≥70.0	平均扬程工况点
叶轮外径/mm	315*2	2 850	
驱动电动机	感应式电动机	感应式电动机	

注：*1 选择了比 IEC 60193—2019 中规定的最小比能量值(E=30 J/kg)还大的工作扬程和转速；

*2 选择了比 IEC 60193—2019 中规定的最小直径(D=300 mm)还大的叶轮直径。

2. 试验结果

(1) 能量特性试验

能量特性试验是在试验条件最苛刻的情况下配合原型装置最低水位条件进行的，即在满足下列 $NPSH_a$ 条件的情况下进行试验。

$$NPSH_{ap}=H_{at}-H_{vp}+Z''_1-Z_r \tag{3-25}$$

$$\sigma_p=\frac{NPSH_{ap}}{H_p} \tag{3-26}$$

$$NPSH_{am}=\sigma_p H_m \tag{3-27}$$

式中，$NPSH_{ap}$ 为原型装置运行状态的 NPSH 有效值；H_p 为原型装置设计扬程；H_{at} 为大气压力；H_{vp} 为水温 17 ℃时的饱和蒸汽压力；Z''_1 为最低水位时的水面高度；Z_r 为 NPSH 基准面高度；σ_p 为原型装置运行状态的托马系数；H_m 为模型装置设计工况工作扬程；$NPSH_{am}$ 为模型装置设计工况下的 NPSH 有效值(见图 3-116)。

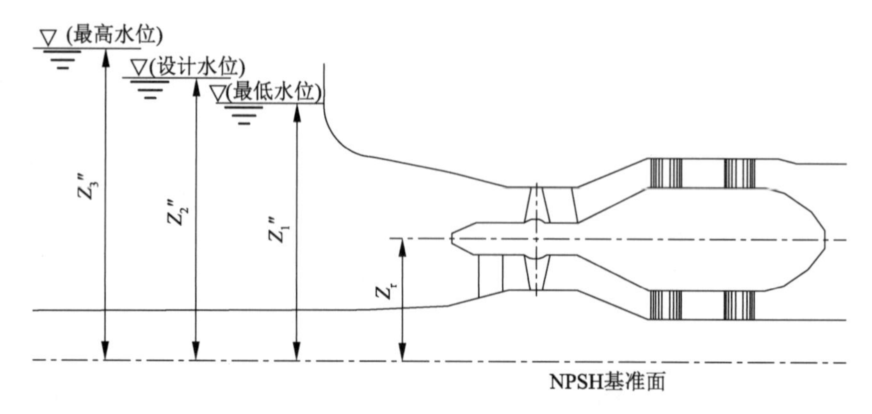

图 3-116 NPSH 计算说明示意图

根据原型装置的特征水位，分别计算得到最低水位、设计水位和最高水位时的 $NPSH_{ap}$ 值为 13.81 m，14.51 m 和 15.31 m，相应的托马系数 σ_p 分别为 5.754，6.065 和 6.380，因此模型装置的 $NPSH_{am}$ 分别为 17.72 m，18.62 m 和 19.65 m。

国际标准 IEC 60193－2019 中对选择压力测量断面位置的要求是水流平顺、无回流，因此选择在 $B \sim C$ 断面进行测量，则需要考虑从流道进口到进水压力测量断面（$A \sim B$ 断面）、从出水压力测量断面到流道出口（$C \sim D$ 断面）两段的摩擦损失和流道出口（D 断面）的出口损失进行水泵扬程的计算。现以设计工况点 $Q_m = 20.76\ m^3/min = 0.346\ m^3/s$ 计算进口和出口的损失系数。

1）流道进口段损失（$A \sim B$ 断面）

流道进口段是收缩流道，摩擦损失与当量直径的直管相等。流道进口当量直径为 $D_{es1} = 0.830\ 28\ m$，进水压力测量断面当量直径 $D_{es2} = 0.625\ 79\ m$，将平均值 $D_{es} = 0.728\ 04\ m$ 定为直管的直径进行下列计算。管道长度 $L_s = 0.186\ 2\ m$，铜管的表面粗糙度 $k_e = 0.05\ mm$，相对粗糙度 $\varepsilon_e = k_e / D_{es} = 0.000\ 068\ 7$。装置进口的 Re 数为

$$Re = \frac{D_{es} v_s}{\nu} = \frac{0.728\ 04 \times 0.831\ 1}{1.004 \times 10^{-6}} = 6.027 \times 10^5$$

其中，当量直管流速 $v_s = \dfrac{Q_m}{\dfrac{\pi D_{es}^2}{4}} = 0.831\ 1\ m/s$，水的动力黏性系数 $\nu = 1.004 \times 10^{-6}\ m^2/s$。

根据相对粗糙度和 Re 数，由 Colebrook 公式得出摩擦损失系数 λ：

$$\frac{1}{\sqrt{\lambda}} = -2\log\left(\frac{\varepsilon_e}{3.7} + \frac{2.51}{Re\sqrt{\lambda}}\right) \tag{3-28}$$

因此摩擦损失系数 $\lambda = 0.013\ 7$，可以得到进口段水力损失为

$$\Delta h_s = \lambda \cdot \frac{L_s}{D_{es}} \frac{v_s^2}{2g} = 0.013\ 7 \times \frac{0.186\ 2}{0.728\ 04} \times \frac{0.831\ 1^2}{2 \times 9.798} = 0.000\ 12\ m$$

则模型装置流道进口段（$A \sim B$ 断面）的水力损失系数为 $C_{hs} = \dfrac{\Delta h_s}{Q_m^2} = \dfrac{0.000\ 12}{20.76^2} = 0.000\ 000\ 28\ min^2/m^5$。

2）流道出口段损失（$C \sim D$ 断面）

流道出口段损失是扩散管损失和流道出口损失之和。流道出口段的水力损失是将出水压力测量断面的当量直径 $D_{ed1}=0.671\ 91$ m、流道出口当量直径 $D_{ed2}=0.889\ 41$ m 及长度 $L_d=0.183\ 9$ m 作为圆锥形扩散管的尺寸计算的。这时的扩散角 $2\theta=61.1°$，摩擦损失系数 $\lambda_{d1}=1.2$，则

$$\Delta h_{d1}=\lambda_{d1}\cdot\frac{(v_{d1}-v_{d2})^2}{2g}=1.2\times\frac{(0.975\ 8-0.556\ 9)^2}{2\times 9.798}=0.010\ 746\ \text{m}$$

其中，$v_{d1}=\frac{Q_m}{\frac{\pi D_{ed1}^2}{4}}=0.975\ 8$ m/s，$v_{d2}=\frac{Q_m}{\frac{\pi D_{ed2}^2}{4}}=0.556\ 9$ m/s。

流道出口扩散损失系数 $\lambda_{d2}=1.0$，则出口损失为

$$\Delta h_{d2}=\lambda_{d2}\cdot\frac{v_{d2}^2}{2g}=1.0\times\frac{0.556\ 9^2}{2\times 9.798}=0.015\ 827\ \text{m}$$

因此流道出口段水力损失 $\Delta h_d=\Delta h_{d1}+\Delta h_{d2}=0.026\ 573$ m，同样可以得出出口段水力损失系数 $C_{hd}=\frac{\Delta h_d}{Q_m^2}=\frac{0.026\ 573}{20.76^2}=0.000\ 061\ 66\ \text{min}^2/\text{m}^5$。

模型装置试验结果如表 3-26 至表 3-31 所示（$D=315$ mm，$n=1\ 230$ r/min），模型装置综合特性曲线如图 3-117 所示，换算至原型的特性曲线如图 3-118 所示。

表 3-26　叶片安放角为−6°时的装置性能试验数据

序号	流量 Q/(m³/min)	扬程 H/m	轴功率 P/kW	装置效率 η/%
1	9.7	5.13	13.7	59.4
2	11.1	4.71	13.2	64.7
3	12.0	4.46	12.9	68.0
4	13.0	4.22	12.6	70.9
5	13.9	3.98	12.2	73.8
6	15.5	3.51	11.4	77.5
7	16.7	3.08	10.6	79.2
8	17.9	2.67	9.9	78.9
9	19.3	2.04	8.7	73.3
10	20.1	1.56	7.9	64.7
11	21.4	0.86	6.4	47.1
12	22.7	0.14	4.8	10.6

注：模型装置试验在 $NPSH_a=13.81$ m 下进行，空载扭矩 $T_L=1.163\ 3$ N·m，下同。

表 3-27 叶片安放角为−4°时的装置性能试验数据

序号	流量 Q/(m^3/min)	扬程 H/m	轴功率 P/kW	装置效率 η/%
1	10.9	5.14	15.4	59.1
2	12.5	4.72	14.7	65.1
3	14.3	4.27	14.1	70.7
4	15.7	3.98	13.5	75.3
5	16.8	3.62	12.8	77.5
6	17.8	3.31	12.1	79.4
7	18.5	3.08	11.6	79.8
8	19.6	2.67	10.9	78.4
9	20.9	2.08	9.7	72.7
10	21.8	1.61	8.7	65.8
11	23.4	0.77	6.9	42.8
12	24.5	0.13	5.4	9.8

表 3-28 叶片安放角为−2°时的装置性能试验数据

序号	流量 Q/(m^3/min)	扬程 H/m	轴功率 P/kW	装置效率 η/%
1	12.1	5.14	17.2	59.2
2	14.4	4.56	16.0	66.9
3	15.9	4.23	15.3	71.5
4	17.2	3.97	14.6	76.3
5	17.6	3.85	14.3	77.1
6	18.5	3.60	13.8	78.8
7	20.0	3.08	12.7	79.2
8	21.0	2.68	11.9	76.8
9	22.7	1.97	10.4	70.3
10	23.5	1.57	9.5	63.4
11	24.4	1.12	8.5	52.4
12	26.2	0.14	6.0	9.9

表 3-29 叶片安放角为 0°时的装置性能试验数据

序号	流量 Q/(m^3/min)	扬程 H/m	轴功率 P/kW	装置效率 η/%
1	13.1	5.14	19.0	58.1
2	16.6	4.37	16.9	70.0
3	17.6	4.22	16.4	74.0

续表

序号	流量 $Q/(m^3/min)$	扬程 H/m	轴功率 P/kW	装置效率 $\eta/\%$
4	18.5	3.97	15.7	76.1
5	19.8	3.70	15.0	79.5
6	20.8	3.35	14.4	78.9
7	21.5	3.08	13.8	78.3
8	22.6	2.67	13.0	75.9
9	23.7	2.19	11.9	71.5
10	25.0	1.57	10.6	60.5
11	26.4	0.93	8.9	45.0
12	27.9	0.13	6.8	9.1

表 3-30　叶片安放角为+2°时的装置性能试验数据

序号	流量 $Q/(m^3/min)$	扬程 H/m	轴功率 P/kW	装置效率 $\eta/\%$
1	14.1	5.14	20.8	56.9
2	15.0	4.97	20.2	60.4
3	17.5	4.51	18.6	69.0
4	18.9	4.23	17.7	73.8
5	19.9	3.99	17.1	75.9
6	21.5	3.63	16.1	79.1
7	23.0	3.08	15.0	76.9
8	24.1	2.67	14.1	74.5
9	25.6	2.03	12.5	67.8
10	27.5	1.13	10.3	49.1
11	29.7	0.09	7.5	5.9

表 3-31　叶片安放角为+4°时的装置性能试验数据

序号	流量 $Q/(m^3/min)$	扬程 H/m	轴功率 P/kW	装置效率 $\eta/\%$
1	15.3	5.12	22.8	56.0
2	16.6	4.89	21.8	60.8
3	18.5	4.63	20.5	67.8
4	20.5	4.22	19.0	74.5
5	21.9	3.97	18.2	78.1
6	23.3	3.53	17.2	78.1
7	24.4	3.08	16.2	75.6
8	25.5	2.69	15.3	73.0

续表

序号	流量 $Q/(m^3/min)$	扬程 H/m	轴功率 P/kW	装置效率 $\eta/\%$
9	27.3	2.00	13.6	65.5
10	28.9	1.35	11.7	54.3
11	30.3	0.67	10.1	33.0
12	31.3	0.14	8.6	8.1

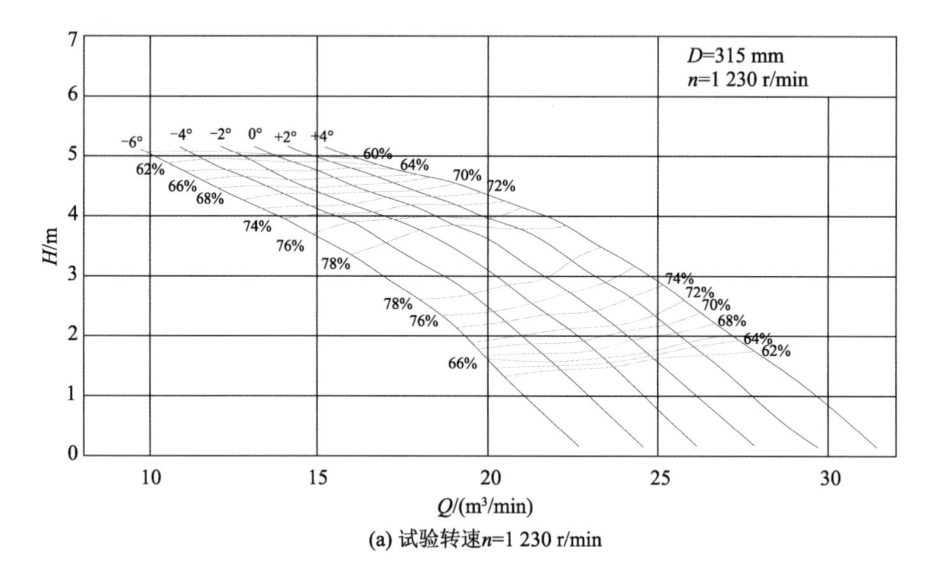

(a) 试验转速n=1 230 r/min

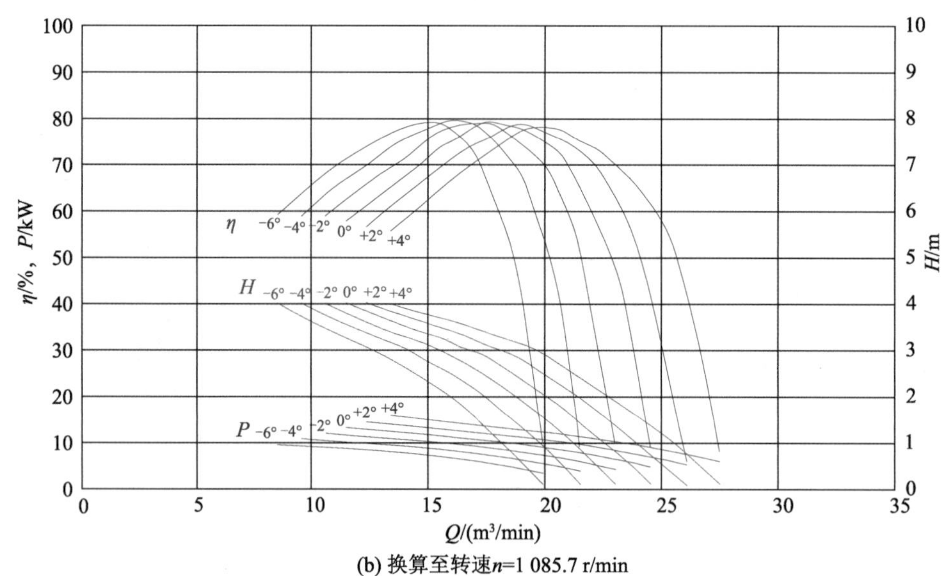

(b) 换算至转速n=1 085.7 r/min

图 3-117　模型装置综合特性曲线

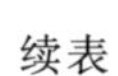

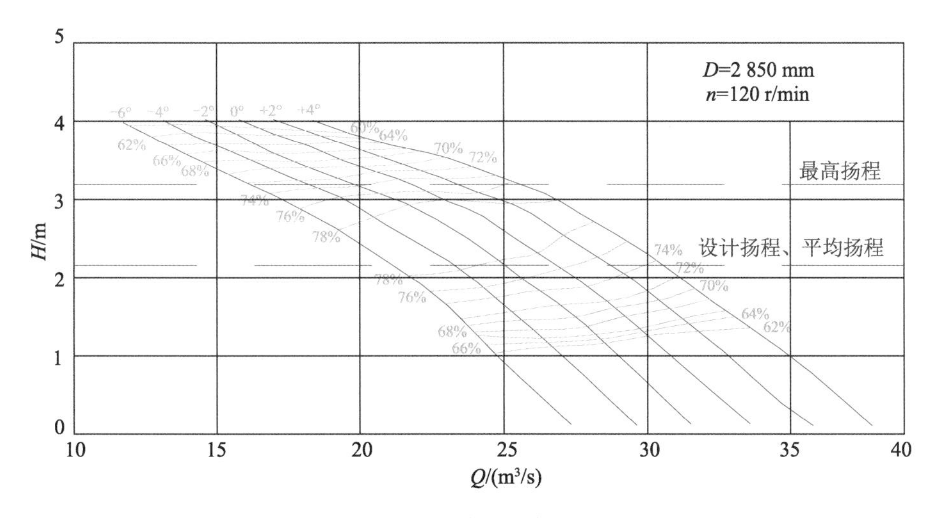

图 3-118 原型装置综合特性曲线

(2) 空化特性试验

空化特性试验是在流量及转速一定的条件下,通过改变真空值观测到随着 $NPSH_a$ 的降低,使工作扬程下降 3%,同时测定流量、扬程、转速、扭矩、进口压力和水温。之后,绘制 NPSH - H 曲线,得到 3%工作扬程的降低点。如图 3-119 所示,由 $NPSH_a$ 时的工作扬程得出其降低 3%时的 $NPSH_{r3}$ 值。当叶片安放角为 0°时,最高扬程、设计扬程和平均扬程工况点下的空化性能曲线如图 3-120 所示,对应的工况点空化初生和 $NPSH_{r3}$ 空化观察结果如图 3-121 至图 3-123 所示。不同叶片安放角下的 $NPSH_{r3}$ 曲线如图 3-124 所示。

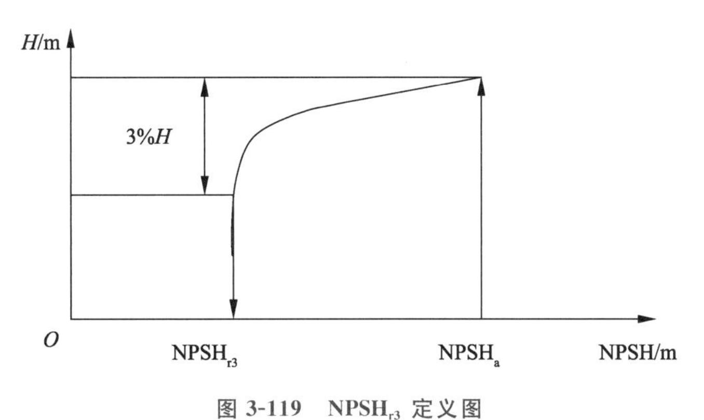

图 3-119 $NPSH_{r3}$ 定义图

当叶片安放角为 0°时,设计扬程下的空化比转速为

$$C=\frac{5.62n\sqrt{Q}}{NPSH_{r3}^{0.75}}=\frac{5.62\times 1\ 230\times\sqrt{21.5/60}}{4.5^{0.75}}=1\ 339$$

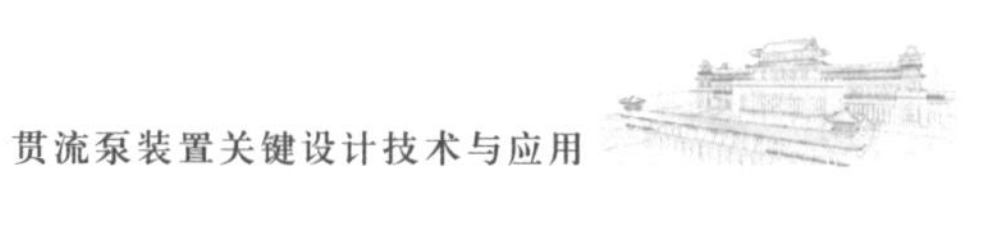

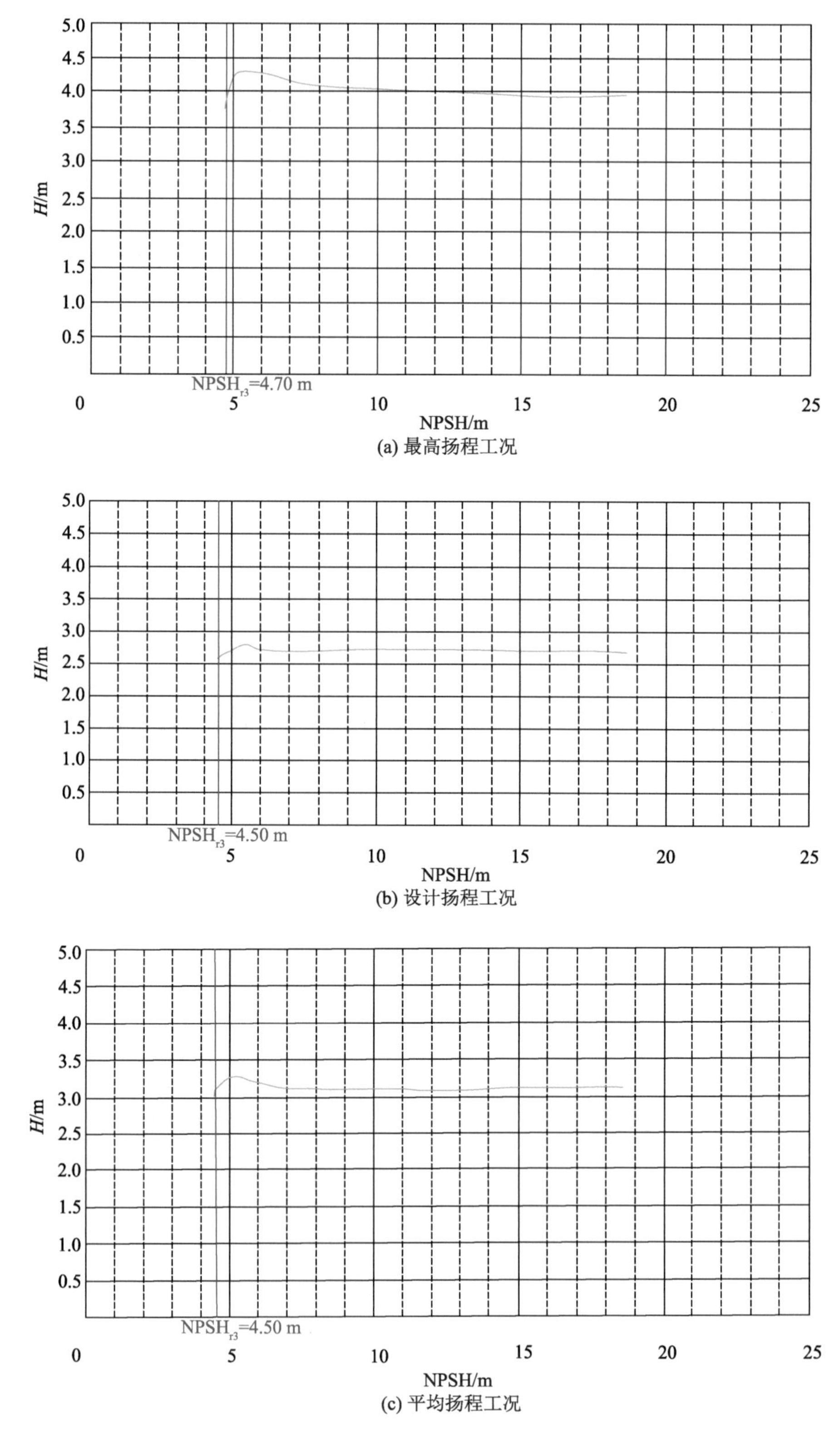

(a) 最高扬程工况

(b) 设计扬程工况

(c) 平均扬程工况

图 3-120　叶片安放角为 0°时的空化特性曲线

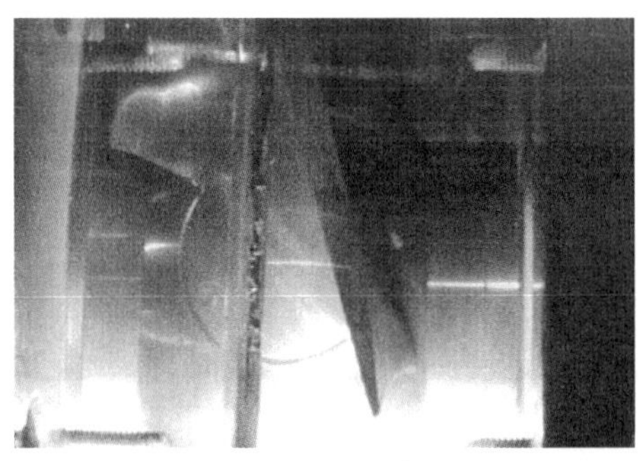
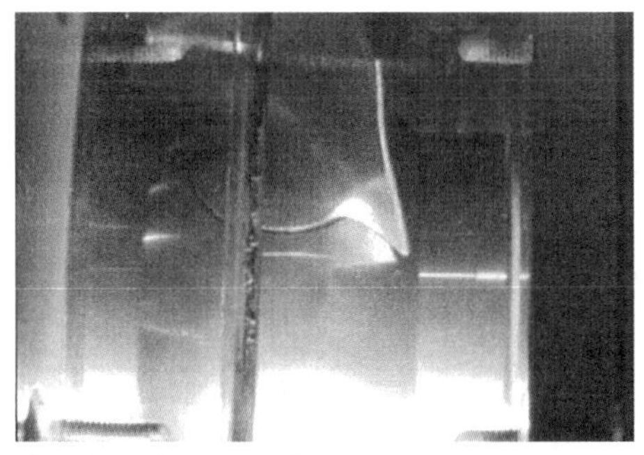

(a) 初生点NPSH=26.0 m(左：负压面；右：压力面)

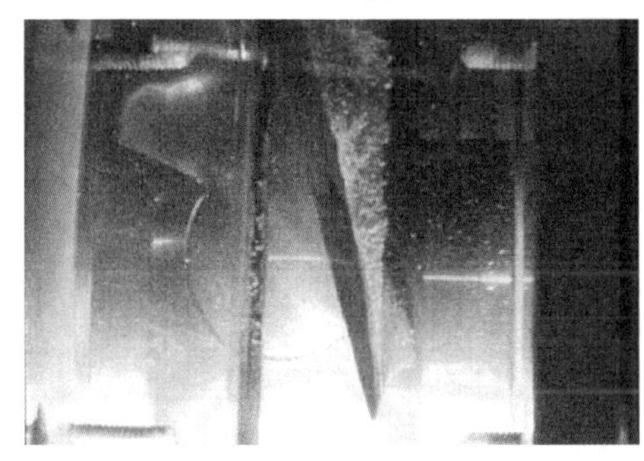
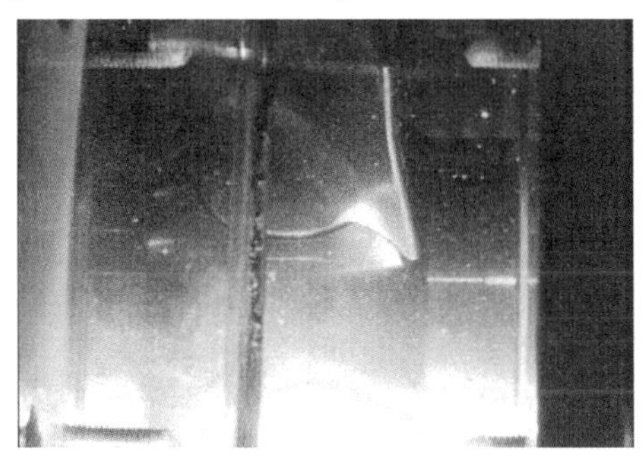

(b) $NPSH_{r3}$=4.70 m(左：负压面；右：压力面)

图 3-121　叶片安放角为 0°时最高扬程工况空化发生过程

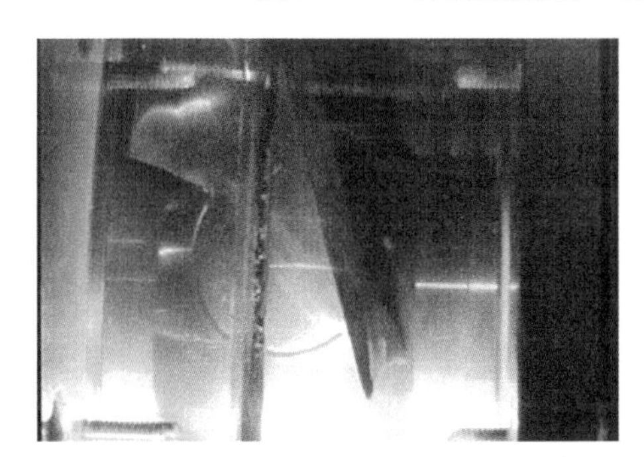
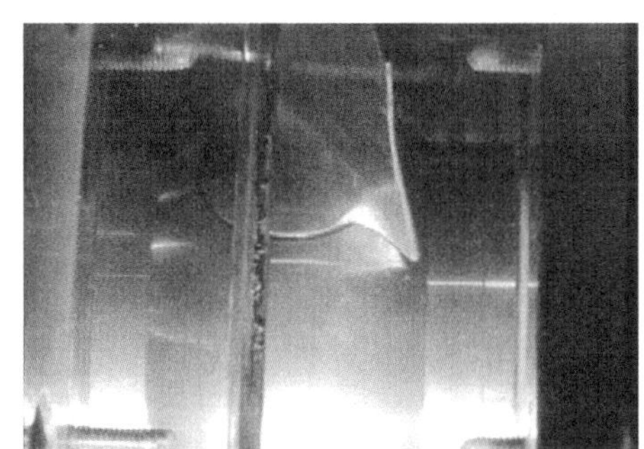

(a) 初生点NPSH=12.5 m(左：负压面；右：压力面)

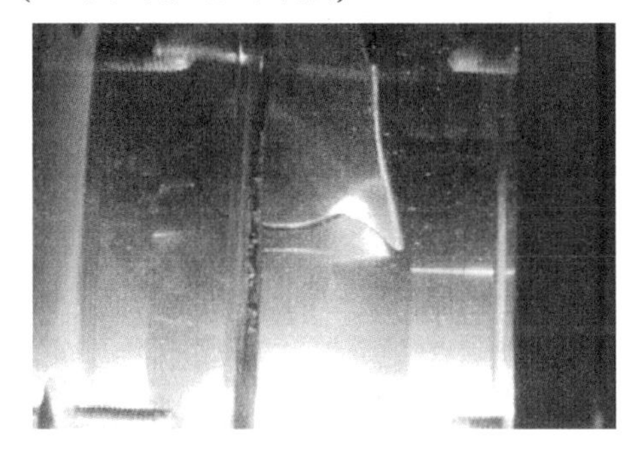

(b) $NPSH_{r3}$=4.50 m(左：负压面；右：压力面)

图 3-122　叶片安放角为 0°时设计扬程工况空化发生过程

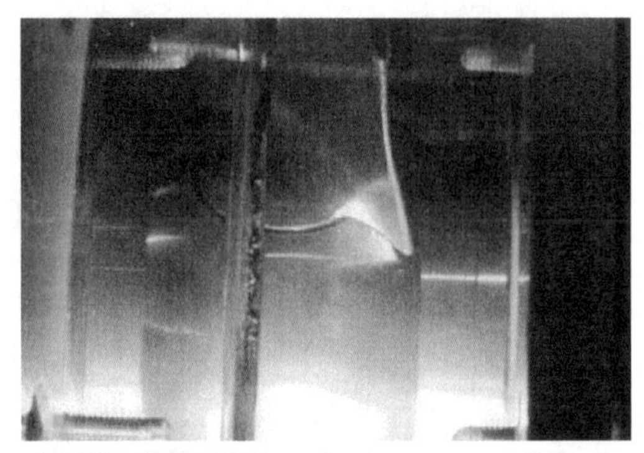

(a) 初生点NPSH=7.5 m(左：负压面；右：压力面)

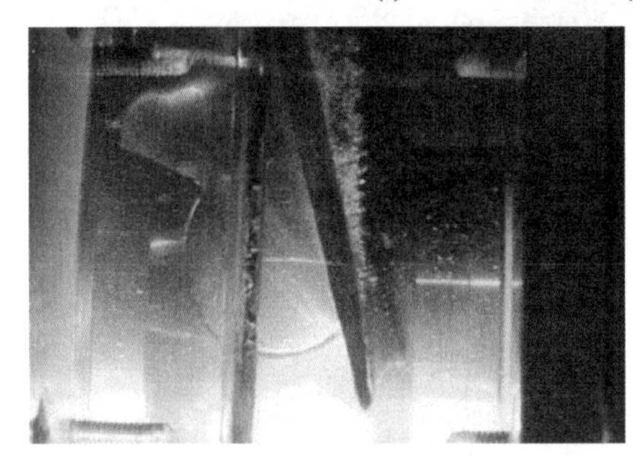
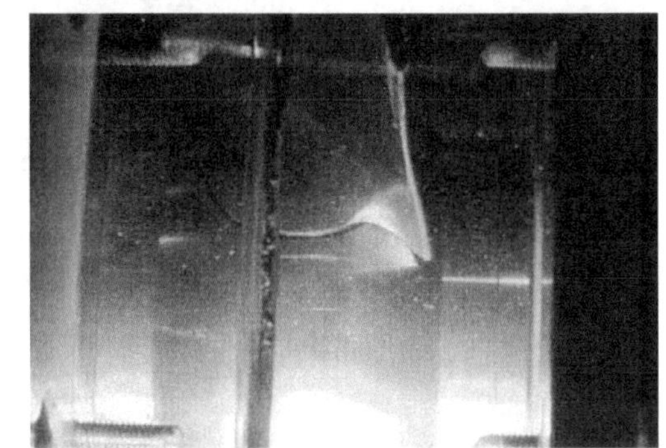

(b) $NPSH_{r3}$=4.50 m(左：负压面；右：压力面)

图 3-123 叶片安放角为 0°时平均扬程工况空化发生过程

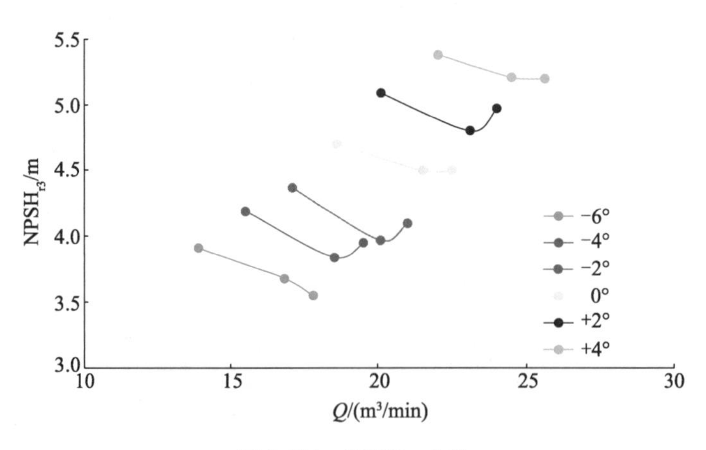

图 3-124 $NPSH_{r3}$ 曲线

(3) 飞逸特性试验

在最大叶片安放角＋4°和最小叶片安放角－6°时，利用试验台的水轮机运行试验装置，通过循环泵产生逆流以进行飞逸特性试验。在模型泵的飞逸转速大约为 1 000 r/min，800 r/min，600 r/min 的条件下，测定流量及进水和出水流道之间的有效落差，根据 $n'_{1f}=\dfrac{(n_f/60)D}{\sqrt{gH}}$ 计算单位飞逸转速 n'_{1f}，结果如表 3-32 和表 3-33 所示。

表 3-32　叶片安放角为+4°时的飞逸特性试验结果

飞逸转速 n_f/(r/min)	反转流量 Q/(m^3/min)	进水、出水流道间有效落差 H/m	单位飞逸转速 n'_{1f}
602.1	12.00	0.344 3	1.72
602.8	12.02	0.339 7	1.73
606.0	12.03	0.339 8	1.74
798.1	15.91	0.588 6	1.74
800.5	15.91	0.592 4	1.74
796.0	15.89	0.584 8	1.75
997.8	19.82	0.879 7	1.78
999.2	19.77	0.881 6	1.78
999.2	19.83	0.892 4	1.77
平均值			1.75

表 3-33　叶片安放角为−6°时的飞逸特性试验结果

飞逸转速 n_f/(r/min)	反转流量 Q/(m^3/min)	进水、出水流道间有效落差 H/m	单位飞逸转速 n'_{1f}
600.6	7.93	0.315 1	1.79
601.1	7.95	0.316 8	1.79
598.3	7.92	0.324 5	1.76
797.5	10.48	0.533 7	1.83
799.3	10.52	0.522 7	1.85
801.8	10.55	0.537 1	1.83
1 002.8	13.13	0.808 4	1.87
1 001.7	13.13	0.791 6	1.89
1 004.0	13.11	0.797 3	1.89
平均值			1.89

根据试验结果，推算出原型装置在设计扬程点、叶片安放角为+4°和−6°时的飞逸转速分别为 179 r/min 和 187 r/min，最高扬程点的飞逸转速分别达 203 r/min 和 212 r/min。原型装置的飞逸特性曲线如图 3-125 所示。

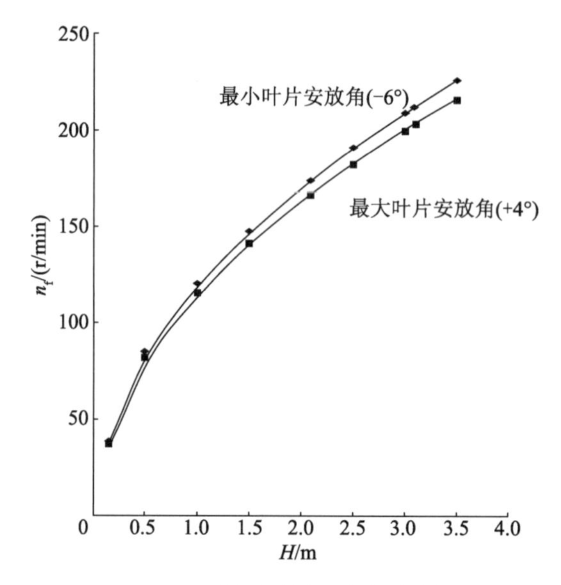

图 3-125　原型装置飞逸特性曲线

（4）压力脉动特性试验

能量特性试验中对图 3-114 中所示的模型装置压力脉动测试位置进水流道和叶轮出口的测试，包括水泵运行范围内最大叶片安放角＋4°、最小叶片安放角－6°及叶片安放角0°等运行工况。叶片数 $Z=3$，则脉动的基本频率 $f=\frac{nZ}{60}=\frac{1\ 230\times 3}{60}=61.5$ Hz。采用压力脉动系数[式(3-21)]表示进水流道和叶轮出口测试结果，如表 3-34 所示。图 3-126 至图 3-128 分别显示叶片安放角为 0°时设计扬程、最高扬程和平均扬程工况下进水流道、叶轮出口的脉动频率特性。结果表明，进水流道压力脉动相对值在 2%以下、叶轮出口压力脉动相对值在 8%以下，满足要求，装置压力脉动特性良好。

表 3-34　压力脉动测试结果

位置		进水流道			叶轮出口		
叶片安放角/(°)		0	＋4	－6	0	＋4	－6
压力脉动系数 $\overline{P}_E$	设计扬程工况	0.005 0	0.007 3	0.006 5	0.046 7	0.057 0	0.056 7
	平均扬程工况	0.005 9	0.016 7	0.009 9	0.054 3	0.066 7	0.061 7
	最高扬程工况	0.008 2	0.013 6	0.004 1	0.077 7	0.064 6	0.073 4

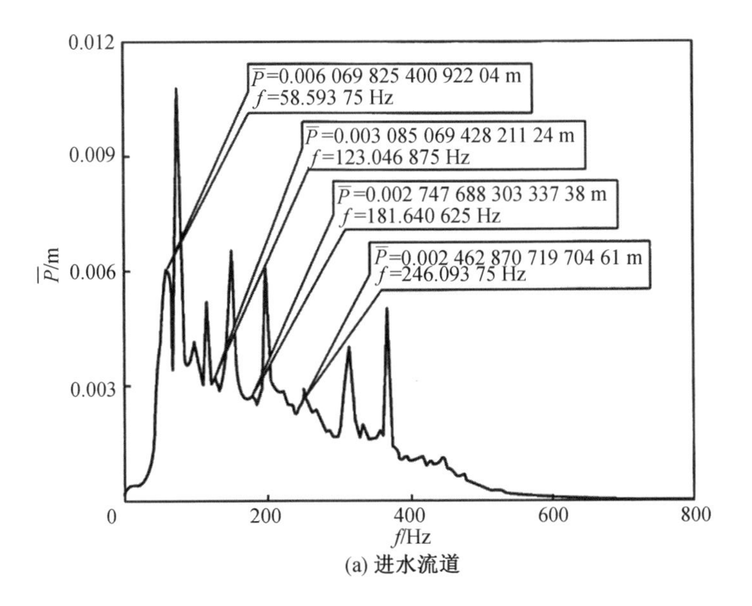

(a) 进水流道

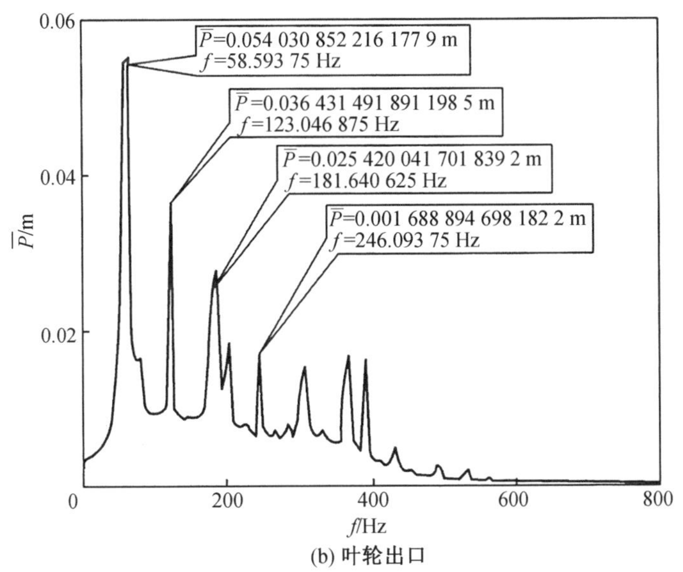

(b) 叶轮出口

图 3-126　设计扬程工况下的压力脉动特性

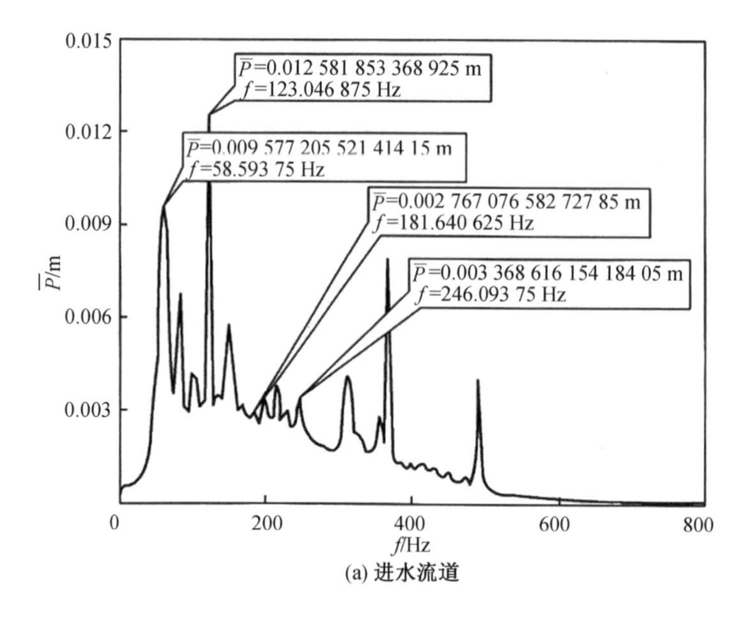

(a) 进水流道

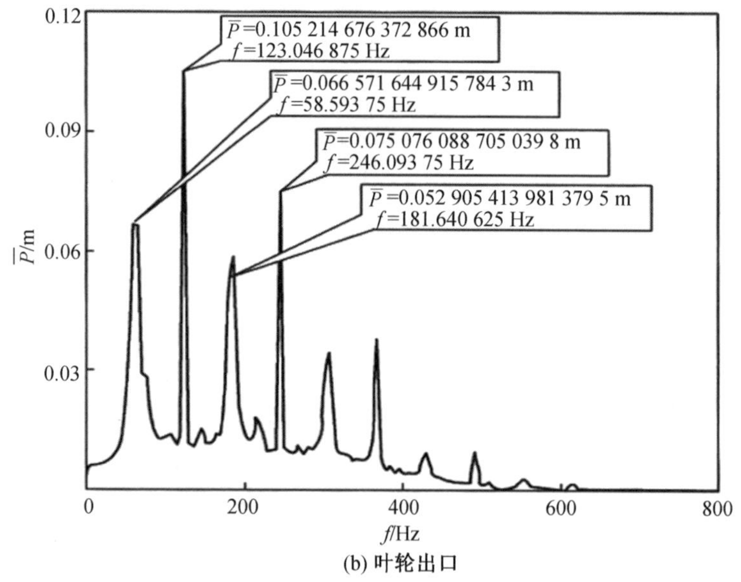

(b) 叶轮出口

图 3-127 最高扬程工况下的压力脉动特性

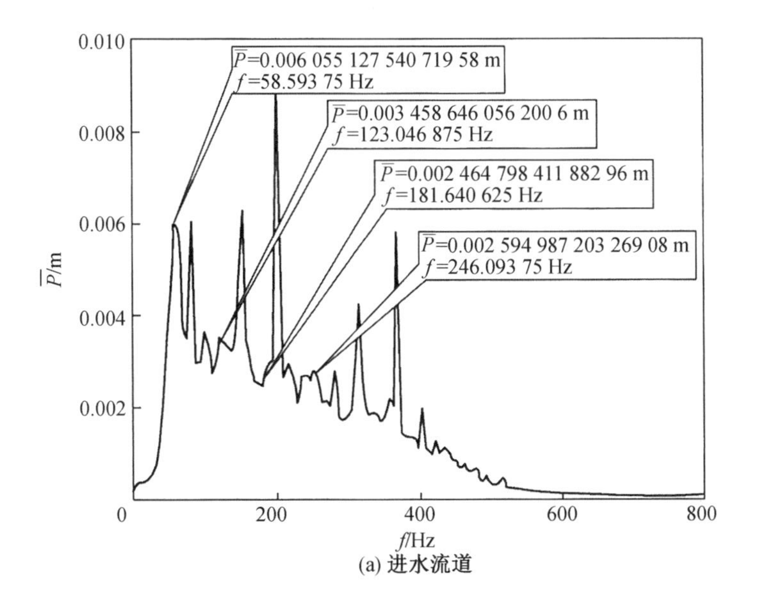

(a) 进水流道

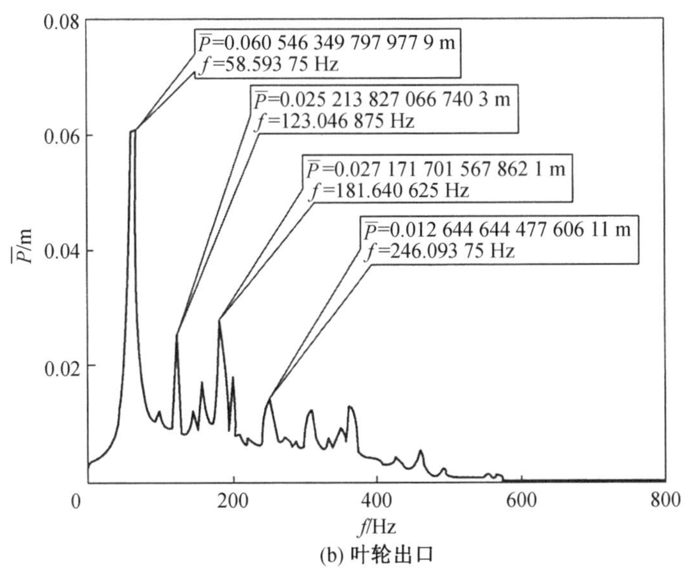

(b) 叶轮出口

图 3-128　平均扬程工况下的压力脉动特性

（5）流道模型试验

为进一步验证前述CFD优化结果，拆除试验台中的模型叶轮，对流道内的水流状态进行观测，并测试图3-114中$B \sim C$断面之间的损失，再加上流道进口段（$A \sim B$断面）和流道出口段（$C \sim D$断面）计算的水力损失，即可得到模型装置（$A \sim D$断面）的流道水力损失，即

$$\Delta h_{m} = \Delta h + Q_{m}^{2}(C_{hs} + C_{hd} - C_{hb}) \tag{3-29}$$

式中，Δh为模型装置流道水力损失测定值（m）；C_{hs}为流道进口段水力损失系数，$C_{hs} = 0.000\,000\,28\ \mathrm{min^2/m^5}$；$C_{hd}$为流道出口段水力损失系数，$C_{hd} = 0.000\,061\,66\ \mathrm{min^2/m^5}$；$C_{hb}$为模型水泵段水力损失系数，这部分损失是属于水泵的（类似于图3-107中的$G \sim H$断面），因此从流道损失中扣除。

由于叶轮体部位是球形，因此它含有很小的扩散-收缩流道，但是在对水力损失进行计算时可以将其作为当量直径的圆管进行计算。因此，模型水泵段水力损失系数C_{hb}计算如下：

水泵段进口和出口的外径均为$D_{ob} = 305$ mm、内径均为$D_{ib} = 98$ mm，将当量直径$D_{eb} = 0.288\,83$ m作为假设直管的内径，管道长度$L_{b} = 0.246\,5$ m。同样采用Colebrook公式计算得到摩擦损失系数$\lambda = 0.014\,1$，因此水泵段水力损失$\Delta h_{b} = \lambda \cdot \dfrac{L_{b}}{D_{eb}} \cdot \dfrac{v_{b}^{2}}{2g} = 0.017\,07$ m，水力损失系数$C_{hb} = 0.000\,039\,61\ \mathrm{min^2/m^5}$。

由式（3-29）可以得到不同工况下模型流道的水力损失，根据相似公式（3-30）换算成原型流道的水力损失如表3-35所示。

$$\Delta h_{p} = \Delta h_{m} \cdot \left(\frac{n_{p}}{n_{m}} \cdot \frac{D_{p}}{D_{m}}\right)^{2} \tag{3-30}$$

表3-35　原型装置流道水力损失数据

占设计流量百分比/%	模型			原型	
	流量 $Q_m/(\mathrm{m^3/min})$	流道损失测定值 $\Delta h/\mathrm{m}$	流道损失值 $\Delta h_m/\mathrm{m}$	流量换算值 $Q_p/(\mathrm{m^3/s})$	流道损失换算值 $\Delta h_p/\mathrm{m}$
50	10.36	0.12	0.13	12.5	0.10
80	16.59	0.30	0.30	20.0	0.23
100	20.73	0.45	0.46	25.0	0.36
120	24.95	0.68	0.69	30.0	0.54

在测定流道损失的同时对不同部位的流态进行观测，如图3-129所示。根据上述试验，将流道水力损失的实测结果与CFD分析预测的结果进行对比（见表3-36），发现CFD计算结果小于实测结果，其原因是在流道扩散段以及闸门槽角落突然扩大出现的水流脱离现象在CFD分析中没有考虑到。

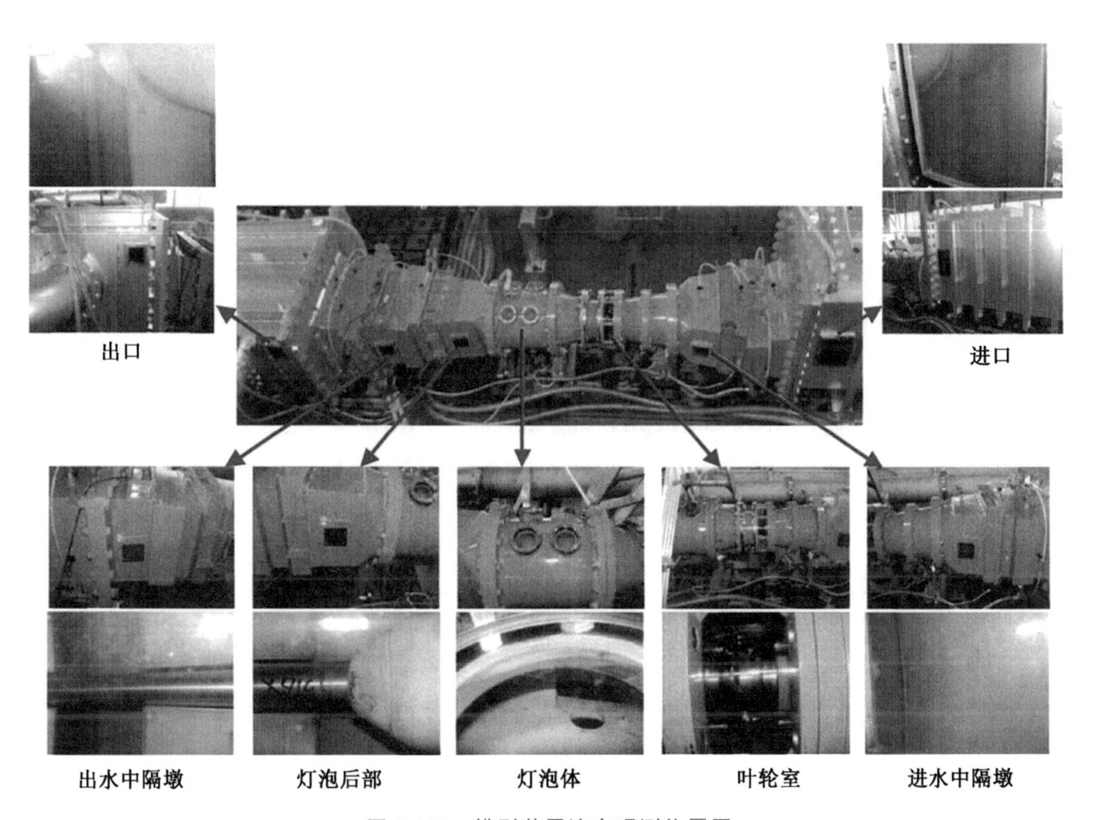

图 3-129 模型装置流态观测位置图

表 3-36 实测结果与 CFD 分析结果比较

占设计流量百分比/%	原型流量 Q_p/(m^3/s)	原型水力损失实测值 Δh_{pe}/m	原型水力损失 CFD 分析值 Δh_{pc}/m	损失差值 ($\Delta h_{pe}-\Delta h_{pc}$)/m
50	12.5	0.10	0.09	0.01
80	20.0	0.23	0.20	0.03
100	25.0	0.36	0.28	0.08
120	30.0	0.54	0.44	0.10

(6) 中隔墩影响试验

根据检验结果,模型装置试验满足要求。同时建议将进、出口测压断面分别布置在进口和出口水箱,去除进水流道后段中隔墩和出水流道中隔墩进行叶片安放角 0°下的性能补充试验及流道损失 CFD 分析。

去除中隔墩后的进、出水流道如图 3-130 所示,进水侧测压断面调整为距离进口 600 mm 的进水箱上 E 断面,出水侧测压断面调整为距离出口 200 mm 的出水箱上 F 断面,如图 3-131 所示。

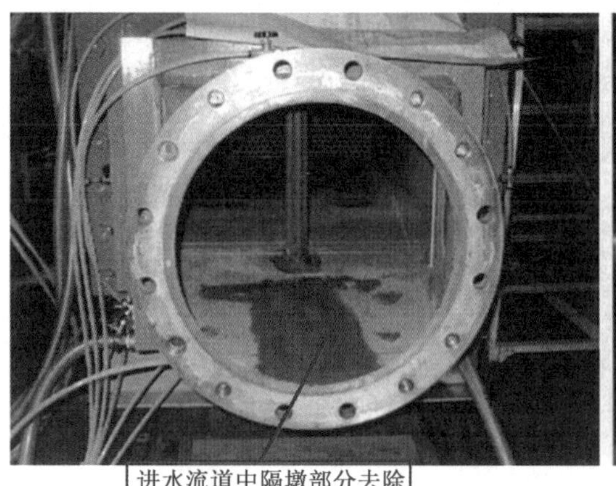

图 3-130　去除中隔墩后的进水、出水流道模型

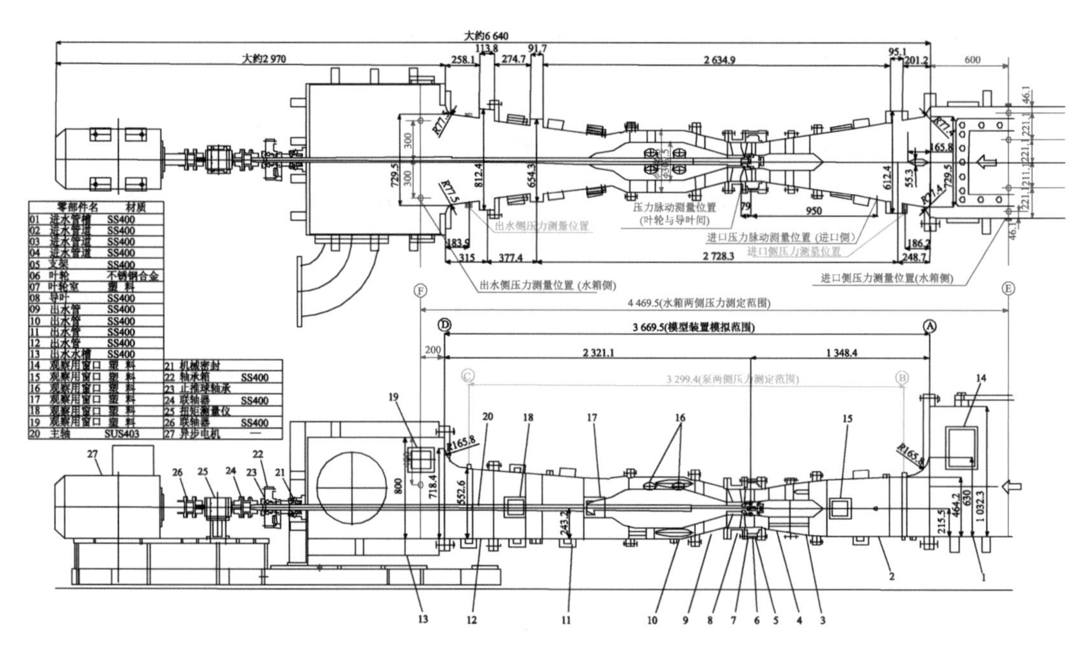

图 3-131　测压点调整及去除中隔墩后的模型装置图(单位:mm)

去除中隔墩后的能量特性曲线加●表示,与先前试验结果的对比如图 3-132 所示,换算至 1 085.7 r/min 下的模型装置性能对比如表 3-37 所示,结果发现去除中隔墩后装置效率反而下降 0.7～3.0 个百分点。

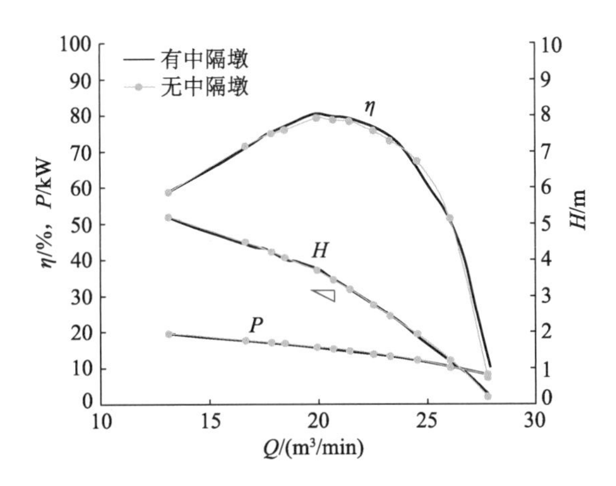

图 3-132 有、无中隔墩能量特性对比图

表 3-37 有、无中隔墩模型装置性能对比

工况		扬程 H/m	流量 Q/(m³/min)	装置效率 η/%	轴功率 P/kW
有中隔墩	最高扬程	3.09	16.3	76.1	10.9
	设计扬程	2.40	19.0	78.3	9.5
	平均扬程	2.08	20.0	75.9	8.9
	最低扬程	0.10	24.6	9.1	4.4
无中隔墩	最高扬程	3.11	16.3	75.2	11.0
	设计扬程	2.40	19.0	77.6	9.6
	平均扬程	2.07	19.9	74.9	9.0
	最低扬程	0.07	24.5	6.1	4.9

采用与前述相同的CFD分析和模型流道水力损失测试方法进行流态分析和水力损失测试，结果发现不同断面的流态与图3-108及图3-109基本相似。CFD计算的水力损失是有中隔墩的大于无中隔墩的，但实测的水力损失是无中隔墩的大，对比结果如表3-38所示，这也进一步验证了无中隔墩效率略低的结果，说明中隔墩的影响是复杂的，不仅仅影响水力损失，因此最终仍采用有中隔墩的方案。

表 3-38 有、无中隔墩流道水力损失对比

占设计流量百分比/%	流量 Q/(m³/s)	无中隔墩		有中隔墩	
		水力损失实测值 Δh_{pe}/m	水力损失CFD分析值 Δh_{pc}/m	水力损失实测值 Δh_{pe}/m	水力损失CFD分析值 Δh_{pc}/m
50	12.5	0.10	0.08	0.10	0.09
80	20.0	0.24	0.18	0.23	0.20
100	25.0	0.38	0.27	0.36	0.28
120	30.0	0.55	0.41	0.54	0.44

研究及应用结果表明，减速齿轮箱间接传动的灯泡贯流泵装置是易于工程实施的一种装置型式，水泵与电动机配合灵活，适应国内设备生产制造的实际能力和水平。但由于

采用了常规导叶，现场实测效率偏低与前述模型对比试验(见图 3-69)结论一致，有待于进一步深入研究。

3.4 机组结构型式研究

3.4.1 直联传动灯泡贯流泵机组结构

1. 总体结构

以第 3.2 节中研究对象为例，机组结构如图 3-133 所示，同步电动机直接驱动叶片液压全调节的水泵，水泵轴与电动机之间采用鼓齿联轴器柔性连接，水泵运行时的水推力由水泵的推力轴承承受；水泵叶轮采用双支点支撑，以提高水泵轴系的稳定性。径向轴承采用 SKF(斯凯孚)滚动轴承，油脂润滑。为了减小调节机构前置对进水流态的影响，提高机组效率，将调节机构设置在水泵与电动机之间，即采用中置式布置，这样操作杆较短、刚性好，可以保证调节力传递的稳定性和可靠性。泵体、灯泡体(除了电动机处外)全部采用水平分瓣结构，分瓣面采用刚性法兰连接、定位销定位，泵体各零件之间的结合面也采用刚性法兰连接，止口配合定位，O 形密封圈密封。由于结构复杂，机组总质量达到 225 t。水泵轴系采用三点支撑，另一个径向轴承设置在调节机构后端。电动机轴系采用双点支撑，电动机支撑的前后为 2 个进人孔，供安装检修使用。

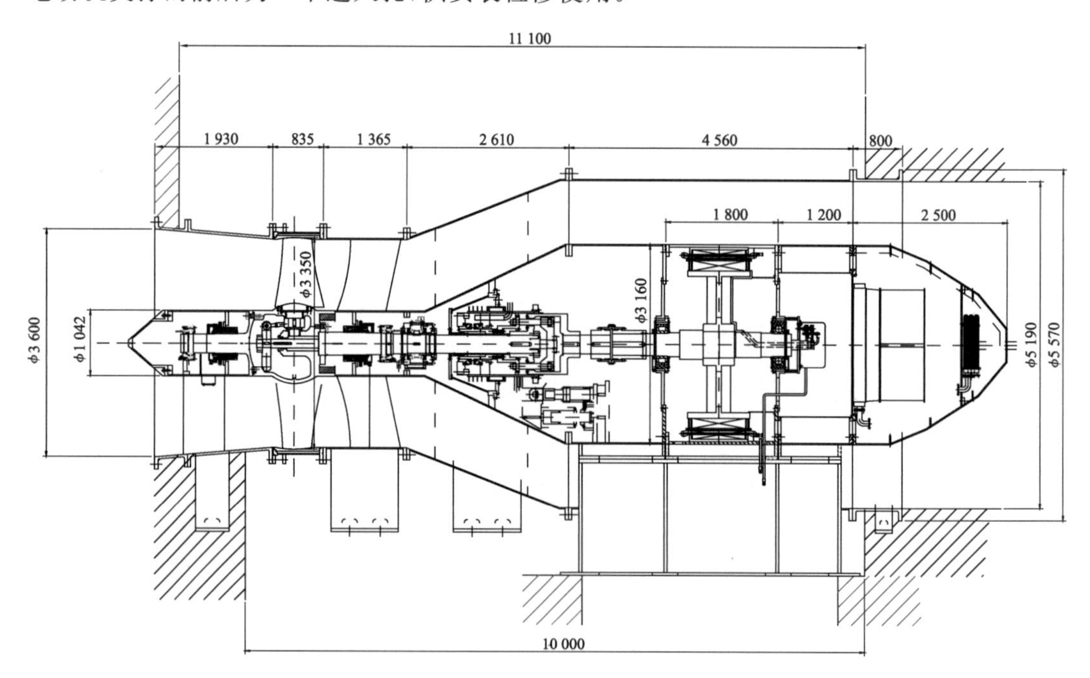

图 3-133　直联全调节灯泡贯流泵结构图(单位：mm)

2. 叶片调节机构

叶片调节机构的工作原理借鉴了船舶的可变桨距的螺旋桨桨叶调节技术，以提高液压全调节机构的技术先进性和运行可靠性，机构由日本专业生产厂家海鸥螺旋桨株式会社(Kamome Propeller Co., Ltd.)生产制造。叶片调节机构的原理如图 3-134 所示,在水泵叶轮的轮毂内设置由十字叉头和曲柄拐臂组成的连杆机构,通过中空轴中的推拉杆左右运动使得拐臂的旋转运动变化,从而改变叶片的安放角。油缸位于联轴器与供油轴之间,构成轴系的一部分,活塞和推拉杆直接连接,活塞的活动传递给推拉杆,带动叶片的推拉。同时,由安装在活塞的电动机侧叶片角度检测轴将叶片角度传送到跟踪发射机。该检测装置在紧急情况下还具有固定叶片角度的作用。

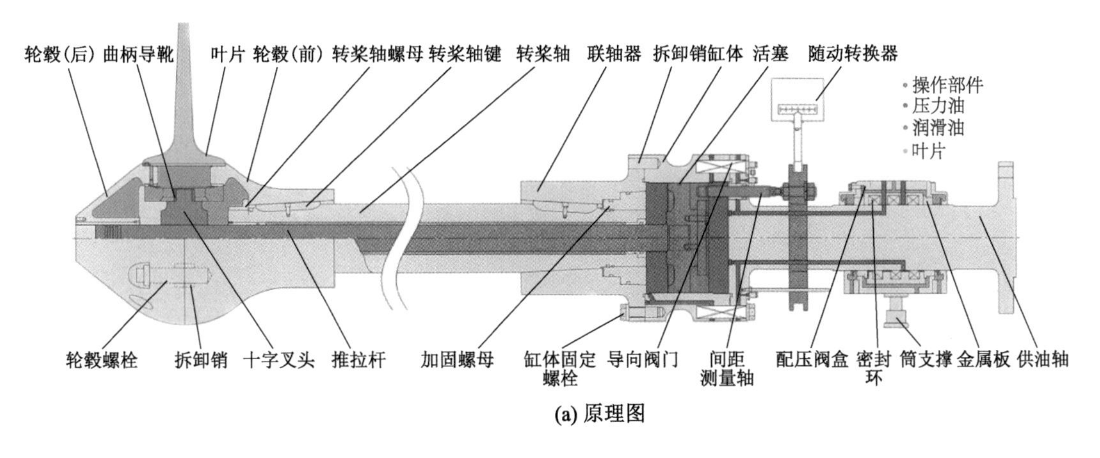

(a) 原理图

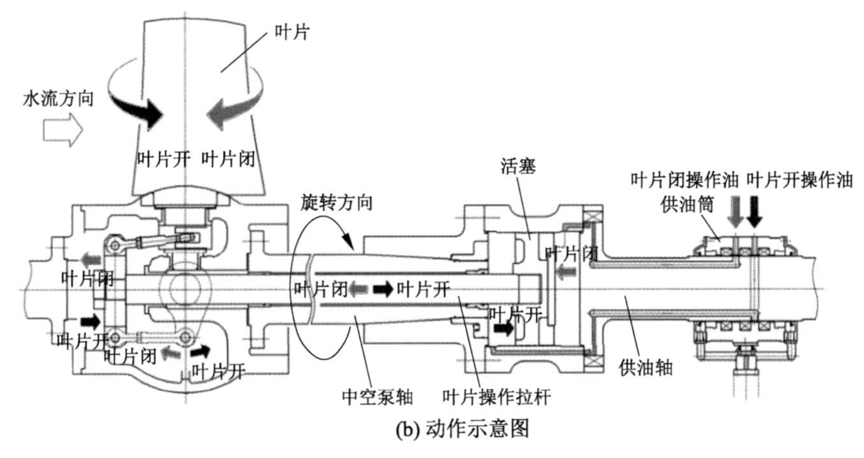

(b) 动作示意图

图 3-134 叶片调节机构及动作原理图

供油箱为分离式,由轴承支撑不会旋转。供油箱内部同样是分离式的金属密封环,供油箱将使活塞活动的高压工作油送入旋转的供油轴内。供油箱检修时不需要解体供油轴,没有部件需更换。提供工作油压的是标准油压装置,该装置由工作油泵、备用油泵、电动机、电磁切换阀、冷却器等组成,如图 3-135 所示。油压回路为工作油、润滑油、冷却器回路。高压工作油仅仅在推拉时提供,叶片在某一安放角下运行时由活塞缸内装有的液压控制单向阀机构保持,所以正常运行时只提供润滑油。

调节机构动作工厂试验控制系统图及实物照片如图 3-136 所示。操作力为 6 MPa,最高油压为 5 MPa,设计叶片安放角为$-6°\sim+6°$,活塞设计行程为±30.3 mm,角度调整精度为$\pm0.1°$。来回行程调节时间在 150 s 以内,油泵电动机功率在 2 kW 以下。

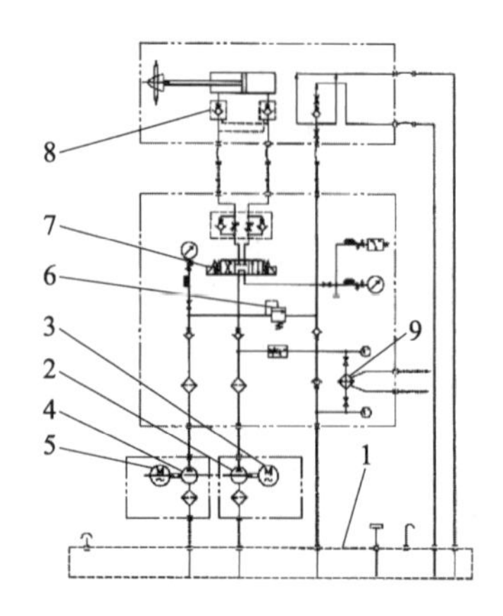

1—工作油；2—工作油泵；3—工作油泵电动机；4—备用油泵；5—备用油泵电动机；
6—压力调节阀；7—电磁阀；8—液压控制单向阀；9—油冷却器。

图 3-135　液压系统图

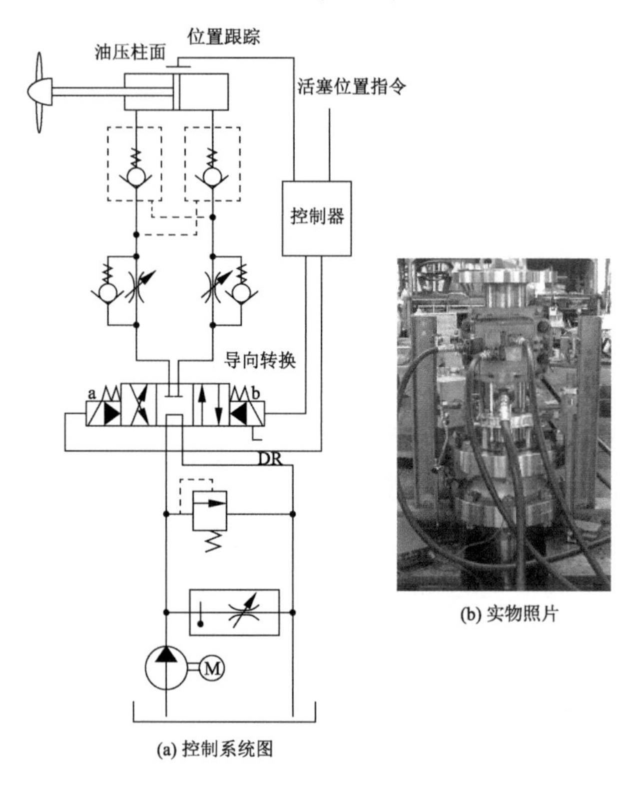

图 3-136　控制系统图及实物照片

3. 电动机结构及性能

(1) 电动机结构特点

电动机为灯泡式结构，由电动机轴伸端锥形外壳段、电动机主体段、通风道外壳段、空气冷却器锥形外壳段、灯泡头等 5 部分组成。灯泡体的下部为纺锤形底脚板，通过底脚板与流道连接，底脚板上开设进人孔。电动机主体段由定子、转子、端盖轴承、集电环组成，电动机总装图如图 3-137 所示。

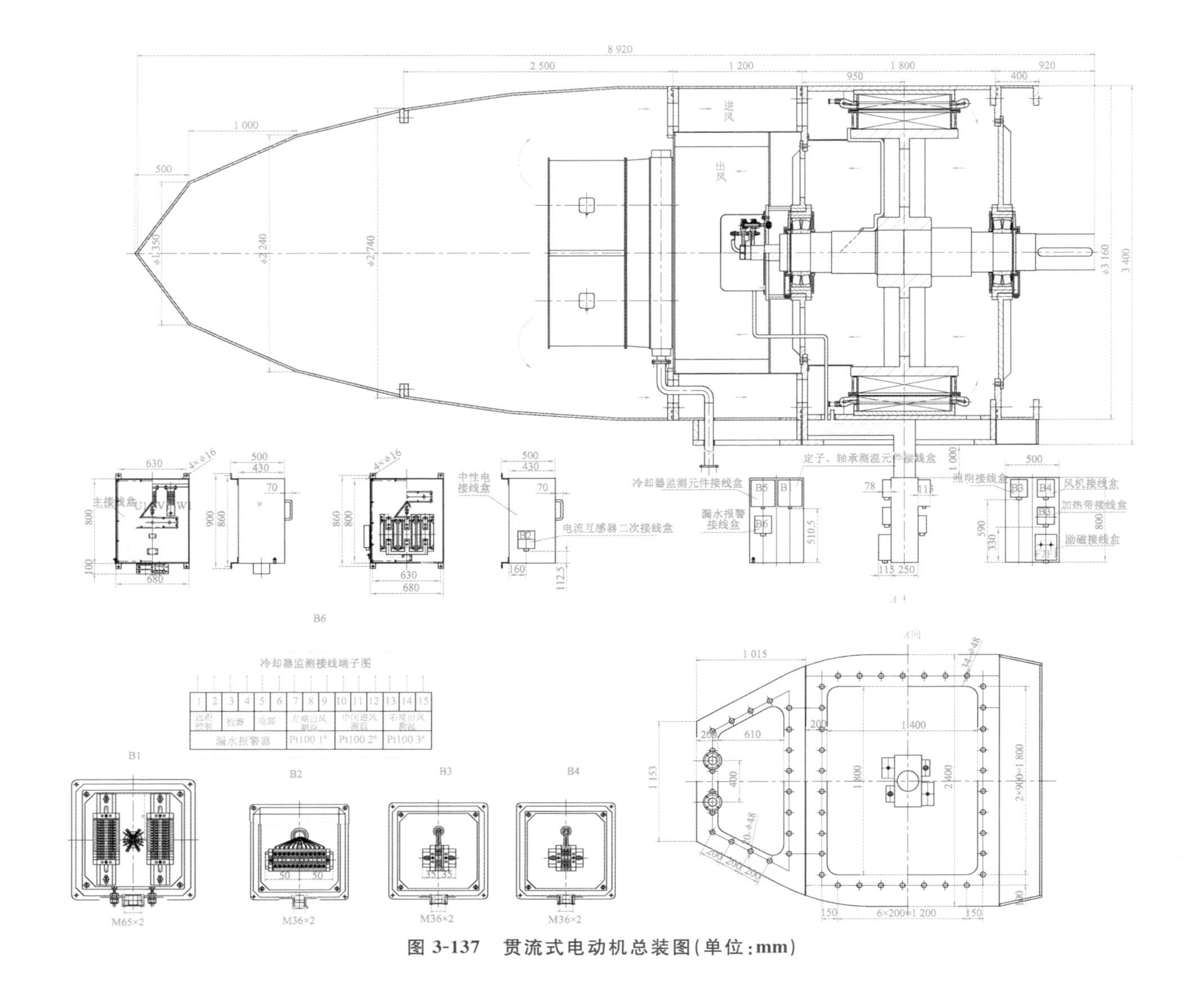

图 3-137 贯流式电动机总装图(单位:mm)

定子主要由机壳、定子铁芯、定子线圈组成。机壳为圆形筒体，下部有底脚板，由钢板焊接而成。定子铁芯为高导磁材料的 0.5 mm 厚 50W310 硅钢片，定子铁芯无径向通风道，外壁与筒体内圆紧密配合，电动机定子产生的热量通过热传导传至筒体外壁，由流道中的流动水体带走，使定子的温升不超过 80 K。定子线圈采用 F 级 2SYN40－5F 双玻薄膜线，匝间绝缘性能优异，定子线圈对地绝缘采用 0.15 mm×25 mm 少胶玻璃粉云母带 5442－1，由于云母含量高，对地绝缘性能好。定子采用整体真空浸漆（VPI）技术进行处理。

转子由凸极式全阻尼磁极、磁轭、主轴等组成。磁极由磁极铁芯和磁极线圈等组成，磁极铁芯为叠片式结构，由 1.5 mm 厚的薄钢板冲制而成的冲片叠压成形，磁极线圈由优质铜扁线绕制。磁极采用整体式结构，并经真空浸漆。磁轭采用钢板焊接结构，机械强度好，外观质量佳。主轴采用 45# 优质碳素钢锻件加工而成。

端盖轴承采用 SKF 生产的 23072CC/C3W33 球面滚子轴承，润滑方式为脂润滑，轴承不承受来自水泵的推力，轴承运行温度为 56 ℃，轴承理论运行寿命为 1 000 000 h。

电动机内部为封闭式，内部冷却采用空-水冷却方式，电动机内部风路为轴向循环回路，电动机内部热量由循环空气经空气冷却器，通过热交换由冷却水带走。电动机的冷却系统由空气冷却器、淡水冷却器和淡水循环水站等组成，冷却系统原理如图 3-138 所示。

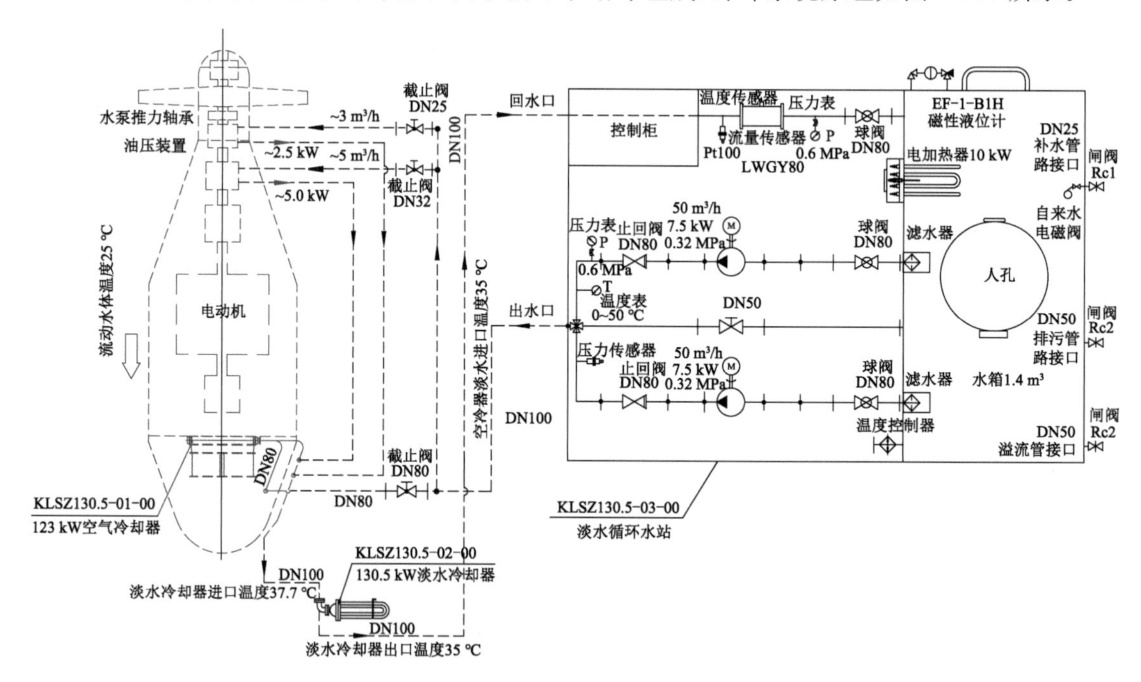

图 3-138　机组冷却系统原理图

电动机轴承位置安装绝缘轴承套防止轴电流产生，并通过合理选择定子圆周分布扇形片数和铁芯接缝数，减少轴向电动势的产生因素，从而有效防止轴电流的产生。

（2）电动机电气性能

型式试验得到的该电动机的电气性能参数如表 3-39 所示，电动机电气性能符合技术条件要求。

表 3-39 电动机型式试验结果对比

序号	试验项目	设计值	试验值
1	定子绕组相电阻(15 ℃)/Ω	0.381 4	0.391 9
2	转子绕组相电阻(15 ℃)/Ω	0.860 9	0.837 2
3	额定电流/A	149.50	146.76
4	额定励磁电流/A	189.60	182.74
5	额定励磁电压/V	238.40	229.77
6	定子铜损/kW	31.86	31.43
7	励磁损耗/kW	38.98	34.78
8	铁损/kW	37.97	39.65
9	机械损耗/kW	6.10	4.83
10	杂耗/kW	10.38	11.80
11	总损耗/kW	125.29	122.49
12	额定输入功率/kW	2 325.29	2 322.49
13	额定输出功率/kW	2 200	2 200
14	计入励磁损耗的效率/%	94.60	94.73
15	功率因数	0.9	
16	堵转电流/额定电流	5.45	5.87
17	堵转转矩/额定转矩	0.768 9	0.630 0
18	牵引转矩/额定转矩	1.207	1.660
19	失步转矩/额定转矩	2.93	
20	定子绕组温升/K	61.5	
21	转子绕组温升/K	53.0	
22	纵/横轴超瞬变电抗标幺值	0.178 3/0.177 1	
23	噪声功率级/dB(A)	107.00	98.54
24	最大振动值/(mm/s)	2.3	0.4
25	转动惯量/(kg·m^2)	18 000	18 184

1）绝缘电阻

不同部位绝缘电阻测量结果如表 3-40 所示。

表 3-40 绝缘电阻测量值

状态	定子绕组/MΩ		转子绕组对地/MΩ	室温/℃
	相间	对地		
冷态	1 500	1 000	500	15
耐电压后	1 200	800	500	19

2）绕组冷态直流电阻

绕组冷态直流电阻测量结果如表3-41所示，定子、转子折算至基准工作温度的相电阻分别按式(3-31)和式(3-32)计算：

$$R_{1ref}=\frac{(K_a+\theta_{ref})R_{1c}}{K_a+\theta_c} \tag{3-31}$$

$$R_{2ref}=\frac{(K_a+\theta_{ref})R_{2c}}{K_a+\theta_c} \tag{3-32}$$

式中，R_{1c} 为在实际冷态下定子绕组的直流电阻；R_{2c} 为在实际冷态下转子绕组的直流电阻；K_a 为绕组导体材料在0 ℃时电阻温度系数的倒数，对铜线 $K_a=235$，对铝线 $K_a=225$；θ_c 为室温；θ_{ref} 为基准工作温度。

表3-41　绕组冷态直流电阻测量值

	定子绕组/Ω			转子绕组/Ω	室温/℃
	U-V	V-W	W-U		
直流电阻	0.774 4	0.774 5	0.774 1	0.827 2	12

工作温度75 ℃时的定子相电阻为0.485 918 Ω，转子相电阻为1.038 186 Ω；工作温度15 ℃时的定子相电阻为0.391 869 Ω，转子相电阻为0.837 247 Ω。

3）三相稳态短路特性

进行稳态短路特性试验，试验结果如表3-42所示，绘制 $I_k=f(I_{fk})$ 曲线，则当 $I_k=I_n=149.5$ A时，$I_{fk}=99.81$ A。

表3-42　稳态短路特性试验结果　　单位：A

I_{ku}	I_{kv}	I_{kw}	I_k	I_{fk}
163.8	163.8	163.8	163.80	112
142.8	142.8	142.8	142.80	94
119.8	119.8	119.8	119.80	76
96.5	96.5	96.5	96.50	51
81.1	81.1	81.1	81.10	42
68.4	68.4	68.4	68.40	32

4）空载特性

空载特性试验结果如表3-43所示，空载特性试验后定子绕组线电阻 $R_{10}=0.822$ Ω，表中定子铜损 $P_{0cu1}=1.5I_0^2R_{10}$，根据关系曲线可得铁损 $P_{Fe}=39.65$ kW、机械损耗 $P_{fw}=4.83$ kW。

表 3-43 空载特性试验结果

记录数据					计算数据		
U_0/V	I_0/A	P_0/kW	U_{f0}/V	I_{f0}/A	P_{0cu1}/kW	P'_0/kW	$\left(\frac{U_0}{U_n}\right)^2$
12 050.5	3.66	67.459	177.8	174.4	0.017	67.442	1.452 1
10 813.3	3.35	52.100	125.4	120.7	0.014	52.086	1.169 3
10 000.9	3.71	44.700	113.2	110.0	0.017	44.683	1.000 2
8 354.7	3.94	32.200	81.3	78.9	0.019	32.181	0.698 0
6 855.6	5.30	22.800	55.8	56.9	0.035	22.765	0.470 0
5 489.3	4.50	14.500	29.8	32.6	0.025	14.475	0.301 3
3 683.9	4.20	9.000	24.3	26.6	0.022	8.978	0.135 7
1 755.4	8.80	7.400	17.9	19.7	0.095	7.305	0.030 8

5）电动机效率

① 杂散损耗测量

杂散损耗测量采用过励法，测量及计算结果如表 3-44 所示。测量定子绕组线电阻得 $R_1=0.836\ 6\ \Omega$，定子绕组铜损 $P_{cu1}=1.5I_1^2R_1$，铁损 P_{Fe}、机械损耗 P_{fw} 由前述空载特性确定，则 $P_d=P_0-P_{Fe}-P_{fw}-P_{cu1}$。

表 3-44 杂散损耗测量结果

测量数据					计算数据			
U/V	I_1/A	P_0/kW	I_f/A	U_f/V	P_{cu1}/kW	P_{fw}/kW	P_{Fe}/kW	P_d/kW
10 016.3	149.7	84.4	226.7	234	28.12	4.83	39.65	11.80

② 励磁电流确定

根据零功率因数确定保梯电抗：如图 3-139 所示作空载曲线 $U_0=f(I_{f0})$，取一点 A 使其横坐标为过励试验中对应额定电枢电压、额定电枢电流的励磁电流，纵坐标为额定电枢电压，过点 A 作横坐标平行线 AF，取 $AF=I_{fk}$，过点 F 作 FH 平行于空载曲线的直线部分与空载曲线相交于点 H，作 $HG\perp AF$ 于点 G，线段 HG 的长度即为额定电枢电流时在保梯电抗 x_p 上的电压 ΔU_p，则有 $\Delta U_p=HG=1\ 322.80$ V，保梯电抗 $x_p=\Delta U_p/(\sqrt{3}I_n)=5.11\ \Omega$。

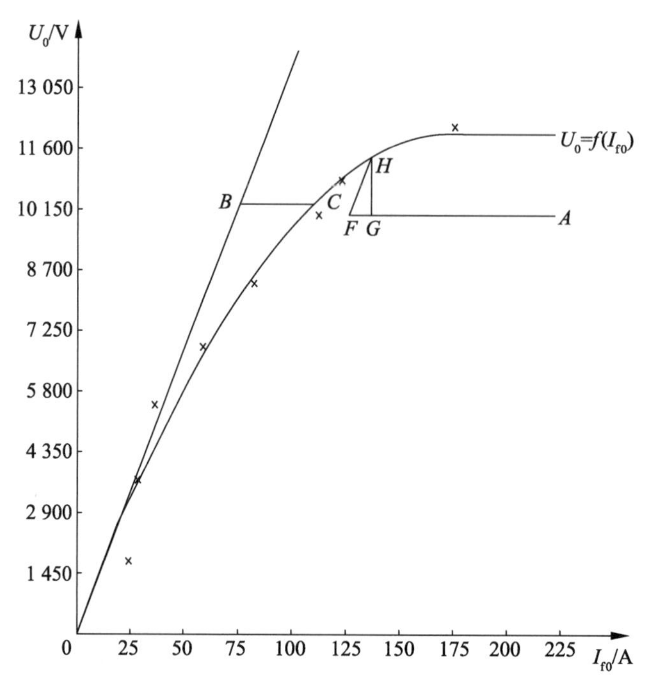

图 3-139 保梯电抗确定图法

保梯电抗电势按下式计算：

$$|E_p|=\sqrt{(U_n\cos\varphi_n\pm I_nR_a)^2+(U_n\sin\varphi_n+I_nx_p)^2} \tag{3-33}$$

式中，I_nR_a 在电动机为负、发电机为正，R_a 为电枢绕组的直流电阻。

计算得到 $|E_p|=10\ 292.66$ V，在空载曲线 $U_0=f(I_{f0})$ 上取一点 C，其纵坐标为 $|E_p|$ 的大小，过点 C 作横坐标平行线 BC，分别交空载曲线的直线部分和曲线部分于 B，C 两点，则有 $\Delta I_f=BC=35.02$ A，于是有 $I_{fN}=\Delta I_f+\sqrt{(I_{fg}+I_{fk}\sin\varphi_n)^2+(I_{fk}\cos\varphi_n)^2}=182.74$ A。

③ 定子绕组铜损确定

定子绕组铜损 $P_{cua}=3I_1^2R_j=31.43$ kW，其中 R_j 为折算至基准工作温度 75 ℃时的相电阻值。

励磁系统损耗 $P_{cuf}=I_{fN}^2R_2=34.67$ kW。

集电环损耗 $P_{rs}=\dfrac{2I_{fN}\Delta U_s}{1\ 000}=0.11$ kW，其中 ΔU_s 为每极电刷上的压降。对于碳-石墨及电化石墨电刷，$\Delta U_s=1$ V；对于金属石墨电刷，$\Delta U_s=0.3$ V。

因此，总损耗 $\sum\Delta P=P_{fw}+P_{Fe}+P_{cua}+P_{cuf}+P_{rs}+P_d=122.49$ kW。额定输入功率 $P_1=P+\sum\Delta P=2\ 322.49$ kW，电动机效率 $\eta=\dfrac{P}{P_1}\times100\%=\dfrac{2\ 200}{2\ 322.49}\times100\%=94.73\%$。

4．机组总体结构分析

为保证该结构型式灯泡贯流泵的可靠性，对水泵进行结构应力、应变分析，分析条件包括水泵最大推力负载和水泵反向推力负载 2 种情况，结构分析模型如图 3-140 所示。

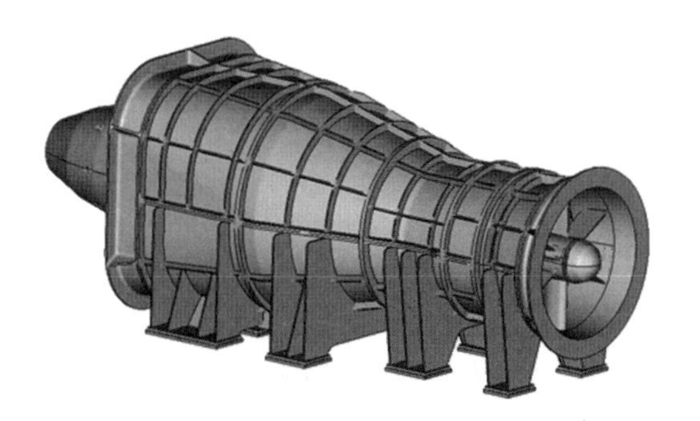

图 3-140　灯泡贯流泵结构分析模型

水泵在最大推力负载下，任何部位的应力最大值都在允许值 100 MPa 以下，小于材料拉伸强度 400 MPa 的 1/4，结构安全，如图 3-141 所示。同样，水泵在反向推力负载下，任何部位的应力最大值也都在允许值 100 MPa 以下，如图 3-142 所示。

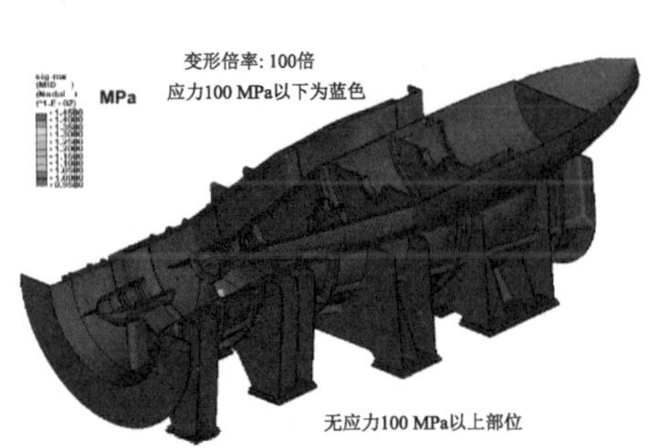

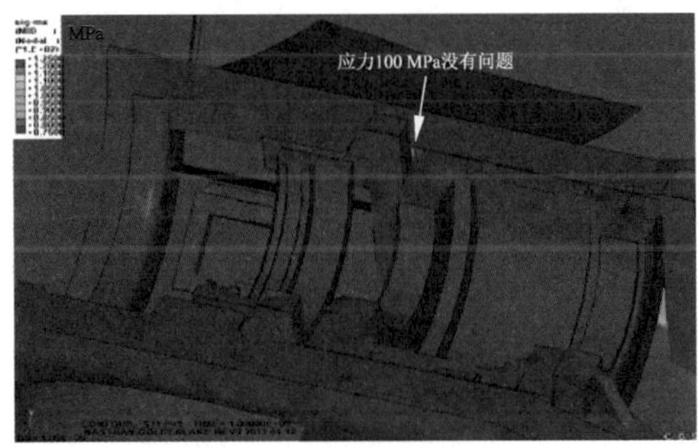

图 3-141　最大推力负载下的应力分布图

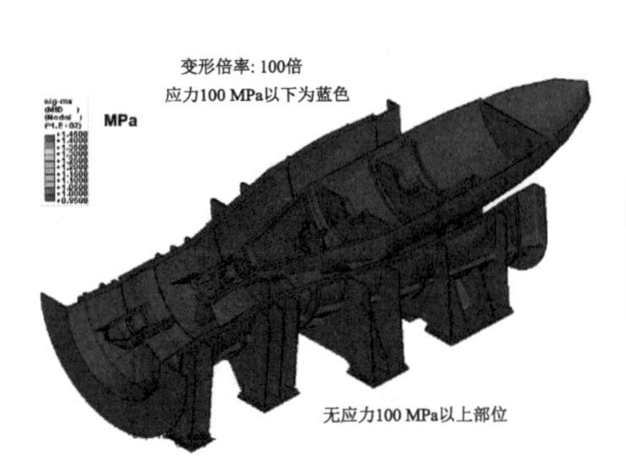

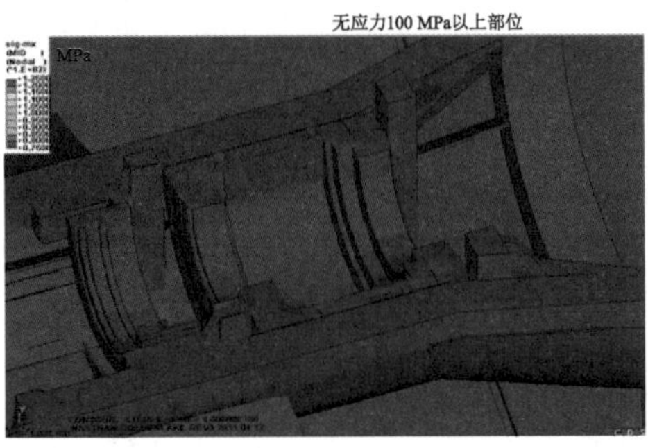

图 3-142　反向推力负载下的应力分布图

直联传动的中置式液压全调节灯泡贯流泵主要部件工厂加工、装配情况如图 3-143a 所示，首台机组大修现场拆装情况如图 3-143b 所示。

(a) 工厂加工、装配情况

(b) 大修现场拆装情况

图 3-143　直联传动的中置式液压全调节灯泡贯流泵

3.4.2 减速齿轮箱传动灯泡贯流泵机组结构

以第3.3节泵站为例,对减速齿轮箱传动的灯泡贯流泵机组结构型式进行研究。该泵站水泵叶轮直径为2 850 mm,配套1 250 kW高速同步电动机,减速齿轮箱传动。

1. 传动方式比选

灯泡式贯流泵的传动方式有2种:直接传动与间接传动。

(1) 直接传动

1) 直接传动的优点

没有减速齿轮箱,相对可靠性提高;电动机的外壳就是灯泡体,与水直接接触,使电动机的散热情况得到改善;可以设计为单轴系,同轴度不需要调整或调整工作量小;机组的结构紧凑,轴向距离短。

2) 直接传动的缺点

泵与电动机在设计、制造等方面必须有紧密的联系及配合,适合水轮机厂家制造(水泵厂一般不生产电动机),选择余地小。水泵的 nD 值无法任意选择,水力模型选择的局限性较大。二次安装机组须解体,工作量大,周期长,费用高。相比于间接传动,总体的制造成本高约10%,电动机效率约为94%。

(2) 间接传动

1) 间接传动的优点

电动机、减速齿轮箱、水泵的界限清晰,有利于各生产厂家设计、制造。水泵的 nD 值可以根据不同的速比任意选择,水力模型选择的空间较大。电动机的体积小、质量轻,当灯泡体不中开时,吊装通道占过流面积少,有利于水流的流态稳定。总体的制造成本低。减速齿轮箱效率约为98%,电动机效率约为96%,其乘积为94.08%,可见间接传动的效率与直接传动基本相等。

2) 间接传动的缺点

由于有减速齿轮箱,增加了可能的故障点。灯泡体内散热须考虑空气交换系统。机组的轴向距离长。

不同传动方式的灯泡贯流泵机组结构对比如图3-144所示,综合评价结果见表3-45。由于国内灯泡贯流泵机组运用比较少,事实上没有成功的经验可以借鉴。在斜式、卧式、竖井贯流机组上,减速齿轮箱已广泛运用,有国内的,也有国外的,总体运用比较理想,没有出现过因为减速齿轮箱而降低机组运行可靠性的状况,但运行时间都不长,均未超过5 000 h。

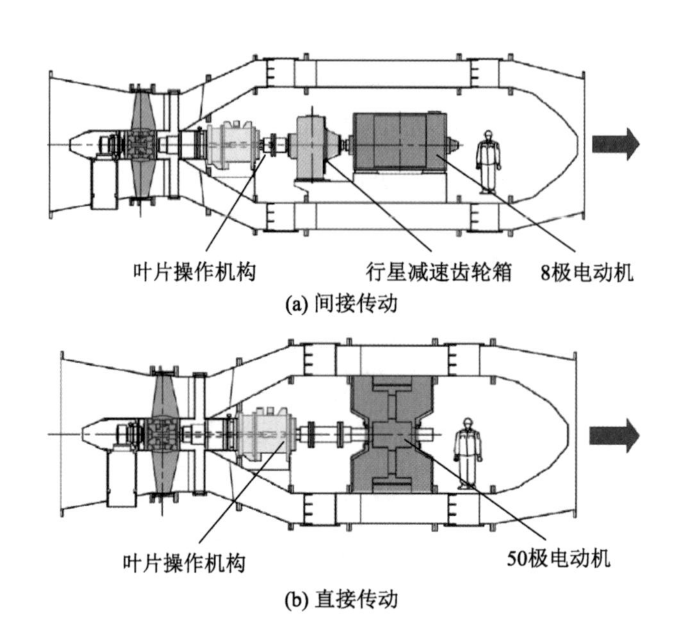

图 3-144　不同传动方式的灯泡贯流泵机组结构图

表 3-45　不同传动方式综合比较

评价因素	间接传动	直接传动
效率	水泵+流道效率与直接传动相等 综合效率[水泵+流道+高速电动机(8P)+减速齿轮箱]与直接传动相等	水泵+流道效率与间接传动相等 综合效率[水泵+流道+电动机(50P)]与间接传动相等
可靠性	虽带有减速齿轮箱和其他辅助设备,但同类型应用较多,且可靠性强	没有减速齿轮箱和其他辅助设备,高压低速电动机外部直接水冷的绝缘可靠性需进一步研究
维护性	带有减速齿轮箱和辅助设备,与直接传动相比,维修工作量较多。不用拆卸水泵就可进行电动机的拆装	由于没有减速齿轮箱,需要拆卸水泵后才能拆卸电动机
成本	较低	较高
综合评价	维修和设备费用方面有利	维修和设备费用方面不利

综合考虑直接传动与间接传动的优缺点,采用行星减速齿轮箱间接传动。行星减速齿轮箱在国内外其他领域的应用已十分普遍,且目前国内的制造技术与制造工艺均能满足生产要求。国外的行星减速齿轮箱在质量以及可靠性上有一定的优势,但价格比较高,为国内价格的1.5倍左右,且零配件、售后服务不如国内的便利。

2. 工况调节方式选择

工况调节有2种方式:一种是通过调节叶片调节,称为叶片调节;一种是通过调节水泵的转速调节,称为转速调节。

叶片调节的特点是流量调节时扬程的变化不大,机组的一次性投资小。但无论是机械调节还是液压调节,水泵的结构都比较复杂,给安装维修造成一定的困难。

转速调节一般通过改变电动机的频率或极数来实现,其主要特点是:由于流量与转速的一次方成正比，扬程与转速的二次方成正比，因此，转速调节时扬程的调节幅度比流量大。无论是变极还是变频，机组的一次性投资都大，但水泵结构简单，便于安装维修。

通过比较，并考虑到该泵站的运行特点，选择采用叶片调节。在综合分析液压和机械调节优缺点的基础上，最终选用调节机构设置在叶轮前端的机械全调节，如图 3-145 所示。

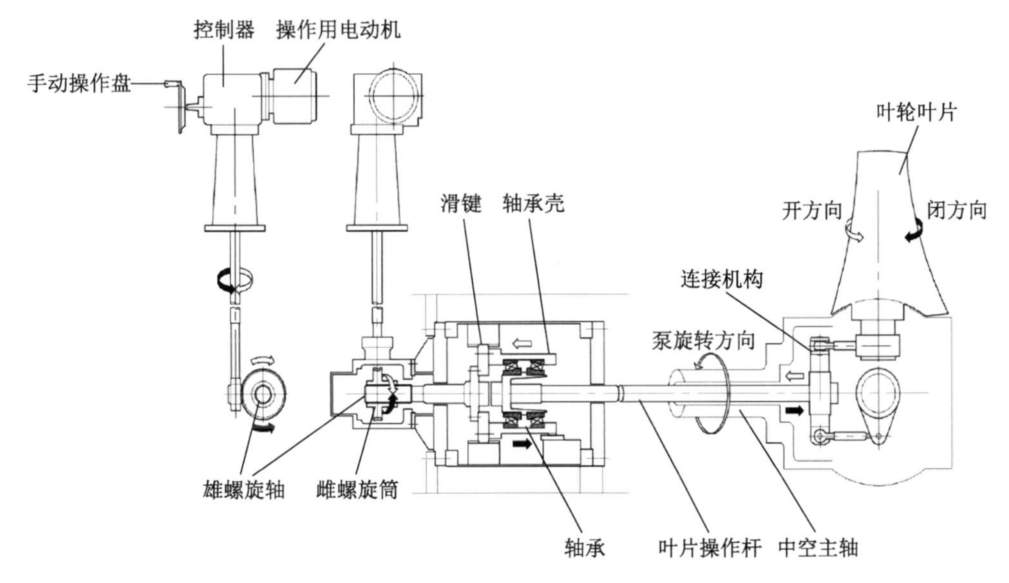

图 3-145 叶片机械全调节结构图

3. 机组轴系分析

采用第 1.2.2 节中的分析方法，对该机组轴系进行分析。

(1) 推力轴承

在设计扬程 2.40 m 时，作用在水泵叶片和轮毂上的轴向力分别为 117.729 kN 和 21.666 kN，推力轴承所受轴向力为 139.395 kN，主轴受力如图 3-146 所示。

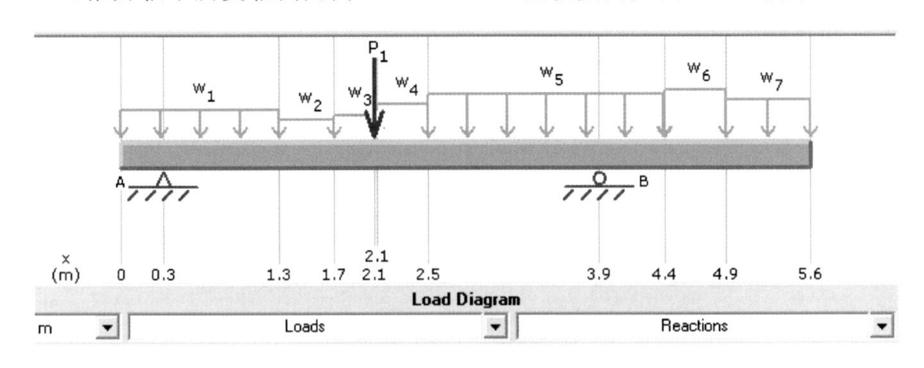

图 3-146 主轴受力分析

在最高运行扬程工况下，作用在水泵叶片和轮毂上的轴向力分别为 148.054 kN 和 27.986 kN，推力轴承所受轴向力为 176.040 kN。选用型号为 32952X2 的圆锥推力轴承，安全系数为 1.79～3.25，能满足要求。

（2）导轴承

经计算，静荷载时，电动机侧导轴承 A 处支座反力为 24.50 kN，水泵侧导轴承 B 处支座反力为 24.05 kN。当机组运行时，导轴承受力取静荷载时的 1.1 倍，分别为 26.95 kN 与 26.46 kN。导轴承 A 内径为 280 mm，选用圆柱孔 23156CC/W33、圆锥孔 23156CCK/W33 型滚子导轴承。导轴承 B 内径为 200 mm，选用圆柱孔 22340CC/W33、圆锥孔 22340CCK/W33 型滚子导轴承，安全系数为 1.84～3.14。

（3）泵轴校核

机组运行时，泵轴所受的剪力、弯矩和扭矩分别如图 3-147、图 3-148 和图 3-149 所示。经分析，水泵叶轮处主轴截面为危险截面，危险点在截面的最下部。

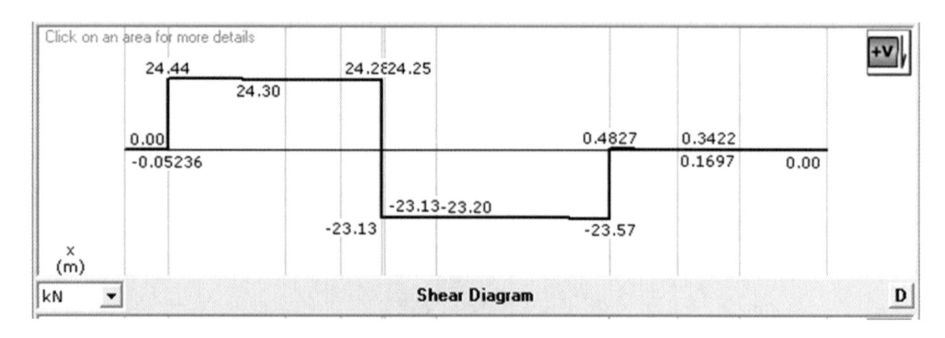

图 3-147　主轴剪力图

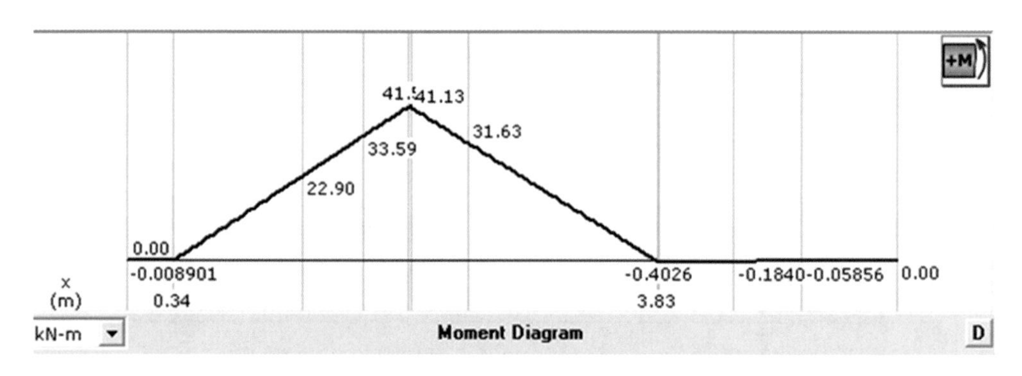

图 3-148　主轴弯矩图

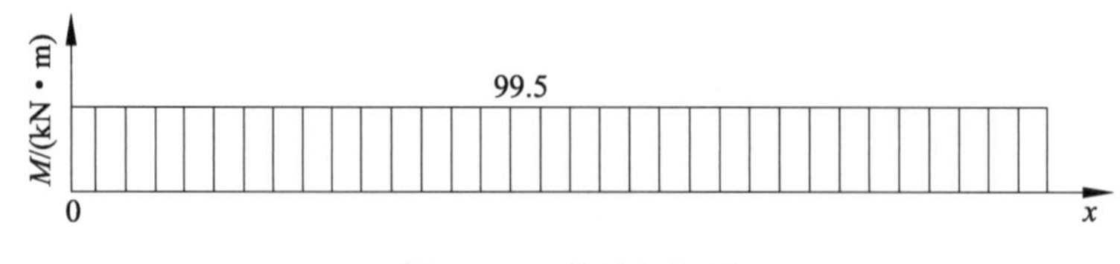

图 3-149　主轴扭矩图

根据计算结果，危险截面危险点处的切应力为 81.1 MPa，弯曲与拉伸共同作用引起的正应力为 51.5 MPa。主轴材料为 45# 调质钢，弯曲疲劳极限应力 σ_1 为 270 MPa，扭转疲劳极限应力 τ_1 为 155 MPa，许用疲劳应力[σ_1]为 180～207 MPa。经第三强度理论及交变应力疲劳强度理论校核，泵轴的安全系数为 1.54～2.04＞1.5，符合要求。水泵叶轮处主轴挠度为 0.62 mm。

4. 水泵总体结构设计

金属泵体适用间接传动，具有间接传动的典型特征。泵体部分沿轴线上下分瓣，只有管线、进人通道，对流态的影响较小。泵体可以分段上、下分瓣，根据机组的维修要素，局部打开上半瓣部分即可进行维修，大修周期短，约 1 个月。由于水泵分段上、下分瓣，对泵体的密封要求较高，所以水泵部分的制造成本相对较高。

总体结构方案如图 3-150 所示，后置灯泡结构，泵体与灯泡体上下中开，高速电动机配行星减速齿轮箱传动，机械调节叶片角度，调节机构设置在叶轮前端。

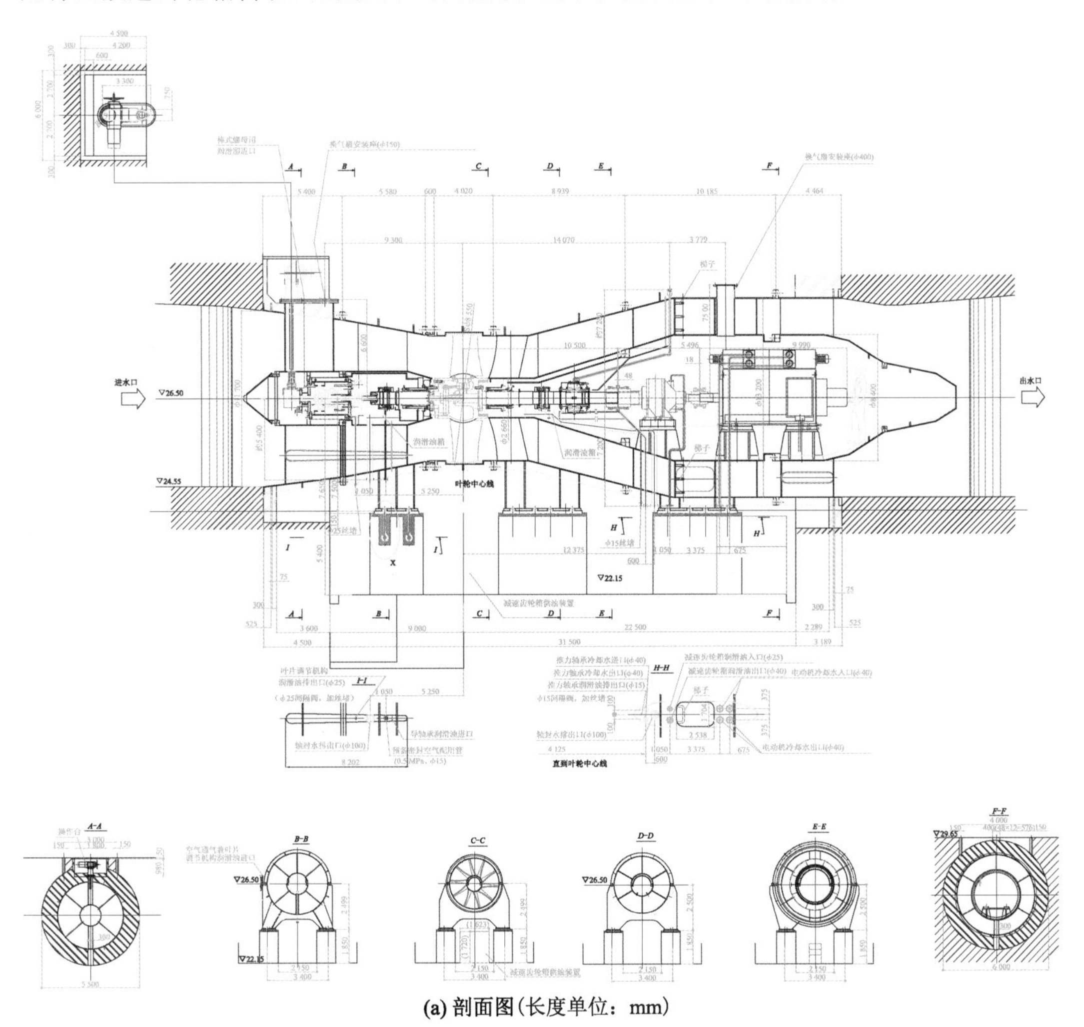

(a) 剖面图(长度单位：mm)

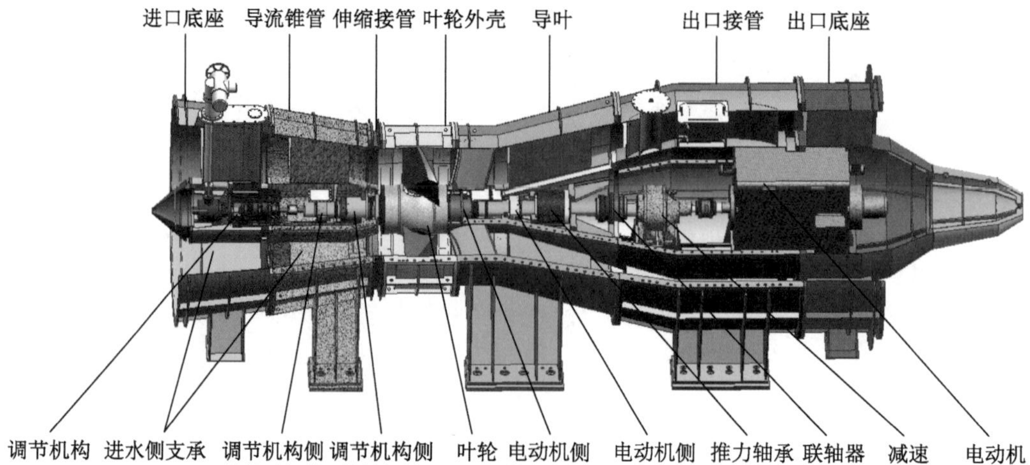

(b) 三维结构图

图 3-150　灯泡贯流泵总体结构图

采用结构分析软件得到的应力及变形分析结果如图 3-151 至图 3-157 所示，其中 Q_{des} 为设计流量。

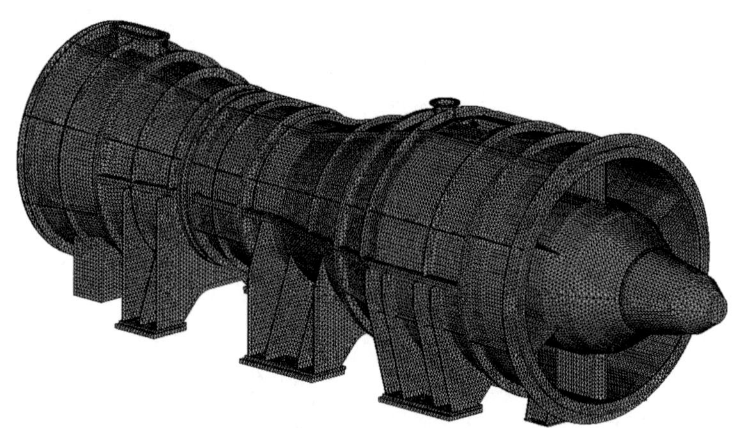

图 3-151　机组网格剖分图

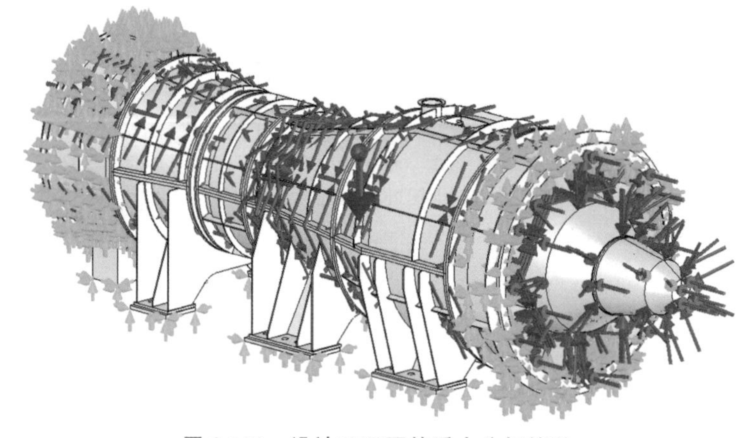

图 3-152　设计工况下的受力分析结果

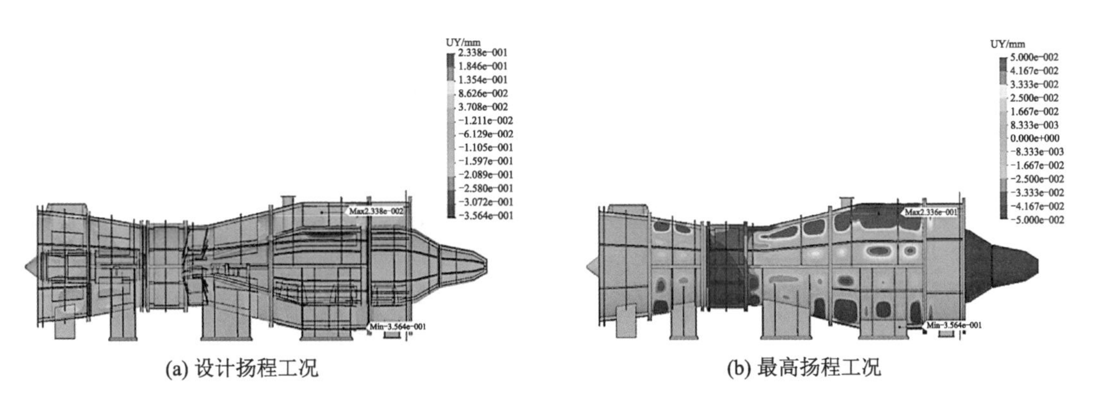

(a) 设计扬程工况　　(b) 最高扬程工况

图 3-153　不同工况下的变形分析结果

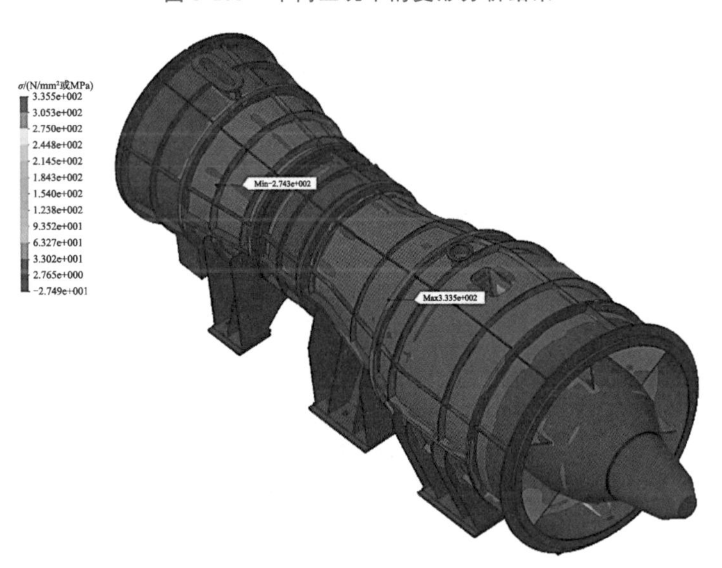

图 3-154　70% Q_{des} 下的应力分布分析结果

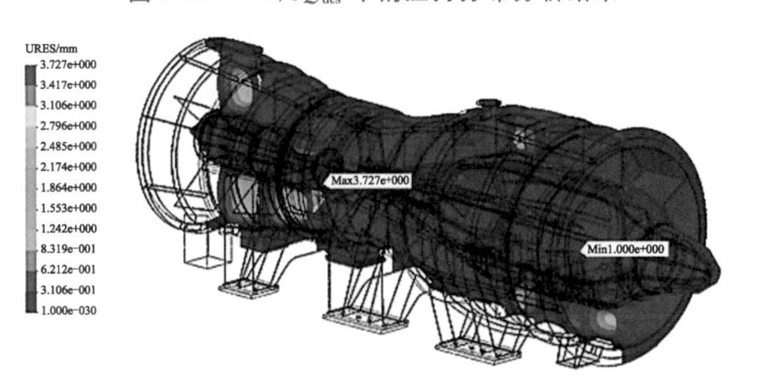

图 3-155　70% Q_{des} 下的轴向变形分析结果

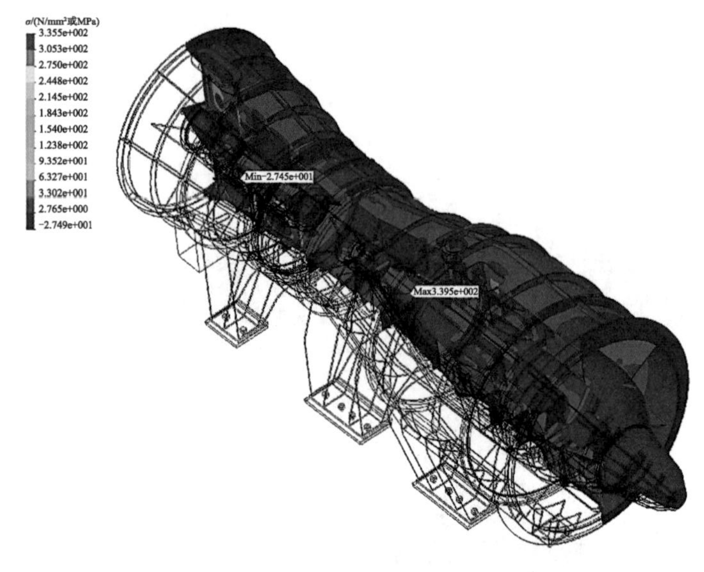

图 3-156　设计工况下的应力分析结果

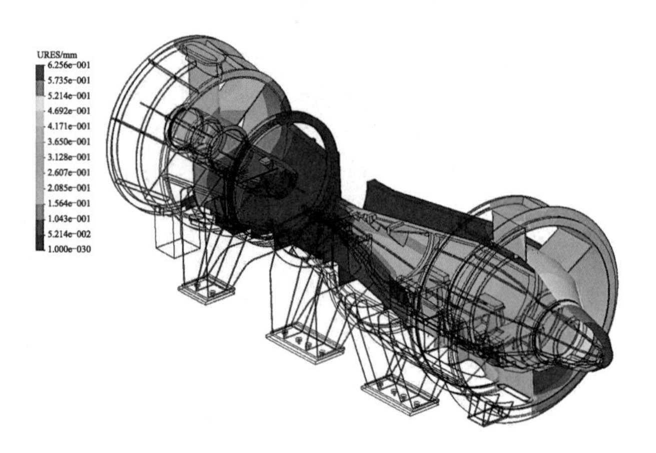

图 3-157　设计工况下的轴向变形分析结果

3.5　机组运行状态在线监测系统

根据灯泡贯流泵机组结构特点和安全运行需求，开展机组运行状态在线监测系统的设计研究是一项重要的工作。现以第 3.2 节中泵站为背景，研究灯泡贯流泵机组流量在线测量和机组状态在线监测系统的设计与应用。

3.5.1　灯泡贯流泵机组流量在线测量

如第 1 章中所述，灯泡贯流泵机组具有进水流道直段短、流道断面沿水流方向渐变收缩的特点，因此要在这种流道内进行流量的精确测量难度较大，通常需要在每个流道内布置多个声路。超声波声路按照高斯积分[式(1-34)]的高程安装，并采用该积分来计算流量。每个流道内的声路数目根据流道结构、水力条件确定，一般采用交叉 4 声路，注意声路必须交叉布置，图 3-158 为进水流道为 2 孔的灯泡贯流泵站流量测试声路布置示意图。如果有可能，还可适当增加声路数，如采用交叉 9 声路布置。用测得的流速根据式(1-36)对断面积分，即可得到流量。

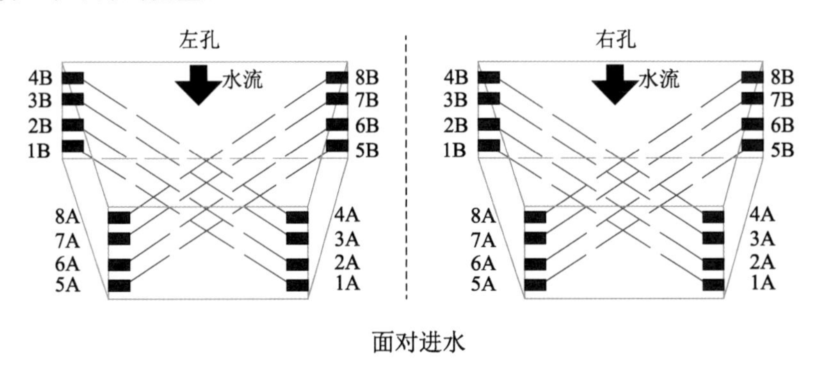

图 3-158　进水流道为 2 孔的灯泡贯流泵站流量测试声路布置示意图

1. 流量测量系统的安装

由于泵站进水流道设有中隔墩，流道断面为非规则断面，因此在两侧流道中分别安装一套超声波流量计传感器，每孔安装 8 个声路共 16 个换能器。换能器电缆经流道进人孔引出，流量计主机安放在主厂房内。

流量计的安装主要包括 3 个部分，即换能器的安装、换能器电缆的敷设、与主机连接安装。换能器的安装是流量测量系统安装中的关键环节，换能器的定位准确性将决定流量计的测量精度。

(1) 超声波换能器的定位

在确定换能器位置时，角度测量采用激光经纬仪。换能器角度位置确定后，根据安装高程确定其具体位置。进水流道及声路位置见图 3-159。

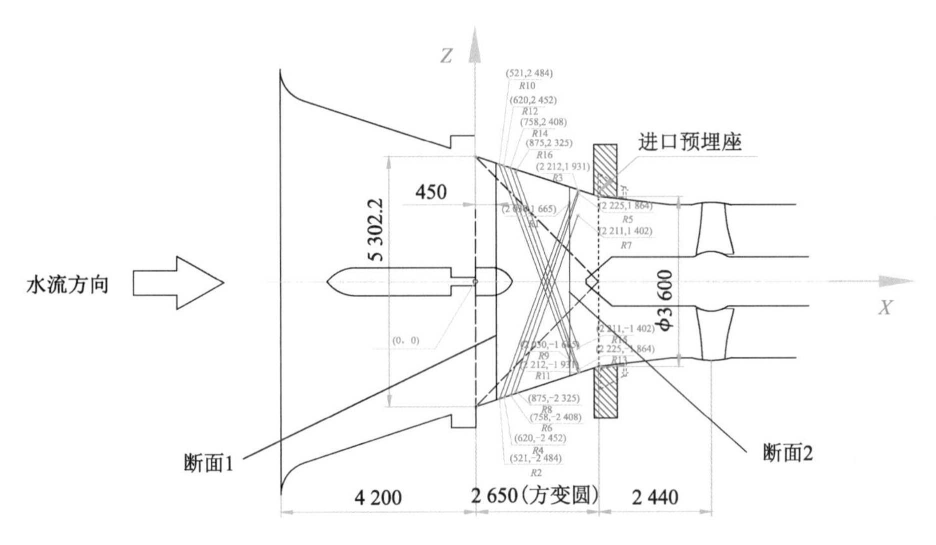

图 3-159　进水流道及声路位置图(单位：mm)

1）声路角度的确定

用 JD－2 激光经纬仪(精度为 2 s)精确确定声路的理论角度。

① 在流道的断面 1 侧，在某一高程拉一水平线，可利用进水闸门，在闸门上画一水平线，该水平线与流道侧壁相交，取水平线中点，对该点做明显标记。

② 在流道的断面 2 侧，在同一高程拉一水平细线绳，并用膨胀螺钉固定线绳两端，对线绳中点做明显标记。

③ 将激光经纬仪架设在以上两中点连线的中间，反复调节经纬仪，使其在水平盘为 0°时对准断面 1 侧水平线中点，在水平盘为 180°时对准断面 2 侧水平线中点。此过程称为经纬仪骑轴线。

④ 在激光经纬仪水平盘为 0°时对准断面 1 侧水平线中点、为 180°时对准断面 2 侧水平线中点后，分别将激光经纬仪水平盘调为 65°，115°，245°和 295°等 4 个角度，在每个水平角度下，打开经纬仪激光，转动经纬仪的竖盘，便会在两侧边壁上形成 4 条竖线。这 4 条竖线即是换能器在两侧边壁上的位置。用画针、钢板尺对 4 条竖线做明显标志。换能器角度位置的确定示意图如图 3-160 所示。

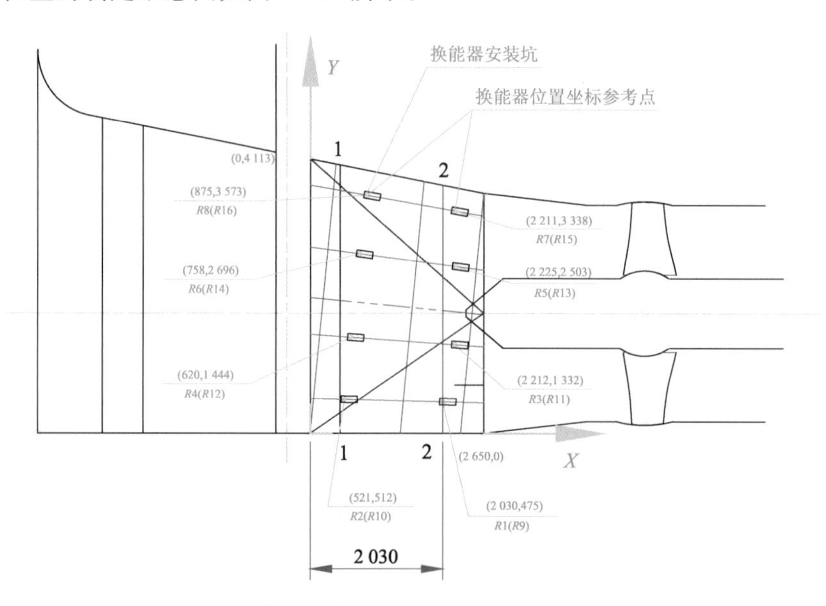

图 3-160　在流道内换能器角度位置的确定示意图(单位:mm)

2）换能器高程的确定

参照图 3-160 及图 3-161，量出沿流道顶从 B 断面到 B' 断面的 6 个高度，如表 3-46 和表 3-47 所示。

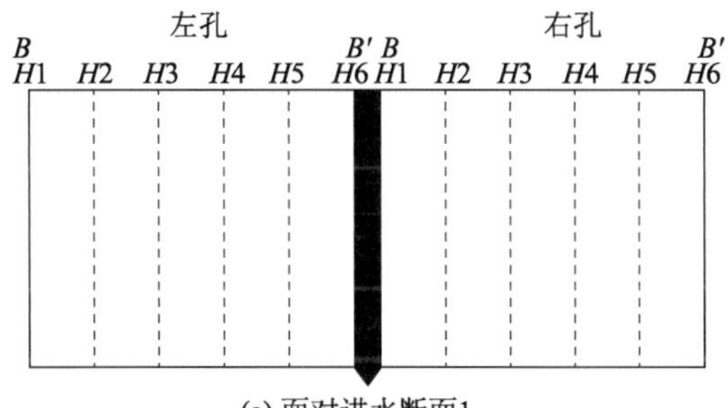

(a) 面对进水断面1

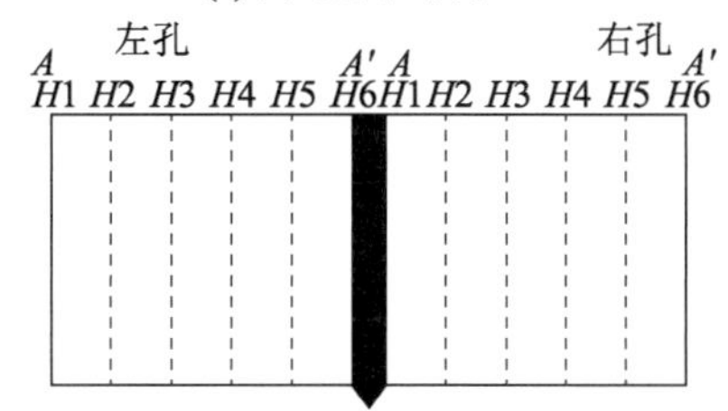

(b) 面对进水断面2

图 3-161　换能器安装阵列处流道高度

表 3-46　右孔断面高度

单位:mm

断面 1(*B* 断面)高度		断面 2(*A* 断面)高度	
HB_1	2 485	HA_1	2 197
HB_2	2 471	HA_2	2 183
HB_3	2 452	HA_3	2 174
HB_4	2 444	HA_4	2 171
HB_5	2 451	HA_5	2 177
HB_6	2 444	HA_6	2 178
$HB_{avg}=\sum_{i=1}^{6} HB_i/6$	2 458	$HA_{avg}=\sum_{i=1}^{6} HA_i/6$	2 180
$h_b=HB_{avg}/2$	1 229	$h_a=HA_{avg}/2$	1 090

表 3-47 左孔断面高度

单位:mm

断面 1(*B* 断面)高度		断面 2(*A* 断面)高度	
HB_1	2 466	HA_1	2 201
HB_2	2 463	HA_2	2 201
HB_3	2 461	HA_3	2 197
HB_4	2 465	HA_4	2 201
HB_5	2 473	HA_5	2 212
HB_6	2 481	HA_6	2 217
$HB_{avg}=\sum_{i=1}^{6} HB_i/6$	2 468	$HA_{avg}=\sum_{i=1}^{6} HA_i/6$	2 205
$h_b=HB_{avg}/2$	1 234	$h_a=HA_{avg}/2$	1 102

根据第 1.2.2 节中的方法,确定上、下游换能器阵列的每个换能器的高程,如表 3-48 和表 3-49 所示。

表 3-48 下游换能器的高程计算

B 换能器阵列	高程计算
1B	$h_b-(h_b\times0.861)$
2B	$h_b-(h_b\times0.340)$
3B	$h_b+(h_b\times0.340)$
4B	$h_b+(h_b\times0.861)$
5B	$h_b-(h_b\times0.861)$
6B	$h_b-(h_b\times0.340)$
7B	$h_b+(h_b\times0.340)$
8B	$h_b+(h_b\times0.861)$

表 3-49 上游换能器的高程计算

A 换能器阵列	高程计算
1A	$h_a-(h_a\times0.861)$
2A	$h_a-(h_a\times0.340)$
3A	$h_a+(h_a\times0.340)$
4A	$h_a+(h_a\times0.861)$
5A	$h_a-(h_a\times0.861)$
6A	$h_a-(h_a\times0.340)$
7A	$h_a+(h_a\times0.340)$
8A	$h_a+(h_a\times0.861)$

分别将右孔、左孔的 h_b,h_a 值代入表 3-48 和表 3-49,便可以得到每个换能器的相对安装高程,这样就可以确定换能器的具体位置。

3）超声波换能器支架的加工

考虑到安装方便，换能器不直接固定在流道内壁上，而是将换能器按照其高程位置固定在换能器支架上，再将换能器支架用膨胀螺钉固定在对应的流道内壁上的4条竖线的位置上。

换能器支架采用环氧聚酯板材料，板宽度与换能器的安装底座的宽度相配合，板高度分别与流道内壁上标记的4条竖线所在位置的高度一致。

在换能器支架上按照换能器高程位置，根据换能器底座的安装孔间距配好安装孔，并在换能器支架上画好定位线。

4）超声波换能器、换能器支架的安装

在流道内壁已标记出的4条竖线上，用前面获得的h_a，h_b值，从流道底部量起，用画针画相应竖线的垂线，与竖线形成清晰的十字线。断面1侧竖线用h_b值，断面2侧竖线用h_a值。十字线是换能器支架的定位线。

在换能器支架固定在这些十字线上前，按照上、下游方向，用不锈钢螺栓将换能器先固定在换能器支架上，然后用膨胀螺钉将支架固定在流道内壁上，这样换能器能准确、牢靠地固定在流道内壁的相应位置上。

5）同一声路两个换能器的对准

换能器（支架）固定在流道内壁的相应位置上后，用专用的激光瞄准工具将同一声路的2个换能器的发射面对准，对准后将可转动的换能器发射面锁紧。如此重复，将所有声路的换能器对准。

（2）超声波换能器电缆的敷设

由于换能器电缆较多，在敷设前需对换能器进行标号。

1）超声波换能器电缆的标识

每个换能器都带有一根专用电缆，在电缆敷设前需要对每根电缆与对应的换能器进行标号，以防混淆。

换能器在流道内安装好后，在流道上的分布如图3-158所示。

所有电缆的标号用×-××来标识。

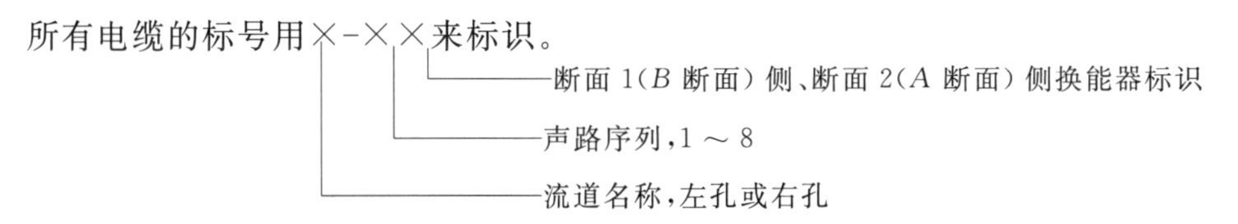

换能器电缆详细编号如表3-50和表3-51所示。

表3-50　左孔电缆的编号

换能器阵列	换能器编号	换能器阵列	换能器编号	声路的两个换能器
左孔断面1 左墙（组1）	左-1B	左孔断面2 右墙（组3）	左-1A	左-1B◆左-1A
	左-2B		左-2A	左-2B◆左-2A
	左-3B		左-3A	左-3B◆左-3A
	左-4B		左-4A	左-4B◆左-4A

续表

换能器阵列	换能器编号	换能器阵列	换能器编号	声路的两个换能器
左孔断面 1 右墙(组 2)	左-5B	左孔断面 2 左墙(组 4)	左-5A	左-5B◆左-5A
	左-6B		左-6A	左-6B◆左-6A
	左-7B		左-7A	左-7B◆左-7A
	左-8B		左-8A	左-8B◆左-8A

注:◆表示两个换能器的配对。

表 3-51　右孔电缆的编号

换能器阵列	换能器编号	换能器阵列	换能器编号	声路的两个换能器
右孔断面 1 左墙(组 5)	右-1B	右孔断面 2 右墙(组 6)	右-1A	右-1B◆右-1A
	右-2B		右-2A	右-2B◆右-2A
	右-3B		右-3A	右-3B◆右-3A
	右-4B		右-4A	右-4B◆右-4A
右孔断面 1 右墙(组 7)	右-5B	右孔断面 2 左墙(组 8)	右-5A	右-5B◆右-5A
	右-6B		右-6A	右-6B◆右-6A
	右-7B		右-7A	右-7B◆右-7A
	右-8B		右-8A	右-8B◆右-8A

注:◆表示两个换能器的配对。

2）电缆敷设

由于进人孔位置在右孔,所以左孔的所有换能器电缆沿流道敷设引至右孔的进人孔,右孔的换能器电缆直接引至进人孔。

3）电缆从流道内引出

在进人孔处有一钢盖板,在钢盖板上开 4 个ϕ 60 mm 的孔,安装 4 个 8 线穿缆器,将流道内总共 32 根电缆引出,穿缆器可以对电缆进行水压密封,穿缆器剖面图如图 3-162a 所示,传感器安装后如图 3-162b 所示。

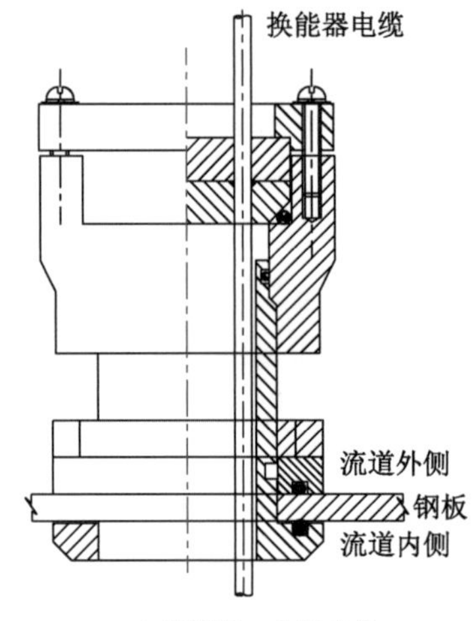

(a) 穿缆器、电缆出线

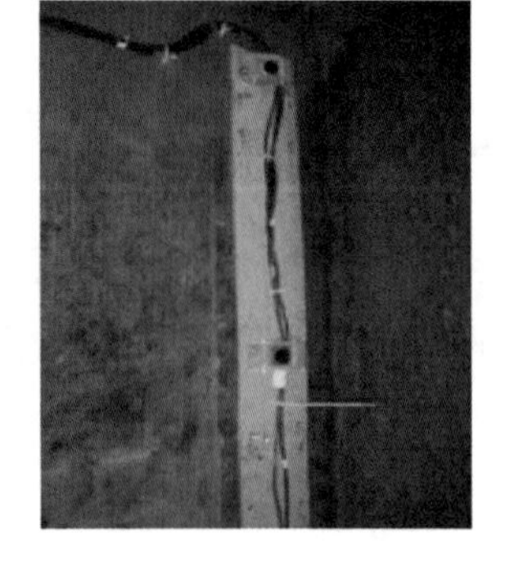

(b) 安装完成后

图 3-162　电缆敷设与安装

(3) 换能器无水测试

在换能器电缆引至厂房内后,对每根电缆所接的换能器做无水测试,测试的目的是检测电缆及换能器的通断,即换能器与电缆有没有可靠连接、电缆有没有断路(敷设过程中的损坏)。

具体操作方法是在换能器侧轻轻敲击换能器发射面,同时在电缆端头侧用万用表(交流,200 mV 挡)检测电压是否有波动,当换能器轻微被敲击时应有电压输出。

(4) 流量测量系统主机换能器接口的连接

按图 3-163 的方式将所有换能器电缆连接到主机。

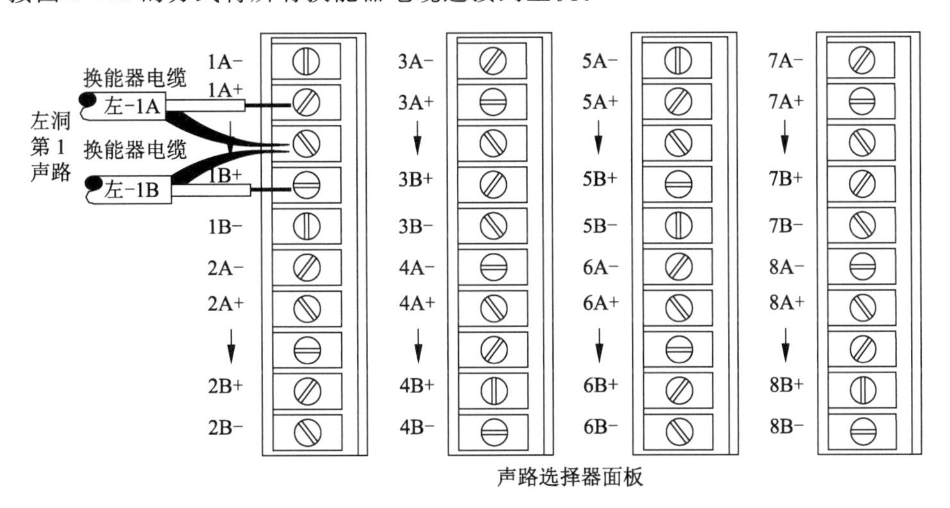

图 3-163 换能器接口连接示意图

(5) 安装参数的复测

换能器安装好后,需要进行安装参数的复测。左、右流道内换能器阵列 A,B,C,D 确定了安装尺寸,需要测量每层换能器确定的安装尺寸,如图 3-164 所示。

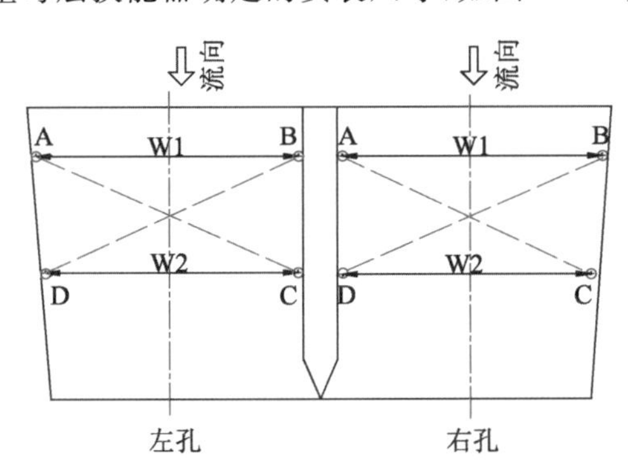

图 3-164 换能器安装尺寸测量示意图

用卷尺测量所有的安装尺寸。右孔的安装尺寸如表 3-52 所示,右孔流道高度尺寸如表 3-46 所示。

表 3-52 右孔安装尺寸数据 单位:mm

声路	A—B 换能器间宽度	B—C 换能器轴距离	C—D 换能器间宽度	D—A 换能器轴距离	A—C 声路长	B—D 声路长	W1 断面 1 宽度	W2 断面 2 宽度
1(Path1,5)	2 272	1 049	2 229	1 054	2 478	2 483	2 383	2 342
2(Path2,6)	2 276	1 043	2 235	1 048	2 484	2 491	2 386	2 351
3(Path3,7)	2 279	1 050	2 242	1 056	2 494	2 493	2 386	2 355
4(Path4,8)	2 282	1 063	2 253	1 077	2 504	2 511	2 397	2 365

左孔的安装尺寸如表 3-53 所示，左孔流道高度尺寸如表 3-47 所示。

表 3-53 左孔安装尺寸数据 单位:mm

声路	A—B 换能器间宽度	B—C 换能器轴距离	C—D 换能器间宽度	D—A 换能器轴距离	A—C 声路长	B—D 声路长	W1 断面 1 宽度	W2 断面 2 宽度
1(Path1,5)	2 276	1 044	2 244	1 042	2 482	2 498	2 388	2 355
2(Path2,6)	2 278	1 046	2 249	1 044	2 483	2 502	2 387	2 356
3(Path3,7)	2 280	1 052	2 242	1 058	2 488	2 503	2 385	2 354
4(Path4,8)	2 284	1 055	2 246	1 062	2 493	2 507	2 397	2 361

由此可以得到流量测量中需要输入超声波流量计的总参数表，如表 3-54 和表 3-55 所示。

表 3-54 右孔声路参数表

通道	长度/m	角度/(°)	权重	信号延时/s	最大带宽测量/Hz	最大速度畸变/%	最大通道速度/(m/s)	X 传感器频率/kHz
Path1	2.478	65.257	0.205 5	12	10	1	2	500
Path2	2.484	65.234	0.386 2	12	10	1	2	500
Path3	2.494	65.012	0.386 5	12	10	1	2	500
Path4	2.504	64.901	0.207 1	12	10	1	2	500
Path5	2.483	65.005	0.205 5	12	10	1	2	500
Path6	2.491	64.881	0.386 2	12	10	1	2	500
Path7	2.493	65.056	0.386 5	12	10	1	2	500
Path8	2.511	64.552	0.207 1	12	10	1	2	500

表 3-55 左孔声路参数表

通道	长度/m	角度/(°)	权重	信号延时/s	最大带宽测量/Hz	最大速度畸变/%	最大通道速度/(m/s)	X传感器频率/kHz
Path1	2.482	65.578	0.206 2	12	10	1	2	500
Path2	2.483	65.719	0.386 6	12	10	1	2	500
Path3	2.488	65.334	0.386 3	12	10	1	2	500
Path4	2.493	65.305	0.206 9	12	10	1	2	500
Path5	2.498	64.781	0.206 2	12	10	1	2	500
Path6	2.502	64.775	0.386 6	12	10	1	2	500
Path7	2.503	64.590	0.386 3	12	10	1	2	500
Path8	2.507	64.611	0.206 9	12	10	1	2	500

输入流量计所需要的参数表之后，进行现场测试所测得的流量数据如表 3-56 所示。

表 3-56 4# 机组现场测试流量结果对比

序号	扬程/m	叶片安放角/(°)	流量计测量值/(m^3/s)	ADCP实测平均流量/(m^3/s)	模型试验换算流量/(m^3/s)
1	1.90	−4	35.5	38.2	35.1
2	1.88	−2	40.0	39.4	38.3
3	1.93	0	42.5	42.2	41.0
4	1.96	+2	45.8	45.6	44.5
5	1.46	−4	41.5	41.0	36.6

3.5.2 灯泡贯流泵机组状态在线监测

1. 设计原则与系统总体框架

根据机组状态在线监测系统的设计要求，以安全可靠、事故预警及时准确、管理方便为设计原则，充分考虑机组设备的性能、特点，从实际出发，使机组状态的在线监测达到先进水平。确保实现机组状态的早期预警，最大限度地避免事故突然停机与设备二次损伤，缩短维修时间并降低维修费用，实现状态维修，提高设备运行可靠性。

机组状态在线监测系统由在线振动监测模块、振动分析软件以及振动传感器 3 部分组成。软件采用 Ascent 中文版振动分析与管理软件，方便现场操作人员使用。系统具有良好的可扩展性，能够满足泵站工程规模扩展之需要。系统可实现的主要功能如下：

(1) 远程监测与管理功能

振动分析与管理软件 Ascent 通过 TCP/IP 网络与各机组现地控制单元柜内的在线振动监测仪 vbOnline 进行远程通信，实现远程管理各个振动监测模块和监测传感器及其相关的设置定义；远程显示所有振动监测模块的数据处理结果及其报警状态信息，记录各个继电器接点状态变化的历史情况；为数据库存储分析和故障诊断软件提供接口。

(2) 机组振动健康监测及状态报警功能

该功能主要通过对运行设备进行在线监测，显示所有振动监测模块的数据处理结果，再通过与相关组态的振动标准进行比对，判断设备运行状态的振动量级(优、良、中、差)，

并对异常设备及时发出不同级别的报警信息。

系统具有良好的数据开放性，既可以通过 vbOnline 在线振动监测仪集成的 LED 状态实现报警或触发继电器输出到泵组 PLC 的 I/O 采集系统进行报警联锁保护，也可以通过 OPC 数据通信协议向计算机监控系统的上位机 HMI 软件系统提供报警和状态数据显示。

（3）振动分析与故障诊断功能

该功能可通过相关设置定期接收和保存所有泵组振动测点的幅值、频谱、时域波形等数据，并提供频谱图、波形图、波特图、轴心轨迹、瀑布图、解调频谱、多频谱、频谱堆栈、趋势图、波形音频还原等分析手段，进行振动分析和故障诊断。

（4）软件数据存储与管理功能

该功能提供对振动数据库的多种管理功能，如自动备份、自动瘦身、数据恢复与数据导出等。

（5）系统通信及数据传输功能

系统控制及数据传送采用基于 TCP/IP 的工业以太网现场总线通信协议，支持通过 OPC 方式（双向）向其他系统如 PLC，DCS 等系统提供设备振动数据。

（6）多用户系统管理及基于 Web 的远程浏览功能

系统配置成客户机/服务器（C/S）模式或浏览器/服务器（B/S）模式，以实现多用户设备管理以及基于 Web 的远程设备状态监测与浏览功能，从而实现多用户的远程会诊功能。

（7）设备档案记录与报告功能

系统集成大型 Ascent 数据库，根据设备的运行状态记录自动生成各种报告及图表，如报警报告、详细异常报告、最新测量报告、设备概要报告、注释报告、路径报告、结构报告、各测点振动趋势图，并支持一键式图表导出到 Word 文档。

（8）故障特征频率识别功能

该功能提供涉及 30 余家制造商的 30 000 余种轴承的故障特征频率数据的数据库，且数据库开放可编辑、扩展，通过组态挂接帮助查找轴承故障，如对于齿轮啮合故障，可对啮合齿轮对进行组态，以便查找与齿轮啮合相关的故障频率。允许用户建立自定义的特殊频率识别数据库。

（9）事故追忆功能

在线振动监测仪集成外设存储卡，具有事故追忆功能，能提供振动异常时刻及其前、后时间的振动值及频谱，以供事故分析，查找事故原因。该功能可提供不少于 2 周的可追忆数据。当某一停机接点（危险继电器）动作时，模块能锁定该点停机时的频谱以及停机前一段时间（可设置）内的动态幅值变化趋势。即使在上位计算机与采集仪器通信中断的情况下，事故追忆功能仍能保证数据采集正常进行。

2. 贯流泵机组在线振动监测方案

根据灯泡贯流泵结构特点（见图 3-133）和模型试验测试结果，泵组各支撑轴承均为滚动轴承，且轴承座为整体形式（非中分式）。为实施有效的振动监测，全站 5 台泵组配备一套 32 通道的 vbOnline 在线振动监测仪，安装于现场的振动控制柜内。

贯流泵机组为卧式机组，转速较低，且多采用滚动轴承，因此直接测量轴承壳体振动。通过在轴承座上安装加速度传感器对整个机组进行振动测量，测量振动的速度、加速度，解调多种振动波形和频谱信息，最大限度地满足故障分析诊断的需求。

(1) 贯流泵机组振动传感器测点布置

为保证振动数据采集全面以及故障分析诊断的准确性和充分性，振动测点配置如下：

1) 电动机振动监测

电动机径向轴承 1 配置 1 个水平方向测点；

电动机径向轴承 2 配置 1 个垂直方向测点。

2) 主水泵振动监测

水泵导轴承 1 配置 1 个垂直方向测点；

水泵导轴承 2 配置 1 个水平方向测点；

水泵推力轴承配置 1 个轴向测点；

水泵径向轴承 3 配置一个水平方向测点。

所有振动加速度传感器均引入 vbOnline 采集模块，泵组单机在线振动监测系统测点布置如图 3-165 所示。

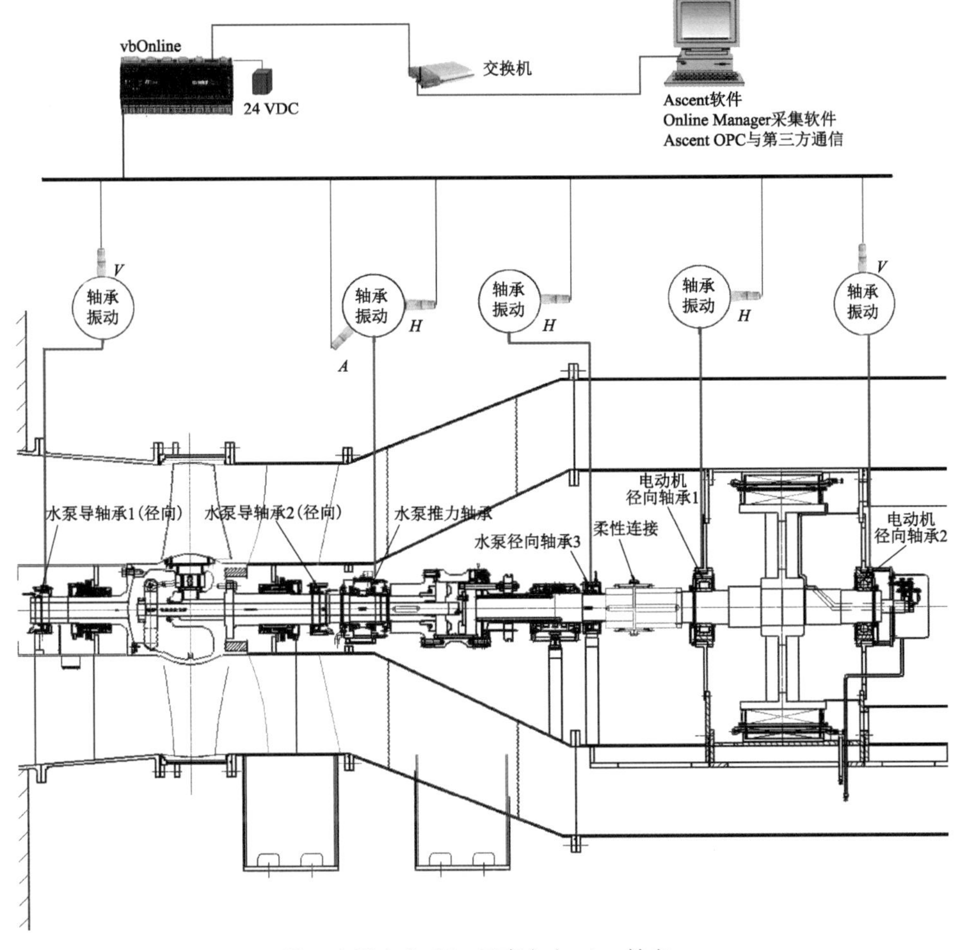

H—水平方向；*V*—垂直方向；*A*—轴向。

图 3-165 振动测点布置图

(2) 传感器的选型、安装及布线

1) 加速度传感器的选型

ICP(压电)型加速度传感器(见图 3-166)具有体积小巧、安装方便、频响范围宽、抗干扰能力强的特点,可以适应苛刻的现场环境和工作条件。传感器选用频响范围宽的加速度传感器,测量频率范围为 0.4～13 000 Hz(±3 dB),加速度范围为±80g 峰值。传感器要求防护等级达 IP65,防尘、防水,抗电磁干扰,通过 CE 认证。

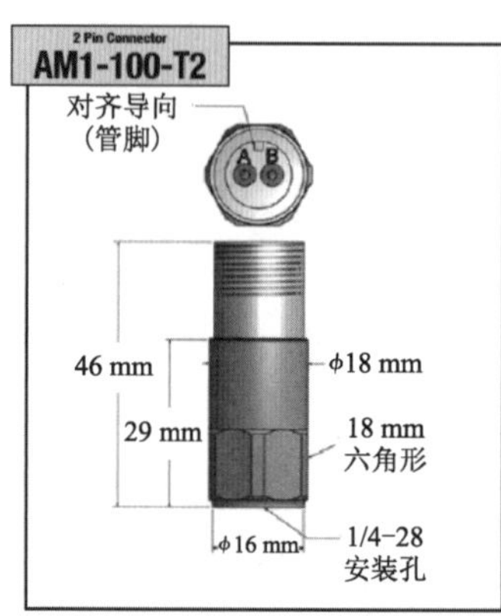

图 3-166　ICP 型加速度传感器

ICP 型加速度传感器的主要参数如下:

规格型号:M/AM1 - 100 - T2;

灵敏度:100 mV/g(±5%);

加速度范围:±80g 峰值;

频率响应(±3 dB):0.4～13 000 Hz;

温度响应:−50～+121 ℃;

供电电压:18～30 VDC;

驱动电流:2～10 mA;

稳定时间:<2 s;

输出阻抗:<100 Ω;

外壳材质:不锈钢;

安装螺钉:M6×1,长 10 mm;

质量:51 g。

2) 加速度传感器的安装

加速度传感器采用永久性安装方式,视现场实际情况选用以下两种可行的永久性安装方式中的一种。

① 在设备上加工安装平面,采用安装垫片以环氧树脂黏结安装。

② 在设备上加工安装平面,钻孔并攻螺纹,使用柱头螺栓安装。如果在机组设计、制造过程中考虑了传感器的安装,则通过在制造过程中攻丝使用螺栓安装,安装示意参见图 3-167。

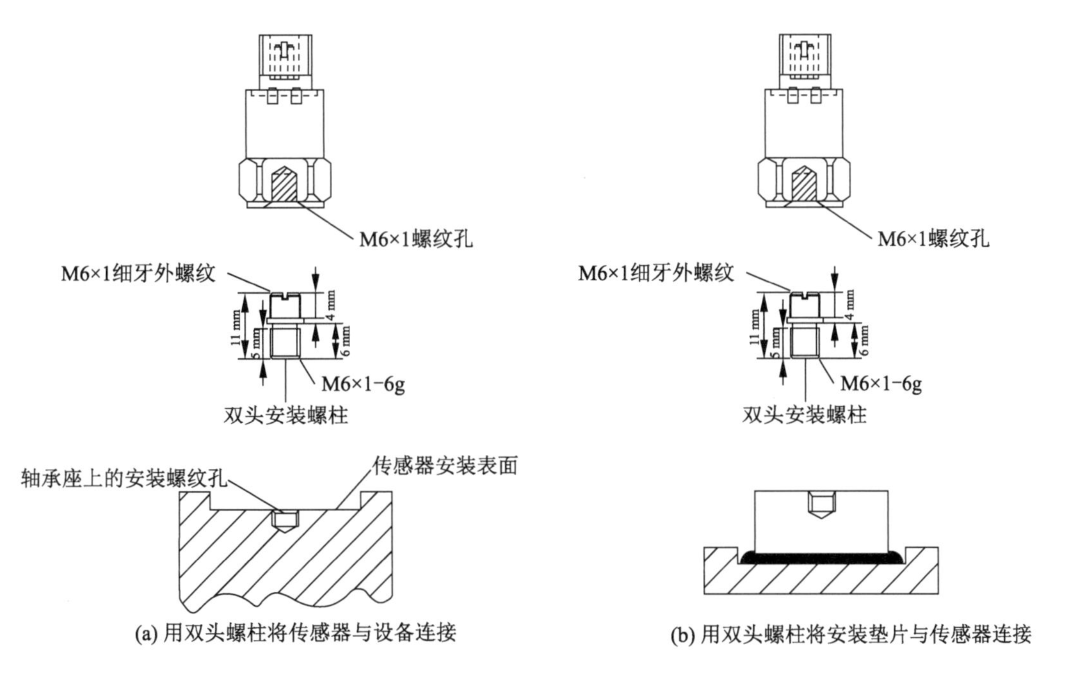

图 3-167　加速度传感器安装示意图

3）传感器信号线缆

信号传输使用带屏蔽对绞信号线缆，电缆具有金属薄片屏蔽层，并且在屏蔽层具有单独引出线，便于与端子相连接。导体裸露部分必须镀锡防止腐蚀。

每个传感器信号线缆的屏蔽层必须单端接地（根据传感器布线标准），系统的所有传感器信号线缆末端的屏蔽层在监测现地柜汇总后，绞拧在一起统一接地，以确保在线系统，包括所有传感器只在一个位置接地。

信号线缆不能与交流电源电缆平行，否则可能在传输信号的过程中产生干扰。强电线缆与信号线缆应在不同电缆槽中走线，或者保持 0.5 m 以上的距离。如果信号线缆不可避免地要与电源电缆交叉，那么确保其以 90°角交叉。信号线缆须避免磨损，磨损将导致绝缘材料的破坏，进而导致短路。

（3）机组振动监测系统网络结构图

机组振动监测系统网络结构如图 3-168 所示，图中仅以 2 台水泵机组的振动监测为例组建网络。实际系统为 5 台机组共用一台 vbOnline 在线振动监测仪进行监测，vbOnline 在线振动监测仪安装在现场泵组控制柜内。

vbOnline 通过集成的以太网接口经工业以太网交换机与布置在中控室的在线振动分析软件系统的计算机和服务器连成网络，采用 TCP/IP 工业以太网现场总线通信方式，实现与计算机监控系统的通信，并为计算机监控系统的 HMI 软件提供振动的状态数据。

在线振动监测系统集成的 OPC 通信方式可以提供振动数据和报警在计算机监控系统的上位机上传输和显示的功能。

上述振动分析网络系统中，需要配置安装有 Ascent© Level 3 高级振动分析软件包的 Ascent 服务器、运行 Online Manager 的采集管理服务器、远程访问的 Web 服务器。远程

分析诊断客户需要安装 Ascent 客户端系统，一般浏览客户只需安装远程浏览系统。

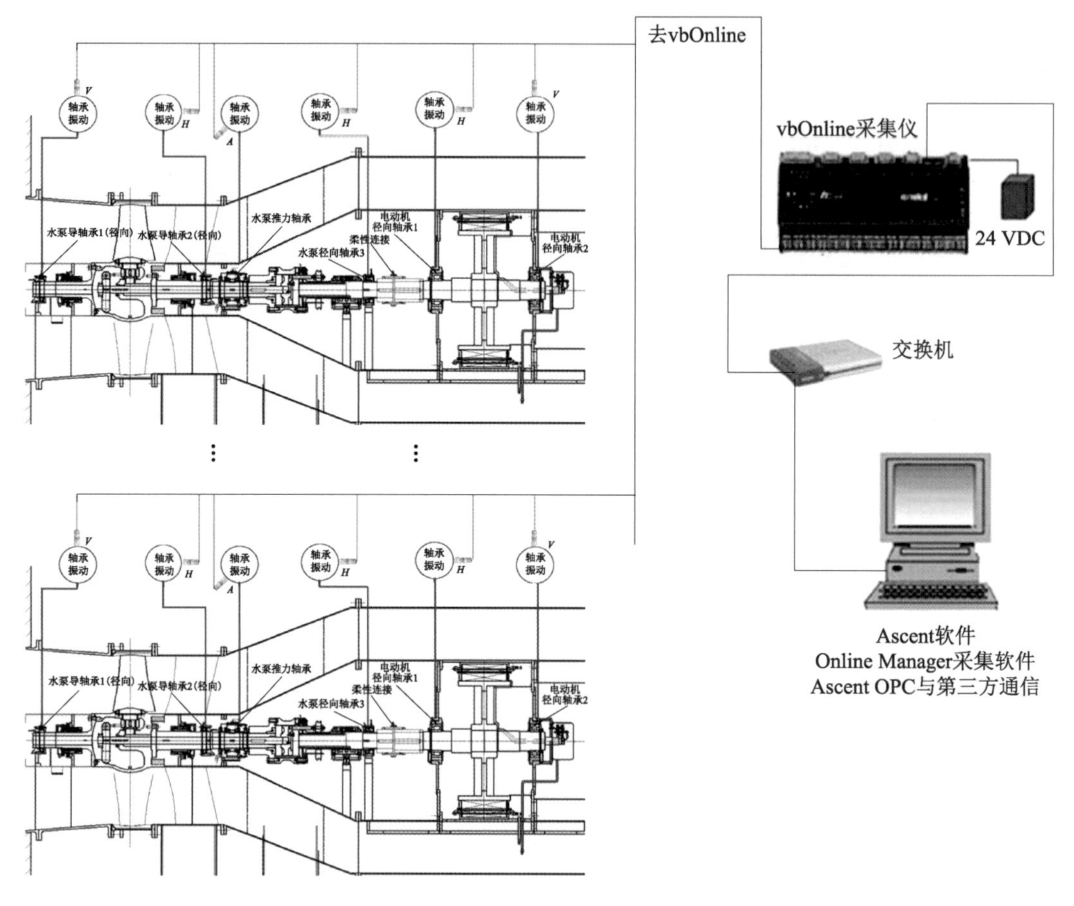

H—水平方向；*V*—垂直方向；*A*—轴向。

图 3-168　机组振动监测系统网络结构图

3. vbOnline 在线振动监测仪配置

在线振动监测仪高度集成化，即集数据采集、数据通信、可组态继电器通道、事故追忆存储、供电、现场继电器状态与模块状态 LED 指示于一体；在线振动监测仪通过 IEC/EN 61326：2000 电磁认证；在线振动监测仪的每个通道均可接收加速度传感器信号、AC/DC 信号、4～20 mA 信号。在线振动监测仪提供一定数量的备用信号输入与输出通道和接口，LED 状态显示，量程、报警、限值可自行设置，具有良好的信噪比。

在线振动监测仪采用以太网通信方式与在线监测和分析软件组成一个独立系统，该系统可通过 OPC 或数据接口协议向泵站计算机监控系统提供机组状态监测数据。

在线振动监测仪自带以太网 RJ45 接口，10/100 MB 自适应，全程数据通信符合 TCP/IP 协议，同时提供 RJ12(RS232)串行接口，可远程连接到网络计算机上。

vbOnline 在线振动监测仪安装在现场泵组振动控制柜内，系统采用分布式方案，执行振动数据采集功能。

vbOnline 采集仪(见图 3-169)具有以下技术特点：

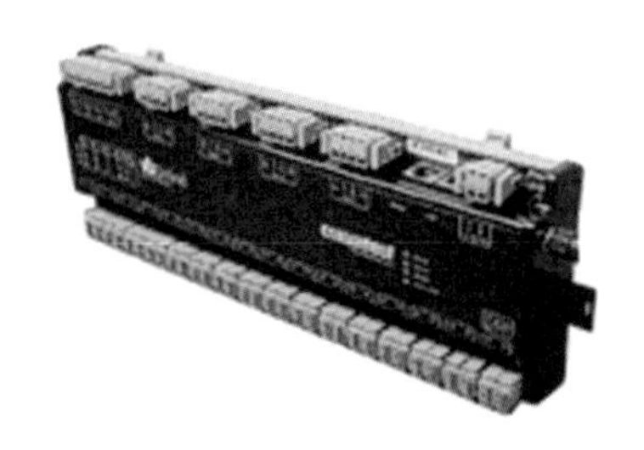
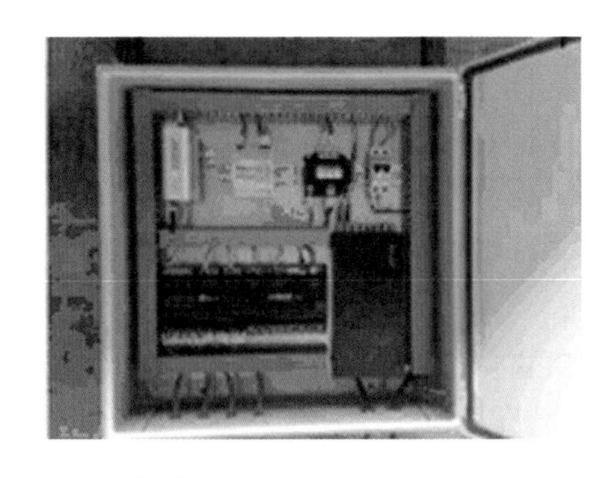

图 3-169 vbOnline 采集仪

① 工业化标准制造,通过 IEC/EN 61326:2000 电磁认证。

② 智能设计,以接收下列信号:

a. 加速度传感器信号;

b. 速度传感器信号;

c. 电涡流传感器信号;

d. AC/DC 信号;

e. 4～20 mA 信号;

f. 振动+K 型温度双输出传感器信号;

g. 自动探测与报警(包括传感器故障报警)信号。

③ 标准供电 12～30 VDC,最大电流 200 mA。

④ 提供以太网 RJ45 接口、RS232 串口及无线通信。

⑤ 具有 4 个可与振动通道组态的转速计测量通道(适应多种、多组转速传感器)。

⑥ 具有 4 个可与振动通道组态的单接点继电器通道,可进行振动报警或联锁组态,报警或组态信号可送至计算机监控系统。

⑦ 支持 SD 卡事故追忆功能(黑匣子),1 G 卡可存储 3 周以上的数据。可以最大限度地降低数据存储和通信量,减少管理人员数据审核的工作量;在发生异常报警时,可方便地将报警时刻和前、后时间段的数据调入数据库,供诊断分析使用;具备服务器和网络通信故障条件下的振动数据采集保障功能。

⑧ 具有高度集成的数据采集器,集多通道采集、以太网通信、供电、事故追忆存储、无线通信功能于一体。

⑨ 在线振动监测仪的数据采集方式和振动采集定义可以根据需要由用户在计算机上进行设置,并可通过 RS23 接口现地下载或通过以太网通信接口远程下载。模块内部具有硬件积分功能,可由加速度传感器获得速度和位移信号。

⑩ 集多通道可组态转速测量、多通道可组态继电器、现场 LED 指示于一体。

⑪ 具有 4 组 LED 指示灯,现场就地显示设备所处运行状态(正常、报警、危险),以不同颜色显示。

⑫ 可组态继电器可根据机组运行状态(正常、报警、危险)发送接点闭合或断开信号驱动相关联锁保护装置实现保护,并可根据需要进行延时设置,避免保护装置误动作;其

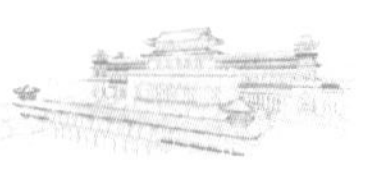

接点信号也可作为 PLC 的保护触发信号。

⑬ vbOnline 采用标准 35 mm 导轨安装。

⑭ 支持双通道同时高速采集，最高达 6 400 线、16 384 个采样的时域波形。

⑮ 工作温度－10～＋60 ℃。

⑯ vbOnline 采用高精度 24 位 A/D 转换器，精度高于 1%，频率响应范围宽，从 0 到 40 kHz。

⑰ 模块化设计，方便系统的扩展；结构紧凑，易于安装。

⑱ 4～32 通道选择，可扩展(针对一个模块)。

⑲ 有线以太网或无线网桥连接。

⑳ 支持事件触发的数据采集，如基于满足转速条件的触发采集。

4. 振动监测与分析系统软件的配置

在线监测与分析诊断软件系统支持利用 ISO 10816 标准自动设置测量参数和警报值，并允许用户自定义；该振动分析软件平台既可以支持在线状态分析仪，也可以支持便携式状态分析仪表。

软件系统包括在线振动监测管理、基于 Web 浏览器的远程访问、多用户管理以及故障分析(包括历史数据管理和存储)等部分。监测系统软件具有 OPC 数据交换接口，以便与第三方软件进行通信和数据交换。

软件系统通过网络与各机组的在线振动监测仪进行通信，实现远程管理各个在线振动监测仪的设置和定义；远程在线显示所有在线振动监测仪的数据处理结果及其报警状态信息；支持基于服务器的客户端分析、诊断、管理、共享及基于网络浏览器(B/S)的客户端浏览和数据共享功能。

数据库存储分析和故障诊断部分能定期接收和保存所有监测点的幅值、频谱、时域波形等数据，提供趋势分析、频谱分析、波形分析等手段，进行振动分析和故障诊断；软件能提供设备档案记录、自动报告等管理功能。

开放式的系统设计满足了不同系统之间共享数据的需要，开放式系统结构和软件工业标准实现了与计算机监控系统和信息管理系统的有效集成。

(1) 振动分析软件系统总体构架

Ascent 振动分析与管理软件包括在线振动监测管理 Online Manager、智能报警 Ascent Watcher(现场或通过电子邮件、短消息等发送报警通知)、基于 Web 浏览器的远程访问、多用户管理以及故障分析(包括历史数据管理和存储)等几个部分。监测系统软件还具有 OPC 数据交换接口 Ascent OPC，支持标准 OPC 协议下的双向数据通信，可方便地与第三方软件进行通信和数据交换，其总体结构如图 3-170 所示。

1) 主要功能模块

Online Manager：按照 Ascent 软件设定的监测计划(参数定义、监测周期和条件等)在后台完成自动数据采集任务，将数据存入数据库。

系统数据库：对所有采集的振动数据进行存储和管理，允许多人在不同的网络 PC 上使用相同的应用软件平台和数据库进行振动监测和频谱分析；通过以太网与在线振动监测仪 vbOnline 通信，对其进行远程管理和对各监测探头进行参数设置。

Ascent OPC:将机器状态数据提供给第三方系统。

Ascent Watcher:随时随地观察设备状态,可在任何网络 PC 上自动接收机器报警。

AscentView:提供机器状态浏览服务,可在任何时间、任何地点使用 IE 浏览器浏览机器状态信息并接收报警通知。

轴承数据库:具有多种轴承的特征频率参数,帮助管理人员识别轴承故障部位和性质,允许使用者自行添加未收录的轴承数据;集成国际振动监测标准和来自现场实际机组的振动参考标准,更加接近实际,且报警设定与软件组态实现自动挂接。

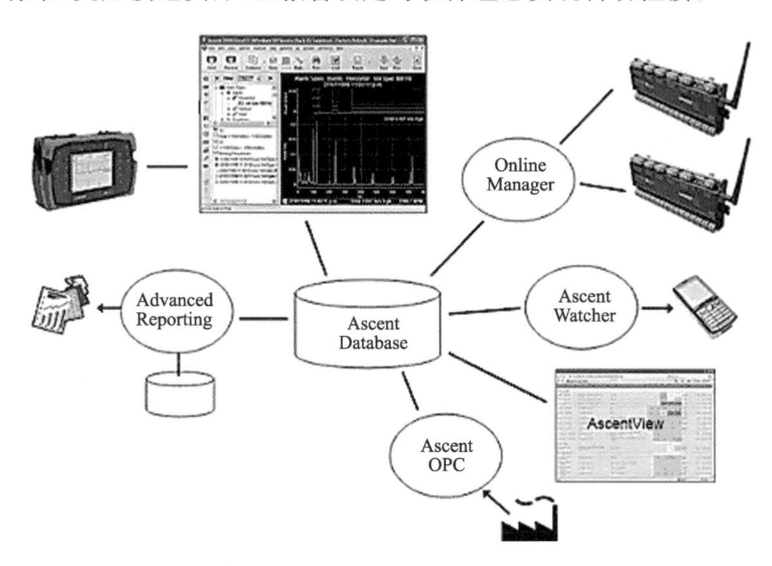

图 3-170 振动分析软件总体结构图

2) 安装 Ascent 软件系统的计算机推荐配置

CPU:3.0 GHz 及以上主频;

内存:8 GB 及以上;

硬盘:1 T 及以上;

1 个 CD-ROM 光驱;

1 个 COM,USB 或以太网端口用于仪器通信;

Microsoft.NET Framework 3.5 或更高;

1 个 USB 端口用于硬件加密狗通信;

为实现远程桌面登录访问功能,振动分析服务器预装 Windows Server 2012R2 操作系统。

(2) 振动分析软件与上位机监控系统的数据通信及报警记录

机组状态在线监测系统作为泵站综合自动化系统的一个组成部分,既可以自成一个子系统独立运行,也可以与 PLC,SCADA,DCS 等自控系统进行无缝集成和数据交换。

Ascent 振动分析与管理软件标配 OPC 数据通信协议,通过自定义需要提供的数据类型和接口,可以向计算机监控系统的上位机 HMI 软件系统提供各振动测点的相关振动参数和报警等状态数据,满足监控系统操作员工作站的如下需求:

① 向操作员工作站提供各泵组振动监测点的振动数据,如测点报警数据等。

② 如果贯流泵机组的某个振动监测点发生某个级别的振动报警，那么除在振动分析站内显示报警之外，报警数据记录也可以在操作员工作站上指示振动报警状态，包括设备、测点、方向、数据类型的报警值和报警级别等。

③ 当振动监测系统出现自身故障（如传感器故障、信号电缆断路或短路等）时，系统将给出相应的故障信息，同时发送到监控系统操作员工作站。

④ 当上位计算机与下位数据采集仪器通信中断时，采集仪器仍然可以事故追忆模式完成振动数据的采集。

（3）Ascent 振动分析与管理软件功能特点

① 智能诊断工具具有快速准确的故障识别功能，可识别报警的机器及对应的机械故障，报告可在数据采集后自动生成或手动生成。

② 具有高级报告功能，统一的故障诊断报告格式使设备诊断报告的撰写与管理工作形成标准化。

③ 软件报告支持交互报告、幅值超限报告、用户自定义报告、频带超限报告、频谱超限报告、诊断报告等；提供多种统计报告，包括报警报告、平衡报告、故障报告、最后 8 次测量报告、最近测量报告、机器总报告、注释报告、路径上传报告、结构和路径报告、自动报告等。

④ 支持 OPC 技术，通过 OPC 为监控系统上位机软件提供振动数据和报警信息。软件具备完善的权限保护功能，可以确保所有操作人员只能在其自身权限内操作。

⑤ 显示组态功能丰富，可以显示趋势、频谱图、三维图谱、瀑布图、时域波形、频率趋势、波特图、解调频谱、波形频谱、多频谱对比。图 3-171 为部分示例图。

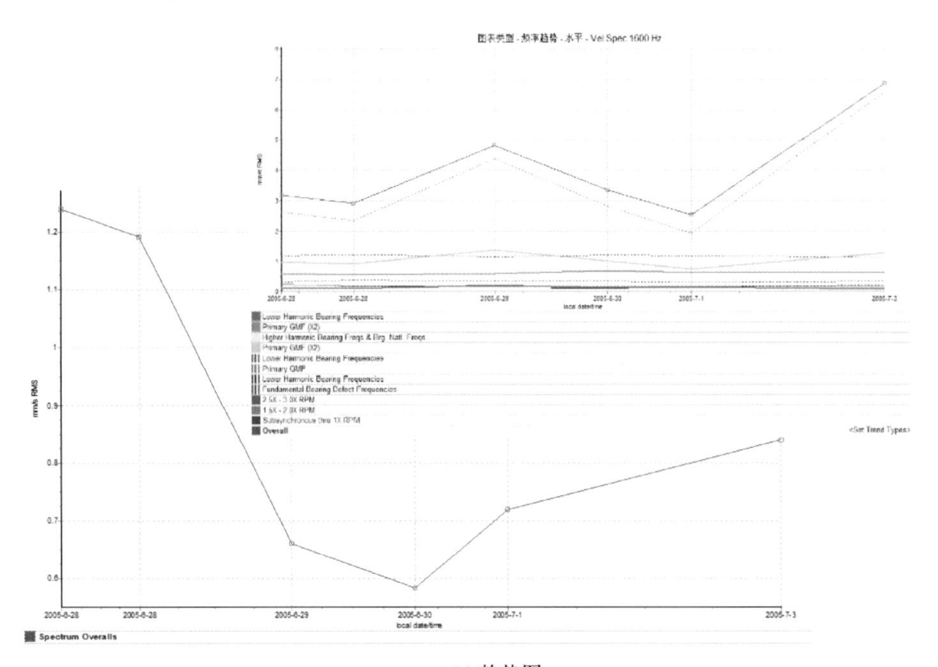

(a) 趋势图

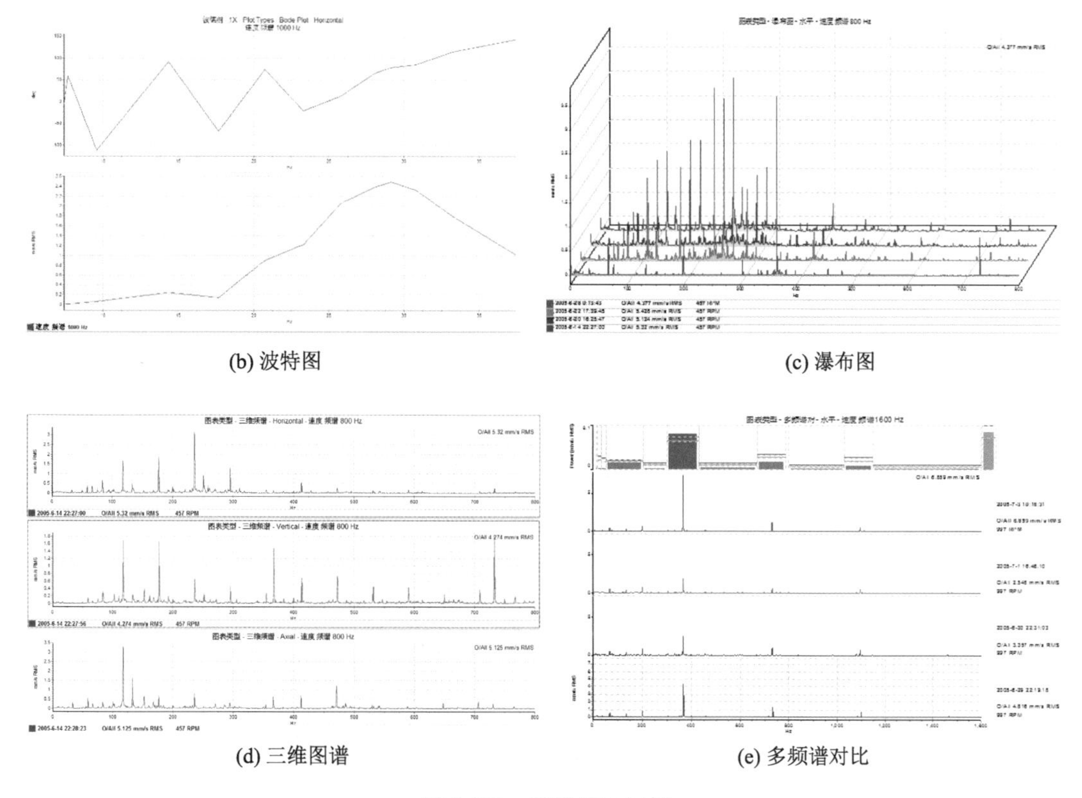

(b) 波特图　　(c) 瀑布图

(d) 三维图谱　　(e) 多频谱对比

图 3-171　图形显示示例

⑥ 提供趋势分析工具,包括边带趋势(如能量趋势、峰值趋势等)、通频趋势、单频趋势等。

软件分析功能包括频谱积分和微分、频带趋势显示、频谱/频率段报警、报警频率诊断,支持振动波形的声音回放,波形声音的音频文件可输出为 wav 格式。

软件的报警功能完善,支持基于报警等级分类数据。可提供的报警类型包括:

① 边带报警;

② 峰值边带报警;

③ 能量边带报警;

④ 包络报警;

⑤ 通频 RMS 报警;

⑥ 传感器故障报警等。

典型报警图示例如图 3-172 所示。

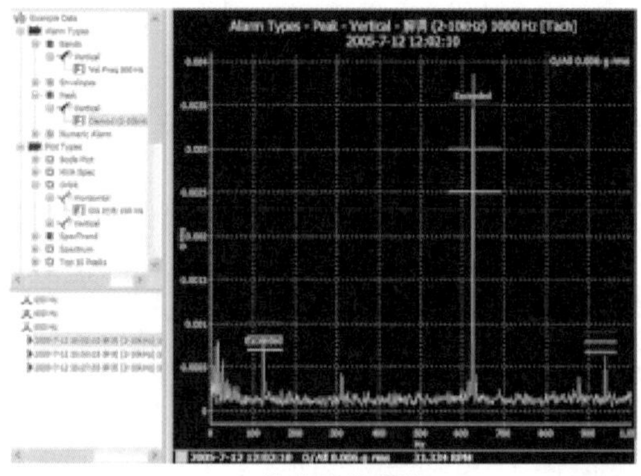

(a) 峰值边带报警

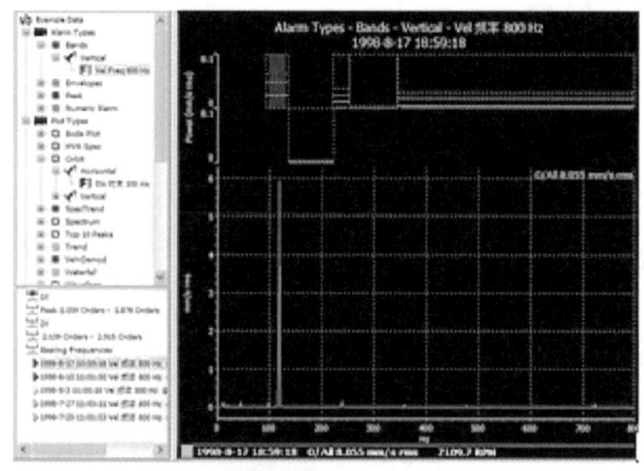

(b) 能量边带报警

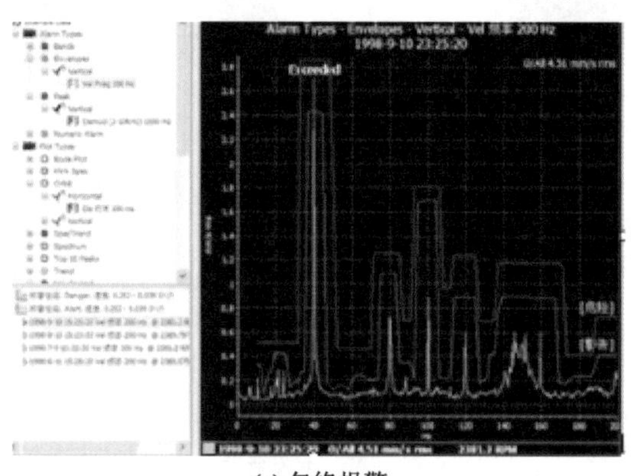

(c) 包络报警

图 3-172 典型报警图示例

具有数据自动采集功能,能够按设定的时间驱动数据采集而无须用户干预,但用户可用在线系统的手动采集功能在任何时候进行数据采集。

用户可以在操作员工作站上对任意通道动态显示其频谱、时域波形、幅值趋势、谱阵图等数据。

支持同系列产品中的便携式数据采集器,并支持这些仪器所具有的阶比和转速参考测量,下载故障特征频率,以及利用远程调制解调器进行数据装入与回放等功能。

提供可使有关维修部门共享预测维修成果的各种报表。系统提供多种标准报表,并允许用户自定义报表。

提供分析诊断工具,完成对设备故障的分析,根据频谱特征得出诊断结论如不平衡、不对中、松动、共振、轴承故障等。

可精确给出频谱图中 10 个最大峰值的相关参数,且与显示分辨率无关,无须采集人员为提高频谱分辨率而再次到现场进行重复采集。

支持基准数据的记录和显示,可将已记录的正常状态下的基准数据与当前数据进行比较。

支持基于波形的频谱分析,可方便地将波形数据转换成频谱,实现基于波形或局部波形的频谱分析。

具有采集定义附件功能，可将该设备测点下的各种文档、图片报告作为附件保存，以便于了解设备历史情况。

一次点击即可将选中的图形和报告输出到 Word 文档中，方便撰写诊断报告。

支持对振动信号进行微分与积分变换，可由测量得到的速度或加速度进行积分或微分得到其他参量的频谱，如由测量获得的振动速度谱图经过积分得到位移谱图，或经过微分得到相应的加速度谱图。

可设置能量边带、峰值边带及包络报警，根据实际测量的数据对报警值进行无级微调，可在频谱图上直接调节，随时掌握机组整体能量报警状态与设定的某个特殊频率下的报警状态。相关报警值设定仅需点击鼠标即可完成。

支持基于高级统计学的分析技术，并提供多种类型的评估报告。

可对采集的各项振动参数做趋势分析，以便于掌握设备振动发展趋势。

3.5.3 在线监测结果与分析

在运行过程中，对主水泵连接段外壳处振动进行监测。表 3-57 为试运行期间监测数据汇总，振动值满足规范要求。机组在运行初期，不同部位的温度上升较快，4 h 左右趋于稳定。1# 机组定子线圈温度基本正常，2# 机组定子线圈测点(4)最高温度为 63.4 ℃，3# 机组定子线圈测点(2)最高温度为 62.8 ℃、测点(5)最高温度为 62.6 ℃，4# 机组定子线圈测点(1)最高温度为 56.4 ℃、测点(2)最高温度为 61.1 ℃、测点(5)最高温度为 61.2 ℃，5# 机组定子线圈测点(2)最高温度为 60.6 ℃、测点(5)最高温度为 61.3 ℃。定子线圈部分测点温度偏高，主要原因是电动机进人孔处冷却效果下降。厂房内噪声偏大，主要是由辅助设备引起的。

表 3-57 试运行期间监测数据汇总

测试项目		1# 机组	2# 机组	3# 机组	4# 机组	5# 机组
定子线圈温度/℃	测点(1)	6.0～35.7	6.0～32.7	6.0～37.3	6.0～56.4	6.0～23.7
	测点(2)	6.0～40.5	6.0～43.4	6.0～62.8	6.0～61.1	6.0～60.6
	测点(3)	6.0～35.0	6.0～43.0	6.0～35.7	6.0～39.7	6.0～32.3
	测点(4)	6.0～36.8	6.0～63.4	6.0～37.6	6.0～56.2	6.0～32.7
	测点(5)	6.0～32.3	6.0～40.1	6.0～62.6	6.0～61.2	6.0～61.3
	测点(6)	6.0～36.2	6.0～41.1	6.0～36.4	6.0～37.7	6.0～32.4
电动机驱动侧轴承温度/℃		6.0～33.2	6.0～38.7	6.0～40.5	6.0～39.1	6.0～35.2
电动机非驱动侧轴承温度/℃		6.0～33.5	6.0～40.1	6.0～37.0	6.0～45.6	6.0～35.7
水泵进水侧轴承温度/℃		6.0～33.5	6.0～15.6	6.0～31.0	6.0～11.0	6.0～14.1
水泵中间轴承温度/℃		6.0～12.5	6.0～21.7	6.0～23.0	6.0～23.7	6.0～20.0
水泵电动机侧轴承温度/℃		6.0～20.3	6.0～28.2	6.0～40.6	6.0～24.7	6.0～29.3
水泵推力轴承温度/℃		6.0～20.3	6.0～23.3	6.0～18.9	6.0～24.9	6.0～24.6

续表

测试项目		1# 机组	2# 机组	3# 机组	4# 机组	5# 机组
冷却水温度/℃		6.0～13.5	6.0～10.2	6.0～10.9	6.0～9.3	6.0～11.3
叶片安放角/(°)		－6～－4	－6～＋4	－6～＋2	－6～＋2	－6～＋2
噪声/dB	厂房内	93	93	93	93	92
	厂房外	62	62	65	64	61
机组振动/mm	径向	0.009	0.014	0.012	0.014	0.012
	侧向	0.006	0.007	0.007	0.007	0.007

对不同部位的振动进行实时监测，图 3-173 为 4# 机组在扬程为 1.92 m、流量为 40.2 m^3/s 的工况下水泵导轴承、推力轴承及电动机导轴承 3 个部位的水平和垂直振动位移频谱。与模型装置实测压力脉动频谱图(见图 3-101)对比，发现不同部位的振幅基本在 1～3 倍叶频域范围内，与压力脉动值的变化趋势一致，说明机组振动的主要影响因素是压力脉动。机组振动除了与压力脉动有关，还与机组结构型式、电磁振动、机械振动、设备制造及安装精度等有关。该工况下最大振幅为推力轴承的垂直振动，在额定转速下约为 0.02 mm，仍满足规范不大于 0.14 mm 的要求，机组运行稳定。

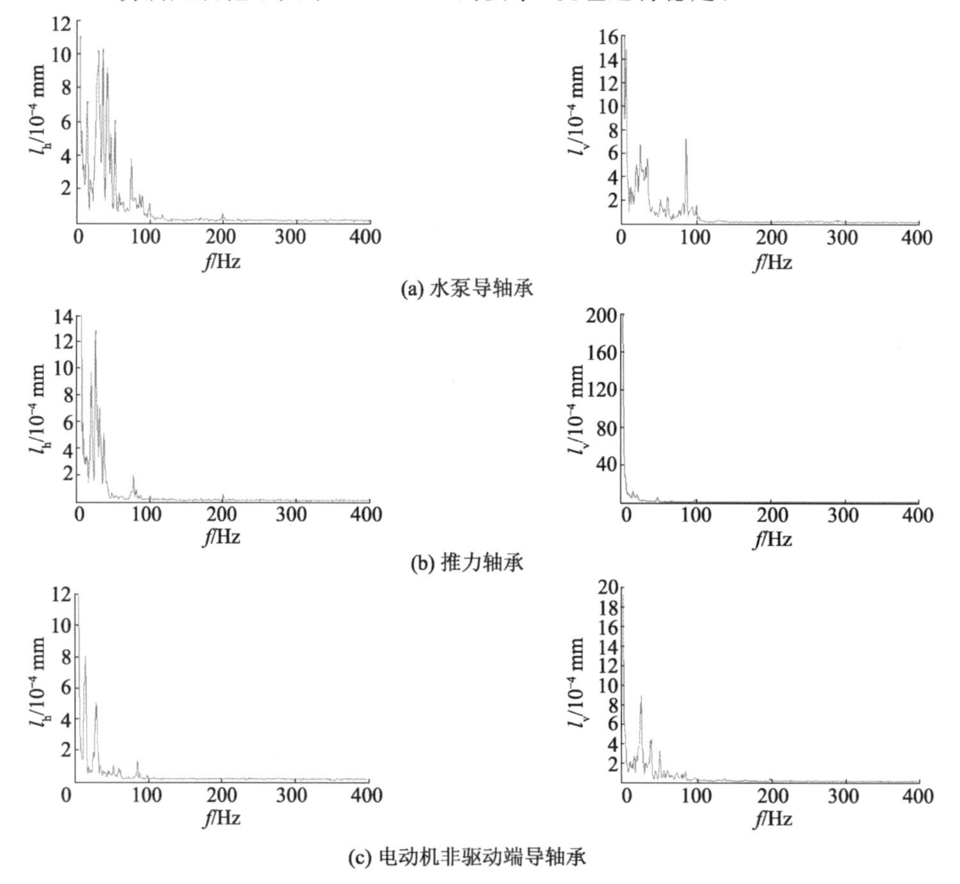

(a) 水泵导轴承

(b) 推力轴承

(c) 电动机非驱动端导轴承

图 3-173　机组不同部位振动位移频谱

3.6 本章小结

本章对 2 种型式叶片全调节灯泡贯流泵装置关键技术及工程实际应用的研究表明，无论是直接传动还是间接传动、机械全调节还是液压全调节，叶片全调节灯泡贯流泵都能够满足低扬程泵站不同运行工况的需求，而且具有效率高、调节灵活等显著优势，是低扬程泵站较佳的装置型式。

① 装置型式开发与性能研究结果表明，灯泡贯流泵装置的灯泡体位于出水侧，即后置灯泡贯流泵装置的水力性能优于灯泡体前置、直管式出水的灯泡贯流泵装置，且吸入性能(即空化特性)及水力稳定性等有明显优势。

② 叶片全调节灯泡贯流泵装置的 2 种传动方式具有各自的优势，设计的重点在于灯泡体的支撑型式和轴系的稳定性分析，并应与土建结构相结合，综合考虑装置的结构型式。

③ 水泵导叶既是重要的水力部件，又是灯泡贯流泵机组的主要结构部件，负责水泵导轴承承受力的传递，因此导叶的设计应与出水流道、灯泡体等作为整体统一考虑。也可以采用常规卧式轴流泵，但机组段的长度会增加，效率也会有所降低。

④ 灯泡贯流泵机组的安全可靠运行是灯泡贯流泵在长时间连续运行的调水工程中推广应用的重要保证，因此科学、合理地设置在线监测系统是工程设计的重要环节。

参考文献

[1] 张仁田.灯泡贯流泵设计与运用中的若干技术问题[J].扬州大学学报(泵站工程研究)，2005(26):1-8.

[2] 张仁田.贯流式机组在南水北调工程中的应用研究[J].排灌机械，2004,22(5)1-6.

[3] 张仁田.不同型式贯流式水泵特点及在南水北调工程的应用[J].中国水利，2005(4):42-44.

[4] 张仁田，邓东升，朱红耕，等.不同型式灯泡贯流泵的技术特点[J].南水北调与水利科技，2008,6(6): 6-9,15.

[5] 张仁田，单海春，卜舸，等.南水北调东线一期工程灯泡贯流泵结构特点[J].排灌机械工程学报，2016,34(9):774-782,789.

[6] 张仁田，朱红耕，卜舸，等.南水北调东线一期工程灯泡贯流泵性能分析[J].排灌机械工程学报，2017, 35(1):32-41.

[7] 张仁田，张平易.齿轮箱传动在泵站中应用分析与选择方法[J].排灌机械，2005,23(2):11-15,35.

[8] 朱红耕，张仁田，冯旭松，等.不同型式贯流泵装置结构特点与水力特性分析[J].灌溉排水学报，2009,28(5):58-60,85.

[9] 朱红耕，张仁田，罗建勤，等.工况调节与传动方式对贯流泵结构和装置性能的

影响[J]. 水力发电学报,2012,31(6):277－281.

[10] ZHU H G, ZHANG R T, DENG D S, et al. Numerical simulation of tubular pumping systems with different regulation methods[J]. AIP Conference Proceedings,2010(1225):162－168.

[11] 秦钟建, 伍杰, 张仁田. 蔺家坝灯泡贯流泵机组水力性能及结构分析[J]. 排灌机械, 2009,27(3):177－180.

[12] 周伟, 刘雪芹, 唐秀成. 金湖泵站贯流泵机组水力性能及结构特点分析[J]. 人民黄河, 2015,37(7):104－106.

[13] 金燕. 贯流泵内部流动的数值模拟与三维 LDV 测量研究[D]. 扬州:扬州大学,2010.

[14] 闪黎. 南水北调东线一期工程蔺家坝泵站建设管理与施工技术[M]. 南京:河海大学出版社, 2013.

[15] 邓东升, 李同春, 张仁田, 等. 大型贯流泵关键技术与泵站联合调度优化研究报告[R]. 南京:南水北调东线江苏水源有限责任公司, 2010.

[16] 江苏省水利勘测设计研究院有限公司. 金湖泵站初步设计报告[R]. 2012.

4

变频调速灯泡贯流泵装置关键技术

4.1 现场拆卸型变频调速灯泡贯流泵装置性能研究

4.1.1 研究背景

在灯泡贯流泵装置中，工况调节方式采用变频调速调节，机组结构型式包括现场可拆卸型和紧凑整体型2种。某泵站的设计流量为120 m^3/s，设计净扬程为3.23 m，特征水位组合见表4-1，泵站装机5台套(其中1台套备用)，单机配套功率2 000 kW，工频下转速107 r/min，装机容量为10 000 kW。该泵站采用的是现场拆卸型变频调速灯泡贯流泵装置，泵站贯流泵装置纵剖面图如图4-1所示。

表4-1 某泵站的特征水位组合 单位：m

特征水位	进水侧	出水侧	扬程
供水设计	10.77	14.50	3.73
供水最低	10.33	12.75	
供水最高	10.77	15.50	4.73
供水平均	12.50	14.10	1.60
排涝设计	12.27	15.41	3.14

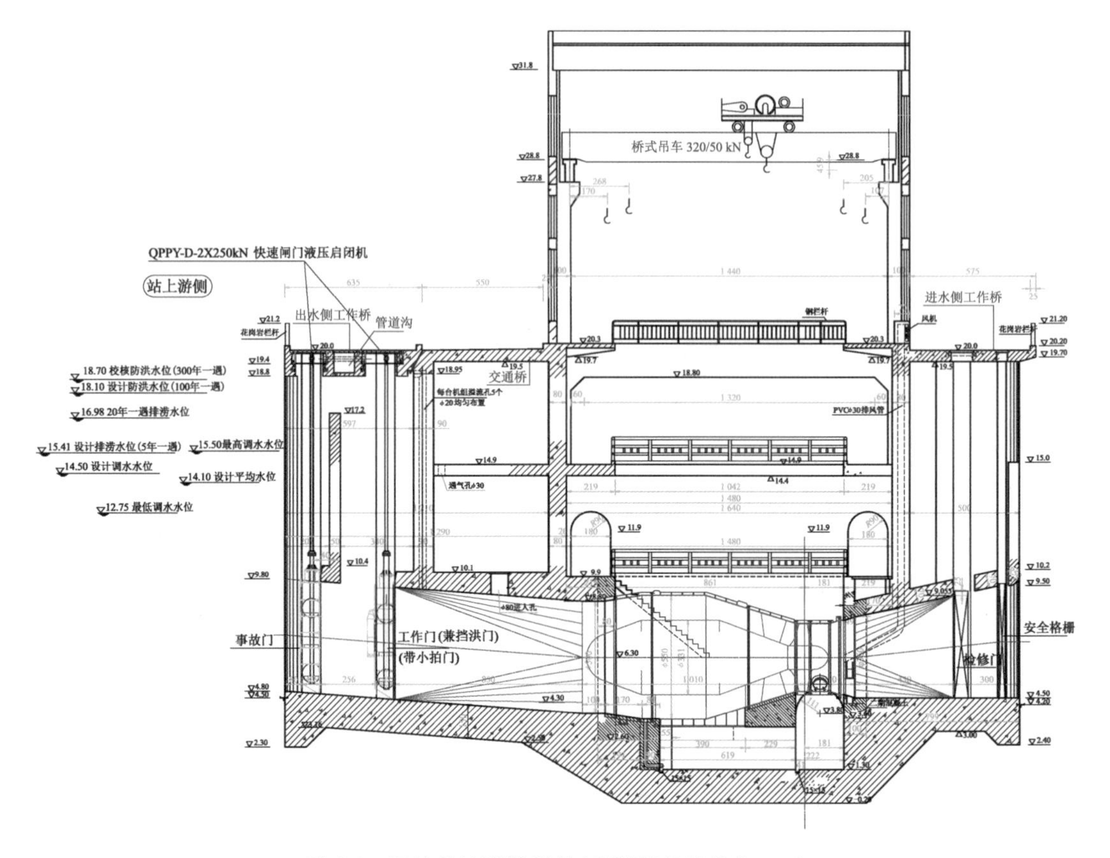

图 4-1　泵站贯流泵装置纵剖面图(长度单位:cm)

4.1.2　装置 CFD 分析及优化

1. CFD 分析条件

(1) 分析范围

装置 CFD 比较分析的范围如图 4-2 所示,与第 3.2 节类似,对不包括叶轮与导叶的部分进行 CFD 分析评估。修正后的流道与投标阶段原始方案中的流道的 CFD 模拟对比尺寸如图 4-3 所示。

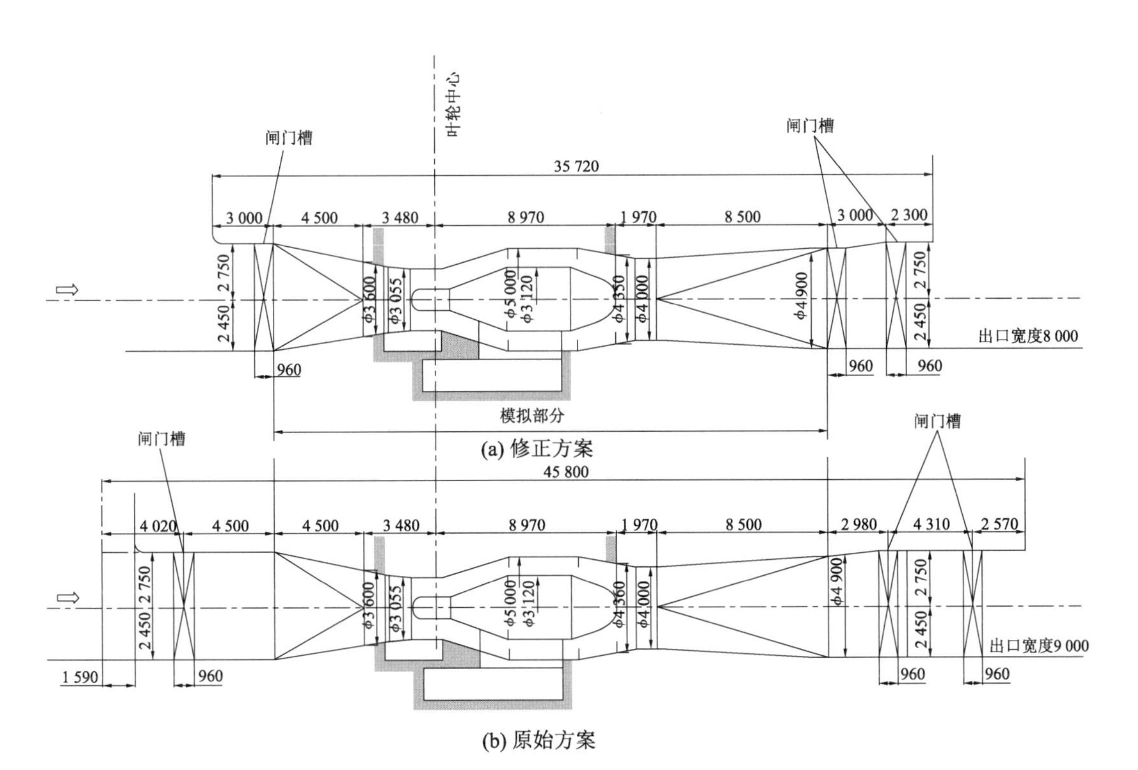

(a) 修正方案

(b) 原始方案

图 4-2 CFD 分析范围(单位:mm)

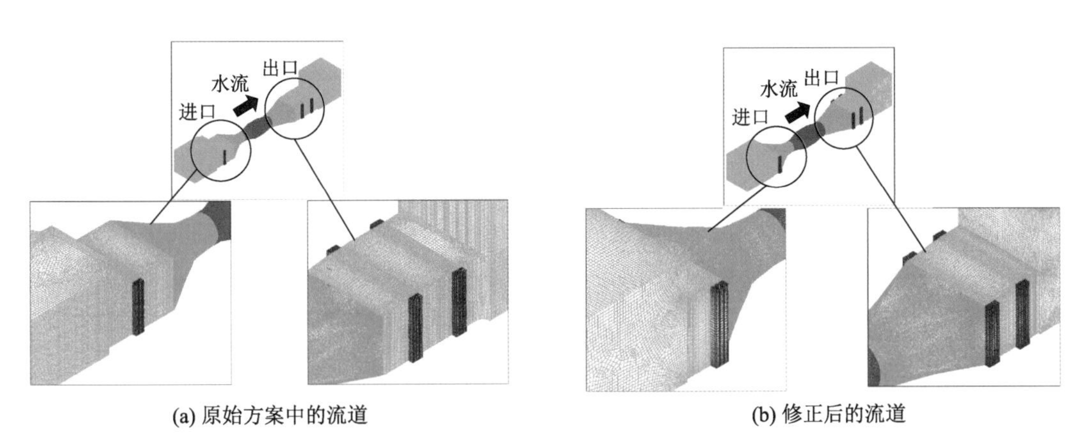

(a) 原始方案中的流道 (b) 修正后的流道

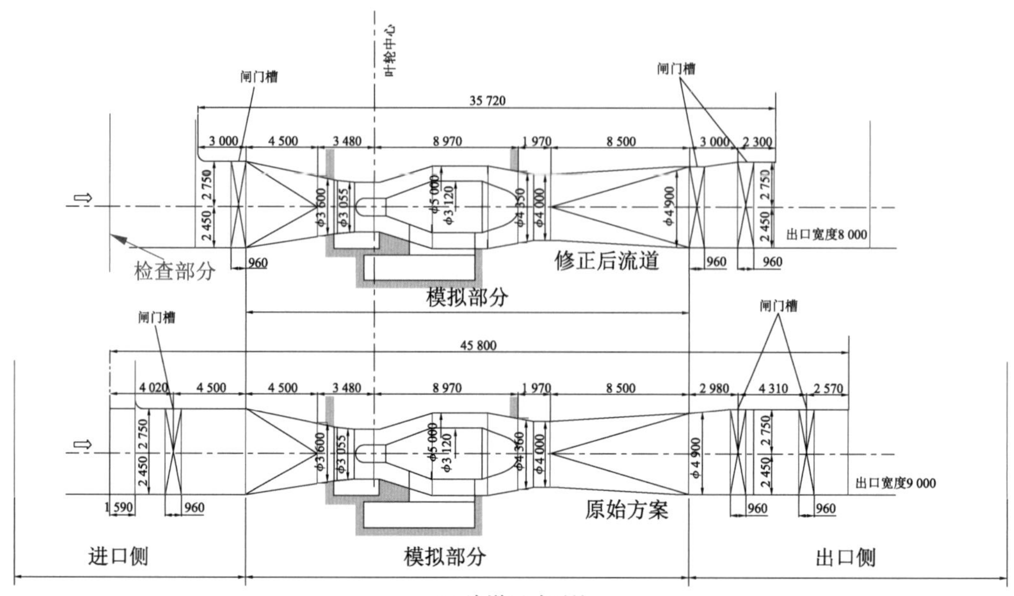

(c) 流道尺寸对比

图 4-3　CFD 对比分析流道尺寸(单位:mm)

(2) 运行条件

平均净扬程:1.60 m;

流量:30.0 m^3/s;

进口水位:12.50 m;

出口水位:14.10 m。

(3) 分析方法

软件:Star-CD 3.26 版;

物理模型:不可压缩的 RANS 模型;

紊流模型:RNG $k-\varepsilon$ 模型;

对流项离散化:一次函数;

流态:定常;

网格数:约 2 000 000 个。

2. 分析结果比较

除叶轮和导叶外,原始方案和修正方案中流道水力损失的对比如表 4-2 所示,根据总压力变化计算出水力损失,水力损失的分布如图 4-4 所示。模型试验中装置性能对比曲线如图 4-5 所示。

表 4-2　流道水力损失比较　　单位:m

流道部位	原始方案水力损失	修正方案水力损失	水力损失差值
进口侧	0.002 84	0.002 32	0.000 52
模拟部分	0.157 94	0.157 94	0.000 00

续表

流道部位	原始方案水力损失	修正方案水力损失	水力损失差值
出口侧	0.003 86	0.003 66	0.000 20
总水力损失	0.164 64	0.163 91	0.000 72

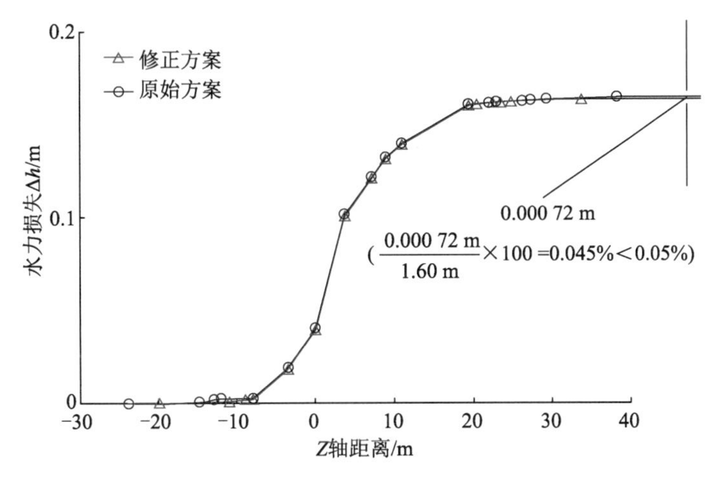

图 4-4 水力损失的分布

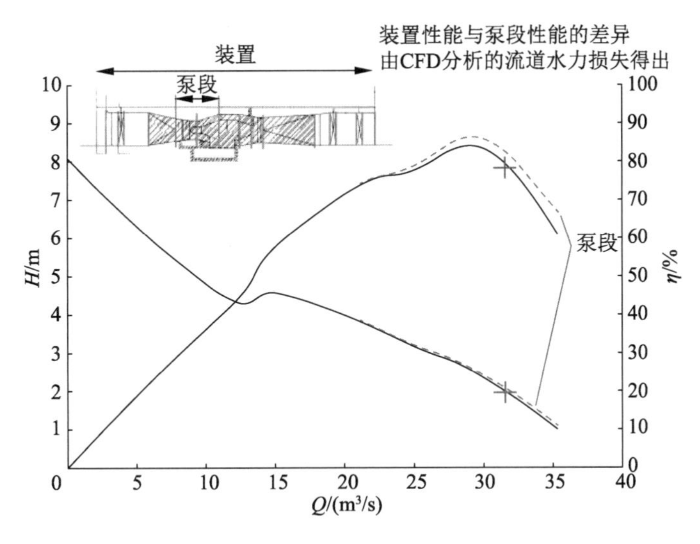

图 4-5 装置性能对比曲线

3. 结论

修正方案与原始方案中流道的水力损失差异很小，仅占平均扬程的 0.045%。根据推算，在平均扬程下装置效率可达 77.228%，在设计扬程下装置效率为 77.717%。推荐的灯泡贯流泵流道尺寸如图 4-6 所示。

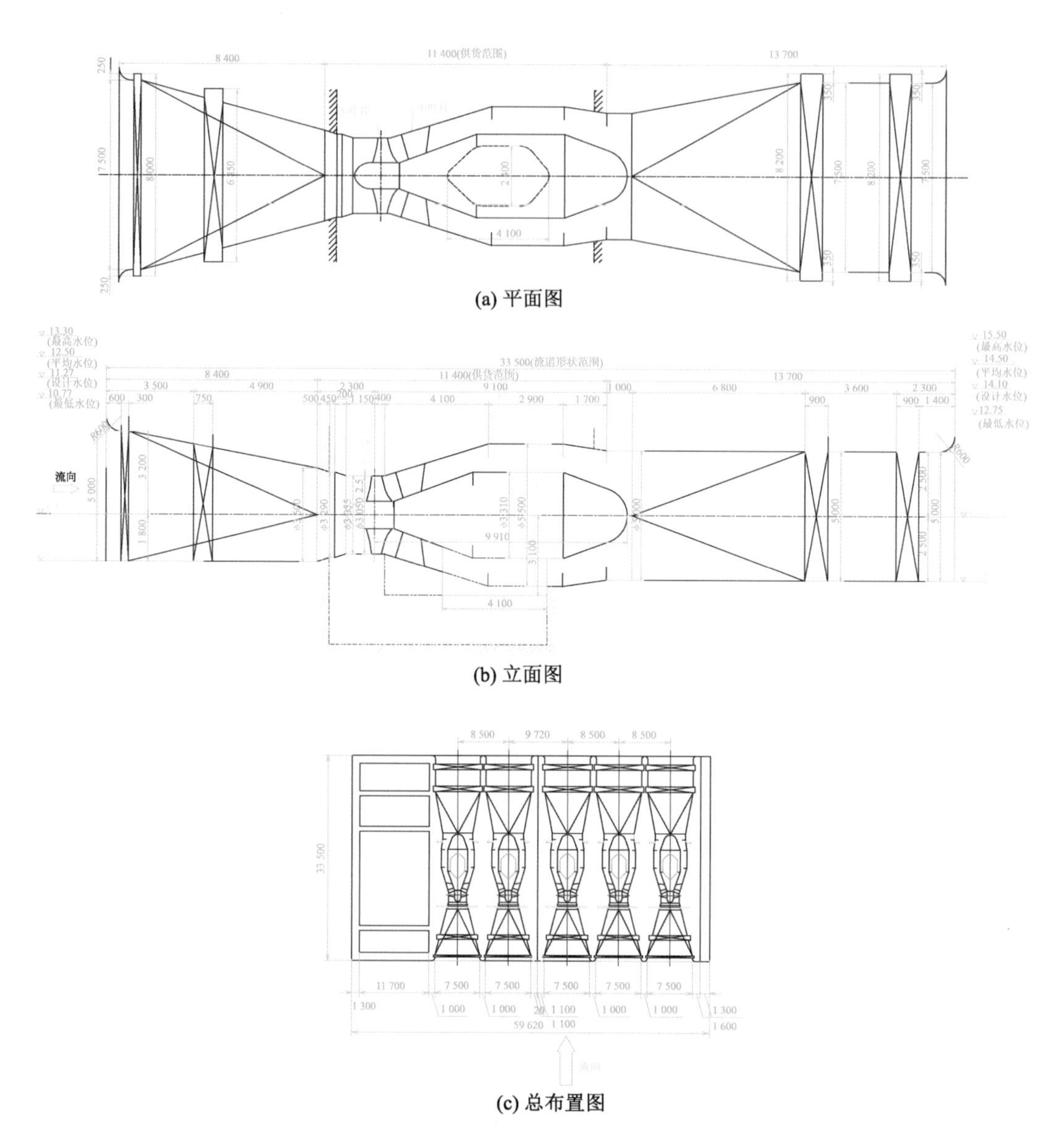

(a) 平面图

(b) 立面图

(c) 总布置图

图 4-6　推荐的灯泡贯流泵流道尺寸长度(长度单位:mm)

4.1.3　装置模型试验

模型试验中采用的水力模型比转速 n_s=1 210,叶片数为 3,轮毂比为 0.35,灯泡比为 1.08。

1. 试验项目

(1) 能量特性试验

能量特性试验在无空化条件下进行,但验证效率和功率保证值时,是在与原型泵安装高程相对应的空化条件下进行的。装置模型试验项目包括对应于原型装置的最高扬程、设计扬程、平均扬程及最优工况点的测试。

能量特性试验是在通过试验选定的最优叶片安放角下测试模型装置在各转速下 $H-Q$，$P-Q$ 和 $\eta-Q$ 的性能曲线，并换算为原型装置性能曲线。全部性能特性试验包含整个运行扬程和流量范围，并测试水泵在马鞍形区域和零流量工况下的扬程和输入功率（该项试验允许降转速进行，但转速不得低于额定试验转速的 50%）。能量特性试验项目包括流量、扬程、转速、轴功率、效率的测试。

原型机组的效率修正值采用下列公式计算：

$$\eta_p=[1+\delta_E(1-\Lambda)]\eta_m \tag{4-1}$$

其中，$\Lambda=\left(\frac{D_p}{D_m}\right)^{-0.18}\left[0.4+0.6\left(\frac{e_p}{e_m}\right)^{0.18}\right]$，$e_p$ 为原型水泵的表面粗糙度，e_m 为模型水泵的表面粗糙度。试验中考虑 $e_p=e_m$，即 $\frac{e_p}{e_m}=1$，则 $\Lambda=\left(\frac{D_p}{D_m}\right)^{-0.18}$。

任意点的 δ_E 值根据以下公式计算（应用范围为 $Q>0.6Q_{opt}$）：

$$\begin{cases}\dfrac{\delta_E}{\delta_{Eopt}}=1.9\times\left(\dfrac{Q}{Q_{opt}}-0.6\right)^2+0.7\\ \delta_{Eopt}=0.1\times[1.4\times(2.122n_s)^{-0.10}-0.07]\end{cases} \tag{4-2}$$

根据原型最优工况点 $Q_{opt}=30\ m^3/s$，$H_{opt}=2.36\ m$，有 $n_s=3.65\times115.4\times\frac{\sqrt{30}}{2.36^{3/4}}=1\ 211$，$\delta_{Eopt}=0.056\ 84$。

平均扬程时，

$$\delta_E=\left[1.9\times\left(\frac{31.5}{30}-0.6\right)^2+0.7\right]\times0.056\ 84=0.061\ 66$$

设计扬程时，

$$\delta_E=\left[1.9\times\left(\frac{31.5}{30\times1.103}-0.6\right)^2+0.7\right]\times0.056\ 84=0.053\ 17$$

$$\Lambda=\left(\frac{D_p}{D_m}\right)^{-0.18}=\left(\frac{3\ 000}{327}\right)^{-0.18}=0.671\ 0$$

因此，可得到在平均扬程模型效率保证值下的效率修正值 $\Delta\eta=1.572\%$，设计扬程下 $\Delta\eta=1.383\%$。

（2）空化特性试验

空化特性试验根据 SL 140—2006 的规定进行，取效率下降 1%时的 NPSH 作为临界值 $NPSH_r$，首先利用闪频仪观察空化试验中可能发生的气泡分布范围及气泡初生、成长过程，并利用高速成像仪记录，然后测出在不同运行条件下的 $NPSH_r$、初生空化值，并绘出空化特性曲线。

空化特性试验项目包括流量、扬程、转速、$NPSH_r$ 值的测试。

测量点包括供水最高扬程、设计扬程、平均扬程及排涝设计扬程。

（3）飞逸特性试验

飞逸特性试验是为测定模型装置中泵以水轮机工况反转运行且输出力矩为零时的稳定转速。飞逸特性试验项目包括转矩、转速的测试。

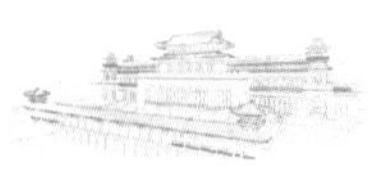

(4) 压力脉动特性试验

压力脉动特性试验的测试点包括:平均扬程下转速为 70%n,80%n,100%n 和 110%n;设计扬程下转速为 110%n(Q_p≈31.5 m³/s);最高扬程下转速为 110%n(Q_p≈20.0 m³/s);最低扬程下转速为 70%n(Q_p≈17.5 m³/s)。

为满足泵站全部运行工况,以叶轮进、出口部位为主,在进、出水流道壁面及叶轮室壁面等部位布置测点,测定压力脉动,绘制压力脉动曲线。压力脉动特性试验用于测定叶轮进、出口的压力脉动幅度,并进行脉动能的频谱分析。

(5) Winter-Kennedy 试验

在装置模型的进水流道中按照文丘里管原理设置两个合适的压力测定断面,通过电磁流量计检测流量,进而得出所选择测点断面间的压差值与水泵流量之间的关系。

(6) 四象限特性试验(全特性试验)

测定装置模型从水泵工况至水轮机工况的流量、扬程,四象限中显示流量、转速、扬程和力矩相对值的关系。四象限特性试验项目包括流量、扬程、转矩、转速的测试。

2. 装置模型试验结果

(1) 模型装置试验实测值

在叶片安放角为−2°、转速为 1 181 r/min 的试验条件下实测的能量特性数据见表 4-3,不同转速下的性能曲线如图 4-7 所示。为比较模型装置的性能,在叶片安放角为 0°时不同转速下的性能进行测试,$Q-H$,$Q-\eta$ 曲线如图 4-8 所示。

表 4-3 转速为 1 181 r/min 时的能量特性数据(叶片安放角−2°)

序号	流量 Q/(m³/min)	扬程 H/m	轴功率 P/kW	装置效率/%	空载扭矩(N·m)
1	0.00	9.893	31.19	0.00	3.48
2	3.60	7.942	24.58	18.94	3.48
3	6.01	6.800	21.20	31.40	3.48
4	8.47	5.837	18.63	43.22	3.48
5	9.65	5.217	17.36	47.28	3.48
6	10.65	5.380	17.31	53.92	3.48
7	11.98	5.462	17.14	62.19	3.48
8	13.13	5.220	16.95	65.93	3.48
9	14.39	4.868	16.59	68.80	3.48
10	15.78	4.611	16.43	72.14	4.68
11	19.73	3.673	14.96	78.94	4.68
12	21.64	3.158	13.68	81.39	4.68
13	21.99	3.063	13.47	81.44	4.68
14	24.66	2.282	11.56	79.34	4.68
15	27.10	1.248	8.56	64.36	4.68

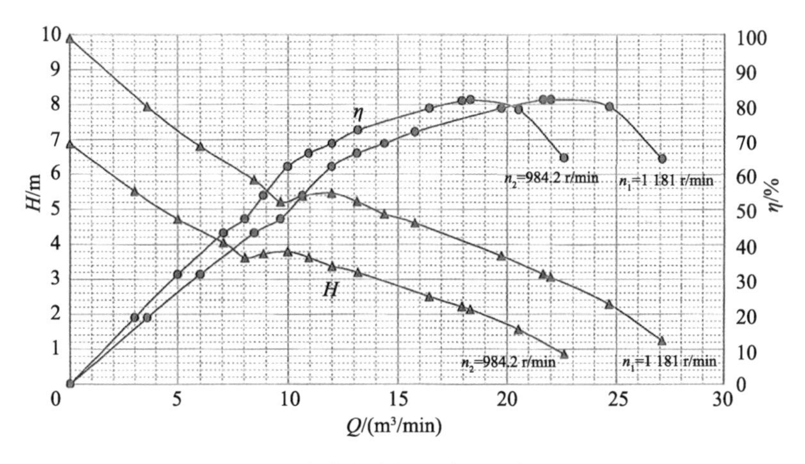

图 4-7　叶片安放角－2°时的性能曲线

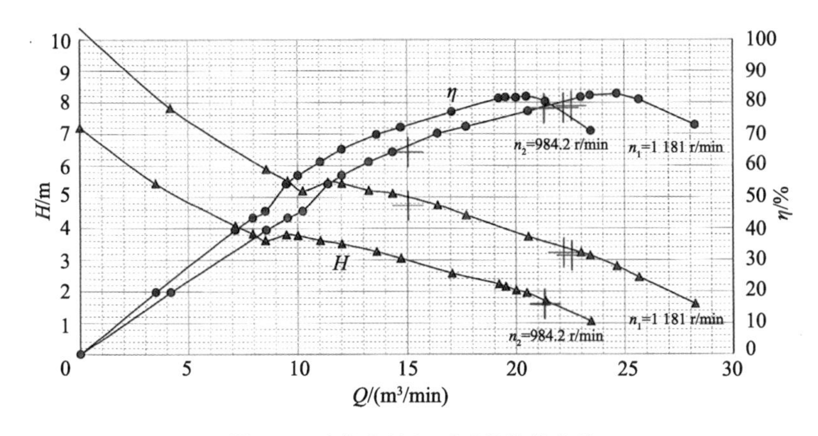

图 4-8　叶片安放角 0°时的性能曲线

叶片安放角－2°、特征工况下按照效率下降 1%确定的空化 $NPSH_r$ 值，空化性能见表 4-4。

表 4-4　特征工况下的空化性能

特征工况	转速 n/(r/min)	流量 Q/(m³/min)	$NPSH_r$/m
排涝设计扬程	1 181	22.10	5.5
供水平均扬程	984	20.60	4.5
供水设计扬程	1 181	21.60	5.5
供水最高扬程	1 181	15.80	11.1

根据模型试验结果换算的原型装置在不同特征扬程下的飞逸特性数据见表 4-5，四象限全特性曲线如图 4-9 所示。

表 4-5　原型装置的飞逸特性

特征工况	水头 H/m	飞逸转速 n_f/(r/min)	流量 Q/(m^3/s)
供水最高扬程	4.73	247.5	59.57
供水设计扬程	3.23	204.5	49.23
供水平均扬程	1.60	143.9	34.65
排涝设计扬程	3.14	201.7	48.54

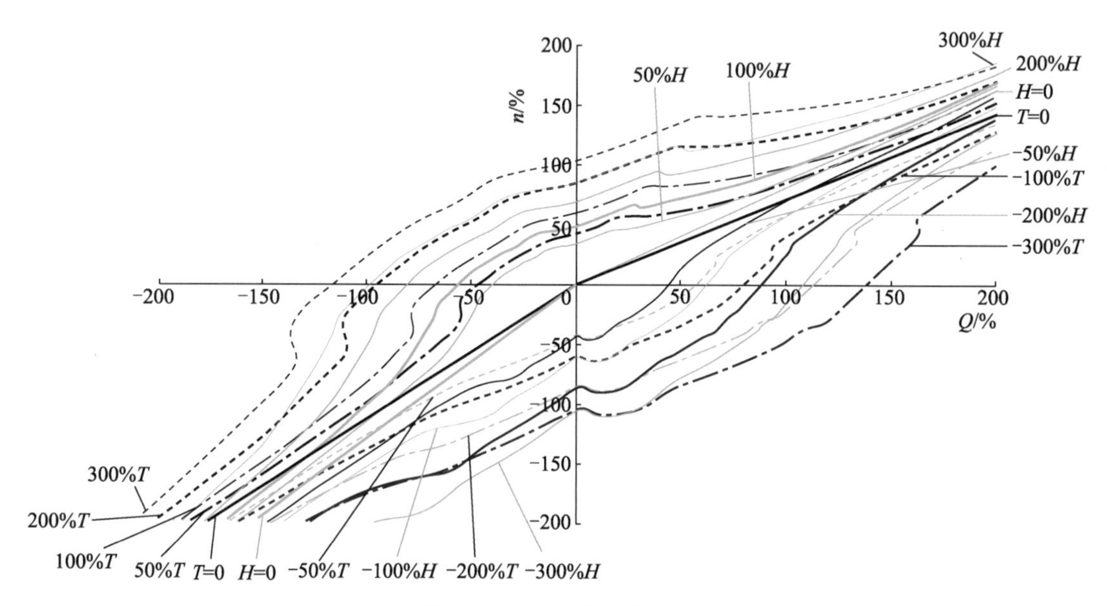

图 4-9　四象限全特性曲线

Winter-Kennedy 曲线测试点位置与图 3-102 类似，模型流量压差关系为 $Q_m = 8.242\Delta H^{0.480}$，模型 Winter-Kennedy 曲线如图 4-10 所示。根据相似关系得到原型的流量压差关系为 $Q_p = 11.561\Delta H^{0.480}$，原型 Winter-Kennedy 曲线如图 4-11 所示。

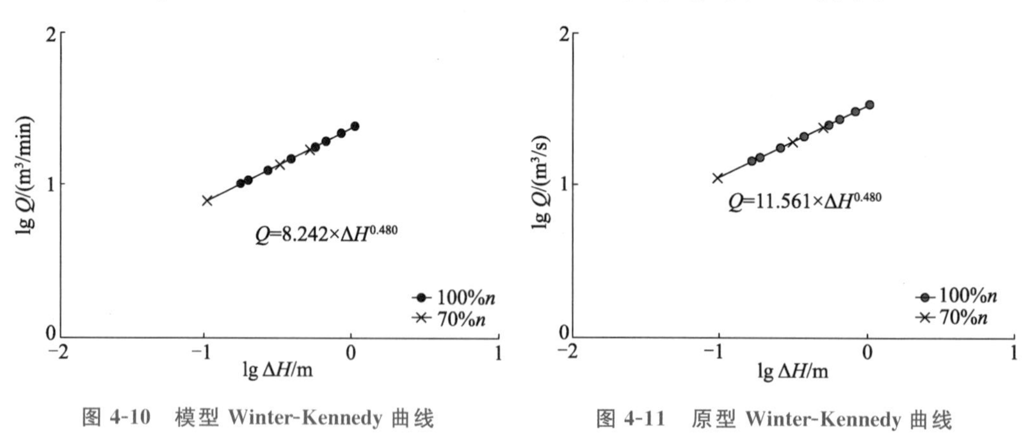

图 4-10　模型 Winter-Kennedy 曲线　　图 4-11　原型 Winter-Kennedy 曲线

(2) 装置模型性能目击试验结果

现场目击试验装置性能测试数据见表 4-6，目击试验结果对比曲线如图 4-12 所示。结果表明，目击试验结果与提交的试验报告中的结果的符合性良好，系统稳定，试验结果可信。

表 4-6 现场目击试验装置性能测试数据

序号	实测数据			换算数据（n=1 070 r/min）				
	转速 n/(r/min)	扭矩 N/(N·m)	流量 Q/(m^3/min)	压差 Δh/kPa	流量 Q/(m^3/min)	功率 P/kW	扬程 H/m	装置效率 η/%
1	900	176.12	0	58.23	0	27.234	8.441	0
2	900	177.09	0	58.11	0	27.388	8.419	0
3	900	125.99	3.37	42.86	4.007	19.296	6.210	20.964
4	900	110.74	5.03	37.19	5.980	16.881	5.388	31.035
5	900	99.05	6.69	33.18	7.954	15.030	4.807	41.362
6	900	92.62	7.64	30.11	9.083	14.012	4.362	45.980
7	900	92.27	9.24	32.04	10.985	13.957	4.642	59.408
8	1 070	126.66	13.02	42.66	13.020	13.727	4.373	67.437
9	1 070	121.47	14.96	38.55	14.960	13.145	3.951	73.116
10	1 069	117.47	16.91	34.50	16.926	12.721	3.543	76.644
11	1 070	106.22	19.01	28.54	19.010	11.437	2.925	79.055
12	1 069	101.06	20.62	26.15	20.639	10.879	2.685	82.828
13	1 069	89.74	22.86	19.58	22.881	9.609	2.010	77.840
14	1 069	69.10	25.50	10.23	25.524	7.292	1.050	59.762
15	899	36.62	22.80	1.67	27.137	5.156	0.242	20.718
16	899	33.00	22.94	0.71	27.303	4.582	0.103	9.952

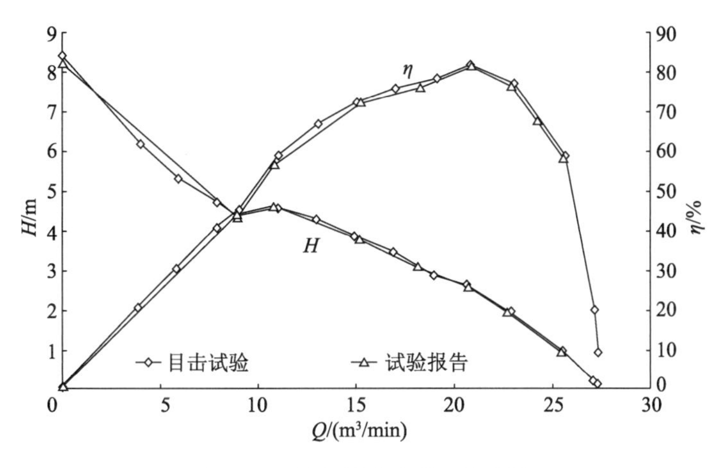

图 4-12 目击试验结果对比曲线

目击试验空化性能测试数据见表 4-7，目击试验的 NPSH 测试结果如图 4-13 所示。结果表明，目击试验与提交的试验报告中的结果的一致性符合规范要求，试验结果可信。

表 4-7　目击试验空化性能测试数据

序号	转速 n/(r/min)	扭矩 N/(N·m)	流量 Q/(m^3/min)	压差 Δh/kPa	NPSH/m	功率 P/kW	扬程 H/m	效率 η/%
1	1 070	89.62	22.82	19.56	20.10	9.577	2.005	77.661
2	1 070	89.37	22.81	19.57	15.58	9.549	2.006	77.895
3	1 070	89.72	22.79	19.57	9.45	9.589	2.006	77.508
4	1 070	89.83	22.83	19.56	7.57	9.601	2.005	77.505
5	1 070	89.79	22.92	19.50	6.10	9.596	1.998	77.608
6	1 071	90.22	22.88	19.60	5.28	9.627	2.005	77.481
7	1 071	95.51	22.84	20.50	4.42	10.218	2.097	76.214
8	1 071	92.52	22.83	18.28	3.98	9.884	1.870	70.228

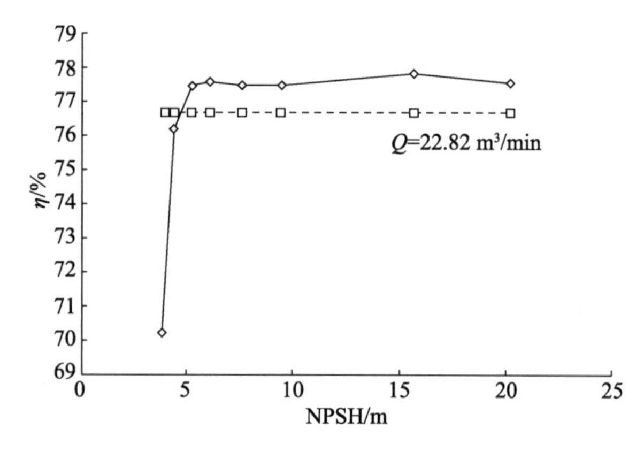

图 4-13　目击试验的 NPSH 测试结果

目击试验压力脉动测试数据见表 4-8，试验表明，试验测试结果与提交的试验报告中的结果一致，在叶轮进口和叶轮与导叶间测点处压力脉动幅值与工作扬程之比均存在大于 8%的情况，并随着流量偏离额定流量而加剧，且试验报告数值远大于实测数值，试验结果可信。

表 4-8　目击试验压力脉动测试数据

序号	压力脉动实测数据			压力脉动换算数据(n=1 070 r/min)				
	转速/(r/min)	叶轮进口/m	叶轮与导叶间/m	流量/(m^3/min)	叶轮进口/m	叶轮与导叶间/m	叶轮进口相对值/%	叶轮与导叶间相对值/%
1	900	0.202	0.592	4.00	0.286	0.837	11.1	32.4
2	900	0.173	0.543	5.98	0.245	0.768	9.5	29.7
3	900	0.167	0.530	7.95	0.236	0.749	9.1	29.0
4	900	0.123	0.481	9.08	0.174	0.680	6.7	26.4
5	900	0.102	0.349	10.99	0.144	0.493	5.6	19.1
6	1 070	0.078	0.400	13.02	0.078	0.400	3.0	15.5
7	1 070	0.053	0.268	14.96	0.053	0.268	2.1	10.4

续表

序号	压力脉动实测数据			压力脉动换算数据(n=1 070 r/min)				
	转速/(r/min)	叶轮进口/m	叶轮与导叶间/m	流量/(m^3/min)	叶轮进口/m	叶轮与导叶间/m	叶轮进口相对值/%	叶轮与导叶间相对值/%
8	1 069	0.042	0.208	16.93	0.042	0.208	1.6	8.1
9	1 070	0.033	0.184	19.01	0.033	0.184	1.3	7.1
10	1 069	0.032	0.131	20.64	0.032	0.131	1.2	5.1
11	1 069	0.028	0.143	22.88	0.028	0.143	1.1	5.6
12	1 069	0.029	0.224	25.53	0.029	0.224	1.1	5.6
13	899	0.020	0.151	27.13	0.028	0.214	1.1	8.3
14	899	0.028	0.158	27.30	0.040	0.224	1.5	8.7
15	1 070	0.031	0.141	15.58	0.031	0.141	1.2	5.5
16	1 070	0.029	0.134	9.45	0.029	0.134	1.1	5.2
17	1 070	0.031	0.122	7.57	0.031	0.122	1.2	4.7
18	1 070	0.031	0.153	6.10	0.031	0.153	1.2	5.9
19	1 071	0.031	0.212	5.28	0.031	0.212	1.2	8.2
20	1 071	0.031	0.314	4.42	0.031	0.313	1.2	12.1
21	1 071	0.031	0.197	3.98	0.031	0.197	1.2	7.6

(3) 装置模型几何相似性抽测结果

依据有关技术规范规定，模型装置中模型泵的尺寸和表面粗糙度的允许偏差及实测结果见表 4-9，模型泵几何尺寸示意如图 4-14 所示，导叶几何尺寸示意如图 4-15 所示，进、出水流道几何尺寸示意如图 4-16 所示。

表 4-9　模型泵的尺寸和表面粗糙度允许偏差及实测结果

部位	测量项目	模型泵设计值	允许偏差	模型泵实测值	备注
叶轮	外径(D_2)/mm	327±0.32	±0.1%	327.1	图 4-14a
	轮毂直径(D_b)/mm	114.9±0.22	±0.2%D_2	115.0	图 4-14a
	叶片安放角(φ)/(°)	54.1±0.25	±0.25	54.00,54.25,54.30	图 4-14b
	叶片截面形状/mm	Z±0.32	±0.1%D_2	均符合	图 4-14c 含正、背面
	叶片厚度(T)/mm		±5%	均符合	图 4-14c 计算正、背面
	叶片长度(L_1,L_2,L_3)/mm	155.7±1.6 148.5±1.4 132.4±1.3	±1%	155.6,147.4,132.2	图 4-14d
	叶栅栅距(P_1)/mm	283.2±2.8	±1%	283.2	图 4-14e
	叶片间隙(S_2)/mm	0.3+(0~0.12)	0~40%	0.35,0.30,0.60,0.25,0.65,0.35(有所超标)	图 4-14a

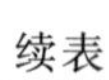
续表

部位	测量项目	模型泵设计值	允许偏差	模型泵实测值	备注
导叶	进口直径(b_1)/mm	356.6±3.6	±1%	355.0,355.5	图 4-15
	出口直径(b_3)/mm	432.5±4.3	±1%	433.0,433.0	图 4-15
	叶片进口截面形状(C_d)/mm	0～0.71	±0.2%b_1	均符合	图 4-15
	进口栅距($P_{d1,d2}$)/mm	202.0±4.0 151.5±3.0	±2%	202.0,202.0, 202.5,203.0, 152.0,151.5, 151.0,152.0	图 4-15 测量 2 个截面
进出水流道	进口直径(D_3～D_{15})/mm	392.4±3.9(D_3)	±1%	393.0,393.0	图 4-16
	长度(L_1～L_{25})/mm	327±16.3(L_1)	±5%	327.0	图 4-16
	高度(H_1～H_3)/mm	567±28.3(H_1)	±5%	568.0	图 4-16
	宽度(W_1～W_3)/mm	831±41.5(W_1)	±5%	831.0	图 4-16
表面粗糙度 Ra/μm	区域 1	≤1.6	≤1.6	0.35,0.39,0.35	图 4-14f
	区域 2	≤3.2	≤3.2	1.29,1.28,1.36	图 4-14f

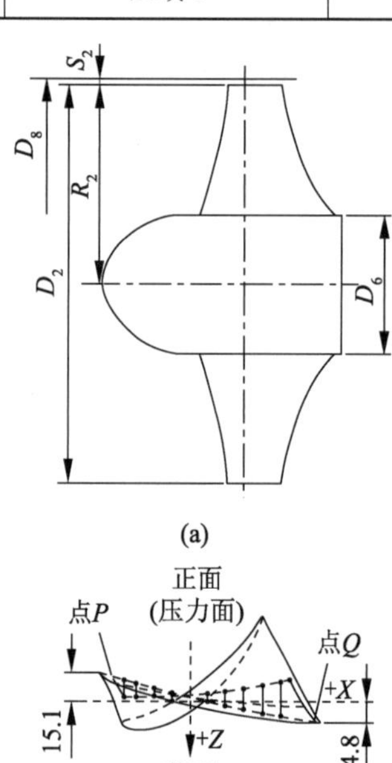

(a)

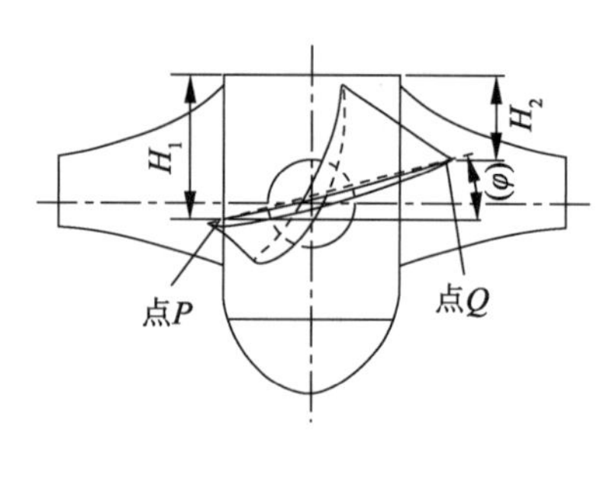

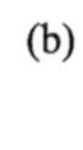
(b)

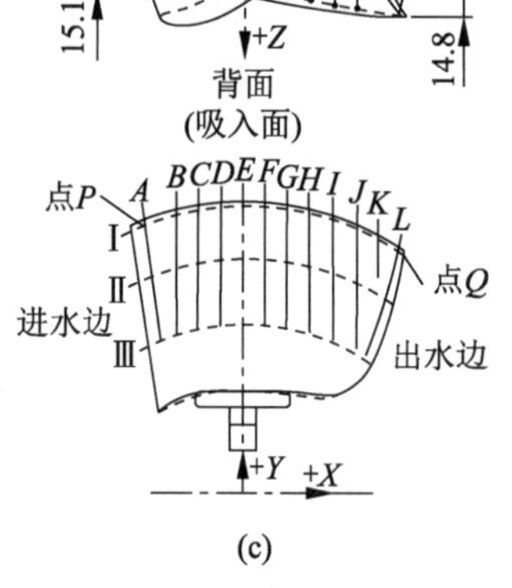

(c)

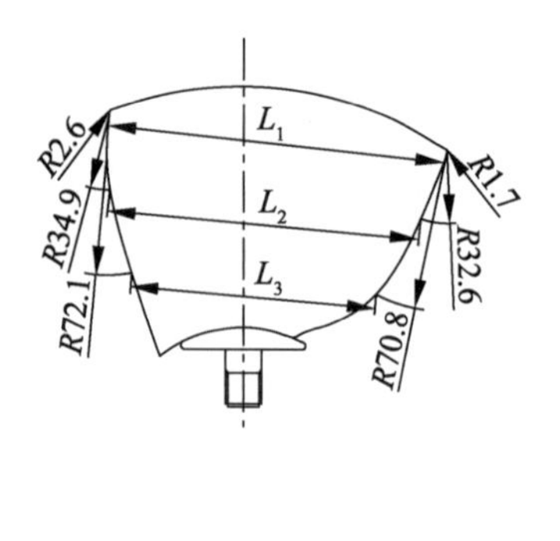

(d)

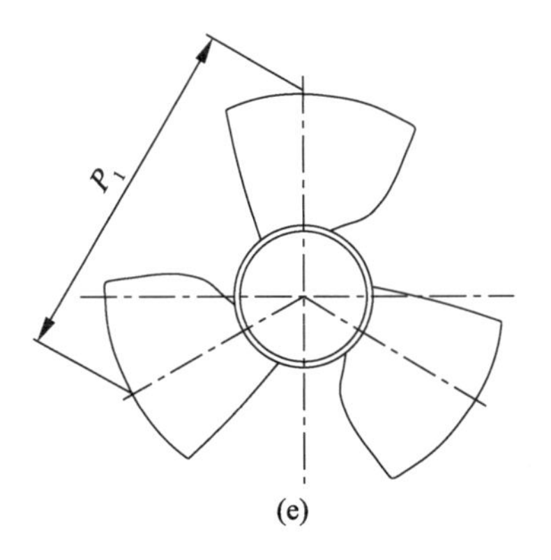

(e)

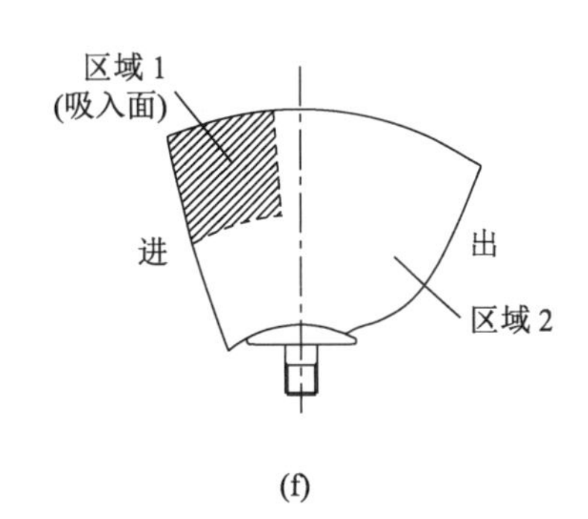

(f)

图 4-14 模型泵几何尺寸示意图(单位:mm)

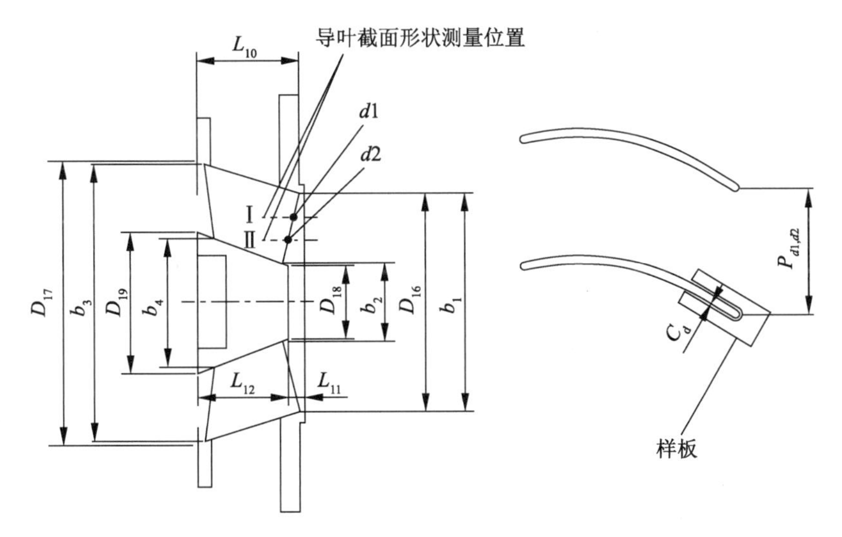

图 4-15 导叶几何尺寸示意图(单位:mm)

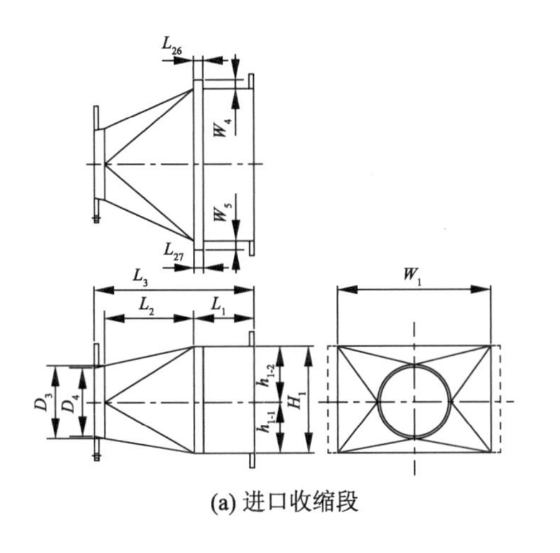

(a) 进口收缩段

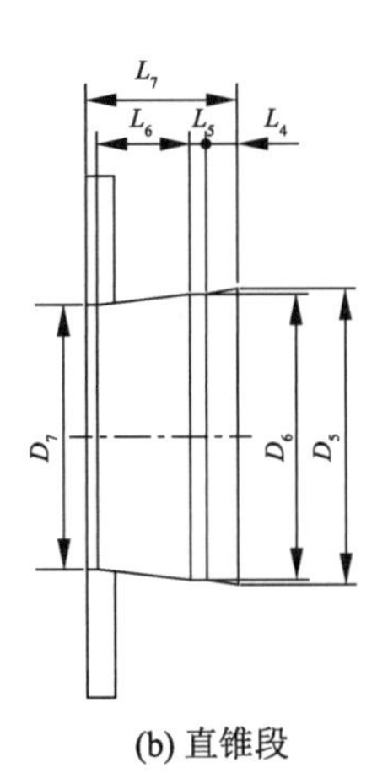

(b) 直锥段

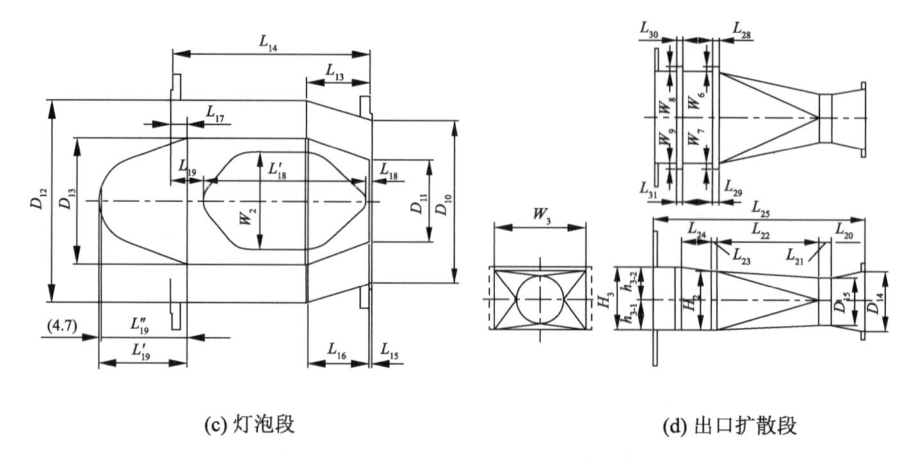

图 4-16　进、出水流道几何尺寸示意图(单位:mm)

根据抽测结果,除叶片与叶轮室间隙有微小的偏差外,其他尺寸均符合几何相似性要求。

3. 装置模型试验验收结论

性能目击试验结果表明,能量特性的重复性好,试验数据可信。根据试验台的不确定度分析可得出,试验台的系统不确定度为±0.36%,随机不确定度为±0.11%,综合不确定度为±0.38%,各主要参数的不确定度满足要求。

原型机组的运行特性曲线及建议的运行范围如图 4-17 所示。

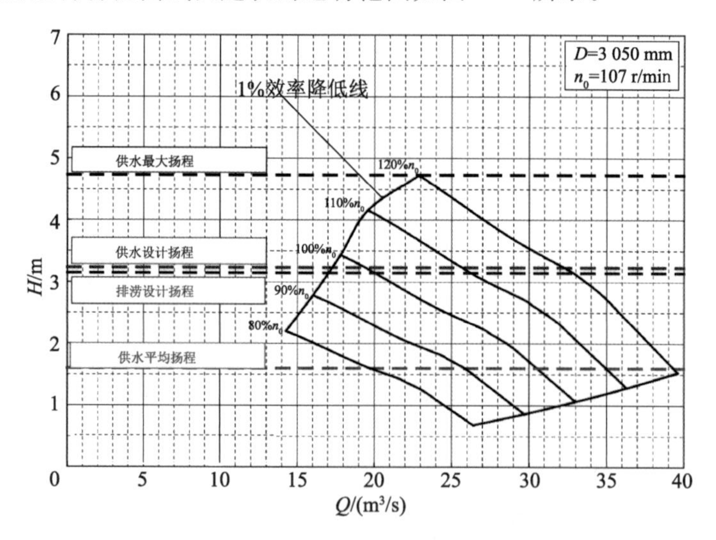

图 4-17　原型机组的运行特性曲线及建议的运行范围

4.2 整体紧凑型变频调速灯泡贯流泵装置性能研究

4.2.1 研究背景

某泵站安装整体紧凑型变频调节灯泡贯流泵机组4台套(其中1台套为备机,单机设计流量33.4 m³/s),设计调水流量100 m³/s;配套TBP 2200－48/2900同步电动机,单机容量2 200 kW,工频下转速125 r/min,总装机容量8 800 kW,电压等级6.6 kV;采用西门子公司生产制造的2 200 kW完美无谐波变频器进行工况调节。泵站装置剖面图如图4-18所示,泵站运行特征水位组合及扬程见表4-10。

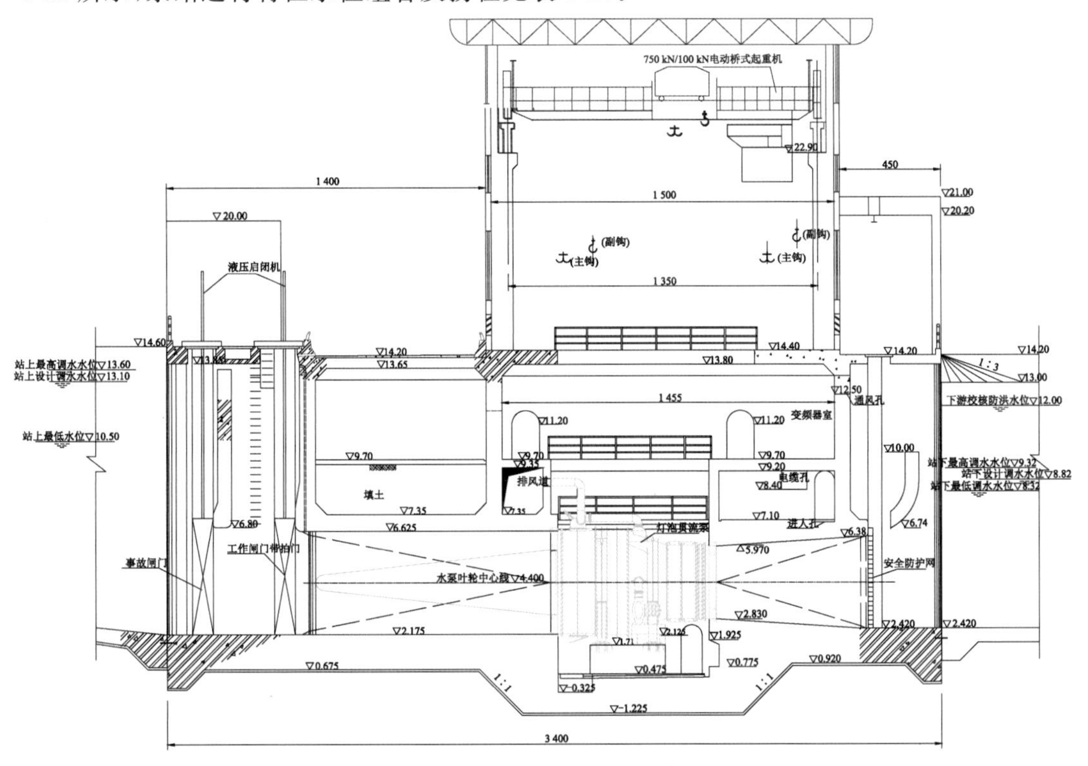

图4-18　泵站装置剖面图(长度单位:cm)

表4-10　泵站运行特征水位组合及扬程　　单位:m

特征工况	进水侧水位	出水侧水位	扬程
设计	8.82	13.10	4.28
最低	9.32	10.50	1.18
最高	8.32	13.10	4.78
	8.82	13.60	4.78
平均	8.82	11.88	3.06

注:扬程指泵站站身进、出口之间的水位差。

4.2.2 基本结构与流态分析

1. 整体紧凑型灯泡贯流泵的基本结构开发

根据泵站的特点并借鉴荷兰埃莫尔顿(IJmuden)泵站的成功经验，设计的整体紧凑型灯泡贯流泵装置初始方案如图 4 19 所示。该装置包括进水流道、水泵和出水流道，出水流道中设置导流墩。模型水泵装置的性能保证值控制性指标见表 4-11。

表 4-11 模型水泵装置的性能保证值控制性指标

特征工况	设计扬程 H_{des}		平均扬程 H_{ave}		最高扬程 H_{max}		加权平均效率 η_w/%
	流量 Q/(m³/h)	效率 $\eta_{H_{des}}$/%	流量 Q/(m³/h)	效率 $\eta_{H_{ave}}$/%	流量 Q/(m³/h)	效率 $\eta_{H_{max}}$/%	
保证值	952	77.0	952	76.7	898	75.9	76.7
试验转速/(r/min)	1 000	950	1 000				

注：① 加权平均效率 $\eta_w=0.55\eta_{H_{ave}}+0.30\eta_{H_{des}}+0.15\eta_{H_{max}}$；

② 表中为采用变频装置时的要求。

初步方案为进水流道长 6 340 mm、进口断面宽 7 250 mm、高 3 960 mm，当量收缩角为 12.91°；出水流道长 10 930 mm、出口断面宽 6 800 mm、高 4 250 mm，导水锥从直径 2 800 mm 渐缩到 664 mm，并由宽为 450 mm 的支墩支承，当量扩散角为 11.69°。

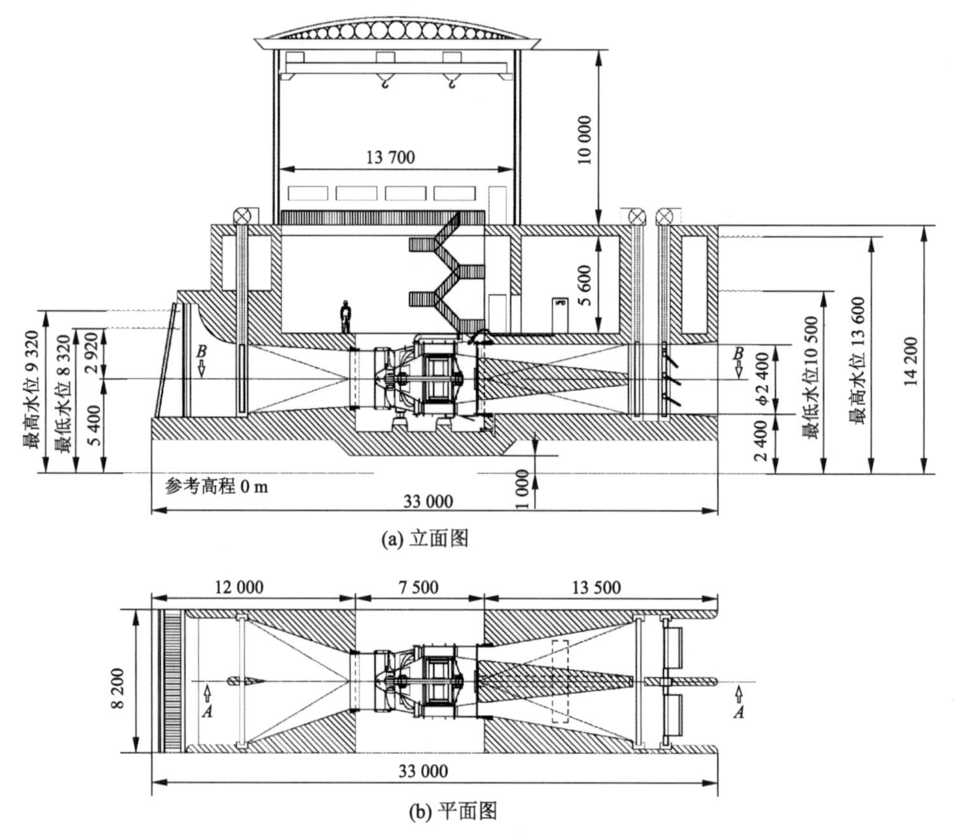

图 4-19 整体紧凑型灯泡贯流泵装置初始方案(单位:mm)

2. 基本流态分析

基于3D不可压缩雷诺平均Navier - Stokes方程组和标准 $k-\varepsilon$ 紊流模型，采用SIMPLEC算法在ANSYS CFX 11.0商用软件平台上对灯泡贯流泵装置从进水流道进口到出水流道出口(含闸门槽)的内流场进行数值计算和性能预测。

水泵部件(旋转叶轮和导叶)采用Turbo CAD Pro生成三维坐标，并采用SolidWorks(3D CAD)进一步处理几何模型的构造。旋转叶片根据周期性边界采用CFX TurboGrid生成网格，进水、出水流道和其他固定部件采用CFX-Mesh生成网格，为保证计算结果不受网格数量的影响，不断调整网格和节点数直至其计算精度满足要求，例如每个叶片的节点数不少于6 000个。

数值模拟的计算区域和泵体部分造型分别如图4-20和图4-21所示。进口表面取自由水体，静压为100 kPa；出口表面采用质量流量，并在28 800～35 200 kg/s之间变化。叶片间采用周期性边界条件，在叶片表面、轮毂、外壳和流道采用速度无滑移固壁边界条件，近壁区采用壁面函数。旋转部件及外壳的表面粗糙度取1.6 μm，导叶及其他部件的表面粗糙度取3.2 μm，混凝土流道的表面粗糙度取25 μm。

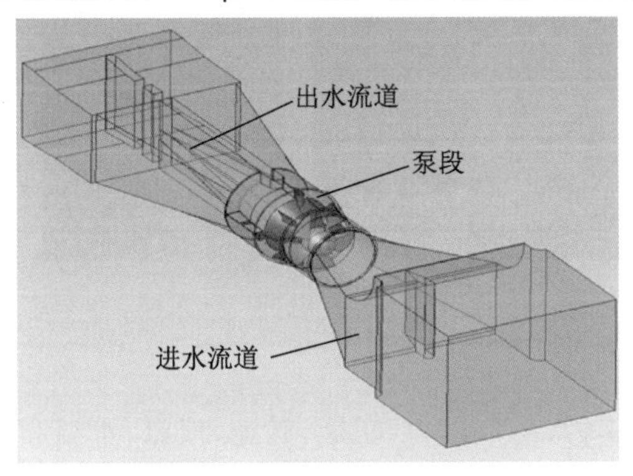

图4-20 数值模拟的计算区域

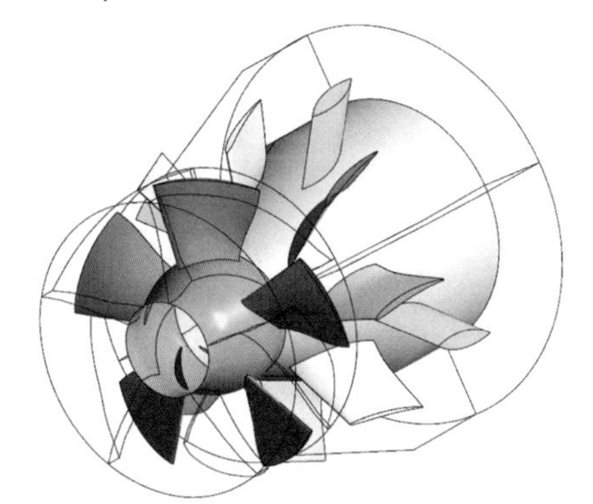

图4-21 泵体部分造型

分别在转速为125 r/min和114 r/min时进行不同流量工况的数值计算，收敛条件为0.000 01。在转速为125 r/min、流量为33.4 m^3/s、扬程为4.28 m时，灯泡贯流泵装置水平剖面和纵向剖面的流速分布如图4-22所示。

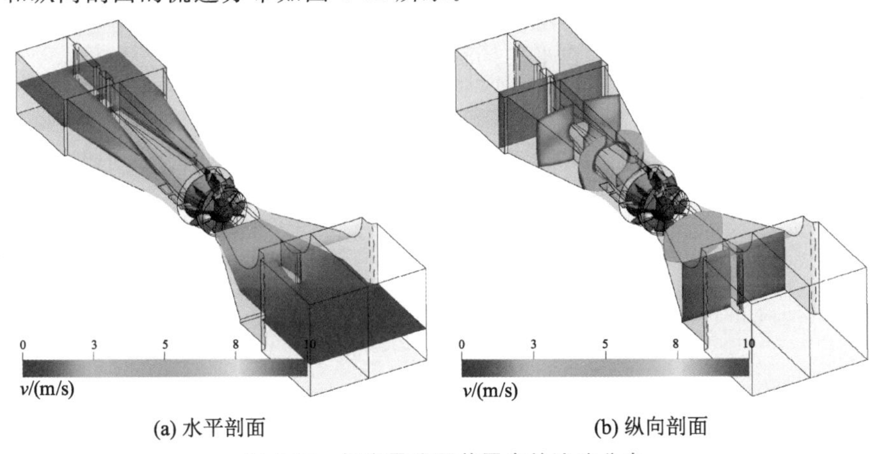

(a) 水平剖面

(b) 纵向剖面

图4-22 灯泡贯流泵装置内的流速分布

数值模拟预测结果与模型装置试验换算的结果比较见表 4-12。从表 4-12 可知，数值模拟预测结果与试验换算结果吻合得较好，因此数值模拟可以用于后阶段的优化设计。

表 4-12　数值模拟与试验换算结果对比

工况点		H=3.06 m n=116 r/min	H=4.28 m n=125 r/min	H=4.78 m n=125 r/min
数值模拟预测	流量 $Q/(m^3/s)$	33.4	33.4	31.5
	效率 η/%	76.7	77.0	75.9
试验换算	流量 $Q/(m^3/s)$	33.2	33.2	31.4
	效率 η/%	74.8	77.0	77.4

3. 初步试验结果

初步试验在荷兰 WL-Delft 水力学研究所进行，模型泵如图 4-23 所示。

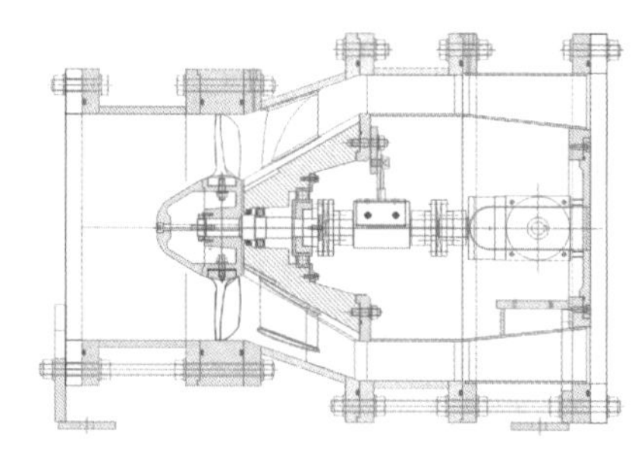

图 4-23　模型泵

(1) 能量特性试验

根据批准的试验大纲，测量流量、进口压力、出口压力、扭矩、转速、气温、水温和大气压力等参数。进口和出口的压力测点布置在进口水箱和出口水箱上。首先在 4 个不同叶片安放角下测试模型泵的能量特性，然后选择合适的叶片安放角在不同转速下进行能量特性测试。

初步试验中，采用叶片安放角分别为－3°，0°，＋0.9°和＋3°等 4 种工况，转速维持在 1 000 r/min 左右进行能量特性试验，测试结果如图 4-24 所示。不同转速下的性能曲线如图 4-25 所示。试验结果表明，在平均扬程下装置效率偏低，未达到预期值。

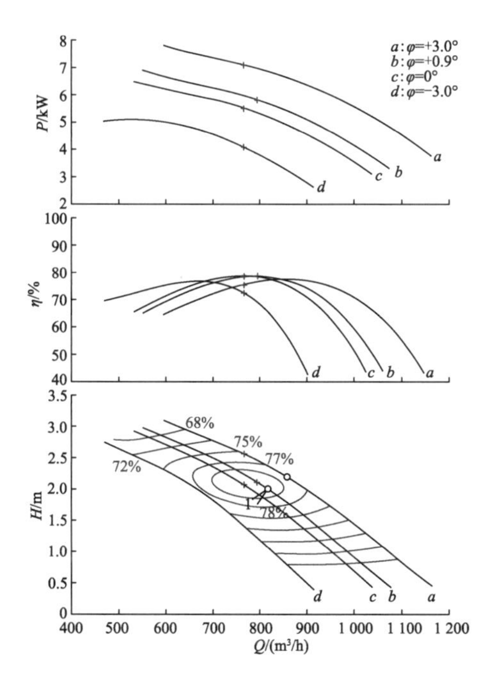

图 4-24 不同叶片安放角下的性能曲线

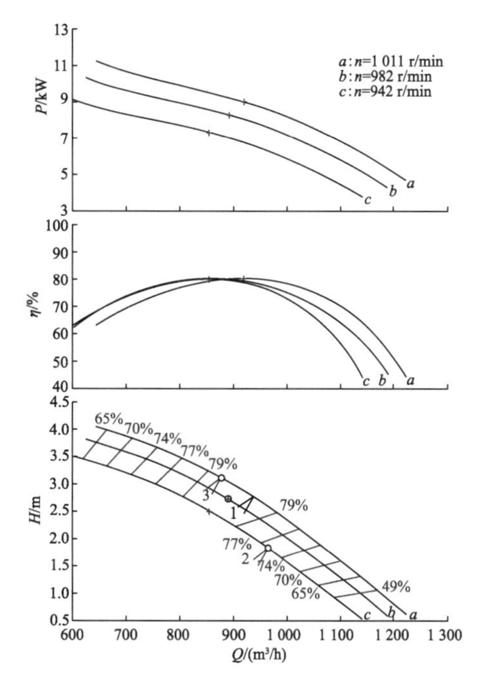

图 4-25 不同转速下的性能曲线

（2）空化特性试验

试验中改变 NPSH 有效值，分别按照效率变化 1％和扬程变化 3％确定 NPSH 的临界值（见图 4-26）。在初步报告中未提供空化特性试验的详细结果和 NPSH 值，在验收过程中进行空化特性试验，试验表明转速为 990 r/min 时，不同流量工况下的 NPSH 值不能满足技术条款中的要求。由于试验台叶轮室为金属材料，无观测窗口，因此无法对叶轮在空化工况下的流态进行观测、摄像。

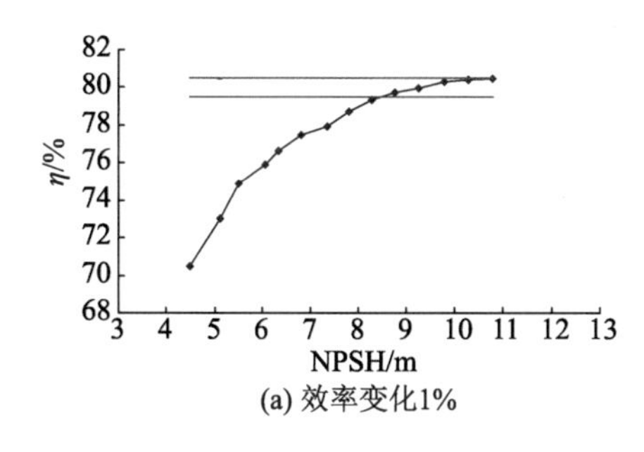

(a) 效率变化1%

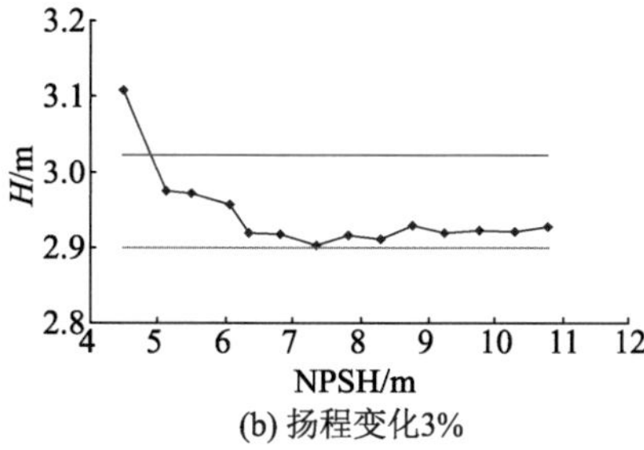

(b) 扬程变化3%

图 4-26 NPSH 临界值的确定

（3）飞逸特性试验

在进行飞逸特性试验时，将闭环改为开环，由回路中的增压泵提供恒定的反向水头，在力矩基本为 0 的条件下测量流量和转速。试验结果如图 4-27 所示，最大飞逸转速未超过额定转速的 120％。

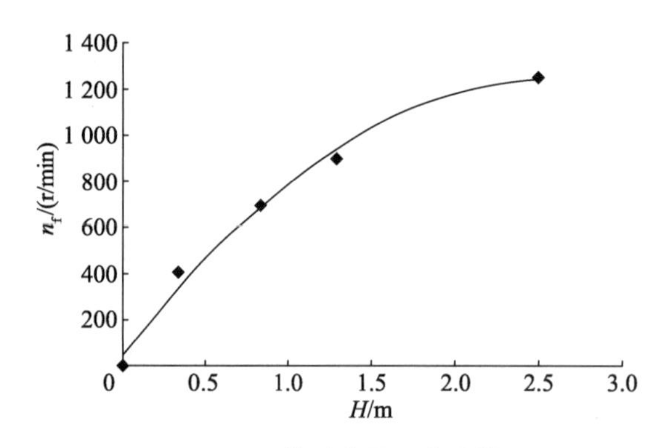

图 4-27 模型装置飞逸特性

(4) 压力脉动特性试验

分别在模型装置的叶轮前(1# 点)、叶轮与导叶之间(2# 点)和导叶后(3# 点)布置压力脉动测定点,采用压力传感器进行压力脉动测量,并运用 FFT(快速傅里叶变换)进行压力脉动的频谱分析,最大幅值均集中在 1 倍、2 倍和 3 倍叶频,而且 2# 点的脉动幅值最大。典型工况点的压力脉动幅值见表 4-13,最大振幅出现在设计工况,约为设计扬程的 6%。

表 4-13 典型工况点的压力脉动幅值

工况点	设计扬程 (n=1 010 r/min,Q=952 m^3/h)		平均扬程 (n=941 r/min,Q=898 m^3/h)		最高扬程 (n=1 010 r/min,Q=952 m^3/h)	
	幅值/m	相对值/%	幅值/m	相对值/%	幅值/m	相对值/%
1# 点	0.008	0.3	0.006	0.3	0.007	0.2
2# 点	0.162	6.0	0.080	4.2	0.090	3.0
3# 点	0.011	0.4	0.015	0.8	0.023	0.8

分析初步试验结果可知,模型装置进、出口处的测压断面布置方式与中国规范要求不同,且模型装置未考虑闸门槽和进口、出口损失的影响,为使结果具有可比性,需要对上述影响进行进一步论证分析;对初步报告中平均扬程下模型装置效率偏低以及 $NPSH_r$ 值偏大的情况,需采取有效措施对装置进行优化和改进。

4.2.3 灯泡贯流泵装置优化设计

1. 优化设计的原则和目标

根据整体紧凑型灯泡贯流泵的结构特点并结合第 3.1 节的研发成果分析得出,影响灯泡贯流泵性能的因素主要有 3 个方面:一是包括模型叶轮及其导叶的水泵部分水力性能;二是为水泵叶轮提供符合设计条件下进水流态的进水流道;三是包括灯泡体在内尽可能多地回收水流动能的出水流道。

水泵部分的优化涉及叶轮的轮毂比、叶片数、弦长及叶栅稠密度,导叶的扩散角、叶片数、弦长及叶栅稠密度等。类似工程的研究结果表明,水泵的水力性能已达到最佳。进水流道作为进水池与水泵叶轮室之间的过渡段,其作用是使水流在由进水池流向叶轮的过程中更好地收缩,以保证流道出口断面的流速分布尽可能均匀、水流方向尽可能垂直于出口断面，流道内无涡流及其他不良流态，水力损失尽可能少。通过数值模拟和试验研究发现，虽然进水流道对泵及装置性能有影响，但通过优化设计可以将其影响降低到最低限度。对于采用收缩型直锥管的进水流道，只要进水流道的长度和收缩角选取合理，其对泵性能的影响可以忽略不计。因此，对灯泡贯流泵进行优化的主要部分包括灯泡体及支承在内的出水流道。

优化设计的主要目标有：① 流道内水流有序扩散、无涡流及其他不良流态；② 流道水力损失尽可能少；③ 支承型式及导水锥体对性能的改善有利；④ 流道控制尺寸取值符合工程设计要求。

2. 优化设计方案及优化结果

为了实现优化目标，优化设计方案主要在保证导叶尺寸基本不变的前提下改变灯泡体的尺寸或者流道外壳的尺寸，从而使出水流道的面积发生变化，相应的导水锥体尺寸也改变。

(1) 在流道外壳体直径为 4 250 mm 时，减小电动机外径的尺寸

在紧凑型整体式灯泡贯流泵装置中采用类似于永磁电动机的尺寸，将电动机的外径从 3 160 mm 逐步减小到 2 760 mm，数值模拟的结果显示，灯泡体段及相应的扩散段的流态明显改善，设计扬程下装置效率从 78.3%提高到 79.5%，特征扬程下装置效率随电动机外径变化的情况如图 4-28a 所示。

(2) 在电动机外径为 3 160 mm 时，增大流道外壳体直径

保持电动机外径不变，将流道外壳体直径增大到 4 450 mm，流道外壳体直径增加 200 mm 与电动机外径减少 200 mm 相比，出水流道面积可增大 6.4%，流速减小，有利于水力效率的提高。与此同时，随着外壳直径的增加，导叶的后掠有所改变，有利于低扬程下效率的提高，设计扬程下装置效率从 78.3%提高到了 82.4%。扬程为 3.06 m 时，装置效率的变化情况如图 4-28b 所示。

电动机外径变化时灯泡体段及扩散段的流速分布分别如图 4-29 和图 4-30 所示。

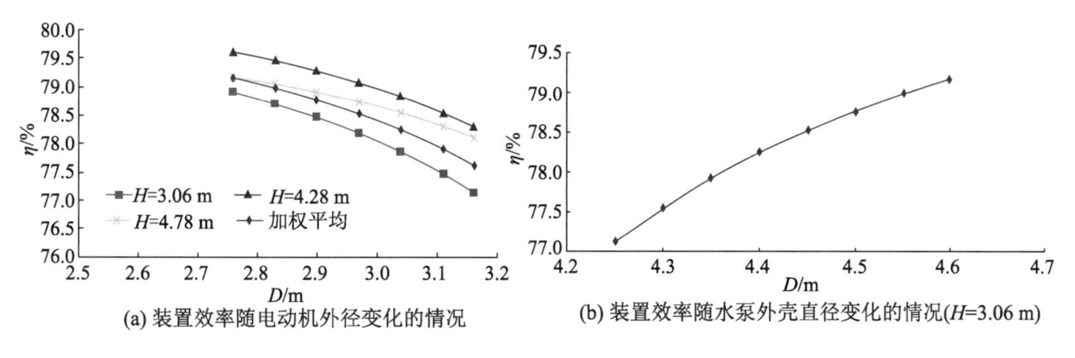

(a) 装置效率随电动机外径变化的情况

(b) 装置效率随水泵外壳直径变化的情况(H=3.06 m)

图 4-28 装置效率随电动机外径变化的情况

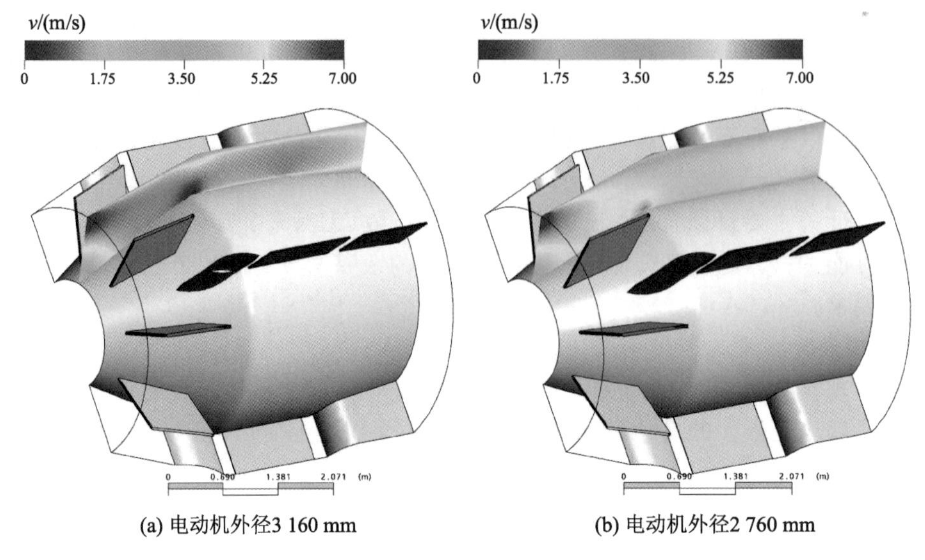

(a) 电动机外径3 160 mm　　(b) 电动机外径2 760 mm

图 4-29　电动机外径变化时灯泡体段的流速分布

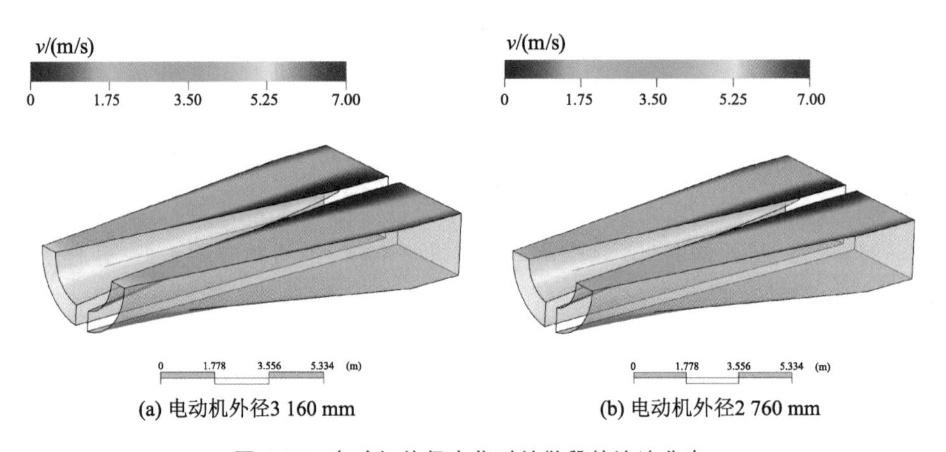

(a) 电动机外径3 160 mm　　(b) 电动机外径2 760 mm

图 4-30　电动机外径变化时扩散段的流速分布

3. 结构型式选择

根据优化设计，减小电动机外径或增大流道外壳直径都能够有效地提高水力装置效率。当采用常规电动机时，外径尺寸受到电动机极数的限制，工频下转速为 125 r/min，电动机的极数为 48 极，定子最小外径约为 3 100 mm。为减少电动机的极数，发挥变频变速作用，考虑频率为 31.25 Hz 时转速为 125 r/min，电动机的极数减少为 30 极，电动机外径可减小到 2 800 mm，但定子铁芯长度需增加 400 mm，电动机质量增加约 4.0 t，装置效率提高 0.2%。但是，在低频运行时变频器的效率将下降 0.2%，而且由于低频运行高次谐波引起电动机发热会使效率额外下降 0.5%。综合经济技术分析认为，对于常规电动机，虽然采用加大流道外壳直径的方法会增加金属结构件的质量，但其难度小于减小电动机的外径，而且有利于过流面积的增大，因此灯泡贯流泵装置的结构型式选择电动机外径为 3 160 mm、流道外壳直径增大到 4 450 mm 的方案。

4.2.4 模型装置试验

为检验装置优化设计的效果，在荷兰 WL-Delft 水力学研究所再次进行比尺为 $\lambda_l=10$ 的模型装置验收试验。试验结果表明优化设计取得明显成效，不同工况下的效率均有所提高，提高值在 0.5～3.7 个百分点之间。表 4-14 为叶片安放角为 0°时特征扬程下模型装置效率实测值与预期值的对比。图 4-31a 为叶片安放角为 0°时不同转速下的模型装置性能曲线，图 4-31b 为叶片安放角为 1.1°时不同转速下的模型装置性能曲线。

表 4-14 特征扬程下模型装置效率实测值与预期值对比

特征工况	设计扬程 H_{des}		平均扬程 H_{ave}		最高扬程 H_{max}		加权平均效率 η_w/%
	流量 Q/(m³/h)	效率 $\eta_{H_{des}}$/%	流量 Q/(m³/h)	效率 $\eta_{H_{ave}}$/%	流量 Q/(m³/h)	效率 $\eta_{H_{max}}$/%	
预期值	952	77.0	952	76.7	898	75.9	76.7
实测值	952	79.6	952	77.5	900	78.6	78.0
效率增加值/%	2.6		0.8		2.7		1.3
试验转速/(r/min)	1 010		941		1 010		

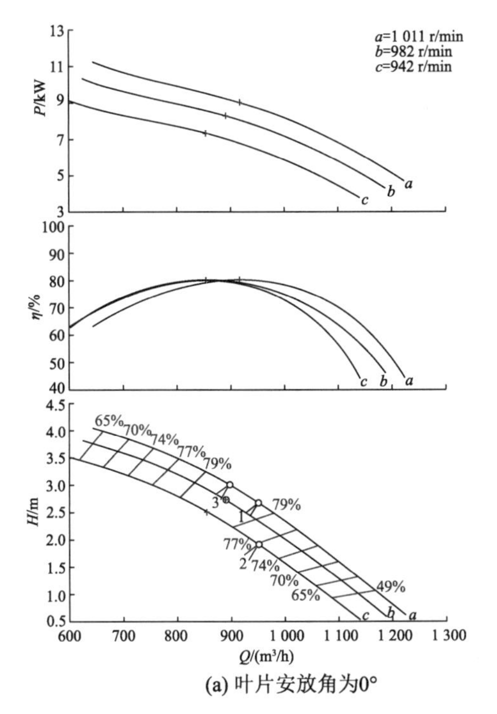

(a) 叶片安放角为0°

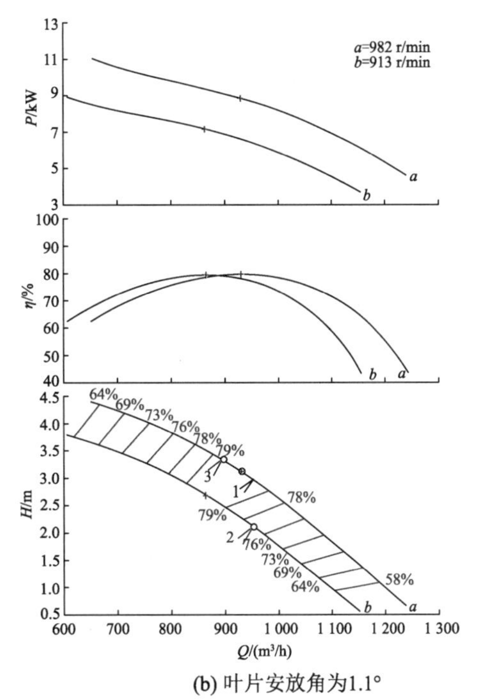

(b) 叶片安放角为1.1°

图 4-31 优化后模型装置的性能曲线

试验中再次进行空化特性目击试验，根据测试结果可知，转速为 990 r/min、流量为 925 m³/h 时的 NPSH 值按效率变化 1%确定为 8.3 m；在 NPSH 值为 7.35 m 时，扬程降低 1%；当 NPSH 值继续减小时，扬程不仅未继续下降，反而持续升高；当 NPSH 值达到 4.48 m 时，扬程仍未有下降的趋势。在记录外特性的同时，用闪频仪观察叶片空化的发

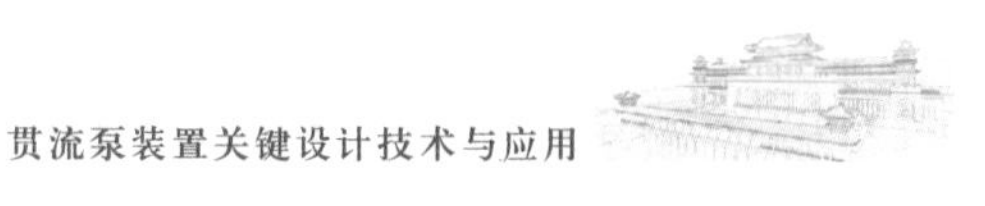

生与发展过程，并用照相机和摄像机记录气泡覆盖的面积、位置及气泡特征。观察发现，效率下降 1%，扬程基本不变，在叶片进水边有气泡产生，但气泡覆盖面积不大。

在空化特性目击试验过程中，要严格控制流量和保持转速的恒定，并规定在每一测试点装置至少运行 5 min 以上，系统稳定后再进行数据的采集。

当 NPSH 有效值为 10.276 m 时(第 3 点)，效率不变化，扬程基本不变化，在叶片的进水边外缘有少量直径较小的气泡产生(见图 4-32a)；当 NPSH 有效值为 8.29 m 时(第 6 点)，效率下降 1%，扬程基本不变，在叶片进水边有气泡产生，但气泡覆盖面积不大(见图 4-32b)；当 NPSH 有效值继续减小到 7.35 m 时(第 8 点)，效率继续下降至 77.94%，扬程在稍上升后下降 1%，叶片进水边的气泡有从轮缘向轮毂发展的趋势；当 NPSH 有效值继续减小时，效率下降较多，但扬程没有继续下降，反而上升，在 NPSH 有效值为 5.12 m 时(第 13 点)，效率下降为 73%，扬程上升到 2.98 m，而且没有下降的趋势，此时叶片进水边已经完全被气泡所包围，并且背面轮缘处也有气泡出现(见图 4-32c)。

模型装置试验结果表明，经过优化设计的灯泡贯流泵装置性能较优，按此进行原型机组生产和现场流道施工。叶片安放角为 1.1°时不同转速下原型装置的性能曲线如图 4-33 所示。经优化设计后的整体紧凑型灯泡贯流泵装置进、出水流道的型线及断面如图 4-34 所示，进、出水流道的断面尺寸分别见表 4-15 和表 4-16。与其他灯泡贯流泵站不同的是，优化后的整体紧凑型灯泡贯流泵装置在出水流道中设置渐变的导流墩，其形状如图 4-35 所示。根据相关对比分析可知，这种导流墩能够有效改善出水流道的流态，提高装置效率，也成为研发灯泡贯流泵装置的主要参考依据。

(a) 照片1(第3点)

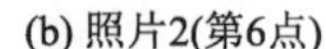

(b) 照片2(第6点)

(c) 照片3(第13点)

图 4-32　叶片气泡的产生过程

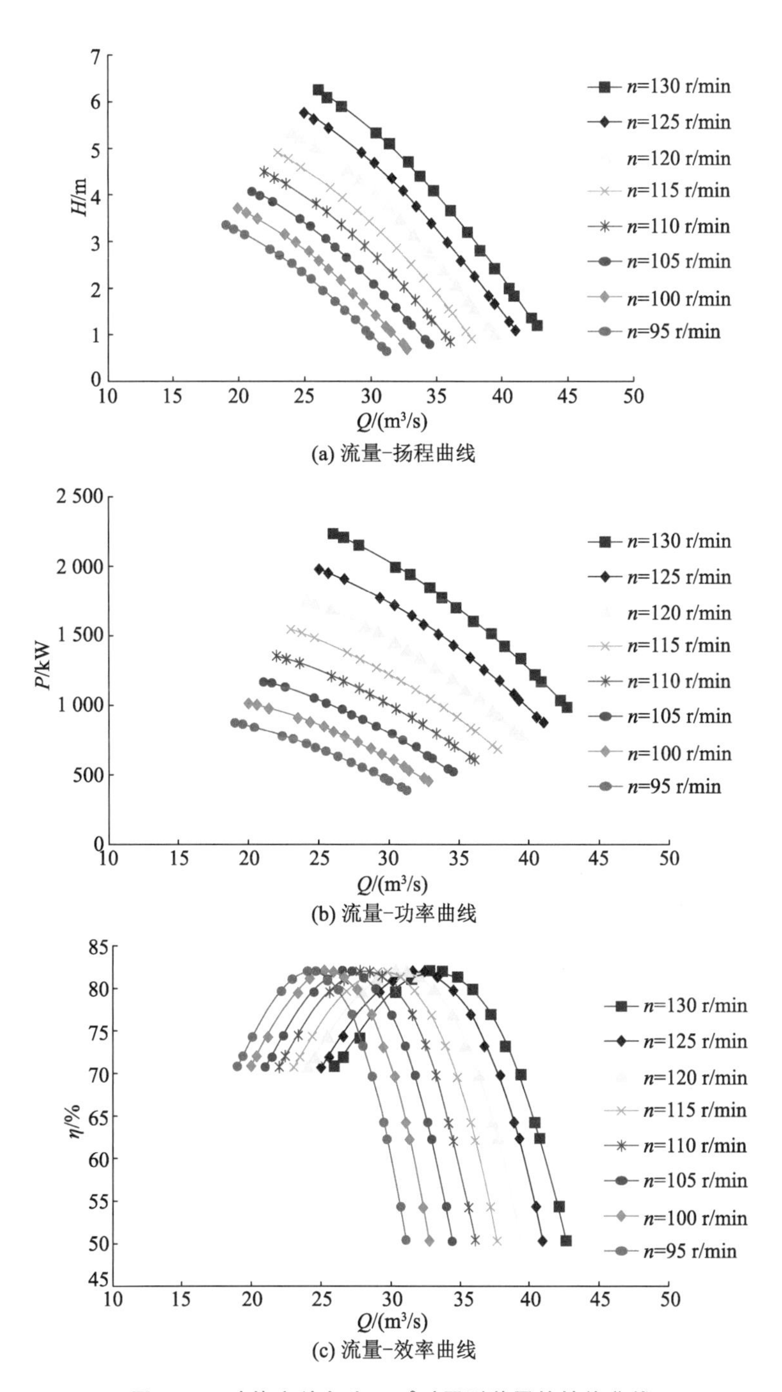

(a) 流量-扬程曲线

(b) 流量-功率曲线

(c) 流量-效率曲线

图 4-33 叶片安放角为 1.1°时原型装置的性能曲线

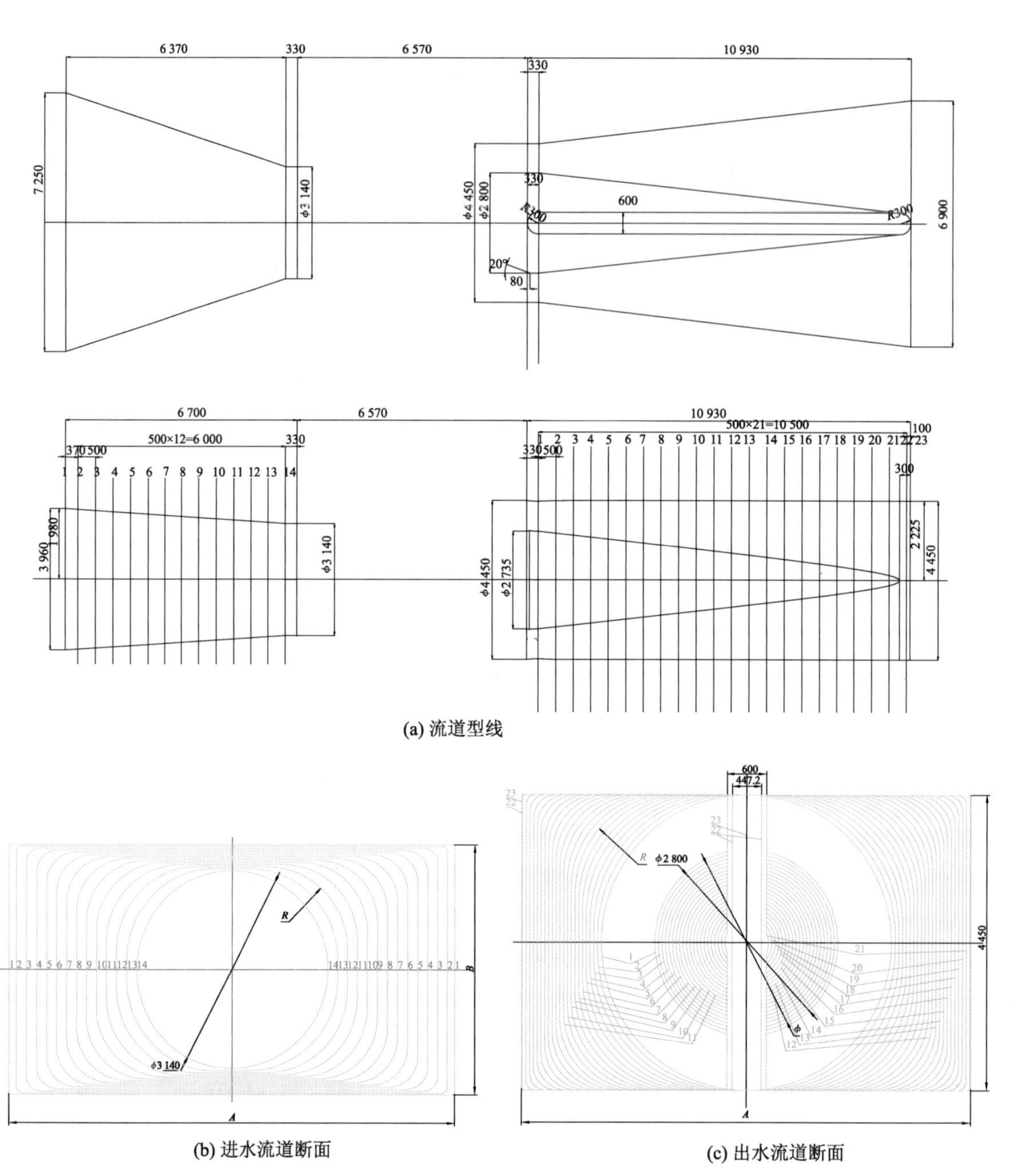

(a) 流道型线

(b) 进水流道断面

(c) 出水流道断面

图 4-34 优化后的整体紧凑型灯泡贯流泵装置进、出水流道型线及断面(单位:mm)

表 4-15 进水流道的断面尺寸 单位:mm

断面	宽度 A	高度 B	半径 R
1	7 250.0	3 960.0	10.0
2	7 011.3	3 912.3	100.6
3	6 688.8	3 848.1	223.0
4	6 366.0	3 783.6	345.0

续表

断面	宽度 A	高度 B	半径 R
5	6 043.5	3 714.4	468.0
6	5 720.7	3 654.9	590.0
7	5 398.2	3 590.4	713.0
8	5 075.7	3 526.2	835.0
9	4 752.9	3 416.7	957.0
10	4 430.4	3 397.5	1 080.0
11	4 107.9	3 333.0	1 200.0
12	3 785.1	3 268.8	1 325.0
13	3 462.6	3 204.3	1 448.0
14	3 140.0	3 140.0	3 140.0

表 4-16 出水流道断面尺寸 单位:mm

断面	导流墩直径ϕ	半径 R	宽度 A
1	2 800.0	2 225.0	4 450.00
2	2 693.2	2 122.7	4 565.56
3	2 586.4	2 016.5	4 681.12
4	2 476.6	1 912.2	4 796.68
5	2 372.8	1 807.9	4 912.24
6	2 266.0	1 703.6	5 027.80
7	2 159.2	1 599.3	5 143.36
8	2 052.4	1 495.1	5 258.92
9	1 945.6	1 391.1	5 374.48
10	1 838.8	1 286.4	5 490.04
11	1 732.0	1 182.4	5 605.60
12	1 625.2	1 078.5	5 721.16
13	1 518.4	973.6	5 836.72
14	1 411.7	869.8	5 952.28
15	1 304.9	765.4	6 067.84
16	1 198.1	660.9	6 183.40
17	1 091.3	557.2	6 298.96
18	984.5	452.3	6 414.52
19	877.7	350.7	6 530.08
20	770.9	243.7	6 645.64
21	664.1	140.0	6 761.20
22		34.7	6 876.76
23		15.0	6 900.00

图 4-35 出水流道导流墩形状

4.3 机组结构型式研究

4.3.1 现场拆卸型灯泡贯流泵机组结构

以第 4.1 节中的研究对象为例，水泵的结构型式为后置式现场可拆卸型灯泡主水泵，主水泵与电动机采用直接连接。为适应运行水位变化，通过变频装置对电动机进行控制，调整转速，实现在大范围内高效率运行。通过这种方式，水泵设备的复杂辅助机械结构变得简单，且具有高可靠性和便于维护的优点。

水泵的主要零部件包括叶轮、主轴、主轴密封、轴承及泵壳体等。

1. 叶轮

由于叶片角度固定不能调节，因此轮毂采用圆柱形，有利于提高水泵效率。水泵叶轮尺寸如图 4-36 所示。使用螺栓和固定销将叶轮叶片固定在轮毂上，可防止其在运行时由于振动和其他原因而松动或损坏。

叶轮由叶片和轮毂构成。叶轮轮毂采用铸钢 ZG230-450 整体铸造的方式以保证其制造质量和可靠性。叶轮叶片采用抗空蚀性能良好的 ZG07Cr19Ni9 不锈钢材制成，叶轮的木模和铸造过程、工艺经过严格把关，叶片铸件采用五坐标数控机床进行加工。

叶轮的外径为圆柱形，对外径间隙进行控制。叶轮和主轴之间用键和螺母紧固，拆卸和组装都很方便。叶轮的尺寸与模型叶轮完全几何相似，叶轮的尺寸检查满足相关标准要求，对组装好后的叶轮进行静平衡试验，其精度不低于 G6.3 级。

2. 主轴

泵轴和电动机轴采用 45# 钢锻制，在电机厂生产。水泵与电动机共用一根主轴，主轴连接叶轮与电动机。主轴具有足够的强度和刚度，保证轴系的临界速度不小于机组最大飞逸转速的 1.2 倍，并在包括最大飞逸转速在内的任何转速下运行而不产生有害的振动和摆动。

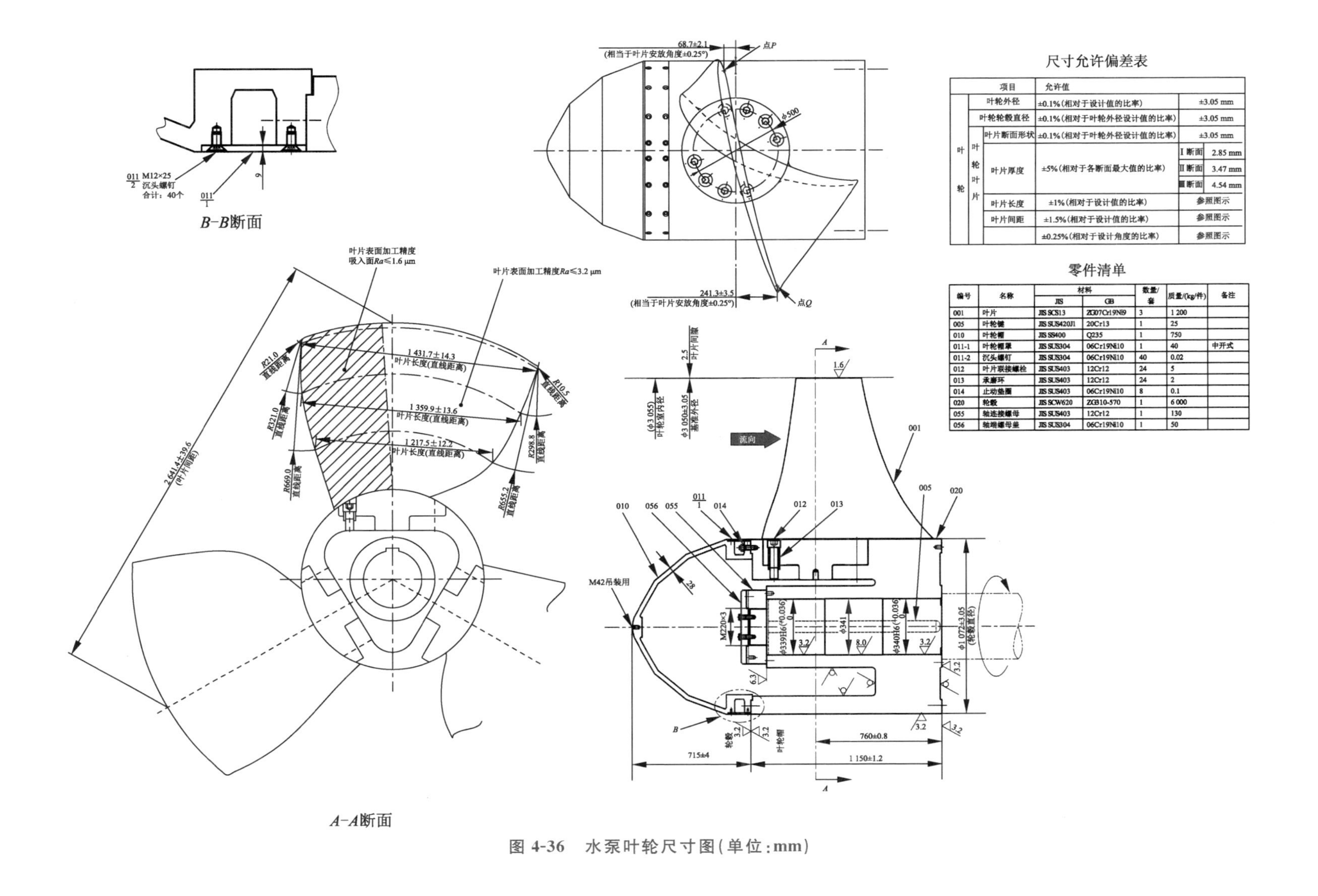

尺寸允许偏差表

项目			允许值		
叶轮	叶轮外径		±0.1%(相对于设计值的比率)	±3.05 mm	
	叶轮轮毂直径		±0.1%(相对于叶轮外径设计值的比率)	±3.05 mm	
	叶轮叶片	叶片断面形状	±0.1%(相对于叶轮外径设计值的比率)	±3.05 mm	
		叶片厚度	±5%(相对于各断面最大值的比率)	Ⅰ断面	2.85 mm
				Ⅱ断面	3.47 mm
				Ⅲ断面	4.54 mm
		叶片长度	±1%(相对于设计值的比率)	参照图示	
		叶片间距	±1.5%(相对于设计值的比率)	参照图示	
			±0.25%(相对于设计角度的比率)	参照图示	

零件清单

编号	名称	材料		数量/套	质量/(kg/件)	备注
		JIS	GB			
001	叶片	JIS SCS13	ZG07Cr19Ni9	3	1 200	
005	叶轮键	JIS SUS420J1	20Cr13	1	25	
010	叶轮帽	JIS SS400	Q235	1	750	
011-1	叶轮帽罩	JIS SUS304	06Cr19Ni10	1	40	中开式
011-2	沉头螺钉	JIS SUS304	06Cr19Ni10	40	0.02	
012	叶片联接螺栓	JIS SUS403	12Cr12	24	5	
013	承磨环	JIS SUS403	12Cr12	24	2	
014	止动垫圈	JIS SUS403	06Cr19Ni10	8	0.1	
020	轮毂	JIS SCW620	ZG310-570	1	6 000	
055	轴连接螺母	JIS SUS403	12Cr12	1	130	
056	轴端螺母垫	JIS SUS304	06Cr19Ni10	1	50	

图 4-36 水泵叶轮尺寸图(单位:mm)

主轴的最大组合应力不超过材料最小屈服应力的1/4,最大扭曲应力不超过材料容许抗拉应力的1/2。

主轴加工前进行正火处理。在主轴加工完成后,按有关规定进行材质的超声波检查,并进行同心度、垂直度和质量偏心等检查,检查结果符合有关技术规定的要求。

3. 主轴密封

水泵主轴密封采用安全可靠、便于维护的填料密封,其结构型式为接触密封,可调整主轴的润滑性能,保证水泵运行的稳定性。主轴密封润滑水由外部注水,要求的压力及水量分别为14.7 N/cm^{2}和10 L/(min·台)。

为防止漏出的水溅到各处,轴封处设有不锈钢制的填料压盖罩和与水泵轴承完全隔离的集水箱,轴封处的漏水通过与集水箱相连接的排水管道排出。填料压盖、填料压盖罩均采用中分构造,便于更换密封与轴封处检修。主轴填料密封轴套材质为12Cr12。

密封内置在气囊密封内,采用注入压缩空气的方式,不需要将水泵壳体内的水排空,可以实现填料压盖的更换,便于维护。

4. 轴承

水泵机组设水泵导轴承一组、电动机组合轴承一组,采用SKF进口轴承,油脂润滑。轴承箱支座有足够的强度和刚度以承受最大径向载荷,防止轴系的振动,保证机组检修维护的方便性和运转的可靠性。轴承箱采用迷宫式密封,并设有隔离环和隔离环盖等零件,保证既无油向外漏出,也无外部水及杂质进入轴承箱内。

水泵机组的轴向推力由电动机侧的轴承承担,推力轴承与导轴承为组合体,推力轴承结构能承受正、反向的水推力,并能承受机组包括飞逸运行工况下的径向荷载。径向轴承以及推力轴承均采用SKF滚动轴承,结构简单,没有复杂的油路系统。

5. 泵壳体

泵壳体的材质为Q235-B,导叶片为型板压制,提高了焊接的施工性和应力去除热处理的施工性。叶轮室材质为Q235-B和022Cr19Ni10衬板。

为确保叶轮室的加工精度及强度,叶轮室和叶轮之间的滑动部位采用不锈钢板(022Cr19Ni10)焊接,外表面采用碳钢(Q235-B)焊接结构,以保证叶轮室的强度。

为便于水泵灯泡体的安装及拆卸,导叶采用上、下中分结构。为保证导叶具有足够的刚度,导叶下半部将直接固定于混凝土基础座上。

水泵和灯泡体由水泵导叶连接,叶轮、叶轮室、灯泡体内的电动机定子、电动机转子和主轴、电动机壳体、水泵和轴承支撑壳体盖各自吊装、安装。导流壳体及相连水泵外壳为中开式结构,导流壳体下半部和外壳下半部均直接埋入混凝土基础座、上半部可自由拆装,可方便灯泡体的安装。水泵各部件制造完成后,水泵叶轮室与外壳体进行试组装,检查外壳体的尺寸配合,保证密封处符合技术要求。

现场拆卸型灯泡贯流泵机组的结构如图4-37所示。

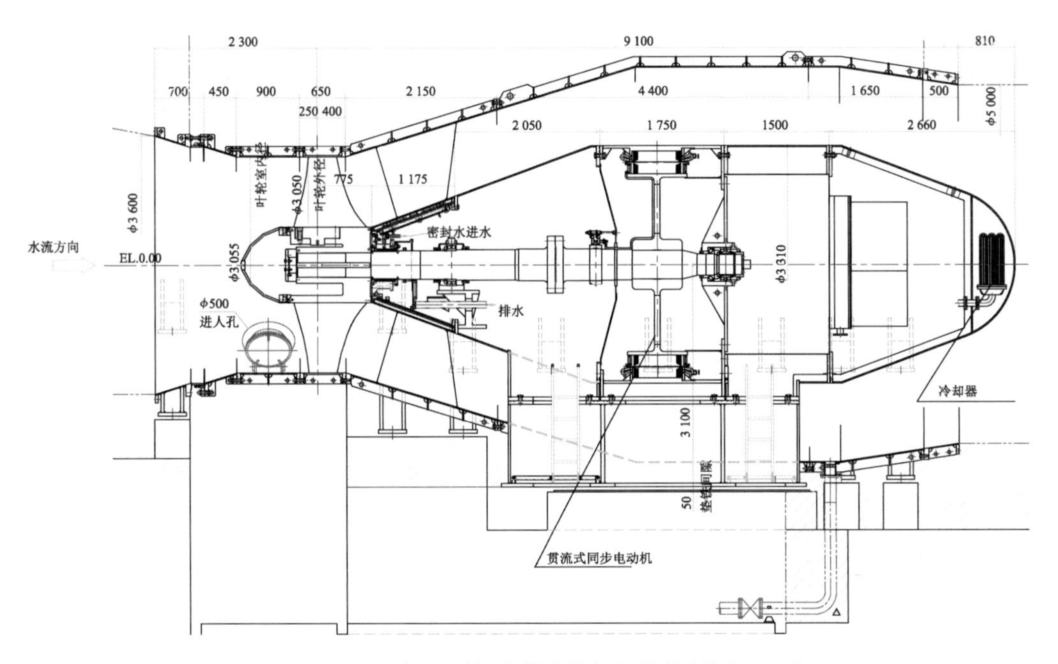

图 4-37　现场拆卸型灯泡贯流泵机组结构(单位:mm)

4.3.2　整体紧凑型灯泡贯流泵机组结构

以第 4.2 节中的研究对象为例,整体紧凑型灯泡贯流泵机组的结构如图 4-38 所示,该结构的电动机与水泵共用一根主轴,在主轴的电动机端布置滑环,由 2 组滚动轴承支撑,其中机组的轴向推力由安装在电动机非驱动侧组合式球面滚动轴承承受,并由轴承座传递到混凝土基础上。

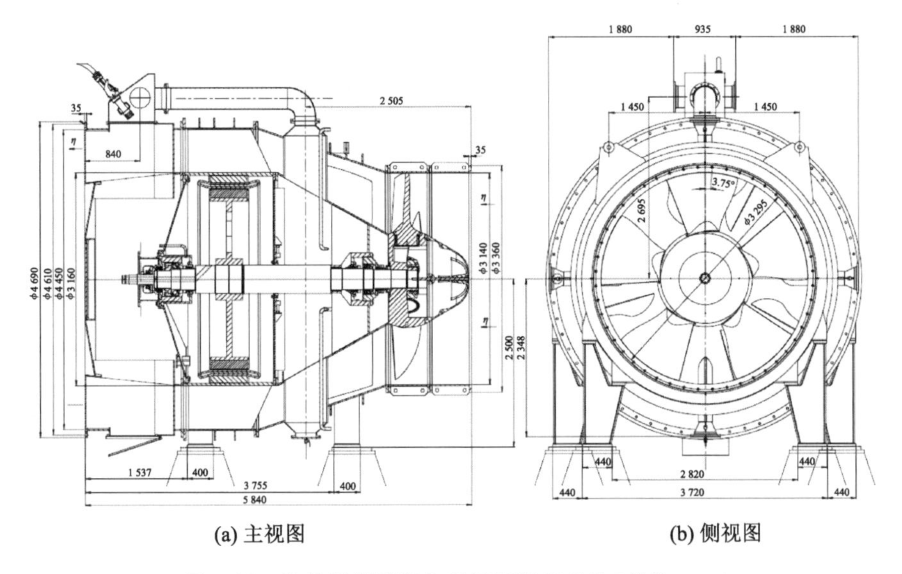

(a) 主视图　　(b) 侧视图

图 4-38　整体紧凑型灯泡贯流泵机组结构(单位:mm)

采用变频装置调节水泵机组的转速实现工况的调节。电动机的转子采用热压技术与

主轴装配，定子与采用贴壁式结构的灯泡体外壳形成整体，灯泡体外部的流动水体为定子提供了部分冷却功能。定子与转子之间及转子采用安装在外部的 2 台风机进行强迫通风冷却，冷却空气量为 4.8 m^3/s，在电动机进行冷却的空气从水泵的不同部位进入，由于电动机毂与出水侧隔离，冷却空气被强迫进入转子和定子的缝隙中。冷却空气通过检查孔排向上游端，然后通过 T 形交汇后在上游端顶部排出。整体紧凑型灯泡贯流泵通风冷却循环回路如图 4-39 所示。主轴密封采用船用的 IHC 型超密封，可以保证无泄漏。机组的进、出口采用法兰与基础环连接，在进口侧布置一道伸缩节，以便于拆装。

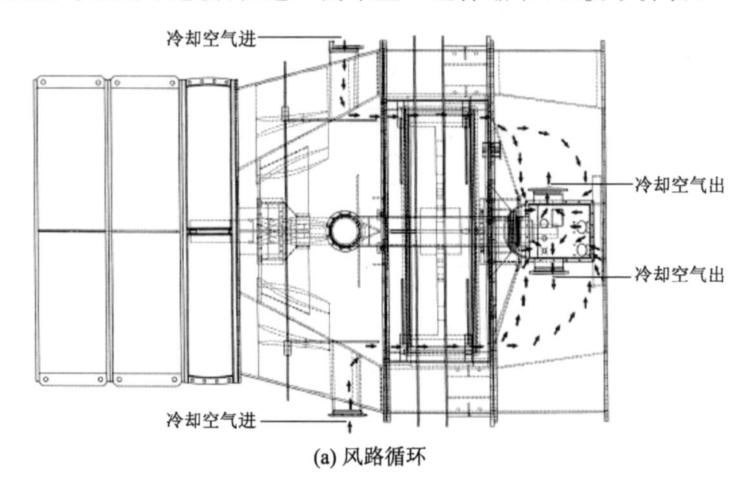

(a) 风路循环

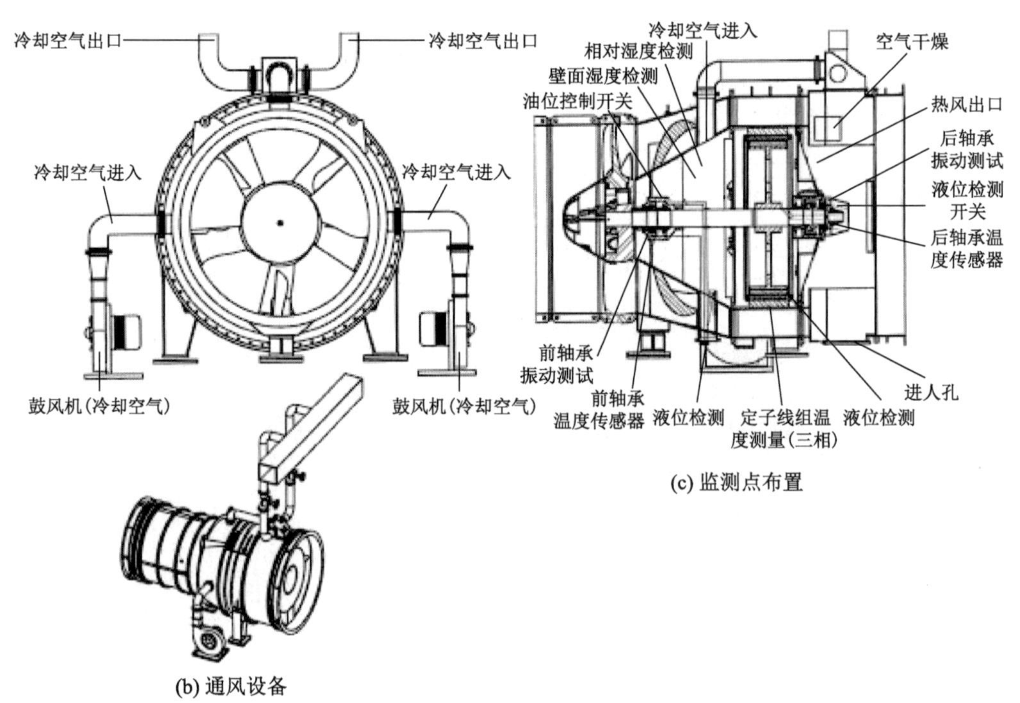

(b) 通风设备

(c) 监测点布置

图 4-39 整体紧凑型灯泡贯流泵通风冷却循环回路示意图

1. 轴承支撑的特点

机组的径向荷载由安装在驱动端(前侧)和非驱动端(后侧)的2组球面滚动轴承承担,轴承结构如图4-40所示。正向轴向推力(正常工况)由后侧的锥形球面滚动轴承承受,组合轴承中的球面滚动轴承承受偶发性反向推力。为了便于装配,前侧径向轴承采用允许轴向误差较大的锥形套管装配,后侧轴承轴向装配对精度的要求高则采用柱形装配。轴承安装在可拆卸的轴承室内,并固定在轴承支座的前端和后端。轴承的保护通过在其前、后各布置一道IHC型凸密封来保证。前侧轴承支撑与导叶形成一体,在该位置还布置了保护电动机的串接筒型密封,即无泄漏的IHC型超密封。后侧轴承支撑形成一个松动的锥形盘,由法兰连接。轴承支撑法兰安装在法兰内侧的扇形法兰上,法兰内侧松动的部分被嵌入电动机壳的槽中,并由两个扇形块固定。

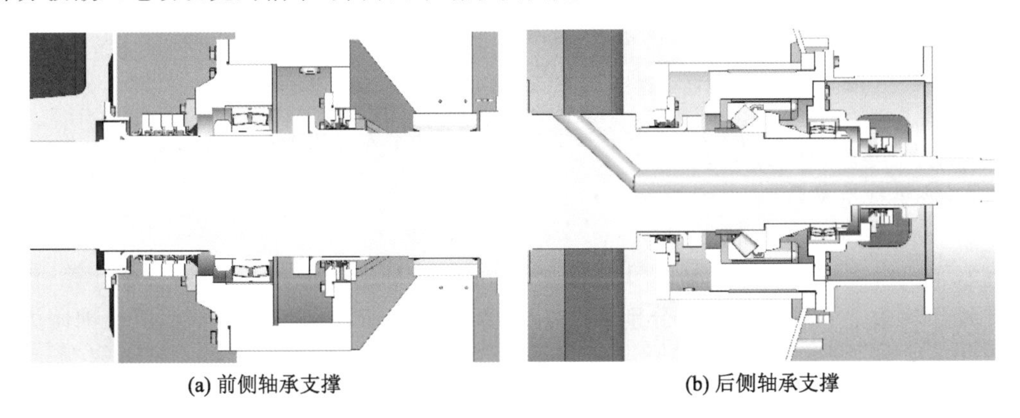

(a) 前侧轴承支撑　　(b) 后侧轴承支撑

图4-40　轴承结构图

SKF轴承的选型与耐久性分析结果表明,前侧径向轴承采用23964CCK/W33+OH2394H、后侧径向轴承采用23952CC/W33、推力轴承采用29360E是合适的,并且使用寿命能够满足长时间连续运行的要求。在保证润滑油液位、最大负荷及室温为40 ℃的条件下,油温温升为4～5 ℃,因此不需要额外的冷却系统,且根据国际规程计算,径向轴承的使用寿命可达3 100 000～4 870 000 h,推力轴承的使用寿命为157 000 h。

2. 叶轮和导叶的装配特点

叶轮由5叶片组成,并通过优化达到最优的叶片负载,以实现良好的空化性能。叶片的材质为不锈钢。由于叶片在运行过程中不需要调节,因此通过锁紧环固定在叶轮轮毂上,这样既可提供调整叶片的可能,又可以控制单一叶片的重量和形状,便于生产、保持平衡和维修;叶片根部采用黏结剂与轮毂固定,保证叶片与轮毂之间无间隙,以提高水力效率。叶轮轮毂和轴的固定也采用了类似锁紧环的结构(见图4-41a)。

导叶有8片导叶片,铸造成型后的导叶片焊接到锥形管的内部和外部,导叶含4根圆管,并呈直线安装在外侧,以减少水力损失。上部的圆管是电缆及其他管线的进出通道,下部的圆管起排水的作用,并设置液位传感器。横向的圆管是冷却空气进入电动机转子的通路,立式圆管密闭不透气,以保证冷却空气在转子中循环(见图4-41b)。

(a) 叶轮结构

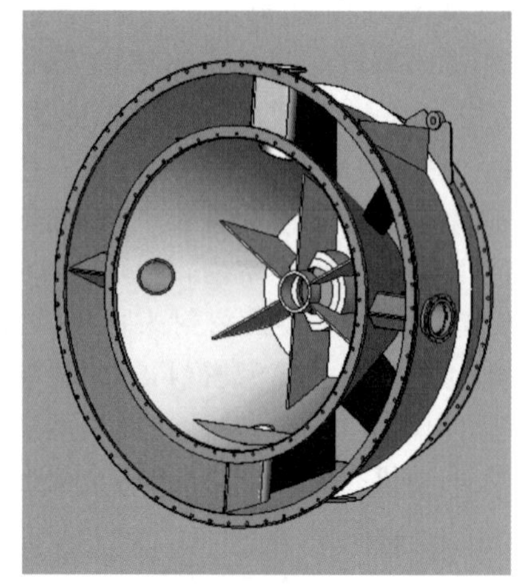

(b) 导叶结构

图 4-41　整体紧凑型灯泡贯流泵叶轮及导叶结构

3. 机组轴系分析

(1)推力轴承选用校核

水泵机组主轴的受力情况如图 4-42 所示，泵站设计扬程为 4.28 m。通过计算，作用在叶片和轮毂上的轴向水推力分别为 237.23 kN 和 65.772 kN，推力轴承所受轴向力为 303.00 kN。

水泵的最高运行扬程为 4.78 m，此时，作用在叶片和轮毂上的轴向力分别为 257.164 kN 和 73.456 kN，推力轴承所受的轴向力为 330.62 kN。

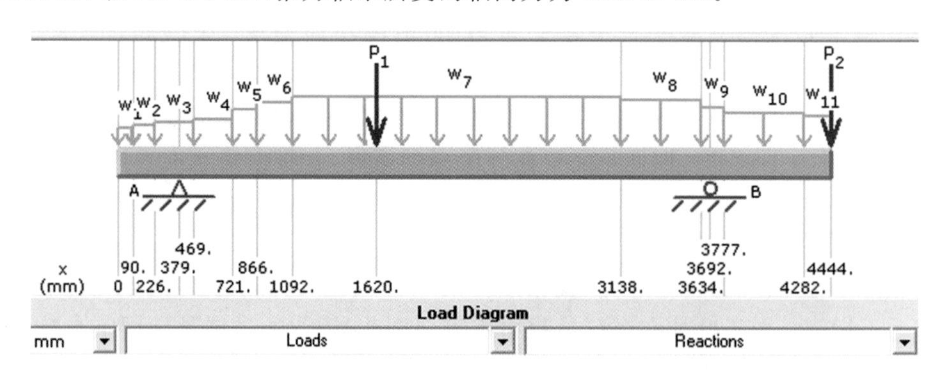

图 4-42　机组主轴受力情况

经过校核，推力轴承选用圆锥滚子轴承，型号为 29360E，能承受的径向力为 $F_a=41.4$ kN，因 $F_a/F_z=0.225\leqslant 0.43$，则径向当量动载荷为 131.444 kN，径向当量静载荷为 124.975 kN，附加轴向力 $F_s=45.927$ kN。根据不同部位的截面尺寸 $B=100$ mm，$D=480$ mm，$D_1=335$ mm，$D_2=370$ mm，$D_3=412$ mm 和 $D_4=461$ mm 可知，有效承载面积系数为 0.225，有效承载面积 $A_e=0.072\ 3\ m^2$，所受剪切力为 3.178 MPa，允许应力为 $\sigma_e=5.4\sim9.8$ MPa，安全系数为 1.70～2.63，该轴承满足性能要求。

（2）导轴承选用校核

电动机侧导轴承 A 中心距轴左端 0.585 3 m，水泵侧导轴承 B 中心距轴左端 3.691 8 m。转子重 69.826 kN，作用点距轴左端 1.620 2 m。叶轮自重为 57.33 kN，合力为 49.98 kN，作用点距轴左端 4.289 8 m。导流帽的作用点距轴最右端为 4.444 4 m，作用力为 4.805 kN。轴段 1，2，3，4，5，6，7，8，9，10，11 的自重分别为 0.963 5，1.274 2，1.603 4，4.412 5，5.642 7，6.314 4，11.203 8，6.413 5，5.736 3，5.052 7，4.663 4 kN/m，作用点距轴左端分别为 0.090 3，0.226，0.469 1，0.721，0.865 6，1.091 7，3.138 1，3.633 7，3.777，4.281 5，4.444 4 m。

根据计算结果可知，只有静荷载时，导轴承 A 和 B 的支座反力分别为 50.4 kN 和 112.25 kN。机组运行时，导轴承 A 和 B 所承受的径向力分别为 55.40 kN 和 123.48 kN。基本额定载荷为 C＝2 420～4 650 kN，轴承校核后得 P＝1 121 kN，Pv＝4.192 MPa·(m/s)≤15～20 MPa·(m/s)，导轴承 A 的选用型号为圆柱孔 23952CC/W33、圆锥孔 29360E，导轴承 B 的选用型号为圆锥孔 23964CCK/W33、圆柱孔 OH2394H，安全系数为 2.16～4.14，能满足要求。

（3）泵轴校核

机组运行时，主轴的剪力、弯矩和扭矩图分别如图 4-43、图 4-44 和图 4-45 所示。电动机与叶轮之间的主轴所受扭矩相等，经分析，主轴的导轴承 B 处截面为危险截面，危险点在截面的最上部。

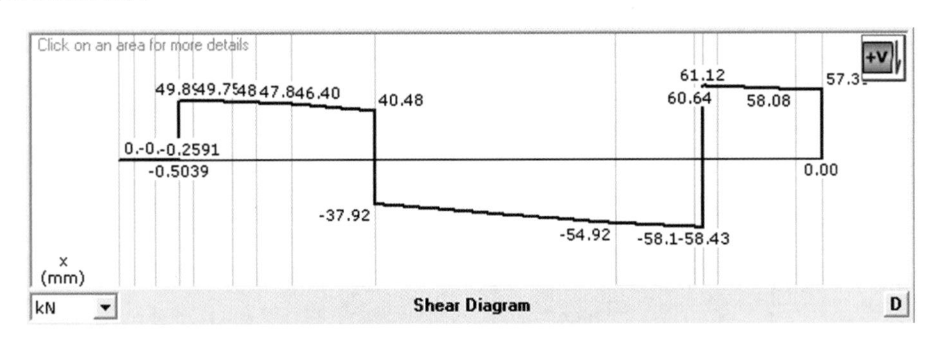

图 4-43　主轴剪力图

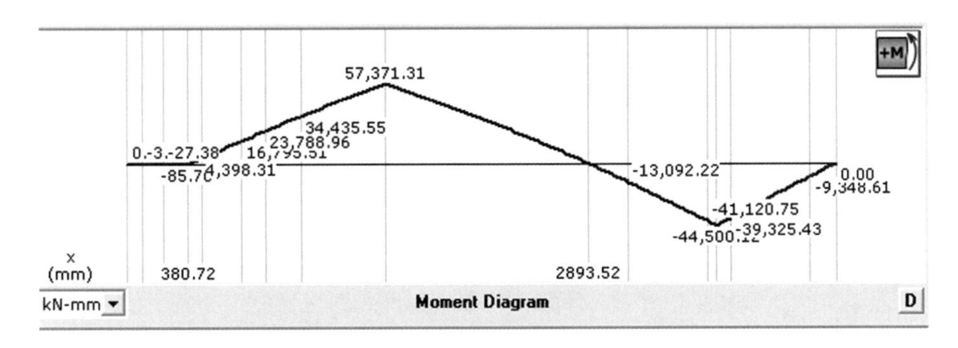

图 4-44　主轴弯矩图

图 4-45　主轴扭矩图

根据计算可知，由该危险截面危险点处的扭矩引起的切应力为 42.1 MPa，由弯曲与拉伸共同作用引起的轴向正应力为 20.8 MPa。该泵站机组主轴材料为 45# 调质钢，弯曲疲劳极限应力 σ_1 为 270 MPa，扭转疲劳极限应力 τ_1 为 155 MPa，许用疲劳应力[σ_1]为 180～207 MPa。经第三强度理论及交变应力疲劳强度理论校核，主轴安全系数为 2.28～3.02＞1.5，符合要求。此时，电动机转子处主轴挠度为 0.19 mm；水泵叶轮处主轴挠度为 0.45 mm。

4. 电励磁同步电动机的结构特点

电励磁同步电动机额定功率 2 200 kW、工频额定转速为 125 r/min、电压等级 6.6 kV。根据总体结构设计，电动机安装在灯泡体内部，定子铁芯安装在灯泡体内壁，灯泡体就是电动机定子机座，电动机的外壁与水体接触，既能保证定子线圈的散热效果，又能实现电动机尺寸尽可能小型化的目的。电动机总装配图如图 4-46 所示。电动机定子、转子结构如图 4-47 所示。

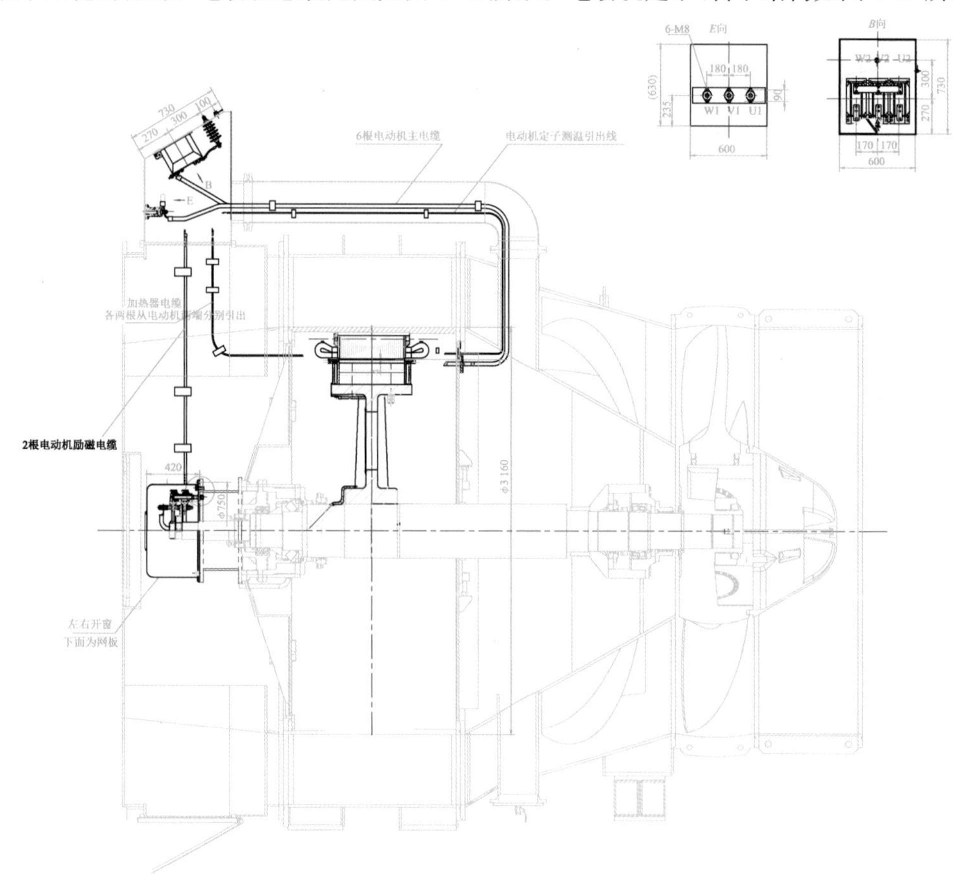

图 4-46　电动机总装配图(单位:mm)

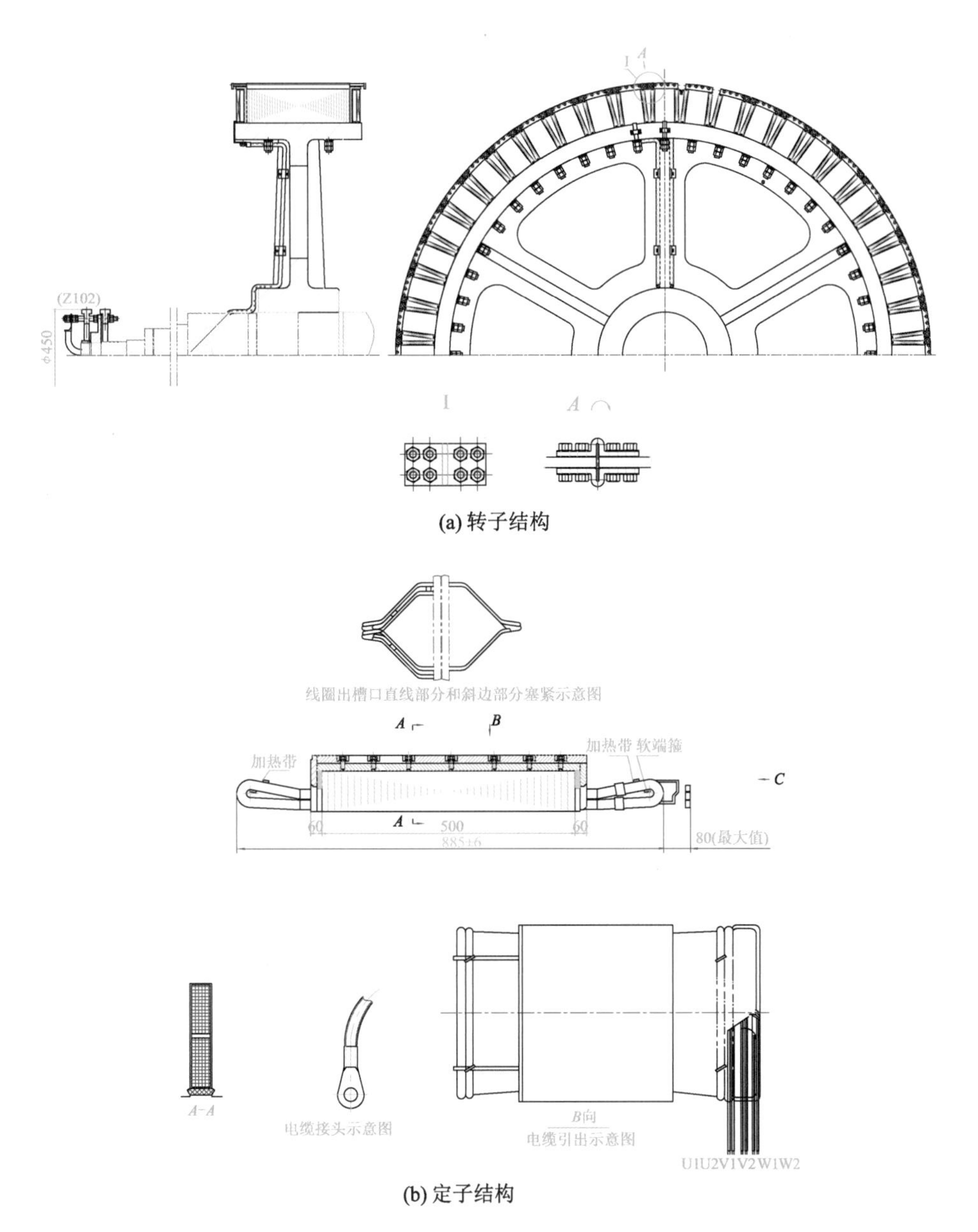

(a) 转子结构

(b) 定子结构

图 4-47 电动机定子、转子结构(单位:mm)

(1) 一般特性

所有部件在设计和制造时应考虑其能安全地承受在最大飞逸转速(175 r/min)下产生的应力,并能承受在地震和对称短路,以及其他不正常运行情况下所产生的应力。

电动机与水泵共轴。通风管设在传动侧,风道两侧挡风板为装配式,以便于在内部检修时拆卸。电动机转子带阻尼绕组。电动机转子磁轭轴向设有进人孔作为人员进出的通道。

(2) 定子

定子包括铁芯和绕组等主要部件。

定子铁芯采用高磁导率、低损耗、无时效冷轧薄硅钢片叠压而成，冲片经严格去毛刺并涂 F 级绝缘漆。为保证铁芯叠压的质量，将叠片逐层压紧，并在冷态下最终压紧，铁芯波浪度达到规定标准。在各种运行工况下，铁芯叠片不允许存在可觉察到的蜂鸣声。

定子绕组采用星形连接，绕组绝缘符合 GB 或 IEC 标准的 F 级绝缘要求，采用整体真空压力浸漆(VPI)制造工艺。绝缘材料具有良好的电气性能、机械性能、抗老化性能、耐潮湿性能，并且具有不燃或难燃特性。定子绕组导体材料为退火铜，无毛刺、裂纹、粗糙的斑点或尖角。

定子绕组在实际冷态下，在校正由引线长度不同引起的误差后，最大与最小两相间的直流电阻差值不超过直流电阻最小值的 1%。所有接头和连接均采用银铜焊工艺。线圈端部牢靠地支撑和固定，以防止严重短路情况下产生的应力引起振动和变形。定子铁芯压板、压指、穿心螺栓、螺帽和垫圈采用非磁性材料制造。

(3) 转子

转子由转子支架、磁轭和磁极等部件组成，其结构合理、紧凑，具有良好的电磁和通风性能。整个转子在设计和制造时应考虑其能安全承受在最大飞逸转速下运行 2 min 而不产生任何有害变形及接头开焊等情况。此时，转子材料的计算应力不超过屈服应力的 2/3。

定子和转子组装完成后，保证定子内圆半径和外圆半径的最大值或最小值分别与其平均半径之差不大于设计空气间隙的±4%。

定子和转子之间的空气间隙与平均间隙之差不超过平均间隙的±10%。转子支架为圆盘形焊接结构，并有足够的强度和刚度。

磁极铁芯采用薄钢板冲片，冲片两端加压板由螺杆拉紧。磁极绕组采用 F 级绝缘，由扁铜线扁绕垫匝间绝缘热压而成。磁极线圈装入磁极铁芯后整体真空压力浸漆，以保证在飞逸时不产生有害变形。线圈间的极间连接牢固可靠，同时便于检修拆卸。

转子阻尼条与阻尼环的连接采用银焊，阻尼绕组间采用柔性连接，防止因振动和热位移而引起事故。其连接既要牢固可靠，又要便于检修拆卸。阻尼绕组具有承受短路和不平衡电流的能力。转子所有焊接部分以及磁极与磁轭之间的固定螺栓采用 100%无损探伤。

磁极的结构设计应方便拆卸和更换。

(4) 集电环和电刷

集电环和电刷设在电动机挡风板外侧的小轴上，具有足够的距离或屏障。电刷的布置便于维护，易于更换、调整，不需清扫。集电环采用高强度的材料制作，表面抛光，其最大摆度(双幅)小于规定值。

电刷采用高耐磨性能材料制成。电刷要求接触压降小、摩擦系数小，并采取措施严防粉尘污染定子和转子线圈。集电环和引线的全部绝缘耐油、耐潮。电刷与励磁电缆之间的引线使用镀银编织铜线，其截面尺寸能承受 130%最大励磁电流。

(5) 电动机引出线和中性点装置

① 引出线

主引出线和中性点引线均为额定线电压 6.6 kV 级全绝缘。

电动机主引出线至中转箱之间采用电缆连接，额定电压为 6.6 kV。根据电动机的额定电流选择 3 芯 F 级硅橡胶电缆，所有绝缘材料采用阻燃(或难燃)型绝缘材料。

为便于检修，主引出线在定子机座外部设置可拆卸的中间接头。

② 中性点装置

每台电动机设置 3 个中性点电流互感器和 1 个中性点避雷器，安装在电动机灯泡头内，设置安装支架以及防护罩。

设计的电动机启动、运行状态参数见表 4-17。

表 4-17　电动机启动、运行状态参数

功率/kW	2 200	2 120	1 800	1 600	1 000	1 000	1 800
电压/V	6 600	6 600	6 336	6 072	5 808	6 600	3 960
电流/A	201.0	193.7	171.6	159.5	105.3	93.0	278.0
转速/(r/min)	125	128	120	115	110	125	75
效率/%	95.87	95.93	95.70	95.60	94.66	94.34	94.26
励磁电压/V	235.0	223.6	220.0	214.0	194.0	190.2	278.6
励磁电流/A	132.0	125.6	123.5	120.0	109.0	107.0	156.6
最大转矩/(kN・m)	321.2	300.0	301.0	294.0	260.5	259.4	373.8

装配后的灯泡贯流泵机组及现场安装调试情况如图 4-48 所示。

图 4-48　灯泡贯流泵机组装配及现场调试情况

为检验电动机的设计效果，电动机型式试验结果见表 4-18。

表 4-18　电励磁同步电动机型式试验结果对比(50 Hz)

序号	试验项目	设计值	试验值
1	定子绕组相电阻(15 ℃)/Ω	0.142 077	0.145 280
2	转子绕组相电阻(15 ℃)/Ω	1.195 697	1.232 422

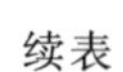
续表

序号	试验项目	设计值	试验值
3	额定电流/A	201.172 3	200.763 0
4	额定励磁电流/A	134.539	139.000
5	额定励磁电压/V	234.867 1	
6	定子铜损/kW	21.389 9	21.834 0
7	励磁损耗/kW	27.106 4	29.300 0
8	铁损/kW	32.605 08	37.080 00
9	机械损耗/kW	8.506 862	5.540 000
10	杂散损耗/kW	30.588 41	30.510 00
11	总损耗/kW	120.197	94.964
12	额定输入功率/kW	2 320.197	2 294.964
13	额定输出功率/kW	2 200	2 200
14	效率/%	95.703 51	95.860 00
15	功率因数	1	
16	堵转电流/额定电流	3.871 114	3.400 000
17	堵转转矩/额定转矩	0.694 441 6	0.770 000
18	牵引转矩/额定转矩	0.589 8	
19	失步转矩/额定转矩	1.918	
20	定子绕组温升/K		73.57
21	转子绕组温升/K		58.68
22	噪声功率级/dB(A)	85.00	85.30
23	最大振动值/(mm/s)	2.80	0.20

5. 永磁电动机的结构特点

当电动机采用永磁电动机时，其转子为永磁体，其余结构基本与绕线式电动机相同。与传统的电励磁电动机相比，永磁电动机具有结构简单、运行可靠，体积小、质量小，损耗小、效率高，电动机的形状和尺寸多样化等显著优点。相同叶轮直径的贯流泵采用永磁电动机的机组尺寸与采用电励磁电动机的机组尺寸对比如图 4-49 所示。由图可知，采用永磁电动机的机组除电动机外径减小 480 mm 外，导叶的尺寸也相应减小。

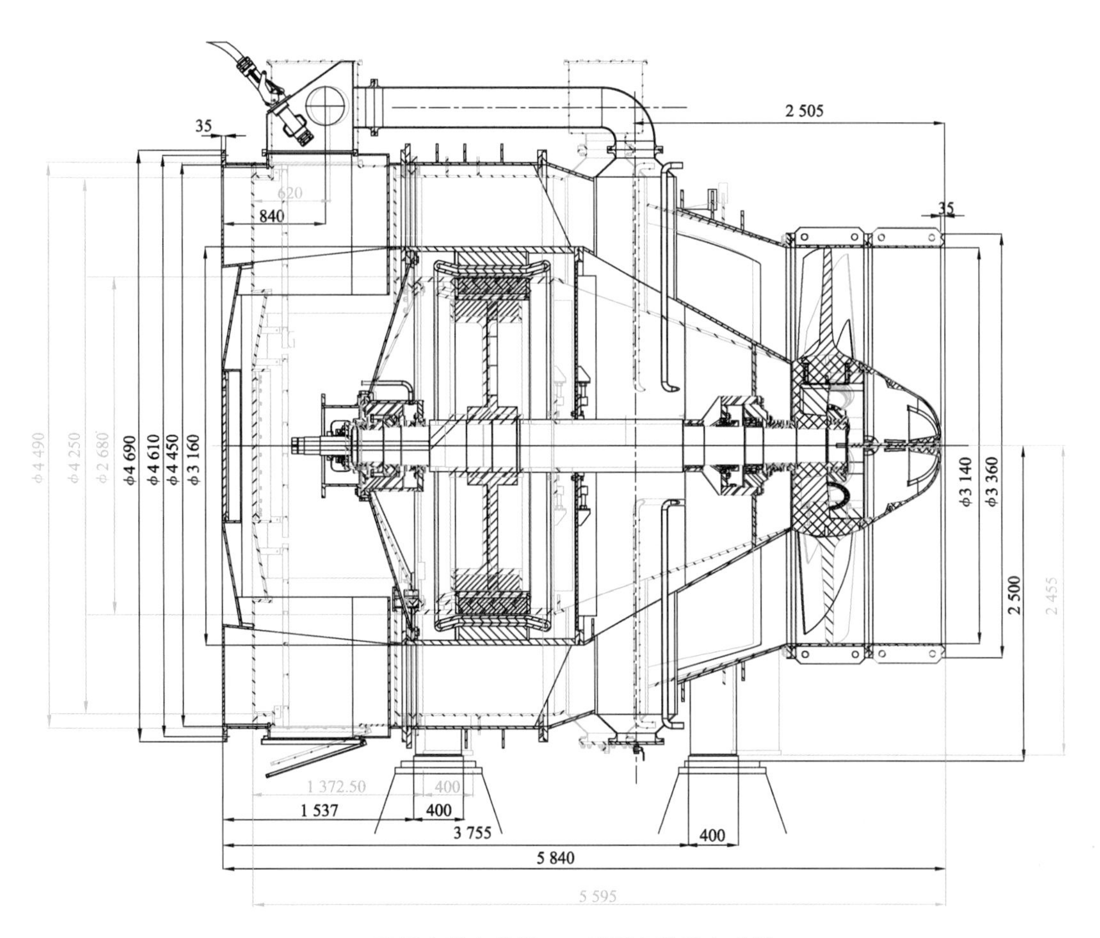

—采用永磁电动机　—采用电励磁电动机

图 4-49　不同电动机的机组尺寸对比(单位:mm)

永磁电动机采用性能优异的钕铁硼永磁材料,剩磁和矫顽力高,且退磁曲线为直线,回复线与退磁曲线基本重合。电动机的转子采用嵌入式结构,磁钢装在由硅钢片制成的盒中,由固定块将磁钢及硅钢片固定在转子支架上,磁通主要由硅钢片形成闭合回路,漏磁小。电动机的直径由 3 160 mm 减小为 2 680 mm,定子质量由 9.30 t 减小为 6.37 t,转子质量从 10.50 t 减小至 6.62 t,电动机效率从 95.70%提高到 97.50%。

(1) 永磁电动机的特点

① 漏磁量小

转子采用嵌入式结构,磁钢装在由硅钢片制成的盒中,由固定块将磁钢及硅钢片固定在转子支架上。磁通主要由硅钢片形成闭合回路,漏磁很小。

② 温升低

由于贯流泵灯泡体完全置于水中,电动机定子外壳直接采用灯泡体的一部分,电动机定子铁芯与水泵灯泡体采用热装,导热性能好,电动机运行时流道中的水量达 30 m^3/s 左右,对电动机的散热起到很好的作用。电动机转子采用永磁铁,无励磁损耗发热。电动机内部有 2.445 m^3/s 的循环风量,将转子产生的热量传到机壳表面,使电动机整体温度降低。在电动机定子绕组每相安装 Pt100 测温电阻，监测电动机绕组温度，当温度超过 110 ℃时报警，确保电动机内部温升不超过磁钢的最高工作温度（120 ℃）。

③ 转子永磁铁退磁缓慢

钕铁硼永磁材料的磁性能优异，用于电动机后，可提高磁负荷，减小电动机的体积，减轻重量。这种永磁材料的最高使用温度可达 120 ℃，完全满足水泵电动机的运行要求。

为了避免磁钢被氧化后退磁，在制造过程中采取如下措施：磁钢本体进行防氧化涂层处理；磁钢在不充磁状态下与磁钢盒进行装配，用环氧漆整体灌封后进行充磁，并进一步涂封；转子装配完整后整体进行树脂浸漆。

④ 充磁周期长

永磁电动机转子第一次充磁周期不小于 30 a，电动机运行 30 a 就基本达到更新换代的年限。在正常情况下永磁电动机不会失磁，一旦失磁，由于其在设计上采用分体磁极，可方便地进行拆卸充磁再组装。

⑤ 无转矩波动

永磁体的安装形式采用镶嵌式结构，可减小反电动势的畸变率，从而使电动机齿槽转矩减小，降低电动机的振动和噪声，消除电动机的转矩波动。

⑥ 无过电流去磁

永磁材料都具有退磁拐点，如钕铁硼的退磁拐点为 0.2，因此电动机在制造时应考虑可能出现的过电流对永磁材料退磁的影响，将过电流时钕铁硼的退磁拐点提高到 0.32，其值大于 0.2，完全满足要求。

（2）永磁电动机试验方法

1）引用标准及文件

试验引用标准及文件包括：GB 755—2008《旋转电机　定额和性能》；GB/T 1029—2005《三相同步电机试验方法》；GB/T 22669—2008《三相永磁同步电机试验方法》；GB/T 13958—2008《无直流励磁绕组同步电动机试验方法》；JB/T 6204—2002《高压交流电机定子线圈及绕组绝缘耐电压试验规范》；JB/T 10098—2000《交流电机定子成型线圈耐冲击电压水平》；GB/T 10069.1—2006《旋转电机噪声测定方法及限值第 1 部分：旋转电机噪声测定方法》；GB 10069.3—2008《旋转电机噪声测定方法及限值第 3 部分：噪声限值》；GB 10068—2000《轴中心高为 56 mm 及以上电机的机械振动　振动的测量、评定及限值》。

2）试验项目

试验项目包括：绕组对机壳及绕组相互间绝缘电阻测量；绕组冷状态直流电阻测量；匝间冲击耐电压试验；检温元件的绝缘电阻及直流电阻测量；试验线路方案；旋转方向检查；空转轴承试验及轴承温度测定；空载特性试验；电动机法试验；振动测量；噪声测量；轴电压的测量；转动惯量试验；超速试验；直流耐电压试验及泄漏电流测量；工频交流耐电压试验；阻力矩测量。

3）测量仪器

试验中所使用测量仪器、仪表均应经相关的计量检测部门检验合格并在有效期内。

电气测量仪表的准确度应不低于 0.5 级（兆欧表除外），电压、电流传感器的准确度应不低于0.2级，电量变送器的准确度应不低于0.5%，转速表的精确度应不低于1.0级，测力计的准确度应不低于1.0级(悬挂式弹簧秤除外)，温度计的误差应不大于±1 ℃。其他测量仪器仪表应符合相关标准的规定。

4）试验方法

① 绕组对机壳及绕组相互间绝缘电阻测量

测量时电动机的状态：测量电动机绕组的绝缘电阻时，可在电动机实际冷状态下进行。测量绝缘电阻时应测量绕组温度，但在实际冷状态下测量时可取周围介质温度作为绕组温度(用温度计或埋置检温计测得的绕组温度与冷却介质温度之差应不超过2 K)。

兆欧表的选用：定子绕组对机壳及绕组相互间绝缘电阻的测定选用2 500 V兆欧表。

测量方法：绕组对机壳及绕组相互间绝缘电阻的测定按GB/T 1029—2005《三相同步电机试验方法》的规定进行，分别测量定子绕组的绝缘电阻。

② 绕组冷状态直流电阻测量

电动机在室内放置一段时间后，用温度计或热电偶等测量电动机绕组端部或铁芯的温度。当所测温度与环境的空气温度之差不超过2 K时，所测温度即为实际冷状态下绕组的温度。若绕组端部或铁芯的温度无法测量，则允许用机壳温度代替。温度计的放置时间应不少于15 min。

在实际冷状态下绕组直流电阻的测定和不平衡度计算按GB/T 1029—2005《三相同步电机试验方法》的规定进行。绕组直流电阻可用电桥法、微欧计法、电压表电流表法或其他测量方法测定。当采用电桥法时，如绕组的直流电阻在1 Ω以下，应采用有效值不低于4位数的双臂电桥测定。

电桥法测量：测量绕组直流电阻时，电动机转子静止不动。定子绕组直流电阻应在出线端上测量。每一绕组直流电阻应测量3次。每次读数与3次读数的平均值之差应在平均值的±0.5%范围内，取3次测量读数的算术平均值作为电阻的实际值。出厂试验时，每一绕组直流电阻可仅测量一次。

电压表电流表法测量：测量时，将电压稳定、容量足够的直流电源直接连接在绕组出线端上，施加的电流不超过绕组额定电流的10%，通电的时间不超过1 min。在电表指示稳定后，同时读取并记录电流及电压值，将电流和电压换算为电阻值。每一绕组直流电阻在两种不同电流值的情况下进行测定。两次测定绕组直流电阻值相差不超过±0.5%。取两次测定的绕组直流电阻的平均值作为实际测定值。

相电阻的计算(对Y形接法绕组)：在每相的每两个出线端间测量电阻。每相绕组的直流电阻值按下式计算：

$$\begin{cases} R_{\mathrm{U}} = R_{\mathrm{med}} - R_{\mathrm{VW}} \\ R_{\mathrm{V}} = R_{\mathrm{med}} - R_{\mathrm{WU}} \\ R_{\mathrm{W}} = R_{\mathrm{med}} - R_{\mathrm{UV}} \end{cases} \tag{4-3}$$

式中，R_{UV}，R_{WU}，R_{VW}分别为出线端U与V、W与U、V与W间测得的电阻值；$R_{\mathrm{med}} = (R_{\mathrm{UV}} + R_{\mathrm{WU}} + R_{\mathrm{VW}})/2$。

当各线端间的电阻值与3个线端电阻的平均值之差不大于平均值的2%时，则各相电阻值可按下式计算：

$$R = R_{av}/2 \tag{4-4}$$

式中，R_{av}为三线端电阻的平均值。

③ 匝间冲击耐电压试验

匝间冲击耐电压试验按JB/T 10098—2000《交流电机定子成型线圈耐冲击电压水平》试验标准进行。电动机的试验电压为8 000 V，波前时间为0.5 μs。

④ 检温元件的绝缘电阻和直流电阻测量

用250 V兆欧表和数显电阻测量表分别测定检温元件的绝缘电阻和直流电阻。

⑤ 试验线路方案

直流电动机对偶贯流泵永磁电动机负载特性试验线路如图4-50所示，永磁电动机由变频器电源供电做电动机运行拖动直流发电机发电，2 500 kW直流机做电动机运行拖动2 000 kW同步电机上网做发电机运行。该方法由于受直流电动机特性的限制，试验中最大功率的范围为1 100～1 300 kW。

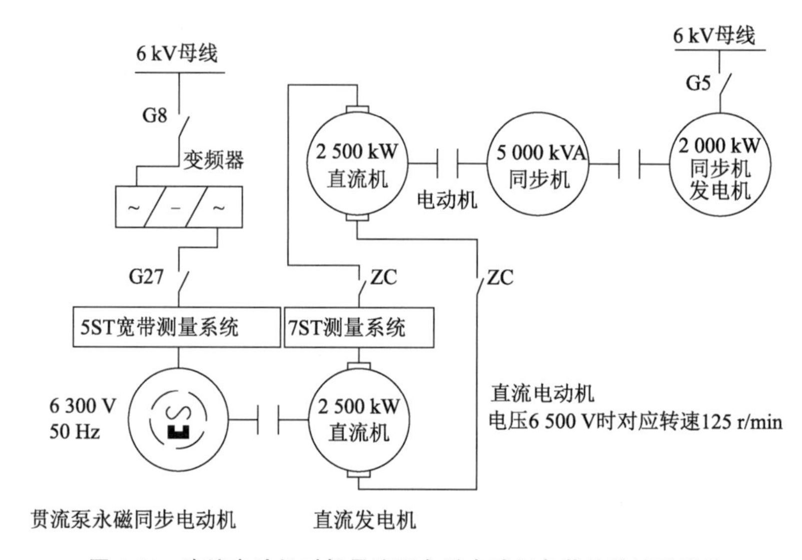

图4-50　直流电动机对偶贯流泵永磁电动机负载特性试验线路

2台贯流泵永磁电动机对偶负载特性试验线路如图4-51所示。

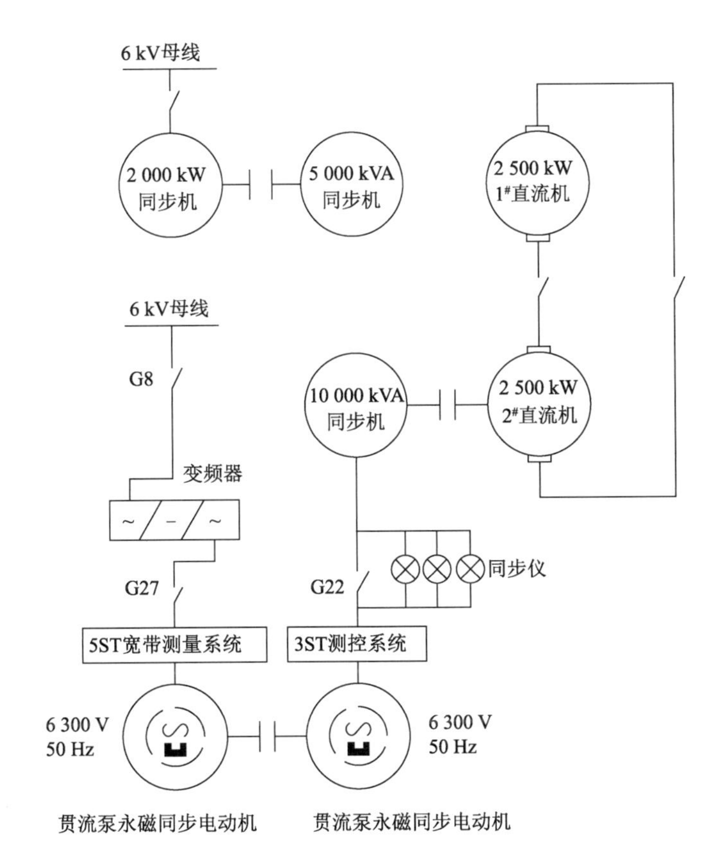

图 4-51　2 台贯流泵永磁电动机对偶负载特性试验线路

⑥ 旋转方向检查

电动机按 U—V—W 接线，旋转方向应与外形图一致。

⑦ 空转轴承试验及轴承温度测量

电动机在额定电压、额定转速下空载运行到轴承温度基本稳定时测量。

⑧ 空载试验

试验电源应符合 GB 755—2008《旋转电机　定额和性能》及相应标准的规定，将永磁电机以电动机方式空载运行，电动机轴上输出功率为零。

⑨ 电动机法试验

用变频器电源试验永磁同步电动机，控制和测量用 5ST 的高压开关柜和试验台，采用 U/f 调节。

空载电流和空载损耗的测试：测试前，电动机在（额定）试验电压、额定频率下空载运行，使机械损耗达到稳定，即输入功率相隔 30 min 的两个读数之差应不大于前一个读数的 3%。进行检查试验时，空载运行时间可适当缩短。

空载特性试验：外施电压从 1.1～1.2 倍额定电压开始减小，测量输入电压与对应该频率时的空载电流和空载输入功率，即空载电流 I_0 和空载输入功率 P_0 与外施电压 U_0 对应转速的关系，共计测试 7～9 个点。出厂试验时只测量额定空载电压时的空载电流和空载输入功率。

试验结束后，立即在电动机两个出线端间测量定子绕组的电阻，计算被测电动机定子绕组的铜损 P_{Cu0}。定子绕组空载铜损的计算公式为

$$P_{Cu0}=3I_0^2R_0 \tag{4-5}$$

式中，I_0 为定子绕组相电流；R_0 为定子绕组相电阻。

空载输入功率 P_0 为铜损 P_{Cu0}、铁损 P_{Fe} 及机械损耗 P_{fw} 之和，即

$$P_0=P_{Fe}+P_{fw}+3I_0^2R_0 \tag{4-6}$$

电动机空载对应转速特性曲线如图 4-52 所示。

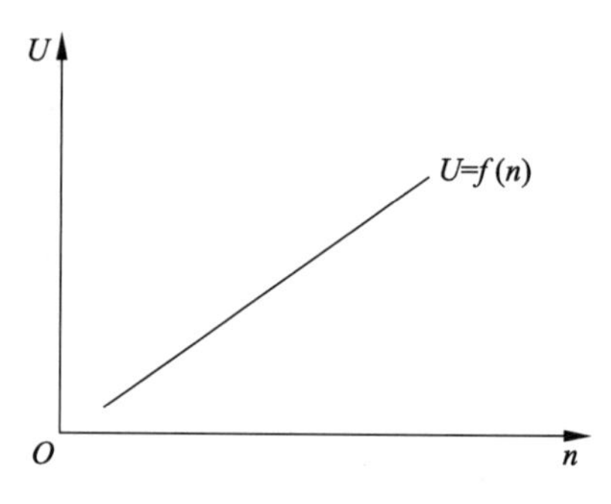

图 4-52 电动机空载特性曲线

⑩ 振动测量

振动的测量参照 GB 10068—2000《轴中心高为 56 mm 及以上电机的机械振动 振动的测量、评定及限值》中的方法进行，电动机空载运行，在额定电压、额定频率下测量。

⑪ 噪声测量

噪声的测量参照 GB/T 10069.1—2006《旋转电机噪声测定方法及限值第 1 部分：旋转电机噪声测定方法》和 GB 10069.3—2008《旋转电机噪声测定方法及限值第 3 部分：噪声限值》规定的方法进行，电动机空载运行，在额定电压、额定频率下测量。

⑫ 轴电压测量（有防轴电流装置，能在电动机轴承外部测量时测试）

轴电压测量按 GB/T 1029—2005《三相同步电机试验方法》规定的方法进行，电动机空载运行，在额定电压、额定频率下测量。

⑬ 转动惯量试验

转动惯量试验参照 GB/T 1029—2005《三相同步电机试验方法》中的惰行法进行。

⑭ 超速试验

超速试验一般在空载热态下进行。检查试验如无其他规定，超速试验允许在冷态下进行。

超速试验前仔细检查电动机的装配质量，特别是转动部分的装配质量，防止转速升高时有杂物或零件飞出。

超速试验时采取相应的安全防护措施，对电动机的转速和轴承温度等参数的测量采用远距离的监测方法。

在升速过程中，当电动机达到额定转速时，观察电动机的运转情况，确认无异常现象后，再以适当的加速度提高转速，直至达到规定的转速和规定的时间。

超速试验后仔细检查电动机的转动部分是否有损坏或产生有害的变形，紧固件是否

松动以及是否有其他不允许的现象出现。

⑮ 直流耐电压试验及泄漏电流测量

试验按 GB/T 1029—2005《三相同步电机试验方法》规定的分段方法进行，仪表显示稳定后测量泄漏电流(μA)，埋置的检温元件应牢固接地(机壳)以免损坏。

⑯ 工频交流耐电压试验

工频交流耐电压试验按 GB/T 1029—2005《三相同步电机试验方法》规定的方法进行，埋置的检温元件应牢固接地(机壳)以免损坏。

耐电压试验变压器容量大于等于 50 kVA、频率为 50 Hz，电压波形为正弦波。

试验要求：耐电压试验在电动机静止的状态下进行。试验前，先测量绕组的绝缘电阻。型式试验时，在温升试验后，电动机接近热状态时进行耐电压试验。试验前采取安全防护措施，试验中如发现异常情况，应立即断电，并将绕组回路对地放电后再检查异常的原因。试验时电压施加于绕组与机壳之间以及绕组之间。

试验电压值及时间：试验电压的数值及时间按 GB 755—2008《旋转电机　定额和性能》或该类型电动机标准的规定确定，电动机的试验电压取 6 500 V。试验时施加的电压从不超过电压全值的一半开始，然后稳步或分段地以每段不超过全值的 5%增加至全值。电压自半值增加至全值的时间不短于 10 s，全值电压试验时间维持 1 min。耐电压试验合格后，重测绕组对机壳及绕组间的绝缘电阻。

⑰ 阻力矩测量

测量方法：电动机正常安装并装好半联轴器，将测试力臂杆一端固定在半联轴器上的联接销孔上，另一端与弹簧秤和手拉葫芦拉绳联接到吊车上，目测力臂杆和拉绳的水平垂直度并调整水平垂直达到合格(90°直角)，测试时沿电动机切线方向拉动手拉葫芦加力，读取电动机转动时电子吊秤的最大读数，在不同位置测 3 次，取其平均值作为测量值。

阻力矩＝弹簧秤读数×力臂杆长度×重力系数－力臂杆重力力矩＝电动机阻力矩

注：当力臂杆垂直向上安装测试时，力臂杆的重力与所施加力的方向相反，阻力矩应减去力臂杆重力力矩，水平安装时则不减。

(3) 永磁电动机试验结果

被试电动机由变频器驱动按 U－V－W 接线，被试电动机逆时针方向运行(从负载端方向看)。试验结果汇总见表 4-19。

表 4-19　永磁电动机型式试验结果对比(50 Hz)

序号	试验项目	设计值	试验值
1	定子绕组相电阻/Ω	0.304 3	0.295 7
2	空载电流/A	14.746 8	4.803 0
3	额定电流/A	178	
4	电枢铜损/kW	26.064 2	
5	铁损/kW	3.894	21.369
6	风摩耗/kW	9.000	

续表

序号	试验项目	设计值	试验值
7	总损耗/kW	38.958	
8	额定输入功率/kW	1 838.7	
9	额定输出功率/kW	1 800	
10	效率/%	97.50	97.58
11	定子绕组温升/K		50.26
12	噪声功率级/dB(A)		85
13	最大振动值/(mm/s)	2.3	1.2
14	转动惯量/(kg·m^2)	4 520	2 068
15	启动阻力矩/(N·m)	4 025	2 947
16	波形畸变率 K/%	2.530	1.273

① 绝缘电阻

不同部位绝缘电阻测量结果见表 4-20。

表 4-20　绝缘电阻测量结果

测量状态	定子绕组/MΩ		转子绕组对地/MΩ	室温/℃
	相间	对地		
冷态	2 000	1 500		15
热态	1 800	1 500		19

② 绕组冷态直流电阻

绕组冷态直流电阻的测量结果见表 4-21，定子折算至基准工作温度的相电阻按式(3-31)计算，工作温度为 75 ℃时的相电阻为 0.366 647 Ω，工作温度为 15 ℃时的相电阻为 0.295 683 Ω。

表 4-21　绕组冷态直流电阻值

定子绕组/Ω			转子绕组/Ω	室温/℃
U	V	W		
0.591 3	0.591 3	0.591 5		15

③ 启动阻力矩

试验中对启动阻力矩进行测量，3 组测力计读数分别为 380 kg，400 kg，400 kg，则平均读数约为 393 kg；力臂杆长 770 cm；力臂杆质量为 5 kg；启动阻力矩为 2 947 N·m。

④ 变频器空载加速特性(电动机法)

变频器空载加速特性试验结果见表 4-22，变频器空载加速特性曲线如图 4-53 所示。

表 4-22　变频器空载加速特性试验结果

电压 U/V	电流 I/A	功率 P/kW	频率 f/Hz	转速 n/(r/min)
627.1	4.388 3	2.179 7	5	12.5
1 252.9	4.463 2	3.200 7	10	25.0
1 879.0	4.543 8	4.397 1	15	37.5
2 503.6	4.426 3	6.251 4	20	50.0
3 129.2	4.558 7	7.285 8	25	62.5
3 755.0	4.608 9	10.110 0	30	75.0
4 380.1	4.578 6	11.467 0	35	87.5
5 005.5	4.544 0	13.656 0	40	100.0
5 630.8	4.587 7	16.726 0	45	112.5
6 212.7	4.803 0	21.369 0	50	125.0

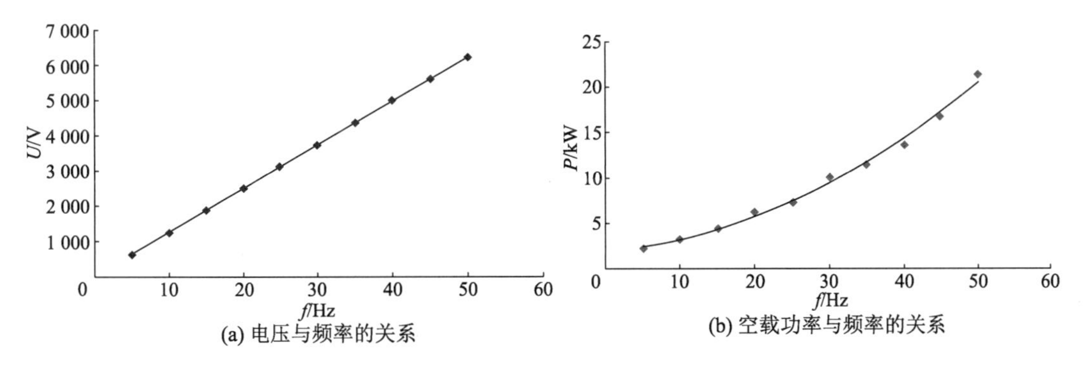

(a) 电压与频率的关系　　(b) 空载功率与频率的关系

图 4-53　变频器空载加速特性曲线

⑤ 空载电压与频率关系特性(电动机法)

电动机反电动势的测量结果见表 4-23,空载电压与频率关系特性曲线如图 4-54 所示。

表 4-23　电动机反电动势的测量结果

冷态		热态	
电压 U/V	频率 f/Hz	电压 U/V	频率 f/Hz
9 324.0	75.25	1 053.7	8.66
9 015.6	72.30	1 383.0	11.37
8 706.0	69.90	1 673.8	13.76
8 008.0	65.00	2 406.0	19.70
7 336.7	59.20	3 135.0	25.90
6 685.0	54.20	3 629.3	29.80
6 364.3	51.60	4 143.0	34.00
5 645.0	46.00	4 723.4	39.00
4 956.9	40.40	5 287.1	43.60

续表

冷态		热态	
电压 U/V	频率 f/Hz	电压 U/V	频率 f/Hz
4 381.0	35.70	6 055.4	49.80
3 815.0	31.00	6 634.5	54.70
3 132.6	25.50		
2 488.8	20.30		
1 925.3	15.69		

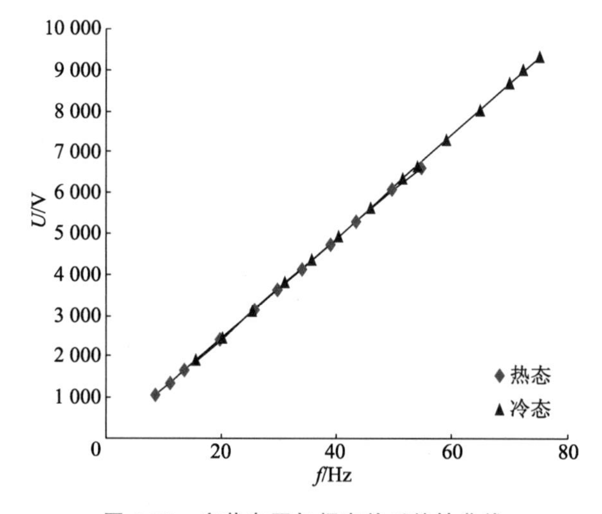

图 4-54　空载电压与频率关系特性曲线

⑥ 效率

测量相关损耗，计算电动机效率 $\eta=\dfrac{P-\sum\Delta P}{P}$，其中损耗 $\sum\Delta P=P_{\text{Cu1}}+P'$，$P_{\text{Cu1}}$ 为定子铜损，P'为风摩擦损耗与铁损之和。电动机效率测量及计算结果见表 4-24。电动机效率曲线如图 4-55 所示，由效率曲线可得到额定负载下的效率为 97.58%。

表 4-24　电动机效率测量及计算结果

U/V	I/A	P/kW	n/(r/min)	f/Hz	P'/kW	R/Ω	P_{cu1}/kW	$\sum\Delta P$/kW	η/%
6 154.1	20.1	216.2	125	49.9	21.369	0.657 9	0.398 697	21.767 70	89.93
6 139.0	37.9	405.0	125	49.9	21.069	0.657 9	1.417 521	22.486 52	94.45
6 106.0	56.7	601.6	125	49.9	20.769	0.657 9	3.172 614	23.941 61	96.02
6 046.0	76.8	806.9	125	49.9	20.470	0.657 9	5.820 678	26.290 68	96.74
5 946.0	98.5	1017.5	125	49.9	20.170	0.657 9	9.574 665	29.744 67	97.08
5 829.2	116.5	1178.5	125	49.9	19.860	0.657 9	13.393 770	33.253 77	97.18
5 681.0	135.1	1332.3	125	49.9	19.560	0.657 9	18.012 000	37.572 00	97.18

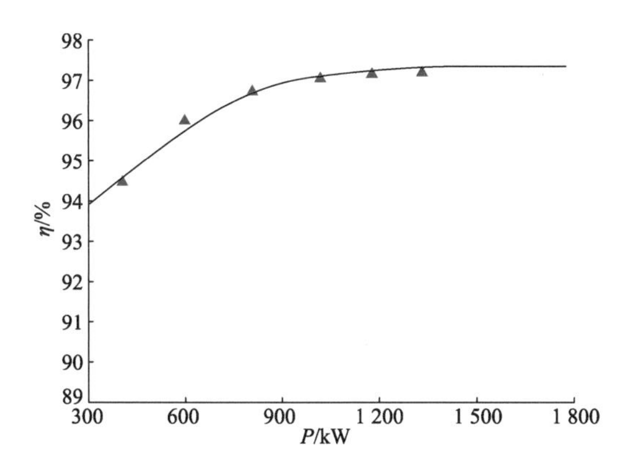

图 4-55 电动机效率曲线

⑦ 温升(直接负载法)

在电压U=5 800 V、电流I=108 A、功率P=1 096 kW时,利用两台2.2 kW冷却风机对电动机进行冷却。鉴于该电动机冷却方式为水外冷/内风循环,只对被测电动机直接施加60.89%额定负载进行温升试验,电动机各部分的温度见表4-25。

表 4-25 电动机各部分的温度 单位:℃

冷却时间/h	外风		轴承		机壳	线圈	室温
	外进风	外出风	前轴承	后轴承			
2.0	19/19	30	27.5	36.5	25.0	57.8/56.3/47.5	19
2.5	19/19	30	28.3	38.0	25.2	59.0/58.1/48.2	19
3.0	19/19	30	28.5	39.0	25.5	59.4/58.2/49.0	19

试验结束时绕组电阻R_{1f}的测量结果见表4-26。

表 4-26 试验结束时绕组电阻的测量结果

R_{1f}/Ω	t/s	$\lg R_{1f}$
0.697 8	104	−0.156 269
0.697 5	142	−0.156 456
0.697 2	164	−0.156 643
0.696 9	211	−0.156 830
0.696 6	241	−0.157 017
0.696 3	267	−0.157 204

由定子电阻衰减曲线查得,当$t=0$时,带引线的线电阻$R_{1f}=0.698\ 6\ \Omega$,在室温θ_c=15 ℃时,定子绕组线电阻$R_{1c}=0.591\ 4\ \Omega$,引线电阻$R_x=0.022\ 1\ \Omega$。温升试验的室温θ_f=19 ℃,在试验电流下定子绕组的温升为

$$\Delta\theta_1=\frac{(R_{1f}-R_{1c}+R_x)\times(K_a+\theta_c)}{R_{1c}+R_x}+\theta_c-\theta_f=30.6\ \mathrm{K}$$

换算到电动机额定功率下的绕组温升为 $\Delta\theta_{1N}=\frac{P_N}{P}\Delta\theta_1=50.26\ K$，定子温升特性曲线如图 4-56 所示。

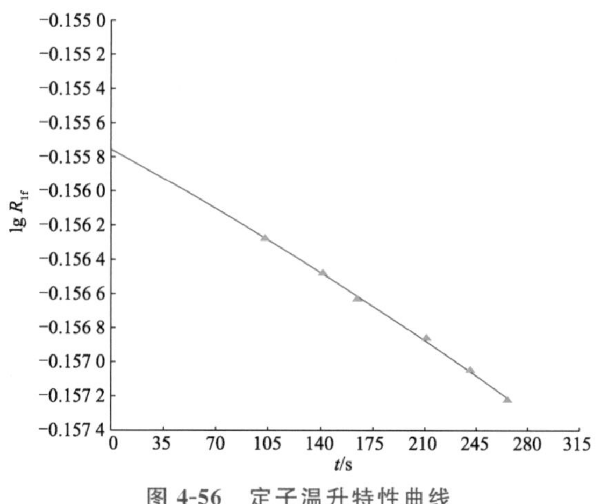

图 4-56　定子温升特性曲线

⑧ 堵转特性

堵转特性数据测量及计算结果见表 4-27 所示。堵转特性曲线如图 4-57 所示。试验后定子绕组线电阻 $R_{1k}=0.6269\ \Omega$。

表 4-27　堵转特性数据测量及计算结果

U_k/V	I_k/A	P_k/kW	lg U_k	lg I_k	P_{kCu1}/kW
3 226.46	131.89	26.851	3.508 7	2.120 2	16.357
3 944.75	167.96	43.165	3.596 0	2.225 2	26.528
4 166.44	179.61	48.801	3.619 8	2.254 3	30.335
4 676.99	208.15	64.593	3.670 0	2.318 4	40.742
5 179.53	239.22	86.005	3.714 3	2.378 8	53.813
5 611.68	267.53	106.593	3.749 1	2.427 4	67.303

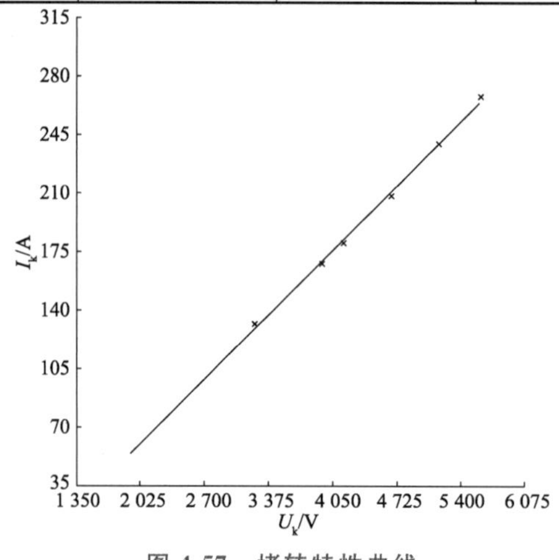

图 4-57　堵转特性曲线

4.3.3 现场拆卸型灯泡贯流泵机组电动机结构

以第 4.3.1 节中的研究对象为例，现场拆卸型灯泡贯流泵机组采用的三相同步电动机及灯泡体安装在水泵叶轮的上游侧，水泵和电动机轴采用刚性法兰连接。电动机布置在密闭的金属壳内。电动机的结构设计受到灯泡比 1.08 的严格限制，即灯泡壳体外径为 3 310 mm，灯泡比小有利于改善机组的水力性能，但电动机铁芯的 l_t/τ 值将增大，致使机组的转动惯量减小、转速稳定性变差，在事故停机时机组产生的飞逸转速升高，威胁机组的安全性。另外电动机的铁芯也会加长，通风冷却效果差。因此，灯泡式电动机的结构设计需要综合考虑多种因素。

考虑到泵站现场行车的起吊容量为 320 kN，需要将电动机分开运输和吊装。电动机分装的主要结构部件有定子、转子、电动机与水泵连接的中间环舱、电动机与灯泡头连接的过渡环舱、轴承支架、径向轴承、推力组合轴承、灯泡头舱、通风冷却系统、循环水系统、机组运行监测系统等。

1. 机组支撑结构

现场拆卸型灯泡贯流泵机组设计采用下半部导叶及电动机机座底部固定的灯泡体支撑方式。水泵与电动机灯泡体由水泵导叶连接，导叶及相连水泵外壳为中部剖开式结构，导叶下半部和外壳下半部均直接埋入混凝土基础座，导叶上半部和外壳上半部可自由拆装。对电动机来说其支撑主要靠机座底部法兰以及与导叶的连接法兰，机座底部法兰与底座固定，简化安装工艺。

2. 机组的吊装孔

由于采用下部支撑方式，机组上方没有支撑体，因此水泵和电动机吊装孔可以合二为一，机组上部为全开式，整个吊装孔长达 11.40 m，为大型部件的安装吊运和维修拆装吊运带来方便(见图 4-37)。

3. 机组维修进人孔

从图 4-37 中可以看到，从水泵叶轮到电动机之间的流道为渐扩管，渐扩管段布置扩散型导叶。流道的电动机段为流道的最大截面处，从电动机段到灯泡尾部段流道渐窄，水流流速将增大。为使流道截面尽可能保持一致，以减少因流道内水流流速的突变而引起的水力损失，可适当加宽电动机底部的底座宽度。加宽后的底座也可以作为机组的维修进人孔通道。

整个机组在前端和后端各设有一个近似梯形的维修进人孔通道，轴向长约 0.65 m，宽约 1.2 m，便于维修人员和简易维修工具的进出(见图 4-58)。在维修进人孔通道中设有简易爬梯(见图 4-37)，方便维修人员登高。

维修进人孔通道同时也是电缆和冷却水管的通道。

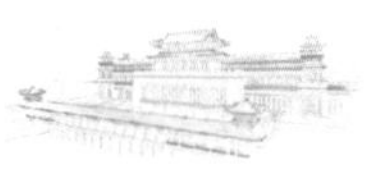

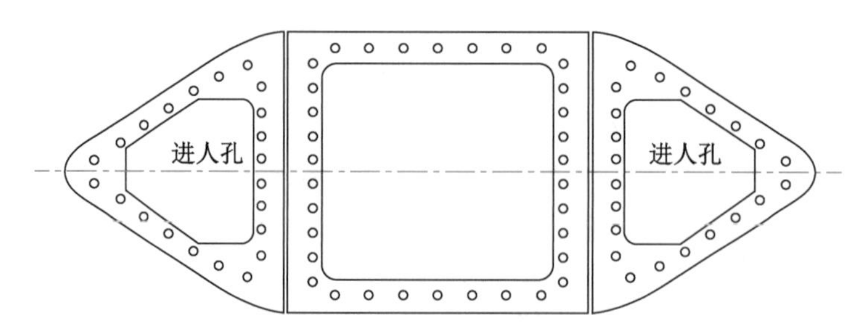

图 4-58　电动机底部的固定法兰

4. 电动机轴承结构

由于整个机组轴系长达 6.5 m，为方便安装转子，将水泵和电动机的轴分为两段。两轴承布置占用的空间小，安装调整方便，轴承受力均匀。经计算分析轴系临界转速能满足要求，确定采用两轴承布置，即电动机转子位于两轴承之间，水泵叶轮悬于前端轴承的外侧，机组的推力轴承位于尾端。

(1) 前端轴承

轴承座类型：采用座式的轴承座；

轴承类型：球面滚子轴承，带紧定套；

轴承负荷情况：承受 260 kN 径向负荷，不承受轴向负荷；

绝缘要求：最小绝缘电阻不小于 1 MΩ(500 VDC 时)；

轴承润滑方式：脂润滑；

润滑油牌号：SKF 锂基脂 LGEP2 或技术指标相同的国产润滑油；

充脂量：轴承每运行 1.5 a 补充油脂一次，补充量为 470 g；

轴承外部工作环境温度：－16.2～60 ℃；

轴承上布置测温元件孔、加脂孔及刷架安装螺孔。

前端轴承结构如图 4-59a 所示。

(2) 尾端轴承

尾端轴承类型：由两个轴承组成，轴承 1 为球面滚子轴承，带紧定套，轴承 2 为 SKF 球面滚子推力轴承；

轴承负荷情况：承受的径向负荷 190 kN，最大轴向负荷中，正向 370 kN，额定 125 kN，反向 60 kN；

绝缘要求：最小绝缘电阻不小于 1 MΩ(500 VDC 时)；

轴承润滑方式：脂润滑；

润滑油牌号：SKF 锂基脂 LGEP2 或技术指标相同的国产润滑油；

充脂量：对推力轴承，每运行 0.5 a 补充油脂一次，补充量为 270 g；对径向轴承，每运行 0.25 a 补充油脂一次，补充量为 340 g；

轴承外部工作环境温度：－16.2～60 ℃；

每个轴承上均布置测温元件孔、加脂孔。

尾端轴承结构如图 4-59b 所示。

为了确保满足轴承使用寿命的要求，对轴承使用寿命进行计算。计算结果表明，前端球面滚子轴承、尾端球面滚子推力轴承和球面滚子轴承都具有足够的运行寿命，能够满足关于轴承使用寿命不少于 30 000 h 的要求。

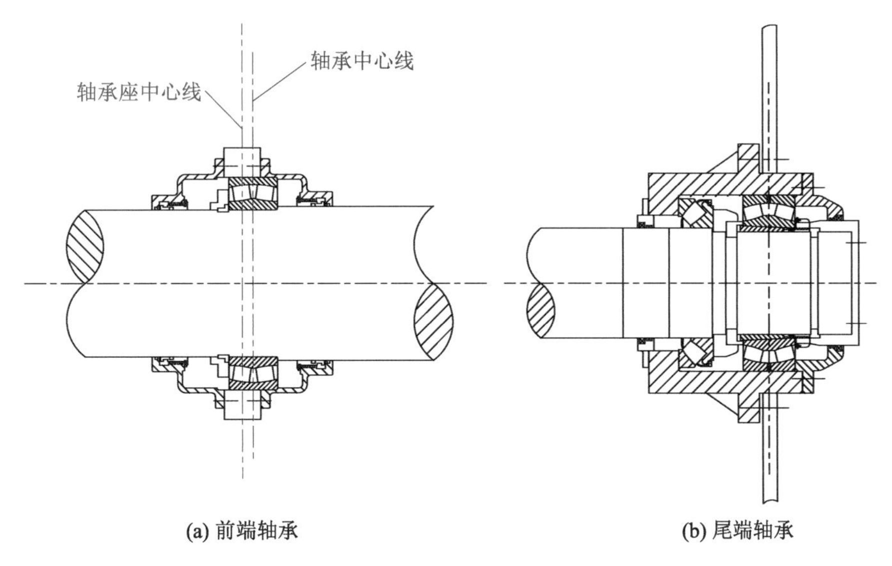

(a) 前端轴承　　(b) 尾端轴承

图 4-59　电动机轴承结构图

5. 电动机冷却方式

电动机位于水下流道中，具有利用流动水体对其壳体进行冷却的有利条件，因此电动机采用定子铁芯外圆紧贴壳体内壁的贴壁式结构，以利于定子铁芯的冷却。但定子绕组特别是电动机转子励磁绕组产生的热量仅靠机壳散热是不够的，设计中采用轴向密闭循环强迫通风冷却。

同步电动机滑环是励磁电流导入转子绕组的接口。滑环的布置要求能方便更换碳刷和刷架、滑环保养，同时还要考虑不致使碳刷灰进入电动机定、转子绕组，因此将滑环布置在中间环舱内，将其排除在电动机冷却循环风路之外。同时中间环舱内的空间较大，便于维护和保养。

由于中间环舱内的发热体主要是碳刷滑环和轴承，发热量少，因此电动机冷却风路设计仅涉及中间环舱后的各段风路。

碳刷滑环损耗估算：根据滑环的圆周速度、电动机所用的碳刷数量等数据计算得出碳刷滑环的摩擦损耗为 196 W。根据碳刷的接触电压降、额定励磁电流计算得出碳刷滑环的电气损耗为 520 W。因此，每台电动机碳刷滑环的损耗约为 716 W。

轴承损耗估算：假定轴承的摩擦系数 μ 为 0.001 8、轴承受力 F 为 237 kN，计算得出轴承的摩擦损耗为 1 005 W。

根据以上计算，整个中间环舱内的总损耗约为 1 721 W。而整个中间环舱的外壳表面积约为 16.9 m^2，要求单位外壳表面积的散热量为 101.8 W/m^2，这满足流量为 30 m^3/s 的流道水体的散热要求，故中间环舱不再采取另外的冷却措施。为保证机组安全运行，在轴承上安装温度传感器，在中间环舱安装湿度传感器，以监视中间环舱的温湿度变化。

6. 电动机定子结构

电动机的定子为整圆结构，由定子机座、定子铁芯和绕组等主要部件组成。

（1）定子机座

定子机座主要用于固定定子铁芯。机座由钢板焊接而成，机座罩板为钢板热卷焊接，两端焊以连接法兰，如图 4-60 所示。

为减小定子铁芯中漏磁在机座罩板中的涡流损耗，铁芯段钢板采用隔磁材料。为提高法兰的刚度，在法兰与罩板之间增加三角形撑板。在尾端的机壁上开有通风的腰形孔，机座顶端焊有不锈钢吊攀孔座。机座焊接后进行消除应力处理。

作用在机座上的力主要包括：电动机运行时产生的扭转力、电动机各种运行工况下的磁拉力、电动机运行时铁芯热膨胀引起的径向力、正向和反向的轴向水推力、整个定子的重力、通过定子定位筋传到机座的 100 Hz 的交变力、整个定子安装吊运过程中的作用力和水中的浮力。

机座设计要求具有足够的刚度以使其在受力情况下产生的变形控制在允许的范围内。

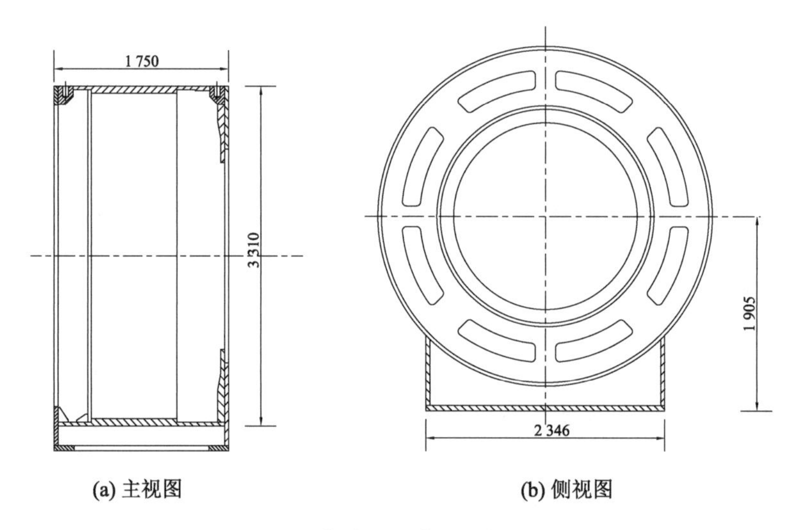

图 4-60　电动机机座图(单位:mm)

（2）定子铁芯

定子铁芯是定子磁路的主要组成部分，并用于固定定子绕组。在电动机运行时，定子铁芯受到机械力、热应力及电磁力的综合作用。定子铁芯由定子硅钢片、定位筋、齿压板、分瓣压圈等零部件组成。定位筋与机座之间采用螺栓紧固，然后将定子扇形硅钢片叠装固定于定位筋的鸽尾上，再通过齿压板、分瓣压圈将铁芯压紧成整体，最后用三角形支撑板将压圈焊接固定于机座内圆面上，如图 4-61 所示。

定子扇形硅钢片要求叠缝交错，叠装压力要求为 200 N/cm^2，压装系数≥0.95。定子铁芯叠装完成后，为保证叠装质量以防电动机在运行中出现电磁噪声等现象而进行铁芯铁损试验。试验接线如图 4-62 所示，初级线圈与次级线圈的空间位置互成 90°，W_1 为 3 匝，W_2 为 5 匝，U_1 为 50 Hz 交流电压 35.2 V，I_1 电流为 312 A，铁芯轭部磁密约为 1.0 T，测

得 U_2 为 58.7 V。试验持续 0.5 h，要求铁芯不得有电磁噪声，功率表读数乘以 U_1/U_2 后不得大于 8 731 W。

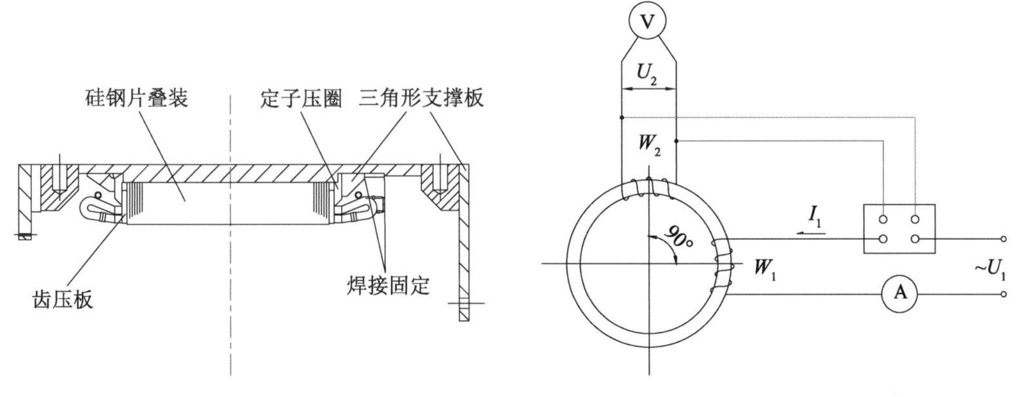

图 4-61　电动机定子铁芯

图 4-62　铁芯铁损试验接线

(3) 定子扇形硅钢片及其固定

定子扇形硅钢片采用 0.5 mm 厚的冷轧硅钢片。为避免叠片时相邻扇形片边缘搭叠，接缝边留有 0.2 mm 的间隙；为防止接缝处槽底错牙损伤线圈绝缘，在接缝处的槽底直角处冲斜 2 mm。由于采用了铁芯贴壁结构，铁芯中无径向风道，故在齿部设有通风孔(见图 4-63)。

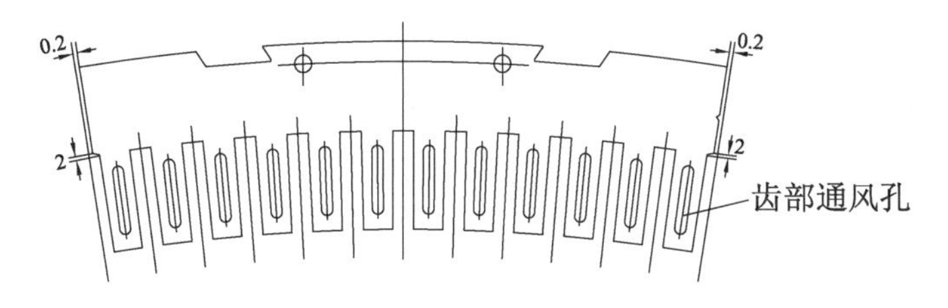

图 4-63　定子扇形硅钢片(单位:mm)

为了减少铁芯中的涡流损耗，扇形硅钢片两面涂环氧硅钢片漆一次，两面漆膜总厚度为 0.02～0.025 mm。电动机在工频启动时，绕组中将出现强大的冲击电流，其值可达到额定电流的 6～7 倍，使电动机定子和转子受到强大的电磁力矩的冲击。这种冲击在定位筋和固定螺钉上将产生较大的应力，因此对定位筋和固定螺栓进行电磁力矩冲击产生的切向力和径向磁拉力同时作用时的应力计算。

(4) 定子压圈与齿压板

定子铁芯的轴向压紧是通过齿压板和压圈的作用实现的，为提高机座的刚度，一端的压圈采用大压圈结构，即把整个压圈同机座焊接在一起，另一端的压圈由于直径较大，则通过 4 瓣拼成。压圈采用低碳钢板加工而成，为提高压圈的刚度，压圈上焊有三角形支撑板，如图 4-64 所示。

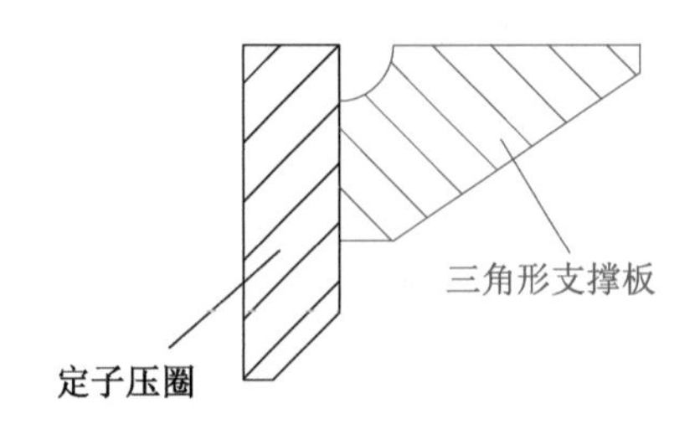

图 4-64　定子压圈与三角形支撑板

齿压板仿照扇形硅钢片，整圈由多块组成。为减少定子端部的漏磁损耗，齿压板采用黄铜铸造，在齿部的相应位置铸有通风孔。为增大齿部的压紧力，齿压板的齿部比轭部要高 2.5 mm(见图 4-65)。

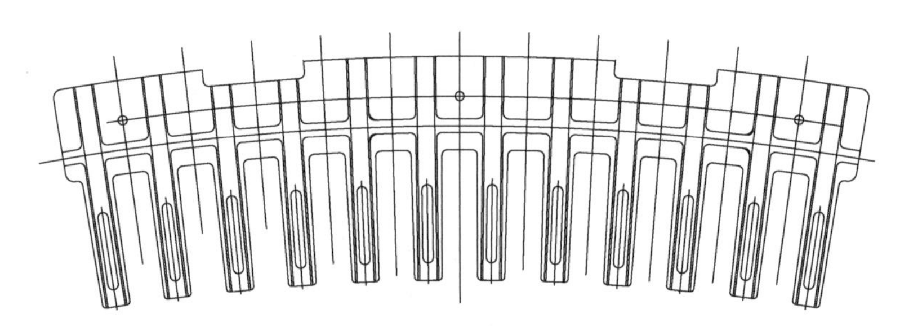

图 4-65　齿压板

首先将齿压板同定子扇形硅钢片用铆钉铆合在一起，然后将其固定在机座上。铁芯的齿部靠齿压板压紧，齿压板的齿部承受弯矩，因此须核算铁芯的压紧力和齿压板齿部的弯曲应力。

(5) 定子铁芯与机座的热膨胀作用力计算

机座外壳直接同流道水体接触，定子铁芯由于定子绕组的铜损和铁芯的铁损而出现温度上升，在定子铁芯与机座之间存在明显的温度差，铁芯的热膨胀将对机座产生一定的压应力，严重时将导致铁芯发生翘曲变形，因此须计算定子铁芯与机座的热膨胀作用力。计算时假定铁芯温升为 50 K，而机座温升为 4 K，据此计算定子铁芯与机座之间的热膨胀作用力及其在铁芯、机座中产生的切向拉应力。

(6) 定子线圈和定子绝缘结构

定子线圈是电动机的核心部件，定子线圈设计中需要在电磁计算的基础上进一步确定线圈的结构型式以及绝缘结构、形状尺寸、梭形尺寸、绕线模尺寸等，为线圈模具制造和线圈制造提供依据。

电动机定子线圈绕组采用双层叠绕组。电磁计算中已确定绕组的电压等级、槽数、相数、并联路数、绕组节距和铜线的规格、并绕根数等。定子线圈的形状尺寸如图 4-66 所示。

由于电动机定子绕组受到电动力、热胀力及机械力的综合作用，绝缘将逐渐老化，为保证电动机的安全可靠性和正常的使用寿命，定子绝缘结构设计需要考虑耐热等级、电气强度、热老化寿命、介质损耗、机械性能、耐电晕、铁芯槽的利用率等因素。

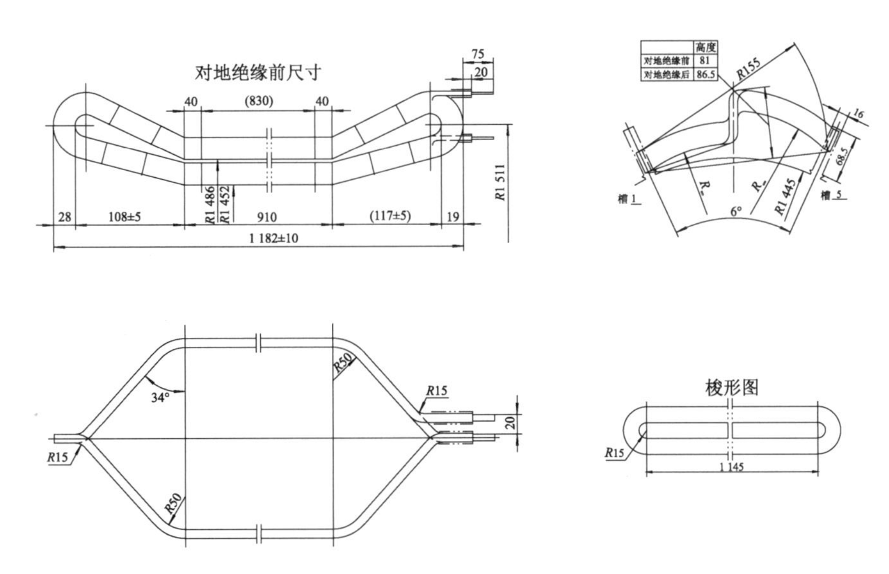

图 4-66　定子线圈的形状尺寸(单位:mm)

7. 电动机转子结构

电动机的转子由磁极、磁轭、主轴等部件组成。

磁极铁芯采用 1.5 mm 厚的 Q235 薄钢板叠压制成,端部用磁极压板压紧,再由拉螺杆固定,每极磁极用 4 根 M24 螺杆固定在磁轭上。为提高磁极线圈有效部分的冷却效果,结构设计时适当增加极身的高度。磁极线圈由裸扁铜排绕制而成,匝间垫以绝缘材料。为增大散热面积,扁铜排采用不同宽度尺寸的拼焊,以此形成散热匝,提高冷却效果。磁极线圈及极间引出线采用 0.5 mm 厚的多层薄铜板叠成。

阻尼绕组结构设计时考虑到贯流式同步电动机采用变频启动,同时也能满足电动机工频直接启动的要求,因此设计中兼顾启动和系统的动态响应性能。阻尼绕组的阻尼条与阻尼环为硬钎焊连接,两侧阻尼环端面加工与护环配合的止口,以两者的紧密配合及螺栓固定替代传统的 Ω 形连接片。

转子磁轭是电动机磁路的组成部分,同时又是磁极固定的结构件。电动机转子磁轭及其支架采用 ZG230－450 的铸钢件,在磁轭圈上开有径向通风孔。

主轴是电动机传递扭矩的主要部件,同时又承受整个转子的重量和正反向水推力,因此主轴是贯流式电动机中最重要的部件之一。电动机的主轴采用 45# 锻件并经正火及回火处理,主轴法兰部分及轴颈处需经超声波探伤检测。

转子的机械性能:电动机结构强度能耐受工程地震烈度(Ⅶ度),符合《大中型水轮发电机基本技术条件》(SL 321—2005)规范要求;电动机和水泵组装后整个轴系的一阶临界转速大于飞逸转速的 120%;电动机能在最大飞逸转速(282 r/min)下运行 2 min 不产生有害变形;电动机结构强度能承受水泵最不利工况。基于以上技术要求,进行主轴的挠度及临界转速计算。

8. 辅助舱室结构

辅助舱室包括中间环舱、过渡环舱和灯泡头舱 3 个部分。

（1）中间环舱

中间环舱是电动机同水泵连接的过渡部分，中间环舱前端与水泵导叶法兰连接，后端与电动机前端法兰连接，下部固定于底架上。中间环舱内装有前端轴承、滑环、碳刷架等，电动机轴与水泵轴的连接法兰也处于中间环舱内。因此中间环舱也是现场人员对水泵、前端轴承、滑环、碳刷等维护保养的作业空间。下部固定法兰的中间开有近似梯形的通孔，作为维修保养人员的进出通道。

中间环舱采用钢板焊接而成。两端法兰和底部法兰采用 50～60 mm 厚的厚钢板连接，外罩板用薄钢板拼成。由于外罩板较薄，内腔增加了撑筋，如图 4-67 所示。

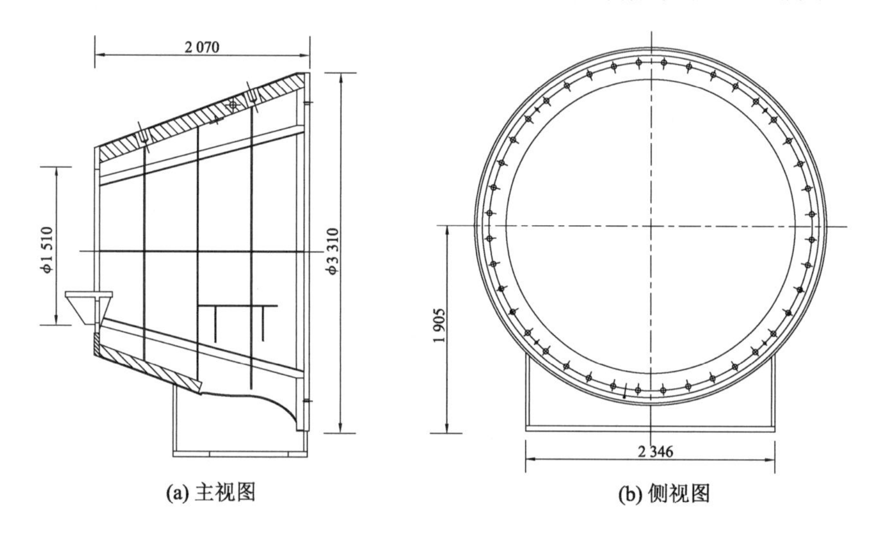

图 4-67　中间环舱(单位:mm)

前端轴承底架位于前端法兰处，在该位置刚性较好，承载能力较大，另外也尽量拉近了同水泵叶轮的距离，以减小前端叶轮处轴的挠度。为方便现场人员对水泵、前端轴承、滑环、碳刷等进行维护保养作业，中间环舱内左、右两侧设有操作平台。

中间环舱顶部焊有不锈钢吊攀孔座。为防止中间环舱在水下时焊缝处渗漏，需要对与水接触部分的焊缝进行煤油渗漏试验，以及超声波探伤、磁粉探伤检测。

焊接中间环舱后，应进行消除内应力处理。

（2）过渡环舱

过渡环舱是电动机与灯泡头连接的过渡部分。过渡环舱前端与电动机定子法兰连接，后端与灯泡头法兰连接，下部固定于底架上。过渡环舱内被分隔成内腔和外腔，内腔是从冷却器出来的冷空气流进电动机的通道，外腔是电动机内热空气流出的通道，通过过渡环外腔的热空气回到机组的尾端舱内，在过渡环舱内可以接触到后端轴承，也可以通过电动机转子支架孔进入电动机内；通过过渡环还可以进入灯泡头。因此过渡环舱也是现场人员对电动机、后端轴承、灯泡头内的冷却器、冷却风机、除湿器等维护保养的作业空间。下部固定法兰的中间开有近似梯形的通孔，作为维修保养人员的进出通道。

过渡环舱用钢板焊接而成，两端法兰和底部法兰用 50～60 mm 厚的厚钢板连接，外罩板用薄钢板拼成。由于外罩板较薄，壳内增加了撑筋。为方便现场人员对电动机、后端轴承等进行维护保养作业，中间环舱内左、右两侧设有操作平台。过渡环舱的顶部焊有不锈钢吊攀孔座。过渡环舱的结构如图 4-68 所示。

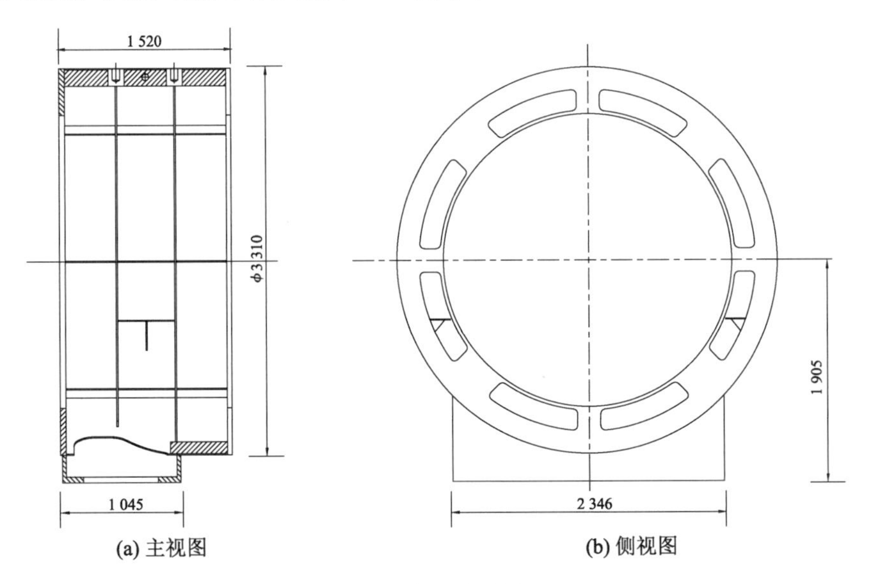

图 4-68　过渡环舱(单位:mm)

为防止过渡环舱在水下时焊缝处出现渗漏，需要对与水接触部分的焊缝进行煤油渗漏试验，以及超声波探伤、磁粉探伤检测。

焊接过渡环舱后，应进行消除内应力处理。

(3) 灯泡头舱

灯泡头舱是整个机组的尾端，为了减小流道水体的阻力，其外形按水力优化设计的型线设计。灯泡头舱下部没有支撑，通过法兰悬挂在过渡环舱上。整个灯泡头舱被分割成前后两个腔室，前腔室安装空气冷却器、冷却风机及除湿器等，后腔室安装水冷却器。水冷却器的进出水管通过前腔室与空气冷却器和机外的冷却水储水罐连接。

灯泡头舱采用钢板焊接而成，前端法兰用 50～60 mm 厚的厚钢板连接，外罩板用薄钢板拼成。由于外罩板较薄，壳内增加了撑筋。后腔室外罩板上的局部位置钻有一定数量的大小适当的通孔，使流道水流按一定的方向和速度流入和流出尾端灯泡头部后腔室，与水冷却器管中的热水进行热交换。灯泡头舱顶部焊有不锈钢吊攀孔座。灯泡头舱的结构如图 4-69 所示。

为防止灯泡环舱在水下时焊缝处出现渗漏，需要对与水接触部分的焊缝进行煤油渗漏试验，以及超声波探伤、磁粉探伤检测。

灯泡头舱焊接以后，应进行消除内应力处理。

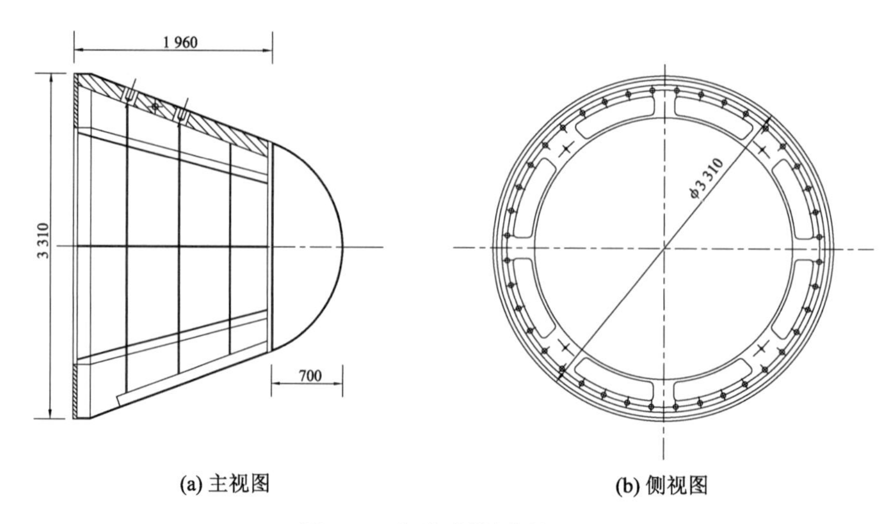

(a) 主视图　　(b) 侧视图

图 4-69　灯泡头舱(单位:mm)

9. 主要性能参数的设计值与试验值对比

电动机主要性能参数的设计值与型式试验值的对比见表 4-28,设计值与试验值均满足标准要求,这为灯泡贯流泵机组的成功运行提供了保证。试验中的贯流式同步电动机如图 4-70 所示。

表 4-28　电动机主要性能参数的设计值与试验值对比

名称	试验值	设计值	标准要求值
定子绕组直流电阻(95 ℃)/Ω	0.184 6	0.178 6	
励磁绕组直流电阻(95 ℃)/Ω	0.346 8	0.332 3	
定子温升(空气中运行)/K	87.4	40.8	90
转子温升/K	33.5	33.9	90
轴承温度/℃	38.6/50.8		95
振动幅值/mm	0.008		≤0.14
噪声 L_p(离电动机 1 m 处)/dB(A)	65		≤85
堵转电流倍数	4.54	5.15	
堵转转矩倍数	0.76	0.60	
最大转矩倍数	2.58	2.22	
牵入转矩倍数	1.27	1.11	

图 4-70　试验中的贯流式同步电动机

4.3.4　灯泡贯流泵机组电动机气隙不均对温升的影响

灯泡贯流泵机组电动机位于几乎密封的灯泡体内，运行环境差，通风冷却效果对机组安全可靠运行的影响较大。为保证定子对转子产生均匀的磁拉力，要求两者之间的气隙均匀。但由于制造、安装误差及运行的影响，电动机不可避免地存在气隙不均匀的现象。相关规范规定，大型灯泡贯流泵机组电动机最大气隙不能超过平均气隙的±10%。关于电动机气隙的研究已经取得了一定的成果，主要涉及气隙内冷却空气流动及热交换状况，气隙内磁场的变化规律，气隙偏心对电动机性能的影响等。气隙不均不仅降低电动机的效率，还会使电动机局部发热量和局部通风量发生变化，导致电动机局部温度过高。因此，下面根据前述电动机结构研究气隙不均时电动机的发热量、电动机局部最高温升及通风量的变化，以确定合理的通风参数，保证冷却效果，提高冷却系统的经济性。

1. 影响气隙不均的因素分析

定、转子制造和安装的圆度误差、转子的安装和运行偏心都会引起气隙不均。参照《水轮发电机组安装技术规范》(GB/T 8564—2003)，大型水轮机组电动机定子实测半径与平均半径之差不应超过设计空气间隙值的±4%，转子磁轭制造要求各半径与设计半径之差不应超过设计空气间隙值的±3.5%，安装后转子各半径与设计半径之差不应超过设计空气间隙值的±4%。转子安装后的整体偏心允许值应满足表 4-29 中的要求，并且最大不应超过设计空气间隙的 1.5%。

表 4-29　转子整体偏心允许值

机组转速/(r/min)	<100	100～200	200～300	300～500
偏心允许值/mm	0.50	0.40	0.30	0.15

对于大型水泵机组，则规定电动机气隙不均匀度不大于平均气隙的 10%，但对定、转子制造安装和运行误差没有作出要求。电动机气隙不均会引起不平衡磁拉力、主轴变形、导轴承磨损加快，同时还会引起电动机发热量和通风量发生变化。

2. 气隙不均对电动机运行参数的影响

(1) 对电动机电磁参数的影响

电动机气隙不均匀时，在气隙较大处，电压畸变率 T_{HD}、磁转矩、绕组支路自感与互感系数均较小，各支路绕组的损耗发热量小，但是电动机的功率因数较小、效率较低。在气隙较小处，磁转矩、电动机功率因数较大，效率较高，支路自感、互感系数较大，导致绕组发热量增大，T_{HD} 增大，谐波所占比例增加，在铁芯和线圈出现频率较高、波形较尖、幅值较大的谐波处，电流较大，导致绕组和铁芯回路损耗增大，发热量增大，造成电动机温升不均，气隙小处局部温度过高。

对气隙不均度 ε 和电流变化率进行分析得出，气隙不均匀处的电流是平均气隙处的 K_a 倍，$K_a=1+k_1\varepsilon$，其中 k_1 是与电动机结构型式有关的系数，可以通过测量不同气隙处绕组电流后确定。

(2) 气隙内空气流动速度

如图 4-67 所示，冷却空气经过电动机气隙时，受通风机压力的作用做轴向（z 轴方向）的直线运动，受转子压力的作用做圆周方向的旋转运动，故气隙中空气的运动方式为螺旋运动。

转子偏心会导致电动机气隙不均，空气圆周方向的流动如图 4-71 所示。由于转子具有对称性，研究 $\theta=0\sim\pi$ 时电动机的发热和通风冷却情况，在 θ 处气隙长度为

$$\delta=r-r_0=\sqrt{r_1^2-(e\sin\theta)^2}+e\cos\theta-r_0 \tag{4-7}$$

式中，r 为 θ 处电动机定子内表面到转子圆心的距离；r_0 为转子外径；r_1 为定子内径；e 为转子偏心量。

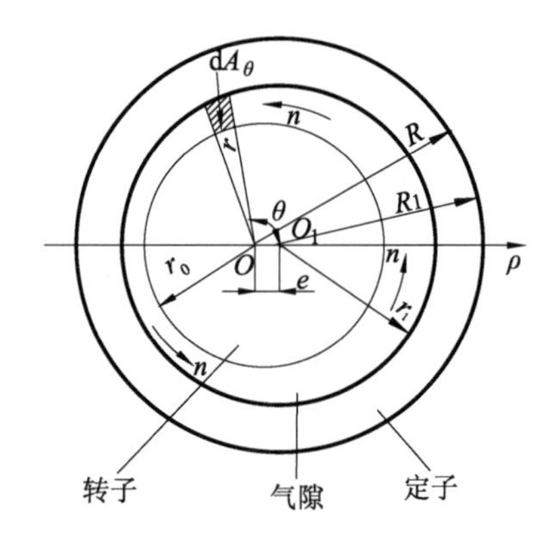

图 4-71　转子偏心几何参数

因定子内径较大，故 $e\sin\theta$ 对气隙长度的影响可忽略不计，则由式(4-7)得

$$\delta=(r_1-r_0)-e\cos\theta=\delta_{\mathrm{m}}-e\cos\theta \tag{4-8}$$

式中，δ_{m} 为平均气隙长度。

空气在气隙圆周方向速度的分布呈近似三角形，径向平均速度为

$$v_\theta=\frac{2\pi nr_0}{2\times60}=\frac{\pi nr_0}{60} \tag{4-9}$$

式中，n 为电动机额定转速。

空气在电动机气隙中的轴向流动如图 4-72 所示。通风压差沿轴向呈线性变化，即 $\mathrm{d}p_z/\mathrm{d}z=-\Delta p_z/b$ 为常数，其中 $\mathrm{d}z$ 为轴向微元长度，$\mathrm{d}p_z$ 为空气经过 $\mathrm{d}z$ 的轴向压差，Δp_z 为进出口轴向压差，b 为轴向长度。

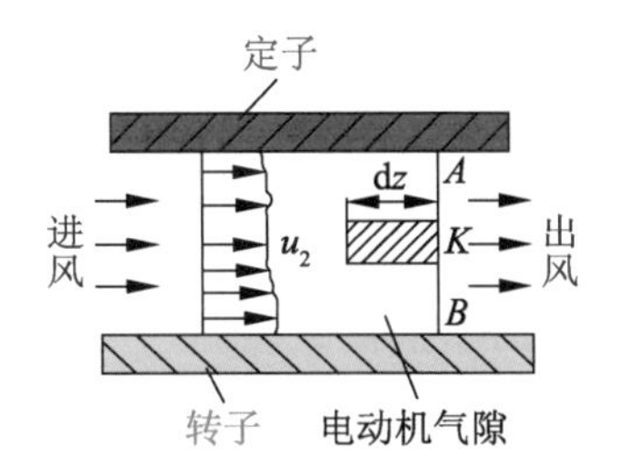

图 4-72　空气在电动机气隙中的轴向流动

空气微元在 θ 处的轴向速度分布为

$$v_{z\lambda}=\frac{\Delta p}{2\mu b}\frac{\lambda}{(1+\lambda)^2}(\delta-e\cos\theta)\sqrt{\delta^2+e^2-2\delta e\cos\theta} \tag{4-10}$$

式中，μ 为空气动力黏度；λ 为气隙内任意点到转子和定子表面的距离之比。

对于灯泡贯流泵机组电动机，转子通风槽面积远大于气隙面积，偏心对槽内空气速度的影响较小，气隙内空气的轴向平均流速为

$$v_z\approx\frac{Q}{S_a+\varphi S_c}=\frac{Q}{\pi(r_1^2-r_0^2)+2z_1l_1\varphi(h_n+b_n)} \tag{4-11}$$

式中，Q 为冷却空气体积流量；φ 为空气过流面积与槽总面积之比；h_n，b_n，l_1，z_1 分别为转子槽高、槽宽、铁芯长度和槽数。

平均气隙处空气轴向速度为

$$v_{zm}=\frac{\delta_m}{\varphi h_n+\delta_m}v_z \tag{4-12}$$

θ 处微元空气轴向速度 v_z 与 v_{zm} 之比为

$$k_2=\left(1-\frac{1}{2}\varepsilon_{\max}\cos\theta\right)\sqrt{1+\frac{1}{4}\varepsilon_{\max}^2-\varepsilon_{\max}\cos\theta} \tag{4-13}$$

式中，$\varepsilon_{\max}$ 为气隙最大不均匀度。

气隙不均时，θ 处空气的轴向速度为 v_{zm} 的 k_2 倍，$v_z=k_2v_{zm}$，可得空气合速度 v 和流动螺旋角 β 为

$$v=\sqrt{v_\theta^2+v_z^2}\ ,\quad \beta=\arctan\frac{v_\theta}{v_z} \tag{4-14}$$

(3) 气隙不均对电动机发热量的影响

风压对空气密度的影响较小，冷却空气为不可压缩流体。流线包围的螺旋微元空气体积流量 dQ 不变，$v_z\mathrm{d}A_\theta=$常数，其中 dA_θ 为微元体在垂直于电动机轴线平面内的面积，初始时刻空气微元所占的圆心角为 dθ_0。轴向位移变化 dz 时，空气微元所占圆心角为

$$\mathrm{d}\theta=\frac{v_{z0}(r_{\theta_0}^2-r_0^2)}{v_z(r_\theta^2-r_0^2)}\mathrm{d}\theta_0=\frac{k_{20}(r_{\theta_0}-r_0)(r_{\theta_0}+r_0)}{k_{2\theta}(r_\theta-r_0)(r_\theta+r_0)}\mathrm{d}\theta_0\approx\frac{k_{20}\delta_{\theta_0}}{k_{2\theta}\delta_\theta}\mathrm{d}\theta_0 \tag{4-15}$$

式中，k_{20}，$k_{2\theta}$ 分别为 θ_0，θ 处的 k_2 值；r_{θ_0}，r_θ 分别为 θ_0，θ 微元体处定子内表面到转子中心的距离；δ_{θ_0}，δ_θ 分别为 θ_0，θ 处的气隙长度。

不同气隙处，定、转子绕组的铜损、励磁铜损不同。假设定子线圈圆周有 n 匝绕组，沿

轴向 m 等分，则每等分绕组电阻为 r_c/mn，将定子 mn 等分，定子总体积为 V，每等分体积为V/mn。在 θ 处电动机体积微元 dV 所含的定子绕组热量为

$$\mathrm{d}P_{\mathrm{Cu1}}=\frac{(1+k_1\varepsilon_{\max}\cos\theta)^2P_{\mathrm{Cu1}}}{2\pi b}\frac{k_{20}\delta_{\theta0}}{k_{2\theta}\delta_\theta}\mathrm{d}\theta_0\mathrm{d}z \tag{4-16}$$

式中，P_{Cu1} 为定子绕组气隙均匀时的总铜损。

同理，在 θ 处沿冷却空气流动方向转子体积微元所含励磁绕组热量为

$$\mathrm{d}P_{\mathrm{Cu2}}=\frac{(1+k_1\varepsilon_{\max}\cos\theta)^2P_{\mathrm{Cu2}}}{2\pi b}\frac{k_{20}\delta_{\theta0}}{k_{2\theta}\delta_\theta}\mathrm{d}\theta_0\mathrm{d}z \tag{4-17}$$

式中，P_{Cu2} 为气隙均匀时励磁绕组的总铜损。

铁耗主要有磁滞损耗和涡流损耗，铁耗一般为不变损耗，可认为不随气隙长度的变化而改变。在 θ 处定、转子体积微元的铁芯损耗为

$$\begin{cases}\mathrm{d}P_{\mathrm{Fe1}}=\dfrac{P_{\mathrm{Fe1}}}{2\pi b}\dfrac{k_{20}\delta_{\theta0}}{k_{2\theta}\delta_\theta}\mathrm{d}\theta_0\mathrm{d}z\\[2ex]\mathrm{d}P_{\mathrm{Fe2}}=\dfrac{P_{\mathrm{Fe2}}}{2\pi b}\dfrac{k_{20}\delta_{\theta0}}{k_{2\theta}\delta_\theta}\mathrm{d}\theta_0\mathrm{d}z\end{cases} \tag{4-18}$$

式中，P_{Fe1}，P_{Fe2} 分别为定子、转子的总铁损。上述公式的详细推导过程可参见文献[19]。

3. 气隙不均时电动机与空气的热交换

(1) 定子铁芯对空气的温升计算

由式(4-17)和式(4-18)得，在 θ 处定子铁芯对气隙内部空气的温升为

$$\Delta t_{\mathrm{Fe1}}=\frac{k_3\mathrm{d}P_{\mathrm{Fe1}}+k_4\mathrm{d}P_{\mathrm{Cu1}}}{\alpha_{v0}k_5\mathrm{d}A_v}\approx\frac{k_3P_{\mathrm{Fe1}}+k_4(1+k_1\varepsilon_{\max}\cos\theta)^2}{2\pi bk_5\alpha_v(r_0+\delta_\theta)} \tag{4-19}$$

式中，dA_v 为螺旋状空气微元与定子内圆柱面的接触面积；k_3，k_4 为系数，通常取 0.72～0.84；k_5 为通风面积修正系数；α_v 为空气与铁芯表面的换热系数，见式(1-22)。

(2) 热空气出口处温升计算

设冷空气的温度为 t_c，当空气微元的轴向位移为 dz 时，沿螺旋流线流动方向的位移为 d$z/\cos\beta$，设空气微元与电动机的接触面积为 dA_θ，电动机发热量 dq 由流经 dA_θ 空气微元冷却。

$$\mathrm{d}q=k_3(\mathrm{d}P_{\mathrm{Fe1}}+\mathrm{d}P_{\mathrm{Fe2}})+k_4(\mathrm{d}P_{\mathrm{Cu1}}+\mathrm{d}P_{\mathrm{Cu2}})=c_a v\mathrm{d}A_\theta \tag{4-20}$$

式中，c_a 为空气比热容。

空气微元经过电动机后的温升为

$$\Delta t_a=\int_0^b\frac{k_4[(1+k_1\varepsilon_{\max}\cos\theta)^2P_{\mathrm{Cu}}+k_3P_{\mathrm{Fe}}]}{c_a\pi bv\delta_\theta(\delta_\theta+2r_0)}\mathrm{d}z \tag{4-21}$$

(3) 电动机最高温升计算

热空气出口处定子铁芯内表面温度是铁芯表面与热空气的温差和热空气温度之和。由式(4-19)和式(4-21)得

$$t=\frac{k_3P_{\mathrm{Fe1}}+k_4[1+(k_1\varepsilon_{\max}\cos\theta)]^2P_{\mathrm{Cu1}}}{2\pi bk_5\alpha_v(r_0+\delta_\theta)}+\int_0^b\frac{2k_4[(1+k_1\varepsilon_{\max}\cos\theta)^2P_{\mathrm{Cu}}+k_3P_{\mathrm{Fe}}]}{c_a v_z\delta_\theta(\delta_\theta+2r_0)}\mathrm{d}z+t_c \tag{4-22}$$

由于 α_v 和 δ_θ 都是以 θ 为自变量的函数，而

$$\frac{\mathrm{d}z}{\mathrm{d}\theta}=\frac{30}{n\pi}v_z(\theta) \tag{4-23}$$

因此由式(4-22)和式(4-23)可得，定子铁芯圆柱内表面的温度是以 θ 为自变量的函数，即

$$\begin{cases} t=f_1(\theta)+\int_{\theta_0}^{\theta} f_2(\theta)\mathrm{d}\theta+t_c \\ f_1=\dfrac{k_3P_{\mathrm{Fe}}+k_4(1+k_1\varepsilon_{\max}\cos\theta)^2P_{\mathrm{Cul}}}{2\pi bk_5\alpha_v r_\theta} \\ f_2=\dfrac{30k_2\cos\beta[k_4(1+k_1\varepsilon_{\max}\cos\theta)^2P_{\mathrm{Cu}}+k_3P_{\mathrm{Fe}}]}{n\pi^2bc_a(\delta_m-\varepsilon_{\max}\cos\theta)(r_1+r_\theta)} \end{cases} \tag{4-24}$$

计算最高温度值可以确定所需通风量。气隙不均匀时，气隙小处过流面积小，流动阻力大，空气流速、流量和表面换热系数均较小，冷却效果差。而气隙小处电动机的发热量大，热空气出口处电动机的温度较高，并且要传递更多的热量，定子铁芯表面与电动机内空气的温差也会增大。在轴向通风系统中，随着空气流程的增加，吸收的热量不断增加，空气和定子的温度不断上升。因此，定子铁芯最高温度位于热空气出口最小气隙处，通风冷却要保证该处温度(升)满足要求。

4. 电动机气隙不均通风冷却实例计算与分析

灯泡贯流泵机组电动机定子产生的热量，一部分通过外壁由外部水流带走，剩余热量由空气冷却。根据规范要求，定子铁芯允许的最高温度为 100 ℃。

以前述紧凑整体型灯泡贯流泵机组为例，电动机额定功率为 2 200 kW，额定效率为 95.5%，工频下额定转速为 125 r/min，额定电压、电流、相电阻分别为 6.6 kV，183 A 和 0.26 Ω，励磁电压、电流分别为 200 V 和 120 A，定子内径为 3 100 mm，冷却空气流量为 4.8 $\mathrm{m^3/s}$，设计气隙长度为 4 mm，气隙不均匀度不超过±10%。

(1) 计算结果与实测值对比

热空气出口处沿圆周气隙的空气温度、铁芯温度随气隙长度的变化如图 4-73 所示。热空气温度、铁芯温度随气隙长度的减小而增大，最小、最大气隙处空气温度相差 4 ℃、定子铁芯温度相差 15 ℃左右。

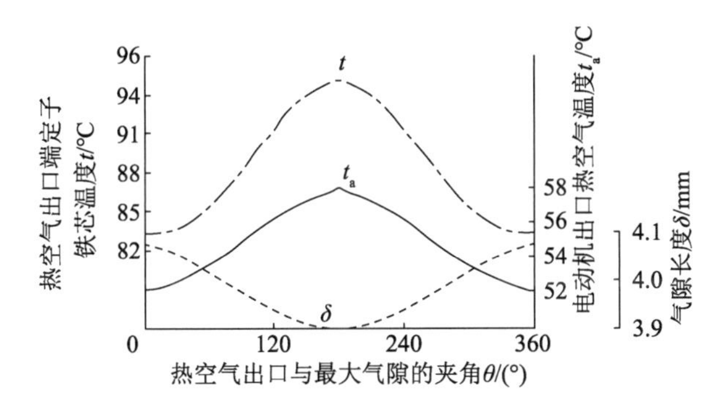

图 4-73　热空气出口处沿圆周气隙的铁芯温度和空气温度随气隙长度的变化

如表 4-30 所列，实测 1[#] 机组电动机的平均气隙长度为 4.02 mm，气隙不均度为

2.1%～3.7%；2# 机组电动机的平均气隙长度为 3.98 mm，气隙不均度为 4.7%～6.2%，气隙质量均满足要求。

表 4-30　电动机定子铁芯温度对比

机组	δ_m/mm	δ_{min}/mm	δ_{max}/mm	类别	δ_{max} 处温度/℃	δ_{min} 处温度/℃
1#	4.02	3.94	4.17	理论计算	43.76	48.86
				现场实测	44.10	48.90
2#	3.98	3.79	4.22	理论计算	42.80	51.99
				现场实测	42.53	51.80

在试运行过程中，利用埋设在定子铁芯内的 Pt100 型铂电阻温度传感器测量定子铁芯温度。采用的温度传感器为 A 级精度，温度测量误差用式(4-25)计算，即

$$\Delta t = \pm (0.15 + 0.002|t|) \tag{4-25}$$

定子铁芯温度在 50 ℃左右，温度测量误差小于 0.25 ℃。测量时，采用计算机采样，在控制室读取分别位于最大气隙长度与最小气隙长度处相距 180°的 2 个温度传感器的读数，并与理论预测值比较。表 4-30 中的结果表明，铁芯温升理论计算预测值与现场实测结果偏差仅为±0.34 ℃。电动机气隙大处温升低，气隙小处温升高。电动机气隙不均度越大，温升差也越大。1# 电动机气隙不均度较小，断面铁芯的最大温差为 4.80～5.10 ℃；2# 电动机的气隙不均度较大，断面铁芯的最大温差达 9.19～9.27 ℃。

(2) 通风量与气隙不均匀度的关系

定子最高温度随气隙不均匀度的增大而升高，如图 4-74 所示，当 Q=4.8 m³/s，气隙不均匀度为 0，0.05，0.10，0.15 和 0.20 时，铁芯最高温度分别为 83.06 ℃，89.04 ℃，94.52 ℃，103.75 ℃和 109.1 ℃。

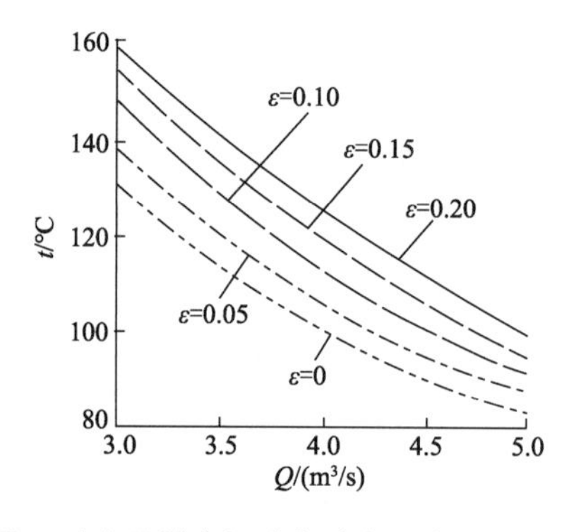

图 4-74　不同 ε 时定子最高温度与冷却空气量的关系(δ=4 mm)

将 100 ℃作为电动机允许的最高温度，当气隙均匀时，电动机所需的冷却通风量为 3.11 m³/s。当电动机温度超过该值时需要增大通风量，反之，可减少通风量。当气隙不均匀时，气隙小处电动机铁芯温度升高，故需增大通风量。当气隙不均匀度分别为 0.05，0.10，0.15 和 0.20 时，所需通风量分别为 3.36 m³/s，3.58 m³/s，3.87 m³/s 和 4.16 m³/s，比气隙均匀时分别增加了 8.0%，15.1%，24.4%和 33.8%。

4.4 变频调速的控制系统与运行模式

4.4.1 无旁路变频调速

第 4.2 节中安装整体紧凑型灯泡贯流泵的泵站，供电回路的电压等级是 10 kV，经综合技术经济比较后，变频装置的输出电压等级为 6.6 kV，因此采用无旁路的变频调速方式，变频器直接串接在母线与电动机之间。无旁路变频装置的接线如图 4-75 所示。

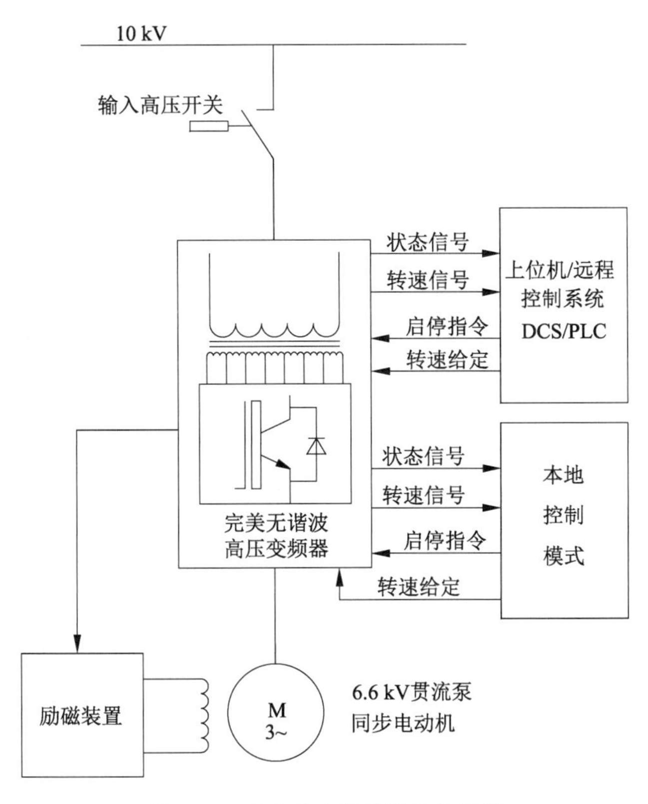

图 4-75 无旁路变频装置的接线图

1. 完美无谐波系列(perfect harmony)变频装置的特点

泵站根据工况调节的要求采用完美无谐波系列高压变频装置，其主要特点包括以下 9 个方面：

① 输入和输出谐波极少(36 脉冲整流、13 电平逆变)；

② 内部变压器为干式，绝缘等级为 H 级，可靠性强，维护简单；

③ 适应电网波动要求，在电网电压下降至 55%时变频装置仍能继续工作而不跳闸；

④ 采用电压源型高压变频装置，几乎在整个转速变化范围内输入功率因数大于 0.95；

⑤ 采用高-高结构，直接输出 6.6 kV 高压，不对电动机做任何改动；

⑥ 变频装置效率高，高于 98.5%；

⑦ 防护等级 IP31，对工作环境的要求低；

⑧ 环境湿度可达 95%；

⑨ 体积(包括变压器在内)小，可降低土建成本。

2. 完美无谐波系列高压变频器的工作原理

完美无谐波系列高压变频器采用若干个低压 PWM(pulse width modulation)变频功率单元串联的方式实现直接高压输出。该变频器具有对电网谐波污染小，输入功率因数大，输出波形质量好，不存在由谐波引起的电动机附加发热、转矩脉动、噪声、dv/dt 及共模电压等问题的特性，不需要输出滤波器，可与同步电动机或异步电动机配套使用。高压变频器的系统图如图 4-76 所示，功率单元的结构如图 4-77 所示。

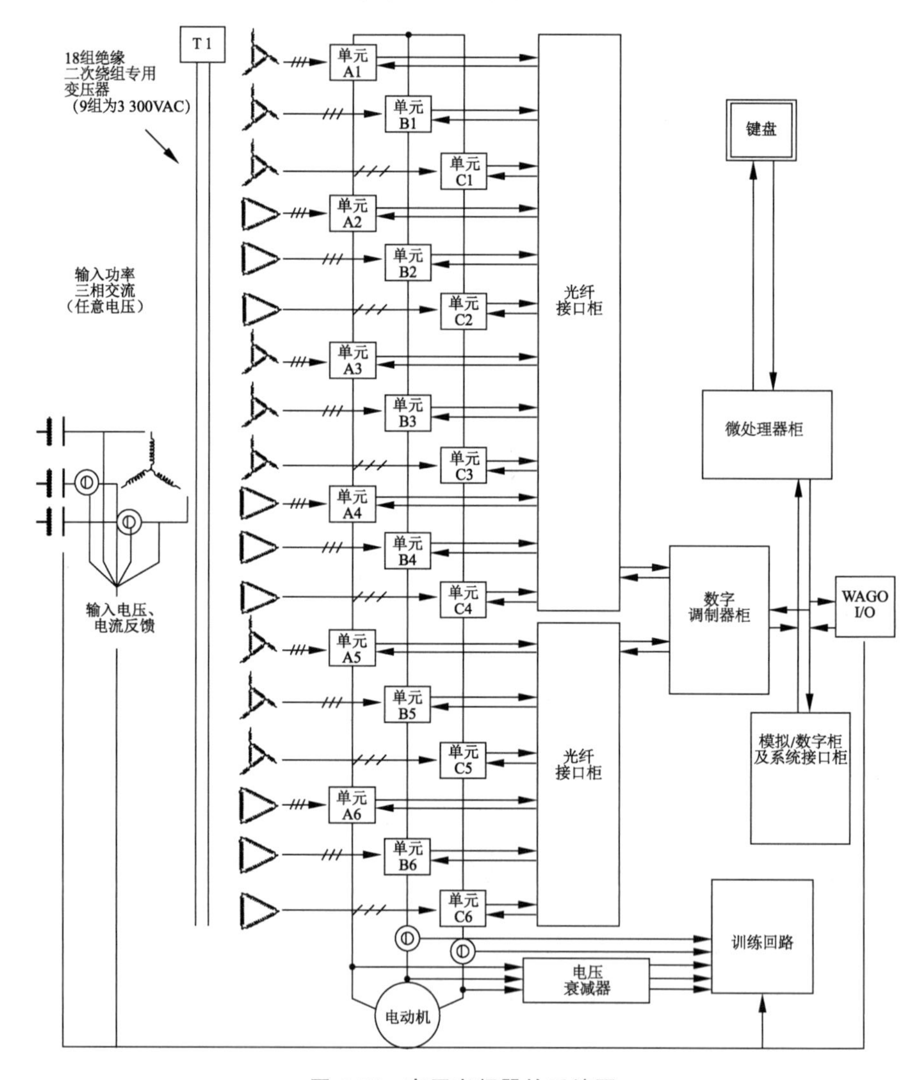

图 4-76 高压变频器的系统图

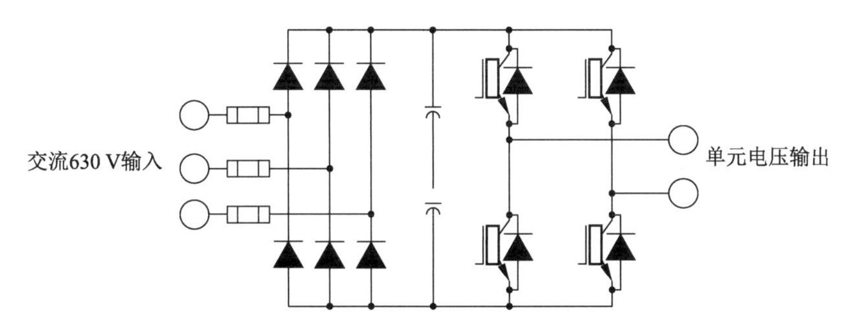

图 4-77　功率单元的结构示意图

多重化技术就是每相由几个低压 PWM 功率单元串联组成，各功率单元由一个多绕组的隔离变压器多级移相叠加的整流方式供电，先通过 CPU 实现控制，再由光导纤维隔离驱动。10 kV 电网电压经过副边多重化的隔离变压器降压后给功率单元供电，功率单元为三相输入、单相输出的交直交 PWM 电压源型逆变器结构，实现变压变频的高压直接输出，供给高压电动机。输出电压等级为 6.6 kV 时，每相由 6 个额定电压为 630 V 的功率单元串联而成，输出相电压 3 780 V，线电压 6.6 kV，每个功率单元分别由输入变压器的一组副边供电，功率单元之间及变压器二次绕组之间相互绝缘。二次绕组采用延边三角形接法，实现多重化，以达到减小输入谐波电流的目的。对于 6.6 kV 电压等级变频而言，就是 36 脉冲的整流电路结构，输入电流的波形接近正弦波。由于输入电流谐波失真低，变频器输入的综合功率因数达到 0.95 以上。图 4-78 为变频器输入电压及电流的波形。

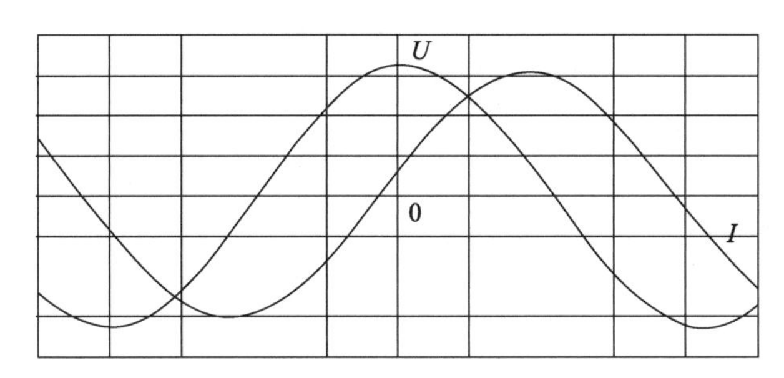

图 4-78　变频器输入电压及电流的波形

逆变器输出采用多电平移相式 PWM 技术，6.6 kV 输出相当于 13 电平，输出电压接近正弦波，dv/dt 小。逆变器电平数的增加可以改善输出波形，由谐波引起的电动机发热、噪声和转矩脉动减少，对电动机没有特殊要求，可直接用于普通电动机，不需要输出滤波器。图 4-79 为变频器输出电压及电流的波形。

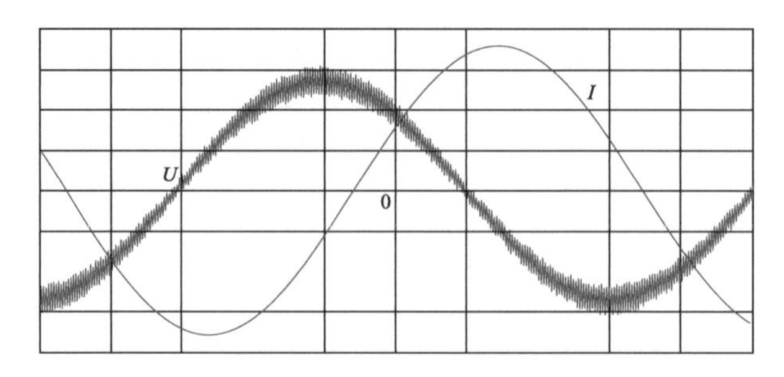

图 4-79 变频器输出电压及电流的波形

与采用高压器件直接串联的变频器相比，完美无谐波系列高压变频器采用整个功率单元串联，器件承受的最高电压为单元内直流母线的电压，可直接使用低压功率器件，器件不必串联，不存在因器件串联而引起的均压问题。功率单元中采用低压 IGBT(insulated gate bipolar transistor)功率模块，驱动电路简单，技术成熟可靠。功率单元采用模块化结构，同一变频器内的所有功率单元可以互换，维修也方便。泵站现场安装的变频装置如图 4-80 所示。

图 4-80 现场安装的变频装置

3. 控制系统与运行控制模式

(1)负载特性及变频装置控制策略选择

灯泡贯流泵的负载是流体，根据相似定律，在不同转速下的功率为

$$P=\left(\frac{n}{n_0}\right)^3 P_0 \tag{4-26}$$

由功率与转矩之间的关系 $P=Mn/9\ 550$ 可知，灯泡贯流泵的负载特性是转矩 $M\propto n^2$，而功率 $P\propto n^3$。灯泡贯流泵的负载转矩特性如图 4-81 所示。

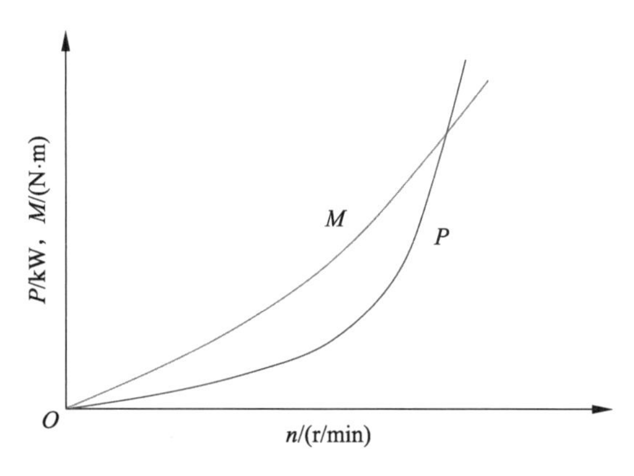

图 4-81　灯泡贯流泵的负载转矩特性

灯泡贯流泵在正常运转时，电动机的动力矩即电磁力矩与泵装置的阻力矩平衡，但启动过程中需要调整电动机的电磁力矩，使之与水泵机组的总阻力矩及加速惯性力矩达到动态平衡，即

$$M_D - M_L = J\frac{\mathrm{d}\Omega}{\mathrm{d}t} = \frac{\pi J}{30}\frac{\mathrm{d}n}{\mathrm{d}t} \tag{4-27}$$

式中，M_D 为同步电动机电磁力矩；M_L 为总阻力矩；J 为水泵机组的转动惯量；Ω 为水泵机组的转动角速度；n 为机组的转速。

如果同步电动机采用异步启动方式，则在异步启动阶段可近似作为异步电动机处理，电磁力矩为

$$M_D = M_{\max}\frac{2+2s_K}{\dfrac{s_K}{s}+\dfrac{s}{s_K}+2s_K} \approx M_{\max}\frac{2}{\dfrac{s_K}{s}+\dfrac{s}{s_K}} \tag{4-28}$$

式中，$M_{\max}$ 为最大电磁力矩；s 为转差率；s_K 为相应于最大电磁力矩的临界转差率。

电动机启动的瞬间，$s=1$，“启动力矩”(堵转矩)为

$$M_1 = M_{\max}\frac{2+2s_K}{\dfrac{1}{s_K}+3s_K} \approx M_{\max}\frac{2}{s_K+\dfrac{1}{s_K}} \tag{4-29}$$

达到亚同步时，$n=0.95n_0(s=0.05)$，同步电动机投励牵入同步，其牵入力矩为

$$M_2 = M_{\max}\frac{2+2s_K}{\dfrac{0.05}{s_K}+20s_K} \approx M_{\max}\frac{2}{20s_K+\dfrac{0.05}{s_K}} \tag{4-30}$$

根据灯泡贯流泵的特点可知，总阻力矩 M_L 的主要组成部分是水力矩。灯泡贯流泵系统的启动力矩平衡示意如图 4-82 所示，图中 M_D 为电动机的电磁力矩、M_1 为堵转矩、M_L 为水泵阻力矩、$M_{静}$ 为静摩擦力矩，M_n 为亚同步时阻力矩，当电动机达到牵入力矩 M_2 时牵入同步。

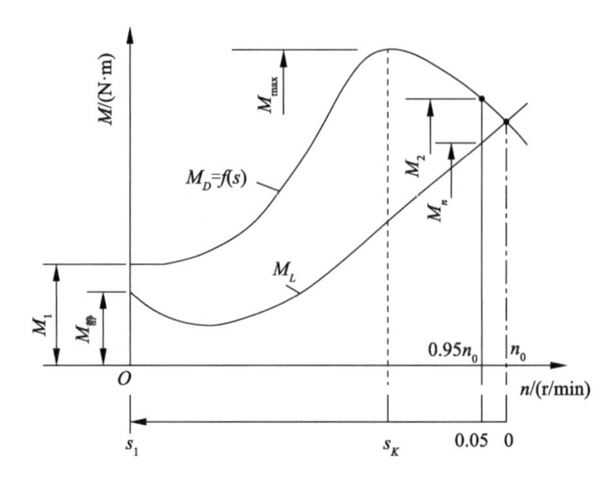

图 4-82　灯泡贯流泵系统的启动力矩平衡示意图

变频器根据电动机的特性参数及电动机的运转要求，对电动机的电压、电流、频率进行控制，以达到驱动负载的要求。当控制策略不一样时，其控制效果也不一样。目前，变频器对电动机的控制策略大体可分为 V/F 控制、转差频率控制、矢量控制、直接转矩控制等。

① V/F 控制

V/F 控制是在改变电动机电源频率的同时改变电动机电源的电压，使电动机的磁通保持一定，在较宽的调速范围内，电动机的效率、功率因数不减小。其缺点是低速性能较差，转速较低时电磁转矩无法克服较大的静摩擦力，不能恰当地调整电动机的转矩补偿，以适应转矩的变化。

② 转差频率控制

转差频率控制是通过控制转差频率来控制转矩和电流，转差频率控制需要检出电动机的转速，构成速度闭环，速度调节器的输出为转差频率，以电动机速度与转差频率之和作为变频装置的给定频率。该控制方式可以取得较好的稳态控制效果，但达不到良好的动态特性。

③ 矢量控制

矢量控制即磁场定向控制，将三相静止坐标系下的交流电动机模型经过三相/两相静止坐标变换，等效成两相静止坐标系下的电动机模型，再经过两相静止到两相旋转坐标系的旋转变换，可进一步等效成直流电动机模型。然后模仿直流电动机的控制方法，得到直流电动机的控制量，经过相应的坐标反变换，实现对交流电动机的控制。矢量控制技术需要对电动机参数进行正确估算，因此如何提高电动机参数的准确性一直是重点研究的课题。

④ 直接转矩控制

与矢量控制不同，直接转矩控制不是通过控制电流、磁链等变量间接控制转矩，而是将转矩直接作为被控制量。直接转矩控制的优越性在于其控制的是定子磁链，对除定子电阻外的所有电动机参数变化稳健性良好，转矩响应快，但低转速时转矩脉动不易解决。

在同步电动机采用变频调节时，为实现泵组的顺利启动，通常采用矢量控制策略，为了增加启动转矩，减小启动时的电枢电流，通过励磁装置在启动前向同步电动机的励磁绕组加以一定的励磁电流，即带励启动，建立主磁通，然后变频器开始输出，驱动电动机启动。

（2）变速运行节能效果分析

泵的运行工况点是由泵特性与管路特性决定的，在市政等行业，为适应生产工艺和生活需求或外部环境的变化，泵的工况点随之变化，即需要进行泵运行调节。恒速（不变频调速）运行的泵站，通过调节安装在泵出口管路上的阀门或闸门等节流部件的开启度来调节流量，实质上是通过改变出口管路的水力损失改变管路特性，进而改变泵的工况点（见图 4-83），节流损失的压力为 $\Delta H=H_1'-H_2$，相应多消耗的功率为

$$\Delta P=\frac{\gamma Q_2\Delta H}{1\ 000\ \eta}$$

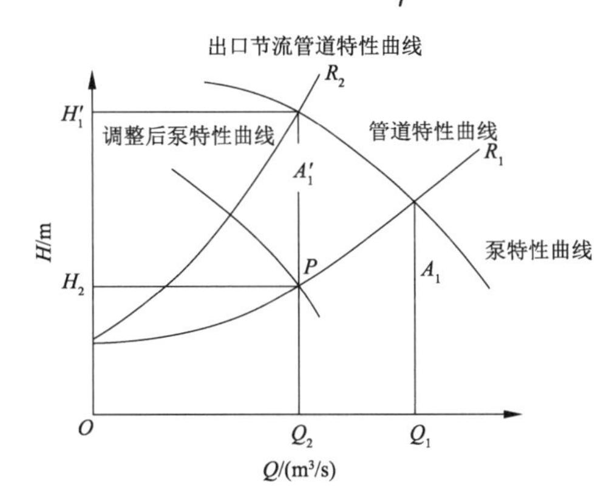

图 4-83 泵的节流调节与变速调节

如果采用变速调节，调速后的泵特性与管路特性相交于点 P，满足流量 Q_2 和扬程 H_2 的要求，则与节流调节相比节省功率 $\Delta P\eta_{\mathrm{VFD}}$，其中 η_{VFD} 为变频装置效率，节能效果明显。

但是对于引调水泵站，由于上、下游均为自由水面，而且进、出水流道较短，通常采用快速闸门或虹吸式断流，并不起节流调节的作用。随着上、下游水位的变化即净扬程的改变，管路特性曲线上下平移，与泵特性曲线的交点即为新的工况点。例如，在工况点 A 时（见图 4-84 中最优工况点），消耗功率为 $P_1=\dfrac{\gamma Q_1 H_1}{1\ 000\ \eta_1}$；在工况点 B 时消耗功率 $P_2=\dfrac{\gamma Q_2 H_2}{1\ 000\ \eta_2}$，由于轴流泵的功率在同一叶片安放角下随着扬程的增大而增加，所以 $P_1>P_2$。通过变速调节，保证泵工作在最优工况点，即按照比例律改变转速，若泵工作在点 A'，则消耗功率为 $P_2'=\dfrac{\gamma Q_2' H_2'}{1\ 000\ \eta_1\eta_{\mathrm{VFD}}}=\left(\dfrac{n_2}{n_1}\right)^3\dfrac{P_1}{\eta_{\mathrm{VFD}}}$，因此对于同一净扬程 H_{20}，变速前后能耗差为

$$\Delta P=\frac{\gamma Q_2 H_2}{1\ 000\ \eta_2}-\frac{\gamma Q_2' H_2'}{1\ 000\ \eta_1\eta_{\mathrm{VFD}}}=P_2-\left(\frac{n_2}{n_1}\right)^3\frac{P_1}{\eta_{\mathrm{VFD}}}\tag{4-31}$$

从式(4-31)可以发现，只有在转速下降到一定数值时，能耗有可能节省，但是由于转

速降低，流量也随之减小了(Q_2-Q_2')，因此在这种情形下应该按照单位流量的能耗进行节能比较。如果要求流量维持或接近 Q_2，则不能按照比例律确定降速运行的工况点，存在合理转速变化范围的问题。

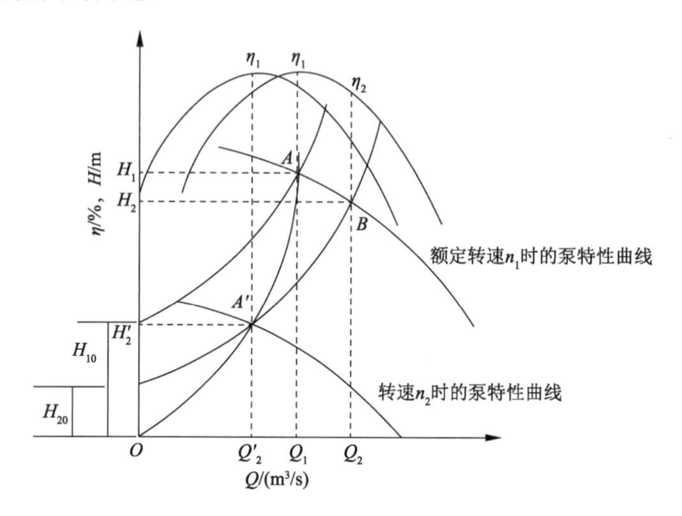

图 4-84　贯流泵变频调速示意图

例如，泵站扬程为 $H_1=4.10$ m 时，流量 $Q_1=34.12\ m^3/s$，最高效率 $\eta_1=78.95\%$，如果水泵在额定转速 125 r/min 运行，当扬程为 $H_2=3.20$ m 时，流量 $Q_2=37.22\ m^3/s$，效率为 $\eta_2=75.22\%$，根据式(4-31)，假定变频装置效率为 $\eta_{VFD}=96\%$，则当转速 $n_2<0.95n_1$ 时具有节能效果。根据比例律，扬程 $H_2=3.20$ m 时转速为 0.88 n_1(即 110 r/min)，满足节能转速的要求，节省能耗 $\Delta P=304.8$ kW。但在该转速下流量为 30.13 m^3/s，因此单位流量能耗由 41.733 6 kW 减小到 41.418 6 kW，单位流量能耗减少 0.315 kW。

(3) 转速变化时变频装置效率和电动机的损耗与效率

变频装置作为驱动电动机的电源变换装置，由于在无旁路运行方式下始终投入运行，因此其损耗影响装置性能。其损耗包括整流损耗、逆变损耗和控制回路损耗，其中整流损耗和逆变损耗取决于电力半导体器件的通态损耗和开关损耗，约占总损耗的 90%，而控制回路损耗与变频装置容量和负载无关，负载电流的大小对变频装置的损耗起着决定性作用。

变频装置的效率为

$$\eta_{VFD}=\frac{P_{in}-\Delta P_{VFD}}{P_{in}} \tag{4-32}$$

式中，P_{in} 为变频装置的输入功率；ΔP_{VFD} 为变频装置的损耗功率，$\Delta P_{VFD}=P_{in}-P_M$，$P_M$ 为变频装置的输出功率，即电动机的输入功率。其中，

$$\Delta P_{VFD}=P_M\ \frac{1-\eta_{VFD}}{\eta_{VFD}} \tag{4-33}$$

电动机的损耗主要包括铁损，定、转子铜损，杂散损耗和机械损耗等，其中前 3 部分损耗之和占全部损耗的 90%。根据水泵的负载特性，P_M 可用水泵的轴功率 P_N 与电动机

损耗之和表示，即 $P_M=P_N+\Delta P_{mot}$。任意转速 n 下的水泵轴功率可以用流量的二次多项式表达，即

$$P_N=a\left(\frac{n}{n_0}\right)Q^2+b\left(\frac{n}{n_0}\right)^2Q+c\left(\frac{n}{n_0}\right)^3 \tag{4-34}$$

由 $P_M=\frac{P_N}{\eta_{mot}}$（$\eta_{mot}$ 为电动机效率）可分别得到变频装置损耗和电动机在任意转速下的损耗，即

$$\Delta P_{VFD}=\frac{1-\eta_{VFD}}{\eta_{VFD}\eta_{mot}}\left[a\left(\frac{n}{n_0}\right)Q^2+b\left(\frac{n}{n_0}\right)^2Q+c\left(\frac{n}{n_0}\right)^3\right] \tag{4-35}$$

$$\Delta P_{mot}=\frac{1-\eta_{mot}}{\eta_{mot}}\left[a\left(\frac{n}{n_0}\right)Q^2+b\left(\frac{n}{n_0}\right)^2Q+c\left(\frac{n}{n_0}\right)^3\right] \tag{4-36}$$

根据泵站的变频装置和电动机在不同转速下的效率数据，可得到效率随转速变化的关系如下：

$$\begin{cases}\eta_{VFD}=0.9014689+0.0007943n-0.0000017n^2\\ \eta_{mot}=0.2243569+0.0120563n-0.0000506n^2\end{cases} \tag{4-37}$$

不同转速下变频装置和电动机效率随转速的变化情况如图 4-85 所示，变频装置受转速的影响较小，在 60%额定转速以上时，效率相差 1%左右。电动机受转速的影响较大，当转速在 90%额定转速以下时，效率有明显降低，主要是随着转速的降低电动机的端电压减小，电动机的实际功率减小，损耗所占比例增大，因此变速运行节能分析时必须考虑变频装置和电动机随转速变化而导致的效率变化。对于同步电磁式电动机，可以通过增大励磁电流和励磁电压，使定子电流增加而提高电动机的功率和效率，而永磁同步电动机具有效率优势（见图 4-55）。

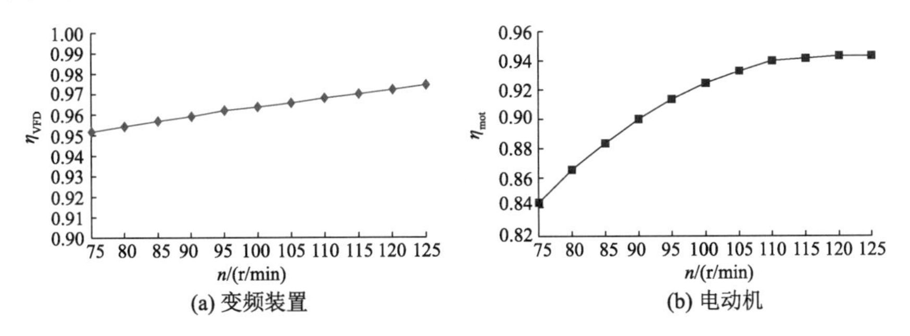

图 4-85 变频装置和电动机效率与转速的关系

4.4.2 有旁路的变频调速方式

1. 主接线

由于引调水泵站尤其是梯级调水泵站在运行中扬程相对稳定、变幅较小，因此大多数工况在工频下运行，如果采用无旁路的变频调速方式，则变频装置及其配套的电抗器的损耗始终存在，不利于节能运行，且一旦变频装置发生故障则无法开机运行。因此在电动机的电压等级与母线电压等级一致的情况下可采用有旁路的接线方式，在工频运行时切换至电网供电回路，避免变频装置等设备的损耗。第 4.1 节中泵站典型的主接线图如图 4-86 所示。

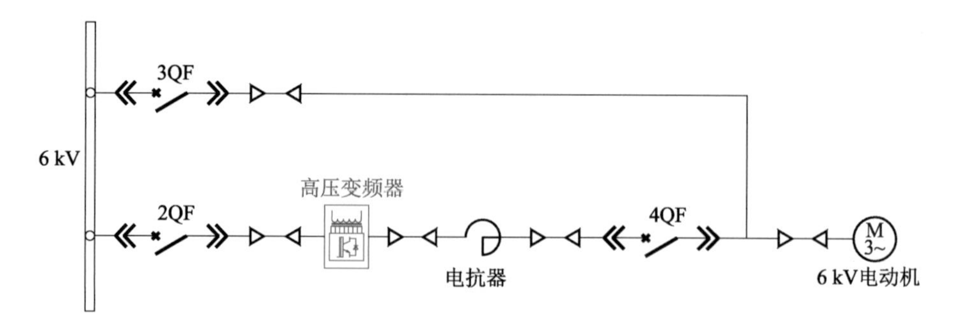

图 4-86　典型的主接线图

2. IGBT 直接串联高压变频器特性

IGBT(绝缘栅双极型晶体管)的大功率逆变器是 MOS 结构双极器件,属于具有功率 MOSFET(metal-oxide-semiconductor fied effect transistor)的高速性能与双极的低电阻性能的功率器件。IGBT 的应用范围一般都在耐电压 600 V 以上、电流 10 A 以上、频率为 1 kHz 以上的区域,IGBT 元件直接串联高压变频器(无内含输入变压器)进行直接整流,如图 4-87 所示。

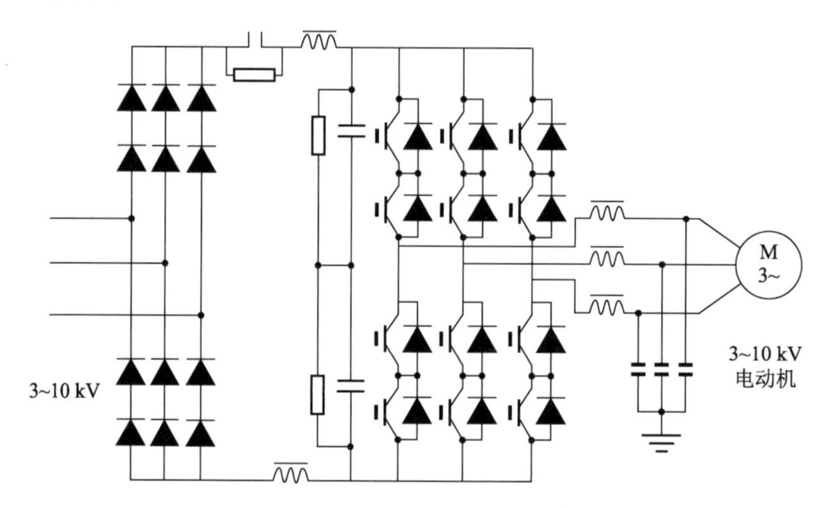

图 4-87　IGBT 元件直接串联高压变频器主回路原理图

电压变换方式:电源→IGBT 元件直接串联高压变频器(R_1)→电动机(R_2)。系统等效阻抗 $R=R_1+R_2$。

(1) 主回路

现代 PWM 控制技术产生的电压波形能基本消除低次谐波,二电平比三电平的整体效果更好,与多重化相差不大,在低频段波形优于多电平和多重化。同时,多电平、多重化带来的问题比直接串联高压变频器产生的问题多。

(2) 静、动态性能

直接串联二电平可以像低压变频器一样加直流制动电路或能量回馈,其动态性能可以像低压变频器一样优越,且电路较为简单。多电平,特别是多重化不容易实现,因此它们只能用于一些调速要求不高的场合。为此,IGBT 元件直接串联高压变频器(通用高压变频器)应用直接速度控制(DSC)技术对交流传动来说是一种较优的电动机控制方法,它可以对所有交流电动机的核心变量进行直接控制,不需在电动机转轴上安装脉冲编码器来反馈转子位置信号,具有精确的速度和转矩;另外,其控制过程不受定子温度和转子温度的变化对电动机参数变化的影响(矢量控制效果因受转子温度的影响而变差,直接转矩控制效果因受定子温度的影响而变差)。

DSC是交流传动领域电动机控制方式的一次革命,它从零速开始不使用电动机轴上的脉冲码盘反馈就可以实现电动机速度和转矩的精确控制,在零速时能产生满载转矩。

在DSC中,定子磁通、转子磁场和转速是主要的控制变量。DSC以滑差为误差,以转矩为调节量,采用鲁棒性设计控制,确保稳定性和可靠性。高速数字信号处理器与先进的电动机软件模型相结合使电动机的状态每秒更新4万次。由于电动机状态以及实际值和给定值的比较值被不断更新,逆变器每一次的开关状态都是单独确定的。这意味着变频器可以产生最佳的开关组合并对负载扰动和瞬时掉电、网压波动等动态变化做出快速响应。在DSC中不需要对电压和频率分别控制PWM调制器,开环动态速度的控制精度可以达到闭环磁通矢量控制的精度。DSC静态速度控制精度为标称速度的0.1%～0.4%(50 Hz～2 Hz),满足绝大多数工业应用的要求。当要求实现更精确的速度调节时,可以加装脉冲编码器可选件。DSC的开环转矩阶跃上升时间小于5 ms,而不带速度传感器的磁通矢量控制变频器的开环转矩阶跃上升时间大于100 ms,与直接转矩控制同等,转矩脉动为0.3%,比直接转矩控制优越,其鲁棒性优良,即可靠性、稳定性较强。

(3) 复杂程度

和其他的高压变频器相比,三电平高压变频器多6个快速二极管,五电平高压变频器则更多。多电平高压变频器的每个开关需要独立控制,多重化高压变频器每个单元上的4个开关器件需要独立控制,并且它们都有体型笨重、结构复杂、成本高、自损大的输入变压器。IGBT元件直接串联无输入变压器组成的同一组件只需一个开关量控制,其具有高效性和高可靠性。

(4) 节能效果

多重化高压变频器为得到若干组不同的独立电压,变压器采用延边三角形法,很难得到三相平衡的移相电压,因此会形成环流,增大铜损、铁损,并且负载变化不大,而数百个变压器的内外接头也将增大损耗,降低可靠性。

输入变压器的使用使高压变频器的效率降低。以2 000 kW的高压变频器为例,仅变压器的自损耗一年就达360 d×24 h×100 kW =864 000 kWh。

应用变频器也可节能并产生经济效益,在同等工况下IGBT元件直接串联高压变频器可多节能5%以上。从长远角度看,更高效、节能的设备产生的效益是很可观的。

(5) 输入、输出谐波含量

IGBT直接串联高压变频器在输入端施加无源校正技术,能对基波进行相移补偿或抑制某些指定的谐波。具体方法是在输入端增加无源元件,以补偿滤波电容的输入电流;在输入回路中串入电感器,以限制输入电流的上升速度,延长整流管的导通时间,功率因

数可以提高到0.9以上。谐波都被转移到调制频率附近，使得输入端的谐波含量 T_{HD} 指标符合国家标准。在输出端采用了电压正弦波整形器，将高压变频器输出的PWM电压波形整形为与电网电压一样的标准正弦电压波形。无论变频器是工作在高频段还是在低频段，电动机负载工作在重载或轻载条件下其波形都不变。在输出端设有抗共模电压治理器，以解决高压EMC(electromagnetic compatibility)问题，其输出端谐波含量指标符合国家标准。

(6) 可用于任何负载性质的电动机

IGBT高压变频器无输入或输出变压器，在目前是一种高效、高质量、高性价比产品。其主要应用场合：用于风机、水泵变工况调速；用于位势负载，如起重机、提升机、电梯、皮带机等；用于对转角、位移的精确控制，如轧机；用于恒转矩的通用机械传动系统。

3. 工况切换流程

利用变频器对电动机进行调速的特点：一是根据流量变化要求进行调速，调速范围广，电动机运行平稳，稳速精度高，动态响应快，可以克服其他形式的调节装置调速性能的弊端；二是可以节能运行，采用变频器调节后功率因数接近1，减少无功功率消耗，降低运行成本，同时水泵消耗的功率与转速的三次方成正比，当流量减小时，变频器减载降速，使水泵高效区下移，提高低扬程运行时的水泵装置效率；三是实现变频启动、变频停机功能，有效减少启动电流对电动机的机械冲击和对电网的冲击，可消除停机时的水锤现象，延长电动机的使用寿命。

当泵站运行扬程相对稳定、变幅较小时，大部分运行工况处于工频下，为了实现变频启动、变频停机功能，需要解决变频器在变频和工频之间的同步切换问题。

根据图4-86所示的主接线图，同步切换分“上切”和“下切”两种操作，“上切”是指将电动机从变频驱动运行状态切换到电网运行状态，然后将电动机与变频器分离；“下切”是指将电网运行状态的电动机从电网分离，然后切换到变频驱动运行状态。

(1)“上切”切换

由变频器驱动电动机运行，通过锁相技术，当变频器的输出频率、幅值、相位与电网一致时并网，并网后将电动机从变频驱动运行状态切出，投入电网运行状态。“上切”切换的基本步骤如下：

① PLC发出“上切”请求信号；

② 调整变频器的输出频率、幅值、相位，使其与电网一致；

③ 变频器向PLC发出“上切”允许指令；

④ PLC控制操作3QF合闸，并向变频器反馈3QF状态信号；

⑤ 变频器接收到3QF合闸信号，约30 s后，向PLC发出“上切”结束信号；

⑥ PLC控制操作4QF分闸，并向变频器反馈4QF状态信号；

⑦ PLC撤销“上切”请求信号；

⑧ PLC撤销“运行请求”信号，变频器自由停机直至待机。

(2)“下切”切换

变频器先空载运行，通过锁相技术，当变频器的输出频率、幅值、相位与电网一致时并网，并网后将电动机从工频运行状态切出，投入变频驱动运行状态。“下切”切换的基本步骤如下：

① PLC 发出“下切”请求信号；

② 变频器调整输出频率、幅值、相位与电网一致；

③ 励磁将无功调为 0，以防变频器出口过压；

④ 变频器向 PLC 发出“下切”允许指令；

⑤ PLC 控制操作 4QF 合闸，并向变频器反馈 4QF 状态信号；

⑥ 变频器接收到 4QF 合闸信号，约 30 s 后，向 PLC 发出“下切”结束信号；

⑦ PLC 控制操作 3QF 分闸，并向变频器反馈 3QF 状态信号；

⑧ PLC 撤销“下切”请求信号。

(3) 同步切换需注意的问题

在实际应用中，变频电源与电网电源的频率和幅值不可能完全一致，两者之间存在微小差异，因此规定在相位差小于允许误差范围时进行切换。从变频电源与电网电源的频率差、幅值差、相位差对切换时电流的影响看，频率差和幅值差对切换结果的影响小，切换结果主要受两者相位差的影响，切换时相位差大产生的冲击电流也大。因此，检测变频电源与电网电源的相位差是一个关键环节。变频器的切换条件：通过锁相技术在指定时间内计算相位差变量并判断其是否在允许误差范围内，从而发出“上切”和“下切”信号。

在切换过程中，变频器和电网电源同时给电动机供电，会产生冲击电流，对变频器有一定的影响，因此需要在变频器和电动机之间设置电抗器，用于限制切换时产生的冲击电流。电抗器在同步投切时起到阻碍变频器输出电流突变的作用，避免变频器切换中并网时电网电压波动产生大电流的冲击对变频器造成损害。电抗器的电感参数选择很重要，过小起不到阻碍电压、电流突变的作用，过大将影响变频器的正常输出，降低电动机效率。选择电抗器的电感时，需保证通过电抗器的电流不大于变频器的过流保护值，根据变频器保护电流大小以及锁相成功时变频器输出、电网电压及相位差来确定电抗器的电感等相关参数。经分析计算，该泵站配套的干式电抗器容量为 298 kvar，额定电流 260 A，电感值 4.83 mH，抽头电感值 2.43 mH。

4. 机组运行控制模式研究

变频调速的工况调节方式能够在满足扬程、流量的需求下，使贯流泵装置尽可能运行在高效率区，图 4-17 为根据模型装置试验结果推荐的原型机组的最佳变速运行范围。实际上，该最佳变速运行范围仅仅是根据水泵装置的性能得出的，并没有考虑变频装置及电抗器的损耗，由式(4-37)和图 4-85 可知，变频装置和电动机的效率均随着转速的变化而变化，频率(转速)越低，效率越低。为减少由于变频装置运行产生的损耗，当采用有旁路接线方式时，则需要综合比较无变频装置时工频运行与考虑变频装置和电动机额外损耗后运行时的单位能耗，最终确定运行控制模式。

根据图 4-7 和图 4-8 可得出该泵站在不同转速下的模型装置特性曲线如图 4-88 所示，当采用旁路运行的控制方式时，则不考虑变频装置的损耗，可根据图 4-7 相似换算得到原型装置叶片安放角为 0°时在工频下的特性曲线，如图 4-89 所示。

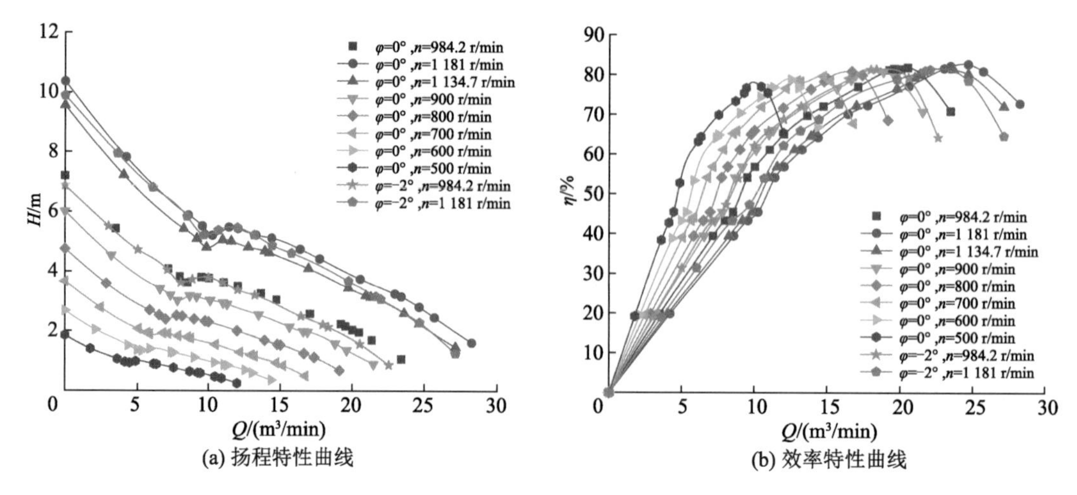

(a) 扬程特性曲线　　(b) 效率特性曲线

图 4-88　不同转速下模型装置特性曲线

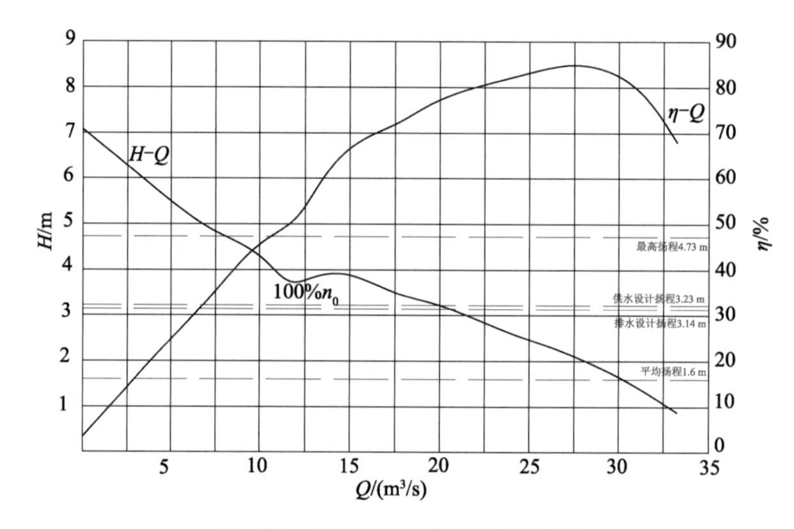

图 4-89　工频下原型装置的特性曲线

由图 4-89 可见，在供水设计扬程时，工频下运行尚不能满足设计流量的要求。扬程在 3.7～3.9 m 范围内为马鞍区，当泵站的扬程大于 3.7 m 时，不利于水泵的安全运行，故需采用变频调速增大水泵的运行转速，使水泵能够安全、高效运行，并在设计扬程下满足设计流量要求。扬程接近 0 时，水泵的流量较大，效率下降较快，此时可以采用变频调速减小水泵的运行转速，适当减小流量，提高水泵运行效率。

(1) 安全运行模式

在贯流泵变频调速示意图(见图 4-84)中，假设 A' 和 A_1 分别对应变频前、后的工况点，不考虑效率变化，$\frac{H_1}{H_0}=\left(\frac{n_1}{n_0}\right)^2=\lambda_l^2$，$\frac{Q_1}{Q_0}=\frac{n_1}{n_0}=\lambda_l$。

为使水泵安全运行，要保证变频调速后水泵特性曲线中马鞍区鞍底的扬程高于水泵的实际运行扬程。额定转速下，鞍底扬程 H_{ad0} 为 3.7 m，变频后鞍底扬程 $H_{ad}=H_{ad0}\left(\frac{n_{aq}}{n_0}\right)^2\geqslant$

H,即变频后水泵的转速需满足:$n_{aq}=\lambda_{aq}\times n_0\geqslant n_0\sqrt{H/H_{ad0}}$。最大扬程时安全运行需要调整转速 $n_{aq}\geqslant 107.1\sqrt{4.73/3.7}=121.1$ r/min。但水泵提高转速运行也有一定的劣势,首先提高转速会同时增大水泵的扬程和流量,功率将大幅增加;另外转速提高使得水泵各部件的磨损增加,温度升高,水泵零件应力增加,甚至机组振动变大,造成紧固件松动等危险,故考虑在满足要求的前提下,尽量减小转速增大的幅度。

(2) 满足流量要求运行模式

通过变频调速,水泵运行需要满足设计扬程(3.23 m)时达到设计流量(30 m^3/s)的要求,额定转速下装置扬程-流量的拟合关系式(马鞍区以下段)为

$$H_0=-0.003\ 347\boldsymbol{Q}_0^2+0.004\ 219\boldsymbol{Q}_0+4.489$$

变频后

$$H_{sj}=\left(\frac{n_{sj}}{n_0}\right)^2\times H_0=\lambda_{sj}^2 H_0=3.23\ \text{m}$$

$$Q_{sj}=\frac{n_{sj}}{n_0}\times Q_0=\lambda_{sj}Q_0\geqslant 30\ \text{m}^3/\text{s}$$

由此可得 $\lambda_{sj}\geqslant 1.166$,即设计扬程为 3.23 m 时,提高水泵转速为 $n_{sj}=\lambda_{sj}\times n_0\geqslant 124.9$ r/min,能满足设计流量的要求,变频后频率 $f=\lambda_{sj}\times 50\geqslant 58.3$ Hz。综合考虑安全运行和设计扬程下设计流量的要求,当扬程在设计扬程及以上时,水泵转速设置为 124.9 r/min,既能满足设计扬程下的流量要求,又能保证水泵运行不进入马鞍区。

(3) 高效运行模式

上、下游为自由水面的引调水泵站在实际运行过程中,某一时刻上、下游水位差(扬程水平线 H)与水泵装置特性曲线的交点即为水泵的运行工况点。调节水泵运行工况的目的就是在扬程出现变幅时,调整水泵转速至最优转速,使得调速后的水泵能高效运行。首先考虑变频装置始终运行,得出转速随扬程变化的最优调节方式,再与工频情况进行对比,即可确定变速运行的控制方式。

当扬程为 H 时,采用变频调速可以提高水泵运行的转速为 n_1 或 n_2。若提高转速为 n_1,则水泵运行状态点为 A_1,水泵流量为 Q_1,输入功率为 P_{in1},其中装置运行总效率 $\eta_1=\eta_{z1}\times\eta_{mot1}\times\eta_{int1}\times\eta_{VFD1}$,其中 η_{z1},η_{mot1},η_{int1},η_{VFD1} 分别为水泵装置效率、电动机效率、传动效率和变频效率;若提高转速为 n_2,则水泵运行状态点为 A_2,水泵流量为 Q_2,输入功率为 P_{in2},同样 $\eta_2=\eta_{z2}\times\eta_{mot2}\times\eta_{int2}\times\eta_{VFD2}$,这种情形下一般按照单位流量的能耗进行节能比较。因此对于扬程 H,在 2 种转速 n_1,n_2 运行条件下,单位流量能耗差为

$$\Delta E=\frac{P_{in1}}{Q_1}-\frac{P_{in2}}{Q_2}=\frac{\gamma H}{1\ 000\eta_1}-\frac{\gamma H}{1\ 000\eta_2}=\frac{\gamma H}{1\ 000}\times\left(\frac{1}{\eta_1}-\frac{1}{\eta_2}\right)\tag{4-38}$$

即某一扬程条件下,比较 2 种工况单位流量能耗差,即比较装置运行总效率的大小,总效率越大,单位流量能耗越低,水泵装置越节能。η_z 可由图 4-89 原型水泵装置特性曲线拟合,传动效率 $\eta_{int}=1$,变频装置和电动机在转速为 75~125 r/min 时的效率 η_{mot},η_{VFD} 随转速变化关系如式(4-37)所列。

为求出某扬程下水泵装置运行的最高效率点,通过 $\eta=\eta_z\times\eta_{mot}\times\eta_{int}\times\eta_{VFD}$ 来计算 $\frac{\partial\eta}{\partial\lambda}=0$ 不易求解,故采用图解法分析。根据模型特性曲线(见图 4-88),绘制转速在 75.0~

124.9 r/min($0.700n_0 \sim 1.166n_0$)时原型水泵装置变频综合特性曲线，如图 4-90 所示。

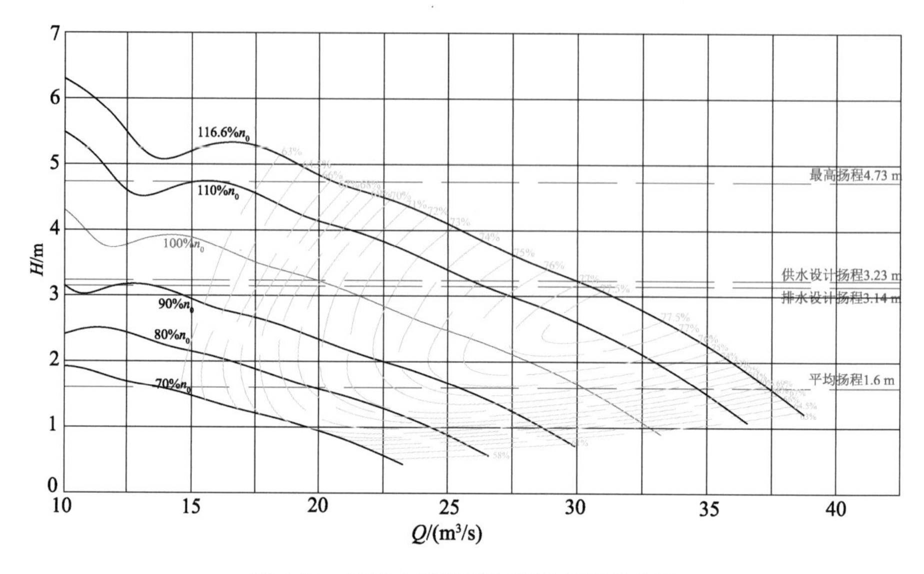

图 4-90　原型水泵装置变频综合特性曲线

由图 4-90 可知，在高效区以上的部分，同一扬程下，随着转速增大，效率提高，最高效率点在 $n=1.166n_0$ 特性曲线上；在高效区以下的部分，同一扬程条件下，随着转速的增大，效率先增大后减小，在某一转速时装置总效率达到最高。根据图 4-90 找出各扬程下最高效率工况点，并与工频工况下的流量和效率进行对比，如图 4-91 所示。

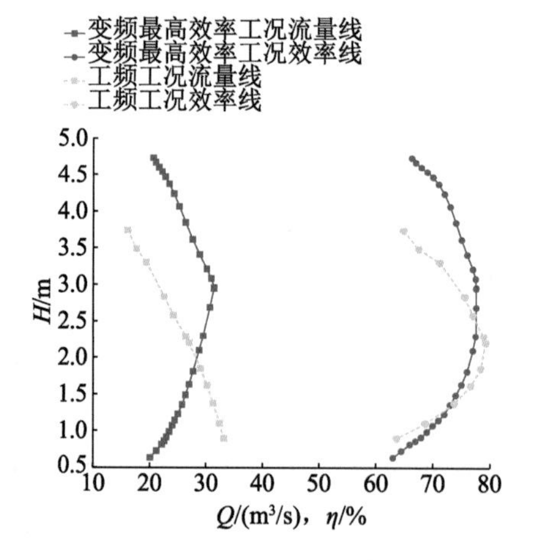

图 4-91　变频最高效率工况与工频工况流量和效率的对比曲线

由图 4-91 可见，变频工况能够得到更宽的高效区，只有扬程在 1.3～2.5 m 之间，工频工况的效率更高，在其他扬程条件下，变频工况的效率更高。但在低扬程情况下($H<1.3$ m)，变频工况追求高效率的同时，流量会相应减小。例如，在扬程为 1.0 m 时，工频工况流量 $Q_0=32.8$ m^3/s，效率 $\eta_0=64\%$，变频高效工况流量 $Q_1=23.5$ m^3/s，效率 $\eta_1=69\%$，变频后总效率提高了 5 个百分点，流量却减小了 28.4%，即变频后提供相同水量，所用电量约减少 7.3%，所用时间却增加 39.6%。这将大大延长泵站的运行时间，显然也

是不合理的。不妨在考虑低水位变频条件下，以确保流量减小不超过10%（即 $Q_1 \geqslant 27\ m^3/s$）为限制条件，由图4-88确定各扬程下对应的最高效率工况点，并与工频情况下的流量和效率进行对比，如图4-92所示。

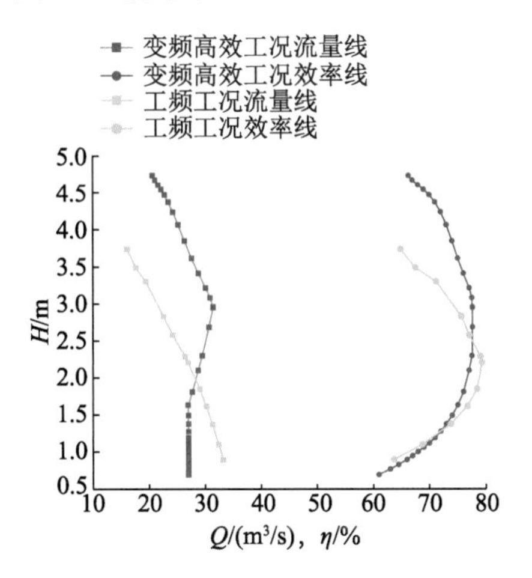

图 4-92 变频高效工况（$Q_1 \geqslant 27\ m^3/s$）与工频工况流量和效率的对比曲线

由图4-92可见，同样是扬程在1.3～2.5 m之间，工频运行工况的效率更高，在扬程 $H \leqslant 1.3$ m时，以确保流量 $Q_1 \geqslant 27\ m^3/s$ 作为限制条件变频，其效率比工频工况下的效率高。因此，考虑扬程在1.3～2.5 m时切除变频装置，采用旁路下工频工况运行方式；在其他扬程条件下，采用变频运行方式，变频调速运行的控制条件见表4-31。对比表4-31与图4-17发现，在考虑变频装置和电动机在不同转速下的效率变化后，不同扬程下的变速规律明显不同。

表 4-31 变频调速运行的控制条件

序号	扬程 H/m	转速比 λ	转速 n/(r/min)
1	4.73～3.00	1.166	124.9
2	3.00～2.50	$-0.029H^2+0.305H+0.513$	124.9～117.1
3	2.50～1.30	1.000	107.1
4	1.30～0.00	$0.128H+0.735$	96.5～78.7

4.4.3 变频调速时装置的运行模式

1. 变频调速时电动机的运行模式

电动机额定功率与额定转速及转矩的关系式为

$$P_N = n_N T_N \tag{4-39}$$

式中，P_N 为电动机的额定功率；T_N 为电动机主轴承受的额定扭矩；n_N 为电动机的额定转速。

电动机设计时功率和扭矩有一个取值范围，当采用变频调速时，电动机的转速根据频率发生变化。当转速调小时，如果功率取额定值，扭矩将增大，电动机的主轴会产生扭曲

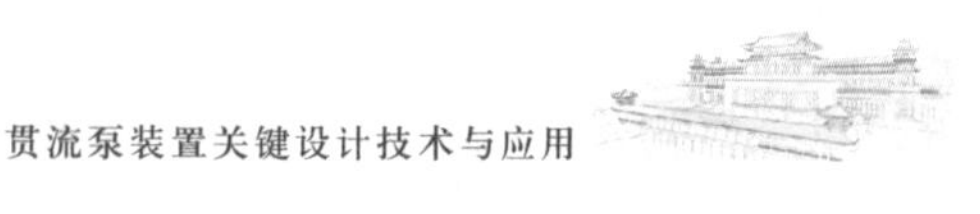

变形，因此功率应成比例减小，让 T_N 保持恒定，这时为恒转矩运行；当转速调大时，如果转矩不变，电动机的功率将增大，超出其设计范围，电动机的温度升高，稳定性变差，所以电动机转矩应成比例减小，使其输入的功率 P_N 保持恒定，这时为恒功率运行。

因此，当电动机采用变频调速时，转速低于额定转速时电动机采取恒转矩运行，转速高于额定转速时采取恒功率运行，电动机额定容量按最高运行频率时的功率选择确定。

2. 变频调速时励磁装置的运行模式

(1) 励磁装置功能要求

应用于变频调速电动机配套的励磁装置的功能与普通的励磁装置功能不同，变频器与励磁装置之间有控制和接口信号联系的要求。励磁装置需适应于有变频启动变频运行、变频启动工频运行要求的场所，同时需兼顾工频启动工频运行要求的场所。电动机的启动及运行方式在开机前通过触摸屏面板预先设定，在切断励磁调节器电源后重新通电生效，双套调节器的设置一致。

在变频启动工频运行方式下，需接入变频器出口断路器及工频断路器的常开辅助接点；励磁装置转入工频运行后，励磁装置完全接管励磁控制权限，不再响应变频器的控制，此时励磁装置输出至变频器的接点依然有效。

从工频运行方式下切至变频运行方式时，由 PLC 提供下切请求接点，将励磁调节器的“下切请求”设置为“允许”；处于工频自动运行方式的励磁装置接收到下切请求信号后，自动转入恒无功功率调节方式，并将给定值调整为 0；在检测到无功功率小于 10%且持续 2 s 后转入手动控制模式，重新发出励磁就绪信号允许变频器再次投入；在检测到变频器出口断路器合闸且工频旁路断路器分闸后励磁系统转入变频运行方式，励磁输出自动跟踪变频器输出的 4～20 mA 励磁控制电流值，在变频器控制下调整励磁输出大小或灭磁停机。该功能在设置的启动方式为变频启动、运行方式为工频运行且励磁控制方式为“自动”时有效。

(2) 与变频器接口的要求

励磁装置与变频器接口信号的联系如图 4-93 所示。

1) 励磁就绪输出

励磁装置设有变频启动励磁就绪输出及工频启动励磁就绪输出 2 路信号，采用硬接点信号输出。励磁装置与变频器连接的只使用变频启动励磁就绪输出接点，当励磁装置同时满足下列条件时接点吸合：

a. 启动方式设置为变频启动；

b. 励磁自检无致命故障(即无事故)，且之前发生过的励磁事故已经得到确认并使用信号复归按钮解除；

c. 励磁工况设置为“工作”；

d. 装置内部空气开关状态为“合闸”；

e. 变频器引来的供调节器使用的励磁控制输入 4～20 mA 信号正常(大于 3.5 mA)；

f. 变频器引来的变频器故障接点处于分断状态(变频器无故障)。

励磁装置在变频启动结束后转入工频运行时，励磁就绪输出信号自动释放。

当设置的启动方式为变频启动，运行方式为工频运行，励磁控制方式为“自动”且励磁调节器的“下切请求”项设置为“允许”时，在接收到下切请求命令并完成自动卸载无功负荷后，励磁就绪接点再次吸合以允许变频器重新投入。

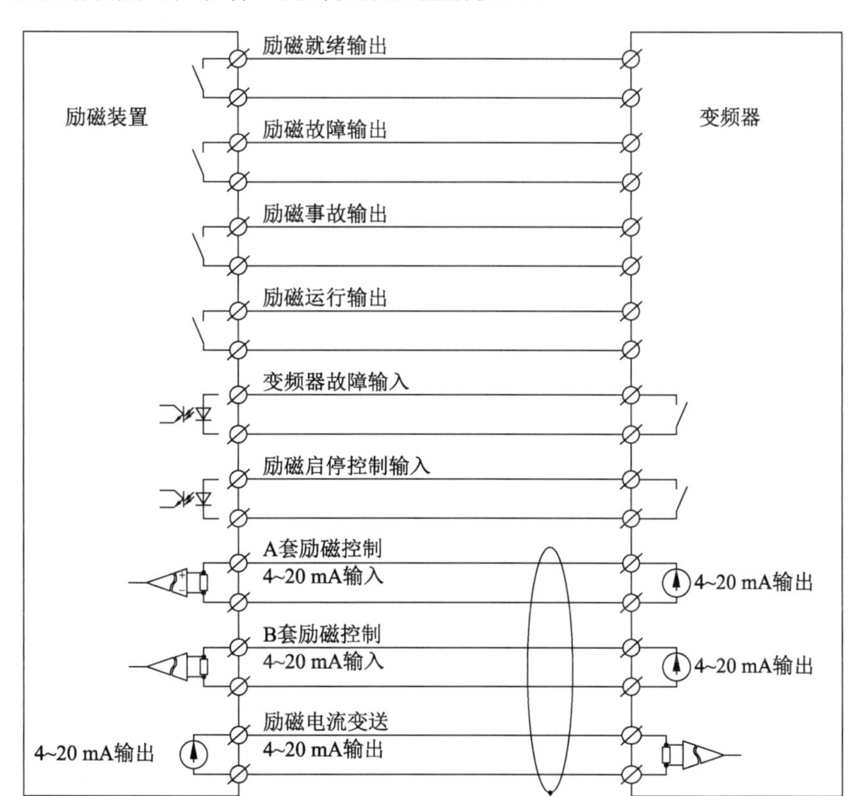

图 4-93　励磁装置与变频器接口信号的联系图

2）励磁故障输出

当励磁装置检测到装置内部或外部输入信号异常时接点吸合，该信号用于报警，变频器在检测到接点吸合时只发出报警信息而不动作。

3）励磁事故输出

当励磁装置检测到装置内部或外部输入信号异常而导致必须停机的故障时接点吸合，该接点信号用于事故停机，变频器在检测到接点吸合时立即停机，并将励磁控制 4～20 mA 信号的电流值减小至 4 mA。

励磁事故接点在变频运行模式下为长动吸合，即只要励磁事故未手动解除，接点就一直吸合；在工频运行模式下为短动吸合，即只在励磁事故发生瞬间吸合并保持 0.5 s。

4）励磁运行输出

当励磁装置励磁投入时，励磁运行输出接点吸合；若励磁灭磁，励磁运行输出接点断开。

5）变频器故障输入

变频器引来的无源干接点信号在变频器故障禁止励磁投入时由变频器控制接点吸合。在励磁未投励时该接点吸合将导致励磁就绪输出接点释放，在励磁投励时该接点吸合则导致紧急灭磁。

变频器在发出变频器故障信号后立即将励磁控制4～20 mA信号的电流值减小至4 mA,以防变频器故障信号解除时励磁装置意外投励。

6）励磁启停控制输入

变频器引来的无源干接点信号用于控制励磁是否投入。调节器设置为“未用”时该接点控制功能无效,设置为“使用”时该接点与励磁控制4～20 mA信号输入的电流值共同决定励磁是否投入。“励磁启停接点”的设置为“使用”时,励磁启停控制逻辑如下。

① 励磁启动

在励磁就绪状态下,励磁启停控制输入接点吸合且励磁控制4～20 mA信号的电流值大于“励磁电流控制投励启动定值”时,励磁投入。

② 励磁停止

在励磁投励状态下,励磁启停控制输入接点分断或励磁控制4～20 mA信号的电流值小于“励磁电流控制灭磁定值”时,励磁灭磁。

当完全由“励磁启停控制输入”接点来控制励磁的启停(与励磁控制4～20 mA信号无关)时,将“励磁启停接点” 设置为“使用”,并将“励磁电流控制投励启动定值”及“励磁电流控制灭磁定值”均设置为3.5 mA。

当励磁转入工频运行状态时,励磁启停控制输入接点无效。

7）A套、B套励磁控制4～20 mA信号输入

变频器提供2路独立的4～20 mA信号给励磁装置,励磁装置A套、B套调节器分别接收励磁控制信号,在主通道调节器连接的励磁控制4～20 mA信号回路断线(判据为小于3.5 mA)时自动无抖动地切换至备用调节器通道。

变频器对励磁装置的投励/灭磁控制及对励磁电流大小的调节均通过励磁控制4～20 mA信号实现,励磁调节器配置清单如下。

① 励磁电流控制投励启动定值

在励磁就绪状态下,“励磁启停接点” 设置为“未用”时,励磁控制4～20 mA信号的电流值大于该定值则装置投励。

② 励磁电流控制灭磁定值

在励磁投励状态下,“励磁启停接点” 设置为“未用”时,励磁控制4～20 mA信号的电流值小于该定值则装置灭磁。

③ 励磁电流控制输入的比率

在励磁投励状态下,装置输出的励磁电流值与励磁控制4～20 mA信号的电流值成正比关系,其比例系数由该参数值决定。该参数定义了励磁控制4～20 mA信号的满度值20 mA与额定励磁电流的关系,当参数定值为“1”时,励磁控制信号为20 mA时装置输出的励磁电流等于额定励磁电流。

8）励磁电流4～20 mA变送输出

励磁装置配备励磁电流4～20 mA变送器,供变频器测量励磁装置实际输出的电流大小。在变频启动、工频运行方式下实现从工频运行下切至变频运行的过程中,变频器重新投入后励磁系统转入变频运行模式时,励磁电流的设定值由保持状态(内给定)转为跟踪变频器输出4～20 mA信号的电流值(外给定)。此时,如果变频器输出的4～20 mA

信号的电流值与励磁装置的内给定值不相等，将会导致励磁输出异常波动；在配置变频器时，使用励磁电流变送 4～20 mA 输出信号作为下切后变频器重新投入时励磁控制 4～20 mA 电流给定的初始值可有效防止这种非正常波动。

(3) 与变频器相关的控制流程

① 变频启动、变频运行

变频启动、变频运行的控制流程如图 4-94 所示。

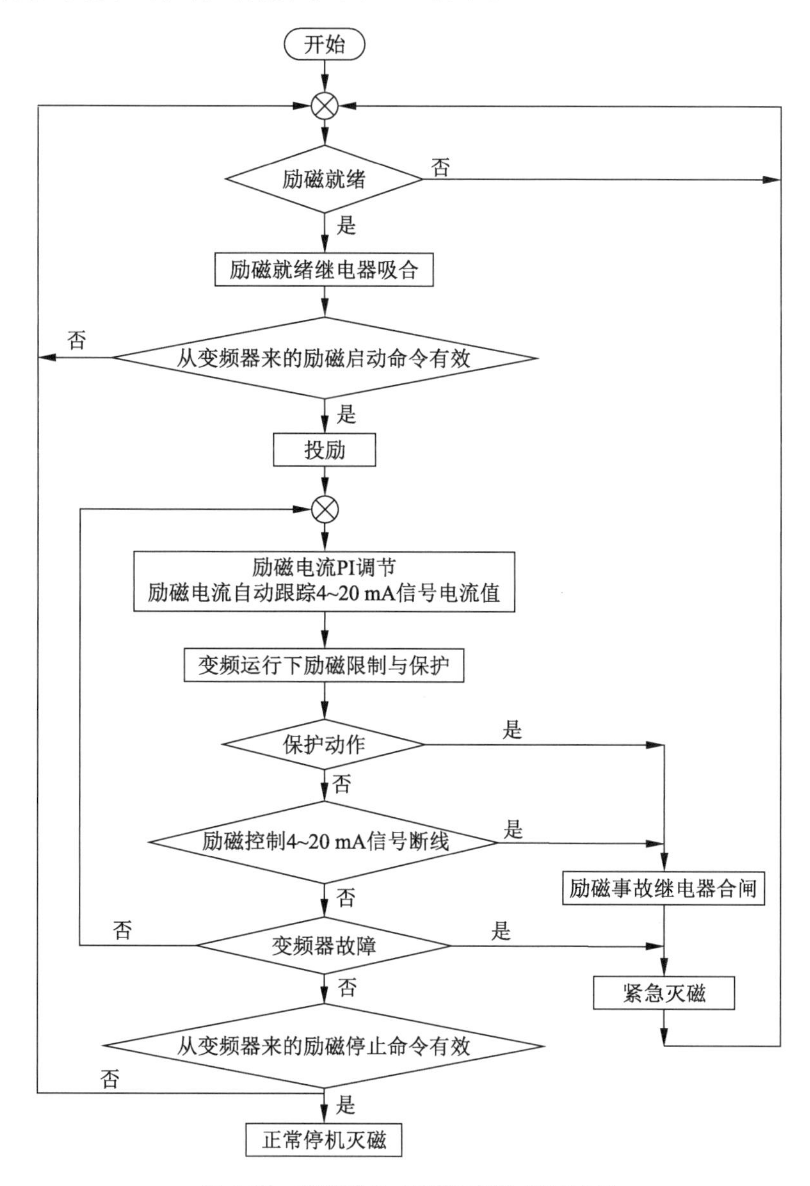

图 4-94 变频启动、变频运行的控制流程

② 变频启动、工频运行

变频启动、工频运行的控制流程如图 4-95 所示。

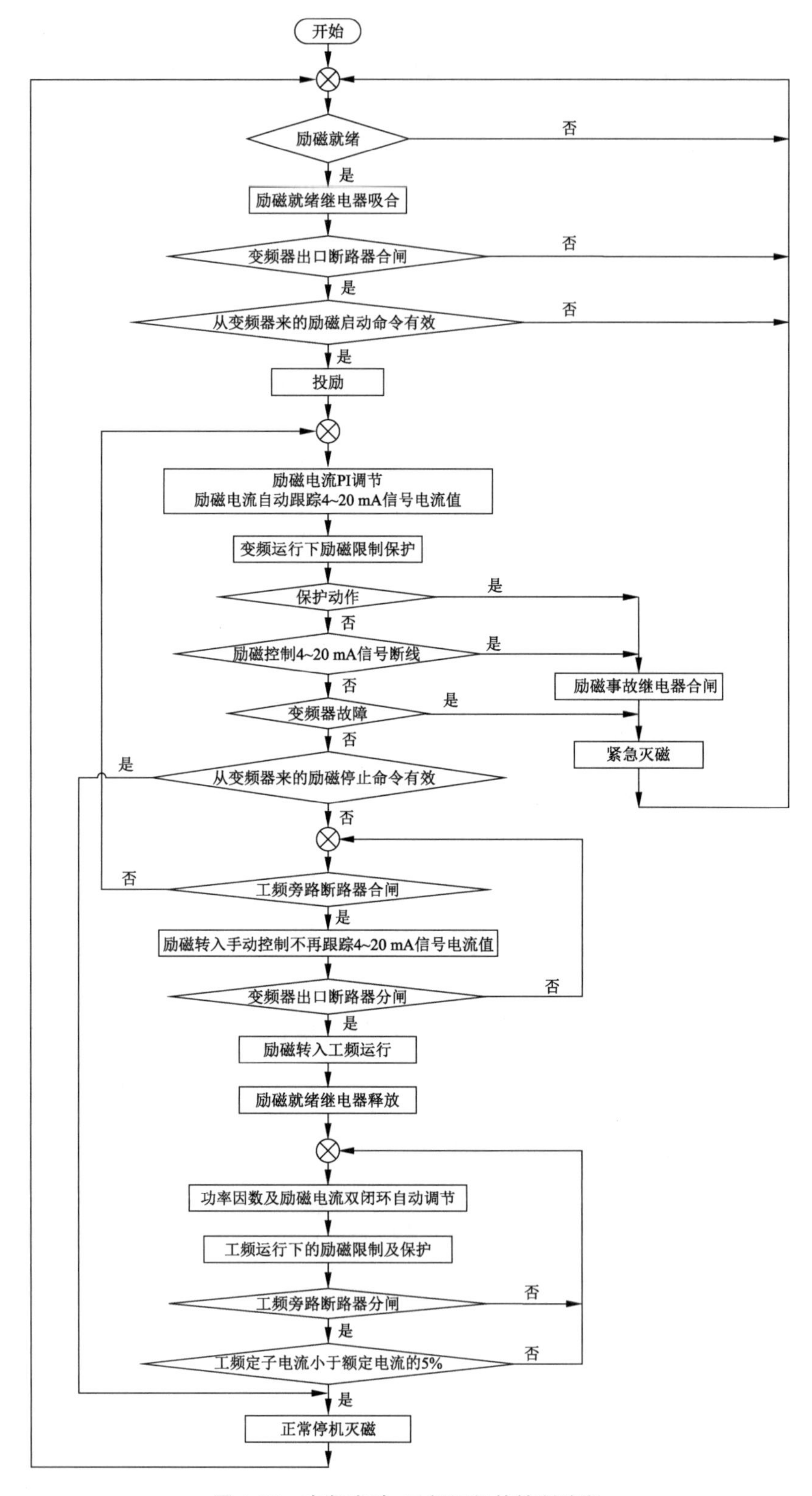

图 4-95　变频启动、工频运行的控制流程

4.4.4 变频装置的冷却方式

变频器中的电力电子功率器件在运行过程中会发热，这些热量聚集在柜体内部，如果不及时有效地将热量散发出去，电子元器件的温度会上升到很高，影响变频器功率输出和电子元器件的使用寿命，因此需采取冷却措施，降低变频器柜体内的温度，确保变频器稳定运行。目前变频装置常用的冷却方式有管道通风冷却、空调密闭冷却和空-水冷密闭冷却等。

1. 管道通风冷却方式

管道通风冷却方式比较简单，在变频器室墙壁上设置进风口，安装滤网，在变频器柜顶风机罩上外接通风管道引至出风口，将热量直接排至室外。变频器柜顶均配备风机，根据变频器功率的不同，每台变频器配备的风机数量也不同。变频器从柜体的正面和背面吸入空气，经柜顶风机通过通风管道将变频器内部的热量带走排至室外。

管道通风冷却方式适用于较洁净的场所，设备一次性投资少，运行费用低，施工简单，但冷却效果一般，维护工作量大。

2. 空调密闭冷却方式

在安装空调时，变频器室除了要满足运行和维护检修的需求外，还要求空间尽量小且密封，避免夏季室外高温带来加热效应。空调安装位置可布置在变频器的两侧或采用中央空调系统，通过空调内部的热交换循环将变频器产生的热量排至室外。

空调容量按变频器的发热量和变频器室的实用面积进行配置。变频器的发热量根据运行工况确定，最大发热量为变频器额定功率的 4%。同时需考虑变频器室制冷要求，按照房间实用面积计算单独空间制冷所需的空调容量，一般按照 0.15 kW/m^2 计算(环境温度低于 40 ℃可忽略)。因此，空调总体制冷量为变频器的发热量加上空间制冷所需的制冷量。

空调密闭冷却方式的优点是没有室内外空气的直接流通，容易保持室内环境的清洁，适用于粉尘大的场所，冷却效果好，维护工作量小，但设备一次性投资高，运行费用也很高。

3. 空-水冷密闭冷却方式

空-水冷却系统是与变频器柜顶排出的热风进行热交换冷却的一种封闭式冷却系统。变频器室的热风通过风道直接与室外安装的空-水冷却装置进行热交换，由交换器内部的冷却水管道与热空气进行非介质接触式热交换，直接将变频器产生的热量带走，避免变频器对室内环境形成加热作用。空-水冷却装置的供水压力范围为 0.20～0.30 MPa、冷水温度不超过 33 ℃时，可保证热风经过热交换器后将变频器室内温度控制在 40 ℃以下，满足变频器工作的环境温度要求。由于房间密闭，利用室内的循环风对变频器进行冷却，具有粉尘浓度低，维护工作量小的优点，可使变频器处于良好的运行环境。

空调密闭冷却方式适用于有冷却水的场所，冷却效果好，维护工作量小，设备一次性投资相对较多，运行费用较低。

4.5 机组启动、停机过渡过程研究

灯泡贯流泵属于低扬程轴流泵，小流量时存在不稳定的马鞍形运行区域，功率较大，容易引起电动机过载，导致机组启动复杂甚至失败。一方面，变频调速装置运用于大型灯泡贯流泵的工况调节相对较晚，关于变频调速机组启动特性的研究成果几乎还是空白。另一方面，变频技术为机组的正常停机提供了便利，借助于变频变速调节可以实现泵机组的“软停机”，保证停机过程的平稳安全，也有利于延长机组的使用寿命。现以整体紧凑型变频调速灯泡贯流泵机组为研究对象，研究机组在启动时频率(速度)的变化规律及闸门开启速度的变化规律，以及在正常停机过程中的主要水力参数变化特征、频率(速度)变化规律和与快速闸门之间的最佳配合，为泵站在不同工况下的启动和正常停机提供技术支撑。

4.5.1 机组启动过渡过程研究

在常规泵机组启动过程中，电动机的拖动力矩与泵机组阻力矩及加速惯性力矩达到动态平衡。同步电动机一般采用异步启动方式，启动过程分为两个阶段：第一阶段，定子绕组接至交流电网，使同步电动机作为异步电动机启动；第二阶段，当电动机的转速达到亚同步时，将转子的励磁绕组接入直流电源励磁，使电动机牵入同步，并转入稳定运行。

同步电动机依靠转子磁极极靴上的启动绕组(阻尼绕组)实现异步启动。当电压一定时，在异步启动过程中输出的电磁力矩主要是异步转矩，其数值与转差率有关。为了保证有足够的启动力矩，并减小启动电流，通常采用改变启动电阻的方法，因此同步电动机的结构较为复杂。为了完成机组的启动，在启动瞬间电动机的启动转矩必须大于泵机组的静摩擦力矩；接近同步转速时，电动机的牵入转矩必须大于泵机组的总阻力矩；电动机的最大转矩应大于泵机组启动和运行过程中可能出现的最大阻力矩。

变频调速机组配备全数字化矢量控制变频装置，这种变频装置具有可4象限运行、启动转矩大、恒转矩输出、调速范围宽、谐波小等特点。泵机组启动时，变频装置向同步电动机定子输出电压前，先由励磁装置向同步电动机励磁绕组输入一定的励磁电流，然后变频装置再向同步电动机电枢绕组输出适当频率的电压启动电动机，因此此时的交流同步电动机的工作特性与直流电动机类似。启动转矩产生的基本原理是基于对转子侧磁通的定向，按照矢量控制理论中力矩星形分布情况，判断每一触发时刻能产生最大加速力矩的两相定子电流，触发该对晶闸管导通，给对应的两相定子绕组通电，产生一个超前转子磁场的同步定子磁场，两个磁场相互作用，使转子获得当前电流下的最大电磁转矩，转子开始转动，整流器采用速度和电流双闭环结构控制输出电流的幅值，逆变器采用矢量控制技术控制输出电流的频率。

通过变频装置逐步升高定子电源的频率和电压，保证转子磁极在开始启动时就与旋转磁场建立起稳定的磁拉力而同步旋转，并在启动过程中同步增速，一直增速至额(规)定转速。

1. 机组启动过渡过程的数学模型

机组采用IGBT变频装置，不再需要“盘车”装置将泵机组从静止状态拖动，直接由静

止启动，按照设定的频率(电压)增加规律，转速逐步增大，并与出水流道的快速闸门及快速闸门上的拍门相配合，保证泵机组达到稳定运行状态。

变频调速灯泡贯流泵机组启动过渡过程中的转矩平衡方程可表示为式(4-27)。

(1) 同步电动机电磁转矩

同步电动机的电磁转矩采用 $dq0$ 坐标下的数学模型，其电压方程(各量均采用标幺值)为

$$\begin{bmatrix} u_d \\ u_q \\ u_f \\ 0 \\ 0 \end{bmatrix} = \begin{bmatrix} x_d & 0 & x_{ad} & x_{ad} & 0 \\ 0 & x_q & 0 & 0 & x_{aq} \\ x_{ad} & 0 & x_f & x_{ad} & 0 \\ x_{ad} & 0 & x_{ad} & x_{ld} & 0 \\ 0 & x_{aq} & 0 & 0 & x_{lq} \end{bmatrix} p \begin{bmatrix} i_d \\ i_q \\ i_f \\ i_{ld} \\ i_{lq} \end{bmatrix} + \begin{bmatrix} r & -\omega x_q & 0 & 0 & -\omega x_{aq} \\ \omega x_d & r & \omega x_{ad} & \omega x_{ad} & 0 \\ 0 & 0 & r_f & 0 & 0 \\ 0 & 0 & 0 & r_{ld} & 0 \\ 0 & 0 & 0 & 0 & r_{lq} \end{bmatrix} \begin{bmatrix} i_d \\ i_q \\ i_f \\ i_{ld} \\ i_{lq} \end{bmatrix} \tag{4-40}$$

式中，p 为同步电动机的磁极对数；ω 为转子角频率，$\omega = p\Omega$；r 为定子绕组电阻；x_d，x_q 分别为直轴、交轴同步电抗；r_f，r_{ld}，r_{lq}，x_f，x_{ld}，x_{lq} 分别为励磁绕组、直轴和交轴阻尼绕组的电阻和电抗；x_{ad}，x_{aq} 分别为直轴和交轴电枢反应电抗；i_d，i_q，i_f，i_{ld}，i_{lq} 分别为直轴、交轴、励磁、直轴电枢和交轴电枢电流。

转子的运动方程为

$$\begin{cases} K\dfrac{d\omega}{dt} = M_D - M_L \\ \omega = \dfrac{d\vartheta}{dt} \\ \vartheta = \omega t + \vartheta_0 \end{cases} \tag{4-41}$$

式中，K 为机组的惯性时间常数；ϑ 为电角度，$\vartheta = p\alpha$，其中 α 为实际的机械角；ϑ_0 为转子的初始角。

电磁转矩为

$$M_D = i_q\Psi_d - i_d\Psi_q = (x_d - x_q)i_d i_q + x_{ad}(i_f + i_{ld})i_q - x_{aq}i_d i_{lq} \tag{4-42}$$

式中，Ψ_d，Ψ_q 分别为直轴和交轴磁通量。

(2) 灯泡贯流泵机组阻力矩

机组阻力矩包括水阻力矩 M_B、推力轴承摩擦力矩 M_C、电动机风扇阻力矩 M_F、电动机转子风阻力矩 M_Z、油黏滞阻力矩 M_N、径向轴承摩擦力矩 M_Δ 等。

从能量角度，泵水阻力矩 M_B 一部分产生泵扬程所需转矩 M_H，另一部分转化为水体与叶轮摩擦等其他各种损失阻力矩 M_h。为简化过渡过程的分析，将灯泡贯流泵的机组转动部件和叶轮室中水体作为整体考虑，引入机组转动惯量 GD^2_{nP}，则泵水阻力矩表达式为

$$M_B = \frac{30\rho gQH}{\pi n\eta_P} + \frac{\pi}{30}K_J D^5\frac{dn}{dt} + K_M D^2\frac{dQ}{dt} \tag{4-43}$$

式中，D 为叶轮直径；K_J 和 K_M 为惯性常数；Q 为流量；H 为泵扬程；n 为转速；η_P 为泵效率。

泵叶轮水推力所产生的推力轴承摩擦力矩为

$$M_C = Pfr_{CP} \tag{4-44}$$

式中,P 为水泵轴向水推力;f 为动压摩擦系数;r_{CP} 为推力头当量摩擦半径。

电动机风扇阻力矩 M_F 近似与转速的二次方成正比,即 $M_F = f_1 n^2$,f_1 为系数。

电动机转子风阻力矩 M_Z 近似与转速的一次方成正比,即 $M_Z = f_2 n$,f_2 为系数。

推力头与滑动轴瓦常浸在透平油中,旋转时因透平油的黏滞力作用产生油黏滞阻力矩 M_N。由流体力学可知,M_N 近似与转速的一次方成正比,即 $M_N = f_0 n$,f_0 为系数。

径向轴承摩擦力矩 M_Δ 与泵机组转动部件质量、径向轴承半径有关。当动压摩擦系数 f 为常数时,M_Δ 一定。

各种阻力矩的计算及系数的选择方法在相关文献中均有详述,这里不再赘述。

由上述分析可得到机组启动过渡过程的力矩平衡方程式为

$$J\frac{\pi}{30}\frac{\mathrm{d}n}{\mathrm{d}t} = [(x_d - x_q)i_d i_q + x_{ad}(i_f + i_{ld})i_q - x_{aq} i_d i_{lq}] - \frac{30\rho g Q H}{\pi n \eta_P} - \frac{\pi}{30}K_J D^5 \frac{\mathrm{d}n}{\mathrm{d}t} - K_M D^2 \frac{\mathrm{d}Q}{\mathrm{d}t} - Pfr_{CP} - f_1 n^2 - f_2 n - f_0 n - M_\Delta \tag{4-45}$$

2. 闸门及拍门开启规律数学模型

断流装置的快速闸门上还布置有小拍门,防止快速闸门不能及时打开而引起电动机过载。因此,在研究机组启动的过渡过程中,需要同时考虑闸门及拍门开启规律的影响。拍门位于出口的最高水位以下,并采用铰式安装,在开启时受到浮力、重力和阻力的共同作用。综合分析可得到拍门出水流量与开启角度的关系为

$$Q_{fl} = \frac{mA_F}{\cos\beta}\sqrt{\frac{gs(\rho_s - \rho)\sin\beta}{\varphi\rho}} \tag{4-46}$$

式中,A_F 为拍门面积,$A_F = wc$,其中 w 为拍门宽度,c 为拍门高度;m 为拍门数量;β 为拍门的开启角度;s 为拍门厚度;ρ_s 为拍门材料密度;ρ 为水体密度;φ 为修正系数,$\varphi = 0.92 \sim 0.96$。

快速闸门由液压式启闭机控制,开启规律近似为匀速运动,即快速闸门的开启速度 v 为常数,闸门高度为 Z,则闸门完全开启时间为 $T_{so} = \frac{Z}{v}$;假定从闸门开始启门时刻起经过时间 t 后,闸门的打开面积为

$$A_{st} = ZB\frac{t}{T_{so}} = A_s\frac{t}{T_{so}} \tag{4-47}$$

式中,B 为闸门宽度;A_s 为闸门的面积。

水流经过快速闸门属于淹没孔口出流,则流量可以表示为

$$Q_{sl} = \pm\mu e A_s\sqrt{2g\,|H - H_{sta}|} \tag{4-48}$$

式中,e 为闸门相对开度,$e = t/T_{so}$;μ 为流量系数,$\mu = 0.6 - 0.176e$;H_{sta} 为上、下游水位差。

当 $H > H_{sta}$ 时,Q_{sl} 为正流,式(4-48)取"+";当 $H < H_{sta}$ 时,Q_{sl} 为逆流,式(4-48)取"−"。

因此,在考虑拍门、闸门水力损失后,启动过程中的流量连续性方程式为

$$\frac{\mathrm{d}Q}{\mathrm{d}t}=\left[(H-H_{\mathrm{sta}})-SQ^{2}-\xi_{\mathrm{sl}}\frac{Q_{\mathrm{sl}}^{2}}{2gA_{\mathrm{s}}^{2}}-\xi_{\mathrm{fl}}\frac{Q_{\mathrm{fl}}^{2}}{2gA_{\mathrm{F}}^{2}}\right]\left(\frac{K_{\mathrm{L}}}{g}\right)^{-1} \tag{4-49}$$

式中，S 为进、出水流道的总摩阻系数；ξ_{sl}，ξ_{fl} 分别为闸门、拍门局部阻力系数；K_{L} 为流道的惯性常数，$K_{\mathrm{L}}=\int\frac{\mathrm{d}l}{A(l)}$，$A(l)$ 为流道断面面积随着流道中心线变化的函数，l 为流道中心线长度。

式(4-49)为微分方程，可通过改进的欧拉算法进行求解，不同转速下的水泵性能符合相似律。

3. 变频装置速度变化规律数学模型

采用变频装置启动水泵机组时，机组保持严格的同步关系。因此，可以根据变频装置的特性设置不同的频率变化规律，确定闸门延迟开启时间与机组启动稳定的最佳配合。

当频率(转速)呈线性变化时，设机组转速从 0 开始至额定转速 n_{r} 所用时间为 t_{b}，则泵机组的速度变化规律模型为

$$\begin{cases} n=0, & t=0 \\ n=\dfrac{t}{t_{\mathrm{b}}}n_{\mathrm{r}}, & 0<t<t_{\mathrm{b}} \\ n=n_{\mathrm{r}}, & t_{\mathrm{b}}\leqslant t \end{cases} \tag{4-50}$$

当频率(转速)呈分段线性变化时，如果采用两段不同的变化率，则泵机组速度变化规律模型为

$$\begin{cases} n=0, & t=0 \\ n=\dfrac{t}{t_{1}}n_{1}, & 0<t\leqslant t_{1} \\ n=n_{1}+\dfrac{t-t_{1}}{t_{\mathrm{b}}-t_{1}}(n_{\mathrm{r}}-n_{1}), & t_{1}<t\leqslant t_{\mathrm{b}} \\ n=n_{\mathrm{r}}, & t_{\mathrm{b}}<t \end{cases} \tag{4-51}$$

式中，n_{1} 为 t_{1} 时的转速，t_{1} 为第一时间段。

泵机组的增速过程还可以采用随时间多次方变化的规律模型模拟。

4. 机组启动过渡过程模拟

变频装置采用脉冲宽度调制(PWM)的多电平交-交变频装置及可控硅励磁装置实现工况调节。不同转速下的装置特性如图 4-33 所示。

电动机的主要参数包括：电动机定子额定电压为 6 600 V，直轴同步电抗 x_{d} 为 20.26 Ω，交轴同步电抗 x_{q} 为 15.40 Ω，电枢反应电抗 x_{σ} 为 0.98 Ω，直轴瞬变电抗 x_{d}'' 为 7.73 Ω，直轴超瞬变电抗 x_{d}'' 为 5.25 Ω，交轴超瞬变电抗 x_{q}'' 为 5.36 Ω；在额定频率下电动机同步转速为 125 r/min，额定工况下最大转矩为额定转矩的 1.9 倍。机组转动惯量 GD_{nP}^{2} 为 455.18 kN·m^{2}。流道惯性常数为 1.22，快速闸门宽度为 7.2 m、高度为 4.0 m，两扇分流小拍门的尺寸为 1.8 m×1.3 m、厚度 20 mm。采用液压启闭机控制的快速闸门启门速度为 2 m/min。

(1) 启动过程的电气量模拟

泵站上、下游水位为设计值,假定 $t_b=100$ s,机组转速从 0 到 125 r/min 呈线性变化规律,并且在电动机投入动力电源的同时,变频装置和励磁装置投入工作,快速闸门延迟 80 s 开启。模拟结果的主要电气参数变化情况如图 4-96 所示,在初始频率约为 6.5 Hz 时泵机组开始转动,约滞后 15 s。

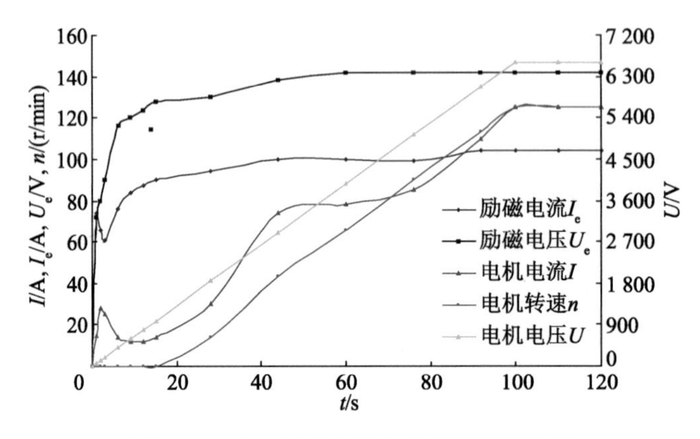

图 4-96　启动过程中的电气参数模拟结果

(2) 启动过程中转速及闸门变化规律模拟

在保持闸门开启速度不变并延时 $t_{a1}=80$ s 开启的条件下,改变转速的变化规律,即分别按照 $t_b=60$ s,100 s,140 s 等 3 种情况进行模拟分析,结果如图 4-97 所示,各参数均为设计值的相对值 $\overline{f}$(下同)。在启动的初始阶段,由于快速闸门关闭,而转速不断增大,水泵的扬程和功率均增大较快,分流小拍门此时起到了很好的保护作用;当快速闸门开启时,水泵流量继续增大,出水流道的阻力减小,水泵的扬程和功率均开始减小。转速增大得越快,启动过程中的最大扬程和功率就越大,但转速的增大速度也不宜过慢,否则出水池侧会出现倒灌。为了避免倒灌就需要调整快速闸门的开启时间,这会牵涉到启闭设备的结构及性能。

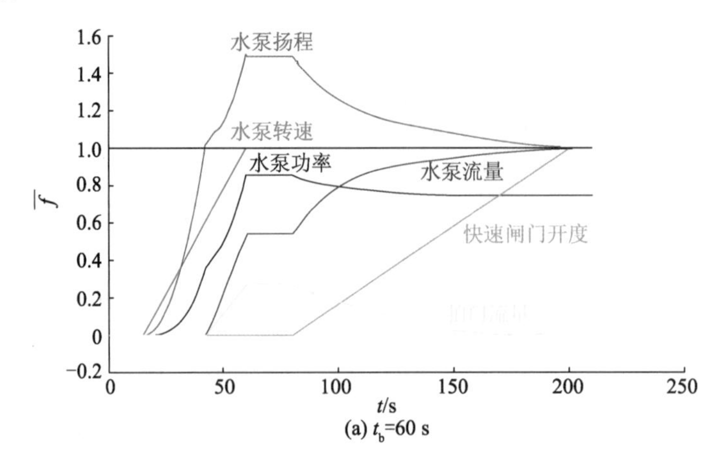

(a) t_b=60 s

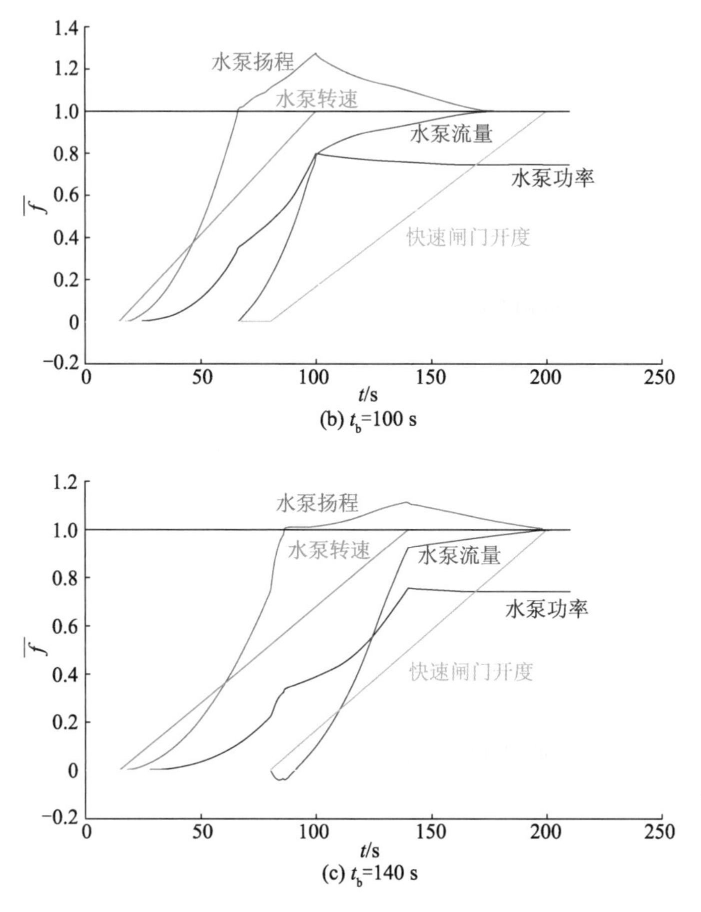

(b) t_b=100 s

(c) t_b=140 s

图 4-97 不同转速变化规律模拟结果

按照转速变化规律为 $t_b=100$ s 和闸门开启速度不变的条件，分别对闸门延迟 $t_{a1}=60$ s，80 s，120 s 等 3 种情况的启动过程进行模拟分析，启动历时 t_{tol} 内的模拟结果如图 4-98 和图 4-97b 所示。由图可知，闸门延迟开启的时间较长，则在闸门开启之前已经达到额定转速，扬程和功率均会达到最大值，分流小拍门的开度也达到最大值。

根据模拟分析可知，转速变化规律与闸门延迟开启时间存在最佳匹配，对设计工况下的启动过程进一步模拟得知，当转速按 $t_b=100$ s 变化时，最佳的闸门延迟开启时间是 $t_{a1}=70$ s，启动过程中最大瞬间扬程为设计扬程的 1.18 倍，而且整个过程没有倒灌发生。不同特征扬程下的转速均按 $t_b=100$ s 变化时，闸门延迟开启模拟结果见表 4-32。

表 4-32 不同特征扬程下闸门延迟开启模拟结果

特征工况	扬程 H/m	额定转速 n_r/(r/min)	闸门延迟开启时间 t_{a1}/s	最大瞬间扬程比 H_{max}/H_{des}/%	最大瞬间功率比 N_{max}/N_{des}/%	启动历时 t_{tol}/s
最低扬程	1.16	75	44	40	20	170
设计扬程	4.28	125	70	118	78	185
最高扬程	4.78	125	80	123	82	200

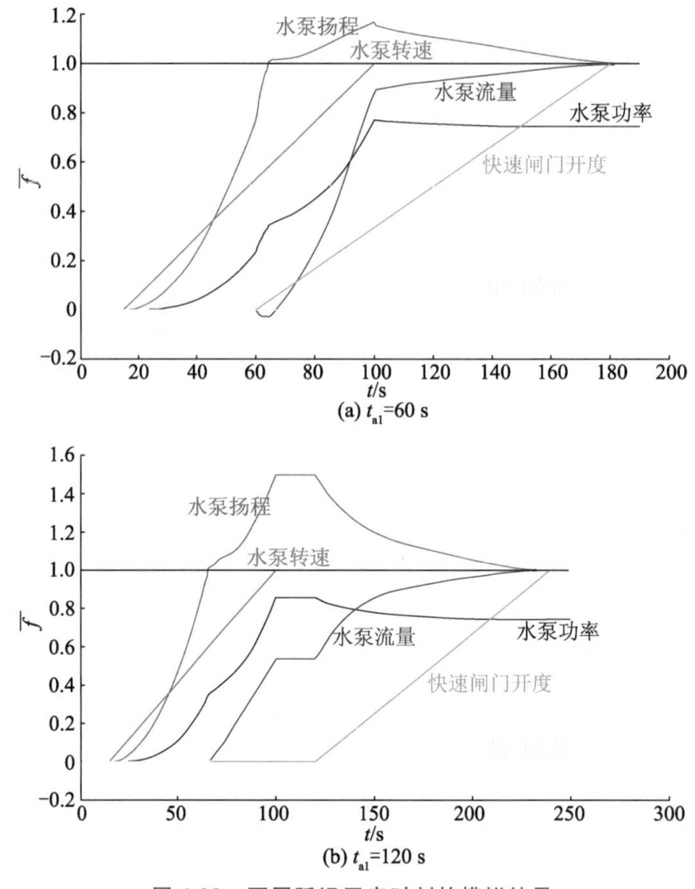

图 4-98　不同延迟开启时刻的模拟结果

4.5.2　机组停机过渡过程研究

1. 变频调速机组的停机特点

变频调速灯泡贯流泵的正常停机以发出停机指令，出水流道的快速闸门开始动作为标志，此时电动机仍与电网联接并以工频做同步运行，在快速闸门按一定速度降落关闭流道出口的同时，通过变频装置设定转速减小的规律，励磁装置逐步减小励磁电流和电压，始终保持电磁力矩与机组阻力矩的平衡，直至闸门完全关闭、转速减小到 0，这时再断开电动机与电源的联接，完成机组的停机过程。这种停机方式既可以避免常规停机造成机组经历制动工况和水轮机工况的多工况运行，减少动力冲击，还可以避免因突然停机引起的水泵水锤现象及机械冲击等相关问题。在变频调速灯泡贯流泵站“软停机”的过程中，即使出现快速闸门因某种原因不能完全关闭的特殊情况，机组也可以保持在稳定工况下继续运行。

2. 停机过程数学模型

(1) 水量平衡方程

当快速闸门处于部分开启位置、机组运行在稳定工况时，则

$$Q=Q_{s1}+Q_{f1} \tag{4-52}$$

式中，Q 为水泵流量；Q_{sl} 为闸门出口流量；Q_{fl} 为分流拍门出口流量。

在机组开始减速或闸门关闭的过程中，进、出水流道及泵体内的水流为有压非恒定流，因此符合式(4-49)。

拍门在关闭时受到浮力、重力和阻力的共同作用，综合分析可得到拍门出水流量与开启角度的关系为式(4-46)。

快速闸门由液压式启闭机控制，关闭规律近似为匀速运动，即快速闸门的关闭速度 v 为常数，闸门高度为 Z，则闸门完全关闭的时间为 $T_{sc}=\dfrac{Z}{v}$；假定从闸门开始闭门时刻经过时间 t，则闸门的关闭面积为

$$A_{st}=ZB\frac{t}{T_{sc}}=A_s\frac{t}{T_{sc}} \tag{4-53}$$

式中，B 为闸门宽度；A_s 为闸门的面积，$A_s=ZB$。

水流经过快速闸门的流量用式(4-48)表示。

(2) 转动机械力矩平衡方程

停机过程的转动机械力矩平衡方程仍为式(4-27)，但停机过程中的电磁转矩采用下列方式描述。

电动机在工频下的电磁转矩一定大于变频装置的需求值，否则无法采用变频控制实现正常停机。电动机的电磁力矩可以近似表示为速度的函数，即

$$\begin{cases} M_D=f_{s0}M_n+(f_s-f_{s0})M_d\dfrac{\lambda_n}{\lambda_{n_s}},\lambda_n<\lambda_{n_s} \\ M_D=M_n-(1-f_s)M_d\left(\dfrac{\lambda_n-1}{\lambda_{n_s}-1}\right),\lambda_n\geqslant\lambda_{n_s} \end{cases} \tag{4-54}$$

式中，f_{s0} 和 f_s 分别为转速比 $\lambda_n=0$ 和 $\lambda_n=\lambda_{n_s}$ 时的电动机电磁转矩与额定值之比。λ_{n_s} 为接近 1 的某一比值，此时的电动机电磁转矩大于额定值的峰值，一般 $\lambda_{n_s}=0.99$；M_n 为电动机的额定电磁转矩；M_d 为变频装置提供的电磁力矩。

在停机过程中，M_d 与设定的频率(转速)呈线性关系，当水泵的实际转速与设定值之间发生偏差时，变频装置则根据偏差值按照线性关系进行力矩修正，保证 M_d 大于等于水泵的需求值。

停机过程中的机组阻力矩与启动时相同，即包括水阻力矩 M_B、推力轴承摩擦力矩 M_C、电动机风扇阻力矩 M_F、电动机转子风阻力矩 M_Z、油黏滞阻力矩 M_N、径向轴承摩擦力矩 M_Δ 等。

由上述分析可得到泵站机组停机过渡过程力矩平衡方程式为

$$J\frac{\pi}{30}\frac{dn}{dt}=M_D-\frac{30\rho gQH}{\pi n\eta_P}-\frac{\pi}{30}K_JD^5\frac{dn}{dt}-K_MD^2\frac{dQ}{dt}-Pfr_{CP}-f_1n^2-f_2n-f_0n-M_\Delta \tag{4-55}$$

(3) 转速减小的变化规律

在变频装置的控制下，可以采用多种转速减小的变化规律使之与闸门的关闭速度相匹配，最常用的是线性变化规律，即

$$\begin{cases} n=n_r, & t\leqslant t_{s1} \\ n=n_r-\left(\dfrac{t-t_{s1}}{T_s-t_{s1}}\right)n_r, & t_{s1}<t<T_s \\ n=0, & T_s\leqslant t \end{cases} \tag{4-56}$$

式中，t_{s1} 为从快速闸门从开始关闭到变频减速开始的时间；T_s 为机组从额定转速减小到 0 所用的时间。图 4-99 为机组变频减速过程示意图。

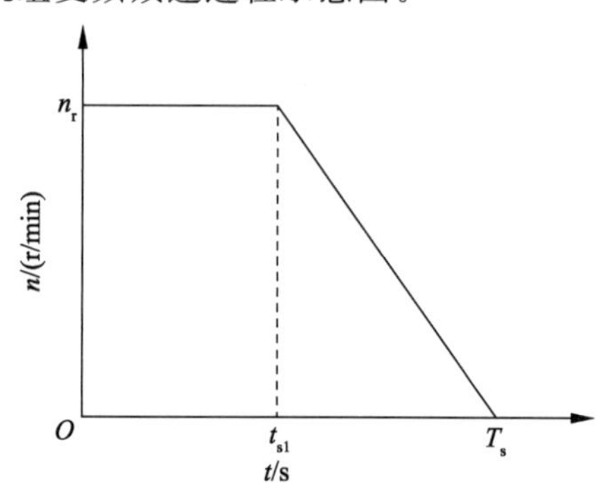

图 4-99　机组变频减速过程曲线

3. 停机过程的数值模拟

机组在不同转速下的性能曲线如图 4-33 所示，采用相似律回归得到不同转速下 H 和 P 与 Q 的关系表达式，即

$$H=\lambda_n^2\left[12.927-6.488\left(\frac{Q}{\lambda_n}\right)+0.033\left(\frac{Q}{\lambda_n}\right)^2-0.001\left(\frac{Q}{\lambda_n}\right)^3\right]$$

$$P=\lambda_n^3\left[3760.00-203.70\left(\frac{Q}{\lambda_n}\right)+11.80\left(\frac{Q}{\lambda_n}\right)^2-0.24\left(\frac{Q}{\lambda_n}\right)^3\right]$$

在设计工况下，保持闸门的关闭速度 v 不变，分别采用 3 种方案对停机过程进行模拟：

方案Ⅰ：开始变频减速的时刻为 $t_{s1}=120$ s，减速历时 $T_s=20$ s；

方案Ⅱ：开始变频减速的时刻为 $t_{s1}=60$ s，减速历时 $T_s=150$ s；

方案Ⅲ：开始变频减速的时刻为 $t_{s1}=0$ s，减速历时 $T_s=300$ s。

方案Ⅰ停机过程的力矩变化情况如图 4-100 所示。3 种方案停机过程中主要参数的变化情况如图 4-101 所示(不同参数的相对值为瞬时值与设计值之比)，不同停机方案参数的模拟结果见表 4-33。

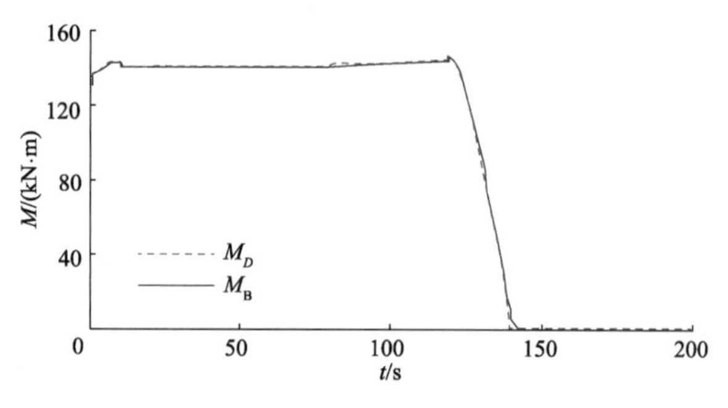

图 4-100　方案Ⅰ停机过程的力矩变化情况

表 4-33 不同停机方案参数的模拟结果

方案	流量为0时的机组转速/(r/min)	最大瞬间扬程与设计扬程之比/%	分流拍门出流比/%	停机历时/s
方案Ⅰ	74.0	142	28	140
方案Ⅱ	74.9	113	12	210
方案Ⅲ	75.0	103	6	300

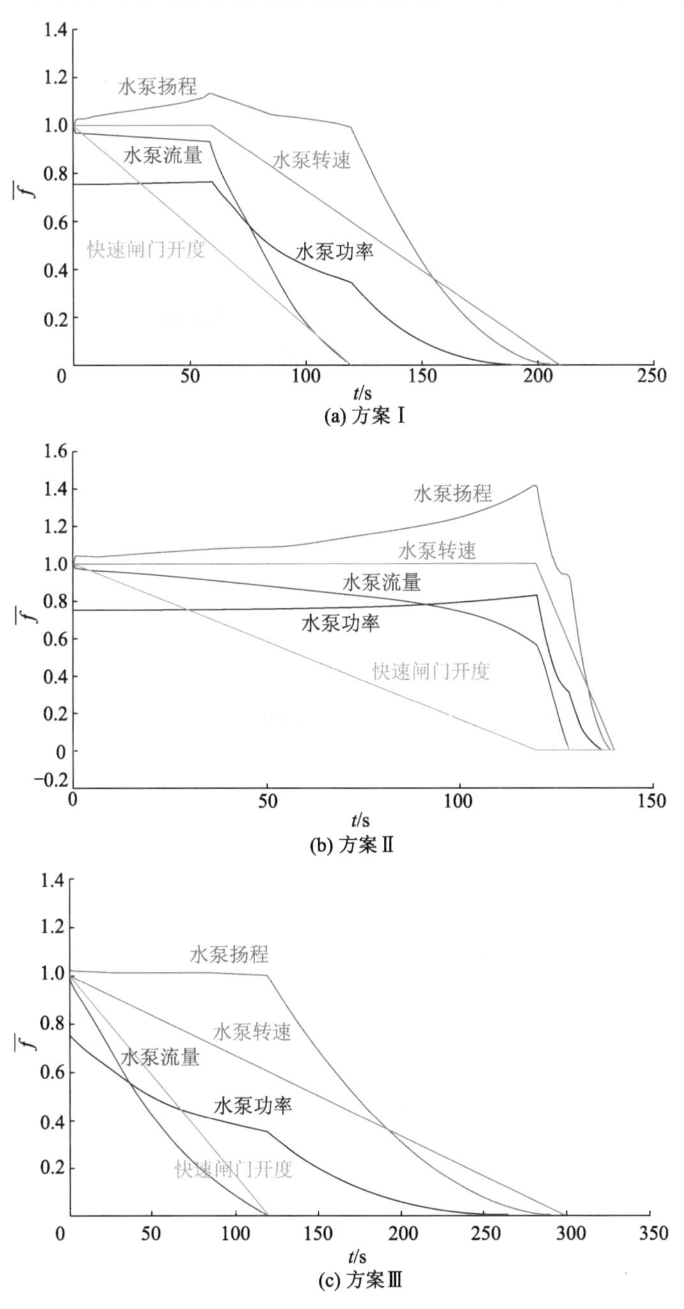

图 4-101 不同停机方案的模拟结果

为避免机组在低速下运行的时间过长，对轴承等机械部件产生不利影响，可以采用两段式减速变化规律，例如，针对方案Ⅲ，在 120 s 内快速闸门完全关闭、转速为 75 r/min 时加快减速，20 s 内将转速减小到 0，则停机历时仅为 140 s，停机过程中各参数的变化情况如图 4-102 所示。

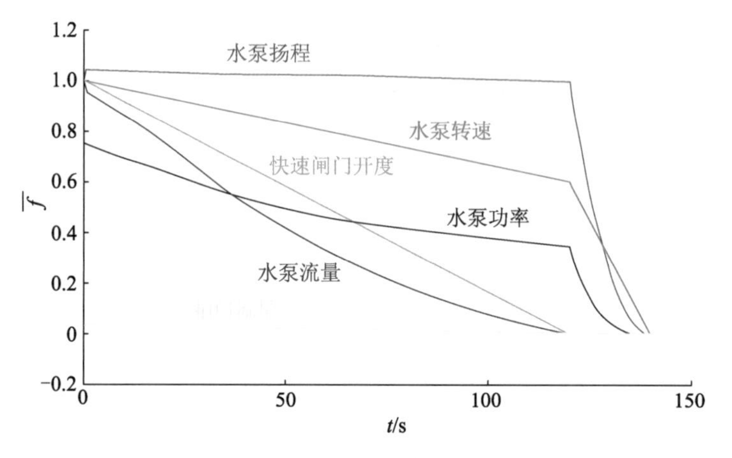

图 4-102　停机过程中各参数的变化情况

4.5.3　断流设施控制方式

变频调速灯泡贯流泵机组通常采用快速闸门断流，闸门采用液压启闭机或卷扬启闭机进行启闭。由于变频装置具有“软启动”和“软停机”特性，因此，它对闸门的启闭速度要求比无变频装置时相对降低，但事故停机时变频装置无法正常工作，闸门闭门速度仍按无变频装置设计。

1. 液压启闭机控制方式

(1) 概述

以第 4.1 节中贯流泵机组为例，3 台机组为一控制组，泵站出水侧设 3 套双吊点倒挂式快速工作闸门及事故闸门液压启闭机，设 1 套液压站，液压启闭机包括 12 套液压缸总成、12 套机架总成、12 套不锈钢静磁栅开度传感器、1 套液压泵站设备和液压管道及附件、1 套现地动力与控制设备等。液压泵站包括 1 套主油箱、1 套补油箱、3 套液压泵电动机组(2 用 1 备)、1 套手动泵、1 套调压阀组和 6 套控制阀组、管道及其附件等。

(2) 液压启闭机

3 台机组出水侧共安装 3 套工作闸门、3 套事故闸门液压启闭机(启门力为 2×250 kN，闭门力为闸门自重，油缸工作行程为 5.6 m，油缸全行程为 5.7 m)，分别控制 3 台机组出水侧工作闸门、事故闸门的启闭。启闭机具有现地控制和远方控制功能，无论处于何种控制方式下，闸门启闭可全开、全关。启闭机油缸在工作平面内，油缸工作范围满足闸门开启全过程直至闸门全开的要求。

将闸门提起，在 24 h 内闸门因液压缸或系统的内部漏油而产生的下降量不大于 50 mm。当闸门的下降量超过 50 mm 时有警示信号提示；闸门的下降量达到 100 mm 时，液压系统使闸门具备自动复位的功能。如闸门下降了 100 mm，但液压启闭机未能启动，闸门继续下降达 150 mm 时，系统自动启动另一组油泵，将闸门升高到原先预定的位置并自动停止，同时向控制系统发出报警。闸门启闭过程中，同一台启闭机的 2 套油缸在全行程内，同步运行误差不超过 10 mm。当同一台启闭机的 2 套油缸在行程内任意位置的同步偏差超过 10 mm 时，系统自动纠偏。

(3) 液压站

液压站设备包括：1 座液压动力站，作为 6 台套出水侧液压启闭机油缸的动力站，油泵电动机组 3 套(2 用 1 备，均为柱塞变量泵)，当其中有一套出现故障时另一套自动切换工作，并发出声光报警；1 只手动泵，在安装、调试时用手动泵进行微调；1 套主油箱、1 套补油箱及全套阀组(包括控制阀组、液压站阀组等)；油管、管间阀及其附件等。

阀组集中布置于液压站处，设有手动快速闭门球阀，在电气控制故障、安装调试及检修时，可手动打开该球阀，实现无电工况时自重闭门。管路为分布式布置。

液压站的布置如图 4-103 所示。

图 4-103　液压站布置图

(4) 液压系统运行控制

液压系统通过油泵运行产生油压，通过控制相应的换向电磁阀的开启或关闭来控制油缸杆的伸缩带动闸门上升或下降。液压系统的工作原理如图 4-104 所示。液压系统的控制接点见表 4-34。

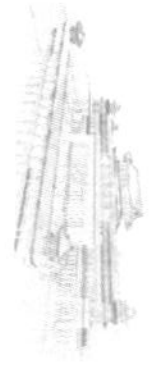

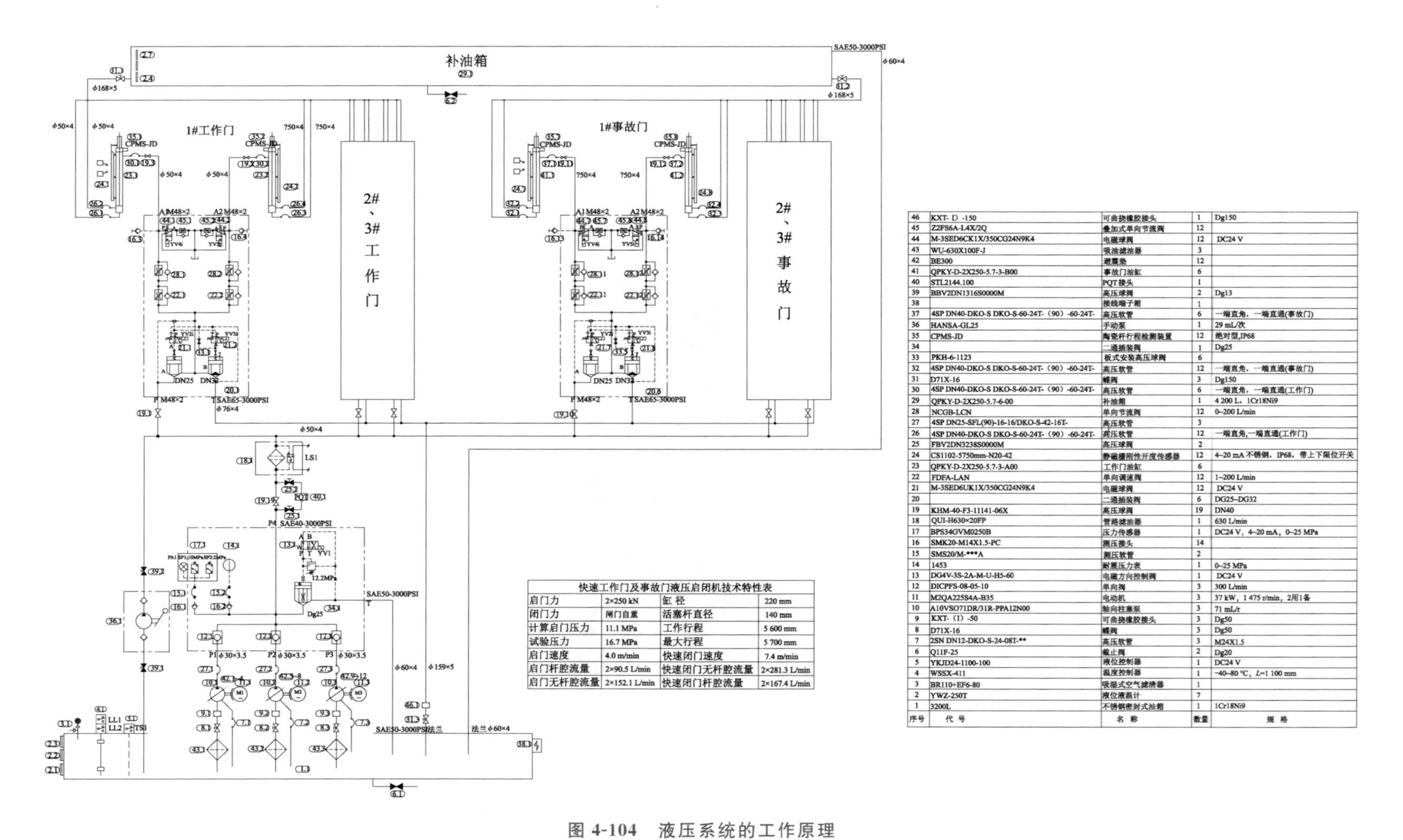

序号	代 号	名 称	数量	规 格
46	KXT- D -150	可曲挠橡胶接头	1	Dg150
45	Z2FS6A-L4X/2Q	叠加式单向节流阀	12	
44	M-3SED6CK1X/350CG24N9K4	电磁球阀	12	DC24 V
43	WU-630X100F-J	吸油滤油器	3	
42	BE300	避震垫	12	
41	QPKY-D-2X250-5.7-3-B00	事故门油缸	6	
40	STL2144.100	PQT接头	1	
39	BBV2DN1316S0000M	高压球阀	2	Dg13
38		接线端子箱	1	
37	4SP DN40-DKO-S DKO-S-60-24T-（90）-60-24T-	高压软管	6	一端直角，一端直通(事故门)
36	HANSA-GL25	手动泵	1	29 mL/次
35	CPMS-JD	陶瓷杆行程检测装置	12	绝对型,IP68
34		二通插装阀	1	Dg25
33	PKH-6-1123	板式安装高压球阀	6	
32	4SP DN40-DKO-S DKO-S-60-24T-（90）-60-24T-	高压软管	12	一端直角，一端直通(事故门)
31	D71X-16	蝶阀	3	Dg150
30	4SP DN40-DKO-S DKO-S-60-24T-（90）-60-24T-	高压软管	6	一端直角，一端直通(工作门)
29	QPKY-D-2X250-5.7-6-00	补油箱	1	4 200 L，1Cr18Ni9
28	NCGB-LCN	单向节流阀	12	0~200 L/min
27	4SP DN25-SFL(90)-16-16/DKO-S-42-16T-	高压软管	3	
26	4SP DN40-DKO-S DKO-S-60-24T-（90）-60-24T-	高压软管	12	一端直角,一端直通(工作门)
25	FBV2DN3238S0000M	高压球阀	2	
24	CS1102-5750mm-N20-42	静磁栅刚性开度传感器	12	4~20 mA 不锈钢，IP68，带上下限位开关
23	QPKY-D-2X250-5.7-3-A00	工作门油缸	6	
22	FDFA-LAN	单向调速阀	12	1~200 L/min
21	M-3SED6UK1X/350CG24N9K4	电磁球阀	12	DC24 V
20		二通插装阀	6	DG25~DG32
19	KHM-40-F3-11141-06X	高压球阀	19	DN40
18	QUI-H630×20FP	管路滤油器	1	630 L/min
17	BPS34GVM0250B	压力传感器	1	DC24 V，4~20 mA，0~25 MPa
16	SMK20-M14X1.5-PC	测压接头	14	
15	SMS20/M-***A	测压软管	2	
14	1453	耐震压力表	1	0~25 MPa
13	DG4V-3S-2A-M-U-H5-60	电磁方向控制阀	1	DC24 V
12	DICPFS-08-05-10	单向阀	3	300 L/min
11	M2QA225S4A-B35	电动机	3	37 kW，1 475 r/min，2用1备
10	A10VSO71DR/31R-PPA12N00	轴向柱塞泵	3	71 mL/r
9	KXT-（I）-50	可曲挠橡胶接头	3	Dg50
8	D71X-16	蝶阀	3	Dg50
7	2SN DN12-DKO-S-24-08T-**	高压软管	3	M24X1.5
6	Q11F-25	截止阀	2	Dg20
5	YKJD24-1100-100	液位控制器	1	DC24 V
4	WSSX-411	温度控制器	1	-40~80 ℃，L=1 100 mm
3	BR110+EF6-80	吸湿式空气滤清器	1	
2	YWZ-250T	液位液温计	7	
1	3200L	不锈钢密封式油箱	1	1Cr18Ni9

快速工作门及事故门液压启闭机技术特性表

启门力	2×250 kN	缸 径	220 mm
闭门力	闸门自重	活塞杆直径	140 mm
计算启门压力	11.1 MPa	工作行程	5 600 mm
试验压力	16.7 MPa	最大行程	5 700 mm
启门速度	4.0 m/min	快速闭门速度	7.4 m/min
启门杆腔流量	2×90.5 L/min	快速闭门无杆腔流量	2×281.3 L/min
启门无杆腔流量	2×152.1 L/min	快速闭门杆腔流量	2×167.4 L/min

图 4-104 液压系统的工作原理

表 4-34　液压系统的控制接点

<table>
<tr><th rowspan="2">工况</th><th colspan="3">油泵电机组</th><th colspan="5">换向电磁阀</th></tr>
<tr><th>M1</th><th>M2</th><th>M3</th><th>YV1</th><th>YV2i</th><th>YV3i</th><th>YV4i</th><th>YV5i</th></tr>
<tr><td>油泵启动</td><td>+</td><td>+</td><td>—</td><td>—</td><td>—</td><td>—</td><td>—</td><td>—</td></tr>
<tr><td>工作门开启</td><td>+</td><td>+</td><td>—</td><td>+</td><td>+</td><td>—</td><td colspan="2" rowspan="3">高者通电</td></tr>
<tr><td>事故门开启</td><td>+</td><td>+</td><td>—</td><td>+</td><td>+</td><td>—</td></tr>
<tr><td>快速闭门</td><td>—</td><td>—</td><td>—</td><td>—</td><td>—</td><td>+</td></tr>
<tr><td>手动快速闭门</td><td>—</td><td>—</td><td>—</td><td>—</td><td>—</td><td>—</td><td>—</td><td>—</td></tr>
</table>

注:"+"表示通电开机、开阀,"—"表示断电停机、关阀。

液压系统运行控制说明如下:

① 开启闸门

空载启动 2 台液压泵电动机组,延时 10 s 左右,电磁阀 YV1 和 YV2i 通电,压力油进入液压缸有杆腔底部,无杆腔油液流回补油箱。

② 关闭闸门

电磁阀 YV3i 通电,压力油打开插装式控制阀组,液压缸有杆腔油液经该阀组流回主油箱,同时补油箱向无杆腔补油实现快速闭门。

③ 闸门同步控制

在闸门启闭过程中,闸门开度及行程控制装置全程连续检测 2 只液压缸的行程偏差,当偏差值＞ 10 mm 时电磁阀 YV4i 或 YV5i 自动通电,调整液压缸有杆腔的进出油量使得油缸同步。

④ 闸门自动复位

当闸门的下降量超过 50 mm 时有警示信号提示,闸门下降量达到 100 mm 时液压系统具备使闸门自动复位功能。如闸门下降了 100 mm,但液压启闭机未能启动,闸门继续下降达 150 mm 时,系统自动启动另一组油泵,将闸门升高到原先预定位置并自动停止,同时向控制系统发出报警。

⑤ 液压系统压力保护

当 SP1 发出信号时,表明液压系统的工作压力过高,有声光报警,应停泵检修。

当 SP2 发出信号时,表明液压泵工作异常,有声光报警,应启动备用泵或停泵检修。

⑥ 油箱部分电气控制

当 LS1 发出信号时,表明滤油箱堵塞,有声光报警,提示清洗或更换滤芯;

当 LL1 发出信号时,表明油箱液位过高,有声光报警,应停泵检修;

当 LL2 发出信号时,表明油箱液位过低,有声光报警,应停泵检修;

当 TS1 发出信号时,表明油箱油液温度过高,有声光报警,应停泵检修。

⑦ 油缸下滑量控制油缸下滑量为 24 h 不大于 50 mm

(5) 启闭工作程序

① 主机开机

进水口检修闸门全开到位后,启动出水侧液压系统油泵机组,系统工作准备就绪后,开启快速事故闸门；快速事故闸门全开到位后，快速工作闸门的开启与主机联动运行，在接到主机合闸信号后根据变频启动中转速变化规律设定启门速度开启闸门至全开位置。每台水泵的液压启闭机均单独开启，不同时动作。

② 主机(事故)停机

接到主机分闸信号后先关闭快速工作闸门，快速工作闸门关闭 10 s 后自动关闭快速事故闸门，快速事故闸门关闭 10 s 后自动关闭进水侧检修闸门。停机时按全站水泵机组同时停机考虑，即最多同时有 3 台套液压启闭机需要同时关闭，但开启时仅有 1 台套启闭机单独动作。液压启闭机最大启门速度约为 4.0 m/min、最大关闭速度约为 7.4 m/min，设计上考虑缓冲措施，以保证出水侧快速工作闸门、事故闸门在接近出水流道底板(约 200 mm 处)时速度小于 1.5 m/min。

(6) 断流关键要求

系统需保证主机组在正常停机时与变频装置配合确定闭门速度，而事故停机时应立刻闭门，因此采用直流电源对液压系统的控制系统和电磁阀供电，保证在不同停机模式下闭门电磁阀能及时动作，而且事故停机时快速闸门能在 2 min 内全关到位。

2. 卷扬启闭机控制方式

卷扬启闭机由电动机、减速器、卷筒、钢丝绳、滑轮组、机架、制动器、限位开关、行程指示器、开度荷重传感器等组成，卷筒旋转运动通过钢丝绳带动闸门实现上升或下降，其速度由减速器的速比决定。

(1) 开机过程

通常在出水侧胸墙上设有溢流孔与出水流道联通，同时在工作闸门上设置拍门，在机组启动时由于闸门开启速度慢，大部分水流通过拍门流出、小部分水流通过溢流孔流出；随着闸门开度逐渐加大，水流通过门底和拍门流出，此时机组启动过程结束，闸门继续上升；随着闸门开度进一步加大，当拍门的底缘接近出水流道顶缘时，拍门由于门体自重和反向水压力的作用逐渐关闭，水流全部通过门底流出。

(2) 停机过程

由于上下游存在一定的水位差，机组停机时水会倒流导致机组反转，因此闸门需要快速下降，缩短机组倒转时间，以防造成危害。正常停机及事故停机过程中均不采用卷扬机的电动机反转运行带动闸门下降的方式，而是依靠闸门的门体自重下落，此时电动机处于断电状态，制动器处于打开状态。

当机组配备变频装置时，按前述分析，通过选择合理的减速器速比，实现正常开机、停机过程中卷扬机的电动机正、反转与闸门开启、关闭速度的最佳匹配，即采用“软启动”和“软停机”模式，避免机组启停过程中出现振动，确保泵站安全运行。

机组配备变频装置的卷扬启闭机的基本控制原理如图 4-105 所示。为防止泵站机组因运行时电网断电、站内交流电源全部失电等事故而停机，启闭机控制回路电源和制动器控制电源采用直流电源供电，制动器采用直流电磁鼓式制动器，功率较大，因此制动器控制回路与启闭机控制回路分开设置；启闭机控制回路设有 1QT“现地/远控/联动”转换开关和 QT“调试/运行”转换开关，将 1QT 置“现地/远控”位、QT 置“调试”位时用于闸门调试；机组正常运行时将 1QT 置“联动”位、QT 置“运行”位，此时闸门启闭受机组启停信号控制:开机时,合主机开关柜断路器,断路器辅助接点接通 K3 中间继电器,工作闸门开始上升;当工作闸门出现卡阻不能正常打开时,通过 KT 时间继电器延时判断闸门是否脱离下限位,若未脱离,则发出信号跳主机开关柜断路器。正常停机时,信号由变频装置发出,导通闸门下降的控制回路,实现卷扬机的电动机反转。事故停机时,分主机开关柜断路器,断路器辅助接点接通 K5 中间继电器,制动器线圈通电松开抱箍,工作闸门靠门体自重下落快速闭门;当工作闸门卡阻不能正常关闭时,立即关闭事故闸门,事故闸门的控制原理与工作闸门基本相同,仅将与机组启停的联动条件去除即可。

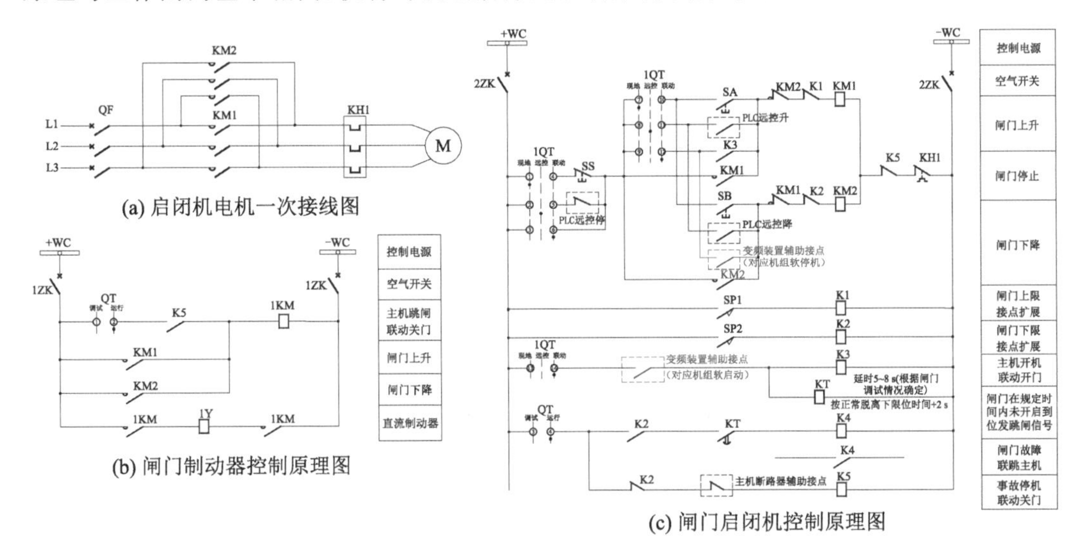

(a) 启闭机电机一次接线图

(b) 闸门制动器控制原理图

(c) 闸门启闭机控制原理图

图 4-105　机组配备变频装置的卷扬启闭机的基本控制原理图

4.5.4　结论

整体紧凑型变频调速灯泡贯流泵的启动和停机过渡过程不仅受到水泵装置性能的影响,同时还受到同步电动机及变频装置和励磁装置特性的影响。在研究其过渡过程特性时,必须综合考虑水泵装置机械、电气及其水力性能的相互影响。

通过模拟计算可以获得在同步电动机启动过程中所需要的初始频率等参量及相关电气量的变化规律。在设计工况下,频率约为 6.5 Hz,延迟 15 s 左右机组开始转动;为了实现机组从静止状态到转动状态,需要在启动瞬间强励,励磁电流达额定值的 0.63 倍。考虑频率(转速)的变化规律和快速闸门延迟开启时间的最佳匹配,可以保证不同特征扬程下机组启动的最高扬程和功率上升较小,机组启动平稳。在设计工况下,按照转速从 0 增大到额定值的时间为 100 s 考虑,快速闸门延迟开启的最佳时刻为 70 s,其研究结果已经在淮阴三站工程中得到检验,具有较好的实用性。

通过模拟分析可知,减速越快、流量为 0 时的转速越低,流道内压力上升的相对值越大,拍门分流作用越大,模拟的 3 种方案都能够实现安全、可靠停机。对于闸门先完全关闭再减速停机的特殊工况,瞬间扬程上升最大相对值为 1.42 倍设计扬程,没有超过 1.5 倍设计扬程的规定。考虑快速闸门关闭与频率(转速)变化的起始时刻及规律的最佳匹配,可保证不同特征扬程下机组停机的最大瞬间扬程上升较小,实现机组平稳停机。采

用分段减速的变化规律,可避免机组长时间低速运转,其研究结果也已经在淮阴三站工程中得到检验,具有较好的实用性。

该研究结论可为其他类似变频调速的灯泡贯流泵站稳定、安全运行和闸门启闭控制方式设计提供科学合理的参考,并可通过过渡过程的内流分析进一步优化控制方式。

4.6 本章小结

对 2 种型式的变频调速灯泡贯流泵装置及其控制与保护系统设计的研究以及工程实际应用表明,变频调速灯泡贯流泵是低扬程泵站中较佳的装置型式,具有效率优、可靠性高、适应工况变幅范围大等显著特点。

① 影响灯泡贯流泵装置结构及性能的主要因素之一是电动机的尺寸,而电动机的尺寸又与转速密切相关,即与装置性能相关,采用变频调速可以较好地解决工程设计阶段的选型问题,在一定范围内适应性能参数的调整。

② 变频调速灯泡贯流泵机组变频运行时,由于变频装置损耗的存在,而且随着转速的减小,流量也会减小,因此确定机组运行范围时必须合理选择变速范围,保证机组既高效、节能运行,又能够满足泵站流量的要求。

③ 变频装置既可以设置为无旁路的,也可以为有旁路的,在有旁路时工频工况下可避免变频装置的损失,但电气设备增加,同时应研究运行控制模式,确定旁路投运的工况。变频调速运行时,除了要考虑变频装置与励磁装置的运行模式配合,还要考虑电动机保护设置的选择,其中差动保护宜退出运行。不同频率下控制与保护参数定值的合理性还有待于工程运行的检验。

参考文献

[1] 张仁田.贯流式机组在南水北调工程中的应用研究[J].排灌机械,2004,22(5):1-6.

[2] 张仁田.不同型式贯流式水泵特点及在南水北调工程的应用[J].中国水利,2005(4):42-44.

[3] 张仁田,邓东升,朱红耕,等.不同型式灯泡贯流泵的技术特点[J].南水北调与水利科技,2008,6(6):6-9,15.

[4] 张仁田,程吉林,朱红耕,等.低扬程泵变速工况性能及合理变速范围的确定[J].农业机械学报,2009,40(4):78-81.

[5] ZHANG R T, ZHU H G, ARNOLD J, et al. Development and optimized design of propeller pump system & structure with VFD in low-head pumping station[C]//AIP Conference Proceedings Kuala Lumpur (Malaysia). AIP, 2010,1225(1):147-161.

[6] 张仁田,ARNOLD J,朱红耕,等.变频调速灯泡贯流泵装置结构开发与优化[J].

水力发电学报，2010,29(5):226－231.
[7] 张仁田，单海春，卜舸，等.南水北调东线一期工程灯泡贯流泵结构特点[J].排灌机械工程学报，2016,34(9):774－782,789.
[8] 张仁田，朱红耕，卜舸，等.南水北调东线一期工程灯泡贯流泵性能分析[J].排灌机械工程学报，2017，35(1):32－41.
[9] 张仁田，李慈祥，姚林碧，等.变频调速灯泡贯流泵站的起动过渡过程[J].排灌机械工程学报，2012，30(1):46－52.
[10] 张仁田，朱红耕，李慈祥，等.变频调速灯泡贯流泵站停机过渡过程研究[J].农业机械学报，2013,44(3): 45－49.
[11] 张仁田,朱峰,刘雪芹,等.变频调速灯泡贯流泵性能与控制方式[J].排灌机械工程学报，2022,40(2):136－143.
[12] 周伟,卜舸.泗洪泵站贯流泵机组水力性能及结构特点分析[J].治淮,2015(5):32－34.
[13] 姚林碧.灯泡贯流泵机组变频装置特点与节能分析[J].南水北调与水利科技，2010,8(3):9－12.
[14] 孙水英，于国安，夏泉，等.大型永磁电动机在南水北调东线一期工程山东段韩庄泵站中的应用[J].水利规划与设计，2014(1):48－50.
[15] 方法明．南水北调东线一期工程二级坝泵站工程建设与管理[M].南京:河海大学出版社，2014.
[16] 山崎直樹，日比野信也，張洪蘭.中國山东省南水北調 2 級ダムポンプ場[J].ェバラ時報,2013(24):23－29.
[17] 许先造.江苏泗洪泵站灯泡式贯流泵同步电动机的结构设计[C].第十一届长三角科技论坛电机、电力科技分论坛,上海，2014.
[18] 邓东升，李同春，张仁田，等.大型贯流泵关键技术与泵站联合调度优化研究报告[R].2010.
[19] 申剑，仇宝云，裴蓓，等.灯泡贯流泵机组电机气隙不均对温升的影响[J].中国电机工程学报，2011，31(8):98－103.
[20] 江苏省水利勘测设计研究院有限公司．泗洪泵站初步设计报告[R].2016.

5 全贯流泵装置关键技术

5.1 全贯流泵装置性能预测与优化设计

5.1.1 研究背景

某泵站设计抽水流量为51.40 m³/s，安装4台湿定子全贯流泵机组，初步拟定单机流量为14.0 m³/s，泵站工程采用块基型结构布置，平直管进、出水流道，双节液压缓冲拍门断流。泵站设计净扬程2.28 m、最高净扬程3.75 m、平均净扬程0.40 m、最低净扬程0.30 m，配套单机容量900 kW的湿定子潜水电动机，电压等级10 kV，总装机容量3 600 kW。泵站的特征水位和扬程见表5-1。机组采用干坑安装方式，泵站装置如图5-1所示。工程设计单位经过比选，拟采用的轴流泵水力模型比转速n_s=850，水泵叶轮直径为2 300 mm，转速为146 r/min。

表5-1 泵站的特征水位和扬程 单位：m

特征值	内河侧水位	外河侧水位	净扬程
设计	89.35	91.63	2.28
最高	90.00	92.45	3.75
最低	88.70	88.90	0.30
平均	89.00	89.40	0.40

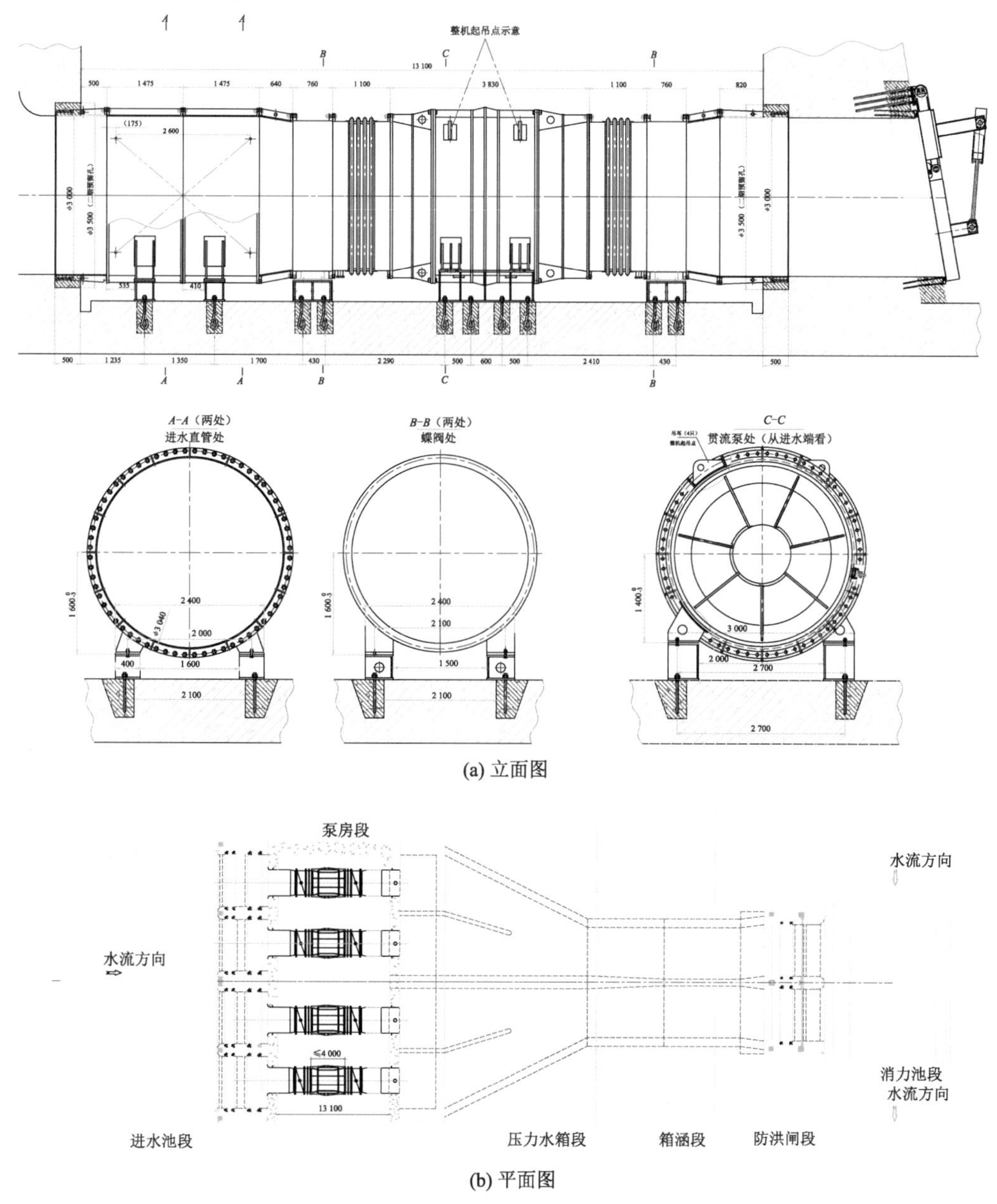

图 5-1　泵站装置图(单位:mm)

5.1.2　性能分析

1. 计算方案

按照几何比尺 $\lambda_l=7.5$ 确定模型泵及装置的设计参数，采用 ZBM791 水力模型，模型叶轮直径 $D_m=307$ mm，转速 $n=1\ 094$ r/min 时，分别对 3 个叶片安放角(0°，+2°，+4°)下的 7 个工况(180 L/s，200 L/s，227 L/s，257 L/s，287 L/s，310 L/s 和 330 L/s)进行数值计算。

2. 计算区域三维造型及网格剖分

采用专业造型软件进行泵站装置模型过流部件的三维造型。全贯流泵装置、泵段和出水流道计算区域的三维造型分别如图 5-2 至图 5-4 所示。

图 5-2　全贯流泵装置计算区域三维造型

图 5-3　泵段计算区域三维造型

图 5-4　出水流道计算区域三维造型

计算区域采用非结构化四面体网格，不规则结构物体表面采用三角形网格。非结构化网格可以有效贴合不规则计算边界，以模拟各种形状的计算区域。经过网格无关性验证，最终确定进水流道、泵段和出水流道计算区域的网格数分别为 90 万个、627 万个和 80 万个，各计算区域的网格分别如图 5-5 至图 5-7 所示。

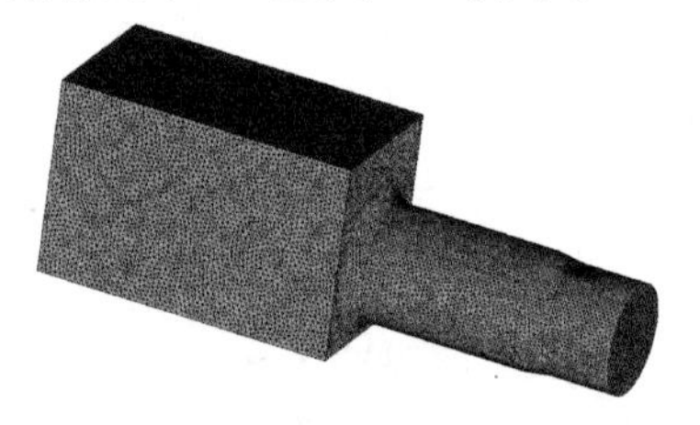

图 5-5　进水流道计算区域的网格

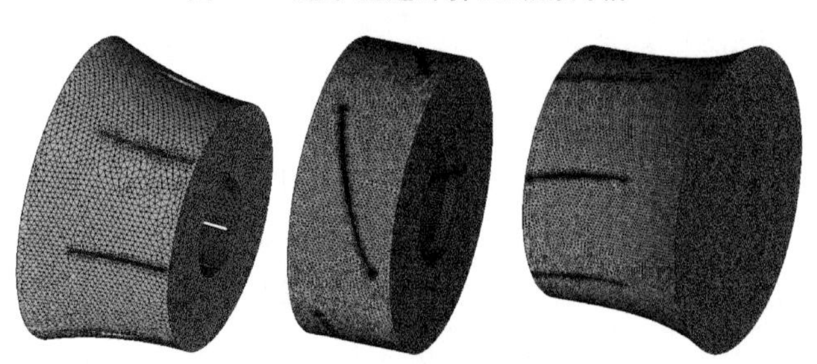

图 5-6　泵段计算区域的网格

图 5-7　出水流道计算区域的网格

3. 数值计算结果及分析

分别对各计算方案进行定常计算，并取 3 个流量工况（200 L/s，257 L/s，310 L/s）分析泵段和泵装置的外特性及内部流态。

（1）性能计算结果

表 5-2 为不同叶片安放角时在不同工况下模型泵段和模型装置的性能计算结果。性能曲线图如图 5-8 和图 5-9 所示。

表 5-2　不同叶片安放角时在不同工况下模型泵段和模型装置的性能计算结果

叶片安放角/(°)	流量 Q/(L/s)	模型泵段扬程 H_{pump}/m	模型装置扬程 H_{sys}/m	模型泵段水力效率 η_{pump}/%	模型装置水力效率 η_{sys}/%
0	130	6.09	5.08	53.60	45.90
	150	5.51	4.30	58.10	50.60
	180	5.01	4.16	65.50	56.10
	200	4.90	4.12	71.40	61.20
	227	4.39	3.65	76.10	64.30
	257	3.85	3.29	79.00	68.50
	287	3.14	2.58	77.20	64.60
	310	2.51	1.95	73.40	58.80
	330	1.89	1.32	66.60	48.70
+2	130	6.41	5.37	50.60	43.60
	150	5.62	4.69	55.70	47.60
	180	4.90	4.03	63.80	53.70
	200	4.86	4.01	69.80	58.80
	227	4.82	3.93	75.40	62.70
	257	4.40	3.59	80.00	66.70
	287	3.87	3.14	80.40	65.23
	310	3.37	2.78	79.30	65.41
	330	2.82	2.25	77.10	61.51

续表

叶片安放角/(°)	流量 Q/(L/s)	模型泵段扬程 H_{pump}/m	模型装置扬程 H_{sys}/m	模型泵段水力效率 η_{pump}/%	模型装置水力效率 η_{sys}/%
+4	130	7.05	5.89	48.00	41.20
	150	6.23	5.07	53.80	45.10
	180	5.18	4.23	60.20	50.40
	200	4.68	3.83	64.70	54.20
	227	4.83	3.84	71.10	58.10
	257	4.66	3.82	78.20	65.50
	287	4.14	3.35	79.90	65.80
	310	3.84	3.11	80.70	66.70
	330	3.31	2.62	78.60	63.70

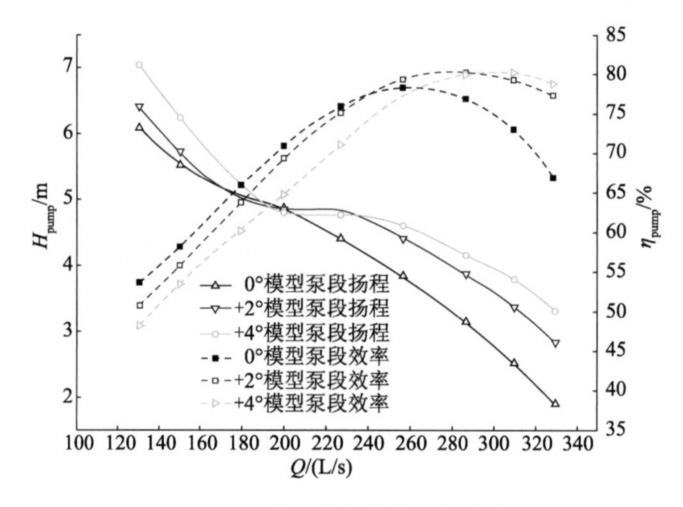

图 5-8 模型泵段的性能曲线图

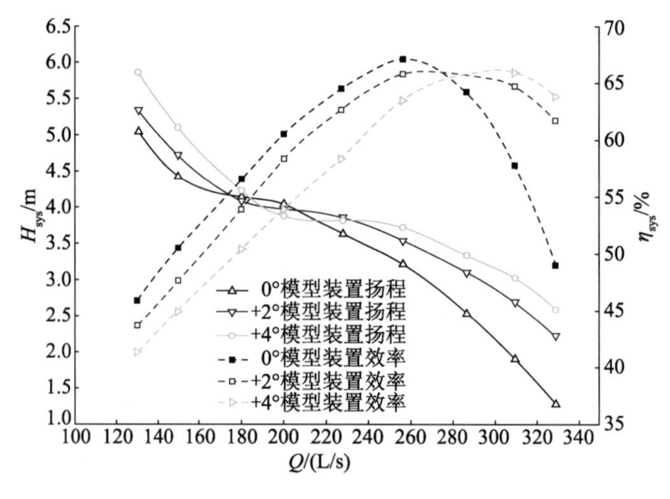

图 5-9 模型装置的性能曲线图

(2) 进水流道内流场分析

图 5-10 至图 5-12 分别为在叶片安放角为 0°，+2°，+4°下，流量为 200 L/s，257 L/s，310 L/s 时进水流道纵剖面的流场图。

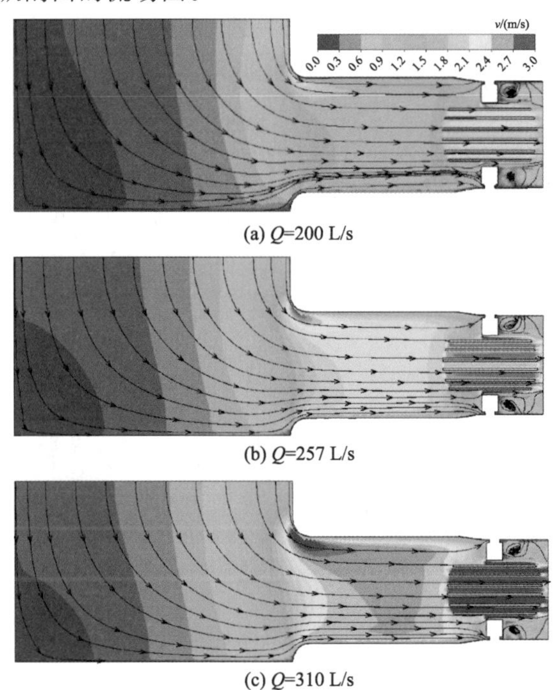

(a) Q=200 L/s

(b) Q=257 L/s

(c) Q=310 L/s

图 5-10　叶片安放角为 0°时进水流道纵剖面的流场图

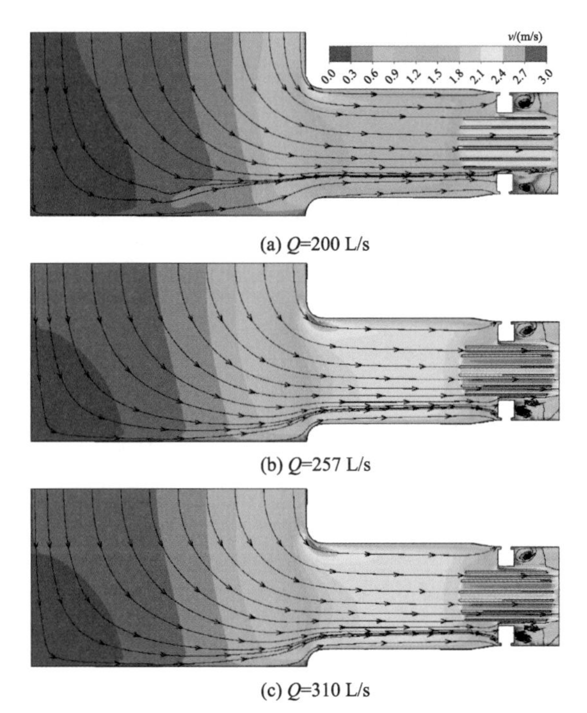

(a) Q=200 L/s

(b) Q=257 L/s

(c) Q=310 L/s

图 5-11　叶片安放角为＋2°时进水流道纵剖面的流场图

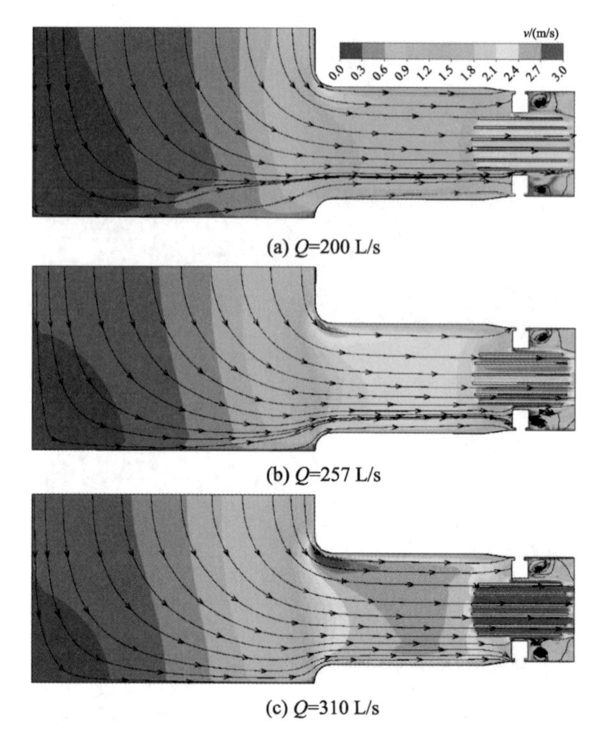

(a) Q=200 L/s

(b) Q=257 L/s

(c) Q=310 L/s

图 5-12　叶片安放角为+4°时进水流道纵剖面的流场图

从图 5-10 至图 5-12 可以看出，3 个叶片安放角下，进水流道内的流态均较好，流动均匀，只是在进水流道上端圆弧末端和蝶阀的间隙处会出现局部高流速区域。

3 个叶片安放角下不同工况进水流道的水力损失 Δh_1 计算结果见表 5-3，其水力损失曲线如图 5-13 所示；不同工况进水流道中蝶阀段的水力损失 Δh_2 计算结果见表 5-4，其水力损失曲线如图 5-14 所示。

表 5-3　进水流道的水力损失计算结果　　单位：m

流量 Q/(L/s)	叶片安放角/(°)		
	0	+2	+4
130	0.018	0.018	0.018
150	0.024	0.024	0.024
180	0.034	0.034	0.034
200	0.043	0.042	0.042
227	0.054	0.053	0.054
257	0.069	0.069	0.069
287	0.086	0.086	0.086
310	0.101	0.100	0.100
330	0.114	0.113	0.113

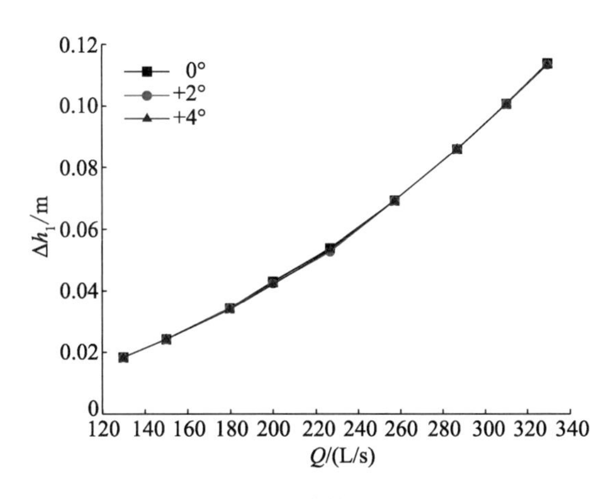

图 5-13 进水流道的水力损失曲线

表 5-4 进水流道中蝶阀段的水力损失计算结果 单位:m

流量 Q/(L/s)	叶片安放角/(°)		
	0	+2	+4
130	0.014	0.014	0.015
150	0.019	0.019	0.019
180	0.026	0.028	0.028
200	0.034	0.034	0.034
227	0.044	0.043	0.044
257	0.056	0.056	0.056
287	0.070	0.070	0.070
310	0.082	0.082	0.082
330	0.093	0.093	0.092

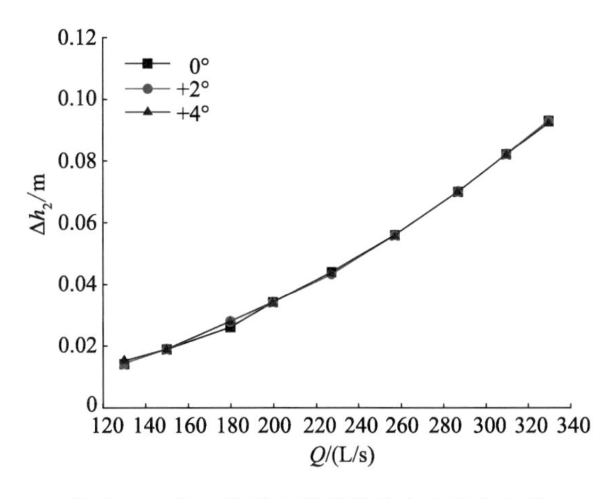

图 5-14 进水流道中蝶阀段的水力损失曲线

从表 5-3、表 5-4 和图 5-13、图 5-14 可以看出，进水流道的水力损失很小，而且主要集中在蝶阀段，最大为 0.114 m，这说明进水流道的设计较优。

（3）泵段内流场分析

图 5-15 至图 5-17 分别为叶片安放角为 0°，＋2°，＋4°时，流量为 200 L/s，257 L/s，310 L/s 共 9 个工况下泵段内圆柱展开面的流场图。

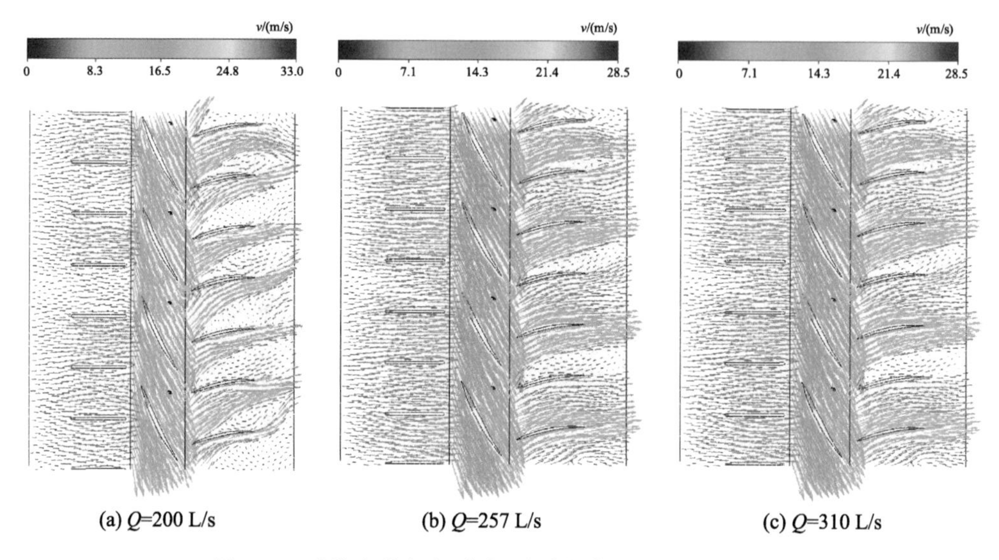

(a) Q=200 L/s (b) Q=257 L/s (c) Q=310 L/s

图 5-15 叶片安放角为 0°时泵段内圆柱展开面的流场图

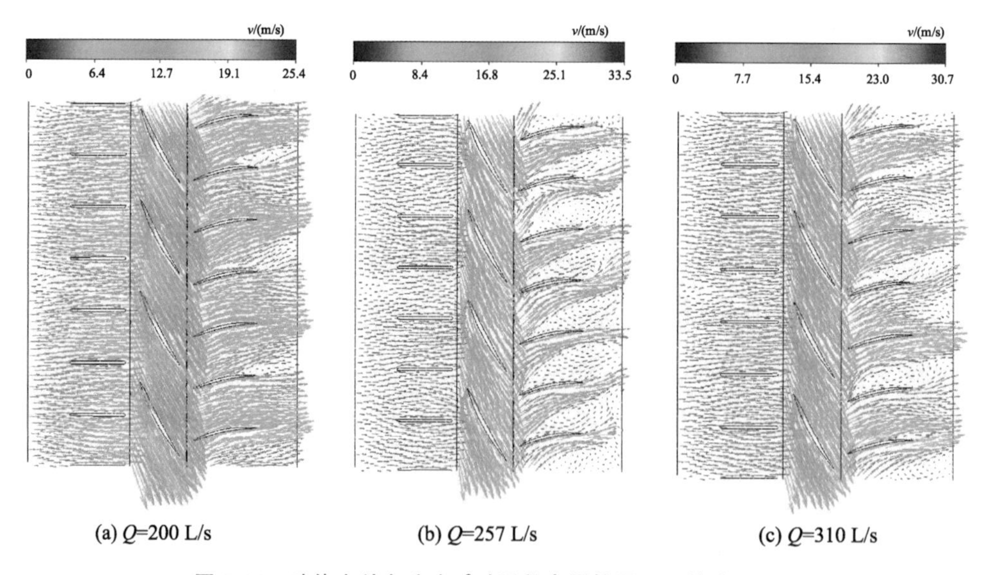

(a) Q=200 L/s (b) Q=257 L/s (c) Q=310 L/s

图 5-16 叶片安放角为＋2°时泵段内圆柱展开面的流场图

由图 5-15 至图 5-17 可以看出，叶轮内的流态较好，导叶出口处仍存在漩涡和回流现象，这会影响出水流道进口的流态，增加出水流道的水力损失。

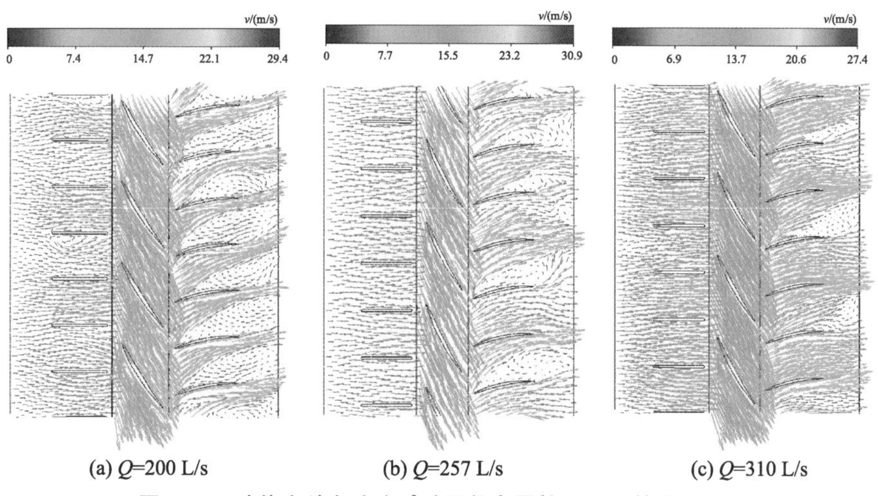

(a) Q=200 L/s (b) Q=257 L/s (c) Q=310 L/s

图 5-17 叶片安放角为+4°时泵段内圆柱展开面的流场图

(4) 出水流道内流场分析

图 5-18 至图 5-20 分别为叶片安放角为 0°,+2°,+4°时,流量为 200 L/s,257 L/s,310 L/s 共 9 个工况下出水流道横剖面的流场图。

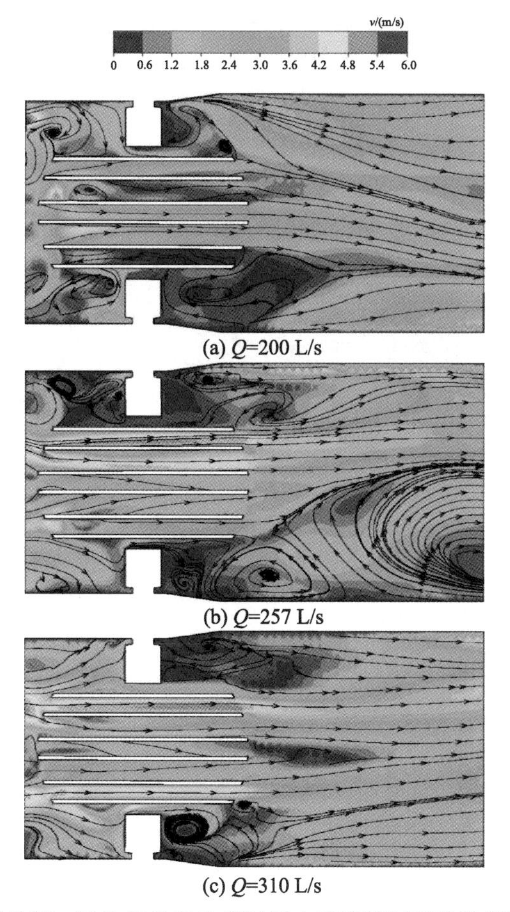

(a) Q=200 L/s

(b) Q=257 L/s

(c) Q=310 L/s

图 5-18 叶片安放角为 0°时出水流道横剖面的流场图

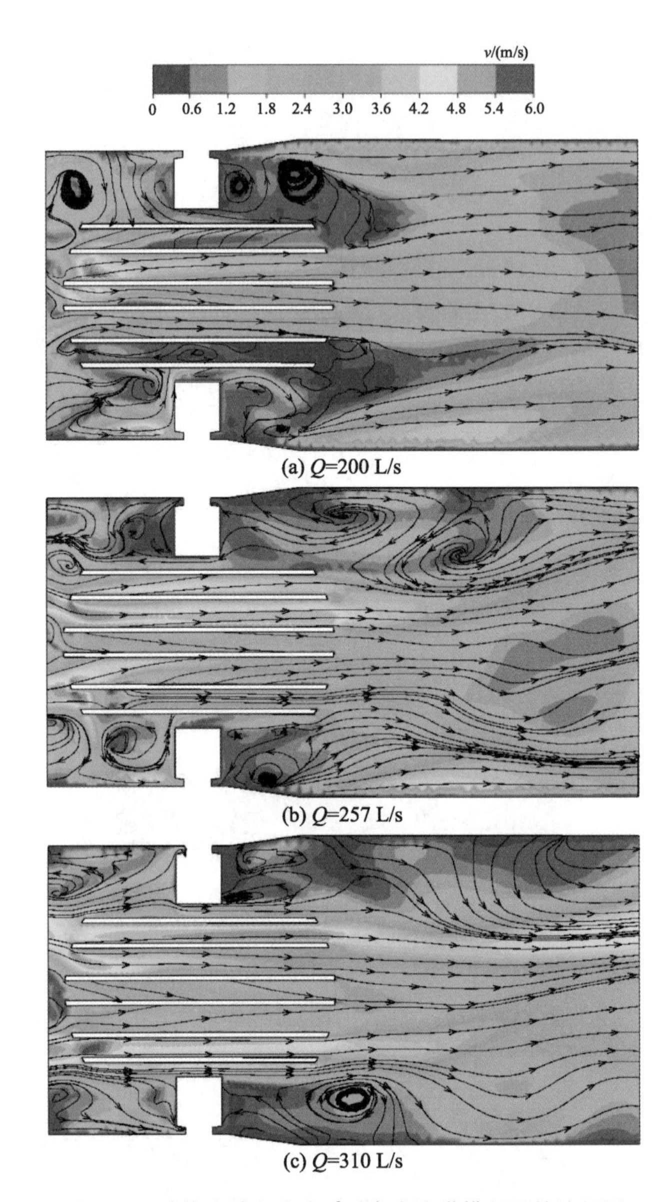

图 5-19 叶片安放角为+2°时出水流道横剖面的流场图

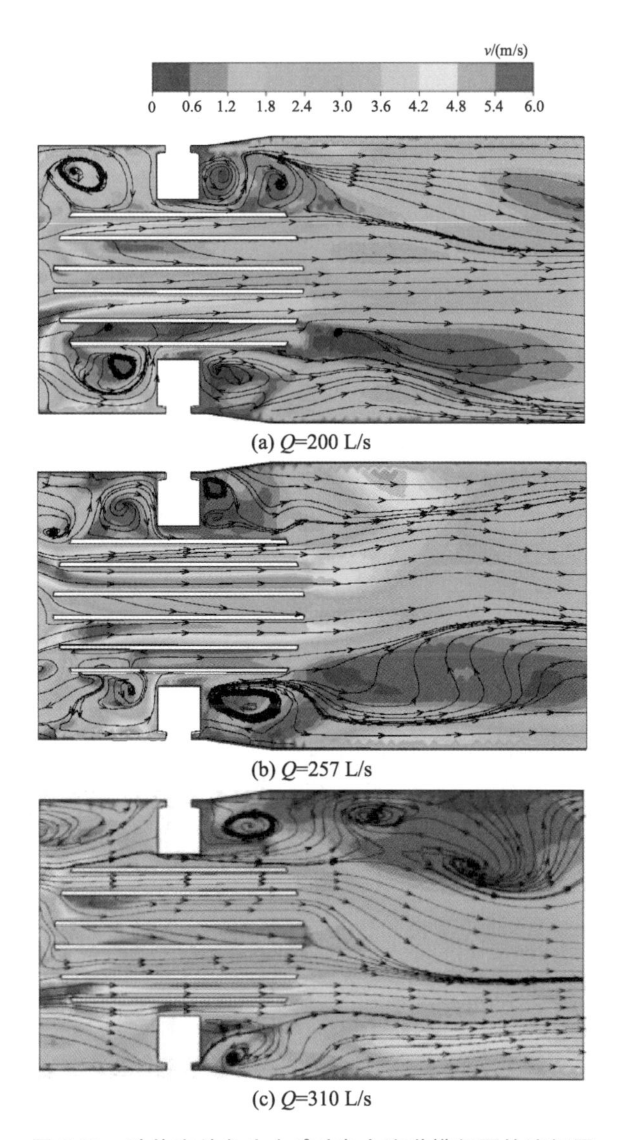

(a) Q=200 L/s

(b) Q=257 L/s

(c) Q=310 L/s

图 5-20 叶片安放角为+4°时出水流道横剖面的流场图

从图 5-18 至图 5-20 可以看出,3 个叶片安放角下不同工况时出水流道内的流态均相差不大,但比进水流道内的流态差。

不同工况下出水流道水力损失的计算结果见表 5-5,为了便于比较,将出水流道分成 5 部分:直管段、扩散段、圆变方管段、蝶阀段和拍门段。出水流道水力损失 Δh_3、蝶阀段水力损失 Δh_4 和拍门段水力损失 Δh_5 曲线分别如图 5-21 至图 5-23 所示。

表 5-5　出水流道水力损失的计算结果　　单位：m

叶片安放角/(°)	流量 Q/(L/s)	直管段* 水力损失	扩散段 水力损失	圆变方管段 水力损失	蝶阀段 水力损失	拍门段 水力损失	总水力损失
0	130	0.821	0.044	0.121	0.667	0.008	0.993
	150	0.761	0.042	0.124	0.602	0.010	0.935
	180	0.646	0.040	0.113	0.561	0.015	0.814
	200	0.589	0.041	0.105	0.521	0.018	0.754
	227	0.513	0.048	0.136	0.474	0.024	0.720
	257	0.292	0.038	0.163	0.315	0.029	0.522
	287	0.241	0.036	0.201	0.268	0.038	0.516
	310	0.249	0.040	0.164	0.276	0.044	0.497
	330	0.259	0.039	0.158	0.295	0.050	0.505
+2	130	0.867	0.047	0.098	0.721	0.008	1.021
	150	0.754	0.051	0.103	0.651	0.010	0.918
	180	0.687	0.047	0.097	0.603	0.015	0.846
	200	0.639	0.039	0.126	0.558	0.018	0.823
	227	0.654	0.058	0.129	0.615	0.024	0.866
	257	0.442	0.058	0.231	0.463	0.029	0.760
	287	0.394	0.055	0.206	0.423	0.038	0.692
	310	0.258	0.044	0.181	0.291	0.044	0.527
	330	0.237	0.050	0.178	0.286	0.050	0.515
+4	130	0.980	0.054	0.107	0.821	0.008	1.148
	150	0.962	0.057	0.115	0.801	0.010	1.144
	180	0.771	0.045	0.106	0.661	0.015	0.937
	200	0.684	0.045	0.079	0.595	0.018	0.827
	227	0.695	0.067	0.167	0.663	0.024	0.954
	257	0.477	0.047	0.241	0.465	0.029	0.794
	287	0.410	0.047	0.245	0.417	0.038	0.740
	310	0.315	0.048	0.263	0.348	0.044	0.670
	330	0.304	0.045	0.224	0.333	0.050	0.623

注：* 直管段水力损失包含了蝶阀段水力损失。

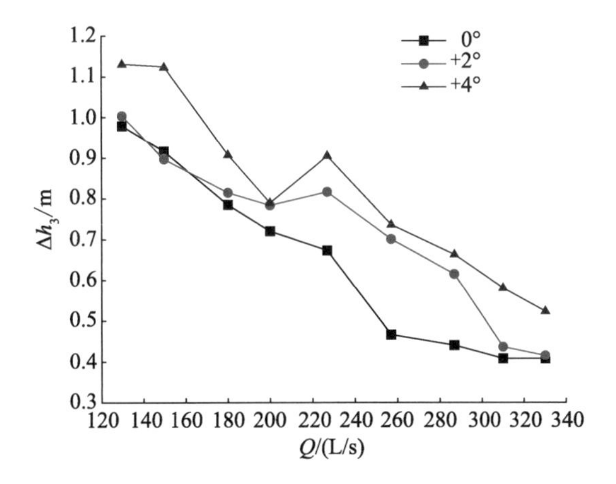

图 5-21 出水流道水力损失曲线

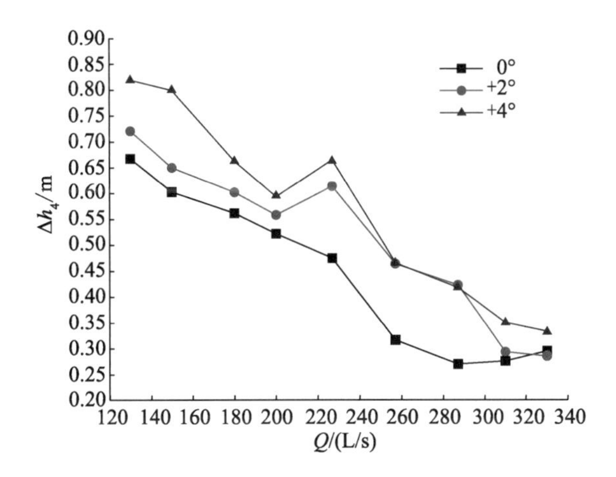

图 5-22 蝶阀段水力损失曲线

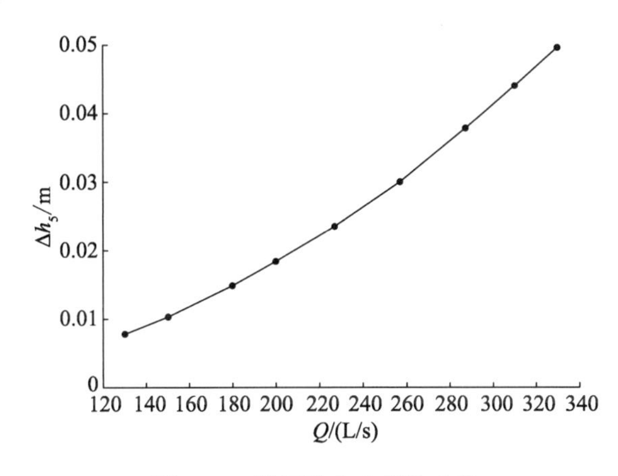

图 5-23 拍门段水力损失曲线

从表 5-5 和图 5-21 至图 5-23 可以看出，出水流道直管段的水力损失最大，主要是蝶阀段的水力损失，扩散段和圆变方管段的水力损失均较小。

5.1.3 进水流道优化设计

1. 进水喇叭口圆弧半径优化方案对比

对进水喇叭口的圆弧半径进行优化，原始设计圆弧半径 R=40 mm，另外设计 3 种方案，将圆弧半径设计为 R=30 mm，50 mm 和 60 mm，分别对不同圆弧半径下的进水流道进行数值计算。4 种方案下进水流道纵剖面的流场图分别如图 5-24 至图 5-27 所示。

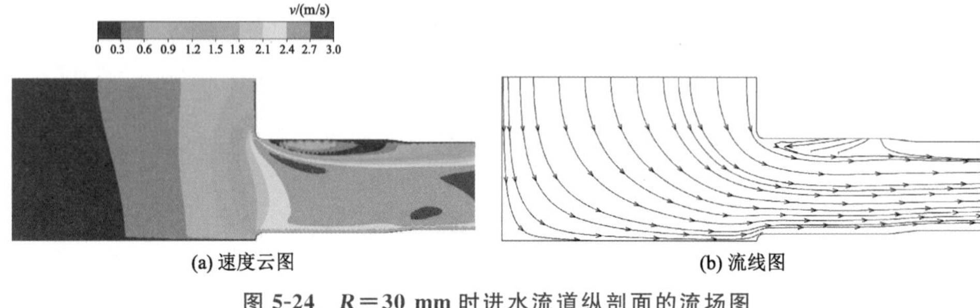

(a) 速度云图　　(b) 流线图

图 5-24　**R=30 mm 时进水流道纵剖面的流场图**

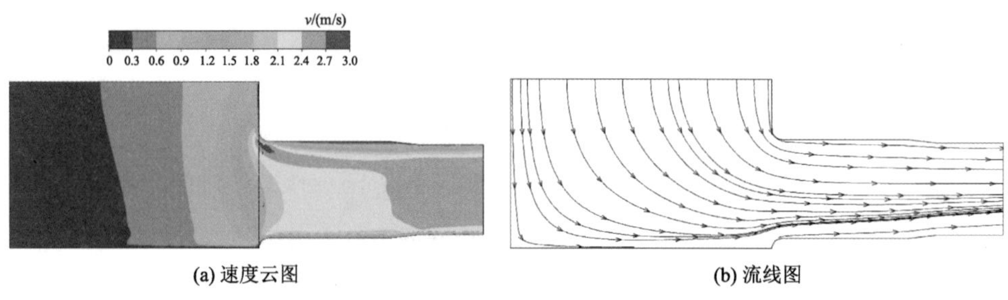

(a) 速度云图　　(b) 流线图

图 5-25　**R=40 mm 时进水流道纵剖面的流场图**

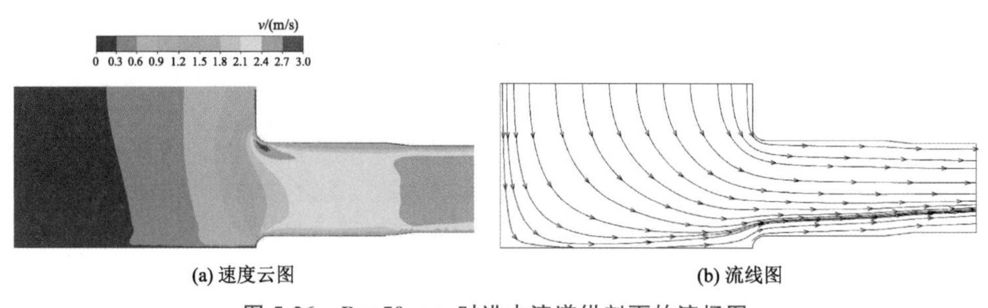

(a) 速度云图　　(b) 流线图

图 5-26　**R=50 mm 时进水流道纵剖面的流场图**

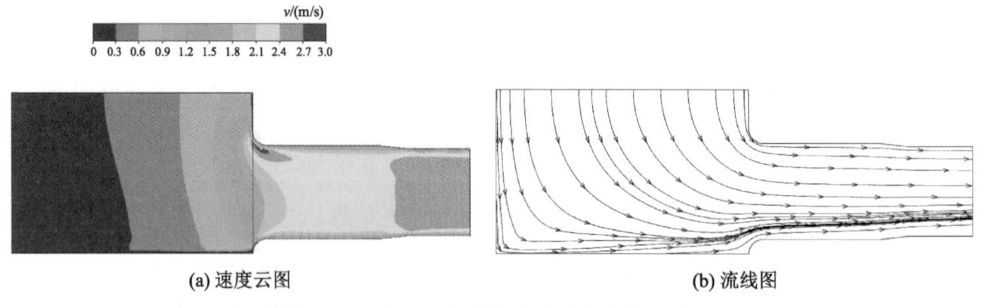

(a) 速度云图　　(b) 流线图

图 5-27　**R=60 mm 时进水流道纵剖面的流场图**

从图 5-24 至图 5-27 可以看出，随着圆弧半径 R 的增大，进水流道的流态愈好，$R=60$ mm 时，上端圆弧处的高速区域面积最小。4 种方案下，进水流道的水力损失分别为 0.045 m，0.031 m，0.024 m 和 0.021 m。随着圆弧半径的增大，水力损失减少，但是水力损失减少的幅度变小。

2. 收缩管优化方案对比

倾斜角度对收缩管的水力损失有一定的影响，原始设计倾斜角度 $\alpha=6.34°$，另外设计 4 种方案，将倾斜角度设计为 $\alpha=4°$，5°，7°和 8°，并分别进行数值计算。不同倾斜角度下收缩管纵剖面的流线图如图 5-28 所示。

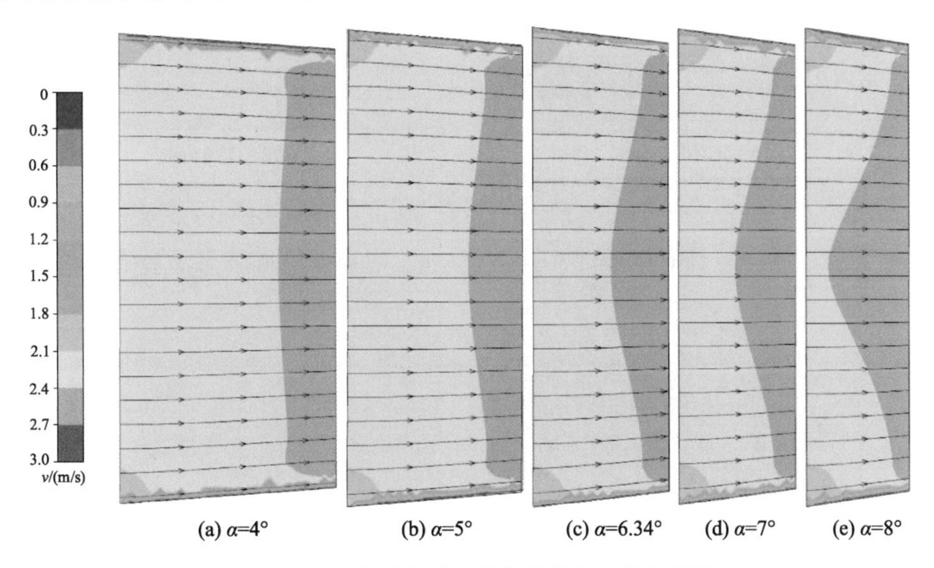

图 5-28　不同倾斜角度下收缩管纵剖面的流线图

从图 5-28 可以看出，不同倾斜角度下收缩管内的流动都非常均匀，$\alpha=6.34°$，4°，5°，7°，8°时的水力损失分别为 0.037 m，0.028 m，0.020 m，0.017 m 和 0.014 m，水力损失均很小。

5.1.4　出水流道优化设计

1. 圆变方流道优化方案对比

圆变方流道的长度对水力损失具有一定影响，原始设计长度 $L=260.87$ mm，现增加 4 种方案，将圆变方流道的长度设计为 310.87 mm，285.87 mm，235.87 mm 和 210.87 mm，分别对不同长度的圆变方流道进行数值计算。不同长度下圆变方流道纵剖面的流线图如图 5-29 所示。

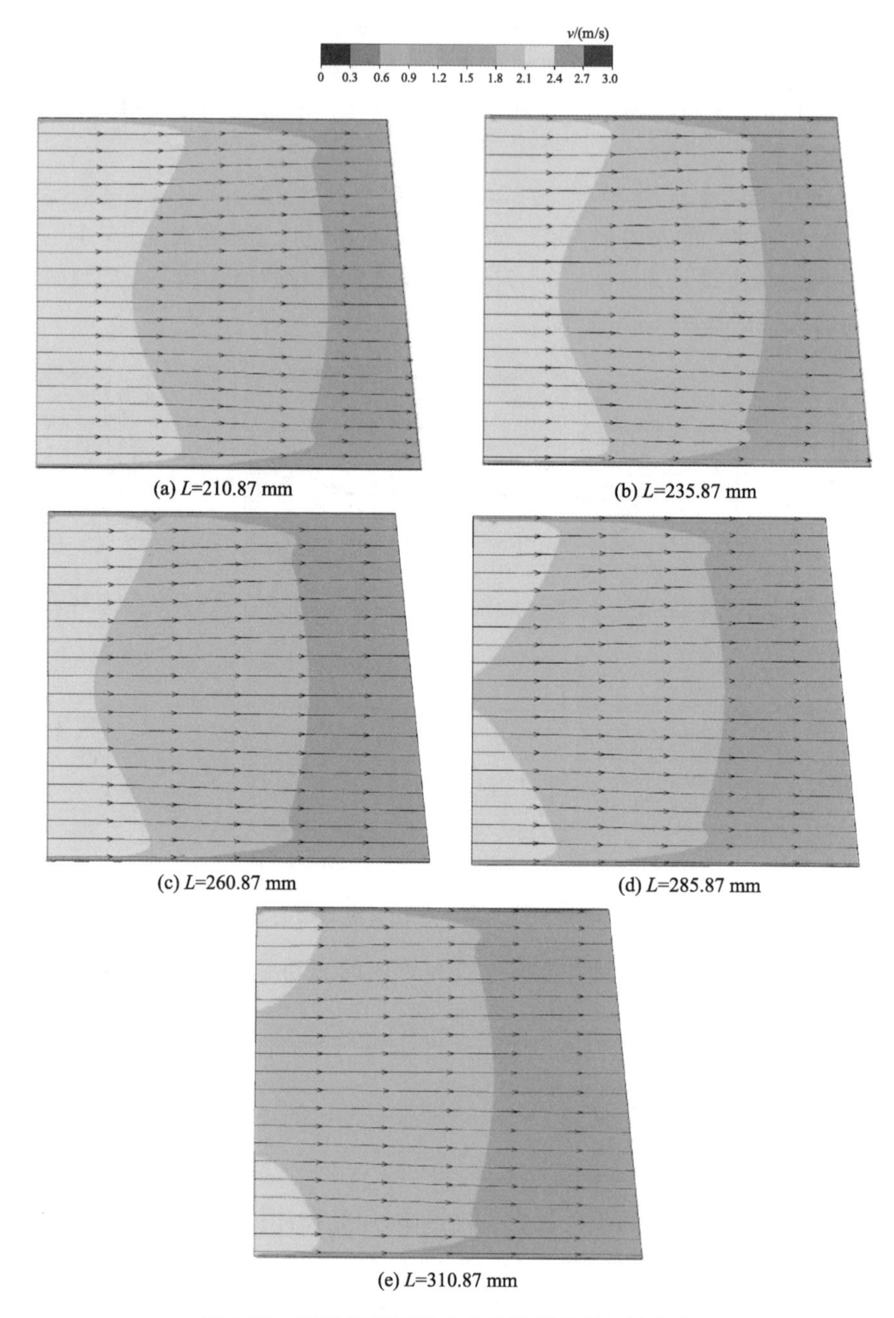

(a) L=210.87 mm

(b) L=235.87 mm

(c) L=260.87 mm

(d) L=285.87 mm

(e) L=310.87 mm

图 5-29 不同长度下圆变方流道纵剖面的流线图

随着长度的增加，各方案下圆变方流道的水力损失分别为 0.052 m，0.054 m，0.056 m，0.059 m 和 0.061 m。

2. 扩散管优化方案对比

倾斜角度对扩散管的水力损失有一定的影响，原始设计倾斜角度 $\alpha=6.34°$，另外设计 4 种方案，将倾斜角度设计为 $\alpha=4°$，$5°$，$7°$和 $8°$，并分别进行数值计算。不同倾斜角度下扩散管纵剖面的流线图如图 5-30 所示。

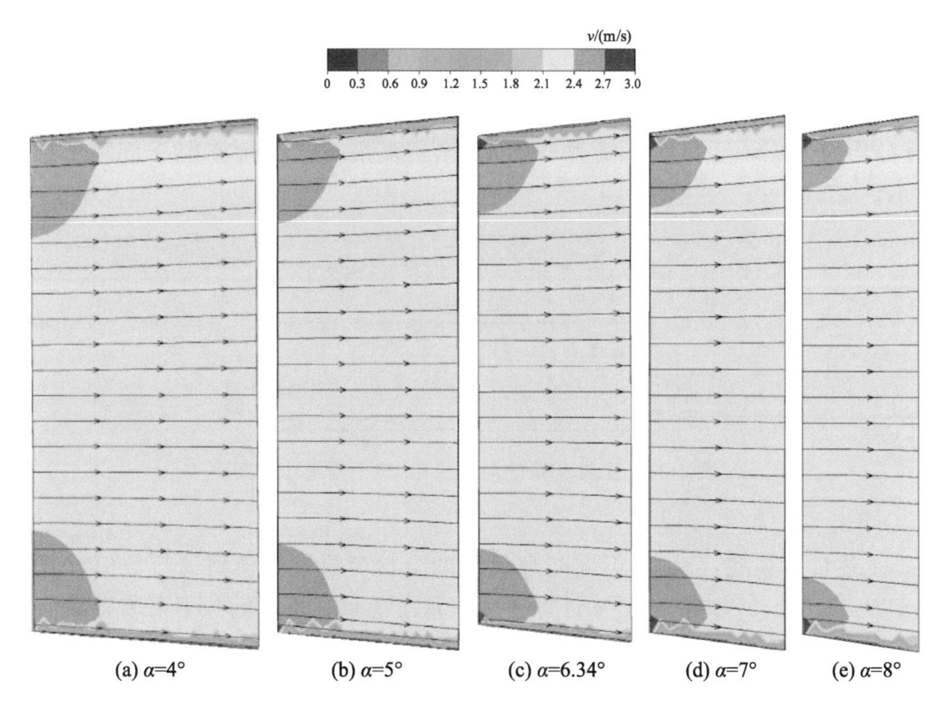

图 5-30 不同倾斜角度下扩散管纵剖面的流线图

随着倾斜角度的增大，各方案扩散管的水力损失相应减小，分别为 0.039 m，0.031 m，0.023 m，0.020 m 和 0.019 m。

5.1.5 回流间隙对装置性能的影响研究

全贯流泵的显著特点是电动机和叶轮整合为一个整体，没有叶顶间隙和传统轴流泵的传动轴，叶片的外缘与电动机的转子相连，转子通过电磁作用旋转并带动叶轮做功，进、出水流道平直，水流直进直出，进水流态平顺均匀，水力损失小。由于全贯流泵使用的是经过改造的轴流泵叶轮，且进、出水流道和导叶也与轴流泵相似，因此轴流泵的内流特性和水力特性对于研究全贯流泵有一定的参考意义。虽然全贯流泵和轴流泵的叶轮有相似之处，但是由于全贯流泵的叶轮与转子是一个整体，因此全贯流泵工作时电动机转子参数会对其叶轮室的内流特性和水力性能产生影响。

1. 研究模型

全贯流泵的设计是将叶轮和电动机转子焊接为一体，关键设计部件为电动机转子，电动机转子与定子间存在间隙，为保证异步电动机的电磁效果和冷却作用，将电动机的定、转子之间的间隙 d 设置为一固定值，则在间隙中存在回流流量 q，间隙回流在起到散热作用的同时，也会影响叶轮进口流场，增大电动机转子的摩擦损失，导致全贯流泵的水力特性发生变化。全贯流泵初始间隙 d 为 0.65 mm，通过调节两端节流环的尺寸控制回流流量，另外设计 d=0.40 mm，1.00 mm，1.50 mm 和 2.00 mm 共 5 组方案进行数值计算。电动机转子为简化模型，不含线圈，转子的最大厚度为 18 mm，轴向长度为 100 mm。全贯流泵叶轮的三维造型图如图 5-3 所示。

全贯流泵模型叶轮直径 D 为 350 mm，转速 n 为 950 r/min，轮毂比为 0.4，叶尖叶栅稠密度为 0.79，叶根叶栅稠密度为 1.4，轮缘处叶片安放角为 15.33°，轮毂处叶片安放角为 46.59°。导叶片数为 7 片，直径为 350 mm，轮毂比为 0.4。进、出水流道与叶轮和导叶配套，直径均为 350 mm，长度 L 均为 1.0 m。全贯流泵的电动机定、转子间隙示意图如图 5-31 所示。

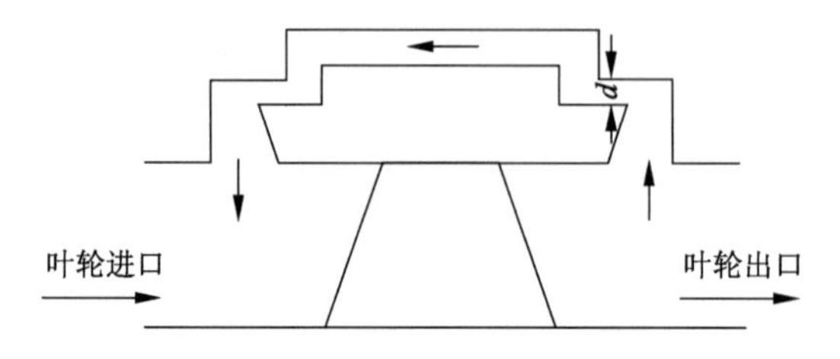

图 5-31 全贯流泵的电动机定、转子间隙示意图

2. 计算结果分析

根据上述计算模型，分别对不同间隙尺寸的全贯流泵装置模型进行数值计算。计算流量为 190～470 L/s，每隔 20 L/s 计算一个流量工况点。不同间隙下泵装置数值计算结果对比如图 5-32 所示。

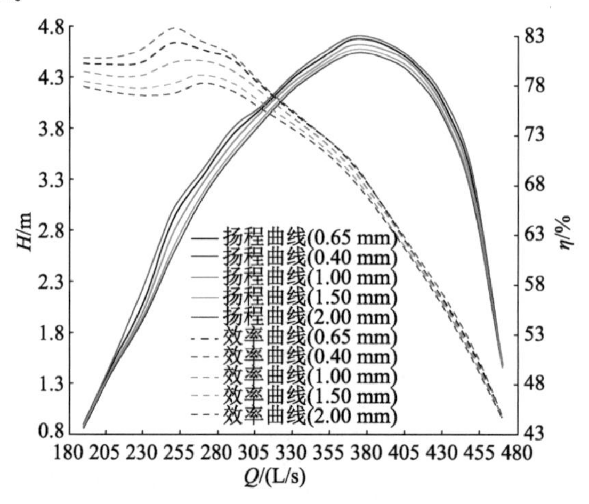

图 5-32 不同间隙下泵装置数值计算结果对比

由图 5-32 可知，不同间隙下全贯流泵的扬程和效率曲线均较为光滑。在流量 $Q=$ 390 L/s 工况点，间隙为 0.65 mm 时，扬程为 3.05 m，效率为 82.46%，最高效率为 82.66%；间隙为 2.00 mm 时，扬程为 2.92 m，效率为 80.85%，最高效率为 81.27%。不同间隙的泵装置在设计工况下的扬程最大差值为 0.13 m，效率差值为 1.61 个百分点，由此可以发现不同间隙下全贯流泵的扬程和效率差别较大。随着间隙的增大，全贯流泵在流量为 230～430 L/s 时扬程和效率曲线逐渐下移，其中扬程曲线在马鞍区的差别尤为明显，马鞍区的位置逐渐向大流量移动，且最大间隙与最小间隙的马鞍区流量偏移近 40 L/s，马鞍区的最高扬程差值约为 0.34 m；效率曲线的高效区基本一致，在流量为 370 L/s 时效率差距最大，最大间隙与最小间隙的效率相差约 1.61 个百分点，在流量小于 230 L/s 和大于 430 L/s 范围内效率曲线的差距很小。

为了分析全贯流泵水力特性的差异与间隙的关系，对间隙 $d=0.65$ mm 的全贯流泵和轴流泵在 3 种特征工况（$Q=210$ L/s，390 L/s，450 L/s）下叶轮室的内流特性进行数值计算，其结果分别如图 5-33 和图 5-34 所示。

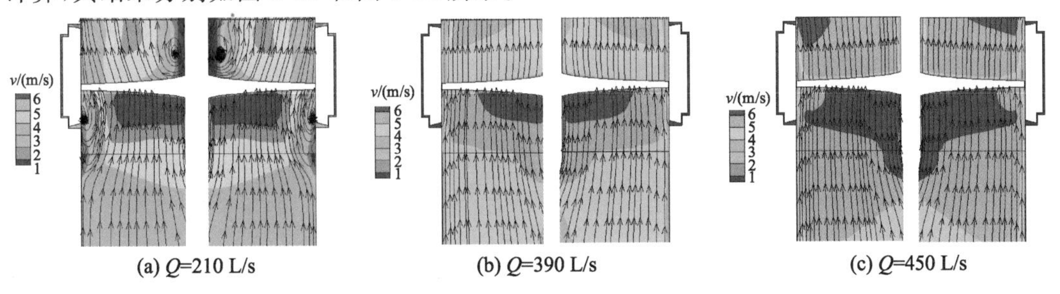

(a) Q=210 L/s　(b) Q=390 L/s　(c) Q=450 L/s

图 5-33　全贯流泵叶轮室的内流特性（$d=0.65$ mm）

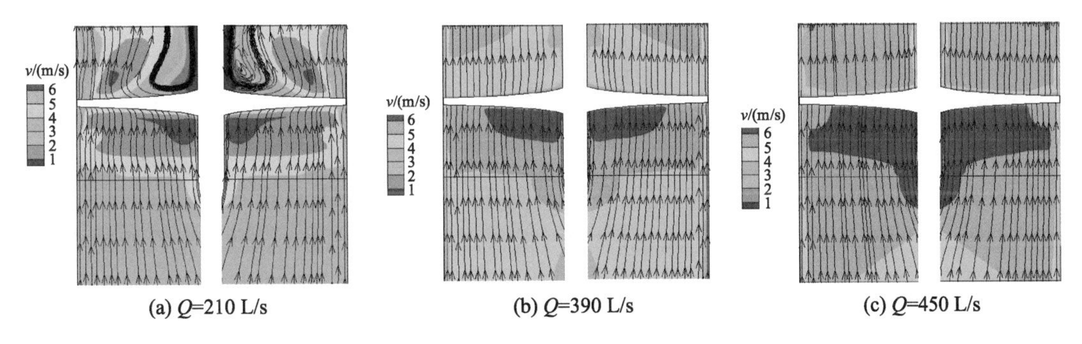

(a) Q=210 L/s　(b) Q=390 L/s　(c) Q=450 L/s

图 5-34　轴流泵叶轮室的内流特性

对比图 5-33 和图 5-34 可以发现，全贯流泵和轴流泵水力特性的差异主要出现在小流量工况下，轴流泵的叶轮进口流态平顺，而全贯流泵的叶轮进口靠近轮缘处（即间隙回流出口）有漩涡和偏流现象，在此处形成低压区，这是由于间隙回流扰乱了叶轮进口靠近轮缘处水流的流态引起的。同样，叶轮出口流场在小流量工况下的差距较为明显，在靠近轮缘的位置均出现了偏流，靠近轮毂的位置出现了漩涡，而轴流泵水流向轮毂方向偏流，全贯流泵水流向轮缘方向偏流，这是由于间隙回流流量 q 由叶轮出口流向叶轮进口，全贯流泵叶轮出口靠近轮缘处（即间隙回流进口）的压力较小，间隙回流进入叶轮进口时对主流的影响较大，造成叶轮进口轮缘处出现较大的漩涡，进而导致了叶轮出口流场的变化（间隙内部流动如图 5-35 所示）。由此可以发现，全贯流泵叶轮水力特性的变化主要是由间隙回流导致的。

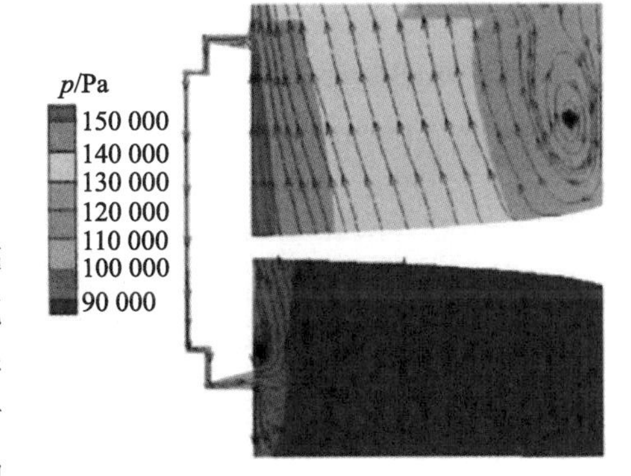

图 5-35　间隙内部流动示意图

从图 5-35 可以发现，全贯流泵叶轮进、出口的流态均受到间隙回流的影响，距离轮缘越近，水流受到间隙回流的干扰越强烈。随着流量的增大，间隙回流对全贯流泵叶轮进口的影响越来越小，在设计工况和大流量工况下全贯流泵叶轮进口的流态均较好，没有出现明显的流线偏移。为研究间隙回流对叶轮进、出口的

干扰程度随叶轮流量增大而降低的原因，对间隙 $d=0.65$ mm 的全贯流泵在全工况下间隙回流流量和叶轮进、出口压差与总流量的关系进行分析，其关系曲线如图 5-36 所示。

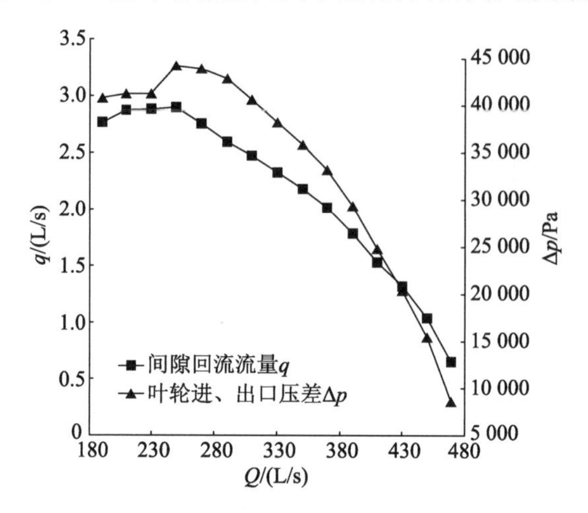

图 5-36　间隙回流流量和叶轮进、出口压差与总流量的关系曲线

从图 5-36 可以看出，随着流量的增大，叶轮进、出口压差越来越小，间隙回流流量也越来越小，而间隙回流断面的面积是不变的，根据连续性方程可知间隙回流流速减小，回流对叶轮进、出口流态的干扰也就不明显。因此，间隙回流不仅对叶轮进、出口的流态有影响，而且该影响随着流量的增大而减弱。

为进一步分析不同间隙对全贯流泵扬程和效率的影响，将在流量为 $Q=390$ L/s 时 4 种间隙下全贯流泵叶轮压力面和吸力面的压力云图取出，分别如图 5-37 和图 5-38 所示。

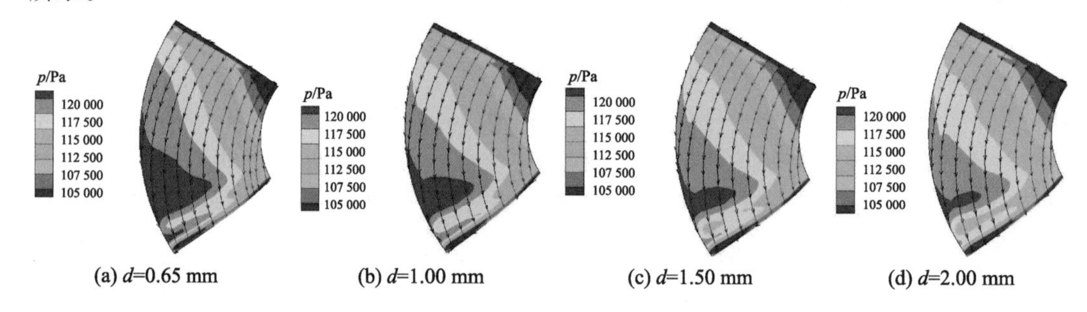

图 5-37　不同间隙时全贯流泵叶轮压力面的压力云图

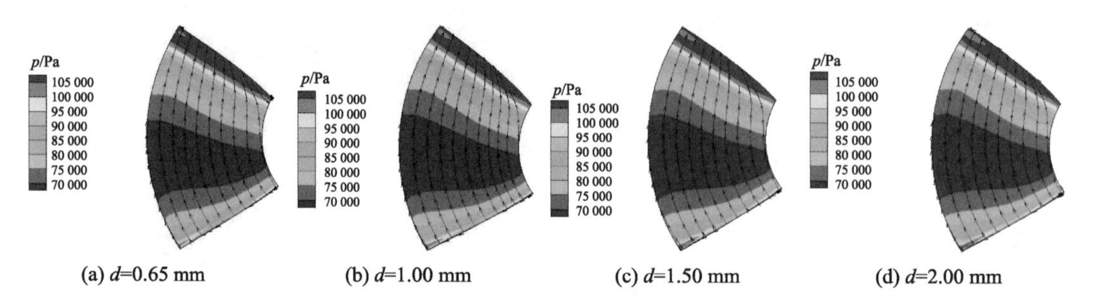

图 5-38　不同间隙时全贯流泵叶轮吸力面的压力云图

从图 5-37 可以发现,各间隙下叶轮压力面的压力沿着轮毂向轮缘的方向逐渐增大。轴流泵叶片的做功能力主要取决于于轮缘处的压差分布,而随着间隙的增大,压力面靠近轮缘区域的高压区范围越来越弱,说明叶片的做功能力越来越弱。这也是图 5-32 所示的扬程随着回流间隙的增大而降低的原因。从图 5-38 可以发现,各间隙下叶轮吸力面的压力沿着水流流动的方向先减小后增大,在叶轮吸力面靠近进口的位置压力最小,说明该区域是叶轮工作时最容易发生空化的位置,且该区域的面积随着间隙的增大基本没有变化,说明间隙回流对全贯流泵叶轮空化性能的影响很小。

为了分析不同的间隙回流对全贯流泵效率的影响,对流量 $Q=390$ L/s 时间隙回流流量、摩擦功率、叶轮功率与间隙的关系进行分析,其关系曲线如图 5-39 和图 5-40 所示。由图可以发现,随着间隙的增大,间隙回流流量逐渐增大,实际工程应用中可根据对间隙回流流量的要求选择相应的间隙。随着间隙的增大,叶轮功率逐渐减小,这是扬程降低较大所致。由图 5-32 可知,效率的计算结果为 81%左右,远低于轴流泵 87%的效率水平,这是因为叶轮转子外壳带来较大的摩擦阻力损失,根据图 5-40 计算,摩擦功率占叶轮功率的 5%;同时可以发现,随着间隙的增大,摩擦功率基本不发生变化,即在不同间隙下摩擦功率产生的损失均客观存在。

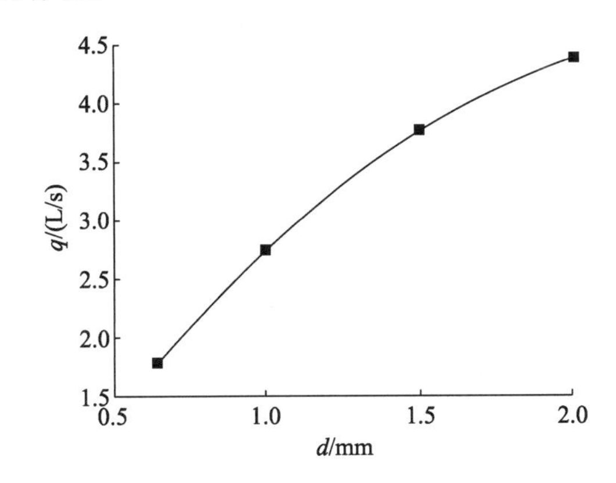

图 5-39　间隙回流流量与间隙的关系曲线

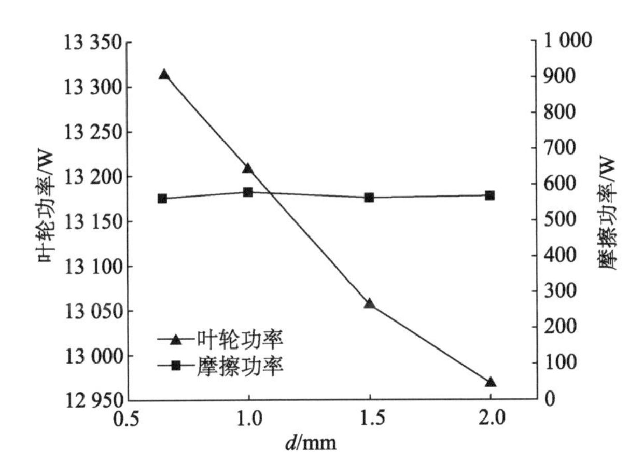

图 5-40　叶轮功率、摩擦功率与间隙的关系曲线

5.1.6 全贯流泵压力脉动特性研究

由于全贯流泵的结构完全不同于其他型式的贯流泵装置，因此除了研究和优化其结构性能外，其压力脉动特性也是研究的重点。下面采用非定常数值计算研究全贯流泵压力脉动的幅值和频率特征。

1. 非定常数值计算设置

采用与第 5.1.5 节相同的全贯流泵，在 3 种工况（Q=270 L/s，390 L/s，470 L/s）下进行非定常压力脉动特性数值计算。数值计算中进、出口边界条件和各静态交界面的设置均与定常计算一样，对于进水流道与叶轮、叶轮与导叶和转子间隙与叶轮轮缘之间的动静交界面均采用瞬态冻结转子技术来处理。数值计算中单步时间步长设置为 $5.263\ 16\times10^{-4}$ s，为叶轮旋转 3°所需要的时间，时间步长满足采样要求，每个时间步长内最大的迭代步数为 15 步，单步收敛精度为 10^{-5}，非定常计算的模型仍然为标准 $k-\varepsilon$ 紊流模型，以定常计算结果为初始条件开始计算。压力脉动监测点布置如图 5-41 所示，其中进水流道布点 4 个、叶轮布点 20 个、导叶布点 16 个、出水流道布点 5 个，共计 45 个点。

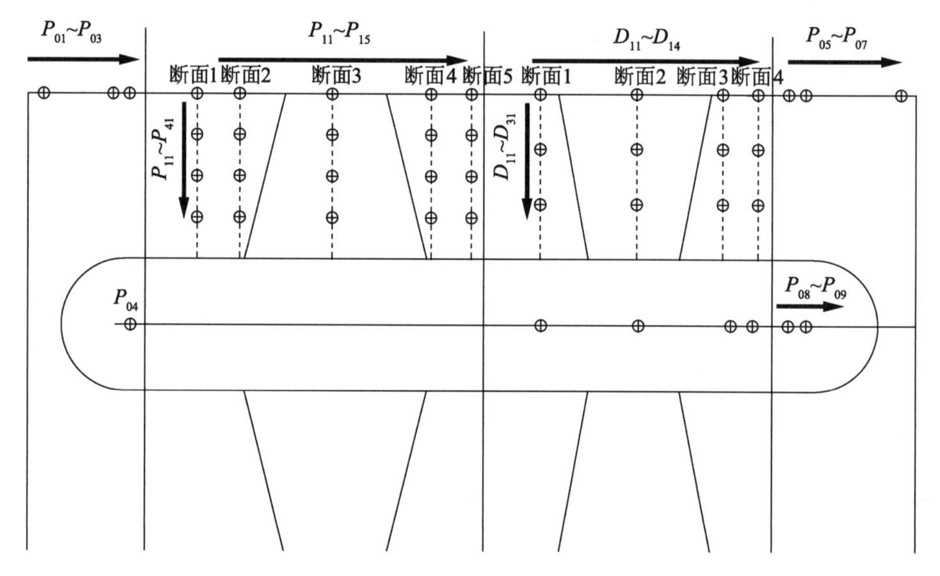

图 5-41 压力脉动监测点布置

为了分析压力脉动的频域成分，需要对时域信号进行快速傅里叶变换（FFT），得到泵的压力脉动频域图，为此引入叶片的转频倍数 N_F 和压力系数 C_p：

$$N_F=\frac{60zF}{n}=\frac{F}{F_n} \tag{5-1}$$

$$C_p=\frac{\Delta p}{0.5\rho u^2} \tag{5-2}$$

式中，F 为快速傅里叶变换后的实际频率；F_n 为相应转速下叶片的通过频率；Δp 为压差；u 为叶轮的圆周速度。

2. 进水流道压力脉动特性

在流量 $Q=390$ L/s 时依次采出全贯流泵进水流道沿着轴向和周向的监测点的压力脉动数据并进行快速傅里叶变换，得到各点的频域图，如图 5-42 所示。

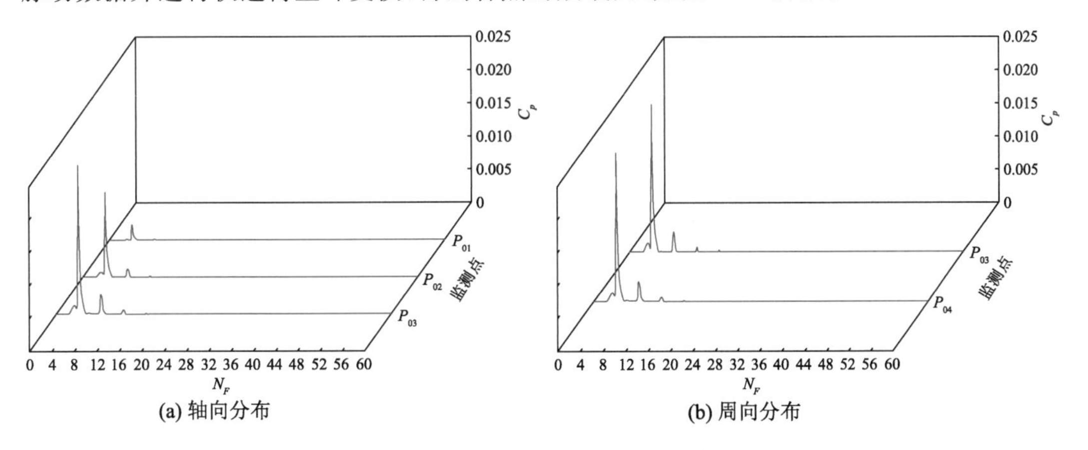

(a) 轴向分布　　(b) 周向分布

图 5-42　全贯流泵进水流道压力脉动分布

从图 5-42 可以发现，在该工况下，全贯流泵进水流道轴向和周向的压力脉动主频为叶片旋转频率的 4 倍(即叶片通过频率，简称"叶频")，次频为 8 倍转频，且谐频为转频的整数倍。从进水流道压力脉动轴向分布可以发现，监测点距离叶轮越近，压力脉动幅值越大，且变化趋势很明显；从进水流道压力脉动周向分布可以看出，进水流道上部靠近轮缘监测点的压力脉动幅值与侧部靠近轮缘监测点的压力脉动幅值基本一致，说明进水流道沿周向的压力脉动基本没有变化。

3. 叶轮室压力脉动特性

将叶轮室在流量 $Q=390$ L/s 工况下沿着轴向的 5 个断面的压力脉动数据依次采出，其压力脉动分布如图 5-43 所示。

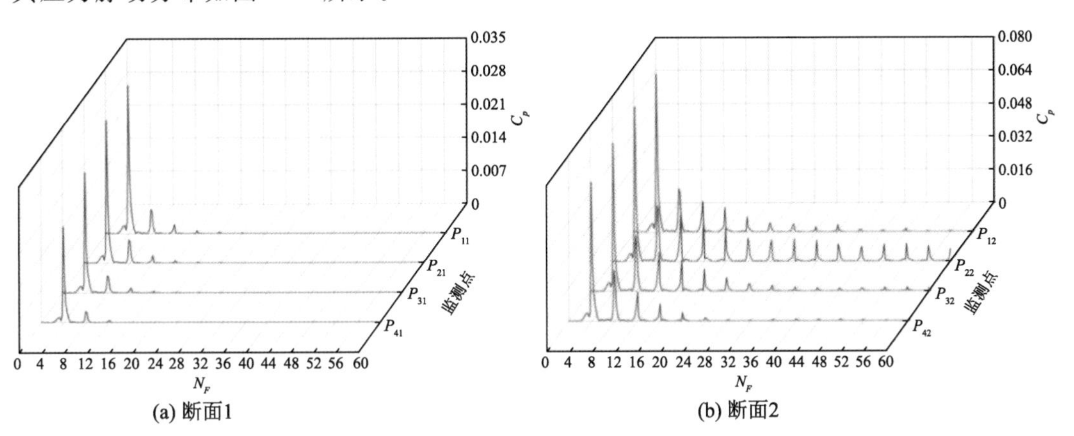

(a) 断面1　　(b) 断面2

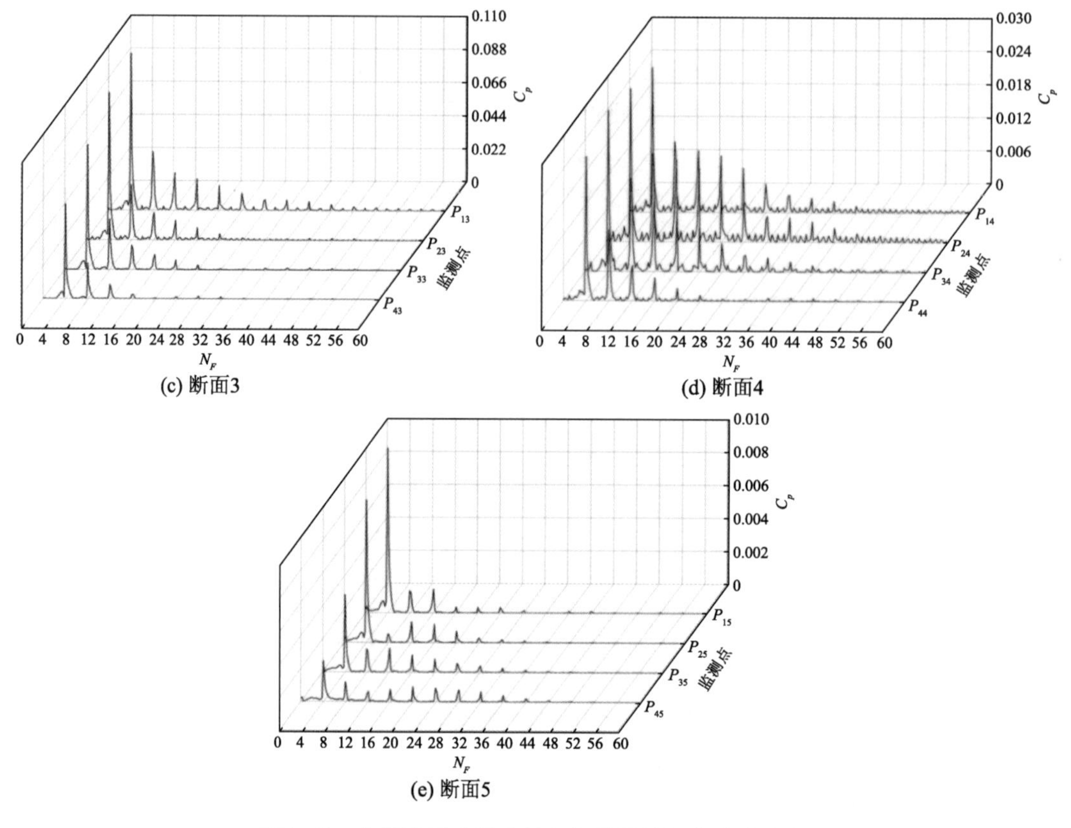

图 5-43 全贯流泵叶轮室轴向各断面的压力脉动分布

从图 5-43 可以发现，在该流量工况下，全贯流泵叶轮室的压力脉动主频为叶片通过频率，谐频为叶频的整数倍，叶轮室各断面的压力脉动随着半径的增大而逐渐增大，叶轮进口断面 1 轮缘处的压力脉动值约为轮毂处的 1.55 倍，叶轮出口断面 5 轮缘处的压力脉动值约为轮毂处的 4.05 倍。

叶轮室的压力脉动沿叶轮进口到叶轮出口的方向呈先增大后减小的趋势，在靠近叶轮时压力脉动幅值最大，这说明叶轮内部的压力脉动是由叶轮转动做功引起的。由于叶轮出口侧压差基本稳定，而进口侧压差较大，所以叶轮进口断面 1 的压力脉动幅值比叶轮出口断面 5 要高，叶轮进口断面 1 的最大压力脉动约为叶轮出口断面 5 的 3.14 倍。

根据数值计算，叶轮室内具有代表性的监测点（圆周半径为 140 mm 的监测点 P_{21}，P_{23}，P_{25}）在不同工况（$Q=270$ L/s，390 L/s，470 L/s）下的压力脉动分布如图 5-44 所示。

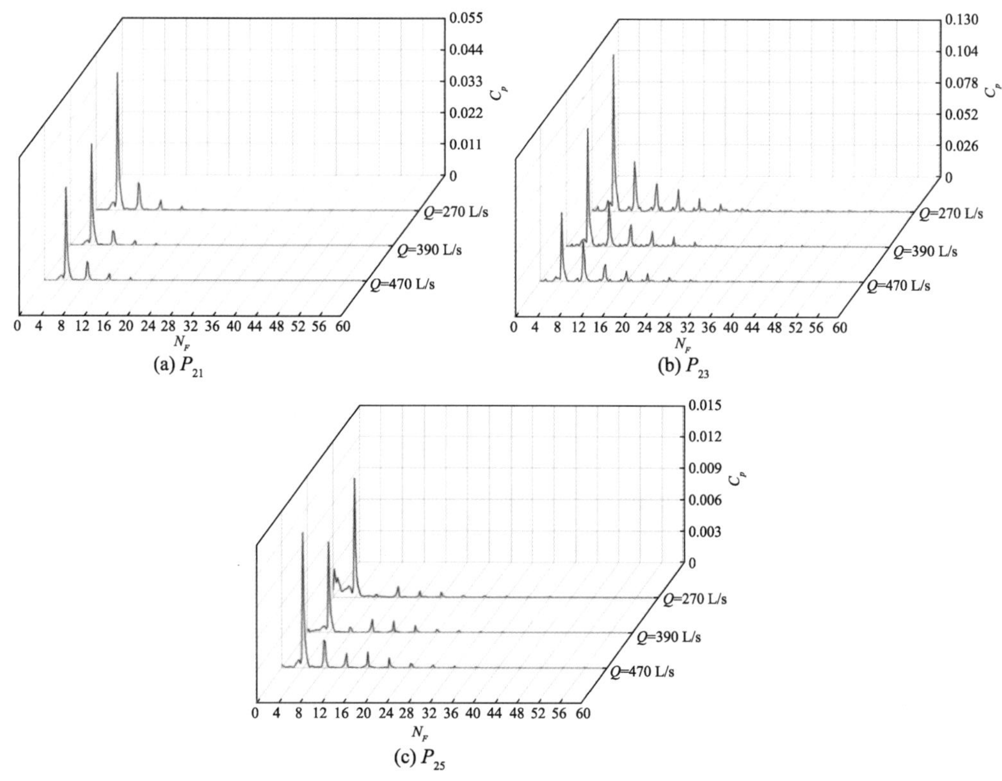

(a) P_{21}

(b) P_{23}

(c) P_{25}

图 5-44　叶轮室代表性监测点在不同工况下的压力脉动分布

从图 5-44 可以看出，叶轮进口和叶轮中部的压力脉动幅值随着流量的增大而逐渐减小，而叶轮出口的压力脉动幅值随着流量的增大先减小后增大。以 Q=390 L/s 工况点为基准，在叶轮进口处，小流量工况的压力脉动幅值约为基准点工况的 1.58 倍，大流量工况的压力脉动幅值约为基准点工况的 0.79 倍。在基准工况下叶轮出口的压力脉动幅值最小，这是由于靠近叶轮导叶的交界面较近，动静干涉影响较强烈，因此此处的压力脉动频谱也较为丰富。在叶轮出口处，小流量工况的压力脉动幅值约为基准点工况的 1.38 倍，大流量工况的压力脉动幅值约为基准点工况的 1.49 倍。

4. 导叶压力脉动特性

导叶在流量 Q=390 L/s 工况下轴向各断面监测点的压力脉动分布如图 5-45 所示。

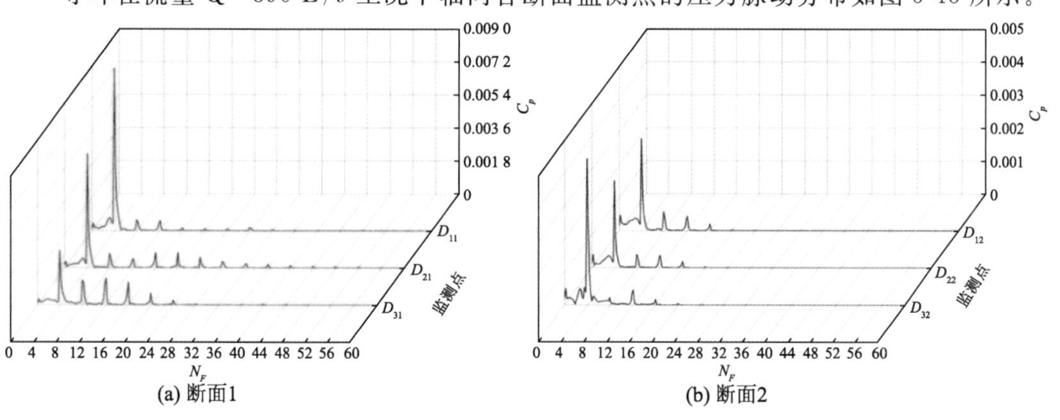

(a) 断面1

(b) 断面2

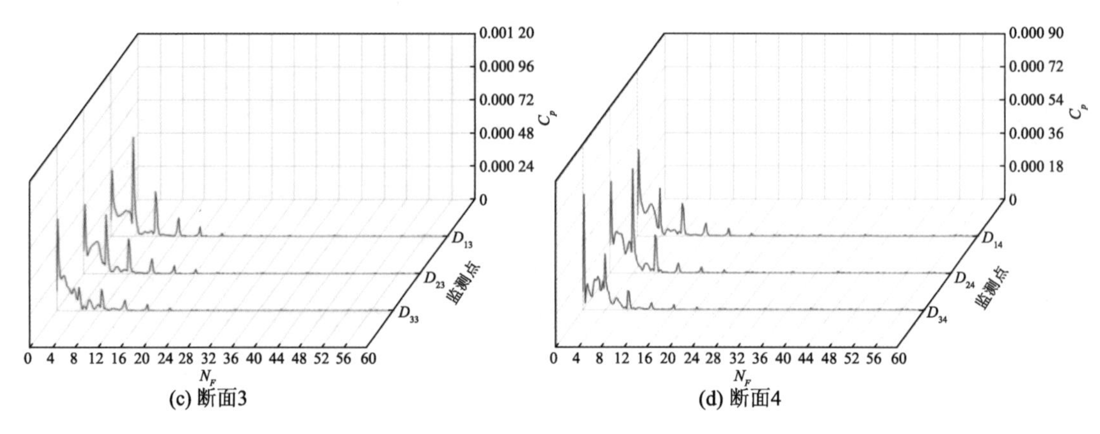

(c) 断面3　　(d) 断面4

图 5-45　导叶在 $Q=390$ L/s 工况下轴向各断面监测点的压力脉动分布

从图 5-45 可以发现，在该流量工况下，导叶进口断面 1 和中间断面 2 的压力脉动主频仍然为叶片通过频率，而导叶出口断面 3 和断面 4 的主频以低频为主，但是叶片通过频率仍然可以明显看出，这说明叶轮对下游流场的影响范围较大。由于导叶进口断面 1 距离叶轮较近，叶轮是旋转的，而导叶是静止的，此处受到动静干涉作用的影响较强，所以进口断面 1 的压力脉动频谱较为丰富。在该流量工况下导叶的压力脉动强度沿导叶进口到导叶出口的方向呈现逐渐降低的趋势。

在该流量工况下，导叶进口断面 1 的压力脉动幅值随着半径的增大而逐渐增大，导叶中间断面 2 的压力脉动幅值呈现两头大、中间小的趋势，导叶出口断面 3 和断面 4 的压力脉动比较复杂且无明显的规律。导叶进口断面 1 轮缘处的压力脉动幅值约为轮毂处的 4.93 倍；导叶中间断面 2 轮毂处的压力脉动幅值约为中部的 1.29 倍。

根据数值计算，导叶内具有代表性的监测点（圆周半径为 140 mm 的监测点 D_{21}，D_{22}，D_{23}）在不同工况（$Q=270$ L/s，390 L/s，470 L/s）下的压力脉动分布如图 5-46 所示。

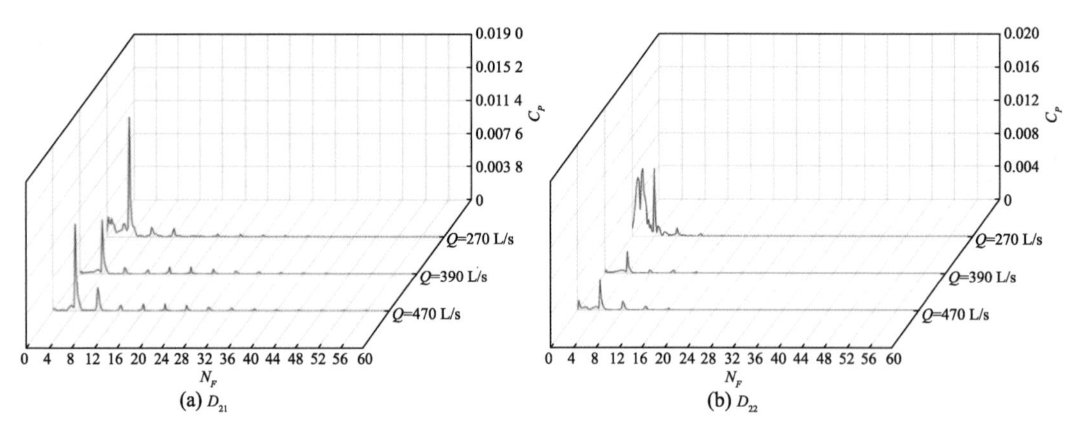

(a) D_{21}　　(b) D_{22}

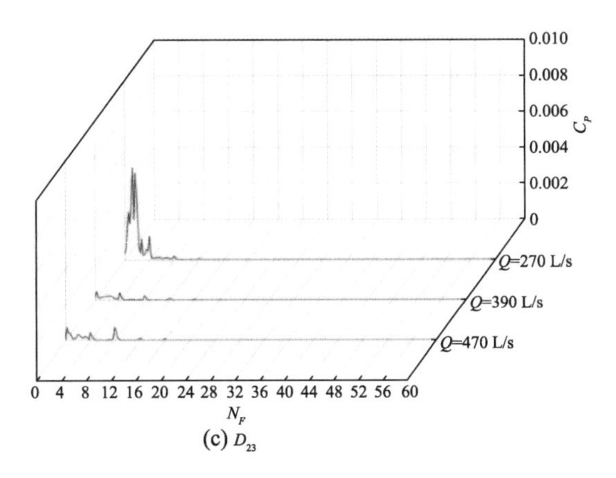

(c) D_{23}

图 5-46　导叶代表性监测点在不同工况下的压力脉动分布

从图 5-46 可以发现，随着流量的增大，导叶内的压力脉动幅值先减小后增大，在基准点工况下压力脉动幅值最小，其中在基准点工况和大流量工况导叶中部和出口监测点的压力脉动幅值非常小。在小流量工况下，导叶进口的压力脉动幅值大约为大流量工况的 2 倍，导叶出口的压力脉动幅值为基准点工况和大流量工况的 4～5 倍，以叶频为主。导叶内的压力脉动幅值比较大。

5. 出水流道压力脉动特性

在流量 Q＝390 L/s 工况下出水流道轴向各监测点的压力脉动分布如图 5-47 所示。

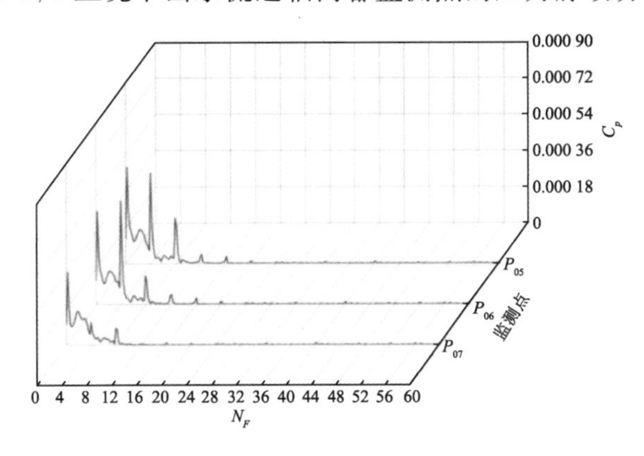

图 5-47　出水流道轴向各监测点的压力脉动分布

从图 5-47 可以发现，在该工况下，出水流道的压力脉动无明显规律，但叶片通过频率幅值仍然较大，频率以低于 1 倍叶片通过频率的低频为主。这是由于出水流道距离叶轮较远，叶轮的旋转对出水流道压力脉动的影响很小，且距离导叶越近，压力脉动幅值越大。在该流量工况下，压力脉动幅值较小。

总之，在流量 Q＝390 L/s 工况下叶轮进口和中间的压力脉动幅值较大，且在小流量工况下叶轮室和导叶的压力脉动幅值比该流量工况和大流量工况的大很多，因此设计和使用时尤其要注意叶轮进口的小流量工况运行。

5.2 全贯流泵装置模型试验研究

根据第5.1节优化设计推荐的装置尺寸(见图5-1),选用比转速为850的2组水力模型,对贯流泵装置模型GL-2017-02(水力模型为TJ04-ZL-02)和GL-2017-03(水力模型为TJ04-ZL-20),以及根据试验结果最终确认最为适合该泵站工程参数的GL-2017-03的叶轮(叶片安放角为-2°和-4°)带转子环进行效率、空化、飞逸、压力脉动等特性试验研究。模型叶轮及导叶如图5-48所示,模型叶轮的直径为300 mm,试验转速为1 100 r/min。

(a) 模型叶轮　　　　(b) 导叶

图5-48　模型试验实物图

5.2.1 GL-2017-02模型装置试验结果

1. 能量特性试验结果

在叶片安放角-2°,0°,+2°下,从接近零扬程至零流量,对GL-2017-02模型装置进行包括小流量不稳定马鞍区的试验。GL-2017-02模型装置最优工况能量特性试验数据见表5-6(换算至转速1 450 r/min下),效率试验曲线如图5-49所示,扬程试验曲线如图5-50所示,轴功率试验曲线如图5-51所示。

表5-6　GL-2017-02模型装置最优工况能量特性试验数据

叶片安放角/(°)	-2	0	+2
流量 Q/(L/s)	297.973	335.239	361.31
扬程 H/m	6.692	7.135	7.597
效率 η/%	77.88	75.31	75.11

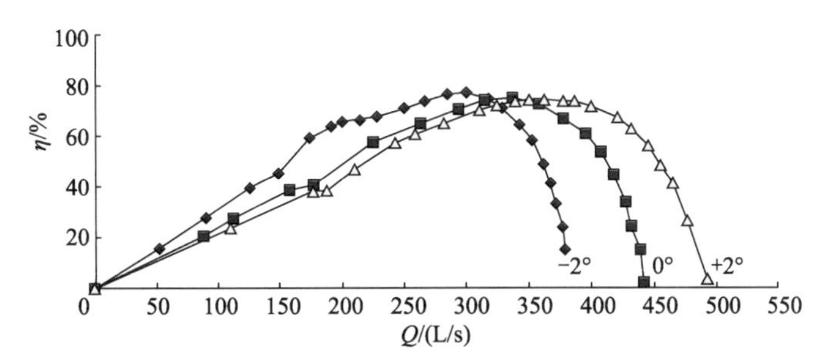

图 5-49 GL－2017－02 模型装置效率试验曲线

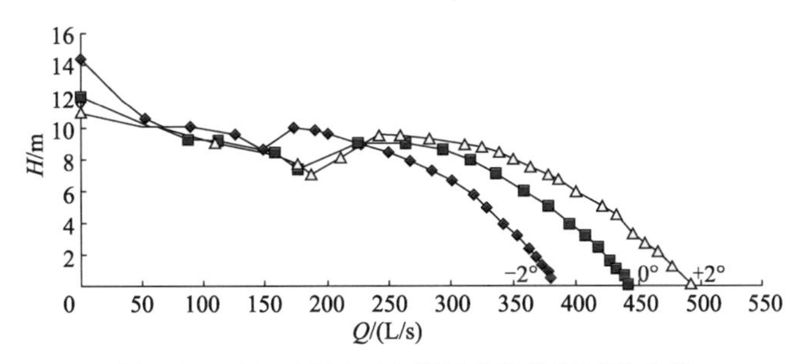

图 5-50 GL－2017－02 模型装置扬程试验曲线

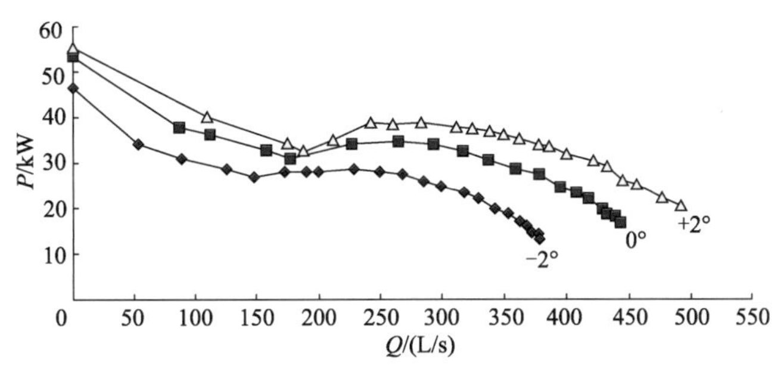

图 5-51 GL－2017－02 模型装置轴功率试验曲线

2. 空化特性试验结果

在每个叶片安放角下进行 5 个流量点的空化特性试验，GL－2017－02 模型装置临界空化余量曲线如图 5-52 所示。

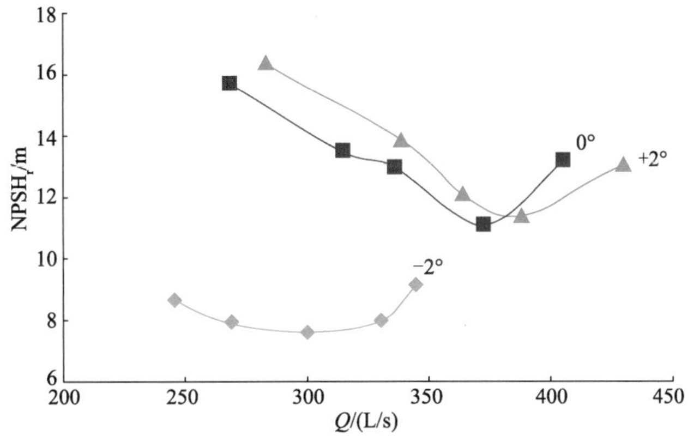

图 5-52 GL－2017－02 模型装置临界空化余量曲线

3. 飞逸特性试验结果

对 GL-2017-02 模型装置在叶片安放角为−2°,0°,+2°时进行飞逸特性试验,其单位飞逸转速试验数据见表 5-7。GL-2017-02 模型装置在叶片安放角为−2°时产生最大单位飞逸转速,其值为 274.824 3。

表 5-7 GL-2017-02 模型装置单位飞逸转速试验数据

叶片安放角/(°)	−2	0	+2
单位飞逸转速 n'_{1f}	274.824 3	250.937 6	247.654 3

5.2.2 GL-2017-03 模型装置试验结果

1. 能量特性试验结果

在叶片安放角−2°,0°,+2,°+4°下,从接近零扬程至零流量,对 GL-2017-03 模型装置进行包括小流量不稳定马鞍区的试验。GL-2017-03 模型装置最优工况能量特性试验数据见表 5-8,效率试验曲线如图 5-53 所示,扬程试验曲线如图 5-54 所示,轴功率试验曲线如图 5-55 所示。

表 5-8 GL-2017-03 模型装置最优工况能量特性试验数据

叶片安放角/(°)	−2	0	+2	+4
流量 Q/(L/s)	355.65	363.36	372.83	385.80
扬程 H/m	6.211	6.718	7.202	7.521
效率 η/%	73.42	73.85	73.99	74.49

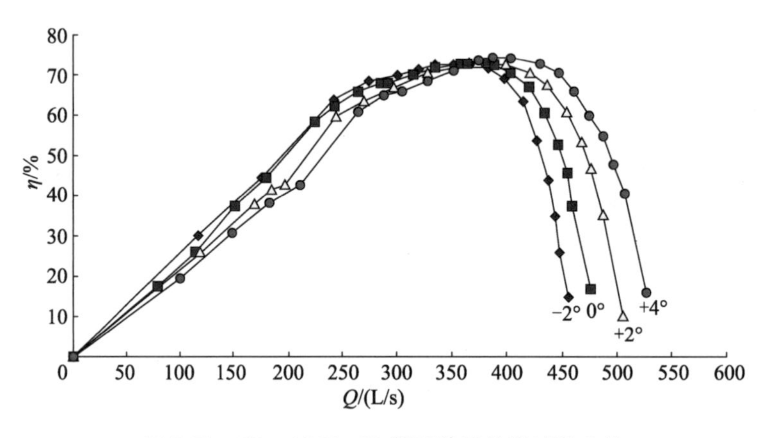

图 5-53 GL-2017-03 模型装置效率试验曲线

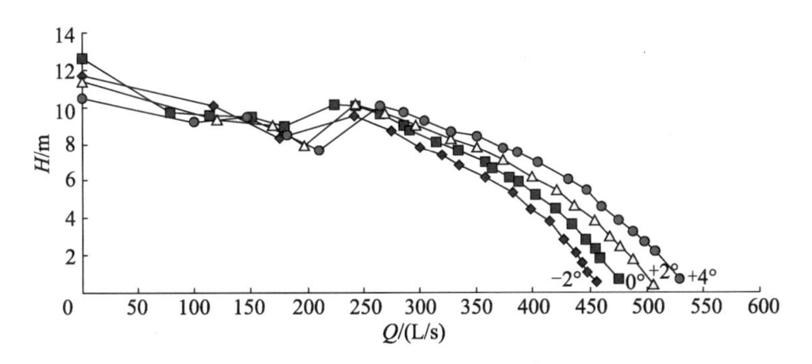

图 5-54　GL－2017－03 模型装置扬程试验曲线

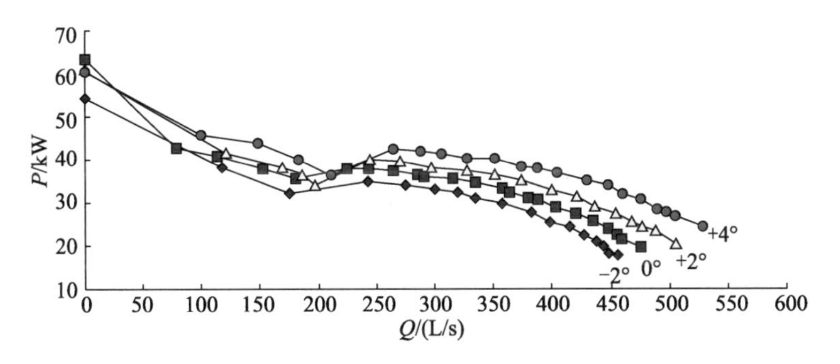

图 5-55　GL－2017－03 模型装置轴功率试验曲线

2. 空化特性试验结果

在叶片安放角分别为－2°,0°,＋2°,＋4°下对 GL－2017－03 模型装置进行 5 个流量点的空化特性试验,GL－2017－03 模型装置临界空化余量曲线如图 5-56 所示。

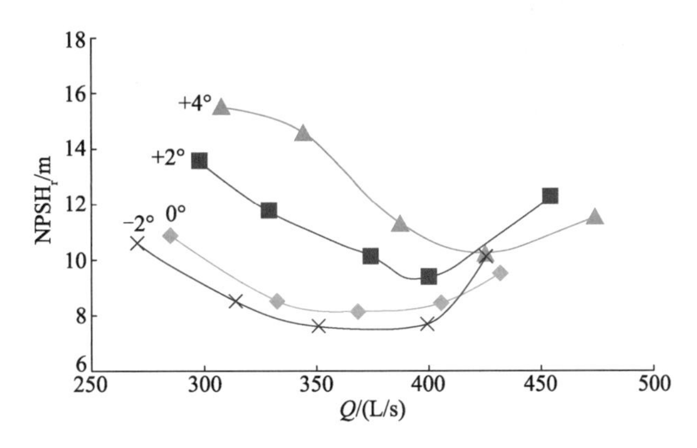

图 5-56　GL－2017－03 模型装置临界空化余量曲线

3. 飞逸特性试验结果

在叶片安放角分别为－2°,0°,＋2°,＋4°下对 GL－2017－03 模型装置进行飞逸特性试验,其单位飞逸特性试验数据见表 5-9,其单位飞逸转速试验曲线如图 5-57 所示。GL－2017－03 模型装置在叶片安放角为－2°时产生最大单位飞逸转速,其值为 264.973 4。

表 5-9　GL－2017－03 模型装置单位飞逸转速试验数据

叶片安放角/(°)	−2	0	+2	+4
单位飞逸转速 n'_{1f}	264.973 4	258.850 7	251.339 6	246.372 5

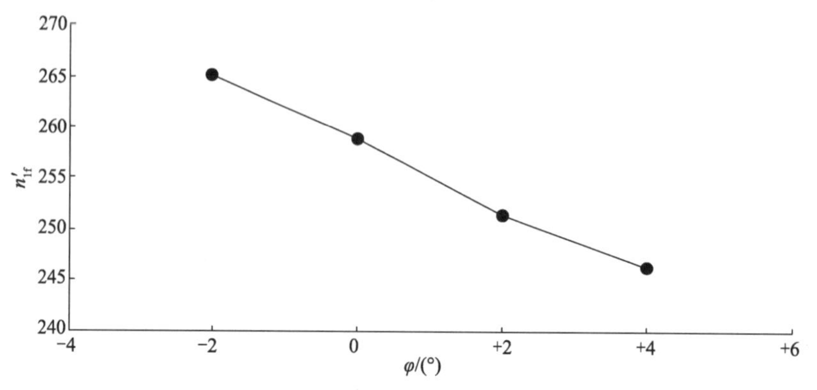

图 5-57　GL－2017－03 模型装置单位飞逸转速试验曲线

4. 压力脉动特性试验结果

在叶轮进口、叶轮与导叶之间、导叶出口布置压力脉动监测点，如图 5-58 所示。GL－2017－03 模型装置压力脉动特性曲线如图 5-59 至图 5-61 所示。

图 5-58　GL－2017－03 模型装置压力脉动监测点布置

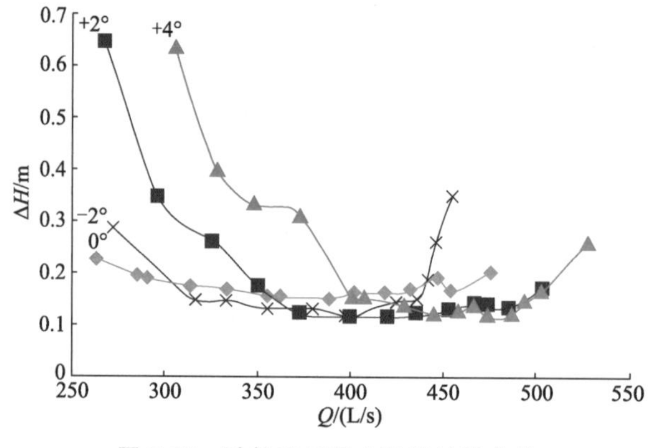

图 5-59　叶轮进口压力脉动特性曲线

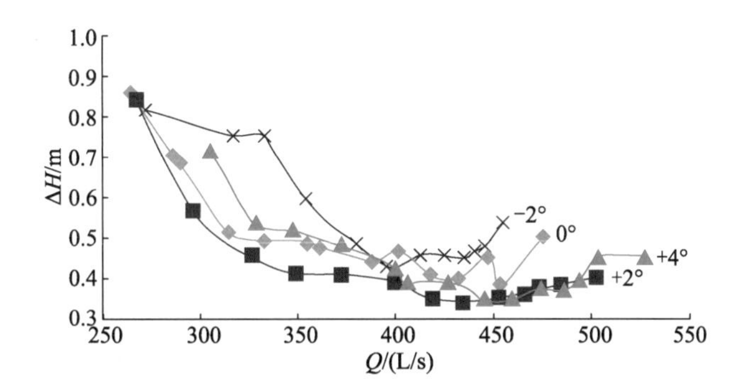

图 5-60 叶轮与导叶之间压力脉动特性曲线

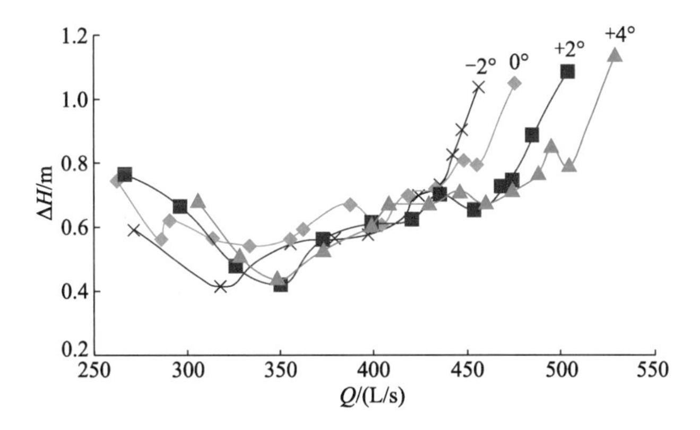

图 5-61 导叶体出口压力脉动特性曲线

5.2.3 GL－2017－03 模型装置带转子环试验结果

1. 能量特性试验结果

为模拟全贯流泵的真实结构，对 GL－2017－03 模型装置(叶片安放角为－2°和－4°)带转子环，从接近零扬程至零流量，进行包括小流量不稳定马鞍区的能量特性试验。GL－2017－03 模型装置带转子环能量特性试验数据见表 5-10 和表 5-11，效率、扬程、轴功率试验曲线分别如图 5-62 和图 5-63 所示。

表 5-10 GL－2017－03 模型装置叶片安放角为－2°时带转子环能量特性试验数据

流量 Q/(L/s)	扬程 H/m	轴功率 P/kW	装置效率 η/%
465.40	0.781	22.22	15.96
460.07	1.307	23.06	25.46
451.90	1.851	24.02	34.01
444.85	2.415	25.40	41.29
432.58	3.097	26.22	49.88
419.06	4.039	28.37	58.25
402.19	4.852	30.08	63.34

续表

流量 Q/(L/s)	扬程 H/m	轴功率 P/kW	装置效率 η/%
377.98	5.862	32.17	67.26
366.14	6.380	33.58	67.94
352.99	6.790	34.16	68.53
338.62	7.120	34.85	67.54
325.11	7.550	35.65	67.24
320.84	7.600	35.57	66.94
298.16	8.230	36.00	66.56
289.41	8.510	36.71	65.53
266.53	9.360	37.66	64.67
251.53	9.750	38.25	62.60
237.93	9.690	37.08	60.74
189.18	8.180	34.78	43.45
158.95	8.620	37.70	35.49
121.29	9.210	42.33	25.77
78.73	9.700	46.73	15.96
0.17	13.650	64.97	0.00

表 5-11 GL－2017－03 模型装置叶片安放角为－4°时带转子环能量特性试验数据

流量 Q/(L/s)	扬程 H/m	轴功率 P/kW	装置效率 η/%
439.19	0.299	18.43	6.96
430.17	1.064	19.89	22.47
418.41	1.952	21.42	37.21
410.12	2.450	22.26	44.07
400.97	3.125	23.67	51.68
386.80	3.748	24.37	58.07
376.05	4.449	26.16	62.43
356.17	5.385	28.28	66.21
331.97	6.313	30.15	67.85
307.46	7.006	31.19	67.43
288.02	7.603	32.17	66.44
263.55	8.565	33.61	65.56

续表

流量 Q/(L/s)	扬程 H/m	轴功率 P/kW	装置效率 η/%
234.87	9.330	34.53	61.95
222.16	9.337	33.95	59.65
179.60	8.257	31.47	46.01
142.37	9.082	35.08	35.98
105.44	9.727	38.98	25.68
45.08	10.451	46.35	9.92
0.04	13.679	60.48	0.00

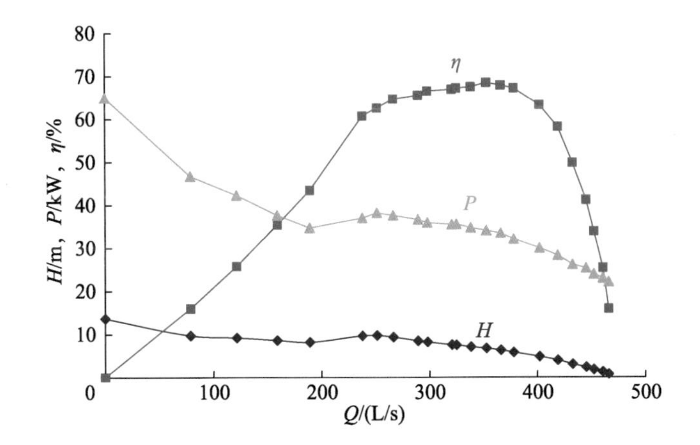

图 5-62　叶片安放角为$-2°$时带转子环效率、扬程、轴功率试验曲线

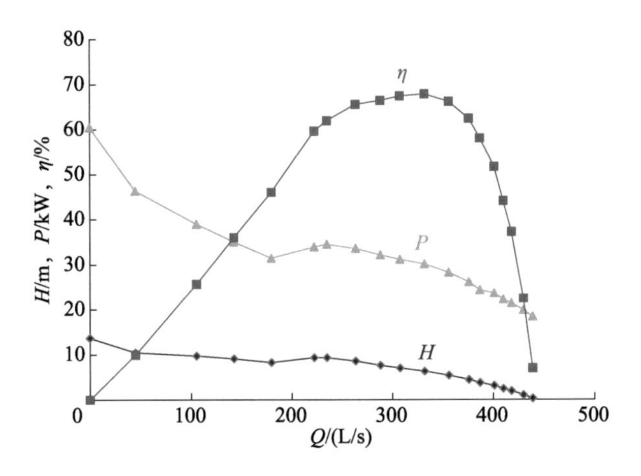

图 5-63　叶片安放角为$-4°$时带转子环效率、扬程、轴功率试验曲线

2. 空化特性试验结果

进行 5 个流量点的空化特性试验，GL－2017－03 模型装置在叶片安放角为$-2°$和$-4°$时带转子环的临界空化余量曲线分别如图 5-64 和图 5-65 所示。

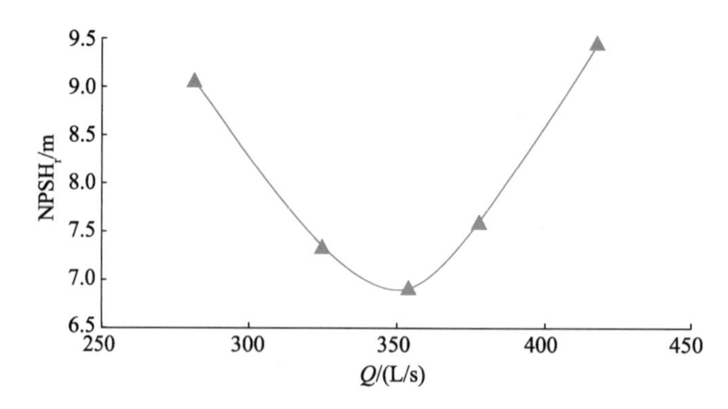

图 5-64　叶片安放角为−2°时带转子环的临界空化余量曲线

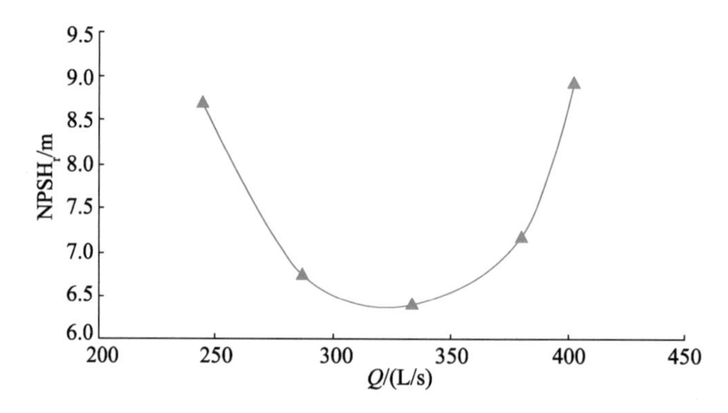

图 5-65　叶片安放角为−4°时带转子环的临界空化余量曲线

3. 飞逸特性试验结果

GL-2017-03 模型装置在叶片安放角为−2°时带转子环的单位飞逸转速值为 252.105 3，在叶片安放角为−4°时带转子环的单位飞逸转速值为 258.743 7。

4. 压力脉动特性试验结果

压力脉动监测点的布置同第 5.2.2 节中 GL-2017-03 模型装置试验，叶片安放角为−2°和−4°时带转子环的压力脉动试验曲线分别如图 5-66 和图 5-67 所示。

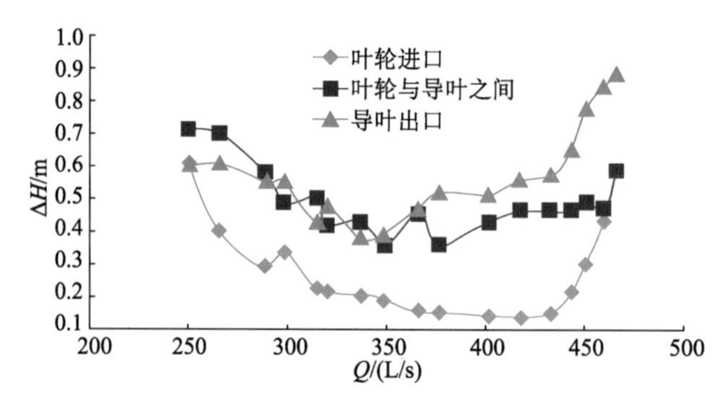

图 5-66　叶片安放角为−2°时带转子环的压力脉动试验曲线

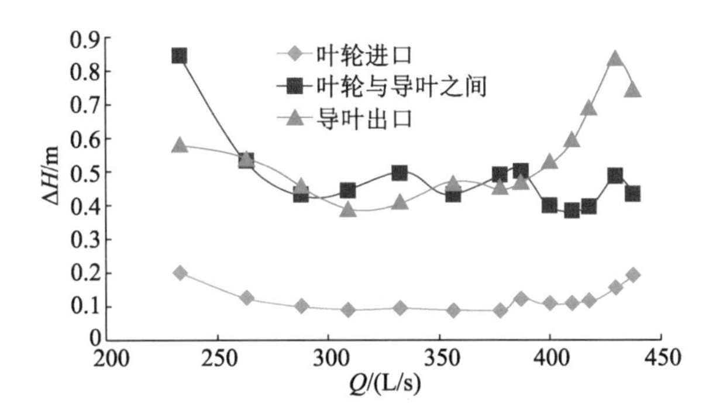

图 5-67 叶片安放角为−4°时带转子环的压力脉动试验曲线

5.2.4 GL－2017－03 模型装置试验结果对比

对 GL－2017－03 模型装置分别进行不带转子环和带转子环的性能测试试验，模型装置不带转子环时其结构与常规潜水贯流泵结构基本类似，而带转子环时其结构与全贯流泵结构基本接近。

1. 能量特性对比

根据第 5.1.5 节数值模拟结果，全贯流泵最优工况点的装置效率比常规潜水贯流泵低 7 个百分点左右，而且模型试验结果比数值模拟结果又低 3 个百分点左右，如图 5-68 所示。

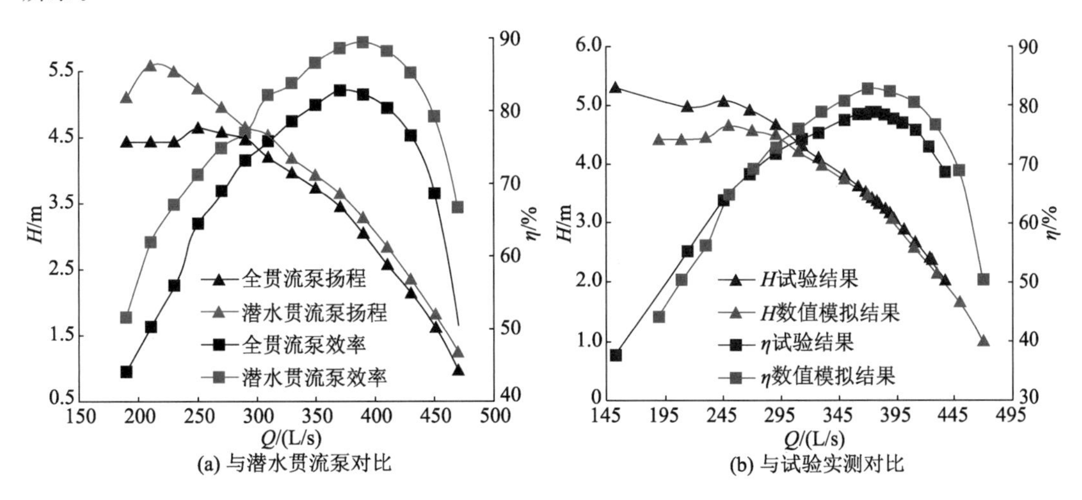

图 5-68 全贯流泵数值模拟结果对比曲线

GL－2017－03 模型装置在叶片安放角为−2°时不带转子环和带转子环的效率曲线对比如图 5-69 所示。从图 5-69 可以看出，模型装置带转子环后效率明显降低，与不带转子环时效率的差值为 7～8 个百分点，与数值模拟结果基本一致。

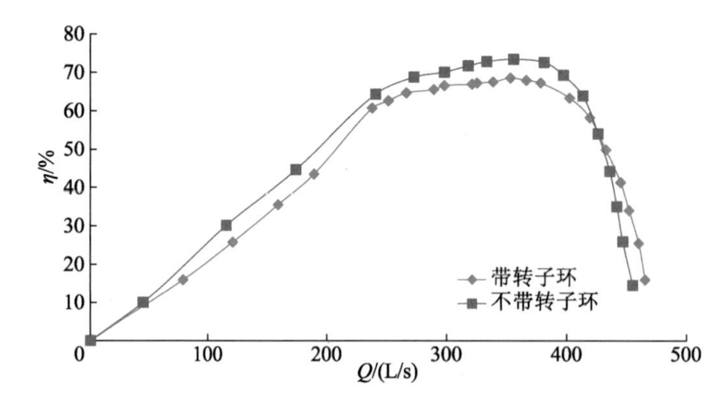

图 5-69　叶片安放角为－2°时模型装置不带转子环和带转子环的效率曲线对比

从图 5-69 可知，模型装置不带转子环时最优工况点的流量为 355.65 L/s，效率为 73.42%；带转子环后最优工况点的流量为 352.99 L/s，效率为 68.53%，两者的效率相差约 5 个百分点。在大流量工况，带转子环时的效率高于不带转子环时的，由前述模拟分析可知，这是因为摩擦损失基本不变，而出水流道水力损失在大流量工况是减小的。

2. 空化特性对比

GL－2017－03 模型装置在叶片安放角为－2°时的空化特性曲线对比如图 5-70 所示，在小流量区域模型装置带转子环后的空化性能优于不带转子环时的，即实际的全贯流泵空化性能较优，这与数值模拟结果一致。

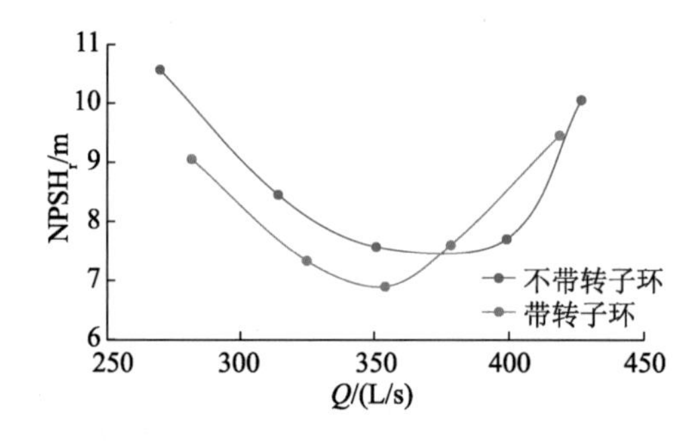

图 5-70　GL－2017－03 模型装置在叶片安放角为－2°时的空化特性曲线对比

3. 压力脉动特性对比

将图 5-59 至图 5-61 中叶片安放角为－2°时的压力脉动特性与图 5-66 中的对比可以发现，带转子环的叶轮进口压力脉动在设计流量附近与不带转子环的接近，在大流量和小流量工况略差；叶轮与导叶之间以及导叶出口的压力脉动在带转子环时有所改善，说明全贯流泵结构有利于提高机组的稳定性。

5.2.5　原型机组参数确定

根据数值模拟及模型试验结果，最终确定原型机组的参数为额定流量 15 m^3/s、额定扬程 3.0 m；机组出口直径 2 800 mm、叶轮直径 2 300 mm；机组转速 146 r/min。电动机功率 900 kW，电压等级 10 kV。

参照第2.3.5节中潜水贯流泵工厂试验方法，原型机组工厂性能试验结果见表5-12，全贯流泵机组的效率最高可达66%左右。

表5-12 全贯流泵工厂性能试验结果

序号	扬程 H/m	流量 Q/(m^3/s)	输入功率 N/kW	电压 U/V	电流 I/A	泵效率 η_{pump}/%	机组效率 η_{set}/%
1	2.54	15.97	698.26	9 653	73.23	72.75	56.95
2	3.07	15.21	730.07	9 624	75.16	79.47	62.69
3	3.60	14.10	754.13	9 580	77.24	83.28	65.99
4	4.00	13.06	777.20	9 612	79.09	82.82	65.90
5	4.33	12.02	785.99	9 629	79.62	81.46	64.93
6	4.88	10.92	811.70	9 647	81.18	80.39	64.38

5.3 全贯流泵机组结构

5.3.1 技术特点

全贯流泵机组是湿定子潜水三相异步电动机技术与轴流泵技术有机结合的产物。该机组的最大特点是采用湿定子潜水三相异步电动机技术，定子绕组采用耐水绕组线，浸没在水中工作，无须密封。湿定子潜水三相异步电动机技术有效规避了普通潜水泵对干式潜水电动机密封性能的较高要求，而且绕组线的冷却效果明显优于普通异步电动机，电动机的散热条件好，可以提高潜水泵的安全可靠性。其原理是湿定子潜水电动机采用具有防水性能的绕组线，每根绕组线外包裹主绝缘层，主绝缘层的材料采用射线辐照交联聚乙烯，该材料具有良好的防水性能。同时，绕组间、绕组与电缆间严格按防水阻水工艺密封，并按标准进行相关的耐水压试验。全贯流泵机组的典型结构如图5-71所示。

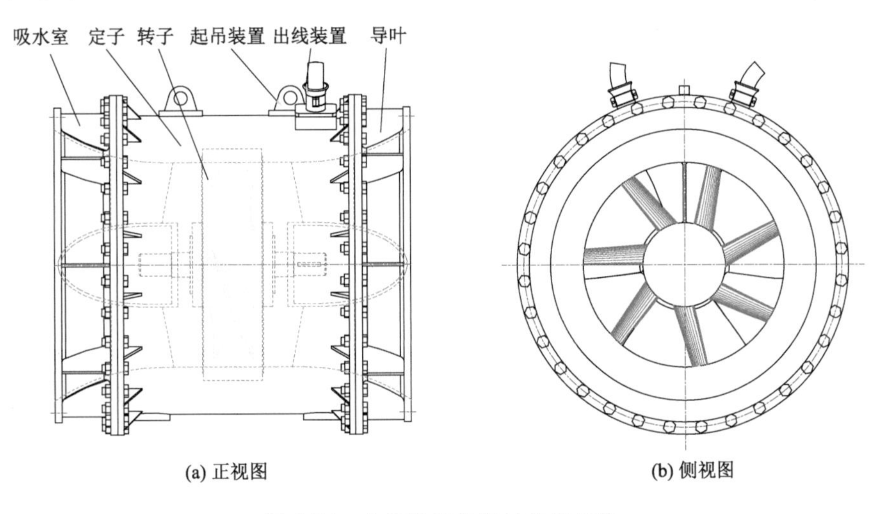

图5-71 全贯流泵机组的典型结构

全贯流泵采用湿定子潜水电动机与轴流式叶轮一体化成型结构设计。轴流式叶轮内置于湿定子潜水电动机转子的内腔，如图 5-72 所示，将叶轮叶片的外缘与湿定子潜水电动机的转子内腔壁进行焊接，从而形成一体式叶轮。工作扭矩直接传递给叶轮，电动机轴不承受扭矩。叶片的两端分别固定在轮毂、转子铁芯上，不存在间隙空化，提高了叶片的空化性能。

图 5-72　内置式一体化叶轮结构

全贯流泵因其内置式一体化叶轮结构使得机组结构简单、紧凑，整个机组的轴向尺寸较普通后置式潜水贯流泵减少 1/3～1/2，同时机组质量也相应减轻。

全贯流泵的工作原理是湿定子潜水三相异步电动机通入三相交流电，产生旋转磁场，在旋转磁场的作用下，转子导条感应电动势，产生电流；载有感应电流的导条在磁场的作用下受力产生扭矩，促使一体式叶轮围绕主轴转动；水流通过一体式叶轮获得能量，在轴流式叶片的作用下从吸入端吸入，经导叶排出，实现水泵的抽水功能。

全贯流泵可使水流直进直出，呈直线形，流道平顺、稳定，过流性能好，同时具有完全不怕水淹、结构合理、运行安全可靠、对环境友好等特点。轴流式水力模型均可应用于全贯流泵，高效水力模型可使机组具有较好的水力性能。

全贯流泵内部设置有接线盒进水、绕组温度、轴承温度、电动机腔进水、油室进水等保护监控传感器，可对机组进行实时和远程监控，实现产品全生命周期运维管理。全贯流泵机组的保护与控制系统的设置详见第 5.4 节。

5.3.2　湿定子电动机

全贯流泵的电动机为湿定子潜水三相异步电动机，异步转速按直驱式轴流泵转速选取。

定子机座可采用铸件或组焊结构，材料按现场工况需要进行选择，可为 Q235－A 钢板、灰铸铁件、碳钢铸件、不铸钢铸件等。

为了实现通用化，我国规定了交流电动机定子冲片的标准外径 D_1，在设计中定子冲片采用标准外径，定子冲片的内径 D_{i1}、转子冲片的内径 D_2 与铁芯长度 l_{ef} 按性能参数进行调整。当 D_1 大于 118 cm 时，为充分利用硅钢片，定子冲片采用扇形片结构，扇形片之间设定位结构，保证冲片叠压精度。叠压好的定子铁芯与机座之间固定牢固，防止潜水电动机启动及运行过程中定子铁芯与机座产生相对运动而造成安全隐患，如图 5-73 所示。

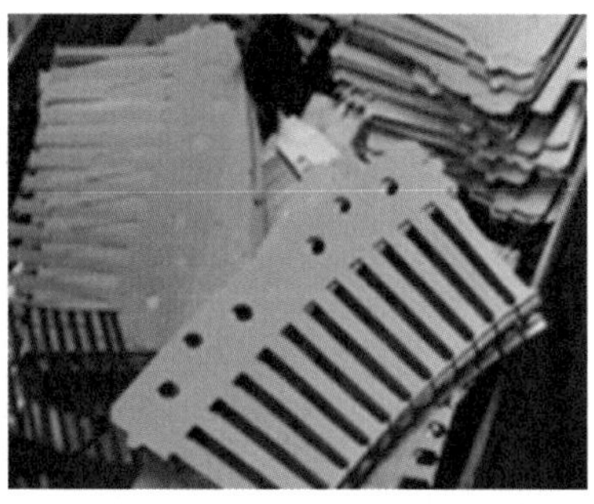

图 5-73　湿定子电动机结构

湿定子潜水三相异步电动机绕组线必须浸没在水中工作，因此采用以辐照交联聚乙烯为主绝缘层的紧压光亮圆铜线芯防水线缆。其利用杂质分散原理，工艺上采用多层共熔共挤技术，防水性能优越。电动机热分级为 Y 级，即允许工作温度为 90 ℃。

定子槽形为闭口槽，故绕组为穿线结构；各绕组间接头采用防水绝缘包扎工艺，保证线缆接头的绝缘性及可靠性。电缆从机座定子一侧的外壁引出，引出处进行外壳密封，防止机座外壁漏水，如图 5-74 所示。电缆为直接引出，引出长度为 15 m，不设机座外接线盒，引出方向利于泵站电缆布置走向。湿定子潜水电动机内部采用循环冷却方式，利用介质水对电动机绕组进行冷却，保证湿定子潜水电动机的工作温度良好。湿定子潜水电动机内腔需进行密封试验，以保证外壳无漏水现象。

图 5-74　湿定子线圈

1. 传统定子槽形

传统定子槽形通常采用等定子齿宽的平行齿结构，即梨形槽或梯形槽，为实现规模化生产，可将一副定子冲片模具用于多个规格中，使定子冲片生产具有通用性。由于每根导线均包裹主绝缘层的耐水绕组线，而其在定子槽内采用穿嵌线方式，在槽内绝缘占空率很高，导体排列极其不规则，导体之间存在三点、四点高应力接触点，每根耐水绕组线都与多根相邻导线形成接触干扰，增加了绕组工艺难度。传统湿定子潜水电动机槽满率必须控

制在70%以下，否则不但会成倍增加制造工艺难度，错位与交织也会伤害绕组线绝缘，给整个机组带来极大的安全隐患。对10 kV高压潜水电动机，因为绝缘要求高，所以采用的铜导线在槽内的占空率仅为8%～30%。这样使得定、转子铁芯利用率差，增加转子及整机质量，造成电动机功率密度低。

随着市场对10 kV高压潜水电动机需求量的不断增加，这种传统设计的弊端日益显现出来，主要缺点如下：

① 电动机转子长度较长和整机质量大，原材料消耗大，成本较高。

② 铁芯长度的增加会使与之呈正比关系的电动机水力摩擦损耗及定、转子铜导体、硅钢片增加，铜损、铁损增大，从而使电动机关键的性能指标效率降低。

③ 铁芯长度长，电动机的转动系载荷增大，降低了推力轴承运行的可靠性，给电动机的安全运行带来隐患。

④ 因铁芯长度增加，转轴的挠度加大，轴系的临界转速下降，使电动机的工作转速不能安全避开转动系的临界转速，降低了整机运行的可靠性。

以上所述制约了充水式潜水电动机的设计，成为湿定子潜水电动机大型化设计的瓶颈。

2. 紧凑型定子槽形设计

近年来，人们对潜水电动机不断改进设计，提出了紧凑型电动机槽形设计新方法。对大型潜水电动机按耐水绕组线的直径、匝数量身定做定子槽形，设计出多种紧凑型的定子槽形，使绕组线在槽内有序排列，槽满率可提高到90%以上。同样，对10 kV大功率电动机来说，可大幅提高铜导体在铁芯内的利用率，提高电动机功率密度。

根据潜水电动机的特点，在电磁计算时，定子冲片槽形设计按带主绝缘的耐水绕组线的直径、匝数和槽数设计等定子槽宽的平行槽。这种新的设计方法具有以下优点：

① 电动机转子及整机质量显著减小，大幅度节约铜、铁和硅钢片等原材料。

② 绕组线中有效材料铜在定子槽内的占空率提高。铁芯长度的减小可降低与铁芯长度呈线性关系的水力摩擦损耗及定、转子铜导体电阻损耗，使电动机关键的性能指标效率明显提高。

③ 带主绝缘的定子耐水绕组线在平行槽内有序排列，槽满率可提高到90%以上。对10 kV大功率或特大功率电动机来说，大大提高了铜导体在定子铁芯内的利用率。

④ 电动机的铁芯长度缩短，转动系载荷减小，推力轴承载荷减小，能够提高推力轴承运行的可靠性。

⑤ 转轴缩短，轴的挠度减小，推力轴承载荷减小，轴系的临界转速明显增大，使电动机的工作转速能更安全地避开转动系的临界转速，保证电动机运行安全可靠。

这种设计的特点还在于一种型号的电动机对应一种电动机冲片，不再是一个系列通用一副定子冲片模具。从成本角度分析，实际上也只是增加一副单槽冲模的成本，这对于整机材料节省的成本来说是微不足道的。

3. 对比分析

新型设计与传统设计中铁芯硅钢片槽形的图形对比如图5-75所示，现以YBQ1200HP－8p潜水电动机的设计为例，新型设计与传统设计的数据对比见表5-13。

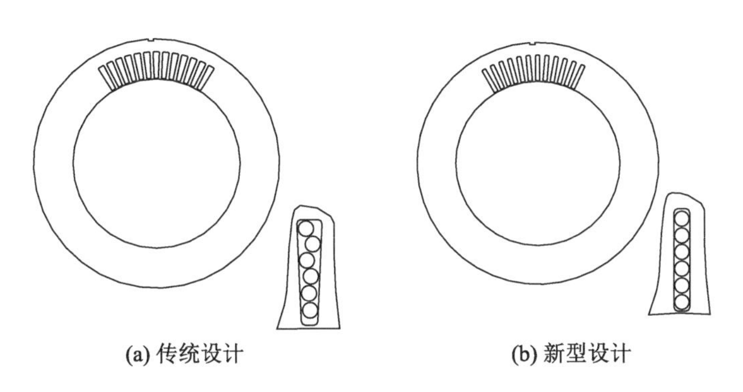

(a) 传统设计　　(b) 新型设计

图 5-75　铁芯硅钢片槽形对比

表 5-13　新型设计与传统设计的数据对比

设计参数	传统设计	新型设计
槽满率/%	71.60	92.40
铁芯长度/mm	1 280	850
效率/%	91.70	93.30
功率因数	0.78	0.84
启动电流倍数	3.85	5.20
启动转矩倍数	0.54	0.80
最大转矩倍数	1.63	2.08
铜质量/kg	327	246
硅钢片质量/kg	2 015	1 450

从表 5-13 可以看出,采用新型定子槽形设计的电动机槽满率提高 20.80%,达到 90%以上。其转子和定子绕组的长度因此减小了 430 mm,定、转子质量相应减小,从而减少了水力摩擦损耗,减小了导体电阻和推力轴承的载荷,并提高了临界转速和整机可靠性。耐水绕组线在槽内规则排列,不仅没有增加工艺难度,反而提高了绝缘系统的机械性能。

紧凑型的定子槽形设计使耐水绕组线在槽内排列整齐,避免了导体之间三点接触、四点接触高应力接触点,每根耐水绕组线都能有效固定,互相不会形成干涉,降低了绕组工艺难度,提高了其绝缘可靠性,穿线工艺及质量有保证,绕组绝缘得到良好的工艺保证。紧凑型定子槽形还有利于提高定子铁芯的整体刚度,机组运行更加牢固、稳定。在湿定子潜水电动机高效电磁设计的基础上进一步拓展,将“量身定制”的紧凑型定子特殊槽形设计多元化,按设计方案进行多种特殊槽形设计,如图 5-76 所示。

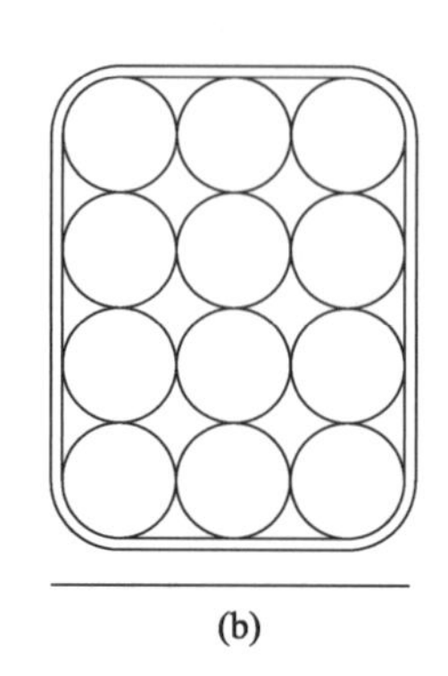
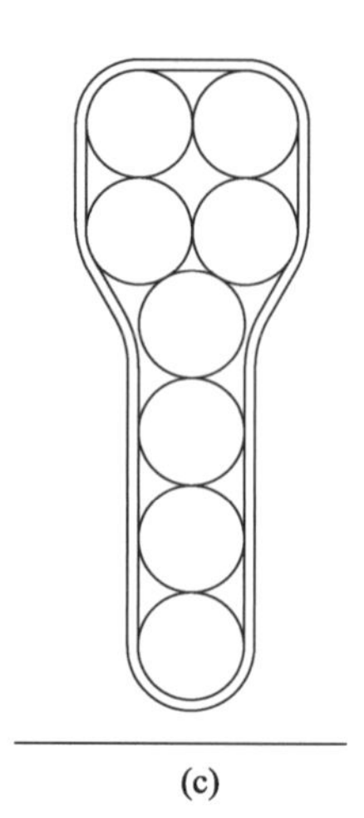

(a) (b) (c)

图 5-76 多种紧凑型定子槽形结构

5.3.3 水泵叶轮与转子

叶轮组件与湿定子潜水电动机的转子焊接为一体，形成一体化叶轮。叶片材质为不锈钢 1Cr18Ni9Ti，采用 AOD(argon oxygen decarburization)精炼整体铸造、数控加工，严格控制翼形尺寸，并按《水力机械铸钢件检验规范》(CCH 70－3)的规定进行无损探伤试验。叶片角度为固定不可调，叶片可通过定位销、连接螺栓紧固(或焊接)在轮毂上。轮毂材质为 ZG270－500，采用整体铸造方式。组装好的叶轮组件再与湿定子电动机的转子焊接在一起，形成一体化叶轮(见图 5-77)。加工完成的一体化叶轮需按精度等级 G6.3 级进行静平衡试验。

图 5-77 一体化叶轮

全贯流泵主轴较短，相对直径较大，临界转速远高于额定转速，具有优良的飞逸性能，保证了主轴的安全，如图 5-78 所示，轴承布置在主轴两端，一体式叶轮位于主轴中间，整个主轴为两点支撑的简支梁结构，结构稳定可靠。主轴的一端设置径向轴承，另一端设置径向轴承和推力轴承，两端径向轴承承受转动部分的径向力，水泵运行时产生的轴向水推力由推力轴承承受。轴承为滚动轴承，采用油脂(或稀油)润滑；轴承冷却主要依靠介质水流流经轴承室外壁，将轴承工作时产生的热量带走。主轴材料采用35CrMo或2Cr13等高强度合金钢整体锻制，调质处理，超声波探伤检查。

图 5-78 全贯流泵主轴

主轴密封采用机械密封，主要用于密封轴承腔，防止水进入轴承室，影响轴承的正常工作。吸入端密封设置在吸水室与轮毂之间的腔体内，出水端密封设置在导叶内腔与轮毂之间的腔体内，两机械密封的润滑及冷却依靠叶轮产生的高压水经轮毂上开设的回流孔到叶轮吸入端低压区的循环介质水流。

5.3.4 导叶及吸水室

导叶采用组焊结构，如图5-79所示，外壳和内腔体材质为Q235－A钢板，导叶片材质为不锈钢，导叶片采用单独铸造成型，可有效保证导叶片的型线尺寸及表面粗糙度，最后组合焊接成一体。导叶内腔体设置出水端轴承室，出水端主轴轴承安装在此轴承室内。

吸水室采用组焊结构，外壳和内腔体材质为Q235－A钢板，外壳与内腔体之间设置直筋板，筋板材质为Q235－A钢板。吸水室内腔体设置吸入端轴承室，吸入端主轴轴承安装在此轴承室内。

图 5-79 导叶及吸水室的结构

5.3.5 试验项目及方法

全贯流泵的测试项目、内容与普通潜水电泵存在一定差别。因为全贯流泵机组的湿定子潜水电动机转子与水泵叶轮焊接成一体，构成一个整体转动件，所以电动机的空载试验无法进行。

《潜水电泵　试验方法》(GB/T 12785－2014)是潜水贯流泵试验的主要依据。按GB/T 12785－2014的规定，全贯流泵的主要试验项目包括：电动机的负载试验；电动机的热试验；电动机的堵转试验；电动机最大转矩的测定；电动机的耐电压试验；泵的性能试验；机组成套试验。

全贯流泵试验的方法与潜水贯流泵试验类似，参见第 2.3.5 节。

5.3.6 断流方式

根据该全贯流泵机组的特点，设计中采用双节液压缓冲拍门断流，这种“自由式”悬吊结构的拍门在泵机组启动时靠一定的动水头冲开，正常运行时在水流冲力的作用下开启并平衡于一定的张启位置；停泵时靠门体自重和反向水压力的作用闭门。自由式拍门的突出优点在于启动方便，闭门时间短，能可靠地保护主泵。为避免可能产生的闭门撞击危害，安装缓冲器以有效地消减撞击能量，确保泵设备和门铰、门座等结构的安全。拍门的结构如图 5-80 所示，现采用理论方法近似计算带双腔式缓冲器拍门的特征参数，包括拍门张启角度、水力损失、停泵闭门运动特性及缓冲器缓冲效果等。

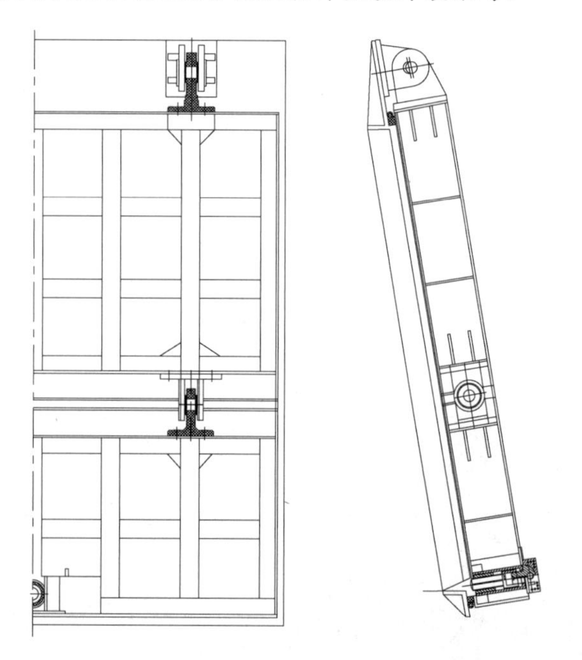

图 5-80 全贯流泵断流用带双腔式缓冲器拍门的结构示意图

1. 拍门张启角度计算

(1) 计算方法

悬吊式自由起落拍门的张启角度根据力矩平衡方程近似计算。参考有关文献，下面简述具体的计算方法。

① 整体式拍门张启角度

整体悬吊式拍门张启角度近似按下列公式计算。

拍门前流道任意布置，门外无侧墙时，

$$\sin\alpha=\frac{M_c\cos^2(\alpha-\alpha_B)}{M_g} \tag{5-3}$$

拍门前流道水平布置，门外有侧墙时，

$$\sin\alpha=\frac{M_c\cos^3\alpha}{2M_g(1-\cos\alpha)^2} \tag{5-4}$$

式中，α 为拍门张启角度；α_B 为流道中心线与水平面的夹角，即拍门关闭状态的自然角度；M_c，M_g 分别为与拍门水流冲力及浮重有关的力矩，其中，

$$M_c=\rho Qv\cdot L_c \tag{5-5}$$

$$M_g=G\cdot L_g-W\cdot L_w \tag{5-6}$$

式中，ρ 为水体的密度，取值 $\rho=1\ 000\ \mathrm{kg/m^3}$；$Q$，$v$ 分别为水泵的流量及流道的出口流速；G，W 分别为拍门的自重力及浮力；L_g，L_w 分别为拍门重心及拍门浮心至门顶铰轴线的距离；L_c 为拍门水流冲力作用平面形心至门顶铰轴线的距离。

② 双节式拍门张启角度

双节自由式拍门张启角度按下列联立方程近似计算：

$$\begin{cases}\sin\alpha_1=\dfrac{M_{c1}}{M_{g1}}\cos^2(\alpha_1-\alpha_B)+\dfrac{M_{c12}}{M_{g12}}\dfrac{\cos(\alpha_1+\vartheta)\cos(\alpha_2+\vartheta)\cos^2(\alpha_B+\vartheta)}{\left[1-\dfrac{h_1\cos(\alpha_1-\alpha_B)}{h}\right]^2}\\ \sin\alpha_2=\dfrac{M_{c2}}{M_{g2}}\dfrac{\cos^2(\alpha_2+\vartheta)\cos^2(\alpha_B+\vartheta)}{\left[1-\dfrac{h_2\cos(\alpha_1-\alpha_B)}{h}\right]^2}\end{cases} \tag{5-7}$$

式中，α_1，α_2 分别为上节拍门和下节拍门的张启角度；α_B 为流道中心线与水平面的夹角，即拍门静止状态倾角，实例工程中 $\alpha_B=10°$；h_1，h_2 和 h 分别为上节拍门、下节拍门的高度及拍门的总高度，$h_1=1.708\ \mathrm{m}$，$h_2=1.174\ \mathrm{m}$，上、下节拍门之间的中铰段长 0.404 m，拍门的总高度 $h=h_1+h_2+0.404=3.286\ \mathrm{m}$；$M_{c1}$，$M_{c2}$，$M_{c12}$ 分别为上节拍门对上铰、下节拍门对中铰及下节拍门对上铰的水流冲力力矩：

$$\begin{cases}M_{c1}=\dfrac{\varphi\rho QvL_{c1}h_1}{h}\\ M_{c2}=\dfrac{\varphi\rho QvL_{c2}h_2}{h}\\ M_{c12}=\dfrac{\varphi\rho Qv(h_1+e_1)h_2}{h}\end{cases} \tag{5-8}$$

式中，ρ 为水的密度；Q，v 分别为水泵流量及流道出口流速，泵站设计流量 $Q=15\ \mathrm{m^3/s}$ 时，流速 $v=1.778\ \mathrm{m/s}$；L_{c1}，L_{c2} 分别为上节拍门和下节拍门水流冲力作用平面形心至上、下节拍门顶铰轴线的距离。

M_{g1}，M_{g2}，M_{g12} 分别为上节拍门浮重对上铰、下节拍门浮重对中铰、上下两节拍门浮重对上铰的力矩：

$$\begin{cases}M_{g1}=G_1L_{g1}-W_1L_{w1}\\ M_{g2}=G_2L_{g2}-W_2L_{w2}\\ M_{g12}=M_{g1}+(G_2-W_2)(h_1+e_1)\end{cases} \tag{5-9}$$

式中，G_1，G_2 分别为上、下节拍门自重力；W_1，W_2 分别为上、下节拍门浮力；L_{g1}，L_{g2} 分别为上节拍门重心至上节拍门顶铰轴线、下节拍门重心至下节拍门顶铰轴线的距离；L_{w1}，

L_{w2} 分别为上节拍门浮心至上节拍门顶铰轴线、下节拍门浮心至下节拍门顶铰轴线的距离。

说明:式(5-7)中 ϑ 为水流绕过上节拍门的下倾角度,即下节拍门水流冲力方向与水平面的夹角。如设 $\vartheta=45-(\alpha_2+\alpha_B)/2$,双节式拍门的张启角度亦可用以下联立方程计算,式中的符号意义同式(5-7)。

$$\begin{cases}\sin\alpha_1=\dfrac{M_{c1}}{M_{g1}}\cos^2(\alpha_1-\alpha_B)+\dfrac{M_{c12}}{M_{g12}}\dfrac{\cos(\alpha_2-\alpha_B)\left[\cos(\alpha_1-\alpha_B)+\sin(\alpha_2-\alpha_1)\right]}{4\left[1-\dfrac{h_1\cos(\alpha_1-\alpha_B)}{h}\right]^2}\\ \sin\alpha_2=\dfrac{M_{c2}}{M_{g2}}\dfrac{\cos^2(\alpha_2-\alpha_B)}{4\left[1-\dfrac{h_2\cos(\alpha_1-\alpha_B)}{h}\right]^2}\end{cases}$$

(2) 分析计算

① 计算方法

拍门张启角度(简称“拍门张角”)无法直接计算,须试算求解。以式(5-3)为例,如 α_B 及 M_c,M_g 值已知,以 $\sin\alpha$ 为变量 x,可得齐次方程:

$$f(x)=a(1-x^2)+2bx\sqrt{1-x^2}+cx^2-\frac{M_g}{M_c}x=0 \tag{5-10}$$

式中,$a=\cos^2\alpha_B$,$b=\cos\alpha_B\sin\alpha_B$,$c=\sin^2\alpha_B$。

设 $\sin\alpha(1)=\sin\alpha_0$,即 $x(1)=x_0$,根据牛顿迭代原理,则有

$$x(i+1)=x(i)-\frac{f(x)}{f'(x)} \tag{5-11}$$

式中,$f'(x)$为 $f(x)$的一阶导数。以上齐次方程的一阶导数为

$$f'(x)=-2ax+2b\left[\sqrt{1-x^2}-x^2/\sqrt{1-x^2}\right]+2cx-\frac{M_g}{M_c} \tag{5-12}$$

经若干次迭代可求得 x 值,即可求得拍门张角 $\alpha=\arcsin x$。拍门张角可用任意算法语言编制电算程序完成。

② 门体浮力

该泵站的拍门采用浮箱式结构,式(5-9)中浮力 W_1,W_2 及浮力距 L_{w1},L_{w2} 数值除了包括门体构件的浮力和浮力距外,还包括空箱体积的浮力和浮力距。拍门设计采用空箱部位充填泡沫塑料方案,因此,浮力增加的数值即实际充填的泡沫塑料体积产生的浮力。设实际充填的泡沫塑料体积为 V,则其浮力为 $\rho gV\approx 9\ 800V$。

(3) 拍门设计参数及张角计算结果

① 拍门设计参数

根据设计计算,该泵站拍门的设计参数见表 5-14。

表 5-14　拍门的设计参数

缓冲装置型式		门重 G/t	门重距 L_g/m	浮力 W/t	浮力距 L_w/m	浮体体积 V/m^3	浮体距 L_v/m	冲力距 L_c/m
拉杆缓冲方案	上	2.757 5	1.080 9	0.359 3	1.059 2	1.077 8	1.409 5	1.205
	下	2.088 3	0.595 6	0.285 4	0.559 1	1.183 5	0.784 2	0.688
双腔缓冲方案	上	2.504 5	1.102 2	0.327 1	1.077 8	1.077 8	1.409 5	1.205
	下	1.972 8	0.611 0	0.271 7	0.573 8	1.168 1	0.786 4	0.688
两种缓冲并用方案	上	2.794 0	1.078 1	0.364 0	1.056 8	1.077 8	1.409 5	1.205
	下	2.226 7	0.633 7	0.304 0	0.598 9	1.168 1	0.786 4	0.688

② 拍门张角

双节拍门张角的计算过程复杂，因此运用软件来计算拍门张角。表 5-15 为不同缓冲方案拍门张角的计算结果。

表 5-15　拍门张角的计算结果

缓冲装置型式	拉杆缓冲方案	双腔缓冲方案	两种缓冲并用方案
上节拍门张角 $\alpha_1/(°)$	52.4	55.4	51.0
下节拍门张角 $\alpha_2/(°)$	71.8	73.2	61.0

注：两种缓冲并用方案中拍门张角偏小。

③ 拍门水力损失估算

参考相关文献可知，拍门水力损失与拍门的张启角度有关。拍门张角 α 已知时，拍门的水力损失系数可用下式计算：

$$\zeta_p = 0.012e^{0.076(90° - \alpha + \alpha_0)} \tag{5-13}$$

式中，α 为拍门张角；α_0 为流道中心线与水平面的夹角，该泵站 $\alpha_0 = 0°$。

式(5-13)适用于整体式拍门，用于双节式拍门时，α 可理解为上节拍门和下节拍门的平均开启角度，即 $\alpha = \frac{\alpha_1 + \alpha_2}{2}$。以单用双腔缓冲器拍门为例，在设计流量条件下上、下节拍门的平均开启角度 $\alpha = \frac{\alpha_1 + \alpha_2}{2} = 64.3°$，拍门损失系数 $\zeta_p = 0.085$。

拍门水力损失 Δh_p 及包括拍门水力损失的泵站出口总水力损失 Δh 可用下式计算：

$$\begin{cases} \Delta h_p = \zeta_p \dfrac{v^2}{2g} \\ \Delta h = (1 + \zeta_p)\dfrac{v^2}{2g} \end{cases} \tag{5-14}$$

式中，v 为流道出口流速。

代入具体数值，可得到双腔缓冲器拍门的水力损失 $\Delta h_p = 1.4$ cm，包括拍门水力损失的泵站出口总水力损失 $\Delta h = 17.5$ cm。

2. 拍门停泵下落运动模拟

(1) 停泵后正转正流和正转逆流历时近似值

正转正流和正转逆流历时的计算公式分别如下：

$$T_1=\frac{\eta}{\rho gQH}[J(\omega_0^2-\omega^2)+\rho MQ^2] \tag{5-15}$$

$$T_2=T_1\frac{\omega}{\omega_0-\omega} \tag{5-16}$$

式中，T_1，T_2 分别为停泵后正转正流和正转逆流历时；H，η 分别为停泵前水泵的运行扬程及效率；J 为机组转动部件的转动惯量；ω_0，ω 分别为水泵的额定角速度及正转正流时段末的角速度，ω 值可由泵全特性曲线求得，轴流泵 $\omega=(0.5\sim0.7)\omega_0$；$M$ 为与流道尺寸有关的系数，其值按下式计算：

$$M=\int_0^L\frac{\mathrm{d}l}{f(l)} \tag{5-17}$$

流道断面面积为常数时，$M=L/A$，其中 L 为从进口至出口流道的总长度；$f(l)$是流道断面面积沿其长度的变化函数；A 为流道断面面积。

参照同类泵机组可知，叶轮直径为 2 300 mm、功率为 900 kW 的全贯流泵电动机的转动惯量 J 为 2 000 kg·m^2；额定转速 $n=146$ r/min 的额定角速度 $\omega_0=15.708$ rad/s；取停泵正转正流结束时角速度 $\omega=0.6\omega_0$、流道系数 $M=2$；根据试验可知最优效率 $\eta=0.69$。将上述参数值代入式(5-15)和式(5-16)，可得到停泵正转正流历时 $T_1=7.09$ s，正转逆流历时 $T_2=10.64$ s。

(2) 整体式拍门停泵下落运动方程

拍门下落运动遵守牛顿定律，正流和逆流阶段有不同的运动方程。

对于整体式拍门，停泵下落运动方程如下。

① 正流阶段的运动方程

$$\alpha''=a\alpha'^2-b\sin\alpha+c_1\left(1-\frac{t}{T_1}\right)^2\cos^2\alpha \tag{5-18}$$

② 逆流阶段的运动方程

$$\alpha''=a\alpha'^2-b\sin\alpha+c_2\frac{t}{T_2} \tag{5-19}$$

式中，α，α'，α''分别为拍门的瞬时角度、角速度、角加速度；a，b，c_1，c_2 为与水泵运行工况、流道尺寸、拍门设计参数有关的常数，其值用下式计算：

$$\begin{cases}a=\dfrac{K\rho B[(h+e)^4-e^4]}{4J_p}\\ b=\dfrac{GL_g-WL_w}{J_p}\\ c_1=\dfrac{\rho vQL_c}{J_p}\\ c_2=\dfrac{\rho ghBHL_y}{J_p}\end{cases} \tag{5-20}$$

式中，B，h 分别为拍门的宽度及高度；e 为拍门顶部至门铰轴线的距离；J_p 为拍门绕门顶铰轴线的转动惯量；K 为拍门的运动阻力系数，可取 $K=1\sim1.5$；G，W 分别为拍门的自重力及浮力；L_g，L_w 分别为拍门重心及浮心至门顶铰轴线的距离；L_c，L_y 分别为拍门水流冲力及反向水压力作用平面形心至门顶铰轴线的距离；Q，H，v 分别为停泵前水泵的流量、扬程及流道出口流速。

(3) 拍门停泵下落运动计算结果

双节拍门的运动较整体式拍门更复杂，上节拍门绕上铰转动，下节拍门既绕中铰转动，又随着上节拍门绕上铰转动。拍门停泵下落运动运用软件实现，图 5-81 为该泵站双腔缓冲器拍门下落运动曲线，包括停泵后任意时刻上、下节拍门的具体位置(张角 α_1，α_2)及转动角速度(ω_1，ω_2)。

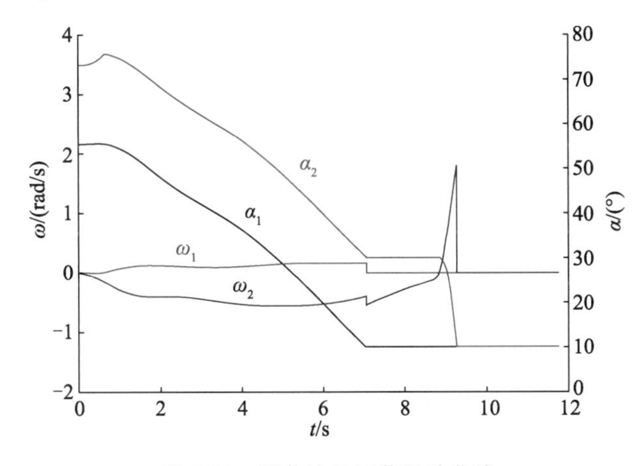

图 5-81 双节拍门下落运动曲线

(4) 拍门停泵下落运动分析

由图 5-81 可知，停泵后在极短时间拍门即开始下落。其中，下节拍门有上升趋势(α_2)，但是因设计限定上、下节拍门的角度相差 20°，上节拍门闭门前上、下节拍门的角度差始终为 20°。上节拍门的闭门时刻在停泵后 7 s，下节拍门的闭门时刻在停泵后 9.25 s。

对照拍门的角速度曲线 ω_1 及 ω_2，上、下节拍门下落均较平稳，上节拍门正转下落，下节拍门虽然随上节拍门一起下落，但绕中铰逆转。上节拍门闭门时刻，角速度急降为 0；下节拍门的角速度也有急剧下降，随后在反向水压力的作用下，下节拍门高速下落，在闭门瞬间 $\omega_2\approx1.8$ rad/s。

3. 拍门缓冲压力计算

(1) 拍门缓冲压力计算方法

拍门缓冲压力计算是针对设有水压缓冲器条件下缓冲器内压力的计算。图 5-82 为该泵站双腔水压缓冲器的结构设计图。

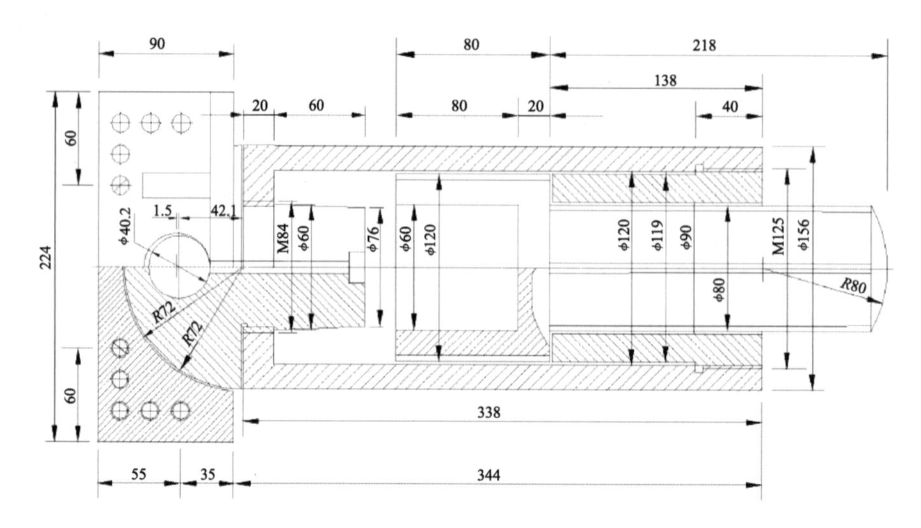

图 5-82　双腔水压缓冲器的结构设计图(单位:mm)

① 计算公式

缓冲器有泄水孔存在并考虑水体的压缩性时,缓冲器储水容积内的瞬时压力可用下式计算:

$$\begin{cases} p=\sqrt{\dfrac{\sqrt{b^2-4c}-b}{2}} \\ b=\dfrac{KK_f\Delta t}{2V_0} \\ c=\dfrac{bQ_0}{K_f}-p_0-\dfrac{K\Delta V}{V_0} \end{cases} \tag{5-21}$$

式中,p 为缓冲器内的瞬时压力;Δt 为时段;ΔV 为缓冲器内水体积瞬时变化量;p_0 为缓冲器内 Δt 前瞬时压力;K 为水体压缩系数,$K=2.04\times10^9$ Pa;K_f 为流量系数,$K_f\approx F/30$,其中 F 为泄水孔有效面积。

② 计算公式求解方法

以上计算公式只能分段求解。求解步骤包括以下几个:

a. 设定微小时段 Δt,根据泰勒(Taylor)公式计算缓冲活塞的移动速度 x':

$$x'=\omega L_N+\Delta t L_N^2\frac{P-pS}{2J_p} \tag{5-22}$$

式中,ω 为拍门的角速度;L_N 为缓冲器距拍门门顶铰轴线的距离;S 为缓冲活塞作用面积;P 为缓冲活塞撞击端作用力;J_p 为拍门的转动惯量。

b. 计算活塞移动距离所造成的缓冲器内水体积的变化量 ΔV:

$$\Delta V=x'\cdot\Delta t\cdot S \tag{5-23}$$

c. 将 Δt,ΔV 代入式(5-21),求得瞬时压力 p。

d. 运用以下公式计算拍门的转动角加速度 ε 及角速度 ω:

$$\begin{cases}\varepsilon=\dfrac{(P-pS)L_N}{J_p}\\ \omega=\omega_0+\dfrac{\varepsilon\Delta t^2}{2}\end{cases} \tag{5-24}$$

式中，ω_0 为 Δt 时刻前拍门的角速度。

(2) 双腔缓冲器压力变化

缓冲器设有 A 腔和 B 腔，B 腔位于 A 腔的活塞端部。参数：A 腔缓冲缸直径 $D=0.12$ m，活塞直径 $D_0=0.1192$ m，缓冲缸深 0.08 m；B 腔缸径 $D_2=0.08$ m，缸深 $H_3=0.08$ m；A 腔缸底设置凸台，凸台端部直径 $D_1=0.0795$ m，根部直径 $D_3=D_2$，凸台高 $H_2=0.06$ m；活塞、凸台距离 $H=0.02$ m，凸台上副泄水孔直径 $D_4=0.01$ m；拍门尺寸为门净高 $h=0.9723$ m，门宽 $b=3.24$ m，铰高 $E=0.202$ m；闭门作用水头 $H_Y=0.2$ m，闭门角速度 $\omega_m=1.8$ rad/s。

缓冲器缓冲瞬间门体的运动(即拍门角速度)及缓冲缸内的压力变化运用计算软件计算得到。每副拍门的下节拍门安装两个缓冲器，假设其中一个缓冲器完成缓冲作用，拍门角速度及缓冲缸内压力的计算结果如图 5-83 所示。由图可知，停泵后在 0.04 s 内拍门角速度 ω 由 1.8 rad/s 减小至 0.25 rad/s，停泵初始 A 腔、B 腔相通，0.002 s 时缸内压力 p 达到最大值 8.6 MPa；闭门 0.015 s 时 B 腔压力达到最大值 15.2 MPa，其后急速减小，停泵 0.04 s 后 A 腔压力 p_1 小于 1.0 MPa，B 腔压力 p_2 约为 2.0 MPa。

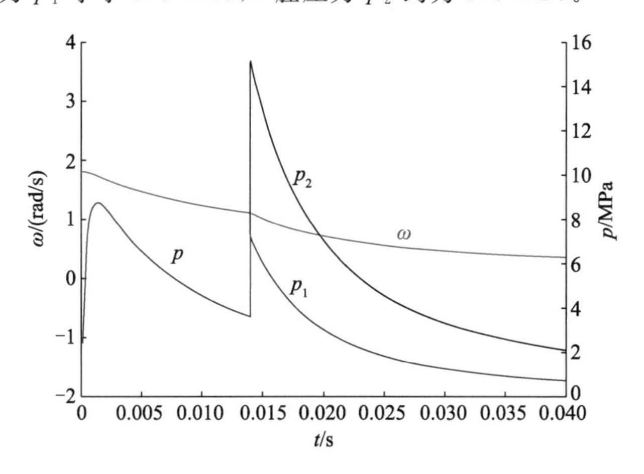

图 5-83 拍门角速度及缓冲缸内压力的计算结果

5.3.7 全贯流泵安装方式选择

全贯流泵具有较多的安装方式，主要包括干坑安装、湿坑安装和自耦安装等，可根据机组的功能和尺寸选择合理、安全的安装方式。

1. 干坑安装方式

干坑安装方式可以进一步分为接钢制直排管和接混凝土流道两种安装方式。

(1) 接钢制直排管的安装方式

接钢制直排管的安装方式如图 5-84 所示，这种安装方式通常适合叶轮直径较小的

机组。

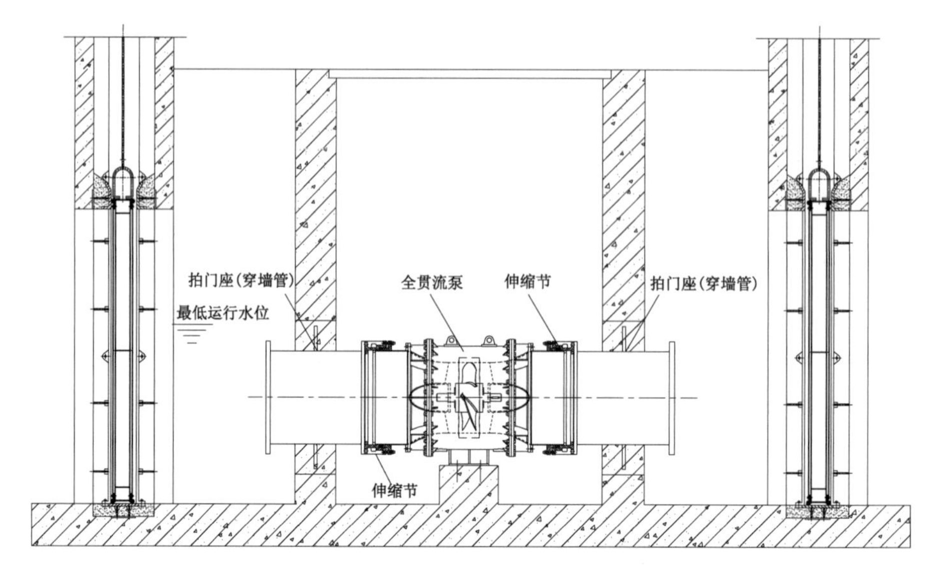

图 5-84　接钢制直排管的安装方式

(2) 接混凝土流道的安装方式

接混凝土流道的安装方式如图 5-85 所示,这种安装方式适合叶轮直径较大且运行时间长,对装置效率要求较高的泵站。

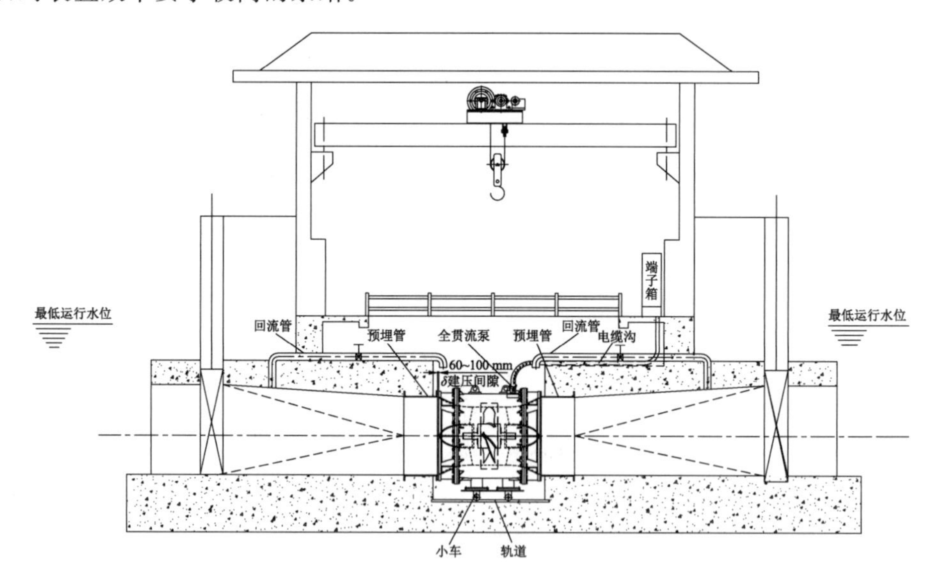

图 5-85　接混凝土流道的安装方式

2. 湿坑接混凝土流道的安装方式

湿坑接混凝土流道的安装方式如图 5-86 所示,该安装方式是将全贯流泵机组淹没在水下,机组与进、出水流道之间可以不设置止水,适用于扬程较低的泵站。

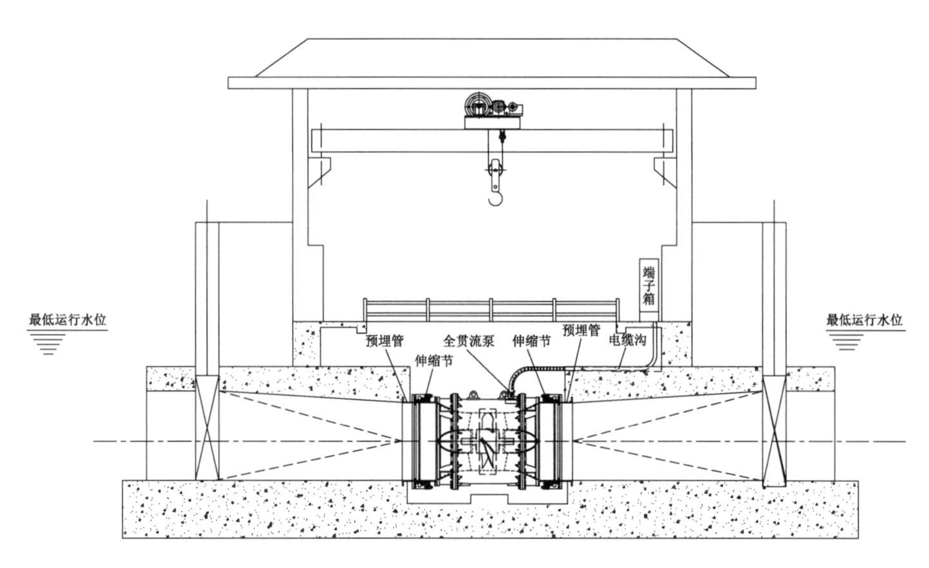

图 5-86 湿坑接混凝土流道的安装方式

3. 可调头双向排水自耦安装方式

这种安装方式适合具有双向运行要求，且需要快速切换调向的泵站。

(1) 闸门泵自耦安装方式

将全贯流泵设计成闸门一体化泵，并安装在闸门上，如图 5-87 所示。闸门泵自耦安装方式的特点包括：自动耦合，安装方便快捷；流道直进直出，装置效率高；对安装场地的要求低，有闸门即可实施安装；可制成双向对称结构，调向即可双向排水；适合池壁两侧水位差较小的工程运用。

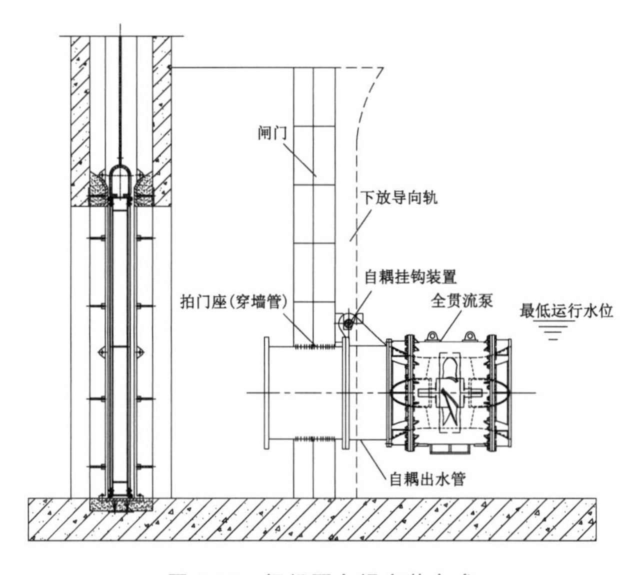

图 5-87 闸门泵自耦安装方式

(2) 单面池壁自耦安装方式

单面池壁自耦安装方式如图 5-88 所示，其特点包括：自动耦合，安装方便快捷；流道

直进直出，装置效率高；对安装场地的要求低，有一道池壁即可；可制成双向对称结构，调向即可双向排水；适合池壁两侧水位差较小的工程运用。

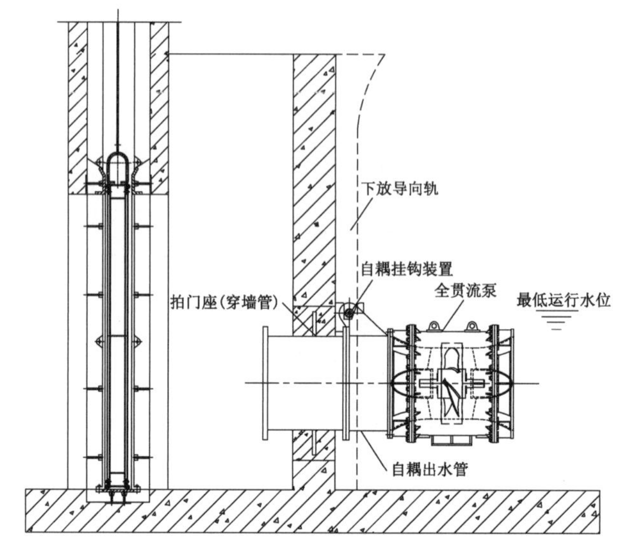

图 5-88　单面池壁自耦安装方式

(3) 双面池壁双向排水自耦安装方式

双面池壁双向排水自耦安装方式如图 5-89 所示，其主要特点包括：自动耦合，安装方便快捷；流道直进直出，装置效率高；吊起调头即可双向排水；适合池壁两侧水位差较小的工程运用。

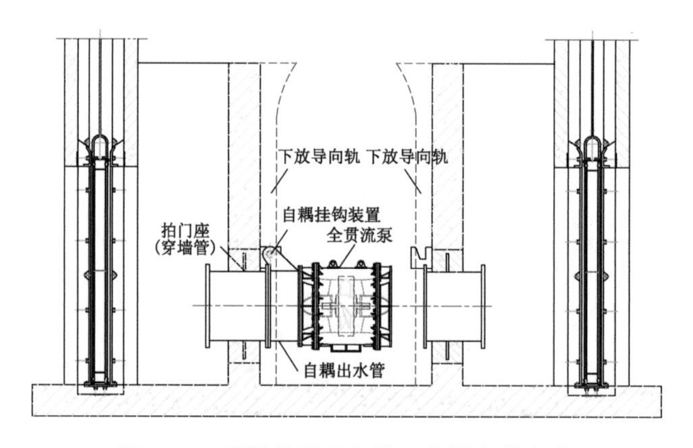

图 5-89　双面池壁双向排水自耦安装方式

4. 立式安装方式

全贯流泵立式安装方式与常规潜水泵类似，如图 5-90 所示。全贯流泵为一体式整装机组，安装、拆卸方便；与传统轴流泵的出水方式一致，可先接 60°或 90°弯管，再接出水流道，装置效率提高；安装方式多样，可采用悬吊式，也可采用落地式。

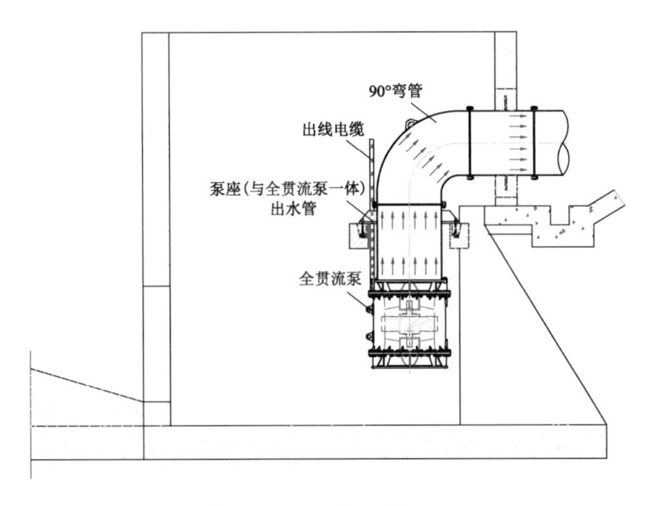

图 5-90　立式安装方式

5. 斜式安装方式

全贯流泵机组应用较多的场合为排涝工程，因此往往需要采用穿过堤防或者沿着堤防的边坡斜式安装方式，斜式安装亦可采用自耦式结构和雪橇固定或临时式结构。

(1) 斜式自耦式安装方式

斜式自耦式安装方式如图 5-91 所示，其主要特点是适合固定斜坡、水位差较大的场合。导轨、预埋弯管座、排水管路预先铺设好，自耦合装置与预埋弯管座配合好后现场焊接，确保在有水的状态下可靠、安全地自动耦合。除第一次需现场焊接安装外，以后的安装非常方便快捷。安装时，将全贯流泵与出水直管连接好，使车轮落座于导轨之上，由卷扬机牵引缓慢下放到预埋弯管座位置时，自耦合装置与预埋弯管座自动耦合，全贯流泵即安装到位。全贯流泵在不使用时可放在仓库进行保养、维护，以确保汛期时能正常投入使用。

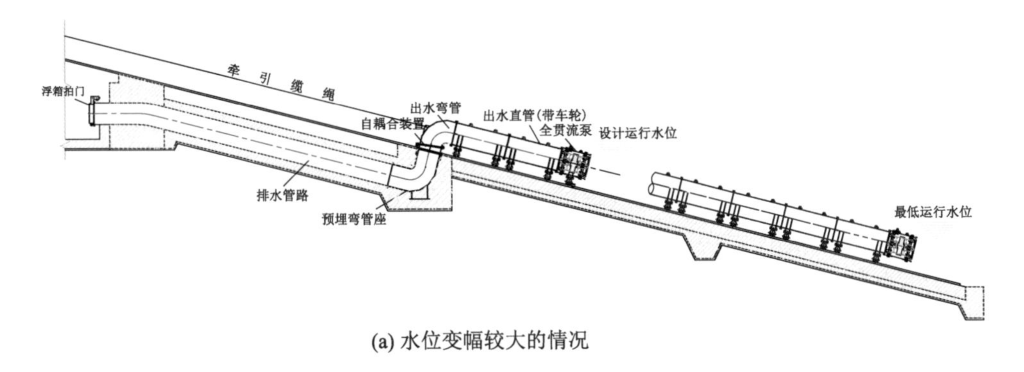

(a) 水位变幅较大的情况

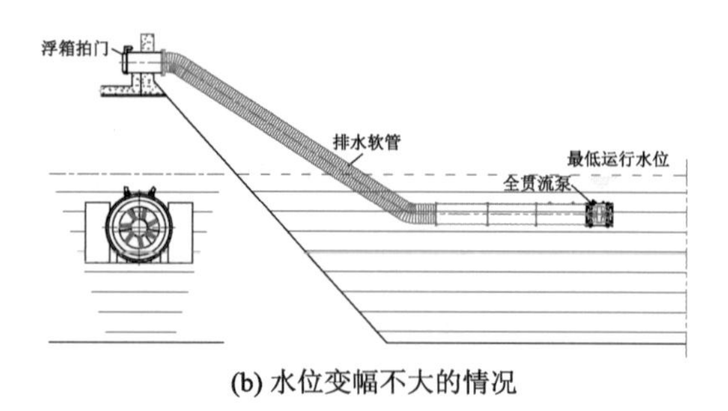

(b) 水位变幅不大的情况

图 5-91　斜式自耦式安装方式

（2）斜式雪橇固定式安装方式

斜式雪橇固定式安装方式如图 5-92 所示。该安装方式适合固定斜坡场合，可作为永久性泵站；安装、拆卸较复杂，对全贯流泵可靠性的要求高，比较符合全贯流免维护的特点。

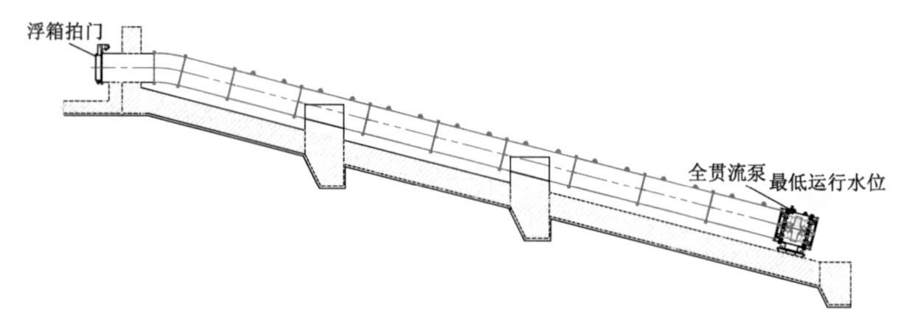

图 5-92　斜式雪橇固定式安装方式

（3）斜式雪橇临时式安装方式

斜式雪橇临时式安装方式如图 5-93 所示。该安装方式适合有坡度的排水场合，用于临时性（抢险救援等）排水；安装、拆卸较复杂，对全贯流泵可靠性的要求高，比较符合全贯流泵免维护的特点。

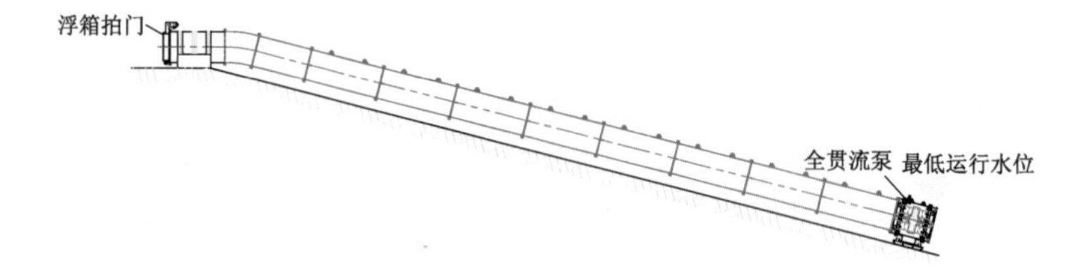

图 5-93　斜式雪橇临时式安装方式

6. 漂浮安装方式

漂浮安装方式适合于湖泊、河流、水库等取水，机组可随水位变化自动升降，适合于水位差较大的场合；既可接钢制管路，也可接排水软管，安装方式灵活多变，适应性较强。漂浮安装方式如图 5-94 所示。

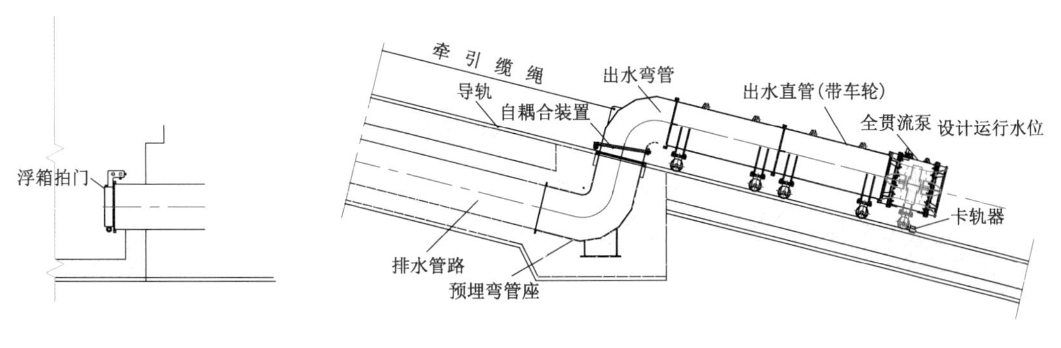

图 5-94　漂浮安装方式

7. 带滑轮和轨道的双向运行泵安装方式

采用S形叶片双向运行的湿定子全贯流泵可采用带滑轮和轨道的泵安装方式，并通过电气控制电动机转子的正反向运转实现双向运行。典型的双向运行全贯流泵安装方式如图 5-95 所示。

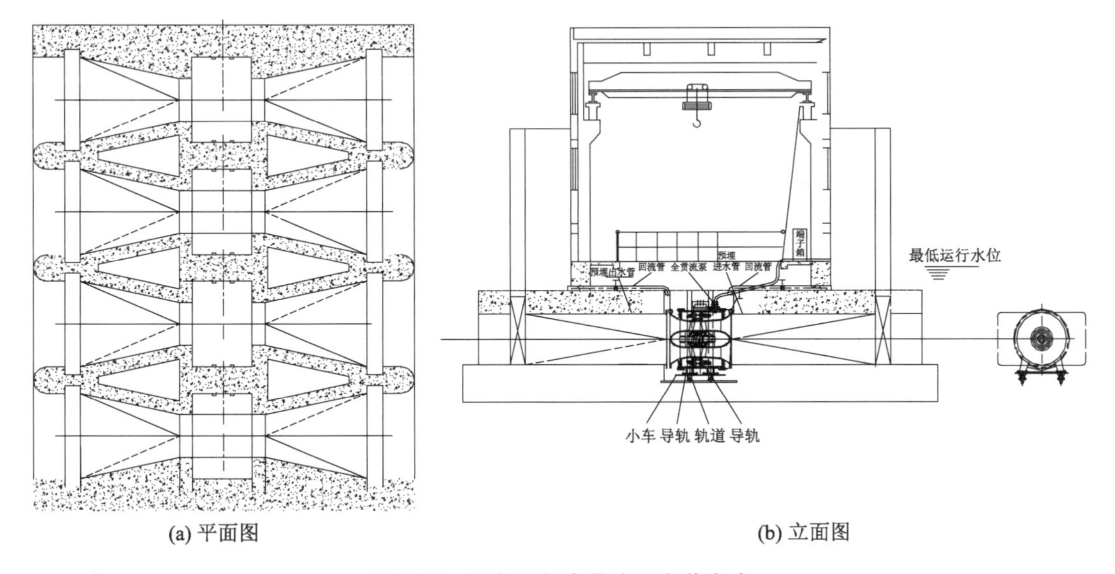

(a) 平面图　　(b) 立面图

图 5-95　双向运行全贯流泵安装方式

5.4　全贯流泵机组的控制与保护技术

5.4.1　控制与保护特点

全贯流泵机组配用的电动机为湿定子潜水电动机，即电动机运行时必须保证其内腔充满水。因此，其控制与保护的要求既不同于常规电动机，也不同于第 2 章中的潜水电动机。

为保证电动机绕组的运行安全，一般在出线端绕组部分设置 Pt100 温度传感器(一用一备)，对绕组的运行温度进行实时测量，运行中绕组的温度应控制在 80 ℃以内。

为保证轴承的运行安全，在两端轴承处分别设置 Pt100 温度传感器（一用一备），对轴承的运行温度进行实时测量。

由于湿定子潜水电动机绕组必须淹没在水中工作，为了监测电动机内部的水位状态，在电动机内腔最高处设置水位传感器，通过对电极电阻值的监测实现对电动机内部水位位置的检测。正常状态下，电动机内腔充满水，水位电极电阻值≤33 kΩ；当发生电动机内腔脱水，水位下降至安全线以下时，水位电极电阻值>50 MΩ，电动机监控保护系统报警，紧急情况下停机，以保证机组的安全，避免电动机损毁的恶性故障发生。

对于设置有稀油室的大型全贯流泵机组，电动机油室内须增加设置油室湿度传感器以监测油室的进水情况，避免油室进水后造成轴承润滑条件不良，轴承损坏。油室湿度传感器采用电极并通过测量电极阻值来监测油室内的相对湿度。正常状态下，电极电阻值>50 MΩ；相对湿度≥95%时，电极电阻值≤33 kΩ。

5.4.2 监控保护设置与设备选型

1. 监控保护设置

全贯流泵机组内部监测保护变送器的常规布置如图 5-96 所示，其型号及参数见表 5-16。

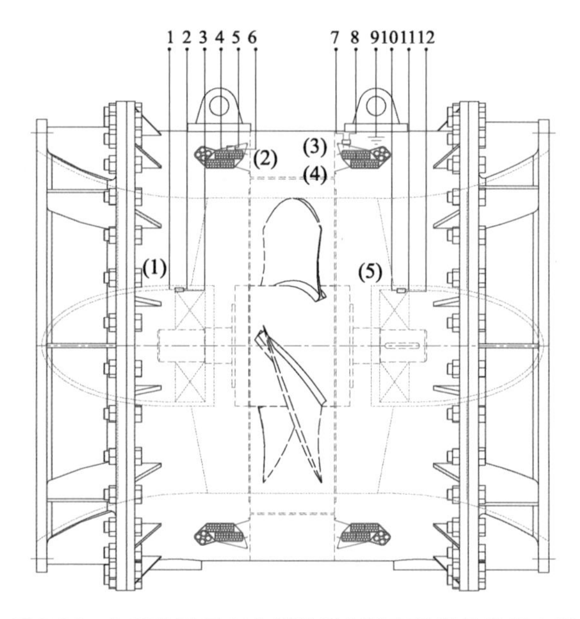

图 5-96　全贯流泵机组内部监测保护变送器的常规布置

表 5-16　全贯流泵机组内部监测保护变送器的型号及参数

变送器编号	电缆编号	变送器	功能	正常状态下的电阻值	故障状态下的电阻值
(1)	1,2,3	Pt100 温度传感器	监测进水端轴承温度	0 ℃时≈100 Ω	95 ℃时≈136 Ω
(2)	4,5,6	Pt100 温度传感器	监测绕组温度	0 ℃时≈100 Ω	80 ℃时≈130.9 Ω

续表

变送器编号	电缆编号	变送器	功能	正常状态下的电阻值	故障状态下的电阻值
(3)	7,9	电极 水位传感器	监测电动机 内部水位	正常状态下 ≤33 kΩ	脱水状态下 >50 MΩ
(4)	8,9	电极 水位传感器	监测电动机 内部水位	正常状态下 ≤33 kΩ	脱水状态下 >50 MΩ
(5)	10,11,12	Pt100 温度传感器	监测出水端 轴承温度	0 ℃时≈100 Ω	95 ℃时≈136 Ω

设置稀油润滑轴承的大型全贯流泵机组内部监测保护变送器还须增加设置稀油室内部湿度传感器。

重要工程采用大型全贯流泵机组时，可根据实际需求在机组外壳、导叶、出水壳等处增加振动传感器，配备机组振动监测保护。通过对机组振动的实时监测，实现机组运行安全的预测与诊断。内部监测保护变送器的布置如图 5-97 所示，不同位置变送器的功能及参数见表 5-17。

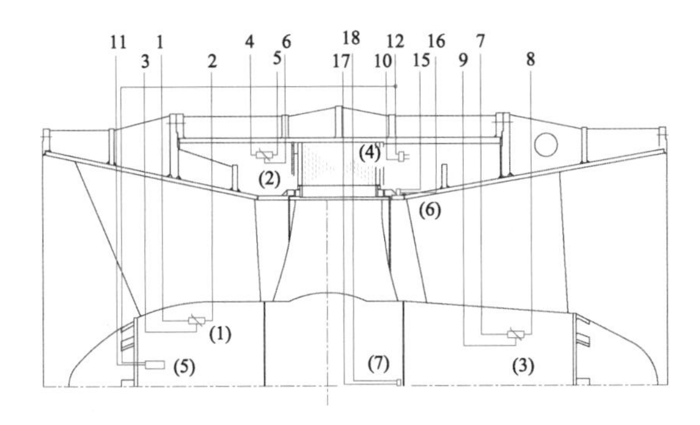

图 5-97　大型全贯流泵机组内部监测保护变送器的布置

表 5-17　大型全贯流泵机组内部监测保护变送器的功能及参数

变送器编号	电缆编号	变送器	功能	正常状态下的电阻值	故障状态下的电阻值
(1)	1,2,3	Pt100 温度传感器	进水端轴承温度 监测保护	0 ℃时≈100 Ω	80 ℃时≈130.9 Ω
(2)	4,5,6	Pt100 温度传感器	绕组温度 监测保护	0 ℃时≈100 Ω	80 ℃时≈130.9 Ω
(3)	7,8,9	Pt100 温度传感器	出水端轴承温度 监测保护	0 ℃时≈100 Ω	80 ℃时≈130.9 Ω
(4)	10,12	电极 水位传感器	监测电动机 内部水位	正常状态下 ≤33 kΩ	脱水状态下 >50 MΩ
(5)	11,12	电极 水位传感器	监测油室 内的湿度	正常状态下 >50 MΩ	相对湿度≥95%时 ≤33 kΩ
(6)	15,16	接泵段 压力传感器	测量叶轮与导叶 之间的压力脉动 （Y 方向）		

续表

变送器编号	电缆编号	变送器	功能	正常状态下的电阻值	故障状态下的电阻值
(7)	17,18	接泵段压力传感器	测量叶轮与导叶之间的压力脉动（X 方向）		

2. 监控保护系统设备选型

(1) 综合保护智能控制器

1) 系统配置的主要原则

根据湿定子全贯流泵机组的特点，为实现机组的安全、可靠运行，其控制与保护系统须具有短路、过载、欠压、接地、湿度、漏水、绕组及轴承超温等保护功能，因此全贯流泵电动机应配套设置综合保护智能控制器。其主要功能如下：

① 电动机腔内缺水保护；

② 油室进水保护；

③ 电动机绕组温度保护(超温报警、跳闸控制)；

④ 进、出水端轴承温度保护(超温报警、跳闸控制)。

当机组在运行过程中出现上述故障时，综合保护智能控制器发出报警信号，超限时发出跳闸信号，同时通过 RS485 接口将信号送至计算机监控系统。

2) 控制器原理及安装接线图

综合保护智能控制器具有 5 点温度显示和缺水、进水、开机水位等状态显示，并带有 RS485 输出接口，与计算机监控系统通信，实时监控全贯流泵电动机的运行状况。控制器的接线端子如图 5-98 所示。

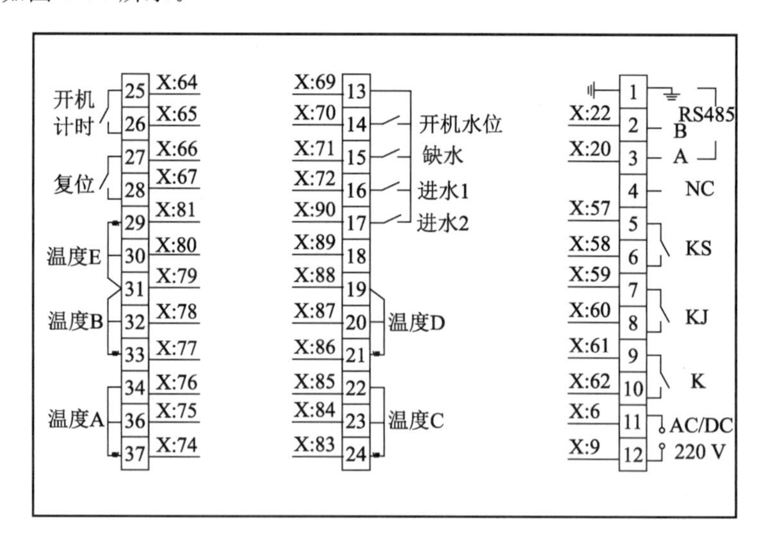

图 5-98 控制器的接线端子

控制器有监控模式和监测模式两种工作模式。

① 监控模式

启动监控模式时控制器具有绕组超温、轴承超温、电动机缺水、油室进水报警功能，自动显示电动机三相绕组和轴承温度，可以对绕组和轴承极限温度值进行设定，当任意一点的温度超限或电动机缺水、油室进水时，控制器会发出报警信号，同时对应的继电器触点闭合输出开关量信号，供外部控制回路报警和跳闸用。故障排除后须进行复位解除报警。

② 监测模式

启动监测模式时控制器具有绕组超温、轴承超温、电动机缺水、油室进水报警功能，自动显示电动机三相绕组和轴承温度，可以对绕组和轴承极限温度值进行设定，当任意一点的温度超限或电动机缺水、油室进水时，控制器会发出报警信号，通过报警类别显示框的指示灯显示。

3）主要设计指标

温度显示范围：5～180 ℃；

电动机三相绕组极限温度设定范围：0～200 ℃；

轴承极限温度设定范围：0～200 ℃；

温度显示误差：不大于±2 ℃；

温度显示方式：手动/自动；

控制模式：监控/监测；

温度显示误差修正方式：键操作；

温度传感器规格：Pt100 不大于 2%；

电动机电极间水导电阻：小于 33 kΩ；

油室电极间水导电阻：小于 33 kΩ。

4）通信及其他指标

① 仪表通信接口

接口类型：RS485；

通信规约：MODBUS - RTU；

波特率：1 200，2 400，4 800，9 600 bps；

继电器触点容量：5 A/250 VAC，10 A/28 VDC；

电源电压：65～255 V(AC/DC)。

② 环境要求

供电电源：220 V/50 Hz；

工作温、湿度：－10～＋50 ℃，≤85% RH。

(2) 高压绝缘在线监测仪

由于湿定子全贯流泵机组电动机需要长期在水下运行的特殊要求，因此配备与潜水贯流泵类似的高压绝缘在线监测仪。高压绝缘在线监测仪的工作方式与主要功能参见第 2.4.4 节。

(3) 运行状态在线监测系统

全贯流泵机组运行状态在线监测系统的主要功能、基本结构、设计原则以及系统的组成等与潜水贯流泵基本一致，可参见第 2.4.3 节。

以单台机组为例，全贯流泵机组在线监测系统测点分布与监测项目见表 5-18。

表 5-18　在线监测系统测点分布位置与监测项目

序号	分布位置	方向	类型	监测项目
1	机组外壳	径向 X	声振温三合一传感器	声音、振动、温度监测
		径向 Y		
2	油室	径向 X	声振温三合一传感器	声音、振动、温度监测
		径向 Y		
3	叶轮与导叶之间	径向 X	压力变送器	压力脉动监测
		径向 Y		

智能监控云平台是基于大数据平台架构，为设备预测性维护应用量身定制的专属智能平台，接入设备状态数据后通过平台内置的机理算法模型，实现对接入设备异常状态的智能报警和智能诊断，并支持在线即时处理。同时，智能监控云平台联合手机端 APP 应用可以随时随地实现对设备状态的掌控和异常的处理。

云平台不仅可应用于管理单座泵站，还适用于多座泵站设备运行数据同时接入，可实现对大范围内所有设备状态进行统一集中管控。云平台具备柔性扩展能力，支持大批量设备状态数据的接入。

云平台包括云监控总览(多泵站)、设备状态总览(单一泵站)、监测中心、警报中心、高级分析、声学诊断、智能诊断、仪表盘、系统运维等九大核心功能模块。

① 云监控总览(多泵站)

云监控总览模块可以对多座泵站分布区域、接入设备数据、测点数、运行设备、停运设备等进行数据可视化展现(见图 5-99)。

图 5-99　云监控总览页面

云监控总览模块通过后台智能健康评估算法实现对异常设备的筛选，评估等级有危险、故障、亚健康、健康等 4 级。在云监控总览页面可以直接点击图标进入异常设备列表，查看故障原因并进行处理。

② 设备状态总览(单一泵站)

设备状态总览模块可展示单一泵站所有设备的基本数据以及健康等级情况，并可通过点击对应图标，直接进入异常状态的设备页面，同时直观地展示当前泵站实时推送的报警信息，并支持直接进入报警详情页面处理(见图 5-100)。

图 5-100　设备状态总览页面

③ 监测中心

监测中心模块通过设备列表相应的视图(见图 5-101)，直观地展示每一台设备的当前报警等级以及健康状态等级，点击相应的图标可直接进入某台设备的详情页面。设备详情页面展示当前设备的实时数据、实时报警、实时智能诊断结论，并支持查看设备历史运维记录、历史报警、历史诊断结论等。

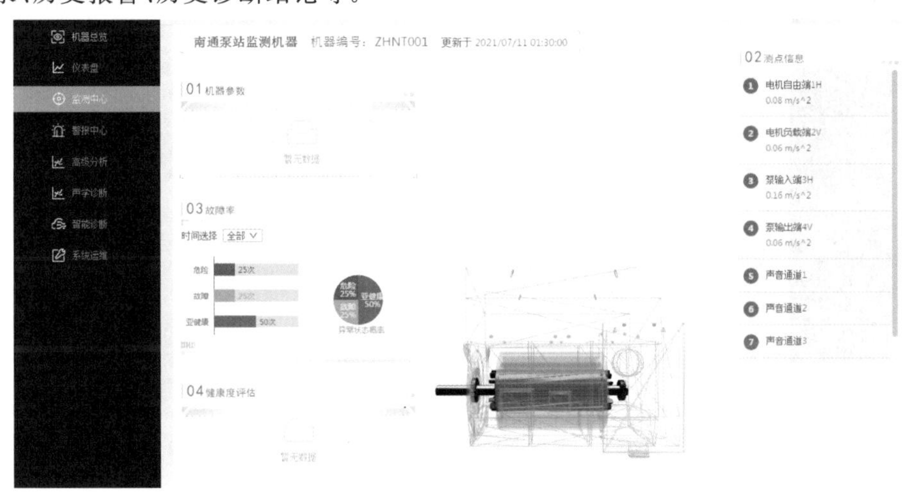

图 5-101　监测中心页面

④ 警报中心

警报中心模块展示并支持处理泵站所有实时报警和历史报警，基于历史报警数据的有效性进行自动分析展示，以人工与智能算法相结合的方式，不断提升智能报警的有效性（见图 5-102）。

图 5-102　警报中心页面

⑤ 高级分析

高级分析模块包含人工进行设备故障分析所需要的核心高级分析套件，主要包括时域分析、频域分析、时频域分析、瀑布图、包络解调、轴心轨迹等。系统集成了故障特征频率自动识别、自定义频率识别、倍频自动识别、高级频谱分析、加窗谱分析等功能，提高了设备故障分析的效率（见图 5-103）。

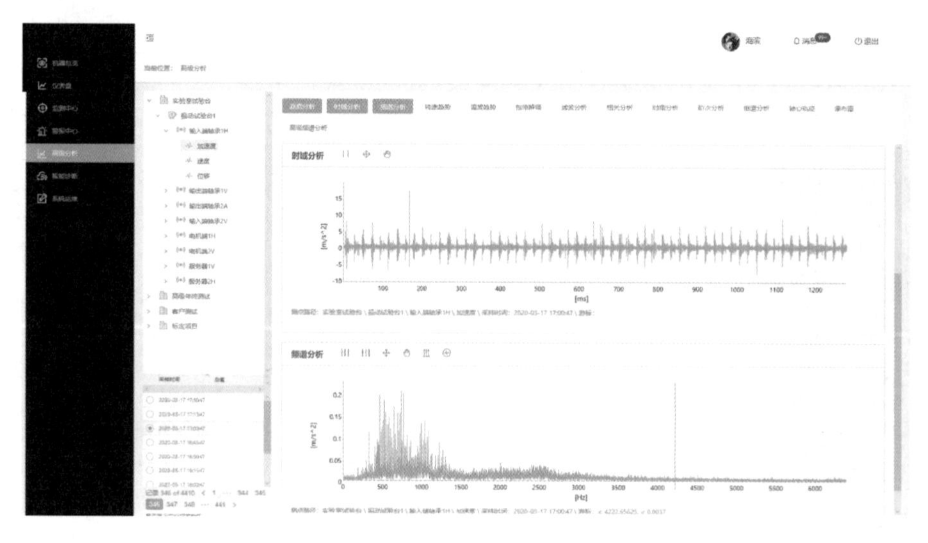

图 5-103　高级分析页面

⑥ 声学诊断

声学诊断模块主要包括声音的趋势分析图、语谱图、波形图等，根据全贯流泵机组运行声音的变化智能诊断机组的运行状态(见图 5-104)。

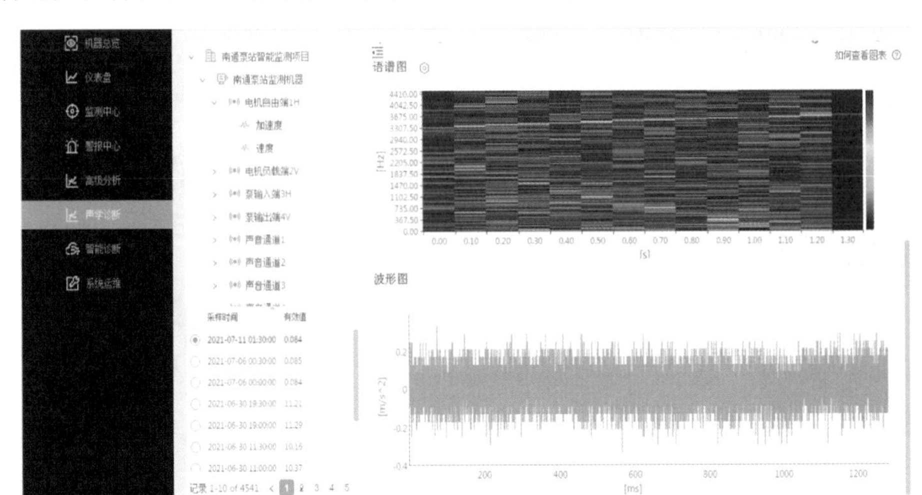

图 5-104　声学诊断页面

⑦ 智能诊断

智能诊断模块通过智能算法自动推送智能诊断结论,包括具体损伤位置、严重程度及建议,并可以直观地查看故障原因,展示设备健康等级的数量及占比,展示风险 TOP5 设备,以及累计未处理时长 TOP5 设备(见图 5-105)。

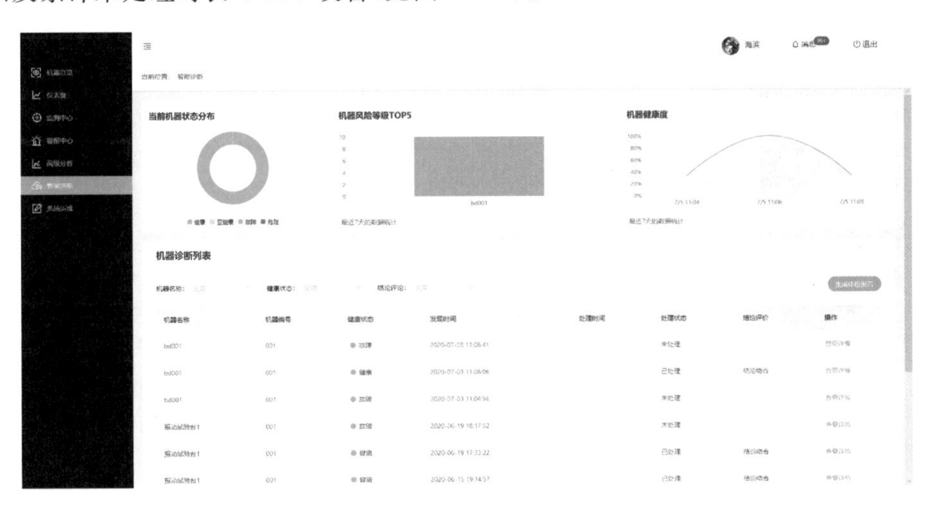

图 5-105　智能诊断页面

⑧ 仪表盘

仪表盘模块根据客户需求定制相关报表,如设备综合能效 OEE(overall equipment effectiveness)趋势图、设备报警趋势图、设备故障部件统计、设备故障品牌统计等(见图 5-106)。

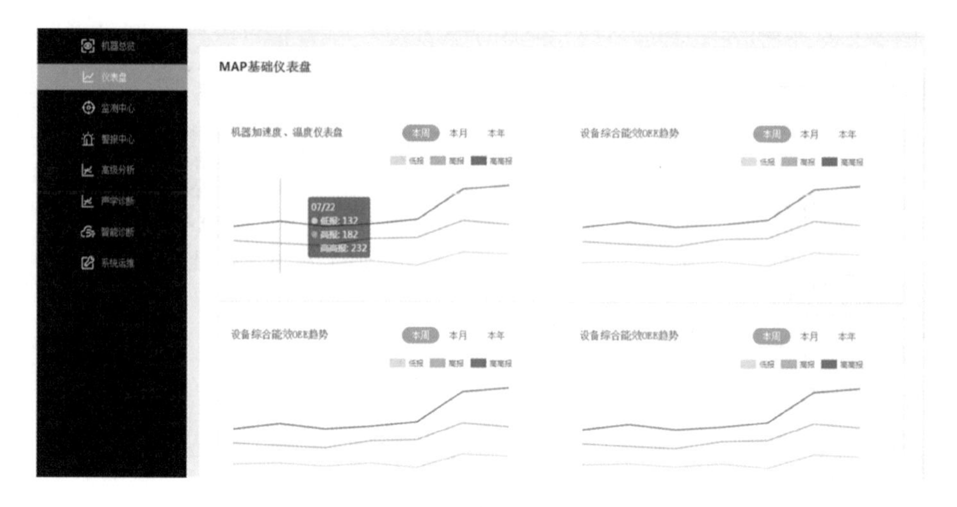

图 5-106　仪表盘页面

⑨ 系统运维

系统运维模块对数据传输各个节点之间的通信状态进行监视并分析统计，在数据通信异常时快速排查定位以尽快恢复数据传输，保障系统正常运行(见图 5-107)。

项目名称	机器名称	测点位置	节点sn	电量监控	节点通讯状态	网关sn	网关通讯状态	服务器
南通泵站智能监测项目	南通泵站监测机器	声音通道4		-	未激活	0100075	在线	中心节点1
南通泵站智能监测项目	南通泵站监测机器	声音通道3		-	未激活	0100075	在线	中心节点1
南通泵站智能监测项目	南通泵站监测机器	声音通道2		-	未激活	0100075	在线	中心节点1
南通泵站智能监测项目	南通泵站监测机器	声音通道1		-	未激活	0100075	在线	中心节点1
南通泵站智能监测项目	南通泵站监测机器	泵输入端3H	0201213	100%	离线	0100075	在线	中心节点1
南通泵站智能监测项目	南通泵站监测机器	泵输出端4V	0201214	100%	在线	0100075	在线	中心节点1
南通泵站智能监测项目	南通泵站监测机器	电机负载端2V	0201212	100%	在线	0100075	在线	中心节点1
南通泵站智能监测项目	南通泵站监测机器	电机自由端1H	0201211	100%	在线	0100075	在线	中心节点1

图 5-107　系统运维页面

3. 全贯流泵机组智能在线监测系统的特点

① 以自研核心算法为基础的智能诊断代替数据返回由技术人员出诊断报告的传统工作模式。

② 实时秒级报告呈现，诊断正确率高达 90%以上。

③ 根据输入的机组相关参数自适应匹配嵌入机理模型。

④ 根据用户反馈的诊断报告结论自动优化智能诊断算法，提升诊断效率及诊断精准度。

⑤ 降低巡检人员的技术门槛。

⑥ 节省运维成本。

⑦ 提供新的增值业务。

⑧ 实时监控设备,更好地提供售后服务。

5.4.3 全贯流泵的启动及控制方式

全贯流泵可以采用全压启动、软启动、变频启动等启动及控制方式。

1. 全压启动控制

全压启动简单、经济,在满足一定条件的情况下,可以考虑全压启动。全贯流泵采用全压启动时必须满足启动压降不超过允许值、启动容量不超过电源容量和供电变压器过负荷能力、水泵机组能够承受全压启动时的冲击转矩等要求。

2. 软启动控制

随着全贯流泵机组的大型化,全压直接启动对机组的冲击变大,会对轴承、绕组等造成一定影响,采用软启动可以很好地解决这一问题。

根据第 2.3.4 节软启动新技术,潜水电动机的降压启动装置同样适用于全贯流泵的湿定子三相异步电动机。电抗器降压启动、自耦变压器降压启动等降压启动方式已逐渐被软启动所替代,软启动成为降压启动的主流。晶闸管固态软启动装置采用多个晶闸管串接于三相交流电压和三相电动机之间,采用高性能 MCU 等控制电路,同时调节多个独立的反并联晶闸管阀组件的延时导通电角度来改变三相交流电动机的输入电压,达到了限流启动或电压按一定斜率变化启动的目的,可使机组平缓稳定启停,保证机组安全可靠运行。

以 ZNRQ 为代表的五合一智能控制装置具有开关分断、软启、软停、机组健康状态监测、电动机动静态绝缘在线监测及机组智能控制和保护等功能,可为机组构建更全面、更精准、更智能的监控体系,是传统电气开关柜及软启动装置的迭代产品。

为保证设备系统的安全运行,五合一智能控制装置集成了微机综合保护器和高压真空断路器,能够迅速切断故障电路。

五合一智能控制装置主控板可同时调节可控硅阀组内部多个晶闸管的导通角来控制电动机启动电压平稳上升,当启动完成后,真空接触器自动吸合,电动机投入电网运行,可确保机组平缓启停、安全运行。

五合一智能控制装置数据采集单元由温度电极模块、绝缘监测模块、健康监测分析模块组成,可实现对电动机机组装备各类参数的有效监控。

五合一智能控制装置温度电极模块可以实现机组绕组温度、轴承温度、渗漏水状态的采集和实时监测。

五合一智能控制装置绝缘监测模块可以在线监测机组的动静态绝缘状况,能够及时发现和检测出电动机内部绝缘状态的变化。

五合一智能控制装置健康监测分析模块可以实现对机组运行过程中振动、摆度、电流高次谐波信号及各种电参数等信号的采集、计算和分析,同时根据 AI 人工智能技术自动判断当前设备状态,预测设备未来劣化趋势。

3. 变频启动控制

对于全贯流泵机组,可采用与第 4 章中变频调速灯泡贯流泵装置类似的变频装置实现平滑启动。变频启动具有启动平稳、启动电流小、对电网冲击小、启动转矩大等特点。

高压变频装置输入侧采用移相变压器构成多脉冲整流方式，可大大改善网侧电流波形。变频装置输入侧功率因数在0.96以上，对于功率因数偏小的机组，在运行过程中不需再进行无功补偿，同时正常停机时具有软停功能，可避免水锤对水泵和管道造成冲击损坏。

对于水位变幅较大的泵站，采用变频控制可根据扬程的变化实时调节水泵转速，追踪运行高效区，从而使水泵在水位变幅大的情况下仍能运行在高效区，实现寻优控制。

采用全贯流泵的排涝泵站设计采用的安全系数较大，所选水泵的额定功率和扬程要比平时实际需要的大很多，以保证在最高水位和最低水位时都能及时排水，因此部分泵站在大多数的工作时段都是在偏离最佳工作点状态下运行，水泵效率低于最佳工况点效率，导致能耗增加。此时通过变频装置控制不同水泵的转速，使水泵实际工作扬程与实时工况点相符，保证水泵一直运行在高效区，实现节能降耗。系统根据流量、扬程及功率等参数，实时计算各机组运行效率，优先运行效率高的机组，效率低的机组自动报警退出。

当进水水位较高时，需要尽快将水排出，此时排水量大，扬程较小，水泵的额定扬程远大于实际排水工作扬程，实际流量大于水泵额定流量，以每台泵的流量作为控制参数，在不超功率的情况下，变频装置尽量在高频率(最高可控制在55 Hz)状态下运行，当出现超功率情况时，自动降低频率，维持在当前水位情况下的最大流量。

全贯流泵采用湿定子潜水三相异步电动机，其绕组线采用带有主绝缘的耐水线，因此匝间绝缘的厚度是对地主绝缘的双倍厚度，具有极高的耐匝间电压冲击能力。与普通三相异步电动机相比，其更适合于变频启动和变频运行。由于变频电源供电具有电压空间谐波和时间谐波，具有较高的电压变化率(即 dv/dt)和谐波电压的尖峰值。前者引起的电压入射波在定子首匝承受的匝间电压在平均匝间电压10倍以上，这就是普通三相异步电动机变频运行时绕组局部击穿，特别是首匝附近绝缘击穿的原因。后者峰值电压会引起电晕现象，长期运行会加速绝缘老化。由于湿定子潜水电动机的匝间绝缘为双倍主绝缘，因此其匝间耐压是十分安全的。又因为湿定子潜水电动机内部充满水，水具有低导电性能，所以它比普通三相异步电动机的任何防晕半导体层都更能有效地均匀电场，从而彻底消除电晕。

采用变频电源供电，电压谐波会加大电动机的附加损耗而导致温升提高(一般上升10～15 ℃)。湿定子潜水电动机内部充满水，水的散热系数大，冷却条件好，温升会有极大的改善。在湿定子潜水电动机的设计中，适当调整控制电动机温升的参数和发热因子即可保证电动机在变频启动和变频控制下安全运行。

5.4.4 全贯流泵智能泵站建设方案及案例

1. 智能泵站建设方案

(1) 智能泵站总体结构

全贯流泵智能泵站由智能控制系统、视频监视系统和智能远程服务系统构成。全贯流泵智能泵站的总体结构采用B/S结构，通过云端服务器进行数据处理，各级监控(或服务)中心、服务工程师均通过云端与系统连接进行数据交换，如图5-108所示。

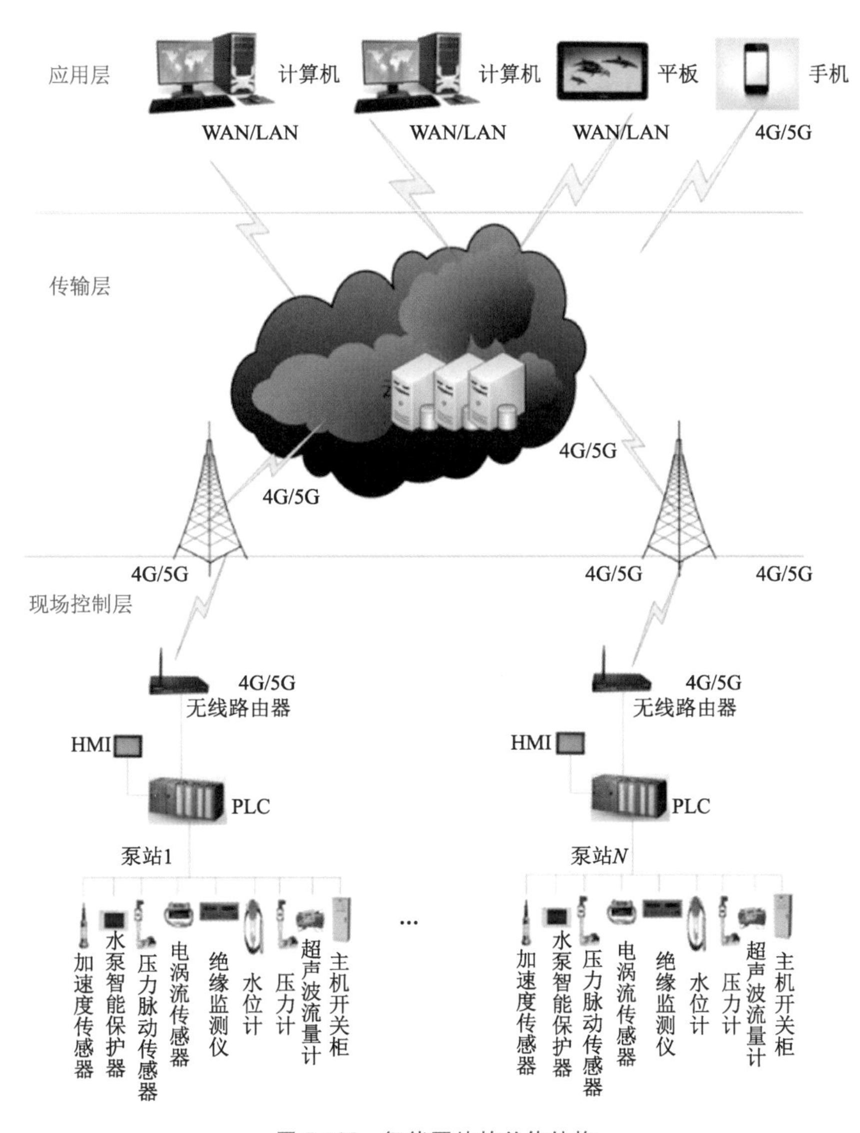

图 5-108 智能泵站的总体结构

(2) 关键参数监测

全贯流泵站智能控制系统的关键参数监测至少包括下列内容：振动监测；摆度监测；压力脉动监测；绝缘电阻监测；绕组温度监测；轴承温度监测；油室进水(电动机缺水)监测；流量监测；扬程、水位监测；电流、电压等参数监测。

(3) 智能控制系统

智能控制系统可实现全贯流泵机组、辅助设备(格栅、清污机、闸门等)的智能控制，可以根据效率、水位、流量、经济运行等不同指标运行。

(4) 视频监视

在泵站的关键点位安装摄像机进行视频监视，实现入侵检测、周界防范、移动追踪、报警联动。

(5) 异常预警及故障诊断

运行异常的设备发出预警,智能泵站对故障设备进行诊断,初步分析故障原因,预判设备故障类型及故障部位,为设备维修提供参考。

(6) 综合调度及优化派工

根据故障设备地点及维修人员的技术特点推荐离故障点最近的维修技术人员去现场维修,经确认后,形成派工单发送至维修人员的用户页面或手机 APP 中。

(7) 手机 APP

手机 APP 的功能包括数据监测、实时控制、故障报警、资料检索、手机签到、工单处理、数据回写等。

2. 智能泵站建设案例

某泵站装设 5 台套湿定子全贯流泵机组,水泵叶轮直径 2 250 mm,单机设计流量 16.0 m^3/s,配套湿定子全贯流潜水电动机,电压等级 10 kV,额定功率 560 kW,泵站总装机容量 2 800 kW。根据实际情况和建设需求,该泵站的智能控制系统采用分层分布开放式结构。系统采用光纤组成千兆以太网环形冗余结构,由现地控制级、泵站控制级以及远程平台级组成。泵站控制级与现地控制单元 LCU 以及保护单元采用以太网方式连接。现地控制级是系统的最后一级也是最优先的一级控制,它向下接收各类传感器与执行机构的输入输出信息,采集设备运行参数和状态信号;向上接收上级控制主机的监测监控命令,并上传现场的实时信息,实施对现场执行机构的逻辑控制。

图 5-109 为智能控制系统的网络结构图。

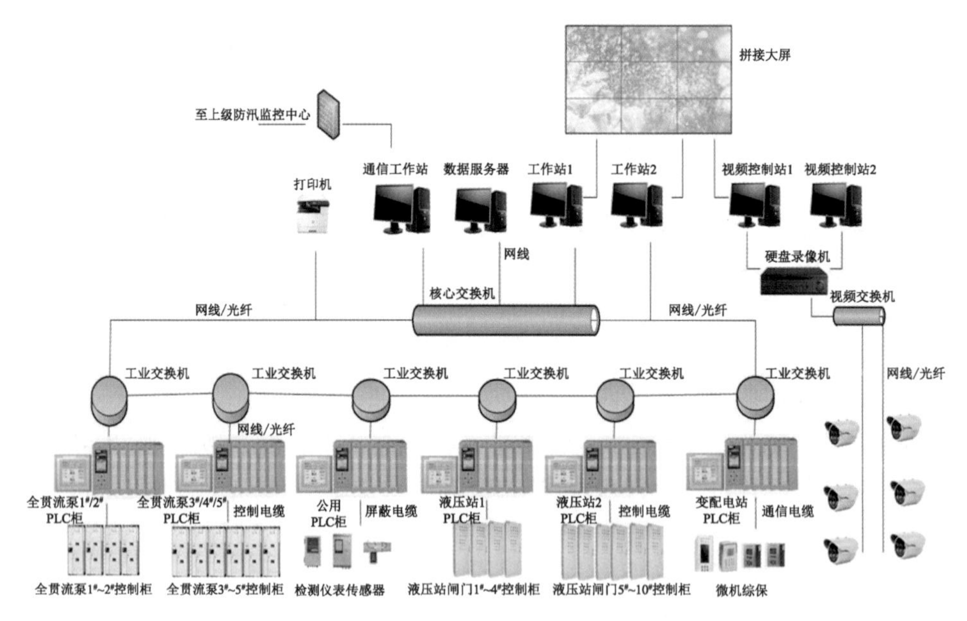

图 5-109 智能控制系统的网络结构图

(1) 现地控制级

现地控制级由 PLC 构成的现地控制单元 LCU 和相关监测传感器组成,主要包括主机组 LCU 柜 2 套、变电所 LCU 柜 1 套、公用设备 LCU 柜 1 套、液压站 LCU 柜 2 套、超声波流量计、超声波水位计等。

主机组 LCU 的主要任务是对主机组运行数据进行采集和处理，同时监控主电动机的运行参数，以对其进行控制和电气保护。

变电所 LCU 监控的对象主要包含变电所 10 kV 侧设备、主变、站变、0.4 kV 侧设备以及直流电源系统等。

公用设备 LCU 监控的对象主要为泵站内公用设备。

液压站 LCU 实时采集和处理闸门及其启闭装置以及开度仪、荷重仪等设备的电气模拟量、非电气模拟量、报警信号、开关量等数据，按设定程序控制相关设备的启停(开闭)。

超声波流量计用于全贯流泵流量的监测。超声波流量计主要由超声波换能器及其安装部件、信号处理单元、流量计算机及信号电缆组成，安装形式与第 3.5.1 节中类似。换能器外壳材料为不锈钢，发射面光滑，坚硬耐磨。

超声波流量计的性能参数如下：

测量原理：超声波时差式，4 声道布置。

测量范围：管径≤3 000 mm。

超声波流量计组成：主机、4 对换能器、连接电缆。

测量准确度：不低于 0.5 级，重复性不低于 0.1%。

适用环境温度：

运行温度：换能器－30～70 ℃；主机－20～70 ℃。

存储温度：换能器－30～70 ℃；主机－40～85 ℃。

流量计主机采用非工控机(或电脑)的无硬盘专用仪表单片机结构，由处理显示单元和超声模块两部分组成，具有 IP 地址，用 RJ45 线连接。

流量计配有声路报警 LED 指示灯，监测声路状态。

流量计主机配置快闪记忆卡，储存容量不小于 1 GB，具有 RJ45 接口和 USB 接口，数据可以转存于 U 盘。

流量计具有系统数据日志，能够记录开、关机时间，可记录参数修改，数据上传、下载等操作，保证流量计的可溯性和公正性。

温度测量：利用时差式超声波原理测量温度，水温误差不大于 1 ℃。

流量计具有睡眠模式，睡眠模式的功耗不大于 0.5 W。

流量计具有远程诊断和维护功能，采用 Web Server 技术，维护人员不需要到现场就可远程维护、查看信号强度、远程下载参数、诊断运行状态等。

现地控制级配置 2 个超声波水位计用于测量上、下游水位，并将水位数据传送至公用设备 LCU。超声波水位计的主要技术参数如下：

量程：0～20 m；

模拟输出：4～20 mA/500 Ω 负载；

测量精度：0.5%；

输入电源：24 VDC(±10%)，85～265 VAC，50 Hz；

继电器输出：上下限报警控制(2 路 5 A)；

显示形式：4 位 LCD；

温度范围：显示仪表－20～70 ℃；

防护等级：显示仪表 IP65，探头 IP67；

通信：可选 RS485，RS232 通信（MODBUS 协议）。

（2）泵站控制级

在中控室设置一套上位机系统，负责泵站主机组、辅机组及电气设备、闸门、清污机的控制指令下发，以及监视和处理泵站水位、闸门开度、主机温度、电气设备运行等现场数据。泵站控制级设备之间及其与现地控制单元之间的通信采用以太网通信方式。智能泵站控制级系统的界面如图 5-110 所示。

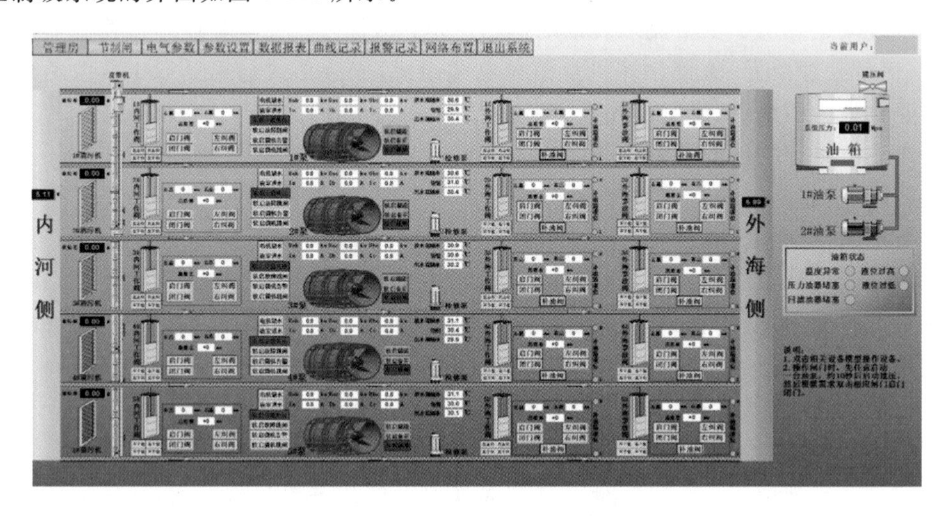

图 5-110　智能泵站控制级系统的界面

（3）远程平台级

泵站控制级可通过有线网络或 4G/5G 无线网络将采集的泵站所有数据上传到云端，建立一个基于泵站控制和管理维护的数据库。智能泵站管理平台着重于建立智能数据库，对监测数据进行全面和完整展示、分析及处理，具有趋势分析及故障预测、分析和诊断功能，并与泵站智能化系统进行有关信息的双向交流，以建立完整的、科学的智能泵站监测系统。该系统还可以利用网络技术和云计算与调度中心或远程中心进行信息交换，充分发挥调度中心或远程中心的技术指导功能。

5.5　本章小结

全贯流泵装置作为潜水贯流泵的一种新型式，结构简单，重点是湿定子电动机关键技术的突破促进了机组的大型化，从目前的以排涝为主到引调水等不同功能的泵站应用，工程应用将逐步扩展到不同领域。

① 全贯流泵装置的显著特点是将叶轮外缘作为电动机的转子，简化了贯流泵的结构，机组尺寸也相应减小，有利于工程布置。

② 全贯流泵装置的水泵效率较高，但由于采用湿定子三相异步电动机，电动机的效率相对低，因此装置效率与潜水贯流泵及灯泡贯流泵基本接近，不仅可以应用于排涝泵

站，也可以应用于调水泵站，同时还可以采用S形叶型实现泵站的双向运行。

③ 全贯流泵装置因配用湿定子潜水电动机，其结构特点适用于变频启动与运行。全贯流泵装置通过变频启动实现平稳启动、减小启动电流和对电网的冲击、增大启动转矩等；通过变频控制可实现软停机，避免水锤对水泵和管道造成冲击损坏；通过变频控制还可有效提升湿定子潜水电动机的效率及功率因数。对于水位变化较大的泵站，采用变频控制可根据扬程的变化调节水泵转速，保证机组在高效区运行，实现寻优控制。

④ 全贯流泵机组的安装方式多样，而且方便灵活，能够适应不同的功能需求，有利于泵站的运行维护。

⑤ 全贯流泵装置的湿定子电动机结构较为特殊，因而其控制和保护不同于常规的电动机，需要采用在多点位设置监测变送器，设置相应的保护，这是全贯流泵站工程设计中的重点和关键。

⑥ 智能泵站建设是充分利用物联网、大数据、云计算、移动通信等技术，运用先进的算法，实现泵站的安全、可靠、高效运行以及全生命周期数字化管理的重要技术措施，也是未来泵站建设的发展方向和重点研究领域。

参考文献

[1] 关醒凡. 大中型低扬程泵选型手册[M]. 北京：机械工业出版社，2019.

[2] 石丽建，焦海峰，荀金澜，等. 全贯流泵回流间隙对泵水力性能的影响[J]. 农业机械学报，2020，51(4)：139－146.

[3] SHI L J, YUAN Y, JIAO H F, et al. Numerical investigation and experiment on pressure pulsation characteristics in a full tubular pump[J]. Renewable Energy, 2021(163)：987－1000.

[4] SHI L J, ZHANG W P, JIAO H F, et al. Numerical simulation and experimental study on the comparison of the hydraulic characteristics of an axial-flow pump and a full tubular pump[J]. Renewable Energy, 2020(153)：1455－1464.

[5] SHI L J, ZHU J, WANG L, et al. Comparative analysis of strength and modal characteristics of a full tubular pump and an axial flow pump impellers based on fluid-structure interaction[J]. Energies, 2021, 14(19)：6395.

[6] 焦海峰. 全贯流泵水力性能及其节流径向间隙尺寸研究[D]. 扬州：扬州大学，2020.

[7] 张重阳. 全贯流泵装置数值模拟和装置优化[D]. 扬州：扬州大学，2020.

[8] 欧阳平，刘翔. 湿定子潜水贯流泵装置全流场分析[J]. 江西水利科技，2019，45(1)：28－34.

[9] 金雷，胡薇. 潜水电机的新型定子槽形设计[J]. 电机技术，2015(3)：35－36，38.

[10] 胡薇，金雷. 变频技术在充水式潜水电机中运用[J]. 电机技术，2013(4)：

44－45.

［11］ 曹良军，刘长益，钟跃凡. 全贯流潜水电泵的应用及出水端自耦式安装的稳定性分析[J]. 湖南水利水电，2015(2)：87－91.

［12］ 江苏大学. 鹅湖泵站水泵装置CFD计算及优化研究报告[R]. 2017.

［13］ 中水北方勘测设计研究有限责任公司科学技术研究院. 萍乡市城市防洪工程鹅湖泵站水泵装置模型验收试验试验报告[R]. 2017.

6 直管式出水竖井贯流泵装置关键技术

6.1 竖井贯流泵装置水力优化设计与性能预测

6.1.1 研究背景

某泵站工程的引水设计流量为100 m^3/s，站身为堤身块基型结构，采用3台套竖井贯流泵，竖井前置，直管式出水。单机设计流量33.3 m^3/s，配套电动机功率1600 kW，水泵与电动机之间通过减速齿轮箱连接。机组由厂房内的320/50 kN桥式起重机起吊。泵站的特征水位及水位组合见表6-1。泵站装置剖面图如图6-1所示。

表6-1 泵站的特征水位及水位组合 单位：m

运行工况		水位组合		净扬程	总扬程
		长江侧	内河侧		
扬程	设计	0.67	2.40	1.73	1.98
	最高	−1.05	2.40	3.45	3.70
	最低			0	0.25

注：总扬程中考虑河道、拦污栅及门槽损失0.25 m；最低扬程为0。

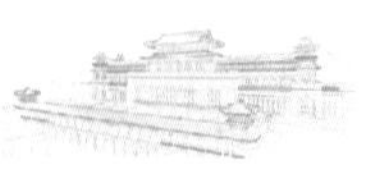

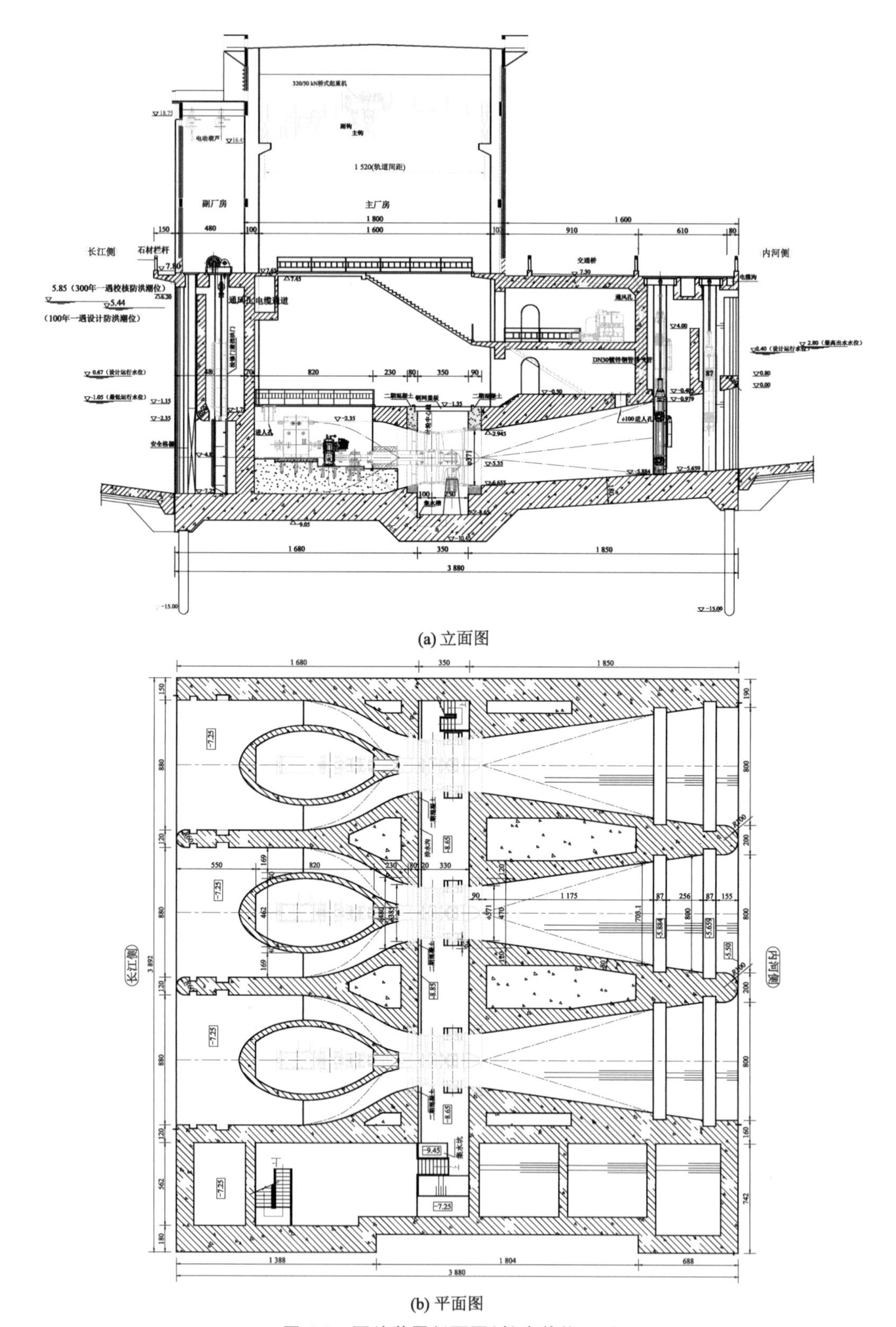

(a) 立面图

(b) 平面图

图 6-1　泵站装置剖面图(长度单位:cm)

6.1.2 数值模拟与优化水力设计

1. 研究方法

在已有的大量研究成果的基础上进行泵站装置内流数值分析，计算域包括叶轮、导叶、竖井式进水流道、直管式出水流道及门槽等所有过流部件，在不同流量下进行内部流动数值模拟。根据进、出水流道的控制尺寸和水力设计优化目标，在控制尺寸允许范围内，从内部流态、水泵进水条件和水力损失等方面综合分析，对进、出水流道的型线进行优化。

考虑到计算机的内存容量、计算速度以及保证数值计算精度，在装置进、出水流道CFD优化计算过程中，根据叶片泵相似律，按照原型、模型泵装置 nD 相等的方法进行换算，将原型泵装置转换为模型泵装置，进行CFD仿真计算与流态分析和性能预测研究，在提高计算精度的同时，也便于与泵装置模型试验结果进行对比。

初步拟定原型泵叶轮直径为 3 200 mm，参照已有成果，CFD数值分析中初选转速 $n=110$ r/min。设定模型泵叶轮直径为 300 mm，按照 nD 相等的换算方法计算出模型泵叶轮的转速为 1 173.33 r/min。

采用由 $k-\varepsilon$ 紊流模型封闭的雷诺时均 Navier - Stokes 动量方程组、有限体积法及SIMPLE速度和压力耦合算法，对包括进水池、出水池、进出水流道、模型泵和门槽等在内的水泵装置，采用 TJ04 - ZL - 07 水力模型，在叶片安放角为 $+2°$ 时进行模型贯流泵装置全流道CFD分析和水力设计优化。再根据数值仿真结果对数值计算获得的数据进行处理，即可进行贯流泵装置进、出水流道的内部流态分析。

2. 装置内部流动特点

根据CFD数值计算结果可获得包括进、出水流道在内的水泵装置内部流态。图 6-2 为设计工况下水泵装置内部的流场图。从图中可以看到，水流从进水池进入进水流道，沿程逐步加速，较平顺地进入水泵，从水泵叶轮获得能量，经导叶出口流出，在出水流道中不断扩散，流速逐步减小，最后从出水流道出口流出。由于受水泵导叶出口水流剩余环量的影响，出水流道中呈现出流场分布不均匀和不对称的特征。

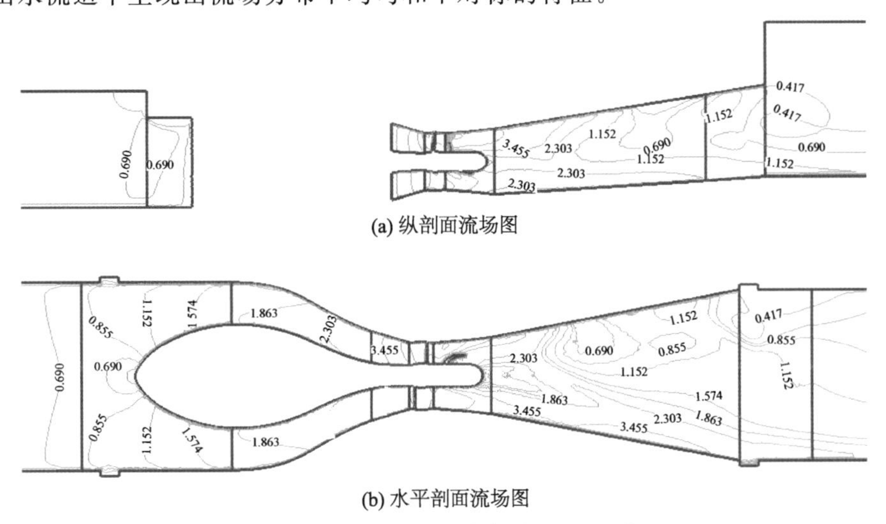

图 6-2 设计工况下水泵装置内部的流场图(单位:m/s)

3. 竖井式进水流道内部流动分析

泵站初步确定的竖井式进水流道的主要控制尺寸为流道进口宽度 8.80 m(2.75D)、流道进口高度 4.90 m(1.53D)、流道长度 15.563 m(4.86D),设计流量下进水流道进口断面平均流速为 0.772 m/s,符合《泵站设计规范》(GB 50265—2010)的要求,取值合理。

在水泵装置内部流态分析中,分别在进、出水流道中选择进水流道进口断面、进水流道方变圆进口断面、进水流道方变圆出口断面、叶轮进口断面、导叶出口断面、出水流道方变圆出口断面和出水流道出口断面等 7 个典型断面,如图 6-3 所示。

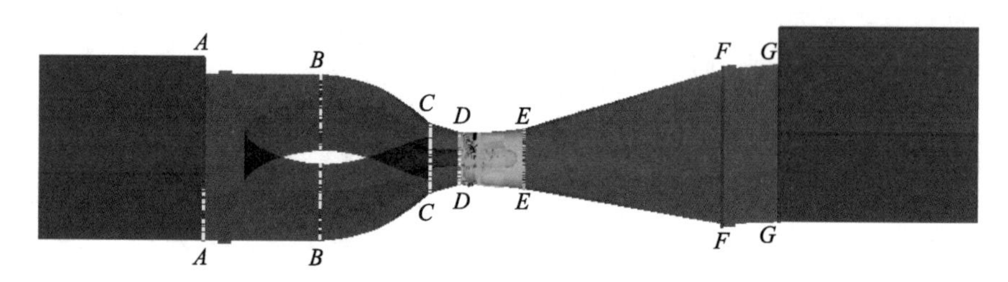

图 6-3 典型断面位置示意图

竖井式进水流道的设计与优化包括流道外轮廓型线和竖井型线两部分。在进水流道进口宽度确定的情况下,竖井的最大宽度会对进水流道的水力损失、水泵进水条件和装置效率产生影响。若竖井最大宽度的取值较小,则过水面积相对较大,有利于减少流道的水力损失,但运维空间狭小,操作不方便;若竖井最大宽度的取值较大,则方便水泵机组的维修和保养,但过水面积相对较小,会使水流速度增大,引起流道水力损失增加,还可能恶化水泵进水条件,影响水泵的能量性能和空化性能。当然,流道的水力损失还与流道的型线设计有关,本研究均采用了流线型的竖井设计。

本研究首先在控制尺寸范围内,根据泵站设计参数和水泵选型等资料,运用商用 CFD 建模软件,进行 2 种竖井式进水流道外轮廓型线的比较,如图 6-4 所示。针对图中 2 种外轮廓型线,通过 CFD 内流分析和水力损失等方面的比较,得出进水流道外轮廓型线设计方案 2 具有较好的水力性能,予以采用。

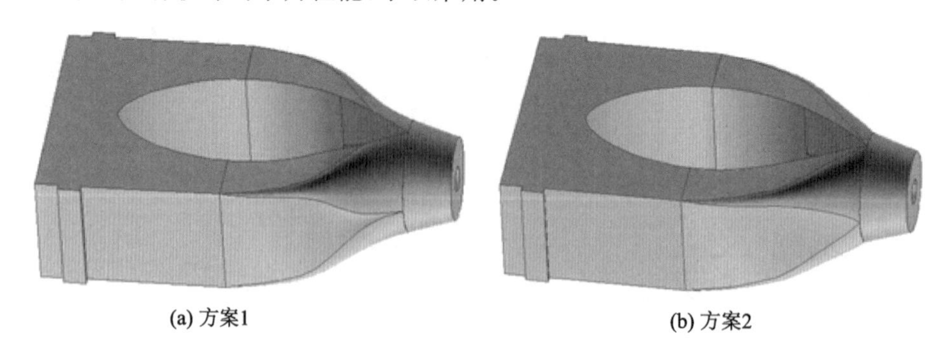

(a) 方案1　　(b) 方案2

图 6-4 2 种竖井式进水流道外轮廓型线的比较

在完成进水流道外轮廓型线优选的前提下,进行 3 种竖井型线的比较,其最大宽度分别为 4.8 m,5.1 m 和 5.4 m,编号分别为竖井方案 1、竖井方案 2 和竖井方案 3。图 6-5 至图 6-7 分别为 3 种竖井方案的进水流道三维造型和网格剖分图。图 6-8 至图 6-10 为不同竖井方案在设计工况下竖井式进水流道典型断面的内部流场图。

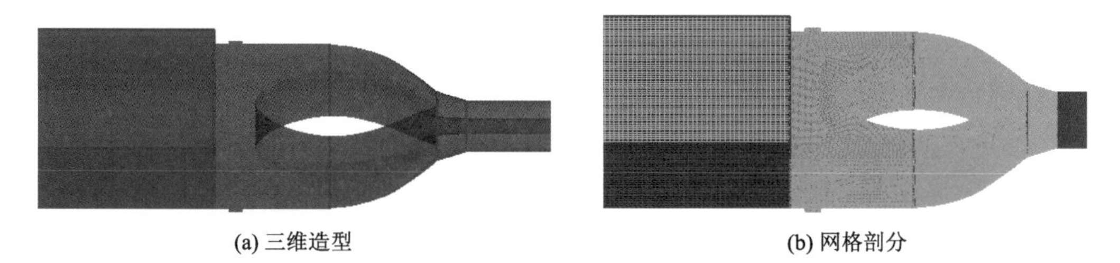

(a) 三维造型　　(b) 网格剖分

图 6-5　竖井方案 1 进水流道三维造型和网格剖分

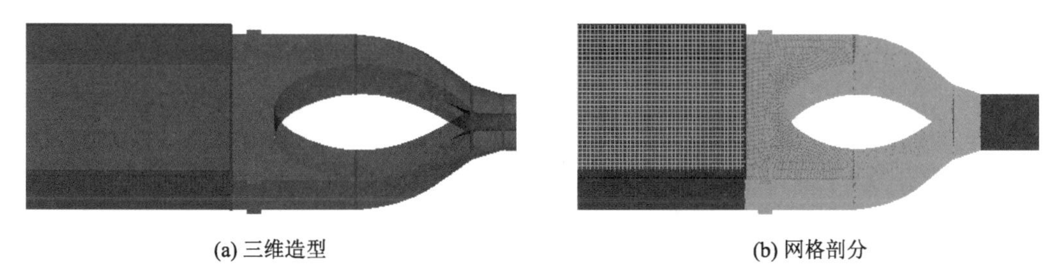

(a) 三维造型　　(b) 网格剖分

图 6-6　竖井方案 2 进水流道三维造型和网格剖分

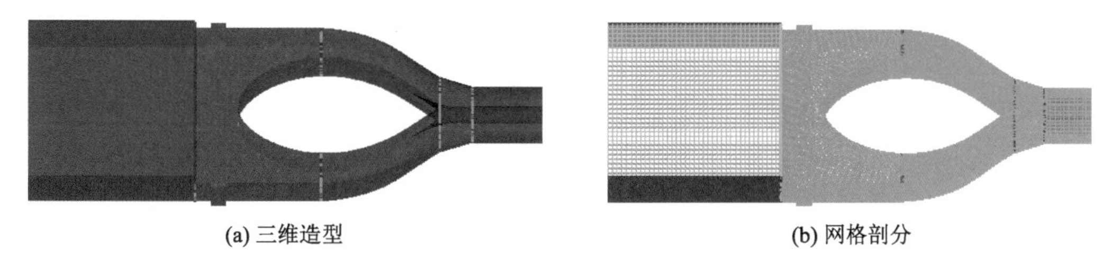

(a) 三维造型　　(b) 网格剖分

图 6-7　竖井方案 3 进水流道三维造型和网格剖分

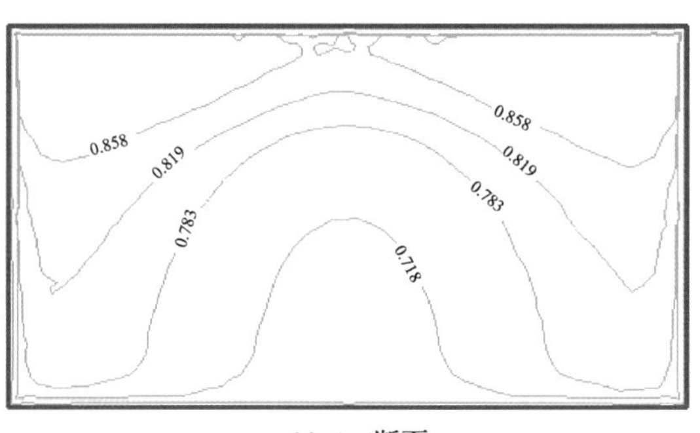

(a) *A*-*A*断面

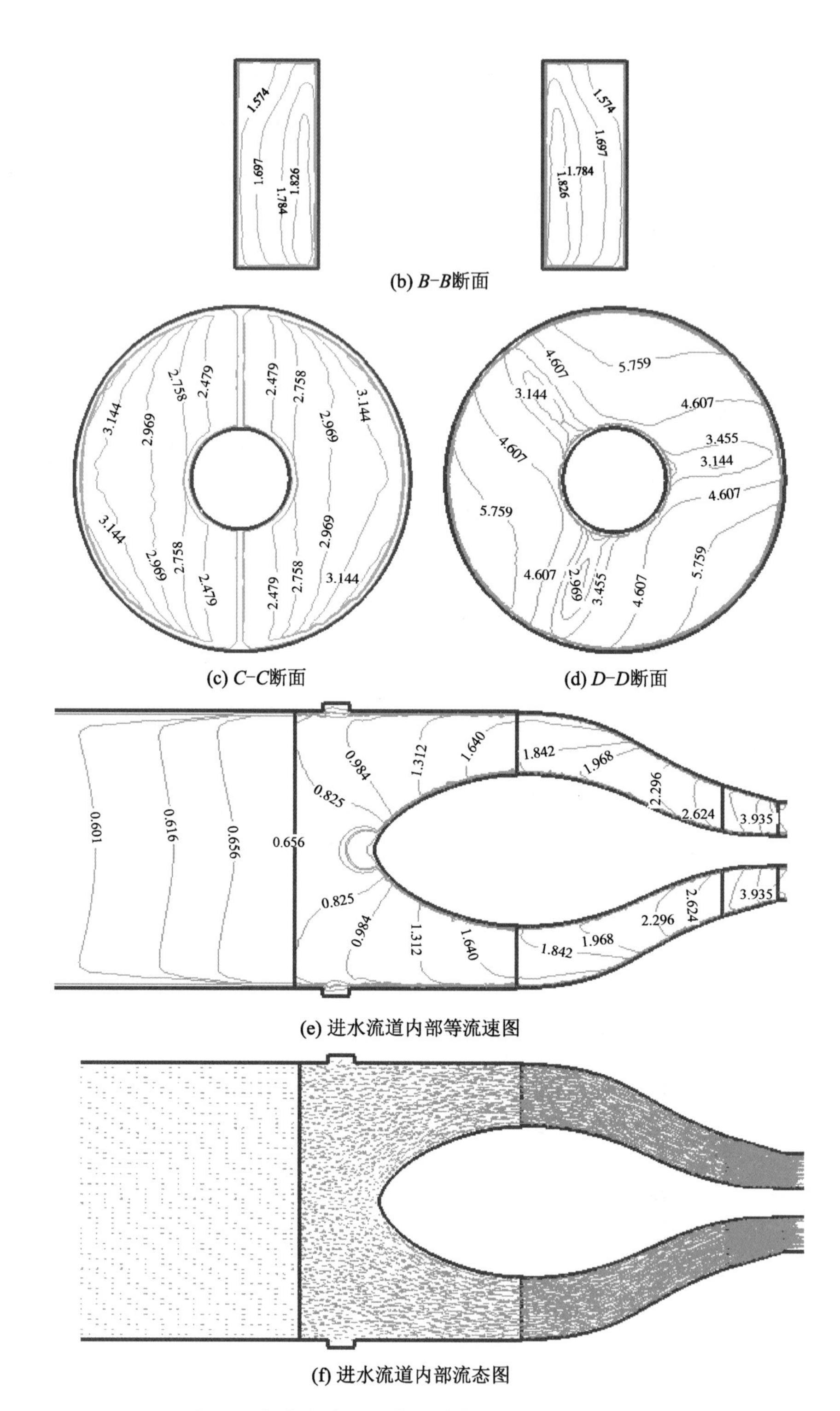

(b) *B*–*B*断面

(c) *C*–*C*断面

(d) *D*–*D*断面

(e) 进水流道内部等流速图

(f) 进水流道内部流态图

图 6-8　竖井方案 1 进水流道内部流场图(单位:m/s)

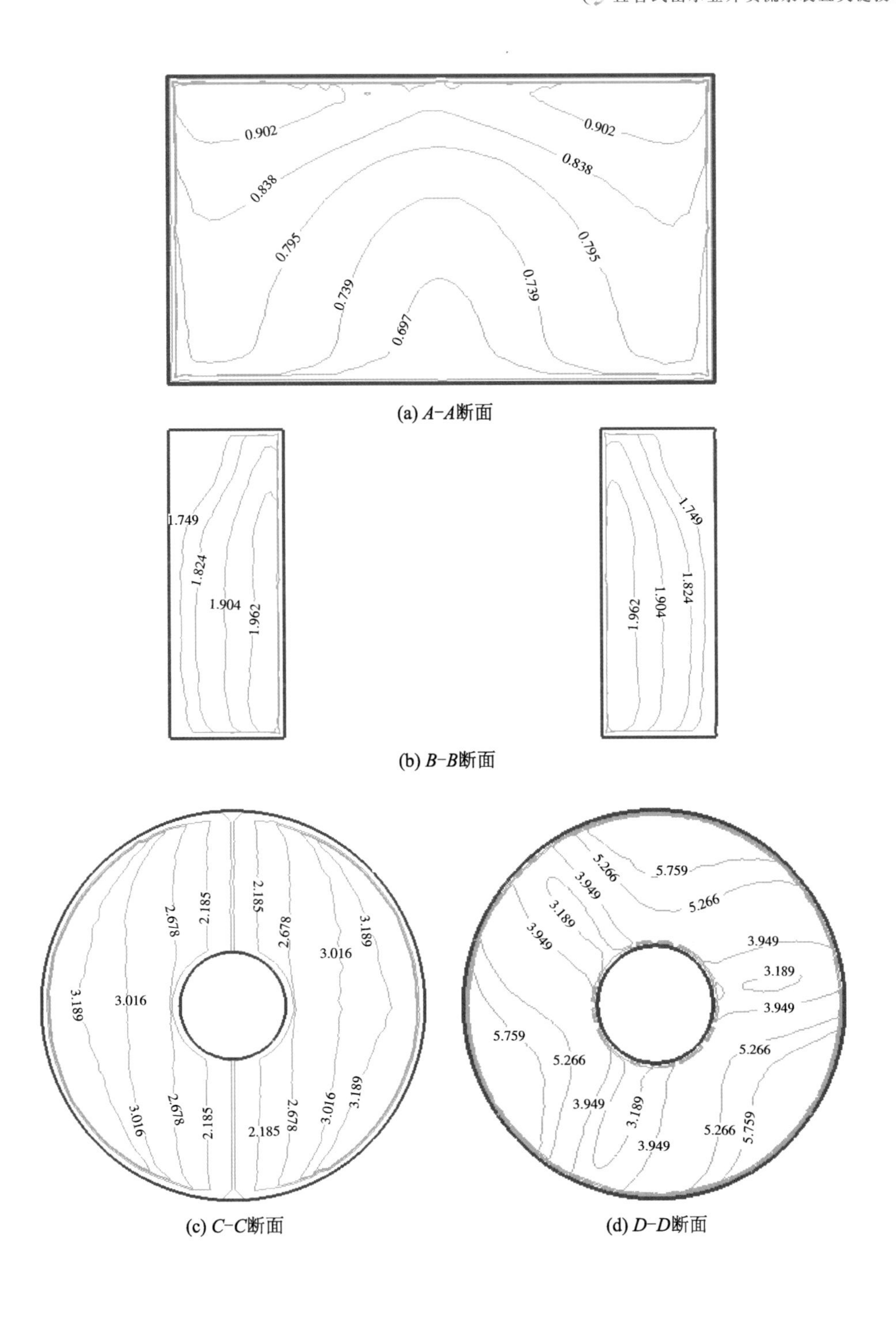

(a) A–A断面

(b) B–B断面

(c) C–C断面

(d) D–D断面

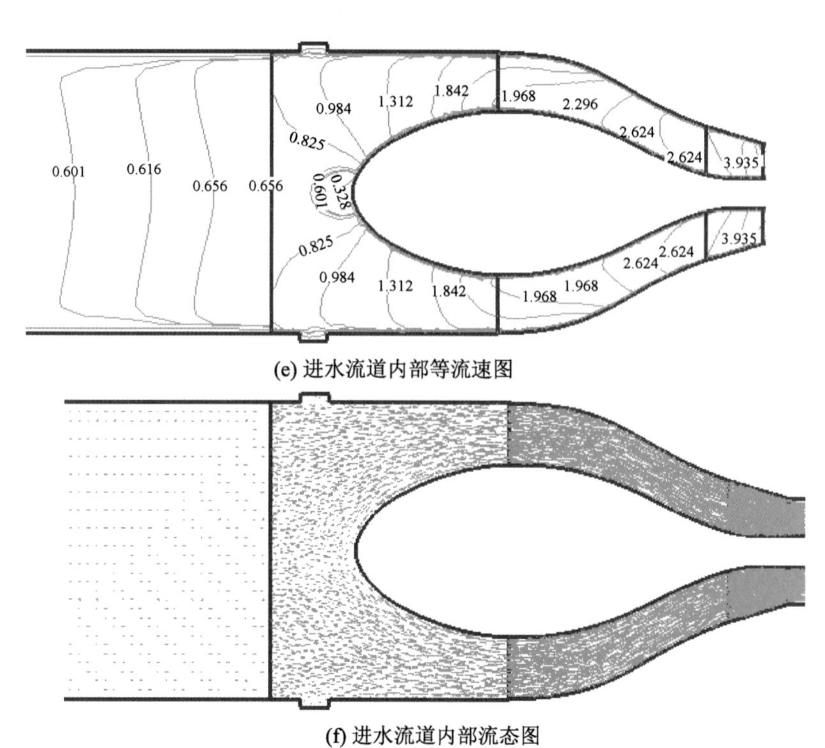

(e) 进水流道内部等流速图

(f) 进水流道内部流态图

图 6-9　竖井方案 2 进水流道内部流场图(单位:m/s)

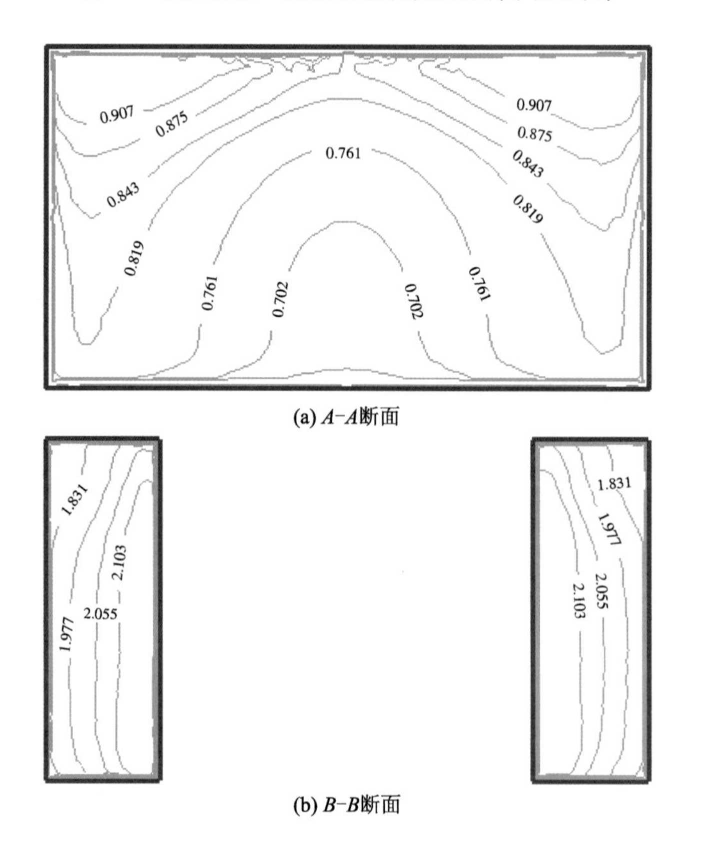

(a) *A*-*A*断面

(b) *B*-*B*断面

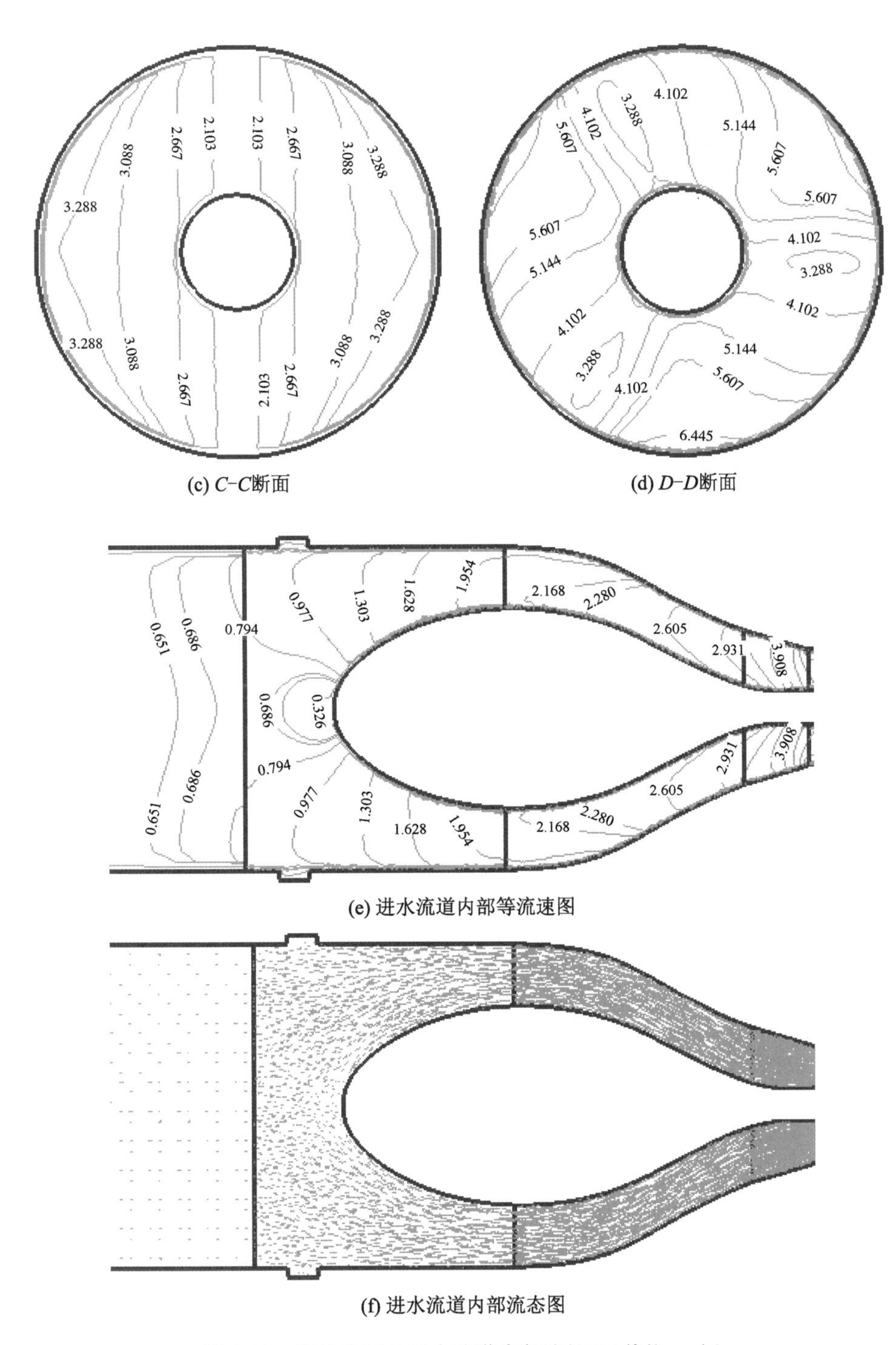

(c) *C*-*C*断面

(d) *D*-*D*断面

(e) 进水流道内部等流速图

(f) 进水流道内部流态图

图 6-10　竖井方案 3 进水流道内部流场图(单位:m/s)

从图 6-8 至图 6-10 可以看到,由于采用了流线型的竖井型线,经水力设计优化后,对应于 3 种不同宽度的竖井式进水流道内部流动均比较平顺,未见脱流和涡带,能为水泵提供良好的进水条件。在进水流道进口,左、右两侧和上部的流速略高,中、下部的流速较低;在进入竖井段后,水流绕流前行,流线弯曲,靠近竖井壁面的流速开始增大,远离竖井壁面的流速较低，流速基本对称分布；在竖井式进水流道的收缩段，随着过水断面的缩小，流速逐渐加快，左、右基本对称；水流在绕流导水锥后，从四周进入水泵进口断面。从图中可以看到，由于受竖井端部收缩和叶轮旋转的影响，水泵进口断面的流速在上部、下部、左侧、右侧 4 个方向上并不完全对称分布，上部和左、右两侧的流速较高，下部的流速较低。

4. 竖井式进水流道提供的水泵进水条件

根据装置 CFD 数值计算结果，可分别计算出在设计工况下进水流道出口断面所提供的水泵进水条件(见表 6-2)。从表中可看到，竖井的最大宽度从方案 1 的 4.8 m 增大到方案 3 的 5.4 m 以后，轴向流速分布均匀度从 95.96%微量减小到 95.68%，加权平均入流角从 86.506°减小到 86.296°，即在进水流道外轮廓线确定的情况下，竖井的最大宽度和型线都会引起水泵入口水流的轴向流速分布均匀度与加权平均入流角的变化，但从计算结果来看，其变化范围很小，水泵入口水流的轴向流速分布均匀度的变化未超过 0.30 个百分点，加权平均入流角的变化小于 0.30°，即进水流道竖井的最大宽度在一定范围内对所提供的水泵进水条件没有显著影响。

3 种不同竖井最大宽度的进水流道内部流动都比较平顺，未出现脱流和漩涡，水泵入口处水流条件都较优，能为水泵提供良好的进水条件，从水泵安装、检修便利性的角度分析，竖井方案 3 应优先考虑。但是，进水流道的设计与选择不仅仅是由水泵进水条件和流道内部流态决定的，还需进一步研究流道水力损失的大小及其对水泵装置性能的影响。

表 6-2　3 种竖井方案对应的水泵进水条件计算结果

竖井方案	流量 Q/(L/s)	最大轴向流速 v_{max}/(m/s)	最小轴向流速 v_{min}/(m/s)	轴向流速分布均匀度 v_u/%	加权平均入流角 $\bar{\vartheta}$/(°)
1	293	5.258	4.284	95.96	86.506
2	293	5.204	4.330	95.83	86.391
3	293	5.192	4.339	95.68	86.296

5. 竖井最大宽度对进水流道水力损失的影响

针对 3 种竖井方案，开展包括进水池、进水流道、水泵叶轮与导叶、出水流道、出水池及闸门槽等所有过流部件在内的水泵装置 CFD 分析，即可获得 3 种不同竖井最大宽度的进水流道在进、出口断面计算节点上的流速和压力，应用伯努利方程可计算出不同流量下竖井式进水流道的水力损失。图 6-11 所示为 3 种竖井方案对应的进水流道水力损失曲线。

从图 6-11 可以看到，在计算流量范围内，3 种竖井方案对应的进水流道水力损失随流量的增大而增大，基本符合二次抛物线分布规律。竖井式进水流道的水力损失随竖井最大宽度的增大而增大，且增大的趋势逐步加快。数值计算结果显示，在设计流量工况下，3 种竖井方案的进水流道水力损失分别为 0.045 m，0.048 m，0.053 m。

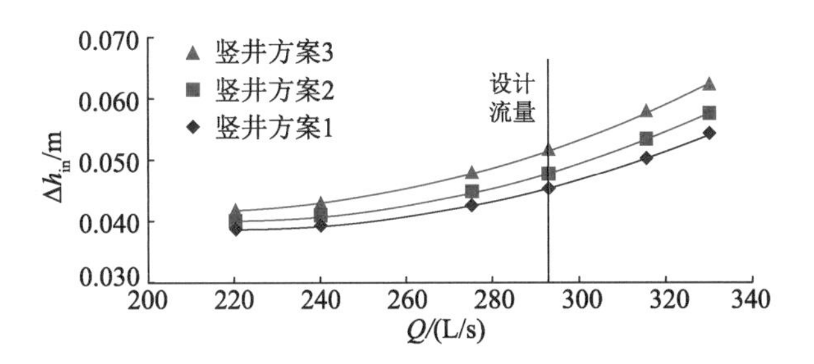

图 6-11　3 种竖井方案对应的进水流道水力损失曲线

6. 三种竖井方案对水泵装置效率的影响

在保持出水流道设计参数相同的情况下，建立 3 种竖井最大宽度的贯流泵装置 CFD 计算模型，通过数值模拟预测水泵装置效率，并分析竖井最大宽度对水泵装置效率的影响。图 6-12 至图 6-14 分别为对应于 3 种竖井方案建立的水泵装置的数值计算域和网格剖分。

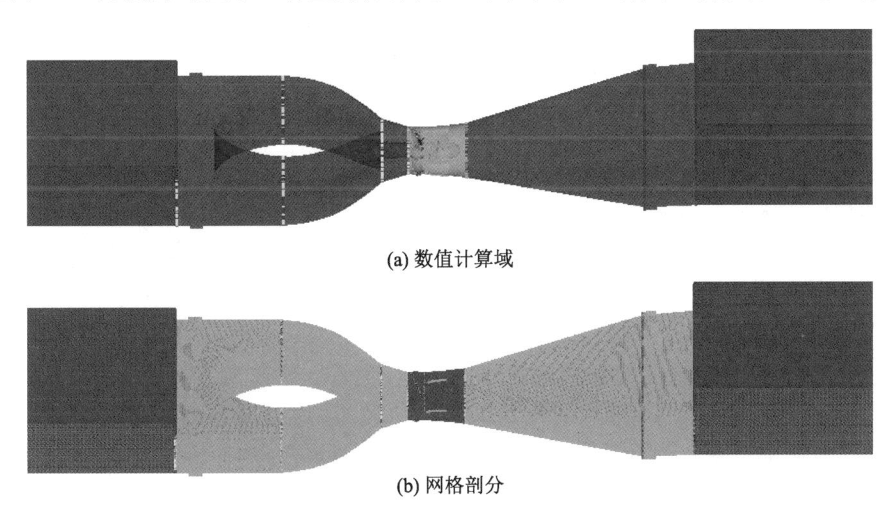

(a) 数值计算域

(b) 网格剖分

图 6-12　竖井方案 1 对应的水泵装置的数值计算域和网格剖分

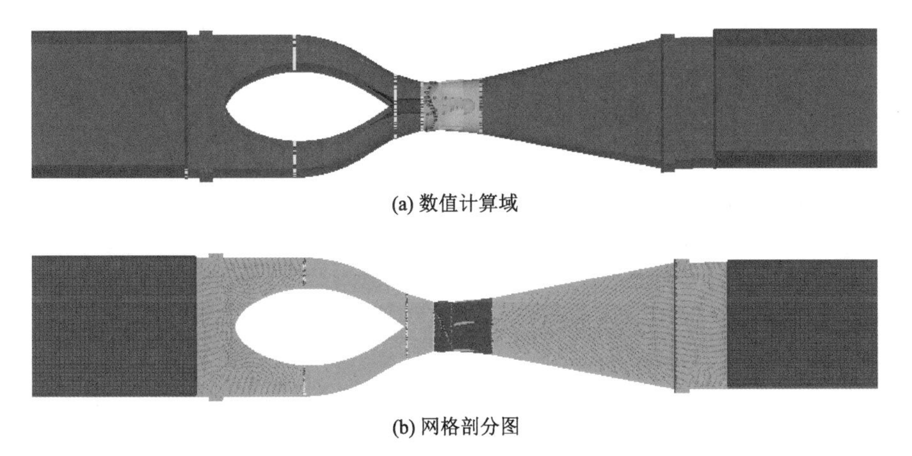

(a) 数值计算域

(b) 网格剖分图

图 6-13　竖井方案 2 对应的水泵装置的数值计算域和网格剖分

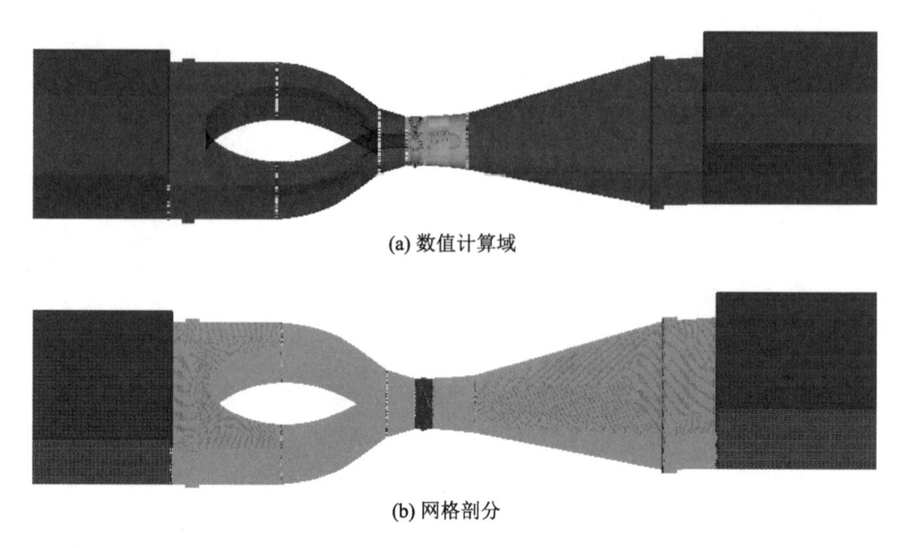

(a) 数值计算域

(b) 网格剖分

图 6-14　竖井方案 3 对应的水泵装置的数值计算域和网格剖分

由于 3 种竖井方案的进水流道为水泵提供的进水条件比较接近，所以其对水泵能量性能的影响也没有明显的区别。CFD 数值计算结果也证明，在设计流量下，3 种竖井方案对应的水泵装置效率相差有限，其主要原因是竖井最大宽度不同造成的进水流道水力损失差异较小。竖井方案 1 对应的水泵装置效率最高，竖井方案 2 次之，竖井方案 3 对应的水泵装置效率最低。在设计流量下，3 种竖井方案对应的水泵装置效率值最大相差 0.46 个百分点。

综上所述，3 种不同宽度的竖井式进水流道内部流态均匀，流动平顺，水力损失较小，水泵进口断面轴向流速分布均匀，加权平均入流角较小，均可满足泵站竖井贯流泵装置安全稳定运行的要求。从水泵机组安装、检修便利性的角度出发，水泵装置建议优先选择竖井方案 3。

7. 出水流道内部流动 CFD 分析与优化设计

泵站初步确定的直管式出水流道的主要控制尺寸为流道长度 16.35 m(5.11D)、流道出口宽度 8.00 m(2.50D)、流道出口高度 5.051 m(1.58D)，设计流量下出水流道出口断面的平均流速为 0.824 m/s，符合《泵站设计规范》(GB 50265—2010)的规定要求，取值合理。

水泵装置采用常规的直管式出水流道，由于实际运行中轴流泵不可能工作在理论假定的工作条件下，导叶出口的水流有剩余环量，即水流存在切向流速，水流会一边向前运动，一边旋转，在出水流道中这种现象非常明显。因此，水泵导叶出口(E -E 断面)的水流无论是全流速还是轴向流速，在整个断面上的分布都不均匀，也不是无旋的(见图 6-15)，这使得出水流道的内部流动十分复杂。

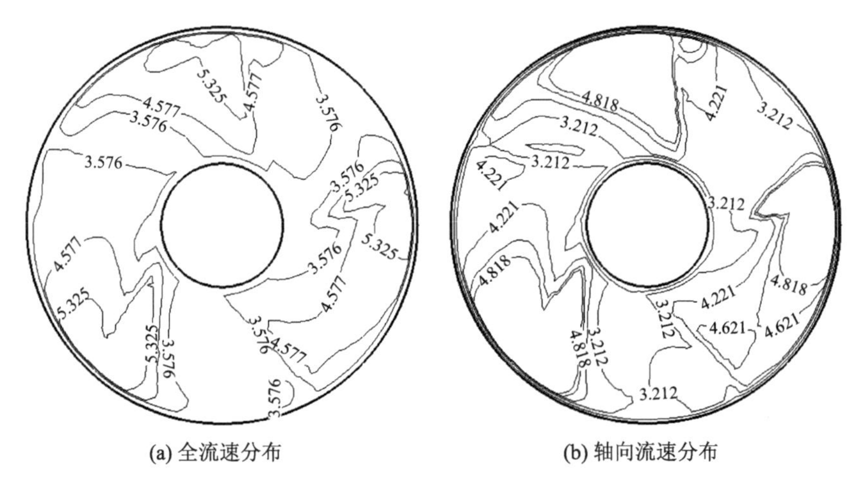

(a) 全流速分布　　(b) 轴向流速分布

图 6-15　导叶出口断面流速分布(单位:m/s)

根据模型装置全流道 CFD 数值计算结果,设计工况下直管式出水流道的横剖面和纵剖面的流速分布如图 6-16 所示。从图中可以看出,从水泵获得能量的水体流速较高,经导叶进入出水流道时,出口速度仍较大。由于直管式出水流道内的水流是扩散流动,所以存在不同程度的涡流现象,影响流道的内部流动和水力特性。受水流惯性和剩余环量的影响,水流从导叶出口沿出水流道向出水池流动的过程中,随着过水断面的不断扩大,沿程流速逐渐减小,但在横剖面和纵剖面上速度分布呈现明显的不均匀性和不对称性。对出水流道内部流态整体而言,从流道出口向进口看,在平面上流道左侧的流速比右侧的流速大;在立面上流道底部的流速较大,上部区域的流速相对较小。

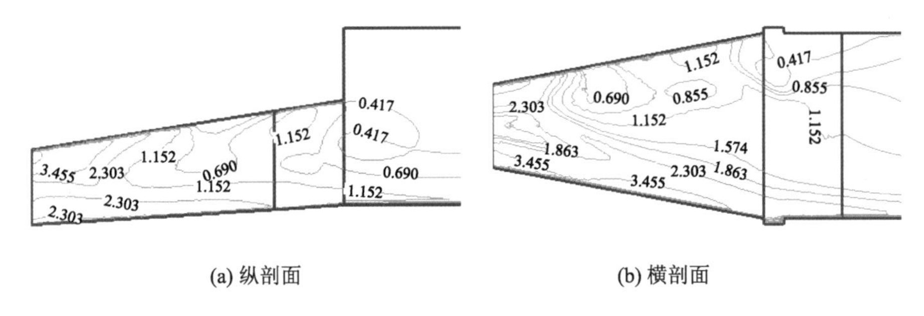

(a) 纵剖面　　(b) 横剖面

图 6-16　直管式出水流道内部的流速分布(单位:m/s)

泵站的泵房底板长度为 38.80 m,进水流道底板高程为−7.25 m,出水侧最高水位为 2.8 m,交通桥面高程为 7.50 m。如果出水流道底板高程也采用−7.25 m,则翼墙挡水高度将达到 14 m 左右,工程投资大。如果通过水力优化设计,采用出水流道向出水方向上翘的设计,则可有效降低翼墙的挡水高度,从而节省土建投资,也便于出水流道与内河河床连接。但是,出水流道上翘角对竖井贯流泵装置性能的影响需要进行研究。

为分析出水流道上翘角对水泵装置效率的影响,本研究保持出水流道出口断面的高度和宽度不变,通过改变出水流道出口断面底板高程,提出了 3 种直管式出水流道设计方案。

设计方案 1:出水流道从导叶出口开始,横剖面和纵剖面上对称扩散,此时,流道出口断面的底板高程为−7.30 m,装置的三维实体造型和网格剖分如图 6-17 所示。

设计方案 2:出水流道从导叶出口开始,底部保持水平,横剖面上对称扩散,纵剖面上仅向上扩散,此时,流道出口断面的底板高程为−6.60 m,装置的三维实体造型和网格剖分如图 6-18 所示。

设计方案 3:采用与初步设计相同的设计参数,出水流道的底板从高程为−6.60 m 的位置开始沿出水方向逐步上翘,最终底板高程达到−5.659 m,上翘角约为 3.56°,挡土翼墙高度减小约 1.0 m,装置的三维实体造型和网格剖分如图 6-19 所示。

针对不同上翘角的直管式出水流道设计方案,图 6-20 至图 6-22 给出了设计流量下典型断面的流速分布。

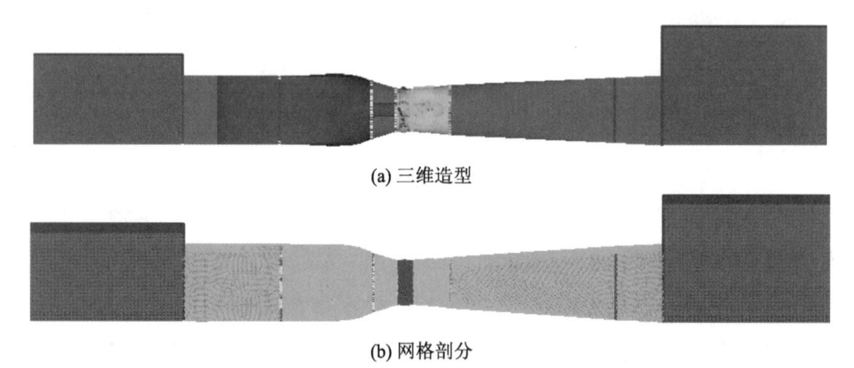

(a) 三维造型

(b) 网格剖分

图 6-17 采用设计方案 1 出水流道的水泵装置三维造型和网格剖分

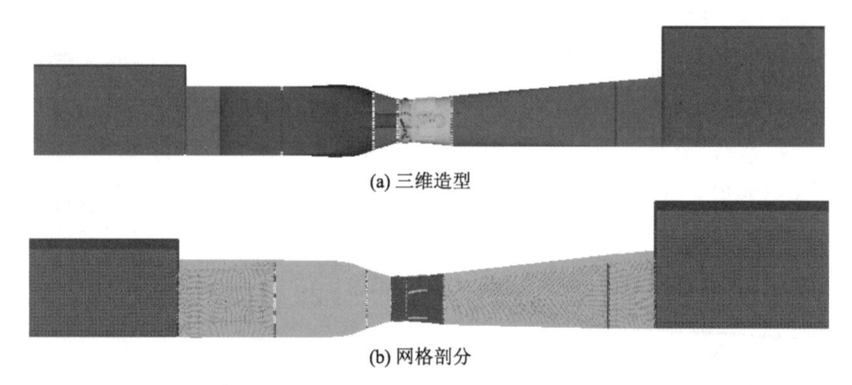

(a) 三维造型

(b) 网格剖分

图 6-18 采用设计方案 2 出水流道的水泵装置三维造型和网格剖分

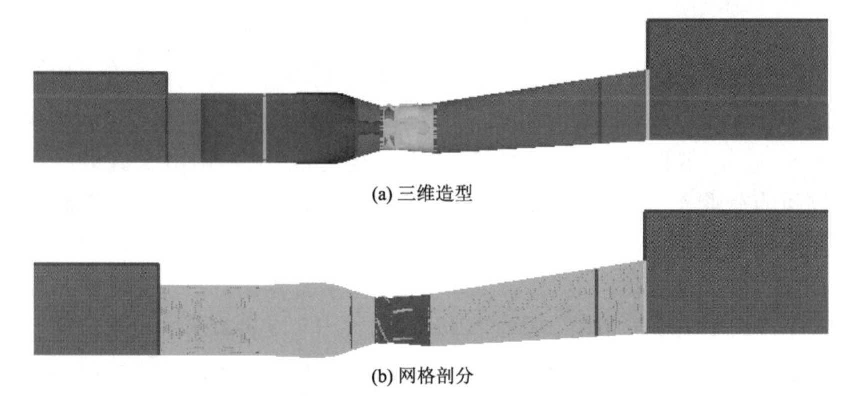

(a) 三维造型

(b) 网格剖分

图 6-19 采用设计方案 3 出水流道的水泵装置三维造型和网格剖分

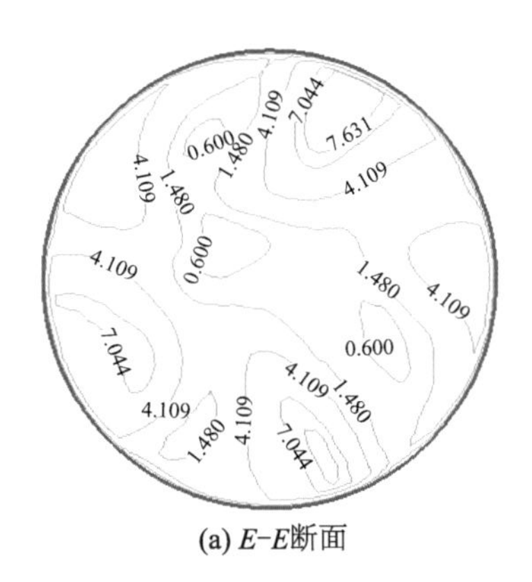

(a) *E-E*断面

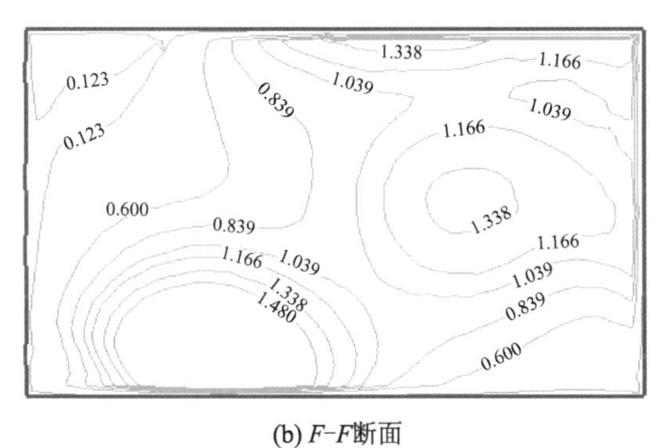

(b) *F-F*断面

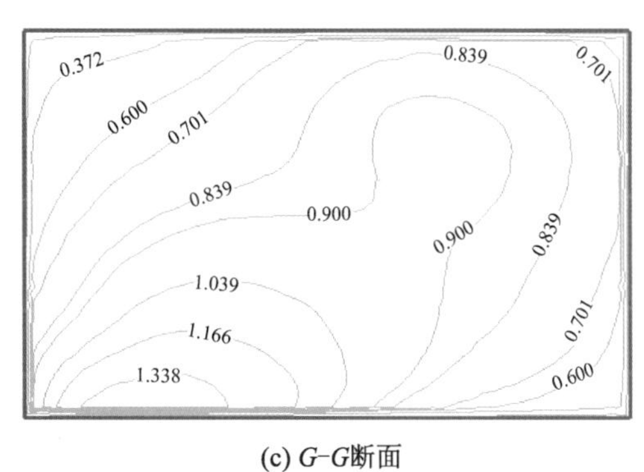

(c) *G-G*断面

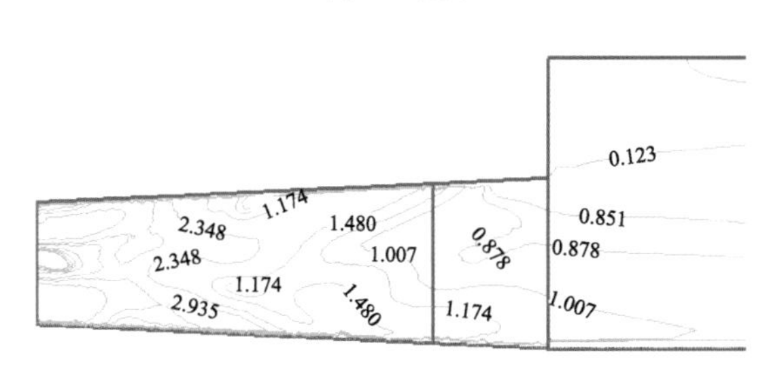

(d) 纵剖面

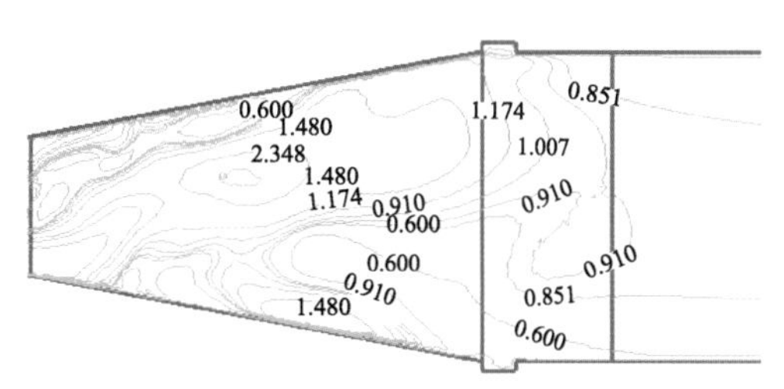

(e) 横剖面

图 6-20 设计方案 1 出水流道内部流速分布(单位:m/s)

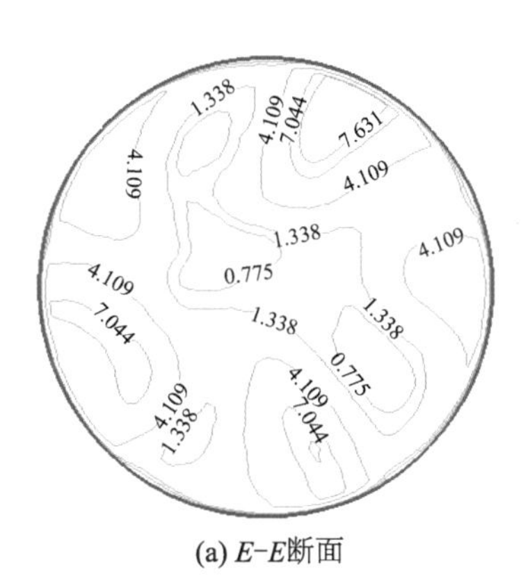

(a) *E-E*断面

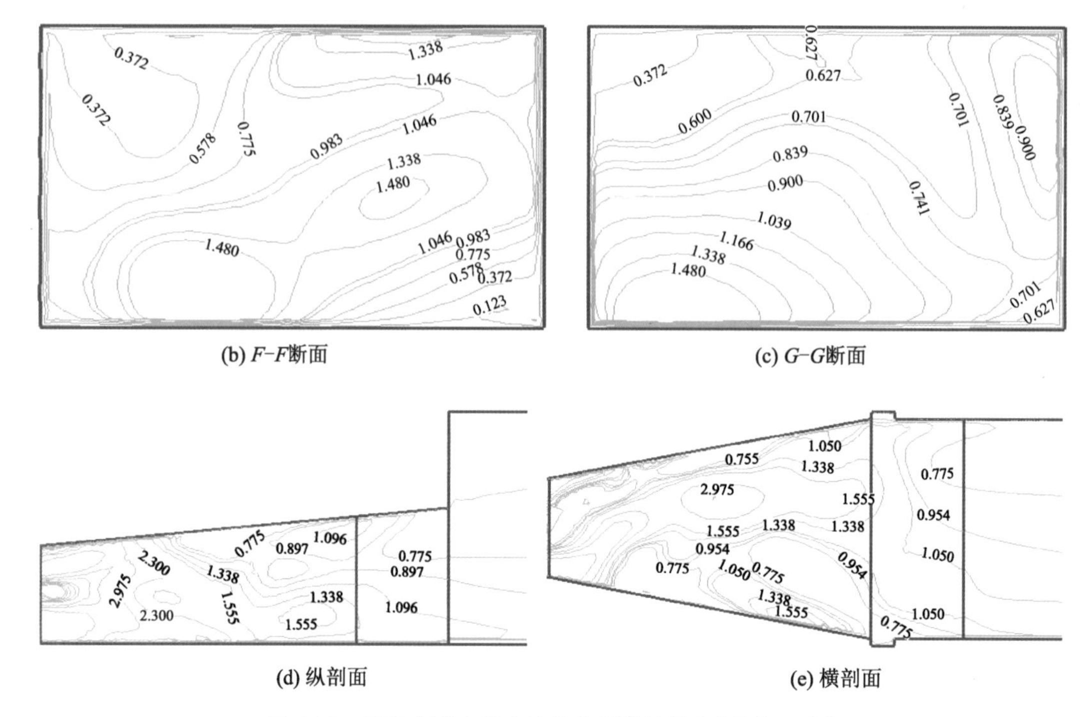

(b) *F*–*F*断面　　(c) *G*–*G*断面

(d) 纵剖面　　(e) 横剖面

图 6-21　设计方案 2 出水流道内部流速分布(单位:m/s)

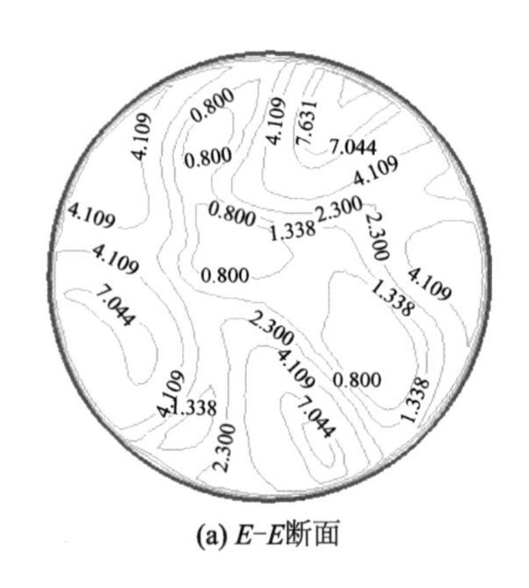

(a) *E*–*E*断面

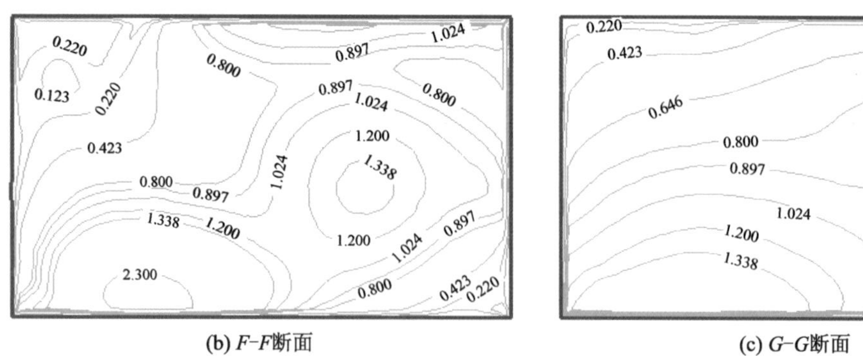

(b) *F*–*F*断面　　(c) *G*–*G*断面

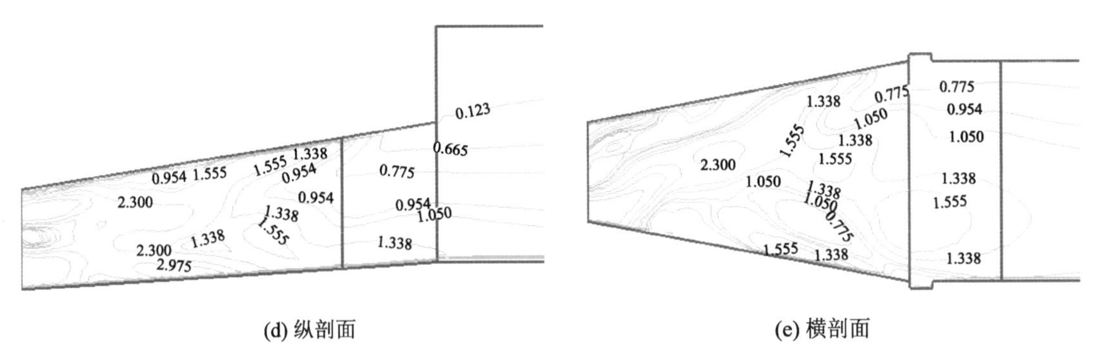

(d) 纵剖面　　　　(e) 横剖面

图 6-22　设计方案 3 出水流道内部流速分布(单位:m/s)

通过对比分析 3 种设计方案可知,不同的底部上翘角会对出水流道的内部流动产生一定的影响。相比之下,平面和立面对称扩散的设计方案 1 的出口断面的流速分布较均匀,底部水平的设计方案 2 次之,底部设计成上翘的设计方案 3 稍差。出水流道内部流动状态与水泵装置的能量转换有密切联系,必将在流道水力损失和装置效率等方面有所反映。根据 CFD 数值计算结果,即可计算出不同流量下出水流道的水力损失值。图 6-23 为 3 种出水流道设计方案的水力损失曲线。

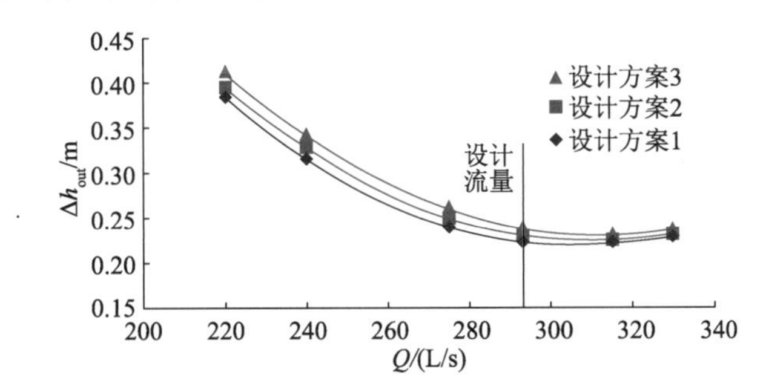

图 6-23　3 种出水流道设计方案的水力损失曲线

从图 6-23 可知,在计算流量范围内,出水流道由于受导叶出口剩余环量的影响,其水力损失不仅包含常规水力学中的沿程损失和局部损失两部分,还包含由剩余环量引起的附加损失,流量与水力损失的关系并不符合二次抛物线分布规律。在设计工况附近,出水流道的水力损失较小;在非设计工况下,特别是在小流量工况下,出水流道的水力损失增加较快。

数值计算结果表明,在设计工况下,设计方案 1 出水流道的水力损失为 0.221 m,是 3 种设计方案中最小的;设计方案 2 出水流道的水力损失为 0.227 m;设计方案 3 出水流道的水力损失为 0.236 m,是 3 种设计方案中最大的。最大值与最小值之差为 0.015 m,在设计扬程 1.98 m 时,该差值对装置效率的影响在 0.8 个百分点左右,从降低出水池翼墙高度和节省土建投资的角度出发,建议采用设计方案 3。

8. 装置性能预测

本研究根据不同流量下的装置数值计算结果预测模型装置性能。图 6-24 为泵站模型装置对应于进水流道竖井最大宽度为 5.4 m、出水流道上翘情况下的数值计算结果。该模型泵装置在+2°叶片安放角下,转速为 1 173.33 r/min 时,最高装置效率为 74.5%;

在设计扬程 1.98 m 工况(对应于设计净扬程 1.73 m 工况)下,流量为 295 L/s,装置效率为 71.70%;在最高扬程 3.70 m 工况(对应于最高净扬程 3.45 m 工况)下,流量为 223 L/s,装置效率为 64.60%。

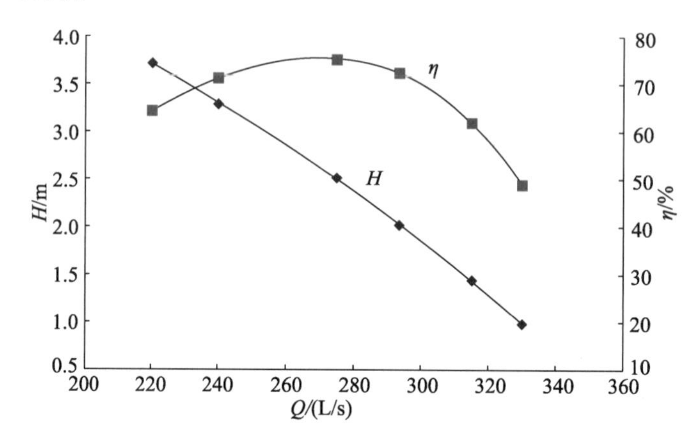

图 6-24　模型泵装置的性能预测曲线

原型贯流泵装置在+2°叶片安放角下,叶轮直径为 3 200 mm、转速为 110 r/min 时,对应于设计扬程 1.98 m 工况,流量为 33.56 m^3/s,满足单机流量 33.33 m^3/s 的设计要求,对应的装置效率为 71.70%;在最高扬程 3.70 m 工况下,对应的流量为 25.37 m^3/s,装置效率为 64.60%。

原型贯流泵装置在 0°叶片安放角下,叶轮直径为 3 300 mm、转速为 108 r/min 时,对应于设计扬程 1.98 m 工况,流量为 34.00 m^3/s,满足单机流量 33.33 m^3/s 的设计要求,对应的装置效率为 71.05%;在最高扬程 3.70 m 工况下,对应的流量为 25.15 m^3/s,装置效率为 65.20%。原型贯流泵装置在+2°叶片安放角下,叶轮直径为 3 300 mm、转速为 104 r/min 时,对应于设计扬程 1.98 m 工况,流量为 34.32 m^3/s,满足单机流量 33.33 m^3/s 的设计要求,对应的装置效率为 71.50%;在最高扬程 3.70 m 工况下,对应的流量为 25.20 m^3/s,装置效率为 59.5%。原型贯流泵装置的性能预测曲线如图 6-25 所示。

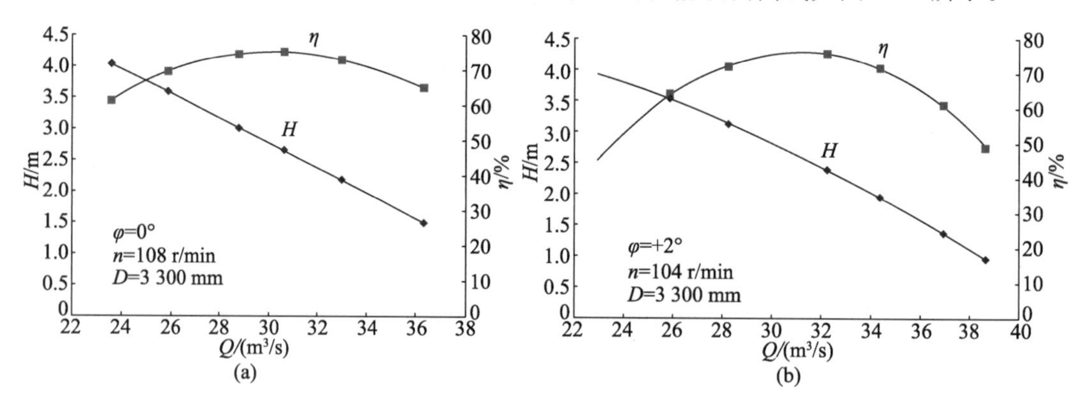

图 6-25　原型贯流泵装置的性能预测曲线

9. 结论与建议

进水流道 CFD 分析结果表明,3 种不同宽度的竖井式进水流道内部流态均匀,流动平顺,水力损失较小,水泵进口断面轴向流速分布均匀,加权平均入流角较小,均可满足装置安全稳定运行的要求。从水泵机组安装、检修便利性的角度出发,建议选择竖井最大宽度为 5.4 m 的竖井方案 3。在设计工况下,竖井方案 3 进水流道出口断面的轴向流速分布均匀度、加权平均入流角分别为 95.68%和 86.296°,水力损失为 0.053 m,其流道单线图和断面图分别如图 6-26 和图 6-27 所示,断面设计参数见表 6-3。竖井型线图如图 6-28 所示,竖井设计参数见表 6-4。竖井导流帽型线图如图 6-29 所示,竖井导流帽设计参数见表 6-5。

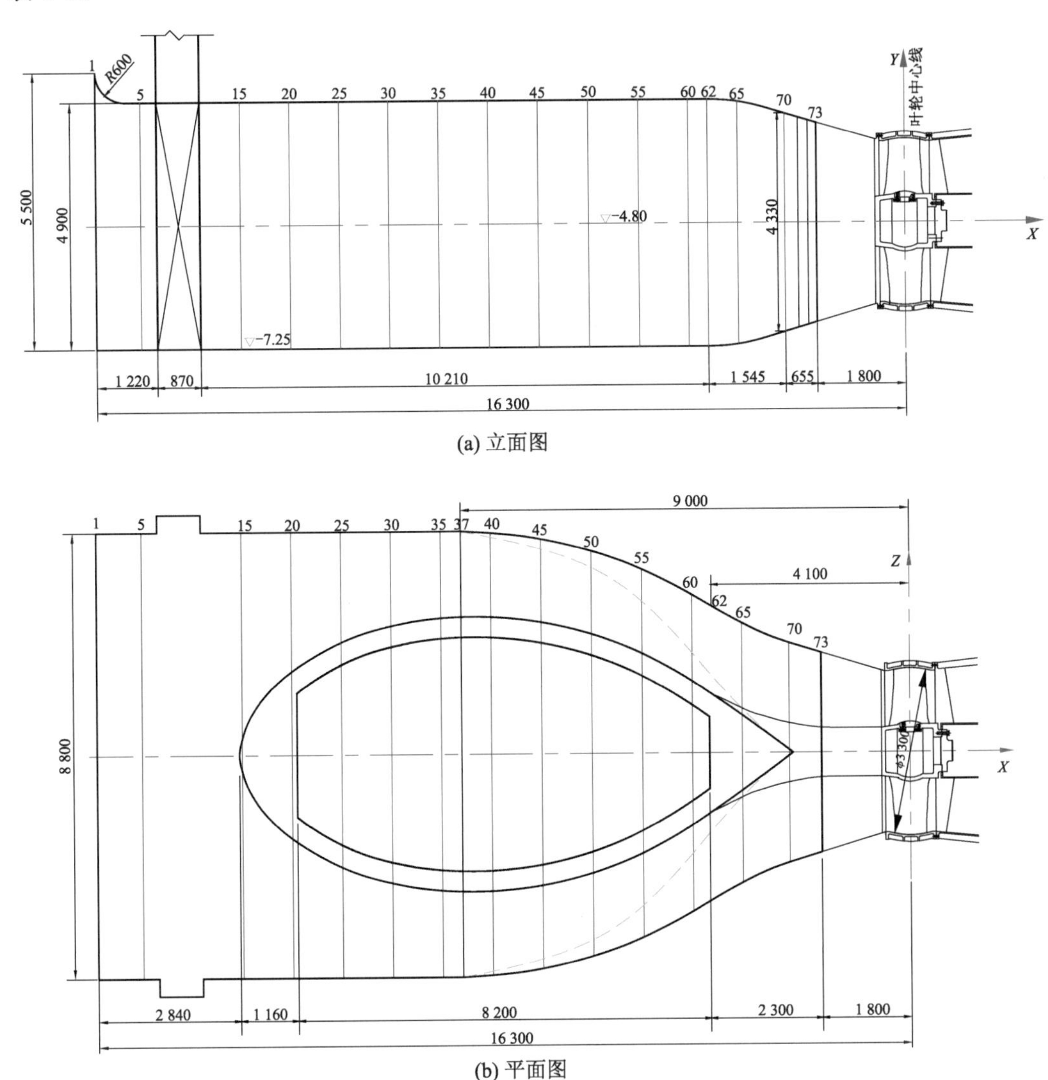

图 6-26 竖井式进水流道单线图(长度单位:mm)

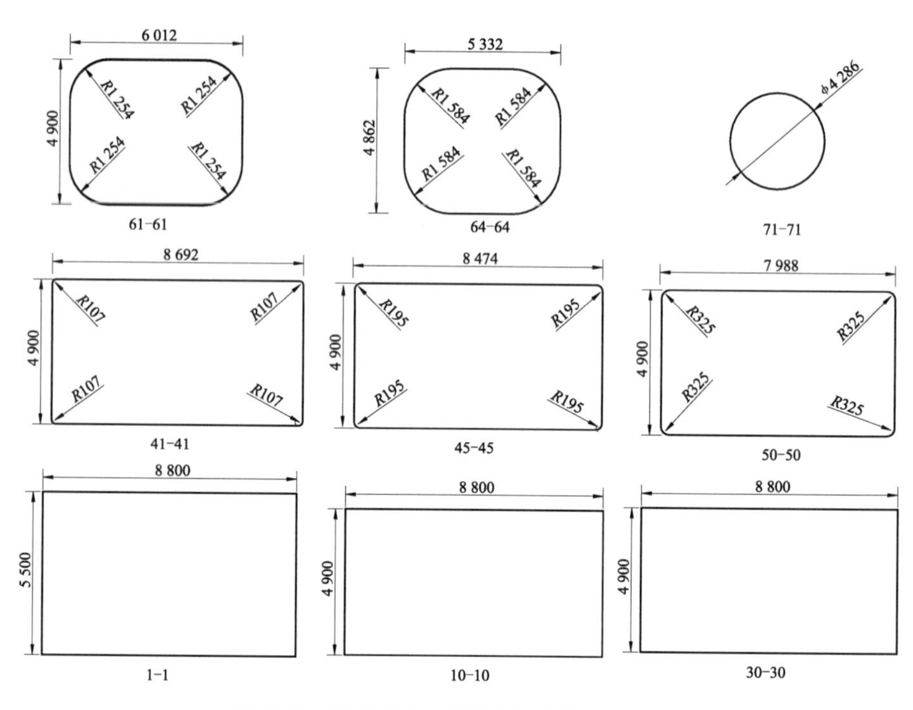

图 6-27　竖井式进水流道断面图(单位:mm)

表 6-3　竖井式进水流道断面设计参数

单位:mm

断面编号	上边线坐标		下边线坐标		断面高度	断面宽度	过渡圆半径	中心线坐标		中心线长
	x_1	y_1	x_2	y_2				x_0	y_0	
1	−16 300	3 050	−16 300	−2 450	5 500	8 800	0	−16 300	300	0
2	−16 000	2 718	−16 000	−2 450	5 168	8 800	0	−16 000	134	343
3	−15 800	2 530	−15 800	−2 450	4 980	8 800	0	−15 800	40	564
4	−15 600	2 458	−15 600	−2 450	4 908	8 800	0	−15 600	4	767
5	−15 400	2 450	−15 400	−2 450	4 900	8 800	0	−15 400	0	967
6	−15 200	2 450	−15 200	−2 450	4 900	8 800	0	−15 200	0	1 167
7	−15 000	2 450	−15 000	−2 450	4 900	8 800	0	−15 000	0	1 367
8	−14 800	2 450	−14 800	−2 450	4 900	8 800	0	−14 800	0	1 567
9	−14 600	2 450	−14 600	−2 450	4 900	8 800	0	−14 600	0	1 767
10	−14 400	2 450	−14 400	−2 450	4 900	8 800	0	−14 400	0	1 967
11	−14 200	2 450	−14 200	−2 450	4 900	8 800	0	−14 200	0	2 167
12	−14 000	2 450	−14 000	−2 450	4 900	8 800	0	−14 000	0	2 367
13	−13 800	2 450	−13 800	−2 450	4 900	8 800	0	−13 800	0	2 567
14	−13 600	2 450	−13 600	−2 450	4 900	8 800	0	−13 600	0	2 767

续表

断面编号	上边线坐标		下边线坐标		断面高度	断面宽度	过渡圆半径	中心线坐标		中心线长
	x_1	y_1	x_2	y_2				x_0	y_0	
15	−13 400	2 450	−13 400	−2 450	4 900	8 800	0	−13 400	0	2 967
16	−13 200	2 450	−13 200	−2 450	4 900	8 800	0	−13 200	0	3 167
17	−13 000	2 450	−13 000	−2 450	4 900	8 800	0	−13 000	0	3 367
18	−12 800	2 450	−12 800	−2 450	4 900	8 800	0	−12 800	0	3 567
19	−12 600	2 450	−12 600	−2 450	4 900	8 800	0	−12 600	0	3 767
20	−12 400	2 450	−12 400	−2 450	4 900	8 800	0	−12 400	0	3 967
21	−12 200	2 450	−12 200	−2 450	4 900	8 800	0	−12 200	0	4 167
22	−12 000	2 450	−12 000	−2 450	4 900	8 800	0	−12 000	0	4 367
23	−11 800	2 450	−11 800	−2 450	4 900	8 800	0	−11 800	0	4 567
24	−11 600	2 450	−11 600	−2 450	4 900	8 800	0	−11 600	0	4 767
25	−11 400	2 450	−11 400	−2 450	4 900	8 800	0	−11 400	0	4 967
26	−11 200	2 450	−11 200	−2 450	4 900	8 800	0	−11 200	0	5 167
27	−11 000	2 450	−11 000	−2 450	4 900	8 800	0	−11 000	0	5 367
28	−10 800	2 450	−10 800	−2 450	4 900	8 800	0	−10 800	0	5 567
29	−10 600	2 450	−10 600	−2 450	4 900	8 800	0	−10 600	0	5 767
30	−10 400	2 450	−10 400	−2 450	4 900	8 800	0	−10 400	0	5 967
31	−10 200	2 450	−10 200	−2 450	4 900	8 800	0	−10 200	0	6 167
32	−10 000	2 450	−10 000	−2 450	4 900	8 800	0	−10 000	0	6 367
33	−9 800	2 450	−9 800	−2 450	4 900	8 800	0	−9 800	0	6 567
34	−9 600	2 450	−9 600	−2 450	4 900	8 800	0	−9 600	0	6 767
35	−9 400	2 450	−9 400	−2 450	4 900	8 800	0	−9 400	0	6 967
36	−9 200	2 450	−9 200	−2 450	4 900	8 800	0	−9 200	0	7 167
37	−9 000	2 450	−9 000	−2 450	4 900	8 800	0	−9 000	0	7 367
38	−8 800	2 450	−8 800	−2 450	4 900	8 778	28	−8 800	0	7 567
39	−8 600	2 450	−8 600	−2 450	4 900	8 754	55	−8 600	0	7 767
40	−8 400	2 450	−8 400	−2 450	4 900	8 726	82	−8 400	0	7 967
41	−8 200	2 450	−8 200	−2 450	4 900	8 692	107	−8 200	0	8 167
42	−8 000	2 450	−8 000	−2 450	4 900	8 652	131	−8 000	0	8 367
43	−7 800	2 450	−7 800	−2 450	4 900	8 604	154	−7 800	0	8 567
44	−7 600	2 450	−7 600	−2 450	4 900	8 544	175	−7 600	0	8 767

续表

断面编号	上边线坐标		下边线坐标		断面高度	断面宽度	过渡圆半径	中心线坐标		中心线长
	x_1	y_1	x_2	y_2				x_0	y_0	
45	−7 400	2 450	−7 400	−2 450	4 900	8 474	195	−7 400	0	8 967
46	−7 200	2 450	−7 200	−2 450	4 900	8 394	215	−7 200	0	9 167
47	−7 000	2 450	−7 000	−2 450	4 900	8 306	237	−7 000	0	9 367
48	−6 800	2 450	−6 800	−2 450	4 900	8 208	261	−6 800	0	9 567
49	−6 600	2 450	−6 600	−2 450	4 900	8 102	290	−6 600	0	9 767
50	−6 400	2 450	−6 400	−2 450	4 900	7 988	325	−6 400	0	9 967
51	−6 200	2 450	−6 200	−2 450	4 900	7 866	367	−6 200	0	10 167
52	−6 000	2 450	−6 000	−2 450	4 900	7 732	419	−6 000	0	10 367
53	−5 800	2 450	−5 800	−2 450	4 900	7 588	480	−5 800	0	10 567
54	−5 600	2 450	−5 600	−2 450	4 900	7 428	550	−5 600	0	10 767
55	−5 400	2 450	−5 400	−2 450	4 900	7 256	629	−5 400	0	10 967
56	−5 200	2 450	−5 200	−2 450	4 900	7 072	717	−5 200	0	11 167
57	−5 000	2 450	−5 000	−2 450	4 900	6 876	813	−5 000	0	11 367
58	−4 800	2 450	−4 800	−2 450	4 900	6 672	918	−4 800	0	11 567
59	−4 600	2 450	−4 600	−2 450	4 900	6 458	1 027	−4 600	0	11 767
60	−4 400	2 450	−4 400	−2 450	4 900	6 238	1 140	−4 400	0	11 967
61	−4 200	2 450	−4 200	−2 450	4 900	6 012	1 254	−4 200	0	12 167
62	−4 100	2 450	−4 100	−2 450	4 900	5 784	1 368	−4 100	0	12 367
63	−3 800	2 444	−3 800	−2 444	4 888	5 556	1 478	−3 800	0	12 567
64	−3 600	2 431	−3 600	−2 431	4 862	5 332	1 584	−3 600	0	12 767
65	−3 400	2 407	−3 400	−2 407	4 814	5 114	1 684	−3 400	0	12 967
66	−3 200	2 371	−3 200	−2 371	4 742	4 924	1 787	−3 200	0	13 167
67	−3 000	2 325	−3 000	−2 325	4 650	4 736	1 877	−3 000	0	13 367
68	−2 800	2 269	−2 800	−2 269	4 538	4 570	1 964	−2 800	0	13 567
69	−2 600	2 208	−2 600	−2 208	4 416	4 428	2 050	−2 600	0	13 767
70	−2 455	2 165	−2 455	−2 165	4 330	4 330	2 165	−2 455	0	13 912
71	−2 380	2 143	−2 380	−2 143	4 286	4 286	2 143	−2 380	0	13 986

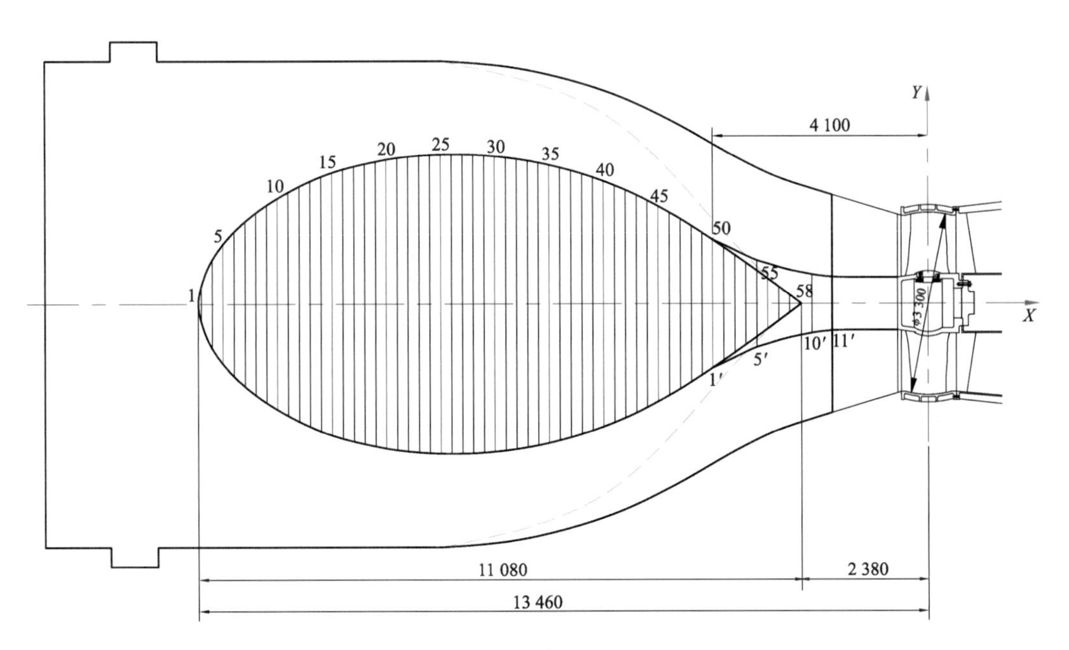

图 6-28　竖井型线图(单位:mm)

表 6-4　竖井设计参数

单位:mm

编号	x	y	编号	x	y
1	−13 460	0	18	−10 400	2 536
2	−13 400	329	19	−10 200	2 579
3	−13 330	541	20	−10 000	2 617
4	−13 200	803	21	−9 800	2 646
5	−13 000	1 089	22	−9 600	2 670
6	−12 800	1 310	23	−9 400	2 688
7	−12 600	1 493	24	−9 200	2 701
8	−12 400	1 649	25	−9 000	2 709
9	−12 200	1 787	26	−8 800	2 712
10	−12 000	1 910	27	−8 600	2 710
11	−11 800	2 024	28	−8 400	2 704
12	−11 600	2 128	29	−8 200	2 692
13	−11 400	2 222	30	−8 000	2 675
14	−11 200	2 305	31	−7 800	2 654
15	−11 000	2 377	32	−7 600	2 627
16	−10 800	2 438	33	−7 400	2 596
17	−10 600	2 490	34	−7 200	2 559

续表

编号	x	y	编号	x	y
35	－7 000	2 517	47	－4 600	1 539
36	－6 800	2 469	48	－4 400	1 416
37	－6 600	2 416	49	－4 200	1 289
38	－6 400	2 358	50	－4 100	1 158
39	－6 200	2 293	51	－3 800	1 022
40	－6 000	2 222	52	－3 600	884
41	－5 800	2 145	53	－3 400	743
42	－5 600	2 061	54	－3 200	600
43	－5 400	1 971	55	－3 000	455
44	－5 200	1 872	56	－2 800	309
45	－5 000	1 767	57	－2 600	162
46	－4 800	1 656	58	－2 380	0

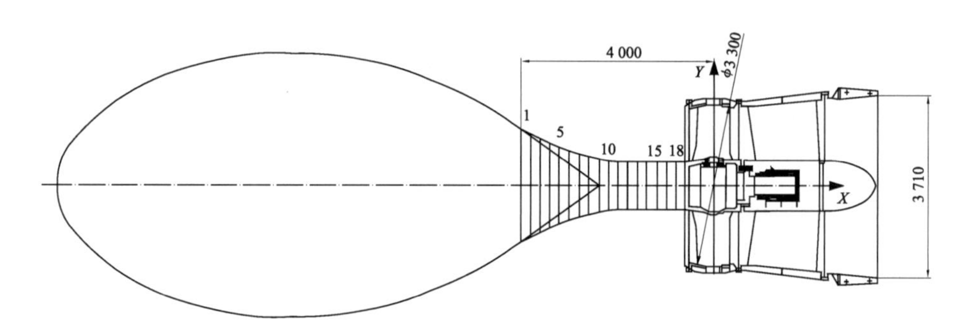

图 6-29　竖井导流帽型线图(单位:mm)

表 6-5　竖井导流帽设计参数　　单位:mm

编号	x	直径 d	编号	x	直径 d
1	－4 100	2 316	10	－2 180	1 064
2	－3 800	2 136	11	－1 980	1 011
3	－3 600	1 942	12	－1 780	984
4	－3 400	1 746	13	－1 580	984
5	－3 200	1 576	14	－1 380	984
6	－3 000	1 454	15	－1 180	984
7	－2 800	1 333	16	－980	984
8	－2 600	1 226	17	－780	984
9	－2 380	1 136	18	－606	984

出水流道 CFD 分析结果表明，上翘角会对直管式出水流道的内部流态、水力损失和装置效率产生一定的影响，平面和立面对称扩散的设计方案 1 最优、底部水平的设计方案 2 次之，底部上翘的设计方案 3 相对较差，但 3 种设计方案在设计工况下的水力损失最大差值仅为 0.015 m，在设计扬程 1.98 m 时，其对装置效率的影响在 0.8 个百分点左右，从降低出水池翼墙高度和节省土建投资的角度出发，建议采用直管式出水流道设计方案 3。设计方案 3 出水流道在设计工况下的水力损失为 0.236 m，其流道单线图和断面图分别如图 6-30 和图 6-31 所示，断面设计参数见表 6-6。

不同叶轮直径、不同转速和不同叶片安放角下的性能预测结果表明，在叶轮直径为 3 300 mm、叶片安放角为 0°、转速为 108 r/min 的设计方案中，流量有明显的优势，但效率略低于叶轮直径为 3 200 mm、叶片安放角为 +2°、转速为 110 r/min 的设计方案。根据半调节水泵的特点，保证设计流量非常重要，因此建议采用叶轮直径为 3 300 mm、叶片安放角为 0°、转速为 108 r/min 的设计方案。在运行范围内最高效率为 74.50%，对应于设计扬程 1.98 m 工况，流量为 34.00 m^3/s，装置效率为 71.05%；在最高扬程 3.70 m 工况下，对应的流量为 25.15 m^3/s，装置效率为 65.20%。

建议进行模型装置试验，验证进、出水流道 CFD 分析和优化设计结果，从而更准确地掌握原型装置性能，为泵站工程设计、运行和管理提供依据。

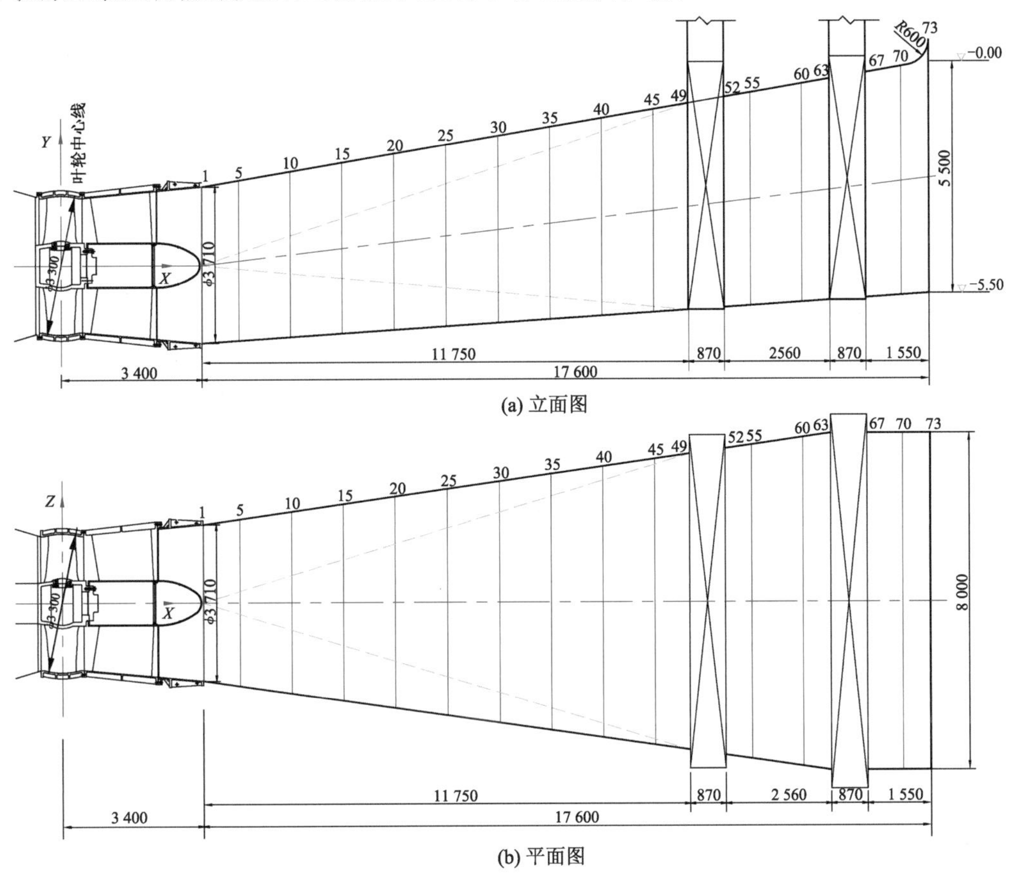

图 6-30 直管式出水流道单线图(长度单位:mm)

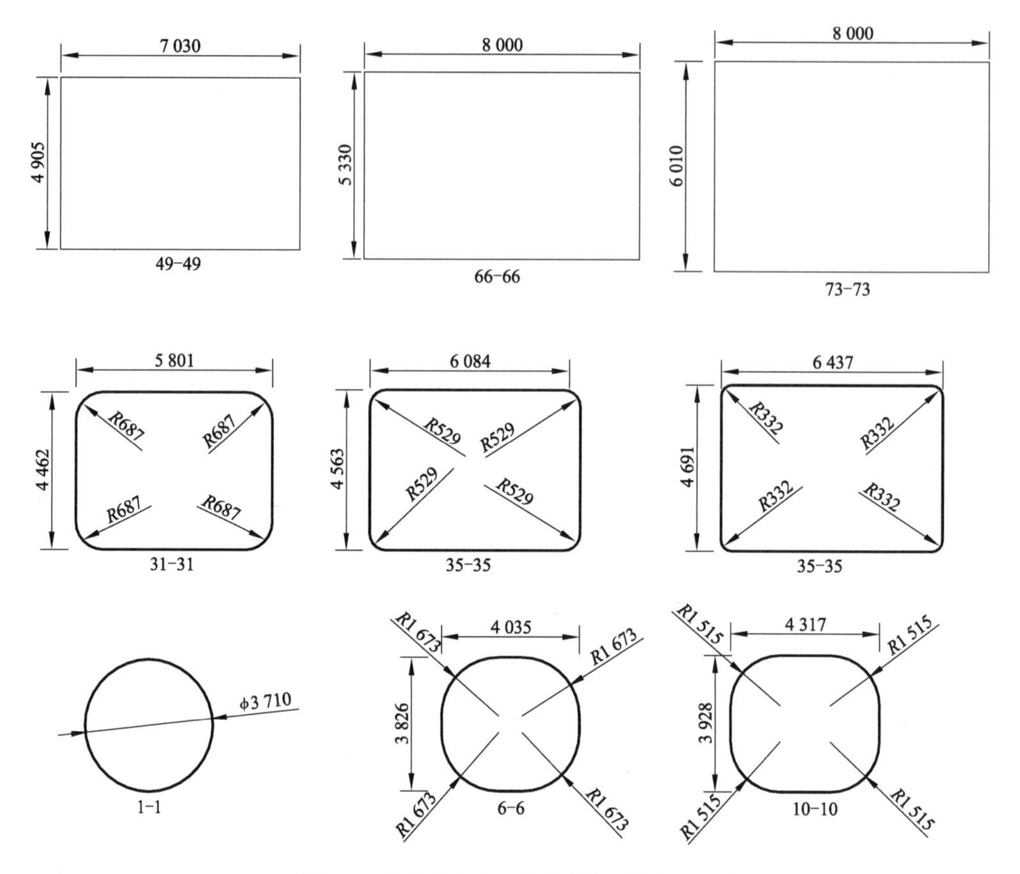

图 6-31　直管式出水流道断面图(单位:mm)

表 6-6　直管式出水流道断面设计参数　　单位:mm

断面编号	上边线坐标		下边线坐标		断面高度	断面宽度	过渡圆半径	中心线坐标		断面间距
	x_1	y_1	x_2	y_2				x_0	y_0	
1	3 400	1 855	3 400	−1 855	3 710	3 710	1 855	3 400	0	0
2	3 550	1 880	3 550	−1 845	3 725	3 752	1 831	3 550	18	151
3	3 800	1 921	3 800	−1 829	3 750	3 823	1 792	3 800	46	252
4	4 050	1 963	4 050	−1 812	3 775	3 893	1 752	4 050	75	252
5	4 300	2 005	4 300	−1 796	3 800	3 964	1 713	4 300	104	252
6	4 550	2 047	4 550	−1 779	3 826	4 035	1 673	4 550	134	252
7	4 800	2 088	4 800	−1 763	3 851	4 105	1 634	4 800	163	252
8	5 050	2 130	5 050	−1 747	3 877	4 176	1 594	5 050	192	252
9	5 300	2 172	5 300	−1 730	3 902	4 247	1 555	5 300	221	252
10	5 550	2 214	5 550	−1 714	3 928	4 317	1 515	5 550	250	252
11	5 800	2 256	5 800	−1 697	3 953	4 388	1 476	5 800	279	252
12	6 050	2 298	6 050	−1 681	3 978	4 459	1 436	6 050	308	252
13	6 300	2 339	6 300	−1 665	4 004	4 529	1 397	6 300	337	252

续表

断面编号	上边线坐标		下边线坐标		断面高度	断面宽度	过渡圆半径	中心线坐标		断面间距
	x_1	y_1	x_2	y_2				x_0	y_0	
14	6 550	2 381	6 550	−1 648	4 029	4 600	1 357	6 550	367	252
15	6 800	2 423	6 800	−1 632	4 055	4 671	1 318	6 800	396	252
16	7 050	2 465	7 050	−1 615	4 080	4 741	1 279	7 050	425	252
17	7 300	2 507	7 300	−1 599	4 106	4 812	1 239	7 300	454	252
18	7 550	2 549	7 550	−1 583	4 131	4 883	1 200	7 550	483	252
19	7 800	2 590	7 800	−1 566	4 157	4 953	1 160	7 800	512	252
20	8 050	2 632	8 050	−1 550	4 182	5 024	1 121	8 050	541	252
21	8 300	2 674	8 300	−1 533	4 207	5 095	1 081	8 300	570	252
22	8 550	2 716	8 550	−1 517	4 233	5 165	1 042	8 550	600	252
23	8 800	2 758	8 800	−1 500	4 258	5 236	1 002	8 800	629	252
24	9 050	2 800	9 050	−1 484	4 284	5 307	963	9 050	658	252
25	9 300	2 841	9 300	−1 468	4 309	5 377	923	9 300	687	252
26	9 550	2 883	9 550	−1 451	4 335	5 448	884	9 550	716	252
27	9 800	2 925	9 800	−1 435	4 360	5 519	845	9 800	745	252
28	10 050	2 967	10 050	−1 418	4 385	5 589	805	10 050	774	252
29	10 300	3 009	10 300	−1 402	4 411	5 660	766	10 300	803	252
30	10 550	3 051	10 550	−1 386	4 436	5 731	726	10 550	833	252
31	10 800	3 093	10 800	−1 369	4 462	5 801	687	10 800	862	252
32	11 050	3 134	11 050	−1 353	4 487	5 872	647	11 050	891	252
33	11 300	3 176	11 300	−1 336	4 513	5 943	608	11 300	920	252
34	11 550	3 218	11 550	−1 320	4 538	6 013	568	11 550	949	252
35	11 800	3 260	11 800	−1 304	4 563	6 084	529	11 800	978	252
36	12 050	3 302	12 050	−1 287	4 589	6 155	489	12 050	1 007	252
37	12 300	3 344	12 300	−1 271	4 614	6 225	450	12 300	1 036	252
38	12 550	3 385	12 550	−1 254	4 640	6 296	410	12 550	1 066	252
39	12 800	3 427	12 800	−1 238	4 665	6 367	371	12 800	1 095	252
40	13 050	3 469	13 050	−1 222	4 691	6 437	332	13 050	1 124	252
41	13 300	3 511	13 300	−1 205	4 716	6 508	292	13 300	1 153	252
42	13 550	3 553	13 550	−1 189	4 742	6 579	253	13 550	1 182	252
43	13 800	3 595	13 800	−1 172	4 767	6 649	213	13 800	1 211	252
44	14 050	3 636	14 050	−1 156	4 792	6 720	174	14 050	1 240	252
45	14 300	3 678	14 300	−1 140	4 818	6 791	134	14 300	1 269	252
46	14 550	3 720	14 550	−1 123	4 843	6 861	95	14 550	1 298	252

续表

断面编号	上边线坐标		下边线坐标		断面高度	断面宽度	过渡圆半径	中心线坐标		断面间距
	x_1	y_1	x_2	y_2				x_0	y_0	
47	14 800	3 762	14 800	−1 107	4 869	6 932	55	14 800	1 328	252
48	15 050	3 804	15 050	−1 090	4 894	7 003	16	15 050	1 357	252
49	15 150	3 821	15 150	−1 084	4 905	7 030	0	15 150	1 369	101
50	15 400	3 863	15 400	−1 068	4 930	7 102	0	15 400	1 398	252
51	15 650	3 905	15 650	−1 051	4 956	7 173	0	15 650	1 427	252
52	15 900	3 947	15 900	−1 035	4 981	7 243	0	15 900	1 456	252
53	16 150	3 988	16 150	−1 018	5 007	7 314	0	16 150	1 485	252
54	16 400	4 030	16 400	−1 002	5 032	7 385	0	16 400	1 514	252
55	16 650	4 072	16 650	−986	5 058	7 455	0	16 650	1 543	252
56	16 900	4 114	16 900	−969	5 083	7 526	0	16 900	1 572	252
57	17 150	4 156	17 150	−953	5 108	7 597	0	17 150	1 601	252
58	17 400	4 198	17 400	−936	5 134	7 667	0	17 400	1 631	252
59	17 650	4 239	17 650	−920	5 159	7 738	0	17 650	1 660	252
60	17 900	4 281	17 900	−904	5 185	7 809	0	17 900	1 689	252
61	18 150	4 323	18 150	−887	5 210	7 879	0	18 150	1 718	252
62	18 400	4 365	18 400	−871	5 236	7 950	0	18 400	1 747	252
63	18 580	4 395	18 580	−859	5 254	8 000	0	18 580	1 768	181
64	18 830	4 437	18 830	−843	5 279	8 000	0	18 830	1 797	252
65	19 080	4 479	19 080	−826	5 305	8 000	0	19 080	1 826	252
66	19 330	4 521	19 330	−810	5 330	8 000	0	19 330	1 855	252
67	19 580	4 562	19 580	−793	5 356	8 000	0	19 580	1 884	252
68	19 830	4 604	19 830	−777	5 381	8 000	0	19 830	1 914	252
69	20 080	4 646	20 080	−761	5 407	8 000	0	20 080	1 943	252
70	20 330	4 688	20 330	−744	5 432	8 000	0	20 330	1 972	252
71	20 580	4 736	20 580	−728	5 464	8 000	0	20 580	2 004	252
72	20 830	4 889	20 830	−711	5 600	8 000	0	20 830	2 089	264
73	21 000	5 310	21 000	−700	6 010	8 000	0	21 000	2 303	273

6.2 竖井贯流泵装置模型试验研究

以第 6.1 节中的泵站为研究对象，根据水力优化设计的装置型式进行模型装置试验。

6.2.1 试验内容与执行标准

1. 试验内容

试验内容包括水泵装置能量特性试验、空化特性试验、飞逸特性试验和压力脉动特性试验。

① 水泵在－4°，－2°，0°，＋2°和＋4°共 5 个叶片安放角下的能量特性试验；

② 水泵在－4°，－2°，0°，＋2°和＋4°共 5 个叶片安放角下的空化特性试验；

③ 水泵在－4°，－2°，0°，＋2°和＋4°共 5 个叶片安放角下的飞逸特性试验；

④ 水泵在－4°，－2°，0°，＋2°和＋4°共 5 个叶片安放角下的压力脉动特性试验。

2. 试验执行标准

试验执行的标准包括以下 3 项：

①《水泵模型及装置模型验收试验规程》(SL 140－2006)；

②《回转动力泵　水力性能验收试验　1 级、2 级和 3 级》(GB/T 3216－2016 等同于 ISO 9906:2012)；

③《离心泵、混流泵和轴流泵　水力性能试验规范　精密级》(GB/T 18149－2017)。

6.2.2 水泵模型、水泵装置模型及测试系统

1. 水泵模型

根据研究对象的扬程特征，水泵装置的水力模型采用与 CFD 一致的 TJ04 - ZL - 07 水力模型，模型水泵叶轮采用青铜材料制作。模型水泵叶轮直径 300 mm，叶片数 3，轮毂直径 d_m＝110 mm，轮毂比 0.367，导叶片数 Z_d＝6。模型水泵叶轮的实物图及叶轮与导叶的装配如图 6-32 所示。

(a) 叶轮

(b) 叶轮和导叶的装配

图 6-32　模型水泵叶轮实物图及叶轮与导叶的装配

2. 模型水泵装置

模型水泵装置包括竖井式进水流道、模型水泵和直管式出水流道。为方便观测水泵的空化现象，水泵叶轮室设置了两个透明的有机玻璃观测窗。模型水泵装置与原型水泵装置保持几何相似，进、出水流道用 5 mm 厚钢板焊接，加工精度及尺寸允许偏差满足

SL 140—2006 规定的精度及允许偏差值。进、出水流道内磨光喷聚氨酯漆，原型与模型流道满足阻力相似，即 $\lambda_\lambda=\lambda_l^{\frac{1}{6}}$，其中 λ_λ 和 λ_l 分别为沿程阻力系数比尺和几何比尺。模型试验装置除模型水泵装置外，还包括皮带轮传动装置、测功扭矩仪、直流调速电动机等。测功扭矩仪和皮带轮传动装置安装在竖井中，直流调速电动机通过三角皮带传递动力。扭矩仪安装在模型水泵与皮带轮传动装置之间，扭矩仪与模型水泵以及扭矩仪与皮带轮传动装置之间采用弹性柱销式联轴器直联，确保扭矩仪只传递扭矩。水泵装置模型结构满足在试验台上稳固安装与平稳运行的要求，模型水泵试验装置轴系设计满足模型水泵在额定试验转速下稳定运行的要求。安装在试验台上的模型水泵装置实物如图 6-33 所示。

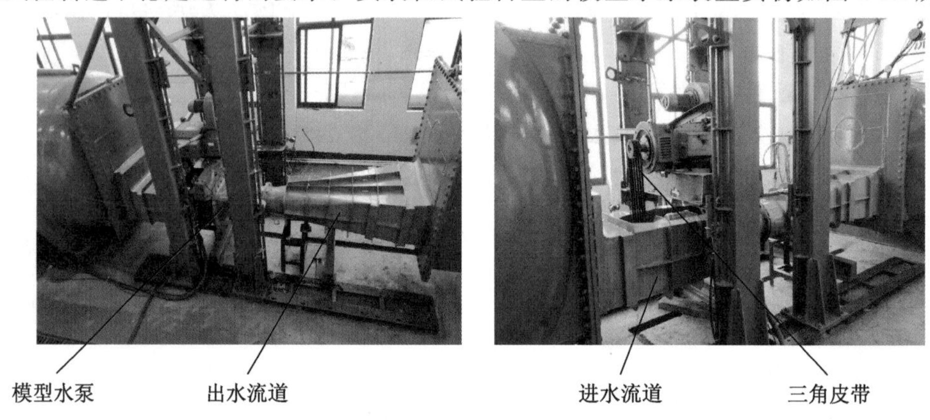

图 6-33　模型水泵装置实物图

3. 测试系统

试验台为封闭循环系统，由水力循环系统、动力系统、控制系统和测试系统组成。水力循环系统包括真空进水罐、压力出水罐、储水稳压罐、辅助泵、DN400 钢管管路、电动换向蝶阀、可控开度电动阀等，另设有抽真空泵系统和低压空气系统。试验台如图 6-34 所示。

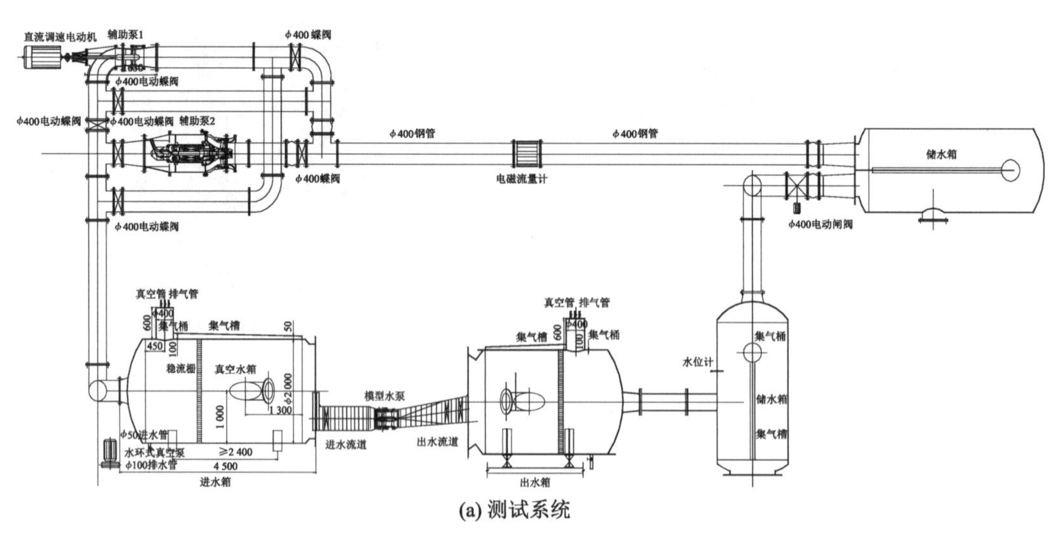

(a) 测试系统

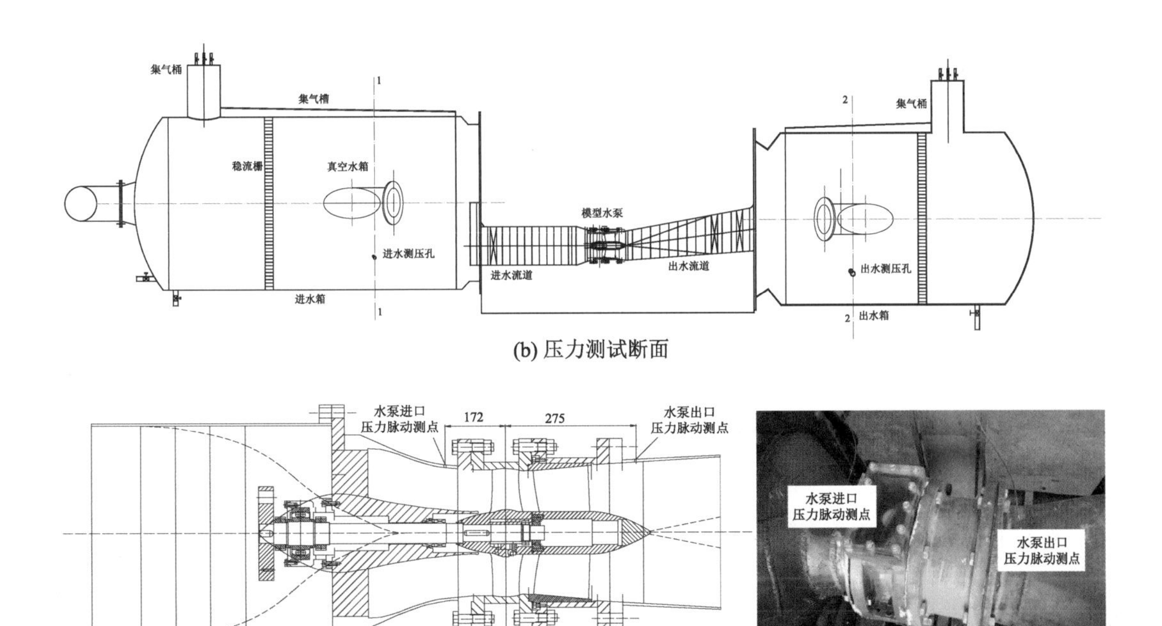

(b) 压力测试断面

(c) 压力脉动测试断面

图 6-34　试验台测试系统示意图(单位:mm)

6.2.3　模型试验结果

1. 能量特性试验

在−4°,−2°,0°,+2°和+4°共5个叶片安放角下进行水泵装置能量特性试验(模型水泵装置的转速为1 210 r/min)。模型水泵装置在试验过程中运行平稳,无不良噪声和振动。各个叶片安放角下的能量特性测试数据见表6-7至表6-11。模型和原型水泵装置的综合特性曲线分别如图6-35和图6-36所示(原型水泵装置的转速为104.1 r/min)。根据模型试验结果换算得到的特征扬程下原型水泵装置的能量特性参数见表6-12。

表 6-7　叶片安放角为+4°时的能量特性测试数据

序号	流量 Q/(L/s)	扬程 H/m	功率 P/kW	装置效率 η/%
1	421.17	0.21	5.93	14.48
2	414.75	0.47	6.58	29.36
3	409.16	0.60	7.06	34.03
4	405.96	0.76	7.33	41.06
5	399.90	0.97	7.83	48.60
6	393.55	1.20	8.27	56.25
7	385.03	1.44	8.91	60.86
8	380.21	1.56	9.26	62.94
9	373.75	1.74	9.69	65.69

续表

序号	流量 Q/(L/s)	扬程 H/m	功率 P/kW	装置效率 η/%
10	366.41	1.93	10.18	68.06
11	358.22	2.11	10.64	69.83
12	349.94	2.32	11.16	71.22
13	342.04	2.49	11.51	72.56
14	332.52	2.74	12.05	74.08
15	322.37	2.94	12.51	74.36
16	314.97	3.14	12.97	74.85
17	305.44	3.32	13.34	74.60
18	294.52	3.53	13.48	73.74
19	284.90	3.73	14.20	73.47
20	277.89	3.94	14.51	74.08
21	270.64	4.13	14.87	73.70
22	263.42	4.31	15.24	73.13
23	253.06	4.50	15.65	71.34
24	241.39	4.68	16.10	68.89
25	255.61	4.91	16.75	64.83
26	206.96	5.08	17.24	59.82

表 6-8　叶片安放角为+2°时的能量特性测试数据

序号	流量 Q/(L/s)	扬程 H/m	功率 P/kW	装置效率 η/%
1	389.93	0.25	5.30	17.74
2	384.69	0.36	5.76	23.71
3	380.29	0.53	6.16	32.36
4	375.63	0.66	6.50	37.69
5	372.78	0.83	6.72	45.22
6	369.89	1.03	6.98	53.37
7	365.82	1.17	7.25	58.03
8	361.36	1.32	7.58	61.64
9	354.60	1.53	8.09	65.71
10	347.66	1.71	8.53	68.33
11	340.95	1.90	9.06	70.30
12	331.45	2.13	9.61	72.20
13	322.58	2.36	10.10	74.02
14	314.14	2.56	10.54	74.86

续表

序号	流量 Q/(L/s)	扬程 H/m	功率 P/kW	装置效率 η/%
15	309.31	2.69	10.81	75.52
16	299.48	2.94	11.32	76.34
17	290.62	3.15	11.75	76.50
18	282.18	3.33	12.09	76.36
19	271.80	3.59	12.52	76.47
20	262.91	3.84	12.90	76.83
21	253.68	4.06	13.26	76.18
22	242.04	4.28	13.68	74.36
23	231.12	4.49	14.11	72.06
24	219.69	4.65	14.50	69.15
25	204.04	4.88	15.03	65.03
26	188.51	5.05	15.42	60.56

表 6-9　叶片安放角为 0°时的能量特性测试数据

序号	流量 Q/(L/s)	扬程 H/m	功率 P/kW	装置效率 η/%
1	361.98	0.15	4.57	11.74
2	359.26	0.23	4.78	16.89
3	356.96	0.31	4.95	22.08
4	355.45	0.39	5.09	26.67
5	353.21	0.48	5.31	31.38
6	349.12	0.65	5.73	38.93
7	343.48	0.84	6.17	45.99
8	339.11	1.05	6.44	54.12
9	335.54	1.20	6.73	58.51
10	330.27	1.41	7.11	64.36
11	324.51	1.59	7.56	67.06
12	314.93	1.85	8.08	70.62
13	309.45	2.00	8.47	71.56
14	301.94	2.22	8.95	73.43
15	292.17	2.45	9.37	74.84
16	285.79	2.62	9.74	75.37
17	278.71	2.82	10.14	76.03
18	270.01	3.05	10.54	76.55

续表

序号	流量 Q/(L/s)	扬程 H/m	功率 P/kW	装置效率 η/%
19	262.54	3.25	10.88	77.00
20	255.85	3.46	11.18	77.59
21	249.61	3.65	11.50	77.66
22	240.61	3.87	11.86	77.05
23	231.59	4.06	12.22	75.43
24	220.62	4.28	12.62	73.35
25	207.72	4.47	12.95	70.39
26	194.18	4.66	13.29	66.81
27	176.75	4.92	13.78	61.90

表 6-10　叶片安放角为−2°时的能量特性测试数据

序号	流量 Q/(L/s)	扬程 H/m	功率 P/kW	装置效率 η/%
1	343.64	0.16	4.18	12.97
2	337.89	0.36	4.66	25.76
3	333.71	0.56	5.07	36.09
4	328.24	0.70	5.39	41.97
5	322.40	0.94	5.92	50.18
6	315.84	1.17	6.35	57.17
7	310.81	1.44	6.67	65.82
8	304.24	1.67	7.10	70.25
9	295.04	1.93	7.64	73.05
10	286.05	2.21	8.19	75.64
11	280.15	2.37	8.52	76.58
12	270.68	2.62	9.04	77.03
13	261.13	2.89	9.52	77.70
14	250.70	3.17	10.01	77.85
15	245.53	3.35	10.22	78.94
16	239.93	3.52	10.51	78.94
17	232.17	3.72	10.82	78.32
18	221.42	3.97	11.23	76.82
19	212.89	4.14	11.52	74.98
20	201.75	4.32	11.86	72.07
21	184.13	4.56	12.21	67.47
22	170.47	4.77	12.56	63.55
23	151.76	4.94	12.87	57.20

表 6-11 叶片安放角为－4°时的能量特性测试数据

序号	流量 Q/(L/s)	扬程 H/m	功率 P/kW	装置效率 η/%
1	313.32	0.19	3.78	15.14
2	308.10	0.36	4.07	26.84
3	304.87	0.51	4.43	34.60
4	299.32	0.74	4.87	44.54
5	295.25	0.90	5.20	50.45
6	289.59	1.11	5.54	56.69
7	285.28	1.30	5.86	62.31
8	280.99	1.45	6.14	64.94
9	277.41	1.65	6.33	70.96
10	272.21	1.80	6.61	72.67
11	267.33	1.96	6.91	74.36
12	258.98	2.22	7.39	76.34
13	252.10	2.42	7.76	77.16
14	246.56	2.59	8.04	77.82
15	238.95	2.79	8.38	77.96
16	233.19	2.97	8.67	78.27
17	228.94	3.11	8.85	78.83
18	222.91	3.30	9.12	79.03
19	215.38	3.52	9.49	78.39
20	208.02	3.71	9.77	77.48
21	199.20	3.91	10.07	75.84
22	187.49	4.11	10.36	72.95
23	173.78	4.31	10.63	69.15
24	161.82	4.52	10.89	65.86
25	150.27	4.71	11.15	62.26
26	140.71	4.82	11.28	58.96
27	131.40	4.85	11.34	55.17

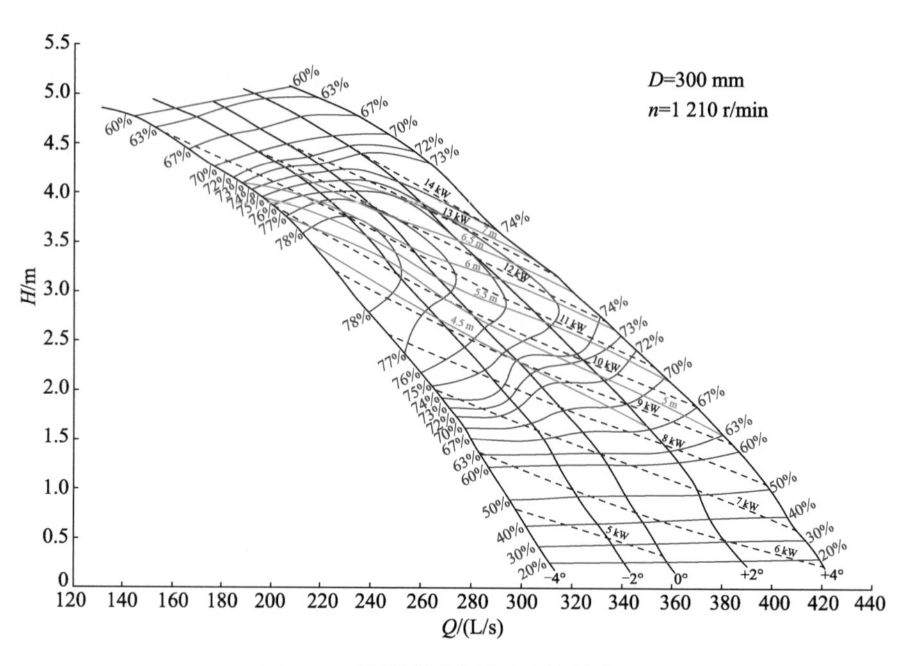

图 6-35 模型水泵装置综合特性曲线

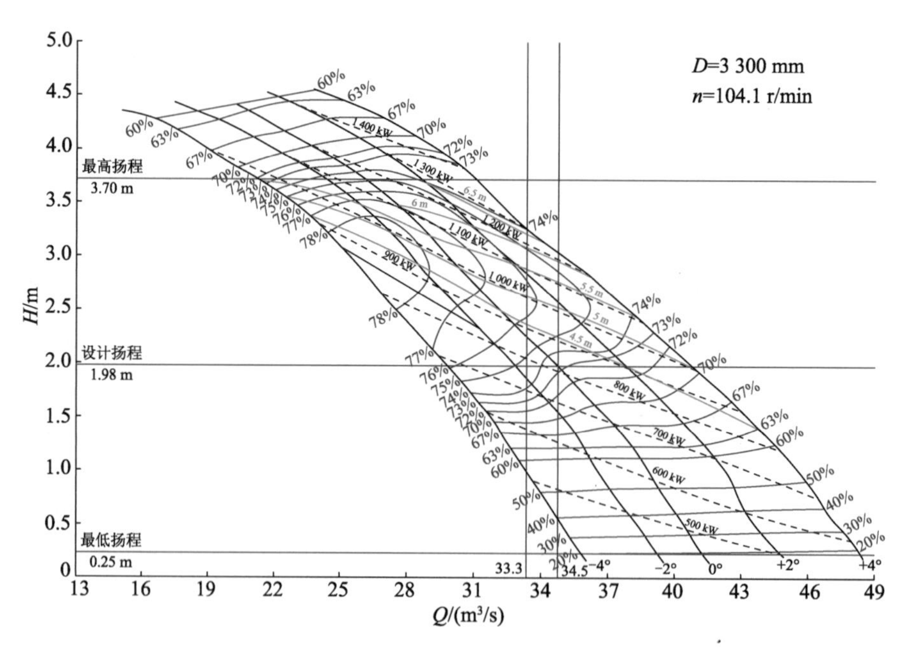

图 6-36 原型水泵装置综合特性曲线

表 6-12 特征扬程下原型水泵装置的能量特性数据(n=104.1 r/min)

叶片安放角/(°)	扬程 H/m	流量 Q/(m^3/s)	功率 P/kW	装置效率 η/%
+4	0.25	48.28	625.89	18.66
	1.98	40.76	1 117.52	70.69
	3.70	31.11	1 525.21	73.72
+2	0.25	44.71	559.12	19.49
	1.98	37.79	1 003.15	72.79
	3.70	28.72	1 372.69	75.72
0	0.25	41.19	485.21	15.83
	1.98	34.72	908.71	73.35
	3.70	26.19	1 264.45	74.85
−2	0.25	39.16	445.28	16.30
	1.98	32.87	838.53	75.63
	3.70	24.47	1 182.17	75.01
−4	0.25	35.73	402.85	25.02
	1.98	29.80	756.52	76.36
	3.70	21.34	1 065.54	72.55

2. 空化特性试验

在−4°,−2°,0°,+2°和+4°共5个叶片安放角下对模型水泵装置进行空化特性试验。根据试验结果得出的原型、模型水泵装置的空化性能参数见表6-13。根据试验结果换算得到的特征扬程下原型水泵装置的$NPSH_r$见表6-14。原型和模型水泵装置的空化特性曲线分别如图6-37和图6-38所示。

表 6-13 模型、原型水泵装置的 $NPSH_r$ 值

叶片安放角/(°)	模型				原型			
	扬程 H/m	流量 Q/(L/s)	转速 n/(r/min)	$NPSH_r$/m	扬程 H/m	流量 Q/(m^3/s)	转速 n/(r/min)	$NPSH_r$/m
+4	0.77	401.53	1 210	4.68	0.69	45.98	104.1	4.19
	1.25	390.61	1 210	4.69	1.12	44.73	104.1	4.20
	1.73	372.29	1 210	5.30	1.55	42.63	104.1	4.75
	2.62	336.10	1 210	5.87	2.35	38.49	104.1	5.26
	3.50	295.25	1 210	7.35	3.13	33.81	104.1	6.58
	4.30	264.26	1 210	8.15	3.85	30.26	104.1	7.30

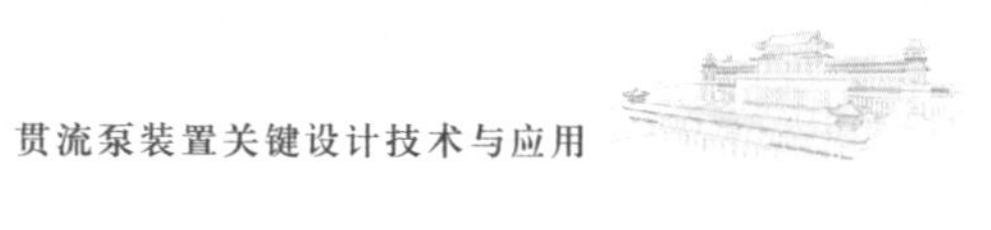

续表

叶片安放角/(°)	模型				原型			
	扬程 H/m	流量 Q/(L/s)	转速 n/(r/min)	$NPSH_r$/m	扬程 H/m	流量 Q/(m^3/s)	转速 n/(r/min)	$NPSH_r$/m
+2	0.79	371.74	1 210	5.34	0.71	42.57	104.1	4.78
	1.22	362.21	1 210	4.30	1.09	41.48	104.1	3.85
	1.72	345.12	1 210	4.51	1.54	39.52	104.1	4.04
	2.69	306.64	1 210	5.40	2.41	35.11	104.1	4.84
	3.50	273.00	1 210	6.32	3.13	31.26	104.1	5.66
	4.21	246.63	1 210	7.40	3.77	28.24	104.1	6.63
0	0.72	344.13	1 210	6.15	0.64	39.41	104.1	5.51
	1.20	335.77	1 210	4.76	1.07	38.45	104.1	4.26
	1.70	320.11	1 210	4.26	1.52	36.66	104.1	3.82
	2.59	285.92	1 210	4.97	2.32	32.74	104.1	4.45
	3.48	254.74	1 210	6.32	3.12	29.17	104.1	5.66
	4.22	224.14	1 210	7.13	3.78	25.67	104.1	6.39
−2	0.85	323.75	1 210	4.60	0.76	37.07	104.1	4.12
	1.19	312.63	1 210	4.26	1.07	35.80	104.1	3.82
	1.69	301.34	1 210	4.29	1.51	34.51	104.1	3.84
	2.61	268.22	1 210	4.40	2.34	30.71	104.1	3.94
	3.58	236.10	1 210	5.03	3.21	27.04	104.1	4.50
	4.24	207.55	1 210	6.59	3.80	23.77	104.1	5.90
−4	0.84	294.78	1 210	5.14	0.75	33.76	104.1	4.60
	1.19	285.24	1 210	4.11	1.07	32.66	104.1	3.68
	1.75	272.59	1 210	3.45	1.57	31.21	104.1	3.09
	2.65	241.29	1 210	3.55	2.37	27.63	104.1	3.18
	3.57	212.16	1 210	4.53	3.20	24.29	104.1	4.06
	4.22	181.79	1 210	6.38	3.78	20.82	104.1	5.71

表 6-14　特征扬程下原型水泵装置的 $NPSH_r$ 值

叶片安放角/(°)	扬程 H/m	流量 Q/(m^3/s)	$NPSH_r$/m
+4	0.25	48.28	4.47
	1.98	40.76	4.95
	3.70	31.11	7.14

续表

叶片安放角/(°)	扬程 H/m	流量 Q/(m^3/s)	$NPSH_r$/m
+2	0.25	44.71	5.87
	1.98	37.79	4.32
	3.70	28.72	6.46
0	0.25	41.19	7.66
	1.98	34.72	4.05
	3.70	26.19	6.29
−2	0.25	39.16	4.72
	1.98	32.87	3.87
	3.70	24.47	5.61
−4	0.25	35.73	5.75
	1.98	29.80	3.02
	3.70	21.34	5.45

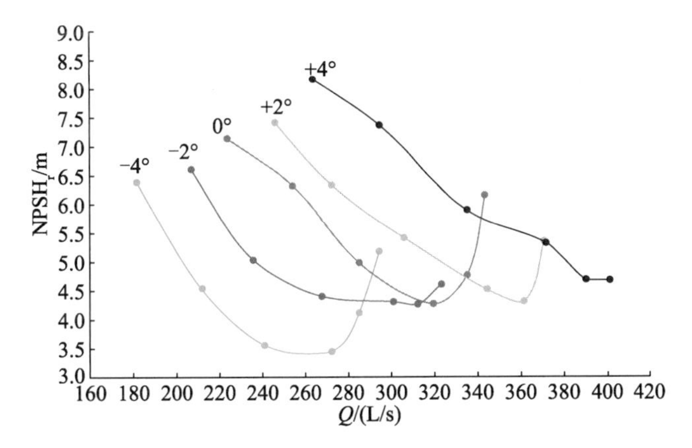

图 6-37 模型水泵装置空化特性曲线

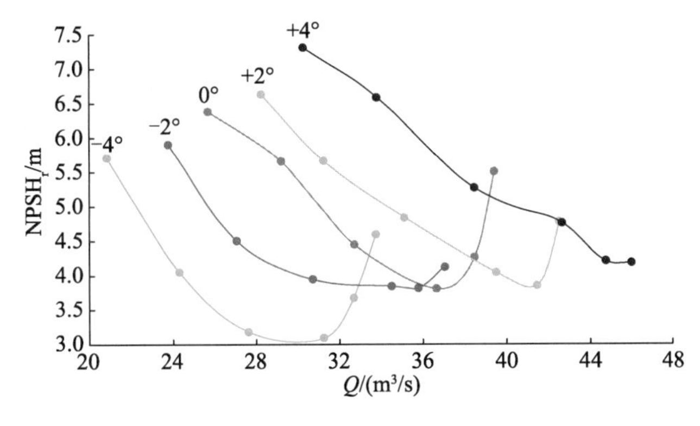

图 6-38 原型水泵装置空化特性曲线

3. 飞逸特性试验

在5个叶片安放角下测试水泵装置的飞逸特性，测试时转动部件不包括电动机转子。在不同叶片安放角下模型水泵装置的单位飞逸转速特性曲线如图6-39所示。换算得到的原型水泵装置在不同作用水头下的飞逸转速见表6-15，其飞逸转速特性曲线如图6-40所示。

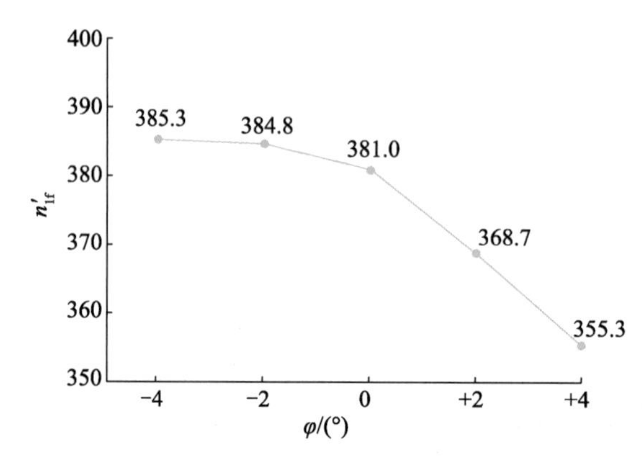

图6-39 模型水泵装置单位飞逸转速特性曲线

表6-15 原型水泵装置的飞逸转速

单位：r/min

叶片安放角/(°)		−4	−2	0	+2	+4
单位飞逸转速 n'_{1f}		385.3	384.8	381.0	368.7	355.3
H_p/m	0.10	36.93	36.87	36.51	35.33	34.05
	0.50	82.57	82.44	81.63	78.99	76.13
	0.90	110.78	110.61	109.52	105.98	102.14
	1.30	133.14	132.93	131.62	127.37	122.76
	1.98	164.29	164.08	162.46	157.21	151.50
	2.10	169.21	168.96	167.29	161.89	156.03
	2.50	184.63	184.35	182.53	176.63	170.24
	2.90	198.85	198.55	196.59	190.24	183.36
	3.70	224.59	224.30	222.08	214.91	207.10
	3.80	227.62	227.28	225.04	217.77	209.89
	4.20	239.31	238.94	236.59	228.94	220.66

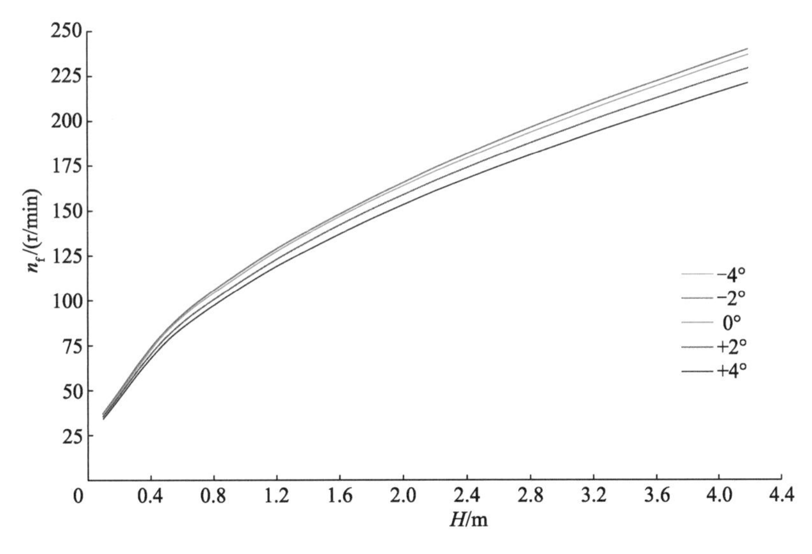

图 6-40　原型水泵装置飞逸转速特性曲线

4. 压力脉动特性试验

在 5 个叶片安放角下、不同工况时测试水泵进、出口的压力脉动特性。其中叶片安放角为 0°时的压力脉动特性如图 6-41 至图 6-45 所示。模型水泵装置在 5 个叶片安放角下、不同工况时的压力脉动最大幅值随流量变化的关系曲线如图 6-46 所示。

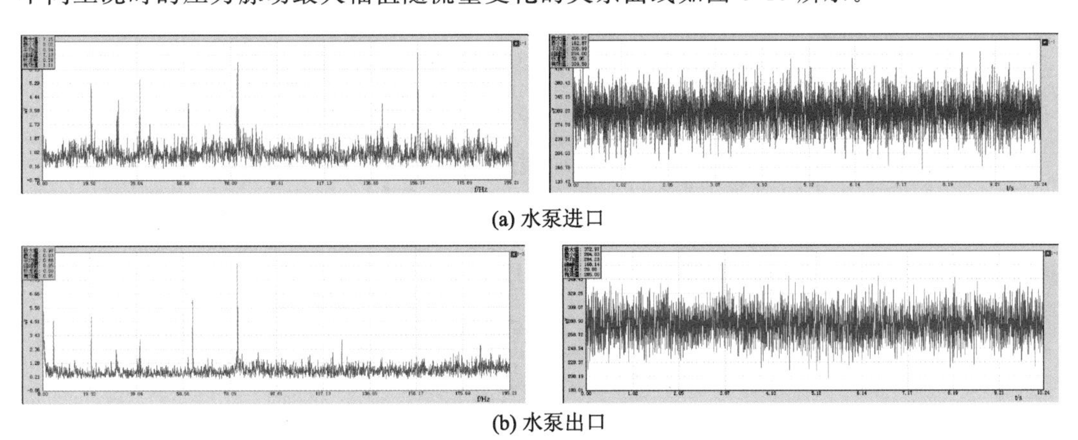

(a) 水泵进口

(b) 水泵出口

图 6-41　叶片安放角为 0°、流量为 355 L/s 时水泵进、出口的压力脉动特性

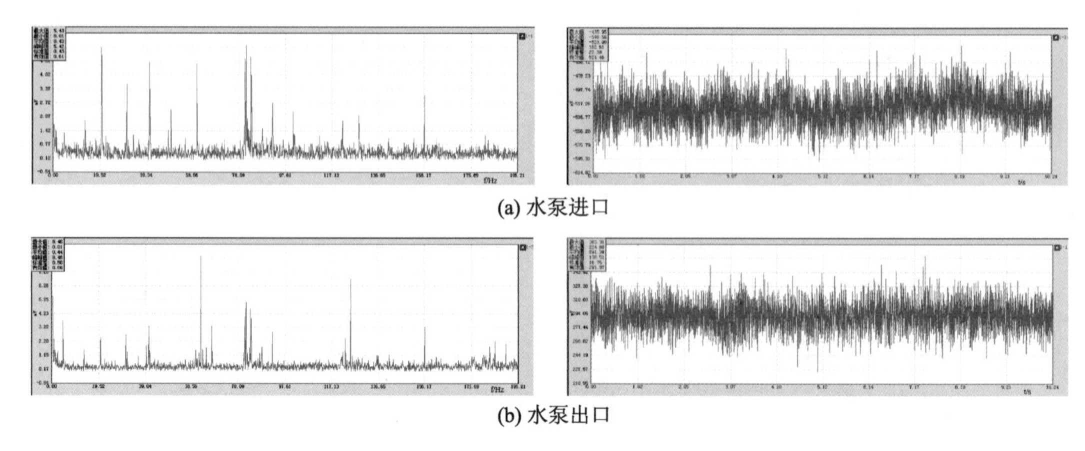

(a) 水泵进口

(b) 水泵出口

图 6-42　叶片安放角为 0°、流量为 340 L/s 时水泵进、出口的压力脉动特性

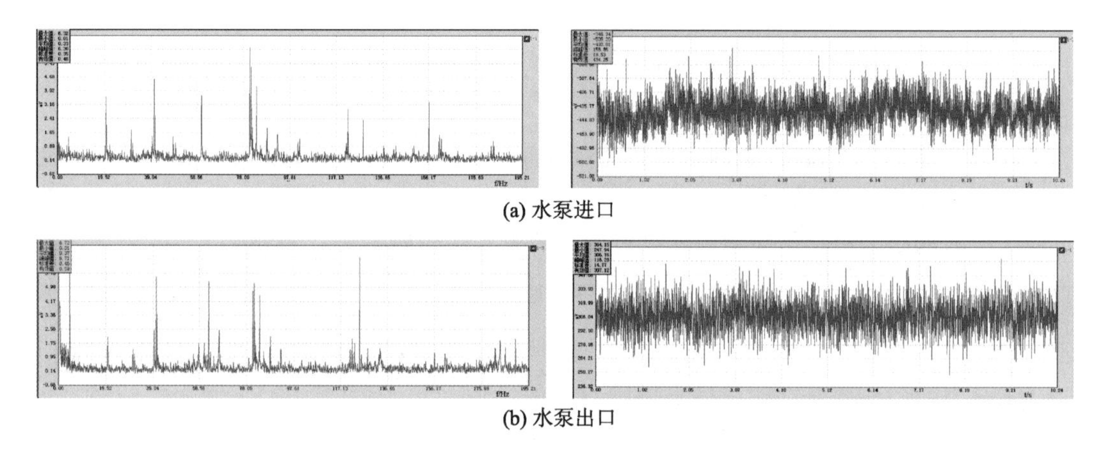

(a) 水泵进口

(b) 水泵出口

图 6-43　叶片安放角为 0°、流量为 325 L/s 时水泵进、出口的压力脉动特性

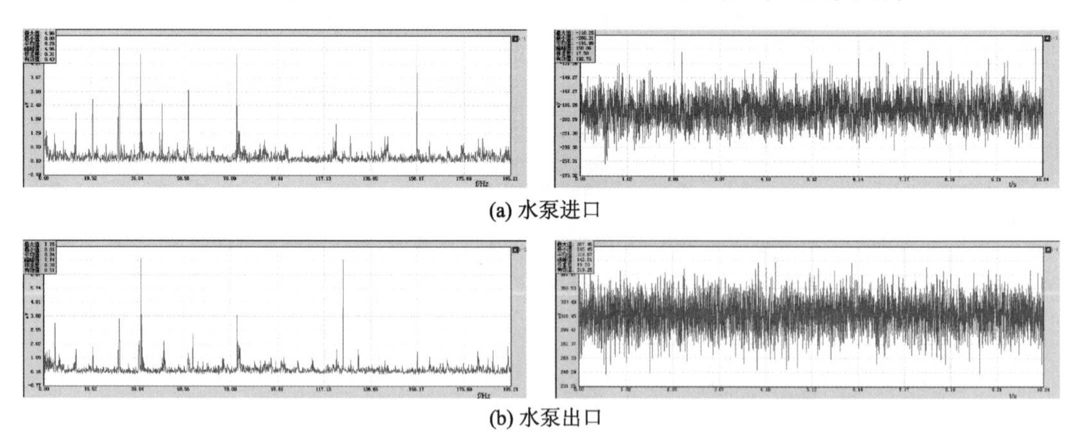

(a) 水泵进口

(b) 水泵出口

图 6-44　叶片安放角为 0°、流量为 286 L/s 时水泵进、出口的压力脉动特性

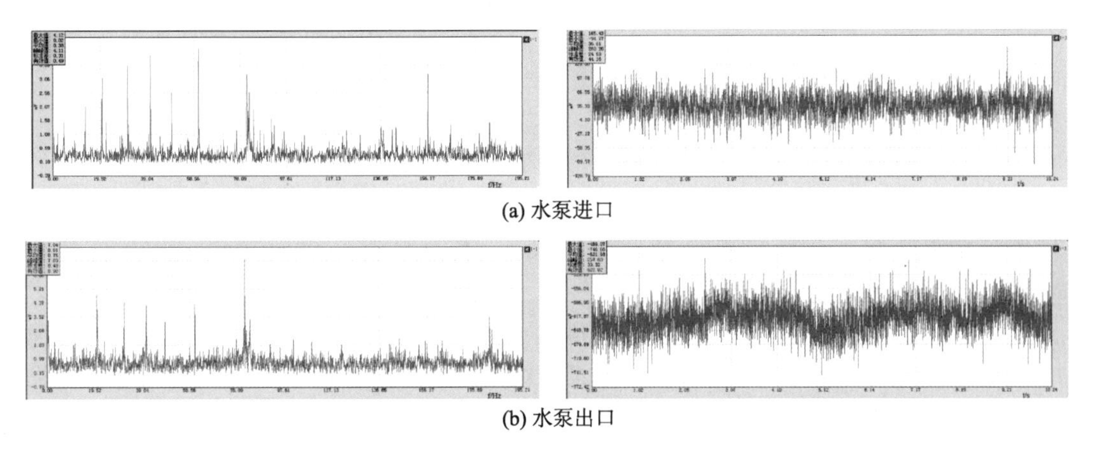
(a) 水泵进口

(b) 水泵出口

图 6-45 叶片安放角为 0°、流量为 250 L/s 时水泵进、出口的压力脉动特性

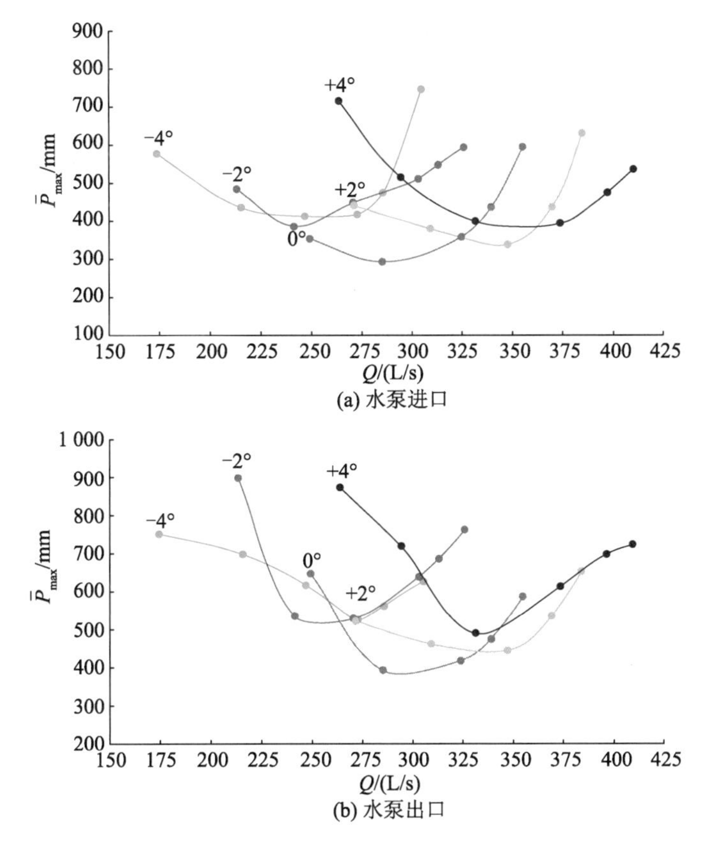

(a) 水泵进口

(b) 水泵出口

图 6-46 模型水泵装置压力脉动最大幅值与流量的关系曲线

6.2.4 结论与建议

不同叶片安放角下，模型水泵装置在正常运行扬程范围(0～3.7 m)内运行平稳，无明显不良噪声和振动。

由能量特性试验结果可知，水泵装置在转速为 104.1 r/min、叶片安放角为 0°时，在设计扬程 1.98 m 下的流量为 34.72 m^3/s、效率为 73.35％，满足设计要求；在最高扬程 3.70 m 时，水泵最大轴功率为 1 264 kW，满足配套电动机功率 1 600 kW 的设计要求。建议叶片安放角设定为 0°。

装置空化特性曲线呈现为具有极小值的开口向上的曲线。正角度、大流量工况的 $NPSH_r$ 值相对较大，但在泵站运行扬程范围内空化性能良好。在建议的叶片安放角 0° 下，设计扬程 1.98 m 时，$NPSH_r$ 值约为 4.05 m；最高扬程 3.70 m 时，$NPSH_r$ 值约为 6.29 m，均满足设计要求。

模型装置单位飞逸转速随叶片安放角减小而增大。在叶片安放角 0°下，最高扬程 3.70 m 时的飞逸转速为 222 r/min，为水泵机组额定转速的 2.13 倍。建议水泵和电动机制造厂商按此转速校核机组的安全性能。

模型装置在不同叶片安放角下水泵进、出口压力脉动特性曲线总体呈现为具有极小值的开口向上的曲线。水泵进口的压力脉动在 0.3～0.8 m 之间；水泵出口的压力脉动在 0.4～0.9 m 之间。

6.2.5 数值模拟与试验结果对比

将 CFD 预测的叶片安放角为＋2°时的性能（见图 6-25b）与装置模型试验结果中的叶片安放角为＋2°时的性能进行对比，如图 6-47a 所示，从图中可以发现，两者扬程曲线和效率曲线的变化趋势基本一致，预测值低于试验值，高效点基本接近。进一步将 CFD 预测的性能与装置模型试验结果中叶片安放角为 0°时的性能进行对比，可以发现两者扬程曲线基本重合（见图 6-47b），后者效率曲线的变化趋势好于前者，究其原因可能是模型试验的叶片安放角与 CFD 分析的叶片安放角存在偏差，同时说明 CFD 预测结果可以应用于工程设计。

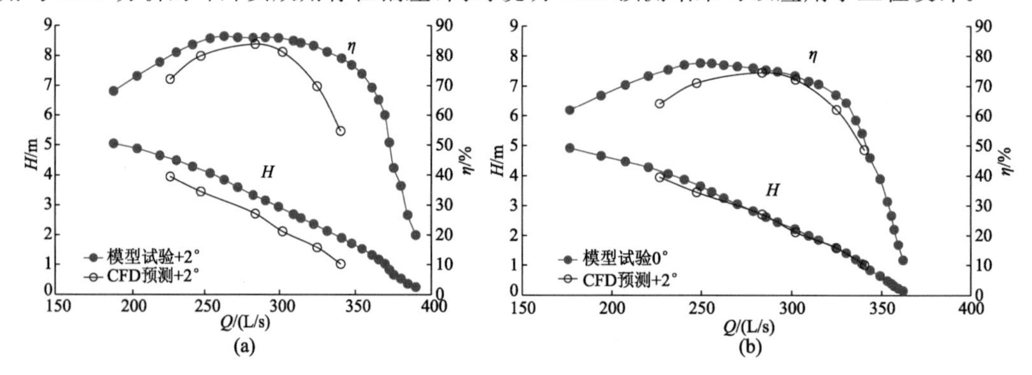

图 6-47　CFD 预测性能与模型试验结果对比

6.3 竖井贯流式机组结构研究

6.3.1 总体结构

竖井贯流式机组的主水泵总体结构由叶轮部件、泵轴部件、导轴承部件、泵壳体部件（含进口底座、叶轮室、导叶、伸缩节、出口底座等）、填料函部件、推力径向组合轴承部件及附属设备等组成，如图 6-48 所示。

进、出口底座为二期混凝土埋设件。叶轮室与进水座环法兰连接，用圆橡皮条密封；导叶通过伸缩节与出口底座做可伸缩连接。导叶底部设基础墩，与进、出口底座基础共同承受泵体及水体的重力。

水泵转动部分采用两支点简支梁结构，这种结构型式经过稳定性分析并由实践检验，为可靠的结构型式。叶片全调节时，在水泵叶轮出水侧设短轴，保证在不移动泵轴的前提下，可以拆卸叶轮，进而保证在不拆卸电动机、减速齿轮箱、推力轴承箱等竖井中设备的前提下，可方便地拆卸叶轮。因此，采用这种结构型式，机组安装、检修的便利性明显提高。水泵运行时产生的轴向力由推力径向组合轴承箱内的推力轴承承受，叶轮重力及水泵运行时产生的径向力由水导轴承和推力径向组合轴承箱内的径向轴承共同承受。此种支撑方式在竖井贯流式机组上被普遍采用，两支点之间的间距、泵轴直径、水泵转速、泵轴材料等因素共同决定水泵运行的稳定性，设计过程中对主轴强度、刚度进行校核。

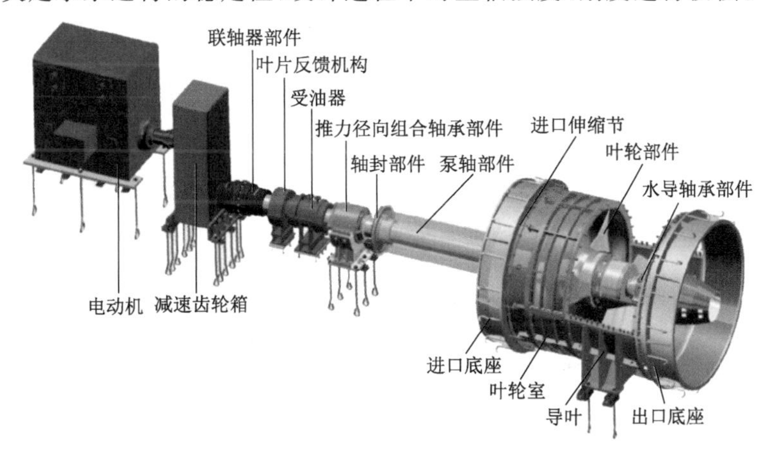

图 6-48 机组总体结构图

6.3.2 转动部件总成

1. 叶轮部件

叶轮部件由叶片、轮毂体、短轴及联接件等组成。叶片是水泵最重要的水力元件，也是受力件，采用抗空蚀性能较强的不锈钢材料 ZG0Cr13Ni4Mo 单片整体铸造，采用超声波探伤、五轴联动数控机床对叶片型面进行数控加工、3D 扫描检测仪对叶片型面进行坐标检测等工艺措施和检测手段，保证叶片强度、刚度、型面坐标、表面粗糙度等符合设计及标准规范要求，从而有效保证水泵的水力性能。

轮毂体是水泵中重要的水力元件和受力件。通常采用 ZG20SiMn 材料制作轮毂体，用数控立车进行球面加工，用坐标镗床对叶片各安装孔进行分度加工，这些措施可保证轮毂体强度、刚度符合设计及标准规范要求，保证叶片各安装孔中心线垂直于轴线且过球面中心(位置偏差符合设计要求)。轮毂体与泵轴及短轴之间通过法兰(带止口)连接，用特制高强度螺栓紧固，并在法兰结合面均匀镶入 4 只横向销钉，保证轮毂体可靠地固定在泵轴上，不产生轴向和周向移动。联接螺栓和销钉采用防松措施，保证水泵在运行过程中不

会产生螺栓和销钉松动现象。

叶轮加工完成后，进行静平衡试验，保证平衡精度不低于 G6.3 级要求，且每两叶片安放角偏差不大于 0.25°。叶轮部件与泵轴加工好之后进行试装，并以泵轴中心线为基准检查叶片外缘同轴度，偏差应不大于±10%叶轮间隙设计值。

2. 泵轴部件

泵轴一端与叶轮通过法兰刚性相连，另一端与减速齿轮箱通过联轴器柔性连接。泵轴材料采用 45# 锻钢，锻后正火处理；粗加工后超声波探伤检测，精加工前调质处理。泵轴具有足够的刚度和强度，在任何工况条件下都能够承受作用在泵轴上的扭矩、轴向力和径向力。即使在飞逸转速时，也没有有害的振动和摆动发生。

泵轴(短轴)导轴承及填料密封轴颈部位表面堆焊不锈钢，加工后不锈钢层的厚度不小于 6 mm，保证表面硬度不低于 HRC42 以提高其耐磨性，加工精度不低于 h7，表面粗糙度不大于 Ra1.6 μm，主轴法兰与轴心线的垂直度不低于《形状和位置公差　未注公差值》(GB/T 1184—1996)中规定的 7 级。推力轴承轴颈部设有轴套以保护泵轴该部位。泵轴加工完成后轴档部位包扎牢固，防止吊运和运输过程中碰伤轴档。

6.3.3　叶轮室

叶轮室采用铸造方式，材质为抗间隙空蚀的 ZG0Cr13Ni4Mo 不锈钢。叶轮室为分半结构，设计时充分考虑其强度、刚度及在安装、拆卸、运输过程中变形的问题。为此，在叶轮室的外侧布置适当数量的环筋和直筋，加强其强度和刚度；控制铸件的质量，对铸件进行无损探伤检查，铸件不允许有影响机械性能的裂纹、气孔、缩孔、缩松、渣眼等缺陷；对铸件毛坯进行退火处理以消除内应力及加工后的变形。

叶轮室的内表面与叶片外缘的间隙均匀，最大间隙为叶轮直径 D 的 1/1 000；球面直径精度为 H10；球面粗糙度不大于 Ra6.3 μm；以止口为基准，径向圆跳动不低于 GB/T 1184—1996 标准中规定的 8 级。

6.3.4　导叶

导叶采用铸焊件，为轴向剖分结构。导叶片为 ZG20SiMn 铸造件，依照模型泵相似放大，单片铸造，进行无损检查。法兰、壳体和内毂采用 Q345 钢板制作。焊接时将导叶片准确定位，确保尺寸和形位合格。导叶具有足够的强度和刚度，能抑制水泵运行中的振动，并能承受任何工况下水导轴承传来的载荷。导叶底部设支撑脚，用地脚螺栓与混凝土基础固定，采用调整垫铁进行调平。

导叶过流表面采用数控机床加工，保证光滑。导叶顺水方向波浪度不大于 3%；过流表面粗糙度不大于 Ra6.3 μm；导叶法兰止口与轴承内孔轴线的同轴度不低于 GB/T 1184—1996 标准中规定的 8 级；导叶入口节距偏差不大于名义尺寸的±3%；导叶入口内外圆直径偏差不大于名义尺寸的±2%；导叶片安放角误差不大于±0.5°；出水边厚度误差不大于±10%；开口偏差不大于±2%。

现有的竖井贯流泵装置运行情况表明，导叶是影响机组稳定性的主要部件。通过优化设计，合理布置加强筋，导叶强度和刚度均有明显提高。图 6-49 为布置 3 道加强筋前后导叶的应力、应变对比(左侧为无加强筋,右侧为有加强筋),图中显示布置加强筋后导叶应力降低 50%,应变减小 25%。通过振型对比分析,也发现在同阶振型时,布置加强筋的导叶振幅下降 25%,但振动频率增大。有无加强筋时,导叶不同阶振型对比如表 6-16 所示。加工完成的有加强筋的导叶如图 6-50 所示。

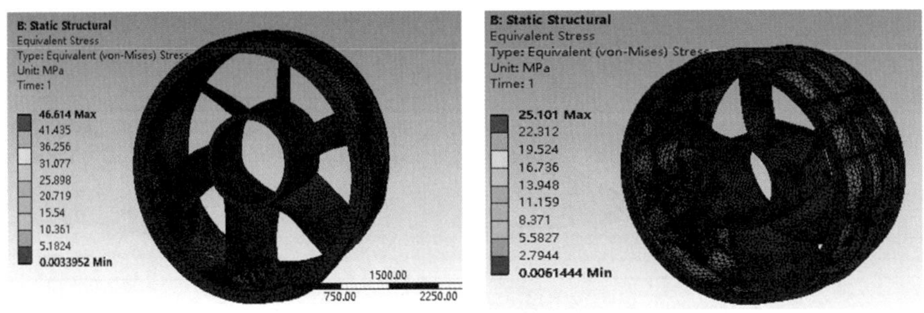

(a) 应力对比

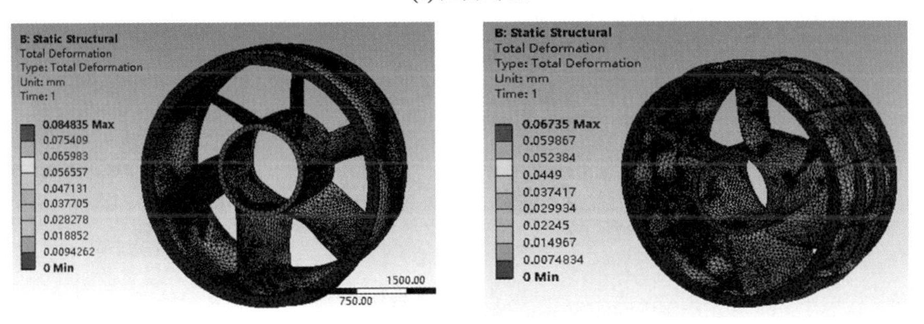

(b) 应变对比

图 6-49　布置 3 道加强筋前后导叶的应力、应变对比

表 6-16　有无加强筋时,导叶不同阶振型对比

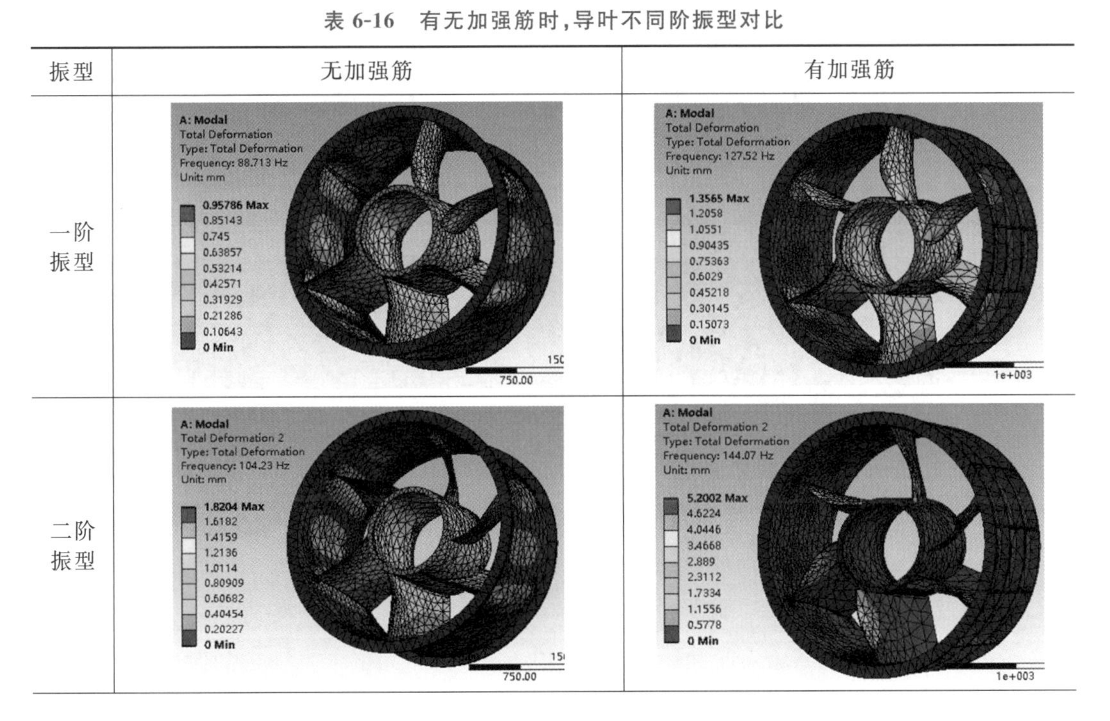

振型	无加强筋	有加强筋
一阶振型		
二阶振型		

续表

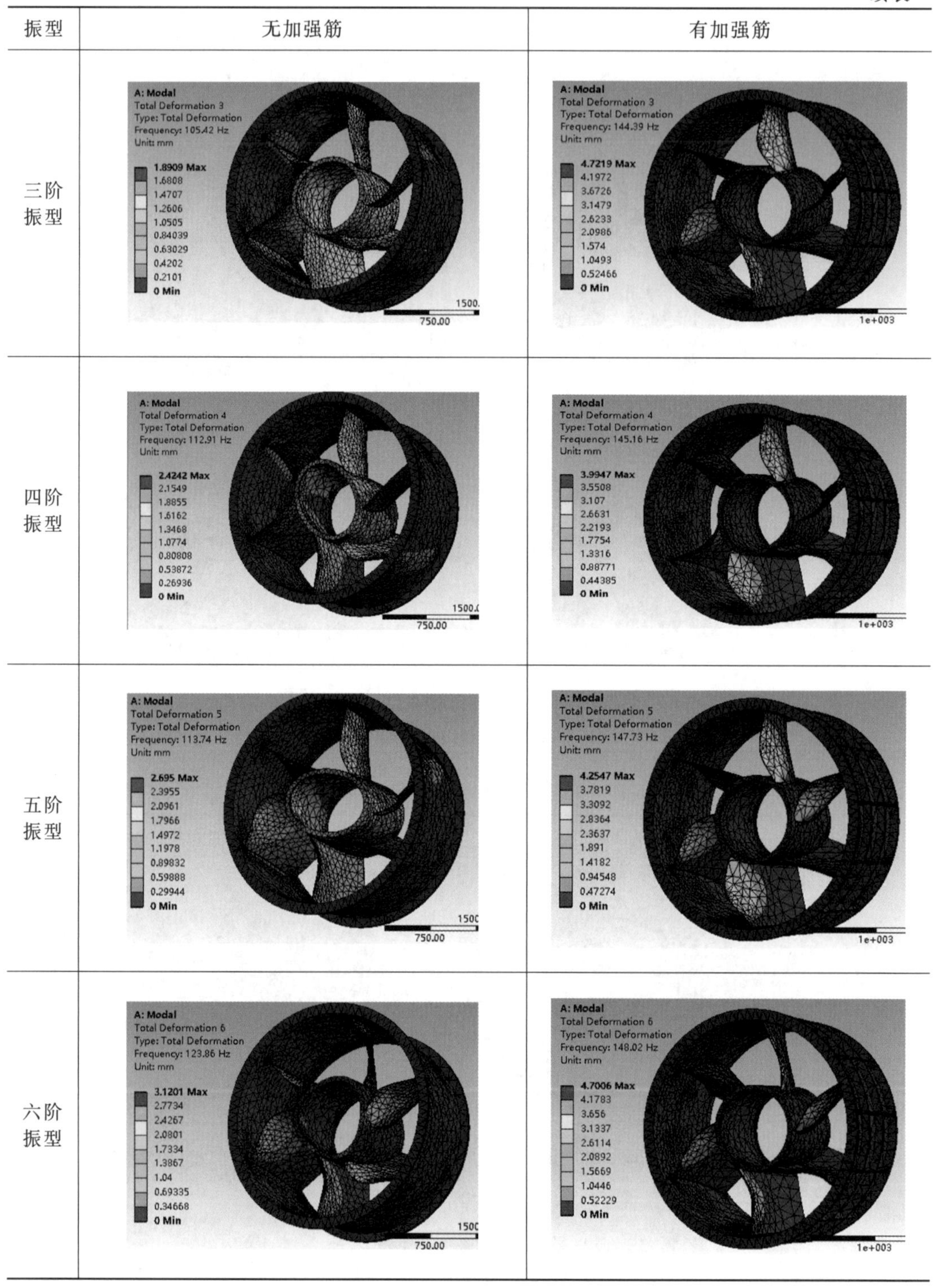

振型	无加强筋	有加强筋
三阶振型		
四阶振型		
五阶振型		
六阶振型		

图 6-50　加工完成的有加强筋的导叶

6.3.5　轴承部件

1. 导轴承

水泵导轴承为分瓣结构，两瓣件之间用螺栓紧固，并在结合面之间配作定位销。导轴承安装在导叶轮毂内，作为泵轴的主要径向支承。导轴承轴瓦采用巴氏合金材料制作，巴氏合金瓦具有耐磨性能好、性能稳定、使用寿命长等特点。

水泵导轴承采用球面微动支座，以增强其自动调心功能，使轴瓦受力均衡。轴瓦与轴承座为分体式结构，便于更换轴瓦。导轴瓦及导轴承整体具有互换性。导轴承允许主轴轴向移动，导轴承及其支座具有足够的强度和刚度以承受最大径向荷载，避免有害的振动产生。

根据卧式结构长时间运行的需求，导叶设计导、排水回路，完善水泵导轴承结构。采用巴氏合金瓦导轴承，稀油润滑，并设油封装置、温度监测装置。润滑油为 46 号全损耗系统用油，设高位油箱通过导油管注入轴瓦内，轴承穿轴端采用 3 道骨架密封圈加 1 道防沙圈密封，以防止水体进入轴承内产生烧瓦现象、防止油漏出污染水源。这种结构型式的水泵导轴承已在浙江南台头泵站等工程中应用。导轴承内设出油孔，出油孔设闸阀进行控制，以便检测水泵导轴承的注油情况及间接观察其磨损情况。在导轴承部件轴瓦和油腔处各设一个温度传感器，以检测轴瓦运行温度和润滑油温度。测温元件采用 Pt100 型，三线制接线。轴瓦运行温度不得超过 65 ℃、轴承油温不得超过 55 ℃。

水泵导轴承结构如图 6-51 所示，导轴承使用时，关闭阀门Ⅰ、Ⅲ，打开阀门Ⅱ。进行油压试验时，关闭阀门Ⅱ，打开阀门Ⅰ，上端油孔用螺塞封住，阀门Ⅲ为排泄阀门。

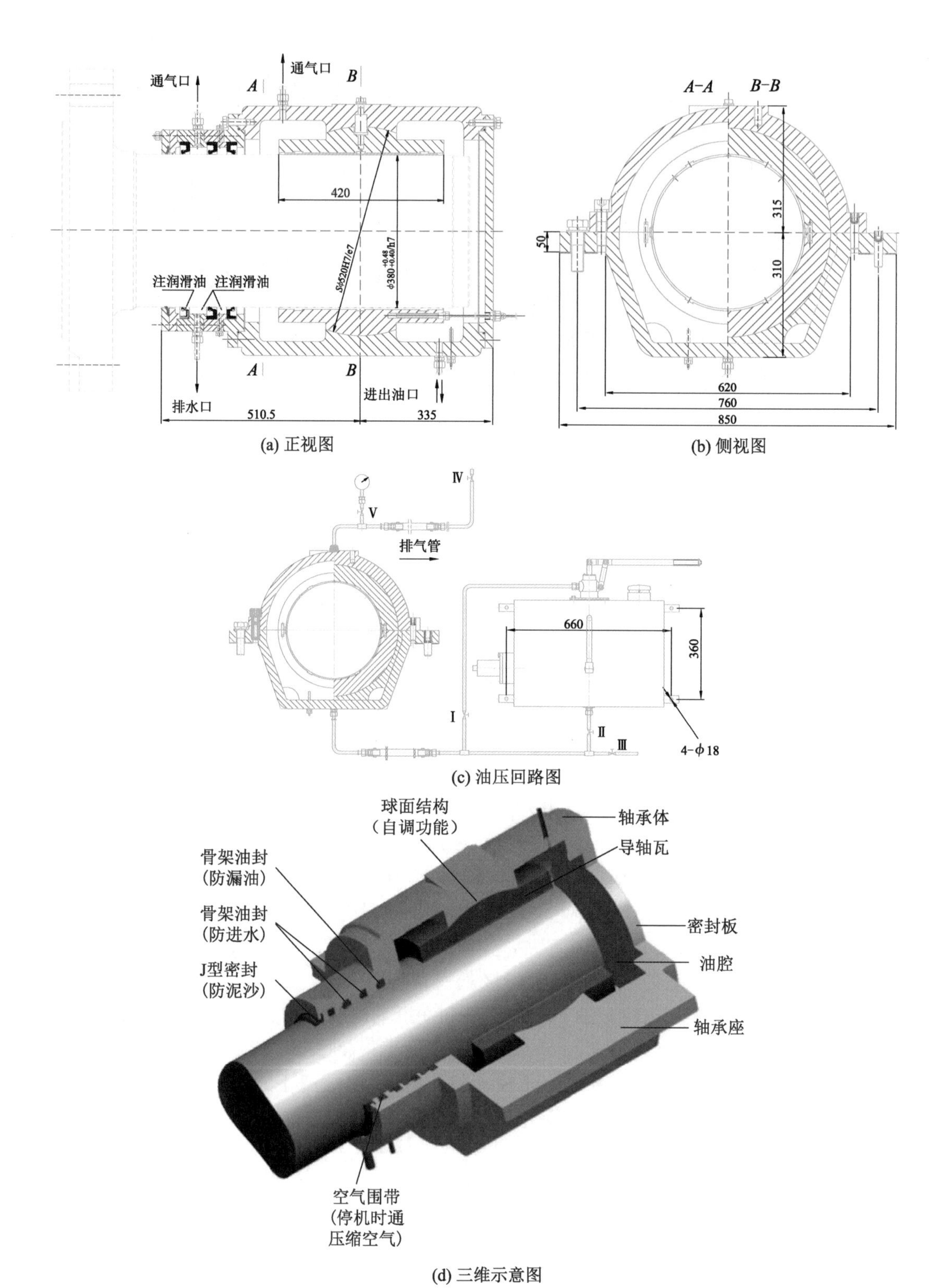

图 6-51　水泵导轴承结构图(单位:mm)

该结构型式的主要设计思路是采用 3 道骨架油封防止水体进入轴承腔，但一些泵站的实际运行结果表明，骨架油封失效时水体可进入轴承腔内导致轴承受损。因此，这里采用水封和油封 2 组密封分开布置的改进方式，中间设置空气腔(集水腔)，当油封失效发生泄漏时，漏水(油)进入集水腔可通过排水管引至泵体外，防止密封件损坏后漏水(油)直接进入轴承内部。此外，可根据排水管是否有水或油排出以及排出量的大小来判断油封是否失效，决定是否需要维修更换。导轴承改进后的结构如图 6-52 所示。这种结构型式可保证油和水不相互渗透，确保密封可靠，且设备对环境友好，可保护水环境。若采用进口骨架油封，预期使用寿命长于 10 000 h。

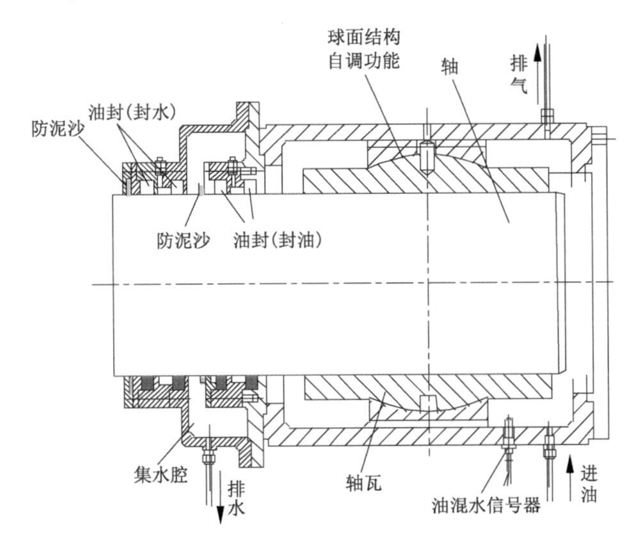

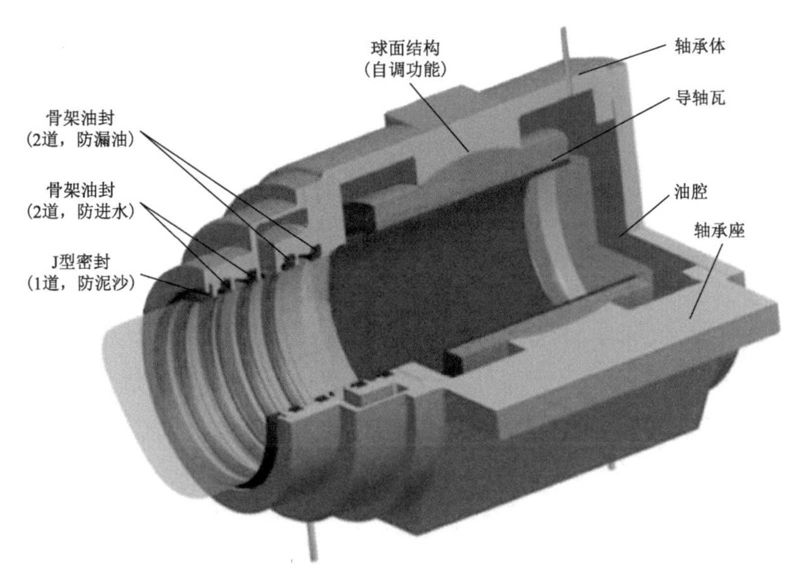

图 6-52　改进后导轴承结构图

2. 泵轴密封

根据竖井贯流泵的运行特点，有 2 种密封结构型式可选择。

(1) 填料密封型

泵轴密封采用填料密封方式,填料密封装置装于竖井侧泵轴出轴处,填料函为分瓣结构,装拆方便。填料采用进口碳纤维材料,具有密封性能好、耐磨等优点。在填料函部件上设有启动前引水管,正常运行时采用过流水润滑。填料压盖可通过调整螺母在双头螺栓上的位置调整压填料的松紧度,以保证水泵运行过程中有滴状水漏出,起到润滑填料的作用。漏水排出管接至收集渗水的接水盘,利用管路将水排至泵房低处的集水井。所有紧固密封用的压盖、螺栓、螺母、螺钉等均采用不锈钢材料制作。填料密封型结构如图 6-53 所示。

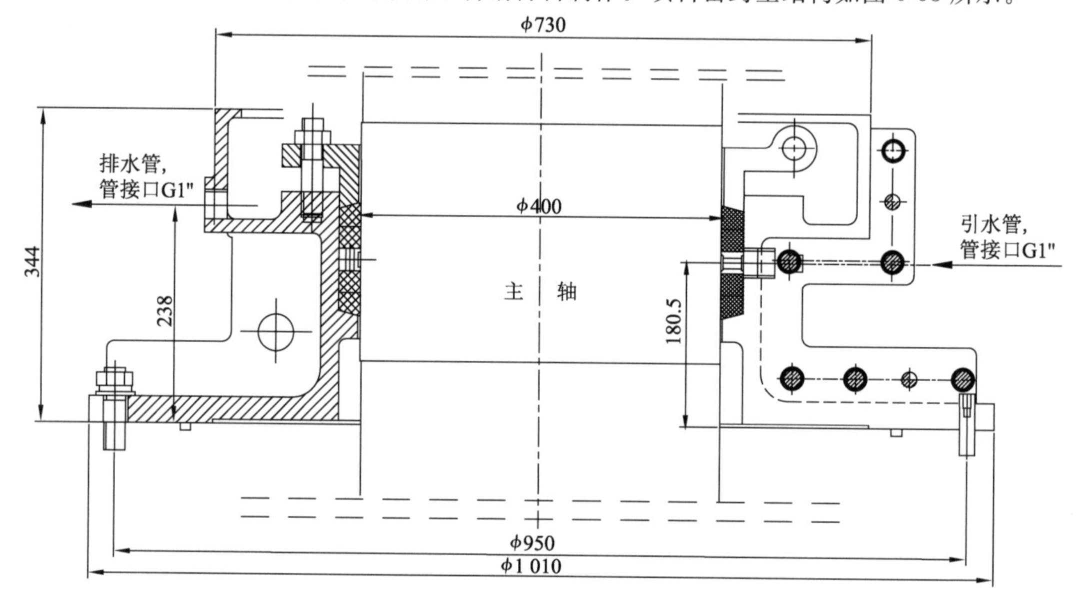

图 6-53　填料密封型结构图(单位:mm)

(2) 加长型填料密封+空气围带密封型

该密封型式的结构如图 6-54 所示,填料盒采用加长结构分段使用,一半装填料、一半装衬套(分瓣结构)。填料处轴颈磨损后,填料和衬套交换位置安装,可以延长主轴使用寿命和检修周期。

填料密封部件采用分瓣设计,维修时不动主轴和其他部件即可方便地更换填料。

压盖处设置自紧弹簧,它具有自动调整密封压紧量的功能,可以保证密封效果。

与填料密封型类似,该密封型式的填料密封允许有少许水漏出,外部设置集水箱,收集密封中漏出的水,并通过排水管向外自流引出,以保持竖井内干燥、整洁。其缺点是需要配置低压压缩空气系统。

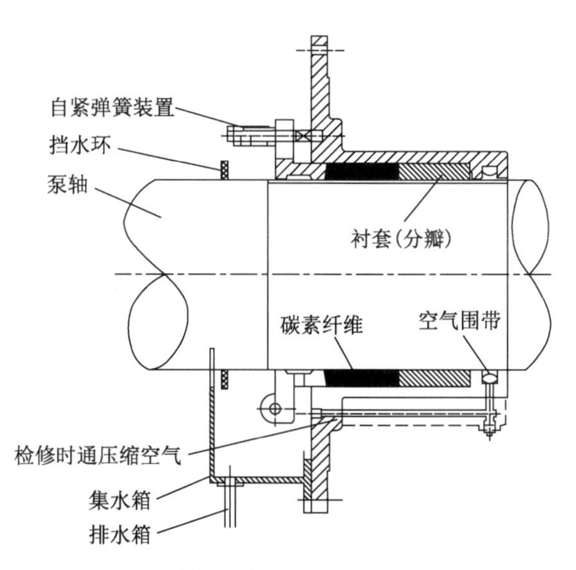

图 6-54　加长型填料密封十空气围带密封型结构图

3. 推力径向组合轴承部件

推力径向组合轴承放置在独立的轴承箱内,轴承箱安装在竖井内。轴承选用原装进口SKF品牌滚动轴承,L－TSA46 汽轮机油润滑,轴承箱体设有冷却夹层通水冷却(见图 6-55)。

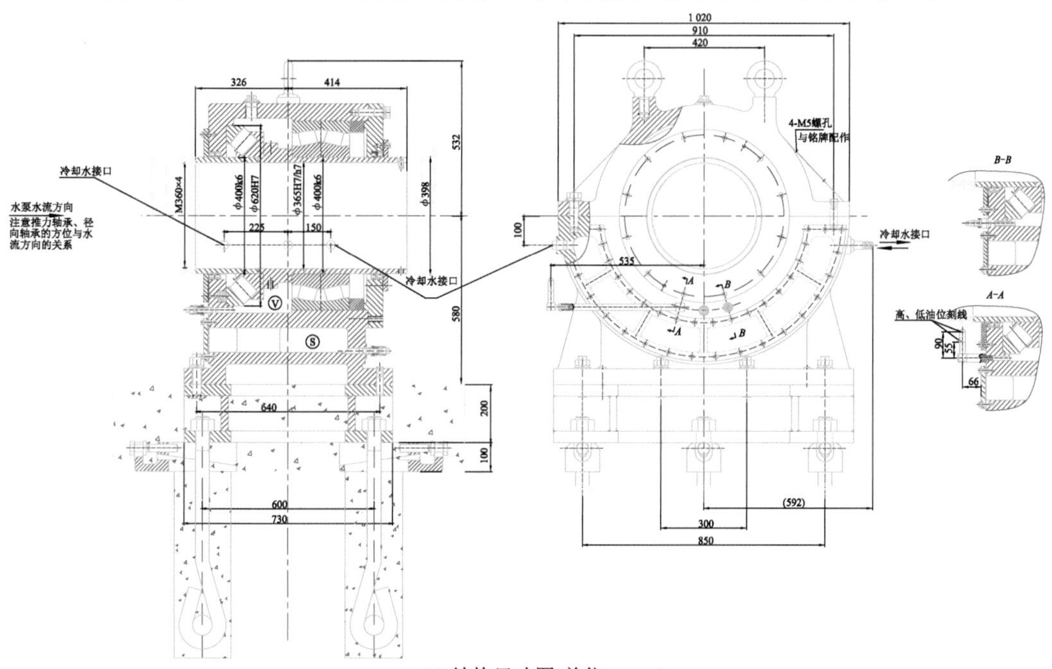

(a) 结构尺寸图(单位：mm)

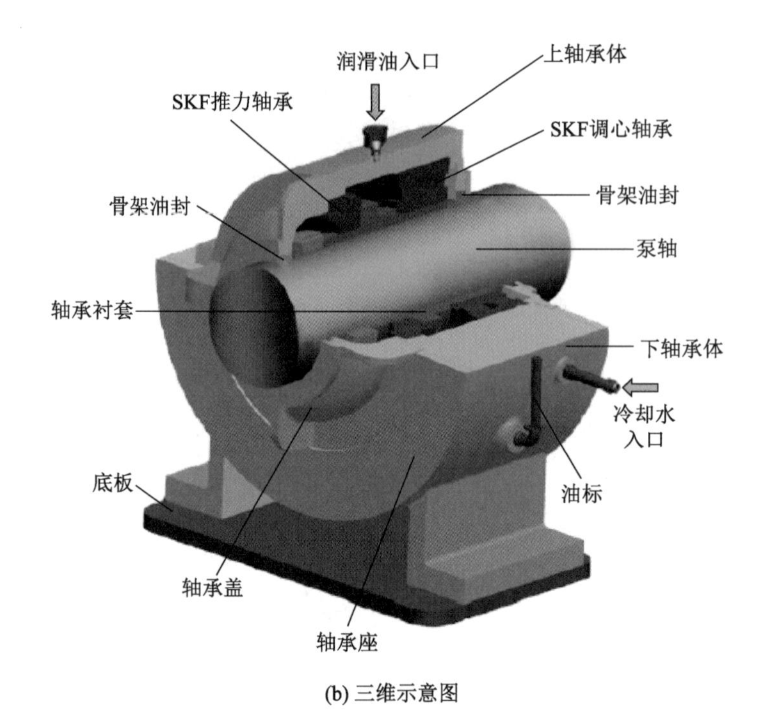

(b) 三维示意图

图 6-55　推力轴承结构图

推力轴承主要承受水泵运行时产生的正向水推力，径向轴承与导轴承共同承受水泵叶轮的径向力，径向轴承还承受水泵的反向水推力。设计时，需根据泵组受力情况选用规格合适的轴承，并保证具有足够的承载能力，轴承的 C/P（C 为轴承基本额定动载荷，P 为轴承当量动载荷）值大于 10。组合轴承部件结构，保证拆装方便，便于更换。设温度传感器，以检测轴承温度。

6.3.6　联轴器

由于机组采用减速齿轮箱传动，高、低速联轴器都采用齿式联轴器。齿式联轴器可补偿两轴端间及轴线的相对位移，其许用补偿量不低于有关标准的要求。联轴器的许用转速和扭矩与额定值之间的安全系数符合标准规范要求。联轴器按照主水泵、减速齿轮箱和主电动机的轴径、轴伸长度、键槽宽度等尺寸进行设计。联轴器的内齿圈、外齿轴套的材料均采用 42CrMo 锻件。

6.3.7　进出水管、伸缩节及基础件

进、出水管采用 Q345 高强度结构钢板焊接。进、出口底座为二期混凝土埋设件。在出口底座与导叶之间设置伸缩节，主要目的是消除制造和安装过程中形成的轴向误差，方便检修拆卸泵组。

各管件法兰之间用橡胶密封圈密封，伸缩节密封也用橡胶密封圈，保证密封的可靠性。在导叶底部设置泵体基础板，与混凝土基础墩之间用地脚螺栓固定，并用调整垫铁调整。进、出口底座用正反牙拉钩紧固，再用混凝土浇筑。

6.3.8 叶片调节机构

当叶片全调节时,由于有减速齿轮箱,因此必须采用中置式叶片调节机构(受油器+叶片反馈机构)。受油器与叶片反馈机构如图 6-56 所示,受油器工作原理如图 6-57 所示。

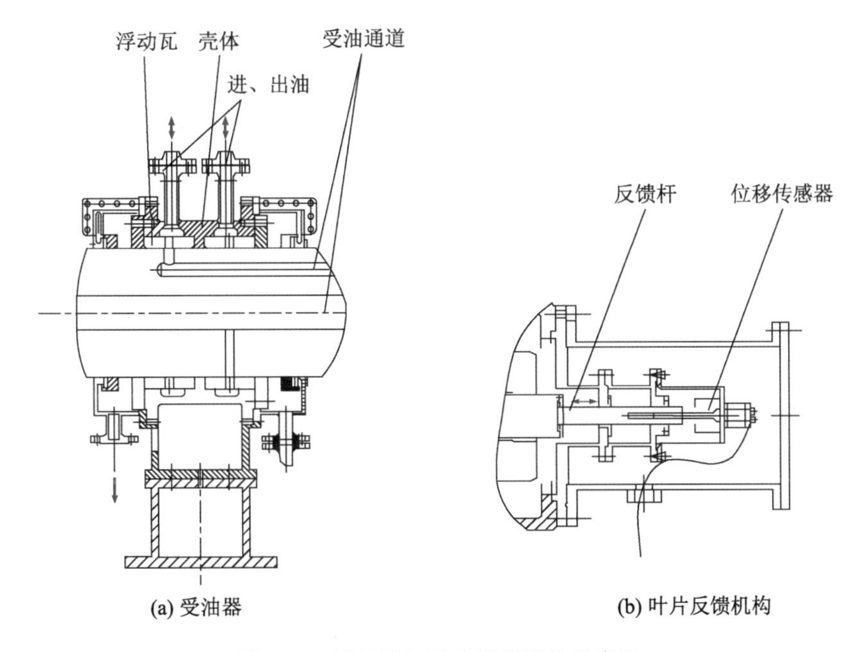

(a) 受油器　　(b) 叶片反馈机构

图 6-56　受油器与叶片反馈机构示意图

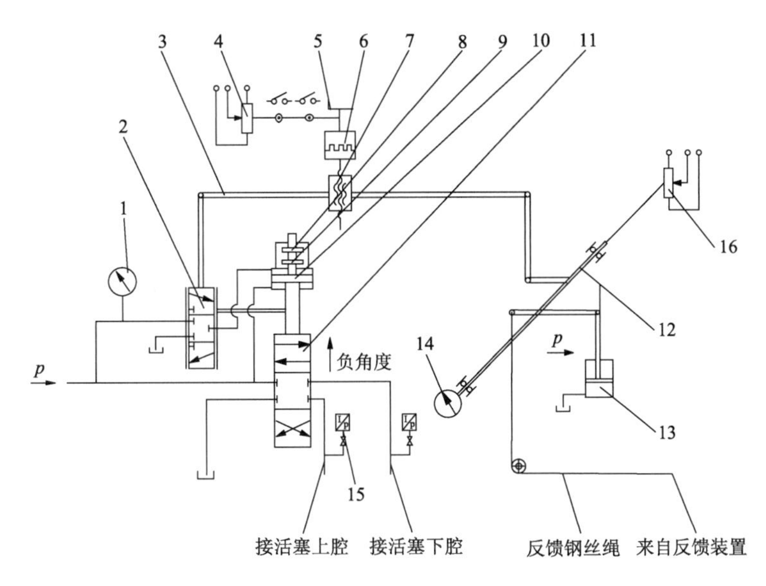

1—压力表;2—引导阀;3—传递杠杆;4—电位计;5—手轮;6—步进电动机;7—螺套;8—关机时间调整机构;9—开机时间调整机构;10—辅助接力器活塞;11—主配压阀;12—回复轴;13—液压拉紧装置;14—机械指示计;15—压力变送器;16—电位计。

图 6-57　受油器工作原理图

竖井贯流泵装置的液压全调节叶片调节机构具有以下特点：

① 采用中置式受油方式，受油器安装在位于减速齿轮箱与水泵推力轴承之间的泵轴轴端，在泵轴中间打深孔，设置压力油通道。

② 考虑到竖井贯流泵的竖井轴向尺寸，接力器（活塞）设置在轮毂中，压力油的密封通过设置可靠的V形密封保证。由于接力器设置在轮毂中，传递调节力的拉杆更短，挠度更小，可保证调节力的可靠传递，确保叶片调节的稳定进行。

③ 受油器的轴瓦设计为浮动瓦，浮动量设计为2 mm。设计轴瓦间隙时应充分考虑高、低压腔的密封与轴瓦的磨损问题。

④ 叶片反馈方式设计为电信号反馈，位移传感器安装在导轴承后面的导叶内筒体中，传感器不与水接触。传感器为双通道冗余设计，保证了运行的可靠性。

叶轮直径为3 000 mm时，液压调节机构的活塞直径为550 mm、活塞杆直径为160 mm、操作油压为11.5 kg/cm^2，机组组装完毕并进行叶片动作试验时的实景和原理如图6-58所示。

(a) 实物

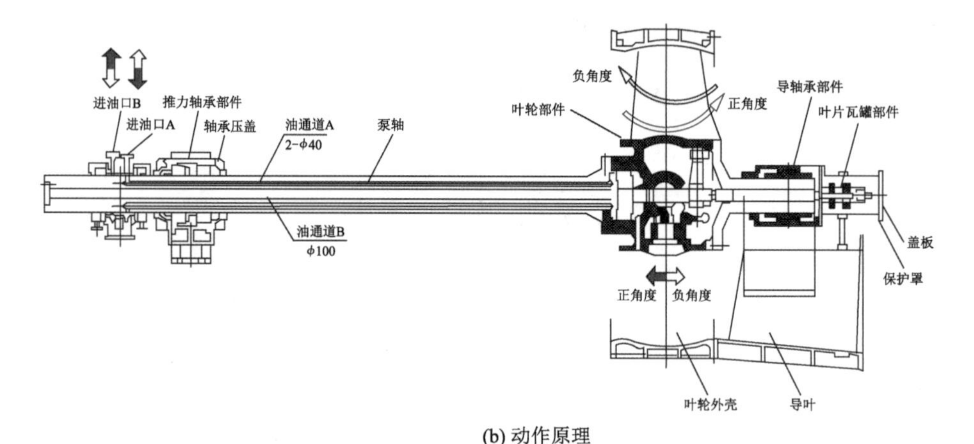

(b) 动作原理

图 6-58 叶片动作试验

进行动作试验时，压力油分别从进油口 A 或 B 引入，检查叶片动作灵活性并协调一致，检查随动轴动作是否灵活。拨动叶片使泵轴转动，观察受油器的漏油情况等(转动泵轴时，推力轴承加适量润滑油)。叶片调节范围为 $-9^\circ \sim +3^\circ$，叶片行程为 $-53.2 \sim +17.8$ mm。从进油口 A 进油时，压力油通过 2 -ϕ40 通道 A 到达活塞的右腔，此时叶片向正角度调节；从进油口 B 进油时，压力油通过泵轴中间的ϕ100 孔通道 B 进入泵轴左腔，此时叶片向负角度调节。试验结果表明，叶片调节机构达到设计预期效果。

6.4 竖井贯流泵站电气与控制技术

以第 6.1 节的泵站案例为研究背景，水泵叶轮直径 3 300 mm、转速 104.1 r/min，配套异步电动机额定功率 1 600 kW、额定转速 743 r/min。选用水泵轴与电动机轴上下平行的平行轴减速齿轮箱，减速齿轮箱传动比 $i=7.125$，齿轮箱为 2 级传动，传递功率为 1 600 kW。

6.4.1 主电动机的选择、负荷等级与供电方式

1. 主电动机的选择

泵站配套电动机额定功率为 1 600 kW，电压等级为 10 kV，属于大中型电动机。电动机有同步电动机和异步电动机两种选择。

同步电动机与异步电动机定子绕组相同，转子结构不同。同步电动机转子上有直流励磁绕组，需要外加励磁电源，通过滑环引入电流；异步电动机转子上有短路绕组，依靠电磁感应产生电流，故同步电动机结构比异步电动机复杂。

异步电动机的优点：结构简单，制造、使用和维护方便，体积及质量较小，造价较低。但异步电动机的转速与其旋转磁场转速有一定的转差关系，转速随负载的大小发生变化；其适应电网波动的能力差，对电网的冲击负荷大，在扬程变化幅度较大时，异步电动机实际运行效率低，运行费用高；异步电动机运行时必须从电网吸收无功励磁功率，从而会降低电网的功率因数，根据《全国供用电规则》的规定必须进行无功补偿，因此需配置无功补偿装置。

同步电动机的优点：转子转速和电网频率之间有不变的关系，稳态时同步电动机的转速恒为常数而与负载大小无关，且运行稳定性高、过载能力强；同步电动机的励磁电流可调节，电流在相位上超前于电压，即同步电动机是一个容性负载，可以提高电网的功率因数，减少线路的功率损耗和电压损失，电动机运行效率高，运行费用低。但同步电动机体积及质量较大，造价较异步电动机高，需配置直流励磁装置。

从配套设备角度出发，同步电动机需配套励磁装置，异步电动机需配套无功补偿装置，励磁装置和无功补偿装置价格基本相当，但高压异步电动机需配置高压无功补偿柜，补偿时只能逐台柜投入，存在欠补或过补现象，而同步电动机可以实现无级补偿；从电动机运行特性角度出发，同步电动机电网波动适应能力强、过载能力强，运行稳定性好，在额定功率时效率最高，在功率偏差超过 50%时效率降低 1 个百分点左右，这是异步电动机所达不到的；从运行维护角度出发，同步电动机设有励磁绕组和滑环，比异步电动机维护工作量大，对运行人员的素质要求较高。

考虑到本工程年运行时间较短，且场地空间受限，要求机组布置紧凑，如果选择同步

电动机则需要加大竖井土建尺寸，所以最终决定采用高压异步电动机，电动机工作方式为连续运行(S1)，技术参数见表 6-17。

表 6-17　异步电动机技术参数

参数	数值	参数	数值
功率/kW	1 600	频率/Hz	50
电压/V	10 000	防护等级	IP55
电流/A	115	绝缘等级	F
功率因数(滞后)	0.84	启动电流倍数	5
效率/%	95.7	最大转矩/额定转矩	1.6
额定转矩/(N·m)	20 563	启动力矩/额定转矩	0.56
转速/(r/min)	742.8	冷却方式	IC81W

由于竖井贯流泵的电动机、减速齿轮箱、推力轴承等设备均安装在通风条件差的竖井内，很难通过自然散热将竖井内机电设备的温升控制在安全范围内，特别是难以保证电动机的温升在安全范围内，因此采用带冷却器的电动机和减速齿轮箱，通过设置循环供水系统为冷却器提供冷却用水，以改善机电设备运行条件。循环供水系统由循环水箱、供水泵、冷水机组、供水管路、闸阀，以及各种温度、压力、流量传感器等组成。供水泵抽取循环水箱中的水经冷水机组冷却后送至机组设备的冷却器，冷却器的出水回到循环水箱中。该系统的研发与应用会在第 9.3 节中详细介绍。

2. 用电负荷与负荷等级

泵站装设 3 台 10 kV 高压异步电动机，电动机额定功率为 1 600 kW，全站总装机功率为 4 800 kW；站用电负荷主要有泵站闸门启闭机、直流系统、控制系统、供排水泵、行车、风机及检修用电、泵站照明用电等，容量约 597 kW；所用电负荷主要有节制闸、管理所及生活区动力与照明用电等，容量约 300 kW。泵站用电总负荷约为 5 700 kW。

本工程由 1 座泵站和 1 座节制闸组成，泵站的主要任务是在自流引江不能满足区域用水需求时利用泵站引水，以满足供水区用水需要，增加供水水源并促进水体流动，改善区域水生态环境，维持内河通航所需水位。泵站的主要功能为引水，无排涝功能。节制闸的主要任务是引水和排涝，当区域有涝水时须及时排出。

根据《供配电系统设计规范》(GB 50052－2009)关于负荷等级的分级规定，本工程泵站的主要功能是引水、满足区域供水和改善水生态环境，中断供电不会导致人身伤害和较大损失，属于三级负荷；节制闸的主要功能是排涝，当区域有涝水时须及时排出，中断供电会导致较大损失，属于二级负荷。

二级负荷的供电系统宜由 2 回线路供电，在负荷较小或地区供电条件较差时，二级负荷可由 1 回 6 kV 及以上专用的架空线路供电。泵站属于三级负荷，可采用 1 回线路供电；节制闸虽属于二级负荷，但由于负荷较小，可采用 1 回 6 kV 及以上专用架空线路供电。

综合泵站和节制闸总体负荷等级需求，本工程供电电源采用 1 回 10 kV 专用架空线路供电。为进一步提高节制闸运行可靠性，节制闸配备 1 台柴油发电机组作为备用电源，当 10 kV 供电电源中断时投入备用电源，保证节制闸闸门正常启闭运行。

3. 供电方式

本工程供电电源由上级变电所引接 1 回 10 kV 专用架空线路供电，采用直配电的供电方式向泵站变电所供电。

6.4.2 无主变电气主接线

泵站变电所不设主变压器，采用 10 kV 电源直供主电动机的方式供电，属于 10 kV 直配电系统，能够节约主变设备和场地建设等费用。

10 kV 侧采用单母线接线方式，站用变压器和所用变压器接于 10 kV 母线上。在泵站运行期，站变提供泵站的辅机设备、液压系统、直流系统、控制系统及照明系统等负荷用电；在泵站非运行期，站变退出运行，由所变提供节制闸、管理所及生活区日常动力与照明等负荷用电。泵站采用高压异步电动机，功率因数较低，需装设高压电容装置进行无功补偿。

低压系统采用单母线分段接线方式，站变低压侧为Ⅰ段母线，所变低压侧为Ⅱ段母线，两段母线之间设有联络开关。节制闸配备 1 台柴油发电机组，经过双电源切换接入Ⅱ段母线，作为节制闸备用电源和消防保安电源。

6.4.3 短路电流计算

根据泵站电气主接线图(见图 6-59)，本泵站为单电源供电，因此在短路电流计算时不需要考虑多电源分布系数的影响。电网参数为上级变电所 10 kV 系统最大运行方式下的电抗标幺值 $X_{x\max}=0.4172$ 和最小运行方式下的电抗标幺值 $X_{x\min}=0.5598$，据此进行短路电流和短路容量计算。

泵站安装 3 台容量为 1 600 kW、电压等级为 10 kV 的异步电动机，根据有关设计规程和手册的规定，计算高压异步电动机附近短路点的短路峰值电流时需要考虑异步电动机反馈电流。在计算泵站 10 kV 母线短路容量时，按 3 台机组的容量考虑反馈电流。

在短路电流计算时，设定短路回路各元件的磁路系统处于不饱和状态，即认为各元件的感抗为一常数。计算过程中考虑对短路电流有影响的所有元件的电抗，有效电阻可略去不计。

1. 短路电流周期分量起始有效值

$$I''=I''_{\mathrm{B}}+I''_{\mathrm{D}} \tag{6-1}$$

其中，
$$I''_{\mathrm{B}}=\frac{I_j}{(X_x+X_{*L})},\quad I''_{\mathrm{D}}=nK_{\mathrm{qd}}\frac{P_{\mathrm{ed}}}{\sqrt{3}U_{\mathrm{ed}}\eta\cos\varphi},\quad X_{*L}=X_L\frac{S_j}{U_j^2}$$

式中，I''为三相短路电流周期分量起始有效值；I''_{B} 为 10 kV 电源短路电流周期分量起始有效值；I''_{D} 为电动机反馈电流周期分量起始有效值；X_x 为系统最大或最小运行方式下的电抗标幺值；X_L 为线路电抗，按电抗 0.084 5 Ω/km、线路长 3 km 计算，$X_L=0.0845\times3=0.254\ \Omega$；$S_j$ 为基准容量，取 100 MVA；U_j 为基准电压，取 10.5 kV；X_{*L} 为线路电抗标幺值，$X_{*L}=\frac{X_LS_j}{U_j^2}=\frac{0.254\times100}{10.5^2}=0.2304$；$I_j$ 为基准电流，取 5.5 kA；K_{qd} 为电动机制造厂提供的电动机启动电流倍数，表 6-16 所示为 5 倍；P_{ed} 为电动机额定功率，1.6 MW；U_{ed} 为电动机额定电压，10 kV；η 为电动机额定功率下的效率，取 0.957；$\cos\varphi$ 为电动机功率因数，取 0.84；n 为电动机台数，3 台。

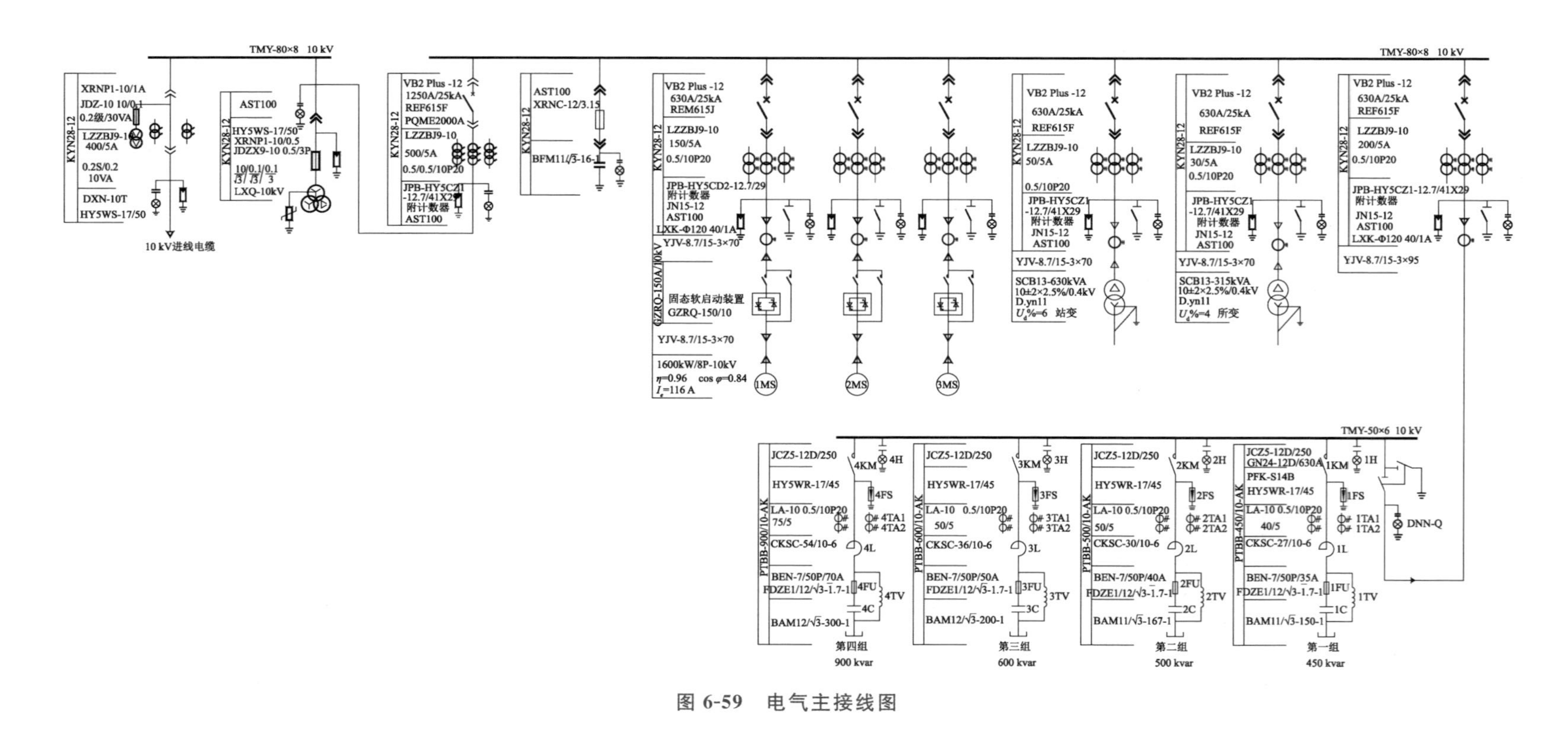

TMY-80×8 10 kV
TMY-50×6 10 kV
KYN28-12
XRNP1-10/1A
JDZ-10 10/0.1
0.2级/30VA
LZZBJ9-10
400/5A
0.2S/0.2
10VA
DXN-10T
HY5WS-17/50
10 kV进线电缆
AST100
HY5WS-17/50
XRNP1-10/0.5
JDZX9-10 0.5/3P
LXQ-10kV
VB2 Plus -12
1250A/25kA
REF615F
PQME2000A
500/5A
0.5/0.5/10P20
JPB-HY5CZ1
-12.7/41X29
附计数器
XRNC-12/3.15
BFM11/√3-16-1
630A/25kA
REM615J
150/5A
0.5/10P20
JPB-HY5CD2-12.7/29
JN15-12
LXK-Φ120 40/1A
YJV-8.7/15-3×70
GZRQ-150A/10kV
固态软启动装置
GZRQ-150/10
1600kW/8P-10kV
1MS
2MS
3MS
50/5A
SCB13-630kVA
10±2×2.5%/0.4kV
D.yn11
站变
30/5A
SCB13-315kVA
所变
200/5A
JPB-HY5CZ1-12.7/41X29
YJV-8.7/15-3×95
JCZ5-12D/250
GN24-12D/630A
PFK-S14B
HY5WR-17/45
LA-10 0.5/10P20
CKSC-54/10-6
CKSC-36/10-6
CKSC-30/10-6
CKSC-27/10-6
BEN-7/50P/70A
BEN-7/50P/50A
BEN-7/50P/40A
BEN-7/50P/35A
BAM12/√3-300-1
BAM12/√3-200-1
BAM11/√3-167-1
BAM11/√3-150-1
PTBB-900/10-AK
PTBB-600/10-AK
PTBB-500/10-AK
PTBB-450/10-AK
DNN-Q
第四组
900 kvar
第三组
600 kvar
第二组
500 kvar
第一组
450 kvar

图 6-59 电气主接线图

其中，最大运行方式下的三相短路电流及短路容量作为校验高压电器的动稳定、热稳定及分断能力的依据，整定继电保护装置；最小运行方式下的短路电流作为校验继电保护装置灵敏系数和电动机启动性能的依据。因此，对最大运行方式和最小运行方式下的短路电流分别进行计算。

(1) 最大运行方式下的短路电流

$$I''_{B}=I_j/(X_{x\max}+X_{*L})=5.5/(0.417\ 2+0.230\ 4)=8.49\ \text{kA}$$

$$I''_{D}=\frac{nK_{qd}P_{ed}}{\sqrt{3}U_{ed}\eta\cos\varphi}=\frac{3\times5\times1.6}{\sqrt{3}\times10\times0.957\times0.84}=1.72\ \text{kA}$$

$$I''=I''_{B}+I''_{D}=8.49+1.72=10.21\ \text{kA}$$

(2) 最小运行方式下的短路电流

$$I''_{B}=I_j/(X_{x\min}+X_{*L})=5.5/(0.559\ 8+0.230\ 4)=6.96\ \text{kA}$$

$$I''_{D}=\frac{nK_{qd}P_{ed}}{\sqrt{3}U_{ed}\eta\cos\varphi}=\frac{3\times5\times1.6}{\sqrt{3}\times10\times0.957\times0.84}=1.72\ \text{kA}$$

$$I''=I''_{B}+I''_{D}=6.96+1.72=8.68\ \text{kA}$$

2. 短路冲击电流

短路冲击电流 i_{ch} 可按式(6-2)计算：

$$i_{ch}=i_{chB}+i_{chD} \tag{6-2}$$

其中，$$i_{chB}=\sqrt{2}K_{chB}I''_{B},\ i_{chD}=\sqrt{2}\times1.1\times K_{chD}I''_{D}$$

式中，K_{chB} 为电源短路电流冲击系数；K_{chD} 为电动机反馈电流冲击系数。

电源短路电流冲击系数 $K_{chB}=1+e^{-\frac{0.01}{T_f}}$，其中 T_f 为短路电流非周期分量衰减时间常数。当电网频率为 50 Hz 时，$T_f=X_{\Sigma}/(314R_{\Sigma})$，$X_{\Sigma}$ 为假定短路电路没有电阻的条件下得出的短路电路总电抗，R_{Σ} 为假定短路电路没有阻抗的条件下得出的短路电路总电阻。K_{chB} 与 X_{Σ}/R_{Σ} 的数值关系曲线如图 6-60 所示。当短路点远离电源，短路电路的总电阻较小、总电抗较大($R_{\Sigma}\leqslant\frac{1}{3}X_{\Sigma}$)时，$T_f\approx0.05$ s，取 $K_{chB}=1.8$。

电动机反馈电流冲击系数 K_{chD} 一般可取 1.4～1.7 查图 6-61，这里取 $K_{chD}=1.74$。

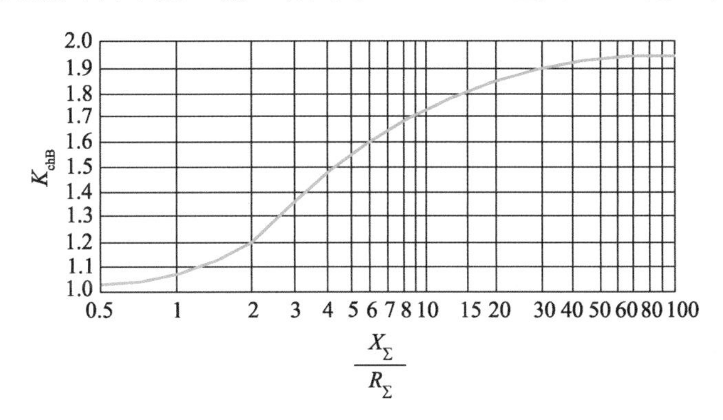

图 6-60 短路电流冲击系数 K_{chB} 与比值 $\frac{X_{\Sigma}}{R_{\Sigma}}$ 的关系曲线

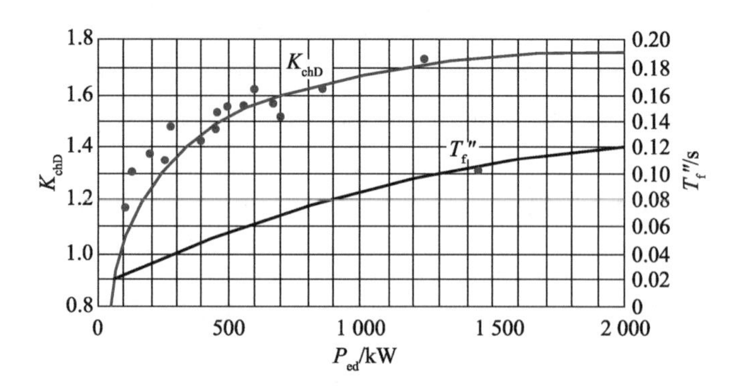

图 6-61 异步电动机容量 P_{ed} 与冲击系数 K_{chD} 的关系曲线

（T_f'' 为反馈电流周期分量衰减时间常数）

（1）最大运行方式下的短路冲击电流

$$i_{chB}=\sqrt{2}K_{chB}I''_B=\sqrt{2}\times1.8\times8.49=21.61\ \text{kA}$$

$$i_{chD}=\sqrt{2}\times1.1\times K_{chD}I''_D=\sqrt{2}\times1.1\times1.74\times1.72=4.66\ \text{kA}$$

$$i_{ch}=i_{chB}+i_{chD}=21.61+4.66=26.27\ \text{kA}$$

（2）最小运行方式下的短路冲击电流

$$i_{chB}=\sqrt{2}K_{chB}I''_B=\sqrt{2}\times1.8\times6.96=17.72\ \text{kA}$$

$$i_{chD}=\sqrt{2}\times1.1\times K_{chD}I''_D=\sqrt{2}\times1.1\times1.74\times1.72=4.66\ \text{kA}$$

$$i_{ch}=i_{chB}+i_{chD}=17.72+4.66=22.38\ \text{kA}$$

3. 短路容量计算

短路容量按式(6-3)计算：

$$S''=\sqrt{3}U_jI'' \tag{6-3}$$

（1）最大运行方式下的短路容量

$$S''=\sqrt{3}U_jI''=\sqrt{3}\times10.5\times10.21=185.68\ \text{MVA}$$

（2）最小运行方式下的短路容量

$$S''=\sqrt{3}U_jI''=\sqrt{3}\times10.5\times8.68=157.86\ \text{MVA}$$

短路电流及相关计算结果见表 6-18。

表 6-18 短路电流及相关计算结果

短路点	相关值	最大运行方式下（$X_{x\max}=0.4172$）	最小运行方式下（$X_{x\min}=0.5598$）
10 kV 母线	I''/kA	10.21	8.68
	i_{ch}/kA	26.27	22.38
	S''/MVA	185.68	157.86

由短路电流及相关计算结果可知，最大运行方式下的短路电流为 10.21 kA，短路冲击电流为 26.27 kA，短路容量为 185.68 MVA，据此选择高压电器，并对高压电器及导体的动、热稳定进行校验。

4. 高压电器的选择

下面以 10 kV 真空断路器的选择为例说明高压电器设备的选择。根据图 6-59 电气主接线图，确定 VB2 Plus－12/630 型真空断路器参数：额定电压 12 kV，额定电流 630 A，额定开断电流 $I_{dn}=25$ kA，额定断流容量 $S_{dn}=\sqrt{3}I''U_{ed}=433$ MVA。

（1）按工作电压选择

真空断路器的额定电压应大于或等于回路的工作电压，据此额定电压选择 12 kV。

（2）按工作电流选择

真空断路器的额定电流应大于或等于回路最大长期工作电流，据此额定电流选择 630 A。

（3）按断流容量选择

真空断路器的额定断流容量（$S_{dn}=433$ MVA）应大于或等于回路最大短路容量（$S''=185.68$ MVA），这里 $S_{dn}>S''$，满足要求。

真空断路器的额定开断电流（$I_{dn}=25$ kA）应大于或等于回路最大短路电流起始有效值（$I''=10.21$ kA），这里 $I_{dn}>I''$，满足要求。

5. 高压电器的短路稳定校验

对 10 kV 真空断路器进行短路稳定校验。VB2 Plus－12/630 型断路器参数：额定短路耐受电流 25 kA/4 s；额定峰值耐受电流 63 kA；断路器分闸时间 20～50 ms。

（1）热稳定校验

短路延续时间 t_1 的确定：短路延续时间包括断路器分闸时间和继电保护装置动作时间。断路器分闸时间取 50 ms，继电保护装置主保护为速动时其动作时间一般为 50～60 ms，综合两方面因素取 $t_1=0.1$ s。

假想时间 t_j 的确定：当短路点远离电源时，假想时间可按 $t_j=t_1+0.05$ 确定，即 $t_j=0.15$ s。

当短路点远离电源时，短路电流中交流分量不衰减，短路电流初始值与稳态短路电流、开断电流相等，即稳态短路电流 I_k 等于短路电流初始值 I''，$I_k=I''=10.21$ kA。

若真空断路器能承受短路电流流过时间内的热效应而不受损，则热稳定校验通过，计算方法如式(6-4)。

$$I_k \leqslant I_t\sqrt{\frac{t}{t_j}} \tag{6-4}$$

式中，I_k 为稳态短路电流；I_t 为真空断路器在 t 时间内允许通过的短时耐受电流，为 25 kA；t 为真空断路器热稳定允许通过短时耐受电流的时间，为 4 s。

根据式(6-4)可得到 $I_t\sqrt{\frac{t}{t_j}}=25\sqrt{\frac{4}{0.15}}=129.1\ \text{kA}>I_k$，故真空断路器满足热稳定要求。

（2）动稳定校验

若真空断路器承受的短路冲击电流不大于真空断路器的额定峰值耐受电流[见式(6-5)]，则动稳定校验通过。

$$i_{ch} \leqslant i_p \tag{6-5}$$

式中，i_{ch} 为短路冲击电流；i_p 为真空断路器额定峰值耐受电流，为 63 kA。

由表6-18可得到 $i_{ch}=25.89\ \text{kA}<i_p$，故真空断路器满足动稳定要求。

6. 电动机启动压降计算

根据《泵站设计规范》(GB 50265—2010)的规定，当同一母线上全部连接异步电动机时，应按最后一台最大机组进行启动压降计算。电动机全压直接启动时，母线电压降不宜超过额定电压的15%。

(1) 母线短路容量

母线短路容量由电网的短路容量决定，计算方法如式(6-6)。

$$S_{scB}=\frac{1}{\dfrac{1}{S_{sc}}+\dfrac{U_k}{100S_{eb}}} \tag{6-6}$$

式中，S_{sc} 为供电电网系统最小运行方式下的短路容量；S_{eb} 为上级变电所变压器容量；U_k 为上级变电所变压器阻抗电压，取10.5%。

根据供电部门提供的系统最小运行方式下的短路容量为178.64 MVA，上级变电所变压器容量为50 MVA及变压器阻抗电压为10.5%，可得上级变电所变压器预接负荷无功功率 $Q_L=10.90\ \text{Mvar}$。

根据式(6-6)可得到母线短路容量为

$$S_{scB}=\frac{1}{\dfrac{1}{178.64}+\dfrac{10.5}{100\times 50}}=129.87\ \text{MVA}$$

(2) 电动机回路启动容量

电动机回路启动容量可根据式(6-7)计算。

$$S_{stM}=K_{qd}\frac{P_{ed}}{\eta\cos\varphi} \tag{6-7}$$

式中，$\dfrac{P_{ed}}{\eta\cos\varphi}$ 称为电动机额定容量。

因此，对于 $P_{ed}=1\ 600\ \text{kW}$，$\eta=0.957$，$\cos\varphi=0.84$ 的异步电动机，$S_{stM}=5\times\dfrac{1.6}{0.957\times 0.84}=5\times 1.99=9.95\ \text{MVA}$。

(3) 启动回路计算容量

在电动机回路启动容量确定的情况下，启动回路计算容量可以由式(6-8)得到：

$$S_{st}=\frac{1}{\dfrac{1}{S_{stM}}+\dfrac{X_L}{U_{av}^2}} \tag{6-8}$$

式中，U_{av} 为系统平均电压，取10.5 kV。

对于本泵站的电动机启动回路，有 $S_{st}=\dfrac{1}{\dfrac{1}{9.95}+\dfrac{0.254}{10.5\times 10.5}}=9.73\ \text{MVA}$。

(4) 母线电压相对值

机组启动过程中母线电压相对值为

$$u_{stM}=u_{stB}\frac{S_{st}}{S_{stM}} \tag{6-9}$$

其中，
$$u_{stB}=u_s\frac{S_{scB}}{S_{scB}+Q_L+S_{st}}$$

式中，u_s 为电源母线电压相对值，取 1.05。

因此，$u_{stB}=1.05\times\frac{129.87}{129.87+10.90+9.73}=0.906\ 0$，得出母线电压相对值 $u_{stM}=0.906\ 0\times\frac{9.73}{9.95}=0.886\ 0$。

(5) 母线电压降

母线电压降 $\Delta u_{qm}=1-u_{stM}=1-0.886\ 0=11.40\%<15\%$，满足全电压直接启动要求。

由于泵站不设主变压器，主电动机电源由上级变电所变压器直供，该变压器同时向其他用户供电，按供电部门要求，本站需采取降压启动措施以限制电动机启动电流，降低启动压降，将上级变电所 10 kV 母线电压变动幅度限制在最小范围内，因此泵站每台电动机各装设 1 套高压软启动装置。

6.4.4 电气设备的选择、数量和布置

1. 变压器

本工程采用 10 kV 直配电方式供电给 10 kV 主电动机，泵站未设主变压器(见图 6-59)。

低压配电设计根据站用电及所用电的运行方式、负荷性质和接线形式综合确定，选用 2 台变压器，其中 1 台为大容量站用变压器，1 台为小容量所用变压器。站用变压器容量应满足泵站运行时可能出现的最大站用电负荷，泵站非运行期节制闸、泵站检修及管理所日常用电负荷较小，此时站用变压器退出运行，投入所用变压器，满足工程节能运行要求。另外，选择 2 台变压器运行方式更灵活，若泵站运行时站用变压器出现故障，可将所用变压器投入，使所用变压器承担站用电重要负荷或短时最大负荷，提高泵站运行可靠性。站用电负荷统计见表 6-19。

表 6-19 站用电负荷统计

序号	用电负荷名称	单位容量/kW	数量	可能最大负荷/kW
1	泵站液压启闭机(出水侧)	37	2 用 1 备	74
2	卷扬式启闭机(进水侧)	26	3	78
3	清污机/皮带机	5/11	6/1	41
4	直流电源	20	1	20
5	控制系统	15	1	15
6	供水泵	22	2	44
7	渗漏排水泵	3	4	12
8	冷水机组	30	2 用 1 备	60

续表

序号	用电负荷名称	单位容量/kW	数量	可能最大负荷/kW
9	除湿机	7.5	3	22.5
10	风机	0.5	12	6
11	消防泵	37	1用1备	37
12	节制闸启闭机	26	10	
13	排水泵	15	2	30
14	电动葫芦	7.5	1	7.5
15	行车	30	1	30
16	检修	50	1	50
17	泵站、节制闸照明	20	1	20
18	管理所用电	50	1	50
合计				597

(1) 站用变压器

站用电负荷主要有泵站闸门、清污机、直流电源、控制系统、供排水泵、风机及冷水机组用电等，经统计负荷为 597 kW。站变容量计算：

$$S_b = 1.05K\sum P/\cos\varphi = 1.05\times0.7\times597\div0.9 = 488\ \text{kVA}$$

式中，1.05 为网络损失系数；K 为同时系数，取 0.7；$\sum P$ 为站用电统计负荷，计 597 kW；$\cos\varphi$ 为补偿后功率因数，取 0.9。

站变容量选择 630 kVA，采用干式变压器(带外壳)，型号为 SCB13 - 630/10，电压变比为(10±2×2.5%)/0.4 kV，连接组别为(D,yn11)，阻抗电压百分值为 6.0。

(2) 所用变压器

所用电负荷主要有节制闸闸门、行车、排水泵、消防泵、检修及管理所动力与照明用电等，经统计负荷为 300 kW。所变容量计算：

$$S_b = 1.05K\sum P/\cos\varphi = 1.05\times0.7\times300\div0.9 = 245\ \text{kVA}$$

式中，1.05 为网络损失系数；K 为同时系数，取 0.7；$\sum P$ 为所用电统计负荷，计 300 kW；$\cos\varphi$ 为补偿后功率因数，取 0.9。

所变容量选择 315 kVA，采用干式变压器(带外壳)，型号为 SCB13 - 315/10，电压变比为(10±2×2.5%)/0.4 kV，连接组别为(D,yn11)，阻抗电压百分值为 4.0。

2. 电气设备

(1) 高压开关柜

10 kV 高压开关柜选用 KYN28A - 12 型金属铠装中置式开关柜，分别为 1 台 10 kV 计量柜、1 台 10 kV 进线开关柜、1 台 10 kV PT 柜、1 台高压电容器柜、3 台电动机出线柜、1 台站变出线柜、1 台所变出线柜和 1 台电容出线柜，共计 10 台，高压开关柜布置如图 6-62 所示。高压柜内装设真空断路器，配弹簧操作机构，220 V 直流操作电源。高压开关柜技术参数如下：

型号　　　　　　　　KYN28A - 12

额定电压　　　　　12 kV
额定电流　　　　　1 250 A
额定开断电流　　　25 kA
动稳定电流(峰值)　63 kA

图 6-62　高压开关柜布置

(2) 低压开关柜

低压开关柜选用 MNS 型抽屉式开关柜,分别为 2 台低压进线柜、4 台低压出线柜、1 台联络开关柜和 2 台电容补偿柜,共计 9 台。低压柜装设框架和塑壳断路器,出线开关根据远控需要部分配备电动操作机构,仪表选用数字表计。低压开关柜技术参数如下:

型号　　　　　　　　　　　MNS
额定电压　　　　　　　　　380 V/660 V
额定电流　　　　　　　　　630～2 000 A
额定短时耐受电流有效值/峰值　50/150 kA

(3) 高压软启动柜

高压软启动柜选用高压电动机智能固态软启动装置,每台主机配 1 套,共计 3 台。软启动装置采用串并联用晶闸管,无级控制输出电压,使电动机平稳地启动和停机。装置串接在电源与电动机输入端之间,通过主控单元控制驱动电路调节三相独立的反并联可控硅 SCR 阀组的相角来改变电动机的交流输入电压和电流,缓慢增加电动机转矩,达到恒流启动或按一定斜率曲线变化启动和停机的目的。启动完毕,旁路接触器吸合电动机投入电网运行。软启动装置具有过载、缺相、过流等保护功能,能有效避免因电动机启动电流过大给电网带来有害冲击,在有限的电网容量下正常驱动大功率电动机,减小对电动机的机械冲击,延长其使用寿命。

(4) 高压无功补偿柜

考虑到电动机在非额定工况下运行,功率因数比较低,设计按功率因数从 0.72 到 0.9

进行无功补偿，根据表 8-35，补偿容量取 2 450 kvar。

高压无功补偿柜选用固定柜型，共计 4 台，采用分档补偿方法，即 450 kvar 补偿柜 1 台、500 kvar 补偿柜 1 台、600 kvar 补偿柜 1 台、900 kvar 补偿柜 1 台。根据电动机投入运行台数及负荷变化灵活投切，满足无功补偿容量需求。

（5）柴油发电机组

柴油发电机组的主要功能为在供电电源中断时提供节制闸的闸门启闭动力、应急照明以及消防保安电源。发电机连续输出容量 S_e 应大于最大计算负荷 S_c。发电机最大计算负荷如下：

$$S_c = K\sum P/\cos\varphi = 0.8\times 120\div 0.85 = 113\ \text{kVA}$$

式中，K 为换算系数，取 0.8；$\sum P$ 为节制闸的闸门启闭机、应急照明、消防泵等负荷，取 120 kW；$\cos\varphi$ 为计算负荷功率因数，取 0.85。

按发电机带负荷启动 1 台最大容量的电动机短时过负荷能力进行校验：发电机在热状态下能承受 $150\%S_e$，时间为 15 s。

$$S_e > \frac{S_c + (1.25K_{qd} - K)P_{dm}/\cos\varphi}{1.5} = \frac{113 + (1.25\times 5 - 0.8)\times 37\div 0.85}{1.5} = 233.49\ \text{kVA}$$

式中，P_{dm} 为最大容量的电动机额定功率，取 37 kW（消防泵）；K_{qd} 为启动电流倍数，取 5 倍；$\cos\varphi$ 为电动机功率因数，取 0.85。

选用 1 台容量为 200 kW/250 kVA 的柴油发电机组作为备用电源。

（6）导体及电缆选择

除配电装置的汇流母线及较短导体按长期发热允许电流选择外，其余导体截面按经济电流密度选择，并进行动、热稳定校验。配电装置汇流母线选用矩形铜母线，10 kV 电缆选用 YJV－8.7/15 kV 型交联聚乙烯绝缘聚氯乙烯护套电力电缆，1 kV 电缆选用 YJV－0.6/1 kV 型交联聚乙烯绝缘聚氯乙烯护套电力电缆，有机械损伤危险的场所选用钢带铠装电缆，有防火要求的选用阻燃型或耐火型电缆。

3. 配电装置布置

泵站变电所采用户内型布置方式，配电装置布置于泵站一侧控制楼内。一楼布置 10 kV 高压开关室、低压开关室、柴油发电机房等，站变及所变与低压开关柜同室布置；二楼布置高压电容器室、控制室、二次设备室，二次设备室布置监控屏、直流屏及网络机柜等设备。

6.4.5 控制、继电保护和其他系统

1. 控制系统

① 设置中央控制室，建立泵站自动化系统（含计算机监控系统、视频监视系统与信息管理系统），集中控制和监视泵站主要电气设备的运行。

② 进线、主机、站变、所变及闸门、辅机等其他重要设备可在中控室内进行远控，也可在开关柜现场进行控制。

③ 对其他附属设备采用远方与现场控制相结合的控制方式。

计算机监控系统主要对泵站主机组、辅机、电气设备、水闸闸门的运行进行监控，并对各种设备的运行参数以及水情、工情等数据进行采集，在中控室内集中进行数据显示、分

析和处理，实现集中和分散控制，通过计算机网络将泵站与节制闸运行数据和状态实时、真实地展示在各级管理人员面前。中控室设置控制台和显示大屏，显示大屏后方设置二次设备室，安装 LCU 柜、视频柜、网络柜、直流屏等设备。枢纽中央控制室如图 6-63 所示，计算机监控系统设备布置如图 6-64 所示。

图 6-63 枢纽中央控制室

(a) 机柜并排布置

(b) 机柜正面

(c) 机柜背面

图 6-64 计算机监控系统设备布置

2. 继电保护系统

继电保护采用微机保护装置，微机保护装置具有以太网通信口，它不受计算机监控系统控制，独立闭环运行，作为独立的设备为电气设备提供保护。微机保护装置向监控系统传送实时的信息和数据，在电气设备发生故障动作时能记录动作前相关电气数据和故障动作类型，并向监控系统传送相应的故障信息和数据。微机保护装置屏幕直接显示保护动作信息，实时显示电流、电压、有功功率、无功功率、功率因数、频率及其他所需的电气参数。

根据《电力装置的继电保护和自动装置设计规范》(GB/T 50062－2008)要求，继电保护系统配置如下：

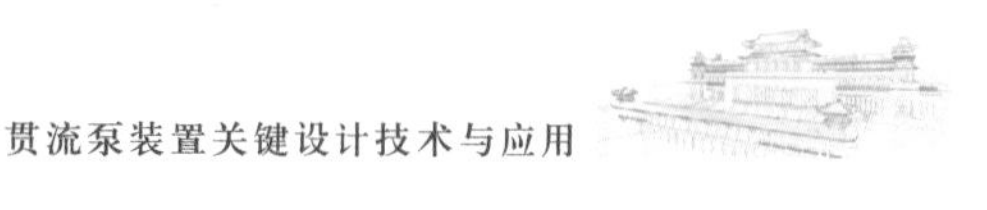

10 kV 进线：电流速断、过电流、低电压保护等；

变压器：电流速断、过电流、过负荷、低电压、温度保护等；

主电动机：电流速断、过电流、过负荷、低电压、零序过电流、温度保护等；

电容器：电流速断、过电流、过负荷、过电压、不平衡电压保护等。

电气测量仪表装置根据《电力装置电测量仪表装置设计规范》(GB/T 50063—2017)要求设置。测量表计选用数字式综合仪表，馈线回路显示电流、有功功率、无功功率、功率因数，母线电压回路显示电压、频率，表计带有 RS485 通信接口。

3. 直流电源系统

直流电源系统负荷主要包括断路器分、合闸瞬间的冲击性负荷；继电保护、自动装置等经常性负荷；事故照明、继电保护装置动作等事故负荷。直流电源系统采用微机型控制，容量为 100 Ah，额定电压为 220 VDC 和 220 VAC，配置阀控式密封铅酸蓄电池。装置具有逆变功能，逆变容量 10 kVA，平时输出交流 220 V 电源供给监控系统设备用，当交流电源失电时由蓄电池逆变供电，以确保监控设备电源可靠。

直流电源系统主要功能：采用液晶触摸屏显示和操作，实现“四遥”功能；采用 2 路 380 V 交流电源供电，并能自动切换、自动调压；交流浮充电装置采用 3 套智能高频开关整流模块($N+1$ 热备份)，可带电插拔，任意一个部分出现故障均能自动退出，不影响整个系统工作。系统还具有保护与警告功能，包括输入过压、欠压、缺相，输出过压、欠压，模块过热保护与警告等；蓄电池均充和浮充过程自动转换功能，可通过触摸屏进行设置；通过 RS485 通信接口向监控系统实时发送交直流电压、各回路电流、交流进线及直流出线开关状态的功能。

4. 防雷接地系统

(1) 操作过电压保护器

高压开关柜装设真空断路器，在正常运行操作以及切断短路电流时易产生过电压，容易对电气设备造成危害，因此有真空断路器的开关柜均设过电压保护器。

(2) 雷电侵入波保护器

为防止进线电缆遭遇雷击后雷电侵入波沿线路进入泵站变电所危害电气设备，在泵站变电所 10 kV 母线上装设氧化锌避雷器。在低压进线侧装设一级浪涌保护器，重要出线回路装设二级浪涌保护器。进线电缆在进户处将电缆的金属外皮接地。

(3) 直击雷保护网

在主厂房与控制楼的屋面四周装设避雷网，中间形成网格，利用建筑物柱内及闸墩内的主筋引出与泵站底板下的接地网相连，形成防雷接地系统。

(4) 接地系统

接地网由自然接地体与人工接地体组成：自然接地体由水工建筑物、底板、混凝土墩柱、梁内钢筋及其他金属构件组成；人工接地体由泵站底板下埋设的接地极与接地母线组成。两者多处可靠连接形成整个接地网。本工程采用共用接地系统，工作接地、保护接地、防雷接地和监控系统共用一个接地装置，接地电阻小于 1 Ω。

(5) 弱电防雷

为防止电磁干扰，在全站各区界面处设等电位连接，保证自动化系统的安全运行。自动化系统设有专用防雷设施，按三级防雷保护考虑，重要设备、重要信号线路以及电源线路等装设各类浪涌保护器，对系统的输入信号采用光隔技术，现地监控单元输出信号采用光隔加中间继电器隔离等保护措施，减少数据出错和元件损坏。

6.4.6 机组运行控制方式

1. 开机前准备工作

开机前，应做好下列准备工作，并做好记录。

（1）主机组及辅机检查

用2 500 V兆欧表在真空断路器下桩头测量主机定子绝缘电阻，其绝缘电阻应不小于10 MΩ/kV，吸收比$R_{60}/R_{15}\geqslant1.3$。

检查冷水机组、循环供水装置等供水系统设备，检查相关阀门是否已经打开；启动供水泵，检查供水母管压力，应正常；检查对应机组的供水管压力和示流信号，应正常。

（2）变压器检查

检查变压器外观应无异常；变压器投入运行前检查分接开关位置、接地线和冷却装置等，测量变压器绝缘电阻应不小于300 MΩ/20 ℃，吸收比$R_{60}/R_{15}\geqslant1.3$。

变压器进线断路器试合闸（手车试验位置），试验各种继电保护动作应正确。

（3）站用、所用电系统检查

检查0.4 kV系统：拆除外接电源及临时设备，低压开关柜内母线上应无杂物及短接点，用500 V兆欧表检查母线绝缘。

站用变压器、所用变压器10 kV侧线圈绝缘电阻应不低于20 MΩ，0.4 kV侧应不低于0.5 MΩ。

（4）高低压柜操作、表计、保护及信号部分检查

检查各断路器、隔离刀闸、接地刀闸位置指示是否正确，信号灯指示是否正常，颜色标记反映是否正确，测量表计显示是否正确，电气闭锁装置是否在“联锁”位置。

检查开关柜前后门应封闭完好。

检查直流电源装置应工作正常，检查各个设备的直流电源应工作正常。

检查所有控制按钮开关应操作灵活可靠，各接点接触良好。

检查开关柜上的继电器、仪表的外壳应完好，无碰伤现象，封装完整。

用500 V兆欧表检查二次回路的绝缘电阻，其值应不低于0.5 MΩ。

一、二次部分的各种熔断器（或空气开关）应完整无缺，接触良好，熔丝（或空气开关）的容量应符合保护电气设备的要求。

检查微机保护装置，整定值应按设计数据完整设置并经试验校核，保护动作应正确可靠。

电气模拟操动试验应正确可靠，真空断路器试合、分闸及保护联动试验应正常。

检查所有高、低压设备，应无人工作，临时接地线应已拆除，具备投入运行条件。

（5）计算机监控系统检查

1）上位机系统检查

① 检查上位机主、从工作状态指示是否正确，主机指示灯应为红色，从机指示灯应为紫色，独立运行机指示灯应为绿色；

② 检查机组 LCU 与上位机是否联机可控；

③ 检查机组 LCU 与公用 LCU 通信是否正常；

④ 检查机组 LCU 与液压系统通信是否正常；

⑤ 确认现场开机条件是否具备，控制权是否为“远方”，如具备现场开机条件可进行下一步操作；

⑥ 检查直流屏和 UPS 装置工作是否正常；

⑦ 检查 GPS 同步钟上的指示灯是否闪烁，秒数字是否累加；

⑧ 检查上位机主、从机操作员工作站运行监视图上的数据是否刷新；

⑨ 检查画面、数据库等是否正常；

⑩ 检查各报表和事件记录是否正常；

⑪ 检查通信管理机工作是否正常。

2）现地控制单元(LCU)检查

① 检查 LCU 交直流供电电源是否正常；

② 检查 PLC 工作是否正常，自检是否通过，有无故障模件；

③ 检查触摸屏工作是否正常，通信是否正常，数据是否刷新；

④ 检查 LCU 与上位机通信是否正常；

⑤ 检查控制权限是否置于“远方”位；

⑥ 检查调试按钮是否弹出；

⑦ 检查传感器和水位计工作是否正常。

2. 开、停机流程

(1) 开机流程

泵组停止状态→自动化系统投入运行→打开泵组冷却水电动阀→冷水机组投入运行→循环供水装置投入运行→电动机冷却水、减速齿轮箱冷却水与推力轴承冷却水示流信号正常→开进水侧工作门→开出水侧事故门→机组断路器合闸→出水侧工作门联动开启→机组启动完成。

说明：若启动不成功，系统会自动关闭出水侧闸门，找明原因并处理后，重复开机流程。

(2) 正常停机流程

泵组运行状态→机组断路器分闸→出水侧工作门联动关闭→关出水侧事故门→关进水侧工作门→循环供水装置停运→冷水机组停运→关泵组冷却水电动阀。

(3) 紧急停机流程

机组运行状态→遇到需要紧急停机的故障(水泵故障、电动机故障、电气故障等)→机组断路器分闸→出水侧工作门联动关闭→关出水侧事故门→关进水侧工作门。

3. 开机常见问题分析

在开机过程中常见的启动不成功的现象主要有主机开关柜跳闸、软启动装置跳闸等。

(1) 水泵启动时主机开关柜跳闸

线路有短路故障时，电流速断保护动作：$I_{dz,j}=19$ A，$t_j=0$ s 跳闸(一次电流 570 A)；

过电流保护：$I_{dz,j}=11$ A，$t_j=16$ s 跳闸(一次电流 330 A)。

(2) 水泵启动时软启动装置跳闸

这主要是由于软启动装置启动力矩不够,应调整启动电压。软启动装置推荐启动电压为初始电压的30%,启动力矩与启动电压的平方成正比。调试过程中若启动力矩不够,启动超时会导致主机开关柜跳闸,调整启动电压为初始电压的45%,可顺利启动。

(3) 软启动装置保护与主机开关保护的配合

主机开关柜中装设电动机保护装置,软启动柜中设有软启动保护,两者之间的保护参数需要进行上下级配合。

(4) 泵站进线开关保护与上级变电所出线开关保护的配合

试运行初期采用公用架空线路供电,室外设有柱上真空断路器,水泵启动时引起柱上真空断路器跳闸,为过电流保护动作,过电流保护设定时间短于水泵电动机启动时间(约为10 s),调整保护动作时间后启动和运行正常。后期专用供电线路施工完成,泵站变电所重新接入电力系统,泵站进线断路器电流速断、过电流保护整定值和动作时间均小于上级变电所整定值,未出现上级变电所开关跳闸现象。

(5) 电动机运行过程中的跳闸

出现这一现象的主要原因有电动机过负荷、外线低电压、电动机过热等。出现过负荷的主要原因:水情变化导致上下游水位差过大使电动机过负荷;水泵叶轮发生卡阻导致电动机过负荷。这类故障的防控措施如下:

① 过负荷保护:$I_{dz,j}=4.5$ A,$t_j=15$ s跳闸(一次电流135 A)。

电动机在热状态下应能承受150%的额定电流而不损坏或变形,过电流时间不少于30 s。

② 低电压保护:当供电线路发生故障导致电压过低时须及时跳闸,尤其是当供电线路失电后重合闸时,电动机不允许自启动,须立即跳闸。

低压电Ⅰ段:$U_{dz,j}=75$ V,$t_j=10$ s跳闸。

低电压Ⅱ段:$U_{dz,j}=40$ V,$t_j=0.5$ s跳闸。

③ 零序电流保护:当线路发生单相接地等情况时零序电流变大,当零序电流整定值为200 mA时发信号通知运行人员及时检查,必要时停机。

④ 温度保护:电动机定子绕组和轴承温度过高时须及时停机检查,温度设定值如表6-20所示。

表6-20 温度设定值

名称	报警温度/℃	停机温度/℃	动作类别
轴承温度	85	95	发信号、跳闸
定子绕组温度	110	120	发信号、跳闸

(6) 竖井贯流泵机组停机注意事项

竖井贯流泵机组正常停机与事故停机时,应立刻关闭泵站流道出口闸门,尽快断流,防止机组反转时间过长导致转速超过飞逸转速,超出机组的承受能力,对机组造成损害。最不利的情况是供电线路失电,泵站失去交流电源,此时闸门能够快速关闭,因此闸门液压控制系统及电磁阀需采用直流供电,确保电网失电时主电动机断路器低电压保护动作跳闸,出口闸门联动关闭。

4．设备运行

(1) 主机组与辅助设备运行

1) 电动机的运行电压和电流等的要求

① 电动机的运行电压应控制在额定电压的95％～105％的范围内。

② 电动机的电流不应超过铭牌规定的额定电流，一旦发生超负荷运行，应立即查明原因，并及时采取相应措施。

③ 电动机运行时其三相电流不平衡之差与额定电流之比不得超过10％。

④ 电动机定子线圈的温升不得超过制造厂规定的100 K(电阻法)允许值。

⑤ 电动机运行时轴承的允许最高温度不应超过制造厂的规定值，当电动机各部温度与正常值有很大偏差时，应根据仪表记录检查有无不正常运行情况。

⑥ 机组运行时的允许振幅不应超过0.08 mm。

2) 机组运行过程中的巡视检查内容

① 电流、电压、功率指示应正常。

② 线圈及轴承温度应正常。

③ 机组应无异常振动、异声和异味。

④ 当发现电动机定子一相接地时，除应及时向总值班汇报外，还应立即查明原因，单相接地运行时间不应超过2 h。

3) 主水泵运行

主水泵在运行过程中不应有可损坏或堵塞水泵的杂物进入泵内；水泵的空蚀和振动应在允许范围内；水导轴承的温度应正常，润滑油的油质、油位、油温和冷却水的水质、水压、水温均应符合要求；在水泵运行过程中应监视流量、水位、压力和运行温度、振动等技术参数，并保证各种监测仪表处于正常状态；备用机组每年均应开机运行。

4) 辅助设备运行

① 泵站油、水系统中的安全装置、自动装置及各种表计应定期检查，确保动作可靠，设定值在运行过程中不得随意更改。

② 辅助设备运行时应经常检查轴承温度、电动机温度、振动响声、润滑油油位等，出现故障时应及时抢修。冬季停止运行后应放空设备和管道内的存水。

③ 备用辅助设备应定时巡视检查，并定期切换运行。

④ 冷却水的水质、水温、水量、水压应满足运行要求，主机组在运行过程中不应断水。

⑤ 应经常检查排水泵自动控制装置动作的可靠性，以及集水井积水、排水情况，集水井应无淤积。

(2) 变压器运行

变压器投入运行前应对绝缘电阻、接地线和冷却装置等进行检查。

变压器的运行电压一般不高于该运行分接额定电压的105％。

1) 变压器运行过程中的巡视检查内容

① 变压器套管应清洁，无裂纹、破损、放电痕迹和其他异常现象。

② 变压器声响应正常。

③ 冷却装置的运行应正常。

④ 电缆和母线应无异常情况，外壳接地应良好。

⑤ 干式变压器运行时绕组允许最高温升为 100 K(电阻法测量)。干式变压器在停运期间，应防止绝缘受潮。

⑥站用变压器运行时中性线最大允许电流不应超过额定电流的 25%，超过规定值时应重新分配负荷。

⑦ 变压器运行中保护动作跳闸时，应立即查明原因，如综合判断证明变压器跳闸不是由内部故障所引起的，可重新投入运行。

2) 变压器应立即停止运行的情形

① 变压器内部声响很大，且不均匀，有爆裂声。

② 在正常冷却条件下，变压器温度不正常，温度不断上升。

③ 套管有严重的破损和放电现象。

(3) 其他电气设备运行

通过电缆的实际负荷电流不应超过设计允许的最大负荷电流。电缆及其连接点在通过其允许通过的电流时，温度不应超过 60 ℃。电缆线路应定期巡视，并做好巡视测量记录。

1) 高压断路器的操作要求

① 操作高压断路器的直流电源电压应在 210～230 V 之间。

② 当储能机构正在储能时，高压断路器不应进行操作。

③ 分、合高压断路器应用控制开关操作，高压断路器在正式执行操作前应通过远方控制方式试操作 2～3 次。

④ 高压断路器在运行中严禁执行慢合或慢分操作。

⑤ 拒分拒合的开关未经处理恢复正常，不得投入运行。

2) 高压断路器运行过程中的巡视检查内容

① 断路器的分、合位置指示应正确。

② 绝缘子、瓷套管外表应清洁，无损坏、放电痕迹。

③ 绝缘拉杆和拉杆绝缘子应完好，无断裂痕迹、无零件脱落现象。

④ 导线接头连接处应无松动、过热、熔化变色现象。

⑤ 断路器外壳应接地良好。

⑥ 断路器灭弧室应无异常现象。

⑦ 弹簧操作机构储能电机行程开关接点动作应准确、无卡滞变形，分、合线圈应无过热、烧损现象，断路器在分闸备用状态时，合闸弹簧应储能。

⑧ 当发现真空断路器出现真空损坏等现象时，应立即断开操作电源，悬挂“禁止合闸”警告牌，采取减负荷或断开上一级负荷后再退出故障断路器。

⑨ 高压断路器事故跳闸后，应检查有无异味、异物、放电痕迹，机械分、合闸指示应正确。

⑩ 隔离开关(或手车)触头接触应紧密，无弯曲、过热及烧损现象，瓷瓶应完好，传动机构应正常。

⑪ 运行中的电压互感器二次线圈严禁短路，严禁通过它的二次侧向一次侧送电，工

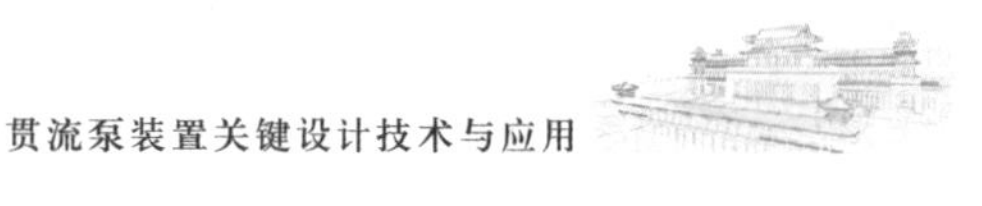

作中两组电压互感器二次侧间不能有电的联系。

⑫ 运行中的电流互感器二次侧严禁开路。

⑬ 互感器铁芯和二次侧应接地。

3）仪用互感器运行要求

① 外壳完整且接地良好。

② 接点无变色。

③ 套管和支持绝缘子洁净，无裂纹及放电声。

④ 无不正常的响声。

4）避雷器、避雷针运行要求

① 对接地网的接地电阻进行测量，接地电阻一般不超过 4 Ω。

② 避雷装置完好。

③ 保持避雷器瓷套的清洁，以防止避雷器表面电压分布不均匀或引起瓷套短接。

④ 避雷针的接地引下线应可靠接地，无断落和锈蚀现象，并定期测量其接地电阻值。

⑤ 运行中，继电保护和自动装置不能任意投入、退出和变更定值，需投入、退出或变更定值时，应在接到有关上级的通知或命令后执行。凡带有电压的电气设备，不允许在无保护的状态下运行。运行人员必须准确记录继电保护动作时的掉牌信号、灯光信号。

⑥ 直流系统发生接地时，应立即查出故障原因并予以消除。

（4）金属结构设备运行

在主机组启动前应全面检查快速闸门的控制系统，确认快速闸门能按规定的程序启闭后方可投入运行，运行中应注意闸门是否在正确位置。

机组长期停机后，开机之前须分别试运行进水闸门和出水闸门，试运行正常后方可运行机组。

液压系统运行时须观察油压、油温，机组运行期间须观察出水侧的工作门和事故门是否有下滑迹象，观察油路是否有渗漏等异常情况，如发现异常情况，应及时处理。

泵站运行期间须观察清污机设备的运行状况，随时清理清污机前的垃圾，清污机在运转过程中须观察振动情况。

（5）计算机监控系统运行

对于履行不同岗位职责的运行人员和管理人员，应分别规定其安全等级操作权限。

泵站计算机监控系统投入运行前应进行检查并达到下列要求：

① 受控设备性能完好；

② 计算机及其网络系统运行正常；

③ 现地控制单元(LCU)、微机保护装置、微机励磁装置运行正常；

④ 各自动化元件，包括执行元件、信号器、传感器等工作可靠；

⑤ 视频系统运行正常；

⑥ 系统特性指标以及安全监视和控制功能满足设计要求；

⑦ 无报警显示。

计算机监控系统在运行中监测到泵站设备故障和事故时，运行人员应迅速处理，及时报告；计算机监控系统运行发生故障时应查明原因，及时排除；未经无病毒确认的软件不得在监控系统中使用;计算机监控系统的计算机不得移作他用和安装未经设备主管部门同意的软件;历史数据应按要求定期转录并存档;对软件进行修改或设置应由有管理权限的人员操作,软件修改或设置前后必须分别进行备份,并做好修改记录。

6.5 机组运行状态监测与分析系统

机组运行状态监测与分析系统可对竖井贯流泵装置中的水泵、电动机、减速齿轮箱等设备进行振动、摆度、转速、压力脉动等状态在线监测,并结合工程特点和各种运行工况、参数对设备运行状态进行分析和诊断,为智能泵站建设提供技术支持。

6.5.1 机组运行状态监测与分析系统的功能

1. 实时监测功能

实时监测功能是指系统可对机组稳定性直接进行监测,通过实时监测并分析机组在实际运行过程中各测点振动和摆度、各过流部件的水压及脉动情况,可得到影响机组稳定性的各种性能参数。根据各稳定性参数,包括主要频率成分、幅值特征及相位特征等,分析机组主要存在激振力以及产生激振力的原因,为机组稳定运行和故障诊断提供依据。机组运行状态监测与分析系统可对机组当前的运行状态进行同步监测,并以数值、曲线、图表等形式显示机组的各种状态分析数据,实现在线监测和分析功能。

实时监测页面从不同的角度、分层次展现机组的状态信息,包括监测主页面、振摆子系统、水力量测子系统、工况子系统等,如图 6-65 所示。系统软件功能符合《在非旋转部件上测量和评价机器的机械振动　第 5 部分:水力发电厂和泵站机组》(ISO 10816 - 5:2000)标准中规定的测点布置要求,根据不同的报警值设置报警功能,软件的报警方式有声音、灯光 2 种,并且可以进行时间设置。

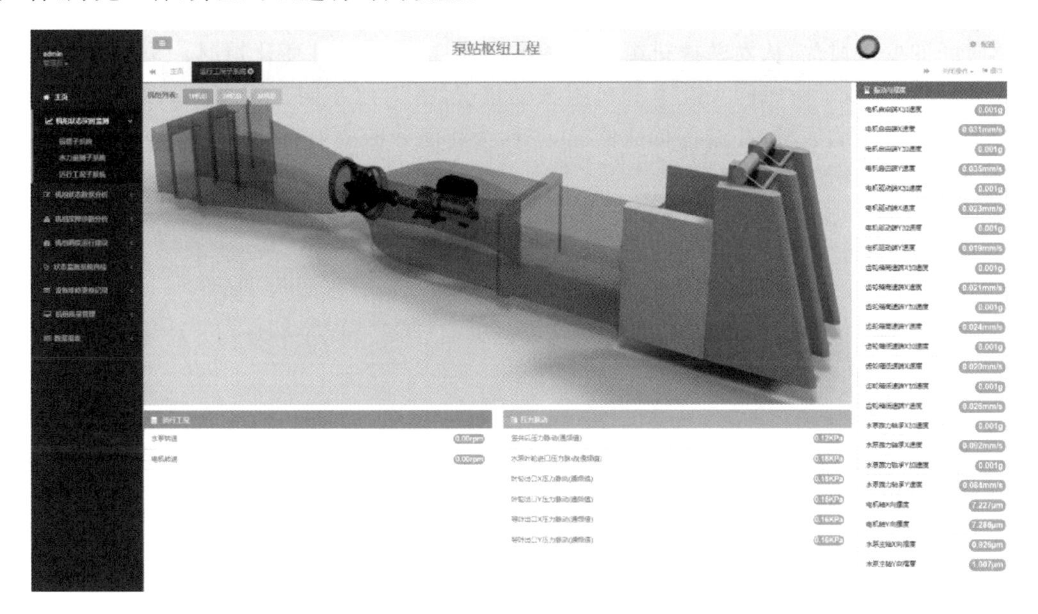

图 6-65　机组实时监测页面

2. 机组状态数据分析功能

机组状态分析是机组故障诊断的关键。

(1)波形频谱分析

机组正常运行状态下的波形图应为较平滑的正弦波，且重复性好。图 6-66 所示的频谱图用于显示各振动分量的频率及其振幅值。在正常运行状态下，频谱图通常是一倍频最大，二倍频次之（约小于一倍频的一半），三倍频、四倍频、……、X 倍频逐步参差递减，低频（即小于一倍频的成分）微量。分析频谱图时需要与历史和正常运行状态下的频谱图相比较，查找发生变化的频率成分，确定变化的倍率。

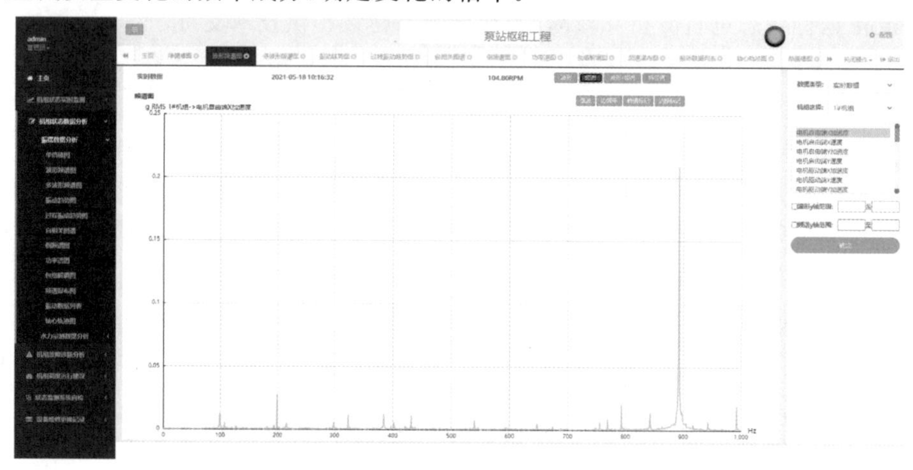

图 6-66　频谱图

(2)历史趋势分析

软件具有历史趋势分析功能，可以按不同要求形成历史趋势曲线（见图 6-67），按需要进行不同时段和不同运行工况的历史趋势分析。按时段进行趋势分析，可以了解机组振动随时间的变化情况，从而掌握机组部件劣化趋势、机组稳定性变化情况。按运行工况进行趋势分析，可以了解相同工况下的机组振动情况，并对比不同工况下的机组振动情况，从而了解机组振动区域，并进行特殊情况分析，为智能诊断提供有力依据。

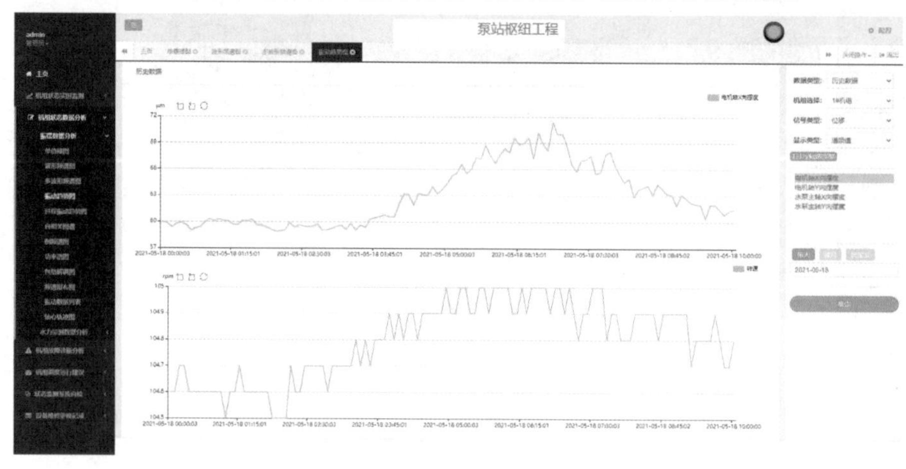

图 6-67　历史趋势图

（3）压力和压力脉动分析

引起水泵装置振动的因素有很多，水力因素是其中一个主要因素。机组运行状态在线监测系统设有专门的水力量测子系统，它既可以实时进行信息监测，显示与分析获得的数据，也可以与设备的振动监测数据进行多维图形（曲线）对比分析。通过分析，可以获得两者频率的关联性、幅值的关联性等重要信息，判断是否存在数值超标、是否具有谐振性质等。由于这些情况与水泵的转速、运行扬程和流量有一定的关系，所以结合水泵的运行工况，可以判断水泵在该运行工况是否稳定。运行一段时间后，可以在水泵的综合特性曲线上绘制运行稳定、过渡、不稳定区域，为泵站优化调度与运行提供科学依据。

上位机软件具有强大的数据和图形显示功能，可以按不同要求形成多种直观的分析图形或曲线，如单值棒图、波形频谱图、多波形频谱图、振动趋势图、过程振动趋势图、轴心轨迹图、轴心位置图、压力压差数据列表等。

系统可根据泵站机组的历史运行情况，对测点历史数据进行拟合分析计算，预测机组未来一定时间内是否会报警，即系统能提前做出预测并给出预报警提示。

3. 故障诊断与分析功能

当机组测点报警时，系统会启动故障诊断分析模块，通过内置的故障诊断规则对机组运行时的数据进行筛选并提取特征信息，接着将特征信息与规则进行匹配和模式识别以提高识别的准确率和稳定性，然后借助于 Bagging 及 Boosting 等机器学习算法，使用权值采样和权重强分类，通过重采样和弱分类器融合，判断出最有可能的故障类型，给出诊断结果和建议的处理措施，以表格、文字说明等形式进行信息展示。为防止出现不常见故障的误判，远程诊断中心还有相关专业人员对故障进行诊断分析。

系统针对机组累计运行时间、振动、压力脉动、温度、压力、压差、工况等参数建立了综合健康状态评价模型。先从采集的实时数据中提取状态特征参数，计算当前的状态特征值，然后调用基于多重指标模糊隶属度的综合健康状态评价模型，可得出机组的健康状态评估结果（良好、可用、须检查、须停机），并直接以文字结论的形式呈现出来。

4. 调度运行建议功能

为保证机组的安全稳定运行，机组运行状态在线监测系统加入了调度运行建议功能。通过对机组累计运行时长、机组单月运行时长、机组维修时间、机组运行状态评估及机组故障停机次数等进行综合分析，可得出最优的机组运行推荐顺序，指导运行人员择优选择开机机组，保证泵站机组稳定运行。

（1）优先机组运行推荐

优先机组运行推荐是指根据后台实时的测点数据，通过最优化算法计算得出当前机组的健康状态，对机组健康状态进行量化处理并排序，推荐运行当前状态最好的机组。按照推荐的开机顺序运行机组，可在最安全的前提下保证泵站的稳定运行。

（2）机组报警停机建议

机组报警停机建议是指通过检测当前所有机组、所有测点的报警数量和报警状态进行当前运行状态评价，得到当前机组的运行状态，通过运行状态判定正在运行的机组是否需要停机检查或能否继续运行。机组报警停机建议结合优先机组运行推荐，可保证泵站安全、高效、稳定运行。

5. 系统自检功能

为保证泵站稳定运行，机组运行状态在线监测系统自身要运行稳定。在机组上安装的数据采集模块都有自检功能，能及时将各个测点传感器模块的状态传回系统展示页面，运行人员通过系统自检功能可查看当前某机组异常测点个数并判断此机组配套的传感器模块工作状况，依据这些信息可进一步判断当前机组运行状态在线监测系统回馈信息的可靠性。机组运行状态在线监测系统实时状态页面展示了各个数据采集器接入的测点的工作状态（如正常、断线、短路等），通过系统显示可及时了解当前机组各测点是否发生故障及故障原因，便于运行人员及时排除故障，保证系统安全稳定运行，确保泵站运行的可靠性。

6. 维修更换记录功能

泵站机组的正常运行与辅助设备的运行质量涉及水泵、电动机、电气设备、辅助设备及其他系统设备的维修与日常维护。为方便管理，一些日常的检修记录（如部件损坏更换、检修人员信息）可打印存档，不需要手动填写记录。

监测系统的正常运行与系统设备的正常运行紧密相关，如传感器损坏，检测到的信号就会有误，经过维修或者更换之后，这些记录都应该备份存档，方便日后维修更换。

7. 综合管理功能

(1) 机组信息管理

对机组设备的信息进行分类管理，如对相关设备的老化、空蚀、运行时长进行监测分析，避免设备过期过劳使用，造成不必要的损失。对硬件信息和数据资料存档管理，方便使用时查找。

(2) 传感器信息管理

传感器信息包括传感器类型、安装位置、制造厂商等，重要参数可采用电子档案保存在服务器上，也可以打印存档。

(3) 材质信息管理

材质信息包括水泵叶轮与外壳、电动机定转子与绕组、各种轴承等部件的材质信息。材质信息可采用电子档案保存在服务器上，也可以打印存档。

6.5.2 机组运行状态在线监测系统的网络结构

1. 在线监测系统网络结构

在线监测系统采取分层分布的网络结构，分为现地层和上位机层。泵站主厂房为现地层，泵站中控室为上位机层，现地层和上位机层之间采用以太网传输。现地层由电动机井传感器通过传感器线缆汇总至现地柜，水泵井传感器通过传感器线缆汇总至水泵井接线盒内，再通过多芯电缆汇总至现地柜，现地层具有信号采集、监测、显示和报警等功能。上位机层由网络设备、服务器、工作站组成，上位机系统着重于建设智能数据库对监测数据进行全面和完整的显示、分析与处理，具有趋势分析以及故障预测、分析和诊断功能，并与泵站计算机监控系统进行有关信息的双向交流，形成了完整的、科学的机组运行状态在线监测系统。系统网络结构如图 6-68 所示。

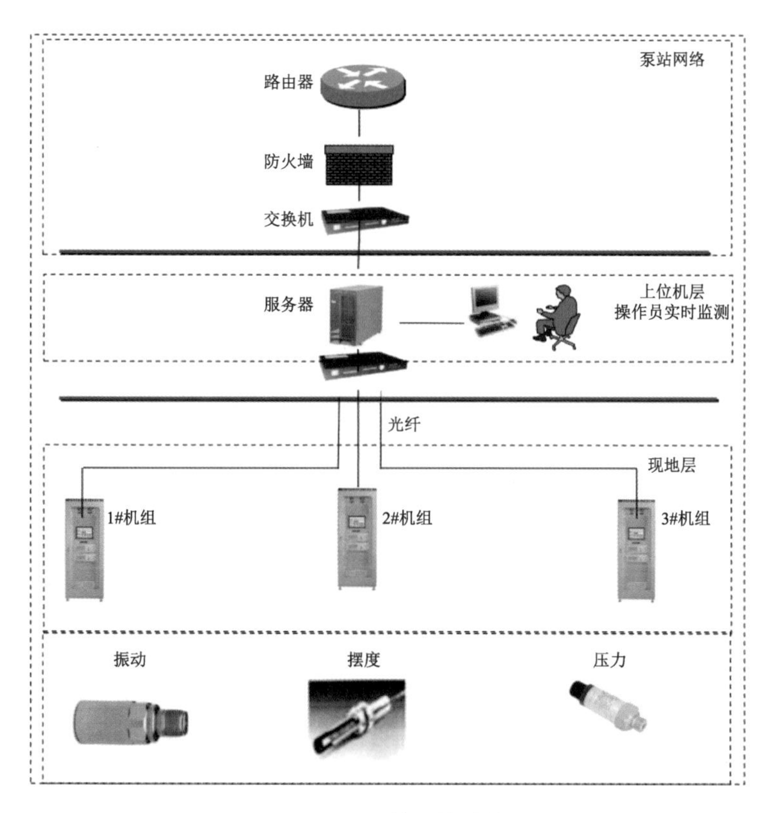

图 6-68　系统网络结构

2. 在线监测系统测点布置

考虑到竖井贯流泵的运行特点和监测量的重要性，以及方便布置和维护检修，单台机组测点布置如表 6-21 所示。

表 6-21　单台机组测点布置

序号	名称	安装位置	数量	品牌	型号
1	电动机前轴承 X/Y 方向振动加速度传感器	电动机前轴承	2	PCB	603M170
2	电动机后轴承 X/Y 方向振动加速度传感器	电动机后轴承	2	PCB	603M170
3	电动机轴承 X/Y 方向摆度电涡流位移传感器	电动机主轴	2	Schenck（申克）	IN－081
4	电动机正、反转速电涡流位移传感器	电动机主轴	2	Balluff（巴鲁夫）	BESM12M1
5	叶轮外壳 X/Y 方向振动加速度传感器	叶轮外壳	2	PCB	603M170
6	水导轴承 X/Y 方向振动水下加速度传感器	水导轴承	2	PCB	608A11
7	推力径向组合轴承 X/Y 方向振动加速度传感器	组合轴承	2	PCB	603M170
8	泵轴摆度 X/Y 方向电涡流位移传感器	泵轴	2	申克	IN－081
9	减速齿轮箱前 X/Y 方向振动加速度传感器	高速侧	2	PCB	603M170
10	减速齿轮箱后 X/Y 方向振动加速度传感器	低速侧	2	PCB	603M170

续表

序号	名称	安装位置	数量	品牌	型号
11	竖井后端压力脉动变送器	竖井后端	1	KELLER	PR－21Y
12	叶轮出口压力脉动变送器	叶轮出口	2	KELLER	PR－21Y
13	叶轮进口压力脉动变送器	叶轮进口	1	KELLER	PR－21Y
14	导叶出口压力脉动变送器	导叶出口	2	KELLER	PR－21Y

3. 在线监测系统传感器选择

泵站机组结构复杂，运行工况多变，且工作环境受到限制，监测内容包括转速监测、振动监测、摆度监测、压力脉动监测、工况监测等，结合第 2.4 节、第 3.5 节中机组状态监测与诊断的成功经验，选用如下传感器。

(1) 转速监测

转速是旋转机械测试中一个重要的特性参量，动力机械的许多特性参数都与转速呈一定的函数关系，所以转速测量是工业生产各个领域的重点。转速测量的方法分为两大类：直接法和间接法。直接法即直接观测机械或电动机的机械运动，测量特定时间内机械旋转圈数从而测出机械或电动机的转速。间接法是指通过测量因机械或电动机的机械运动而产生变化的其他与转速相关的物理量间接确定转速。因机械或电动机的机械运动而产生变化并与转速有关的物理量很多，所以间接测量转速的方法也很多。在线监测系统键相信号可用常规的电涡流传感器进行测量，通过硬件处理后获取键相脉冲信号。用感应式位移传感器监测键相信号则可直接获取键相脉冲信号，当传感器对准键相片(一般厚度为 4 mm)时，传感器输出高电平。

近年来的应用经验表明，采用感应式位移开关传感器测量键相信号更可靠，并且不易受大轴摆度过大、大轴中心偏移过大等影响，安装和维护更方便。转速测量选用巴鲁夫传感器，主要技术参数如下：

测量原理：感应式接近开关；

频响范围：0～1 500 Hz；

工作范围：0～4 mm；

工作温度：－25～＋100 ℃；

供电电压：24 V。

(2) 振动监测

振动是水泵机组较为常见的现象，较大的振动会直接影响机组的安全运行，因此它是评定机组运行性能的一个重要指标。导致机组和泵房建筑物产生振动的因素较多，这些因素之间既有联系又相互作用，概括起来主要有电气和机械两个方面的原因。

从电气方面来说，电动机是机组的主要设备，电动机内部磁力不平衡和其他电气系统的失调常引起振动和噪声。例如，异步电动机在运行中因定、转子齿谐波磁通相互作用而产生定、转子间径向交变磁拉力，大型同步电动机在运行中定、转子磁力中心不一致或各个方向上气隙差超过允许偏差值等，都会引起电动机周期性振动并产生噪声。

从机械方面来说，电动机和水泵转动部件质量不平衡，制造和安装质量不良，机组轴线不对称、摆度超过允许值，零部件的机械强度和刚度较差，轴承和密封部件磨损破坏，以及水泵临界转速与机组固有频率一致引起共振等，都会产生强烈的振动和噪声。

振动监测传感器选用美国 PCB 公司的 630M170 系列加速度传感器，性能指标如下：

灵敏度：100 mV/g；

工作频响范围：0.4～15 kHz；

动态范围：0～80g（峰值）；

谐振频率：23 kHz；

幅值非线性度：≤5%；

工作温度：−50～121 ℃；

安装螺钉：M6×1，长 10 mm。

水下振动监测传感器选用美国 PCB 公司的 608A11 系列加速度传感器，此传感器与电缆为一体化结构，可以防水。其性能指标如下：

灵敏度：100 mV/g；

工作频响范围：0.5～10 kHz；

动态范围：0～50g（峰值）；

谐振频率：22 kHz；

幅值非线性度：≤1%；

工作温度：−54～121 ℃；

安装螺钉：M6×1，长 10 mm；

防护等级：IP68。

（3）摆度监测

在电动机和水泵运转时，最理想的状态是轴的中心线围绕着理论的中心线转动，但实际上很难实现。轴在制造过程中因加工精度而产生的跳动值，以及轴与轴连接过程中由于制造误差、安装误差、安装后的累计误差、安装运输过程中产生的变形等使得轴在实际转动中沿着与理论中心线呈一定偏角的中心线运转，这种运转造成的偏差称为轴的摆度。若轴的摆度超标，则轴颈会产生单边磨损，从而加速电动机导轴瓦及水泵导轴瓦的内圆磨损，引起机组振动，机组机械摩擦磨损增大，以致机组不能正常运转。对摆度的在线监测能够有效预防摆度超标对系统产生危害。摆度传感器选用申克 IN-081 一体化电涡流传感器，此传感器是非接触式传感器，测量键相、摆度时将其固定在＋X 向延伸臂上，对准转轴即可测量转轴相对基础的摆度。电涡流传感器壳体长度为 110 mm，延长电缆为 5～9 m，端子箱就地布置，适合竖井贯流泵机组结构安装方式。传感器为 4 线制接线（电源线、信号线、屏蔽线、公共端）。申克 IN-081 一体化电涡流传感器性能指标如下：

测量原理：涡流感应；

频响范围：0～10 kHz；

量程范围：0～2 mm；

平均工作位置（探头表面到被测面之间的有效距离）：约 2.4 mm；

灵敏度：8 mV/μm；

误差：满足 API670 的要求；

工作温度：$-10\sim+110$ ℃；

储存温度：$-50\sim+150$ ℃；

电缆长度：≤1 000 m；

供电电压：$-18\sim-24$ VDC，@5 mA；

推荐重新检定时间间隔：5 a；

输出电压：$-1\sim-20$ VDC；

防护等级：IP54。

(4) 压力脉动监测

压力脉动是指压力作用于被作用对象上时具有不均匀性，在某个部位有较集中或较大的压力，且这种压力单次持续的时间不长，有可能呈现一定的周期性。压力脉动会增大机组的振动、摆度和叶片的动应力，而涡带频率的同步压力脉动及其激发的异常压力脉动会引起机组的功率摆动。偏离最优工况运行是水泵压力脉动产生的根本原因，在最优工况范围内，几乎没有明显的压力脉动。偏离最优工况后，最大的变化是，叶轮中的水流和叶轮出口水流产生了比较明显的圆周速度分量，且这个圆周速度分量一直延伸到出水流道。因此，圆周速度分量的出现和变化规律是各种压力脉动产生和变化规律的基本条件与决定性因素。选用瑞士 KELLER 的 PR－21Y 系列传感器测量压力和压力脉动，其性能指标如下：

供电电源：24 VDC；

量程：根据需要选定；

输出电流：4～20 mA；

过载能力：2 倍；

线性度：±1%；

频响范围：0～1 kHz；

精度(非线性＋迟滞＋重复性)：±0.1%F.S；

工作方式：绝压、表压；

零位输出：<5 mV；

工作温度：$-40\sim120$ ℃；

补偿温度范围：25～80 ℃；

温度漂移：0.05%F.S；

防护等级：IP67。

4. 机组流量实时测量系统

由数值模拟和第 3.5 节中灯泡贯流泵装置测流设计经验可知，进水流道的流态相对于出水流道要稳定得多，因此超声波流量计的测流断面宜选择在泵的进水流道处。由于竖井式贯流泵的进水流道被竖井一分为二，左、右侧各有一个分支，因此每台机组的左、右进水流道分支各安装 8 声道换能器，采用交叉测流断面即 2E8P 的安装形式，以消除横流、涡流、回流等不良流态对流量测量的影响。

1 MHz 的换能器适用于宽度在 1～10 m 之间的渠道或涵洞的流量测量。换能器采用流线型结构的球形换能器，既可避免换能器本身对流态产生影响，还可最大限度地避免挂水草等。因为竖井墙壁较薄，换能器无法采用预埋的方式进行安装，所以直接用膨胀螺栓固定在流道壁上。换能器电缆通过预埋管道敷设至现场主机箱。

每台水泵的左、右两侧进水流道分支的 8 声道流量计共用一套超声波流量计主机，主机同时测量左、右进水流道分支的瞬时流量，经计算得出整个进水流道的瞬时流量和累计水量。流量计带有 RS485 接口和以太网接口，与泵站计算机监控系统进行通信。

① 每台机组的进水流道(分为两侧流道)安装一套 8 声道超声波流量计，两侧流道采用一拖二的方式共用一台流量计主机。安装方式为 2E8P(交叉测量断面的 8 声道)。每个流道内安装 16 只换能器，分别标记为 R1～R16。

② 换能器安装高程依据《水轮机、蓄能泵和水泵水轮机流量的测量　超声传播时间法》(GB/Z 35717－2017)的要求并根据竖井式贯流泵的流道 CFD 分析结果进行布置。

R2/R6/R10/R14 自下而上安装在进水流道右侧下游，R3/R7/R11/R15 自下而上安装在进水流道右侧上游；R4/R8/R12/R16 自下而上安装在进水流道左侧下游，R1/R5/R9/R13 自下而上安装在进水流道左侧上游。上游的 2 组和下游的 2 组换能器分别位于同一流道断面。

每一组 4 只换能器均位于垂直于流道底板的一条直线上。

R1/R2/R3/R4，R5/R6/R7/R8，R9/R10/R11/R12，R13/R14/R15/R16 分别位于一个水平面上。安装示意如图 6-69 所示，详细安装方法及要求参照第 3.5 节。

③ 换能器采用膨胀螺栓固定在流道墙壁立面上，每 4 只换能器(位于同一立面上的，如 R2/R6/R10/R14)的电缆通过一根 DN32 预埋管引到电缆中转盒，由电缆中转盒通过一根 DN80 预埋管引到流量计现场主机箱。

④ 流量计现场主机箱每台机组设 1 只，安装于厂房墙壁上，通过通信方式与泵站计算机监控系统进行通信。

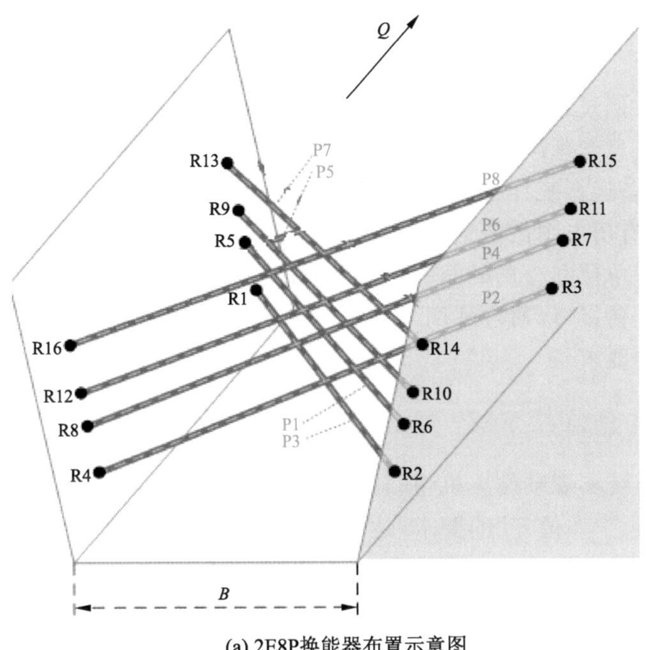

(a) 2E8P换能器布置示意图

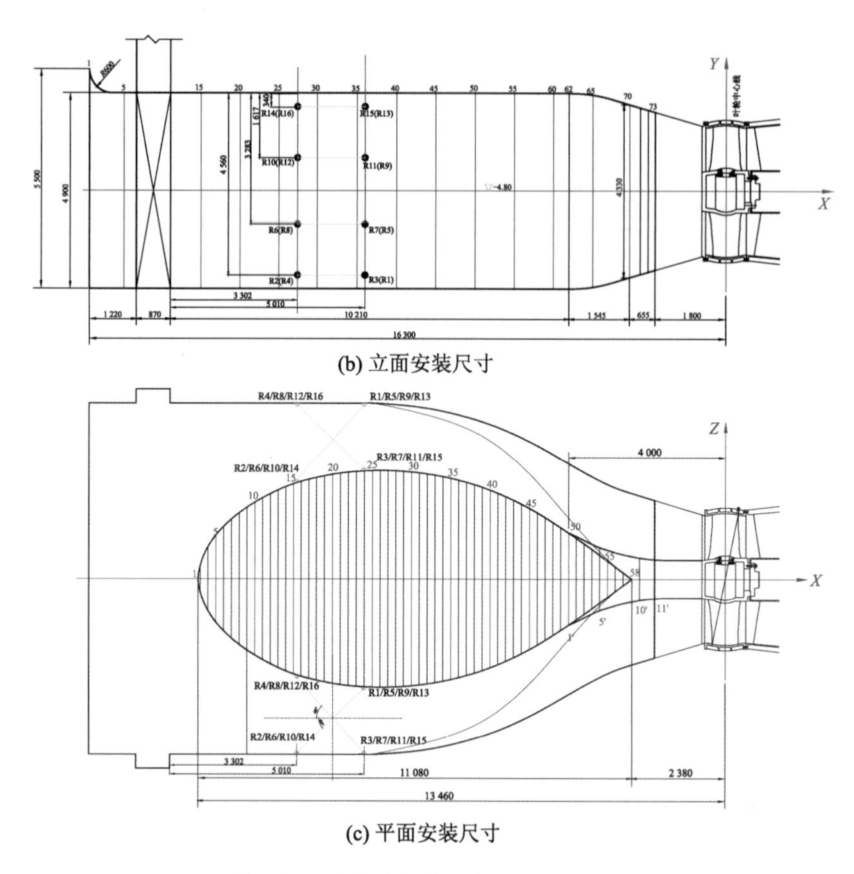

(b) 立面安装尺寸

(c) 平面安装尺寸

图 6-69 流量计安装示意图(单位:mm)

6.6 泵站自动化系统

以第 6.1 节案例泵站为研究背景,在泵站建立自动化系统,系统由计算机监控系统、视频监视系统和信息管理系统 3 个子系统组成。计算机监控系统对泵站各种设备的运行进行监控,提供设备运行统计、操作指导等辅助功能;视频监视系统对工程主要部位进行实时视频监控,具有历史图像信息查询等功能,辅助工程安全运行及管理;信息管理系统构建泵站运行管理单位办公局域网的硬件平台,完成机组运行和管理信息的存储和发布,提供数据查询和外传接口,通过外网与上级主管部门调度管理系统连接,满足远程调度、控制运行和管理的要求。

6.6.1 计算机监控系统

计算机监控系统实现泵站主机组、辅机设备、电气设备、水闸启闭机等设备的自动控制,满足"无人值班、少人值守"的要求,达到远程监控、数据共享、图像远传浏览和智能设备自动控制的水平。在泵站建立集控中心,在水闸建立分控中心,泵站集控中心设置监控主机、服务器以及中心交换机,通过光纤与水闸分控中心连接,泵站和水闸自动控制系统各种数据和信息上传至集控中心,实现泵站和水闸的自动化运行控制,并将数据和信息上传至主管部门调度管理系统。

1. 系统结构

计算机监控系统采用开放的分层分布式以太网环网结构，自下而上分成现地级、站控级、管理级与调度级。

(1) 现地级

现地级主要包括各种监测设备和控制装置，分布在泵站和水闸现场的多台现地控制单元就地对泵站主机组、辅机设备、电气设备和水闸闸门等被控对象进行监测和控制。

(2) 站控级

站控级由设置在控制室的冗余监控主机、容错服务器等组成，负责全站性运行监控事务。它以各种人机接口界面实时显示泵站和水闸运行的各种状态和数据，在发生事故或者异常状况时发出报警信号，并对泵站和水闸运行数据进行统计、分析、存储等，是运行人员实施全站性监控的重要手段。

(3) 管理级

管理级是泵站运行管理单位实施信息管理的平台，它与计算机监控系统、视频监视系统相连，获取泵站和水闸运行的各种数据和信息，通过外网与上级管理部门联络，对外提供经授权可查询的泵站和水闸运行状态和数据。

(4) 调度级

调度级设在上级管理部门，通过租用运营商专线方式与泵站集控中心连接，实现信息采集与控制指令的下发，调度泵站和水闸运行。

计算机监控系统拓扑结构如图 6-70 所示。

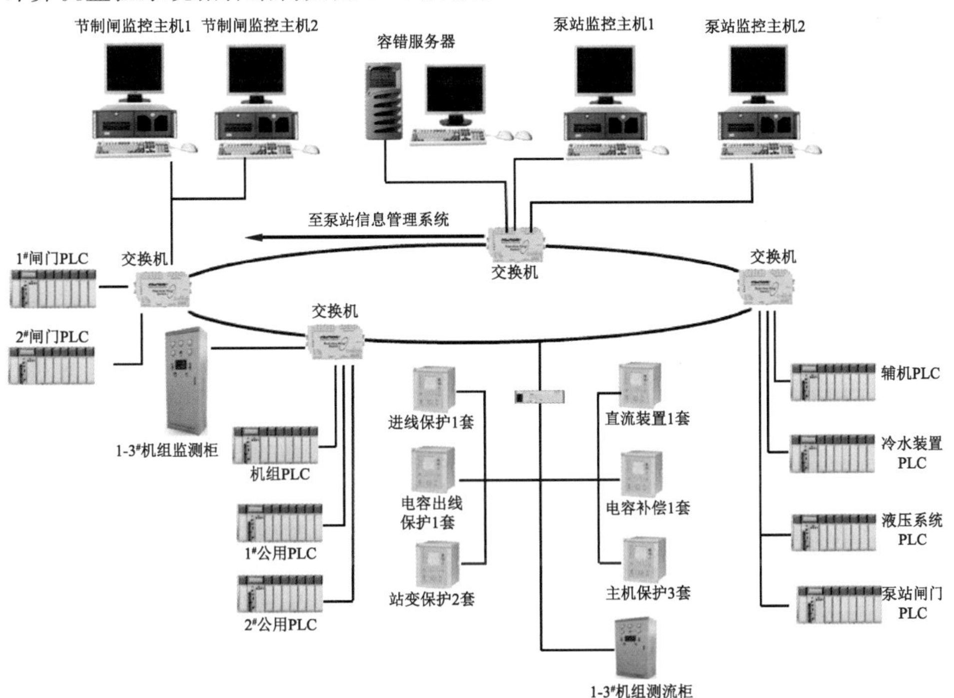

图 6-70 计算机监控系统拓扑结构

2. 设备配置

计算机监控系统组成千兆以太网环网结构，系统主要由站控级设备、现地级设备和管理级设备组成。

(1) 站控级设备

站控级设备包括监控主机(2台监控主机互为热备)、服务器以及交换机等设备。站控级设于泵站控制室内，通过网络将泵站及水闸实时运行信息与数据(如运行参数、状态、水位曲线、流量等)上传至管理级；通过监控网络与现地级建立通信，工作站的监测监控界面可显示现场设备的运行参数与状态，同时下发控制命令，监督现地监控单元对监测监控命令的执行。站控级设置监控主机兼操作员工作站，负责与现地控制单元通信，接收和处理各种实时信息，并作为操作人员运行监控的人机接口。设置双模冗余容错服务器，负责实时和历史数据的采集、存储、处理及报表制作，并将泵站相关信息进行发布，供远方浏览。

(2) 现地级设备

现地级设备设置1套机组现地控制单元LCU、3套闸门LCU、2套公用LCU、1套辅机LCU、1套液压系统LCU、1套冷水机组LCU，以及保护单元、直流单元、机组振动监测装置、测流装置等。

站控级与LCU、保护单元采用以太网方式连接，与直流单元、智能仪表等装置通过通信管理机转换后采用以太网方式相连。现地级是系统最后一级也是最优先的一级控制，它向下接收各类传感器与执行机构的输入输出信息，采集设备运行参数和状态信号；向上接收上级控制主机的监测监控命令，并上传现场的实时信息，实施对现场执行机构的逻辑控制。

(3) 管理级设备

管理级设在管理所办公楼内，实现信息采集，并将泵站及水闸的运行参数、状态等上传给上级主管部门。

调度级设在上级主管部门，通过网络与泵站集控中心连接，实现信息采集与调度指令的下发，以及远程调度运行。

3. 主要设备参数

监控主机选用工业级控制计算机，主频≥3.6 GHz，内存≥16 G，硬盘≥1 TB；通信服务器主频≥3.2 GHz，内存≥32 G，硬盘≥3 TB；PLC处理器主频不小于300 MHz，内存不小于10 M，带RS485接口和RJ45以太网接口，I/O模块带电热拔插；网络交换机带有光口和电口，100/1 000 Mb/s速率，端口状态监视采用Modbus协议。

计算机监控系统软件包括计算机系统软件、基本软件、应用软件及工具软件，主要有操作系统软件、数据库软件、监控软件等，并配置PLC编程软件。监控软件选用开发组态软件，Windows 2012用于系统管理和网络服务，SQL Server用于数据服务。

4. 系统功能

计算机监控系统具有数据采集和处理、监控与报警、控制与调节、系统自诊断与恢复、数据记录与存储、人机接口、时钟同步、数据通信等功能，并能根据自动控制的不同功能需求，采用组态软件开发相应的应用程序。

系统功能由现地级和站控级协作完成。现地级的各现地控制单元负责对主机组、辅机、闸门、电气设备等进行就地测量、监控，并向监控主机发送各种测量数据，同时接收监控主机发来的控制命令和参数，完成逻辑控制；站控级计算机具有全站的运行监控、事件报警、数据统计和记录、与上级系统通信等功能，并向各现地控制单元发出控制、调节命令。

(1) 数据采集与处理功能

① 现地控制单元自动采集被控对象的各类实时数据，并在发生事故或者故障时自动采集事故或者故障发生时刻的相关数据。

② 监控主机接收现地控制单元上传的各类实时数据，接收上级调度系统下发的命令及其他系统发来的数据。

系统采集的数据量包括电气量、非电量、开关量、脉冲量、事件顺序记录等。

a. 电气量：主机组电压、电流、有功功率、无功功率、功率因数；辅机及其他电气设备的电压、电流、有功功率、无功功率、功率因数等。

b. 非电量：主机组温度；变压器温度；集水井水位；闸门开度、荷重；上、下游水位和流量等。

c. 开关量：断路器合分状态，手车工作与试验位置，断路器操作机构储能状态，接地开关状态；主机组开关状态，与主机组控制操作相关的其他状态信号(如闸门液压系统)；与辅机系统控制操作相关的各类状态信号；与配电系统控制操作相关的各类状态信号；其他各类状态量性质的事故及故障信号。

d. 脉冲量：电度脉冲量。

e. 事件顺序记录：微机保护装置动作信号等。

一般对采集的数据进行如下处理：

a. 模拟量数据处理，包括数据滤波、合理性检查、工程单位变换、数据变化及越限检测等，并根据规定产生报警和报告。

b. 状态数据处理，包括光电隔离、硬件及软件滤波、基准时间补偿、数据有效性和合理性判断，并根据规定产生报警和报告。

c. 事件顺序记录处理，记录各个重要事件的动作顺序、事件发生时间(年、月、日、时、分、秒、毫秒)、事件名称、事件性质，并根据规定产生报警和报告。

d. 将采集到的上、下游水位原始数据换算成水位高程数据。

系统计算或统计下列数据：

a. 全站开机台数计算；

b. 单机及全站当班、当日、当月、当年的运行台时数统计；

c. 单机及全站抽水流量计算；

d. 单机及全站抽水效率计算；

e. 单机及全站当班、当日、当月、当年的抽水量统计；

f. 单机及全站的日、月、年用电量(有功、无功)统计；

g. 水闸单孔过水流量、总过水流量计算；

h. 水闸单孔及总的日、月、年过水水量统计等；

i. 每孔闸门的运行台时数统计。

(2) 监控与报警功能

① 通过监示器或大屏对主机组、辅机、闸门、电气设备等的运行工况进行监控。

② 对主机组各种运行工况(开机、停机等)的转换过程、配电系统送停电过程、辅助设备操作过程等进行监控,当发生过程受阻时,分析并明确受阻原因。

③ 在发生下列异常情况时报警:

主机各类温度越限异常;

保护装置报警、动作;

变压器温度过高信号动作;

直流系统故障;

集水井水位过高;

机组开、停机及运行过程中发生事故;

液压装置压力过高或过低;

闸门运行故障;

各类控制流程中发出控制操作失败信息等。

④ 事件顺序记录。当发生保护装置动作时,将故障发生前后的相关参数和开关位置变化按发生的时间顺序记录下来,并可显示、打印和存入历史数据库。

⑤ 报警时发出声光信息和显示信息。事故报警音响和故障报警音响有明显区别,声音可手动或自动解除。报警信息显示窗口不被其他窗口遮挡,报警信息包括报警对象、发生时间、报警性质、确认时间、消除时间等。应用不同的颜色区分报警的级别、报警确认状态、当前报警状态。若当前画面中有报警对象,则该对象标志(或参数)闪光或变化颜色,闪光信号在运行人员确认后方可解除。

(3) 控制与调节功能

① 控制与调节对象:主机组单元;直流系统、供排水系统、通风设备等公用及辅助设备;变压器、进出线相关的各类断路器;闸门启闭机。

② 对控制方式的要求:控制方式分为三级,按优先级由高至低依次为现地手动控制、现地控制单元控制和站控级控制。

a. 现地手动控制:操作人员在设备现场通过按钮或者开关直接启动、停止设备。

b. 现地控制单元控制:操作人员通过设置在现地控制单元内的人机接口界面(触摸屏)启动、停止设备,并能监控设备启动或者停止的过程。

c. 站控级控制:操作人员在控制室内通过监控主机发布启动/停止设备的命令至现地控制单元,现地控制单元完成相关控制操作。操作人员可通过监控画面监控设备的启动或者停止过程。

不同控制方式采用转换开关等硬件装置进行切换。对于现地控制单元控制和站控级控制,操作人员须取得相应的操作权限。

③ 站控级或现地控制单元触摸屏控制要求:操作人员在监控界面上点击所控设备图形,系统自动弹出该设备的操作流程图,经确认后系统自动实施操作。在操作过程中,操作人员能在界面上观察操作流程每一步的执行情况和流程受阻情况。

④ 对主机组的控制与调节,包括主机组的开机、停机程序控制和主机组的紧急事故停机控制等。启动源包括人工命令及事故信号自启动两种方式。

⑤ 对公用及辅助设备的控制与调节,包括根据水位监测信号实现排水系统的自动启停控制与通风系统的启停控制等。

⑥ 对电气设备的控制与调节,包括变压器投、退控制操作与进出线开关合分操作等。

⑦ 对其他设备的控制与调节:操作人员能通过站控级或现地控制单元的人机接口界面进行控制操作,完成对其他设备的控制与调节。

(4) 系统自诊断与恢复功能、故障时的安全要求

① 自诊断与恢复功能。

a. 计算机监控系统对自身的硬件及软件具有故障自检和自诊断功能。在发生故障时,能保证故障范围不扩大,且能在一定程度上实现自恢复。

b. 计算机监控系统的故障不影响被控对象的安全。

c. 站控级具有计算机硬件设备、与现地控制单元通信、与上级调度系统通信、与其他系统通信故障及软件进程异常的自诊断能力。当诊断出故障时,采用语音、事件简报、模拟光字等方式自动报警。

d. 现地控制单元能在线进行硬件自诊断,诊断到故障后会主动报警,并闭锁相关控制操作。现地控制单元硬件诊断内容包括 CPU 模块异常、输入/输出模块故障、输入/输出点故障、接口模块故障、通信控制模块故障、电源故障等。现地控制单元硬件每个 CPU 及输入输出模块均具有诊断指示灯,可以通过指示灯显示故障模块位置和故障类型,并将故障信息上报至监控系统。

e. 系统自诊断的故障信息包括故障对象、故障性质、故障时间等。

f. 在线自诊断时不影响系统正常的监控功能。

g. 对于冗余配置的设备,当主设备出现故障时,系统自动、无扰动地切换到备用设备。

h. 硬件系统在失电故障排除后,能自恢复运行;软件系统在硬件及接口故障排除后,能自恢复运行。系统自恢复过程不对正在运行的其他系统和现场设备形成波动和干扰。

i. 工业以太网交换机具备自诊断功能,并且可以通过网络将诊断信息上传到监控系统,可提供诊断内容包括交换机电源故障、交换机端口故障、交换机各个连接设备的通信端口所发生的掉线故障等。

② 故障时的安全要求。

在计算机自动控制系统发生故障的情况下应满足以下安全要求:

a. 硬件故障安全要求。

局部电源故障:模块单通道电源故障的影响范围不超过其所在的模块;模块的电源故障不引起系统电源故障;单个监控主机电源故障不影响其他计算机或终端,也不引起系统电源故障。

局部硬件故障:冗余配置的模块或部件在主控侧出现故障时,备用侧及时接替控制,不对系统产生扰动;单一通道、部件硬件故障不引起其所在子系统的故障;主控通信网络或 I/O 通信网络上任何节点故障均不引起其他节点故障,且不引起该故障节点所在网络

的故障。

站控级硬件或系统故障时，现地级硬件或系统不受影响，且具有能够有效保护系统安全的能力。

b. 软件故障安全要求。

冗余配置的控制器或模块主控侧软件发生故障或死机时，备用侧能够检测并及时接替控制功能，不对系统产生扰动。

冗余配置的控制器的同步数据通信光纤发生故障时，可以通过其所连接的总线或网络继续同步数据，并保证可以正常地进行主、备控制器切换，以便进行设备更换。

计算机监控系统运行过程中能够在线修改、下载软件，不对原有软件的运行产生扰动或引起软件故障、死机等(不包含修改、下载软件本身的缺陷以及控制逻辑本身对系统的扰动)。

c. 其他安全要求。

任何单一设备、部件故障都不会导致整个系统故障。冗余配置的设备、部件满足故障情况下安全运行的要求。

系统设计能保证在计算机监控系统故障时不会使微机保护功能失效，不会使后备手动操作失效。

(5) 数据记录与存储功能

① 计算机监控系统可对采集与处理的实时数据进行记录，如对系统中的任意实时模拟量数据(原始输入信号或中间计算值)进行连续记录。记录时间间隔(分辨率)可以根据需要设置，最小时间间隔可达到 1 s。若时间分辨率设置为 1 s，则存储时间不少于 30 min。记录数据支持实时趋势曲线显示，能够在实时趋势曲线上选择显示任何一个点的数值和时间标签。

② 计算机监控系统建立了历史数据库，能够存储系统中全部的输入信号(模拟量和开关量)以及重要的中间计算数据。存储的时间间隔(分辨率)可以根据需要设置，最小时间间隔可达到 1 s。若以 1 s 的采样周期存储，最少能够存储 30 d 的历史数据。存储的数据支持历史趋势曲线显示。历史趋势曲线显示时，可按照需要选择以不同的时间分辨率显示，能够选择显示历史趋势曲线上任何一个点的数值和时间标签。

③ 历史数据库的数据记录与存储能够满足用户对历史数据以多种检索方式检索的需求，如历史趋势曲线、日报表、月报表、事件查询等。

④ 计算机监控系统具有数据库自动清理、备份等维护功能，能通过程序设置完成过期数据的自动清理；能够定期或在存储介质空间占用率大于一定值时，以一定的方式提醒运行人员将数据转存至外部存储介质，或自动转存到外部存储介质上。

⑤ 计算机监控系统在本地历史数据库中存储下列数据：

a. 模拟输入量，包括主机组温度，变压器温度，集水井水位，底板扬压力，上、下游水位及闸门开度、荷重等。

b. 状态输入量，包括主机设备断路器合分状态，电气设备断路器、刀闸合分状态，以及辅机设备动作状态等。

c. 综合计算量，包括全站开机台数、单机及全站运行台时、单机及全站抽水流量、单机效率、单机及全站抽水水量、抽水耗电量统计等。

（6）站控级系统监控示例

典型监控系统如图 6-71 至图 6-78 所示，包括泵站总监控系统、机组监控系统、泵站进出水闸门监控系统、泵站高压系统、泵站低压系统、水系统、水闸监控系统、机组温度监控系统等。

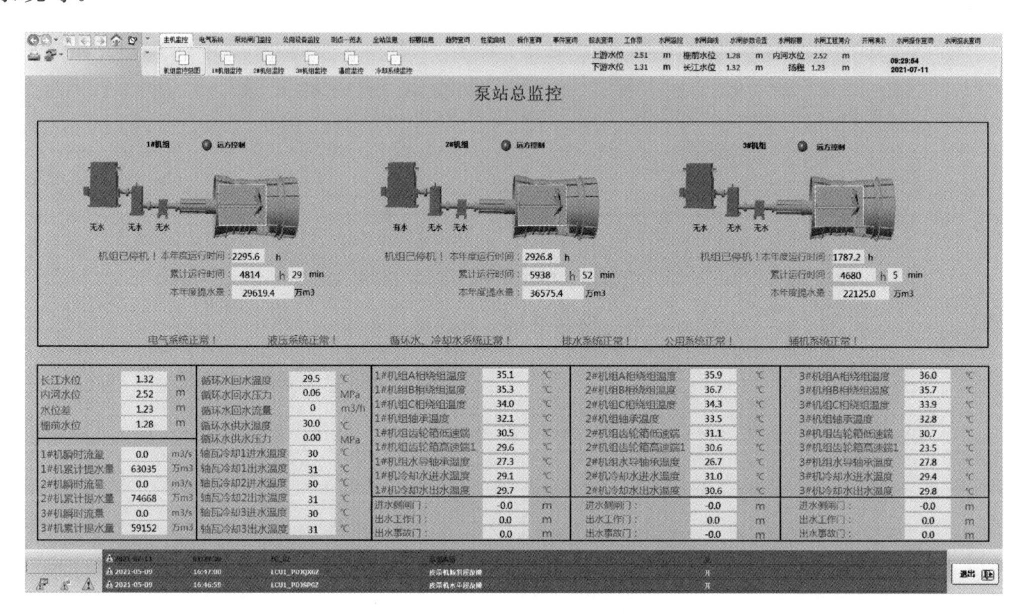

图 6-71　泵站总监控系统

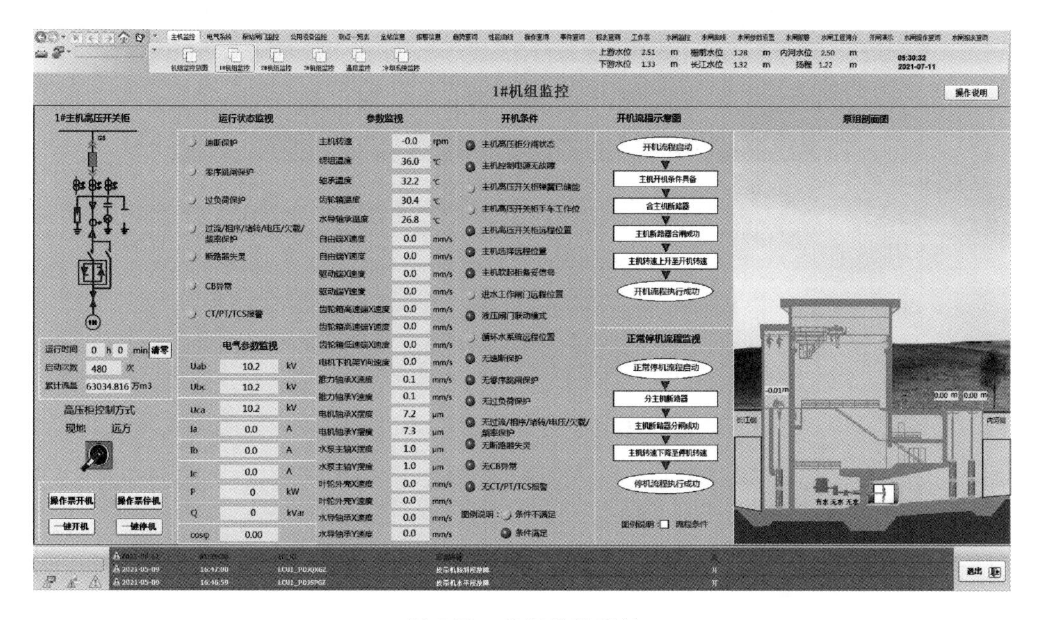

图 6-72　机组监控系统

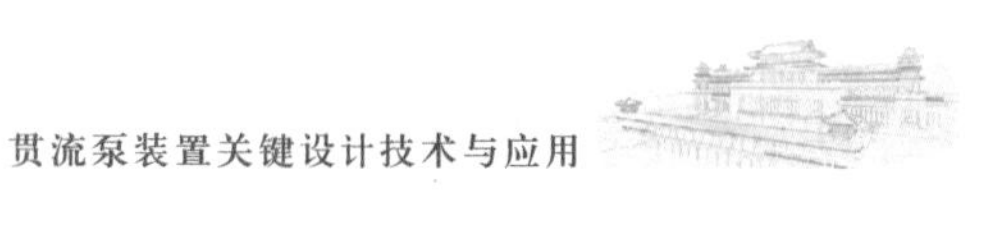

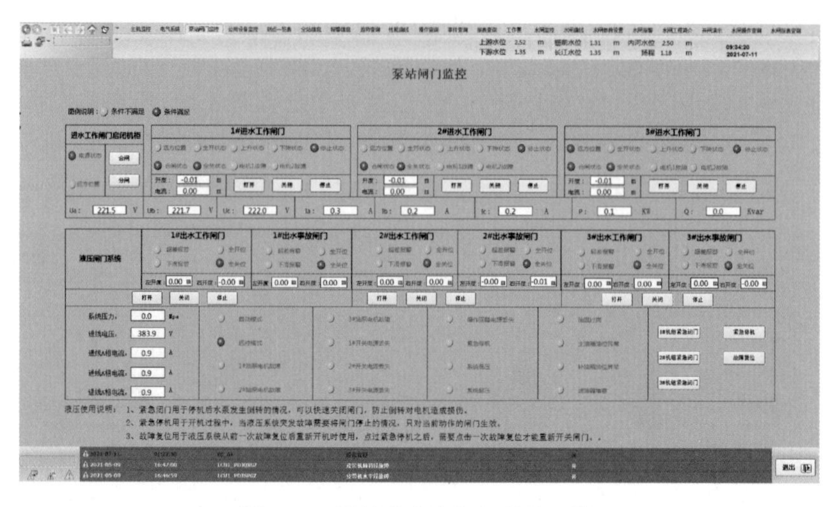

图 6-73　泵站进出水闸门监控系统

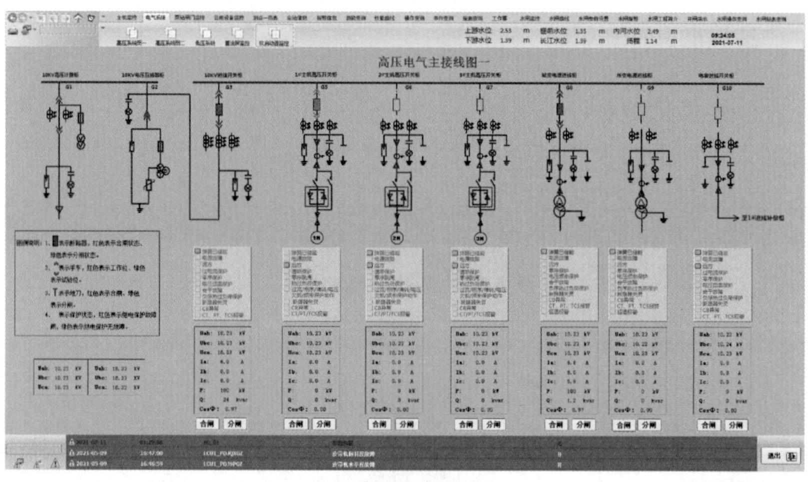

(a) 高压系统图一

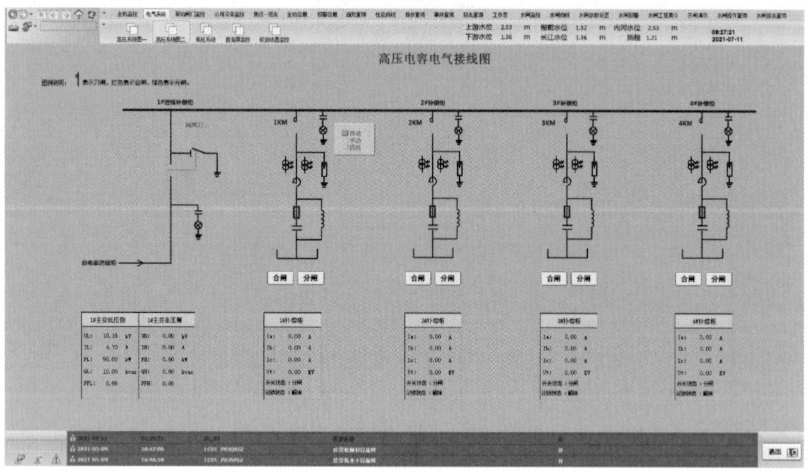

(b) 高压系统图二

图 6-74　泵站高压系统

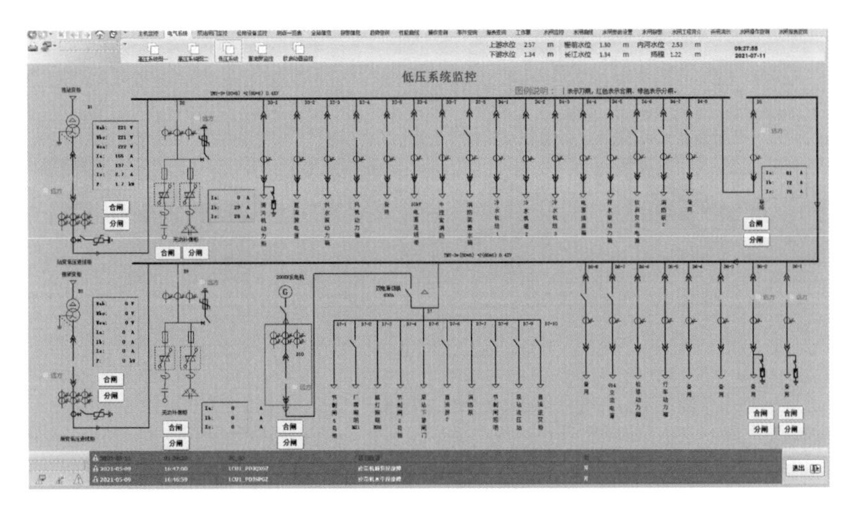

图 6-75　泵站低压系统

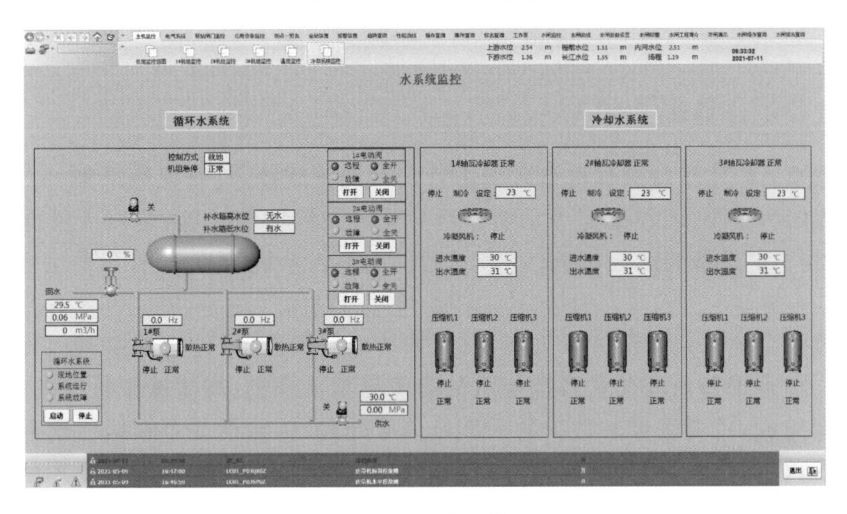

图 6-76　水系统

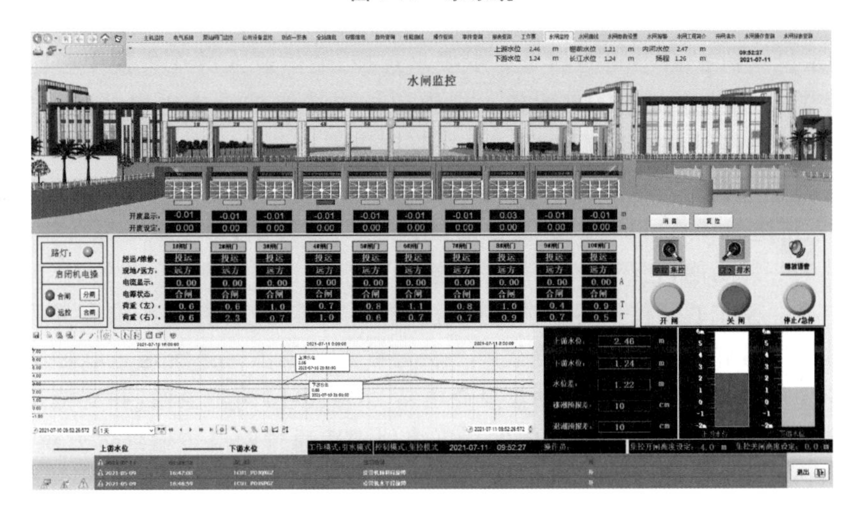

图 6-77　水闸监控系统

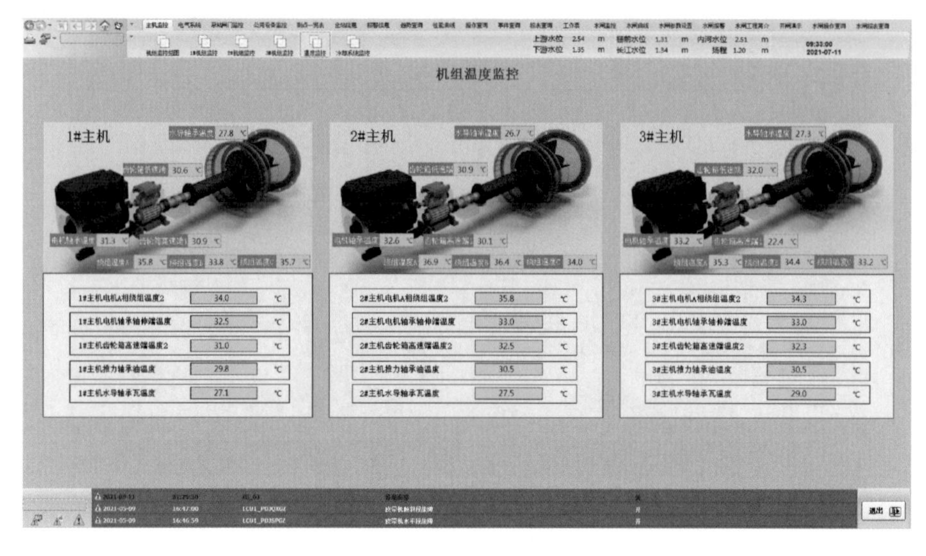

图 6-78　机组温度监控系统

6.6.2　视频监视系统

视频监视系统用于对工程重点区域进行实时视频监控，具有视频采集、传输、切换控制、显示、存储和重放、远程浏览等功能。通过设置视频监控设施，运行人员能够直接观察、了解现场关键设备的运行状态。它作为计算机监控系统的补充，可帮助运行人员进行综合判断。

视频监视系统按照高清视频方案设计，系统由前端设备、传输设备、控制设备、显示设备组成。前端设备由安装在各监控点的高清枪型摄像机、高清球型摄像机、室外专业防护设备等组成，负责图像和数据的采集及信号处理；传输设备可根据传输距离和图像质量的要求选用各种不同的线缆、接口设备；控制设备负责接收视频信号并存储、预览，同时通过以太网通信接口将视频信号传输到所需要的地方，负责完成前端设备和图像切换的控制、云台和镜头的控制、系统可分区控制、分组同步控制以及图像检索与处理等任务；显示设备可根据不同的图像显示要求选择，使值班人员在集控中心能够实时直观地看到来自前端监控点的任意图像。视频软件支持监控软件内嵌功能，当重要设备故障时，计算机监控系统中自动弹出相关故障点摄像机图像画面。

视频监视系统提供三级安全和保密控制：第一级具有一般查询功能；第二级具有操作功能，能对系统进行操作，既可以进行查询，也可以进行控制；第三级是系统管理员，除了具有操作员的一切功能，它还能对系统进行修改和扩充。为了保证系统的安全性，各种登录都需要口令。系统软硬件具备自动通信监测和自我维护功能，对系统自身故障能及时予以报警和记录，同时误操作和部分故障不会导致系统崩溃。系统通过软件将图像实时压缩为数字图像格式存储于硬盘，硬盘录像支持 24 h、多路同时录像，并支持录像资料的任意调用和查看。系统将监控点图像进行压缩处理后通过网络传输到远方供图像浏览，网络授权用户可对活动摄像机进行远控。

视频监视系统配置成 62 路监视回路，在泵站上下游、主厂房、开关室、水闸等处配置活动摄像机和固定摄像机，对泵站及周围的现场情况进行全方位的监视和管理，使运行场景能够得到有效控制。摄像机布置位置与数量如表 6-22 所示，视频监视系统拓扑结构如图 6-79 所示，典型实时监视画面如图 6-80 所示。

表 6-22　视频监视系统摄像机布置

地点	数量	备注	地点	数量	备注	地点	数量	备注
泵站上游	1	*	10 kV 开关室	1		机组	3	
泵站下游	1	*	高压电容室	1		节制闸	20	
清污机	3	*	低压开关室	1		液压站	1	
主厂房	1	*	控制室	1		供水泵	1	
交通桥	2	*	门厅	1		冷水装置	1	
管理所 1	4	*	检修间	1		管理所 2	18	
						合计 62		

注：加“ * ”号表示安装活动摄像机。

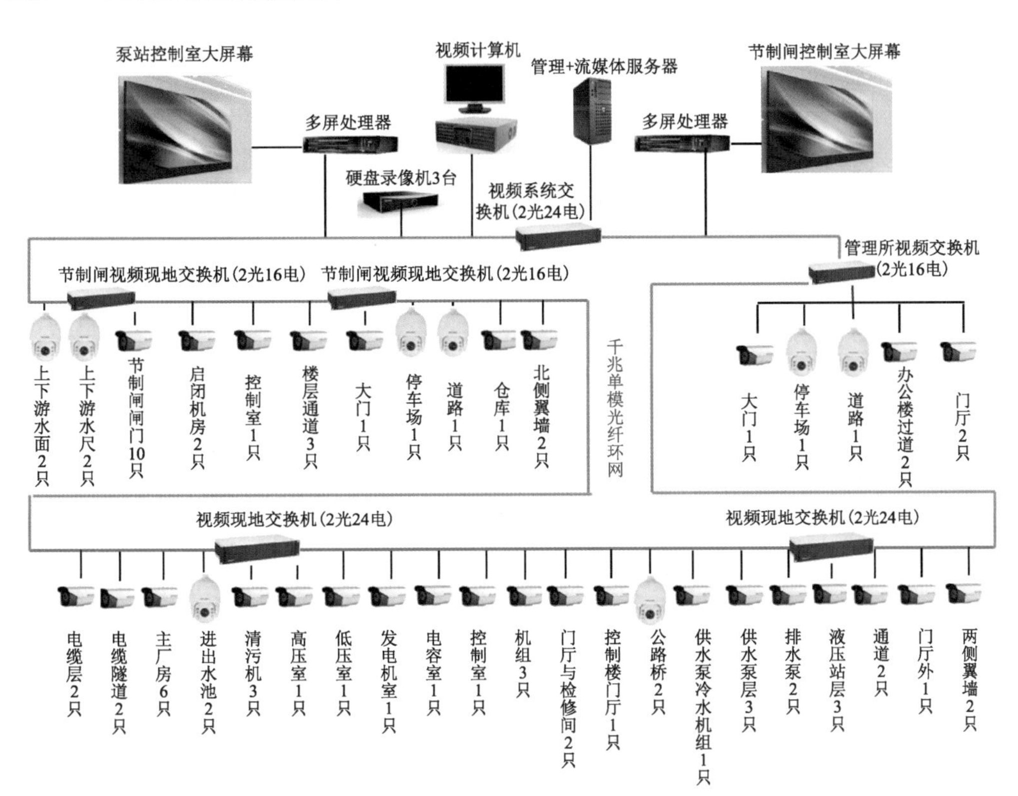

图 6-79　视频监视系统拓扑结构

图 6-80　实时监控画面

6.6.3　信息管理系统

在管理所建立主干为 1 000 M、各个终端为 100 M 的信息管理系统，为办公自动化、自动控制和视频监视提供传输通道和工作平台。其主要功能包括：信息发布，即相关部门通过网络发布相关信息给指定单位；信息查询，即相关部门可在自身职责范围内对网上信息进行浏览；文件传输，即通过网络实现相关文件的传递。

信息管理系统包括综合布线，主要包含室内布线和室外光纤铺设两部分。室内布线包括管理所网络中心、管理所运行控制调度用房等建筑内部计算机网络布线；室外光纤铺设包括管理所网络中心至泵站控制室光纤铺设。

管理所网络中心设有数据库服务器和通信服务器：数据库服务器存放历史数据等，安装数据库、数据访问许可软件；通信服务器主要用于对外发布，安装客户浏览软件。为确保网络安全运行，信息管理系统通过网络隔离装置与监控系统隔离，与外网之间设置防火墙，实现向上级网传输数据、话音交换、图文传真等功能。具体功能如下：

① 支持信息的可靠传输。将相关综合业务信息以数据、文本、语音、图像等形式，在整个计算机网络内部进行传输。

② 支持网上信息的分布储存、检索、处理。本地区的信息可以分布储存；支持对本地区信息的管理、查询（包括 Web 浏览）。

③ 提供网络实用的应用服务。在网络上提供诸如电子邮件、文件传输、数据库等服务，为办公自动化提供支撑平台。

④ 提供网络安全防护功能。能够防御黑客的攻击和计算机病毒的攻击，满足用户对网络信息的保密性、完整性和可用性的要求。

⑤ 提供网络管理功能。具有网管功能，上级管理单位能方便地对局域网络进行管理与维护，并提供有效的网络信息安全保障。

⑥ 提供话音、视频传输功能。话音：在防汛调度网上采用先进的话音集成技术为各节点提供高质量的话音通话。视频：在防汛调度网上支持计算机监控系统及视频监视系统的应用服务。

⑦ 支持水利实时数据应用。在防汛调度网上支持基于 IP 或数据流的实时监控和调度数据的传输要求。

6.7 基于 BIM 的泵站信息化应用系统开发

6.7.1 基于 BIM 的数字化工程管理平台建设

数字化工程管理在 BIM 应用支撑模块的基础上，构建面向枢纽工程的具有个性化的数字化展示平台，为枢纽工程日常运行管理工作提供丰富多彩的数据展示服务。

针对枢纽工程日常工作的主题业务，遵循当前主流 W3C(World Wide Web Consortium)标准和规范，采用 SOA(Service-Oriented Architecture)架构，基于 BIM 和 GIS 等技术，平台通过数字化设计，提供泵站与水闸监控类、工程概要类、工程模型类、工程维护类、工程防洪类、水情类、空间类、视频类、预警类信息的服务功能，并通过多维空间平台完成对以上类型信息的重构、查询、深度处理、统计分析等。

第一步是工程场景的三维建模。基于对工程施工图纸的解析，运用三维建模软件，针对工程场景，从土建、电气、水机、金结等各个专业角度对所涉及的设备进行三维模型的构建，模型和现场的实际情况保持一致，达到虚实相依的水平。

第二步是属性信息的叠加。模型的建立仅仅为数字化管理提供了载体，而工程数据才是管理的对象，没有数据的模型无法为工程管理提供有效服务。

属性信息根据模型的层级分为宏观级、中观级和微观级 3 个层次。宏观级信息主要为概要类信息，如项目宏观场景的基本信息描述。中观级信息主要为重要水利设施的基本信息，主要包括设施基本数据、人员情况、设施基本运行工况等。微观级信息侧重于设施内部的主要部件属性信息，主要包括建筑物材料加工及施工信息、机电设备制造及安装信息、金属结构设备制造及安装信息，以及重要设备的实时运行信息等。

第三步是基于数字模型的工程运行维护管理模块的应用。例如，对泵站与水闸工程的设计指标、技术参数、缺陷及养护处理设施状态、鉴定评级、工程建设和加固改造情况、工程大记事等信息进行分类管理，以方便查询、增加、修改；基于信息模型对工程信息进行可视化动态展示。

6.7.2 BIM 信息化应用系统功能

根据竖井贯流泵站的结构特点和运行需求，将泵站 BIM 信息化应用系统不同子系统的主要功能列于表 6-23 中。

表 6-23　BIM 信息化应用系统功能一览表

系统	模块	功能	说明
1. 综合管理	系统首页	登录	系统登录、密码修改、用户注销
		个人门户展示	个人信息、通知公告、待办信息等数据统一展示
	基础数据管理	单位信息管理	单位基本信息的编辑管理
		站所信息管理	站所基本信息的编辑管理
		工程信息管理	工程项目基本信息的编辑管理
		部门信息管理	部门基本信息的编辑管理
		字典表信息管理	全系统字典表信息管理，如人员职务分类、危险源级别定义等。具体数量根据详细业务需求确定
	角色权限管理	人员用户管理	人员及用户级别信息管理
		角色管理	角色定义及维护
		责任清单分配	责任清单（权限）定义、维护及分配
	流程控制	流程定义	图形化定义表单流程
		流程监控	流程中表单状态的查询监控
		流程引擎	后台工作流处理引擎
2. BIM 平台	基础信息	基础信息展示	BIM 模型的 Web 端展示，包括项目概况、设备台账信息
		设备运行数据展示	展示设备运行的实时数据
	在线监测	预警信息展示	展示设备最新的预警信息
		视频监控	基于 BIM 点击具体位置探头查看视频监控
		维修记录查询	查询设备维修记录
		养护记录查询	查询设备养护记录
	监测查询	巡检记录查询	查询巡检记录
		报警记录查询	查询设备报警信息
3. 移动端	基本功能	系统登录	移动端系统登录页面
		应急通信	通讯录管理
		系统管理	网络设置、用户设置、照片上传等相关设置
		后台管理	日志管理
	移动办公	公文处理	实现公文编辑发送、公文接收处理、公文签批、公文查询等功能
		任务处理	完成任务接收、任务处理记录等各环节
		会议管理	实现接收会议通知、会议安排、会议签到、会议记录功能
		信息查询	实现办公业务信息的综合查询

续表

系统	模块	功能	说明
3. 移动端	移动查询	综合监测	提供统计枢纽重要运行信息的统计信息
		视频监控	基于 BIM 点击具体位置查看视频监控信息
		泵站运行状态监视	实时监视系统中的报警信息
	巡检及运行信息查询	巡检信息查询	巡检信息的查询显示
		运行信息查询	运行数据的查询显示
4. 工程管理	工程信息管理	基础信息管理	设备基础信息的管理,包括设计指标的管理
		技术资料管理	设备技术资料的管理及技术参数的维护
		养护记录管理	管理设备养护记录及养护处理设施状态
		加固改造项目管理	管理工程建设及加固改造项目信息
		鉴定评级管理	包括设备评级检查、鉴定评级记录查询及设备评级状况统计管理
		工程大事记管理	工程大事记的维护管理
	设备编码管理	设备编码管理	通过设备树方式进行设备编码管理,包括工艺码、安装码和位置码 3 种
	设备台账管理	设备基础信息管理	包括备品备件定额管理
		设备参数管理	设备主要参数的管理
		设备使用过程管理	对设备的启停情况、重要故障、评级情况、历次检修情况、异动情况、缺陷情况进行管理
		设备统计	对设备数量、维修次数、巡检次数、养护次数、故障次数进行统计分析
	仓库管理	仓库管理	管理仓库的基本信息
		采购管理	备品备件采购申请审批的流程控制
		备件台账管理	备件基本信息管理
		入库管理	到货验收及入库管理
		出库管理	备品备件的领用申请审批流程及出库登记管理
		备件领用管理	备件领用申请、维修、保养或巡检时可能涉及的设备备件更换管理
		费用台账管理	检修过程中材料及备品备件费用台账管理
		库存盘点	备品备件仓库盘点
		供应商管理	供应商基础信息管理
	报表	报表生成与下载	工程管理相关报表的自动生成及下载

续表

系统	模块	功能	说明
5. 调度运行管理	运行监视	工情数据监测	工情数据接入
		水雨情、天气数据监测	水情信息、雨情信息及气象信息的数据接入
		全站视频监控	视频监控接入
	调度管理	指令下发	编辑指令内容下发至调度部门
		指令执行	接收指令后按照指令要求完成指令
	操作票管理	操作票管理	根据预设操作流程，确认每一步是否完成
	值班管理	值班人员管理	对值班人员的姓名、部门、联系方式等基本信息进行统一维护和管理
		排班管理	对选定的值班人员，按照指定规则生成排班表
		交接班管理	根据设定的交接班时间自动弹出交接班提醒
6. 安全生产	标准规范	法律法规数据库管理	安全相关法律法规的数据库管理
		制度管理	安全相关制度的数据库管理
	隐患管理	隐患排查	隐患定义数据及排查情况数据记录管理
		隐患整改	隐患整改情况记录及流程管理
		结果报告	隐患排查结果报告的管理与流程审批
		统计分析	隐患相关数据的统计分析
	安全检查	计划制订	安全检查计划的制订与数据维护
		检查记录维护	安全检查记录的数据维护
		整改上报	安全检查中整改项目的记录与流程上报
		结果通报	安全检查中整改情况的数据通报
		统计分析	安全检查情况相关数据的统计与分析
	现场管理	安全相关申请	安全相关申请单的报送与流程审批
		安全相关验收	安全相关工作验收的报送与流程审批
		现场监督记录	现场安全监督情况的数据记录
		安全报告记录	安全报告的数据记录
		安全奖惩管理	安全奖惩情况的数据记录与流程审批
		危险源定义	危险源定义情况的数据记录
	危险源管理	监控记录	危险源日常监控数据记录
		统计分析	危险源相关数据的统计分析
		安全组织管理	安全组织信息的数据管理

续表

系统	模块	功能	说明
6. 安全生产	安全台账	安全会议信息管理	安全会议信息的数据管理及会议记录管理
		安全培训管理	安全培训记录管理
		安全考试管理	安全考试记录管理
		劳保用品信息管理	劳保用品的采购与发放记录
		安全用具信息管理	安全用具的采购与维护使用情况记录
		统计分析	安全相关数据的统计分析
	应急管理	应急预案管理	应急预案的数据管理
		演练计划制订	应急演练计划制订记录
		演练记录	应急演练数据记录
	事故管理	事故记录	事故相关数据记录
		处理报告	事故处理情况记录及事故报告记录
	设备评级管理	设备评级划分	评级资料、设备评级作业指导书及设备划分等级
	报表	报表生成与下载	安全生产子系统的报表生成与下载
7. 项目管理	综合管理	项目基本信息管理	项目基本信息的管理与维护
		工程检查记录	各项工程检查的数据及过程记录
	立项管理	立项申请记录	立项申请的数据记录
		预算管理	预算表的数据录入及预算结果的分摊
	进度计划	工作任务分解	项目中工作任务的罗列及工作任务的树状结构分解
		计划制订	项目中各工作任务的工作计划制订
		进度调整	项目中进度计划的调整及审批
		进度反馈	相关施工单位根据实际工程进度情况进行进度数据的反馈
	现场管理	实施方案管护	项目实施方案的资料管理维护及流程审批
		开工报告维护	开工报告的数据维护及流程审批
		项目联系单维护	项目联系单的数据维护及流程审批
		项目变更管理	项目变更单据的流程管理
		停复工管理	停复工单据的流程管理
		工作票管理	工作票的流程管理
	质量监督	甲供材管理	甲供材的采购及到货验收等数据管理
		乙供材验收	乙供材的现场到货报验验收管理
		日常质量检查	日常质量检查数据记录
		不合格项管理	质量检查中的不合格项流程记录管理
		统计分析	工程质量相关数据的统计分析，以图表的方式进行展示

续表

系统	模块	功能	说明
7. 项目管理	安全监督	项目建设安全监督	工程建设期间的安全监督管理
		统计分析	工程安全相关数据的统计分析
	合同控制	合同记录	合同基本信息的记录与维护
		合同变更	合同变更信息的记录与维护
		工作量核定	施工单位对工作量进行报批及审批流程管理
		项目决算管理	项目决算数据的管理
		发票管理	发票信息的登记记录
		支付管理	支付信息的登记记录
		统计分析	合同相关信息的数据统计分析，以图表的方式进行展示
	验收管理	工程验收	工程验收相关数据的记录
		统计分析	工程验收相关数据的统计分析，以图表的方式进行展示
	维修管理	设备报修	对设备出现的故障进行报修处理
		设备维修管理	维修信息的记录管理
		设备验收管理	验收信息的记录管理
		维修记录	设备维修情况记录
	养护管理	养护计划提醒	设备养护计划信息及养护计划到期提醒
		养护记录	设备养护情况记录
		仪表校验	仪表校验相关信息记录及校验时间提醒
	报表	报表生成与下载	工程项目管理中相关报表的自动生成与下载
8. 防汛抗旱与应急管理	数据接口	工情数据接口	接入工情数据
		其他系统接口	水情信息、雨情信息及气象信息的数据接入
	指令调度	指令下发	根据水雨情或上级指示发布调度指令
		指令执行	接到调度指令并确认后，转入泵站或水闸的操作流程
	预警发布	数据集中显示	水情信息、雨情信息、气象信息及工情数据的集中统一显示
		预警信息推送	将预警信息推送到相关人员手机端
	物资及备件管理	仓库管理	应急仓库的基本信息维护
		采购申请	应急物资的采购流程审批
		入库管理	物资入库检验及入库登记
		出库管理	物资出库的审批及出库登记
		盘点统计	应急仓库的库存盘点与统计

续表

系统	模块	功能	说明
8. 防汛抗旱与应急管理	预案管理	预案维护	应急预案资料的维护管理
		演习记录	应急演习的相关数据记录
	队伍管理	组织架构管理	防汛队伍的组织建设管理
		制度管理	相应规章制度的维护管理
	值班管理	值班记录	值班记录的维护
		值班表管理	值班表的维护管理
9. 巡检管理	巡检系统接口	智能巡检	包含巡检仪及 RFID 卡等硬件设备
		修改及开发	定制化修改及应用开发
10. 办公自动化	个人办公	流程申请	流程集中申请,包括档案借阅申请、用车申请和会议申请
		流程审批	审批各项流程
		申请记录	所有流程申请的记录
	公文管理	收文管理	实现公文接收处理、公文签批、公文查询功能,查阅收文状态信息
		发文管理	实现对发文的管理,包括拟稿、审核、发送
	档案管理	档案借阅	申请档案借阅,上级审批同意后可查看档案详细信息
		档案录入	根据需要对文档、公文等文件进行归档
		案卷管理	为每个档案室添加案卷
		档案设置	为档案设置档案室、内幕以及文件紧急程度
	会议管理	会议预约	包括发起会议、通知相关参加人、选择会议室
		会议纪要	会议发起人指定会议纪要人员负责会议的记录工作
		会议室管理	会议室基础信息包括会议室大小、会议室编号、会议室状态等信息维护
	用车管理	用车申请	根据当前车辆使用情况发起用车申请
		车辆基础信息管理	对车辆类型、车牌号、数量等车辆基础信息进行管理
		驾驶员管理	驾驶员基础信息管理,包括可驾驶车辆及在岗情况管理
11. 交互一体机	设备运行	水闸运行工况显示	显示水闸运行监测数据
		泵站运行工况显示	显示泵站运行监测数据
	视频监控	实时监控	接入泵站和水闸监控视频
	数据接口	水情信息接入	基于上级部门数据接入平台显示
		雨情信息接入	接入雨情数据
		气象信息接入	接入气象数据

1. BIM 模型的创建

(1) 总体要求

建立关键尺寸准确、属性参数完整的建(构)筑物、设备、材料及其他附属设施的三维模型。

建(构)筑物、设备、材料及其他附属设施三维模型由几何模型及其属性信息组成,几何模型反映建(构)筑物、设备、材料及其他附属设施的关键尺寸,属性信息主要包含建(构)筑物、设备、材料及其他附属设施的参数信息。

(2) BIM 建模标准设计

在进行工程枢纽模型设计之前,先制定工程枢纽模型设计的标准,对工程及设施的物理和功能特性数字化表达进行约束和规范,对建模对象与名称、模型几何精度与属性精度、模型编码等进行标准化定制,并按此标准进行 BIM 建模。

(3) 建模对象

工程枢纽三维建模涉及的专业包括水工结构、电气与控制、水力机械和金属结构等。各个专业建模对象包含的主要内容如表 6-24 所示。

表 6-24　三维建模主要内容汇总

专业	部位或部件	建模内容
1. 水工结构	上、下游	护坡、护底、堤顶道路
	水闸	底板、墩墙、工作桥、两侧空箱
	前池	两侧挡土墙、护坡、护底
	清污机桥拦污闸	底板、闸室、闸墩、桥面、清污机库房
	站身	泵站底板,墩墙,进、出水流道、梁、板、柱,门洞、楼梯等
	主厂房	板、梁、柱、墙、门窗、屋顶、基础、楼梯等
	副厂房	板、梁、柱、墙、门窗、屋顶、基础等
	出水池	两侧挡土墙、护坡、护底
	控制楼	板、梁、柱、墙、门窗、屋顶、基础、楼梯等
	数字地理模型	管理区范围地面模型的创建
2. 电气与控制	电气一次设备	变压器、互感器、断路器、隔离开关、电抗器、电容器、避雷器、高压熔断器、绝缘子、母线、高低压开关柜、动力箱等
	电气二次设备	继电保护装置、自动化监控设备、控制屏柜、网络设备等
	照明系统	照明箱、动力箱、灯具、开关、插座等
	桥架系统	桥架、支吊架等
3. 水力机械	主机组设备	主水泵、电动机、减速齿轮箱等
	供排水系统	供排水泵、冷水机组、滤水器、管道、阀门、压力表等
	油、气系统	空压机、油泵、管路等
	消防系统	消防泵、管道、阀门、灭火器等
	通风与空调	风机、通风风管、除湿机、空调等
	起重设备	行车、轨道、电动葫芦等
	支架、吊架	管路配置的支架、吊架
	机修工具	手拉葫芦、安装工具等

续表

专业	部位或部件	建模内容
4. 金属结构	清污机与拦污栅	清污机、皮带输送机、栅体、门槽、轨道等
	进口检修门及启闭机	门体、门槽、启闭机、基础等
	出口工作门和事故门、启闭机	门体、门槽、启闭机、基础等

典型设备及建筑物 BIM 建模结果如图 6-81 所示。

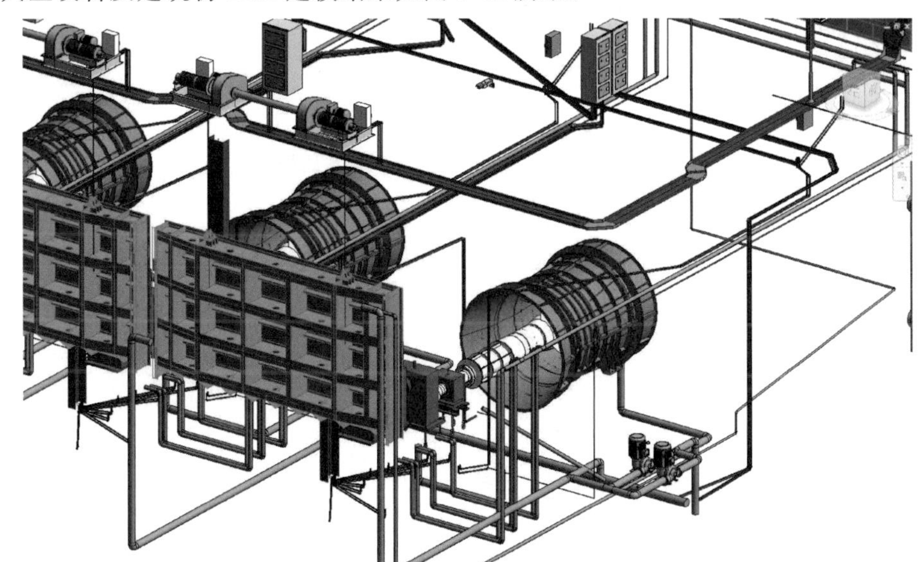

(a) 主水泵及管路布置

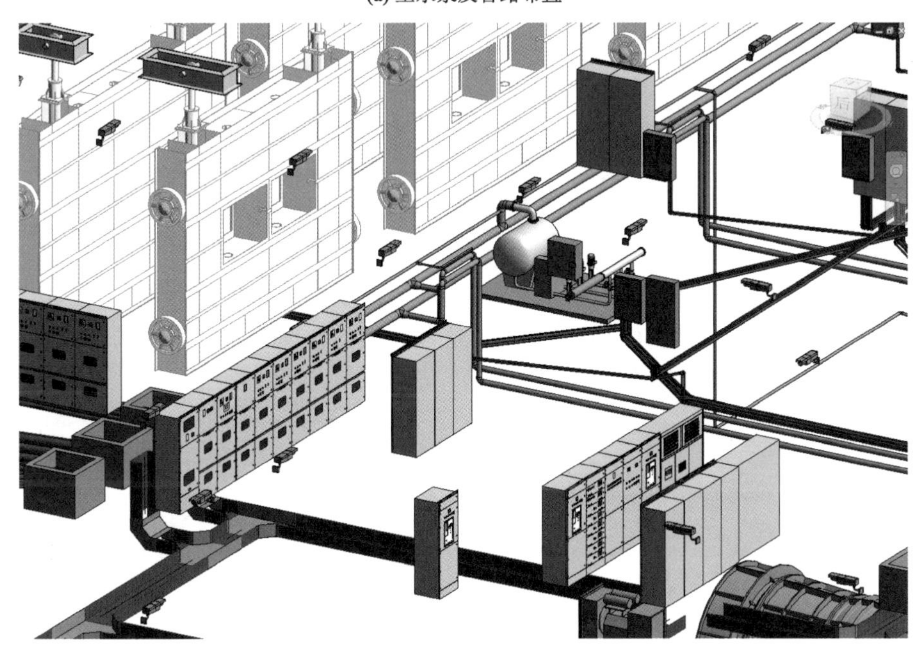

(b) 电气设备布置

(c) 主厂房漫游

图 6-81 典型设备及建筑物 BIM 建模

2. BIM 模型的轻量化应用

对 BIM 模型进行轻量化，使模型能应用于网络端、手机端，并与信息化管理相结合。轻量化的技术要求：具有相同图形的几何对象进行唯一性表达；通过算法根据权重剔除相应的顶点、面进行图元合并；根据距离、级别加载不同复杂程度的结构模型；数据压缩以减少对网络传输的影响；构建模型流，下载的同时显示；应用基于 HTML5（Hypertext Markup Language 5）的三维显示引擎。

6.7.3 基于 BIM 的信息化数据来源

基于 BIM 的信息化系统的数据主要来自自动化系统采集的主机组、辅助设备、电气设备、上下游水位、流量等信息数据。BIM 模型开发接口与信息化系统连接，可以在模型上展示相关信息。

1. 自动化系统采集的数据

自动化系统采集的数据通过网络传输给信息化系统使用。如第 6.5 节和第 6.6 节所述，泵站监控系统与信息化系统之间安装单向隔离装置，保证数据只能从监控系统传输至信息化系统，防止外网攻击监控网络。数据传输示意如图 6-82 所示。

2. 日常填报观测产生的数据

信息化系统中的工程管理、工程调度运行管理、建设与维修项目管理、巡检管理、办公自动化系统均有部分人工填报的报表数据。这些数据与自动化系统采集的数据共同为基于 BIM 的信息化系统提供数据支撑。

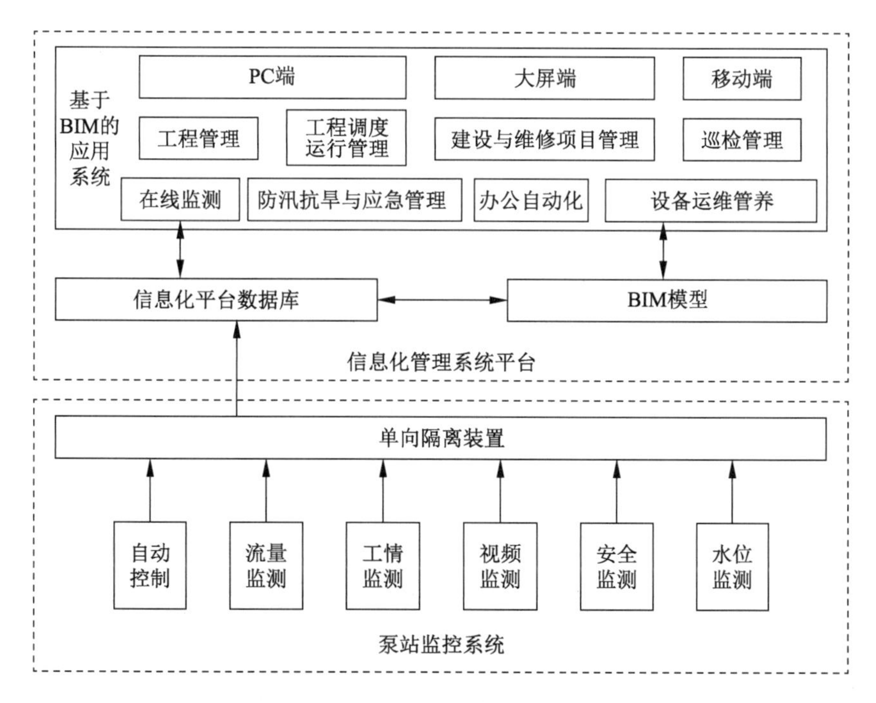

图 6-82　数据传输示意

6.7.4　工程管理系统

工程管理系统面向工程枢纽，提供基于BIM模型的工程信息数据管理服务，主要包括工程信息管理、设备编码管理、设备台账管理、仓库管理等。

1. 工程信息管理

工程信息是指枢纽工程的设计指标、技术参数、设施状态、工程建设项目和加固改造项目等信息。

工程信息管理是指对工程基本情况、工程大事记等信息进行分类管理，以方便查询、增加、修改，并基于信息模型对工程信息进行可视化动态展示。

工程信息管理模块的主要功能是将工程按闸、站、河道等进行分类，各类型的水利工程再按管理单位或单座工程的形式进行划分，并进行信息的添加、编辑、修改等，提供按单个工程、某种类型工程等不同组合条件的查询功能。

① 设计指标：以单座工程为单位，包括工程名称、工程位置、工程规模、设计标准、设计流量、设计水位等信息。

② 技术参数：以单座工程为单位，包括主设备技术参数、建筑物各部位的主要尺寸等。

③ 设施状态：以单座工程为单位，查询工程安全鉴定等级、设备评级成果统计、存在隐患、正处于检修状态的设备名称等。同时，也可按管理所、管理处对上述相关信息进行列表统计。

④ 工程建设项目：以单座工程为单位，管理的信息包括规划建设。数据类的信息尽

量以表格形式集中呈现。收录的信息具体包括工程规划简况、设计指标、技术参数、设计功能、地质情况概述、建设施工情况（建设时间、完成投资及主要工程量）及遗留问题。对于在建工程还包括进展情况等。

⑤ 加固改造项目：收录的信息包括批复情况、加固内容、工程投资、主要设计指标、技术参数、实施情况（建设时间，施工方法、过程，完成投资及主要工程量）、技术创新、评定及验收情况、主要荣誉等。对于正在加固建设的工程，收录的信息包括工程名称，批复文号，加固内容，工程投资，参建单位，开工时间，计划完成时间，形象进度，当年计划及完成情况（投资、主要工程量），质量、安全管理情况，阶段验收情况。

⑥ 工程大事记：以工程为单位，及时记录工程管理中发生的重要事件。提供录入平台，录入工程管理中的大事信息，供随时查阅。检索条件包括年度、时间段、单位、工程名称及组合查询。

基本信息查询系统如图 6-83 所示。

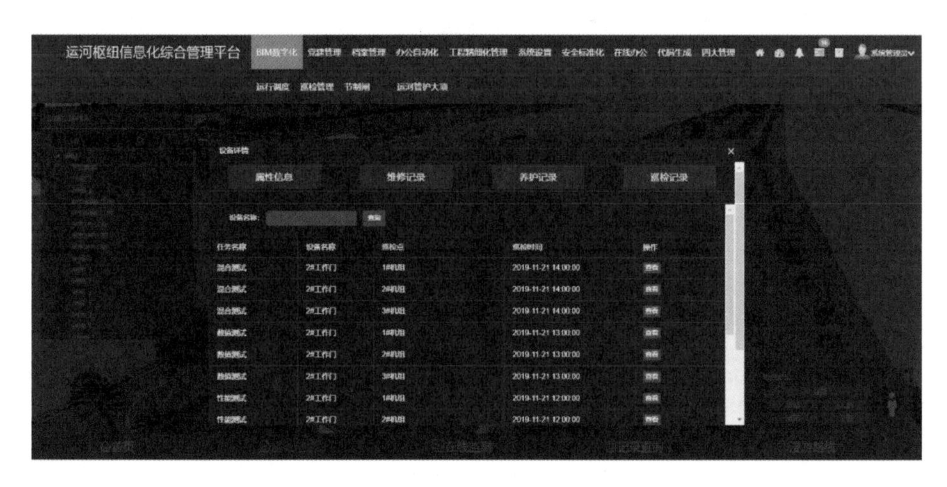

图 6-83　基本信息查询

2. 设备编码管理

设备编码系统的建立可以更好地对枢纽设备对象进行统一的标识和管理，通过制定合理、科学和规范的设备编码，可以方便各种信息的传递与共享。

模块主要功能包括：

① 支持设备的树形结构管理。

② 通过设备编码能与管理责任人进行挂钩，在系统中进行设备信息的对照查询。

③ 支持设备编码与备品备件及相关文档资料的关联使用。

3. 设备台账管理

建立设备台账（见图 6-84），记录设备信息，反映设备的基本情况以及变化情况，可提供管理和维护设备的必要信息。设备台账管理从本质上讲是对设备运行过程的管理，即通过对设备的管理和维护，使设备处于良好的运行状态，不断提高设备装备水平，保证工程管理技术的进步。在设备管理过程中，应及时记录设备的启停情况、故障情况、评级情况、历次检修情况、异常情况及缺陷情况，以便进行设备的运行信息、检修信息、变更信息等方面的综合分析，也可为设备的日常管理和检修提供相应的依据。

模块主要功能如下：

① 设备基本信息登记与查询，包括设备技术规范登记、设备故障登记、设备评级登记、设备启停情况登记、设备异常情况登记、设备备件登记、设备台账查询等功能。

② 基于系统平台权限进行管理。设备台账管理系统能够根据用户的岗位和身份，提供不同的查询功能。

a. 设备台账查询：查询设备基本信息、图纸资料、技术规范、检修记录、缺陷记录、运行值班记录和变更记录、评级记录及故障情况、异常情况、重要记事。

b. 设备位置记录：记录设备的动静态位置，如设备移动时记录设备所在库位或返回厂家修理情况。

c. 设备管理报表设计：可设计满足设备管理要求的各种报表。

图 6-84　设备台账

4. 仓库管理

仓库管理与设备台账及物资管理关联，系统可以随时调用设备台账和物资仓库中关于某具体备品备件的所有信息，并进行相应的分析判断。

模块主要功能如下：

① 制定备品备件安全库存标准，并将设备管理和物资管理进行有效的集成，实现数据共享。

② 为设备管理提供必要的备品备件库存信息，对备品备件和材料的申请、采购、领用进行规范的流程化管理。

③ 在检修过程中，备品备件和其他材料费用生成相应的费用台账，减少检修过程中材料的浪费，降低检修费用。

6.7.5　工程调度运行管理系统

工程调度运行管理系统主要实现工程远程自动化调度，使用户能高效、快速地对工程进行调度运行，全过程操作留痕，并能通过智能软件分析操作中存在的问题。通过流程化调度，实现调度过程环环相扣，可防止跳跃式操作，保障设备运行安全。流程化调度主要包括调度指令接收、调度指令确认、启动前预警、启动前检查、启动机组、记录运行情况、停机等环节。运行监视工程内各业务系统的实时数据(包括计算机监控、视频监视、工程安全监测、设备运行状态监测等控制系统的数据)，可以实现管控一体化。提供组态画面及控制工具，用户可使用相关工具监视画面，或在三维场景中查询监控信息，满足个性化需求。

1. 调度运行流程

① 调度指令接收：根据防洪调度需要、水资源调度需要、水环境调度需要、城市防涝调度需要、突发性水污染事件调度需要，接收调度指令，同时将调度指令下发到现场值班人员的 PC 端或移动端。

② 调度指令确认：现场值班人员在 PC 端或移动端进行调度指令的接收确认，向上级反馈接收指令情况。

③ 机组启动前预警、检查:机组启动前,将预警信息发送到现场值班人员的 PC 端或移动端,值班人员接收到预警信息后进行确认。

在机组启动前,现场工作人员要进行闸门状态检查、启闭设备检查、上下游水位信息查询等全方位检查。

④ 启动机组:根据移动端上报的检查情况,确认启动机组指令,通过计算机监控系统启动机组。

⑤ 记录运行情况:记录机组运行全过程的时间、运行状态、运行参数等。

⑥ 停机:利用自动化控制或闸门状态监测判断停机时间,并进行停机操作,现场工作人员确认停机状态。

⑦ 实时监视与警告:实时检查设备状态信息,当发生异常时及时发出警告。

2. 调度运行功能

(1) 运行监视

主要功能包括:

① 对枢纽工程,可获得反映实时水位、流量、运行台数(孔数)等的运行数据,也可对全部工程实时信息进行统计。从数据采集系统和计算机监控系统中可获取相关统计数据或者过程数据。

② 具备水雨情信息的显示查询功能。

③ 提供全站视频监视的显示接口。

(2) 运行日志

围绕管理单位的"运行交接班制",集中规范管理各个运行岗位的值班记录,供各部门管理人员查询了解枢纽运行管理情况,实现各岗位运行交接班管理及相关日志(班长日志等)的记录、统计、分析、查询等。

主要功能包括:

① 记录值班期间主要的运行事件、主要设备运行情况及关注指标参数,交接班时会将上一班次关注的设备的状态信息自动提取到本班。

② 与缺陷、"两票"数据共享,当发生缺陷、执行"两票"业务时,会记录相关运行日志,从而保证运行日志与缺陷、"两票"相关联,便于运行人员跟踪监督。

③ 记事查询可查询往期日志、往期报表。查询方式支持模糊查询,查询的结果按时间顺序排序并分栏显示。

(3) 调度管理

调度管理模块能够根据接收到的工程运行调度指令,按照相关规定自动提供可供选择的调度方案,并能够记录、跟踪调度指令的流转和执行过程。

主要功能包括:

① 提供调度指令编辑、下发界面。对枢纽调度进行编号并详细记录调度内容,包含调度单编号、发令单位、发令人、发令时间、指令内容、接收单位、接收人等,系统应支持基于发令时间的查询。

② 提供故障记载、上报和处理记录。运行过程中发现故障时,自动填写故障现象、发生时间、已经采取的措施,提交给相关的故障处理人员;故障处理人员制订处理方案,上报

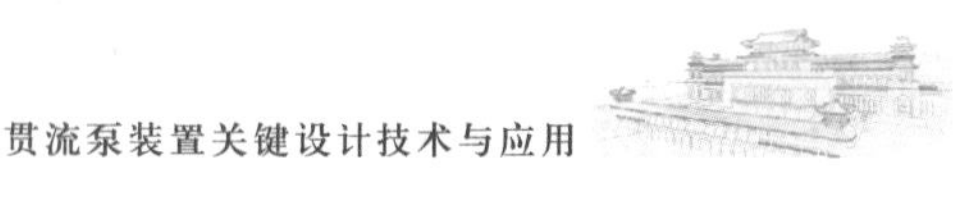

主管领导批复；批复后进入故障排除流程，记录故障处理过程和处理结果。

具体的调度管理要求、调度流程、故障记载和处理要求根据实际情况确定。

(4) 操作票管理

操作票是指在枢纽运行过程中进行电气操作的书面依据。操作票的管理包括操作票模板录入、填写、执行、检查等环节。

主要功能包括：

① 主机开机操作票包含票的编号、机组编号、开机工况、发令时间、发令人、受令人、操作开始时间、操作结束时间、开机步骤、操作人、监护人、执行情况等信息，支持对机组编号、开机工况、开机时间、操作人、监护人等的查询、统计功能。

② 主机停机操作票包含票的编号、机组编号、发令时间、发令人、受令人、操作开始时间、操作结束时间、停机步骤、操作人、监护人、执行情况等信息，支持对机组编号、停机时间、操作人、监护人等的查询、统计功能。

③ 各种典型操作可根据不同的操作任务制定格式相对固定的操作任务票。任务票包含编号、操作任务、操作时间、操作顺序、发令人、受令人、操作人、监护人等信息，支持对编号、操作任务、操作时间、操作人、监护人等的查询功能。

④ 水闸运行记录可参照《水闸运行规程》(DB32/T 1595—2010)中水闸启闭记录表的规定，记录水闸流量、闸高调整以及每次操作的时间、操作人、监护人，统计引水时间和引水量，并支持对时间、人员的查询功能。

(5) 值班管理

值班管理系统以自动化的模式对值班人员的出勤情况和值班记录进行统一管理，确保值班事务的规范化和标准化，为工程稳定运行提供基本保障。

值班管理业务分为值班人员信息管理、生成排班表、值班记事填报(与运行日志共享数据)等阶段。

主要功能包括：

① 值班人员管理：对值班人员的姓名、部门、联系方式等基本信息进行统一维护和管理。控制区和管理区的人员管理能做到自动同步。

② 排班管理：对选定的值班人员，按照指定规则生成排班表。排班表生效前，排班的结果可人为修改。排班表生效后，排班的结果不可修改。

③ 交接班管理：根据设定的交接班时间自动弹出交接班提醒，交接班完成后，接班人员会收到交接班必读提醒，包括本班次人员需要注意的调度规定、应急调度、调度建议、处理修改等信息。

3. 安全生产管理

安全生产管理包括工程检测、设备评级管理、事故报送、安全部署、安全检查、隐患报送、安全物资管理等。

① 工程检测：包括电气预防性试验、油质检测、防雷与接地检测、安全用具检测、起重设备检测、压力表检测等。

② 设备评级管理：对评级资料、评级作业指导书进行管理。

③ 事故报送：报送信息包括标题、所属工程、事故数量、经济损失、日期、附件等。

④ 隐患报送：报送信息包括标题、所属工程、排查单位、排查人员、排查日期、附件等。

6.7.6 建设与维修项目管理系统

建设与维修项目管理系统实现对建设与维修工程项目基础信息、项目建设信息、项目资金信息、项目监督信息的统计与分析等功能。

1. 建设项目管理

(1) 项目基础信息管理

工程项目各类基础信息的管理，包括项目基础信息、项目制度信息、项目文件信息、项目计划的管理，参加单位信息管理，信用信息公开与工程知识库等。

(2) 项目建设信息管理

工程项目建设期间各类流程信息的管理，包括项目库管理、立项与可研报告管理、招投标与设计管理、建设施工管理、竣工评价管理、项目运维管理、项目档案目录管理、人力资源管理、项目设备管理等。

(3) 项目资金信息管理

工程项目建设期间各类资金相关信息的管理，包括合同管理、支付管理、投资控制管理、变更索赔管理等。

(4) 项目监督信息管理

项目监督信息管理实现工程项目建设期间质量监督、安全监督、项目实时监管等相关业务的各类信息管理。

(5) 统计分析

统计分析实现对工程项目建设管理信息的全面实时动态展示及多维度指标分析。

2. 维修养护项目管理

(1) 工作票管理

实现工作票的自动开票和自动流转。在开票时，根据情况允许用户对工作票进行执行、作废、打印等操作，并自动对已执行和作废的工作票留存根，以便于统计分析；为确保操作正确，保障人身及设备安全，防止事故发生提供有效帮助。

主要功能包括：

① 提供工作票“三种人”资质管理，无资质不能开票。

② 工作票模板中包含标准的安全措施，操作票模板包括危险点分析，方便调用。

③ 通过工作流配置，实现工作票的流转和提醒功能，并可追溯。

④ 支持选择设备未消缺陷，开出工作票。

⑤ 自动统计工作票合格率。

⑥ 工作票与设备关联，按设备查询工作票结果。

(2) 预算管理

以预算管理为控制手段，全过程管控设备日常维护和检修工作，提高设备检修资金利用率；实现成本管理，使管理者实时掌控设备管理的费用发生情况，提高设备维护的经济性。

主要功能包括：

① 预算编制方面：满足项目维修、资金审批和预算限额要求；预算可以按月度、年度依采购项目分解和控制。

② 预算执行方面：对物资采购、费用报销等关键节点进行监控，可实时掌握预算总额、已发生费用、剩余费用、占用百分比，减少预算控制活动的盲目性。

③ 预算分析方面：按部门、预算项目对预算执行情况进行分析，以图形和报表等形式为预算管理人员提供直观的费用计划及执行情况资料。

(3) 项目管理

维修养护项目管理模块能够对每年所有工程的维修、养护项目进行管理，方便进行查询统计。例如，对每年的维修、养护项目的立项批复、实施方案编制、实施过程、验收等进行过程管理，并形成维修、养护项目管理卡。

泵站、水闸、变电所工作人员通过维修、养护项目信息管理工作平台管理设备和建筑物的维修、养护信息，制作维修、养护项目管理卡，具体包括：

① 设备检修：以设备检查卡的形式，收录单台或单种类设备的检修情况。

② 建筑物检修：以单座工程，分建筑物部位收录检修情况，可按单座工程、部位、时间进行检索。

③ 维修、养护项目管理：维修、养护项目管理的信息包括基本信息、实施过程信息和验收信息。填报内容应包括水利工程维修项目管理卡、水利工程养护项目管理卡所需要的信息。维修、养护项目管理应符合《泵站技术管理规程》的规定和说明。

a. 对维修、养护项目的管理过程进行管理，包括计划申报、项目批复、实施方案编制、变更批复，中间验收、决算审核，档案专项验收、竣工验收等。项目负责人、技术负责人、工程管理科室、上级部门人员在计算机上进行项目实施过程信息的填报、审核，并记录流转过程。

b. 能够按照年份、时间段、闸站工程名称、管理所、管理处等多种条件进行统计检索，检索结果可以链接维修、养护项目的过程记录、实施结果记录。

c. 自动输出维修、养护项目管理卡，自动形成档案，自动形成上报文件。

6.7.7 防汛抗旱与应急管理系统

防汛抗旱与应急管理系统是一个具有工程调度运行管理、水雨情管理、水利工程信息查询、实时工情信息查询、气象信息服务、防汛应急管理等功能的综合系统。其中，水雨情管理需要与地方行政主管部门防汛决策系统进行数据共享。

1. 防汛抗旱信息系统

防汛抗旱信息系统主要包括工程信息对接处理系统、水位信息对接处理系统和信息展示系统，可实现对责任人、值班表、防汛物资、防汛预案信息资源的整合、处理、传输、利用的全面规划。

① 水雨情信息，如上游水位(分时段)、下游水位(分时段)、泵站流量(总流量、单机流量)、水闸流量(总流量、单孔流量)、气象信息(天气预报、卫星云图、台风路径图等，需与行政主管部门防汛决策系统进行数据共享)。

② 工情信息，如泵站工情(开机台数、主机和辅机状态信息)、水闸工情(闸门开启数量、闸门开闭状态与开度)。工情信息可根据需要从自动化系统提取。

③ 调度流程。接到调度指令并确认后，转入泵站或水闸的操作流程。

④ 防汛信息系统，实现对防汛工作的值班管理、防汛人员管理、防汛物资管理。

⑤ 应急响应系统，实现对应急预案的管理与防汛信息的发布。

2. 预警发布系统

汛情数据与图像可以 WebGIS 显示的方式，以 Web 网站发布的形式，实时、动态、定点、定位显示汛情变化的实况、人员抢险的过程、排水设施的运行实况，并发布预警信息。

3. 防汛应急管理

防汛应急管理主要包括防汛抗旱物资管理、防汛抗旱预案管理、防汛抢险队伍管理、防汛值班管理、备品备件管理 5 个部分。

6.7.8 巡检管理系统

工程维修养护是日常管理的重点工作之一，加强维修养护工作，实现维修养护的规范化、系统化、科学化是运行管理的目标。巡检管理系统可实现信息实时传输，具备指纹考勤（开关闸巡视）、巡查线路制定、巡查问题记录（日常巡查、经常检查、定期检查、特别检查相关记录）、工程养护记录、信息查询及问题协调处理等功能，进一步推动了维修养护管理工作的程序化、精细化。

1. 功能概述

巡检管理系统设置有基础信息管理、设备测点库管理、巡检计划管理、线路模块管理、秘书助理、巡检仪端应用、工作考核与行程回放管理、设备状态查询、领导监控席等功能模块。

① 基础信息管理模块具有登录和密码设置、分角色权限管理、部门维护、岗位管理、班次管理、值次管理、轮班表管理、观测量标准化管理等功能。

② 设备测点库管理用于管理设备的安装位置（区域卡）、设备名称、台账，以及五大类测点。五大类测点独立管理报警标准参数，分别是数值量、观测量、累计量、不断增长的量、红外测温量。

③ 巡检计划管理用于给巡检员编制计划，形成计划库。该模块可实现按班次（根据排班表）批量编制计划、按轮次（根据排班表）批量编制计划、巡检（按照工作日与节假日）批量编制计划。

④ 线路模块管理用于对巡检工作线路进行灵活规划和自由编制，以完成不同的工作任务。该模块主要具有线路名称管理、线路到达的区域管理、区域内设备自由选择、设备检测项目自由选择等功能。

⑤ 秘书助理工作台是在服务器为秘书开辟的工作桌面。它接收相应的指令，提前 1 天或者 1 周为各岗位编制计划。

⑥ 巡检仪端应用于快速完成工程数据的录入，通过 EXCEL 表格实现，区域卡导入、设备测点导入、提问答案导入、数据校验导入，降低客户的实施成本。其特点是系统能够自动检查数据之间的逻辑关系，排查非法数据。

⑦ 工作考核与行程回放管理用于查询巡检工作的执行情况，以量化考核。该模块具有日志列表、行程回放输出，以及统计和图表输出功能。

⑧ 设备状态查询用于提交发现的设备缺陷，查询设备的历史数据记录，绘制历史趋

势曲线。在主要机电设备、启闭设备、辅助设备等巡视检查设备上安装电子标签，巡视人员按照指定巡视检查线路进行巡视，可及时发现设备的运行状态，也能实现对巡视人员的考勤。

⑨ 通信管理用于实现数据在服务器和巡检仪之间的交换，把基础信息、字典信息固化在巡检仪中，同时列举当天的计划，先选择单个计划或者多个计划并下载到巡检仪硬盘中，后将数据从巡检仪硬盘上传到工作站预览，并保存到数据库中。同时，该模块可提供巡检系统与自动化系统的数据接口，方便实时读取自动化系统的设备运行数据。

⑩ 工程实施管理用于快速完成工程数据的录入，通过 EXCEL 表格实现区域卡导入、设备测点导入、提问答案导入、数据校验导入。其特点是系统能够自动检查数据之间的逻辑关系，排查非法数据。

2. 基础信息管理模块功能

① 人员角色权限管理；

② 部门管理；

③ 岗位管理；

④ 班次管理；

⑤ 轮次管理；

⑥ 翻班规则设置；

⑦ 值次人员配置；

⑧ 设备信息管理：建立设备信息库和二维码标签。

3. 设备测点库管理模块功能

① 设备分区管理；

② ID 位置管理；

③ 设备测点管理——数值量；

④ 设备测点管理——观测量；

⑤ 测点信息复制。

4. 巡检计划管理模块功能

① 单个计划的编制与调整；

② 按班次批量编制巡检计划；

③ 按轮次批量编制巡检计划；

④ 按工作日批量编制巡检计划；

⑤ 安排助理编制计划；

⑥ 助理工作状态查询。

5. 线路模块管理模块功能

① 线路名称管理；

② 线路中区域的选配管理；

③ 区域中选配设备管理；

④ 设备下选配测点管理；

⑤ 线路中节点的校对。

6. 秘书助理工作台管理模块功能

① 查询秘书备忘录；

② 待办工作列表。

7. 巡检仪端应用模块功能

① 基础信息固化；

② 字典信息固化；

③ 单个计划直接下载；

④ 多个计划下载；

⑤ 巡检任务执行；

⑥ 巡检结果上传；

⑦ 巡检路线诊断。

8. 工作考核与行程回放模块功能

① 日志列表与行程回放；

② 考核统计；

③ 结果趋势图输出。

9. 领导监控席模块功能

① 当值的巡检工作列表功能；

② 回放点检、巡检行程；

③ 发现缺陷提示；

④ 将缺陷记录提交到缺陷库；

⑤ 缺陷查询与提交；

⑥ 异常统计。

10. 工作考核管理模块功能

① 漏检统计；

② 到位统计；

③ 工时统计。

11. 巡检报告模块功能

① 巡检台账；

② 巡检周报；

③ 巡检月报。

6.7.9 设备运维管养系统

设备运维管养系统以工程设备为主要管理对象，在系统中建立设备信息库，记录设备信息，入库、出库、盘点信息，设备运行过程中的技术状态和维护、保养情况，进行设备相关档案的登录、管理。

设备运维管养系统主要包括设备基础数据管理、采购管理、仓储管理、运维养护管理、设备统计管理等功能模块，覆盖工程设备基础信息管理、入库管理、库存管理、运维养护管理、设备统计管理等核心业务。

1. 设备基础数据管理

设备基础数据管理包括设备档案管理、供应商档案管理等。

(1) 设备档案管理

将设备进行编码,并在系统中固化设备编码规则,按设备编码规则初始化进入系统。

维护设备描述信息,包括类型、规格型号、关键参数信息等,审核通过后形成正式设备档案。

(2) 供应商档案管理

在建立供应商基本信息系统的基础上,完善开户行信息、联系人信息等。

2. 仓储管理

仓储管理是指对设备的库存、出入库及库房内部各业务进行管理,为工程维养提供数据依据。其具体涉及仓库基础数据管理、入库管理、出库管理、退库管理、借用管理、盘点管理等。

3. 运维养护管理

该模块以设备养护为中心,以设备全生命周期规范化、标准化养护和维修作业为重点,从养护计划、养护巡修、故障报修、任务下达到故障修复及反馈,建立养护作业的闭环管控模型,形成全过程信息化支撑,有效提升设备养护的精细化管理水平。

该模块围绕养护计划的编制、审核、下达和日常养护巡修,工单的生成、下达、流转处理,以及故障修复、反馈等业务内容,充分利用工作流技术,灵活设置运维管养业务流程,提供养护计划管理、工单管理、养护巡修记录、作业监控、统计报表等功能与服务。

(1) 养护计划管理

建立设备的养护计划,包括日常养护计划、维修计划等。

(2) 工单管理

根据日常养护计划、维修计划自动生成设备巡修工单,记录设备故障以及需要维护的内容、维护时间等相关内容。

(3) 养护巡修记录

养护人员根据工单进行设备的养护巡修,以文字、图片方式记录巡修过程。

(4) 作业监控

查看记录设备维修现场情况,以文字、图片方式展现设备维修情况。

(5) 统计报表

针对设备故障维修情况形成统计报表,包括故障分类统计、设备维修统计、工单统计等。

4. 设备统计管理

该模块汇总设备的故障信息、维修信息并进行综合分析,形成相关统计报表。

(1) 故障统计

按照设备类型故障描述等信息进行汇总统计。

(2) 维修统计

按照设备维修次数、维修时长等进行汇总统计。

(3) 性能分析

根据设备故障及维修情况汇总分析设备性能情况。

6.7.10 办公自动化系统

办公自动化系统可实现公文流转、审核、签批等行政事务流程化管理及文档一体化管理，增强办公人员协同工作能力，以创造良好的办公环境，提高工作效率。办公自动化系统分为公共服务、工作交流、个人办公、系统管理 4 个部分，主要包括公文流转、移动办公、档案管理、行政事务管理、内部交流、电子公文交换等多个模块。其中，档案管理与现有档案信息化管理系统相对接，按照权限设置档案的在线归档、查阅、下载等功能。各功能模块如图 6-85 所示。各功能模块可根据实际需要进行添加和改进。

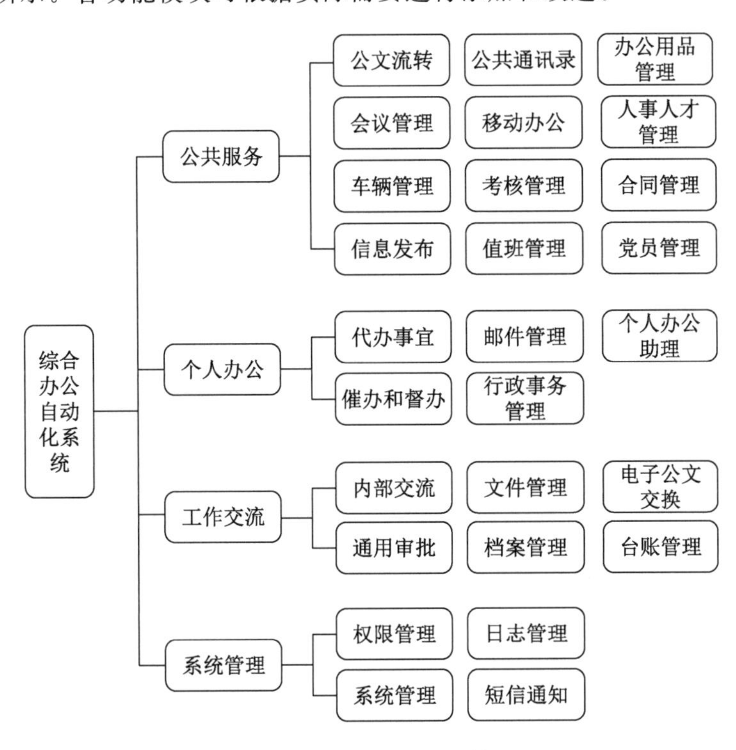

图 6-85 办公自动化系统框图

6.7.11 移动信息管理系统

移动信息管理系统软件（APP）与信息化管理系统的服务器通信，除了进行闸站工情、水情等数据实时通信，并通过 BIM 图形化方式显示外，还能提供闸站管理区内各个位置的视频监控信息，方便管理者通过移动端第一时间掌握枢纽的运行管理状况。

移动应用 APP 通过移动门户实现枢纽管理相关应用功能的整合，具有统一登录、功能定制、桌面定制等功能。

统一登录：统一登录所有接入移动门户的移动应用。接入移动门户的应用系统有信息查询、防汛抗旱、工程管理运行、巡检、移动办公、工程建设、工程运维、移动应用后台管理等。

功能定制：自行定制常用功能。

桌面定制：自行定制用户桌面布局。

1. 系统基本功能

(1) 系统登录

在登录页面输入用户名(由枢纽控制中心统一分配和注册)、巡检人员手机号和登录密码,可以登录到移动巡检应用的主页面。

考虑到在实际操作中移动网络可能会出现信号不良或信号中断等问题,系统提供离线运行模式,保证除了实时数据查询功能外,其他部分在网络异常时能够正常启动和运行,如拍摄部位照片、写入巡查日志等。

(2) 应急通信

通过应急通信,可查询相关工作的责任人及联系人详细信息。点击详细信息中的联系方式可直接通过手机实现拨号。此外,可以根据部门(小组)名称、人员姓名等信息进行查询。

(3) 系统管理

系统管理的功能是对系统的运行进行配置,对用户数据进行管理。

① 网络设置:设置是否启动离线模式,设置服务器的 IP 地址和端口号。

② 用户设置:设置用户的基本信息、修改登录密码等。

③ 照片上传设置:设置是通过移动 4G/5G 网络上传图片还是只允许通过 Wi-Fi 上传。

④ 位置上报设置:设置是以一定时间间隔自动上报位置信息还是由用户手动点击进行位置上报。

(4) 移动应用后台管理

管理人员通过移动应用后台管理系统对移动应用系统的用户、上报的信息资源、应用程序版本更新、移动终端人员的任务状态进行管理,推送消息、发布调度指令等。

① 日志管理:可以查看最新巡查的情况,查看巡查过程中上报的图片、视频等多媒体资料。

② 移动用户管理:可以添加、修改移动巡检系统的用户信息,统计用户的巡检设备数量,查看历史上报的图片内容。

2. 移动办公应用

移动办公应用实现公文处理、任务处理、会议管理和信息查询等功能。

① 公文处理:可在移动端实现公文的编辑发送、接收处理、签批、查询等功能。

② 任务处理:实现任务接收、任务处理记录等功能。

③ 会议管理:实现接收会议通知、会议安排、会议签到、会议记录等功能。

④ 信息查询:实现办公业务信息的综合查询,包括公文信息查询、任务查询、档案查询、会议查询及数据统计分析查询等。

3. 移动查询应用

移动查询应用为管理人员提供随时随地查看泵站和水闸工程重要运行状态信息的查询监视功能。移动查询应用主要具有综合监视、视频监控、运行状态监视等功能。

① 综合监视:在一个页面上提供重要运行信息的统计信息,包括设备系统运行情况、报警数量等。点击其中的某项进入相关的页面中可查询更详细的信息。

② 视频监控:在移动终端设备上能调用视频监控点的实时视频画面,授权用户可进

行摄像头控制调整操作。

③ 运行状态监视：实时显示监视系统中的报警信息，点击可以查询报警的详细信息，并对报警信息辅以地图标注和声音提示，同时对报警短信进行回复。对于进入“响应启动”状态的报警，可查看响应相关信息。

另外，运行状态监视提供历史报警信息和响应信息的查询功能，支持根据实际情况启动突发报警，并将突发报警导入报警流程。

4. *移动巡检应用*

移动巡检应用是巡检值班人员手机 APP 中的应用模块。巡检人员可以借助移动巡检应用完成巡检工作，包括根据巡检任务的内容，按照指定的路线、时间、巡检节点和检查项目填写巡检日志。对于发现的可疑情况可以拍摄照片、录制视频并上传到数据中心。移动巡检应用还可以实现对系统和设备运行状态的实时监视，可调用视频监控画面进行查询。

(1) 信息通知、任务接收及查看

① 信息通知：有服务端推送过来的消息或任务时，会以通知的方式显示在移动终端。信息根据推送的服务端，分为巡检任务通知、工程复核通知、系统消息通知等。

② 任务接收：实现移动设备上的任务接收功能。当管理人员作出任务下发的指令时，移动端的设备就能及时收到任务信息，并发出声音提示。收到任务信息后，巡检人员可以点开任务栏接收所有任务。巡检人员接收任务后，管理人员可以在运行管理平台查询对应任务的执行人。

③ 任务查看：实现移动设备上的任务查看功能。巡检人员可以按照任务名称、任务完成情况、任务执行时间快速查询任务。按照任务完成情况查询时，会以未完成任务、正在执行任务、已完成任务 3 种类别进行展示。

此模块可实现移动端位置上报、任务接收和查看、巡检任务上报、异常及隐患处置上报等功能，辅助工程管理单位工作人员实现运行检查。

(2) 信息采集与上传

此模块可将办公人员现场采集的险情、灾情以图片、视频等多媒体形式上传至平台服务器，并可随时接收指挥部下达的调度指令。

通过移动巡检客户端，巡检人员在巡检过程中，在任意时间、任何位置遇险时，都可将险情以图片、视频(采用限制录制时间的方式)、声音等方式上报报警平台，让监控中心了解实时的现场险情情况，并通过 GPS 定位功能确定险情位置，为救援决策等提供辅助支持。

① 巡检任务上报：实现巡检任务上报功能。不同工程的巡检人员可以根据自己的权限对相应的工程进行巡检。本模块有安全上报、隐患上报两项基本功能。

② 异常及隐患处置上报：实现对现场情况信息的及时上报功能。巡检人员可将已经巡检过的内容以图片、语音、视频或文字等形式上报。

③ 险情上报管理：可以选择日期查看险情的位置，可以在地图上查看移动手机端上报的险情位置处的照片、声音、视频等内容。

(3) 工程巡检

利用工程巡检模块，巡检人员可在现场拍摄并上传站点的图片、位置坐标信息，并保存上传巡检记录。

① 图片、声音、视频拍摄及上传:拍摄的图片及已经记录的巡检信息在网络状态良好和系统设置允许通过移动网络上传的情况下,可以立即上传到服务端,也可以缓存在本地,等用户连接到有 Wi-Fi 等不产生流量费用的网络时,再进行批量筛选和上传,数据上传到服务器上相应工程名的文件夹下。

② 位置上报:该模块实现对巡检人员位置信息的上报功能。系统要求巡检人员在每一处巡检点上报一次实时位置信息,系统后台接收实时位置信息后可统计绘制出该巡检人员的巡检轨迹。为方便巡检人员操作,以简单、方便为原则,系统设有位置上报按钮,巡检人员只需要单击“位置上报”按钮即可实时上传位置信息。

③ 定期维护记录:记录定期维护站点的情况、设备故障情况、定期维护时间等信息,并上报到服务端,提供查询定期维护历史记录表功能。

④ 站点监测:可查询正在巡检设备的基础信息,帮助巡检人员了解设备的基本情况;可查询设备数据发送情况,帮助巡检人员判断设备是否处于良好的运行状态。

(4) 运行状态监视

监视不同设备运行信息,包括主机操作系统版本、启动时间、运行时间等。如果有报警产生,服务端会立即以短信、信息通知等方式推送到值班人员的手机上,值班人员点击“信息通知”,可以查询预警的详细信息。

(5) 用户巡检工作统计查询

输入时间段可以查询历史上报的照片、视频、声音等列表。

6.7.12 BIM 信息化系统可视化应用实例

1. 首页

基于 BIM 的信息化系统的首页显示泵站机组和水闸闸门运行核心统计数据。

(1) 首页界面

单击“首页”按钮,如图 6-86 所示进入界面首页。

图 6-86　首页进入界面

(2) 机组运行时间统计

查看 3 台机组累计运行台时，可以单击“总/年/月”切换时间粒度查看一个月内、一年内及总的运行台时数据，如图 6-87 所示。

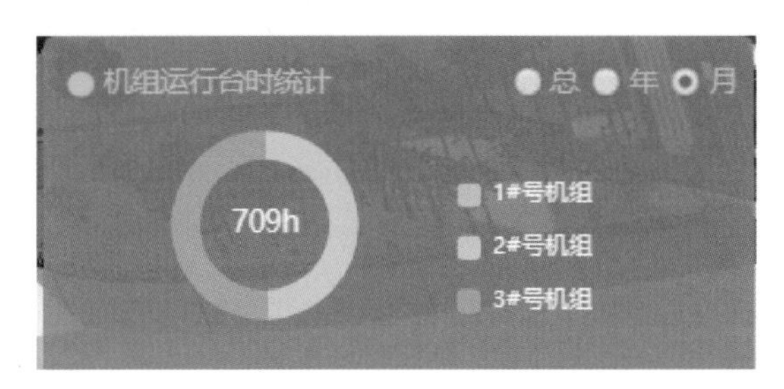

图 6-87　机组运行台时统计

(3) 机组运行次数统计

查看 3 台机组累计运行次数，可以单击“总/年/月”切换时间粒度查看一个月内、一年内及总的运行次数数据，如图 6-88 所示。

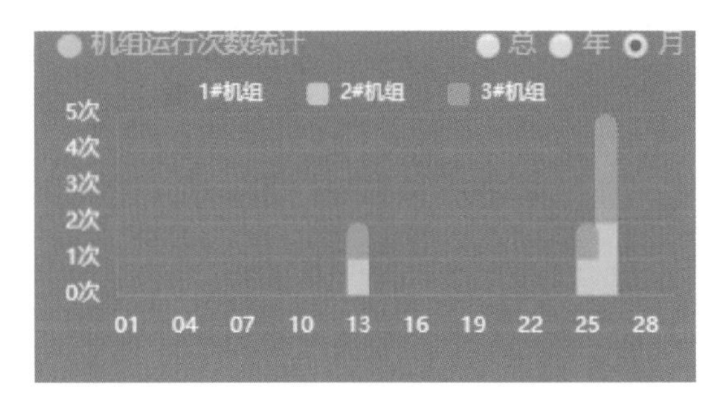

图 6-88　机组运行次数统计

(4) 抽水量统计

查看 3 台机组抽水量，可以单击“总/年/月”切换时间粒度查看一个月内、一年内及总

的抽水量数据，如图 6-89 所示。

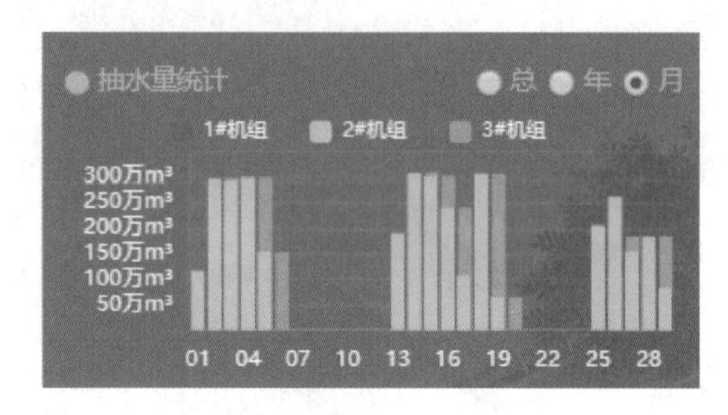

图 6-89　机组抽水量统计

(5) 报修统计

从“本月累计维修”“已完成维修”“未完成维修”3 个维度展示设备维修整体进度情况，如图 6-90 所示。

图 6-90　报修统计

(6) 闸门运行次数统计

查看闸门运行次数，可以单击“总/年/月”切换时间粒度查看一个月内、一年内及总的闸门运行次数数据，如图 6-91 所示。

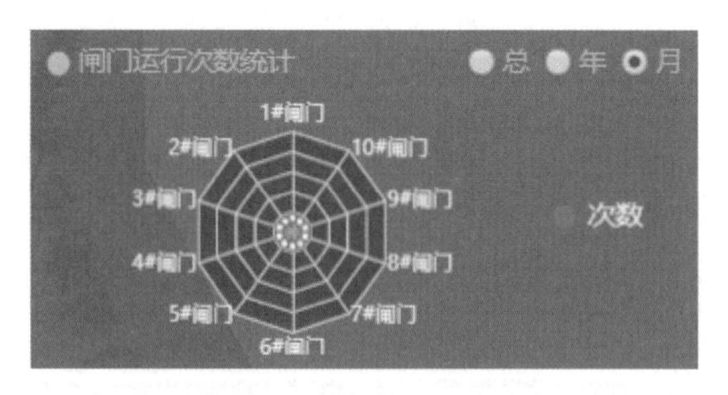

图 6-91　闸门运行次数统计

(7) 引水量统计

查看引水量，可以单击“总/年/月”切换时间粒度查看一个月内、一年内及总的引水量数据，如图 6-92 所示。

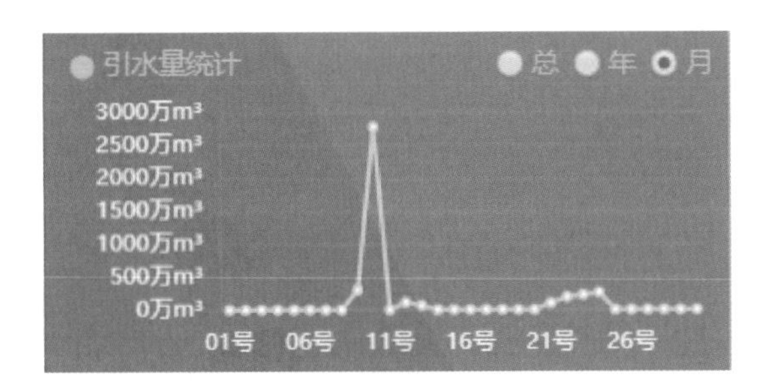

图 6-92　引水量统计

(8) 排水量统计

查看排水量,可以单击"总/年/月"切换时间粒度查看一个月内、一年内及总的排水量数据,如图 6-93 所示。

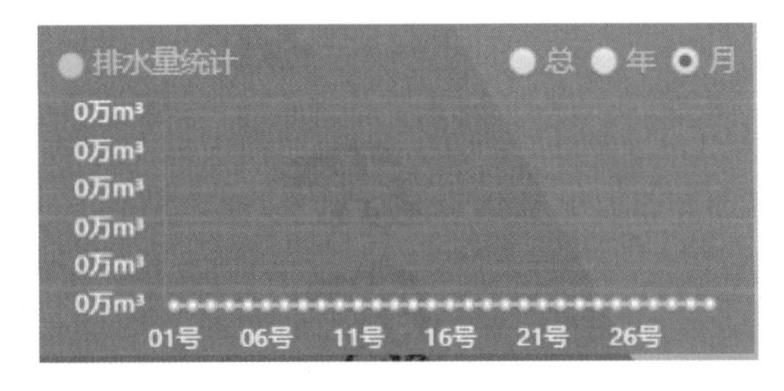

图 6-93　排水量统计

2. 基础信息

(1) 基础信息主界面

单击"基础信息"按钮,进入基础信息主界面,如图 6-94 所示。

图 6-94　基础信息主界面

(2) 枢纽介绍

单击"枢纽介绍",可以阅读关于枢纽的概述内容,如图 6-95 所示。

图 6-95　枢纽介绍信息

(3) 设备台账

① 单击“设备台账”菜单，显示设施设备列表，在输入框中输入设备名称，可查看设备信息，单击某一设备，可查看设备详情信息，如图 6-96 和图 6-97 所示。

(a) 设备台账界面

(b) 局部放大界面

图 6-96　设备名称输入

图 6-97　设备详细信息

② 单击“维修记录”，查看设备的维修记录，如图 6-98 所示。

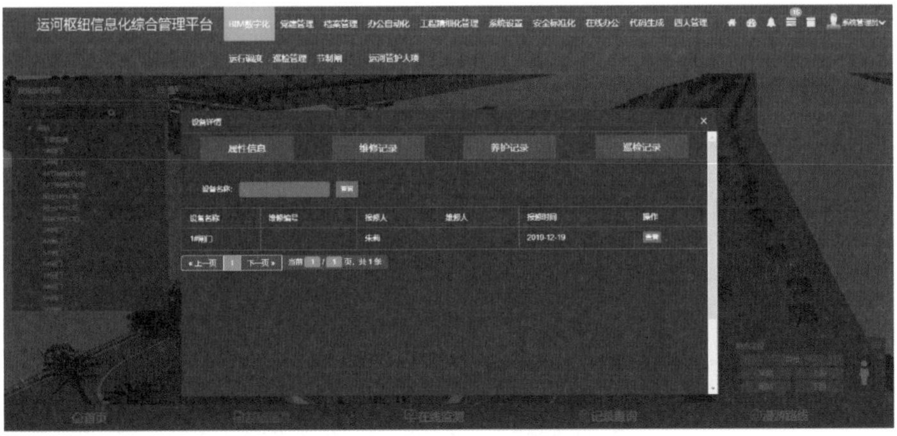

图 6-98　设备维修记录信息

③ 单击“养护记录”，查看设备的养护记录，如图 6-99 所示；单击“巡检记录”，查看设备的巡检记录，如图 6-100 所示。

图 6-99　设备养护记录信息

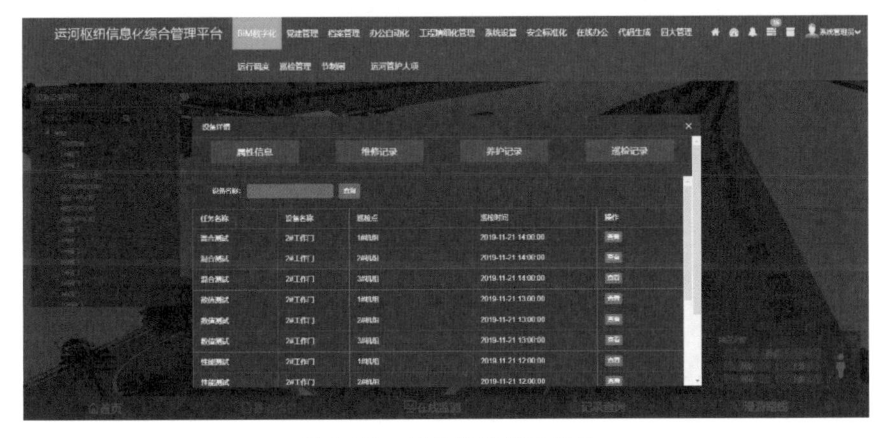

图 6-100　设备巡检记录信息

3. 在线监测系统

(1) 在线监测

单击“在线监测”按钮，进入在线监测系统主界面，如图 6-101 所示。

图 6-101　在线监测系统主界面

(2) 运行数据

进入在线监测主界面后，显示主要运行数据的实时状态，如图 6-102 所示。单击左侧设备树，实现 BIM 设备定位，如图 6-103 所示。

图 6-102　设备运行实时数据

图 6-103　BIM 设备定位

对定位设备进行实时运行数据查询，如图 6-104 所示。

图 6-104　定位设备实时数据

同时，可以查看闸门运行数据(当前开闸数/开闸时间/引水量/排水量)和不同机组运行状态等，如图 6-105 所示。

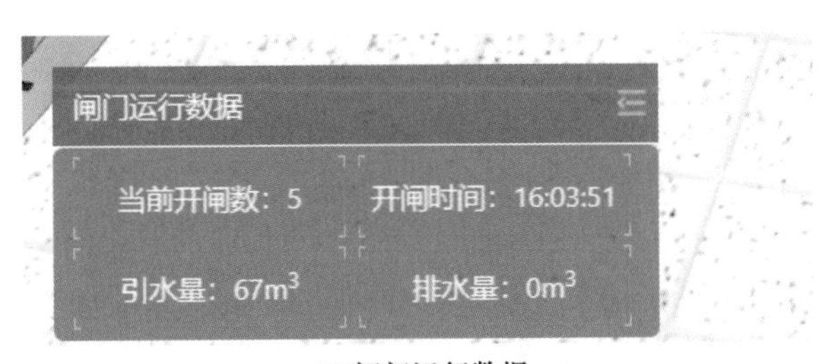

(a) 闸门运行数据

(b) 机组运行状态

图 6-105　不同设备运行状态监测

(3) 预警信息

在线监测系统具有预警信息功能。在“在线监测”菜单中单击“预警信息”子菜单，如图 6-106 所示。

图 6-106　预警信息子菜单

单击左侧设备树，查看设备的预警信息，如图 6-107 所示。

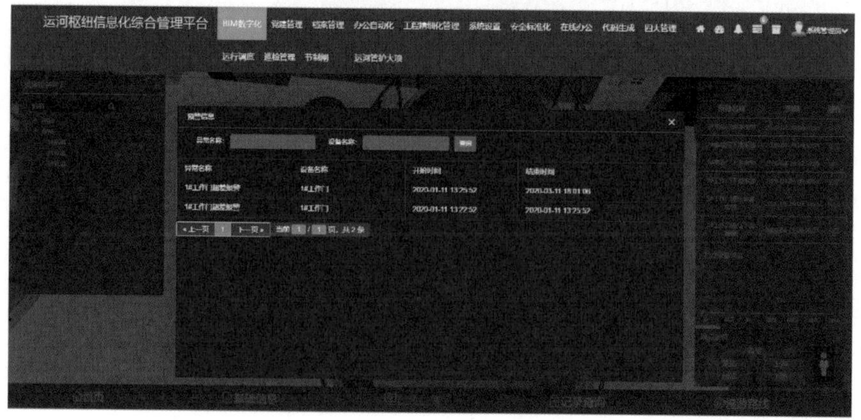

图 6-107　设备预警信息查询

查看 6 条最新的设备预警信息数据以及上周预警统计数据，如图 6-108 所示，能够准确定位预警信息位置。

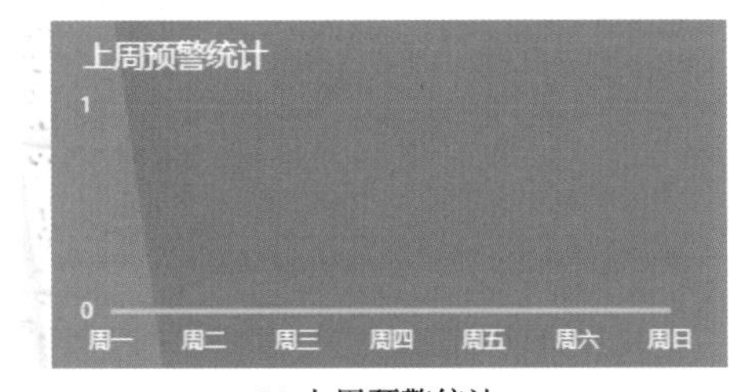

(a) 6条最新信息　　(b) 上周预警统计

图 6-108　预警信息查询

（4）视频监控

在线监测系统还具有视频监控功能。在“在线监测”菜单中单击“视频监控”子菜单，如图 6-109 所示。

图 6-109　视频监控子菜单

单击左侧设备树，查看设备视频流，如图 6-110 所示。

图 6-110　设备视频流选择

双击视频栏，查看放大的视频流，如图 6-111 所示。

图 6-111　放大设备视频流

4. 记录查询

单击“记录查询”按钮，进入记录查询主界面，如图 6-112 所示。查询维修信息、养护信息、巡检信息以及预警信息等，与前述查看设备台账信息及实时监控中的预警信息类似。

图 6-112　记录查询主界面

5. 漫游路线

(1) 漫游路线主界面

单击“漫游路线”按钮，进入漫游路线主界面，如图 6-113 所示。

图 6-113　漫游路线主界面

(2) 漫游路线查看与退出

根据需要选择漫游路线，单击“退出”，则退出漫游演示，如图 6-114 所示。

图 6-114　漫游路线选择与退出

（3）自定义漫游

单击“自定义漫游”，单击“人员”图标按钮，单击“路径漫游”“添加/删除漫游点”“设置漫游时间”，并保存自定义漫游路线，如图 6-115 所示。

(a) 人员选择

(b) 路径选择

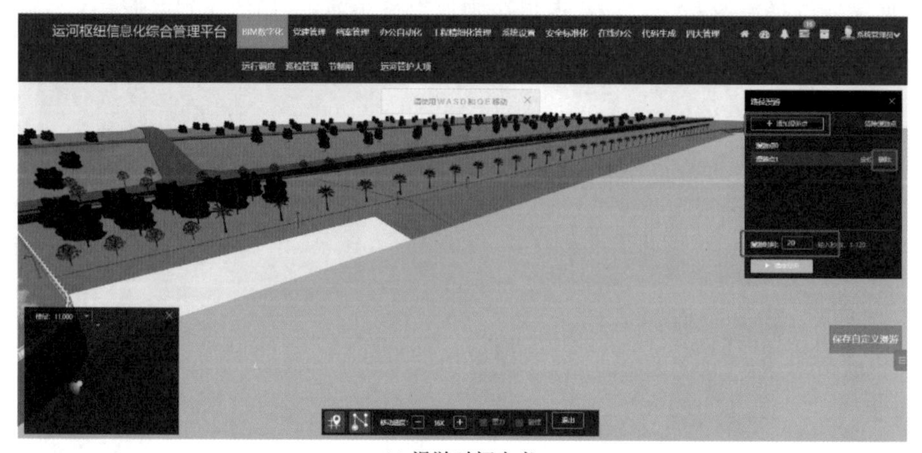

(c) 漫游时间定义

(d) 自定义保存

图 6-115　自定义漫游

6. 地点定位

(1) 地点定位选择

单击“首页/泵站/闸站/上游/下游”可以采用BIM定位对应的位置，如图 6-116 所示。

(a) 首页地点定位菜单选择

(b) 选择泵站

(c) 选择上下游

(d) 选择闸站

(e) 选择水闸上游

(f) 选择水闸下游

图 6-116　地点定位选择

(2) 查看默认漫游路线

单击“人员”图标可以查看默认漫游路线,如图 6-117 所示。

图 6-117 默认漫游路线

6.8 本章小结

直管式出水竖井贯流泵装置是低扬程泵站中应用较多的一种装置型式,对其水力性能、结构型式、自动化和在线状态监测系统等设计关键技术的研究和工程设计实际应用表明,结构型式相对简单的竖井贯流泵装置,既可以应用于排涝泵站,也可以应用于长时间连续运行的引调水泵站。

① 在直管式出水竖井贯流泵装置中,进水流道竖井的形状和尺寸是研究的重点。在水泵叶轮直径较小时,竖井的尺寸是控制性条件,同时必须充分考虑电动机、减速齿轮箱等设备的布置与维护便利性;直管式出水流道出口断面的高宽比是工程设计中需要慎重确定的几何尺寸。

② 在竖井贯流泵结构中,工况调节方式包括叶片半调节、叶片全调节和变频变速调节等,在以排涝为主的泵站多采用叶片半调节的方式,机组结构较为简单。随着机组大型化和年运行时间较长、工况变化范围大的应用需求不断上升,近年来一部分泵站开始采用叶片全调节方式,调节系统布置在水泵与减速齿轮箱之间,结构相对复杂,因此工程设计中需要综合比较确定。采用变频变速调节时,机组结构较为简单,并可以采用直接穿过轮毂的一根主轴保证同心度,避免偏心引起水泵导轴承可靠性降低的问题,但设计中需要考虑拆装时主轴长度增加导致的土建结构尺寸变化。

③ 直管式出水竖井贯流泵装置机组均采用减速齿轮箱传动,配以高速电动机(有同步也有异步电动机),根据配套电动机容量的大小和供电电网的要求确定型式及相应的控制系统。

④ 利于基于 BIM 的泵站信息化系统是实现泵站全生命周期智能化运行维护的发展趋势,工程设计中应与泵站自动化系统、在线监测系统等密切配合以形成统一的整体,真正做到数据共享、趋势分析一致,为运行维护过程中的故障诊断和远程监控提供保障。

参考文献

[1] 张仁田，朱红耕，姚林碧. 三侧进水的前置竖井贯流泵装置：中国，200920283754.7[P]. 2009-12-07.

[2] 朱红耕，张仁田，姚林碧. 三侧出水的后置竖井贯流泵装置：中国，200920283755.1[P]. 2009-12-07.

[3] 周伟，丁军. 遥观南枢纽泵站工程水泵机组选型[J]. 南水北调与水利科技，2014，12(4)：107-110.

[4] ZHU H G，ZHANG R T，DENG D S. Numerical analysis and comparison of energy performance of shaft tubular pumping systems[C]//24th Symposium on Hydraulic Machinery and Systems，Oct. 27-31，2004，Foz Do Iguassu.

[5] 谢伟东，蒋小欣，刘铭峰，等. 竖井式贯流泵装置设计[J]. 排灌机械，2005，23(1)：10-12.

[6] 陈松山，颜红勤，周正富，等. 泵站前置竖井进水流道三维湍流数值模拟与模型试验[J]. 农业工程学报，2014，30(2)：63-71.

[7] 中国航空规划设计研究总院有限公司. 工业与民用供配电设计手册[M]. 4版. 北京：中国电力出版社，2016.

[8] 中国市政工程中南设计研究总院有限公司. 给水排水设计手册：第8册 电气与自控[M]. 3版. 北京：中国建筑工业出版社，2013.

[9] 水利电力部西北电力设计院. 电力工程电气设计手册：第一册 电气一次部分[M]. 北京：中国电力出版社，1989.

[10] 江苏省水利勘测设计研究院有限公司. 南通九圩港泵站初步设计报告[R]. 2013.

[11] 江苏省水利勘测设计研究院有限公司. 南通通吕运河泵站初步设计报告[R]. 2018.

[12] 江苏省水利勘测设计研究院有限公司. 安徽芜湖峨溪河泵站初步设计报告[R]. 2020.

[13] 南京东禾自动化工程有限公司. 基于BIM的三维可视化运维系统[R]. 2020.

江苏省“十四五”时期重点出版物出版专项规划项目

贯流泵装置
设计关键技术研究与应用（下）

张仁田　刘雪芹　梁云辉
朱庆龙　周　伟　刘新泉
著

Key Technologies and Applications for Tubular Pumping Systems Design

江苏大学出版社
JIANGSU UNIVERSITY PRESS
镇　江

目　录

（上册）

7 虹吸式出水竖井贯流泵装置关键技术

7.1 虹吸式出水竖井贯流泵装置水力优化设计

7.1.1 研究背景

某市城区防洪建设项目中的泵站，排涝设计扬程 1.25 m，最高扬程 1.80 m，泵站设计流量 40 m^3/s，单机设计流量 10 m^3/s。泵站安装叶轮直径为 1 750 mm、转速为 189.5 r/min 的卧式轴流泵 4 台套，配套功率 400 kW、转速 740 r/min 的异步电动机，间接传动，减速齿轮箱与电机轴平行布置，采用竖井贯流式进水流道、虹吸式出水流道，组成虹吸式出水竖井贯流泵装置。该泵站水位组合及特征扬程如表 7-1 所示，装置流道单线图如图 7-1 所示。

表 7-1　泵站水位组合及特征扬程　　单位：m

名称		参数	
		站下	站上
运行水位	设计	1.20	2.45
	最低	1.20	1.70
	最高	2.20	3.00
	平均	1.20	2.45
净扬程	设计	1.25	
	最低	0.00	
	最高	1.80	

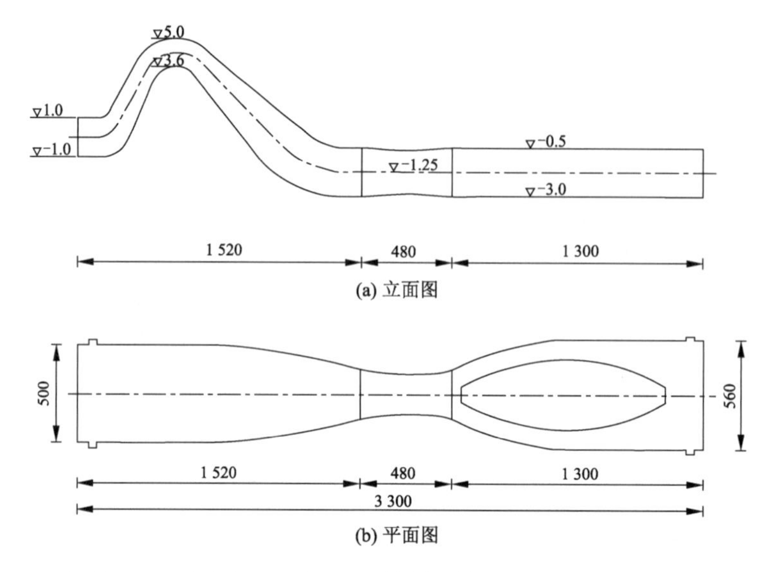

图 7-1　虹吸式出水竖井贯流泵装置流道单线图(长度单位:cm)

根据水泵叶轮直径 D 为 1 750 mm 的基本尺寸,装置中流道几何尺寸设计的原则如下:① 竖井应满足机电设备安装和维护要求(见图 7-2),竖井最大宽度(包括两侧混凝土厚度 0.60 m)不小于 3.75 m(2.143D)、填料函位置处最小宽度不小于 1.0 m(0.571D)、竖井内操作空间长度不小于 7.80 m(4.457D)。② 进水流道进口的宽度为 5.60 m(3.200D)、进水流道进口至水泵机组进口的距离为 13.00 m(7.429D)。③ 虹吸式出水流道出口断面顶部高程为 1.00 m、出口的宽度为 5.00 m(2.857D)、出口的高度为 2.00 m(1.143D)、水泵机组出口至虹吸式出水流道出口的距离为 15.20 m(8.686D)。④ 机组段长度为 4.80 m(2.74D)。

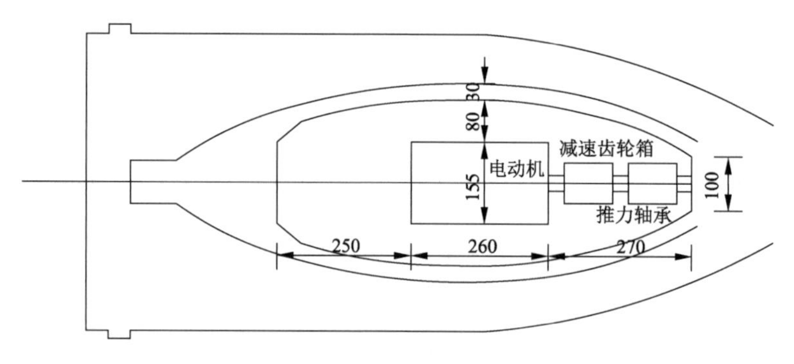

图 7-2　竖井控制尺寸的确定(长度单位:cm)

7.1.2　CFD 分析及水力优化设计

研究采用 Fluent 中的前处理器 Gambit 和三维造型软件 Pro/E,实现计算域三维立体造型和网格剖分,采用结构化与非结构化相结合的网格。CFD 研究采用比转速为 1 500 的 TJ04－ZL－07 水泵模型,叶轮叶片数为 3,导叶片数为 5。按照模型泵叶轮直径为 300 mm、原模型泵装置 nD 相等的方法进行换算(n=1 105.4 r/min),从而将原型水泵装置转换为模型水泵装置进行 CFD 计算与分析研究，在提高计算精度的同时，也便于与装置模型试验结果进行对比。水泵装置数值计算模型网格约 230 万个计算单元、75 万个计算节点。

进水流道过水断面设计成渐缩的形状，它虽不长，但在泵站水力设计中非常重要，进水流道的出口水流进入叶轮时的轴面速度应分布均匀、水流速度的圆周分量要小，以尽可能减少水力损失。如果进水流道的出口水流速度分布不均匀或不沿着轴向，那么叶轮旋转一周，绕叶片的速度环量就会变化一次，这种周期性的变化和圆周速度的存在，不仅会降低泵的水力效率，还会因工况点的改变，增加水流撞击损失和迎面阻力，进而降低水泵的空化性能和工作稳定性。因此，进水流道的优化水力设计十分重要。

设计初步确定的竖井式进水流道长度加上数值模拟泵段长度后，进水流道进口到出水流道出口的水平总长度达到 33.0 m。如果能通过水力设计优化缩短竖井式进水流道和虹吸式出水流道的长度，就能有效地减小泵房底板长度、开挖量，减少土建投资。因此，在优化设计过程中，竖井式进水流道的长度考虑 13.0 m 和 11.5 m 的 2 种设计方案，虹吸式出水流道的长度也考虑 15.2 m 和 13.0 m 的 2 种设计方案，试图减小水泵装置水平总长度。由于竖井进水和虹吸出水设计都有 2 种方案，通过两两组合，共有 4 种水泵装置数值计算组合方案，如表 7-2 所示。

表 7-2 竖井进水、虹吸出水的水泵装置组合方案

方案	竖井式进水流道长度/m	虹吸式出水流道长度/m
1	13.0	15.2
2	11.5	15.2
3	13.0	13.0
4	11.5	13.0

竖井式进水流道的长度分别为 13.0 m 和 11.5 m 的 2 种设计方案的单线图分别如图 7-3 和图 7-4 所示；虹吸式出水流道的长度分别为 15.2 m 和 13.0 m 的 2 种设计方案的单线图分别如图 7-5 和图 7-6 所示。

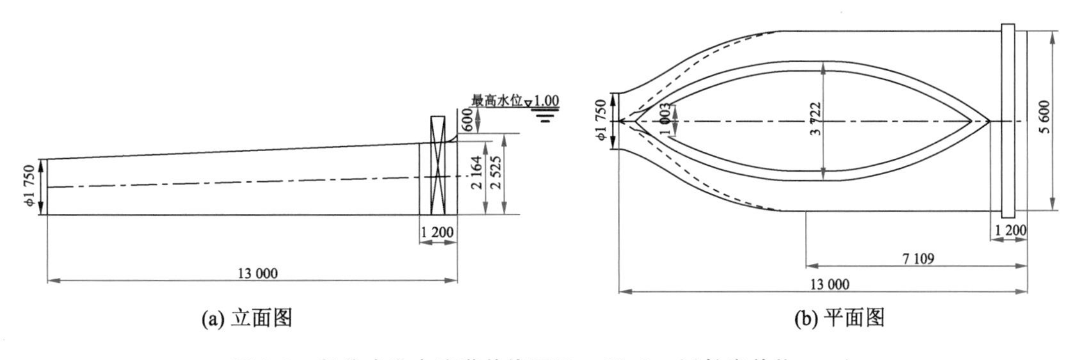

图 7-3 竖井式进水流道单线图（L=13.0 m）（长度单位：mm）

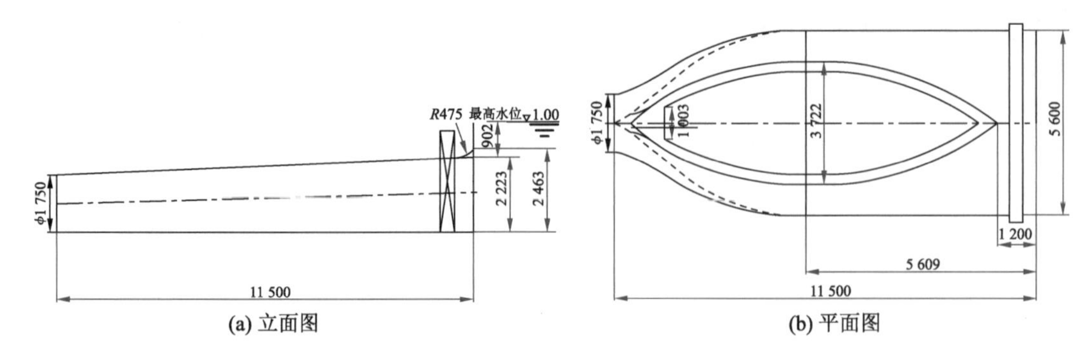

(a) 立面图　　(b) 平面图

图 7-4　竖井式进水流道单线图($L=11.5$ m)(长度单位:mm)

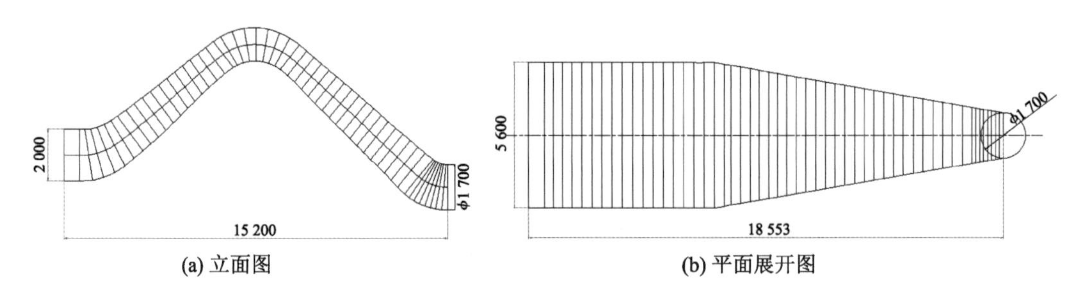

(a) 立面图　　(b) 平面展开图

图 7-5　虹吸式出水流道单线图($L=15.2$ m)(单位:mm)

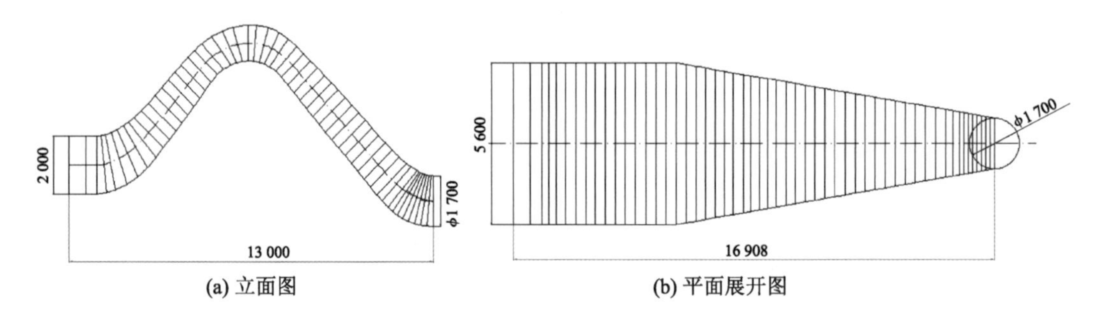

(a) 立面图　　(b) 平面展开图

图 7-6　虹吸式出水流道单线图($L=13.0$ m)(单位:mm)

1. 装置内流数值模拟与性能预测

采用三维建模软件,对不同长度的竖井进水、虹吸出水设计方案进行三维建模,与模型泵组成 4 组水泵装置三维数值计算模型,如图 7-7 至图 7-10 所示。

图 7-7　水泵装置数值计算三维立体图(方案 1)

图 7-8　水泵装置数值计算三维立体图(方案 2)

图 7-9　水泵装置数值计算三维立体图(方案 3)

图 7-10　水泵装置数值计算三维立体图(方案 4)

对图 7-7 至图 7-10 所示的 4 组竖井进水、虹吸出水的水泵装置进行网格剖分与离散，图 7-11 为方案 3 的网格剖分图。采用由 RNG $k-\varepsilon$ 紊流模型封闭的雷诺时均 N－S 动量方程组、有限体积法及 SIMPLEC 速度和压力耦合算法，进行包括进水池、出水池、进出水流道、模型泵和闸门槽在内的水泵装置全流道数值模拟、内流分析和性能预测。

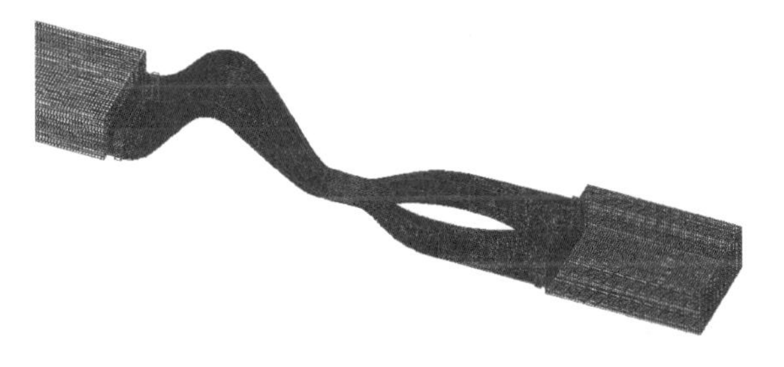

图 7-11　竖井进水、虹吸出水的水泵装置网格剖分图(方案 3)

2. 装置内部流动分析

根据 CFD 数值计算结果，进行竖井进水、虹吸出水的水泵装置内部流动分析。

(1) 竖井式进水流道内部流场分析

竖井进水设计考虑了 2 个方案，长度相差 1.5 m(见图 7-12)。为了保证竖井内部机电设备安装和维护的必要空间，靠近泵段侧的竖井型线没有变化，因此，2 种进水流道的差别仅在于竖井的前半段。

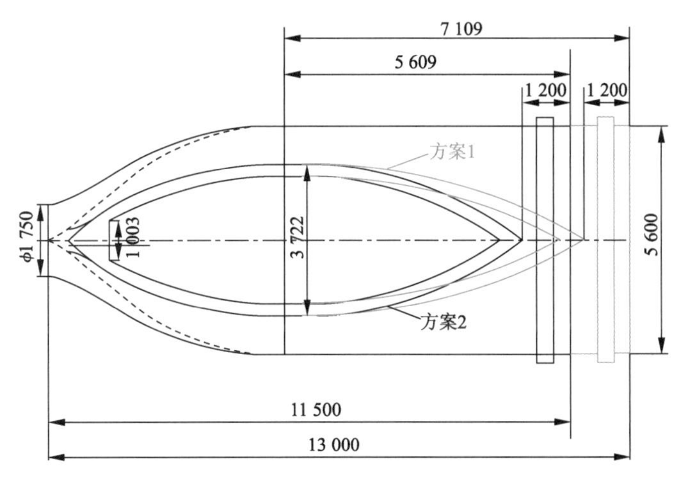

图 7-12　2 种进水设计方案竖井型线的比较(单位:mm)

图 7-13 和图 7-14 分别为在设计流量附近，相同虹吸式出水流道水力设计时，2 种竖井式进水流道设计方案的内部流场图。从图 7-13 和图 7-14 可以看出，进水流道内部流速分布较均匀，竖井内外侧的流速有一些差别，靠近竖井壁一侧的流速相对较高一些，但差别不大。从平面速度场分布图来看，从流道进口开始，速度均匀增加，没有明显的脱流现象。通过分析比较还可以看出，优化设计的竖井型线在一定范围内变化时，对水泵装置进水流道内部流场有一定的影响，但没有导致其发生实质性的变化。

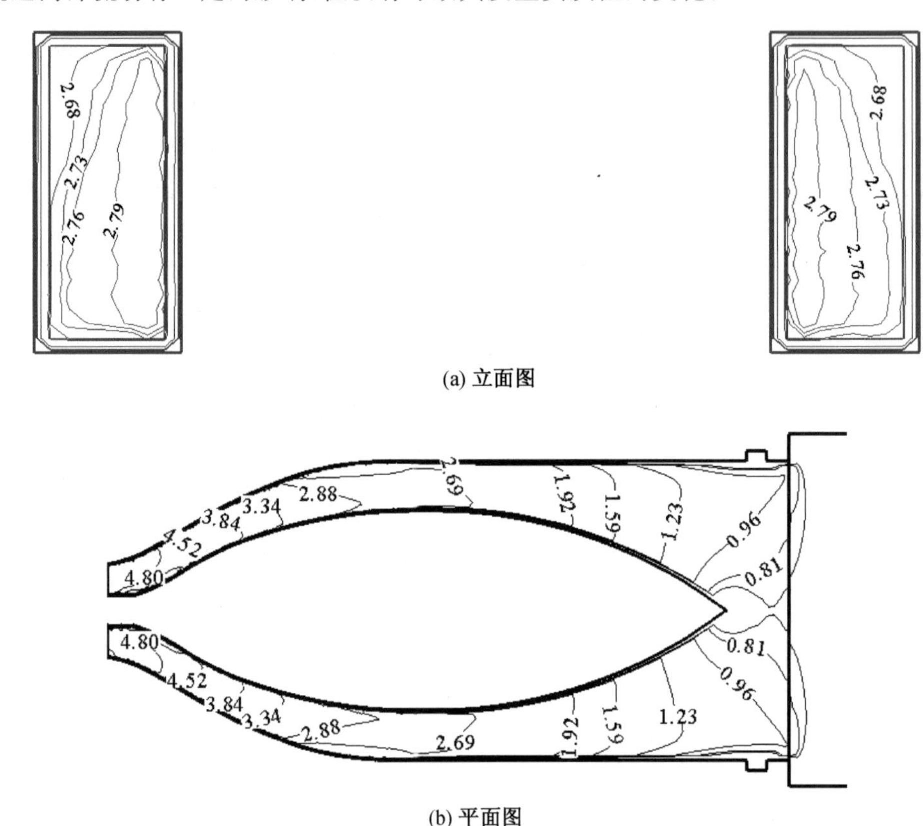

(a) 立面图

(b) 平面图

图 7-13　竖井式进水流道内部流场图($L=13.0$m)(单位:m/s)

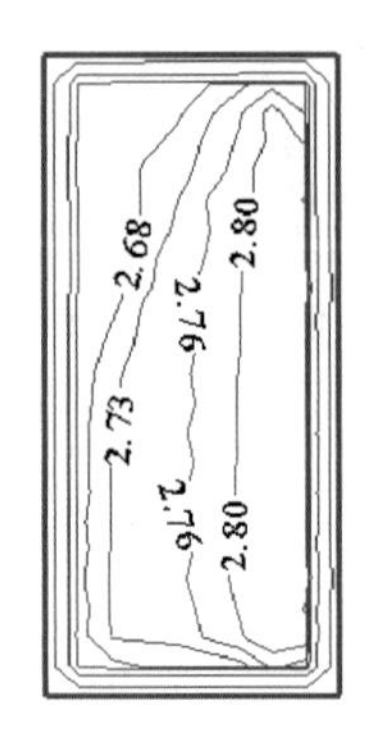

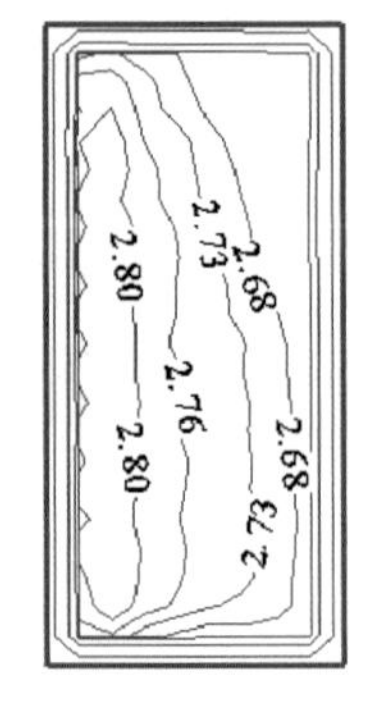

(a) 立面图

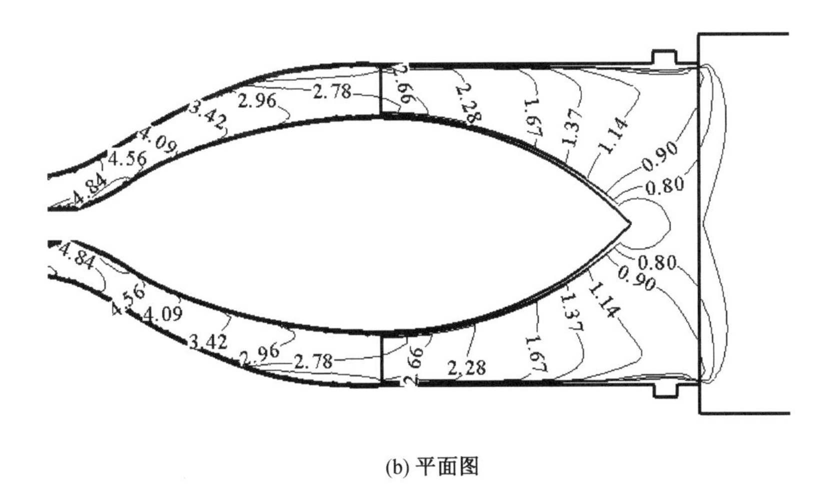

(b) 平面图

图 7-14　竖井式进水流道内部流场图($L=11.5$ m)(单位:m/s)

(2) 进水流道出口断面流场分布与水泵进水条件

图 7-15 和图 7-16 分别为根据数值计算结果绘制的 2 种竖井设计方案在设计工况下进水流道出口断面的轴向流速分布图。从图 7-15 和图 7-16 可以看出,2 种进水流道出口断面的流速分布受到上游断面收缩的影响,出口断面左、右两侧的流速稍高,中间略低;尤其是受竖井末端流场尾迹的影响,在进水流道出口断面中间上、下对称位置有明显的低速区,将对水泵进口轴向流速分布和水泵进水条件产生一定的影响。

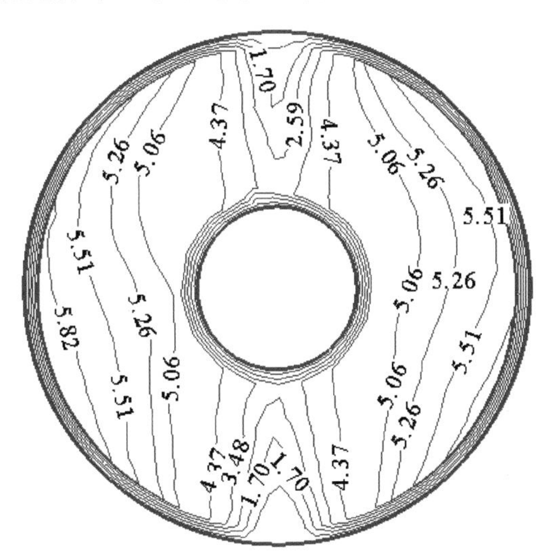

图 7-15　进水流道出口断面轴向流速分布图($L=13.0$ m)(单位:m/s)

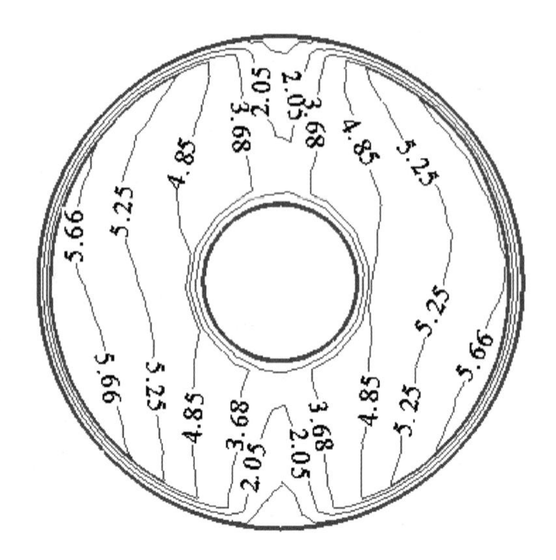

图 7-16　进水流道出口断面轴向流速分布图($L=11.5$ m)(单位:m/s)

根据进水流道出口断面上的流速分布,按照式(1-1)和式(1-2a)可计算竖井式进水流道出口断面的轴向流速分布均匀度和水泵水流加权平均入流角等水力设计优化目标函数值,定量评价进水流道设计提供的水泵进水条件(见表 7-3)。从表 7-3 可以发现,进水流道长度缩短对水泵进水条件影响不大,与常规的立式水泵装置的进水条件有所区别,这是由竖井式进水流道两侧进水的结构特征所决定的。

表 7-3　竖井式进水流道提供的水泵进水条件 CFD 计算结果

进水流道长度/m	流量 Q/(L/s)	最大轴向流速 v_{max}/(m/s)	最小轴向流速 v_{min}/(m/s)	轴向流速分布均匀度 v_u/%	最大入流角 ϑ_{max}/(°)	最小入流角 ϑ_{min}/(°)	平均入流角 $\bar{\vartheta}$/(°)
13.0	300	5.82	1.65	85.16	87.58	77.77	85.33
11.5	300	5.84	1.62	85.17	87.53	77.77	85.32

(3) 虹吸式出水流道内部流场分析

虹吸式出水流道的内部流态与流道型线设计、流道形状和尺寸参数的选择密切相关。水流从水泵导叶出口到出水池,经过弯管段(立式装置可以取消)、上升段、驼峰段、下降段和出口段,过流断面也从初始的圆形截面逐渐变成椭圆形截面,最后变成矩形出口断面。水流在流动过程中,有多次流动方向的突变,还要做横向和纵向扩散,因此内部流态十分紊乱,但总的趋势是随着过流距离的不断增加,沿程流速不断降低,动能转化为压能。对于特低扬程泵站,出水流道的水力损失占扬程的比例大,对装置性能影响显著,所以,卧式装置的虹吸式出水流道的优化水力设计对于提高水泵装置效率十分重要。

根据数值计算结果进行虹吸式出水流道内部流场分析,优化设计后的水平长度分别为 15.2 m 和 13.0 m 的虹吸式出水流道主断面上的流场分别如图 7-17 和图 7-18 所示。从图 7-17a 和图 7-18a 可以看出,虹吸式出水流道内部速度扩散较均匀,大部分区域内的流动平顺流畅,低速区范围较小;水平长度为 13.0 m 的虹吸式出水流道由于水平长度较短，流道的上升角和下降角相应增大，主断面上的速度场略逊于水平长度为 15.2 m 的虹吸式出水流道主断面上的速度场。图 7-17b 和图 7-18b 所示为 2 种虹吸式出水流道出口断面的轴向流速分布，均没有出现回流，流速分布均匀度较高，分别达到 53.50% 和 64.21%。

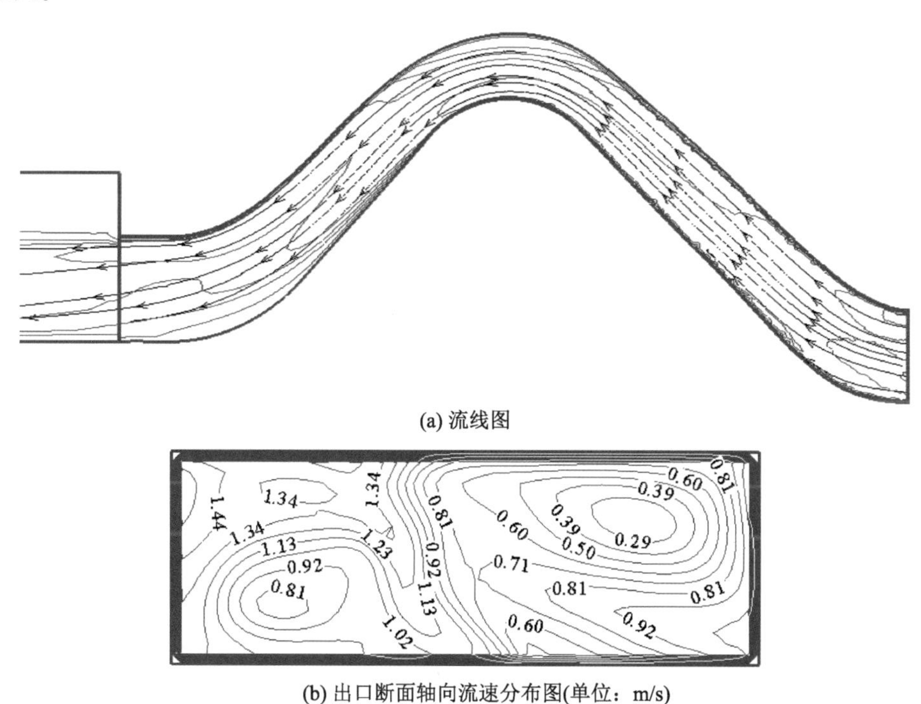

(a) 流线图

(b) 出口断面轴向流速分布图(单位：m/s)

图 7-17　虹吸式出水流道主断面流场图（$L=15.2$ m）

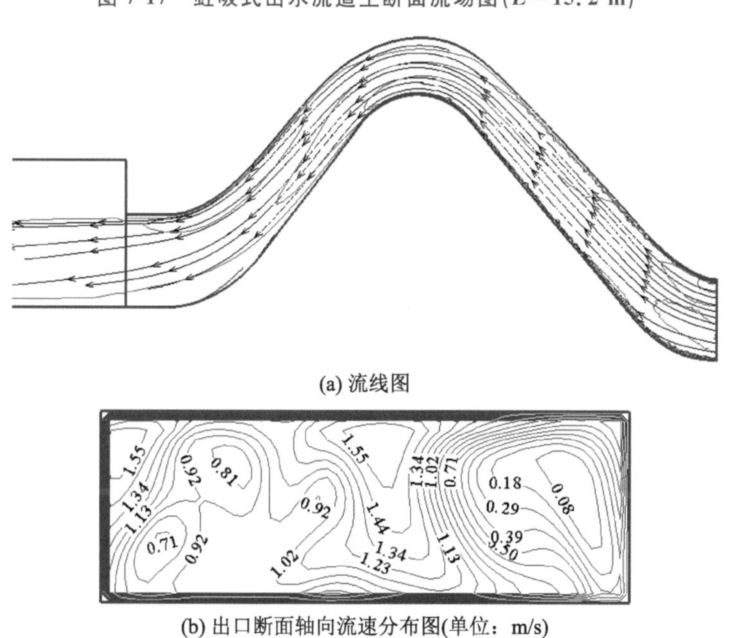

(a) 流线图

(b) 出口断面轴向流速分布图(单位：m/s)

图 7-18　虹吸式出水流道主断面流场图（$L=13.0$ m）

3. 装置能量特性分析与预测

根据数值计算结果，由进、出水流道进、出口断面上的流速和压力值，分别应用伯努利方程，可计算出模型装置流量为 300 L/s 时，竖井式进水流道的水力损失约为 0.15 m，竖井长度缩短 1.5 m 后，对进水流道水力损失的影响不显著；在流量为 300 L/s 时，水平长度为 15.2 m 和 13.0 m 的虹吸式出水流道的水力损失分别为 0.28 m 和 0.30 m。预测的模型泵装置特性 CFD 计算结果如图 7-19 所示。

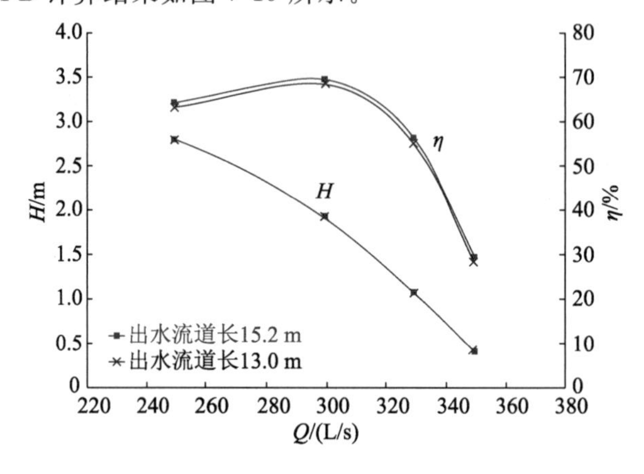

图 7-19　模型泵装置特性 CFD 计算结果

根据泵站水位资料，在各种装置特征扬程下，拦污栅水力损失均按 0.10 m 考虑，即应先在装置特征扬程的基础上增加 0.10 m，再依据数值计算结果，获得对应的装置流量和效率。

由图 7-19 可以发现，采用 TJ04 – ZL – 07 模型叶轮，直径为 1 750 mm、叶片安放角为 +2°时，竖井式进水流道与水平长度为 15.2 m 的虹吸式出水流道组成的模型装置最高效率约为 67.80%，对应的流量为 295 L/s，比与水平长度为 13.0 m 的虹吸式出水流道组成的模型装置最高效率高 1.02 个百分点，2 种模型装置扬程特性曲线基本重合；设计扬程 1.25 m 对应的流量为 318 L/s，装置效率分别为 61.90%和 60.90%；最高扬程 1.80 m 对应的流量为 296 L/s，装置效率分别为 68.80%和 67.80%。在设计扬程下，出水流道长度从 15.2 m 缩短到 13.0 m，水泵装置效率仅下降 1.0 个百分点左右。从降低土建投资和工程费用的角度出发，这对于年运行时间较短的城市排涝和防洪泵站而言是十分有利的。

采用等效率换算方法，可根据模型水泵装置 CFD 数值计算结果实现原型水泵装置性能预测，预测结果列于表 7-4。由表 7-4 可知，对应于水平长度分别为 13.0 m 和 15.2 m 的 2 种虹吸式出水流道设计方案，设计扬程和最高扬程下原型水泵装置的单机流量分别为 10.82 m^3/s 和 10.07 m^3/s。

表 7-4　原型泵装置性能预测结果

净扬程 H/m		出水流道长 13.0 m		出水流道长 15.2 m	
		流量 $Q/(m^3/s)$	装置效率 η/%	流量 $Q/(m^3/s)$	装置效率 η/%
最高	1.90	10.07	67.80	10.07	68.80
设计	1.35	10.82	60.90	10.82	61.90

注：净扬程中已考虑了 0.10 m 的拦污栅水力损失。

4. 叶轮中心线安装高程调整后水泵装置性能预测

从泵房水工结构、土建投资、内部布置和运行管理等方面考虑，并参照前述不同出水流道长度及宽度的数值计算成果，选择长度为 13.0 m 的竖井式进水流道设计方案，虹吸式出水流道取值亦为 13.0 m，叶轮中心线安装高程从 −1.25 m 调整到 −1.60 m，模型叶轮不变，重新优化设计竖井式进水流道、虹吸式出水流道，进行水泵装置内流数值模拟和性能预测。

重新优化设计的进水流道出口直径取值为 1.800 m，出水流道进口直径取值为 1.855 m，虹吸式出水流道出口取消闸门设置。竖井式进水流道、虹吸式出水流道优化方案单线图分别见图 7-20 和图 7-21。装置内部流态分析见图 7-22，水泵装置的能量特性与前面的研究结论相同。

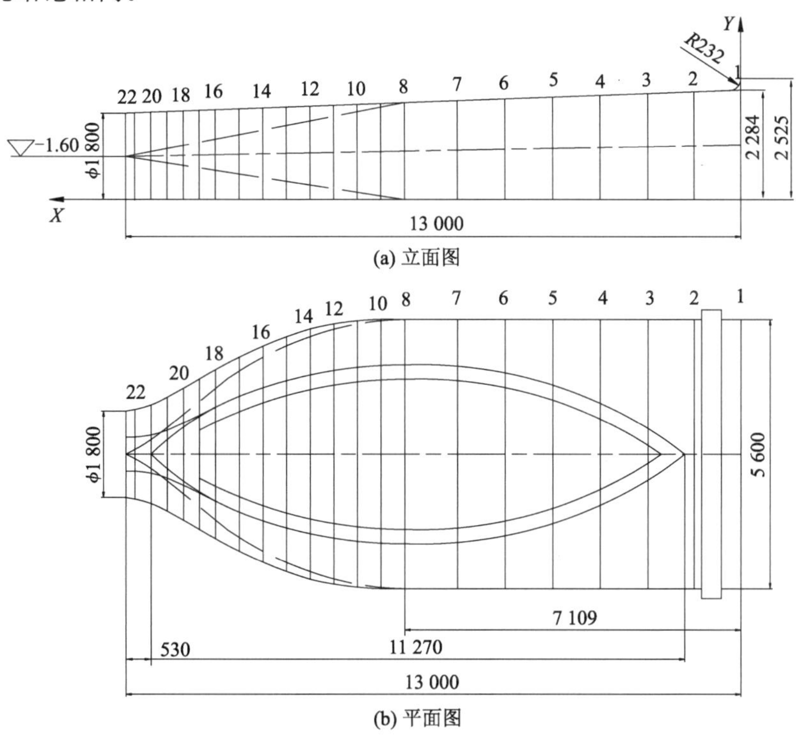

图 7-20　调整后竖井式进水流道优化方案单线图(长度单位:mm)

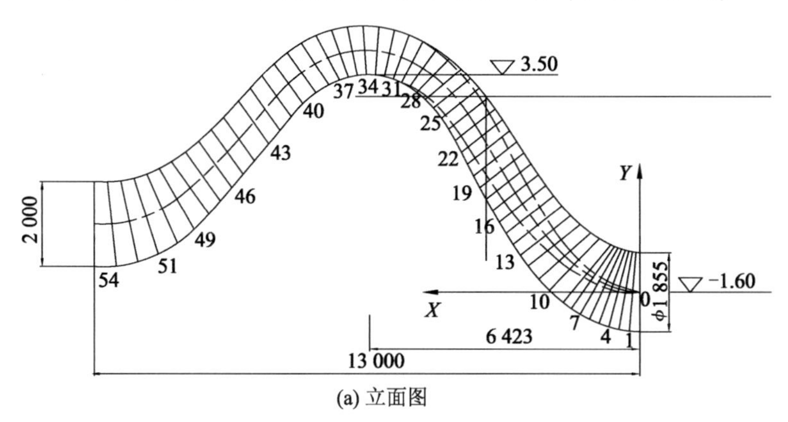

(a) 立面图

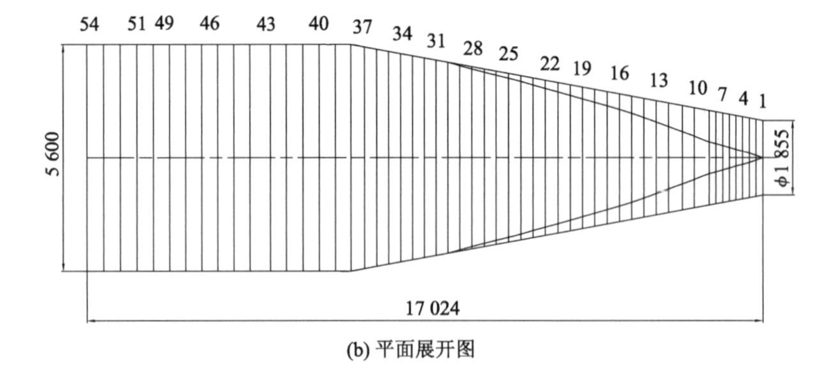

(b) 平面展开图

图 7-21 调整后虹吸式出水流道优化方案单线图(长度单位:mm)

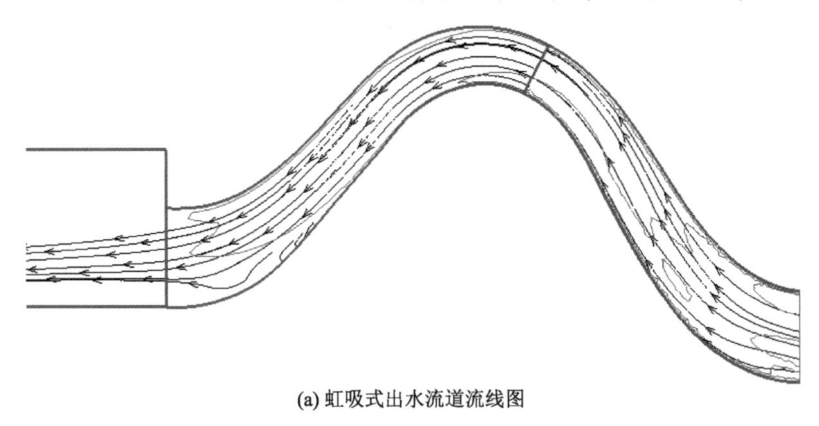

(a) 虹吸式出水流道流线图

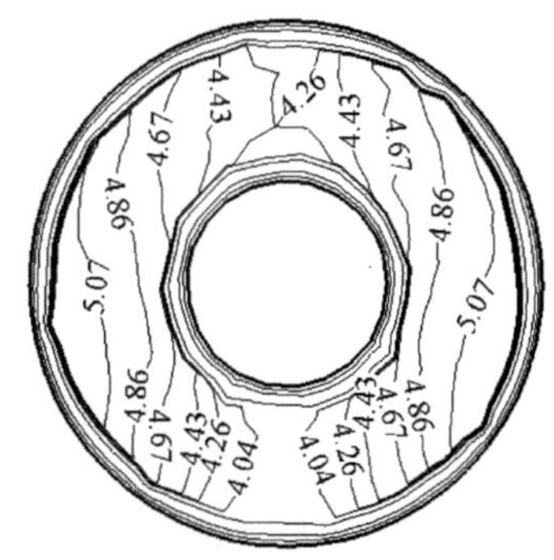

(b) 进水流道出口断面轴向流速分布图(单位：m/s)

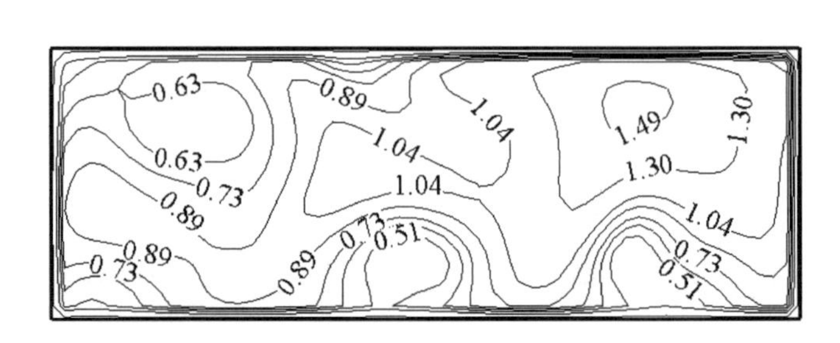

(c) 出水流道出口断面轴向流速分布图(单位：m/s)

图 7-22 竖井进水、虹吸出水装置内部流场图

5. 结论与建议

采用 TJ04－ZL－07 模型叶轮，对泵站进行包括进水池和出水池、进水流道、模型泵叶轮和导叶、出水流道及闸门槽在内的水泵装置全流道 CFD 数值模拟、内部流动分析和进、出水流道水力设计优化，可实现泵装置性能预测，为泵站水泵装置选型提供建议。

① 优化设计的 2 种长度分别为 13.0 m 和 11.5 m 的竖井式进水流道，内部流态平顺，流速变化较均匀，都能为水泵安全运行提供良好的进水条件。在流量为 300 L/s 时，2 种长度方案水力损失均约 0.15 m。竖井式进水流道的长度从 13.0m 缩短到 11.5 m，对水泵的进水条件、流道的水力损失和装置效率几乎没有影响。

② 优化设计的 2 种长度分别为 13.0 m 和 15.2 m 的虹吸式出水流道，内部流态平顺，逐步扩散，出口断面轴向流速分布均匀度较高，无回流。在流量为 300 L/s 时，2 种长度方案水力损失分别为 0.30 m 和 0.28 m。

③ 长度为 13.0 m 的竖井式进水流道和长度为 15.2 m 的虹吸式出水流道与 TJ04－ZL－07 模型叶轮组成的水泵装置数值计算结果表明，最高扬程 1.80 m 对应的模型泵装置效率为 68.80%，对应的流量为 296 L/s；设计扬程 1.25 m 对应的流量为 318 L/s，装置效率为 61.90%。按等效率方法换算原型泵装置性能参数，最高扬程和设计扬程对应的流量分别为 10.07 m^3/s 和 10.82 m^3/s。长度为 13.0 m 的竖井式进水流道和长度为 13.0 m 的虹吸式出水流道组成的水泵装置，在最高扬程和设计扬程下的装置效率仅比 15.2 m 的虹吸式出水流道设计方案低 1.0 个百分点左右。因此，对于年运行时间较短的城市排涝和防洪泵站，是采用较长还是较短的出水流道设计，可从泵站的土建投资、设备维护和运行管理等方面进行技术经济综合比较。

④ 建议采用的优化设计竖井式进水流道单线图和断面图及竖井平面图分别如图 7-20、图 7-23 和图 7-24 所示，断面参数分别见表 7-5 和表 7-6；建议采用的优化设计虹吸式出水流道单线图和断面图分别如图 7-21 和图 7-25 所示，断面参数见表 7-7；与装置进、出水流道优化设计方案配套的水泵进、出口段过流金属件单线图见图 7-26 和图 7-27。

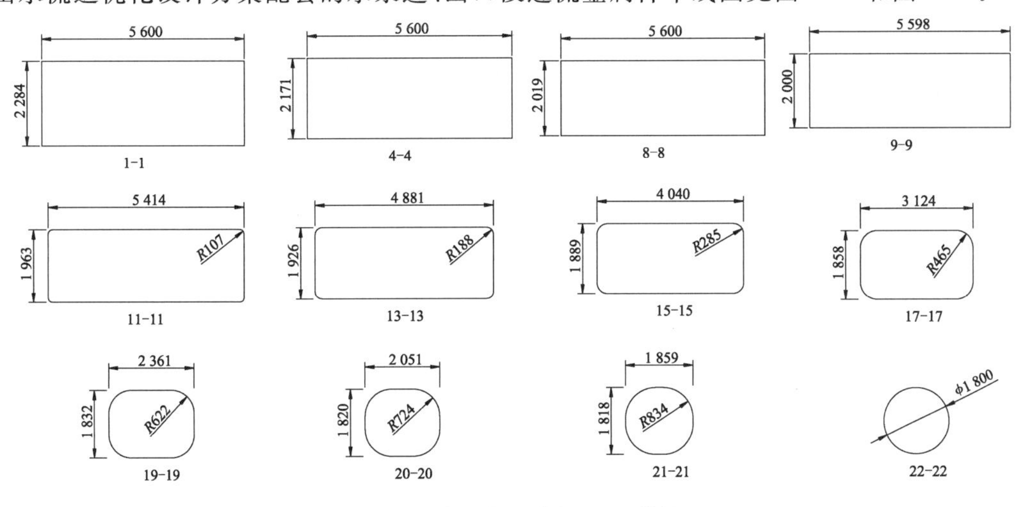

图 7-23　竖井式进水流道断面图(单位:mm)

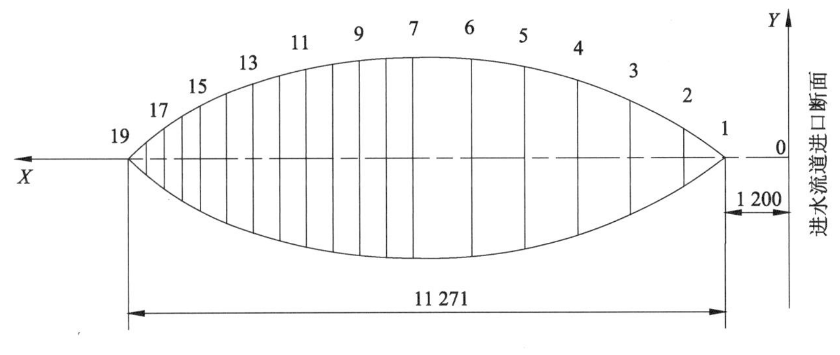

图 7-24　竖井平面图(单位:mm)

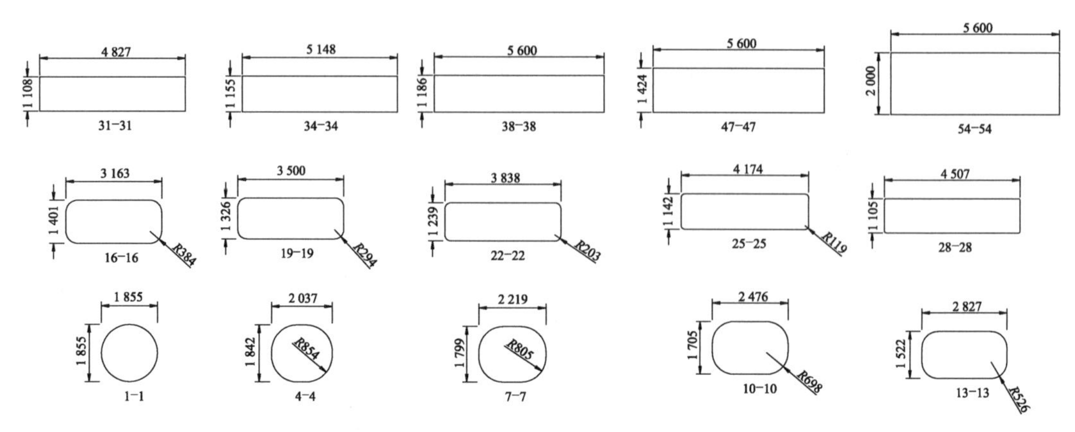

图 7-25　虹吸式出水流道断面图(单位:mm)

表 7-5　竖井式进水流道断面参数　　单位:mm

断面编号	上边线坐标		下边线坐标		断面高度	断面宽度	过渡圆半径	中心线坐标		断面间距
	x_1	y_1	x_2	y_2				x_0	y_0	
1	0	0	0	2 284	2 284	5 600	0	0	1 142	0
2	1 000	0	1 000	2 243	2 243	5 600	0	1 000	1 122	1 000
3	2 000	0	2 000	2 202	2 202	5 600	0	2 000	1 101	1 000
4	3 000	0	3 000	2 171	2 171	5 600	0	3 000	1 086	1 000
5	4 000	0	4 000	2 134	2 134	5 600	0	4 000	1 067	1 000
6	5 000	0	5 000	2 097	2 097	5 600	0	5 000	1 049	1 000
7	6 000	0	6 000	2 060	2 060	5 600	0	6 000	1 030	1 000
8	7 109	0	7 109	2 019	2 019	5 600	0	7 109	1 010	1 109
9	7 609	0	7 609	2 000	2 000	5 598	25	7 609	1 000	500
10	8 109	0	8 109	1 982	1 982	5 543	67	8 109	991	500
11	8 609	0	8 609	1 963	1 963	5 414	107	8 609	982	500
12	9 109	0	9 109	1 945	1 945	5 213	162	9 109	973	500
13	9 609	0	9 609	1 926	1 926	4 881	188	9 609	963	500
14	10 109	0	10 109	1 907	1 907	4 491	227	10 109	954	500
15	10 609	0	10 609	1 889	1 889	4 040	285	10 609	945	500
16	11 109	0	11 109	1 870	1 870	3 519	390	11 109	935	500
17	11 450	0	11 450	1 858	1 858	3 124	465	11 450	929	341
18	11 790	0	11 790	1 845	1 845	2 739	544	11 790	923	340
19	12 130	0	12 130	1 832	1 832	2 361	622	12 130	916	340
20	12 470	0	12 470	1 820	1 820	2 051	724	12 470	910	340
21	12 810	0	12 810	1 818	1 818	1 859	834	12 810	909	340
22	13 000	0	13 000	1 800	1 800	1 800	900	13 000	900	190

表 7-6　竖井断面参数

单位:mm

断面编号	上边线坐标		下边线坐标		断面宽度	断面间距
	x_1	y_1	x_2	y_2		
1	1 200	0	1 200	0	0	0
2	2 000	540	2 000	−540	1 080	800
3	3 000	1 061	3 000	−1 061	2 122	1 000
4	4 000	1 440	4 000	−1 440	2 880	1 000
5	5 000	1 694	5 000	−1 694	3 388	1 000
6	6 000	1 833	6 000	−1 833	3 666	1 000
7	7 109	1 860	7 109	−1 860	3 720	1 109
8	7 609	1 848	7 609	−1 848	3 696	500
9	8 109	1 809	8 109	−1 809	3 618	500
10	8 609	1 743	8 609	−1 743	3 486	500
11	9 109	1 652	9 109	−1 652	3 304	500
12	9 609	1 533	9 609	−1 533	3 066	500
13	10 109	1 384	10 109	−1 384	2 768	500
14	10 609	1 207	10 609	−1 207	2 414	500
15	11 109	978	11 109	−978	1 956	500
16	11 449	787	11 449	−787	1 574	340
17	11 789	565	11 789	−565	1 130	340
18	12 129	307	12 129	−307	614	340
19	12 470	0	12 470	0	0	341

表 7-7　虹吸式出水流道断面参数

单位:mm

断面编号	上边线坐标		下边线坐标		断面高度	断面宽度	过渡圆半径	中心线坐标		断面间距
	x_1	y_1	x_2	y_2				x_0	y_0	
1	0	927	0	−927	1 855	1 855	927	0	0	0
2	86	937	248	−911	1 855	1 916	897	167	13	168
3	172	950	494	−874	1 852	1 977	872	333	38	168
4	257	966	734	−813	1 842	2 037	854	496	77	167
5	342	987	968	−732	1 829	2 098	843	655	128	167
6	427	1 012	1 193	−633	1 815	2 159	823	810	190	167
7	512	1 041	1 411	−517	1 799	2 219	805	962	262	168
8	597	1 075	1 620	−386	1 784	2 281	789	1 109	345	169
9	684	1 113	1 820	−242	1 768	2 342	774	1 252	436	170
10	955	1 258	2 151	43	1 705	2 476	698	1 553	651	370
11	1 160	1 394	2 402	305	1 652	2 586	645	1 781	850	303
12	1 409	1 590	2 656	616	1 582	2 716	583	2 033	1 103	357

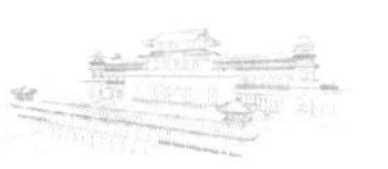

续表

断面编号	上边线坐标		下边线坐标		断面高度	断面宽度	过渡圆半径	中心线坐标		断面间距
	x_1	y_1	x_2	y_2				x_0	y_0	
13	1 637	1 802	2 837	865	1 522	2 827	526	2 237	1 334	308
14	1 849	2 028	3 009	1 121	1 472	2 939	471	2 429	1 575	308
15	2 046	2 264	3 175	1 382	1 433	3 051	423	2 611	1 823	308
16	2 233	2 509	3 337	1 646	1 401	3 163	384	2 785	2 078	309
17	2 411	2 760	3 494	1 914	1 374	3 275	351	2 953	2 337	309
18	2 584	3 016	3 647	2 185	1 349	3 387	322	3 116	2 601	310
19	2 752	3 275	3 797	2 459	1 326	3 500	294	3 275	2 867	310
20	2 919	3 535	3 944	2 735	1 300	3 612	263	3 432	3 135	311
21	3 086	3 795	4 089	3 012	1 272	3 725	232	3 588	3 404	311
22	3 257	4 053	4 233	3 290	1 239	3 838	203	3 745	3 672	311
23	3 432	4 306	4 380	3 566	1 203	3 950	174	3 906	3 936	310
24	3 616	4 554	4 537	3 834	1 169	4 062	142	4 077	4 194	309
25	3 808	4 794	4 708	4 091	1 142	4 174	119	4 258	4 443	308
26	4 013	5 024	4 899	4 332	1 124	4 285	99	4 456	4 678	308
27	4 233	5 243	5 090	4 529	1 115	4 391	80	4 662	4 886	292
28	4 521	5 491	5 289	4 696	1 105	4 507	57	4 905	5 094	320
29	4 824	5 709	5 470	4 820	1 099	4 615	31	5 147	5 265	296
30	5 143	5 896	5 660	4 925	1 100	4 721	0	5 402	5 411	293
31	5 478	6 050	5 857	5 009	1 108	4 827	0	5 668	5 530	291
32	5 830	6 167	6 063	5 070	1 121	4 933	0	5 947	5 619	293
33	6 196	6 241	6 276	5 106	1 138	5 040	0	6 236	5 674	295
34	6 573	6 266	6 492	5 114	1 155	5 148	0	6 533	5 690	297
35	6 953	6 242	6 709	5 095	1 173	5 256	0	6 831	5 669	299
36	7 332	6 168	6 926	5 052	1 188	5 366	0	7 129	5 610	304
37	7 701	6 041	7 140	4 986	1 195	5 478	0	7 421	5 514	307
38	8 053	5 861	7 395	4 874	1 186	5 600	0	7 724	5 368	337
39	8 388	5 633	7 702	4 689	1 167	5 600	0	8 045	5 161	382
40	8 699	5 374	8 017	4 435	1 161	5 600	0	8 358	4 905	405
41	8 994	5 091	8 294	4 127	1 191	5 600	0	8 644	4 609	411
42	9 278	4 794	8 557	3 802	1 226	5 600	0	8 918	4 298	414
43	9 558	4 491	8 828	3 487	1 241	5 600	0	9 193	3 989	414
44	9 916	4 108	9 176	3 090	1 259	5 600	0	9 546	3 599	526
45	10 206	3 820	9 448	2 776	1 290	5 600	0	9 827	3 298	412
46	10 509	3 548	9 718	2 460	1 345	5 600	0	10 114	3 004	411
47	10 826	3 296	9 989	2 144	1 424	5 600	0	10 408	2 720	409

续表

断面编号	上边线坐标		下边线坐标		断面高度	断面宽度	过渡圆半径	中心线坐标		断面间距
	x_1	y_1	x_2	y_2				x_0	y_0	
48	11 161	3 069	10 264	1 835	1 526	5 600	0	10 713	2 452	406
49	11 446	2 908	10 619	1 476	1 654	5 600	0	11 033	2 192	412
50	11 742	2 776	11 019	1 151	1 779	5 600	0	11 381	1 964	416
51	12 050	2 678	11 471	895	1 875	5 600	0	11 761	1 787	419
52	12 366	2 619	11 961	712	1 950	5 600	0	12 164	1 666	421
53	12 684	2 597	12 475	608	2 000	5 600	0	12 580	1 603	421
54	13 000	2 600	13 000	600	2 000	5 600	0	13 000	1 600	420

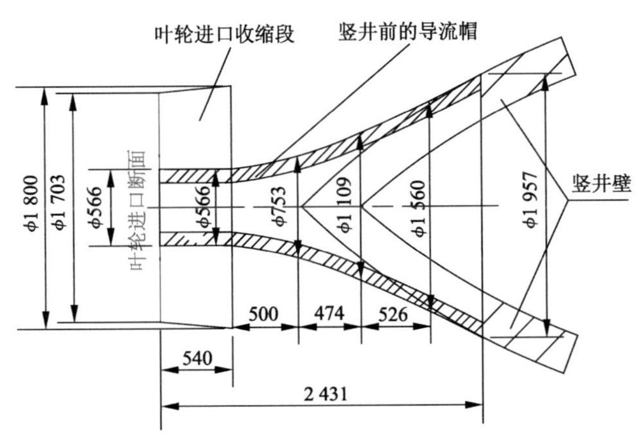

图 7-26　水泵进口段过流金属件单线图（单位：mm）

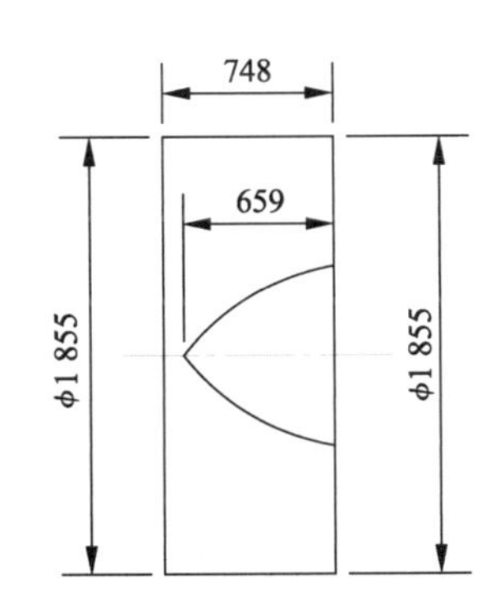

图 7-27　水泵出口段过流金属件单线图（单位：mm）

⑤ 由于竖井式进水、虹吸式出水是一种新型的装置结构型式，需进行装置模型试验，并与直管式出水进行对比，测试模型装置中控制（关键）断面的流速分布，验证数值计算结果并进一步完善水力优化设计方法，为装置选型和泵站工程设计提供指导。

7.2　不同出水流道型式模型装置对比试验

根据 CFD 优化设计结果，按照几何比尺 $\lambda_l=\dfrac{1\ 750}{300}=5.833$ 进行模型泵装置进水流道、出水流道制作，采用钢板焊接。在竖井式进水流道的进口处设置 2 对观察窗，以观察流道内的流态。对比试验中竖井式进水流道和水泵机组段相同，如图 7-20、图 7-23 和图 7-24 及图 7-26、图 7-27 所示；虹吸式出水流道如图 7-21 和图 7-25 所示。采用相同方法优化设计的直管式出水流道如图 7-28 和图 7-29 所示，断面参数见表 7-8。2 种出水流道型式的模型装置如图 7-30 所示，试验在扬州大学的试验台进行，模型装置照片如图 7-31 所示。

表 7-8　直管式出水流道断面参数　　单位:mm

断面编号	上边线坐标		下边线坐标		断面高度	断面宽度	过渡圆半径	中心线坐标		断面间距
	x_1	y_1	x_2	y_2				x_0	y_0	
1	0	0	0	1 855	1 855	1 855	927.5	0	927.5	0
2	500	0	500	1 868	1 868	1 893	915	500	934	500
3	1 000	0	1 000	1 882	1 882	1 966	895	1 000	941	500
4	1 500	0	1 500	1 895	1 895	2 074	867	1 500	948	500
5	2 000	0	2 000	1 908	1 908	2 218	831	2 000	954	500
6	2 500	0	2 500	1 921	1 921	2 391	782	2 500	961	500
7	3 000	0	3 000	1 935	1 935	2 598	722	3 000	968	500
8	3 500	0	3 500	1 948	1 948	2 845	653	3 500	974	500
9	4 000	0	4 000	1 961	1 961	3 133	594	4 000	981	500
10	4 500	0	4 500	1 974	1 974	3 462	545	4 500	987	500
11	5 000	0	5 000	1 988	1 988	3 828	504	5 000	994	500
12	5 500	0	5 500	2 001	2 001	4 152	433	5 500	1 001	500
13	6 000	0	6 000	2 014	2 014	4 427	339	6 000	1 007	500
14	6 500	0	6 500	2 027	2 027	4 653	260	6 500	1 014	500
15	7 000	0	7 000	2 041	2 041	4 809	181	7 000	1 021	500
16	7 500	0	7 500	2 054	2 054	4 914	112	7 500	1 027	500
17	8 000	0	8 000	2 067	2 067	4 978	56	8 000	1 034	500
18	8 500	0	8 500	2 081	2 081	5 000	0	8 500	1 041	500
19	9 000	0	9 000	2 094	2 094	5 000	0	9 000	1 047	500
20	10 000	0	10 000	2 120	2 120	5 000	0	10 000	1 060	1 000
21	11 000	0	11 000	2 147	2 147	5 000	0	11 000	1 074	1 000
22	12 000	0	12 000	2 173	2 173	5 000	0	12 000	1 087	1 000
23	13 000	0	13 000	2 200	2 200	5 000	0	13 000	1 100	1 000

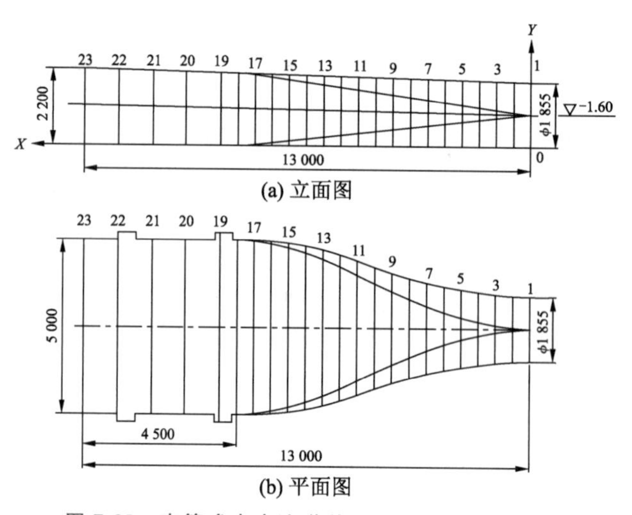

图 7-28　直管式出水流道单线图(长度单位:mm)

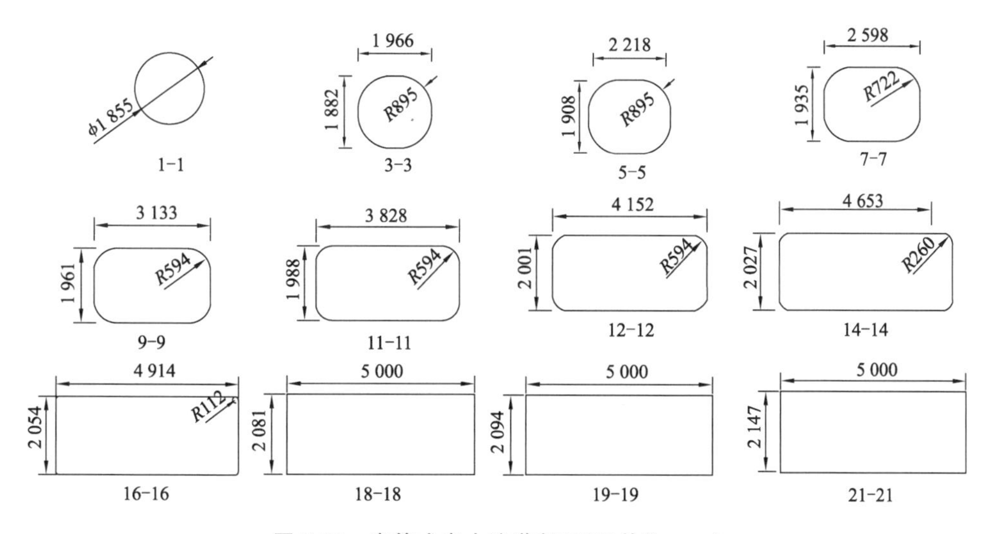

图 7-29 直管式出水流道断面图(单位:mm)

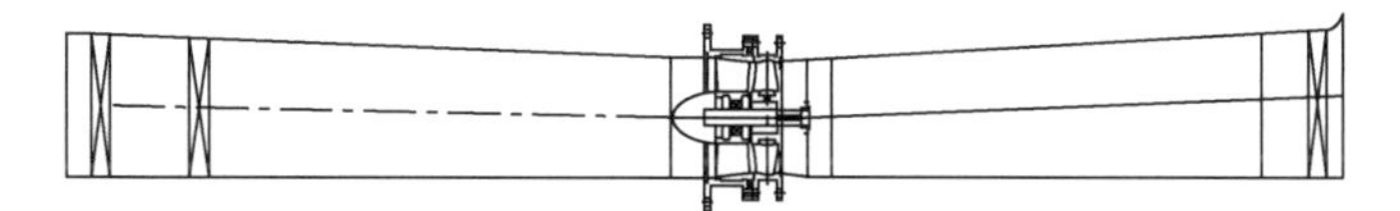

(a) 直管式出水竖井贯流泵装置

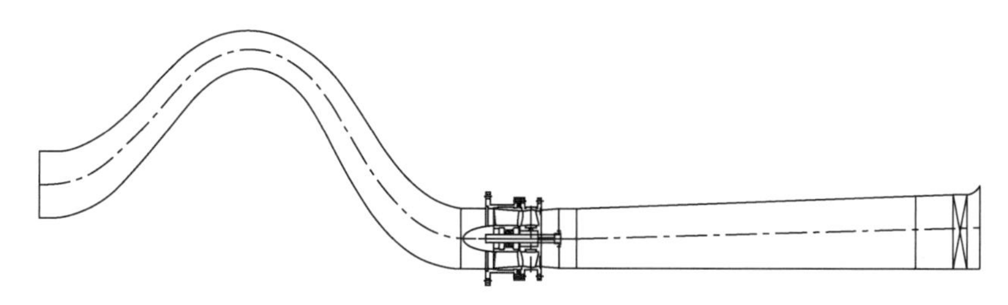

(b) 虹吸式出水竖井贯流泵装置

图 7-30 模型水泵装置示意图

(a) 直管式出水

(b) 虹吸式出水

图 7-31 竖井贯流泵装置模型试验装置照片

装置模型试验包括以下内容:① 5 个叶片安放角下模型泵装置能量特性试验;② 5 个

叶片安放角下特征扬程对应的模型泵装置空化特性试验；③ 模型泵装置的进口淹没深度试验；④ 模型泵装置飞逸特性试验。

每个叶片安放角下的能量性能试验点不少于15点，空化特性试验点不少于10点。空化特性试验对各叶片安放角在特征扬程为0.7 m，1.15 m，1.95 m时进行试验，NPSH临界值按效率下降1%确定。

7.2.1 直管式出水竖井贯流泵装置模型试验结果及分析

1. 能量特性试验

直管式出水竖井贯流泵装置模型试验测试+4°，+2°，0°，−2°，−4°共5个叶片安放角下的能量特性，表7-9至表7-13列出了能量特性试验数据。根据试验结果得到的模型泵装置综合特性曲线见图7-32(转速1 105 r/min，叶轮直径300 mm)。

表7-9 叶片安放角为+4°时模型泵装置能量特性试验数据

序号	流量 Q/(L/s)	扬程 H/m	轴功率 P/kW	装置效率 η/%
1	97.26	4.762	14.629	30.99
2	108.64	4.479	13.789	34.55
3	121.06	4.256	13.124	38.43
4	135.34	3.980	12.187	43.26
5	161.76	3.844	11.763	51.74
6	171.62	3.828	11.941	53.87
7	186.02	3.771	11.849	57.95
8	200.77	3.617	11.423	62.24
9	215.12	3.439	11.013	65.76
10	228.33	3.253	10.517	69.14
11	242.29	3.001	9.950	71.55
12	248.02	2.876	9.643	72.42
13	260.51	2.687	9.282	73.84
14	268.54	2.527	8.910	74.57
15	274.41	2.390	8.653	74.21
16	279.23	2.307	8.491	74.27
17	282.46	2.245	8.433	73.61
18	284.59	2.185	8.352	72.89
19	290.91	1.965	7.750	72.20
20	300.08	1.683	7.208	68.60
21	310.44	1.455	7.075	62.49
22	320.05	1.147	6.502	55.29
23	328.49	0.897	5.966	48.36
24	337.04	0.601	5.434	36.48
25	345.78	0.319	4.893	22.10
26	354.51	0.064	4.368	5.08

表 7-10　叶片安放角为+2°时模型泵装置能量特性试验数据

序号	流量 Q/(L/s)	扬程 H/m	轴功率 P/kW	装置效率 η/%
1	110.41	4.297	12.333	37.66
2	121.50	4.061	11.684	41.35
3	137.43	3.858	10.998	47.20
4	165.55	3.752	10.920	55.69
5	175.75	3.689	10.799	58.79
6	200.69	3.364	10.030	65.89
7	221.93	3.069	9.339	71.42
8	234.47	2.818	8.841	73.17
9	246.93	2.587	8.353	74.87
10	252.35	2.479	8.142	75.24
11	257.84	2.379	7.956	75.49
12	262.43	2.262	7.687	75.62
13	266.22	2.190	7.584	75.27
14	271.83	2.003	7.186	74.20
15	280.65	1.714	6.569	71.71
16	291.76	1.375	6.189	63.47
17	299.78	1.146	5.681	59.21
18	305.85	0.904	5.303	51.05
19	313.94	0.616	4.738	39.94
20	323.20	0.312	4.131	23.88
21	330.76	0.071	3.600	6.40

表 7-11　叶片安放角为 0°时模型泵装置能量特性试验数据

序号	流量 Q/(L/s)	扬程 H/m	轴功率 P/kW	装置效率 η/%
1	85.73	4.580	11.845	32.46
2	99.27	4.238	10.957	37.60
3	115.26	3.882	10.046	43.62
4	139.26	3.713	9.740	51.99
5	147.82	3.683	9.691	55.00
6	164.39	3.529	9.413	60.36
7	180.07	3.319	8.991	65.08
8	201.06	2.992	8.352	70.54
9	214.23	2.718	7.819	72.92
10	228.78	2.402	7.210	74.62

续表

序号	流量 Q/(L/s)	扬程 H/m	轴功率 P/kW	装置效率 η/%
11	236.75	2.245	6.944	74.94
12	241.35	2.110	6.652	74.97
13	245.04	1.991	6.408	74.53
14	248.62	1.903	6.243	74.19
15	253.52	1.756	6.029	72.29
16	260.82	1.490	5.461	69.70
17	271.48	1.159	5.075	60.70
18	278.07	0.907	4.565	54.08
19	287.66	0.589	4.058	40.86
20	295.07	0.340	3.589	27.40
21	303.86	0.013	2.974	1.33

表 7-12　叶片安放角为−2°时模型泵装置能量特性试验数据

序号	流量 Q/(L/s)	扬程 H/m	轴功率 P/kW	装置效率 η/%
1	85.34	4.296	9.757	36.78
2	91.96	4.118	9.392	39.47
3	100.39	3.934	8.995	42.98
4	112.06	3.732	8.500	48.16
5	129.90	3.606	8.351	54.91
6	140.42	3.509	8.206	58.79
7	157.31	3.289	7.851	64.51
8	174.38	2.989	7.322	69.69
9	189.63	2.693	6.812	73.38
10	202.88	2.383	6.286	75.28
11	210.07	2.213	6.010	75.71
12	213.74	2.148	5.893	76.26
13	217.05	2.052	5.705	76.44
14	221.78	1.929	5.501	76.14
15	229.13	1.711	5.164	74.31
16	234.88	1.518	4.879	71.53
17	245.19	1.137	4.173	65.40
18	252.50	0.905	3.908	57.25
19	260.31	0.616	3.436	45.67
20	268.64	0.299	2.892	27.21
21	276.89	0.015	2.379	1.69

表 7-13 叶片安放角为−4°时模型泵装置能量特性试验数据

序号	流量 Q/(L/s)	扬程 H/m	轴功率 P/kW	装置效率 η/%
1	70.90	4.463	9.047	34.24
2	77.54	4.216	8.561	37.38
3	82.87	4.043	8.231	39.85
4	92.41	3.790	7.742	44.29
5	117.79	3.453	7.104	56.05
6	126.34	3.365	7.088	58.73
7	138.13	3.215	6.889	63.11
8	145.34	3.101	6.718	65.68
9	156.72	2.875	6.372	69.22
10	168.01	2.661	6.047	72.37
11	178.88	2.407	5.664	74.41
12	188.67	2.190	5.305	76.26
13	197.75	1.922	4.893	76.03
14	207.54	1.663	4.471	75.56
15	215.19	1.368	4.055	71.07
16	220.36	1.143	3.698	66.70
17	227.28	0.873	3.356	57.89
18	235.44	0.616	3.011	47.16
19	242.20	0.306	2.499	29.01
20	250.65	0.013	2.055	1.55

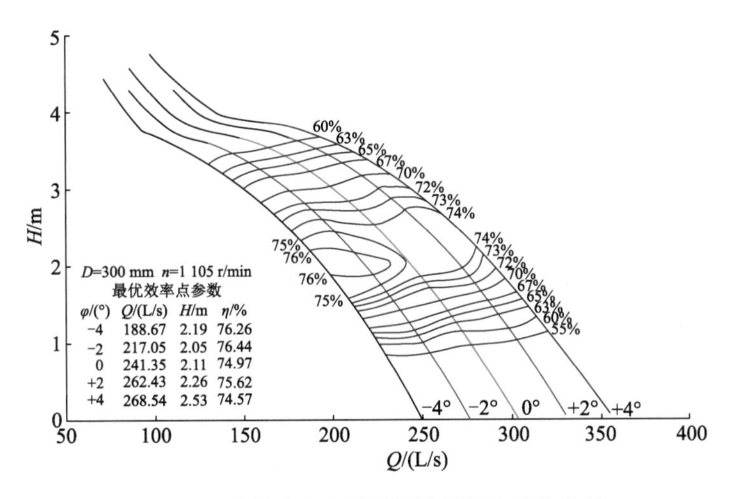

图 7-32 直管式出水模型泵装置综合特性曲线

2. 空化特性试验

直管式出水模型泵装置空化特性试验采用定流量能量法，取水泵装置效率降低 1% 的 NPSH 值作为临界值(以叶轮中心为基准)。表 7-14 为不同叶片安放角下不同特征工况点的 $NPSH_r$ 值，图 7-33 为 $NPSH_r$ 与流量的关系曲线。由图可见，除叶片安放角为 +4°外，其余叶片安放角下的空化性能基本一致。

表 7-14 不同叶片安放角下的 $NPSH_r$ 值

叶片安放角/(°)	流量 Q/(L/s)	扬程 H/m	$NPSH_r$/m
−4	232	0.72	4.95
	220	1.16	4.51
	198	1.93	4.93
−2	257	0.69	4.79
	243	1.15	4.85
	222	1.93	4.86
0	284	0.71	5.15
	273	1.15	4.96
	248	1.93	4.94
+2	312	0.71	5.06
	300	1.15	4.99
	272	2.00	5.30
+4	332	0.71	5.26
	320	1.14	6.52
	292	1.93	7.22

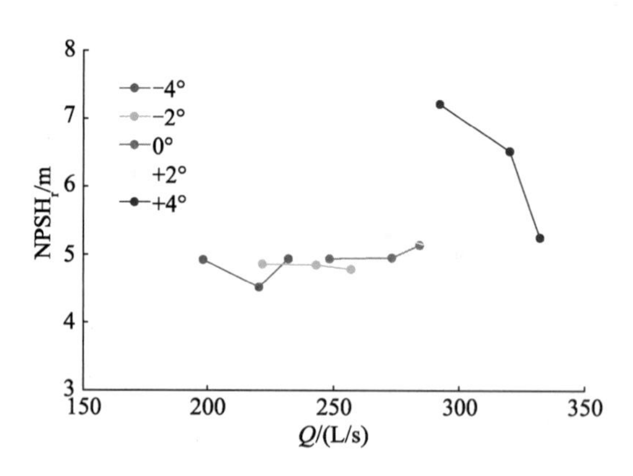

图 7-33 直管式出水模型泵装置 $NPSH_r$ 与流量的关系曲线

7.2.2 虹吸式出水竖井贯流泵装置模型试验结果及分析

1. 能量特性试验

虹吸式出水竖井贯流泵装置模型试验测试＋4°,＋2°,0°,－2°,－4°共5个叶片安放角下的能量特性,表7-15至表7-19列出了能量特性试验数据。根据试验结果得到的模型泵装置综合特性曲线见图7-34(转速1 105 r/min,叶轮直径300 mm)。

表7-15 叶片安放角为＋4°时模型泵装置能量特性试验数据

序号	流量 Q/(L/s)	扬程 H/m	轴功率 P/kW	装置效率 η/%
1	124.49	4.141	13.090	40.09
2	141.11	3.963	12.449	43.96
3	153.96	3.814	12.025	47.78
4	177.05	3.835	12.136	54.74
5	203.59	3.611	11.824	60.85
6	226.19	3.302	11.012	66.37
7	246.64	2.961	10.217	69.94
8	257.66	2.769	9.732	71.74
9	268.84	2.557	9.257	72.67
10	272.33	2.486	9.054	73.18
11	284.54	2.228	8.526	72.76
12	294.86	1.956	7.813	72.22
13	312.51	1.640	7.275	68.92
14	324.25	1.300	6.501	63.43
15	330.58	1.148	6.186	60.05
16	339.74	0.899	5.648	52.90
17	350.25	0.610	4.940	42.33
18	360.17	0.301	4.163	25.46

表7-16 叶片安放角为＋2°时模型泵装置能量特性试验数据

序号	流量 Q/(L/s)	扬程 H/m	轴功率 P/kW	装置效率 η/%
1	94.37	4.687	13.173	32.86
2	109.47	4.345	12.226	38.07
3	125.14	3.978	11.185	43.55
4	142.80	3.772	10.603	49.71
5	179.79	3.604	10.578	59.93
6	189.82	3.503	10.332	62.97
7	209.83	3.230	9.741	68.08
8	229.34	2.822	8.822	71.79
9	239.96	2.597	8.386	72.73

续表

序号	流量 Q/(L/s)	扬程 H/m	轴功率 P/kW	装置效率 η/%
10	254.82	2.388	7.953	74.87
11	258.87	2.303	7.761	75.16
12	264.36	2.174	7.485	75.12
13	271.06	1.978	7.073	74.16
14	284.40	1.583	6.200	71.07
15	297.35	1.351	5.838	67.36
16	303.43	1.150	5.409	63.10
17	312.81	0.907	4.903	56.65
18	321.55	0.603	4.188	45.30
19	331.33	0.305	3.543	27.94

表 7-17　叶片安放角为 0°时模型泵装置能量特性试验数据

序号	流量 Q/(L/s)	扬程 H/m	轴功率 P/kW	装置效率 η/%
1	96.87	4.374	11.439	36.23
2	110.03	4.106	10.774	41.02
3	126.40	3.800	9.940	47.28
4	148.06	3.704	9.755	54.99
5	160.99	3.603	9.736	58.29
6	169.89	3.489	9.510	60.98
7	188.41	3.217	8.971	66.10
8	203.82	2.936	8.405	69.64
9	213.97	2.745	8.015	71.69
10	224.81	2.523	7.606	72.95
11	234.21	2.345	7.251	74.09
12	239.50	2.225	7.017	74.27
13	243.35	2.131	6.822	74.38
14	244.34	2.088	6.768	73.75
15	248.69	2.008	6.597	74.06
16	251.51	1.941	6.478	73.74
17	256.16	1.798	6.179	72.93
18	271.89	1.309	5.231	66.56
19	278.07	1.151	4.951	63.23
20	288.41	0.914	4.471	57.67
21	297.05	0.570	3.733	44.34
22	305.81	0.305	3.229	28.26

表 7-18 叶片安放角为−2°时模型泵装置能量特性试验数据

序号	流量 Q/(L/s)	扬程 H/m	轴功率 P/kW	装置效率 η/%
1	78.88	4.634	10.842	32.96
2	89.10	4.304	10.105	37.12
3	96.76	4.104	9.668	40.18
4	115.71	3.766	8.849	48.17
5	135.54	3.594	8.663	55.00
6	154.13	3.416	8.394	61.35
7	173.89	3.085	7.810	67.19
8	186.96	2.835	7.360	70.42
9	202.61	2.503	6.778	73.17
10	211.12	2.308	6.439	74.02
11	214.67	2.230	6.312	74.17
12	220.40	2.120	6.104	74.88
13	226.13	1.960	5.817	74.51
14	234.31	1.706	5.363	72.92
15	239.04	1.584	5.166	71.70
16	250.96	1.146	4.293	65.54
17	261.64	0.909	3.914	59.41
18	271.72	0.611	3.331	48.73
19	280.59	0.289	2.726	29.13

表 7-19 叶片安放角为−4°时模型泵装置能量特性试验数据

序号	流量 Q/(L/s)	扬程 H/m	轴功率 P/kW	装置效率 η/%
1	105.59	3.561	7.220	50.95
2	123.82	3.390	7.060	58.16
3	135.18	3.238	6.854	62.47
4	153.20	2.944	6.443	68.48
5	164.20	2.730	6.136	71.46
6	172.92	2.527	5.831	73.29
7	179.71	2.350	5.568	74.20
8	185.54	2.193	5.337	74.58
9	190.35	2.089	5.172	75.23
10	196.98	1.949	4.945	75.96

续表

序号	流量 Q/(L/s)	扬程 H/m	轴功率 P/kW	装置效率 η/%
11	201.21	1.807	4.729	75.20
12	206.79	1.655	4.522	74.04
13	213.33	1.423	4.132	71.85
14	220.98	1.147	3.646	67.99
15	231.86	0.837	3.183	59.65
16	237.41	0.640	2.853	52.09
17	246.27	0.348	2.350	35.64

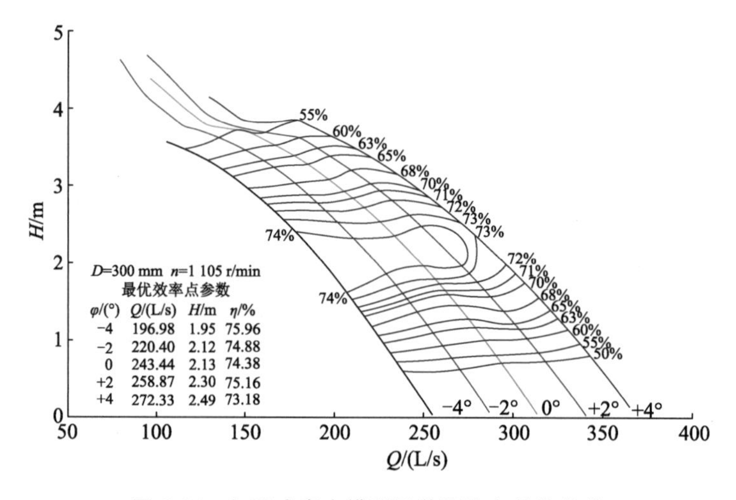

图 7-34　虹吸式出水模型泵装置综合特性曲线

2. 空化特性试验

虹吸式出水模型泵装置空化特性试验采用与直管式出水模型泵装置相同的方法，取水泵装置效率降低1%的NPSH值作为临界值(以叶轮中心为基准)。表7-20为各叶片安放角下不同流量点的空化特性试验结果，$NPSH_r$与流量的关系曲线如图7-35所示。

表 7-20　空化特性试验结果

叶片安放角/(°)	流量 Q/(L/s)	扬程 H/m	$NPSH_r$/m
−4	234.50	0.72	5.16
	218.00	1.32	5.07
	196.00	1.96	5.18
−2	268.00	0.70	4.81
	250.20	1.20	5.31
	226.00	1.95	4.55

续表

叶片安放角/(°)	流量 Q/(L/s)	扬程 H/m	$NPSH_r$/m
0	295.60	0.69	5.08
	278.50	1.18	5.03
	250.50	1.94	4.92
+2	319.30	0.72	5.34
	303.40	1.13	4.98
	272.20	1.97	5.34
+4	343.50	0.69	5.56
	329.00	1.13	5.21
	295.00	1.96	5.47

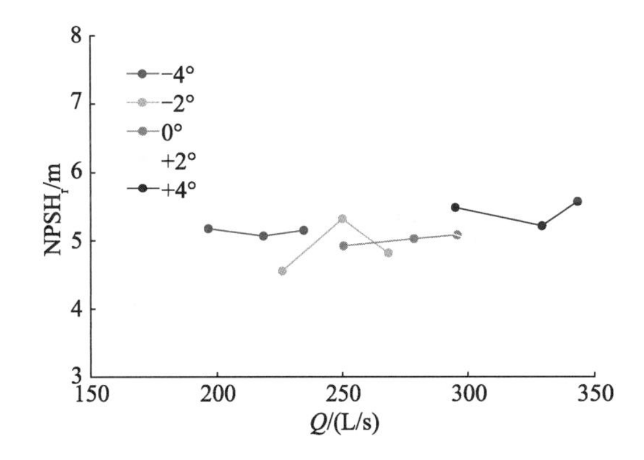

图 7-35 虹吸式出水模型泵装置 $NPSH_r$ 与流量的关系曲线

7.2.3 性能对比分析

1. 两种出水流道型式内部流动分析与性能预测

(1) 内部流动分析

对优化设计后的 2 种装置型式的模型装置进行设计工况下的内部流场数值模拟与分析,得到水泵装置的内部流动速度分布和压力分布,并得到每个计算节点上的速度值和压力值,依此绘制出不同断面和不同截面上的流场图。为充分揭示不同出水流道型式的内部流动特性及其对装置性能的影响,对 2 种结构型式的出水流道不同截面和出口断面的流速分布特性进行对比。直管式出水流道流场分布如图 7-36 所示,从图中可以看出,由于受到水泵导叶出口水流的影响,直管式出水流道内部流态十分紊乱,有脱流和漩涡存在,回收水泵出口能量的能力较差,直接影响能量回收和装置效率的提高。

虹吸式出水流道出口断面上的轴向流速分布如图 7-18 所示,出口断面没有出现明显的回流,流速分布均匀度可达到 53.50%。2 种结构型式的出水流道出口断面轴向流态对比如表 7-21 所示。

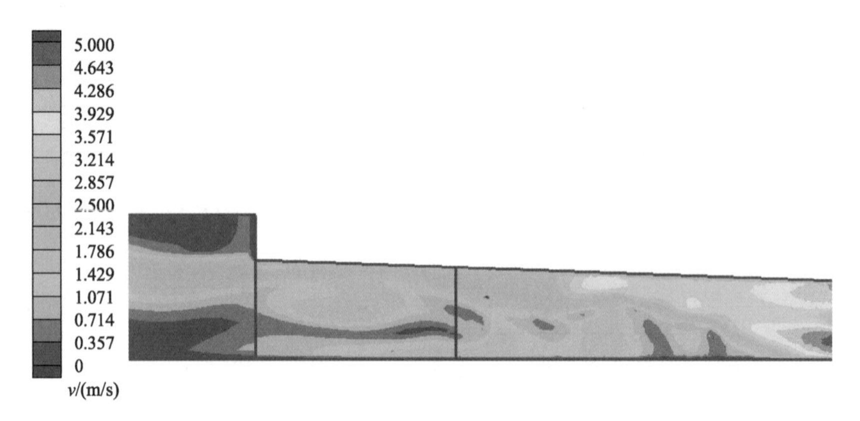

(a) 立面图

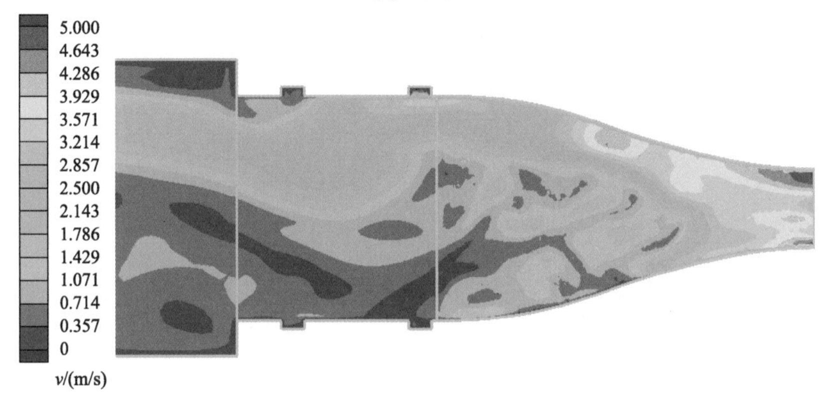

(b) 平面图

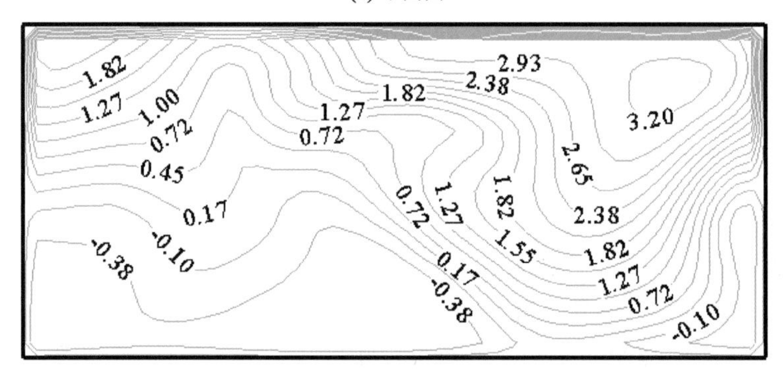

(c) 出口断面轴向流速分布图(单位：m/s)

图 7-36　直管式出水流道内部流场图

表 7-21　出水流道出口断面轴向流态比较(Q=300 L/s)

出水流道				最大轴向流速 v_{max}/(m/s)	轴向流速分布均匀度 v_u/%	最小出流角 ϑ_{min}/(°)
类型	宽度 B/m	长度 L/m	单边平均当量扩散角 α/(°)			
直管式	5.0	13.0	10.80	3.28	17.82	72.43
虹吸式	5.6	13.0	9.26	1.65	53.50	71.44

（2）性能预测

根据不同水泵装置不同流量下的数值模拟结果，可由水泵装置进出口断面的总压差计算水泵装置扬程，依据水泵的转速和作用在叶轮上的水力矩计算水泵的水功率。由于空载损耗不遵守相似律，所以在水泵装置模型试验中，一般都扣除空载损耗，因此，数值计算中得到的水功率可视作轴功率。从而，可由流量、扬程和轴功率计算水泵装置的效率，绘出流量-扬程曲线和流量-效率曲线等，实现水泵装置能量特性预测。2 种出水流道结构型式对应的叶片安放角为＋2°时的模型装置性能预测结果如图 7-37 所示。

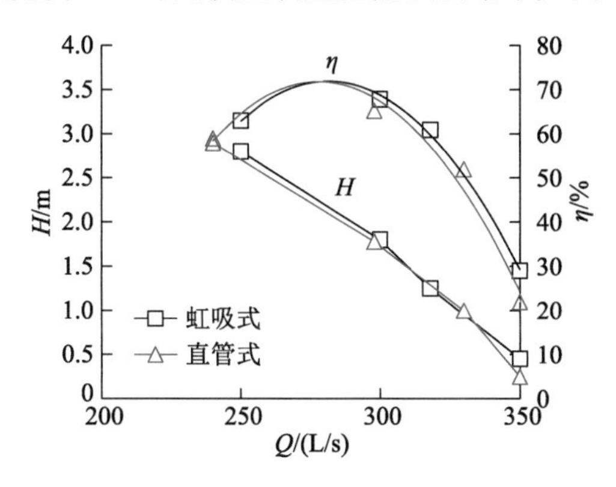

图 7-37　2 种出水流道模型装置性能预测对比

2. CFD 预测与模型实测对比

根据数值模拟结果预测叶片安放角为＋2°时模型装置的性能，结果如图 7-37 所示，直管式出水模型装置试验实测数据见表 7-10，虹吸式出水模型装置试验实测数据见表 7-16。CFD 预测数据与模型试验结果对比如图 7-38 和图 7-39 所示：扬程曲线的变化趋势基本一致，误差较小，但效率曲线存在一定的差异。例如，虹吸式出水 CFD 预测的最高效率为 67.80％，对应的流量为 295 L/s、扬程在 1.80 m 左右；模型试验最高效率达 75.16％，相应的流量为 260 L/s、扬程在 2.30 m 左右。

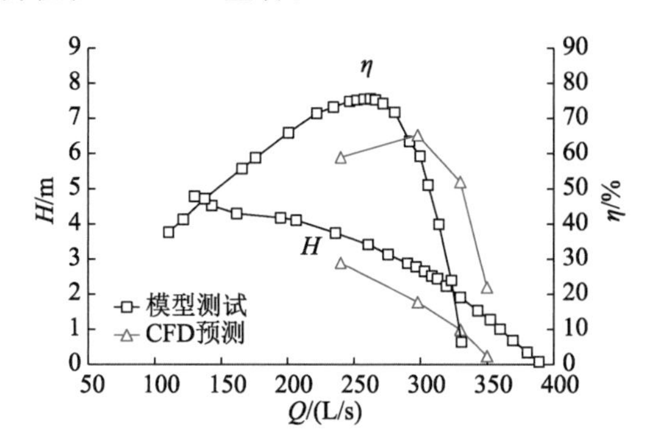

图 7-38　直管式出水 CFD 预测数据与模型试验结果对比曲线

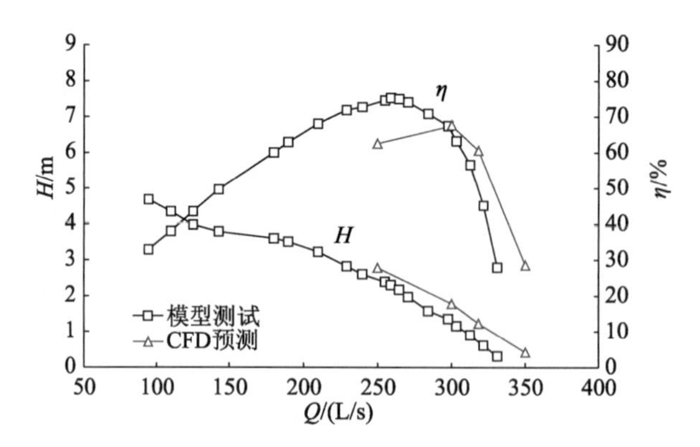

图 7-39 虹吸式出水 CFD 预测数据与模型试验结果对比曲线

与采用直管式出水的竖井贯流泵装置相比，采用虹吸式出水时 CFD 预测装置性能的精度有所降低，这主要由虹吸式出水流道的流态复杂性引起，在工程设计中需要引起重视。

3. 两种装置型式性能对比

(1) 能量特性比较

根据 2 种出水流道组成的水泵装置模型试验结果，将直管式出水与虹吸式出水的竖井贯流泵装置的能量特性绘制在图 7-40 中进行对比和分析。

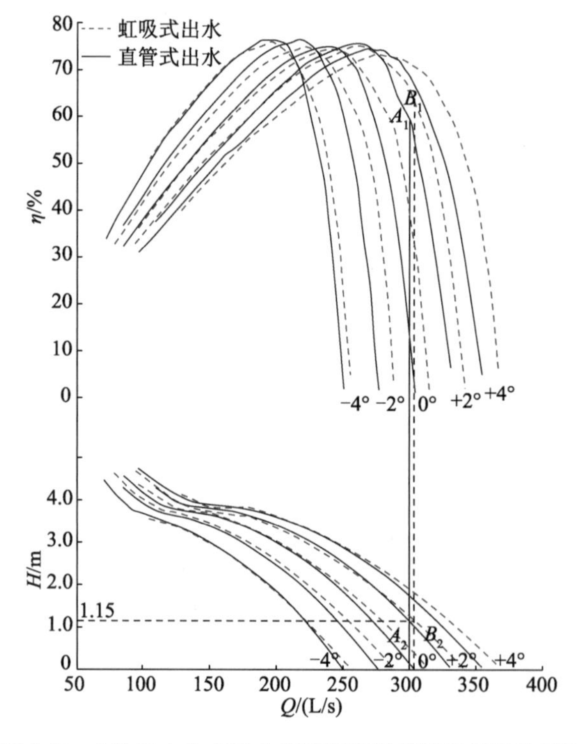

图 7-40 2 种出水方式竖井贯流泵装置模型能量特性对比

从图 7-40 所示 2 种不同出水流道组成的模型泵装置能量特性的比较可以看出，水泵叶片安放角在 0°至＋4°之间，直管式出水与虹吸式出水贯流泵装置扬程曲线在扬程为 2.0 m

左右相交。在2种装置扬程曲线的交点的右侧、相同流量下，虹吸式出水贯流泵装置扬程曲线在直管式出水贯流泵装置扬程曲线上方，由于进水流道保持不变，故相同流量下扬程的差值就是出水流道水力损失的差值，扬程高时水力损失小，扬程低时水力损失大。在2种装置扬程曲线的交点的左侧、相同流量下，虹吸式出水贯流泵装置扬程曲线在直管式出水贯流泵装置扬程曲线下方，表明水泵装置在较小流量工况下运行时，虹吸式出水流道的水力损失大于直管式出水流道的水力损失。因此，直管式出水流道与虹吸式出水流道的水力损失规律不相同，直接影响到特征扬程下的装置效率。

在装置设计扬程1.15 m工况下，叶片安放角为+2°时，直管式出水竖井贯流泵装置流量为300 L/s，效率为59.21%；对应的虹吸式出水竖井贯流泵装置流量为303.8 L/s，效率为62.10%，与直管式出水竖井贯流泵装置方案相比，流量增大1.27%，效率提高2.89个百分点。

在装置最高扬程1.95 m工况下，叶片安放角为+2°时，直管式出水竖井贯流泵装置流量为273.2 L/s，虹吸式出水竖井贯流泵装置流量为272.6 L/s，对应的装置效率分别为73.83%和73.82%，两者基本接近。

泵站最低扬程和最高扬程分别为0.00 m和1.95 m，设计扬程和平均扬程为1.15 m，也就是说，该竖井贯流泵装置将长期在较大流量和较低扬程工况下运行。从上述2种出水流道组成的水泵装置模型试验结果对比可以看出，与直管式出水设计方案相比，虹吸式出水竖井贯流泵装置更符合泵站的特征水位和特征扬程要求，具有较高的装置效率和较优的能量特性。

(2) 空化特性比较

根据2种装置型式的空化特性试验结果，绘制叶片安放角为+2°时的空化特性对比曲线，如图7-41所示。从图中可以发现，2种装置型式的空化特性曲线几乎重合，这说明影响装置空化性能的是进水流道的吸入性能，由于进水流道不变，因此装置的空化性能相对稳定。

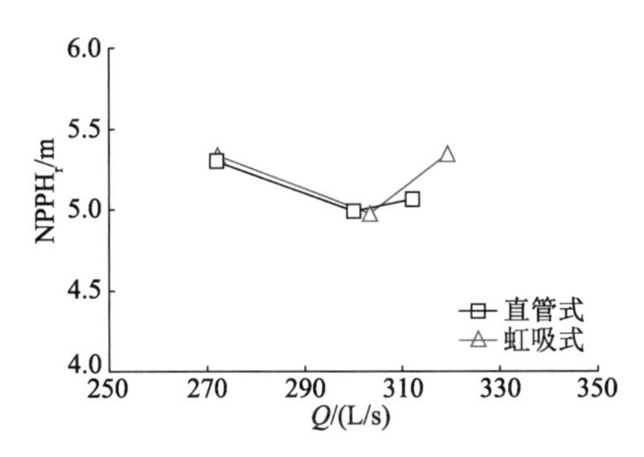

图7-41　2种装置型式的空化特性对比曲线

综合对比2种装置型式的性能，在低扬程范围内虹吸式出水竖井贯流泵装置具有一定的优势，因此在城市防洪的3座泵站得到应用。泵站的现场实测效率与模型试验效率存在差异，但是变化趋势基本一致，高效区在扬程2.0 m左右，工程实际运行效果基本达到设计预期，效率偏低是该装置型式需要进一步研究的课题。

7.3 竖井头部形状对装置性能的影响研究

7.3.1 研究背景

以第7.1节研究对象为基础，采用竖井贯流式进水流道、虹吸式出水流道，组成虹吸出水的竖井贯流泵装置。考虑到竖井的头部形状不仅影响装置的水力性能，而且影响竖井中设备的布置及上、下楼梯的位置，因此，重点研究竖井头部形状对装置性能的影响。

7.3.2 竖井头部形状CFD优化设计研究方案

在保证竖井内部机电设备安装与维护所需必要空间的情况下，初步确定进、出水流道型线，保持出水流道设计参数不变，设计竖井锥形头部、半圆形头部和椭圆形头部3种不同的方案，建立优化目标，在不同特征扬程下进行进、出水流道优化设计。

根据CFD数值模拟和内部流动分析，以及不同设计方案下竖井进水、虹吸出水的水泵装置数值模拟和性能预测结果，从水泵进水条件、流道的水力损失和泵装置效率等方面进行分析与比较，为该装置提供优化设计的进、出水流道型线。

7.3.3 数值模拟与优化设计

1. 三种竖井头部的进水流道优化设计方案

根据设备布置的总体要求，以及电动机和传动装置安装、检修、通风、散热等必要空间需求，考虑竖井内设备布置与流道型线变化的需要，竖井外围最大宽度设计为3.72 m。

在进水流道长度和最大宽度确定的情况下，进水流道的设计参数和竖井的型线都会对水泵进水条件产生影响，进而影响水泵性能。针对目前工程设计中竖井设计采用锥形竖井头部和圆形竖井头部的做法，在优化进水流道型线之后，专门设计锥形竖井头部、半圆形竖井头部和椭圆形竖井头部3种不同的方案，与模型水泵组成3种贯流泵装置，在保持虹吸式出水流道设计不变的前提下进行对比分析，研究竖井头部型线对水泵进水条件及泵装置性能的影响。

竖井式进水流道配合锥形竖井头部、半圆形竖井头部和椭圆形竖井头部3种不同的竖井设计方案的单线图分别如图7-42至图7-44所示，配套的虹吸式出水流道单线图如图7-21所示。

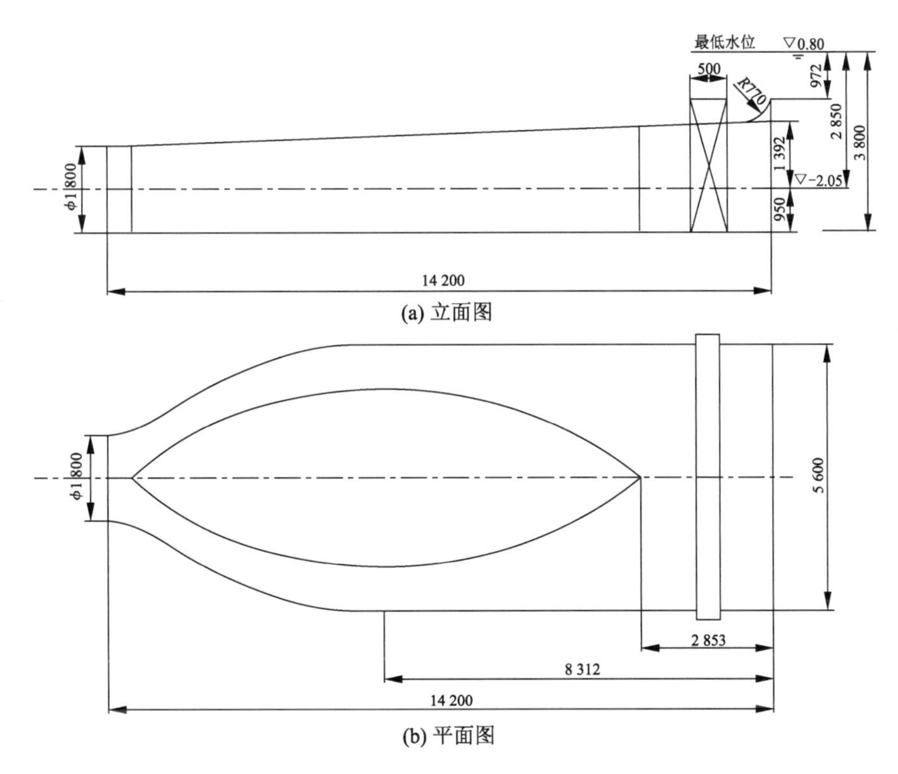

图 7-42 锥形竖井头部进水流道单线图(方案 1)(长度单位:mm)

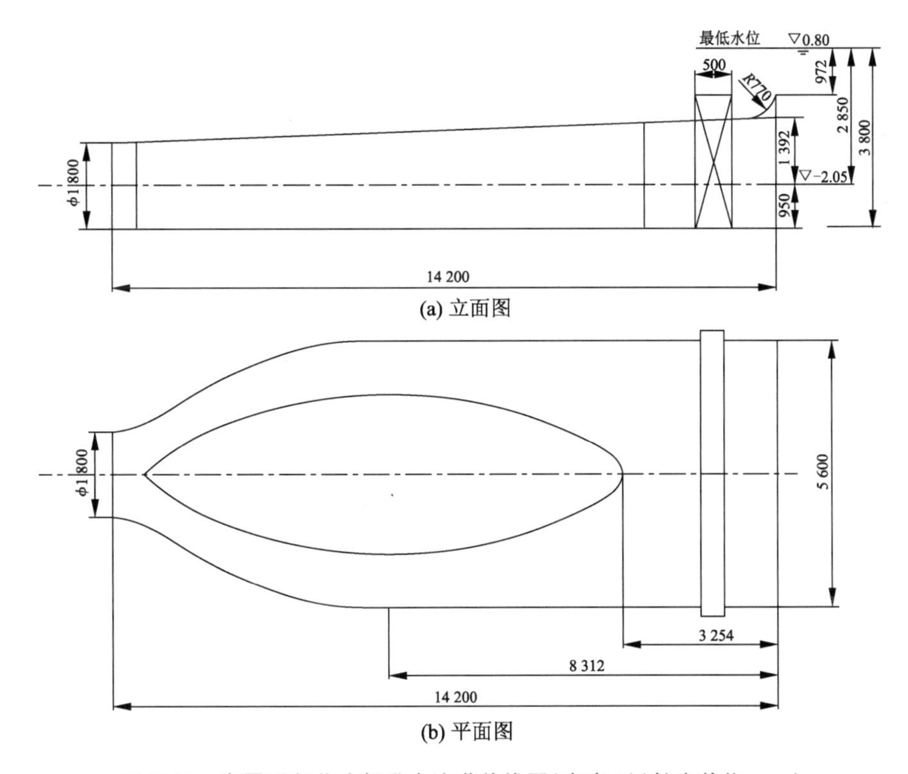

图 7-43 半圆形竖井头部进水流道单线图(方案 2)(长度单位:mm)

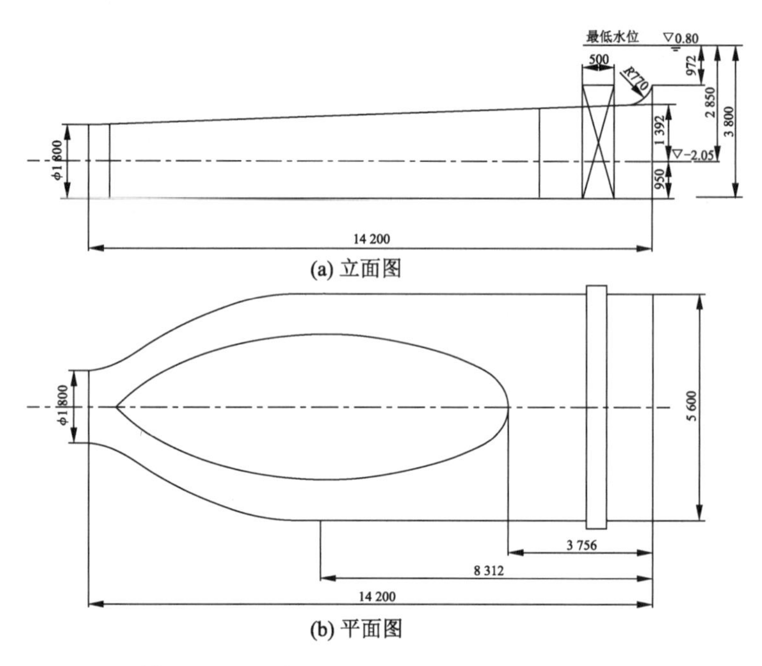

(a) 立面图

(b) 平面图

图 7-44 椭圆形竖井头部进水流道单线图(方案 3)(长度单位:mm)

2. 三种竖井头部进水流道和贯流泵装置三维建模

采用 Gambit 和 Pro/E 三维建模软件,对 3 种竖井头部的进水流道设计方案和虹吸式出水流道组成的贯流泵装置进行三维建模,形成 3 组水泵装置三维数值计算模型,分别编号为方案 1、方案 2 和方案 3,如图 7-45 所示。

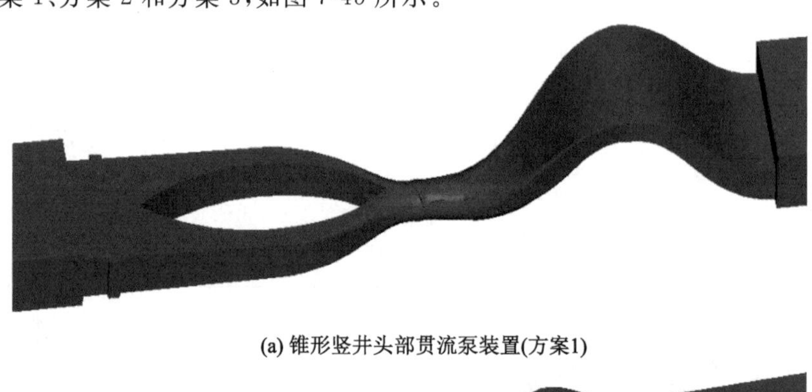

(a) 锥形竖井头部贯流泵装置(方案1)

(b) 半圆形竖井头部贯流泵装置(方案2)

(c) 椭圆形竖井头部贯流泵装置(方案3)

图 7-45　不同竖井头部方案贯流泵装置三维图

对图 7-45 所示 3 组竖井进水、虹吸出水的贯流泵装置三维立体模型进行网格剖分与离散，典型的数值计算网格剖分（方案 3）如图 7-46 所示。采用由 RNG $k-\varepsilon$ 紊流模型封闭的雷诺时均 Navier－Stokes 动量方程组、有限体积法及 SIMPLEC 速度和压力耦合算法，进行包括进水池、出水池、进出水流道、模型泵和闸门槽在内的水泵装置全流道数值模拟、内流分析和性能预测。

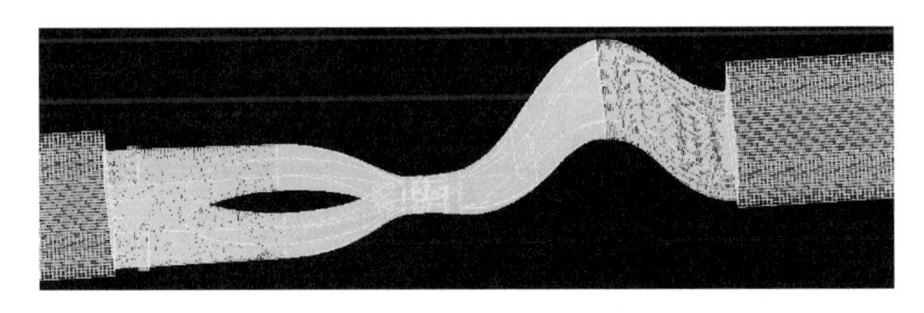

图 7-46　椭圆形竖井头部贯流泵装置网格剖分(方案 3)

3．三种竖井头部设计的贯流泵装置内部流动分析

根据 CFD 数值计算结果，进行 3 种竖井头部设计方案下由竖井式进水流道、虹吸式出水流道组成的贯流泵装置内部流动分析。

(1) 竖井式进水流道内部流场分析

竖井进水设计考虑 3 种竖井头部形状的设计方案（见图 7-47）。

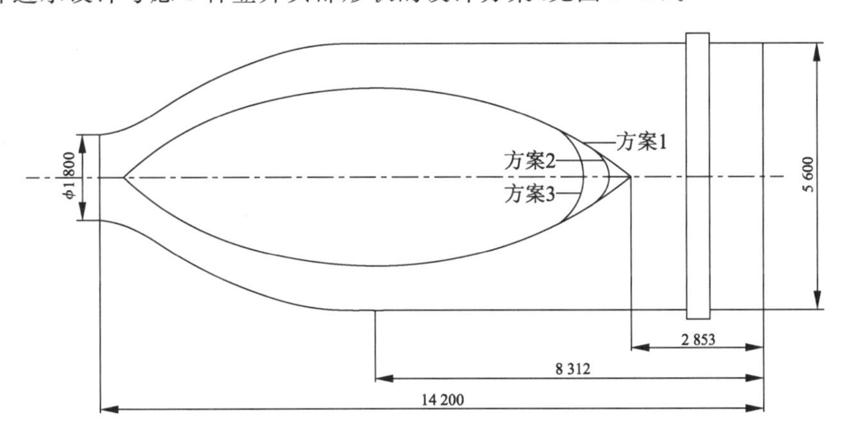

图 7-47　3 种竖井型线的比较(单位:mm)

为了保证竖井内部机电设备安装和维护所需的必要空间，靠近泵段一侧的竖井型线保持不变，因此，3 组进水流道的差别仅在于竖井的头部。

图 7-48 所示为模型装置在设计流量 287 L/s 下，采用相同的虹吸式出水流道水力设计，配合相同的水泵模型，3 种竖井设计方案的进水流道内部流场图。从图 7-48 可以看出，进水流道内部流速分布较均匀，从流道进口开始，速度均匀增加，没有明显的脱流现象。由于进水流道的进口平均速度较低，竖井头部对水流的阻碍作用表现在进口流速稍提高，但随着水流向流道出口流动，这种影响逐渐减弱，对图 7-48 所示的剖面流场影响不明显。竖井头部型线的变化，虽然会对水泵装置进水流道内部流场产生一定的影响，但从平面流场上并看不到实质性的明显变化，需通过进一步的定量分析进行比较和研究。

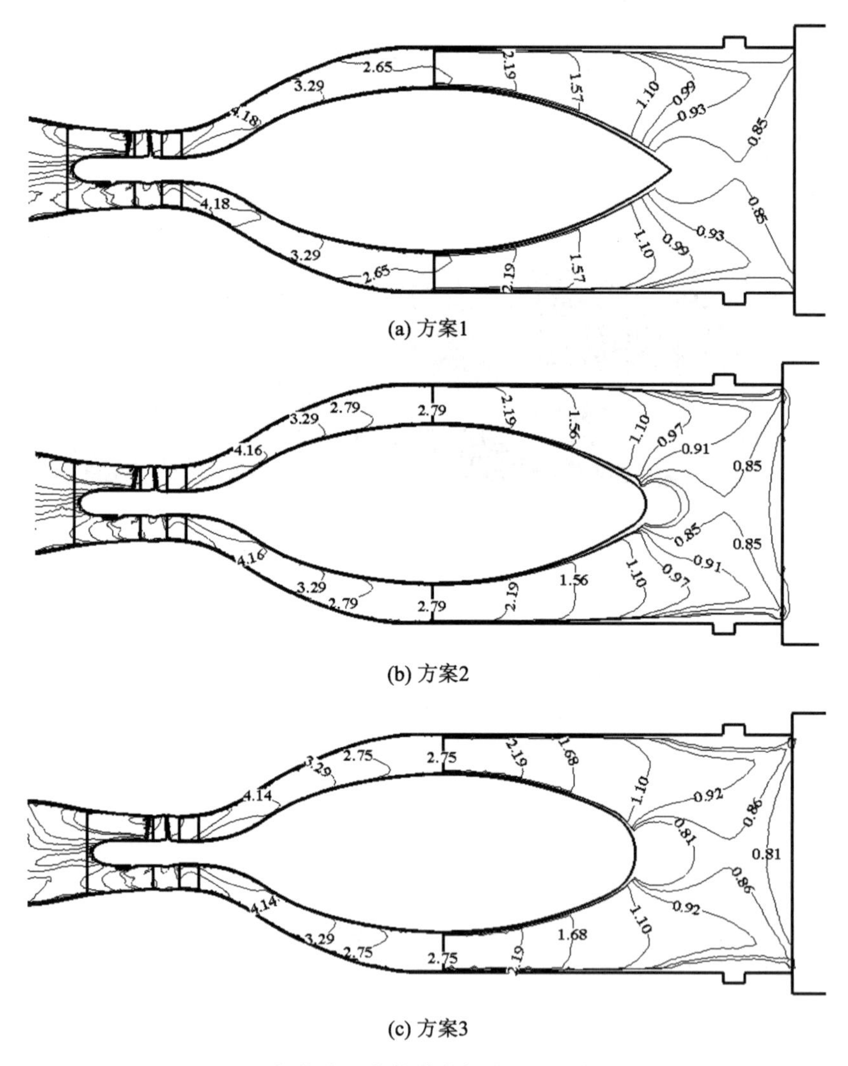

(a) 方案1

(b) 方案2

(c) 方案3

图 7-48　竖井式进水流道内部流场图(单位:m/s)

(2) 进水流道出口断面流场分布与水泵进水条件

图 7-49 为根据数值计算结果绘制的 3 种竖井头部设计方案下装置进水流道出口断面的全流速分布图。从图 7-49 可以看出，竖井式进水流道出口断面的流速分布受到上游

断面收缩的影响，出口断面左、右两侧的流速稍高，中间略低；受竖井末端流场尾迹的影响，在进水流道出口断面中间上、下对称位置有明显的低速区存在，将对水泵进水条件产生一定的影响。但是，由于进水流道相对较长，因此竖井头部形状对水泵进水条件的影响逐渐减弱。从施工难易程度和方便混凝土浇筑的角度出发，推荐采用锥形头部设计的竖井，这也是应用最多的竖井头部形状。

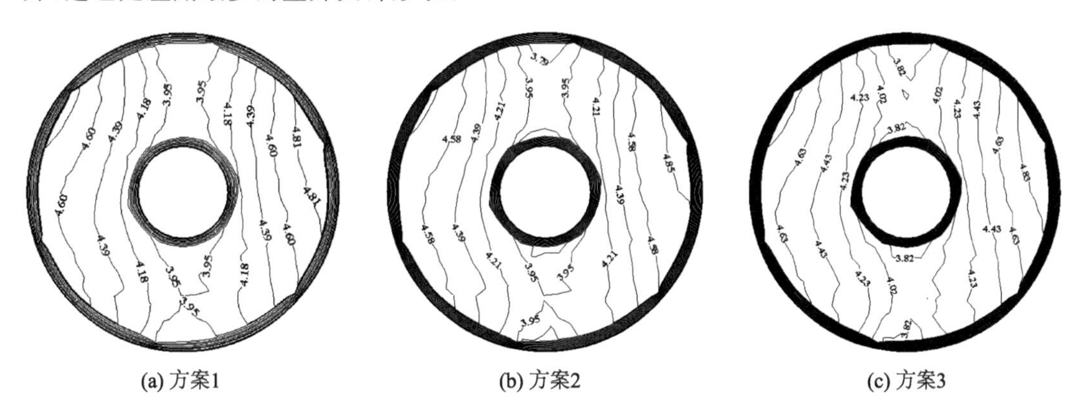

(a) 方案1　　(b) 方案2　　(c) 方案3

图 7-49　进水流道出口断面流速分布图(单位:m/s)

根据装置 CFD 数值计算结果，可通过进水流道出口断面上的流速分布，计算在相同流量下泵装置竖井式进水流道出口断面的轴向流速分布均匀度和入泵水流加权平均角等水力设计优化目标函数值，定量评价进水流道设计提供的水泵进水条件。表 7-22 为模型贯流泵装置在设计流量 Q=287 L/s 工况下，3 种竖井头部设计方案对水泵进水条件的影响比较。

表 7-22　3 种竖井头部设计方案对水泵进水条件的影响比较(Q=287 L/s)

头部形状设计方案	最大轴向流速 v_{max}/(m/s)	最小轴向流速 v_{min}/(m/s)	轴向流速分布均匀度 v_u/%	最大入流角 ϑ_{max}/(°)	最小入流角 ϑ_{min}/(°)	平均入流角 $\overline{\vartheta}$/(°)
锥形	4.956	4.302	93.11	87.11	83.65	85.35
半圆形	4.958	3.631	92.12	87.45	83.54	85.28
椭圆形	4.967	3.639	91.99	87.53	83.03	85.07

从表 7-22 中 3 种竖井头部设计方案对水泵进水条件影响的定量比较中可以看出，无论是锥形竖井头部设计，还是半圆形或椭圆形竖井头部设计，通过型线优化，3 种竖井头部设计方案下的进水流道均能为水泵提供良好的进水条件。其中，锥形头部设计提供的水泵进水条件稍优于其他 2 种形状。

7.3.4　头部形状优化后的模型贯流泵装置性能预测

根据数值计算结果，利用优化设计的贯流泵装置进、出水流道进出口断面上的流速和压力值，分别应用伯努利方程，可计算出模型泵装置在设计流量 287 L/s 时，优化设计的竖井式进水流道的水力损失约为 0.12 m，虹吸式出水流道的水力损失约为 0.28 m。

根据优化设计的模型竖井贯流泵装置性能预测结果绘制的泵装置性能曲线如图 7-50 所示。在设计扬程 1.35 m 工况下(考虑 0.10 m 的拦污栅水力损失)，对应的流量为

293 L/s,水力装置效率为 70.64%;对应于装置最高扬程的流量为 258 L/s,水力装置效率为 76.61%。

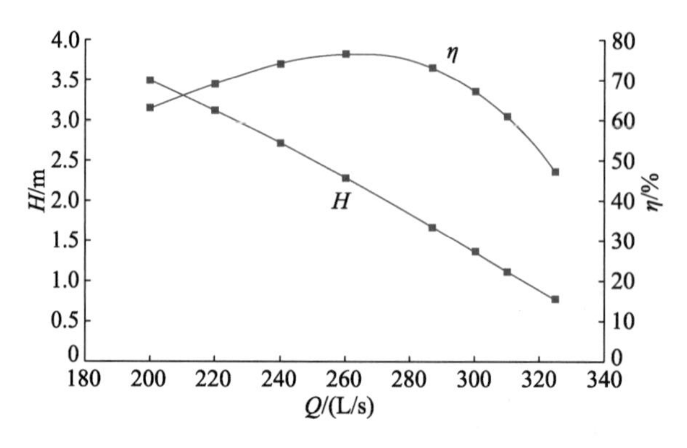

图 7-50 锥形头部形状的模型竖井贯流泵装置性能曲线

7.3.5 主要研究结论

① 优化设计的竖井式进水流道长度为 14.2 m,采用锥形头部设计,流道内部流态平顺,从流道进口到流道出口流速变化均匀,在模型泵装置设计流量 287 L/s 工况下,水泵进口轴向流速分布均匀度为 93.11%,水泵水流平均入流角为 85.35°,表明头部形状优化设计的进水流道能为水泵安全运行提供良好的进水条件。

② 优化设计的竖井式进水流道和虹吸式出水流道与 TJ04-ZL-07 模型叶轮组成的模型竖井贯流泵装置数值计算结果表明,在模型泵装置设计流量 287 L/s 工况下,竖井式进水流道的水力损失约为 0.12 m,虹吸式出水流道的水力损失约为 0.28 m;在设计扬程下,对应的流量为 293 L/s,水力装置效率为 70.64%;对应于模型贯流泵装置最高扬程的流量为 258 L/s,水力装置效率为 76.61%。

③ 建议采用的贯流泵装置进水流道断面参数分别见表 7-23 和表 7-24,其余尺寸与第 7.1 节中相同。竖井式进水流道单线图和断面图分别如图 7-51 至图 7-53 所示。

表 7-23 锥形头部形状竖井式进水流道断面参数　　单位:mm

断面编号	上边线坐标		下边线坐标		断面高度	断面宽度	过渡圆半径	中心线坐标		中心线长度
	x_1	y_1	x_2	y_2				x_0	y_0	
1	0	−950	0	1 392	2 342	5 600	0	0	221	0
2	1 000	−950	1 000	1 361	2 311	5 600	0	1 000	204	1 000
3	2 000	−950	2 000	1 329	2 279	5 600	0	2 000	188	2 000
4	3 000	−950	3 000	1 298	2 248	5 600	0	3 000	171	3 000
5	4 000	−950	4 000	1 262	2 212	5 600	0	4 000	155	4 001
6	5 000	−950	5 000	1 219	2 169	5 600	0	5 000	138	5 001
7	6 000	−950	6 000	1 205	2 155	5 600	0	6 000	121	6 001
8	7 000	−950	7 000	1 174	2 124	5 600	0	7 000	105	7 001
9	8 000	−950	8 000	1 143	2 093	5 600	0	8 000	88	8 001

续表

断面编号	上边线坐标		下边线坐标		断面高度	断面宽度	过渡圆半径	中心线坐标		中心线长度
	x_1	y_1	x_2	y_2				x_0	y_0	
10	8 312	−950	8 312	1 133	2 083	5 600	0	8 312	83	8 313
11	8 812	−950	8 812	1 118	2 068	5 556	4	8 812	74	8 813
12	9 312	−950	9 312	1 102	2 052	5 468	26	9 312	74	9 313
13	9 812	−950	9 812	1 086	2 036	5 324	68	9 812	66	9 813
14	10 312	−950	10 312	1 071	2 021	5 124	86	10 312	41	10 314
15	10 812	−950	10 812	1 055	2 005	4 884	122	10 812	33	10 814
16	11 312	−950	11 312	1 040	1 990	4 488	186	11 312	25	11 314
17	11 812	−950	11 812	1 024	1 974	4 020	287	11 812	16	11 814
18	12 312	−950	12 312	1 009	1 959	3 474	428	12 312	8	12 314
19	12 812	−950	12 812	993	1 943	2 828	580	12 812	16	12 814
20	13 312	−950	13 312	978	1 928	2 242	737	13 312	8	13 314
21	13 812	−950	13 812	962	1 912	1 864	891	13 812	9	13 814
22	14 200	−950	14 200	950	1 900	1 900	950	14 200	0	14 200

表 7-24 锥形头部形状竖井断面参数 单位:mm

断面编号	上边线坐标		下边线坐标		断面宽度	中心线长度
	x_1	y_1	x_2	y_2		
1	2 849	0	2 849	0	0	0
2	3 000	115	3 000	−115	230	151
3	4 000	762	4 000	−762	1 523	1 151
4	5 000	1 236	5 000	−1 236	2 471	2 151
5	6 000	1 567	6 000	−1 567	3 133	3 151
6	7 000	1 771	7 000	−1 771	3 541	4 151
7	8 000	1 857	8 000	−1 857	3 713	5 151
8	8 312	1 861	8 312	−1 861	3 722	5 463
9	8 812	1 848	8 812	−1 848	3 695	5 963
10	9 312	1 809	9 312	−1 809	3 617	6 463
11	9 812	1 743	9 812	−1 743	3 486	6 963
12	10 312	1 651	10 312	−1 651	3 302	7 463
13	10 812	1 532	10 812	−1 532	3 064	7 963
14	11 312	1 385	11 312	−1 385	2 769	8 463
15	11 812	1 206	11 812	−1 206	2 411	8 963
16	12 312	977	12 312	−977	1 953	9 463
17	12 812	686	12 812	−686	1 371	9 963
18	13 312	321	13 312	−321	642	10 463
19	13 674	0	13 674	0	0	10 825

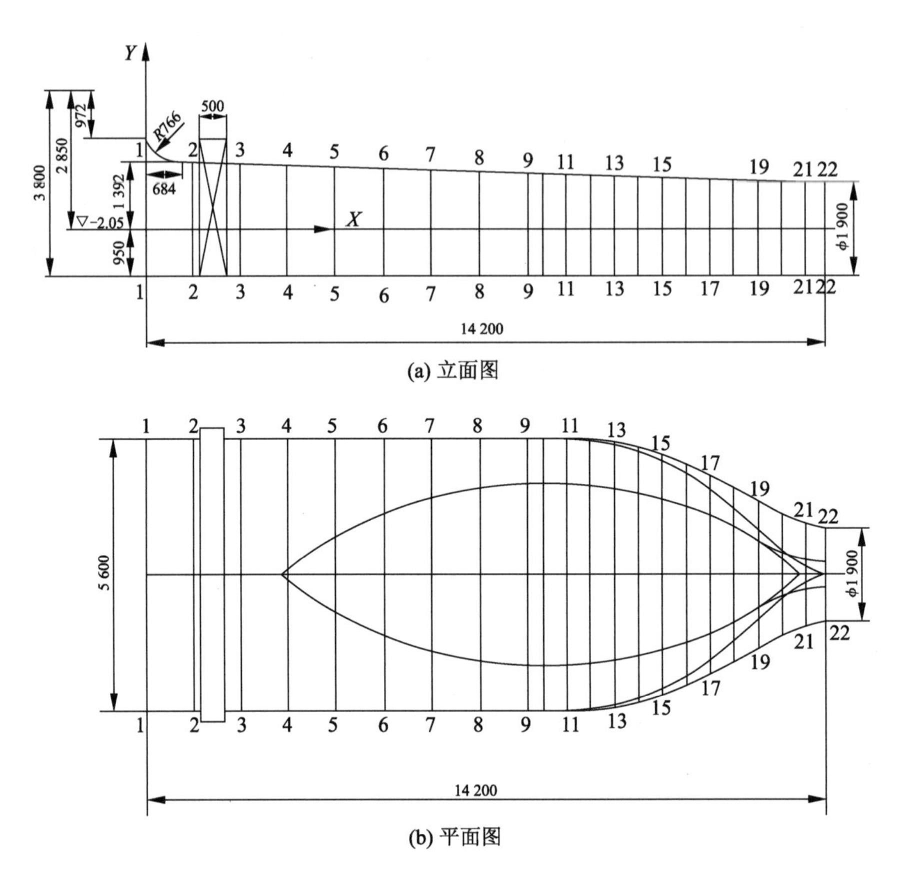

图 7-51 采用锥形头部形状的竖井式进水流道单线图(长度单位:mm)

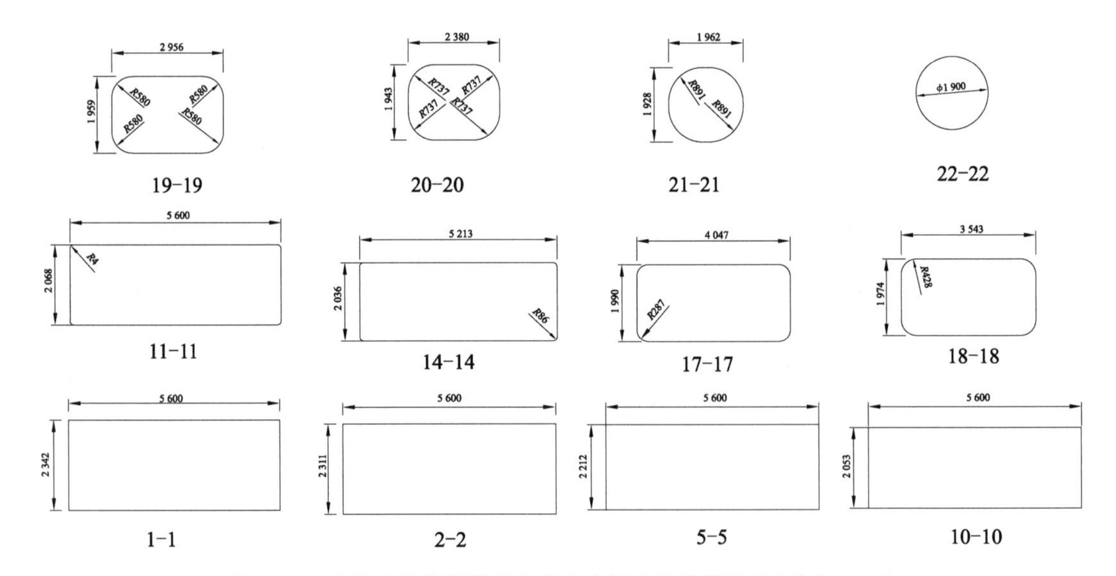

图 7-52 采用锥形头部形状的竖井式进水流道断面图(单位:mm)

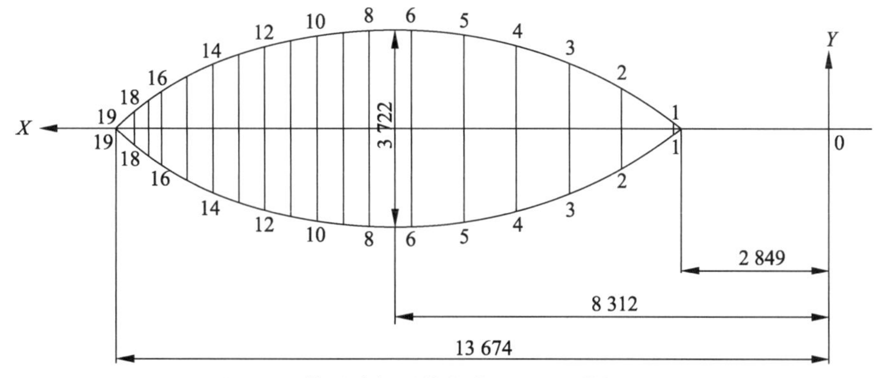

图 7-53 锥形头部形状竖井平面图(单位:mm)

7.4 贯流泵机组稳定性监测装置研制

运行稳定性是贯流泵站,尤其是采用虹吸式出水的竖井贯流泵站运行管理的关键技术指标之一,通过状态监测、故障诊断与状态趋势预测,可以实时监测泵站运行状态,了解故障产生原因,为实现科学合理的维修与维护提供技术支撑,其中状态监测是基础。现采用美国国家仪器公司虚拟仪器技术,对泵站运行稳定性监测装置进行开发,采用 G 语言进行编程。该装置可实现 4 路电涡流传感器信号、6 路振动传感器信号、2 路噪声信号、2 路温度信号、8 路模拟量信号以及 4 个开关量输入信号的采集。应用虚拟仪器技术可以实现对振动与电涡流传感器信号的分析。

7.4.1 虚拟仪器及 LabVIEW 简介

虚拟仪器技术是仪器技术和计算机技术深层次结合的产物。经过 20 多年的发展,它已经成为 21 世纪测试技术和仪器技术发展的主要方向。它的出现使测量仪器和计算机之间的界限消失,这是仪器领域的一次革命。虚拟仪器技术的精髓理念是"软件就是仪器"。

虚拟仪器将传统仪器通过硬件实现的数据分析、处理与显示功能改由功能强大的计算机来完成。虚拟仪器是一种全新的仪器概念,它利用计算机的硬件资源及软件资源,经过有针对性的开发测试,使之成为一套相当于使用者自己专门设计的传统仪器。

与传统仪器相比,虚拟仪器具有如下特点:

① 具有可变性、多层性、自助性的面板;

② 具有较强的信号处理能力;

③ 功能、性能、指标可由用户定义;

④ 具有标准的接口总线、板卡及相应软件;

⑤ 开发周期短、成本低、维护方便且易于应用。

这些特点决定了应用虚拟仪器技术可以快速、低成本地开发出具有较强柔性的仪器,且仪器便于维护和升级。与传统仪器相比,虚拟仪器具有性能高、扩展性强、开发时间短、集成功能强等优势。

典型的虚拟仪器系统有美国国家仪器公司(NI)的 LabVIEW(laboratory virtual

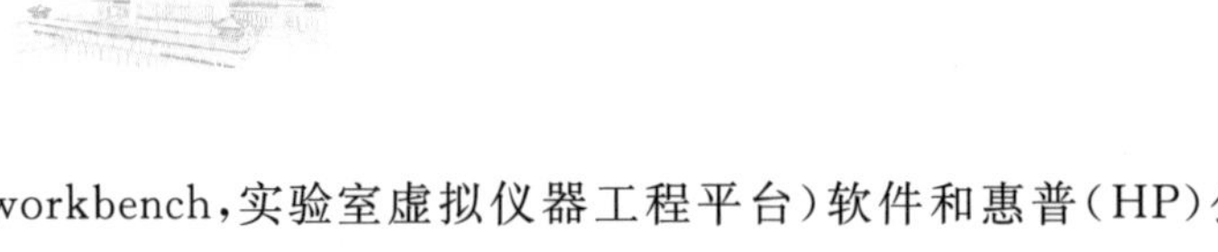

instrument engineering workbench,实验室虚拟仪器工程平台)软件和惠普(HP)公司的VEE(visual engineering environment,可视化工程环境)软件。LabVIEW,即实验室虚拟仪器集成环境,它是一种图形化的编程环境——G语言。LabVIEW是依托虚拟仪器技术的发展需要而诞生的,是虚拟仪器技术的精髓理念——“软件就是仪器”中的软件部分,或者说是虚拟仪器技术实现的核心环节。

7.4.2 可重新配置的控制和采集系统

CompactRIO是一种工业化控制和采集系统,采用可重新配置I/O(reconfigurable I/O,缩写为RIO) FPGA(field programmable gate array)技术实现超高性能和可自定义功能。CompactRIO包含一个实时控制器与可重新配置的FPGA芯片,适用于可靠的独立嵌入式或分布式应用系统;包含热插拔工业I/O模块,内置可直接和传感器/调节器连接的信号调理。CompactRIO具有低成本开放性架构,用户可以轻松访问底层的硬件设备。CompactRIO嵌入式系统可以使用高效的LabVIEW图形化编程工具进行快速开发。

CompactRIO平台包含带有工业浮点处理器的cRIO－9014实时控制器。cRIO－9104 8槽机箱具有300万门FPGA,配以多种I/O模块,用户可以使用LabVIEW、LabVIEW RT模块和LabVIEW FPGA模块开发CompactRIO嵌入式系统。

1. 技术概要

(1) 低成本开放式的架构

CompactRIO采用低功耗实时嵌入式处理器及一组高性能的RIO FPGA芯片。RIO核心内置数据传输机制负责把数据传到嵌入式处理器,以进行实时分析、离线处理、数据记录或与联网主机通信。利用LabVIEW FPGA基本的I/O功能,用户可以直接访问CompactRIO硬件的每个I/O模块的输入输出电路。所有I/O模块都包含内置的接口、信号调理、转换电路(如ADC或DAC)以及可选配的隔离屏蔽。其基本构架如图7-54所示。

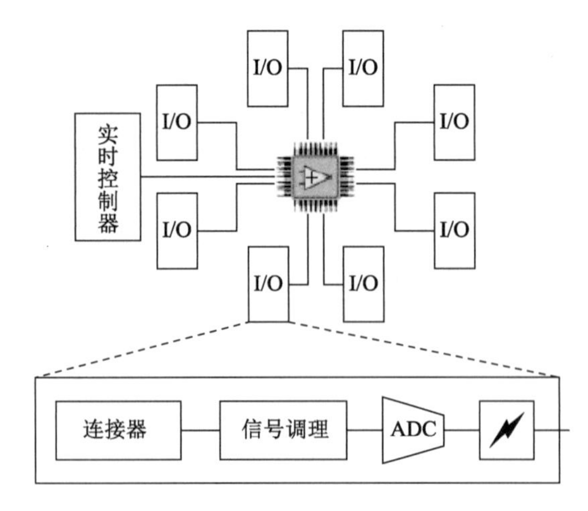

图7-54 CompactRIO开放式构架示意图

(2) 实时处理器

CompactRIO嵌入式系统在保证可靠性和确定性的前提下执行LabVIEW实时程

序，通过选用内置的上千种 LabVIEW 函数，建立多线程嵌入式系统进行实时控制、实时分析、数据记录与通信。控制器具有 10/100 Mb/s 以太网口，可在网络上进行通信编程（包括 e-mail），安装 Web（HTTP）和文件（FTP）服务器。利用网络服务器面板可以自动发布嵌入式程序的图形化用户界面，方便多个用户进行远程监测和控制。

（3）可重新配置的机箱

可重新配置的机箱是 NI CompactRIO 嵌入式系统的核心，包含 RIO FPGA 芯片。RIO FPGA 可通过定制硬件实现逻辑控制、输入/输出、定时、触发和同步设计。RIO FPGA 芯片以星形拓扑式和 I/O 模块相连，可以直接访问每个模块，在定时、触发和同步等方面具有极大的灵活性。其通过本地 PCI 连接总线，在 RIO FPGA 和实时处理器之间具有高性能接口。

（4）超高性能的控制和采集系统

利用 LabVIEW FPGA 开发软件与可重新配置的硬件技术，可以依托 CompactRIO 建立具有超高性能的控制和采集系统（见图 7-55）。FPGA 电路是并行处理的可重新配置计算引擎，能在芯片电路上运行 LabVIEW 程序，设计出具有 25 ns 定时/触发精度的专用控制和采集电路。LabVIEW FPGA 内置多种函数，可用于闭环 PID 控制、5 阶 FIR 滤波、一维查找表、线性插值，零交叉检测数字控制系统的循环速率高达 1 MS/s，可以在循环频率为 40 MHz（25 ns）时使用单循环计算多级布尔逻辑。RIO 具有并行特性，新增加的计算不会降低 FPGA 程序的执行速度。

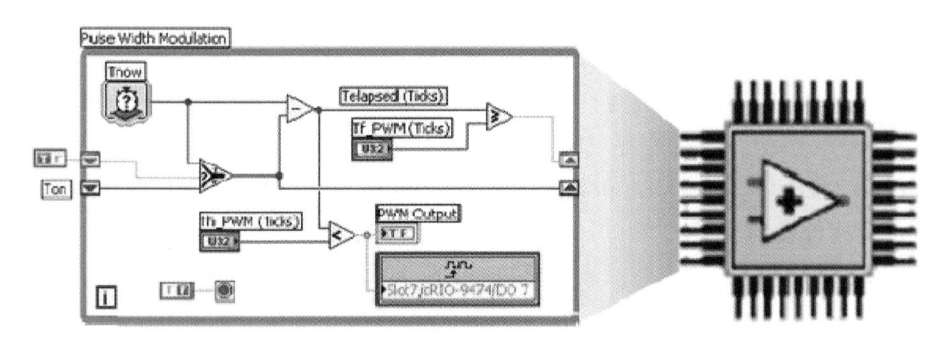

图 7-55　超高性能的控制和采集系统

2. 硬件配置

（1）NI cRIO－9104 模块（见图 7-56）

图 7-56　NI cRIO－9104 模块实物

NI cRIO－9104 8 槽、300 万门 CompactRIO 可再配置嵌入式机箱主要性能指标如下：

① 可选择 DIN 导轨安装；

② 操作温度范围：－40～70 ℃；

③ 300 万门可重新配置 I/O(RIO)FPGA 核心具有高超的处理能力；

④ 使用 LabVIEW 自动生成自定义控制和信号处理电路；

⑤ 8 槽可重新配置的嵌入式机箱支持所有 CompactRIO 的 I/O 模块。

(2) NI cRIO－9014 模块(见图 7-57)

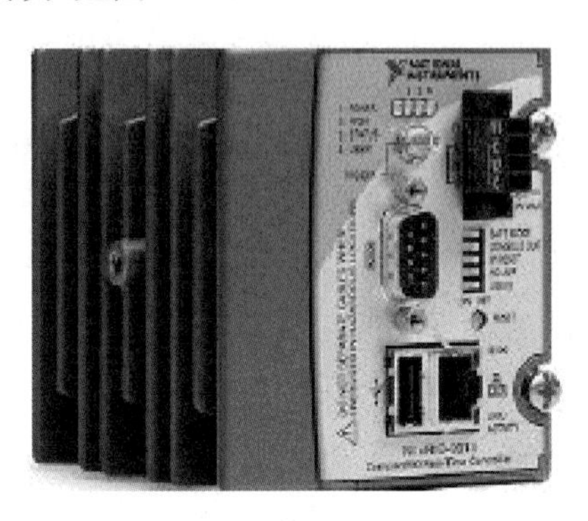

图 7-57　NI cRIO－9014 模块实物

NI cRIO－9014 模块带 128 MB DRAM 的实时控制器,2 GB 存储介质。其主要性能指标如下：

① 嵌入式控制器运行 LabVIEW RT,可进行确定性控制、数据记录和分析；

② 操作温度范围：－40～70 ℃；

③ 400 MHz 处理器,2 GB 非易失性存储介质,128 MB DRAM 内存；

④ 10/100 Base－T 以太网端口,具有远程面板用户界面嵌入式 Web 服务器和文件服务器；

⑤ USB 端口可连接至 USB 闪存及其他存储设备；

⑥ 可连接外设的 RS232 串口,实现 9～35 VDC 双电源输入。

(3) NI－9219 24 位通用模拟输入模块(见图 7-58)

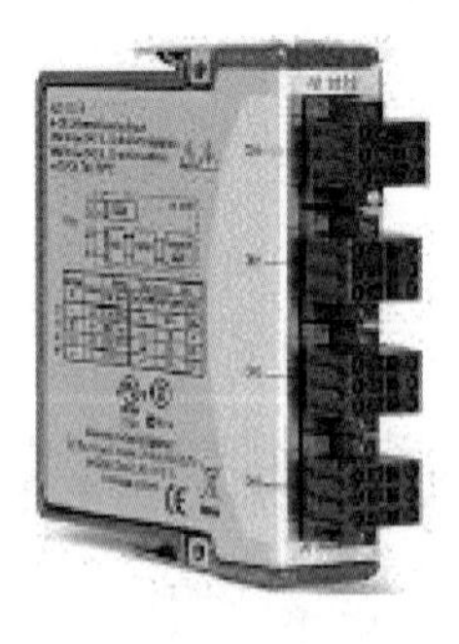

图 7-58　NI－9219 24 位通用模拟输入模块实物

NI－9219 24 位通用模拟输入模块主要性能指标如下：

① 250 Vrms 通道间隔离；

② 有 1/4 桥、半桥式和全桥式可供选择；

③ 内置电压和电流激励；

④ 可实现热电偶、热电阻、电阻、电压和电流测量；
⑤ 每通道的冷端补偿器用于热电偶精确测量；
⑥ 100 S/s 通道同步输入。
(4) NI－9411 6 通道模块(见图 7-59)

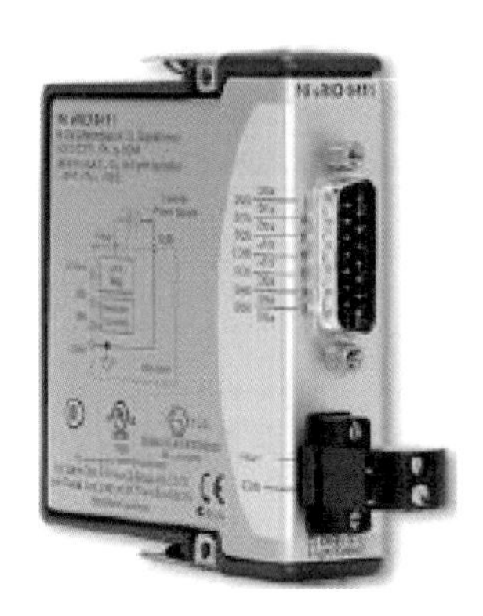

图 7-59　NI－9411 6 通道模块实物

NI－9411 6 通道，500 ns，±5～±24 V 数字输入模块的主要性能指标如下：
① ±5～±24 V 差分/单端数字输入；
② 热插拔操作；
③ 6 通道，500 ns 数字输入；
④ 操作温度范围：－40～70 ℃；
⑤ 工业认证/评级。

7.4.3　装置研制技术要求

1. 测量物理量及硬件配置(共 28 通道)
① 9234×2：6 路振动(2 组 XYZ 轴)信号，2 路噪声信号；
② 9215×2：4 路位移(2 组 XY 轴)信号，1 路转速信号，3 路线电流信号；
③ 9219：2 路温度(Pt100)信号，2 路水压力信号；
④ 9411：1 路开关信号，3 路示流信号；
⑤ 9239：1 路流量信号，3 路线电压信号。
2. 软件功能
(1) 基本功能
① 2 路温度：记录和实时显示；
② 2 路水压力：记录和实时显示；
③ 1 路流量：记录和实时显示；
④ 3 路线电压：实时显示；
⑤ 3 路线电流：实时显示；
⑥ 1 路转速：记录和实时显示；
⑦ 6 路振动：记录和实时显示；

⑧ 2 路噪声:记录和实时显示;

⑨ 4 路位移:记录和实时显示;

⑩ 1 路开关:实时显示,并作为所有需要记录的信号的记录开关,如果机组状态为关闭,那么所有需要记录的信号只实时显示,不记录;

⑪ 3 路示流:实时显示。

(2) 高级功能

① 阶次图:利用 6 路振动,2 路噪声,1 路转速;

② 轴心轨迹图:利用 4 路位移;

③ 瀑布图:同阶次图;

④ 联合视频域图:同阶次图;

⑤ 异常情况报警:监视 3 路线电压,3 路线电流,2 路温度。

7.4.4 主要传感器

1. MLW3300 系列电涡流传感器

MLW3300 系列电涡流传感器由探头、延伸电缆、前置器组成,能兼容 Bently(本特利)22811 和 330103、Philips(菲利浦)6423/00、德国申克 IN－081(见图 7-60)。

该涡流传感器死区间隙较大,即传感器与轴径表面之间的工作间隙较大(2 mm 左右),可以避免机组摆度较大而导致探头被磨的可能。

图 7-60　MLW3300 电涡流传感器

其主要特性如下:

(1) 可靠性

① 探头头部体选用 PPS 工程塑料模具成型。PPS 是一种耐高温(220 ℃)、抗腐蚀的高强度新型材料,不易碰坏,遇到化学物质不会开裂,可以保证探头的可靠性。

② 高温探头头部体采用微晶玻璃,耐 450 ℃高温,可承受燃气和蒸汽的高温。

③ 高抗干扰电涡流传感器抗磁场干扰能力大幅度提高,可应用在电动机等产生强磁场的设备中。

④ 探头信号输出使用的同轴电缆和延伸同轴电缆选用宽温度范围(－55～200 ℃)电缆,电缆机械强度高、电气性能优越、连接可靠性高。

⑤ 电缆接头选用军用标准插头座，接触电阻小，可靠性强。

⑥ 电缆与插头、电缆与探头壳体均有加强承力套，抗拉力达 35 kg。

⑦ 探头头部体采用超声波焊接，密封性能好，长期在水、油等环境中工作不失效。

⑧ 前置器输出端子、输入高频插座半埋在壳体内，不会发生因前置器掉落、碰撞使端子和插座损坏的现象。

⑨ 前置器输出端子有容错保护，在使用－24 VDC 电源的条件下，接错线不会引起前置器的电路损坏。

⑩ 前置器有过载保护，不会引起前置器自燃，安全可靠。

⑪ 前置器有防雷击、抑止电网尖峰干扰能力。

⑫ 铠装外采用透明热缩套管，可耐 125 ℃高温，耐腐蚀且密封性能好。

(2) 温度的稳定性与精密度

① 探头线圈依靠工艺和设备使几何尺寸、电气参数保持一致，以保证探头的互换性，互换性误差低于 5%。

② 探头线圈与电缆温度影响依靠技术补偿，在优化的温度范围(22～180 ℃)内，其最大偏差低于±5%(包含互换性、线性、灵敏度偏差)。

③ 探头灵敏度误差±3%，包括互换性误差在内时为±5%。

④ 探头线性误差±1%，包括互换性误差在内时为±5%。

⑤ 前置器温漂在 0～70 ℃时不超过 0.05%。

(3) 外观特征

① PPS 探头头部模具成型。

② 探头壳体整体电抛光。

③ 铠装整体电抛光。

④ 前置器表面阳极化。

(4) 技术要求

技术指标应符合《机械保护系统》(API STD 670－2014)标准。

频响范围：0～10 kHz(－3 dB)；

测量范围：0～2 mm；

平均工作位置(探头表面到被测面之间的距离)：约 2 mm；

灵敏度：－8 mV/μm；

误差：满足 API STD 670－2014 要求；

工作温度：－10～＋125 ℃；

电缆长度：最长 1 000 m；

供电电压：18～30 VDC，6 mA。

电涡流传感器输出 4～20 mA 信号，根据测量范围确定 4 mA 与 20 mA 对应的位移值。电涡流传感器量程为 1.5 mm，即 20 mA 对应 1.5 mm。

2. VRS－7 型振动速度传感器

VRS－7 型振动速度传感器(见图 7-61)用于测量低转速机械(如泵、电动机、风机、压缩机等)低频下限可达 5 Hz 的壳体和结构振动。

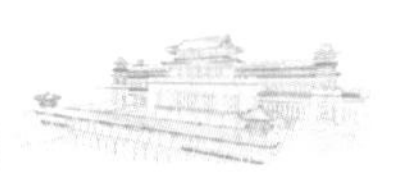

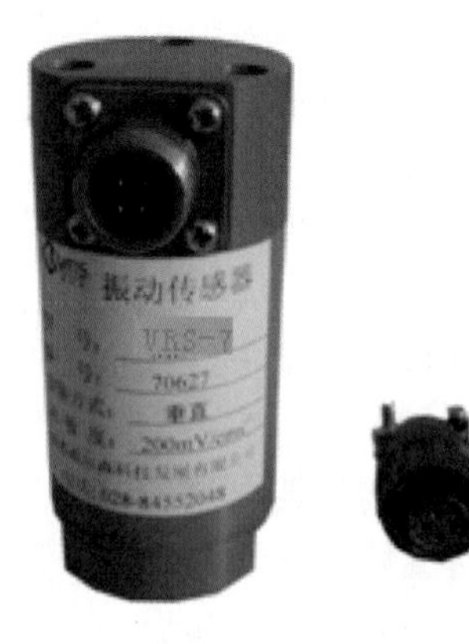

图 7-61　VRS－7 型振动速度传感器

VRS－7 型振动速度传感器的主要性能指标如下：

① 型号：VRS－7 H，VRS－7 V；

② 频率响应：VRS－7 H　5～1 000 Hz(－3 dB)

　　　　　　VRS－7 V　5～1 000 Hz(－3 dB)；

③ 灵敏度：20.0 mV/(mm/s)，±5％(在 80 Hz，速度为 10 mm/s 情况下测得)；

④ 幅值线性度：＜3％；

⑤ 横向灵敏度比：＜5％；

⑥ 最大可测位移：1 mm(单峰值)；

⑦ 工作方向：以传感器安装面在下方为 0°，则

　　　　　　VRS－7 H　90°±2.5°(水平安装型)，

　　　　　　VRS－7 V　0°±2.5°(垂直安装型)；

⑧ 输出电阻：≤900 Ω；

⑨ 绝缘电阻：＞2 MΩ；

⑩ 使用温度范围：－30～120 ℃(标准型)；

⑪ 环境条件：防尘，防潮(95％不冷凝)；

⑫ 质量：400 g；

⑬ 安装方式：在底座中心孔用一个 M8 双头螺栓固定，用快卸强磁吸座固定(用于现场检测)；

⑭ 外形尺寸：ϕ 41 mm×92 mm；

⑮ 振动速度传感器输出 4～20 mA 信号(配振动变送器)。振动速度传感器对应量程 0～300 μm。

7.4.5　研发的稳定性监测装置

1. 装置组成

整个装置由一个状态监测系统信号调理箱(安装在现场水泵机组附近)、一个状态监测系统信号采集箱(距离被测水泵机组 10 m 内)以及一台便携式笔记本电脑组成，如图 7-62 所示。

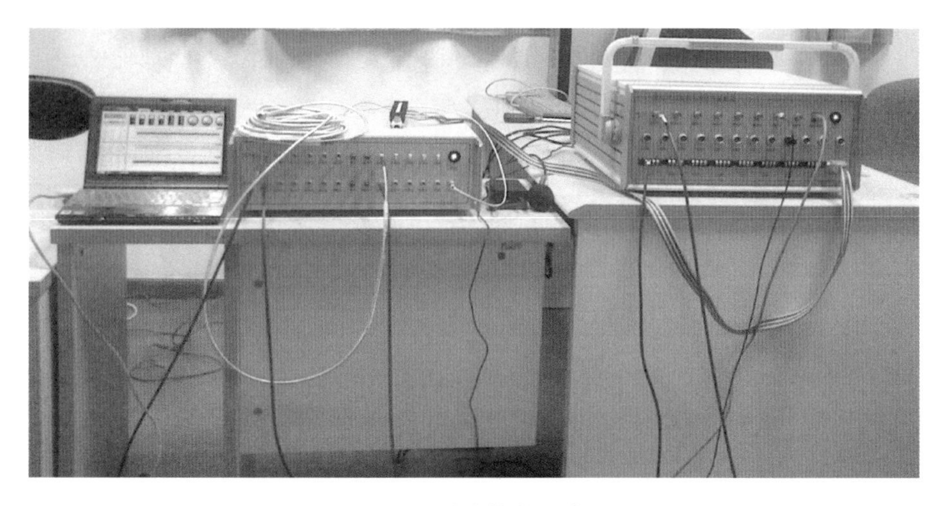

图 7-62　稳定性监测装置

2. 状态监测软件开发

状态监测软件 PMS 具有振动、噪声、位移、转速、电流、电压、温度、压力、流量、示流信号采集显示，以及 FFT 分析、阶次分析、轴心轨迹图分析、瀑布图分析和联合时频域分析等功能。

PMS 软件系统分为两个独立的部分：cRIO 端数据采集系统和本地数据处理系统。

(1) cRIO 端数据采集系统

cRIO 端数据采集软件固化在 cRIO 控制器中，cRIO 控制器与本地主机通过网线连接，cRIO 控制器的 IP 地址为 192.168.0.10。在与本地主机建立连接前需要将本地主机 IP 设置在同一网段内，如将本地主机 IP 设置成 192.168.0.11。cRIO 控制器采用通电自运行的方式运行采集程序，即通电以后采集程序自动运行。

(2) 本地数据处理系统

单击桌面图标可打开 PMS 软件，主界面如图 7-63 所示。

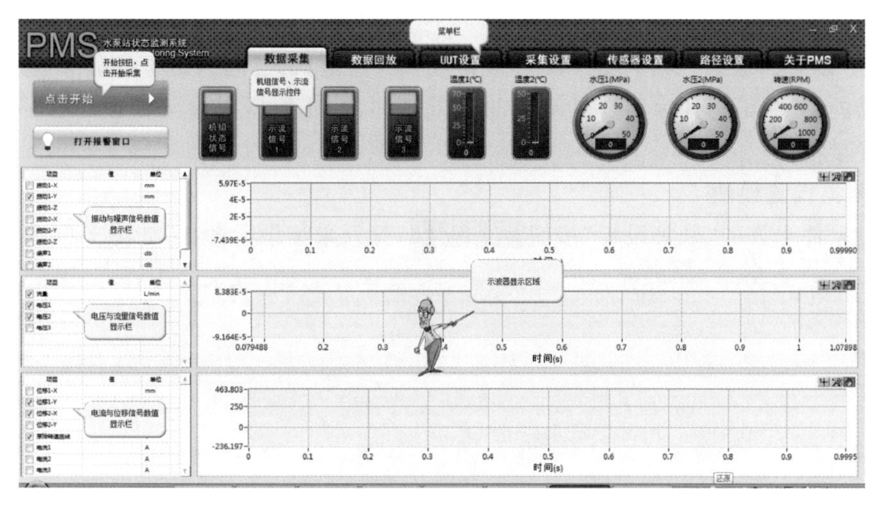

图 7-63　PMS 主界面

1）设置模块

① UUT 设置模块

出于安全性与稳定性的考虑，软件在进入配置界面时需完成密码认证。

单击软件上方的“UUT 设置”按钮  UUT设置 ，打开 UUT 设置面板，如图 7-64 所示。

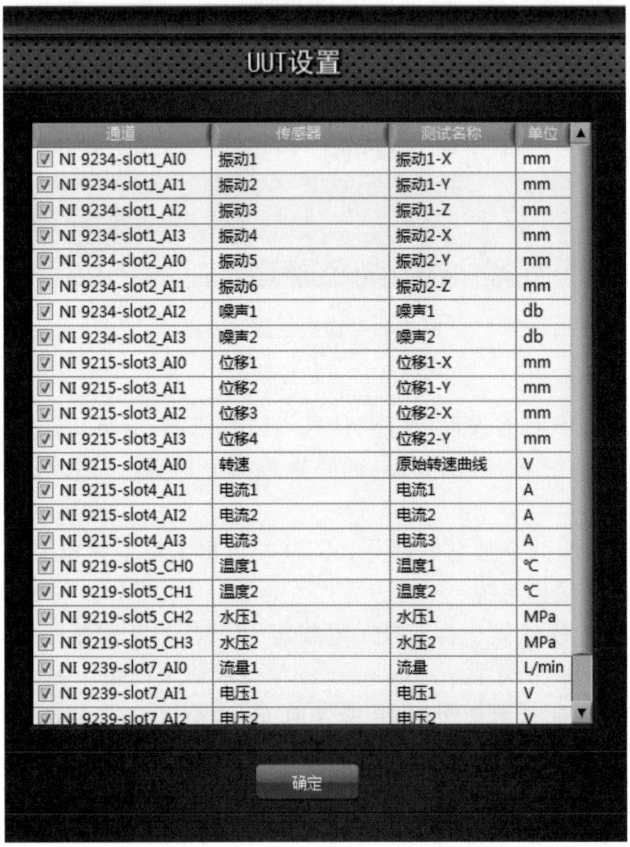

UUT设置

通道	传感器	测试名称	单位
☑ NI 9234-slot1_AI0	振动1	振动1-X	mm
☑ NI 9234-slot1_AI1	振动2	振动1-Y	mm
☑ NI 9234-slot1_AI2	振动3	振动1-Z	mm
☑ NI 9234-slot1_AI3	振动4	振动2-X	mm
☑ NI 9234-slot2_AI0	振动5	振动2-Y	mm
☑ NI 9234-slot2_AI1	振动6	振动2-Z	mm
☑ NI 9234-slot2_AI2	噪声1	噪声1	db
☑ NI 9234-slot2_AI3	噪声2	噪声2	db
☑ NI 9215-slot3_AI0	位移1	位移1-X	mm
☑ NI 9215-slot3_AI1	位移2	位移1-Y	mm
☑ NI 9215-slot3_AI2	位移3	位移2-X	mm
☑ NI 9215-slot3_AI3	位移4	位移2-Y	mm
☑ NI 9215-slot4_AI0	转速	原始转速曲线	V
☑ NI 9215-slot4_AI1	电流1	电流1	A
☑ NI 9215-slot4_AI2	电流2	电流2	A
☑ NI 9215-slot4_AI3	电流3	电流3	A
☑ NI 9219-slot5_CH0	温度1	温度1	℃
☑ NI 9219-slot5_CH1	温度2	温度2	℃
☑ NI 9219-slot5_CH2	水压1	水压1	MPa
☑ NI 9219-slot5_CH3	水压2	水压2	MPa
☑ NI 9239-slot7_AI0	流量1	流量	L/min
☑ NI 9239-slot7_AI1	电压1	电压1	V
☑ NI 9239-slot7_AI2	电压2	电压2	V

确定

图 7-64　UUT 设置面板

UUT 设置面板第一列列出了所有采集板卡的通道；第二列列出了各板卡通道所连接的传感器的名称；第三列为用户自定义的测试名称，方便数据查看与管理；第四列为测试对象物理量单位。

② 采集设置模块

单击软件上方的“采集设置”按钮  采集设置 ，打开采集设置面板，如图 7-65 所示。

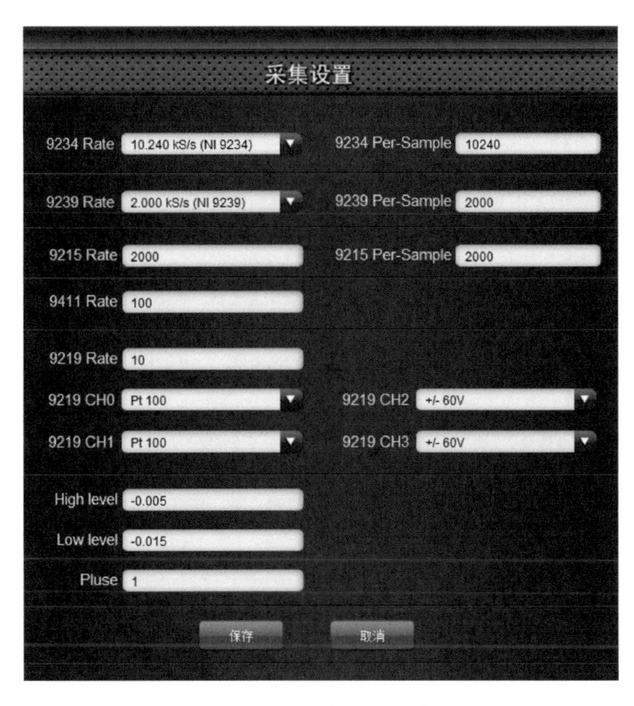

图 7-65　采集设置面板

参数说明：

9234 Rate：	NI 9234 板卡的采样频率，默认值为 10.240 kS/s。
9234 Per-Sample：	NI 9234 板卡每秒的读取点数，默认值为 10 240。
9239 Rate：	NI 9239 板卡的采样频率，默认值为 2.000 kS/s。
9239 Per-Sample：	NI 9239 板卡每秒的读取点数，默认值为 2 000。
9215 Rate：	NI 9215 板卡的采样频率，默认值为 2.000 kS/s。
9215 Per-Sample：	NI 9215 板卡每秒的读取点数，默认值为 2 000。
9411 Rate：	NI 9411 板卡的采样频率，默认值为 100 S/s。
9219 Rate：	NI 9219 板卡的采样频率，默认值为 10 S/s。
9219 CH0：	NI 9219 通道 0 所采集的信号类型，默认值为 Pt100。
9219 CH1：	NI 9219 通道 1 所采集的信号类型，默认值为 Pt100。
9219 CH2：	NI 9219 通道 2 所采集的信号类型，默认值为+/－60 V。
9219 CH3：	NI 9219 通道 3 所采集的信号类型，默认值为+/－60 V。
High level，Low level：	计算类似正弦波周期性信号频率所需的上、下限值。
Pluse：	被测物体旋转一周产生的周期性信号的个数。

③ 传感器设置模块

单击软件上方的“传感器设置”按钮 传感器设置，打开传感器配置面板，如图 7-66 所示。

图 7-66　传感器配置面板

图 7-66 所示界面左侧为传感器输出电压值的范围与单位，右侧为电压值所对应的物理量的大小与单位，对应的关系表如图 7-67 所示。

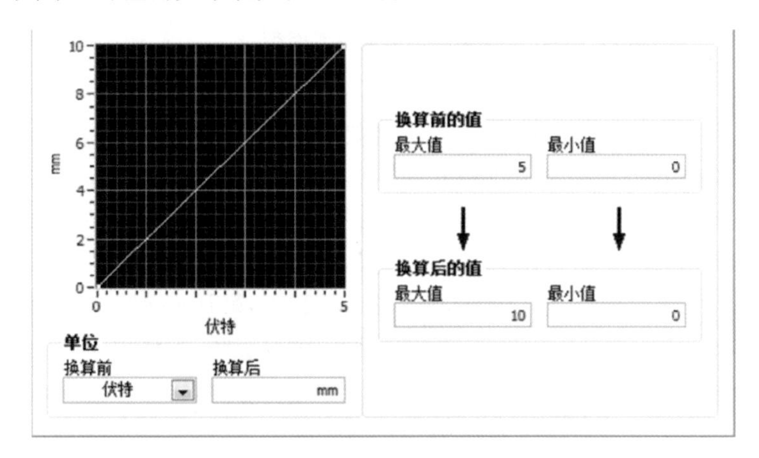

图 7-67　电压值对应物理量关系

④ 路径设置模块

单击软件上方的“路径设置”按钮 路径设置 ，重新定义数据文件存储路径。

用户需要查看当前所设置的文件路径时，只需将鼠标停留在该按钮，如图 7-68 所示。

图 7-68　文件路径查看

2）数据采集和实时分析

在数据采集前，确保 cRIO 已经通电启动，网线正确连接，本地主机 IP 地址设置正确。返回软件主界面后即可开始工作，单击界面左上角的“点击开始”按钮，软件便自动与 cRIO 控制器建立连接，如图 7-69 所示。连接视不同的网络情况需要等待的时间不同，通常为数秒钟。建立连接后，主界面实时显示数据波形。

图 7-69 软件与 cRIO 控制器建立连接

① 报警功能的使用

系统设有报警功能，可同时对多路信号增设报警功能，信号值达到报警值后系统自动报警。单击界面左上角的“打开报警窗口”按钮，弹出报警窗口，如图 7-70 所示。

图 7-70 报警窗口

［示例］ 添加“振动 2－X”到报警列表中，设置报警方式为“上限报警”，报警阈值为“5 mm”。

步骤 1：打开报警列表窗口。

步骤 2：在左侧数据列表窗口中单击选中“振动 2－X”前的选择框（见图 7-71）。

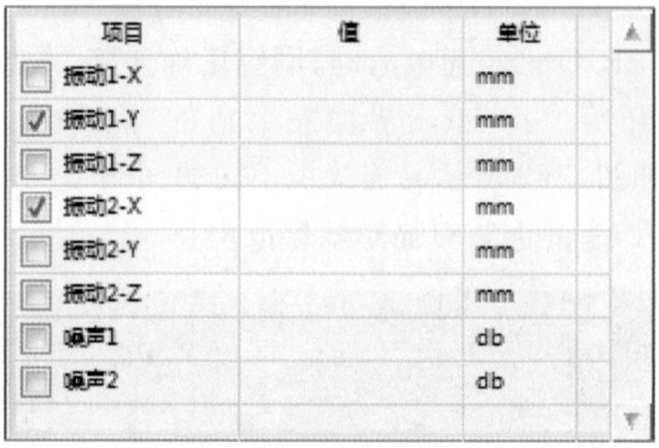

项目	值	单位
☐ 振动1-X		mm
☑ 振动1-Y		mm
☐ 振动1-Z		mm
☑ 振动2-X		mm
☐ 振动2-Y		mm
☐ 振动2-Z		mm
☐ 噪声1		db
☐ 噪声2		db

图 7-71　报警项选择

步骤 3:右击选择“添加报警”,如图 7-72 所示。

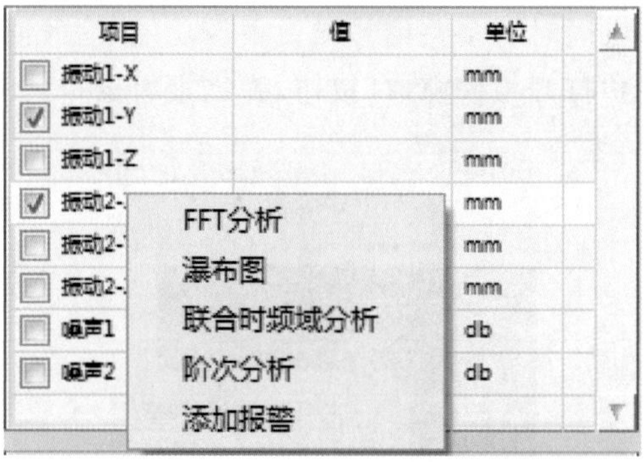

项目	值	单位
☐ 振动1-X		mm
☑ 振动1-Y		mm
☐ 振动1-Z		mm
☑ 振动2-		mm
☐ 振动2-		mm
☐ 振动2-		mm
☐ 噪声1		db
☐ 噪声2		db

FFT分析
瀑布图
联合时频域分析
阶次分析
添加报警

图 7-72　添加报警项

此时“振动 2 - X”已经进入报警列表窗口中,如图 7-73 所示。

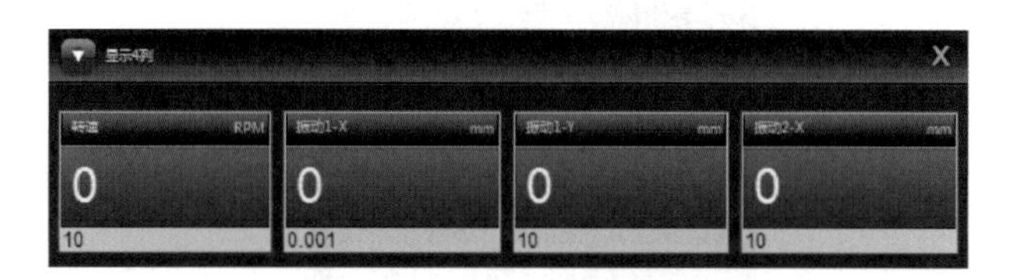

图 7-73　报警项窗口

步骤 4:右击“振动 2 - X”,如图 7-74 所示。

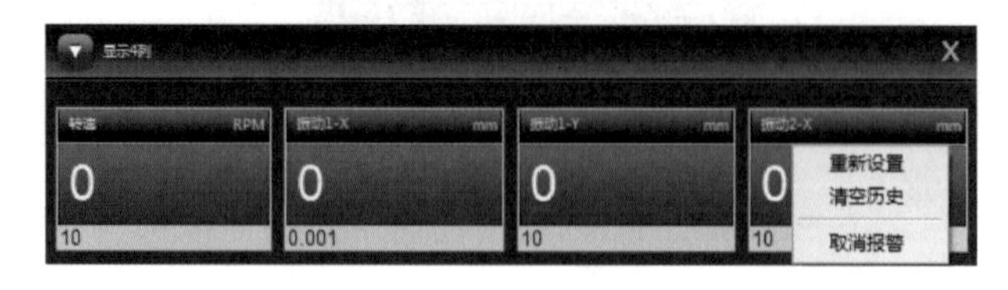

图 7-74　上限报警值设置

选择“重新设置”,选择“上限报警”,设置上限值为“5”,单击“确定”,完成报警设置,如图 7-75 所示。

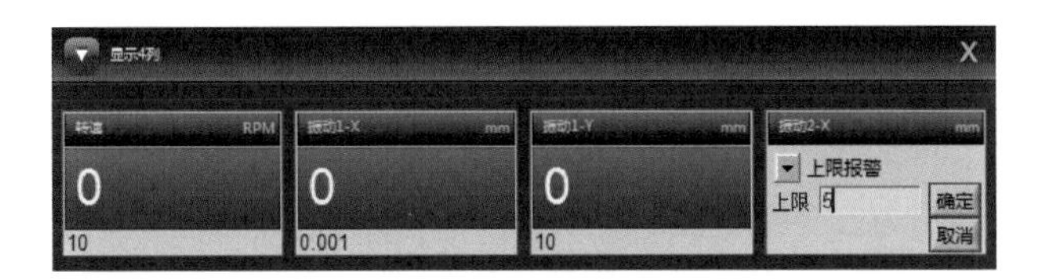

图 7-75　报警值设置完成

当报警列表中的物理量信号达到报警值时，报警窗口以红色显示，如图 7-76 所示。

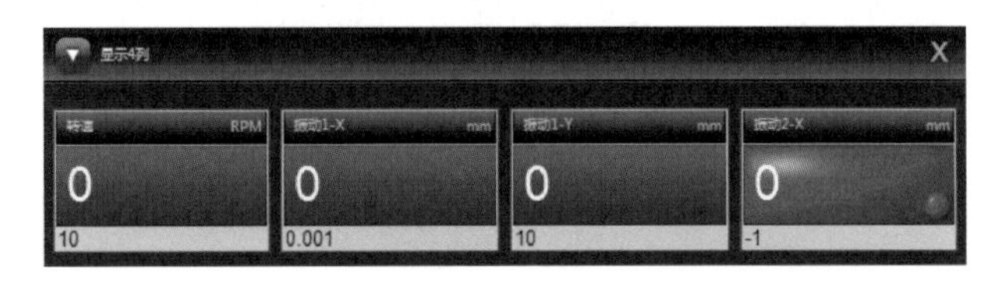

图 7-76　报警信号

同时“打开报警窗口”按钮用红色提醒，方便用户在关闭报警列表窗口时能及时了解系统是否已经报警。

如在测试过程中只在某一时刻发生了报警，报警列表窗口显示如图 7-77 所示，此时右击选择“清空历史”即可。

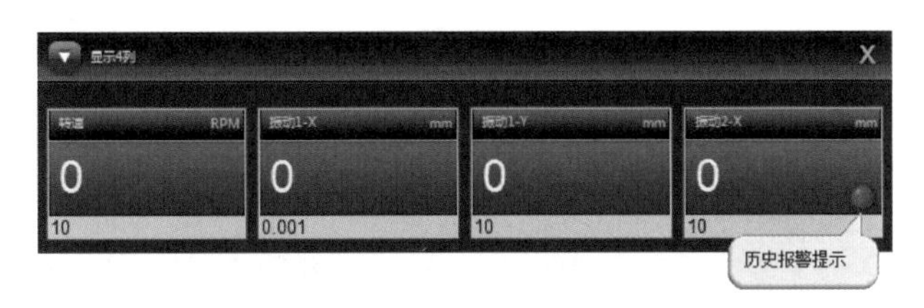

图 7-77　测试报警记录

② 实时 FFT 分析

在图 7-78 所示的数据表格左侧右击相应项目，选择“FFT 分析”。

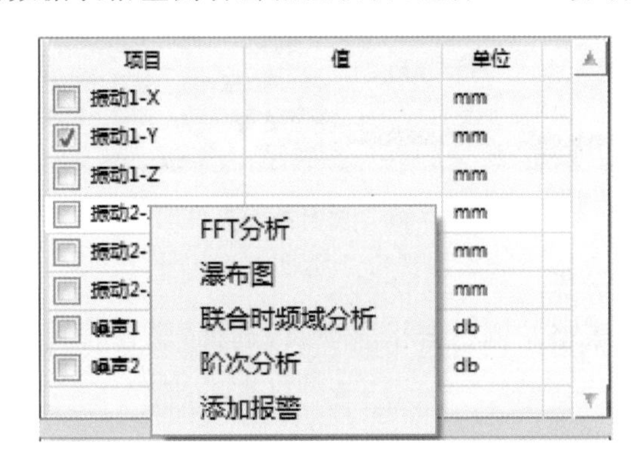

图 7-78　FFT 分析选项

在打开的界面中可以对分析参数进行设置，如加窗方式、浏览方式、平均方式等，软件中均有默认设置，无特殊情况不需修改，如图 7-79 所示。

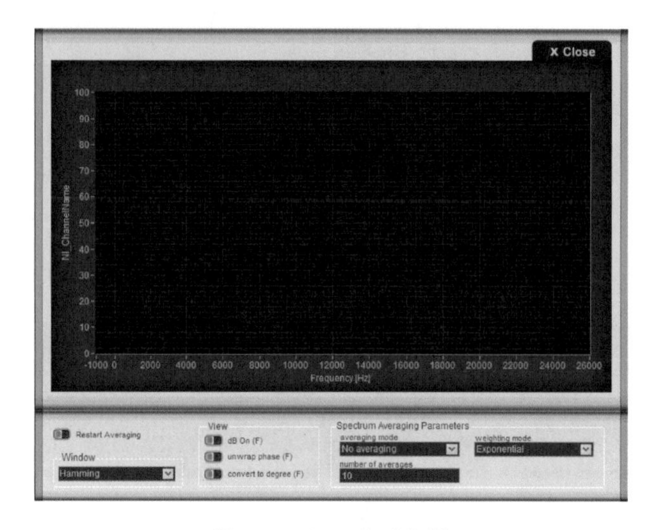

图 7-79　FFT 实时分析

③ 实时阶次分析

在图 7-78 所示数据表格左侧右击相应项目，选择“阶次分析”。在打开的界面中可以对分析参数进行设置，软件中均有默认设置，无特殊情况不需修改，如图 7-80 所示。

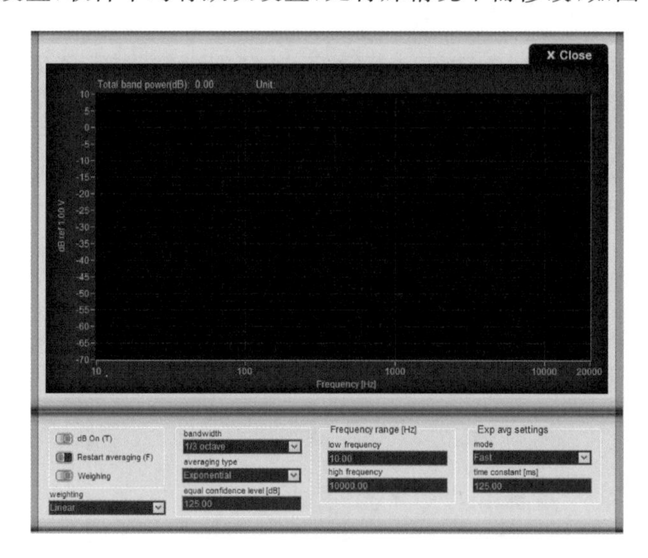

图 7-80　实时阶次分析

④ 实时联合时频域分析

在图 7-78 所示数据表格左侧右击相应项目，选择“联合时频域分析”，打开的界面如图 7-81 所示。

图 7-81　实时联合时频域分析

⑤ 实时瀑布图分析

在图 7-78 所示数据表格左侧右击相应项目，选择“瀑布图”，打开的界面如图 7-82 所示。

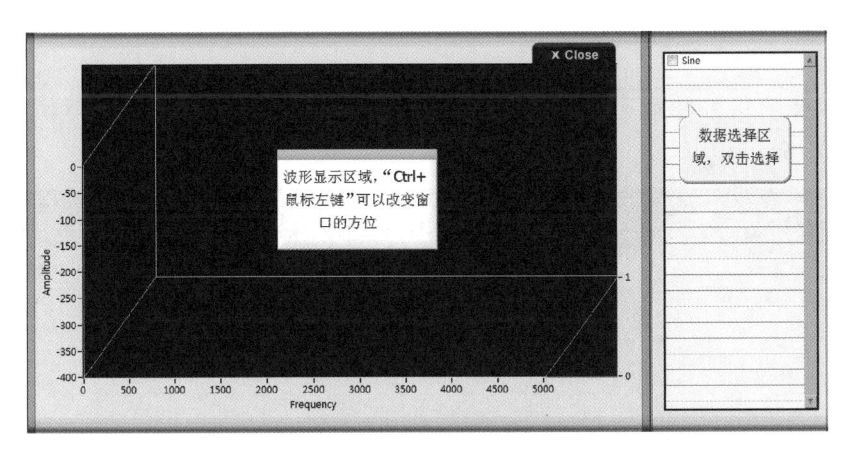

图 7-82　瀑布图界面

⑥ 轴心轨距图分析

在图 7-83 所示位移数据表格左侧右击相应项目，选择“轴心轨距图”，打开的界面如图 7-84 所示。

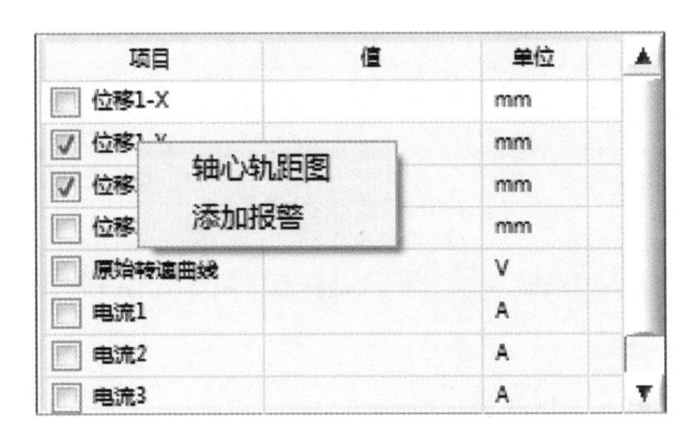

图 7-83　“轴心轨距图”选项

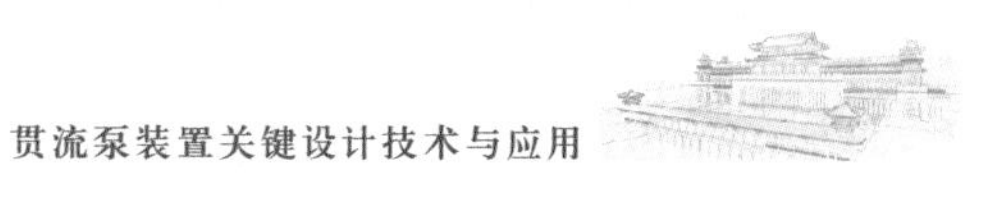

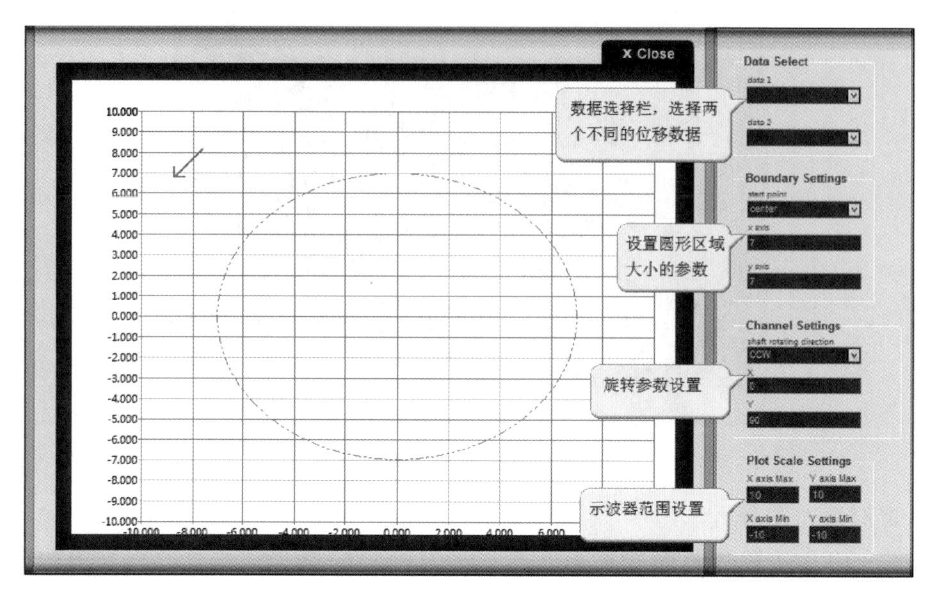

图 7-84　轴心轨距图界面

3）数据回放

在非采集状态下，单击主界面上方的“数据回放”按钮 数据回放 ，打开数据回放界面，如图 7-85 所示。

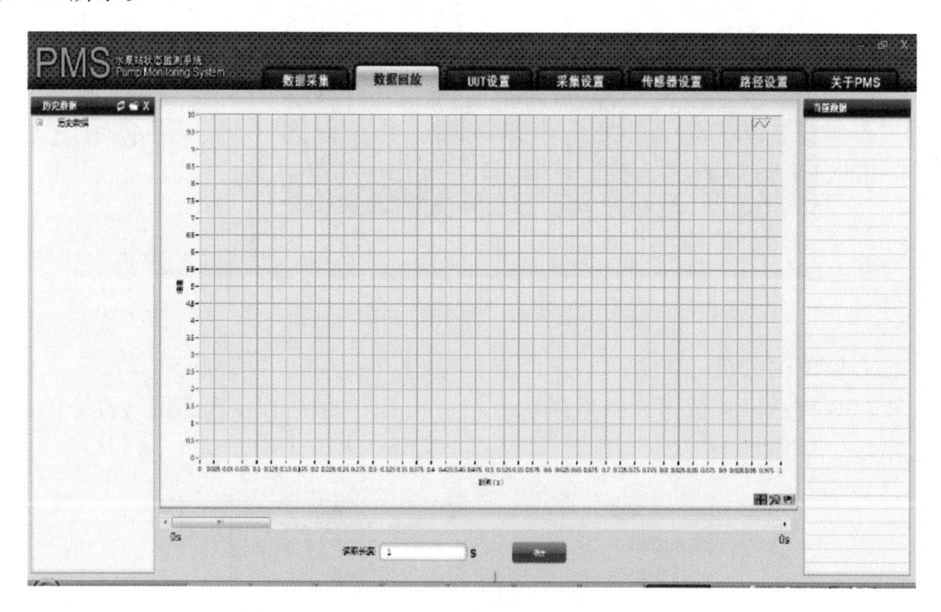

图 7-85　数据回放界面

单击主窗口左上方“定位数据路径”按钮，在弹出的窗口中选择历史数据存放的路径，如图 7-86 所示。

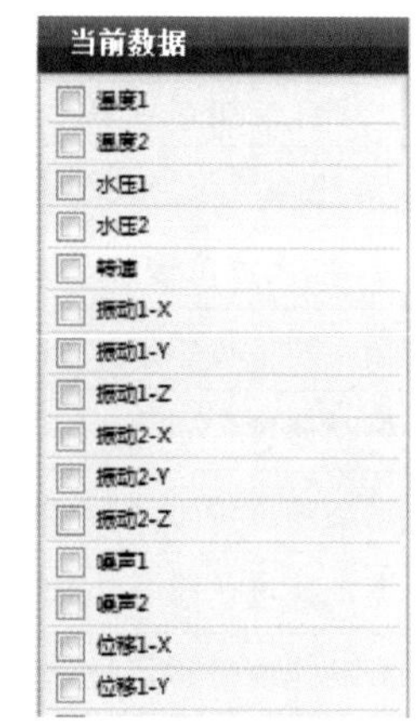

图 7-86　历史数据查询

在图 7-86 左侧历史数据列表中会自动显示所选路径下的所有数据文件。右击选择某一数据文件，单击“查看”按钮，可查看具体数据信息，如图 7-87a 所示，数据文件中包含的波形名称出现在右侧列表中，示波器下方的按钮和工具条为示波器查看工具条。

如果有不需要的数据，可在左侧数据列表选中该数据后右击，在弹出的快捷菜单中选择“删除”，如图 7-87b 所示。

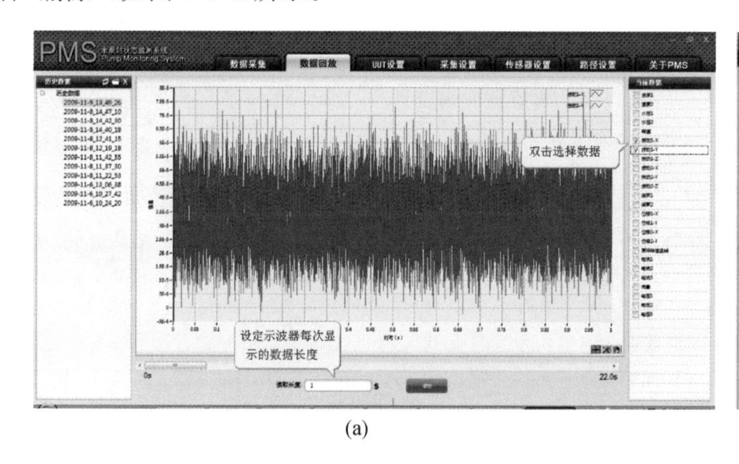

(a)

(b)

图 7-87　历史数据选择功能

7.4.6　工程实际应用

1. 测点及传感器布置

在某贯流泵机组安装 7 组传感器。其中，2 组电涡流位移传感器分别安装在转轴 X 轴和 Y 轴方向(如图 7-88a 所示)；5 组振动速度传感器有 3 组分别安装在水泵座的 X 轴、Y 轴和 Z 轴 3 个方向(如图 7-88b 所示)，其余 2 组分别安装在中部轴承座的 X 轴和 Y 轴方向(如图 7-88c 所示)。具体位置及编号如表 7-25 所示。

表 7-25　传感器布置

传感器类型	传感器编号	通道设置	测点
电涡流位移传感器	0605515	通道 0	转轴水平摆度(*X* 轴)
电涡流位移传感器	0605511	通道 1	转轴垂直摆度(*Y* 轴)
振动速度传感器(水平型)	06062268	通道 2	水泵座水平振动(*X* 轴)
振动速度传感器(水平型)	06062267	通道 3	水泵座水平振动(*Z* 轴)
振动速度传感器(垂直型)	06062265	通道 4	水泵座垂直振动(*Y* 轴)
振动速度传感器(水平型)	06062266	通道 5	中部轴承座水平振动(*X* 轴)
振动速度传感器(垂直型)	06062263	通道 6	中部轴承座垂直振动(*Y* 轴)

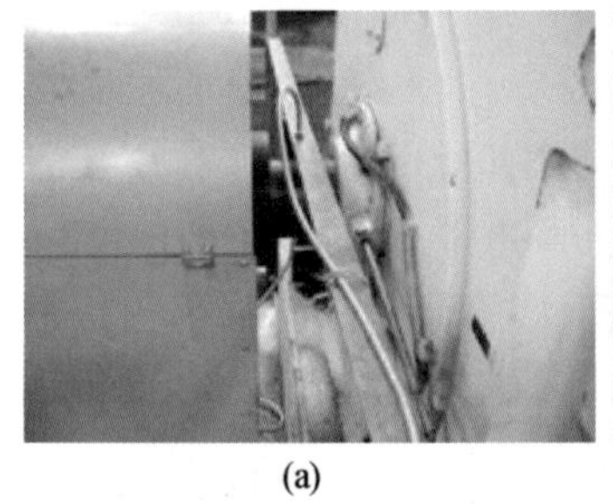
(a)

(b)

(c)

图 7-88　传感器安装位置

2. 不同工况下机组现场试验

试验选择在不同工况下测试机组的轴承摆度以及水泵座和轴承座的振动，对采集信号进行时域分析和轴心轨距图分析。2# 机组测试工况如表 7-26 所示，测试结果如图 7-89 至图 7-92 所示。

表 7-26　2# 机组的测试工况

试验编号	工况信息
1	水泵机组启动
2	闸门开度 12.5%，流量 65%Q_{des}
3	闸门开度 25%，流量 90%Q_{des}
4	闸门开度 100%，流量 100%Q_{des}

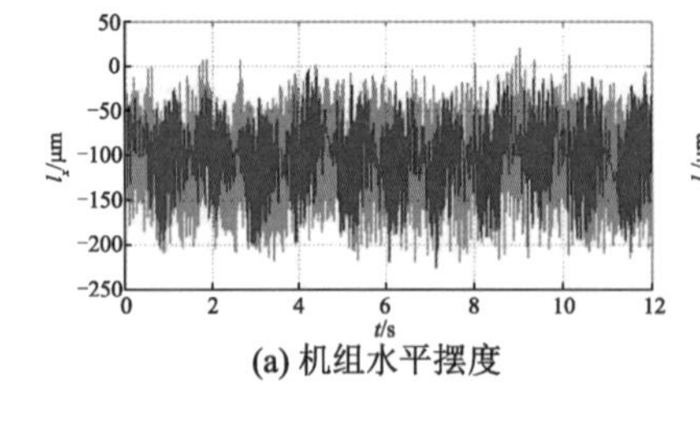

(a) 机组水平摆度

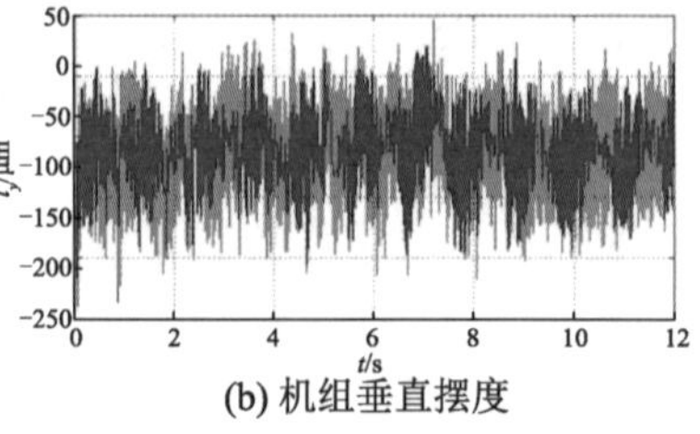

(b) 机组垂直摆度

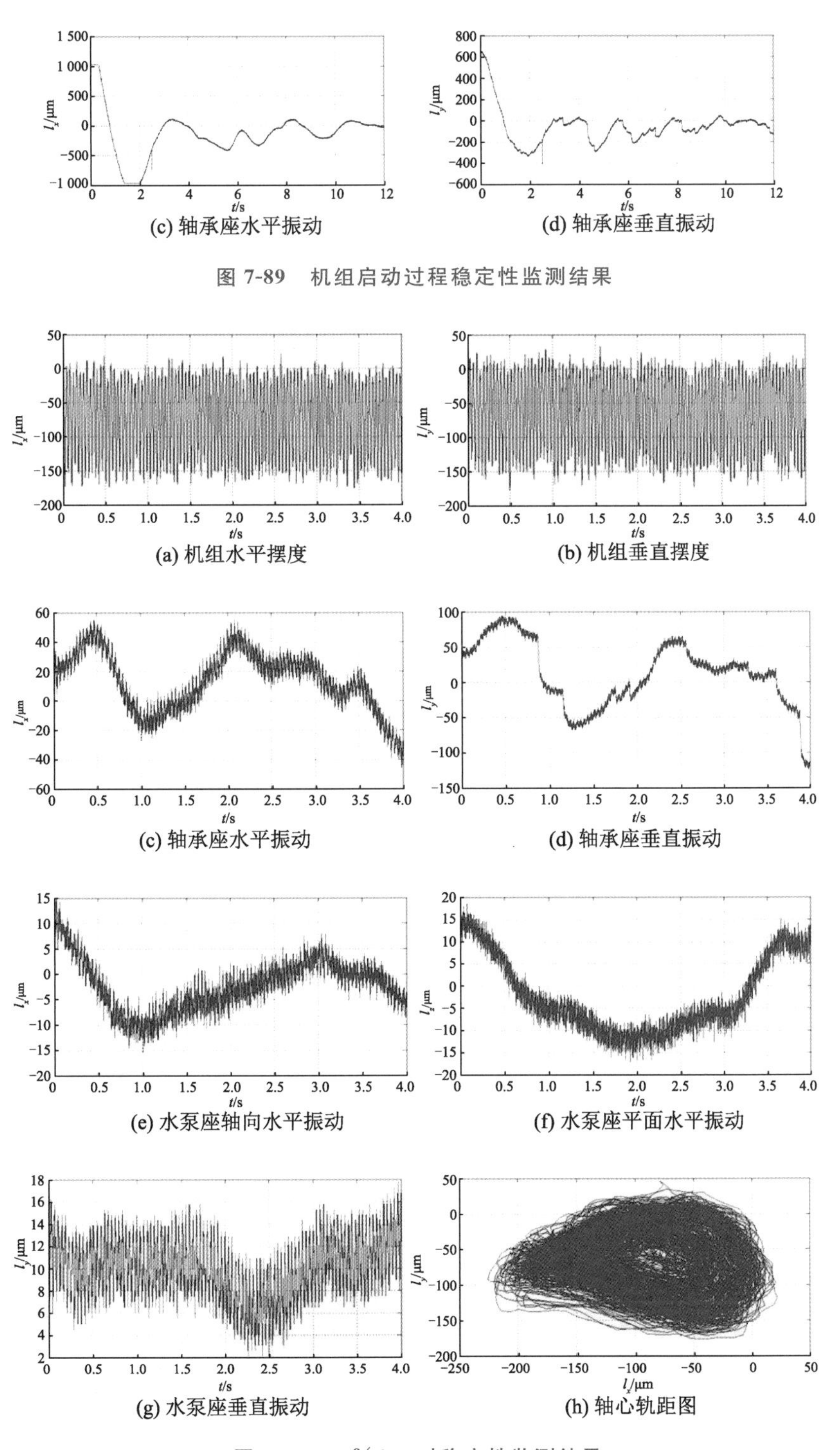

图 7-89 机组启动过程稳定性监测结果

图 7-90 65%Q_{des} 时稳定性监测结果

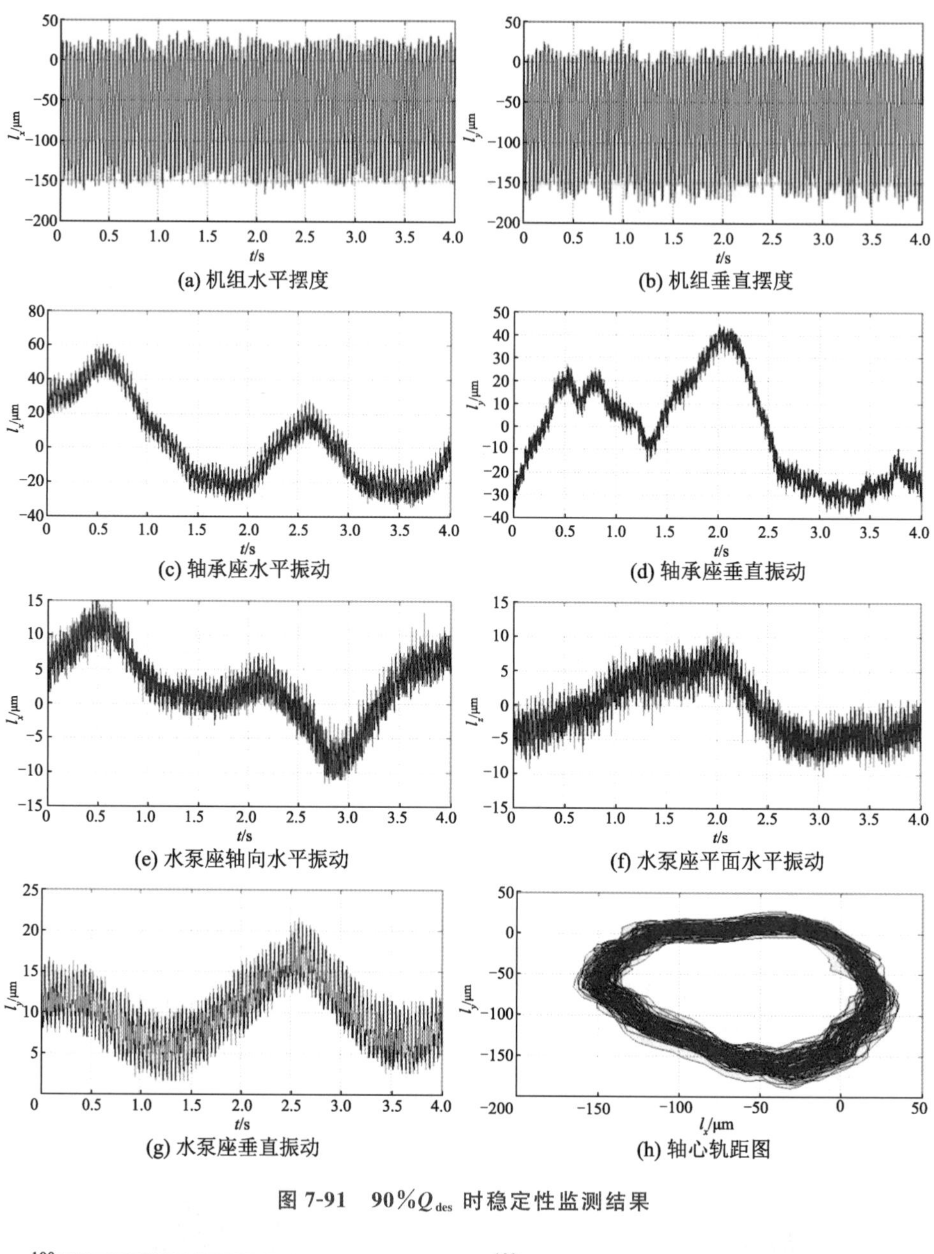

(a) 机组水平摆度　(b) 机组垂直摆度

(c) 轴承座水平振动　(d) 轴承座垂直振动

(e) 水泵座轴向水平振动　(f) 水泵座平面水平振动

(g) 水泵座垂直振动　(h) 轴心轨距图

图 7-91　90%Q_{des} 时稳定性监测结果

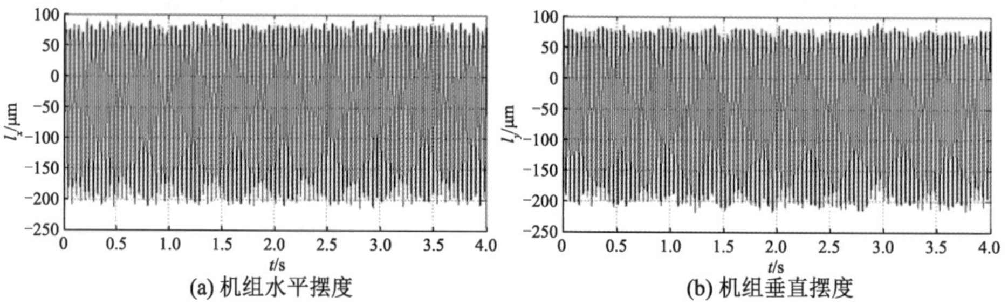

(a) 机组水平摆度　(b) 机组垂直摆度

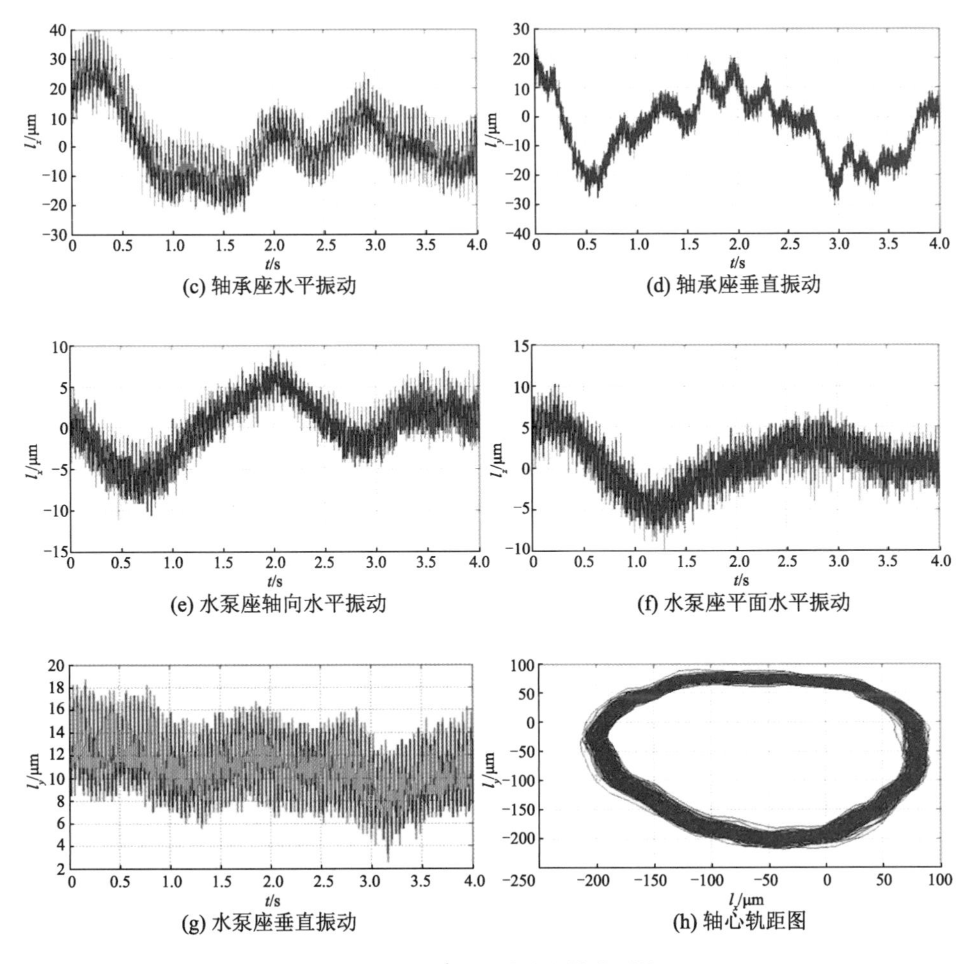

(c) 轴承座水平振动

(d) 轴承座垂直振动

(e) 水泵座轴向水平振动

(f) 水泵座平面水平振动

(g) 水泵座垂直振动

(h) 轴心轨距图

图 7-92 100%Q_{des} 时稳定性监测结果

图 7-89 至图 7-92 所示为 2# 水泵机组在不同工况下的振动时域分析图和轴心轨距图，其他机组有类似测试结果。由图可见，在水泵机组刚启动时，各部件的振动较为激烈，随着机组步入正常运行，振动趋于平稳。在额定工况下，水泵机组无论是机组摆度、轴承座振动还是基座振动都在允许值范围内。

7.5 虹吸式出水断流设备真空破坏阀与机组启动过程模拟

与立式泵装置相类似，在虹吸式出水竖井贯流泵装置中，真空破坏阀是虹吸式出水流道断流最重要的设备。其主要作用如下：

① 降低水泵启动扬程：在机组刚启动时，由于虹吸式出水流道中水位升高，流道内空气受到压缩，产生正压，此时真空破坏阀能够自动打开，释放一部分空气，降低流道内正压，这相当于降低了水泵的启动扬程。

② 停机时断流：当机组停机时，真空破坏阀会自动打开，让空气进入流道内，此时虹吸被破坏，流道内水位快速降低，真空破坏阀则继续向虹吸式出水流道补气，防止泵站出

口处水体翻过驼峰而形成反向虹吸。

③ 检修时避免出现反向虹吸：机组检修时，若在泵站出口处水位较高的情况下关闭检修闸门，排出进水流道内的积水，则泵站出口处的水体有时会翻越驼峰形成反向虹吸，使排水泵难以排出积水流道内的积水。此时，同样可打开真空破坏阀补气，以避免出现反向虹吸。

7.5.1 真空破坏阀的类型、特点及主要参数

1. 真空破坏阀的类型及特点

目前在低扬程泵站虹吸式出水流道中，常用气动式真空破坏阀和电磁式真空破坏阀，两种真空破坏阀的区别在于动力源不同，但工作原理都是在停机时及时打开设在驼峰顶部的真空破坏阀，使空气进入流道而破坏真空，从而切断驼峰两侧的水流，防止出水侧的水向水泵倒灌，如图 7-93 所示。近年来，随着机组大型化以及可靠性要求提高，也有采用组合式真空破坏阀的，如图 7-94 所示。此外，也可采用以太阳能作为动力源的真空破坏阀，如图 7-95 所示。

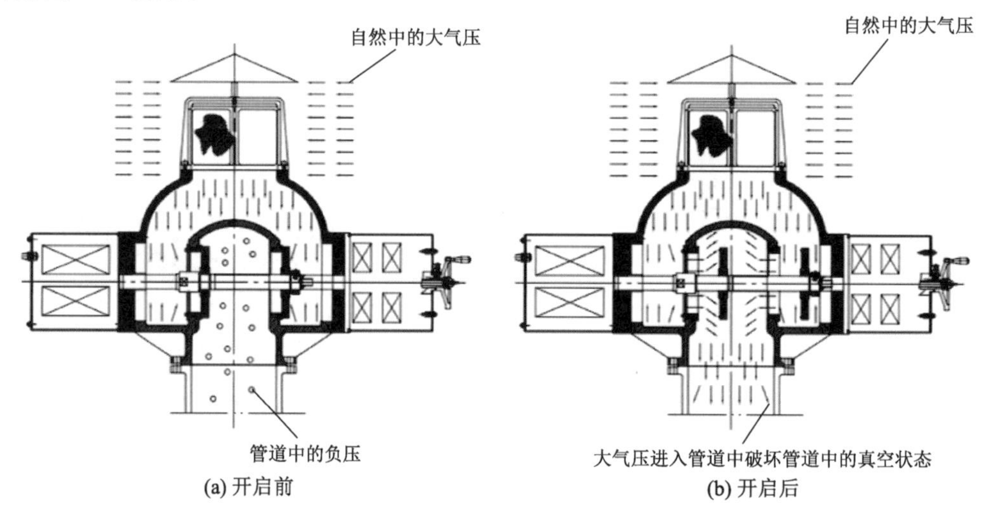

图 7-93 真空破坏阀工作原理

图 7-94 组合式真空破坏阀

图 7-95 太阳能动力真空破坏阀

(1) 气动式真空破坏阀

气动式真空破坏阀以压缩空气为动力，它由阀门本体、压缩气源管道系统、自动控制系统等组成。气动阀门设计为常闭结构，关闭功能利用阀轴上压缩弹簧做功，管道内产生负压使阀瓣和阀座吸合形成密封。开阀需要气缸内的活塞克服管道内负压力和摩擦力，并提升阀瓣破坏真空。其具有手动开阀功能，在阀体下部设三通接头、连接蝶阀和闸阀实现手动操作。早期，还通过敲碎有机玻璃来破坏真空，防止真空破坏阀拒绝动作造成破坏虹吸不成功。

气动式真空破坏阀结构及实物如图 7-96 所示，主要包括阀体部分、气动执行部分、手动蝶阀机构、控制系统等。气动式真空破坏阀控制原理如图 7-97 所示，开阀由压缩空气控制，关阀靠压缩弹簧和阀瓣自重作用实现密封。为了保证控制气源动作灵敏、可靠，选用快排阀和电磁阀组合控制气源的开和关，电磁阀的电源可以使用直流电源或者交流电源，并和主机电源分开，以保证在任何情况下(如主机事故停电)都能瞬时打开真空破坏阀。当主机停机时，向气源系统中的常闭电磁阀发出开阀工作指令，电磁阀开启以后，压缩空气进入真空破坏阀气缸内。压力的作用推动气缸的活塞上升，同轴上的阀瓣同时开启，活塞升到顶部触动行程开关，向 PLC 发出活塞上升到位信号，此时真空破坏阀已经完全打开，电磁阀连续保持 120 s 工作状态(破坏管道内虹吸预计需要 120 s)。由于管道内存在负压作用，大气通过吸气网急速涌入阀体，破坏虹吸并实现分水断流。完成上述工作以后，电磁阀停止工作，切断气源。真空破坏阀气缸内气体通过快排阀快速排完，气缸内的活塞在压缩弹簧和阀瓣的自重作用下关闭真空破坏阀。

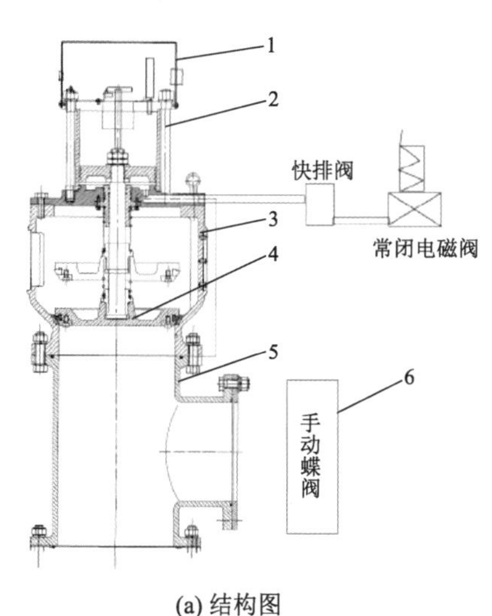

(a) 结构图

(b) 实物照片

1—行程开关部件；2—气动执行部件；3—空气腔；
4—阀瓣部件；5—手动紧急开阀部件；6—手动蝶阀。

图 7-96 气动式真空破坏阀

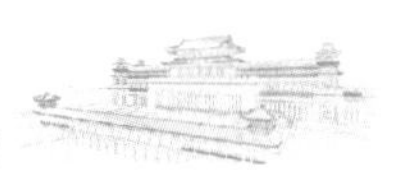

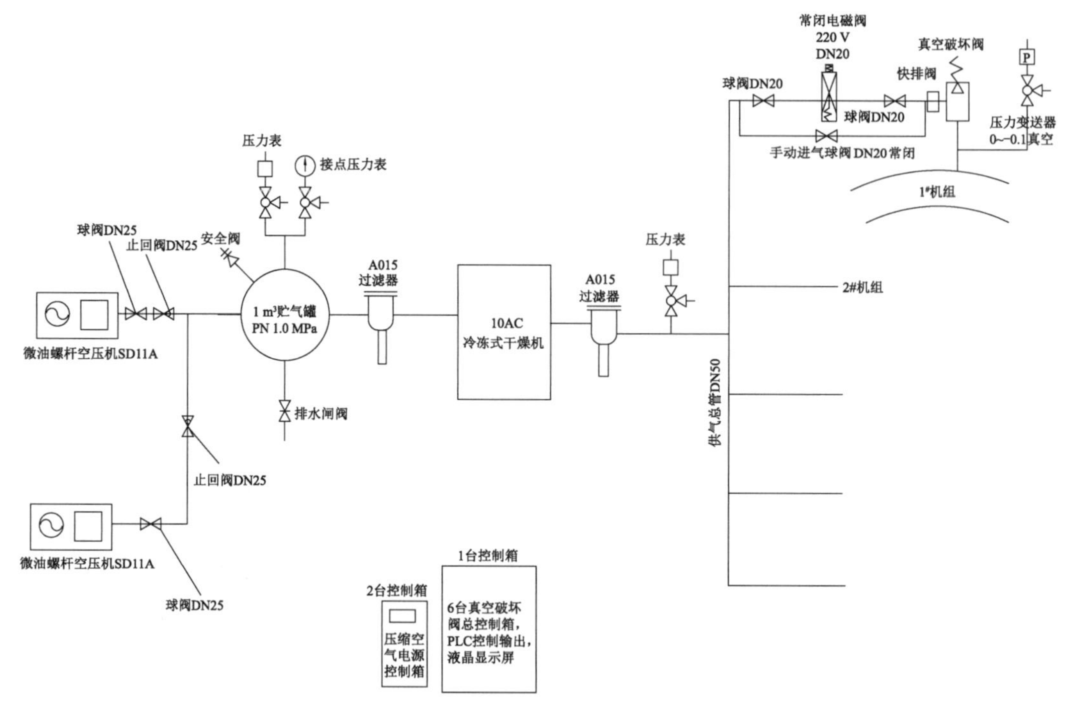

图 7-97　气动式真空破坏阀控制原理

(2) 电磁式真空破坏阀

电磁式真空破坏阀如图 7-98 所示，主要由水腔、空气腔、主电磁操作机构、副电磁操作机构及电气控制箱等组成。水腔与出水流道相连接，空气腔与大气相通。

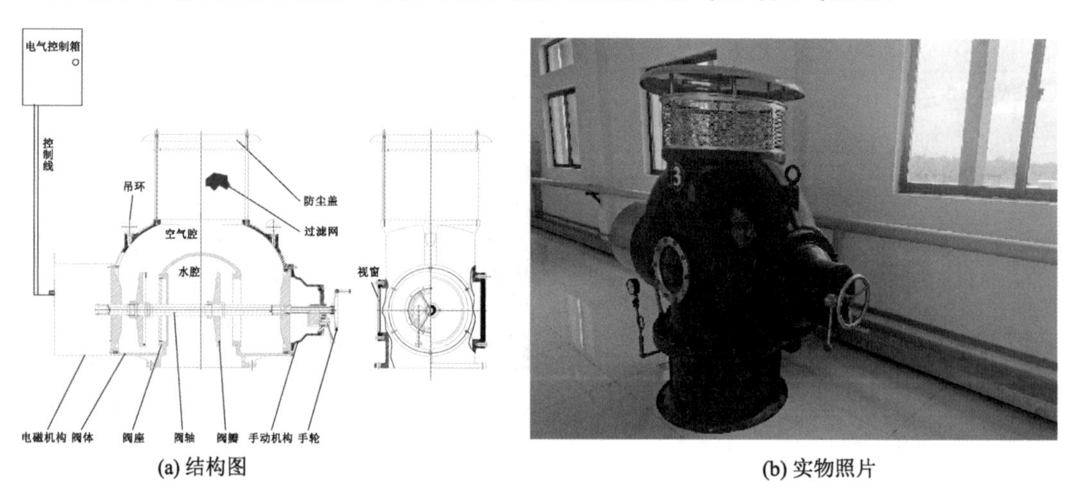

(a) 结构图　　(b) 实物照片

图 7-98　电磁式真空破坏阀

电气控制箱通电后，现地或远方发出关阀信号至其控制回路，主、副电磁操作机构在电磁铁的吸力作用下，使阀门主轴移动，安装在主轴上的两片阀瓣橡胶密封圈和两阀座紧密接触，形成密封，水腔和空气腔的大气被隔断形成虹吸，即通电形成虹吸。电气控制箱断电后，现地或远方发出开阀信号至其控制回路，电磁铁分离，在储能弹簧的驱动作用下，主轴上的两片阀瓣移动，阀与阀座急速分开，破坏虹吸现象，实现分水断流，即断电断流。

正常停机时或泵站电源系统失电情况下，阀门上的电磁铁机构同步失电，使作用在电磁铁上的磁力消失，储能弹簧复位迅速开启阀门。

在系统恢复供电时，电磁驱动机构和自控电路工作，阀门迅速关闭，使电磁驱动机构转至低功耗的工作状态，以实现保护水泵机组的安全和确保真空破坏阀能长期可靠稳定工作的目的。

阀门在正常工作时耗电功率在 20 W 左右，有 100%通电率电磁铁不会发热。阀门控制反应时间 0.3 s，阀门开启时间 1 s，能保证及时破坏虹吸管内的真空状态，实现分水断流。控制方式有人工控制、联动控制、PLC 控制等，可以实现水泵机组远程联动控制。

真空破坏阀和主机联动控制，可实现现场操作和远程控制。真空破坏阀与主机联动控制要求：开机前，将主机开关柜断路器手车推至工作位，转换开关 QK 旋至接通位，电磁操作机构通电，检查真空破坏阀是否动作，动作后即将转换开关旋至断开位，此时已具备开机联动条件。开机时，真空破坏阀同步通电吸合关闭，若无真空破坏阀关闭信号，则机组启动失败并报警。机组运行期间，若失去真空破坏阀关闭信号，则机组断电停机并报警；停机时，真空破坏阀同步失电开启，若无真空破坏阀开启信号，则机组报警，须人工操作真空破坏阀紧急开阀按钮。停机后，若真空破坏阀长期开启，管路中的气体可能会从真空破坏阀处泄漏到大气中去，潮气也会腐蚀真空破坏阀，故要求在停机 3 min 后关闭真空破坏阀。

电磁式真空破坏阀控制原理如图 7-99 所示。

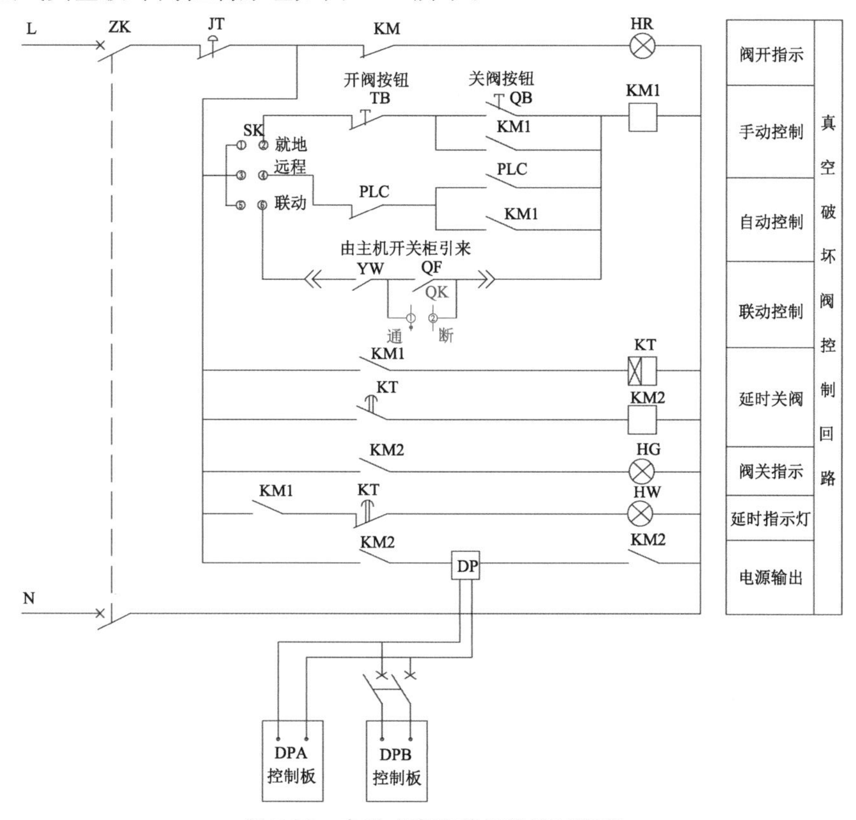

图 7-99　电磁式真空破坏阀控制原理

2. 真空破坏阀的主要设计参数

(1) 真空破坏阀口径

真空破坏阀必须具有一定的口径，以保证有足够的进气量。如果在停机前预先打开真空破坏阀，可让空气进入虹吸式出水流道，使满管流变成堰流。从真空破坏阀打开到进气量稳定，这一段时间比较短。但当机组从电网解列后，由于泵装置内水体倒流，进气量快速增加，经过几秒钟后才逐渐减少，直到虹吸式出水流道中水柱完全退尽。如果真空破坏阀口径较小，在这段时间内水泵水柱的倒泄会使虹吸式流道顶部形成负压，该负压如果足以使出口处水位上升翻越驼峰，形成反向虹吸，那么水泵倒转的转速和时间均会增加。这段时间是控制真空破坏阀口径的主要阶段，也就是说，真空破坏阀的进气量应接近于水泵倒转时的水体流量。水泵倒流流量与水泵的额定流量呈正比例关系，因此真空破坏阀的口径可根据水泵的设计流量考虑。

在泵站实际运行过程中，通常采用真空破坏阀与机组同时动作的控制方式，因此控制真空破坏阀破坏虹吸和防止倒流难以分成两个阶段。某泵站现场实测的真空破坏阀进气量与虹吸破坏时间关系曲线如图 7-100 所示，水泵设计流量 7.5 m^3/s、进口水位 1.54 m、出口水位 4.20 m、真空破坏阀口径 300 mm、最大通风速度 100 m/s 以上，虹吸破坏时间为 20 s 左右。

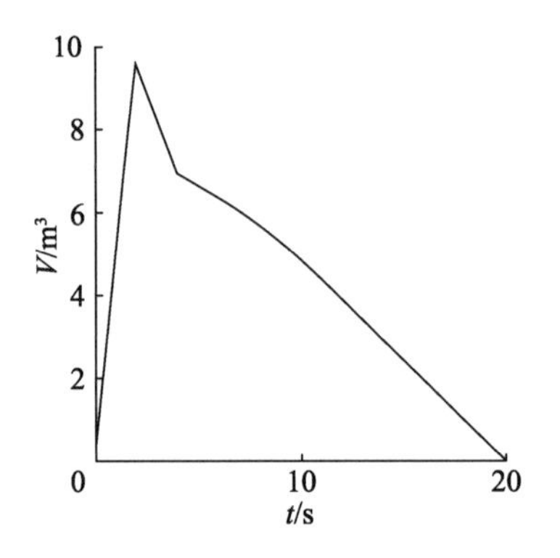

图 7-100　真空破坏阀进气量与虹吸破坏时间关系曲线

根据相关资料分析，真空破坏阀进气面积采用下列经验公式计算：

$$\omega = 0.09Q_p \tag{7-1}$$

式中，ω 为真空破坏阀全开时的进气面积；Q_p 为水泵设计流量。

(2) 活塞面积

真空破坏阀的主要动作部件是活塞体，对于气动式真空破坏阀，其气缸内活塞面积与压缩空气的工作压力有关。真空破坏阀的气缸内活塞面积按下式计算：

$$A_1P_1 = A_2P_2 + W_1 + W_2 + W_3 \tag{7-2}$$

式中，A_1 为真空破坏阀气缸内活塞面积，cm^2；A_2 为真空破坏阀阀盖受大气压力的面积，cm^2；P_1 为真空破坏阀压缩空气的设计工作压力，N/cm^2；P_2 为虹吸式出水流道内最大负压，即出口最低运行水位至真空破坏阀阀盖内缘高差的水柱压力，N/cm^2；W_1 为活塞顶部弹簧压力，N；W_2 为活塞向上移动时的静摩擦力，N；W_3 为活塞、阀盖、阀杆等移动部件的重力，N。

采用压缩空气作为动力是为了保证在发生事故停电停机的情况下，真空破坏阀安全可靠。压力等级为 0.6～0.8 MPa 的压缩空气储存在储气罐内，停机后电磁阀采用可靠的直流电源可以接通气路，使真空破坏阀打开。也就是说，在交流电源失电的情况下，压缩空气能够保证有足够的动力打开真空破坏阀。

(3) 真空破坏阀的工作压力及用气量

由于机组采用低压系统，因此可将真空破坏阀的启动压力控制在 1 MPa 以下。选用空气压缩机时，以其容量在 30 min 内能够使储气罐及压缩空气母管内的压力达到真空破坏阀开启压力的上限值为原则。

在泵站的站用电发生事故而停电，空气压缩机无法供气时，储气罐内的压缩空气产生的压力也应当在真空破坏阀开启压力的下限值以上。真空破坏阀开启压力下限值应大于真空破坏阀的设计工作压力，即式(7-2)中的 P_1，其差值就是储气罐容量的设计依据。设计时要求在空气压缩机不能自行供气的情况下，储气罐内的存气压力在真空破坏阀开启压力下限值时，全站所有真空破坏阀开启 2 次后，储气罐内的压力还应在真空破坏阀设计工作压力以上。储气罐的容积计算如下式：

$$V_2 = 1.5 \times \frac{2P_1V_1}{P_2 - P_1} \tag{7-3}$$

式中，V_2 为储气罐容积；P_2 为真空破坏阀开启压力下限值；V_1 为全站所有真空破坏阀全开时气缸下腔的容积。

如果真空破坏阀所使用的直流电磁阀是电磁气动阀，那么电磁阀本身还需要压缩空气来驱动，式(7-3)中的 P_1 值必须与电磁气动阀的启动压力进行比较，按照设计工作压力大者选用。通常情况下要求电磁气动阀的启动压力小于真空破坏阀的设计工作压力，只有这样才能充分利用储气罐中的压缩空气。

式(7-3)中考虑了 1.5 倍的安全系数，如还需要考虑机组制动、风动工具等用气，则储气罐容积可按实际用量予以适当加大。

(4) 真空破坏阀的布置

现有泵站虹吸式出水流道真空破坏阀布置可以归纳为 4 种类型，如图 7-101 所示。模型试验和现场实测(见图 7-102)显示，真空破坏阀布置在驼峰前 37°位置时破坏虹吸断流效果最好，配合压低驼峰高度可消除空气囊，消除启动振动。

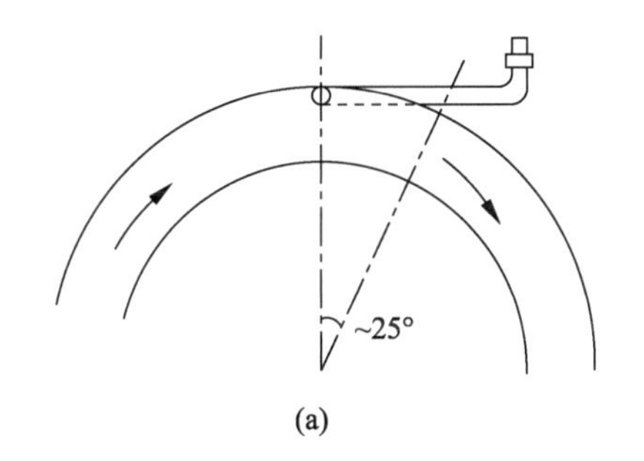

(a)

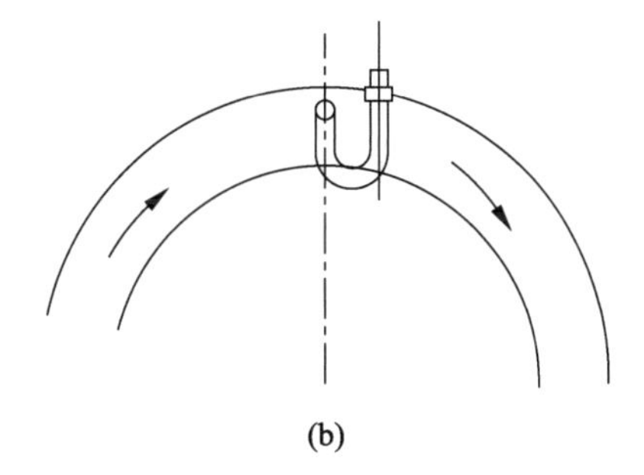
(b)

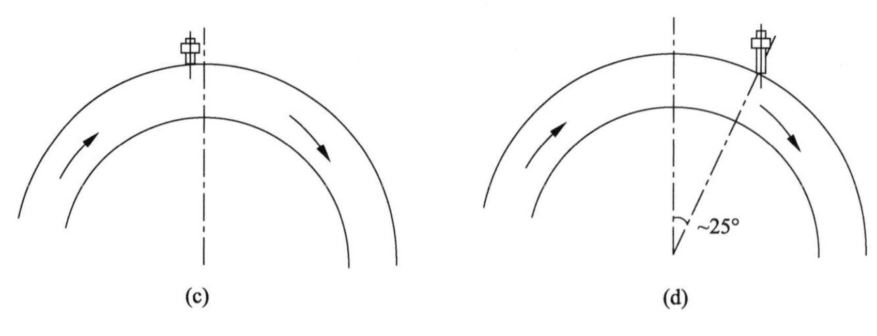

图 7-101 真空破坏阀安装位置

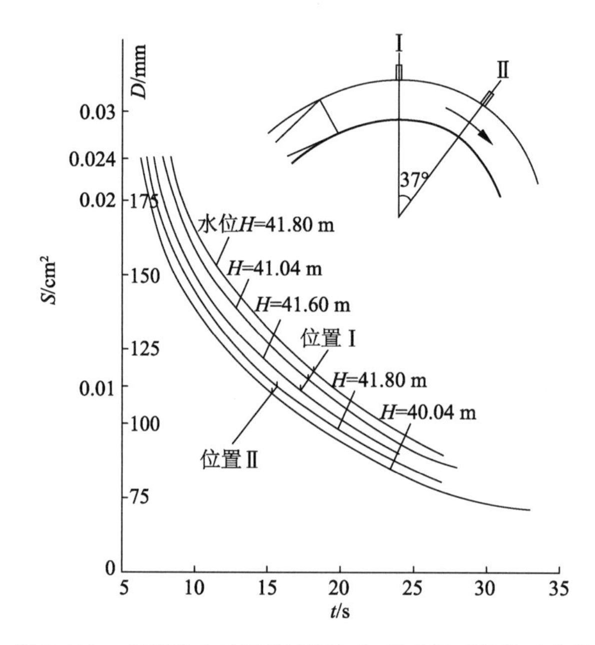

图 7-102 实测真空破坏阀面积与虹吸破坏时间关系曲线

7.5.2 机组启动过程的模拟

前述虹吸式出水流道优化设计中采用三维紊流数值模拟方法，展示了虹吸式出水流道内的三维流动形态，提出通过建立虹吸式出水流道几何模型并借助数值模拟，逐一改变流道几何尺寸、逐步优化流道型线，以最终实现虹吸式出水流道水力优化设计目标，但整个过程没有考虑真空破坏阀的作用。实际上，从开机到虹吸式出水流道虹吸作用完成的整个过程包括水力驱气、水力挟气和虹吸稳定流 3 个阶段，水泵排出的水流需首先填充流道上升段的空间，其间水面逐渐上升，并驱动流道内空气从出水池排出，水流翻过驼峰向流道下降段溢流，形成水气混合出流，流道内的空气在水流的挟带下逐渐排出，最终在流道内形成满管稳定虹吸流。在虹吸形成过程中，流道内流态、流道壁压力和水泵扬程等随着时间的变化亦发生复杂的变化，并且当虹吸形成时间过长或者最终未能形成较好的满管流动时，流道水力损失增加，机组的稳定运行亦会受到影响。

早期，无论是虹吸式出水流道泵站过渡过程外特性还是内特性研究，均没有考虑真空破坏阀的作用,即早期研究均基于真空破坏阀闭阀启动。随着计算技术的发展和完善,现已能够采用适合追踪气液自由表面的 VOF 多相流模型、欧拉多相流模型等对启动过程进行三维数值模拟,获得虹吸式出水流道中气囊的演变过程和机组的各项参数,并针对叶轮叶片压力变化及气囊的排出机理进行分析。

1. 数值计算模型

以第 7.1 节中的竖井贯流泵机组为计算模型,模型包含竖井式进水流道、叶轮、导叶、虹吸式出水流道、出水池等部件。计算模型尺寸与泵机组实际尺寸比例为 1∶1,真空破坏阀布置在虹吸式出水流道顶部。为监测出水流道虹吸顶部压力,设置压力测点,测点位于真空破坏阀出口下方 0.6 m 处(见图 7-101d)。虹吸式出水流道如图 7-21 所示。

2. 三维过渡过程计算方法

(1) 控制方程与紊流模型

在 VOF 模型中,通过求解水和空气的体积分数连续方程追踪虹吸管内空气囊与水的界面,求解控制方程获得的速度场由各相共享,模拟中水为主相。

体积分数连续方程:

$$\frac{\partial \alpha_1}{\partial t}+\boldsymbol{u}\cdot\nabla\alpha_1=0 \tag{7-4}$$

$$\frac{\partial \alpha_2}{\partial t}+\boldsymbol{u}\cdot\nabla\alpha_2=0 \tag{7-5}$$

连续性方程:

$$\frac{\partial \rho}{\partial t}+\nabla\cdot(\rho\boldsymbol{u})=0 \tag{7-6}$$

动量方程:

$$\frac{\partial \rho\boldsymbol{u}}{\partial t}+(\rho\boldsymbol{u}\cdot\nabla)\boldsymbol{u}=-\nabla p+\nabla\cdot[\mu(\nabla\boldsymbol{u}+\nabla\boldsymbol{u}^{\mathrm{T}})]+\rho g+\boldsymbol{F} \tag{7-7}$$

式中,α_1 和 α_2 分别为水和空气的体积分数,$\alpha_1+\alpha_2=1$;ρ 为水体密度;μ 为动力黏性系数;t 为时间;$\boldsymbol{u}$ 为速度;∇为哈密顿算子;p 为静压强;g 为重力加速度;$\boldsymbol{F}$ 为表面张力的等价体积力形式。

等物质属性参数是由控制体积中的分相决定的,其表达式如下:

$$\rho=\alpha_1\rho_1+\alpha_2\rho_2 \tag{7-8}$$

$$\mu=\alpha_1\mu_1+\alpha_2\mu_2 \tag{7-9}$$

式中,ρ_1 和 ρ_2 分别为水和空气的密度;μ_1 和 μ_2 分别为水和空气的动力黏性系数。

Realizable $k-\varepsilon$ 模型采用了新的紊流黏性公式,使其满足对雷诺应力的约束条件,因此其在雷诺应力上可以保持与真实紊流一致。该模型现已被广泛地应用于各种不同类型的流动模拟,包括旋转均匀剪切流、包含射流和混合流的自由流动、管道流动、边界层流动和带有分离的流动等。竖井贯流泵机组启动过程中气液两相的运动变化剧烈,因此选用 Realizable $k-\varepsilon$ 紊流模型封闭控制方程组。

(2) 离散格式及定解条件

利用有限体积法对上述数学模型进行离散,压力项采用 PRESTO 格式,体积分数项采用 Geo-Reconstruct 格式,紊动能和对流项采用一阶迎风格式,选择适合瞬态计算的

PISO 算法对流场速度和压力进行求解，数值计算时间步长为 0.01 s，初始时间为 0。定解条件为下游进口采用压力进口条件，压力值由进口水位确定，上游出口采用速度入口条件，速度值随机组的流量变化以保持出水池水面稳定；出水池水面采用压力出口条件，压力值为 0；初始时刻，出水流道与出水池上部为空气（水面位置由上、下游水位决定），故初始条件设出水流道和出水池上部区域空气体积分数为 1，其他区域空气体积分数为 0。出水流道内的气体采用 Ideal-gas 模型，遵循理想气体状态方程。

（3）叶轮转速控制及真空破坏阀边界条件

利用滑移网格技术实现叶轮的旋转，通过编制用户自定义程序（UDF）控制转速为"根据现场实测资料"，转速从 0 开始按图 7-103 所示规律上升，用时 5 s 上升至额定转速 250 r/min。图中，F_z 为叶轮叶片轴向力，M 为叶轮叶片转矩，p 为虹吸管顶测点压强，s 为叶轮转速与额定转速比值。在水泵启动之前，真空破坏阀处于开启状态，设置真空破坏阀进口处边界条件为压力出口，压力为 0。当水流充满出水流道上升段并翻过驼峰时，真空破坏阀关闭，设置真空破坏阀出口处边界条件为壁面，一直保持至启动过程结束。

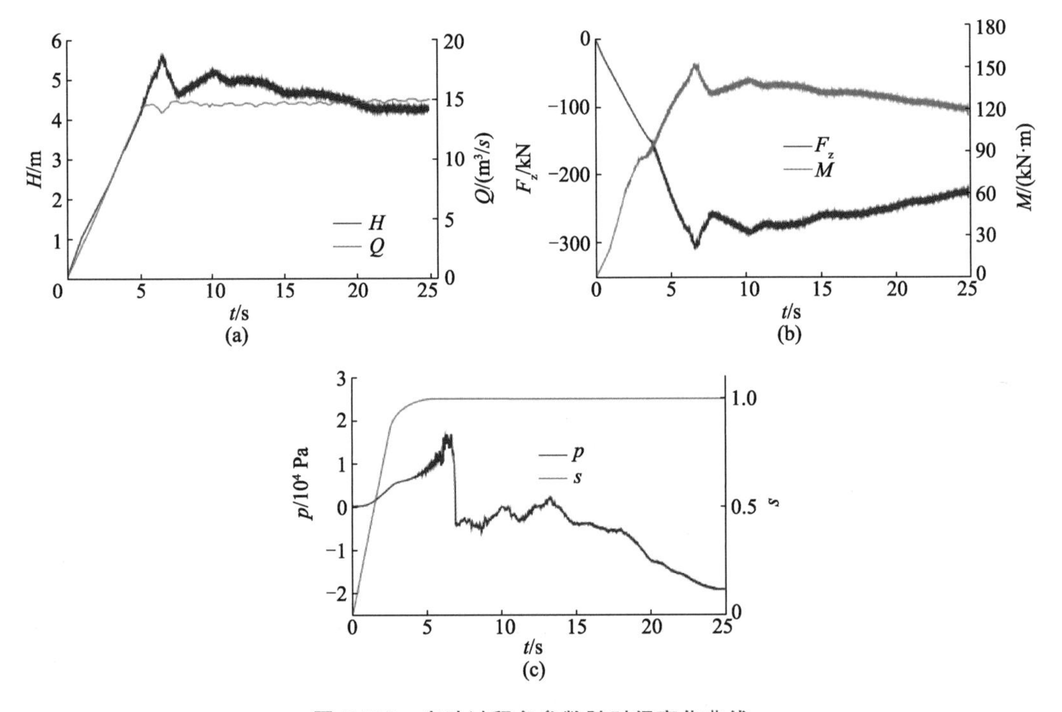

图 7-103 启动过程各参数随时间变化曲线

3. 预开启真空破坏阀的启动过程

（1）启动过程分析

真空破坏阀初始状态为开启，在 6 s 时，水流翻过驼峰，真空破坏阀关闭。整个启动过程中气液两相分布状态如图 7-104 所示，图中 δ 为空气体积分数。

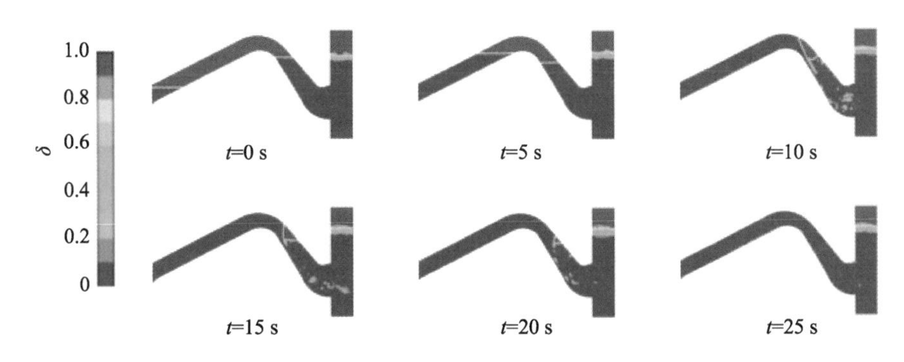

图 7-104 预开启真空破坏阀启动过程流态图

机组转速在 5 s 内增大至额定转速，前 5 s 内水面平稳上升，出水流道内空气被压缩，因真空破坏阀为开启状态，空气从真空破坏阀排出，出水流道下降段水位因空气压力增大而略有降低。在 6 s 时水流越过驼峰与出水流道下降段内水流交汇，此时真空破坏阀关闭。真空破坏阀关闭之后空气无法从真空破坏阀排出，如图 7-104 中 $t=10$ s 时所示，空气在水流的作用下在出水流道下降段上部聚集，形成气囊。气囊形成之后进入排出气囊阶段，气囊分离出大量气泡，通过水流作用将气泡从出水流道排至出水池。从图 7-104 中可见，在这一阶段，出水流道下降段后端有大量气泡从气囊中分离出来，且随着排气过程的进行，气囊的体积逐渐缩小，气囊位置逐渐下移，气囊后气泡数量逐渐减少直至气囊完全排出。在 25 s 时，空气囊完全排出，虹吸式出水流道形成满管流，虹吸效应完全形成，启动过程结束，机组进入正常运行阶段。

由图 7-103 可知，机组启动之后，转速在 5 s 内逐步升高至额定转速，流量和扬程逐步增大，叶片轴向力和转矩随之增大。同时，出水流道上升段水面逐步升高，压缩虹顶空气，空气压力随之上升。6 s 时真空破坏阀关闭，由于虹吸效应的作用，出水流道虹吸顶处迅速从正压变为负压，如图 7-103c 所示，水泵的工作扬程迅速下降，流量增加，叶片轴向力和转矩也随之减小。真空破坏阀关闭之后，6～25 s 为排出气囊阶段，大量气泡产生，随着气泡在出水流道内运输、溃灭，各参数出现明显波动。随着排气过程的进行，气囊体积变小，气泡数量减少，各参数波动幅度减小。

数值模拟中，机组在 25 s 时进入正常运行工况，此时机组的流量、扬程、功率与泵站额定工况下的运行参数吻合较好。根据数值模拟结果，最大启动扬程为 5.54 m，约为额定扬程的 1.31 倍，虹顶最大压强为 1.47×10^4 Pa，结果表明，数值模拟方法具有较高的准确性，可为具有虹吸式出水流道的竖井贯流泵机组的启动过程分析提供参考。

(2) 启动过程中叶轮叶片表面压力变化

叶轮转速在 0～5 s 内逐步上升至额定转速，随着叶轮转速的升高，叶轮叶片进口圆周速度增加，图 7-105a 和图 7-105b 显示，转速的升高加剧了吸力面进水侧叶缘处水流的撞击和压力面进水侧叶缘处的脱流，撞击形成的高压区域和脱流产生的低压区域在 0～3 s 内逐步变大。3～6 s 时，叶轮转速变化较小，出水流道上升段水面不断上升，出水流道内空气被压缩导致上升段水面压力增大，因而叶轮叶片处压力增大。6～25 s 为气囊排出阶段，随着气囊排出，出水流道的虹吸效应逐渐显现，虹吸顶测点压力迅速降为负值并逐

渐减小，如图 7-103c 所示，因而叶轮叶片压力受气囊排出、虹吸效应影响逐渐减小。

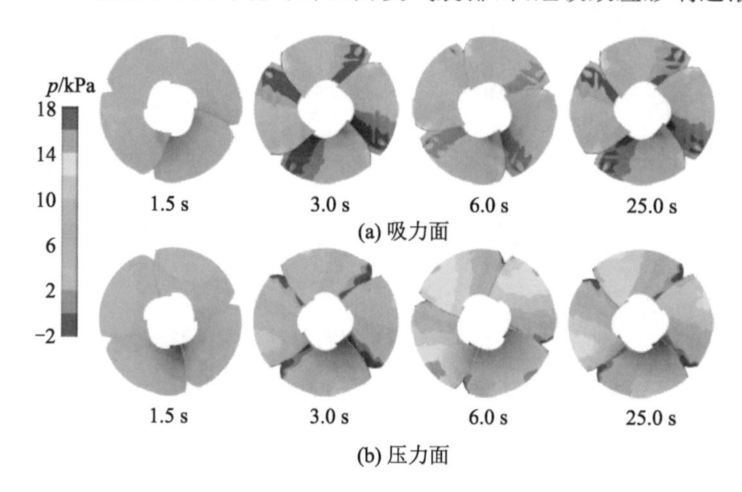

图 7-105　启动过程叶片表面压力随时间变化图

(3) 空气囊排出过程分析

为更细致地分析竖井贯流泵机组启动过程中出水流道气囊的排出过程，分别绘制不同时刻虹吸式出水流道下降段流线图，如图 7-106 所示。由图可见，在气囊后端与出水流道出口之间形成了一个具有挟气能力的漩涡，从气囊中分离出的气泡被卷入漩涡，依靠漩涡的旋转流场被运至出水流道出口再从出水池排出。随着气囊中气泡逐步分离，气囊体积逐渐缩小，并向虹吸管出口移动，漩涡强度也逐渐减弱，影响范围逐渐缩小。

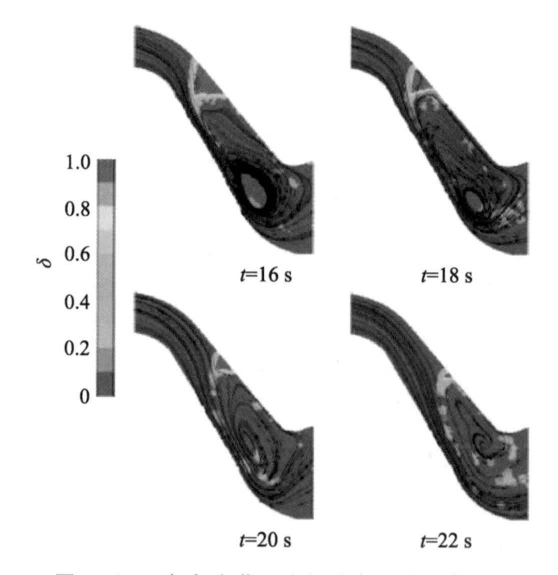

图 7-106　出水流道下降段流态随时间变化图

气泡和漩涡都是产生机组振动的原因，在真空破坏阀关闭，气囊形成之后，气泡大量从气囊中分离并通过漩涡运输，在运输过程中气泡溃灭不断发生，压力和力矩等动态参数不断波动，易诱发机组振动，这也验证了已运行的某类似机组采用虹吸式出水流道在泵启动过程中的监测结论：水泵的强烈振动不产生于最大启动扬程处，而产生于启动扬程下降过程中。

4. 真空破坏阀保持关闭的启动过程

类似于模型试验台上模型装置试验时没有安装真空破坏阀，现对真空破坏阀保持关闭的启动过程进行数值模拟，参数设置与预开启真空破坏阀启动过程相同。图 7-107 为启动过程流态图，过程总耗时 70 s。启动开始后，出水流道上升段水面逐步上升，流道内空气被压缩，下降段水面于 5 s 时下降至出水流道出口处。与预开启真空破坏阀启动不同的是，预开启真空破坏阀启动时部分空气从真空破坏阀排出，空气受压缩程度低，下降段水面降低较小，而真空破坏阀保持关闭的启动过程中出水流道内气压更高，启动所需最大启动扬程更大。5 s 后，流道内空气以分离气囊的方式流入出水池。随着气囊的分离，下降段水面在出水流道出口处上下波动，出水池内流态出现大幅度波动。10 s 时出水流道内空气囊已经形成，但明显大于同时刻预开启真空破坏阀启动中的气囊，这导致排出气囊阶段需要更长的时间，之后经历 60 s 的排出气囊阶段形成满管流，虹吸效应完全形成，启动过程结束。对比图 7-104 与图 7-107 可知，在真空破坏阀保持关闭的启动过程中，出水流道内气囊体积更大，排出气囊的时间更长，气囊下方漩涡区内气泡数量也更多。表 7-27 为不同启动过程的参数对比，表中 t_{start} 为启动时间，H_{max} 为最大启动扬程，p_{max} 为虹吸管顶测点最大压强。由表 7-27 数据对比可见，相比真空破坏阀保持关闭的启动方式，预开启真空破坏阀的启动方式可以缩短约 64％的启动时间，最大启动扬程减小约 30％，出水流道内空气压力下降约 67％。

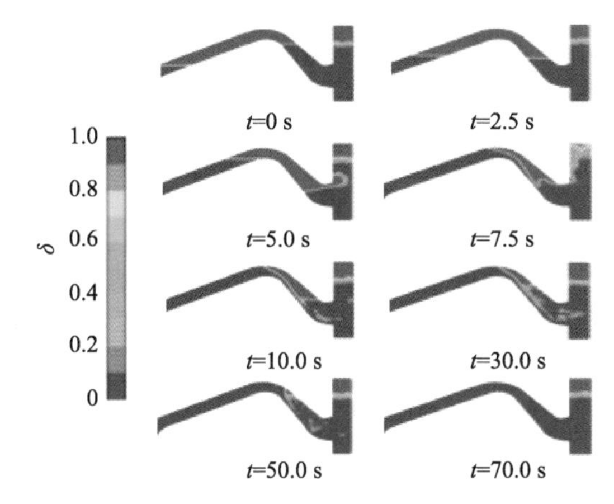

图 7-107 真空破坏阀保持关闭启动过程流态图

表 7-27 不同启动过程参数对比

参数	预开启真空破坏阀	真空破坏阀保持关闭
t_{start}/s	25	70
H_{max}/m	5.45	7.75
p_{max}/Pa	14 700	44 000

7.6 清污设施自动控制方式

7.6.1 清污设施类型

城市防洪工程兴建的泵站主要功能是引水和排涝，城市有涝水时通过泵站向外河排涝，需要改善城市水环境时通过泵站向内河引水。随着城市工业的发展和人民生活水平的提高，无论是运河还是城市河道，水体中各种污物越来越多，不仅使泵站机组水力损失增大、效率降低，而且影响泵站安全运行。为确保水道畅通，保护水环境，必须及时清除河道污物。过去，大多数泵站采用固定式拦污格栅，当污物在格栅前堆积到一定量后进行人工打捞，每次工作都需要花费大量的人力、物力和财力，且工作效率低、劳动强度大，还有一定的危险性，因此需要设置机械式清污机替代人工劳动。

清污机可分为抓斗式、挖斗式、耙斗式和回转式等几种型式，泵站常用抓斗式清污机和回转式格栅清污机，如图 7-108 所示。

(a) 抓斗式清污机

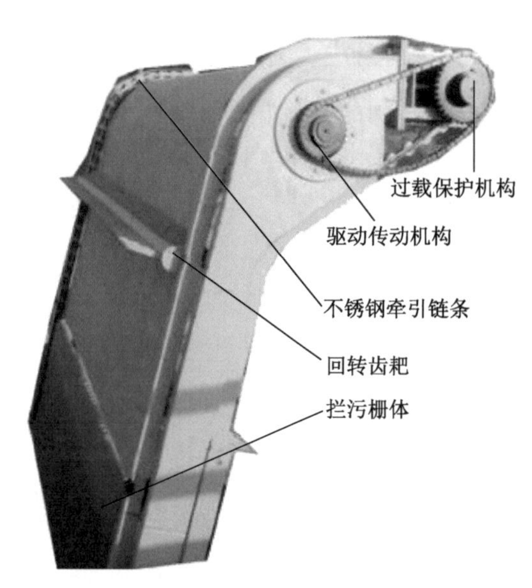

(b) 回转式格栅清污机

图 7-108　泵站清污机类型

1. 抓斗式清污机

抓斗式清污机采用液压系统控制清污抓斗的开闭，闭合力由液压系统控制，与提升力无关，这样设计可以大大提高闭合力，不仅能克服传统清污机液压清污抓斗结构笨重的缺点，减轻结构重量，而且能使齿耙的咬合力更强，抓污效果更好。

(1) 抓斗式清污机的工作原理

抓斗式清污机自动工作前，需按工作流程设定时间：间歇时间是指一个工作周期完成后停在卸料位等待下一工作周期开始的时间；开耙时间为抓斗开启时油缸的作用时间；闭耙时间为抓斗闭合时油缸的作用时间。季节、温度不同，液压油的黏性不同，油缸的动作速度就不同,夏季油缸动作快,冬季油缸动作慢。

(2) 抓斗式清污机的结构

抓斗式清污机主体包括清污机小车、清污抓斗、行走轨道及行走机构、起升机构、安全保护装置和电气控制系统,并配一定容积的集污小车。

清污抓斗顺拦污栅栅体上下移动抓捞污物,清污机小车沿清污平台轨道左右行走,将污物卸至集污小车运走。

抓斗式清污机具有平行导杆机构,保证清污抓斗下降时能够准确入栅,并平稳沿栅条下滑,并能把缠在栅条上的污物清除。

抓斗式清污机机组各结构应牢固可靠,运行平稳,传动部件灵活。

(3) 抓斗式清污机的特点

独特的行车导轨设计使抓斗式清污机能满足各种场地的要求,其无需任何土建施工方面的改动,是现有系统设备更新换代的理想选择。其机械结构简单,采用 PLC 进行编程控制,设备运行稳定性高,维护工作量低。设备主要由载重滑车和抓斗装置组成,一台抓斗式清污机可服务于多组格栅,行车导轨上装有定位装置,可使滑车及抓斗准确停止在每个抓污点进行抓污。

抓斗设计结构独特,抓污时可与格栅栅条紧密啮合,能剔除格栅周围毛发状污物及缠绕物。行车导轨横跨在进水口上方,电缆顺其布置,走线方便。抓斗的提升及下降不需要任何导轨装置,减小了零部件的磨损及由此引起的能耗损失。

污水型抓斗采用背网式结构,在拦截大型污物时可同时去除细小悬浮物,降低后面滤网的工作负荷。

总之,抓斗式清污机具有处理量大、作业面广、适应性强、结构性能好、工作环境好、使用寿命长、土建投资少、性价比优、自动化程度高、处理能力强等优点。

2. 回转式格栅清污机

(1) 回转式格栅清污机的工作原理

回转式格栅清污机的回转链上装配有若干耙齿,在电动机减速器的驱动下,耙齿链进行逆水流方向回转运动,将栅前拦截的污物带出水面,自卸到格栅后的输送机中,水体则通过耙齿间形成的栅隙流过去,整个工作过程连续进行。

耙齿链运转到设备的上部时,在槽轮和弯轨的导向下,每组耙齿之间相对自清运行,绝大部分固体物质靠重力落下,另一部分则依靠清扫器的反向运动清扫干净。

耙齿链的作用类同于格栅,耙齿链轴上装配的耙齿间隙可以根据使用需要进行选择,流体中的固态悬浮物被分离后水可流畅通过。整个工作过程可以是连续的,也可以是间歇的。

(2) 回转式格栅清污机的特点

回转式格栅清污机的优点是自动化程度高、分离效率高、动力消耗小、无噪声、耐腐蚀性能好,在无人值守的情况下可保证连续稳定工作;设置有过载安全保护装置,在设备发生故障时可发出报警信号并自动停机,避免设备超负荷工作。

回转式格栅清污机可以根据用户需要任意调节设备运行间隔,实现周期性运转;可以根据格栅前、后液位差实现自动控制;具有手动控制功能,方便检修。

回转式格栅清污机的结构设计使其自身具有很强的自净能力，不会发生堵塞现象，日常维修工作量少；具有自卸渣功能，采用轴装式减速机，传动机构紧凑；装设有过载保护装置，安全可靠；操作简单、故障率低、使用寿命长；结构简单，安装维护方便；自动化程度高，可以实现远程监控。

泵站可根据污物的种类或组成选择设置不同类型的清污设备，贯流式泵站大多采用回转式格栅清污机，在进水前池某一位置设置清污机桥或与进水口拦污栅合并，同时安装皮带输送机，清污机先将污物打捞上来，再通过皮带输送机送至集污仓，在集污仓将污物打包后用车运走，整个过程可实现自动化运转。清污机的驱动装置处设置有剪切式安全销，当超载或发生意外时，剪切销可瞬时切断，以保护设备不受损坏，典型布置如图 7-109 所示。

图 7-109　回转式格栅清污机布置

7.6.2　控制方式及存在问题

1. 控制方式

清污设备的控制方式大体上分为 3 种：第 1 种是就地操作，这是早期的控制方式，既简单又方便，操作人员在现场通过户外控制箱上的按钮即可对清污设备进行操作。第 2 种是集中控制，现场控制箱仍保留，在室内设集中控制台(屏)，操作人员可以在室内对所有清污设备进行操作，改善了操作人员的工作条件。以上两种方式都是常规的手动控制。第 3 种是自动控制，即利用传感器和可编程控制器自动控制清污设备的运行，操作人员可以在控制室通过计算机监控系统对清污设备进行远控操作。

根据泵站不同控制要求，清污机可以通过设定时间、相应的开停次数及循环时间进行控制，也可以通过水位进行控制，根据格栅前、后水位差控制设备运行。将 PLC 安装于现场控制箱内，通过通信方式与控制室上位机联网，这样可省去很多控制信号线。PLC 采集现场传感器模拟量信号和设备开关量反馈信号，上位机对 PLC 发出控制指令驱动清污设备运行，同时监测设备运行状态。清污设备电气主回路采用常规控制设备，如断路器、接触器和热继电器等，远程控制仅在手动操作回路加上(合闸按钮上并接、分闸按钮上串接)PLC 的远控接点，控制箱设有“现地/远方”转换开关，保证现地优先操作的基本功能。清污机格栅前后设有水位传感器或压差传感器，信号送至 PLC，当达到设定的水位差时，PLC 发出指令使清污机自动投入运行，水位差小于设定值时则停机。皮带输送机的皮带下方设有压敏传感器，当荷重达到设定值时，皮带输送机自动投入运行，小于设定值时则停机；也可以通过设定时间的方法进行控制，即在清污机工作一段时间后自动开启皮带输送机，清污机停机一段时间后自动停止皮带输送机。

2. 存在问题

在控制系统建成后的设备调试阶段，模拟一个信号输入 PLC 使清污设备工作，只要编程正确、信号准确、接线无误，均能实现清污设备的自动控制。但泵站投入正常运行后，清污设备的控制运行效果并不理想。比如，格栅前污物明显不多清污机却在工作，或者污物很多清污机却不打捞，皮带上堆积了不少污物输送机并不运转，此时自动化功能失效，最终还需操作人员在上位机发出指令来控制清污设备运行。

引起上述问题的主要原因是传感器性能不可靠。首先，自动控制必须依赖各种传感器，若在格栅前后的隔墩中预埋管道安装传感器，受水质影响，传感器工作一段时间后探头表面结垢严重，感压膜片灵敏度下降，影响测量精度，造成拒动现象；若采用非接触式传感器，如安装超声波或雷达水位计，一是现场很难找到合适的安装位置，二是水位计下方有漂浮物时不能测到真实水位。其次，传感器有使用寿命，从目前许多泵站清污设备安装的传感器使用情况看，实际运行一两年大多开始失效，传感器本身的质量是一个影响因素，更重要的是工作环境较为恶劣。例如，皮带下安装有压敏传感器，若污物没有完全脱落，皮带上有残留物及污渍，时间一长会渗漏聚集在传感器表面，人工无法清理干净，最后导致传感器失灵。

7.6.3 解决方法研究

最原始的方法也是最可靠的方法。早期清污设备控制是在现场进行操作，操作人员一边操作一边观察清污设备的运行情况，能确保清污机正常有效工作。现在依然可以采用这种方法，只不过将人工观察改成用高清摄像机进行监测。在清污机前侧安装高清智能摄像机，摄像机具备漂浮物自动检测和预警功能，能够自动识别漂浮物种类和物体形状大小，只要安装位置合适，格栅前的污物便一览无余。

基于摄像机视觉的水面漂浮物智能识别系统的主要功能包括场景可疑漂浮物的位置获取、近景图像采集、初步显著图提取、近景图像预处理、图像分割、显著目标获得、特征提取、最终性质判定，系统流程如图 7-110 所示。

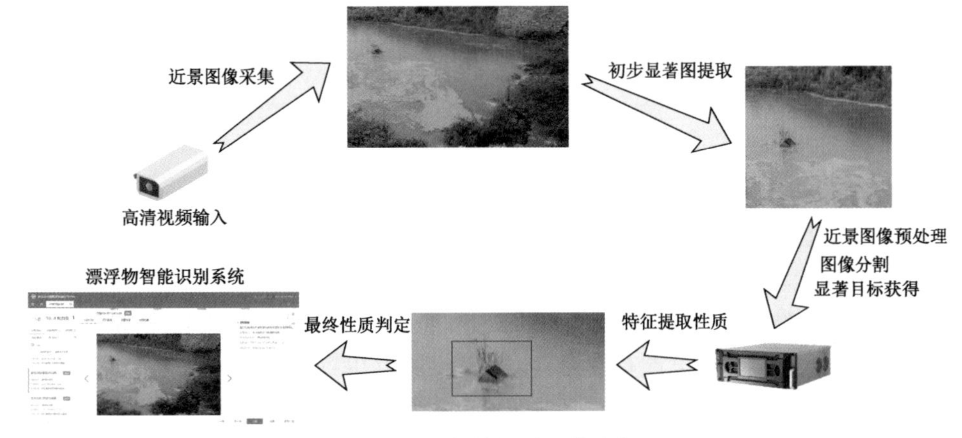

图 7-110 智能识别系统流程

摄像机从现场工作场景中获取近景图像，并进行图像识别与性质判定。具体实现过程如下：首先基于全局颜色对比度方法计算出初步显著图，然后进行图像色彩平衡和中值滤波，接着采用 SLIC(simple linear iterative clustering)图像分割方法进行图像分割，再对分割后的图像以区域为单位分析空间分布与独特性两个特征，为每个像素点分配显著值，并结合上述的两个特征提取得到最终的显著图，结合超像素分割与显著图进行显著目标提取。然后根据所提取的显著目标的特点和 SLIC 分割的特点，提取图像判定识别所需的 3 个特征：边缘特征、纹理特征以及灰度特征。最后图像处理器运用模式识别方法对图像进行性质判定。各步骤具体实现过程如图 7-111 所示。

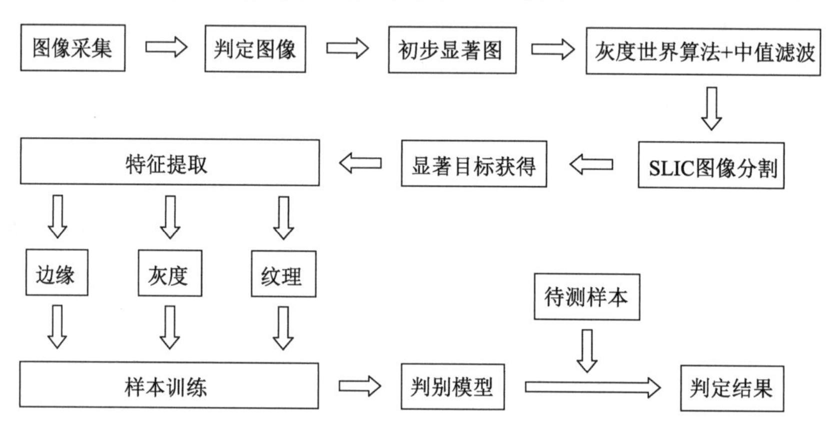

图 7-111　智能识别实现过程图

智能摄像机内置漂浮物识别算法，该算法基于深度学习的计算机智能视频物体检测，通过规模化的漂浮物(如塑料泡沫、垃圾袋、水草树枝等)数据检测训练，赋予摄像机智能检测能力，从而准确判断检测工作场景内漂浮物的类型。智能摄像机获取目标物体的图像信息后，根据目标物体与水体自身的特征差异进行漂浮物识别，预处理后对图像进行特征信息提取，图像处理器运用模式识别方法对图像进行性质的识别判定，当污物量达到一定程度时摄像机发出预警信号，自动将信号传至控制系统，同时将图像推送到监控大屏上，PLC 发出指令使清污设备投入运行，当污物量减少到一定程度时摄像机发出信号使清污设备停运。这种方法简单有效，清污设备运行可靠，是智慧水利应用的一种体现。

7.7　本章小结

采用虹吸式出水的竖井贯流泵装置是低扬程泵装置的一项发明创新，水力性能对比与优化及工程设计中的实际应用表明，该装置型式与直管式出水竖井贯流泵装置性能接近，但它简化了断流设施，结构简单，可以在更大范围内推广应用。

① 影响竖井贯流泵装置性能的主要是出水流道，对比研究发现，无论是水力损失还是出水流态，直管式出水流道没有明显优势，因此可以用虹吸式出水代替直管式出水，简化出水断流设施，这也是竖井贯流泵装置基本上都采用竖井前置的原因之一。

② 对虹吸式出水的竖井贯流泵装置机组启动过程的 CFD 模拟以及现场实际观测表明，采用虹吸式出水、真空破坏阀断流是与该装置型式相匹配的可靠断流方式，能够简化

断流设施,有利于设备布置。

③ 清污设施是保证泵站安全运行不可或缺的配套设备,其控制方式的选择合理与否直接影响泵站系统的可靠运行,也与泵站自动控制及智能化管理密切相关,因此在工程设计中选择与清污设备、污物数量及类型相匹配的可靠、实用的控制方式,同时充分运用图像智能识别等先进技术,以保证清污设备安全、可靠运行。

④ 开展贯流式泵装置运行稳定性监测系统研发是智能泵站设计中的一项重要内容,是未来低扬程泵站设计的重点工作。

参考文献

[1] 刘新泉,刘雪芹. 合适的清污设备控制方式分析[J]. 江苏水利,2015(12):20,22.

[2] ZHANG R T, ZHU H G, DAI L Y. Development and application of a shaft-type tubular pumping system with a siphon discharge passage[J]. South-to-North Water Transfers and Water Science & Technology, 2013,11(1):1 - 6.

[3] 张仁田,朱红耕,姚林碧. 竖井贯流泵不同出水流道型式的对比研究[J]. 水力发电学报,2014,33(1):197 - 201.

[4] ZHU H G, DAI L Y, ZHANG R T, et al. Numerical simulation of the internal flow of a new-type shaft tubular pumping system[C]//ASME-JSME-KSME Joint Fluids Engineering Conference, July 24 - 29, 2011, Hamamatsu, Shizuoka, Japan.

[5] ZHU H G, ZHANG R T, YAO L B. Numerical analysis of shaft tubular pumping systems[C]//IEEE. Computer Society: 2011 International Conference on Computer Distributed control and Intelligent Environmental Monitoring, February 19 - 20, 2011, Changsha, China.

[6] 周大庆,刘跃飞. 基于VOF模型的轴流泵机组启动过程数值模拟[J]. 排灌机械工程学报,2016,34(4):307 - 312.

[7] 李海峰,何明辉,潘再兵. 虹吸式出水流道虹吸形成过程数值模拟[J]. 排灌机械工程学报,2015,33(11):932 - 939.

[8] 王晓升,冯建刚,陈红勋,等. 泵站虹吸式出水管虹吸形成过程气液两相流数值模拟[J]. 农业机械学报,2014,45(5):78 - 83.

[9] 邓东升,李同春,张仁田,等. 大型贯流泵关键技术与泵站联合调度优化研究成果报告[R]. 南京:南水北调东线江苏水源有限责任公司,2010.

8

双向竖井贯流泵装置关键技术

8.1 双向竖井贯流泵装置优化设计

8.1.1 研究背景

竖井进水、直管式出水的竖井式贯流泵装置不仅适用于特低扬程泵站工程设计，还可以作为双向泵站实现双向运行，因此其正、反向的性能差异，以及如何兼顾双向性能是工程设计和研究的重点。

某泵站采用闸站结合的方式进行布置，泵站为正向设计流量 80 m^3/s、反向设计流量 30 m^3/s 的双向泵站，采用 4 台套半调节竖井贯流式机组，其中 2 台为单向泵，2 台为 S 形叶轮双向泵。单向泵单机设计流量为 20 m^3/s，双向泵正向设计流量为 20 m^3/s，反向设计流量为 15 m^3/s。4 台主水泵直径均为 2 650 mm，额定转速 125 r/min，单向泵配套电动机功率 630 kW，双向泵配套电动机功率 710 kW。泵站运行水位及特征扬程如表 8-1 所示。

表 8-1 泵站运行水位及特征扬程　　单位：m

运行工况		水位组合		净扬程
		南侧(运河)	北侧(长江)	
抽水入长江(正向)	设计	3.30	4.65	1.35
	最高	3.00	4.65	1.65
	最低			0.00
引水入运河(反向)	设计	3.50	3.00	0.50
	最高	4.65	2.50	2.15
	最低			0.00

注：① 净扬程为泵站上、下游侧水位差，双向泵总扬程考虑进水侧清污机桥及防护栅、门槽水力损失 0.25 m，出水侧清污机桥及防护栅、门槽水力损失 0.15 m。单向泵总扬程考虑进水侧清污机桥及防护栅、门槽水力损失 0.25 m，出水侧清污机桥及门槽损失 0.10 m，进、出水流道的水力损失包含在装置效率中。② 最低扬程为 0，暂不予计入。

根据特征扬程确定单向泵的设计扬程为 1.70 m、最高扬程为 2.00 m；双向泵正向设计扬程为 1.75 m、最高扬程为 2.05 m，反向设计扬程为 0.90 m、最高扬程为 2.55 m。初步拟定的装置型式如图 8-1 所示，4 台机组进、出水流道尺寸相同，竖井位于运河侧。

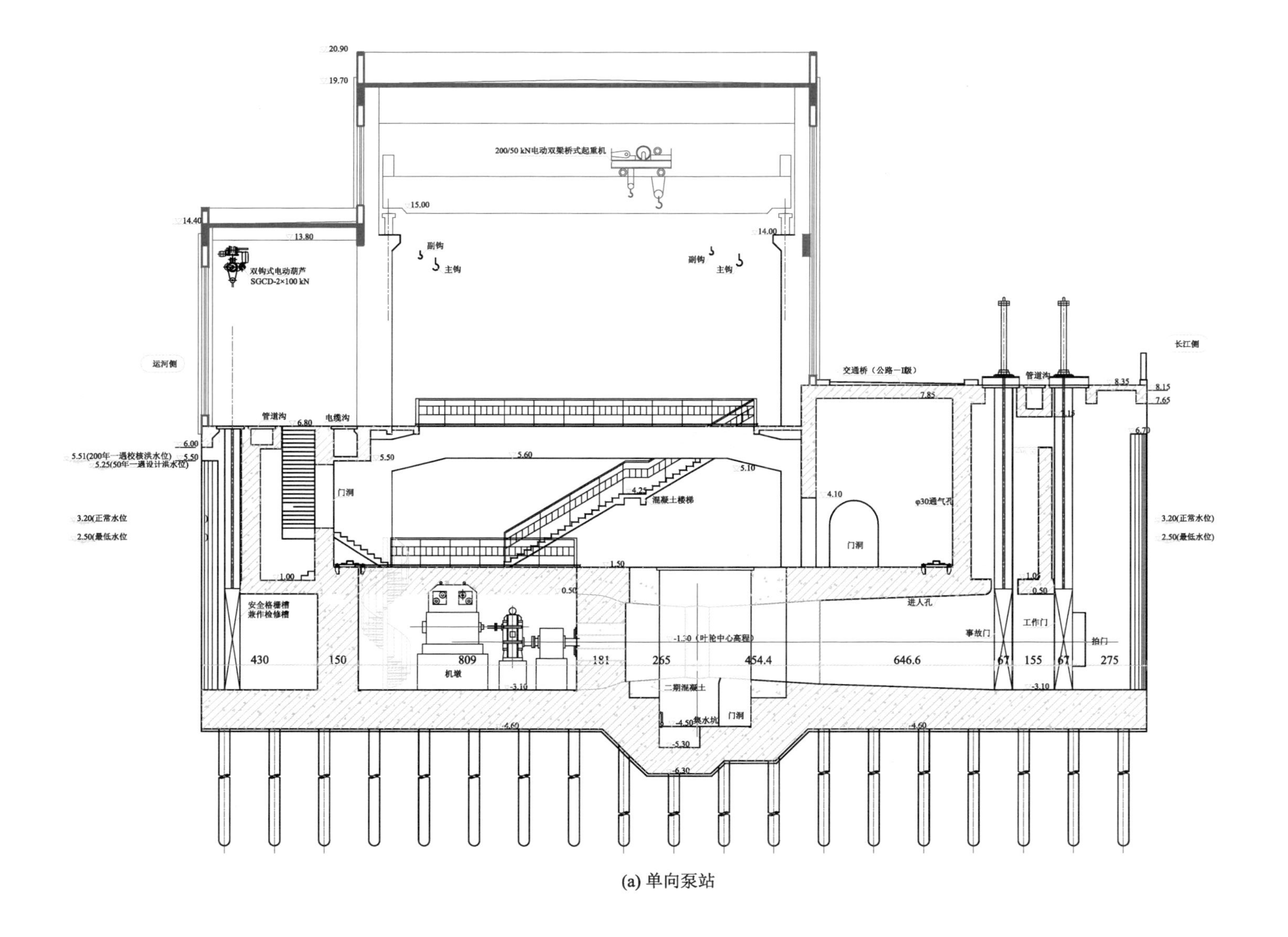
200/50 kN电动双梁桥式起重机
双钩式电动葫芦
SGCD-2×100 kN
副钩
主钩
运河侧
长江侧
交通桥（公路—Ⅰ级）
管道沟
电缆沟
门洞
混凝土楼梯
φ30通气孔
安全格栅槽
兼作检修槽
机墩
二期混凝土
集水坑
进人孔
事故门
工作门
拍门
-1.50（叶轮中心高程）
5.51(200年一遇校核洪水位)
5.25(50年一遇设计洪水位)
3.20(正常水位)
2.50(最低水位)
430
150
809
181
265
454.4
646.6
67
155
275

(a) 单向泵站

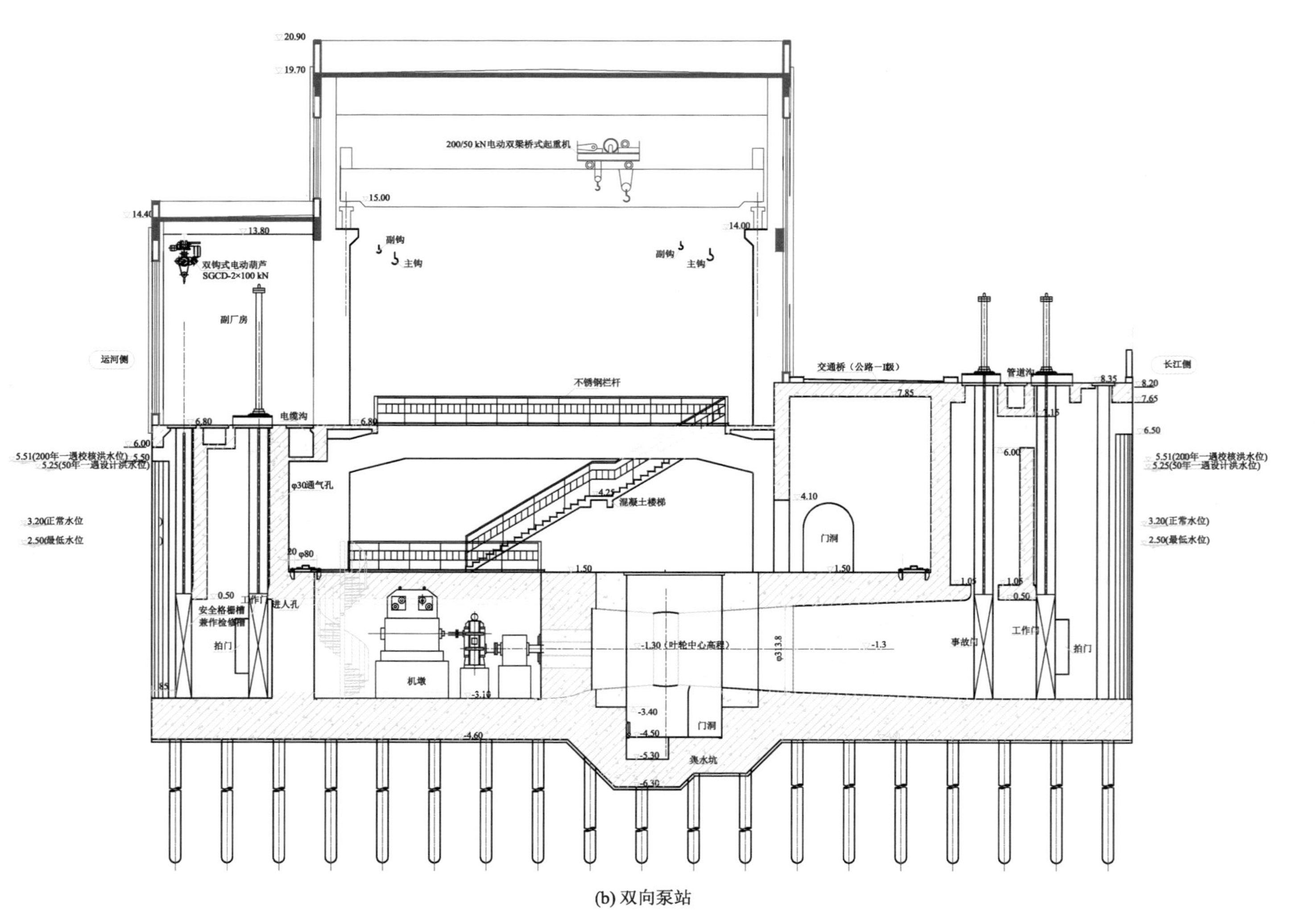

(b) 双向泵站

图 8-1　泵站装置剖面图(长度单位:cm)

竖井流道的总长为 17 988 mm;竖井总长为 11 500 mm,竖井最大净宽为 3 560 mm;进口断面尺寸为 8 200 mm×4 200 mm,设计工况时进口断面平均流速为 0.581 m/s;双向泵设计工况(反向)时出口断面平均流速为 0.436 m/s。直管式流道总长为 16 288 mm(包含导叶长度);出口断面尺寸为 7 000 mm×4 200 mm,双向泵设计工况(正向)时出口断面平均流速为 0.680 m/s,双向泵设计工况(反向)时进口断面平均流速 0.510 m/s。

8.1.2 双向泵模型设计与试验研究

1. 双向泵水力模型设计

(1) 双向叶轮初步设计成果

根据加大流量设计方法,确定双向泵水力模型设计参数:叶轮直径 $D=300$ mm,转速 $n=1\ 450$ r/min,设计点流量 $Q=380$ L/s,扬程 $H=3.6$ m。

根据基于径向平衡流动模型和二维叶栅面元法建立流动模型,并进行叶片造型。针对设计点参数,叶轮初步设计成果的主要几何参数如下:叶轮直径 $D=300$ mm,转速 $n=1\ 450$ r/min,轮毂比 $d_h/D=0.466\ 7$,叶轮叶片数 $z=4$,叶轮形状如图 8-2 所示。

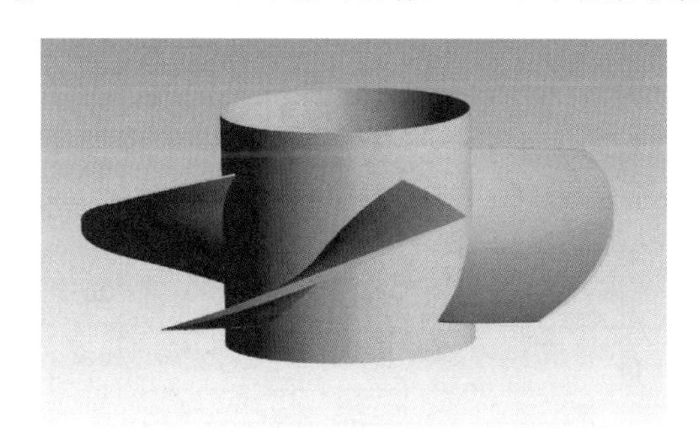

图 8-2 初步设计叶轮的三维造型

(2) 叶轮优化

采用 CFD 技术对叶轮初步设计成果进行性能预测,结果表明,设计扬程略偏高,最高扬程有较大富余,空化性能有进一步改善的潜力。在叶轮初步设计成果的基础上对主要设计参数进行数值优化,优化方案见表 8-2,其中方案 1 为初步设计方案。

表 8-2 数值优化方案

方案号	设计扬程/m	轮毂比	叶尖叶栅稠密度	叶根稠密度倍数	环量分布系数	叶片数	主要效果
1	3.6	0.466 7	0.84	1.30	−0.05	4	初设方案
2	3.0	0.400 0	0.80	1.30	−0.05	4	扬程下降过大
3	3.0	0.400 0	0.80	1.30	−0.05	3	叶片太长,不便加工
4	3.2	0.400 0	0.78	1.30	−0.15	4	最高扬程不够
5	3.2	0.400 0	0.78	1.35	−0.10	4	扬程比方案 4 略高
6	3.6	0.400 0	0.84	1.30	−0.05	4	最高扬程不够

续表

方案号	设计扬程/m	轮毂比	叶尖叶栅稠密度	叶根稠密度倍数	环量分布系数	叶片数	主要效果
7	3.6	0.400 0	0.84	1.46	−0.05	4	与方案1相当
8	3.6	0.400 0	0.90	1.30	−0.05	4	扬程曲线斜率比方案1小
9	3.6	0.400 0	0.88	1.40	−0.05	4	性能接近要求,叶片有些长
10	3.6	0.400 0	0.84	1.40	−0.05	4	优化方案

通过CFD预测性能和叶片形状的综合比较,确定方案10为优化方案。初设方案和优化方案CFD预测性能比较见图8-3,由图可见,在满足最高扬程要求的情况下,优化方案适当降低了设计点附近的扬程,同时保持较高的叶轮效率。初设方案和优化方案CFD预测叶片表面压力分布的比较见图8-4。叶片展向80%位置叶片头部背面附近压力分布直接决定着空化性能,由图8-4可见,该位置优化方案的压力明显比初设方案高,不容易产生空化,可有效提高空化性能。

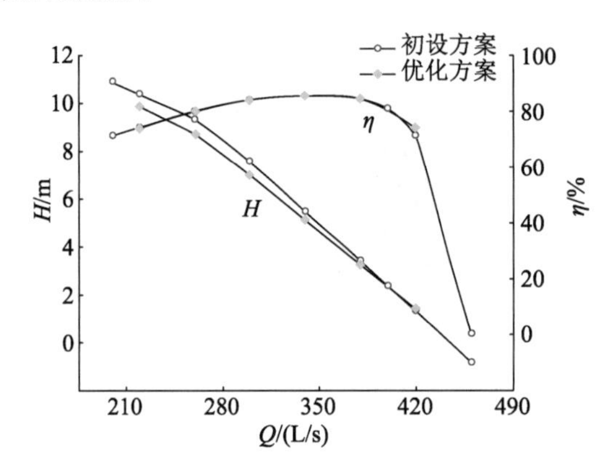

图8-3　优化前后CFD预测性能结果比较

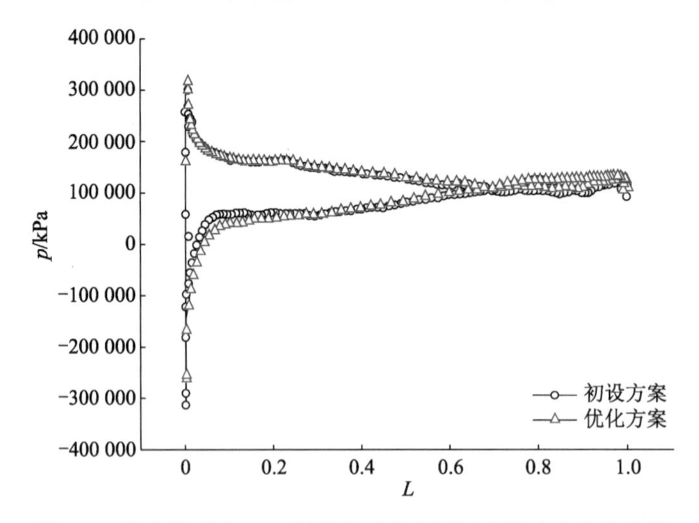

图8-4　优化前后叶展80%断面叶片表面压力沿弦向分布比较

优化前、后叶轮形状变化如图 8-5 所示，由图可见，优化方案的轮毂比较小，为保证叶片根部的结构强度，应适当增加叶片根部的长度。泵段模型试验结果如图 8-6 所示，试验结果验证了优化结果的可靠性，叶轮优化实现了适当降低扬程、进一步提高效率和空化性能的目的。该双向叶轮模型标记为 SZM35。

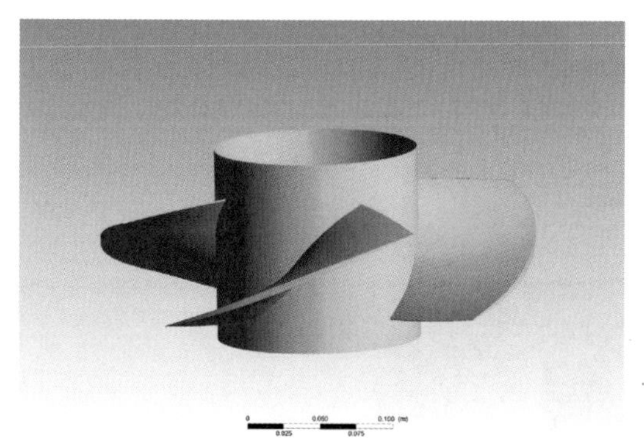

(a) 初设方案

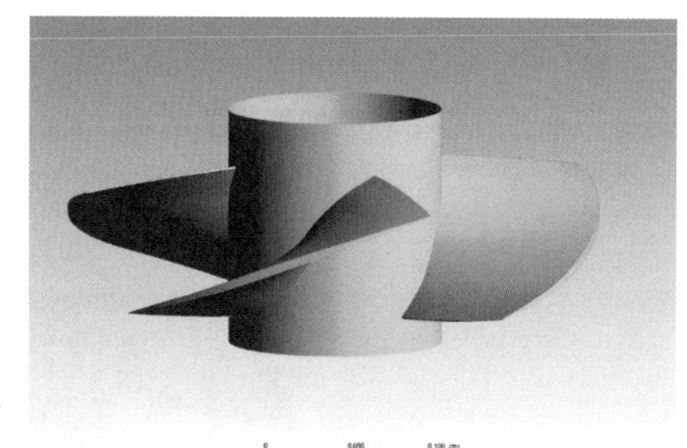

(b) 优化方案

图 8-5 优化前、后叶轮形状比较

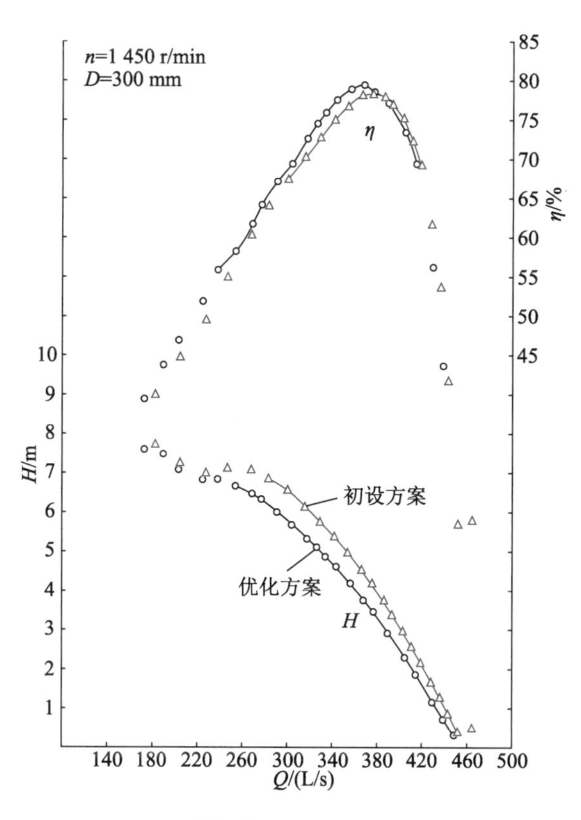

图 8-6 优化前、后泵段测试性能比较

(3) 导叶设计

双向叶轮的设计性能对称，而运行时正、反双向性能差别较大。正向运行要求流量大，扬程高；反向运行要求流量小，扬程低。因此，考虑在正向运行时，布置后导叶回收能量，提高扬程和效率；在反向运行时，通过导叶减小叶轮叶片水流冲角，降低扬程和流量。特设计 2 组导叶，分别标记为 1 号导叶和 2 号导叶，直接通过泵段模型试验进行优选。

2. 双向泵段模型制作

SZM35 模型泵叶轮直径 $D=300$ mm，叶片采用厚铜板经数控加工成型，避免铸造形成砂眼、气孔等缺陷，叶片控制型线点加工精度 ± 0.06 mm；轮毂体采用铜棒经数控加工成型。加工后叶轮总成如图 8-7 所示。

图 8-7 加工完成的叶轮

导叶叶片采用靠模加工，焊接成型，2 组导叶加工后的导叶总成如图 8-8 所示。模型泵采用 60°弯管标准泵段，进、出口直径 350 mm，模型泵整体加工精度优于规范要求。

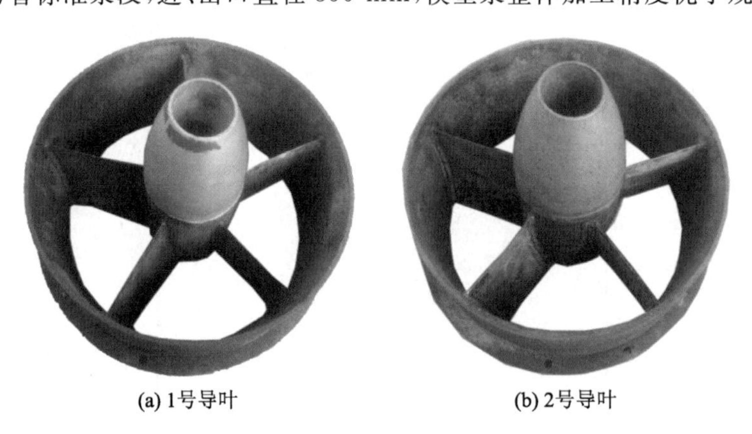

(a) 1号导叶　　(b) 2号导叶

图 8-8 加工完成的导叶

3. 双向泵模型试验

(1) 模型泵测试安装

模型泵叶轮直径 $D=300$ mm，叶顶间隙控制在 0.15 mm 以内。叶轮室开有观察窗，便于观测叶片的水流形态和空化。双向模型泵安装如图 8-9 所示。

(2) 模型试验测试内容

双向模型泵试验在扬州大学试验台进行，测试内容如下：

图 8-9　双向模型泵安装

① 5 个叶片安放角下泵段双向性能；

② 各特征扬程下泵段的双向空化特性。

根据试验规程，每个叶片安放角下的性能试验点不少于 15 点，空化特性试验时每个叶片安放角下选取 5 个特征扬程，临界空化余量按流量保持常数，改变有效 NPSH 值至效率下降 1%确定。

(3) 模型试验结果

1) 性能试验

首先在叶片安放角度为－2°时选用 1 号、2 号导叶进行对比试验。图 8-10、图 8-11 和图 8-12 分别绘出了 2 组导叶正向扬程、轴功率、效率的对比曲线。图 8-13、图 8-14 和图 8-15 分别绘出了 2 组导叶反向扬程、轴功率、效率的对比曲线。经对比分析，最终选用 1 号导叶。

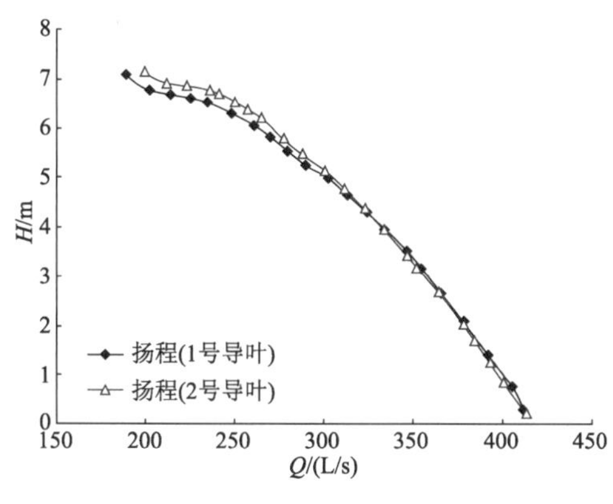

图 8-10　－2°正向不同导叶扬程对比

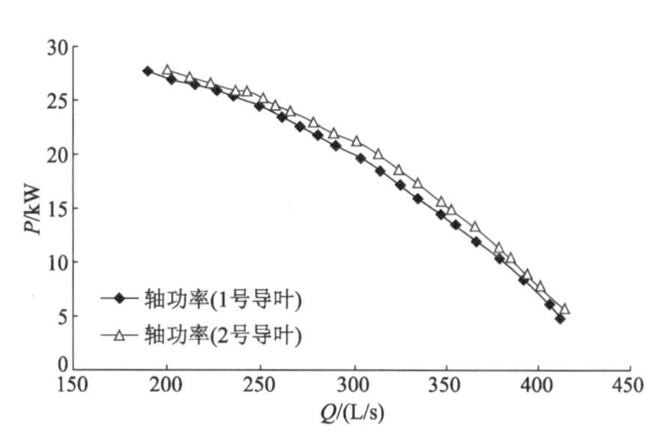

图 8-11　－2°正向不同导叶轴功率对比

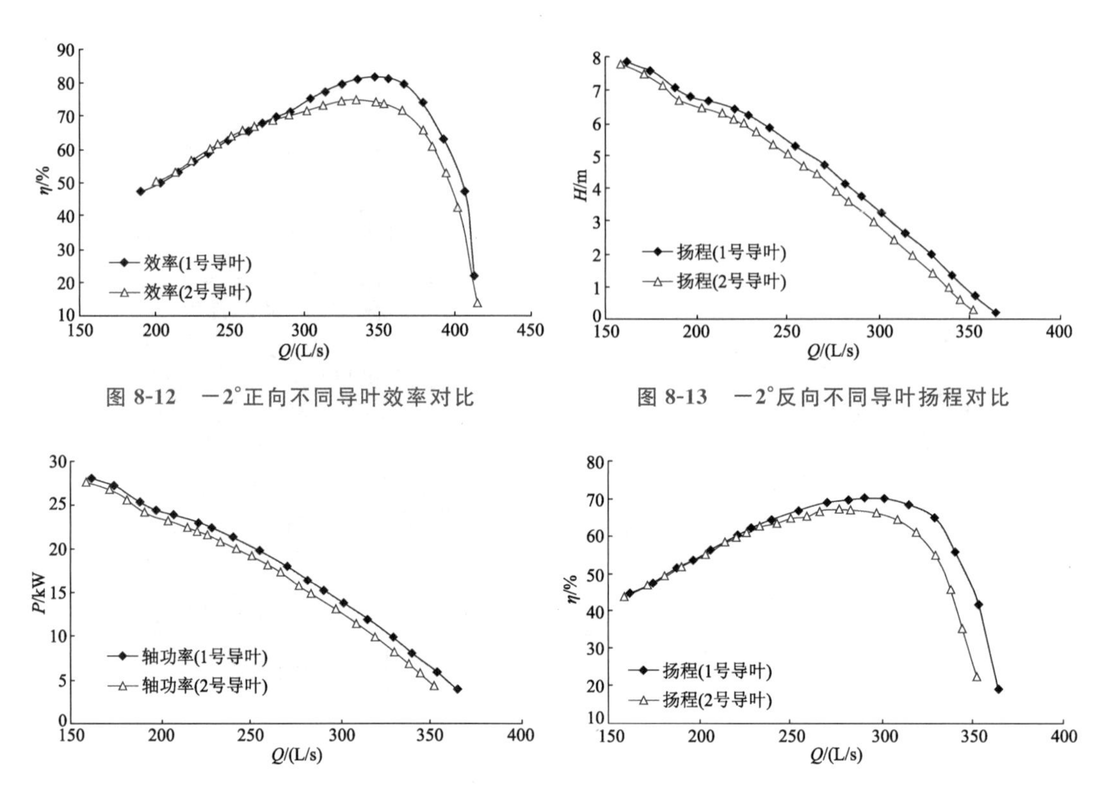

图 8-12　−2°正向不同导叶效率对比

图 8-13　−2°反向不同导叶扬程对比

图 8-14　−2°反向不同导叶轴功率对比

图 8-15　−2°反向不同导叶效率对比

针对 SZM35 叶轮模型和 1 号导叶组成的泵段，试验测试正、反两个方向，5 个叶片安放角(−4°，−2°，0°，+2°，+4°)下的性能。表 8-3 至表 8-7 列出了正向性能试验原始数据，表 8-8 至表 8-12 列出了反向性能试验原始数据，不同叶片安放角下最优工况参数如表 8-13 所示。根据试验结果得到泵段正向通用性能曲线如图 8-16 所示、泵段反向通用性能曲线如图 8-17 所示(转速 n=1 450 r/min，叶轮直径 D=300 mm)。

表 8-3　叶片安放角为−4°时正向性能试验数据

序号	流量 Q/(L/s)	扬程 H/m	轴功率 P/kW	装置效率 η/%
1	175.48	7.150	25.923	47.35
2	182.93	6.940	25.211	49.26
3	198.19	6.637	24.110	53.37
4	206.61	6.511	23.655	55.63
5	219.30	6.387	23.056	59.43
6	229.32	6.193	22.320	62.25
7	239.55	5.999	21.645	64.95
8	246.79	5.838	21.088	66.84
9	257.34	5.522	19.967	69.62
10	269.46	5.150	18.901	71.83
11	277.07	4.896	18.122	73.22

续表

序号	流量 Q/(L/s)	扬程 H/m	轴功率 P/kW	装置效率 η/%
12	288.60	4.551	17.091	75.18
13	302.18	4.103	15.574	77.89
14	311.49	3.731	14.367	79.13
15	323.40	3.256	13.000	79.24
16	330.35	2.913	12.055	78.10
17	342.79	2.358	10.508	75.25
18	351.96	1.873	9.175	70.28
19	364.54	1.265	7.393	61.03
20	376.71	0.633	5.718	40.80
21	385.41	0.229	4.401	19.63

表 8-4　叶片安放角为−2°时正向性能试验数据

序号	流量 Q/(L/s)	扬程 H/m	轴功率 P/kW	装置效率 η/%
1	189.94	7.076	27.729	47.42
2	202.89	6.766	26.975	49.78
3	215.08	6.662	26.419	53.06
4	226.39	6.603	25.891	56.48
5	235.65	6.518	25.442	59.06
6	249.10	6.303	24.485	62.73
7	261.80	6.043	23.500	65.86
8	271.20	5.803	22.612	68.09
9	280.87	5.534	21.776	69.83
10	290.50	5.229	20.770	71.54
11	303.51	4.966	19.608	75.20
12	313.98	4.638	18.427	77.30
13	325.07	4.285	17.142	79.50
14	335.00	3.933	15.922	80.96
15	347.03	3.496	14.536	81.65
16	355.34	3.142	13.447	81.22
17	366.41	2.641	11.914	79.45
18	379.02	2.067	10.403	73.69
19	392.39	1.385	8.424	63.13
20	406.21	0.741	6.213	47.42
21	412.27	0.269	4.916	22.04

表 8-5 叶片安放角为 0°时正向性能试验数据

序号	流量 Q/(L/s)	扬程 H/m	轴功率 P/kW	装置效率 η/%
1	173.73	7.609	32.431	39.87
2	190.20	7.477	31.577	44.06
3	203.34	7.085	29.833	47.24
4	225.11	6.820	28.736	52.27
5	238.45	6.852	28.346	56.39
6	253.45	6.670	28.350	58.34
7	268.62	6.484	27.387	62.22
8	277.25	6.332	26.645	64.45
9	291.30	5.993	25.284	67.55
10	302.71	5.662	24.144	69.44
11	318.50	5.286	22.580	72.94
12	327.02	5.098	21.767	74.93
13	334.13	4.872	20.876	76.29
14	343.96	4.618	19.886	78.14
15	356.50	4.199	18.382	79.68
16	368.29	3.767	16.886	80.37
17	376.66	3.468	16.083	79.46
18	389.51	2.933	14.331	77.99
19	404.71	2.292	12.192	74.41
20	414.29	1.873	10.771	70.49
21	430.17	1.169	8.592	57.27
22	439.13	0.721	6.943	44.60
23	449.08	0.309	5.415	25.04

表 8-6 叶片安放角为+2°时正向性能试验数据

序号	流量 Q/(L/s)	扬程 H/m	轴功率 P/kW	装置效率 η/%
1	209.97	7.340	33.942	44.42
2	227.29	6.924	31.940	48.20
3	248.24	6.750	31.014	52.86
4	260.26	6.817	30.808	56.34
5	269.75	6.786	30.625	58.47
6	279.70	6.681	29.978	60.98
7	295.38	6.434	29.302	63.45
8	302.08	6.302	28.875	64.50

续表

序号	流量 Q/(L/s)	扬程 H/m	轴功率 P/kW	装置效率 η/%
9	317.53	5.975	27.738	66.91
10	328.94	5.719	26.544	69.34
11	339.86	5.516	25.714	71.32
12	353.01	5.207	24.330	73.91
13	362.30	4.986	23.478	75.26
14	372.42	4.724	22.370	76.93
15	385.24	4.330	20.941	77.93
16	392.87	4.060	19.968	78.14
17	403.18	3.688	18.574	78.32
18	417.69	3.165	16.739	77.27
19	429.02	2.752	15.369	75.16
20	437.36	2.347	13.997	71.75
21	449.57	1.821	12.135	66.01
22	461.98	1.296	10.264	57.09
23	471.20	0.941	8.980	48.31
24	483.64	0.359	6.667	25.50

表 8-7　叶片安放角为+4°时正向性能试验数据

序号	流量 Q/(L/s)	扬程 H/m	轴功率 P/kW	装置效率 η/%
1	207.37	7.333	36.710	40.52
2	226.22	7.095	34.954	44.92
3	237.14	6.927	34.135	47.08
4	257.96	6.717	33.085	51.24
5	269.34	6.865	33.353	54.23
6	286.37	6.855	33.230	57.79
7	301.62	6.697	32.541	60.72
8	317.52	6.471	31.502	63.80
9	334.11	6.165	30.404	66.27
10	352.82	5.821	29.038	69.20
11	375.35	5.398	27.247	72.75
12	389.83	5.069	25.699	75.22
13	409.87	4.464	23.370	76.58
14	428.68	3.834	20.888	76.98

续表

序号	流量 Q/(L/s)	扬程 H/m	轴功率 P/kW	装置效率 η/%
15	442.42	3.317	19.126	75.07
16	459.26	2.667	16.874	71.02
17	475.49	2.096	14.629	66.65
18	481.68	1.801	13.457	63.05
19	490.13	1.386	11.827	56.18
20	500.82	0.924	10.204	44.35
21	507.18	0.630	9.248	33.79
22	516.55	0.220	7.646	14.56

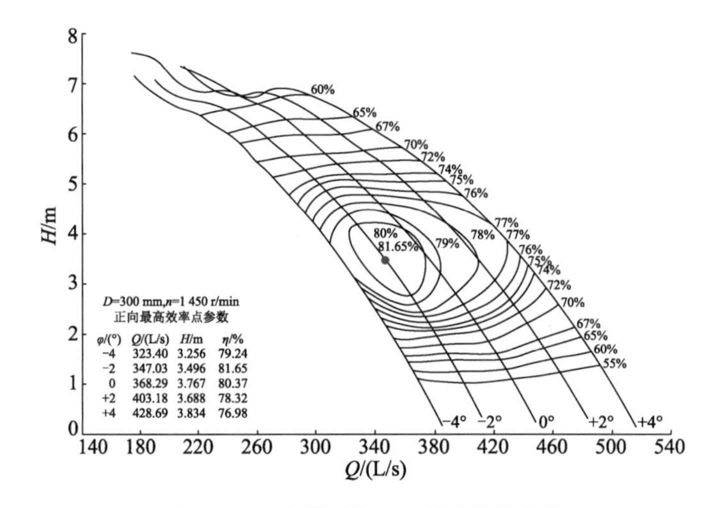

图 8-16 双向泵泵段正向通用性能曲线

表 8-8 叶片安放角为−4°时反向性能试验数据

序号	流量 Q/(L/s)	扬程 H/m	轴功率 P/kW	装置效率 η/%
1	147.06	7.858	25.029	45.17
2	164.93	7.388	23.882	49.91
3	171.10	7.143	23.155	51.64
4	180.85	6.791	22.112	54.34
5	190.62	6.593	21.423	57.39
6	199.51	6.384	20.850	59.76
7	209.65	6.082	20.063	62.17
8	221.67	5.674	19.043	64.61
9	234.68	5.237	17.896	67.18

续表

序号	流量 Q/(L/s)	扬程 H/m	轴功率 P/kW	装置效率 η/%
10	245.69	4.781	16.832	68.27
11	254.12	4.396	15.784	69.24
12	264.02	3.955	14.593	70.00
13	274.16	3.452	13.036	71.02
14	282.14	3.084	12.020	70.82
15	291.11	2.662	10.914	69.47
16	298.27	2.315	9.886	68.32
17	308.15	1.791	8.567	63.02
18	318.72	1.192	6.933	53.62
19	328.33	0.684	5.420	40.51
20	336.19	0.251	3.936	21.00

表 8-9　叶片安放角为−2°时反向性能试验数据

序号	流量 Q/(L/s)	扬程 H/m	轴功率 P/kW	装置效率 η/%
1	161.74	7.875	27.727	44.94
2	173.89	7.588	26.966	47.87
3	187.56	7.092	25.064	51.92
4	196.59	6.808	24.130	54.26
5	206.27	6.662	23.645	56.85
6	220.64	6.416	22.713	60.97
7	228.29	6.233	22.135	62.89
8	239.75	5.854	21.066	65.17
9	254.36	5.311	19.550	67.60
10	270.05	4.701	17.813	69.72
11	281.55	4.126	16.114	70.53
12	290.35	3.753	14.963	71.25
13	301.22	3.262	13.518	71.11
14	314.58	2.626	11.594	69.71
15	328.79	1.981	9.582	66.51
16	339.95	1.347	7.787	57.54
17	352.91	0.708	5.644	43.32
18	363.94	0.207	3.608	20.45

表 8-10 叶片安放角为 0°时反向性能试验数据

序号	流量 Q/(L/s)	扬程 H/m	轴功率 P/kW	装置效率 η/%
1	181.88	7.658	28.585	47.67
2	195.12	7.238	27.171	50.85
3	204.66	6.910	26.057	53.09
4	217.14	6.729	25.413	56.24
5	226.39	6.647	24.973	58.95
6	237.54	6.500	24.344	62.05
7	246.51	6.240	23.612	63.73
8	258.02	5.869	22.588	65.59
9	269.16	5.484	21.496	67.17
10	281.04	5.019	20.211	68.27
11	291.86	4.604	18.939	69.41
12	304.63	4.128	17.388	70.74
13	316.25	3.658	16.002	70.73
14	329.78	3.083	14.192	70.08
15	342.31	2.519	12.451	67.76
16	353.26	1.995	10.730	64.25
17	363.98	1.444	9.096	56.54
18	373.47	0.988	7.474	48.30
19	380.85	0.621	6.142	37.65
20	389.24	0.299	4.523	25.20

表 8-11 叶片安放角为+2°时反向性能试验数据

序号	流量 Q/(L/s)	扬程 H/m	轴功率 P/kW	装置效率 η/%
1	198.19	7.426	29.722	48.44
2	210.39	7.032	28.267	51.20
3	224.62	6.737	27.169	54.49
4	236.01	6.636	26.826	57.12
5	249.57	6.599	26.559	60.66
6	259.18	6.363	25.758	62.64
7	270.75	6.011	24.856	64.06
8	282.73	5.565	23.590	65.24
9	294.48	5.160	22.329	66.57
10	306.76	4.720	20.862	67.90

续表

序号	流量 Q/(L/s)	扬程 H/m	轴功率 P/kW	装置效率 η/%
11	316.82	4.359	19.649	68.76
12	329.03	3.925	18.211	69.37
13	337.73	3.600	17.105	69.54
14	344.66	3.317	16.242	68.85
15	355.56	2.846	14.686	67.40
16	369.63	2.272	12.729	64.54
17	375.93	1.950	11.443	62.66
18	389.06	1.349	9.493	54.10
19	398.34	0.963	7.851	47.81
20	404.93	0.666	6.646	39.70
21	413.56	0.392	4.993	31.75

表 8-12 叶片安放角为+4°时反向性能试验数据

序号	流量 Q/(L/s)	扬程 H/m	轴功率 P/kW	装置效率 η/%
1	182.87	7.976	33.948	42.03
2	198.94	7.634	32.912	45.14
3	208.14	7.346	31.845	46.97
4	219.23	6.984	30.510	49.09
5	230.01	6.799	29.648	51.60
6	243.15	6.707	29.166	54.70
7	251.99	6.695	28.989	56.94
8	266.55	6.530	28.570	59.60
9	281.33	6.197	27.543	61.92
10	289.84	5.942	26.699	63.11
11	306.05	5.411	24.969	64.88
12	314.34	5.125	24.012	65.63
13	323.37	4.819	22.976	66.36
14	332.42	4.557	21.944	67.53
15	344.23	4.090	20.298	67.85
16	351.64	3.818	19.353	67.86
17	362.14	3.424	18.011	67.35
18	371.37	3.079	16.783	66.65
19	382.70	2.619	15.388	63.71
20	393.74	2.131	13.781	59.58
21	400.98	1.810	12.700	55.89

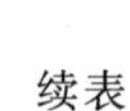

续表

序号	流量 Q/(L/s)	扬程 H/m	轴功率 P/kW	装置效率 η/%
22	413.97	1.212	10.500	46.76
23	426.62	0.721	8.433	35.70
24	438.43	0.246	6.242	16.87

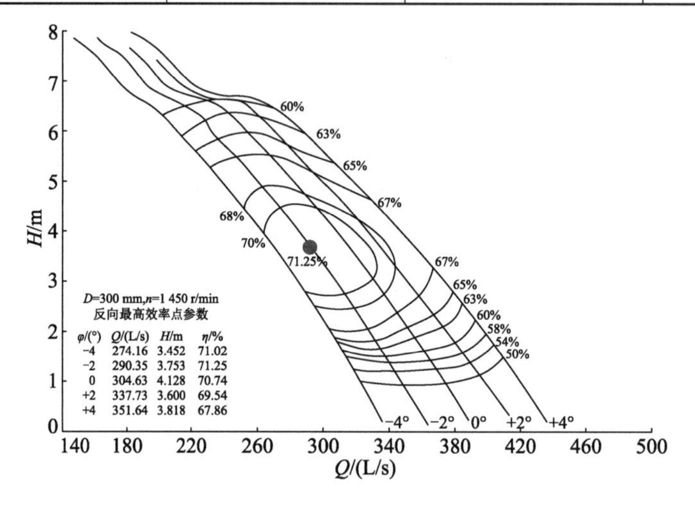

图 8-17 双向泵泵段反向通用性能曲线

表 8-13 双向泵段性能试验最优效率数据

叶片安放角/(°)		最优效率点参数			
		流量 Q/(L/s)	扬程 H/m	轴功率 P/kW	装置效率 η/%
−4	正向	323.40	3.256	13.00	79.24
−2	正向	347.03	3.496	14.54	81.65
0	正向	368.29	3.767	16.89	80.37
+2	正向	403.18	3.688	18.57	78.32
+4	正向	428.69	3.834	20.89	76.98
−4	反向	274.16	3.452	13.04	71.02
−2	反向	290.35	3.753	14.96	71.25
0	反向	304.63	4.128	16.00	70.74
+2	反向	337.73	3.600	17.10	69.54
+4	反向	351.64	3.818	19.35	67.86

2）空化特性试验

模型泵段的空化特性试验采用定流量的能量法，取水泵效率降低 1%的 NPSH 值作为临界值 $NPSH_r$（以叶轮中心为基准）。图 8-18 和图 8-19 分别为正向和反向 $NPSH_r$ 曲线。

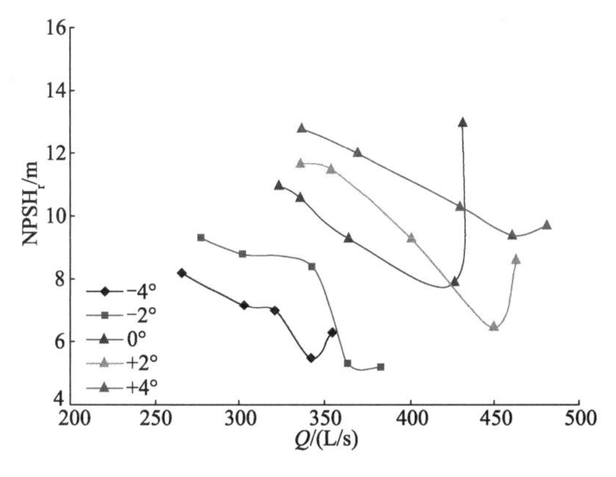

图 8-18 双向泵段正向 NPSH$_r$ 曲线

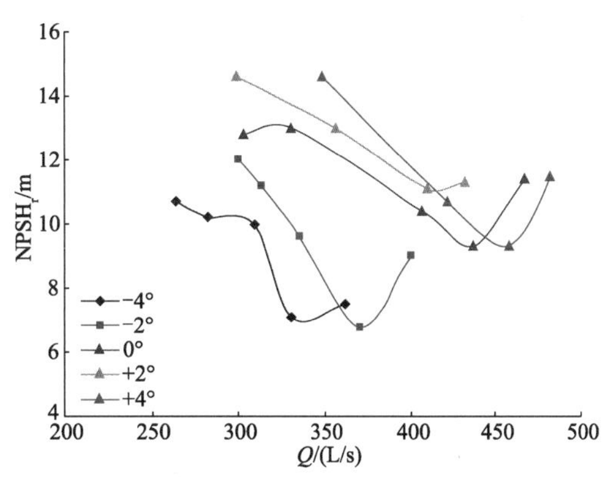

图 8-19 双向泵段反向 NPSH$_r$ 曲线

4. 结果及分析

① 根据泵段(SZM35 叶轮模型和 1 号导叶)试验结果,双向泵段正向最高效率点出现在叶片安放角为$-2°$时,最高效率为 81.65%,此时流量 $Q=347.03$ L/s,扬程 $H=3.496$ m;反向最高效率点也出现在叶片安放角为$-2°$时,最高效率为 71.25%,此时流量 $Q=290.35$ L/s,扬程 $H=3.753$ m。水力性能参数指标高于已有双向泵水力模型的水平。

② 水力模型在较大扬程范围内效率较高,马鞍区峰点扬程大于 6.5 m,能满足最高运行水位的要求。根据空化特性试验结果,正向性能最高效率点(叶片安放角为$-2°$,流量 Q 为 347.03 L/s)的 NPSH$_r$ 值小于 8 m,即空化比转速 $C>1\ 000$,达到设计指标的要求。原型泵装置的 $nD=331$,数值较小,属于降速运行,因此空化性能对叶轮安装高程和淹没深度没有调整的要求。

8.1.3 双向泵装置 CFD 分析及优化设计

双向泵装置的 CFD 分析要求、方法及依据与第 6 章中单向竖井贯流泵装置相同,双向泵装置数值计算中的水力模型为 S 形双向叶轮 SZM35,泵段正、反向性能曲线如图 8-16 和图 8-17 所示。

现以单向机组优化的出水流道为基础,对竖井贯流泵装置进行双向优化。单向机组的竖井进水流道可以获得较满意的效果,但双向装置出水流道由于扩散角度过大,损失较大,所以以水力损失最小为原则重新设计流道尺寸。将单向竖井流道作为对比方案。

1. 模型建立与网格剖分

考虑到连接轴对性能的影响,重新建立块结构以便划出较高质量的网格。现拟定 2 组方案,因方案 2 在方案 1 的基础上将圆角过渡改为椭圆弧过渡,其模型差别不大,故仅给出方案 2 的块结构与网格模型图,如图 8-20 所示。

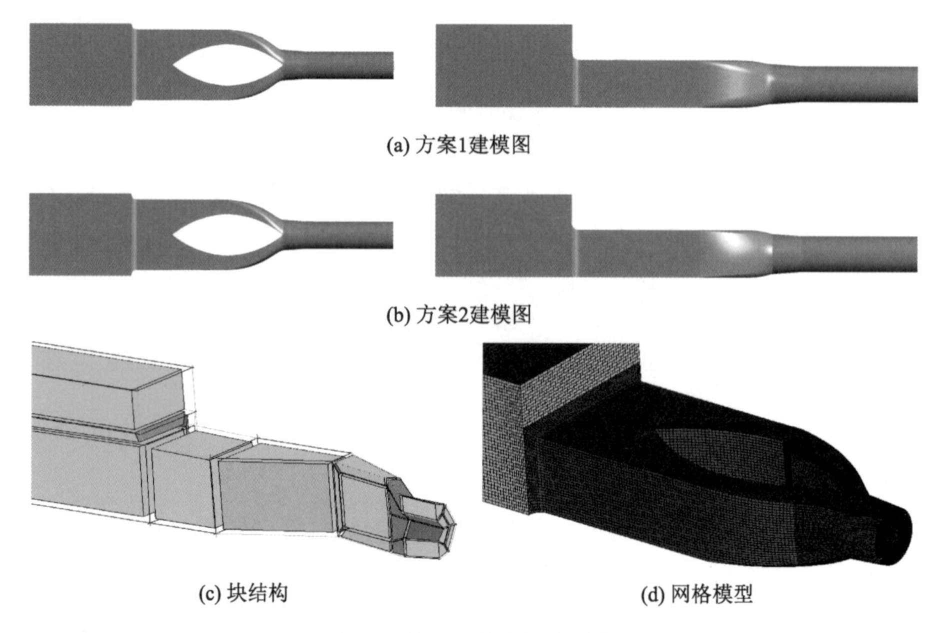

(a) 方案1建模图

(b) 方案2建模图

(c) 块结构

(d) 网格模型

图 8-20　双向竖井流道三维建模

2. 竖井流道正向计算结果与分析

(1) 竖井流道正向计算水力性能分析

根据计算结果,选取进、出口断面的总压水头计算水力损失,如图 8-21 所示。

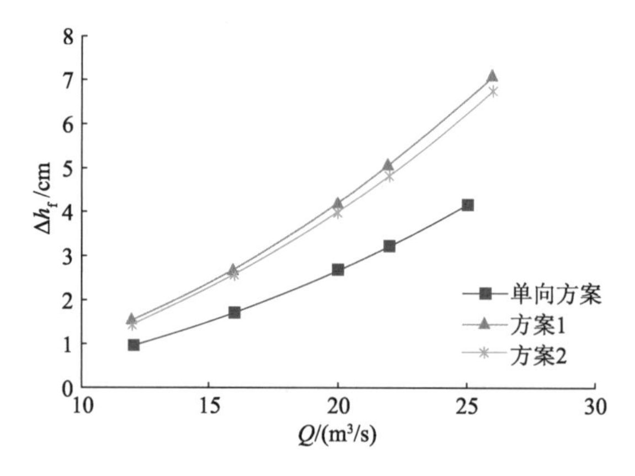

图 8-21　流量与水力损失关系曲线

方案 1、方案 2 正向运行时,过渡断面面积相对单向方案减小,水力半径减小,沿程阻力变大,水力损失相对变大,方案 2 优于方案 1。在设计工况下单向方案比方案 2 水力损失小 1.33 cm。

不同方案在正向运行时的加权平均角和断面均匀度如图 8-22 和图 8-23 所示。从图中可以看出,流量与加权平均角关系曲线变化趋势和损失变化趋势一致,损失越大时,加权平均角越大。流量与断面均匀度关系曲线变化趋势和水力损失变化趋势相同。

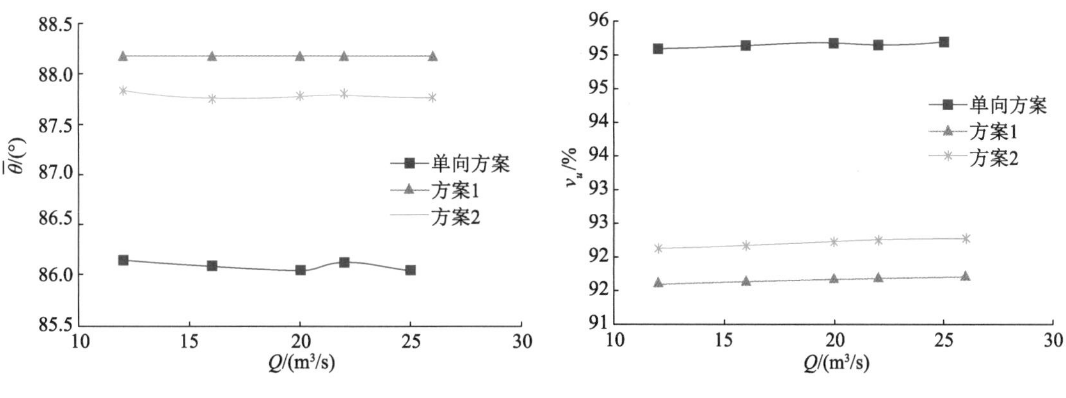

图 8-22 流量与加权平均角关系曲线

图 8-23 流量与断面均匀度关系曲线

（2）竖井流道正向运行内部流场分析

通过对不同方案进行 CFD 计算，得到正向运行竖井流道内流场分布信息。图 8-24 和图 8-25 分别为方案 1、方案 2 前置竖井内流线与压力分布图。

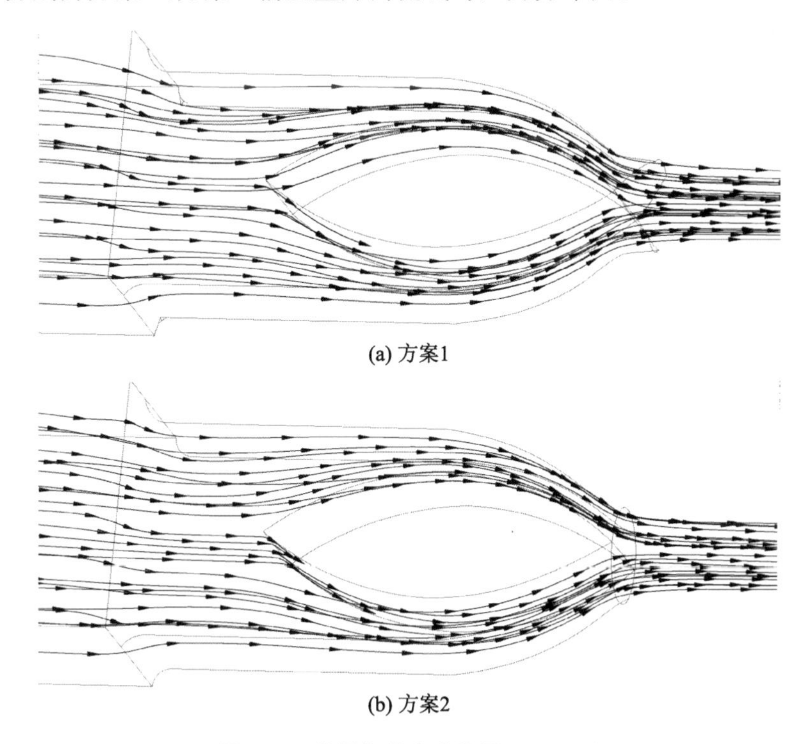

(a) 方案1

(b) 方案2

图 8-24 前置竖井内流线图（$Q=Q_{des}$）

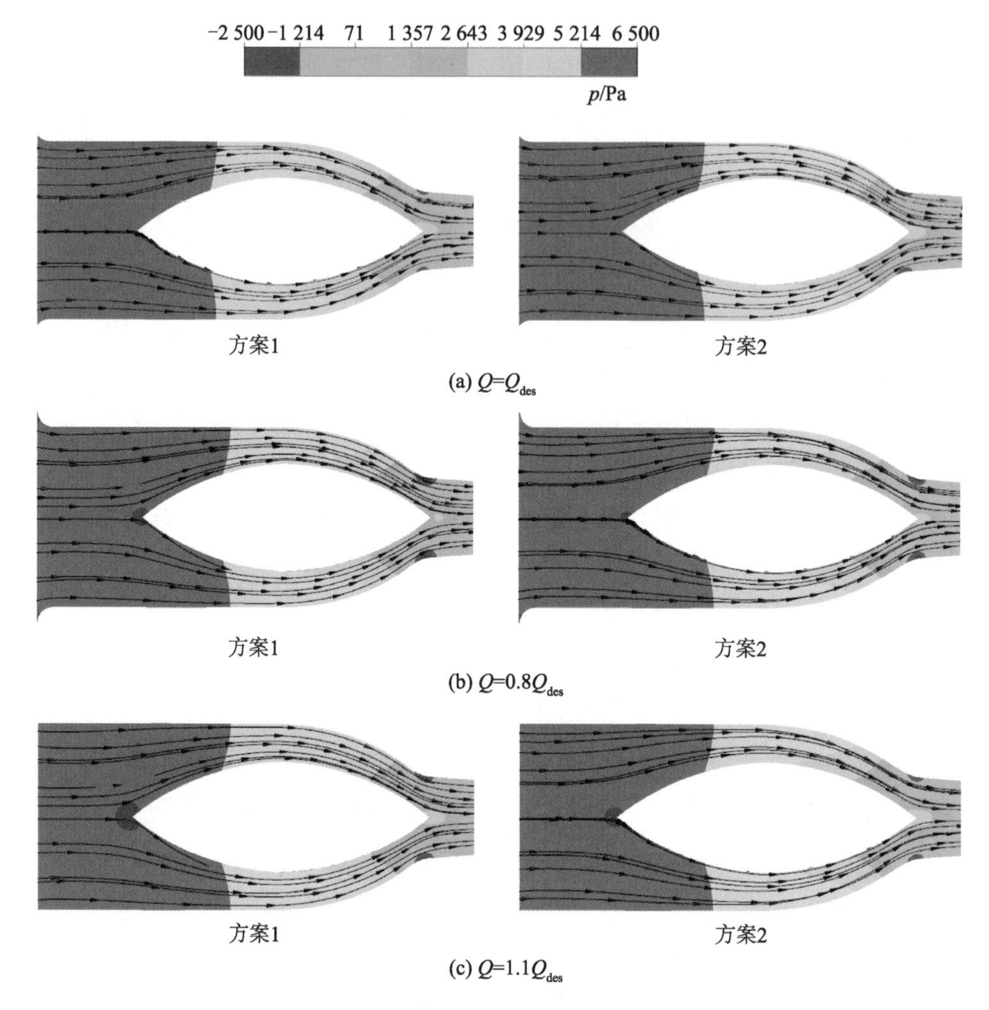

图 8-25 前置竖井流线与压力分布

综合比较可以看出，减小竖井流道出口的收缩角度后，双向泵装置正向的性能较单向方案下降，且方案 2 较方案 1 在过渡上更平顺，水力损失和断面均匀度要优于方案 1。

3. 竖井流道反向计算结果与分析

(1) 竖井流道局部调整

在方案 2 的基础上增加倒角，改支撑固定宽度为渐变，使得水流进入竖井段更为平顺，定为方案 3。图 8-26 为方案 3 流道断面面积分布曲线。

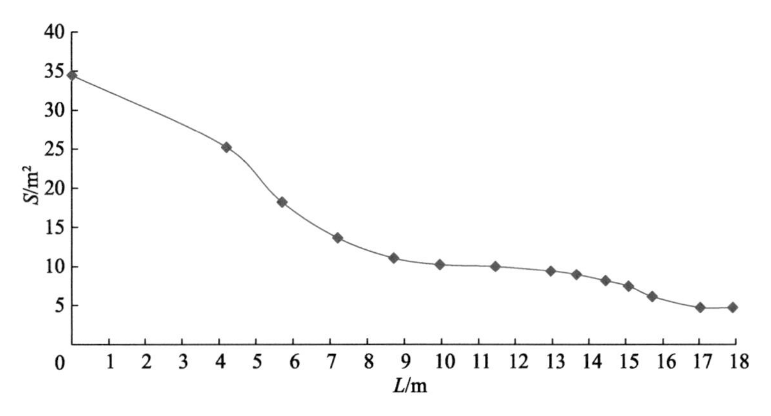

图 8-26 方案 3 流道断面面积分布曲线

(2) 竖井流道反向水力性能分析

现根据模拟结果比较单向方案与方案 3 作为双向流道时的出水流道性能，取进、出口断面的压力和流速整理成流道水力损失，可以发现，反向运行时方案 3 明显优于单向方案，在设计流量工况下水力损失减小 0.23 m。

4. 泵装置整体水力损失与性能分析

(1) 泵装置双向水力性能预测

以方案 3 的竖井、方案 1 的直线渐变锥管确定最终流道，计算各特征工况下正、反向泵装置性能，并分别计算进水流道、出水流道在各种工况下的水力损失，整理成表 8-14。

表 8-14 最终方案竖井式贯流泵进、出水流道水力损失

正向运行(前置)		
流量 Q/(m^3/s)	竖井进水/cm	渐变直管出水/cm
16.0	3.4	56
20.0	5.5	20
22.0	6.7	18
24.0	8.0	17
26.0	9.5	21
反向运行(后置)		
流量 Q/(m^3/s)	竖井出水/cm	渐变直管进水/cm
13.5	169	1.1
15.0	148	1.3
16.5	129	1.6
18.0	104	1.9
19.5	84	2.2
21.0	70	2.6

由表中数据可知，竖井前置比后置水力损失要小很多，各工况都不超过 0.10 m，而后置竖井在计算范围内最小水力损失也有 0.70 m，主要原因是叶轮出口的旋转水流在竖井处损失较大。

根据计算结果，取叶片上的扭矩值，进、出口的压力增量值和对应的流量，计算扬程、效率，绘制成正向和反向性能曲线，如图 8-27 和图 8-28 所示。

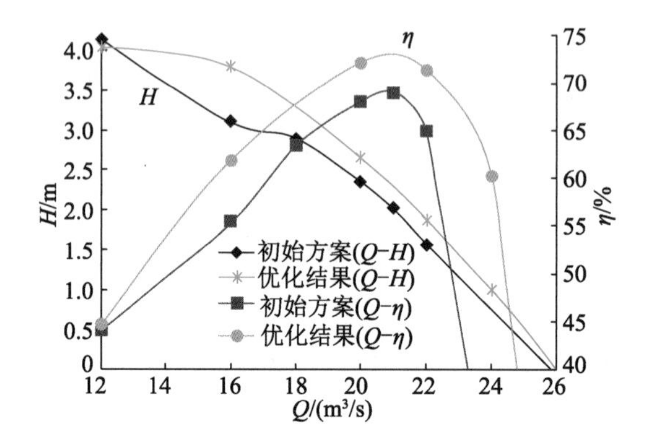

图 8-27　正向运行最终优化结果与初始方案性能对比

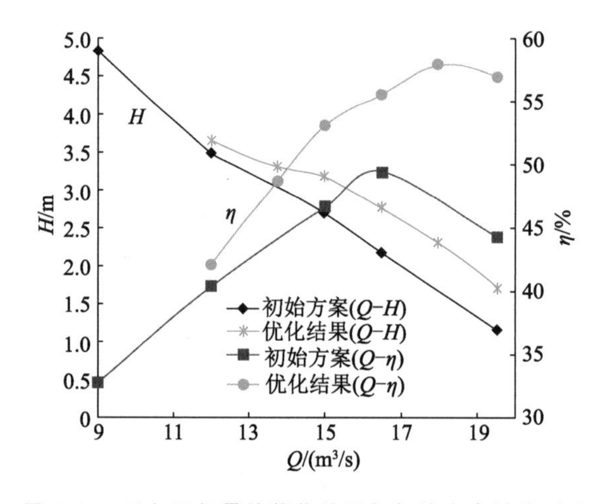

图 8-28　反向运行最终优化结果与初始方案性能对比

由图可见，经过优化后总体性能较初始方案得到较大的提升。正向运行时，在设计流量工况下，效率由 67.9%提升至 72.0%；反向运行时，在设计流量工况下，效率由 46.7%提升至 53.1%。优化后正向运行最高效率为 72.0%，反向运行最高效率为 57.9%。

(2) 竖井式贯流泵装置反向运行时竖井内部流场

反向运行时的竖井流线如图 8-29 所示，进水流道内的流态较好，而作为出水的竖井流道内部流态比较混乱。虽然经过优化后水力损失相对减小，但是内部的流态无实质性改变。在流量小于设计工况时，叶轮出口的环量较大，进入竖井段时，竖井将旋转的主流分割成两股水流，虽然起到一定的整流作用，但是水流调整过于剧烈，水力损失过大，也有相当一部分环量在扁长的竖井中因转向角过大形成回流。在流量不小于设计流量工况时，叶轮室出口的环量相对较小，经过竖井后流线基本成中心对称形式，从顺水流方向看，左侧竖井主水流区绕到竖井底部往右侧方向流出，右侧竖井主水流区绕到竖井底部往左侧方向流出，在竖井尾部形成交叉状。

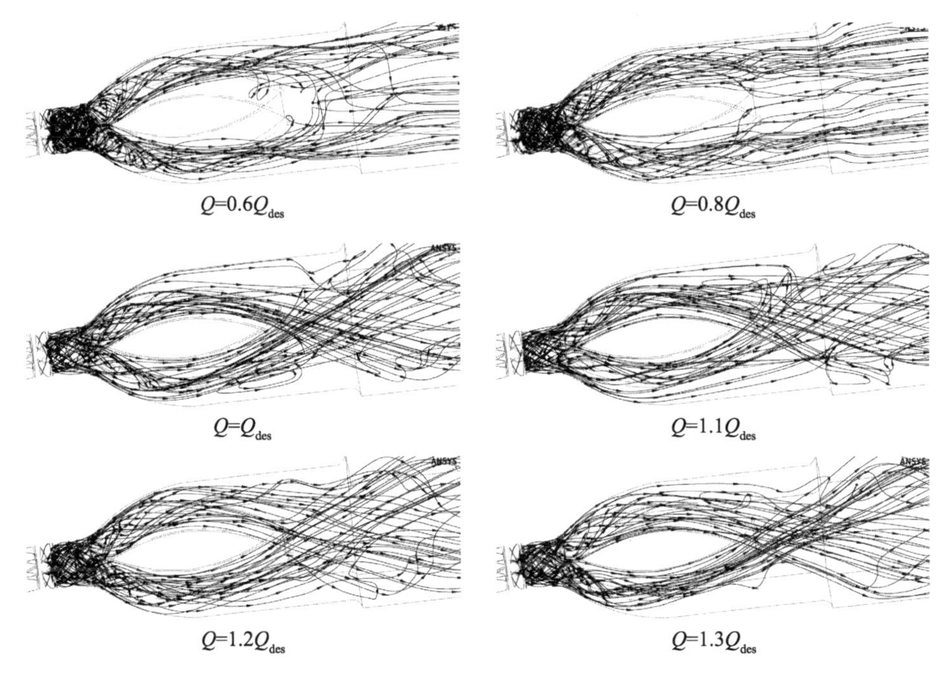
Q=0.6Q_{des}　Q=0.8Q_{des}
Q=Q_{des}　Q=1.1Q_{des}
Q=1.2Q_{des}　Q=1.3Q_{des}

图 8-29　反向运行各工况下竖井内部流线

(3) 竖井式贯流泵装置正向运行时竖井内部流场

正向运行时，竖井作为进水流道时其内部流场如图 8-30 所示。从图中可以看出，出水流道在设计流量工况下的流态比较好。在流量小于设计工况时，流线在出水流道外侧形成旋转，摩擦损失较大；在流量大于设计工况时，如 $Q=1.1Q_{des}$，$Q=1.2Q_{des}$，出口易形成回流；流量更大时，受导叶出口断面速度分布不均的影响，流线整体较紊乱，水流旋转方向与叶轮旋转方向一致。

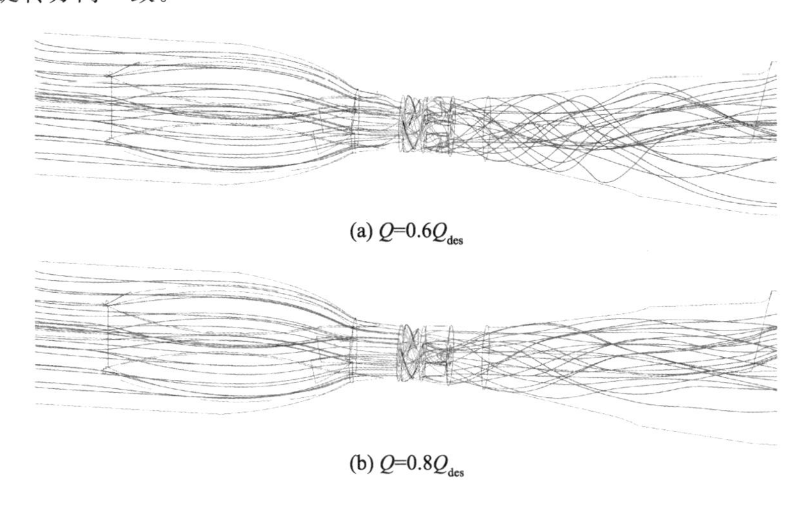
(a) Q=0.6Q_{des}

(b) Q=0.8Q_{des}

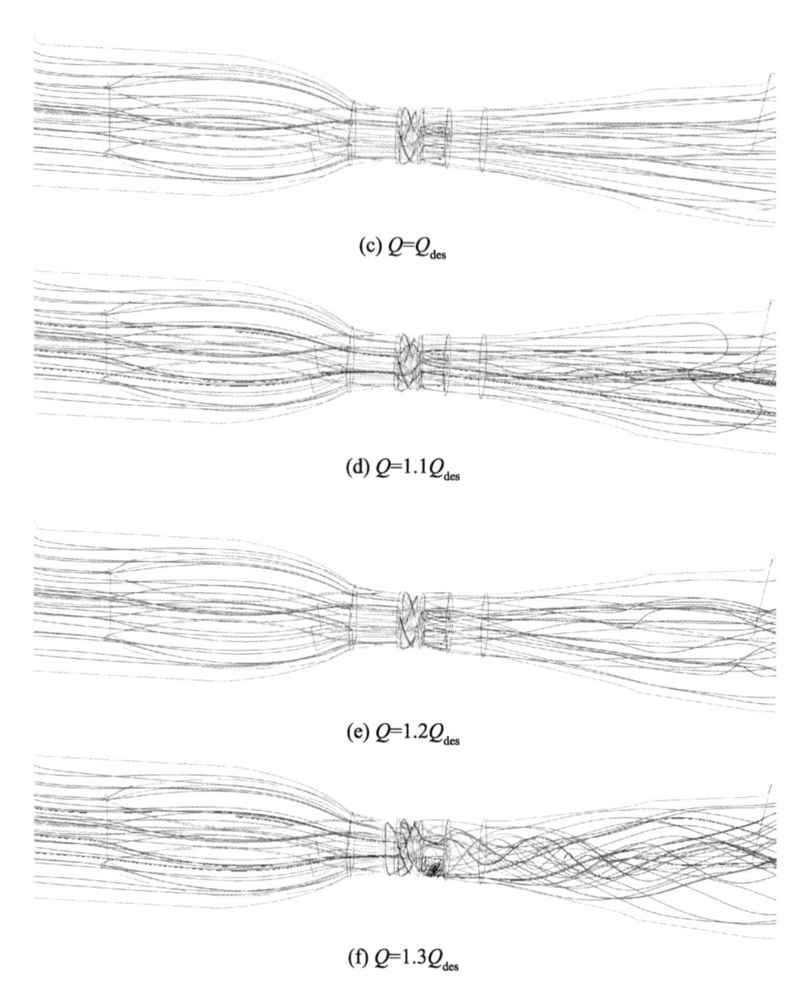

(c) $Q=Q_{des}$

(d) $Q=1.1Q_{des}$

(e) $Q=1.2Q_{des}$

(f) $Q=1.3Q_{des}$

图 8-30　正向运行各工况下竖井贯流泵装置内部流线

5. 结论与建议

① 优化后的泵装置在不改变原设计方案的进、出口断面面积的情况下，水力性能较初始方案有明显提高。正向运行时，在设计流量工况下效率提高了 4.1 个百分点；反向运行时，在设计流量工况下效率提高了 6.4 个百分点。

② 竖井流道前置(进水流道)和后置(出水流道)时，优化要求及优化结果不一致。前置优化得到的方案与单向一致，而后置优化得到方案 3。在现有控制尺寸下，后置竖井流道的水力损失远大于前置，后置竖井流道的优化问题值得进一步研究。为施工方便，建议采用方案 3 作为单向与双向泵装置最终流道(见图 8-31 和图 8-32)。

③ 设计流量工况下，模拟计算结果表明扬程高于设计扬程。正向运行时，设计流量 $Q=20\ m^3/s$，扬程为 2.652 m，高于设计扬程 1.75 m；反向运行时，设计流量 $Q=15\ m^3/s$，扬程为 3.18 m，高于设计扬程 0.95 m。实际应用时，叶片安放角应在负角度，具体角度经泵装置模型试验确定。

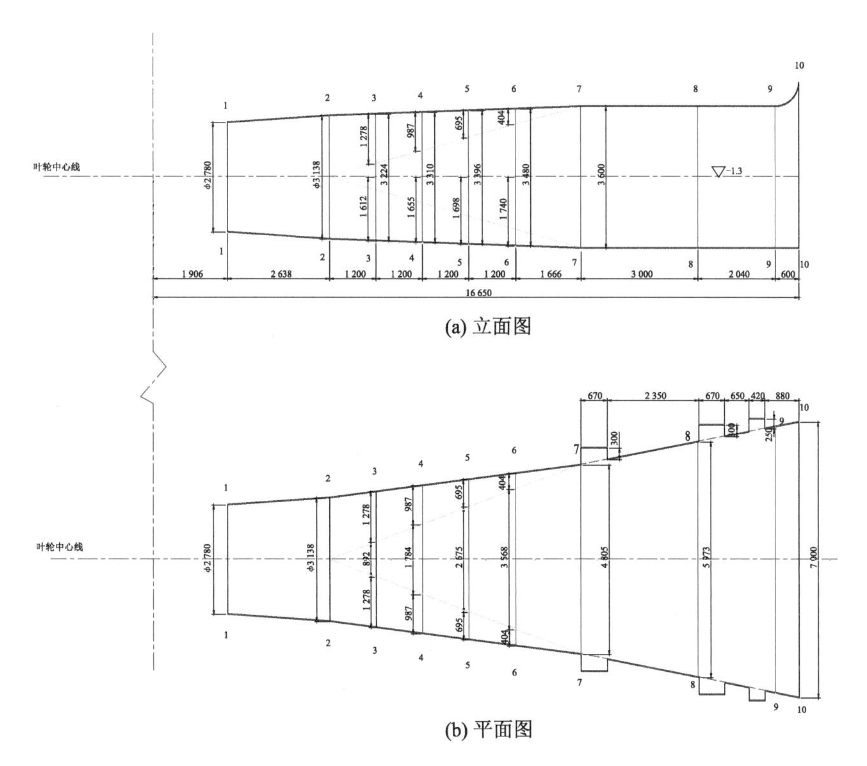

图 8-31　优化方案直管式流道图(长度单位:mm)

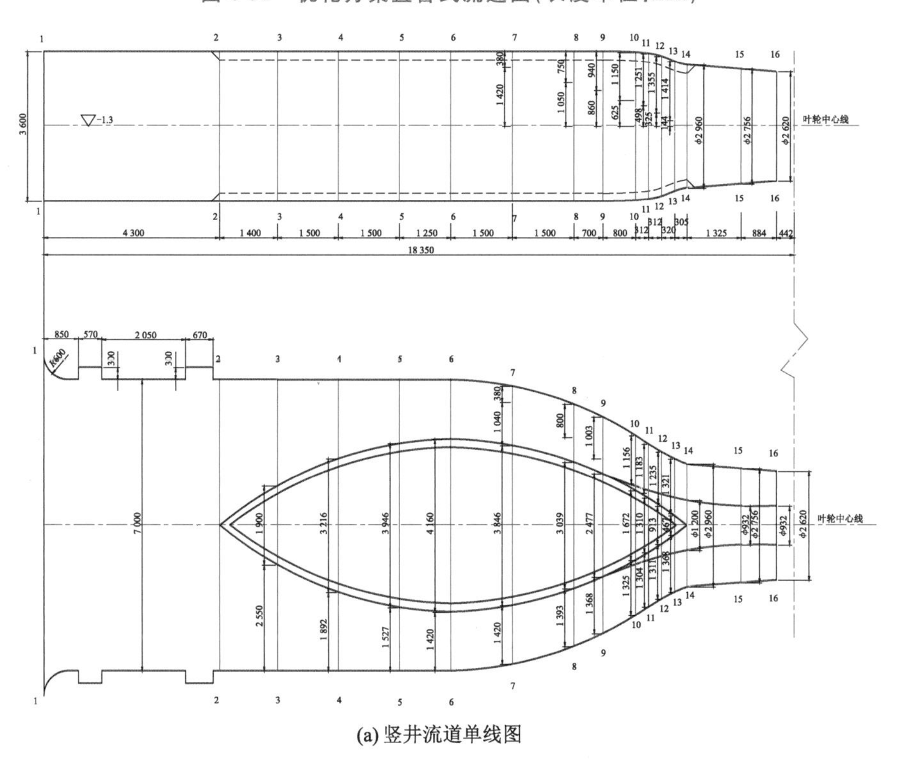

(a) 竖井流道单线图

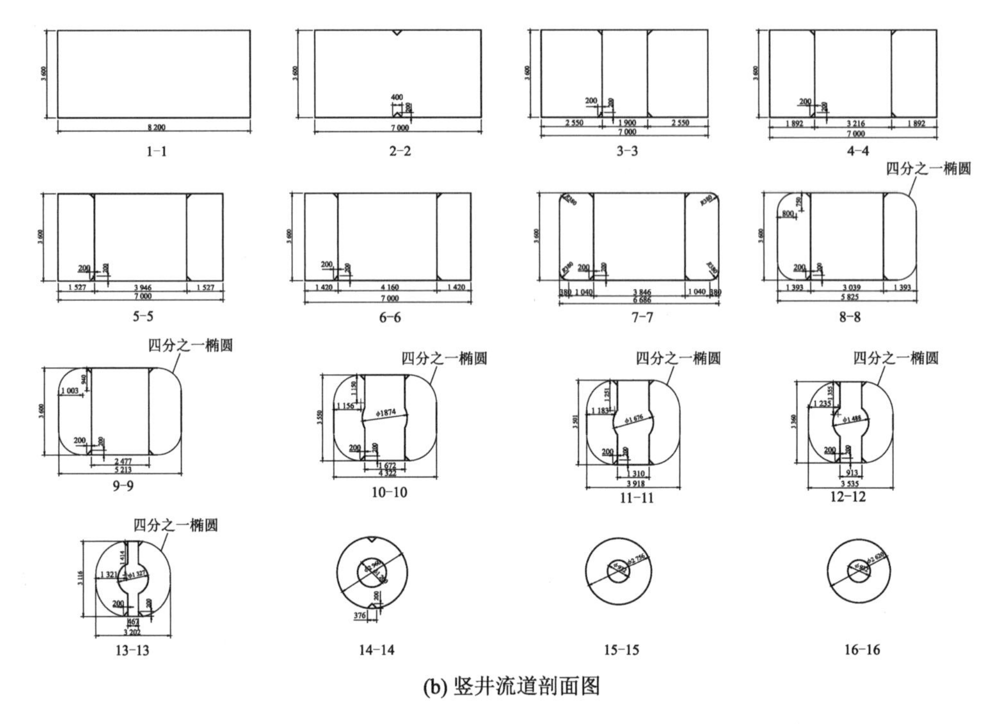

(b) 竖井流道剖面图

图 8-32　优化方案竖井式流道图(长度单位:mm)

8.2　双向竖井贯流泵装置模型试验研究

8.2.1　试验内容

双向泵正向抽水设计流量 20 m^3/s,反向引水设计流量 15 m^3/s。主水泵叶轮直径为 2 650 mm,额定转速 125 r/min,配套电动机功率 710 kW。装置为正向抽水运行时竖井进水、直管式出水流道,尺寸如图 8-31 和图 8-32 所示。根据相似理论,模型泵的叶轮直径为 300 mm,换算的模型泵转速为 1 104 r/min,设计流量正向为 257 L/s,反向为 192 L/s。试验内容包括能量特性试验、空化特性试验和飞逸特性试验等,试验在河海大学的试验台进行。

8.2.2　试验结果及分析

1. 能量特性试验结果与分析

模型装置在不同叶片安放角、不同工况下的能量特性见表 8-15 至表 8-24 及图 8-33 和图 8-34,经换算的原型装置正向抽水、反向引水综合特性曲线见图 8-35 和图 8-36。水泵装置在正向抽水工况与反向引水工况下的特征点能量特性数据见表 8-25 和表 8-26。

表 8-15　叶片安放角为+2°时模型装置正向抽水工况能量特性试验数据

序号	流量 Q/(L/s)	扬程 H/m	轴功率 P/kW	装置效率 η/%
1	347.2	0.20	3.87	17.58
2	343.0	0.41	4.48	30.77
3	338.6	0.60	4.79	41.62
4	331.9	0.81	5.37	49.16
5	327.6	0.99	5.90	53.91
6	320.0	1.20	6.24	60.41
7	317.5	1.31	6.53	62.44
8	313.8	1.40	6.67	64.57
9	311.2	1.49	6.89	66.03
10	309.1	1.59	7.17	67.20
11	305.2	1.69	7.37	68.62
12	303.7	1.75	7.54	69.15
13	301.9	1.81	7.71	69.52
14	297.2	1.90	7.88	70.27
15	294.2	1.99	8.17	70.32
16	292.0	2.05	8.34	70.42
17	289.9	2.10	8.47	70.50
18	286.5	2.20	8.79	70.33
19	277.9	2.40	9.35	69.98

表 8-16　叶片安放角为 0°时模型装置正向抽水工况能量特性试验数据

序号	流量 Q/(L/s)	扬程 H/m	轴功率 P/kW	装置效率 η/%
1	325.6	0.21	3.28	20.48
2	320.8	0.40	3.86	32.61
3	315.0	0.60	4.28	43.34
4	310.4	0.80	4.75	51.34
5	305.6	1.00	5.31	56.47
6	298.9	1.20	5.69	61.87
7	296.1	1.30	5.91	63.87
8	294.0	1.40	6.18	65.33
9	289.6	1.50	6.32	67.43

续表

序号	流量 Q/(L/s)	扬程 H/m	轴功率 P/kW	装置效率 η/%
10	287.2	1.60	6.57	68.62
11	283.6	1.70	6.80	69.55
12	282.5	1.75	6.94	69.89
13	280.2	1.80	7.03	70.41
14	276.0	1.89	7.27	70.41
15	272.8	1.99	7.56	70.41
16	270.7	2.05	7.73	70.42
17	268.6	2.09	7.85	70.15
18	256.6	2.40	8.70	69.45
19	246.0	2.59	9.19	67.99

表 8-17　叶片安放角为−2°时模型装置正向抽水工况能量特性试验数据

序号	流量 Q/(L/s)	扬程 H/m	轴功率 P/kW	装置效率 η/%
1	301.6	0.20	2.51	23.57
2	296.9	0.40	3.39	34.36
3	292.2	0.60	4.10	41.97
4	286.8	0.80	4.50	50.02
5	282.0	1.00	4.86	56.96
6	276.9	1.20	5.25	62.10
7	274.5	1.29	5.45	63.73
8	271.1	1.41	5.68	65.97
9	268.0	1.51	5.89	67.41
10	265.7	1.60	6.10	68.37
11	262.5	1.69	6.25	69.59
12	260.4	1.75	6.35	70.36
13	258.3	1.80	6.45	70.71
14	255.7	1.89	6.66	71.14
15	252.8	1.99	6.93	71.21
16	249.9	2.05	7.05	71.28
17	248.0	2.10	7.16	71.31
18	244.6	2.20	7.45	70.83
19	234.8	2.40	7.98	69.28

表 8-18　叶片安放角为−4°时模型装置正向抽水工况能量特性试验数据

序号	流量 Q/(L/s)	扬程 H/m	轴功率 P/kW	装置效率 η/%
1	280.0	0.20	2.55	21.51
2	274.4	0.40	3.07	35.04
3	269.8	0.60	3.52	45.17
4	263.9	0.80	3.92	52.78
5	259.1	1.00	4.35	58.43
6	254.0	1.20	4.80	62.24
7	250.6	1.30	4.93	64.86
8	247.7	1.40	5.14	66.20
9	245.2	1.50	5.34	67.61
10	242.3	1.60	5.51	68.98
11	239.8	1.70	5.72	69.86
12	238.1	1.75	5.83	70.13
13	235.9	1.80	5.91	70.53
14	232.6	1.90	6.16	70.43
15	228.6	2.00	6.38	70.32
16	227.0	2.05	6.51	70.17
17	224.7	2.10	6.61	70.00
18	221.5	2.20	6.87	69.55
19	212.3	2.40	7.34	68.12

表 8-19　叶片安放角为−6°时模型装置正向抽水工况能量特性试验数据

序号	流量 Q/(L/s)	扬程 H/m	轴功率 P/kW	装置效率 η/%
1	256.6	0.20	2.38	21.17
2	251.7	0.41	2.82	35.86
3	247.6	0.60	3.21	45.36
4	242.1	0.80	3.61	52.65
5	237.4	1.00	3.97	58.69
6	232.2	1.20	4.31	63.40
7	229.9	1.30	4.50	65.13
8	227.1	1.41	4.71	66.65
9	224.3	1.50	4.86	67.93

续表

序号	流量 Q/(L/s)	扬程 H/m	轴功率 P/kW	装置效率 η/%
10	221.2	1.60	5.04	68.85
11	217.9	1.70	5.23	69.49
12	216.2	1.75	5.33	69.63
13	214.2	1.80	5.44	69.48
14	207.0	1.99	5.87	68.89
15	204.7	2.05	6.01	68.47
16	198.2	2.19	6.36	66.95
17	190.0	2.40	6.83	65.47
18	182.2	2.59	7.26	63.77
19	172.6	2.79	7.69	61.44

表 8-20　叶片安放角为+2°时模型装置反向引水工况能量特性试验数据

序号	流量 Q/(L/s)	扬程 H/m	轴功率 P/kW	装置效率 η/%
1	304.1	0.20	3.62	16.49
2	296.8	0.42	4.26	28.70
3	289.2	0.62	4.89	35.96
4	286.9	0.70	5.17	38.09
5	283.6	0.81	5.55	40.63
6	280.2	0.91	5.82	42.96
7	277.1	1.00	6.06	44.88
8	270.8	1.20	6.73	47.38
9	262.9	1.40	7.27	49.66
10	255.8	1.60	7.88	50.97
11	248.0	1.80	8.44	51.89
12	240.1	1.99	9.03	51.89
13	231.4	2.20	9.63	51.87
14	221.9	2.38	10.19	50.84
15	212.9	2.55	10.65	50.00
16	203.6	2.70	11.09	48.63
17	190.4	2.88	11.66	46.12
18	177.3	3.01	12.16	43.06

表 8-21　叶片安放角为 0°时模型装置反向引水工况能量特性试验数据

序号	流量 Q/(L/s)	扬程 H/m	轴功率 P/kW	装置效率 η/%
1	287.1	0.20	2.75	20.46
2	280.8	0.41	3.34	33.79
3	275.0	0.60	3.93	41.15
4	271.6	0.70	4.26	43.79
5	268.0	0.80	4.53	46.45
6	264.3	0.90	4.78	48.86
7	261.7	1.00	5.09	50.45
8	254.5	1.20	5.62	53.28
9	247.9	1.40	6.15	55.38
10	240.2	1.60	6.73	56.00
11	233.4	1.80	7.34	56.15
12	224.6	2.00	7.89	55.82
13	216.6	2.20	8.48	55.15
14	208.0	2.40	9.07	54.01
15	201.2	2.55	9.49	53.04
16	193.4	2.70	9.93	51.60
17	182.2	2.90	10.47	49.53
18	174.6	2.99	10.66	48.02

表 8-22　叶片安放角为－2°时模型装置反向引水工况能量特性试验数据

序号	流量 Q/(L/s)	扬程 H/m	轴功率 P/kW	装置效率 η/%
1	268.9	0.20	2.06	25.63
2	263.4	0.40	2.95	35.02
3	257.4	0.60	3.49	43.35
4	254.6	0.70	3.81	45.90
5	251.6	0.80	4.08	48.43
6	248.1	0.89	4.25	50.98
7	244.5	1.00	4.49	53.48
8	238.2	1.20	4.92	56.98
9	231.0	1.40	5.39	58.82
10	224.2	1.59	5.86	59.71
11	216.9	1.80	6.43	59.57
12	208.7	2.00	6.97	58.76
13	201.4	2.19	7.51	57.61
14	191.4	2.40	8.05	56.01
15	186.0	2.55	8.49	54.83
16	179.1	2.70	8.91	53.25
17	169.6	2.90	9.47	50.93
18	164.9	2.97	9.65	49.76

表 8-23　叶片安放角为−4°时模型装置反向引水工况能量特性试验数据

序号	流量 Q/(L/s)	扬程 H/m	轴功率 P/kW	装置效率 η/%
1	249.9	0.21	1.68	30.60
2	244.3	0.40	2.17	44.24
3	237.8	0.60	2.70	51.76
4	234.9	0.70	2.98	54.20
5	232.0	0.80	3.24	56.14
6	229.2	0.90	3.50	57.86
7	226.0	1.00	3.73	59.41
8	223.3	1.10	3.98	60.53
9	220.3	1.20	4.23	61.29
10	213.8	1.41	4.73	62.58
11	208.2	1.59	5.17	62.78
12	200.8	1.81	5.74	62.15
13	194.7	1.98	6.20	60.99
14	184.6	2.20	6.77	58.84
15	175.2	2.40	7.29	56.62
16	169.0	2.55	7.69	54.97
17	161.6	2.70	8.06	53.12
18	151.3	2.91	8.56	50.45

表 8-24　叶片安放角为−6°时模型装置反向引水工况能量特性试验数据

序号	流量 Q/(L/s)	扬程 H/m	轴功率 P/kW	装置效率 η/%
1	231.8	0.20	1.27	35.94
2	226.0	0.41	1.77	51.22
3	220.2	0.60	2.23	58.22
4	217.9	0.70	2.49	60.13
5	215.6	0.79	2.72	61.53
6	212.3	0.90	2.98	62.97
7	209.3	1.00	3.22	63.68
8	206.7	1.10	3.48	64.13
9	203.8	1.20	3.73	64.39
10	198.0	1.41	4.23	64.71
11	191.2	1.60	4.69	63.93
12	183.6	1.80	5.19	62.47
13	175.9	2.00	5.63	61.32

续表

序号	流量 Q/(L/s)	扬程 H/m	轴功率 P/kW	装置效率 η/%
14	169.4	2.20	6.14	59.55
15	161.2	2.40	6.59	57.59
16	155.2	2.55	6.96	55.77
17	148.0	2.70	7.32	53.53
18	139.1	2.90	7.83	50.53

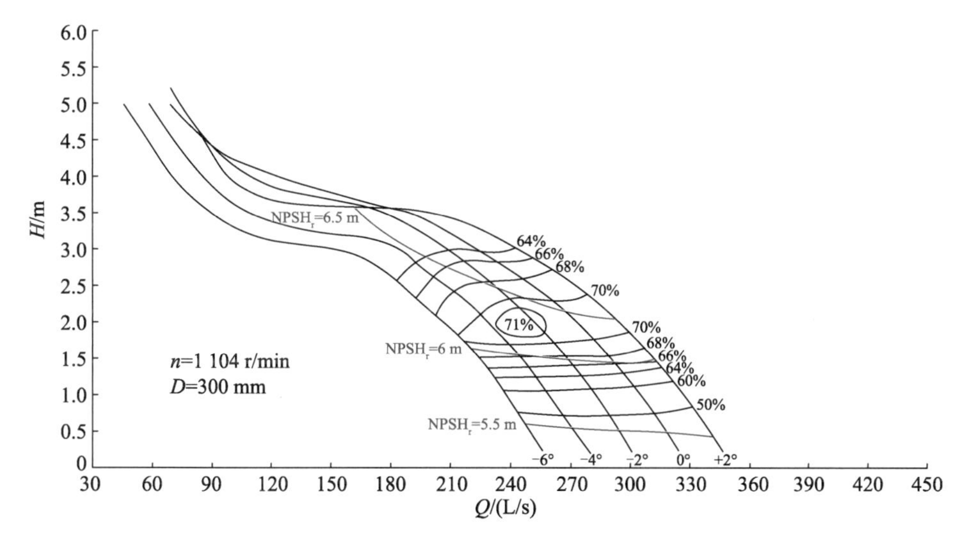

图 8-33　模型装置正向抽水工况综合特性曲线

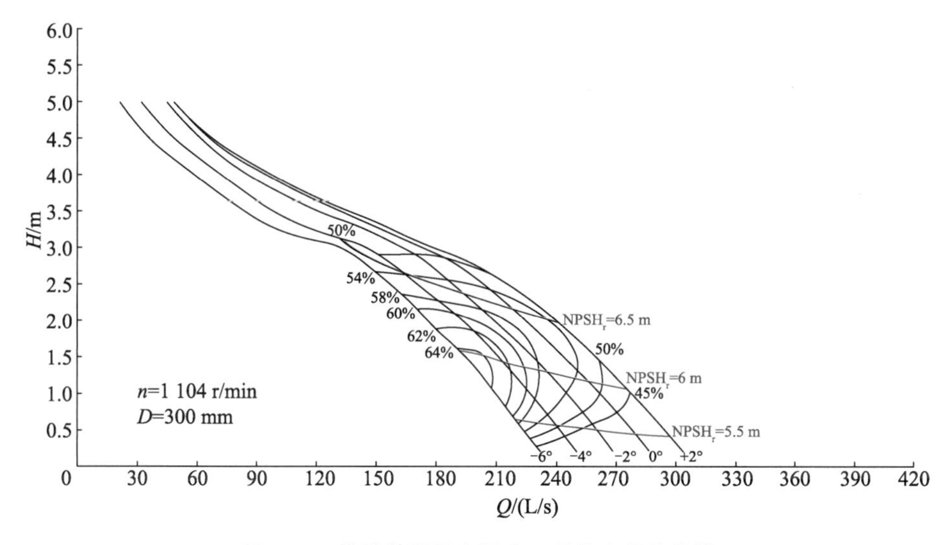

图 8-34　模型装置反向引水工况综合特性曲线

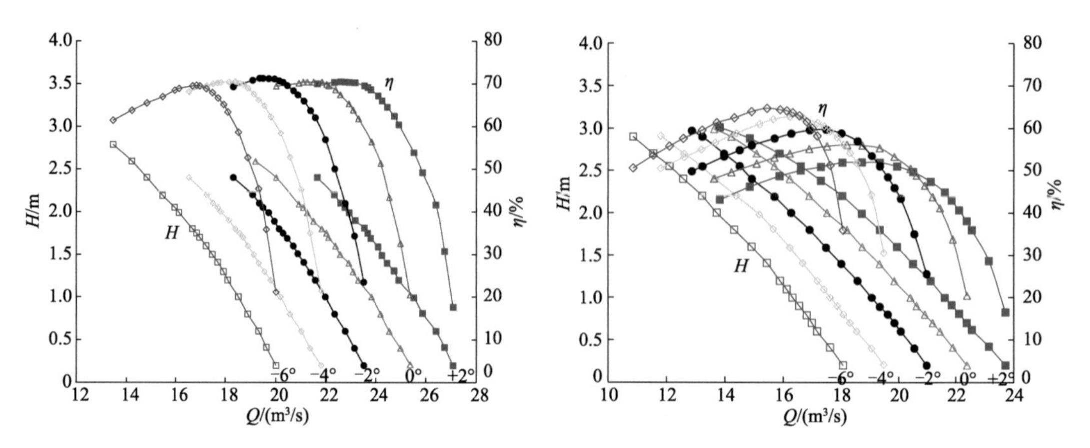

图 8-35　原型装置正向抽水工况综合特性曲线

图 8-36　原型装置反向引水工况综合特性曲线

表 8-25　水泵装置正向抽水工况特征点能量特性数据

叶片安放角/(°)	参数	最低扬程 H_{min}(0.40 m)	设计扬程 H_{des}(1.75 m)	最高扬程 H_{max}(2.05 m)	最高效率点(BEP)参数
+2	模型流量 Q_m/(L/s)	347.2	303.7	292.0	289.9
	原型流量 Q_p/(m^3/s)	27.07	23.68	22.77	22.60
	装置效率 η/%	17.58	69.15	70.42	70.50
0	模型流量 Q_m/(L/s)	325.6	282.5	270.7	270.7
	原型流量 Q_p/(m^3/s)	25.39	22.03	21.11	21.11
	装置效率 η/%	20.48	69.89	70.42	70.42
−2	模型流量 Q_m/(L/s)	301.6	260.4	249.9	248.0
	原型流量 Q_p/(m^3/s)	23.52	20.30	19.48	19.34
	装置效率 η/%	23.57	70.36	71.28	71.31
−4	模型流量 Q_m/(L/s)	280.0	238.1	227.0	235.9
	原型流量 Q_p/(m^3/s)	21.83	18.56	17.70	18.39
	装置效率 η/%	21.51	70.13	70.17	70.53
−6	模型流量 Q_m/(L/s)	256.6	216.2	204.7	216.2
	原型流量 Q_p/(m^3/s)	20.00	16.86	15.96	16.86
	装置效率 η/%	21.17	69.63	68.47	69.63

表 8-26 水泵装置反向引水工况特征点能量特性数据

叶片安放角/(°)	参数	最低扬程 H_{min}(0.40 m)	设计扬程 H_{des}(0.90 m)	最高扬程 H_{max}(2.55 m)	最高效率点(BEP)参数
+2	模型流量 Q_m/(L/s)	304.1	280.2	212.9	240.1
	原型流量 Q_p/(m^3/s)	23.71	21.85	16.60	18.72
	装置效率 η/%	16.49	42.96	50.00	51.89
0	模型流量 Q_m/(L/s)	287.1	264.3	201.2	233.4
	原型流量 Q_p/(m^3/s)	22.38	20.61	15.69	18.20
	装置效率 η/%	20.46	48.86	53.04	56.15
−2	模型流量 Q_m/(L/s)	268.9	248.1	186.0	224.2
	原型流量 Q_p/(m^3/s)	20.97	19.34	14.50	17.48
	装置效率 η/%	25.63	50.98	54.83	59.71
−4	模型流量 Q_m/(L/s)	249.9	229.2	169.0	208.2
	原型流量 Q_p/(m^3/s)	19.48	17.87	13.18	16.23
	装置效率 η/%	30.60	57.86	54.97	62.78
−6	模型流量 Q_m/(L/s)	231.8	212.3	155.2	198.0
	原型流量 Q_p/(m^3/s)	18.07	16.55	12.10	15.44
	装置效率 η/%	35.94	62.97	55.77	64.71

由表 8-15 至表 8-26，图 8-33 至图 8-36 可以看出：

模型装置正向抽水工况最高装置效率为 71.31%，对应的叶片安放角为−2°，对应的扬程为 H=2.10 m，模型流量为 248.0 L/s，对应原型流量为 19.34 m^3/s。

模型装置正向抽水工况设计扬程(1.75 m)下最高装置效率为 70.36%，对应的叶片安放角为−2°，模型流量为 260.4 L/s，对应原型流量为 20.30 m^3/s。

模型装置反向引水工况最高装置效率为 64.71%，对应的叶片安放角为−6°，对应的扬程为 H=1.41 m，模型流量为 198.0 L/s，对应原型流量为 15.44 m^3/s。

模型装置反向引水工况设计扬程(0.9 m)下最高装置效率为 62.97%，对应的叶片安放角为−6°，模型流量为 212.3 L/s，对应原型流量为 16.55 m^3/s。

水泵原型装置正向抽水工况下，在扬程 3.0 m 以内，配套电动机功率均可满足要求；水泵原型装置反向引水工况下，在最高扬程 2.55 m 以内，配套电动机功率满足所有叶片安放角的要求。

模型装置正向抽水工况下，叶片安放角为+2°时，马鞍区出现在流量 90～180 L/s 的范围内，对应的扬程区间为 3.6～4.5 m；叶片安放角为 0°时，马鞍区出现在流量 80～170 L/s 的范围内，对应的扬程区间为 3.6～5.2 m；叶片安放角为−2°时，马鞍区出现在流量 80 ～150 L/s 的范围内，对应的扬程区间为 3.7～4.8 m；叶片安放角为−4°时，马鞍区出现在流量 70～150 L/s 的范围内，对应的扬程区间为 3.3～4.5 m；叶片安放角为−6°时，马鞍区出现在流量 60～130 L/s 的范围内，对应的扬程区间为 3.1～4.4 m。能够保证正向抽水工况在运行范围内稳定运行。

模型装置反向引水工况下，叶片安放角为+2°时，马鞍区出现在流量 70～150 L/s 的

范围内，对应的扬程区间为 3.3～4.5 m；叶片安放角为 0°时，马鞍区出现在流量 70～150 L/s 的范围内，对应的扬程区间为 3.3～4.5 m；叶片安放角为－2°时，马鞍区出现在流量 60～130 L/s 的范围内，对应的扬程区间为 3.4～4.4 m；叶片安放角为－4°时，马鞍区出现在流量 50～110 L/s 的范围内，对应的扬程区间为 3.3～4.3 m；叶片安放角为－6°时，马鞍区出现在流量 40～100 L/s 的范围内，对应的扬程区间为 3.2～4.4 m。能够保证反向引水工况在运行工况范围内稳定运行。

2. 空化特性试验结果与分析

模型装置在不同叶片安放角下的空化特性如图 8-37 和图 8-38 所示。通过试验数据得出水泵模型装置正向抽水和反向引水工况的主要性能参数分别如表 8-27 和表 8-28 所示。

表 8-27　水泵模型装置正向抽水工况的主要性能参数

叶片安放角/(°)	设计扬程 H_{des}(1.75 m)			最高扬程 H_{max}(2.05 m)		
	流量 Q/(L/s)	效率 η/%	$NPSH_r$/m	流量 Q/(L/s)	效率 η/%	$NPSH_r$/m
+2	303.7	69.15	6.10	292.0	70.42	6.45
0	282.5	69.89	6.05	270.7	70.42	6.18
−2	260.4	70.36	5.95	249.9	71.28	6.09
−4	238.1	70.13	5.62	227.0	70.17	5.89
−6	216.9	69.63	5.46	204.7	68.47	5.60

表 8-28　水泵模型装置反向引水工况的主要性能参数

叶片安放角/(°)	设计扬程 H_{des}(0.9 m)			最高扬程 H_{max}(2.55 m)		
	流量 Q/(L/s)	效率 η/%	$NPSH_r$/m	流量 Q/(L/s)	效率 η/%	$NPSH_r$/m
+2	280.2	42.96	5.90	212.9	50.00	6.70
0	264.3	48.86	5.83	201.2	53.04	6.55
−2	248.1	50.98	5.59	186.0	54.83	6.43
−4	229.2	57.86	5.40	169.0	54.97	5.97
−6	212.3	62.97	5.15	155.2	55.77	5.88

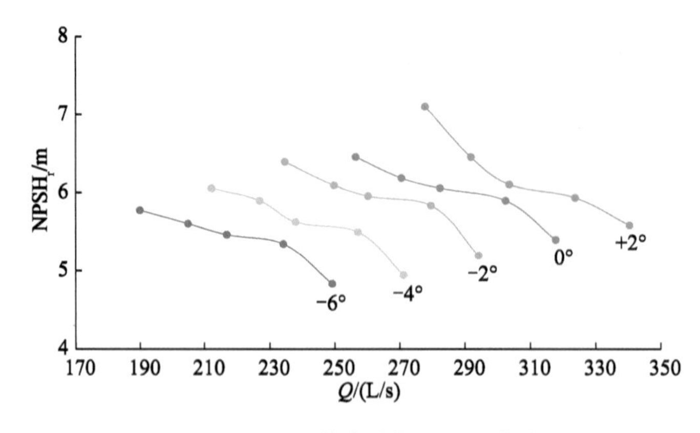

图 8-37　正向抽水时的 $NPSH_r$ 曲线

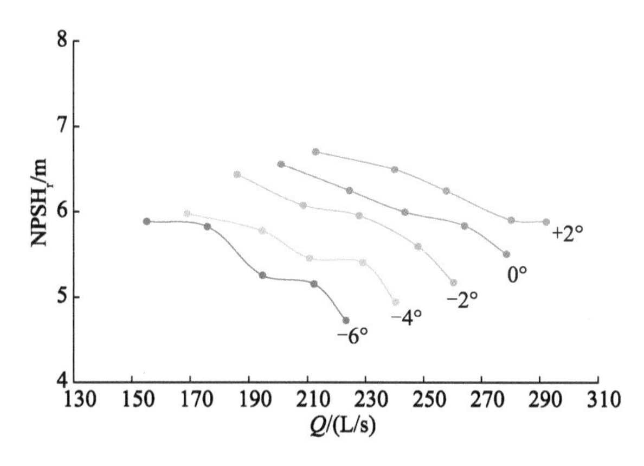

图 8-38 反向引水时的 $NPSH_r$ 曲线

由表 8-27 和表 8-28、图 8-37 和图 8-38 可以看出：

模型装置正向抽水工况下，$NPSH_r$ 最大值发生在叶片安放角为 $+2°$时，$NPSH_r$ 值为 7.10 m，对应扬程 $H=2.40$ m。在设计工况点扬程 1.75 m 处，$NPSH_r$ 值为 6.10 m；模型装置反向引水工况下，$NPSH_r$ 最大值也发生在叶片安放角为 $+2°$时，$NPSH_r$ 值为 6.70 m，对应扬程 $H=2.55$ m。在设计工况点扬程 0.9 m 处，$NPSH_r$ 值为 5.90 m。从试验结果来看，无论是正向抽水工况还是反向引水工况，装置空化性能均较好，相同流量下，反向引水工况的空化性能优于正向抽水工况，这与反向运行时进水流道是收缩型直管（提供的吸入性能较好）有关。

3. 飞逸特性试验结果与分析

飞逸特性试验时，采用调节辅助泵电动机转速的方法，使试验泵出口和进口侧形成不同的水位差。根据相似理论，原、模型泵的单位飞逸转速相等，由此可计算出原型机组在不同扬程下各叶片安放角的飞逸转速。不同叶片安放角下模型水泵单位飞逸转速计算结果见表 8-29，不同水头下的原型水泵飞逸转速计算结果见表 8-30，飞逸特性曲线如图 8-39 和图 8-40 所示。

表 8-29 不同叶片安放角下模型水泵单位飞逸转速

工况	叶片安放角/(°)				
	+2	0	−2	−4	−6
正向抽水工况	265.9	276.9	290.7	313.2	328.4
反向引水工况	229.1	244.1	256.6	264.6	278.8

表 8-30 不同水头下原型水泵飞逸转速 单位：r/min

工况		扬程/m								
		0.2	0.5	0.8	1.1	1.4	1.7	2.0	2.3	2.6
正向抽水工况	+2°	44.88	70.96	89.75	105.25	118.73	130.84	141.91	152.18	161.81
	0°	46.73	73.89	93.47	109.60	123.65	136.25	147.79	158.48	168.50
	−2°	49.06	77.57	98.11	115.05	129.79	143.02	155.13	166.36	176.88
	−4°	52.86	83.58	105.72	123.97	139.85	154.11	167.16	179.25	190.59
	−6°	55.41	87.62	110.83	129.96	146.61	161.56	175.24	187.92	199.80

续表

工况		扬程/m								
		0.2	0.5	0.8	1.1	1.4	1.7	2.0	2.3	2.6
反向引水工况	+2°	38.67	61.14	77.34	90.68	102.31	112.73	122.28	131.13	139.42
	0°	41.20	65.14	82.40	96.62	109.00	120.11	130.28	139.71	148.54
	−2°	43.30	68.46	86.59	101.54	114.55	126.23	136.91	146.82	156.11
	−4°	44.65	70.60	89.30	104.71	118.13	130.18	141.19	151.41	160.99
	−6°	47.05	74.40	94.10	110.35	124.49	137.18	148.79	159.56	169.65

从表 8-30 可知，当机组以正向抽水工况运行时，扬程 2.0 m 以内，所有叶片安放角下的最大飞逸转速都不超过额定转速的 1.5 倍。当叶片安放角置于+2°,0°,−2°时，在最高扬程 2.05 m 以下最大飞逸转速都不超过额定转速的 1.5 倍。当机组以反向引水工况运行时，所有叶片安放角在最高扬程 2.55 m 以下最大飞逸转速都不超过额定转速的 1.5 倍。正、反向运行的飞逸转速均满足机组强度设计要求。

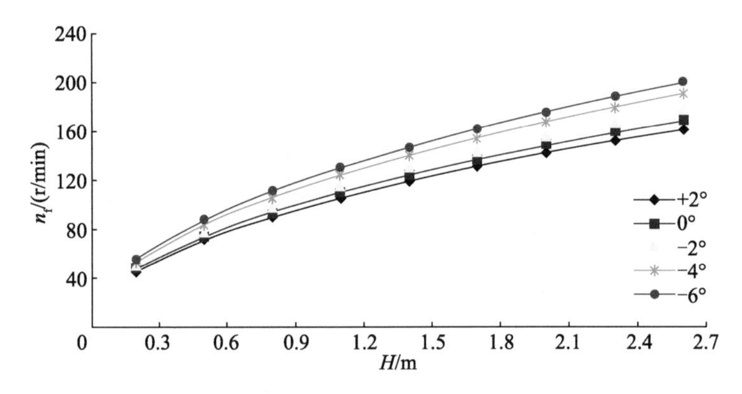

图 8-39 正向抽水工况飞逸特性曲线

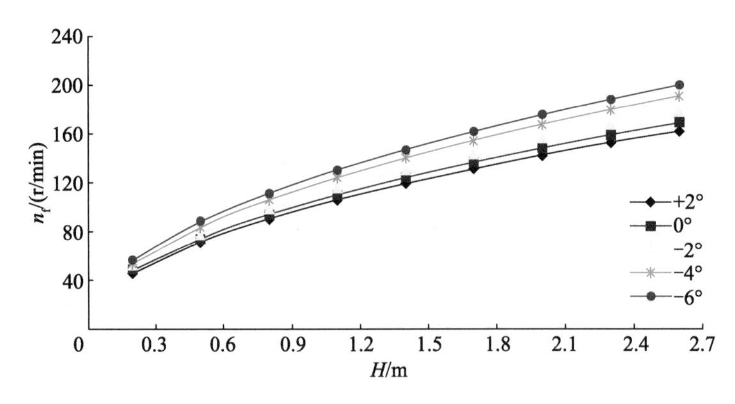

图 8-40 反向引水工况飞逸特性曲线

8.2.3 性能比较研究

1. 双向泵装置CFD分析与模型试验结果对比

专门研制适应该双向泵装置双向扬程特点的S形叶片双向叶轮SZM35，并配竖井流道进行装置优化设计，现将优化后的最终装置模型CFD预测性能与装置模型试验结果及泵段性能进行对比，图8-41和图8-42分别为叶片安放角为0°时正向抽水和反向引水工况的性能对比曲线。

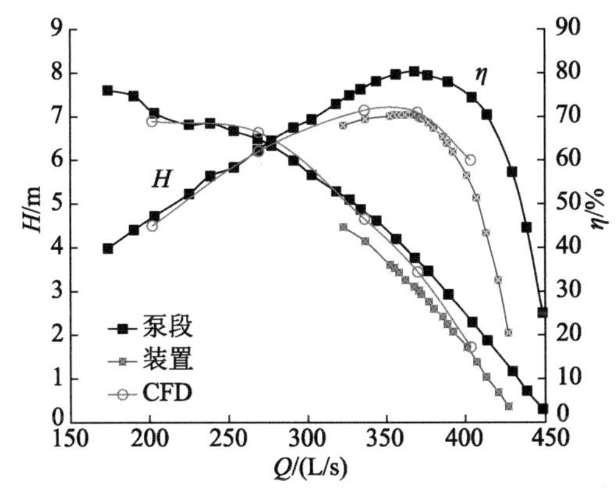

图8-41 正向抽水工况性能对比曲线

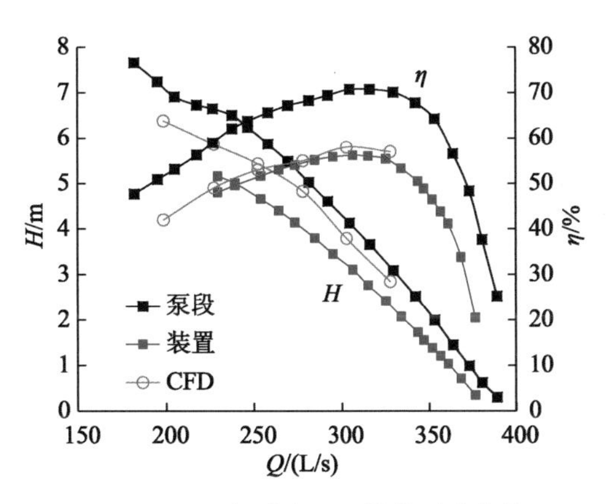

图8-42 反向引水工况性能对比曲线

从对比曲线中可以发现，装置性能与泵段性能之间规律性较好，采用CFD预测装置性能精度能够满足工程设计要求，可以作为可行性研究和初步设计阶段参数确定的手段。

2. 单向与双向装置性能对比

在该研究中，单向泵和双向泵采用尺寸一致的装置(包括泵段尺寸)，且以双向运行为主导进行装置参数的优化，但是采用2组水力模型，单向泵采用ZM25型水力模型，双向泵采用SZM35型水力模型，并在同一试验台进行性能测试。

(1) 泵段性能对比

2组叶轮在叶片安放角为0°时的性能对比曲线如图8-43所示，从图中可以看出，单向叶轮与双向叶轮正向运行时的流量曲线趋势基本一致，但与双向叶轮反向运行有差异。单向叶轮高扬程工况效率比双向叶轮正向运行效率高4个百分点左右，低扬程大流量工况双向叶轮有优势；单向叶轮运行效率比双向叶轮反向运行效率高14个百分点左右。最优工况下参数如表8-31所列。

表8-31 泵段最优性能参数

模型		最优参数			
		流量 Q/(L/s)	扬程 H/m	效率 η/%	叶片安放角/(°)
单向模型ZM25		314.94	3.629	85.22	0
双向模型SZM35	正向运行	347.03	3.496	81.65	−2
	反向运行	290.35	3.753	71.25	−2

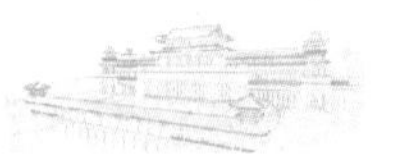

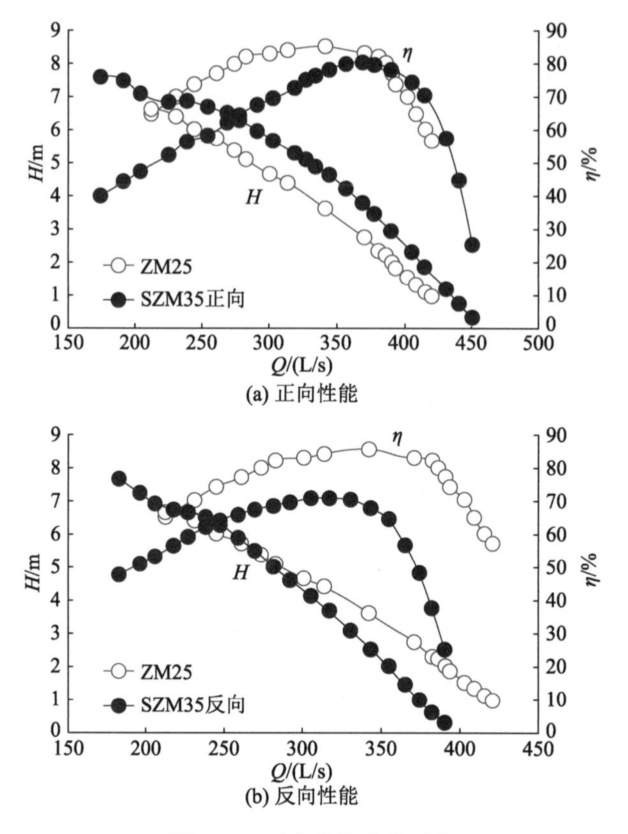

(a) 正向性能

(b) 反向性能

图 8-43　泵段性能曲线对比

(2) 单向装置与双向装置正向性能对比

采用完全一致的装置型式,单向装置性能与双向装置正向抽水运行性能对比如图8-44所示,扬程特性曲线变化趋势基本一致,但装置效率曲线差异较大,其规律与泵段基本相同。

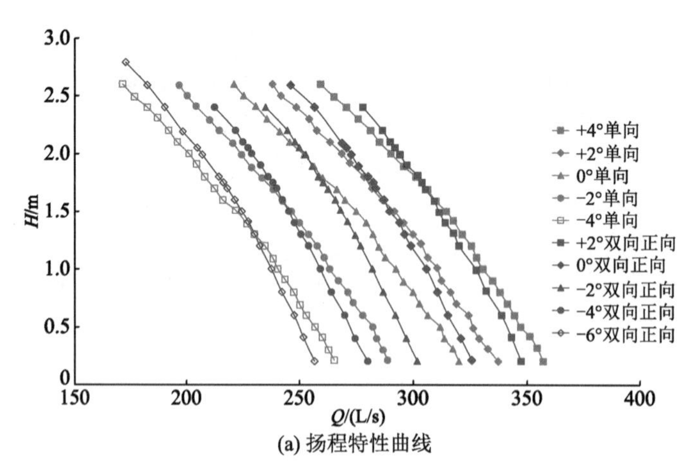

(a) 扬程特性曲线

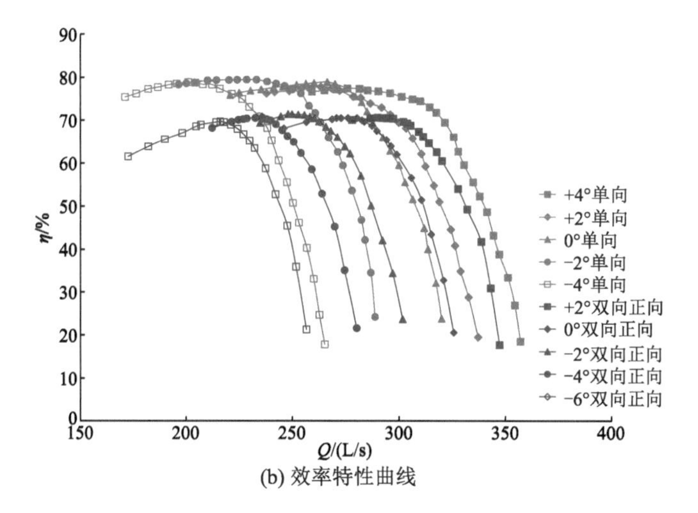

(b) 效率特性曲线

图 8-44　单向装置与双向装置正向性能对比曲线

(3) 单向装置与双向装置反向性能对比

单向运行与双向反向引水运行时除了泵不同，装置也不同，双向反向运行是直管式进水、竖井出水，而且水泵有前导叶，因此性能差异较大是正常的。性能对比曲线如图 8-45 所示，相对于正向运行，反向运行时扬程特性曲线向左位移 8°左右，相同扬程下流量小得多，最高效率降低 14 个百分点以上，基本与泵段性能差异相同。

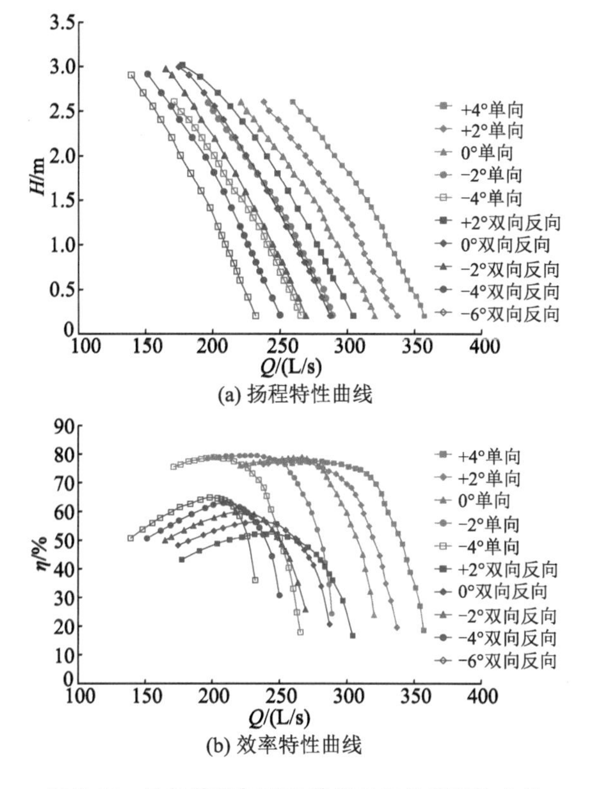

(a) 扬程特性曲线

(b) 效率特性曲线

图 8-45　单向装置与双向装置反向性能对比曲线

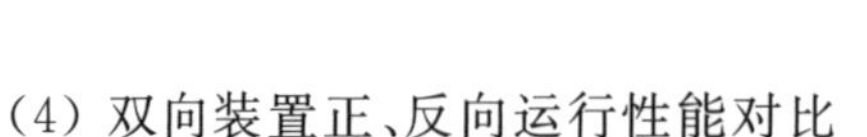

(4) 双向装置正、反向运行性能对比

双向装置正向抽水和反向引水运行性能对比如图 8-46 所示。反向引水运行的扬程特性曲线向左偏移 6°左右,趋势与正向抽水运行时完全一致。效率特性曲线在正向抽水运行时,不同叶片安放角下最高效率相差有限,正向运行时最高效率在 71.3%~69.5%之间;在反向引水运行时,随着叶片安放角的增大,最高效率下降明显,从−6°的 64.7%下降到+2°的 54.9%。从表 8-13 中双向泵段不同叶片安放角下最优效率比较可以发现,正向、反向相差都是在 4~5 个百分点之间,说明流道的影响明显。表 8-14 对双向流道在不同流量下的水力损失进行预测,绘制成对比曲线如图 8-47 所示,流道的损失主要在出水流道,竖井出水时的损失远大于直管式出水,主要原因是叶轮出口的旋转水流在竖井段损失较大。这也是工程设计中单向泵站很少采用后置竖井的原因之一。

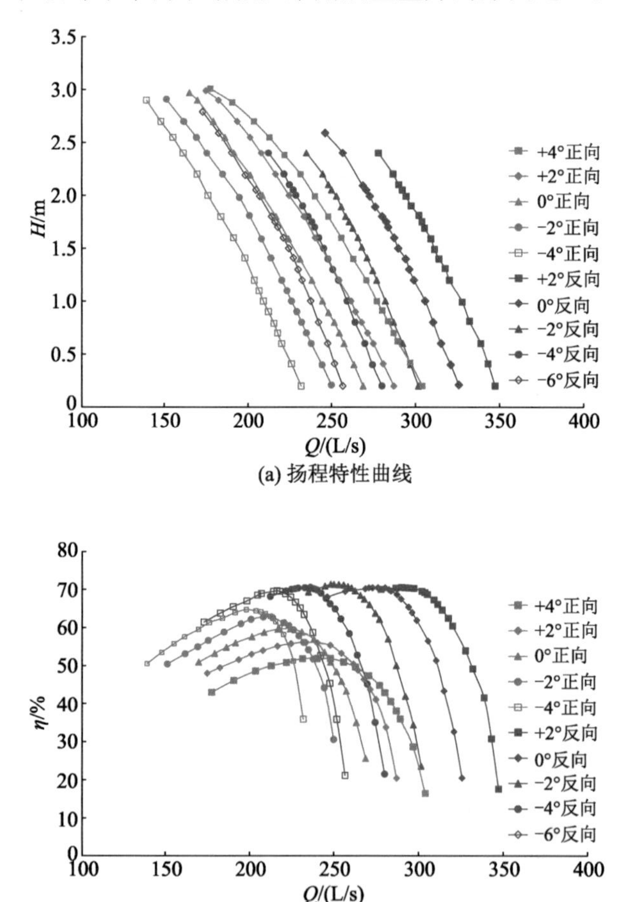

(a) 扬程特性曲线

(b) 效率特性曲线

图 8-46 双向装置正、反向运行性能对比曲线

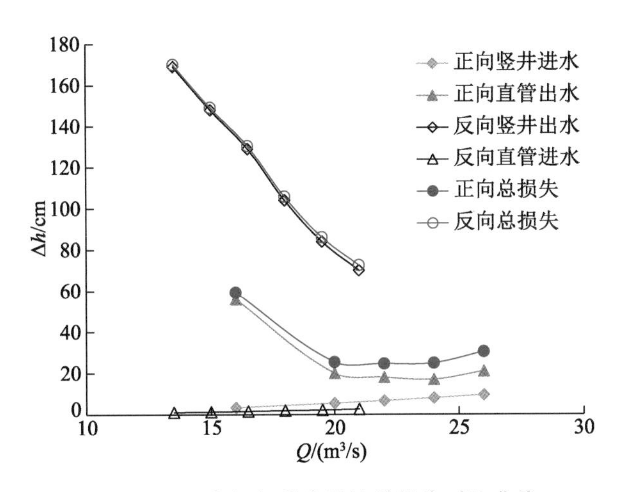

图 8-47　双向运行的装置流道损失对比曲线

8.3　竖井贯流泵双向运行的电气控制方式研究

8.3.1　双向运行的电气控制基本需求

以第 8.1 节研究背景为例，该泵站安装 2 台单向、2 台双向竖井贯流泵，双向竖井贯流泵通过机组正向和反向运行实现泵站引水和排涝的双重功能，即通过电动机正转和反转实现机组正向、反向运行。对于大中型泵站，由于电动机容量大、电压等级高(通常选用 10 kV 电压等级)，配套的高压元器件体积大、高压带电安全距离大，高压电动机的换相如果采用与低压电动机正反转相同的接线方式，至少需要 2～3 台高压开关柜。为了满足柜间连接排的翻排和换相要求，柜体需要加宽或加深，设备占地面积大，且控制和保护变得复杂。

该泵站 2 台单向泵的配套电动机功率为 630 kW，2 台双向泵的配套电动机功率为 710 kW，总装机功率 2 680 kW，用电负荷等级确定为二级负荷。

根据《供配电系统设计规范》(GB 50052—2009)相关规定：二级负荷的供电系统，宜由两回线路供电，在负荷较小或地区供电条件困难时，二级负荷可由一回 6 kV 及以上专用的架空线路供电。该泵站用电负荷较小，结合该地区供电条件，供电电源采用一回 10 kV 专用架空线路向泵站供电。

泵站采用 10 kV 直配电方式供电，10 kV 母线采用单母线接线方式，计量采用高供高计。10 kV 母线分别设 1 台 10 kV 进线隔离柜、1 台 10 kV 计量柜、1 台 10 kV 进线开关柜、1 台高压电容器柜、1 台 10 kV 电压互感器柜、1 台站变开关柜、1 台电容补偿进线柜、4 台主机开关柜和 1 台电动机转向换接柜，共计 12 台；10 kV 配电装置采用 KYN28－12 型中置式高压开关柜，配真空断路器和弹簧操作机构。因泵站装设高压异步电动机，功率因数较低，按规定需装设高压电容补偿装置，集中在 10 kV 母线进行无功补偿，所以设 4 台高压无功补偿柜。

为实现 2 台双向泵机组的正、反向运行，在 2 台主机开关柜前设置 1 台电动机转向换接柜，一次操作即可实现 2 台机组正向或反向运行。双向运行泵站电气主接线如图 8-48 所示。

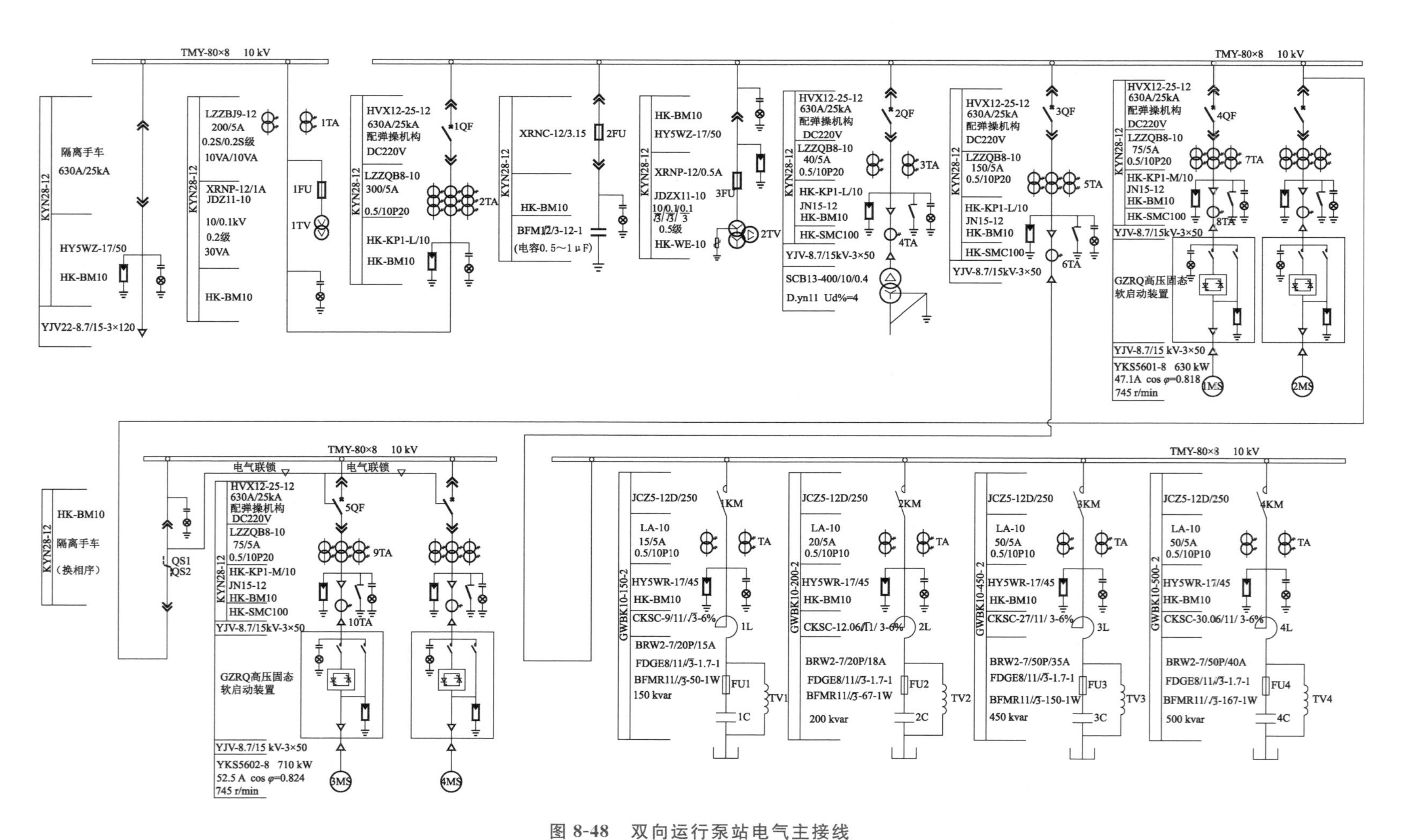

图 8-48 双向运行泵站电气主接线

8.3.2 电动机正、反转运行换相隔离手车研发

1. 传统换相方式及存在的问题

三相电动机定子上有三相绕组，当电源按U，V，W相序接入电动机时，电流通过三相绕组在定子上形成正向旋转的旋转磁场，电动机转子在其作用下正向旋转。当任意调整U，V，W中的两个相序接入电动机时，电流通过三相绕组就会在定子上形成反向旋转的旋转磁场，电动机转子在其作用下反向旋转，实现电动机的反转。

实现高压电动机反转的传统方法是在开关柜或电动机侧将三芯电缆中的任意两芯调换，变换相序后使电动机反转。由于电缆大都采用硬铜导体，导体外包绝缘、填充物和护套，电缆反复搬动交叉弯曲，会使电缆绝缘和保护层受伤，绝缘层变脆甚至断裂，造成人为损伤，导致绝缘材料的电气性能和机械性能劣化，绝缘性能降低，影响泵站安全运行。正常情况下，试验检测人员每年会对电气设备(包括电缆)做一次预防性试验，如果按照这种操作方式对电缆进行预防性耐电压测试，会加快绝缘层的老化速度，增加维护成本。电缆头与母排之间采用螺栓连接，如果经常拆装，紧固件会磨损，导致连接部位松动变形，接触电阻变大，电缆发热严重，时间长久会引起绝缘层破坏，会造成相间短路、对地击穿放电甚至着火。另外，如果泵站装机台数多，机组需要经常正向和反向运行，操作人员需反复改接线，不仅增加了操作人员的工作量，而且可能会因错接线或漏接线引发人为事故。

2. 换相隔离手车的研制

由于上述操作方式存在安全隐患，现结合双向泵站工程设计，开发研制一种在双向运行泵站中使电动机反转的换相隔离手车，该手车可以在不改变电动机定子接线相序的情况下使电动机反转运行。

(1) 设计思路

在电动机高压开关柜前侧设置1台隔离手车柜，该柜配备2台隔离手车，1台手车按A－A，B－B，C－C接线(正向运行手车，即常规隔离手车)，1台手车按A－C，B－B，C－A接线(反向运行手车，即换相隔离手车)。当泵站运行在正向抽水工况时，将正向运行手车推进工作位置，机组实现正向运行；当泵站运行在反向引水工况时，将反向运行手车推进工作位置，机组实现反向运行。按照这种接线方式，需要设计一种使电动机反转的换相隔离手车，一次操作即可实现所有机组正向或反向运行，消除因改变电缆接线换相序带来的不利影响。

(2) 手车基本结构

隔离手车采用铜排式隔离手车型式，由底盘车、绝缘罩、触臂套管(绝缘筒)、连接铜排、梅花触头、绝缘子、框架及内部机构组成。其总体采用前后布置形式、复合绝缘结构。导电部分安装于绝缘筒内，绝缘筒采用环氧树脂自动压力凝胶工艺浇注而成，以绝缘筒为绝缘骨架，对地绝缘由绝缘筒的内外表面承受，相间绝缘由筒壁与空气复合绝缘承受。隔离手车配备专用推进机构，实现工作位置和试验位置的互换。为防止带负荷误操作，专用推进机构上设置闭锁电磁铁，实现手车工作位置和试验位置的锁定，并设有行程开关，实现“工作”和“试验”位置显示。当手车处于工作位置或试验位置时，闭锁电磁铁不通电，无法推进或退出手车。二次部分设置于机构箱体和专用推进机构内，手车配用航空插头，设

试验位置和工作位置。常规隔离手车结构侧视图和正视图如图 8-49 所示。

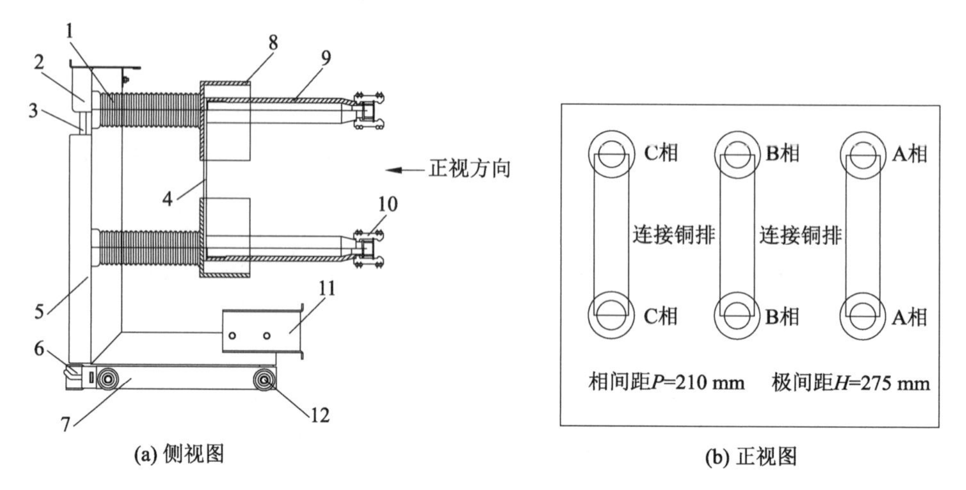

(a) 侧视图　　(b) 正视图

1—绝缘子；2—航空插头；3—二次电缆；4—连接铜排；5—框架机构；6—推进机构；
7—底盘车；8—绝缘罩；9—触臂套管(绝缘筒)；10—梅花触头；11—限位机构；12—滚轮。

图 8-49　常规隔离手车结构示意图

(3) 一次接线设计

换相隔离手车的框架机构、底盘车、推进机构及限位机构等部件与常规的隔离手车相同，区别主要在于固定绝缘子、触臂套管的规格以及连接铜排加工处理的工艺。常规隔离手车 A,B,C 三相上、下触头间用一根竖向铜排连接各自的梅花触头；换相隔离手车采用前后布置形式，铜排换相排序由"近"到"远"、由"左"到"右"分别为 C 相—A 相连接、B 相—B 相连接、A 相—C 相连接，即 C 相上触头与 A 相下触头用一根 ┗┓ 型铜排连接各自的梅花触头，B 相上、下触头间用一根 ┃ 型竖向铜排连接各自的梅花触头，A 相上触头与 C 相下触头用一根 ┏┛ 型铜排连接各自的梅花触头，实现 A—C,B—B,C—A 接线(即 A 相和 C 相调换相序)，换相排之间及相与地之间需保证有足够的电气间隙。同时，需要将不同载流量的换相隔离手车制造成结构与尺寸标准的通用产品，与常规隔离手车实现互换，因此要采用不同的绝缘处理方式，克服因铜排截面不同(宽边和窄边规格不同)而无法用统一的制造方法形成规定电气间隙的技术困难，以解决换相排序难的问题。换相隔离手车结构侧视图和正视图如图 8-50 所示。

首先，选取低、中、高 3 种不同规格长度的支柱绝缘子，高差不小于 125 mm，再选取长、中、短 3 种不同规格长度的触臂套管，与低、中、高支柱绝缘子配套连接，总长控制在 598 mm 以内。其次，加工制作 ┏┛ 和 ┗┓ 型换相连接排，铜排采用冷压折弯技术一体化成平弯型，表面光洁平整，无裂纹、褶皱；工序为下料、铜排调直、调平、去毛刺、端面倒角、曲弯、冲孔、表面处理等。最后，分别将低、中、高支柱绝缘子与对应的长、中、短触臂套管进行组装，按由"近"到"远"、由"左"到"右"顺序安装 ┗┓，┃ 和 ┏┛ 3 种连接排。

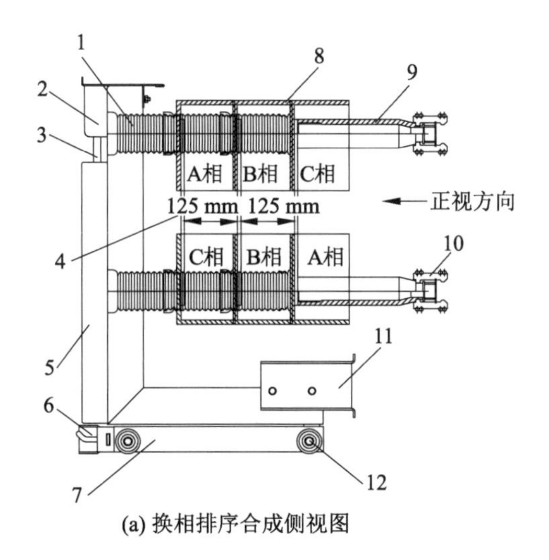

(a) 换相排序合成侧视图

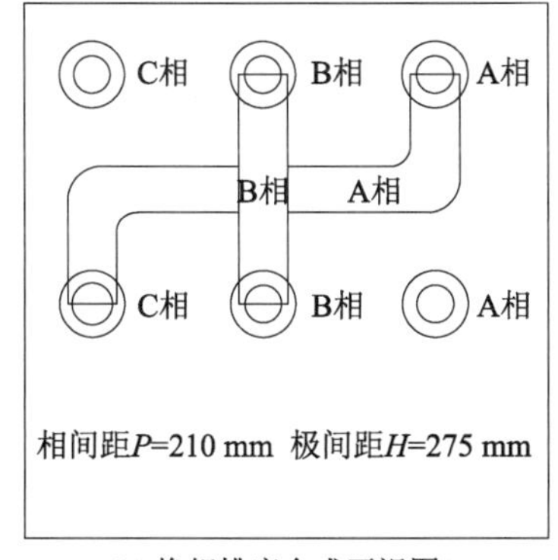

(b) 换相排序合成正视图1

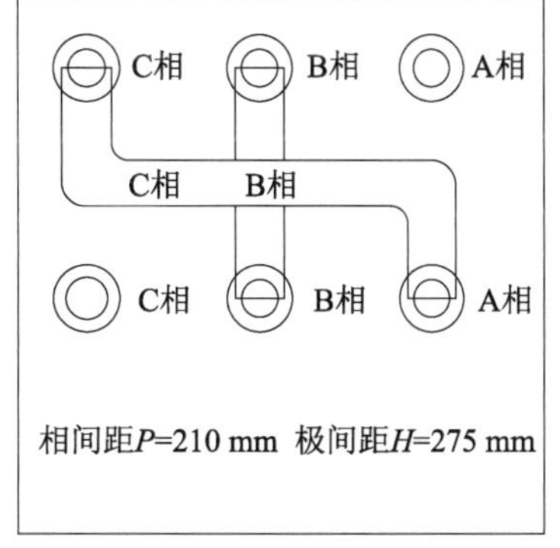

(c) 换相排序合成正视图2

1—绝缘子；2—航空插头；3—二次电缆；4—连接铜排；5—框架机构；6—推进机构；
7—底盘车；8—绝缘罩；9—触臂套管(绝缘筒)；10—梅花触头；11—限位机构；12—滚轮。

图 8-50 换相隔离手车结构图

对于载流量小的铜排，由于其宽边和窄边比较小，采用上述方法基本能达到规定的电气间隙，绝缘和耐电压试验也符合要求。考虑运行环境潮湿和污秽等因素，在铜排外表面套热缩护套，在相间、相地之间设置环氧树脂板加强绝缘，确保运行安全。对于载流量大的铜排，由于其宽边和窄边大，有的甚至是多拼母排，按照上述方法组装后无法达到国标规定的空气中电气间隙和爬电距离，必须采用特殊工艺进行处理。目前采用的是流化床涂覆工艺，在铜排表面涂覆阻燃性绝缘粉末(以环氧树脂为基料，以硅微粉或氧化铝为填料，以十二溴联苯醚为阻燃剂，加入适量的固化剂和流平剂，通过特定的加工处理流程制成绝缘粉末)。采用流化床涂覆工艺对铜排表面进行绝缘处理，可使铜排具有更好的电气性能、机械性能和耐热性能，特别是对于折弯形状比较复杂的宽边铜排，此工艺比热缩护套更具优势，避免了护套绝缘老化和散热条件差的问题。固化后的涂层按照《固体非金属材料暴露在火焰源时的燃烧性试验方法清单》(GB/T 11020－2005)等试验方法进行相关性能测试，测试结果符合《电气绝缘用树脂基反应复合物　第 2 部分：试验方法　电气用

涂敷粉末方法》(GB/T 6554－2003)产品标准要求。具体测试内容和结果见表 8-32。

表 8-32　固化后涂层性能测试结果

测试内容	测试结果
涂层外观	均匀平整,无气泡、流挂
涂层厚度(一次浸涂)/mm	1.2～1.7
涂层硬度	≥H
冲击强度/cm	≥50
盐雾试验	温度 35 ℃、相对湿度 95%、5%NaCl 试验 96 h 以上,涂层外观无变化
耐酸碱试验	10%H_2SO_4、10%NaOH 分别试验 7 d,涂层外观无变化
热老化试验	168 ℃热试验 168 h 后涂层外观无变化
耐寒性	－40 ℃耐寒试验 3 个月后涂层外观无变化
阻燃性试验	FV－2 级
浸水后体积电阻率/(Ω·cm)	2.4×10^{13}
击穿电压/(kV/mm)	≥20
相比漏电起痕指数	>300

这种涂覆工艺过程较为复杂,铜排连接处不能做喷涂处理,搭接处搪锡、压花、涂导电膏,降低了接触电阻,增强了导电性能,但现场出现碰伤后无法补救,所以一般设置绝缘罩和隔板加以防护,同时提高整体绝缘水平。这种复合绝缘处理方式可加强相间和相对地绝缘,降低对绝缘距离的要求。上述工序完成后进行绝缘电阻测量和交流耐电压试验,主回路相间、相对地工频耐电压按 42 kV/1 min 试验,试验结果满足要求则证明装置合格。

(4) 二次接线设计

二次接线主要涉及电流回路、电压回路和控制回路。

① 电流回路:由于一次接线实现了 A 相和 C 相的相序调换,通过电流互感器采集的二次回路信号也相应实现了 A 相和 C 相的相序调换,因此电流回路不需要进行改接线。

② 电压回路:电压信号是公用信号,电动机馈线回路与进线及其他馈线回路的电压信号均取自同一组电压互感器,在正向运行时,由于没有改变一次接线,因此电流与电压的相序是相对应的;反向运行时,由于电动机母线 A 相与 C 相的相序进行了互换,因此电压互感器送给电动机馈线回路的电压信号也需要互换,电压回路二次接线需进行改接线,确保电流与电压相序相对应。

③ 控制回路:电压信号的互换通过两个中间继电器实现,一个中间继电器用于正向运行,另一个中间继电器用于反向运行:当正向运行手车处于工作位置时,正向运行中间继电器接通,电压信号为 A－B－C 相序;当反向运行手车处于工作位置时,反向运行中间继电器接通,电压信号为 C－B－A 相序。这样电压信号与电流信号相序始终保持一致。为防止中间继电器拒动或误动,可采用双继电器并联工作,保证信号正确发出。二次接线回路如图 8-51 所示。

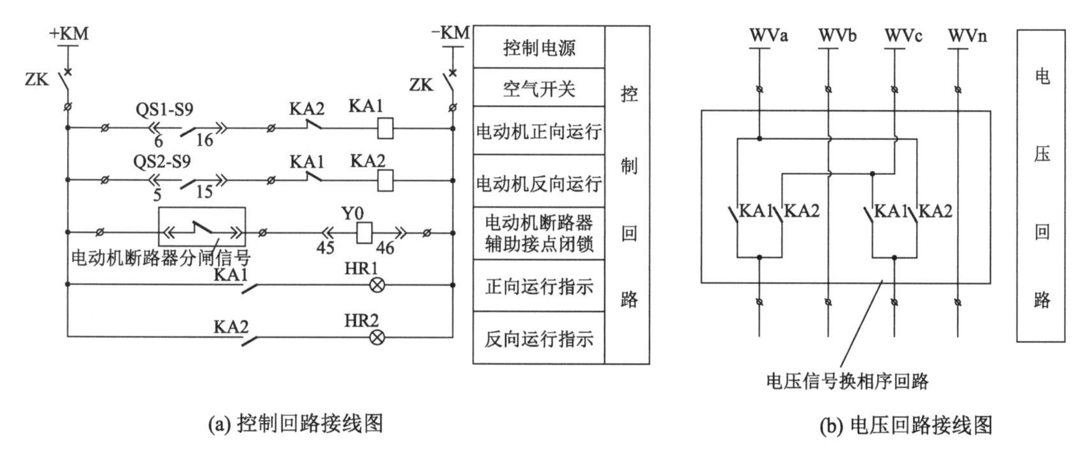

(a) 控制回路接线图

(b) 电压回路接线图

图 8-51 二次接线回路

上述控制回路接线在柜内二次仪表室完成，换相隔离手车的位置接点通过航空插头转接送出，其中用于正向和反向运行的特征接点需分开设置，当正向或反向运行手车位于工作位置时，该手车的特征接点接通各自的控制回路，确保正向或反向运行信号准确发出。手车特征接点如图 8-52 所示。

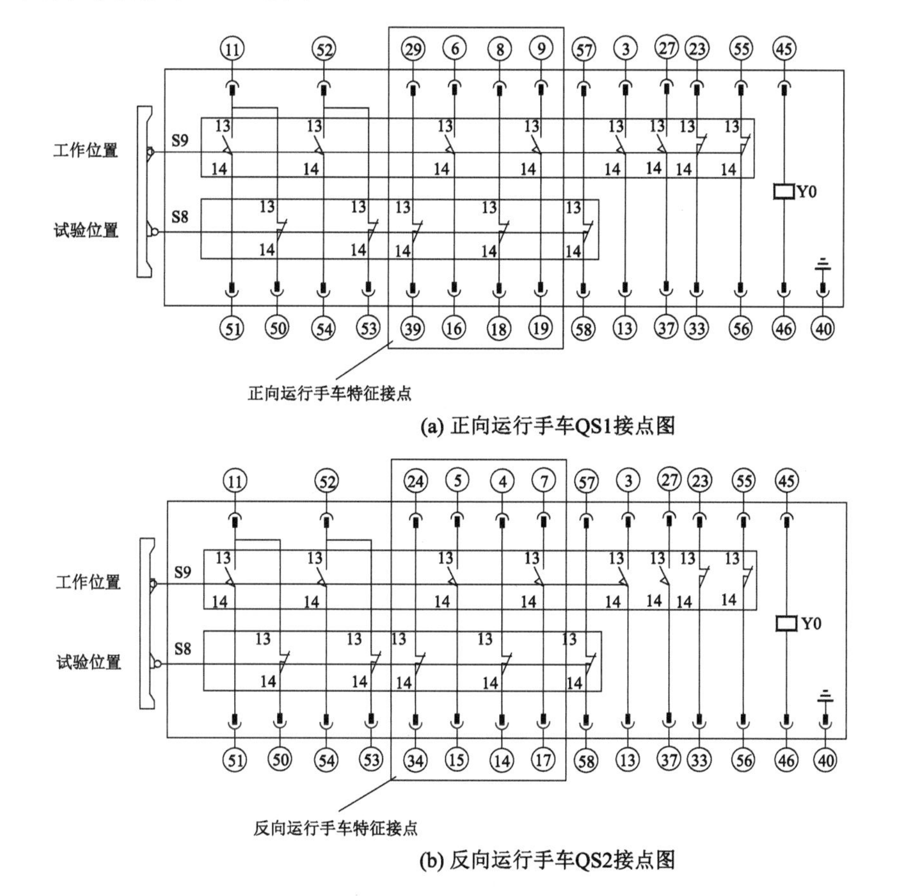

(a) 正向运行手车QS1接点图

(b) 反向运行手车QS2接点图

图 8-52 手车特征接点

根据以上一次接线和二次接线的设计与研制，通过使用不同的运行手车，一次操作即可实现一次和二次接线的互换，使机组正向或者反向运行。采用A相和C相调换相序的换相隔离手车如图8-53所示。

(a) 侧视图

(b) 背视图

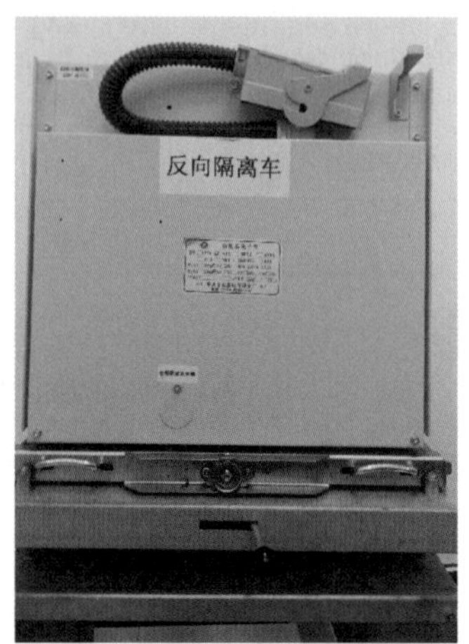

(c) 正视图

图 8-53　典型换相隔离手车实物

8.3.3　主要电力设备选择

1. 电动机选择

(1) 电动机类型选择

根据《通用用电设备配电设计规范》(GB 50055—2011)有关规定：机械对启动、调速及制动无特殊要求时，应采用笼型电动机，但功率较大且连续工作的机械，当在技术经济上合理时，宜采用同步电动机。综合考虑竖井空间狭小、贯流泵配套电动机功率不大、转速较高，以及便于运行人员维护等因素，该泵站电动机选择鼠笼式异步电动机。

(2) 电动机容量选择

根据主水泵轴功率要求，2台单向水泵配套电动机选用YKS5601-8卧式异步电动机，单机额定功率为630 kW，转速745 r/min、额定电压10 kV；2台双向水泵配套电动机选用YKS6301-8卧式异步电动机，单机额定功率为710 kW，转速745 r/min、额定电压10 kV。

(3) 电动机绝缘选择

电动机选用F级绝缘。定子绕组选用F级绝缘材料，并采用真空压力浸渍无溶剂漆工艺(VPI)处理。

异步电动机主要技术参数：

额定电压　10 000 V

相数　3

频率　50 Hz

额定功率　630 kW(710 kW)

极数	8 极
旋转方向	顺时针方向(面对电动机轴伸端看、正向旋转时)
额定功率因数	0.818(0.824)
效率	94.5%(94.8%)
启动电流倍数	5 倍
额定转速	745 r/min
绝缘等级	F
冷却方式	IC81W
防护等级	IP44
安装形式	IMB3(卧式带底脚)
出线盒位置	电动机右侧(面对电动机轴伸端看、正向运转时)

2. 短路电流计算

泵站为单一电源供电,上级变电所 10 kV 系统在最大运行方式下电抗标幺值为 0.313 02,最小运行方式下电抗标幺值为 0.419 07,据此进行短路电流计算,并对高压电器及导体进行选型和校验。

泵站单向泵配套电动机功率 2×630 kW,双向泵配套电动机功率 2×710 kW,总装机功率 2 680 kW。根据有关设计规程和手册的规定,计算高压异步电动机附近短路点的短路峰值电流时应考虑异步电动机反馈电流。在计算泵站 10 kV 母线短路容量时,按 4 台机组的容量考虑反馈电流。根据式(6-1)至式(6-3),短路电流计算及相关结果如表 8-33 所列。

表 8-33 短路电流计算结果

短路点		电网参数	
		最大运行方式下 电抗标幺值 0.313 02	最小运行方式下 电抗标幺值 0.419 07
10 kV 母线	I''/kA	12.28	10.26
	i_{ch}/kA	31.21	26.06
	S''/MVA	223.32	186.59

根据短路计算结果,最大运行方式下的短路电流为 12.28 kA,冲击电流为 31.21 kA,短路容量为 223.32 MVA。据此选择高压电器,并对相关高压电器及导体按照表 8-34 的要求进行动、热稳定等项目的校验。

表 8-34 高压电器及导体的选择校验项目和条件

电器名称	电压	电流	开断能力	短路电流校验	
				动稳定	热稳定
熔断器	√	√	√	——	——
高压断路器	√	√	√	√	√
高压负荷开关	√	√	√	√	√
高压隔离开关	√	√	——	√	√
电流互感器①	√	√	——	√	√
电压互感器①	√	——	——	——	——
并联电容器②	√	——	——	——	——
电缆、绝缘导线	√	√	——		√
母线	——	√	——	√	√
支柱绝缘子	√	——	——	√	——
套管绝缘子	√	√	——	√	√
选择校验应满足的条件	电器的额定电压应不低于所在电路的额定电压	电器的额定电流应不小于所在电路的计算电流	电器的最大开断电流应不小于它可能开断的最大电流	按 $i_{ch} \leqslant i_p$ 校验，i_p 为真空断路器额定峰值耐受电流或相应条件	按 $I_k \leqslant I_t \sqrt{\frac{t}{t_j}}$ 校验，I_t 为电器的热稳定电流，t 为热稳定试验时间

注：表中"√"表示必须校验；"——"表示不要校验。① 电流互感器和电压互感器还必须按准确度要求进行校验。② 并联电容器还必须按容量(kvar)进行选择。

3. 电动机启动方式

根据《泵站设计规范》(GB 50265—2010)的规定，当同一母线上全部连接异步电动机时，应按最大一台机组最后启动进行启动计算。电动机全压直接启动时，母线电压降不宜超过额定电压的 15%。根据式(6-6)至式(6-9)的计算方法，得到 10 kV 母线电压降为 10.7%，满足规范规定的要求，电动机可采用全压直接启动方式。

由于泵站采用 10 kV 直配电方式供电，按供电部门要求，本站须采取降压启动措施以限制电动机启动电流，降低启动压降，将上级变电所 10 kV 母线电压变动幅度限制在最小范围内，因此泵站每台电动机各装设 1 套高压软启动装置(见图 8-48)。

4. 无功功率补偿

泵站装设 10 kV 异步电动机，功率因数($\cos\varphi$)为 0.82 左右，按规定需进行高压无功补偿，考虑按功率因数 $\cos\varphi$ 补偿到 0.96 进行无功功率补偿。经综合比较，确定采用利用率高的 10 kV 高压母线集中补偿方式，在电动机母线上并联稳态无功补偿设备，即多组不同容量的电容器，根据运行的电动机台数和无功功率需求自动投入不同组电容器。将功率因数从 $\cos\varphi_1$(0.82)改善为 $\cos\varphi_2$(0.96)时，并联电容器补偿无功功率所需容量可查表 8-35 得出，约为 1 300 kvar。补偿装置采用成套电容补偿柜，柜内有高压真空接触器、高压熔断器、避雷器、电容器、放电线圈、串联电抗器等设备(见图 8-48)。

表 8-35 用并联电容器补偿无功功率所需容量

补偿前 $\cos\varphi_1$	为得到所需 $\cos\varphi_2$，每千瓦所需要的电容器容量/kvar						
	0.70	0.80	0.86	0.90	0.94	0.96	1.00
0.30	2.16	2.42	2.59	2.70	2.82	2.89	3.18
0.40	1.27	1.54	1.70	1.81	1.93	2.00	2.29
0.50	0.71	0.98	1.14	1.25	1.37	1.44	1.73
0.60	0.31	0.58	0.74	0.85	0.97	1.04	1.33
0.66	0.12	0.39	0.55	0.66	0.78	0.85	1.14
0.70		0.27	0.43	0.54	0.66	0.73	1.02
0.76		0.11	0.26	0.37	0.50	0.56	0.86
0.80			0.16	0.27	0.39	0.46	0.75
0.82			0.11	0.21	0.34	0.41	0.56

8.3.4 双向运行的控制方式

1. 电动机启动与停机方式

电动机采用软启动方式启动，软启动装置选用高压电动机智能固态软启动柜，装置串接在母线与电动机之间，一次主接线如图 8-54 所示。

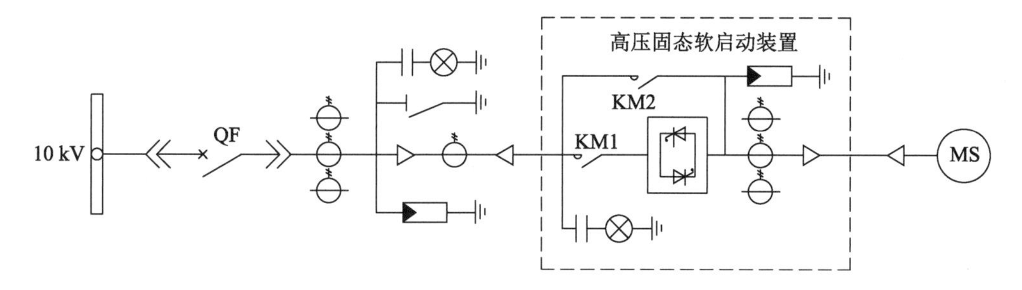

图 8-54 一次主接线图

(1) 启动装置构成

软启动装置主要由进线真空接触器、旁路真空接触器、可控硅 SCR 阀组、触发电路和控制部分等组成。进线接触器用于高压电源通断，在故障时迅速断开电源保护电动机；旁路接触器在启动完毕后自动闭合，实现旁路运行；可控硅 SCR 阀组由可控硅串并联和 RC 吸收电路组成，每相由多个 SCR 模块串并联组成，三组构成三相，RC 吸收电路提供瞬间电压保护功能，降低冲击电压，防止 SCR 模块损坏。

(2) 控制和保护单元

控制单元采用数字触发系统将低压控制信号通过光纤连接到高压侧，高、低压光电绝缘隔离保证安全，通过控制可控硅的导通和关闭实现对交流三相电源的斩波，改变输出电压幅值，完成电动机的启动和停机控制。该单元包括 3 个部分：由微处理器组成的主控模块；由光纤接口、触发等回路组成的触发模块；由电流检测和电压检测电路、温度检测电路等组成的采样模块。

1）主控模块

主控模块由微处理器核心部件组成，采集电压、电流等信号，根据设定程序和反馈信号检测实现控制、保护和显示功能。

2）触发模块

触发模块安装于可控硅 SCR 阀组上端，由光纤隔离接口、触发电源板、触发驱动板组成，接收主控模块的控制命令信号，通过光纤传输脉冲信号触发每组可控硅，保证电压改变平稳。

3）采样模块

采样模块由电流检测和电压检测电路、温度检测电路等组成，通过电流互感器、电压采样板等检测各路信号反馈给主控模块进行分析。

保护单元具有频繁启动、超时启动、缺相、倒相、欠压、过压、欠流、过流、错误连接、可控硅短路、启动器超温、电动机堵转、电动机过载、电流不平衡、接地故障等保护功能。启动过程结束后电动机由电网供电，旁路运行，软启动装置对电动机及自身的各种保护依然有效。

（3）启动方式

启动方式主要有 3 种，分别为斜坡电压软启动、限流软启动、突跳转矩软启动，这 3 种启动方式独立运行，根据不同负载特性进行设置。突跳转矩软启动方式主要用于重载启动，如球磨机、轧钢机启动等；斜坡电压软启动和限流软启动方式主要用于轻载启动，如水泵、风机启动等。在斜坡电压软启动方式下，初始电压值设置太高会造成初始机械冲击和启动电流过大，初始电压值设置太低会导致电动机启动运转时间过长。一般情况下，泵站水泵类负载采用限流软启动方式较为合适。

1）斜坡电压软启动控制模式

U_0 为启动时软启动器输出的初始电压值。电动机启动时，软启动器的输出电压迅速上升到 U_0，然后随时间 t 的变化逐渐上升，随着电压的上升电动机不断加速，当电压达到额定电压 U_e 时，电动机达到额定转速，启动过程完成。初始电压 U_0 和启动时间 t 根据负载情况进行设定，U_0 设定范围为电网电压的 0～100%，t 设定范围为 1～60 s。斜坡电压软启动的电压变化波形如图 8-55 所示。

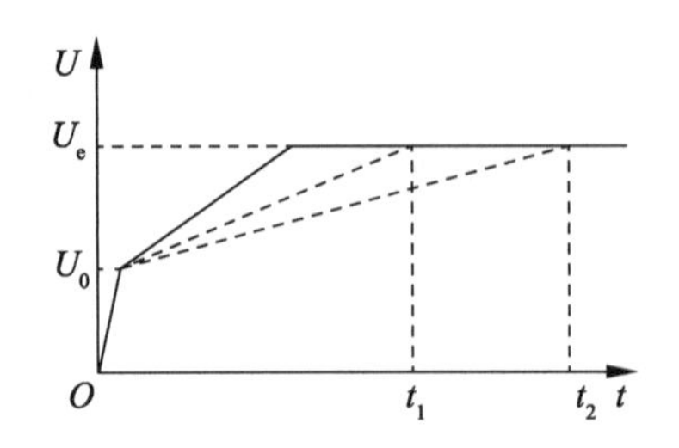

图 8-55　斜坡电压软启动电压变化波形

2）限流软启动控制模式

在限流软启动模式下，当电动机启动时，其输出电流值迅速增加，直到输出电流达到

设定电流限幅值 I_m，并保持输出电流不大于该值，电动机逐渐加速；当电动机接近额定转速时，其输出电流迅速下降至额定电流 I_e，完成启动过程。电流限幅值 I_m 根据负载情况进行设定，设定范围为电动机额定电流 I_e 的 200%～400%。限流软启动的电流变化波形如图 8-56 所示。

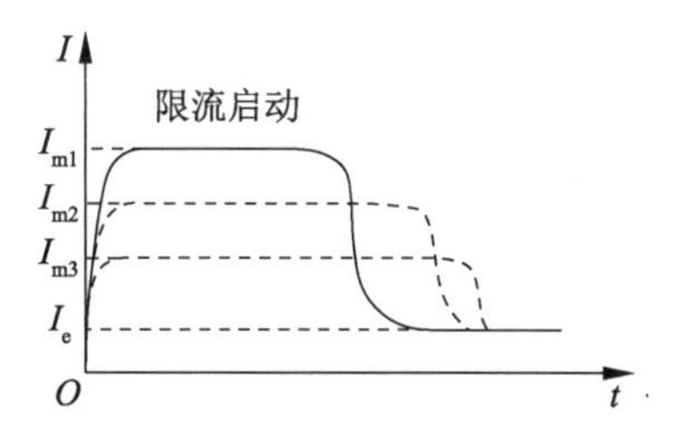

图 8-56　限流软启动电流变化波形

3）突跳转矩软启动模式

突跳转矩软启动模式主要应用于静态阻力较大的负载电动机，通过施加一个较大的瞬时启动力矩克服静摩擦力矩。在该模式下，输出电压迅速达到设定的突跳电压，当达到预先设定的突跳时间后降为起始电压，再根据所设定的起始电压和电流、启动时间平稳启动，直至完成启动过程。

（4）停机方式

正常停机方式主要有自由停机和软停机 2 种，2 种停机方式独立运行，根据不同负载特性进行设置。从保护电动机的角度，采用软停机作为正常停机方式较佳。

1）自由停机

当软停机时间设置为零时为自由停机模式，软启动装置接到停机指令后，首先断开旁路接触器，同时封锁主电路可控硅的输出，电动机依靠负载惯性自由停机。

2）软停机

当软停机时间设置不为零时为软停机模式。在全压状态下停机为软停机，软启动装置首先断开旁路接触器，软启动装置的输出电压在设定的软停机时间内逐渐降至所设定的软停终止电压值，软停机过程结束。软停机时，电动机定子绕组电压平滑降低，可避免驱动突然停滞，并避免水锤效应，减小对机组机械结构的冲击，这在第 4.5.2 节中进行了研究。

（5）软启动装置的设计应用

软启动装置二次回路分为控制回路和信号回路两部分，主要控制原理接线如图 8-57 所示。控制回路设有 SK1 软启/直启选择旋钮，软启动装置发生故障，现场需紧急开机时采取直接启动方式进行启动。同时，控制回路设有 SK2 选择旋钮，其具有本柜/远程/联动 3 种控制功能，当 SK2 置于本柜和远程状态时，在本柜手动合分按钮或由自动化系统发出启停信号，可实现电动机软启动和软停机；当 SK2 置于联动状态时，软启动装置与主机开关柜处于联动状态，主机断路器合闸，软启动装置自动进入启动状态，实现电动机软启动和自由停机。

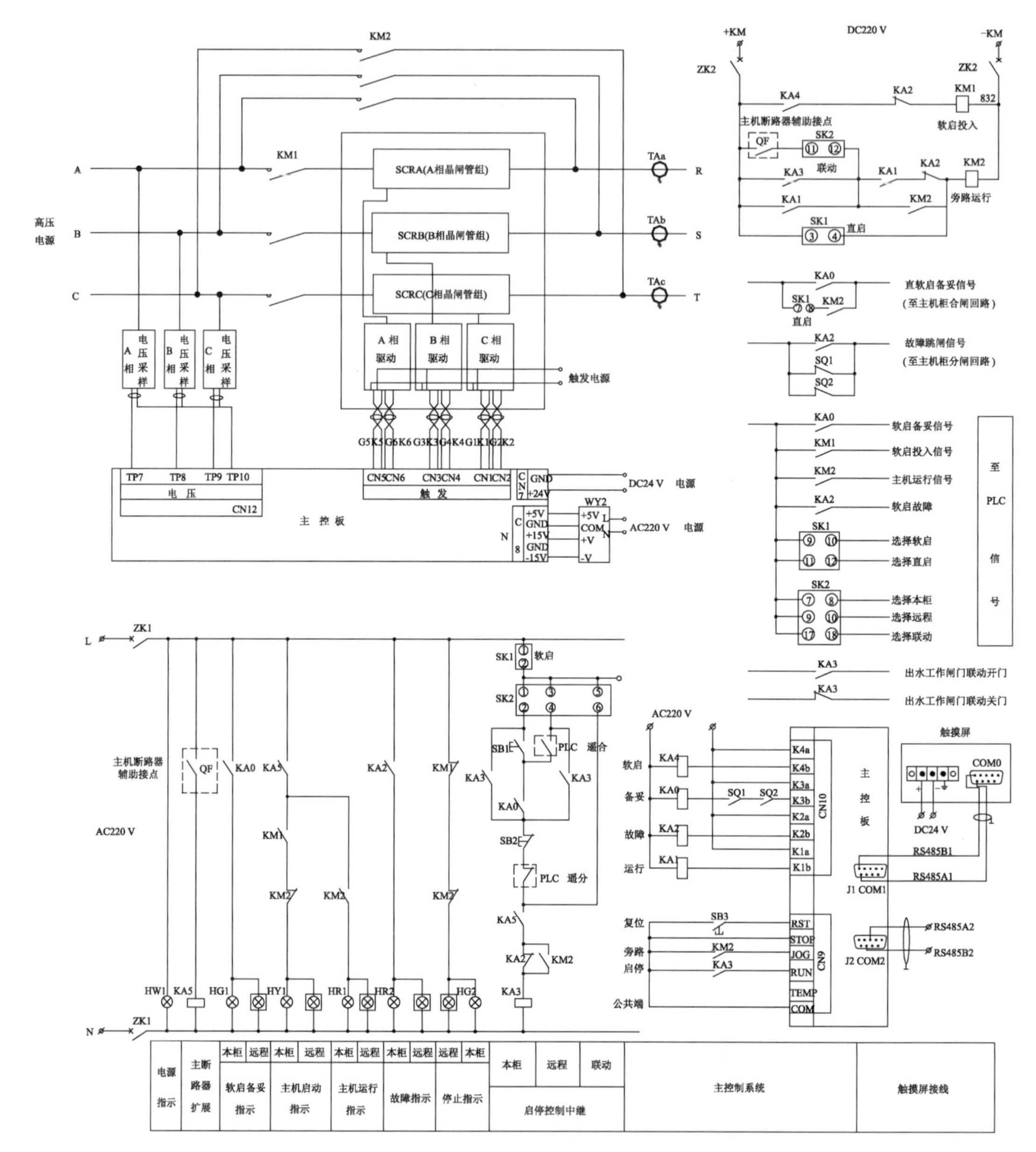

图 8-57　软启动装置控制原理图

与机组开停机相关联的另一个环节是泵站进水口闸门和出水口闸门，控制原则为进水口闸门先打开，机组启动则出水口闸门同时开启，机组停机则出水口闸门同时关闭，即机组启停联动出水口闸门启闭动作。按此控制原则，当 SK2 置于本柜和远程状态时，由软启动装置发信号至出水口闸门控制箱，联动出水口闸门启闭动作；当 SK2 置于联动状态时，由主机开关柜发信号至出水口闸门控制箱，联动出水口闸门启闭动作。机组有 3 种运行方式：

① 正常工作方式为软启动＋软停机方式，将软启动柜 SK1 置于软启模式、SK2 置于本柜或远程模式，同时将出水口闸门置于软启动柜联动模式，软启装置备妥后合上主

机开关柜断路器，在软启动柜上按启动按钮或由自动化系统发出启动信号，电动机进入软启动状态，出水口闸门联动打开，启动完成后旁路接触器自动吸合，电动机投入电网运行；停机时，在软启动柜上按停止按钮或由自动化系统发出停机信号，旁路接触器打开，电动机进入软停机状态，出水口闸门联动快速关闭，主机开关柜断路器视停机时间长短适时分闸。

② 备用工作方式为软启动＋自由停机方式，将软启动柜 SK1 置于软启模式、SK2 置于联动模式，同时将出水口闸门置于主机开关柜联动模式，软启动装置备妥后合上主机开关柜断路器，电动机进入软启动状态，出水口闸门联动打开，启动完成后旁路接触器自动吸合，电动机投入电网运行；停机时断开主机开关柜断路器，电动机自由停机，出水口闸门联动快速关闭。

③ 特殊工作方式为直接启动＋自由停机方式（软启动装置故障时），将软启动柜 SK1 置于直启模式，同时将出水口闸门置于主机开关柜联动模式，合上主机开关柜断路器，电动机直接启动，出水口闸门联动打开，电动机投入电网运行；停机时断开主机开关柜断路器，电动机自由停机，出水口闸门联动快速关闭。

2. 双向运行的控制流程

以第 8.1 节研究背景为例，该泵站安装 2 台双向竖井贯流泵，具有正、反向运行 2 种工况，以正向排涝为主兼顾反向引水。泵站机组启停与出水口闸门启闭有联动控制要求，所以每台机组的运河侧和长江侧各设一道工作闸门；为防止工作闸门在机组停机时因发生故障而不能关闭，还需设置一道事故闸门，作为工作闸门的备用紧急闭门用。从节省设备及减少土建投资角度出发，可在其中一侧仅设置一道事故闸门。结合该泵站运行特点，在运河侧每台机组设一道工作闸门，长江侧每台机组设一道事故闸门和一道工作闸门。

机组正、反向运行的控制流程基本一致，都是根据运行工况不同先开启进水口闸门，机组启动联动出水口闸门开启，机组停机时联动出水口闸门关闭；在出水口工作闸门关闭过程中时刻监测闭门时间和下降开度，若在规定时间内闸门未下降至相应高度，则判为工作闸门闭门故障，事故闸门紧急闭门，防止水倒流造成机组飞逸。

开机前准备工作与第 6.4.6 节单向机组相似，应检查高、低压电气设备是否在工作位置、母线电压是否正常、保护装置是否投入、软启动装置是否准备就绪、闸门液压系统是否准备就绪、辅机设备供水系统工作是否正常、正向/反向手车是否位于工作位置等。

机组正、反向运行控制流程如图 8-58 至图 8-61 所示。

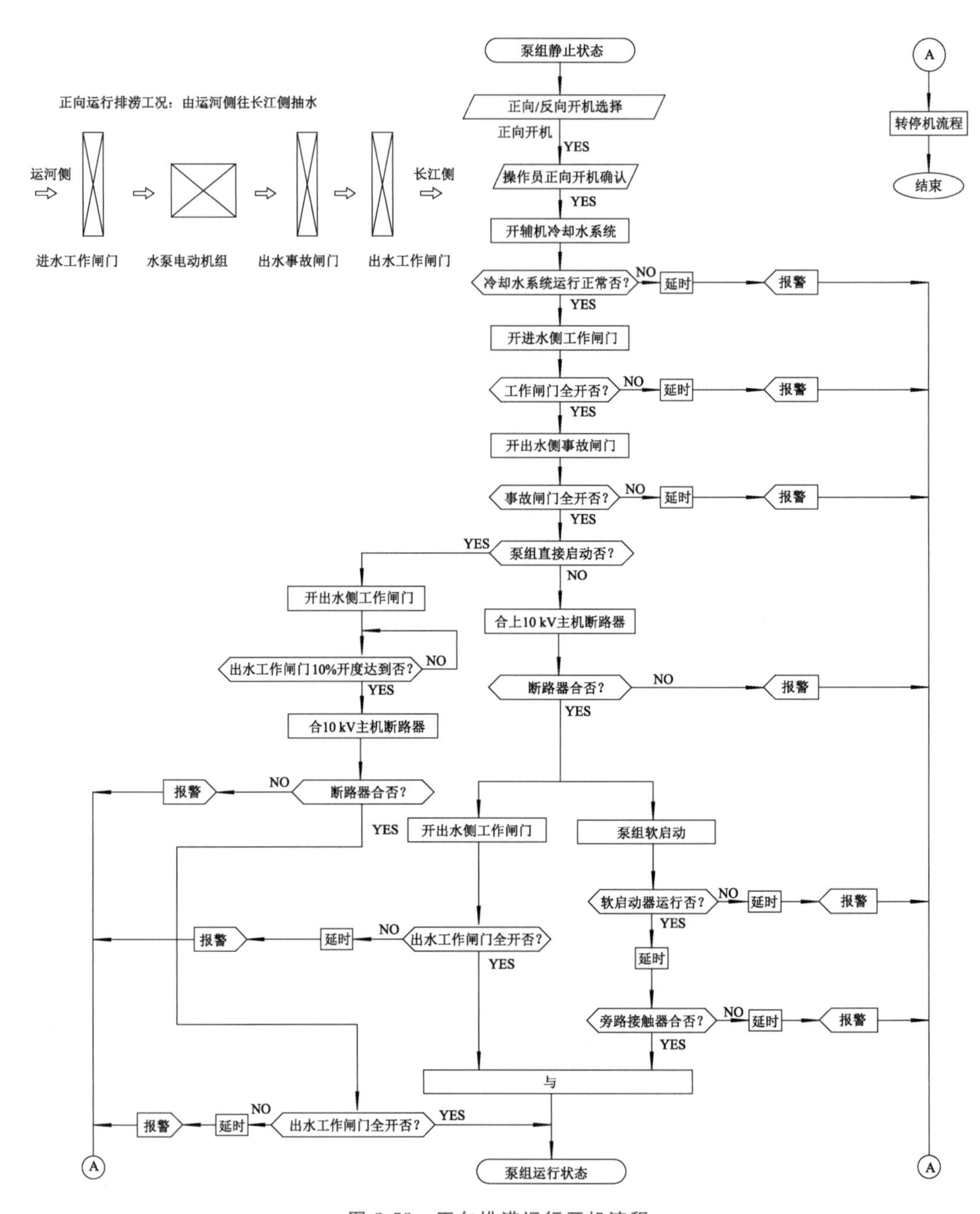

图 8-58　正向排涝运行开机流程

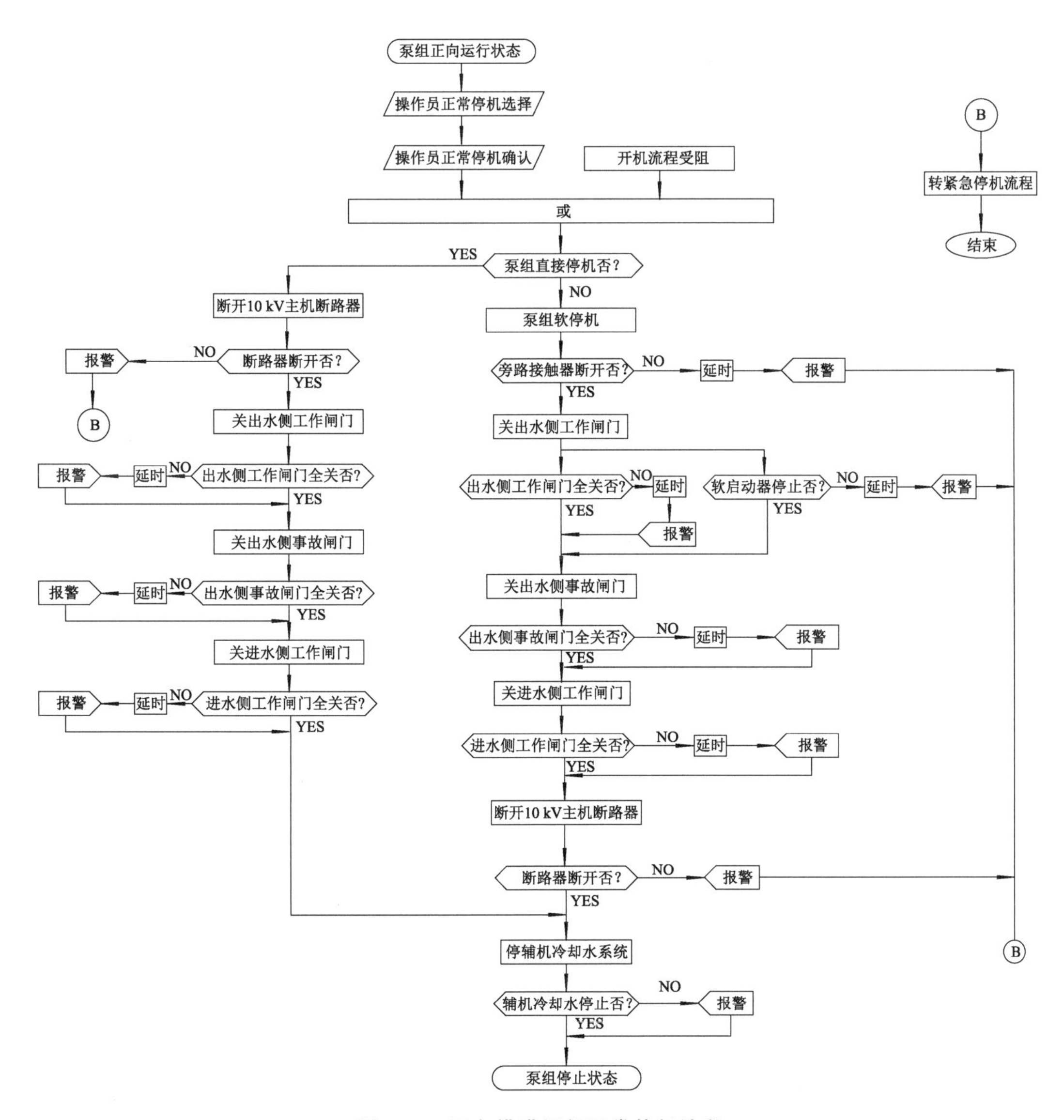

图 8-59　正向排涝运行正常停机流程

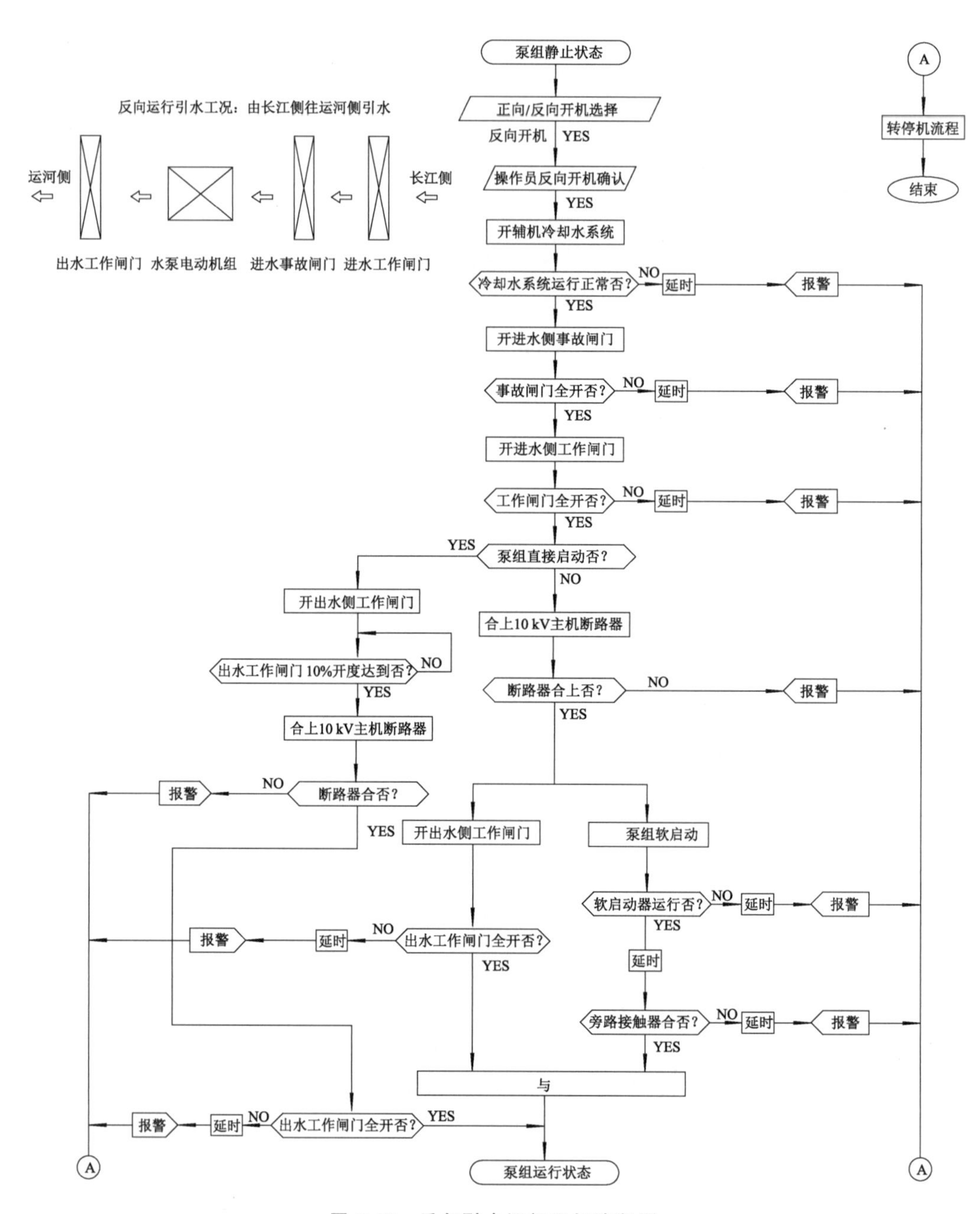

图 8-60　反向引水运行开机流程图

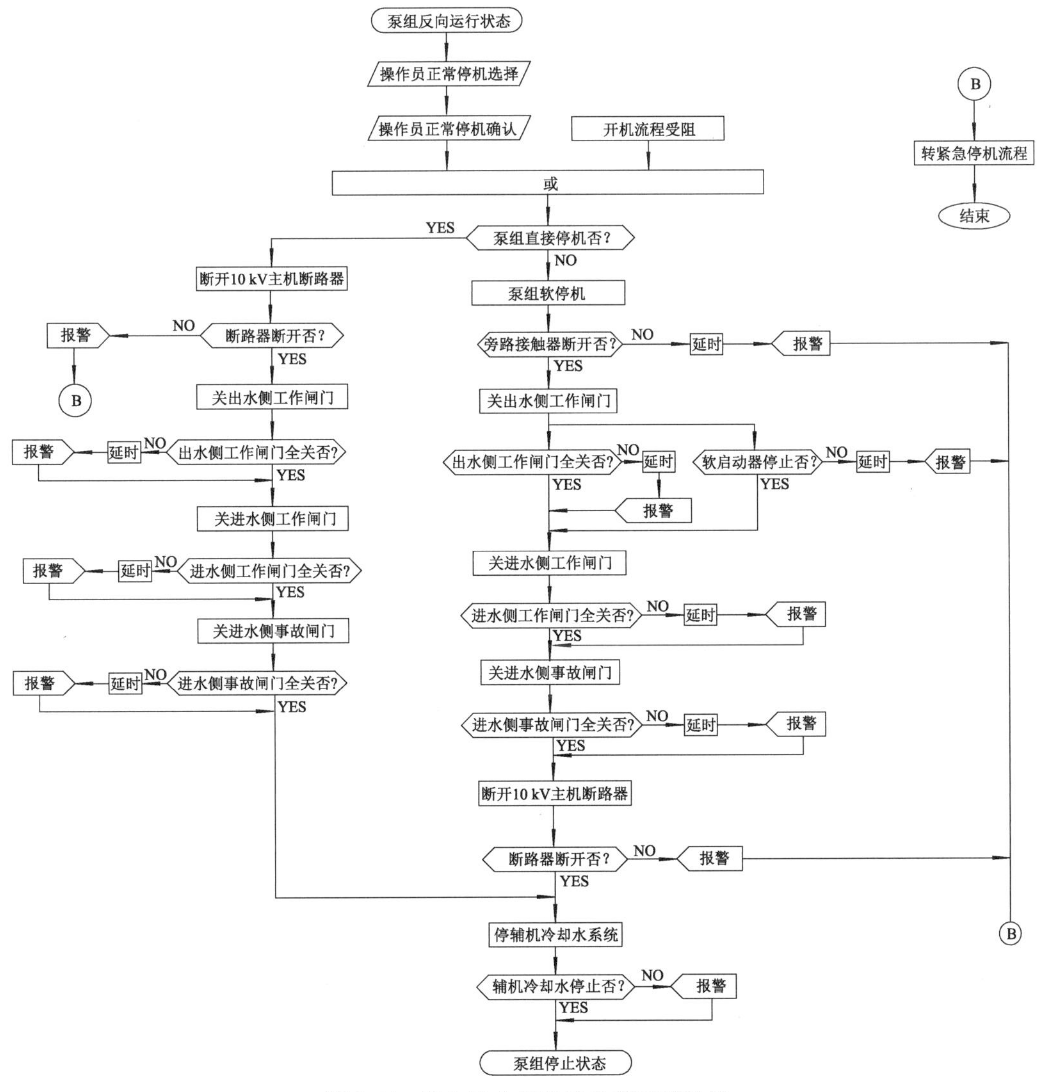

图 8-61　反向引水运行正常停机流程图

8.4　机组检修三维仿真系统研究

8.4.1　计算机三维可视化仿真培训

三维可视化仿真就是在全面分析对象设备的基础上，采用三维可视化仿真技术建立设备三维仿真模型，然后通过信息关联技术将三维可视化实体模型与设备数字化信息关联起来，使得计算机能自动识别对象设备的物理结构、辨识对象设备运行状态和健康状态、反映对象设备故障机理的一种建模方法。

美国实验心理学家 Treichler 做过两个著名的实验：① 关于人类获取信息的途径。他通过大量的实验证实，人类获取的信息 83.5%来自视觉，11%来自听觉，3%来自嗅觉，

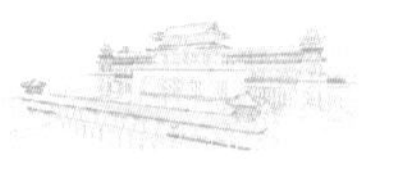

1.5%来自触觉，1%来自味觉，也就是说，人们通过视觉和听觉获得的信息占其所获得总信息的 94.5%。② 关于知识保持即记忆持久性。人们一般能记住自己阅读内容的 10%，听到内容的 20%，看到内容的 30%，听到和看到内容的 50%，在交流过程中自己所说内容的 70%。另外，对同样的学习材料，单用听觉，3 h 后能保持所获取知识的 60%，3 d 后则下降为 15%；单用视觉，3 h 后能保持 70%，3 d 后降为 40%；如果视觉、听觉并用，3 h 后能保持 90%，3 d 后可保持 75%。因此，在培训过程中，能同时调动培训对象的视觉、听觉等多种感知器官参与感知活动，有助于其对泵站系统知识的理解和接受。三维可视化将视听合一功能与计算机的交互功能结合在一起，产生出一种更合乎自然的交流环境和方式，调动培训对象主动运用多种感官积极参与感知活动，能激发学习兴趣，使其产生学习欲望，形成学习动机，更积极有效地接受知识。由此可见，视听并用是学习的最佳方式。

8.4.2 大型泵站 3D 检修仿真培训系统的构建

1. 泵站检修仿真培训系统的内容

基于现代计算机技术，运用三维可视化手段并根据数字孪生需求对泵站主要设备（水泵、电动机、减速齿轮箱、主变、高压断路器、隔离开关等）、辅助设备、金属结构（工作闸门、检修闸门、清污机、拦污栅、固定式卷扬机、液压启闭机等）以及电气主接线、油水气系统、二次回路等进行建模造型设计，配以文字、声音、灯光、色彩等，渲染合成与实物一致的全景三维立体外形，并能根据需要进行局部结构解剖。三维动画与文字、影像等有机配合，不仅可将常规培训的基础知识、专业知识与计算机仿真培训技术相结合，显示二维平面仿真培训技术中特有的系统原理图、布置图等，而且可对复杂设备结构进行局部解剖，动画演示零（部）件的结构特点，演示相应组件之间的配合、联接关系，有利于检修维护人员了解设备型式、结构特点、特征参数，以及检修维护中的注意事项等，并可根据需要进行深层次专业培训，具有直观形象、生动易于记忆、培训过程可重复等特点。泵站水泵机组检修仿真主要内容框图如图 8-62 所示。

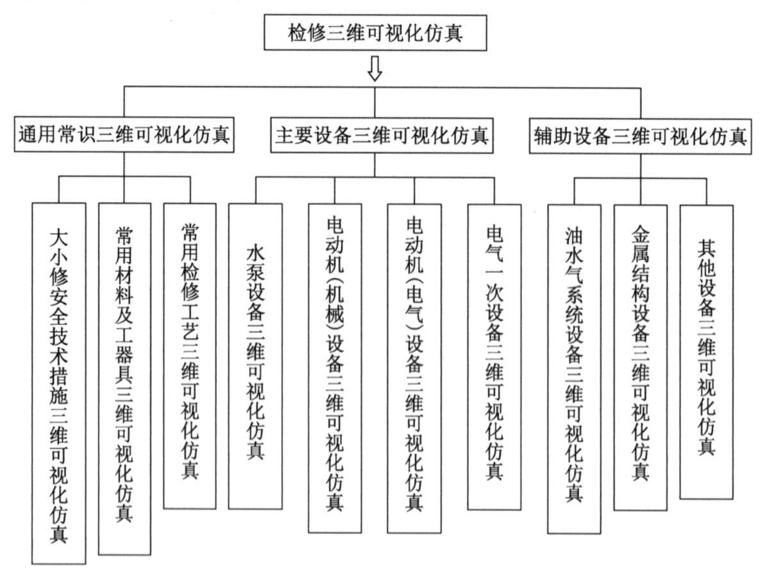

图 8-62 水泵机组检修仿真内容框图

2. 泵站检修仿真培训系统开发的基础软件

三维可视化仿真技术是利用三维造型软件进行几何模型制作，模仿相应设备或图形等形成的专用仿真技术。实践中应根据不同的仿真需求，选择适当的计算机仿真工具软件。目前，常用的工具软件依据功能和工程应用侧重点的不同有较多选择，如 UG，Pro/E，3DS MAX，SolidWorks，AutoCAD 等。根据大型泵站的工程需求和仿真工具软件的特征，经过比较，选择 3DS MAX 软件较为合适。

（1）3DS MAX 软件特点

3DS MAX 是目前市场上流行的高级三维可视化软件，用户通过此软件能够方便地创建各种具有真实感的三维物体造型，并能制作精美的动画。其主要特点是功能强大、插件众多、开放性好，集模型建立、材质设置、摄影灯光、场景设计、动画制作、影片剪辑于一体，可以制作广播级的动画效果。它对硬件的要求相对较低，一般计算机就能满足使用要求，无须添加专用设备，相关学习资料也很多，而且可使用外部程序，与 Photoshop 和 Premiere 等软件联合使用，可以采用特技及变形处理等手法为三维可视化建立一个完整的场景，然后可以设定场景中对象的动作，让它们运动、变形，更改属性，最后在所创建的电脑虚拟场景中拍摄三维可视化电影。运用 3DS MAX，电脑操作者犹如电影导演，可使动画制作更加逼真、快捷。这也是 3DS MAX 以其无可比拟的强大实力占据三维可视化主导地位，备受艺术创作、美工制作、产品分析、建筑设计等众多领域青睐的主要原因。

（2）3DS MAX 实现可视化仿真的可行性

三维可视化过程基本上可分为 3 个方面：实物虚化、虚物实化和高性能的计算机处理。它除了这 3 个主要方面以外，还包含分析空间漫游所需的三维浏览器的开发技术、三维虚拟切换技术、与现实实时控制连接技术等。2008 年神舟 7 号载人航天飞船飞行过程中的模拟仿真动画，就是三维可视化技术与实时控制技术连接的典型实例。从多个水利水电工程的三维可视化多媒体项目的实施来看，利用 3DS MAX 进行泵站机电设备检修、运行可视化仿真是完全可行的。

（3）3DS MAX 实现可视化仿真的手段

3DS MAX 三维可视化是在相应的界面上实现的，如同工程人员习惯的三视图，3DS MAX 的初始窗口提供了 3 个平行投影窗口，即俯视图、前视图、左视图。此外，3DS MAX 还提供了一个透视投影窗口。各个窗口可根据需要变换成右视图、用户视图、前视图、后视图、摄像机视图、灯光视图，其中摄像机视图是虚拟摄像机模拟人的观察视角进行渲染，进而实现三维可视化的重要应用视图窗口。其基本原理及流程分别如图 8-63 和图 8-64 所示。

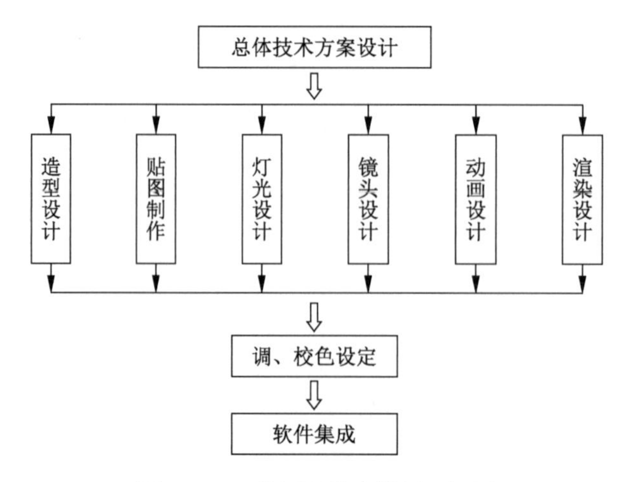

图 8-63　三维可视化建模原理框图

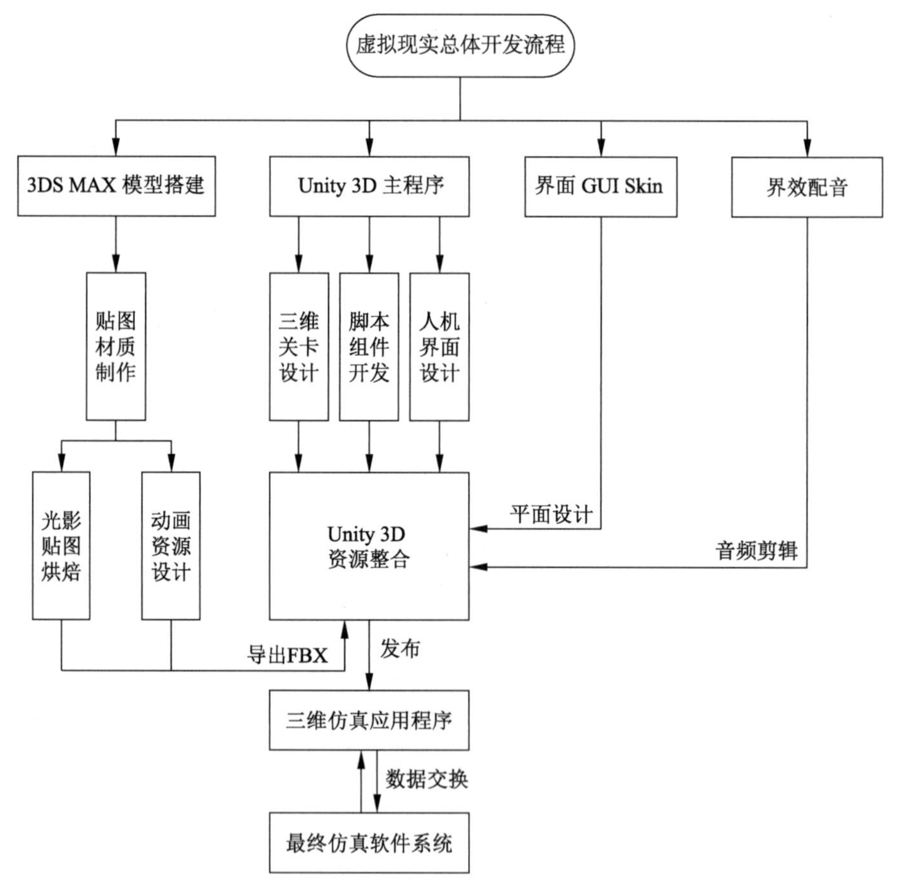

图 8-64　基于 3DS MAX 的可视化仿真流程图

（4）仿真软件对硬件的需求

仿真软件对硬件的基本需求是，服务器采用联想 ThinkServer RD640 高性能的 64 位计算机服务器，其配置如下：

CPU：2×Intel E5-2630 V2 CPU，64 位，2.6 GHz；

内存：16 GB 内存（4×4 GB），1 333 MHz；

硬盘：2×1 TB 7.2K RPM，6 Gbps 近线 SAS；

显卡：集成显卡；

光驱：超薄 DVD RW 光驱；

网口：3 个 1 000 MB 以太网接口；

串口：1 个串行接口；

外设：鼠标键盘；

显示器：27″以上液晶显示器。

8.4.3 泵站检修可视化仿真培训

用虚拟现实技术进行竖井贯流泵装置的建模，从泵组结构特点到各主要部件（电动机定子、转子、通风冷却系统、推力轴承、受油器、水泵叶轮、泵轴、进水流道、出水流道、导叶、水导轴承、主轴密封等）的工作原理，以及拆卸顺序、安装顺序、检修要点进行培训。水泵机组虚拟检修仿真总体页面布局如图 8-65 所示。

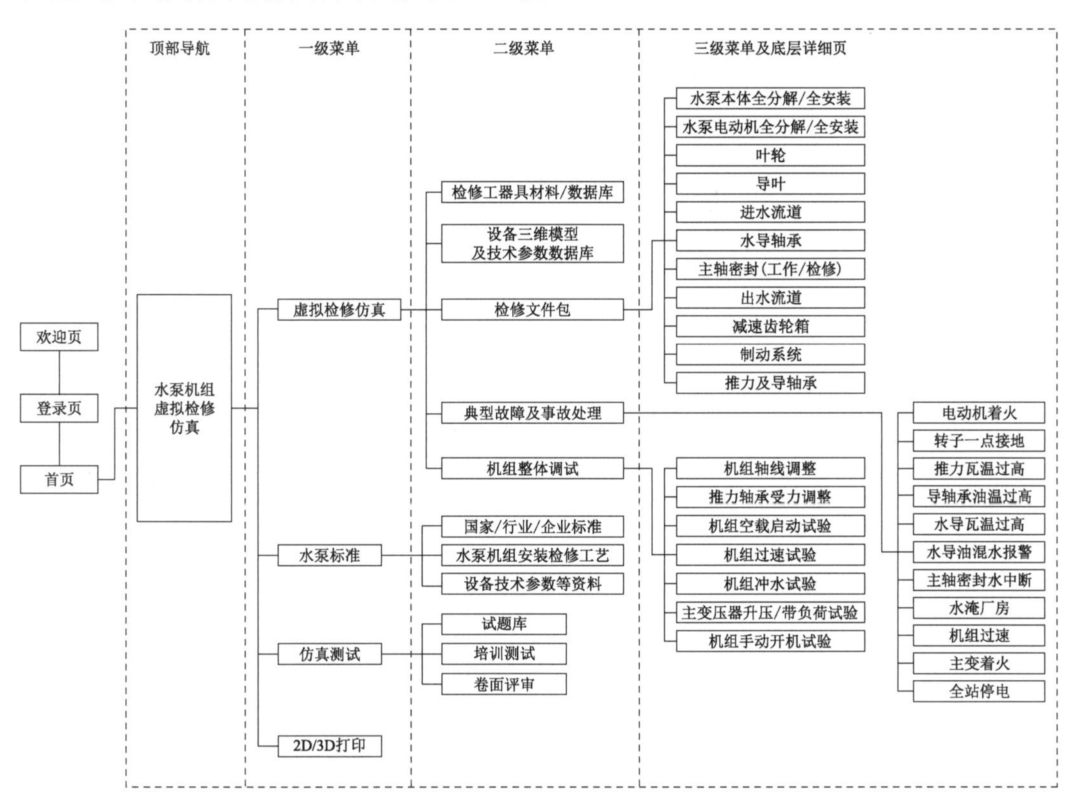

图 8-65　水泵机组虚拟检修仿真总体页面布局

1. 检修工器具、材料的识别与使用培训

根据可视化仿真，建立水泵检修工作所用工器具（包括通用工器具和专用工器具）的三维模型数据库并进行检修人员培训，培训内容包括：

（1）通用工、器具的识别与使用

例如，内径千分尺、外径千分尺、百分表、压力表、塞尺、水平仪、刮刀、挑刀、钢字码、划针、量规、塞规、圆规、活络扳手、呆扳手、梅花扳手、千斤顶、钢丝绳、扁铲、撬棍、榔头、螺丝刀、钢丝刷、手套、连身衣、安全帽、安全带、安全绳、卸扣、起吊螺钉、手拉葫芦、行灯变压器、行灯、万用表、验电笔、求心器等的识别与使用等。

（2）专用工、器具的识别与使用

例如，各类敲击扳手、联轴螺栓专用工具、电动机转子测圆架、主轴叶轮起吊工具、泵组整体起吊工具、盘车工具、镜板研磨工具，以及其他特殊用途工具等的识别与使用等。

（3）检修材料识别

识别水泵检修所用材料，如汽油、酒精、无水乙醇、透平油、绸布、毛毯、红丹漆、油漆、502 胶水、除锈剂、螺栓松动剂、橡胶盘根、金相砂纸、油石等。

凡涉及检修所用工器具、材料均已建立三维模型数据库，以便虚拟检修及运行仿真培训时调用。图 8-66 是典型的外径千分尺及其使用方法的三维模拟。

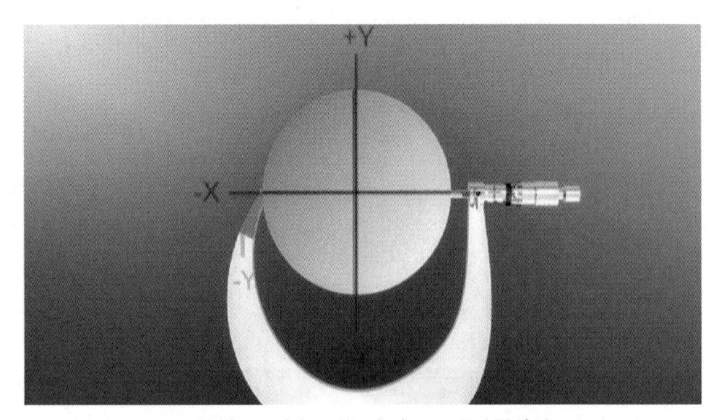

对该断面在X和Y方向分别测量直径

图 8-66　外径千分尺及其使用方法三维模拟

2. 设备特性和技术参数培训

所有设备均按照图纸建立三维模型以及技术参数数据库，并附之特征参数如材料、外形尺寸、质量以及性能技术参数，供检修仿真培训调用。

3. 虚拟仿真检修培训

作为检修仿真模块中的主要部分，采用虚拟现实技术进行交互式（鼠标、键盘）检修仿真培训。

泵站机电设备不同检修等级所对应的检修文件包内容，按照检修任务单、检修前准备、环境影响因素辨识及控制、危险源辨识及控制、检修工序卡、工序修改记录、技术记录卡、质量监督签证单、不符合项处理单、设备试运行单、完工报告单和文件包版本修订记录等要求予以展开。其中，检修任务、检修前准备、环境影响因素辨识及控制、危险源辨识及控制等内容用虚拟现实技术予以仿真，其余内容则用文字、图片、视频等媒体形式存入专用数据库中。仿真检修主要培训内容包括电动机全分解/全安装、水泵全分解/全安装等。图 8-67 为竖井贯流泵机组安装模拟仿真截图。

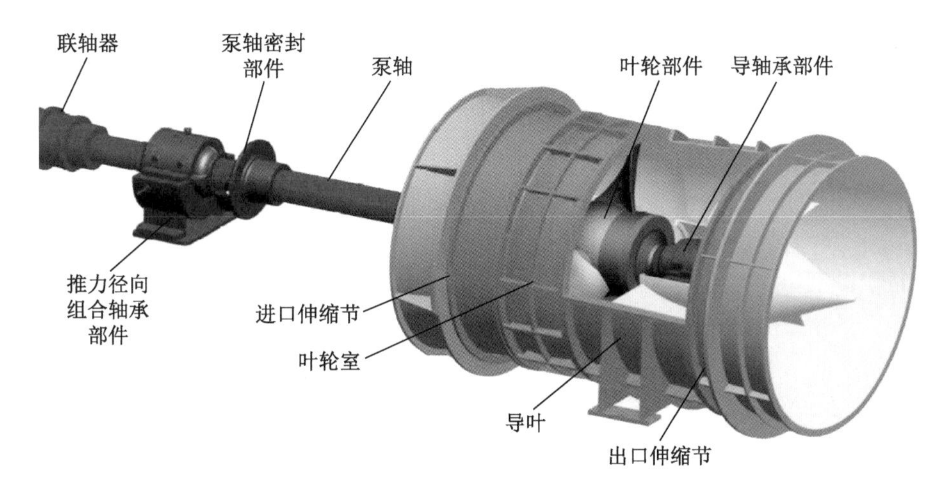

图 8-67 竖井贯流泵机组安装模拟仿真

4. 典型故障及事故处理虚拟检修仿真培训

针对水泵机组生产过程中遇到的典型故障及事故，如推力及导轴瓦温过高故障、水导轴承进水事故等，采用虚拟现实技术予以仿真，重点突出故障及事故处理的操作步骤以及注意事项，形成针对性更强、实用性更好的虚拟检修培训系统，满足全方位、多层次的培训需求。

5. 泵站工程标准培训

为方便水泵设备检修运行，仿真培训系统中包含主要的国家标准、行业标准和企业标准等，如《泵站技术管理规程》(GB/T 30948－2021)、《泵站设备安装及验收规范》(SL 317－2021)、《大中型泵站主机组检修技术规程》(DB32/T 1005－2006)以及不同泵站的水泵检修规程、电动机检修规程等。

6. 培训仿真测试模块

为了加深理解并保持持久记忆，检修及运行人员可以进入仿真测试系统进行模拟考试，通过自我评估实现查漏补缺及巩固强化的目的。

仿真测试模块包括故障维修知识库、设备理论知识库、安全生产知识库等，用以检验学员受训后的效果。检修、运行专业试题库评分系统能对学员考试进行自动评分，并显示完整的操作步骤，出错步骤一目了然，有利于增强培训效果。本模块也可作为日常培训考试之用。培训仿真测试模块流程如图 8-68 所示。

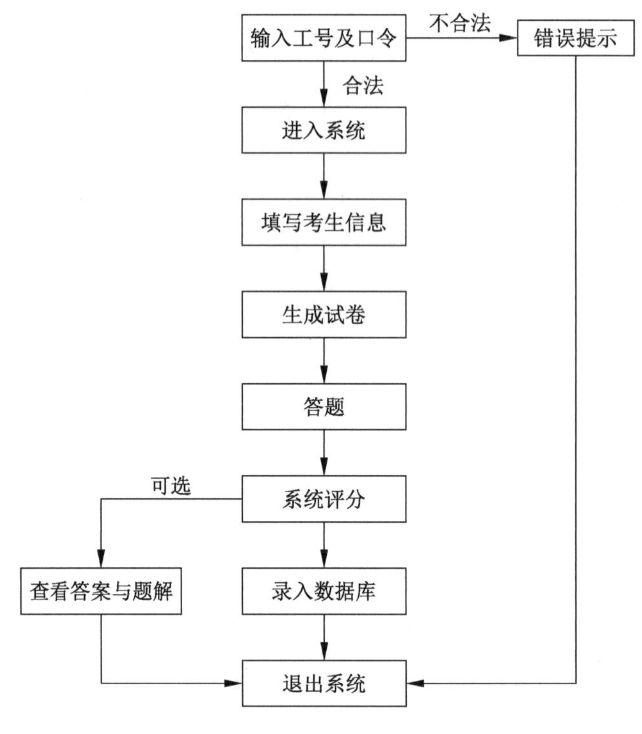

图 8-68　培训测试流程图

7. 2D/3D 打印功能

所有虚拟检修仿真所涉及的图片、文字、三维设备模型等，均可以用常规打印机进行 2D 打印。开发的专用程序接口能实现 3D 打印功能，直接生成三维设备教学模型。

最终可将创建的所有交互式虚拟检修仿真内容与其他类型的检修培训素材一起有序导入多媒体系统，并根据界面布局进行有机地整合，采取 C/S 架构的网页浏览模式，实现分级权限管理。

8.4.4　运行效果与结论

制作完成的泵站机组检修仿真培训系统已经过测试，在计算机上播放流畅，完全实现了预期的目标，并符合以下技术参数要求：

① 音频：HQ 品质；

② 视频：真实环境，3D 视角，光影、纹理仿真效果；

③ 分辨率：≥1 024×576；

④ 帧速率：25 帧/秒；

⑤ 音频：双声道立体声效果，采样率≥48.0 kHz。

采用基于虚拟技术的三维仿真培训系统对大型泵站检修维护人员进行培训，不仅能够大大增强培训效果、节省资源，而且提供对智能泵站运维系统进行进一步扩展、增加虚拟传感器的动态数据传输功能，能够对泵站优化运行进行实时动态模拟仿真，为泵站优化调度提供技术支持。

8.5 本章小结

竖井贯流泵装置具有独特的结构优势，可以通过机组的正、反向运转实现泵站的双向运行功能。双向叶轮的研发、结构布置和控制方式等设计关键技术的研究以及在工程设计中的实际应用表明，双向竖井贯流泵装置是低扬程双向泵站的最佳选择之一，将在平原地区得到更加广泛的推广应用。

① 科学设计S形双向叶轮、合理配置导叶，能够获得较好的水力性能。根据正、反向运行的时间、扬程和流量等要求，选择不同翼型进行叠加，结合竖井贯流泵装置流道特点，设置弯导叶或者直导叶等多要素组合，可满足正、反向运行的不同需求，特别是可在反向运行扬程低、效率要求高的特殊工况运行，实现了竖井的前置和后置2种装置型式的成功应用。

② 双向竖井贯流泵通过机组的正、反向运转实现双向运行，因此电气控制与保护相对于单向泵站更为复杂，是工程设计中的一项重点工作。采用专门研发的换相隔离手车，可以在不改变电动机定子接线相序的情况下使电动机实现正、反向运转的安全、可靠切换，为双向运行泵站的工况频繁切换提供了技术保障。

③ 泵站检修和运维是保证泵站安全、可靠运行的基础性工作，运用先进的三维仿真技术可开发用于培训的可视化仿真系统，该系统采用3DS MAX软件对泵站运维通用常识、主设备及其辅助设备进行三维仿真，形成与真实泵站对应的虚拟仿真系统，是数字孪生的重要环节。采用该系统可对检修维护人员开展工器具、设备特性、检修过程以及事故故障处理等内容的交互式培训，并通过设置的培训测试模块检验培训效果。

参考文献

[1] 张仁田，李龙华．大型泵站设备三维检修仿真培训系统的开发与应用[J]．水利建设与管理，2017,37(12)：41-46.

[2] 刘新泉．换相隔离手车在双向运行泵站中的开发与应用[J].中国农村水利水电，2016(10):189-190,195.

[3] 石丽建，刘新泉，汤方平，等．双向竖井贯流泵装置优化设计与试验[J].农业机械学报，2016,47(12):85-91.

[4] 江苏省水利勘测设计研究院有限公司．新沟河延伸拓浚工程遥观北枢纽工程初步设计报告[R]．2013.

9 水平轴伸式贯流泵装置关键技术

9.1 不同轴伸式贯流泵装置性能对比研究

9.1.1 对比方案的拟定

某泵站设计扬程 3.10 m、单机流量 33.4 m^3/s，按照水泵叶轮直径 3 300 mm 拟定 3 种贯流泵装置型式，分别是立面前轴伸式、立面后轴伸式和平面后轴伸式。3 种型式的流道单线图分别如图 9-1 至图 9-3 所示，立面前轴伸式贯流泵装置顺水流方向的长度是 36.066 m，其他 2 种型式的贯流泵装置顺水流方向的长度是 32.866 m，其中机组段长度按照 ZBM791－100 水力模型结构拟定为 2.766 m。

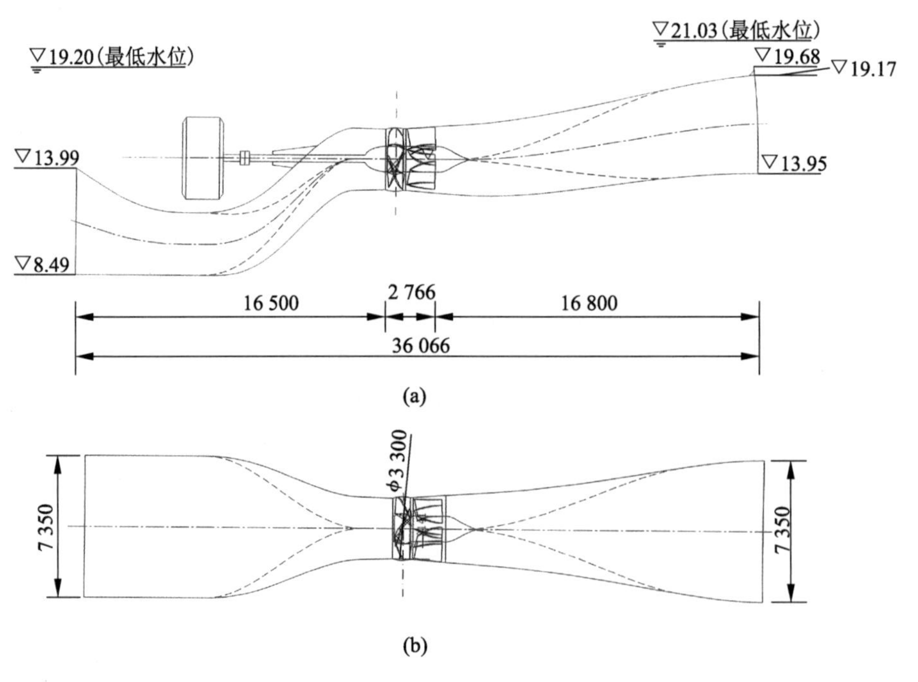

图 9-1　立面前轴伸式贯流泵装置流道单线图(长度单位:mm)

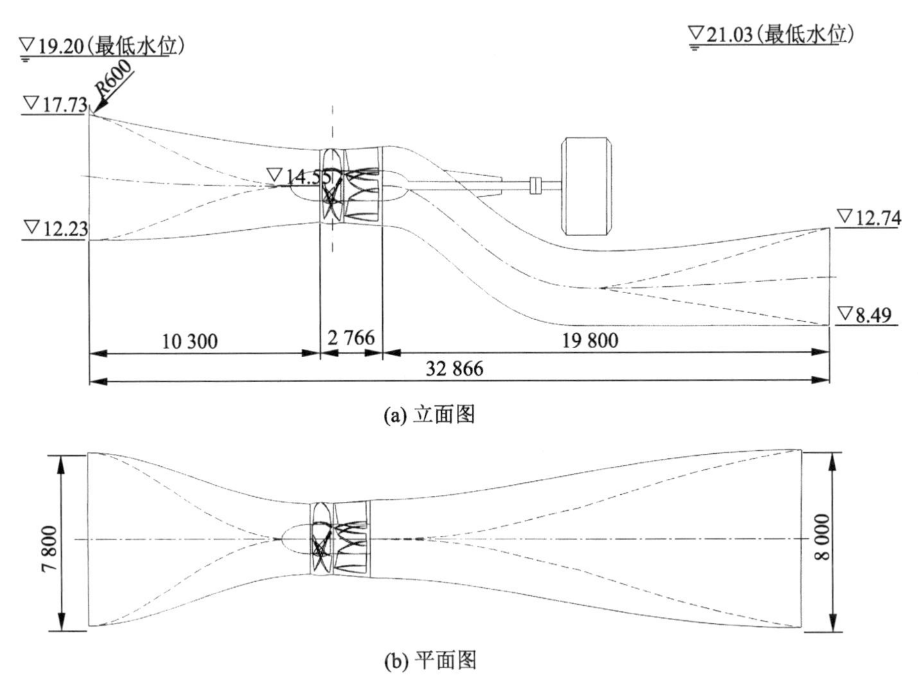

(a) 立面图

(b) 平面图

图 9-2　立面后轴伸式贯流泵装置流道单线图(长度单位:mm)

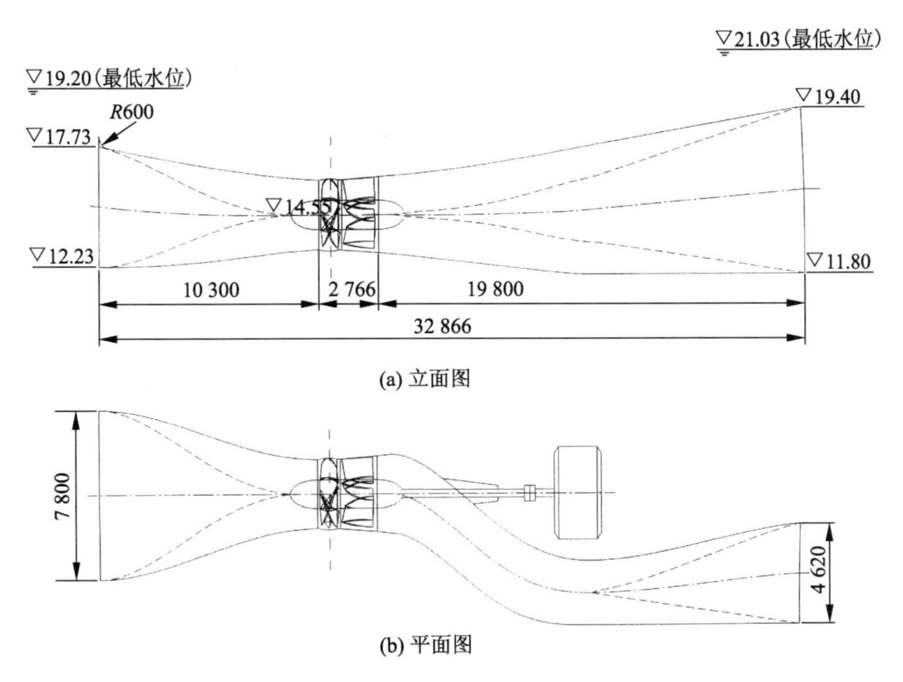

(a) 立面图

(b) 平面图

图 9-3　平面后轴伸式贯流泵装置流道优化方案单线图(长度单位:mm)

9.1.2 不同对比方案水力优化设计

1. 主要研究内容及研究方法

不同对比方案水力优化设计研究内容：

① 不同型式贯流泵装置的优化水力设计；

② 流道损失测试及装置模型试验研究；

③ 不同型式贯流泵装置的对比分析。

研究方法包括无泵的流道单独研究和带泵全装置研究，两种方法均开展数值计算和模型测试两个方面的工作。

2. 立面前轴伸式贯流泵装置优化水力设计

立面前轴伸式贯流泵装置进水流道优化方案单线图如图 9-4 所示，设计流量下进水流道竖向中剖面、横向中剖面、流道表面流场图如图 9-5 所示，进水流道出口断面流速均匀度和水流入泵平均角度分别为 97.9%和 88.0°，流道水力损失计算值为 0.142 m。计算结果表明，立面前轴伸式贯流泵装置的进水流道经过优化可得到较佳的水力性能，其特点是水流转向有序、收缩均匀，无不良流态，水力损失较小。

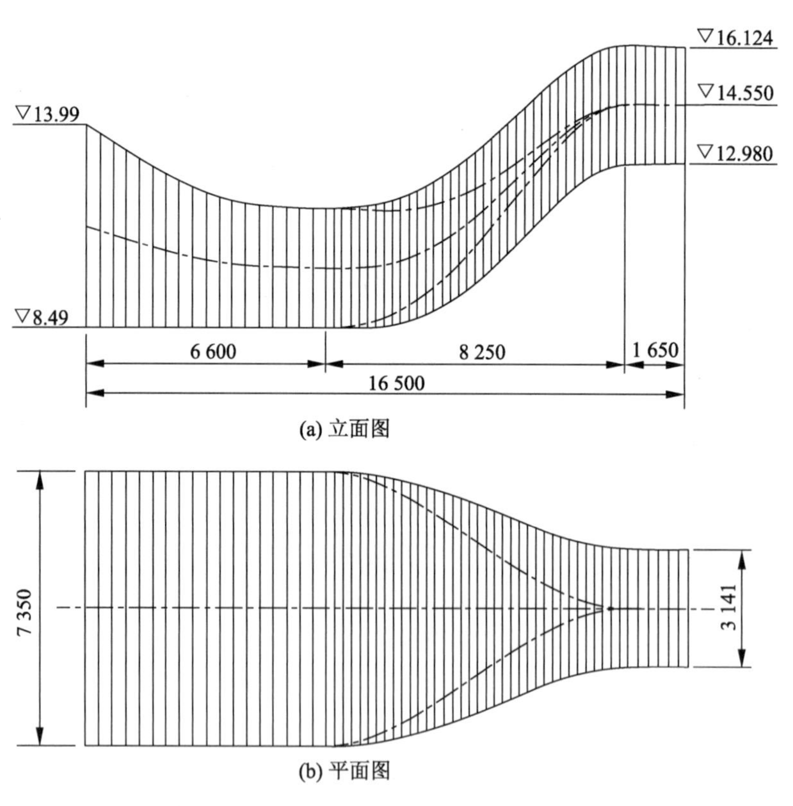

图 9-4 立面前轴伸式贯流泵装置进水流道优化方案单线图(长度单位:mm)

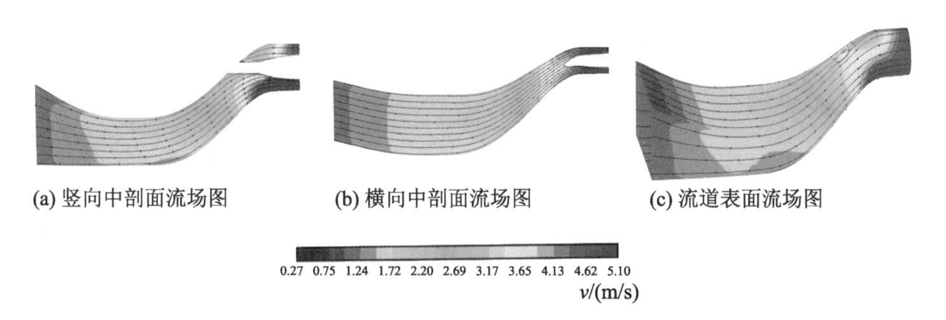

图 9-5 立面前轴伸式贯流泵装置进水流道流场图

立面前轴伸式贯流泵装置出水流道优化方案单线图如图 9-6 所示，设计流量下出水流道竖向中剖面、横向中剖面和流道表面流场图如图 9-7 所示，流道水力损失计算值为 0.163 m。计算结果表明，立面前轴伸式贯流泵装置的出水流道经过优化可得到较佳的水力性能，其特点是受到流道进口环量的影响，水流以螺旋状进入出水流道；水流在出水流道的扩散平缓、无脱流，水力损失小。

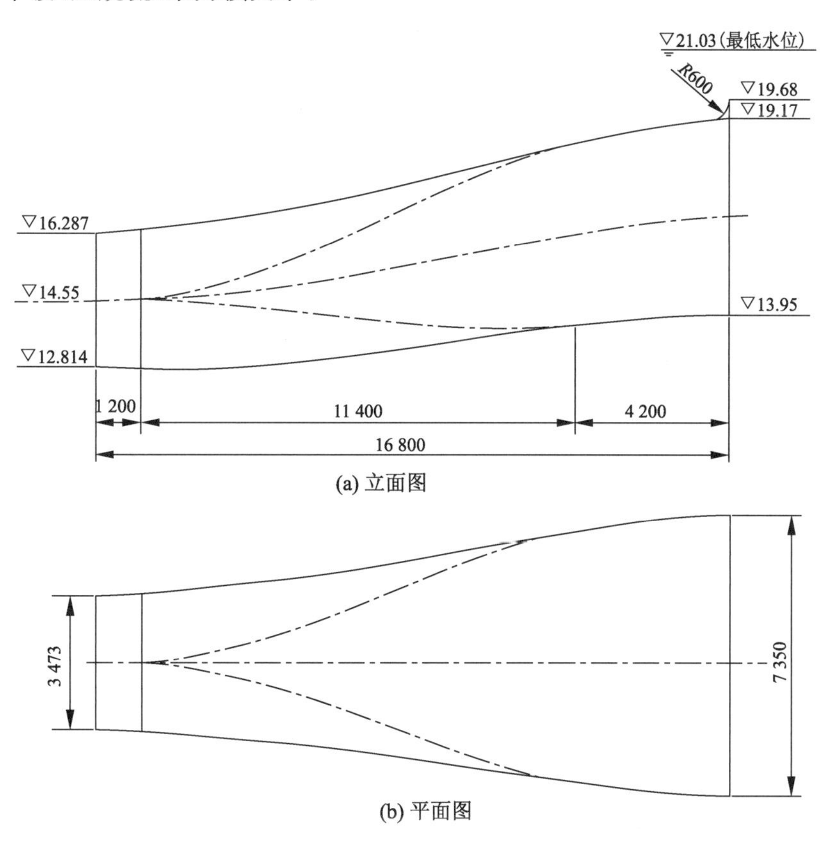

图 9-6 立面前轴伸式贯流泵装置出水流道优化方案单线图(长度单位:mm)

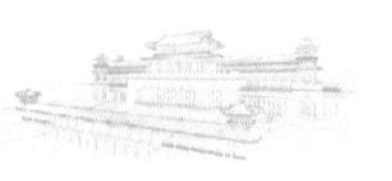

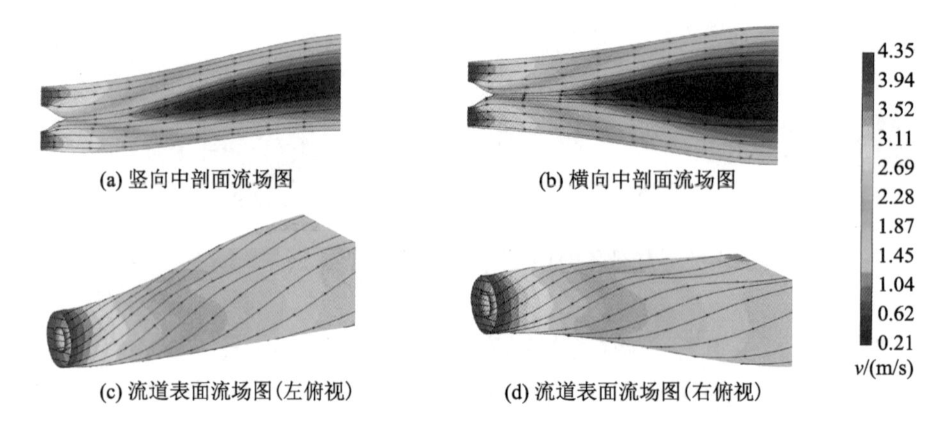

(a) 竖向中剖面流场图

(b) 横向中剖面流场图

(c) 流道表面流场图(左俯视)

(d) 流道表面流场图(右俯视)

图 9-7 立面前轴伸式贯流泵装置出水流道流场图

立面前轴伸式贯流泵装置带泵全装置在设计流量工况下数值模拟的侧视、俯视、仰视和流道表面流场图如图 9-8 所示。结果表明,立面前轴伸式贯流泵装置的数值模拟流态与进、出水流道单独分别数值模拟的流态基本一致。

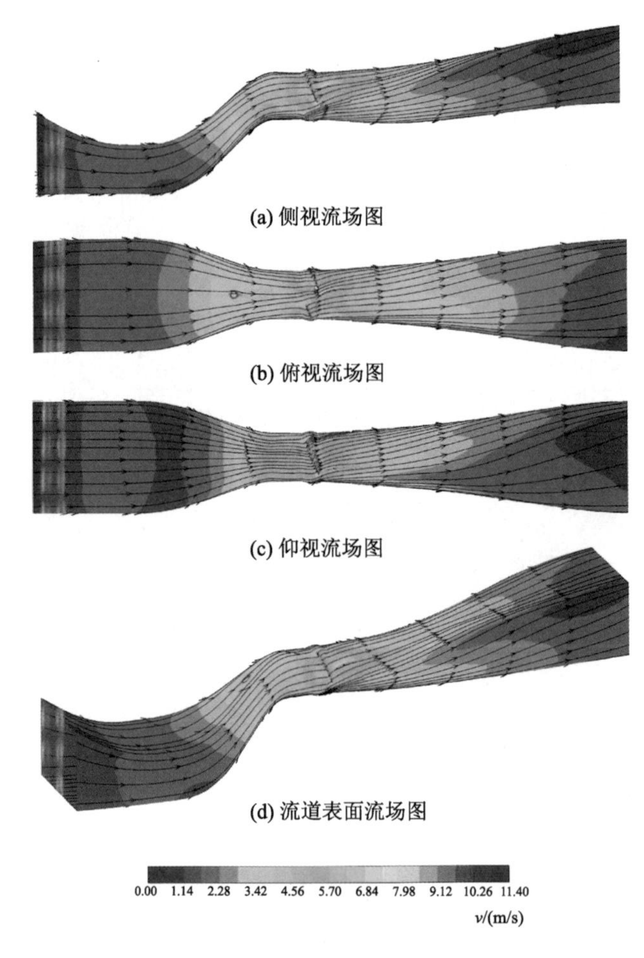

(a) 侧视流场图

(b) 俯视流场图

(c) 仰视流场图

(d) 流道表面流场图

图 9-8 立面前轴伸式贯流泵装置带泵全装置流场图

3. 立面后轴伸式贯流泵装置优化水力设计

立面后轴伸式贯流泵装置进水流道优化方案是采用简单收缩管，如图 9-9 所示，设计流量下进水流道竖向中剖面、横向中剖面和流道表面流场图如图 9-10 所示，进水流道出口断面流速均匀度和水流入泵平均角度分别为 99.0%和 88.9°，流道水力损失计算值为 0.069 m。计算结果表明，立面后轴伸式贯流泵装置的进水流道经过优化可得到优异的水力性能，其特点是水流收缩平缓、流速分布均匀，无不良流态，水力损失很小。

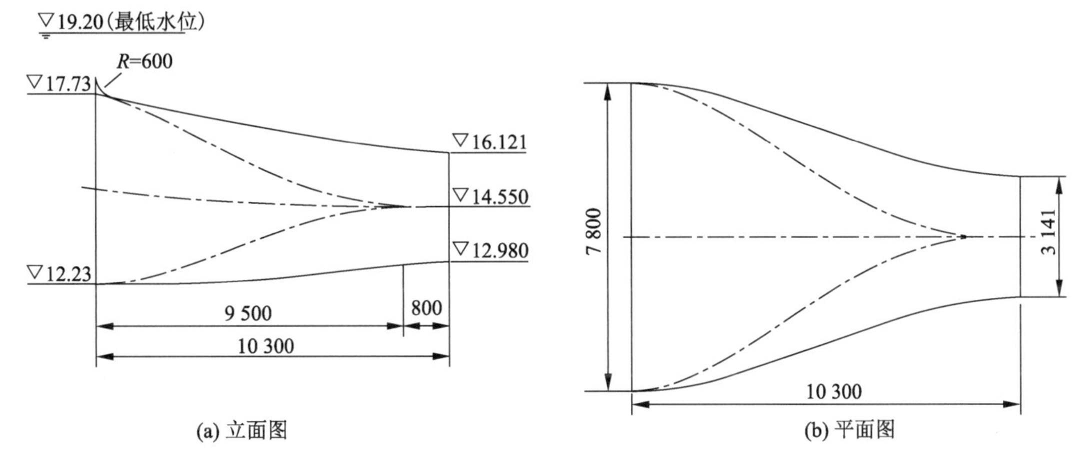

图 9-9 立面后轴伸式贯流泵装置进水流道优化方案单线图(长度单位:mm)

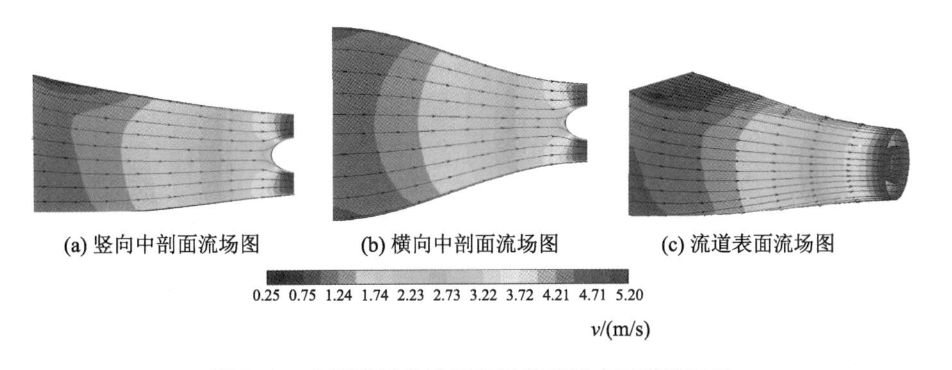

图 9-10 立面后轴伸式贯流泵装置进水流道流场图

立面后轴伸式贯流泵装置出水流道优化方案单线图如图 9-11 所示，设计流量下出水流道竖向中剖面、横向中剖面和流道表面流场图如图 9-12 所示，流道水力损失计算值为 0.274 m。计算结果表明，立面后轴伸式贯流泵装置的出水流道经过优化可得到较好的水力性能，其特点是受流道进口环量的影响，水流以螺旋状进入出水流道；水流转向有序、扩散较平缓、基本无脱流，水力损失略大。

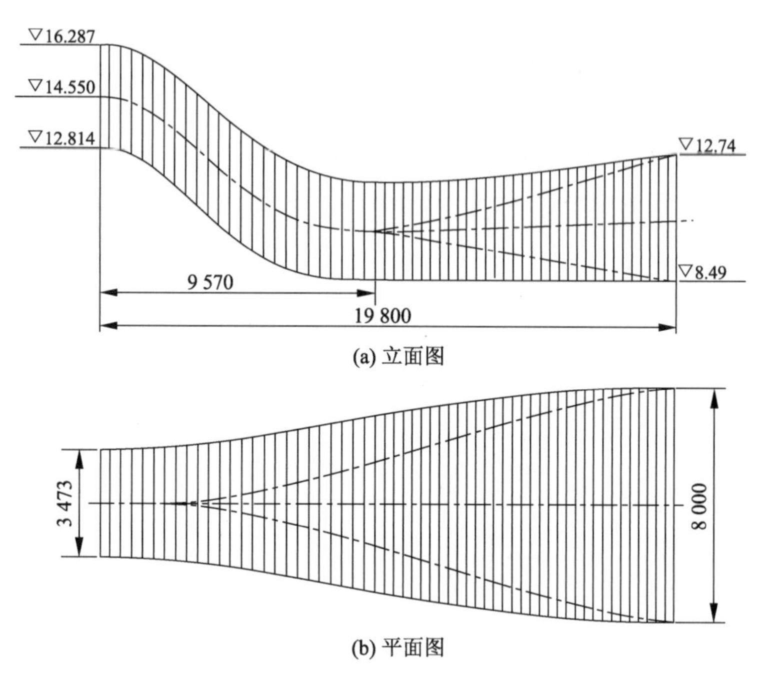

(a) 立面图

(b) 平面图

图 9-11 立面后轴伸式贯流泵装置出水流道优化方案单线图(长度单位:mm)

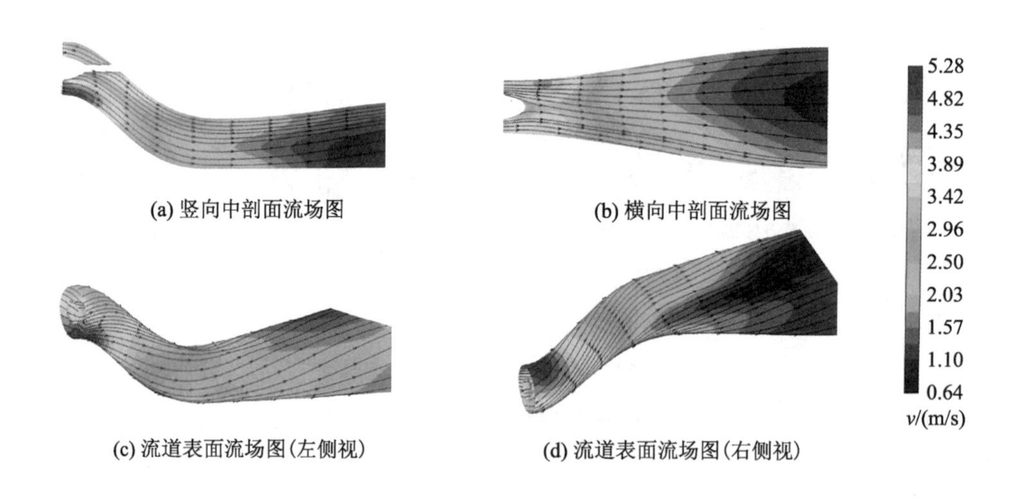

(a) 竖向中剖面流场图

(b) 横向中剖面流场图

(c) 流道表面流场图(左侧视)

(d) 流道表面流场图(右侧视)

图 9-12 立面后轴伸式贯流泵装置出水流道流场图

立面后轴伸式贯流泵装置带泵全装置在设计流量工况下数值模拟的侧视、俯视、仰视和流道表面流场图如图 9-13 所示。结果表明,立面后轴伸式贯流泵装置的数值模拟流态与进、出水流道单独分别数值模拟的流态基本也是一致的。

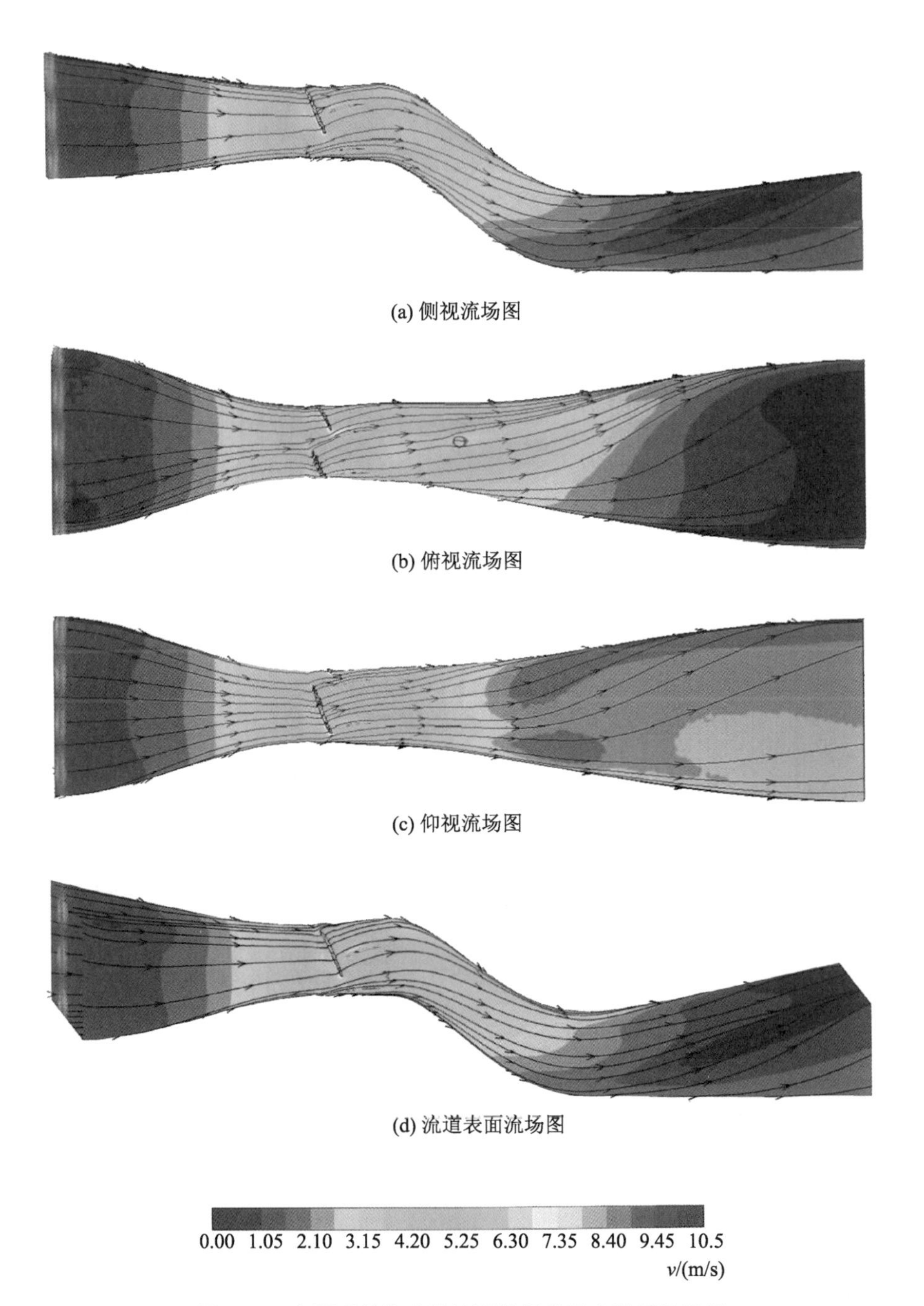

(a) 侧视流场图

(b) 俯视流场图

(c) 仰视流场图

(d) 流道表面流场图

图 9-13　立面后轴伸式贯流泵装置带泵全装置流场图

4. 平面后轴伸式贯流泵装置优化水力设计

平面后轴伸式贯流泵装置与立面后轴伸式贯流泵装置的泵轴均位于出水流道侧，进水流道型式相同，均为水平直管式进水流道；2 种装置的进水流道控制尺寸也完全相同，因此平面后轴伸式贯流泵装置的进水流道优化水力设计结果与立面后轴伸式贯流泵装置的进水流道优化水力设计结果相同。

平面后轴伸式贯流泵装置出水流道优化方案单线图如图 9-14 所示，设计流量下出水

流道竖向中剖面、横向中剖面、流道表面流场图如图 9-15 所示，流道水力损失计算值为 0.243 m。计算结果表明，平面后轴伸式贯流泵装置的出水流道经过优化可得到较好的水力性能，其特点是受流道进口环量的影响，水流以螺旋状进入出水流道；水流转向有序、扩散较平缓、基本无脱流，水力损失小于立面后轴伸式出水流道。

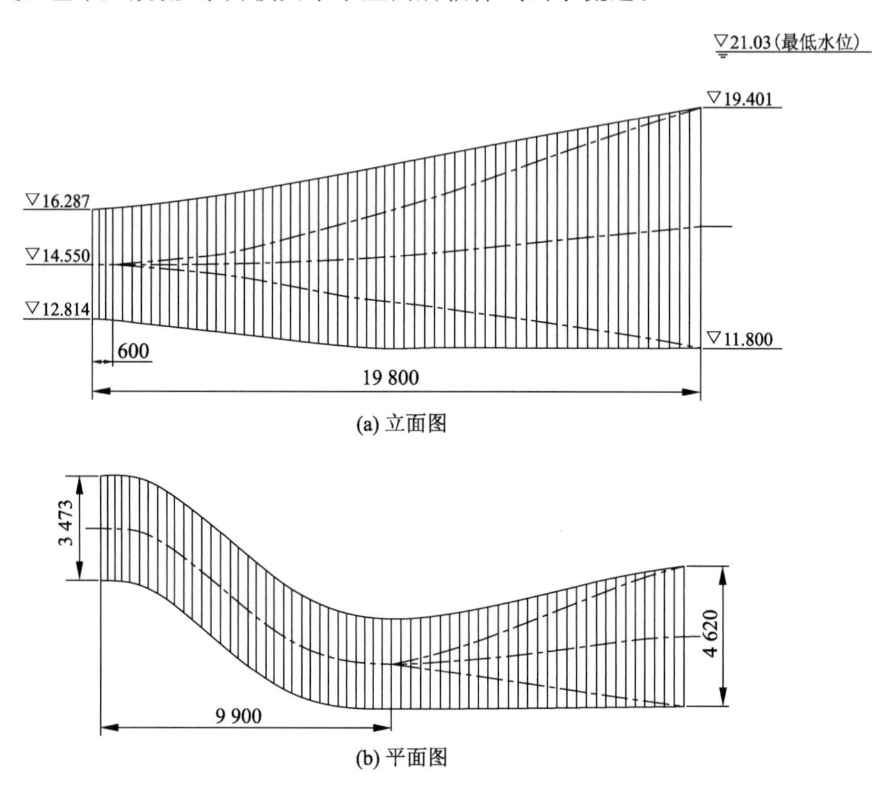

图 9-14　平面后轴伸式贯流泵装置出水流道优化方案单线图(长度单位:mm)

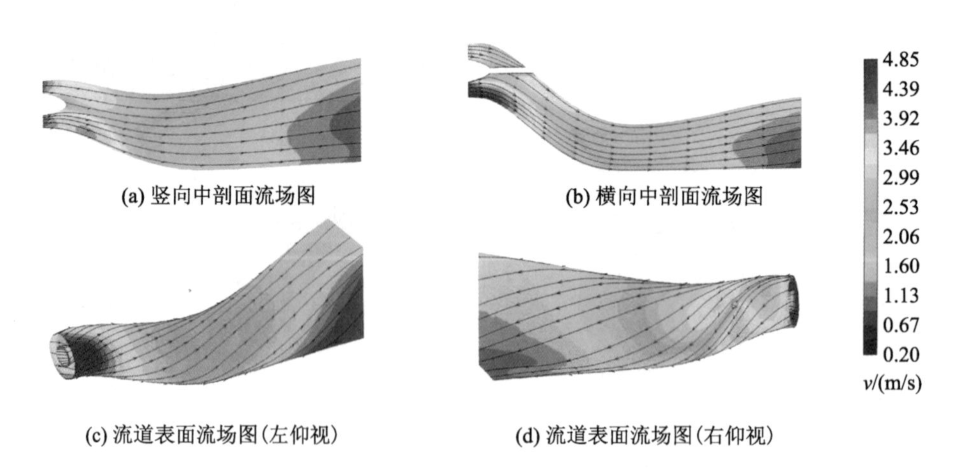

图 9-15　平面后轴伸式贯流泵装置出水流道流场图

平面后轴伸式贯流泵装置带泵全装置在设计流量工况下数值模拟的侧视、俯视、仰视和流道表面流场图如图 9-16 所示。结果表明，平面后轴伸式贯流泵装置的数值模拟流态与进、出水流道单独分别数值模拟的流态也基本一致。

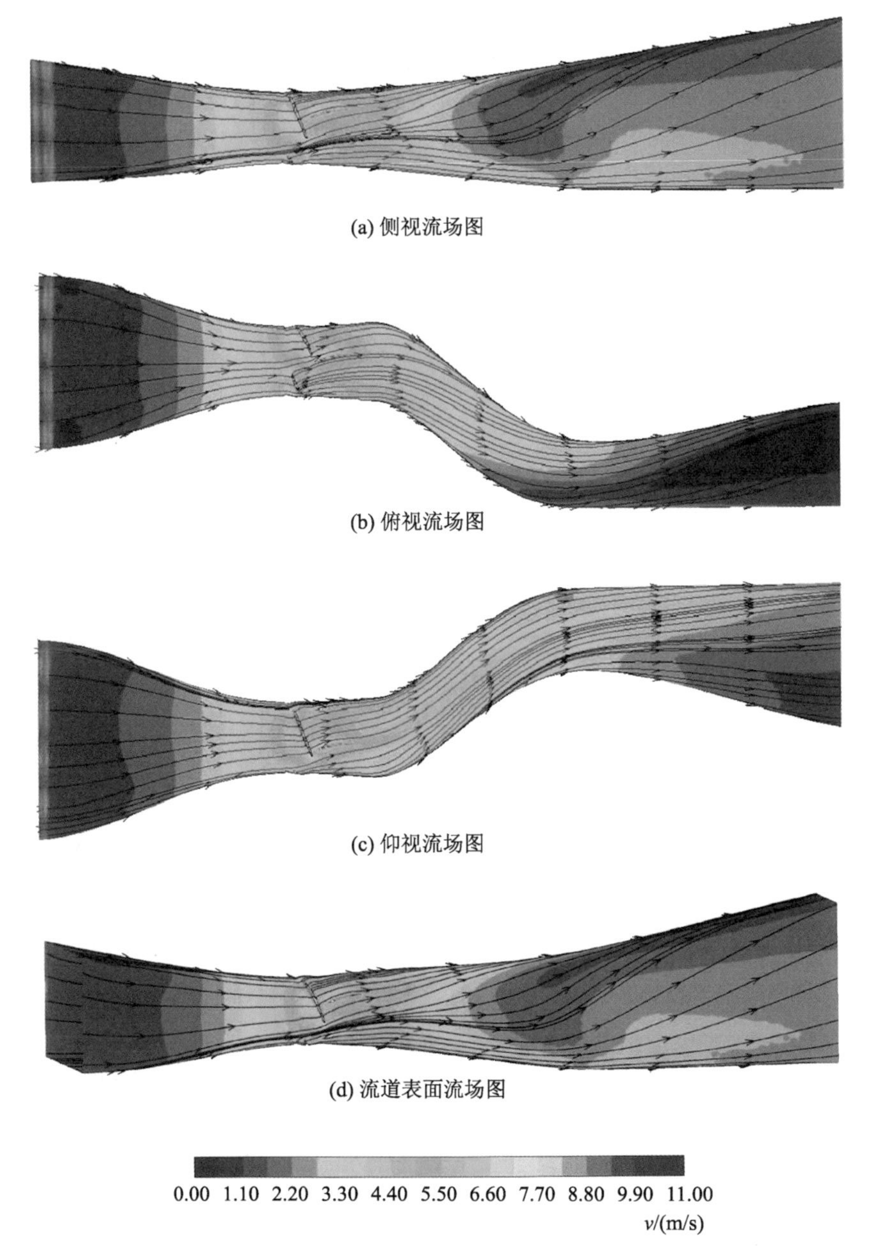

图 9-16 平面后轴伸式贯流泵装置带泵全装置流场图

9.1.3 不同对比方案模型装置流道水力损失测试及流态观测

通过透明流道和装置模型试验测量进、出水流道的水力损失，观测进、出水流道内的流态，以及在装置中进一步检验水泵叶轮室进口的流态受到泵轴前伸影响的程度。试验装置及测试方法参见参考文献[1]。

1. 流道水力损失测试

对立面前轴伸式和平面后轴伸式贯流泵装置进、出水流道分别进行水力损失测试，出水流道模型试验时采用模型水泵供水，模拟出水流道进口水流条件。进水流道水力损失测试结果分别如图 9-17 和图 9-18 所示，出水流道水力损失测试结果分别如图 9-19 和图 9-20 所示。设计流量下的流道水力损失数值列于表 9-1。

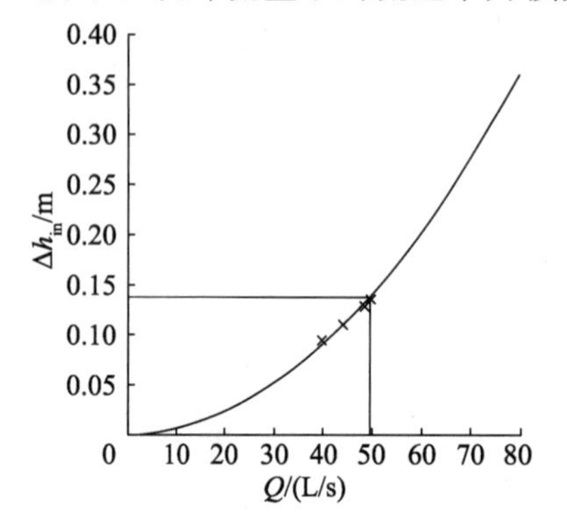

图 9-17 立面前轴伸式贯流泵装置进水流道水力损失

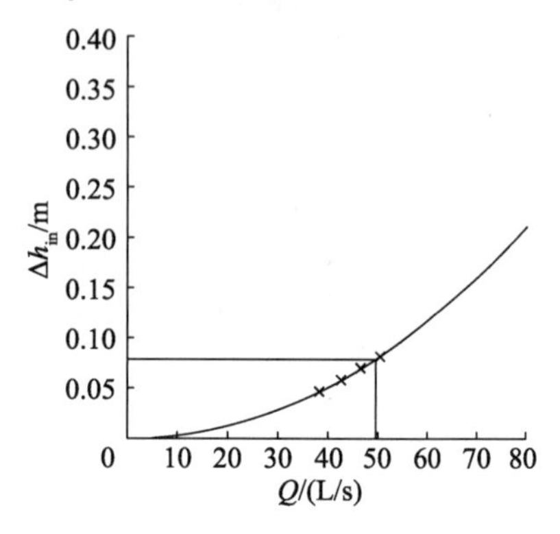

图 9-18 平面后轴伸式贯流泵装置进水流道水力损失

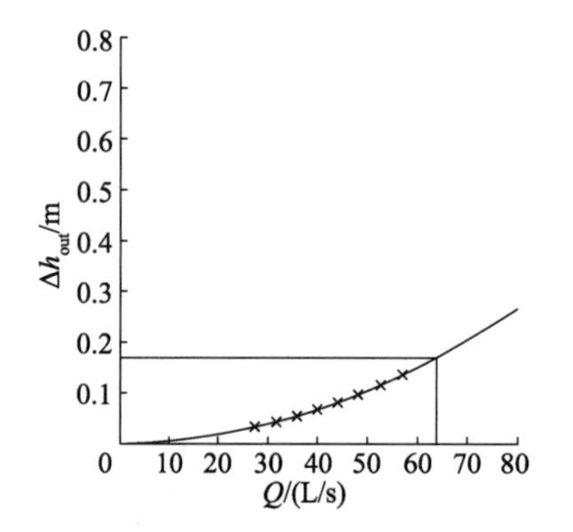

图 9-19 立面前轴伸式贯流泵装置出水流道水力损失

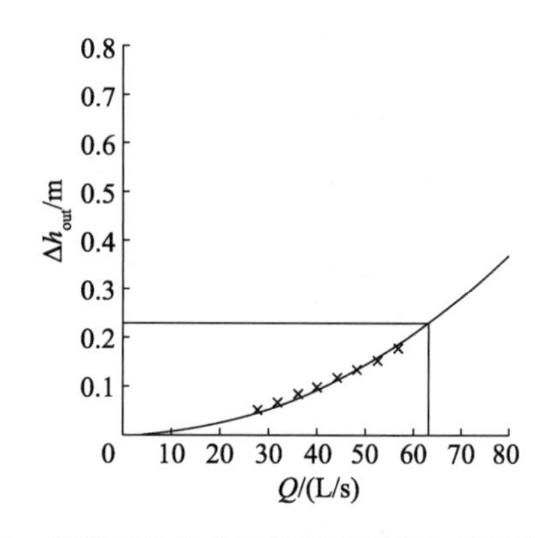

图 9-20 平面后轴伸式贯流泵装置出水流道水力损失

表 9-1 不同轴伸式贯流泵装置流道水力损失对比 单位：m

装置型式	进水流道水力损失 Δh_{in}		出水流道水力损失 Δh_{out}		总水力损失 $\Sigma\Delta h$	
	实测	CFD	实测	CFD	实测	CFD
立面前轴伸式贯流泵	0.137	0.142	0.168	0.163	0.305	0.305
立面后轴伸式贯流泵		0.069		0.274		0.343
平面后轴伸式贯流泵	0.082	0.069	0.232	0.243	0.314	0.312

2. 进、出水流道流态单独观测

(1) 立面前轴伸式贯流泵装置

进水流道的流态观测结果表明，流道进口段，水流在立面和平面方向收缩均匀、水流平顺；在流道弯曲段，水流在转向过程中加快收缩，但流速大体保持均匀对称，无脱流及漩涡等不良流态；在出口断面，水流以垂直于该断面的方向流出，说明叶轮室进口流态经过适当调整已基本消除流道弯曲的影响。模型试验中观察到的流态与数值模拟结果相似。

出水流道的流态观测结果表明，由于流道进口水流具有较大环量，水流以与水泵叶轮相同的方向旋转着进入流道；从流道4个边壁粘贴的红丝线可以看出水流的旋转运动由强到弱从流道的进口一直延续至流道出口；流道内未观察到因水流脱流而引起的漩涡等不良流态。模型试验中观察到的流态与数值模拟结果一致。

(2) 平面后轴伸式贯流泵装置

进水流道的流态观测结果表明，水流在整个流道立面和平面方向扩散均匀、水流十分平顺；在流道出口断面水流基本上以垂直于该断面方向流出。模型试验中观察到的流态与数值模拟结果一致。

出水流道的流态观测结果表明，由于流道进口水流具有较大环量，水流以与水泵叶轮相同的方向旋转着进入流道；从流道四周边壁粘贴的红丝线可以看出水流旋转运动由强到弱一直延续至流道出口；流道中水流在转向过程中平稳有序，未观察到脱流现象。模型试验中观察到的流态与数值模拟结果基本相同。

3. 装置流态观测

为了进一步观测装置内的流态，特别是进一步检验立面前轴伸式贯流泵装置弯曲的进水流道对叶轮室流态的影响，进行带泵全装置试验观测。除模型泵及导叶外，整个模型均采用透明材料制作，可以清晰地观测装置内的流态。

通过试验观测可以发现，进水流道的水流转向有序、收缩均匀，流道出口断面的水流垂直于该断面方向流出，流道内无脱流等不良流态，与进水流道单独观察到的流态一致，说明叶轮室进口前的流态经过适当调整后基本消除了进口流道弯曲段的影响。

9.1.4 结论

虽然实测的流道水力损失与CFD预测存在一定差异，但趋势一致。对于出水流道水力损失，立面前轴伸式贯流泵装置小于平面后轴伸式贯流泵装置，平面后轴伸式贯流泵装置小于立面后轴伸式贯流泵装置。对于进水流道水力损失，平面后轴伸式和立面后轴伸式贯流泵装置相同，小于立面前轴伸式贯流泵装置，因此在水平轴伸式贯流泵装置中采用平面后轴伸式的居多，其次是立面前轴伸式。

9.2 平面轴伸式双向贯流泵装置性能研究

9.2.1 研究背景

某泵站具有排涝和调水双向运行的功能，泵站选择双向叶轮(S形叶型)、水平平面轴伸布置的结构型式，机组叶轮直径为1 450 mm、水泵转速225 r/min，排涝(正向)设计扬程为1.19 m和调水(反向)设计扬程为0.34 m、单机流量为5 m^3/s，电动机与水泵通过减速齿轮箱连接，减速齿轮箱速比为4.5。全站共安装机组3台套，正向运行时为平面后轴伸式贯流泵装置型式，泵站装置如图9-21所示。

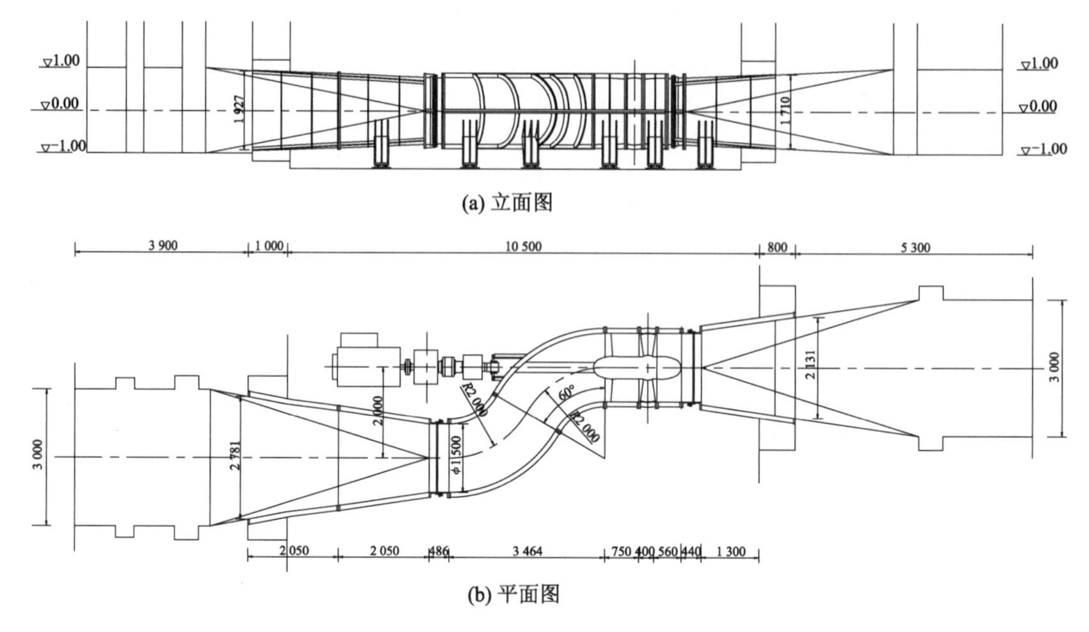

(a) 立面图

(b) 平面图

图 9-21　平面轴伸式贯流泵装置图(长度单位:mm)

9.2.2　装置 CFD 流场分析与性能预测

该泵站的流道进、出口为矩形,进、出水流道均采用渐变截面、由圆形截面过渡到矩形截面,不同截面垂直方向的最大尺寸无变化,仅在水平方向断面收缩或扩散,其三维造型如图 9-22a 所示,S 形叶片双向叶轮及导叶三维造型如图 9-22b 及图 9-22c 所示。

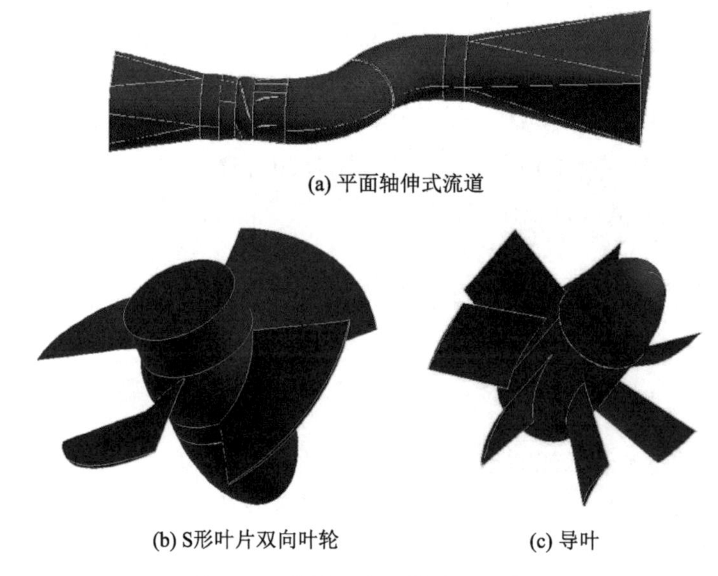

(a) 平面轴伸式流道

(b) S形叶片双向叶轮　　(c) 导叶

图 9-22　装置及水泵模型三维造型

1. 装置流场分析

对排涝、调水工况下,不同叶片安放角(－4°,－2°,0°,＋2°,＋4°)的装置性能进行数值模拟。除特别注明外，正向排涝流量为 233.6 L/s，扬程为 2.144 m；反向调水流量为 208.6 L/s，扬程为 1.547 m。

图 9-23 表示排涝工况、调水工况静压力等值线分布情况，图 9-24 表示排涝工况、调水工况轴向速度等值线分布情况，图 9-25 表示排涝工况、调水工况圆周速度等值线分布情况。因为流道为水平轴伸式，进(出)水流道不在同一个纵剖面，所以采用两个纵剖面表示计算成果(即过泵轴线的垂向剖面和过出水流道中心线的垂向剖面)。

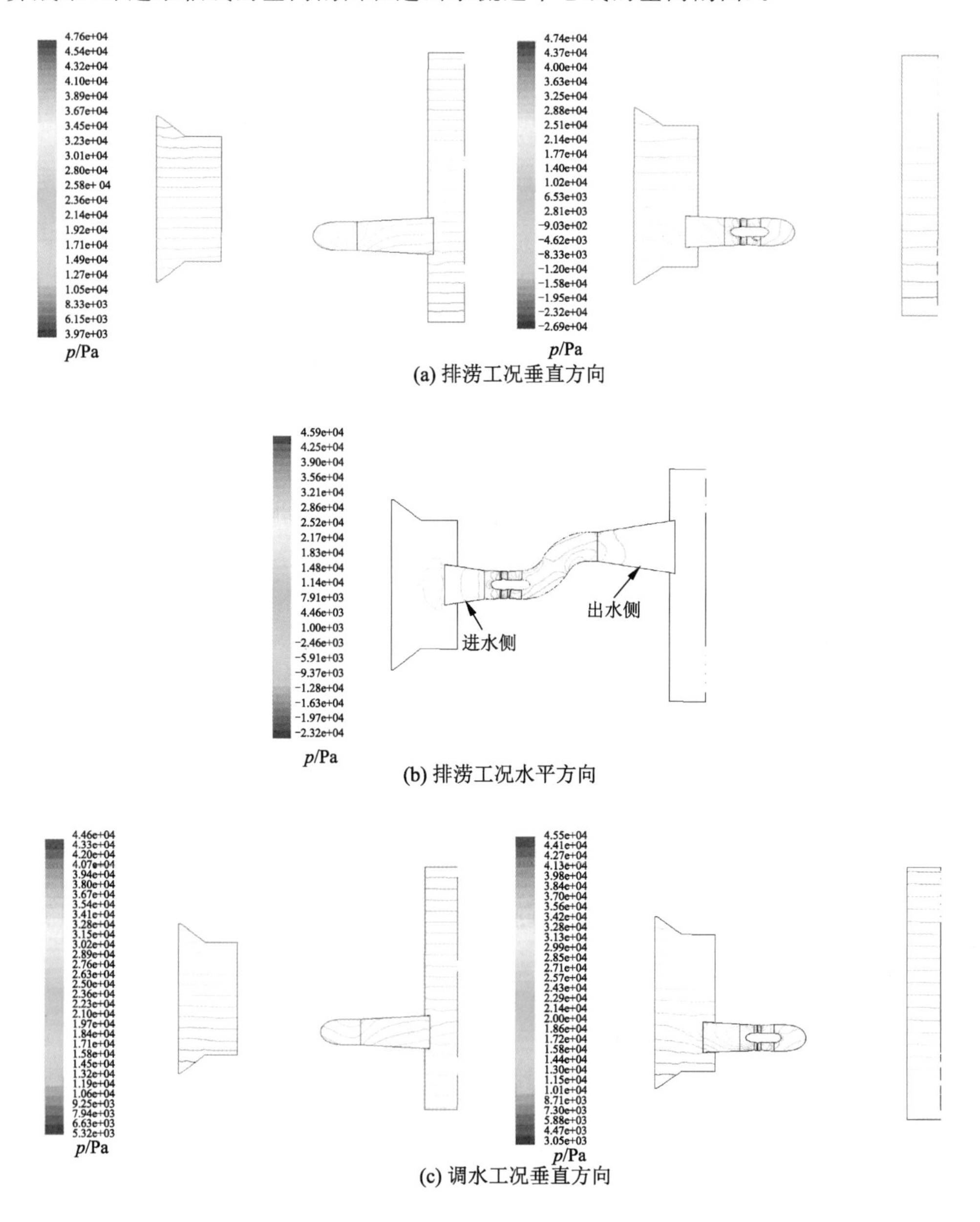

(a) 排涝工况垂直方向

(b) 排涝工况水平方向

(c) 调水工况垂直方向

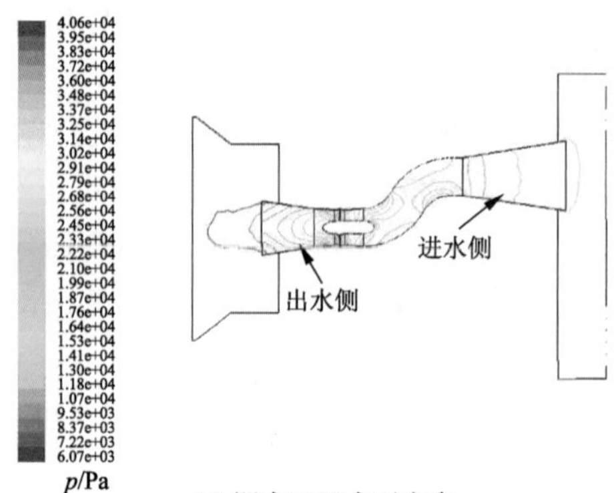

(d) 调水工况水平方向

图 9-23 排涝工况、调水工况静压力等值线

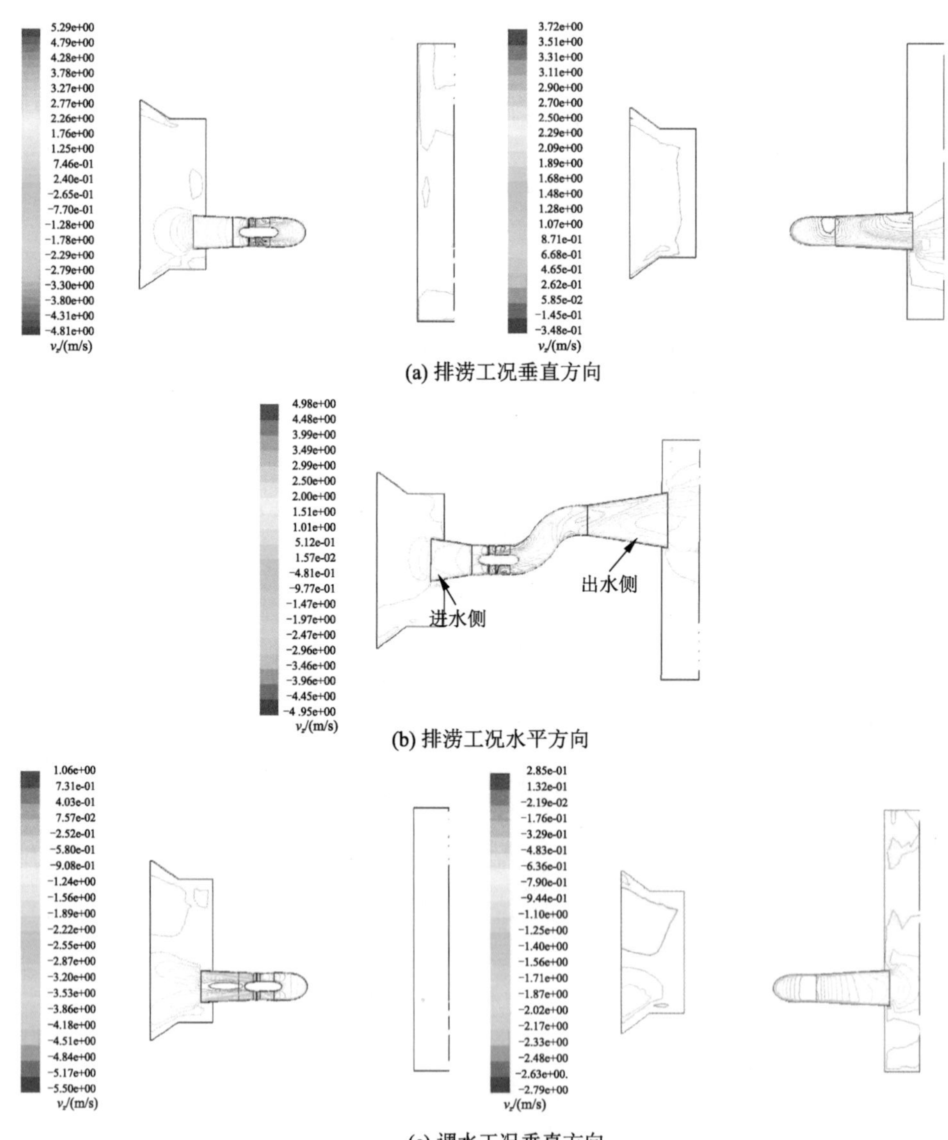

(a) 排涝工况垂直方向

(b) 排涝工况水平方向

(c) 调水工况垂直方向

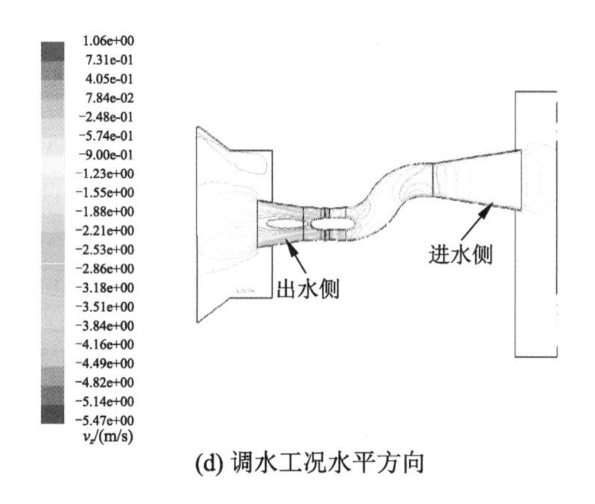

(d) 调水工况水平方向

图 9-24　排涝工况、调水工况轴向速度等值线

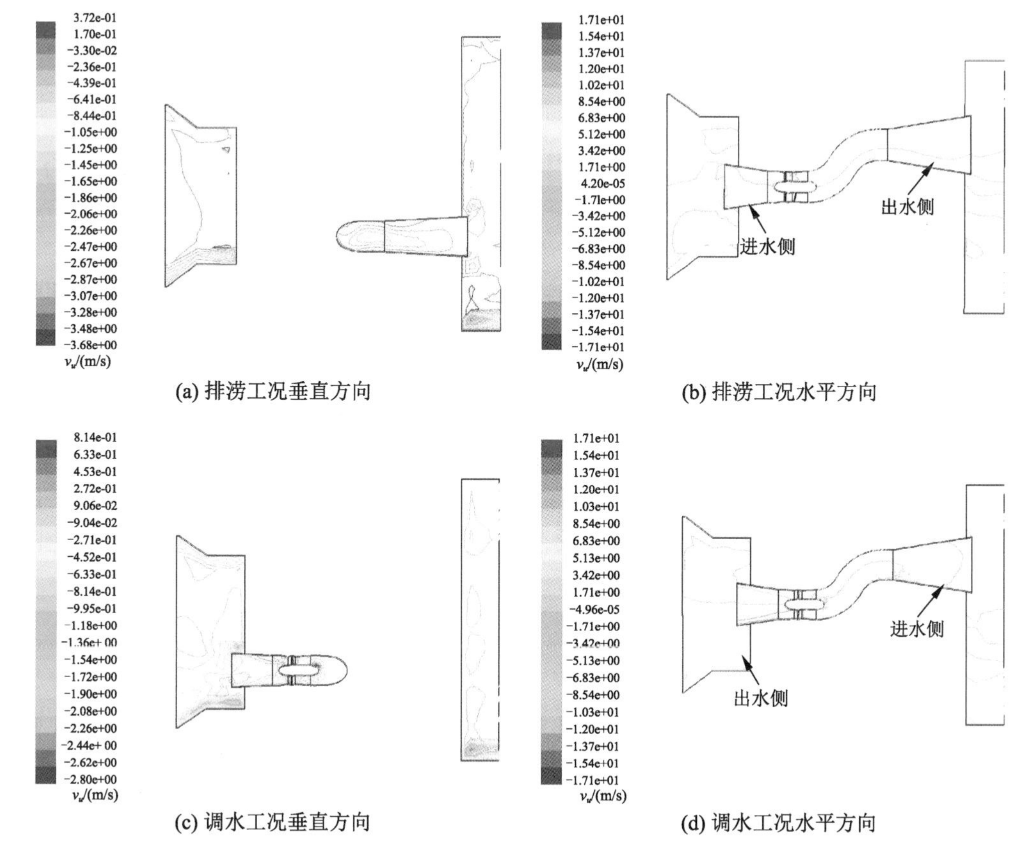

(a) 排涝工况垂直方向　　(b) 排涝工况水平方向

(c) 调水工况垂直方向　　(d) 调水工况水平方向

图 9-25　排涝工况、调水工况圆周速度等值线

计算体、进(出)口水流均考虑重力的作用。由图 9-23 可知:① 静压力沿垂直方向变化均匀,符合水力学变化规律;叶轮前、后的静压力分布,由于受到叶轮作用的影响,速度变化较大,压力梯度较大。② 调水工况的压力分布线不如排涝工况的均匀,特别是调水工况的出水流道更是如此,即调水工况的出水流态不如排涝工况的出水流态好;调水工况出水流道直管部分压力等值线分布较密,说明在此区域内的压力变化大。③ 弯管流道,

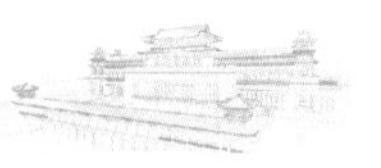

不论是作为进水流道，还是作为出水流道，其压力等值线均有较多的变化，但变化规律明显，即在拐弯处的压力下降较大，其他部位的压力较均匀。

图 9-24 为排涝与调水工况的轴向速度等值线图，排涝工况的轴向速度为正，调水工况的轴向速度为负，所以调水工况图中表示速度大小的色彩与排涝工况图中的相反，即调水工况图中红色表示的速度值最小(排涝工况图中为最大)。从图中可以看出：① 排涝工况进水流道内的流速较出水流道的流速更为规则。排涝工况进水流道锥形管较方变圆管内的流动规律性强；进水流道锥形管内的流速变化最大；水平方向的流动对称性较好。排涝工况的出流存在偏流，其左下方的轴向速度明显偏大。② 调水工况直管段进水流道流态分布与排涝工况进水流道类似，流动较有规律，对称性较好。调水工况出水流道内有一明显的低速度区，起始于出水流道锥形管，大部分位于出水流道的圆变方管段。调水工况出水流道水平截面内对称性好。③ 作为出水流道时，弯管内的流动较为紊乱；作为进水流道时，弯管内的流动较有规律，转弯半径较小的地方速度较大。

图 9-25 为排涝工况与调水工况的圆周速度等值线分布情况。从图中可以发现：① 排涝工况的圆周速度，整个流道的变化及绝对值都较小。② 调水工况的圆周速度，进水流道变化较小；出水流道对称分布，其值较大。

通过流动分析可以得出，整个流道内压力分布、速度分布较好，无明显的局部压力、速度突然变化现象，符合流动一般规律。调水工况的压力等值线、速度等值线与排涝工况的相比，差别主要在出水流道。分析其原因主要是导叶所致，排涝工况时，出水流道有导叶的作用，部分消除了环量，压力、速度等值线图表现较为有规律、无明显低压及极值区、圆周速度和径向速度梯度小且绝对值也小。调水工况时，出水流道无导叶，叶轮后的流动有较大环量，在扩散与环量的双重作用下流道中心形成较大的低压区，压力、速度等值线图表现为分布规律差、有明显低压及极值区、圆周速度和径向速度梯度相对较大且绝对值较大。

2. 典型断面流速分布结果分析

图 9-26 中的 E,F,G,H,I,J,K,L 断面为排涝工况出水流道断面(调水工况进水流道断面)，A,B,C,D 断面为排涝工况进水流道断面(调水工况出水流道断面)，图 9-27 至图 9-29 表示断面的压力、速度等值线分布情况。

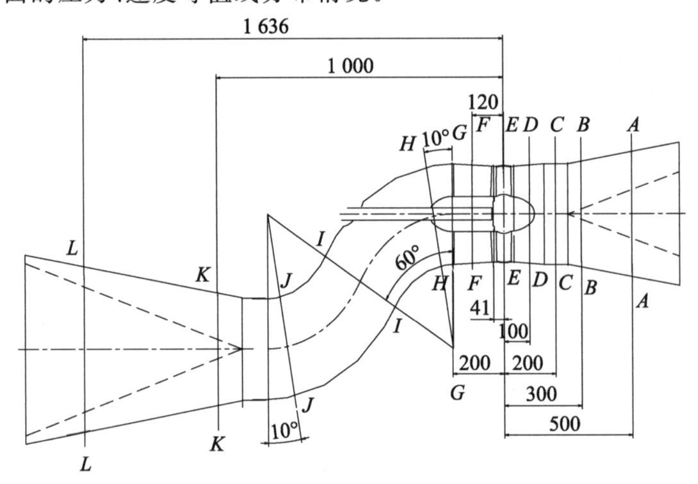

图 9-26 截面位置图(单位：mm)

图 9-27 为调水工况出水流道典型截面的轴向速度、圆周速度和速度矢量（从左到右依次为 D，C，B，A 截面）。由图可知，流道内的环量没有消除，有较强的旋转流动，流道中心的圆周速度小于流道外缘的圆周速度；流道中心处的轴向速度小，有明显的低速漩涡区，流体流动向外侧排挤，流道外缘处的轴向速度大。

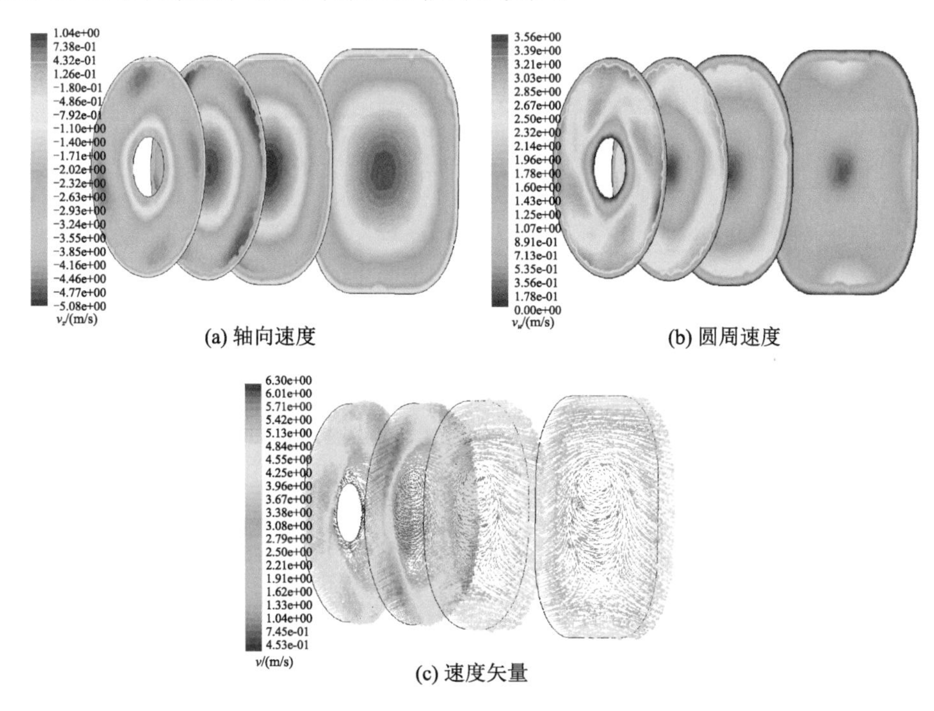

(a) 轴向速度　(b) 圆周速度

(c) 速度矢量

图 9-27　调水工况出水流道 D，C，B，A 截面流场图

图 9-28 为排涝工况出水流道典型截面的圆周速度和速度矢量（从左到右依次为 G，F，E 截面），其中，G 截面为导叶后截面，F 截面为过导叶截面，E 截面为导叶前（叶轮后）截面。由图可以看出，导叶在消除环量方面的作用非常明显，导叶前的圆周速度大，导叶后的圆周速度很小，且轴向速度大小分布较均匀，导叶中的轴向速度大小的差异甚微（矢量线轴向长度的反映），说明两导叶之间的流动分布不均，这是导叶导流、消除环量的结果。

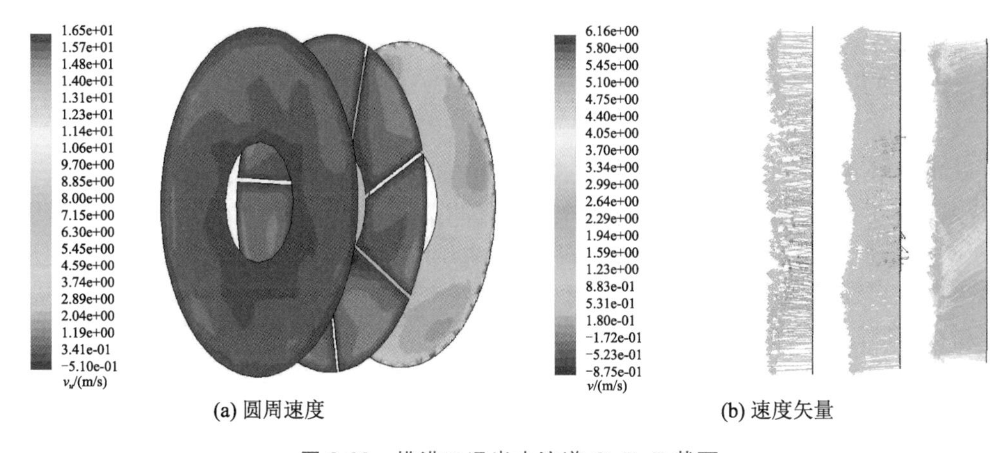

(a) 圆周速度　(b) 速度矢量

图 9-28　排涝工况出水流道 G，F，E 截面

图 9-29 为弯管流道及弯管流道内典型截面的速度矢量（从左到右依次为 J，I，H 截面）。弯管作为进水流道（调水工况）时，其速度矢量规律、均匀；弯管作为出水流道（排涝工况）时，流速有较大变化。弯管的曲率半径对速度矢量影响较大，在半径小的地方，速度矢量增大，对主流方向产生影响。

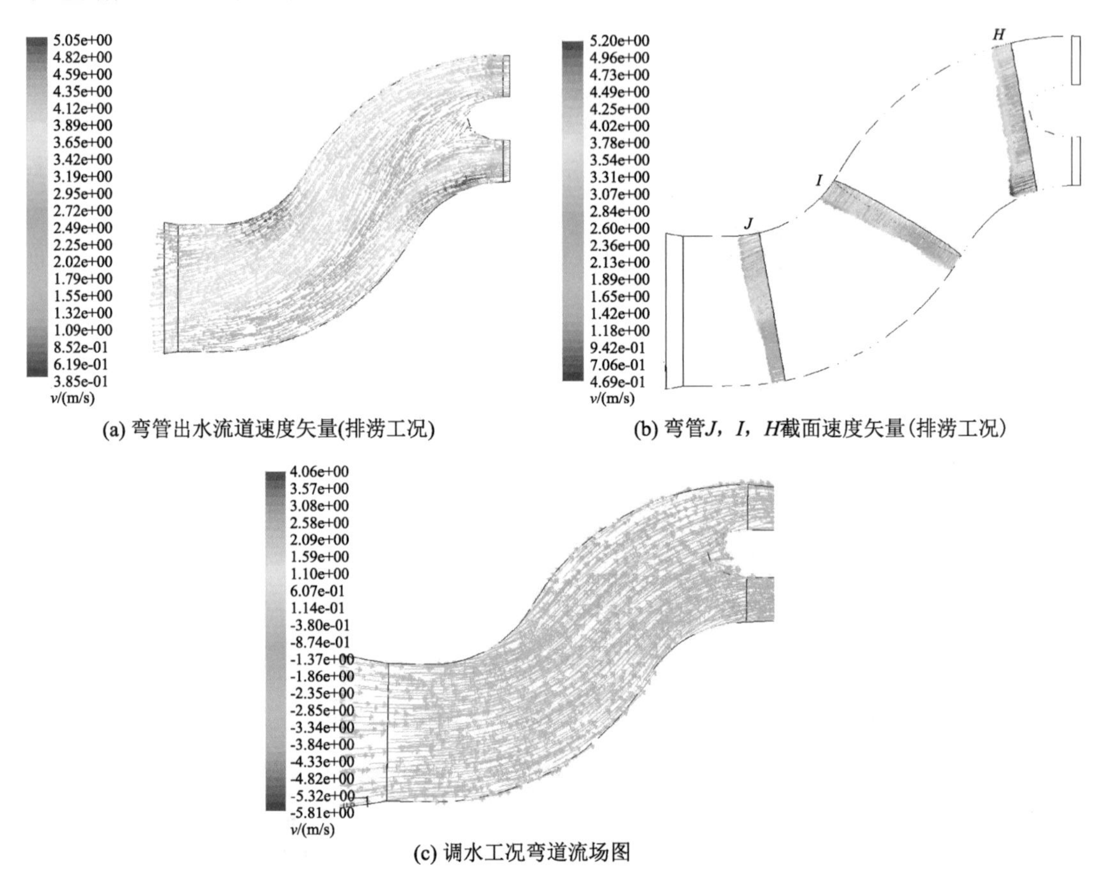

(a) 弯管出水流道速度矢量(排涝工况)　　(b) 弯管J，I，H截面速度矢量(排涝工况)

(c) 调水工况弯道流场图

图 9-29　弯管流道及典型截面速度矢量

3. 性能预测

建立排涝工况和调水工况各 5 个叶片安放角（$-4°$，$-2°$，$0°$，$+2°$，$+4°$），共 10 个计算模型，计算 69 个工况点，计算结果见表 9-2 和表 9-3。

(1) 正向排涝工况性能

最高效率点在叶片安放角为 $-2°$、扬程为 2.103 m、流量约为 213 L/s 时，效率为 64.57%。叶片安放角为 0°时的最高效率点在扬程为 2.144 m、流量约为 234 L/s 时，效率为 64.08%。叶片安放角为 $-4°$时的最高效率约为 63.24%，叶片安放角为 $+2°$时的最高效率约为 61.35%，叶片安放角为 $+4°$时的最高效率为 56.73%，高效点向负叶片安放角略有偏移。

(2) 反向调水工况性能

最高效率点在叶片安放角为 $-2°$，扬程为 1.883 m、流量约为 175 L/s 时，效率约为 54.77%。叶片安放角为 0°时的最高效率点在扬程为 2.037 m、流量为 191 L/s 时，效率为

53.79%。叶片安放角为−4°时的最高效率为55.30%,叶片安放角为+2°时的最高效率为51.05%,叶片安放角为+4°时的最高效率为47.26%,高效点也向负叶片安放角略有偏移。

表 9-2 平面轴伸式贯流泵装置正向排涝工况性能预测

序号	叶片安放角/(°)	流量 Q/(L/s)	扬程 H/m	装置效率 η/%
1	−4	229.6	0.306	33.26
2		222.8	0.615	42.30
3		215.0	1.059	50.07
4		203.0	1.524	61.89
5		188.3	2.118	63.24
6		171.3	2.615	60.30
7		164.7	2.777	60.40
8	−2	252.5	0.303	33.58
9		245.3	0.611	44.56
10		237.1	1.103	56.87
11		225.3	1.607	63.32
12		212.9	2.103	64.57
13		195.0	2.617	61.45
14		181.4	2.932	60.16
15	0	275.0	0.285	21.49
16		268.5	0.631	37.51
17		258.4	1.124	53.34
18		246.6	1.601	60.42
19		238.0	1.968	63.07
20		233.6	2.144	64.08
21		216.3	2.635	63.96
22		203.2	2.907	60.54
23	+2	291.7	0.665	35.32
24		287.6	0.805	42.00
25		266.8	1.650	58.02
26		254.8	2.014	61.00
27		242.0	2.327	61.35
28		232.5	2.620	60.37
29		219.2	2.899	58.87

续表

序号	叶片安放角/(°)	流量 Q/(L/s)	扬程 H/m	装置效率 η/%
30	+4	311.4	0.693	34.63
31		301.9	1.053	42.00
32		290.6	1.447	50.00
33		283.9	1.711	55.54
34		265.6	2.140	56.31
35		253.9	2.500	56.73
36		233.4	2.914	55.89

表 9-3 平面轴伸式贯流泵装置反向调水工况性能预测

序号	叶片安放角/(°)	流量 Q/(L/s)	扬程 H/m	装置效率 η/%
1	−4	200.0	0.321	28.89
2		185.0	1.035	52.41
3		175.0	1.442	55.17
4		165.0	1.826	55.25
5		150.0	2.339	55.30
6	−2	220.0	0.159	16.17
7		210.0	0.674	43.32
8		200.0	1.039	49.01
9		185.0	1.557	53.61
10		175.0	1.883	54.77
11		160.0	2.316	53.75
12	0	234.8	0.548	35.66
13		220.0	1.126	50.02
14		208.6	1.547	52.55
15		202.0	1.741	53.23
16		191.3	2.037	53.79
17		180.0	2.295	53.34
18	+2	260.0	0.136	11.43
19		245.0	0.775	35.23
20		236.6	1.056	43.52
21		230.0	1.311	46.21
22		221.6	1.561	48.89
23		210.0	1.835	51.05
24		200.0	2.074	50.23
25		188.0	2.343	49.34

续表

序号	叶片安放角/(°)	流量 Q/(L/s)	扬程 H/m	装置效率 η/%
26	+4	286.0	0.040	14.27
27		275.0	0.453	27.83
28		263.0	0.873	36.54
29		250.0	1.297	42.82
30		238.0	1.644	45.32
31		230.0	1.883	46.41
32		220.0	2.098	47.26
33		205.0	2.367	46.08

排涝工况与调水工况性能对比如图 9-30 所示，2 种运行工况的最佳效率区都在叶片安放角−2°附近；调水工况的高效区向小流量方向偏移；排涝工况最高效率比调水工况最高效率高 9～10 个百分点。

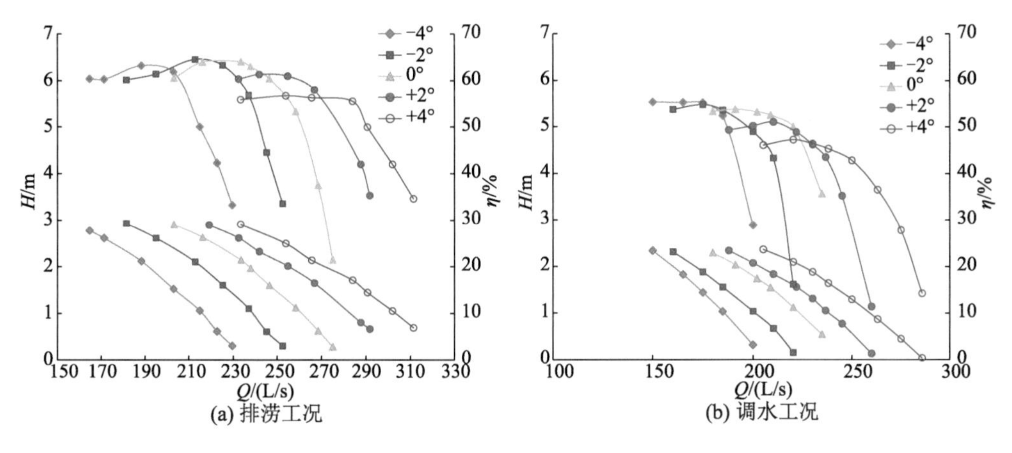

图 9-30 排涝工况、调水工况性能对比图

9.2.3 模型装置试验研究

1. 主要试验内容

(1) 排涝、调水工况能量试验

水泵模型装置能量试验采用等扬程试验，即 nD 值相同：叶轮直径为 300 mm、转速为 1 087.5 r/min。在能量试验前，模型泵在额定工况下运转 30 min 以上，排除系统中的游离气体和气泡，其间检查泵的轴承、密封、噪声和振动等。排涝和调水工况下分别测定−4°，−2°，0°，+2°，+4°共 5 个叶片安放角的装置性能，确定装置扬程、轴功率、效率和流量的关系。试验测量点合理分布在整个性能曲线上，在小流量点的 85% 和大流量点的 115% 的范围内至少取 15 个以上的测量点。能量测试项目包括水泵装置的扬程、流量、效率、轴功率。试验扬程范围在排涝工况为 0～3.5 m，调水工况为 0～2.0 m。

(2) 排涝、调水工况空化试验

在完成性能试验后，进行空化试验，在保证流量不变的情况下，改变系统的压力，使泵内发生空化。空化试验采用效率下降1%的方法测试。排涝和调水工况下分别测定-4°，-2°，0°，+2°，+4°共5个叶片安放角下的$NPSH_r$值。

(3) 压力脉动测试

为检验机组的运行稳定性，在3个断面进行不同工况下的压力脉动测试，测试断面分别为正向运行时的叶轮进口、导叶出口和出水流道。压力脉动的测试参考水轮机试验相关规程中的规定，使用压力传感器测量，直接进行数据采集和记录。排涝和调水工况下分别测试-4°，-2°，0°，+2°，+4°共5个叶片安放角下的压力脉动。

(4) 流速分布测试

排涝、调水工况下分别测定0°和+4°叶片安放角下测试断面的流速分布情况。

2. 试验结果

(1) 能量特性试验结果与分析

① 排涝工况

不同叶片安放角下排涝工况模型装置的能量特性见表9-4至表9-8及图9-31a。模型装置最高效率为65.49%，叶片安放角为-2°，对应的扬程为1.846 m时，流量约为221 L/s；在设计扬程1.19 m时，模型装置效率为61.00%，流量为239 L/s。

② 调水工况

不同叶片安放角下调水工况模型装置的能量特性见表9-9至表9-13及图9-31b。模型装置最高效率为55.19%，叶片安放角为-2°，对应的扬程为1.520 m时，流量约为195 L/s；在设计扬程0.34 m时，模型装置效率为32.00%，流量为237 L/s。

表9-4 叶片安放角-4°时排涝工况模型装置能量特性试验数据

序号	流量 Q/(L/s)	扬程 H/m	轴功率 P/kW	装置效率 η/%
1	241.90	0.122	1.728	16.81
2	238.00	0.398	2.848	32.61
3	233.10	0.520	2.842	41.86
4	226.70	0.775	3.521	48.96
5	218.00	1.102	4.268	55.20
6	214.80	1.244	4.577	57.29
7	208.20	1.530	5.130	60.92
8	198.15	1.826	5.589	63.50
9	189.60	2.081	6.130	63.14
10	182.90	2.264	6.523	62.28
11	174.90	2.438	6.813	61.39
12	166.00	2.642	7.222	59.57
13	157.80	2.866	7.703	57.60
14	152.40	3.070	8.153	56.30

表 9-5 叶片安放角−2°时排涝工况模型装置能量特性试验数据

序号	流量 Q/(L/s)	扬程 H/m	轴功率 P/kW	装置效率 η/%
1	269.30	0.224	2.746	21.59
2	260.30	0.520	3.275	40.56
3	253.50	0.796	3.957	50.00
4	250.20	1.010	4.564	54.30
5	244.10	1.102	4.540	58.10
6	240.70	1.183	4.633	60.30
7	235.10	1.367	5.036	62.60
8	231.30	1.520	5.405	63.80
9	221.35	1.846	6.121	65.49
10	214.00	2.020	6.532	64.91
11	196.80	2.458	7.570	62.69
12	183.80	2.774	8.260	60.56
13	170.50	3.029	8.783	57.69
14	155.20	3.264	9.317	53.34

表 9-6 叶片安放角 0°时排涝工况模型装置能量特性试验数据

序号	流量 Q/(L/s)	扬程 H/m	轴功率 P/kW	装置效率 η/%
1	289.4	0.051	0.652	22.20
2	273.6	0.541	3.275	44.30
3	266.2	0.816	4.082	52.20
4	262.6	1.030	4.834	54.90
5	259.7	1.102	4.932	56.90
6	256.5	1.204	5.116	59.20
7	252.0	1.275	5.135	61.38
8	246.6	1.520	5.835	63.01
9	237.0	1.856	6.718	64.25
10	233.8	2.009	7.179	64.20
11	210.7	2.468	8.150	62.60
12	201.1	2.703	8.814	60.50
13	179.6	3.060	9.454	57.03
14	161.2	3.427	10.573	51.26

表 9-7 叶片安放角+2°时排涝工况模型装置能量特性试验数据

序号	流量 Q/(L/s)	扬程 H/m	轴功率 P/kW	装置效率 η/%
1	311.3	0.235	4.092	17.51
2	300.7	0.520	5.144	29.83
3	293.5	0.755	5.657	38.41
4	283.4	1.051	6.221	46.95
5	279.6	1.193	6.793	48.19
6	275.1	1.295	6.762	51.71
7	274.9	1.346	6.838	53.10
8	267.3	1.550	7.208	56.40
9	256.6	1.856	7.537	62.00
10	249.1	1.999	7.829	62.40
11	225.0	2.417	8.820	60.50
12	204.6	2.754	9.752	56.68
13	191.9	2.999	10.531	53.61
14	159.9	3.325	11.764	44.34

表 9-8 叶片安放角+4°时排涝工况模型装置能量特性试验数据

序号	流量 Q/(L/s)	扬程 H/m	轴功率 P/kW	装置效率 η/%
1	320.0	0.296	4.222	21.99
2	311.9	0.500	4.564	33.51
3	303.4	0.765	5.464	41.67
4	294.4	0.969	5.902	47.42
5	293.5	1.091	6.493	48.40
6	290.1	1.193	6.731	50.46
7	288.8	1.234	6.816	51.30
8	281.8	1.510	7.524	55.47
9	270.6	1.805	8.191	58.51
10	264.0	2.050	8.756	60.64
11	241.8	2.428	9.743	59.10
12	225.0	2.744	10.647	56.88
13	204.9	3.029	11.949	50.96
14	169.8	3.386	14.177	39.79

表 9-9　叶片安放角－4°时调水工况模型装置能量特性试验数据

序号	流量 Q/(L/s)	扬程 H/m	轴功率 P/kW	装置效率 η/%
1	224.30	0.173	1.530	24.93
2	220.00	0.337	2.334	31.12
3	211.00	0.500	2.612	39.60
4	201.80	0.714	3.049	46.36
5	193.10	1.010	3.800	50.34
6	185.20	1.255	4.375	52.10
7	174.80	1.520	4.935	52.81
8	165.60	1.795	5.640	51.71
9	156.10	2.009	6.141	50.11
10	144.50	2.264	6.795	47.24
11	129.20	2.509	7.510	42.35

表 9-10　叶片安放角－2°时调水工况模型装置能量特性试验数据

序号	流量 Q/(L/s)	扬程 H/m	轴功率 P/kW	装置效率 η/%
1	241.30	0.204	2.036	23.71
2	236.40	0.347	2.509	32.05
3	229.90	0.500	2.849	39.57
4	222.50	0.694	3.396	44.58
5	213.10	1.010	4.202	50.24
6	205.90	1.275	4.859	53.00
7	195.20	1.520	5.273	55.19
8	181.40	1.795	6.094	52.42
9	173.80	1.999	6.764	50.39
10	157.00	2.295	7.827	45.16
11	141.30	2.509	8.805	39.50

表 9-11　叶片安放角 0°时调水工况模型装置能量特性试验数据

序号	流量 Q/(L/s)	扬程 H/m	轴功率 P/kW	装置效率 η/%
1	265.10	0.194	2.822	17.86
2	260.80	0.347	3.931	22.57
3	257.90	0.520	5.139	25.61
4	252.10	0.694	5.387	31.84
5	243.80	1.010	6.204	38.93

续表

序号	流量 Q/(L/s)	扬程 H/m	轴功率 P/kW	装置效率 η/%
6	232.40	1.285	6.313	46.41
7	216.40	1.520	5.958	54.15
8	198.20	1.836	6.810	52.42
9	187.30	2.040	7.656	48.96
10	166.20	2.346	9.297	41.14
11	151.30	2.550	10.665	35.49

表 9-12 叶片安放角+2°时调水工况模型装置能量特性试验数据

序号	流量 Q/(L/s)	扬程 H/m	轴功率 P/kW	装置效率 η/%
1	277.00	0.204	3.993	13.88
2	271.00	0.337	3.958	22.61
3	268.20	0.510	4.978	26.95
4	258.70	0.694	4.942	35.62
5	247.80	1.010	5.522	44.45
6	234.70	1.326	5.918	51.59
7	224.50	1.520	6.521	51.33
8	213.60	1.775	7.596	48.96
9	188.90	2.009	8.813	42.25
10	161.30	2.295	11.348	32.00

表 9-13 叶片安放角+4°时调水工况模型装置能量特性试验数据

序号	流量 Q/(L/s)	扬程 H/m	轴功率 P/kW	装置效率 η/%
1	289.00	0.204	4.250	13.61
2	282.90	0.337	4.597	20.32
3	278.90	0.551	5.819	25.90
4	269.40	0.694	5.088	36.03
5	262.70	1.010	6.265	41.54
6	247.30	1.255	6.319	48.17
7	236.00	1.510	7.225	48.37
8	223.50	1.795	8.594	45.80
9	205.00	2.009	9.759	41.41
10	193.10	2.285	11.532	37.53
11	166.90	2.509	14.605	28.13
12	161.00	2.856	17.283	26.10

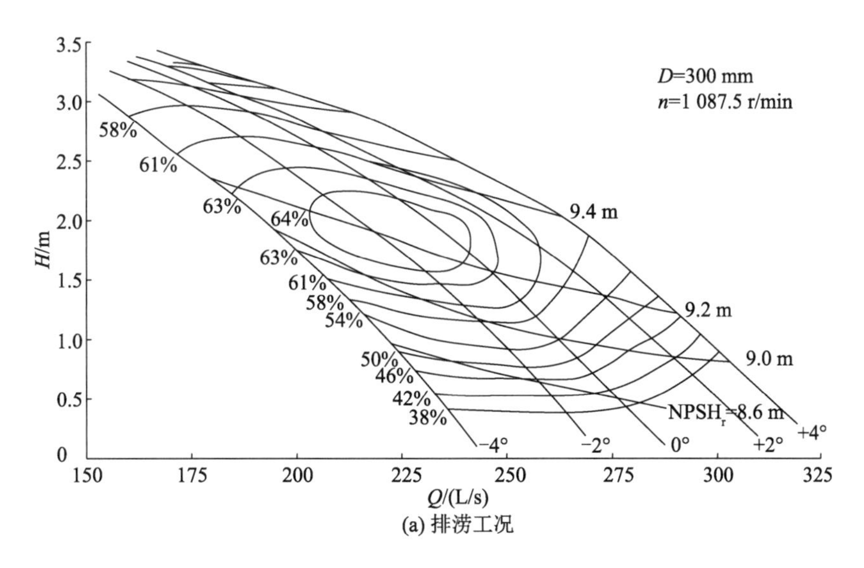

(a) 排涝工况

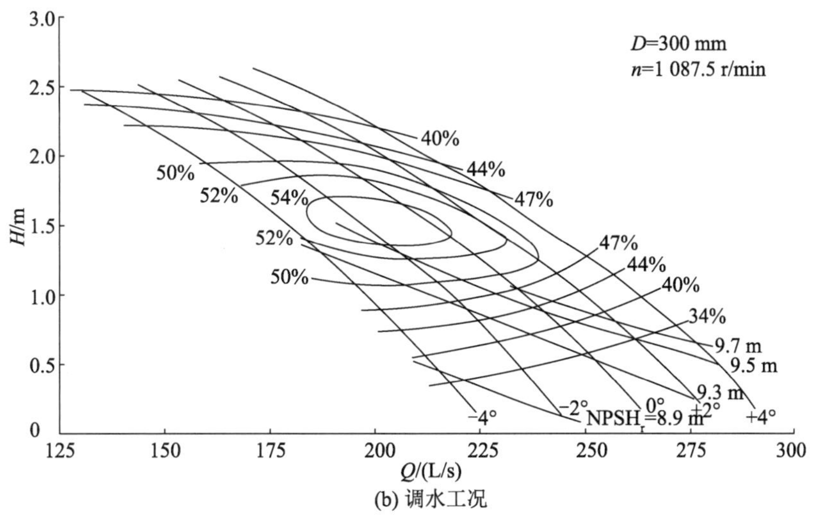

(b) 调水工况

图 9-31 模型装置综合特性曲线

(2) 空化特性试验结果与分析

排涝工况下，叶片安放角为−2°时最大 $NPSH_r$ 值为 9.321 m，允许 $NPSH_r$ 值 $= K \times NPSH_r = 1.5 \times 9.321 = 13.98$ m（$K = 1.5$）。

调水工况下，叶片安放角为−2°时最大 $NPSH_r$ 值为 9.448 m，允许 $NPSH_r$ 值 $= 1.5 \times 9.448 = 14.17$ m。当叶片安放角为+4°时最大 $NPSH_r$ 值为 9.784 m，允许 $NPSH_r$ 值 $= 1.5 \times 9.784 = 14.68$ m。

(3) 压力脉动试验结果与分析

试验转速为 1 087.5 r/min，采样频率为 500 Hz，正向排涝运行，测点布置如图 9-32 所示。

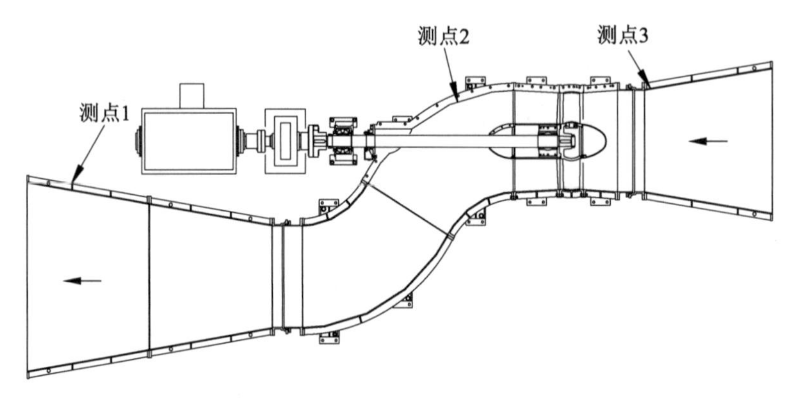

图 9-32　压力脉动试验测点布置示意图

压力脉动主要为低频，压力脉动的基频为 18.125 Hz，各工况下每个测点均存在振幅不等的倍频振动。

频谱分析表明，排涝运行时，测点 1 的压力脉动随着扬程的增加主频逐渐明显，除 0.5 m 扬程外，主频的变化幅值并不明显，且随着扬程的增加振幅逐渐减小。测点 2 各工况基频振动明显。测点 3：叶片安放角在－4°时 1 倍频明显；在－2°时 1 倍频与 50 Hz 基频明显；在＋2°时基频振动也较为明显；在＋4°时随着扬程的增加振幅逐渐减小，但是并不明显。调水运行时，测点 1：叶片安放角在－4°，－2°时 1～7 倍频明显；在 0°时 2 倍频明显；在＋2°时 2，4 倍频明显；在＋4°时除各倍频明显外还存在较为明显的基频振动。测点 2：叶片安放角在－4°，0°时 1，2 倍频幅值较大；在－2°时基频振动明显；在＋2°时 2 倍频明显；在＋4°时低扬程 2，3，4 倍频区分明显，高扬程时振幅区分不明显。

排涝运行时，各测点的压力脉动均值随着扬程的增加而增加。调水运行时，各测点的压力脉动幅值基本保持不变。

调水运行时，相同扬程下测点 1 在叶片安放角为 0°时模型测得的压力脉动标准差最小，其脉动区间长度（最大值与最小值的差）也最小，0.34 m，0.69 m，1.0 m，1.5 m，2.0 m 扬程下压力脉动标准差分别为 0.058 82 m，0.026 96 m，0.043 21 m，0.040 93 m，0.025 13 m，对应的脉动区间长度依次为 0.280 8 m，0.146 5 m，0.195 3 m，0.170 9 m，0.146 5 m。因此就测点 1 的压力脉动来说，模型泵在叶片安放角为 0°时运行最为稳定。对测点 2 的压力脉动来说，叶片安放角为 0°时的压力脉动标准差与其他角度相差不大（小于 0.2 m），其脉动区间较小（长度为 1.120 6 m，叶片安放角－4°时的脉动区间长度为 1.013 24 m），因此从压力脉动角度分析调水运行时，叶片安放角为 0°较优。排涝运行时，相同扬程下测点 1 在叶片安放角为－2°时模型测得的压力脉动标准差较小（－4°高扬程最小、＋4°低扬程最大），脉动区间长度较小（－4°高扬程最小、＋4°低扬程最大），因此从测点 2 来看在叶片安放角－2°时运行较为理想。对于测点 2，叶片安放角为－4°时的压力脉动标准差和脉动区间明显小于其他角度。对于测点 3，叶片安放角为＋4°，－2°，－4°，＋2°时，设计工况下的压力脉动标准差分别为 0.016 15 m，0.020 41 m，0.024 87 m，0.063 04 m，对应的脉动区间长度为 0.085 5 m，0.128 1 m，0.134 2 m，0.323 5 m。

(4) 流速测量试验结果与分析

流速测量试验测点布置如图 9-33 所示，采用五孔毕托测针对各工况、各测点的流速进行测量，测量结果见表 9-14 至表 9-18。

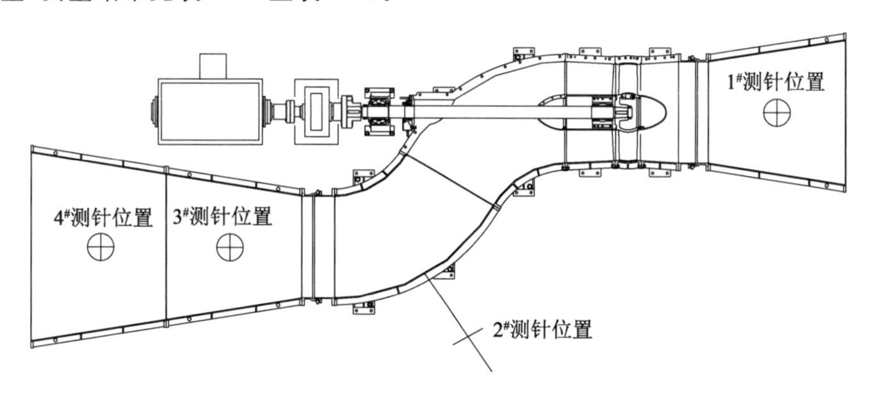

图 9-33 流速测量试验测点布置示意图

排涝和调水工况流速测量数据都表明，在进水侧，流道中心处流速大，边壁处流速小，流速变化幅度较小；而在出水侧，流道中心处流速小，边壁处流速大，流速变化幅度较大。

弯管处测点(2# 测针位置)流速测量结果显示，除靠近壁面区域附近测点外，无论是排涝工况还是调水工况，总体上流速从弯管外侧至内侧有逐渐增加的趋势。

排涝运行时，4# 测针位置，流速稳定性较差，初步判断可能是该断面水流比较紊乱所致。

表 9-14 排涝工况，叶片安放角为 0°、扬程为 0.5 m 的流速测量结果

测点位置	总流速 v^*/(m/s)	轴向流速 v_z/(m/s)	圆周流速 v_u/(m/s)	径向流速 v_r/(m/s)	测管水深 h_c/cm
1# 测针(进水流道侧断面)	3.61	3.44	1.05	1.05	31.50
	3.01	2.90	0.77	0.77	29.00
	3.27	3.17	0.78	0.79	25.50
	3.54	3.54	0.00	0.00	22.00
	2.74	2.51	1.08	1.08	15.00
	3.01	2.65	1.43	1.43	11.50
	3.03	2.72	1.23	1.25	8.00
	3.01	2.82	1.05	1.05	4.50

续表

测点位置	总流速 v^*/(m/s)	轴向流速 v_z/(m/s)	圆周流速 v_u/(m/s)	径向流速 v_r/(m/s)	测管水深 h_c/cm
2# 测针(出水流道侧断面1)	3.43	3.12	0.89	0.95	28.50
	3.93	3.55	1.22	1.28	25.00
	3.52	3.12	1.26	1.32	22.00
	3.23	3.01	1.10	1.11	19.00
	2.84	2.65	1.02	1.02	16.00
	2.53	2.44	0.66	0.66	13.00
	2.82	2.66	0.92	0.92	10.00
	2.81	2.64	0.97	0.97	7.00
	2.82	2.63	1.02	1.02	4.00
	2.52	2.37	0.87	0.87	1.00
3# 测针(出水流道侧断面2)	2.95	2.76	0.29	0.30	32.00
	3.37	3.16	0.92	0.94	29.00
	3.31	3.08	0.95	0.97	25.50
	3.91	3.57	1.31	1.34	22.00
	3.72	3.38	1.16	1.21	18.50
	3.68	3.44	1.07	1.09	15.00
	3.87	3.61	1.27	1.28	11.50
	4.11	3.81	1.41	1.43	8.00
	3.28	2.91	1.27	1.31	4.50
4# 测针(出水流道侧断面3)	2.38	2.26	0.71	0.71	33.00
	2.74	2.55	1.00	1.00	25.50
	1.97	1.75	0.73	0.75	22.00
	1.42	1.30	0.57	0.57	18.50
	3.21	2.93	1.28	1.29	15.00
	2.61	2.36	1.08	1.09	8.00
	2.48	2.23	1.07	1.07	4.50

表 9-15　排涝工况，叶片安放角为 0°、扬程为 1.2 m 的流速测量结果

测点位置	总流速 v^*/(m/s)	轴向流速 v_z/(m/s)	圆周流速 v_u/(m/s)	径向流速 v_r/(m/s)	测管水深 h_c/cm
1# 测针(进水流道侧断面)	2.48	2.40	0.59	0.60	31.50
	2.57	2.43	0.83	0.83	29.00
	2.59	2.52	0.53	0.53	25.50
	2.65	2.64	0.00	0.00	22.00
	2.60	2.56	0.41	0.41	18.50
	2.55	2.44	0.70	0.71	15.00
	2.56	2.42	0.79	0.79	11.50
	2.60	2.47	0.76	0.76	8.00
	2.58	2.42	0.84	0.84	4.50
	2.54	2.52	0.00	0.00	1.00
2# 测针(出水流道侧断面 1)	3.96	3.87	0.62	0.63	28.50
	3.52	3.34	0.96	0.98	25.00
	3.13	2.91	0.95	0.97	22.00
	3.05	2.84	0.87	0.89	19.00
	2.85	2.64	0.91	0.93	16.00
	2.95	2.75	0.95	0.97	13.00
	3.05	2.86	0.93	0.95	10.00
	3.04	2.77	1.18	1.19	7.00
	2.77	2.53	1.03	1.04	4.00
	2.15	1.78	1.21	1.21	1.00
3# 测针(出水流道侧断面 2)	2.67	2.46	0.96	0.97	32.00
	3.32	3.11	0.55	0.58	29.00
	3.32	3.02	0.52	0.57	25.50
	3.27	2.84	0.96	1.05	22.00
	3.27	2.79	1.16	1.25	18.50
	3.32	2.91	1.11	1.19	15.00
	3.44	3.09	1.25	1.29	11.50
	3.60	3.15	1.55	1.59	8.00
	3.63	3.18	1.64	1.66	4.50
	3.22	2.82	1.54	1.54	1.00

续表

测点位置	总流速 v^*/(m/s)	轴向流速 v_z/(m/s)	圆周流速 v_u/(m/s)	径向流速 v_r/(m/s)	测管水深 h_c/cm
4# 测针(出水流道侧断面 3)	2.84	2.56	0.50	0.54	33.00
	2.39	2.11	0.57	0.62	29.00
	2.57	2.40	0.79	0.81	25.50
	2.42	2.17	1.03	1.04	22.00
	2.21	1.99	0.95	0.95	18.50
	2.32	2.11	0.92	0.93	15.00
	1.68	1.36	0.94	0.96	11.50
	1.31	1.09	0.48	0.52	4.50
	1.29	1.15	0.55	0.56	1.00

表 9-16 调水工况，叶片安放角为 0°、扬程为 0.34 m 的流速测量结果

测点位置	总流速 v^*/(m/s)	轴向流速 v_z/(m/s)	圆周流速 v_u/(m/s)	径向流速 v_r/(m/s)	测管水深 h_c/cm
1# 测针(出水流道侧断面)	4.04	3.53	1.87	1.89	31.50
	4.37	3.49	2.01	2.18	29.00
	3.10	2.97	0.79	0.80	25.50
	2.08	2.08	0.00	0.00	22.00
	1.79	1.57	0.84	0.85	18.50
	1.03	0.94	0.41	0.41	15.00
	1.20	1.05	0.57	0.57	11.50
	1.92	1.73	0.78	0.79	8.00
	4.23	3.96	1.47	1.47	4.50
	4.09	4.07	0.00	0.00	1.00
2# 测针(进水流道侧断面 1)	3.22	2.75	1.48	1.53	28.50
	3.93	3.46	1.49	1.55	25.00
	3.85	3.26	1.75	1.83	22.00
	3.60	3.17	1.43	1.48	19.00
	3.45	3.08	1.15	1.20	16.00
	3.32	3.17	0.81	0.82	13.00
	3.34	3.15	0.91	0.93	10.00
	4.60	4.37	1.35	1.36	7.00
	3.20	3.04	0.88	0.89	4.00
	2.86	2.70	0.89	0.89	1.00

续表

测点位置	总流速 v^*/(m/s)	轴向流速 v_z/(m/s)	圆周流速 v_u/(m/s)	径向流速 v_r/(m/s)	测管水深 h_c/cm
3# 测针(进水流道侧断面 2)	3.11	3.06	0.52	0.52	32.00
	3.23	2.88	1.45	1.45	29.00
	3.23	3.17	0.59	0.59	25.50
	2.28	2.13	0.58	0.59	22.00
	3.02	2.93	0.64	0.65	18.50
	3.13	3.08	0.52	0.52	15.00
	3.00	2.99	0.25	0.25	11.50
	3.54	3.52	0.31	0.31	8.00
	3.28	3.25	0.40	0.40	4.50
	3.21	3.09	0.57	0.58	1.00
4# 测针(进水流道侧断面 3)	1.92	1.60	1.06	1.06	33.00
	3.68	3.06	2.03	2.04	29.00
	2.57	2.35	1.03	1.03	25.50
	1.72	1.63	0.55	0.55	22.00
	2.18	2.08	0.62	0.62	18.50
	2.18	2.14	0.32	0.33	15.00
	2.11	2.07	0.31	0.32	11.50
	0.94	0.79	0.27	0.30	8.00
	1.97	1.92	0.42	0.43	4.50
	1.82	1.71	0.57	0.57	1.00

表 9-17 调水工况,叶片安放角为+4°、扬程为 0.34 m 的流速测量结果

测点位置	总流速 v^*/(m/s)	轴向流速 v_z/(m/s)	圆周流速 v_u/(m/s)	径向流速 v_r/(m/s)	测管水深 h_c/cm
1# 测针(出水流道侧断面)	5.01	4.09	2.75	2.80	31.50
	4.17	3.12	2.71	2.73	29.00
	2.50	1.92	1.60	1.60	25.50
	1.06	1.06	0.00	0.00	22.00
	0.73	0.69	0.23	0.23	18.50
	0.73	0.69	0.20	0.21	15.00
	1.17	1.15	0.17	0.17	11.50
	2.20	2.17	0.31	0.31	8.00
	4.98	4.73	1.56	1.56	4.50
	5.64	5.62	0.00	0.00	1.00

续表

测点位置	总流速 v^*/(m/s)	轴向流速 v_z/(m/s)	圆周流速 v_u/(m/s)	径向流速 v_r/(m/s)	测管水深 h_c/cm
2# 测针(进水流道侧断面 1)	1.91	1.77	0.59	0.60	28.50
	4.53	4.14	1.22	1.28	25.00
	4.44	4.29	0.63	0.64	22.00
	3.86	3.81	0.55	0.55	19.00
	3.42	3.16	1.05	1.07	16.00
	3.47	3.18	1.05	1.09	13.00
	3.61	3.02	1.84	1.88	10.00
	2.69	2.46	0.91	0.93	7.00
	3.12	2.74	1.47	1.48	4.00
	3.01	2.51	1.64	1.65	1.00
3# 测针(进水流道侧断面 2)	2.39	2.35	0.37	0.37	32.00
	1.41	1.13	0.43	0.50	29.00
	3.43	3.14	1.29	1.30	25.50
	3.11	3.02	0.60	0.61	22.00
	3.13	2.99	0.93	0.93	18.50
	3.09	3.05	0.38	0.39	15.00
	3.85	3.81	0.47	0.48	11.50
	3.36	3.21	0.99	0.99	8.00
	3.12	2.83	1.31	1.31	4.50
	2.91	2.62	1.23	1.23	1.00

表 9-18 调水工况,叶片安放角为+4°、扬程为 0.99 m 的流速测量结果

测点位置	总流速 v^*/(m/s)	轴向流速 v_z/(m/s)	圆周流速 v_u/(m/s)	径向流速 v_r/(m/s)	测管水深 h_c/cm
2# 测针(进水流道侧断面 1)	2.22	2.17	0.47	0.47	28.50
	3.32	2.98	0.99	1.05	25.00
	3.43	3.09	1.09	1.14	22.00
	3.37	2.84	1.54	1.60	19.00
	3.30	2.96	1.16	1.20	16.00
	3.16	2.86	1.11	1.15	13.00
	3.21	2.72	1.59	1.62	10.00
	3.07	2.86	1.00	1.01	7.00
	2.59	2.40	0.93	0.94	4.00
	2.56	2.34	1.00	1.01	1.00

续表

测点位置	总流速 v^*/(m/s)	轴向流速 v_z/(m/s)	圆周流速 v_u/(m/s)	径向流速 v_r/(m/s)	测管水深 h_c/cm
3# 测针(进水流道侧断面 2)	2.80	2.75	0.53	0.53	32.00
	3.04	3.00	0.46	0.46	29.00
	3.12	3.02	0.60	0.61	25.50
	3.01	2.98	0.46	0.46	22.00
	3.07	3.02	0.58	0.58	18.50
	2.94	2.90	0.50	0.50	15.00
	2.94	2.87	0.65	0.65	11.50
	2.47	2.43	0.42	0.42	8.00
	3.07	3.02	0.57	0.57	4.50
	2.93	2.86	0.59	0.59	1.00
4# 测针(进水流道侧断面 3)	1.92	1.62	1.01	1.01	33.00
	2.53	2.32	0.93	0.94	29.00
	1.98	1.65	0.41	0.48	25.50
	2.49	1.84	0.31	0.41	22.00

9.2.4 模型试验结果与CFD计算结果对比分析

根据模型试验实测结果与CFD计算结果，进行装置性能预测、断面流速分布、压力脉动计算等诸项内容的对比分析，并分析叶片进口压降计算结果与试验实测的 $NPSH_r$ 值之间的关系。

1. 装置性能

在CFD计算中主要考虑的是水力损失，因此预测的装置性能是水力性能，在模型试验实测数据中，同样扣除空载损耗，也是水力性能，两者具有可比性，唯一的差别在于CFD计算中未考虑容积损失，即假定了容积效率为100%。

(1) 排涝工况

不同叶片安放角下CFD计算结果与模型试验实测数据对比曲线如图9-34至图9-38所示。模型试验实测与CFD计算的性能曲线趋势基本相同或相近。随着叶片安放角的加大，效率曲线吻合程度提高，叶片安放角为+2°和+4°时两者的效率曲线的吻合情况较好。一般情况下，在同一流量下，CFD预测效率低于模型实测值。叶片安放角为−4°，−2°，0°和+2°时，模型试验实测与CFD计算的扬程曲线均有一交点，此交点随着叶片安放角的减小向高扬程工况点偏移，在流量大于交点流量的工况下，CFD计算的扬程值低于模型试验实测值；在流量小于交点流量的工况下，CFD计算的扬程值高于模型试验实测值。

根据模型试验结果，最优工况为叶片安放角−2°时，最高效率为65.49%，对应的流量为 221 L/s、扬程 1.846 m。从图 9-35 可以发现，模型试验实测与 CFD 计算的扬程曲线的交点在流量为 220 L/s 左右、扬程约为 1.80 m 处，此处即为最佳工况附近、高效率区范围，两者最佳工况的效率值接近。CFD 计算的结果在最优工况点附近完全能够满足工程应用的精度要求。

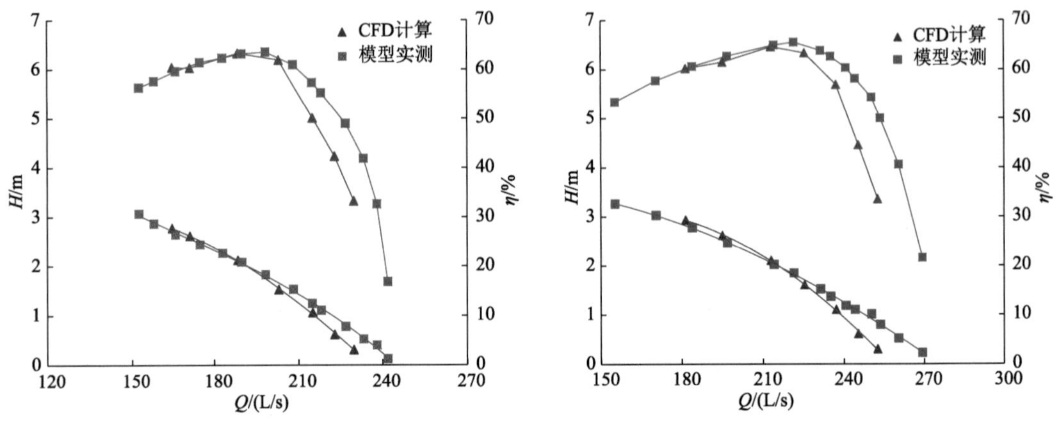

图 9-34　排涝工况下叶片安放角为－4°时对比曲线　　图 9-35　排涝工况下叶片安放角为－2°时对比曲线

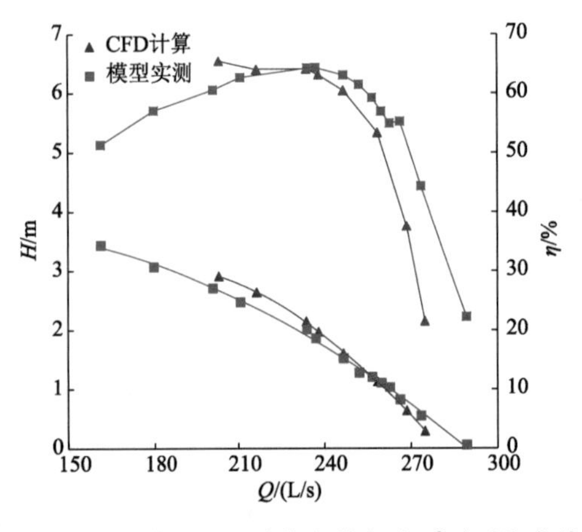

图 9-36　排涝工况下叶片安放角为 0°时对比曲线

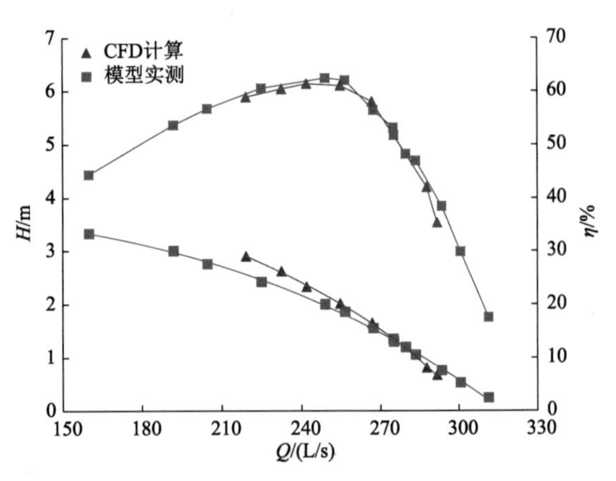

图 9-37　排涝工况下叶片安放角为＋2°时对比曲线

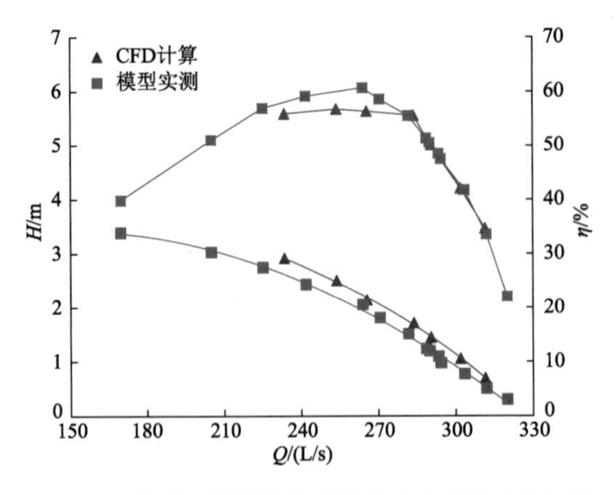

图 9-38　排涝工况下叶片安放角为＋4°时对比曲线

（2）调水工况

不同叶片安放角下CFD计算结果与模型试验实测结果对比曲线如图9-39至图9-43所示。

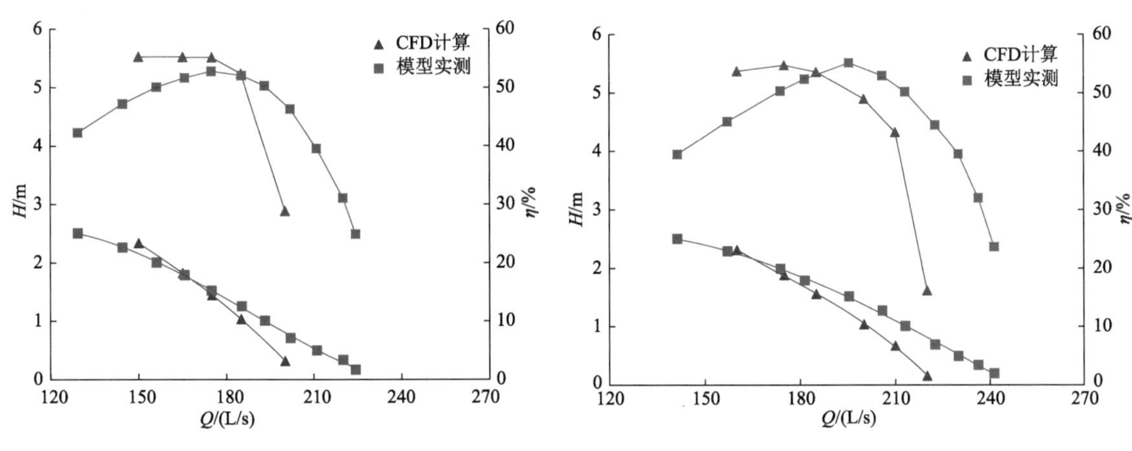

图 9-39　调水工况下叶片安放角为$-4°$时对比曲线

图 9-40　调水工况下叶片安放角为$-2°$时对比曲线

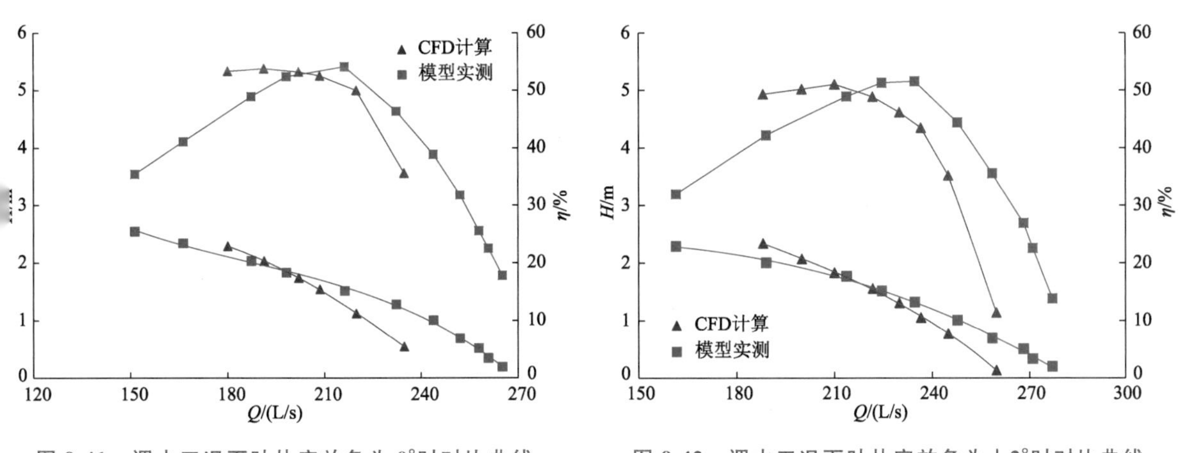

图 9-41　调水工况下叶片安放角为$0°$时对比曲线

图 9-42　调水工况下叶片安放角为$+2°$时对比曲线

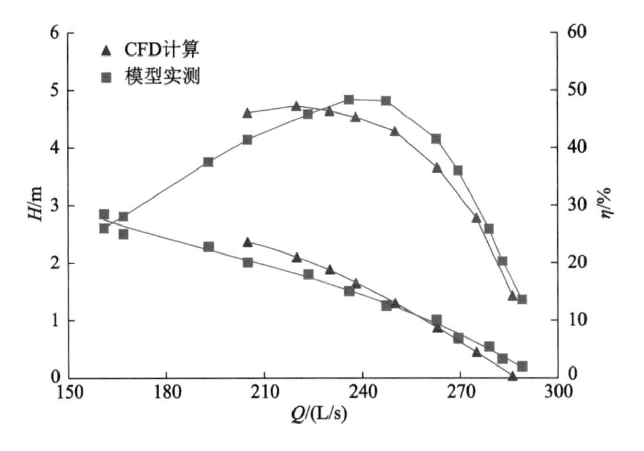

图 9-43　调水工况下叶片安放角为$+4°$时对比曲线

调水工况下CFD计算性能曲线和模型试验实测性能曲线吻合的趋势与排涝工况基本相似，随着叶片安放角的减小，两者效率曲线的吻合程度下降，并且与扬程曲线类似，在不同叶片安放角下均出现交点。在叶片安放角为−2°和−4°时，两者之间的误差有所增大，需要深入研究，进一步分析原因。

根据模型试验结果，最优工况为叶片安放角−2°时，模型装置最高效率为55.19%，对应的流量为195 L/s、扬程是1.52 m。从图9-40也可以发现，模型试验实测与CFD计算的效率曲线的交点在流量为185 L/s左右、扬程约为2.0 m，偏离最佳工况点，CFD计算结果在最优工况点附近，与模型试验结果存在一定的误差。

总而言之，正向排涝工况的CFD计算结果优于反向引水工况的CFD计算结果，叶片安放角大的工况优于叶片安放角小的工况，与第8章中双向竖井贯流泵装置结论一致。

2. 流道速度分布情况

不同工况下，流道代表断面轴向速度分布CFD计算结果与模型试验中采用五孔毕托测针实测的结果对比曲线见图9-44至图9-48，图中虚线为CFD计算结果。

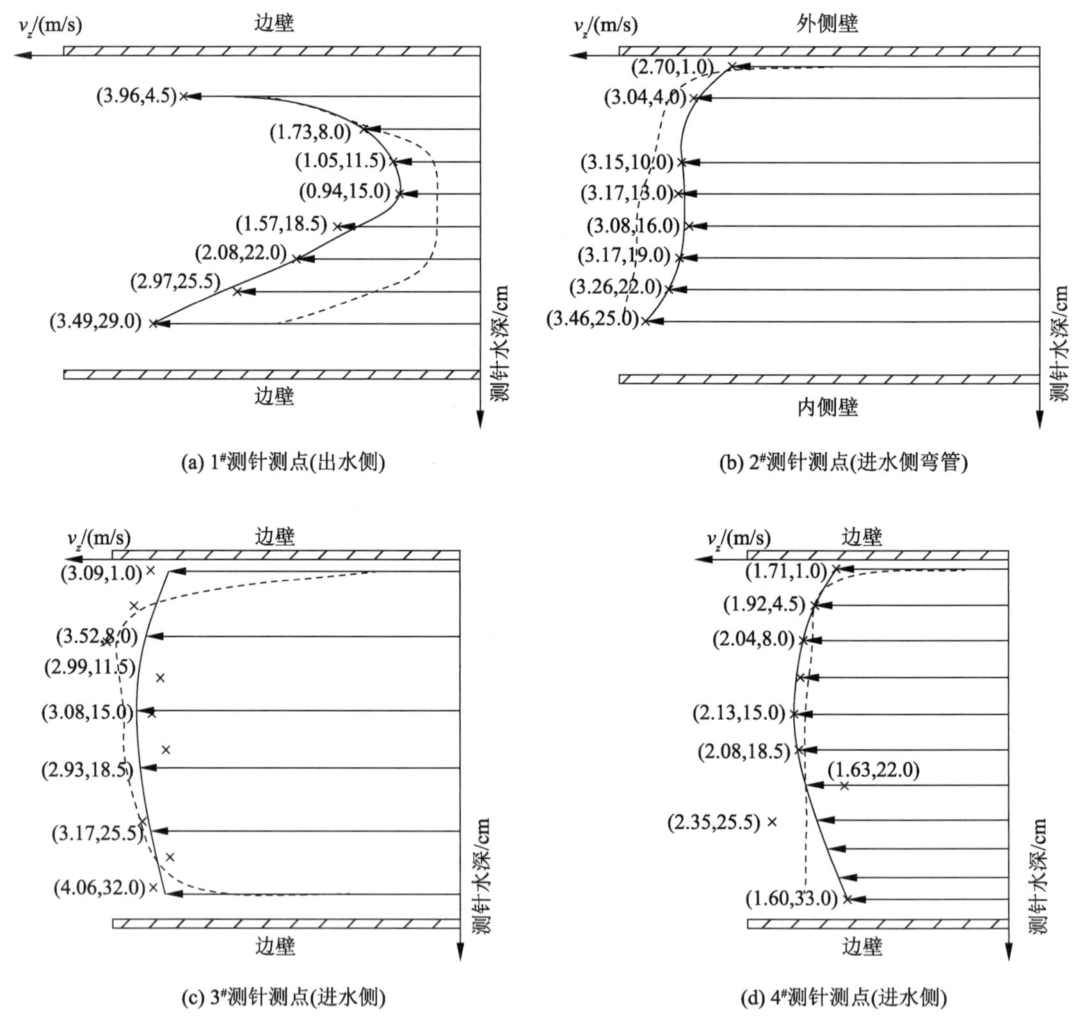

图9-44　调水工况下，叶片安放角0°、扬程0.34 m、流量258 L/s时的速度分布图

(1) 调水工况

图 9-44 为调水工况下，叶片安放角为 0°、流量为 258 L/s 时的流道 4 个断面轴向速度的模型试验测试结果与 CFD 计算结果对比图；图 9-45 为调水工况下，叶片安放角为＋4°、流量为 286 L/s 时的速度分布对比图；图 9-46 为调水工况下，叶片安放角为＋4°、流量为 263 L/s 时的速度分布对比图。

曲线形状和趋势总体上相近或相同，进水流道的 3 个断面 CFD 计算结果与实测速度吻合程度较好，其中位于弯管部分的 2# 断面吻合程度稍差；出水流道的速度分布吻合程度没有进水流道好。在同一安放角下，小流量工况的吻合程度好于大流量工况；在不同叶片安放角下，小叶片安放角优于大叶片安放角，速度分布的吻合特征与外特性的吻合特征之间存在的规律是轴伸贯流式装置型式深入分析研究的重点。

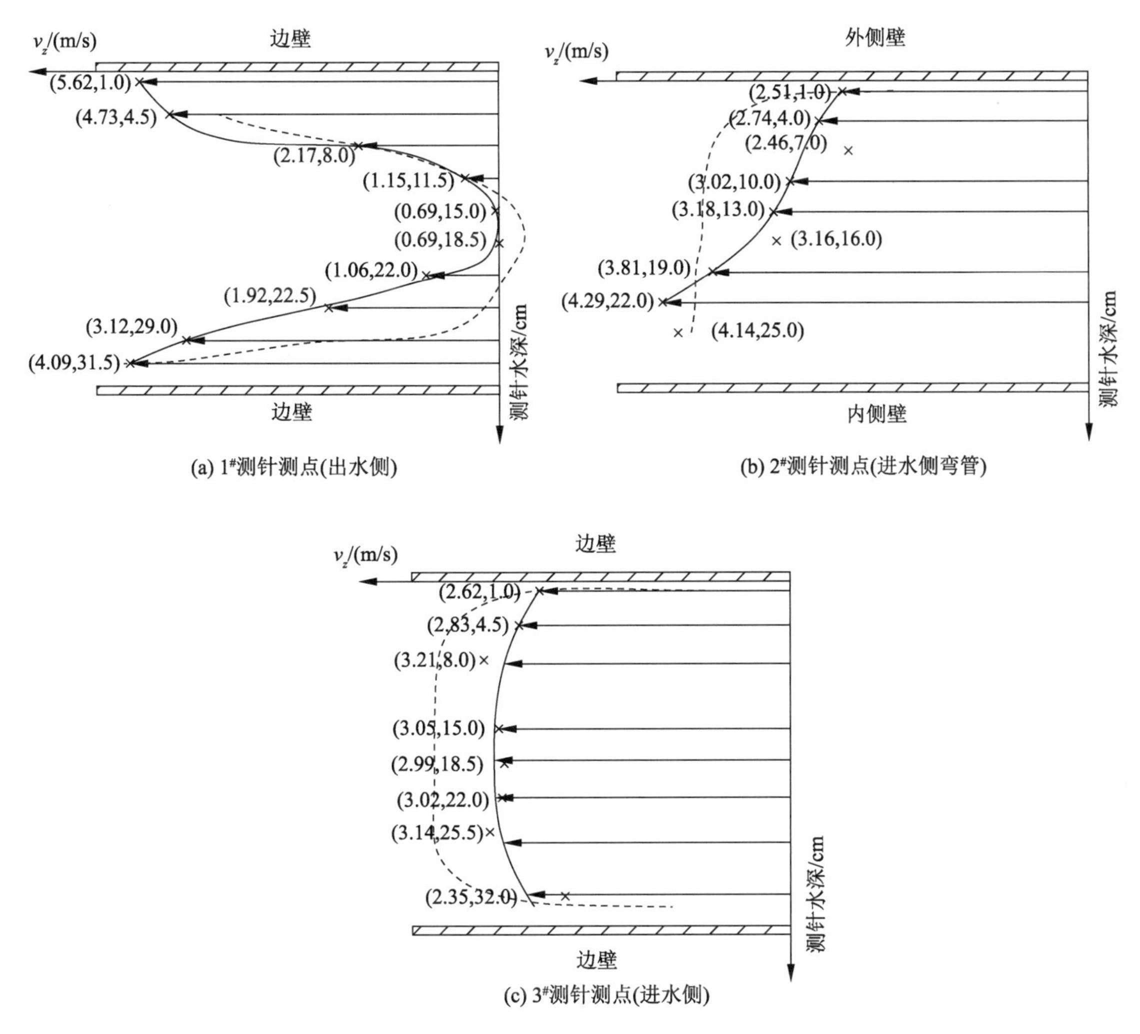

图 9-45 调水工况下，叶片安放角＋4°、扬程 0.34 m、流量 286 L/s 时的速度分布图

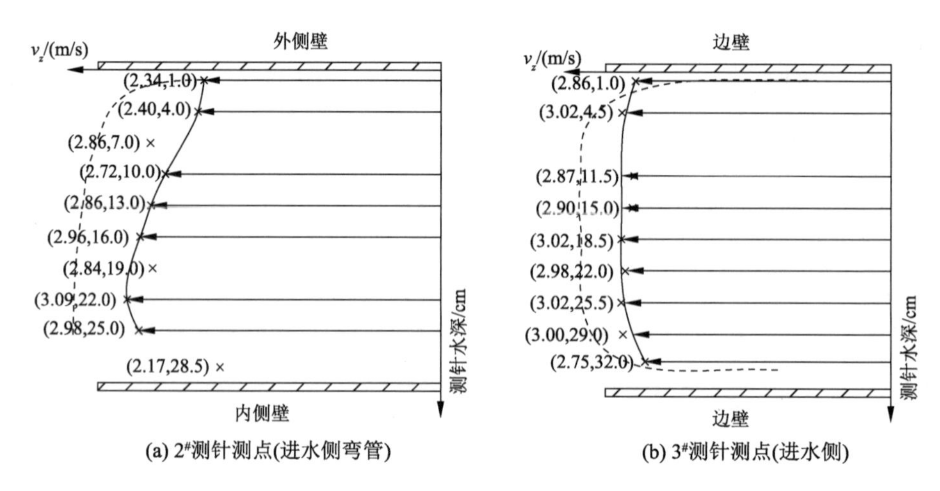

图 9-46　调水工况下,叶片安放角+4°、扬程 0.99 m、流量 263 L/s 时的速度分布图

(2) 排涝工况

图 9-47 为排涝工况下,叶片安放角为 0°、流量为 276 L/s 时流道 4 个断面轴向速度的模型试验测试结果与 CFD 计算结果对比图;图 9-48 为排涝工况下,叶片安放角为 0°、流量为 258 L/s 时的速度分布对比图。

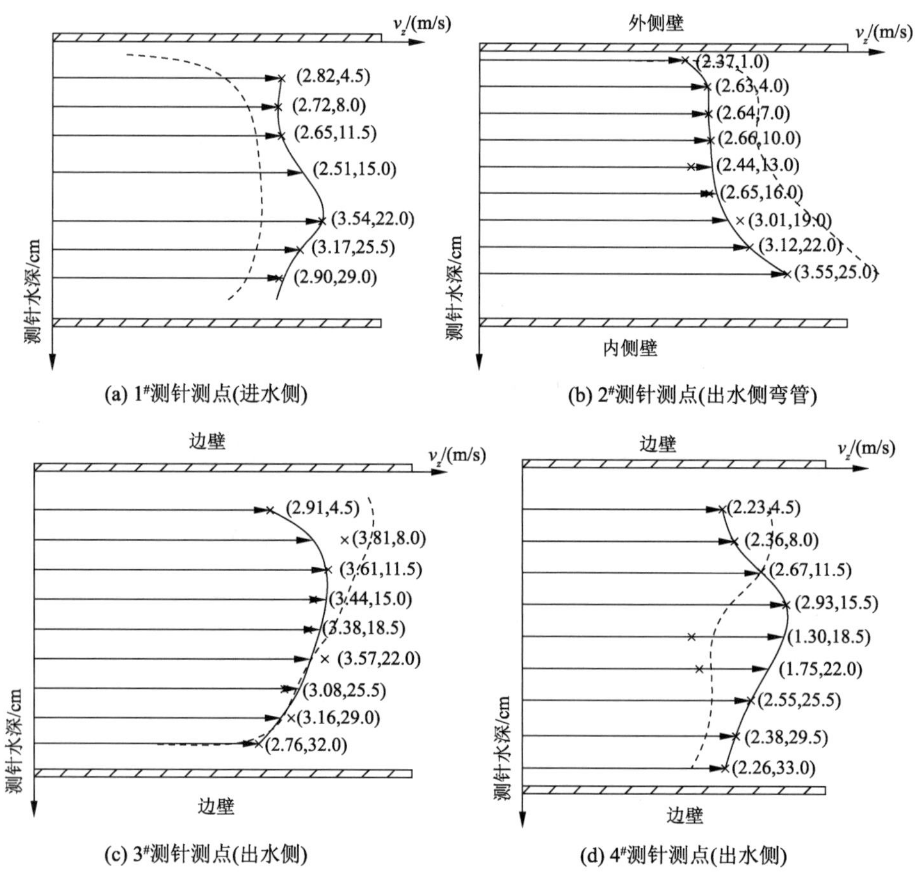

图 9-47　排涝工况下,叶片安放角 0°、扬程 0.50 m、流量 276 L/s 时的速度分布图

曲线形状和趋势总体上相近或相同，进水流道1# 断面模型实测与CFD计算的轴向速度分布吻合程度较好，出水流道弯管处的2# 断面模型实测与CFD计算的速度分布趋势也很相似，但出水流道及弯管部分的速度分布吻合程度较进水流道差。在同一叶片安放角下，小流量工况的吻合程度好于大流量工况，这一点与调水工况相同，即总体趋势一致。

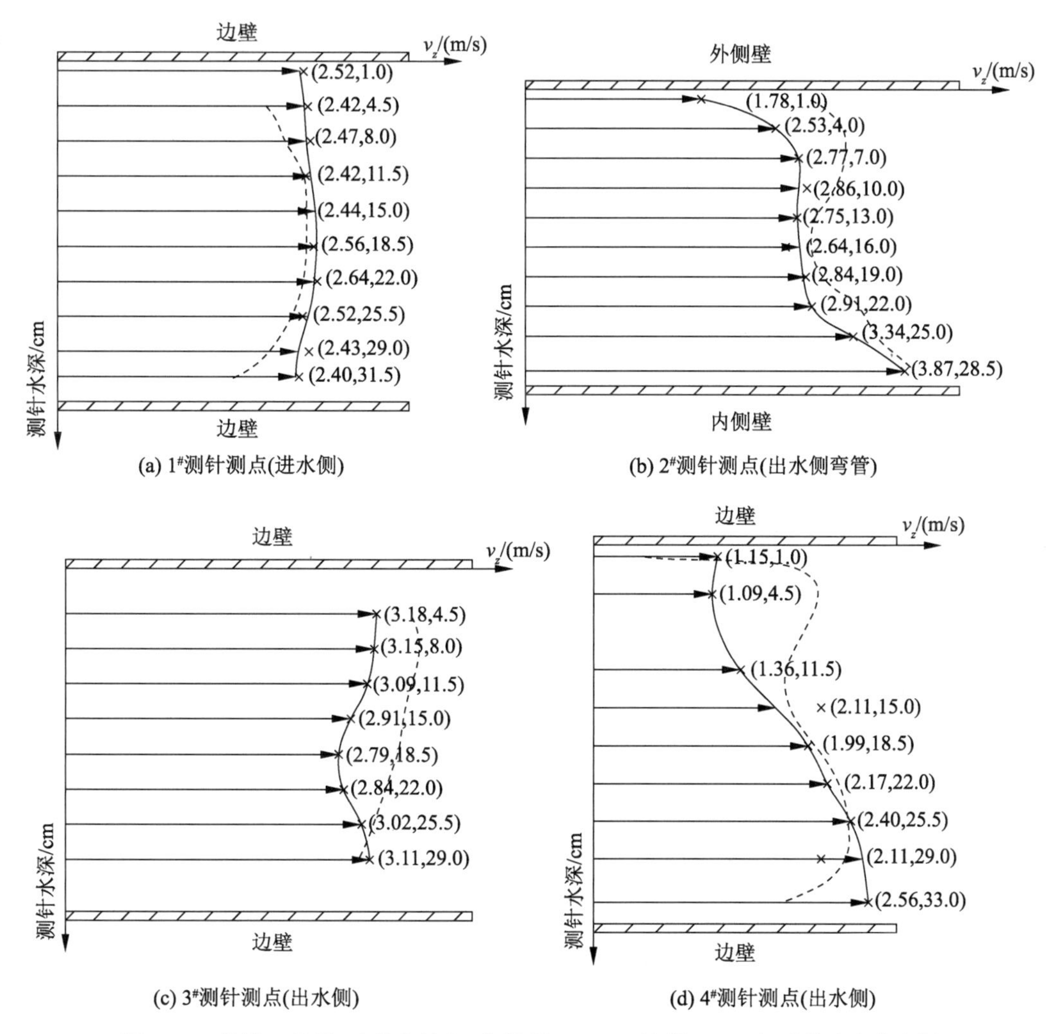

图9-48　排涝工况下，叶片安放角0°、扬程1.20 m、流量258 L/s时的速度分布图

3. 流道水力损失

对不同工况下的进水流道和出水流道水力损失进行了CFD计算和模型试验实测，而且所取测量断面相同，因此具有可比性。

（1）排涝工况

不同叶片安放角下的进水流道损失、出水流道损失和流道总损失对比曲线如图9-49至图9-53所示。在排涝工况下，进水流道为直收缩管，如果不考虑水泵转动对流道中流态的影响，其流动应符合水力学的基本规律，而且与叶片安放角无关，即局部损失 $\Delta h_L = \xi \dfrac{v^2}{2g}$ 和沿程损失 $\Delta h_f = \lambda \dfrac{L}{D}\dfrac{v^2}{2g}$。根据进水流道模型的基本尺寸与形状，局部损失包括进

口损失和收缩损失，损失系数分别为 0.25 和 0.10，流道的粗糙度 $n=0.12$，计算得到进水流道损失 $\Delta h=3.4391Q^2$。在不同叶片安放角下 CFD 计算及模型实测的进水流道水力损失与流量关系回归如表 9-19 所示。在不同叶片安放角下，实测的数据并无规律可寻，但平均值与计算值接近；CFD 计算值普遍大于实测值，而且似存在一定的规律，随着叶片安放角的增大，进水流道损失有减小的趋势，不同叶片安放角是否对进水流道损失存在影响也是需要进一步深入研究的课题。

表 9-19　排涝工况进水流道水力损失对比

叶片安放角/(°)	CFD 计算水力损失	模型试验实测水力损失
−4	$\Delta h=4.6562Q^2, R^2=0.7981$	$\Delta h=3.7309Q^2, R^2=0.9120$
−2	$\Delta h=4.2436Q^2, R^2=0.7574$	$\Delta h=3.0478Q^2, R^2=0.8996$
0	$\Delta h=4.2779Q^2, R^2=0.6107$	$\Delta h=3.5661Q^2, R^2=0.8529$
+2	$\Delta h=3.9550Q^2, R^2=0.9930$	$\Delta h=3.6506Q^2, R^2=0.7577$
+4	$\Delta h=3.6610Q^2, R^2=0.9201$	$\Delta h=3.8091Q^2, R^2=0.4105$
平均	$\Delta h=4.1587Q^2$	$\Delta h=3.5610Q^2$

注：流量单位为 m^3/s。

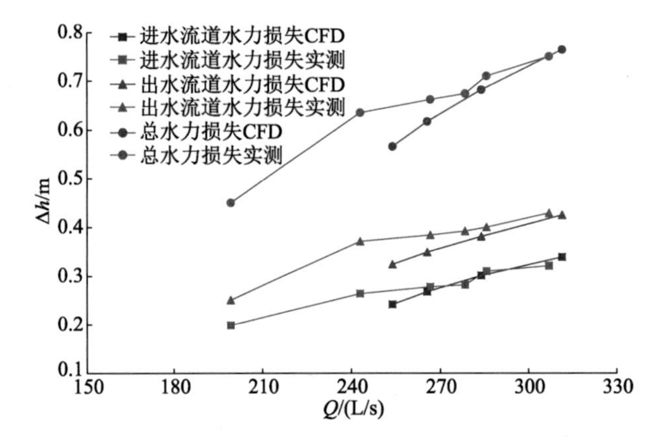

图 9-49　排涝工况下叶片安放角+4°时水力损失对比曲线

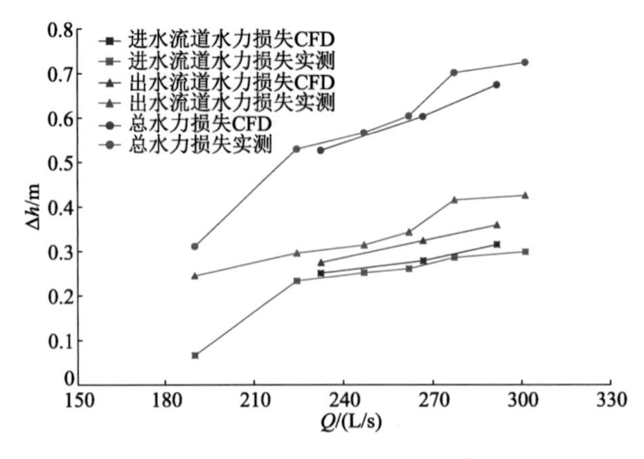

图 9-50　排涝工况下叶片安放角+2°时水力损失对比曲线

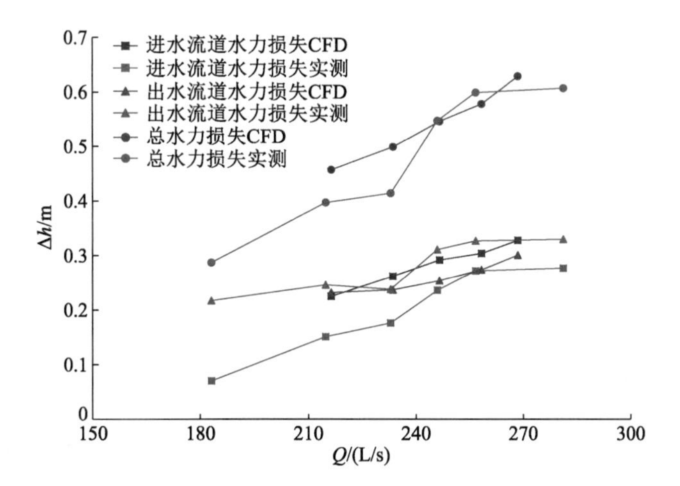

图 9-51　排涝工况下叶片安放角 0°时水力损失对比曲线

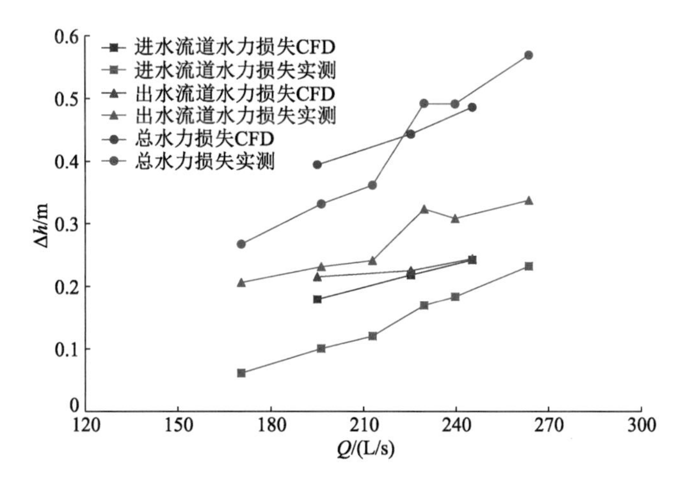

图 9-52　排涝工况下叶片安放角－2°时水力损失对比曲线

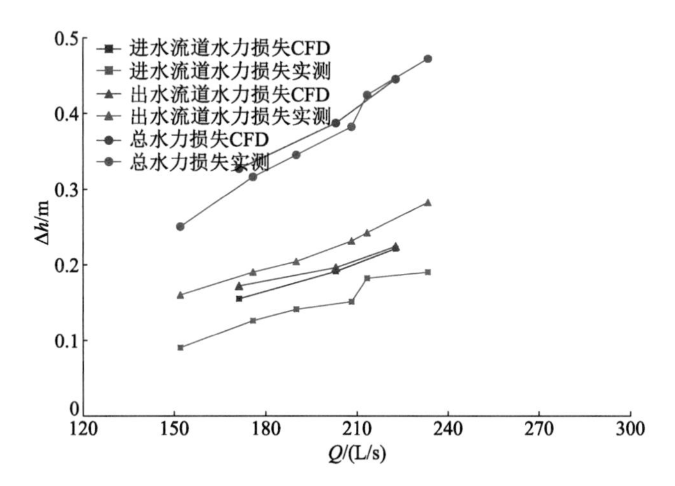

图 9-53　排涝工况下叶片安放角－4°时水力损失对比曲线

不同叶片安放角下的进水流道CFD计算结果普遍大于模型试验实测值，仅在叶片安放角为+2°时有一部分接近；而出水流道CFD分析结果与进水流道相反，普遍小于模型试验中的实测值。流道总损失的CFD计算结果与模型试验实测值之间存在一定的变化趋势，叶片安放角较大时（+4°和+2°），在一定的流量范围内模型实测值大于CFD计算值；随着叶片安放角的减小，两者出现交叉点，大流量工况下模型实测值损失大于CFD计算值，小流量工况相反，当叶片安放角减小到-4°时，CFD计算结果均大于实测值。将水力损失分析结果与能量特性曲线图9-34至图9-38做进一步对比可以发现，损失的分析与性能预测的结果存在趋势一致的内在联系，即损失小意味着效率高。

（2）调水工况

调水工况下不同叶片安放角时进、出水流道水力损失的CFD计算结果与模型试验实测的进水流道水力损失（模型试验中未测量出水流道水力损失）对比分别如图9-54至图9-58所示。

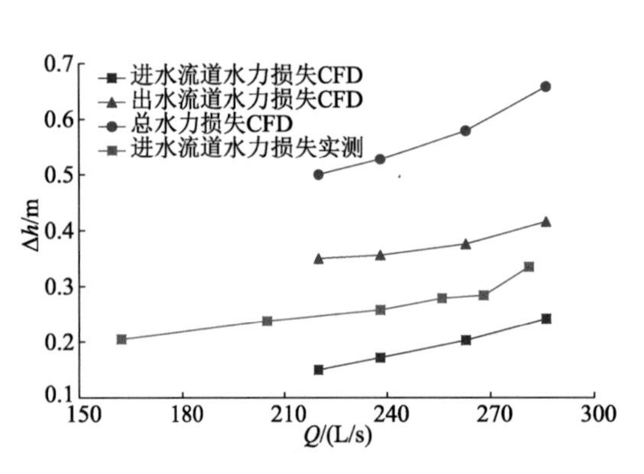

图9-54　调水工况下叶片安放角+4°时水力损失对比曲线

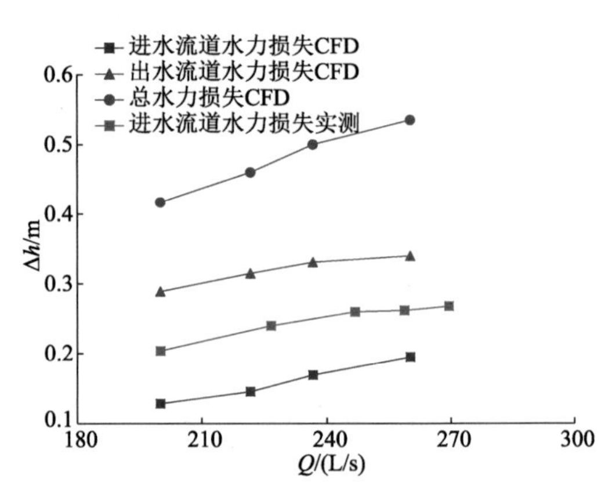

图9-55　调水工况下叶片安放角+2°时水力损失对比曲线

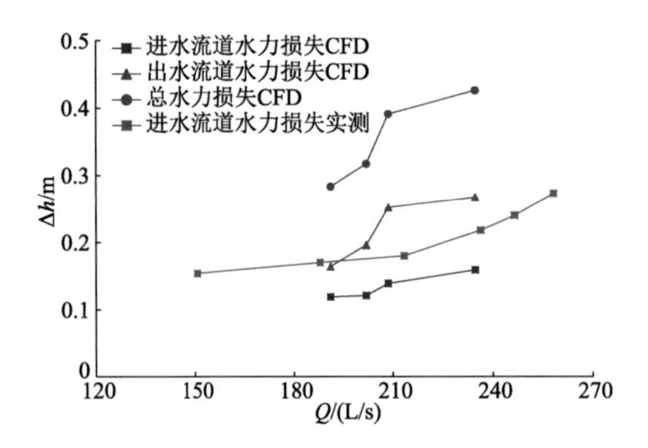

图9-56　调水工况下叶片安放角0°时水力损失对比曲线

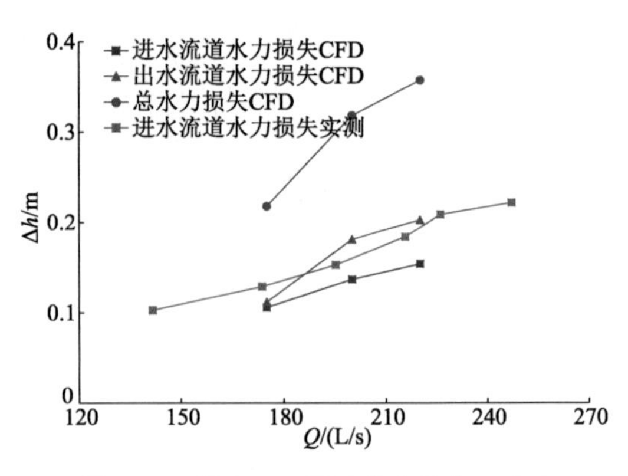

图9-57　调水工况下叶片安放角-2°时水力损失对比曲线

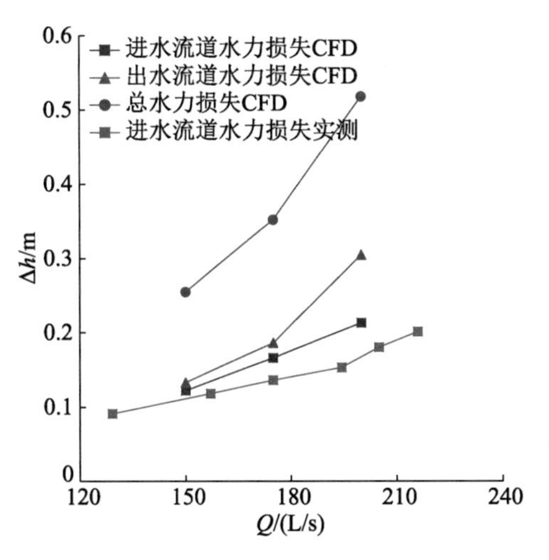

图 9-58 调水工况下叶片安放角－4°时水力损失对比曲线

同样，假定进水流道的水力损失符合水力学的基本规律，CFD计算及模型试验实测的不同叶片安放角下进水流道水力损失与流量关系回归如表9-20所示。从表中可以发现，与排涝工况类似，CFD计算结果似存在一定的规律，即随着叶片安放角的增大，进水流道损失有减小趋势。但除了叶片安放角为－4°外，与排涝工况的情况相反，都是CFD计算结果小于模型试验实测值，而且小于排涝工况，说明CFD计算结果需要进一步完善。

表 9-20 调水工况进水流道水力损失对比

叶片安放角/(°)	CFD计算水力损失	模型试验实测水力损失
－4	$\Delta h=5.3706Q^2$，$R^2=0.9983$	$\Delta h=4.3507Q^2$，$R^2=0.9261$
－2	$\Delta h=3.3152Q^2$，$R^2=0.9317$	$\Delta h=3.9580Q^2$，$R^2=0.8990$
0	$\Delta h=3.0372Q^2$，$R^2=0.8195$	$\Delta h=4.1531Q^2$，$R^2=0.5647$
＋2	$\Delta h=2.9777Q^2$，$R^2=0.9508$	$\Delta h=4.1420Q^2$，$R^2=0.3138$
＋4	$\Delta h=2.9859Q^2$，$R^2=0.9884$	$\Delta h=4.4554Q^2$，$R^2=0.2333$
平均	$\Delta h=3.5373Q^2$	$\Delta h=4.2120Q^2$

注：流量单位为 m^3/s。

4. 叶片进口压降与 $NPSH_r$ 关系分析

叶片发生空化的主要原因是叶片某部位压力降低，而且低于汽化压力，因此，在大部分情况下，叶片进口压降与 $NPSH_r$ 之间存在内在联系。在CFD分析过程中，针对不同叶片安放角下不同流量工况点进行叶片进水边最低压力点的分析，预测进口压降，图9-59和图9-60分别为排涝工况和调水工况下CFD预测的叶片进口压降与实测的 $NPSH_r$ 值对比曲线，从图中可以发现，两者的对应关系较好，流量减小时，压降增加、$NPSH_r$ 值也增大，因此可以借助CFD的压降预测分析装置中叶轮的空化性能。

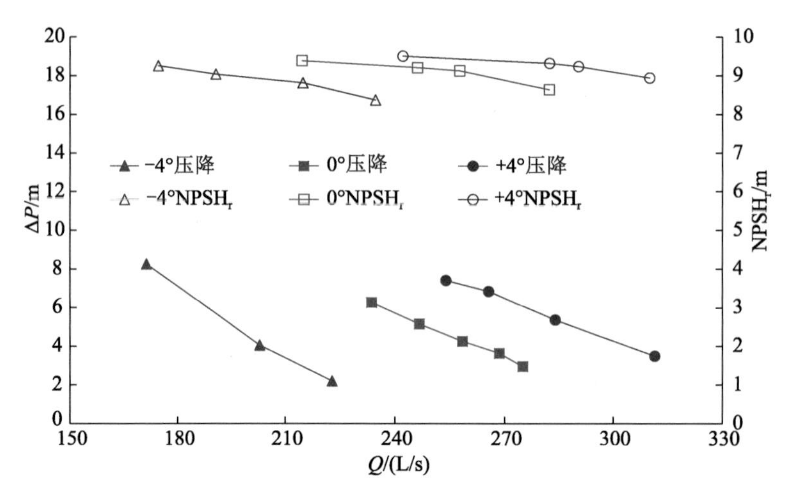

图 9-59　排涝工况下叶片进口压降与 $NPSH_r$ 关系曲线

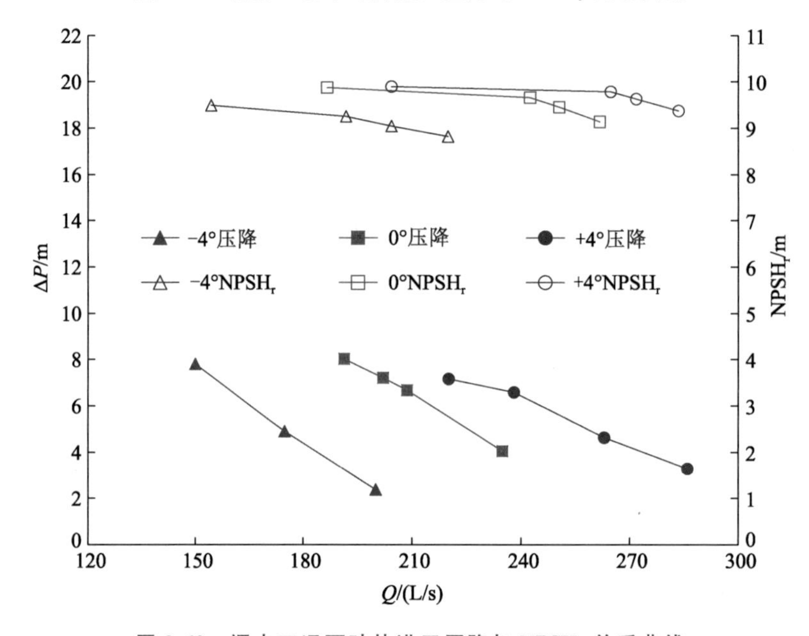

图 9-60　调水工况下叶片进口压降与 $NPSH_r$ 关系曲线

通过装置性能、流速分布和水力损失的 CFD 计算与模型试验实测对比分析可以看出，采用 CFD 计算的方法预测装置能量特性、分析流速分布、计算水力损失和叶片进口压降等具有一定的工程应用价值。外特性与内特性之间存在着一定的关联性。例如，在叶片安放角为 0°时排涝工况下，最优工况点流量在 240 L/s 左右，CFD 预测的效率与模型试验实测效率非常接近，流道损失也基本相同。

从对比分析的结果来看，在一定流量范围内，尤其是排涝工况的最优工况点附近，采用 CFD 计算预测装置的能量特性是可信的。对比叶片进水边压降与 $NPSH_r$ 值可知，两者存在明显的相关性，因此 CFD 计算能够应用于工程中进行不同方案比选和初步的能量特性和空化特性的确定，可以取代一部分模型装置试验。对流速分布和流道损失等内特性的进一步分析，可以揭示不同工况下性能存在差异的原因，为装置性能优化提供依据，例如排涝工况的导叶后存在轴向速度不均匀区、调水工况的出水流道明显存在两个方向不同的回流区等，这些都是有待进一步优化的重点。优化设计后进、出水流道型线如图 9-61 所示。

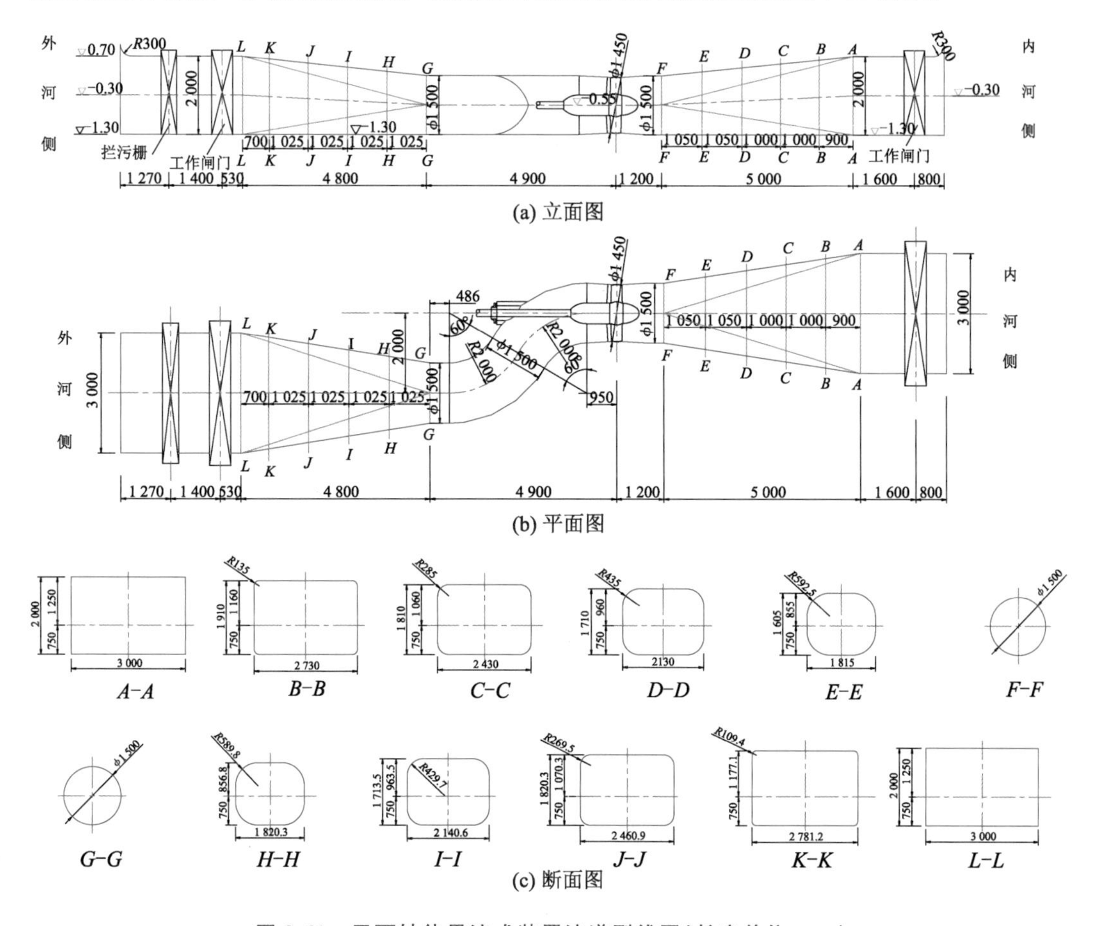

图 9-61　平面轴伸贯流式装置流道型线图(长度单位:mm)

9.3　机组冷却水循环装置的开发与应用

泵站工程中，技术供水系统主要用于供给冷却水和润滑水，其中冷却水主要用于电动机轴承油缸冷却和定、转子空气冷却器(热交换器)使用，供水量占全部技术供水量的85%左右。冷却水供应既要保证持续供给，又要满足设备冷却要求，是泵站技术供水的重要组成部分，该系统设计的合理性与经济性，直接影响机组运行的可靠性以及日常的运行、维护成本。

过去大型泵站主要是为农业生产服务，主要任务是排涝、灌溉，现在大型泵站工程更多地担负着流域、区域、城市的防洪、排涝、调水、灌溉及水环境治理任务，这要求泵站工程运行更可靠、更高效。传统的泵站技术供水采用河水直供方式，这种方式的最大缺点在于取水口和滤水器易堵塞，由于河道中水草、生活垃圾较多，水生物和小鱼易进入滤水器，导致取水口和滤水器堵塞。曾有多座泵站因取水口和滤水器堵塞严重而被迫停机，打捞清

理杂物。另外当河水含沙量较高时，虽然在供水系统中加装了全自动滤水器，但还是有泥沙进入冷却器内，导致冷却管路淤堵。并且由于增加了滤水器，系统中多了一个设备故障点，滤水器的经常堵塞也导致供水系统维护次数的增加。采用传统的河水直供冷却方式已不能满足泵站运行高可靠性的要求。

为提高泵站运行的可靠性，利用电动机冷却水可循环使用的特点，采用循环供水冷却方式，通过系统内安装的盘管冷却器、板式热交换器或冷水机组带走电动机运行产生的热量，实现电动机有效散热冷却。

对于泵站技术供水系统，采用河水直供方式的主要是早期建设的泵站工程，如江苏省的江都站、刘山站、解台站等；近年来新建泵站工程利用板式热交换器形成循环供水方式的有南水北调工程中的邳州站，以及江苏苏南地区城市防洪排涝泵站，如江尖泵站、窑头泵站等；利用冷水机组形成循环供水方式的有刘老涧二站、洪泽泵站、睢宁二站等。另外，利用置于水中的盘管冷却器实现循环供水方式的有金湖泵站、泗洪泵站等，其中金湖泵站为单台机组独立循环供水系统、泗洪泵站为多台机组共用循环供水系统。目前，电动机采用循环供水冷却的有轴承油缸冷却和定、转子空气冷却两种类型。循环系统热交换器有盘管冷却器、板式热交换器和冷水机组 3 种型式，在设计选用上存在一定的随意性，缺乏规范性和针对性，有必要进行系统的分析和比较，并在此基础上总结出经济合理的选型设计原则，规范泵站技术供水系统的设计。

9.3.1 卧式电动机的结构型式及冷却方式

1. 电动机结构型式

轴伸式贯流泵、竖井式贯流泵和灯泡贯流泵等机组一般采用卧式电动机，当电动机安装在进水流道上部（立面前轴伸）、侧面（平面轴伸）或底部（立面后轴伸）时，由于受到土建及设备安装空间的限制，要求电动机体积小，所以通常采用高速电动机，水泵与电动机采用减速齿轮箱连接传动。当电动机安装在灯泡体内时可以采用低速电动机，电动机轴与水泵轴采用直联传动方式。卧式电动机主要由定子、转子（包括主轴）、驱动端轴承、非驱动端轴承（或推力轴承）、集电环及刷架、加热器、测温元件及油水管路系统等组成。卧式电动机结构如图 9-62、图 9-63 和图 9-64 所示。

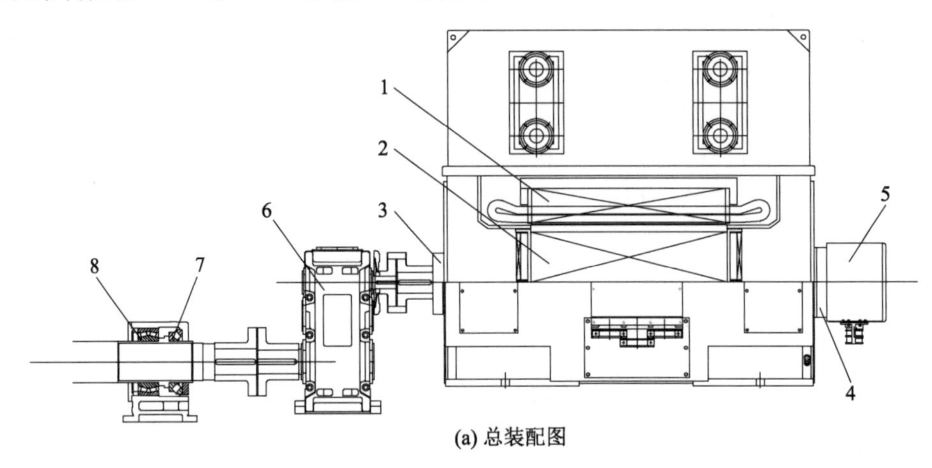

(a) 总装配图

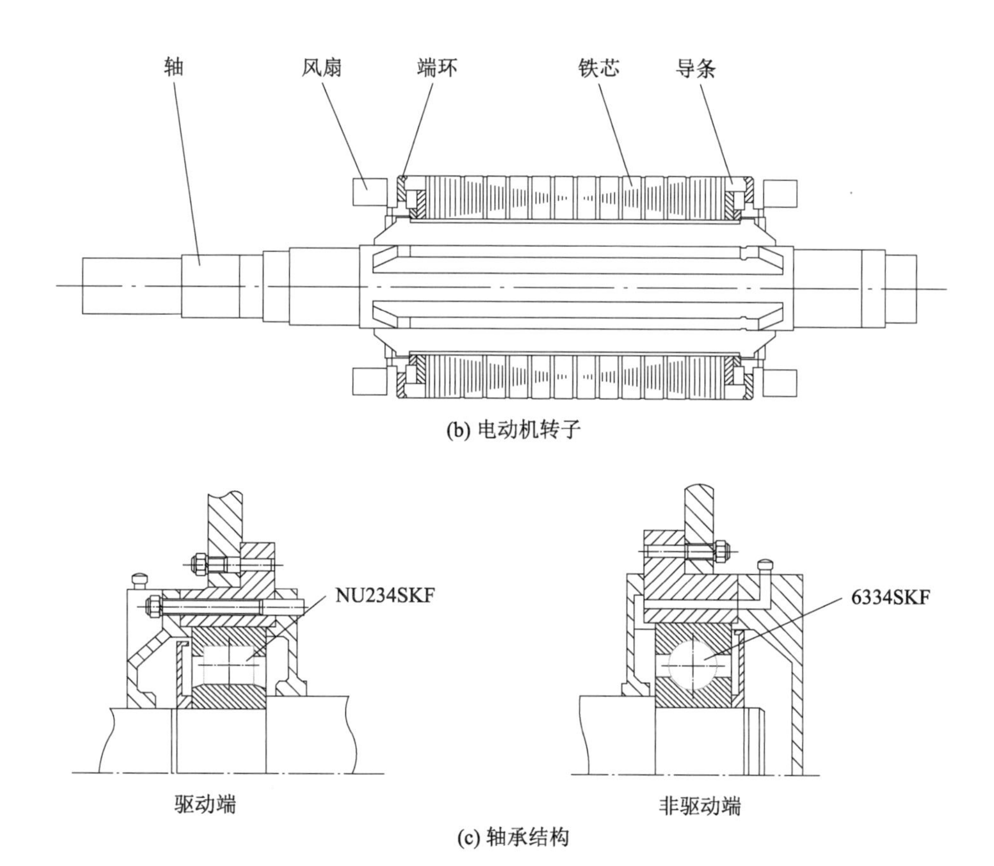

(b) 电动机转子

(c) 轴承结构

1—定子；2—转子；3—驱动端轴承；4—非驱动端轴承；5—集电环及刷架；6—减速齿轮箱；7—推力轴承；8—径向轴承。

图 9-62　卧式电动机结构图(高速电动机)

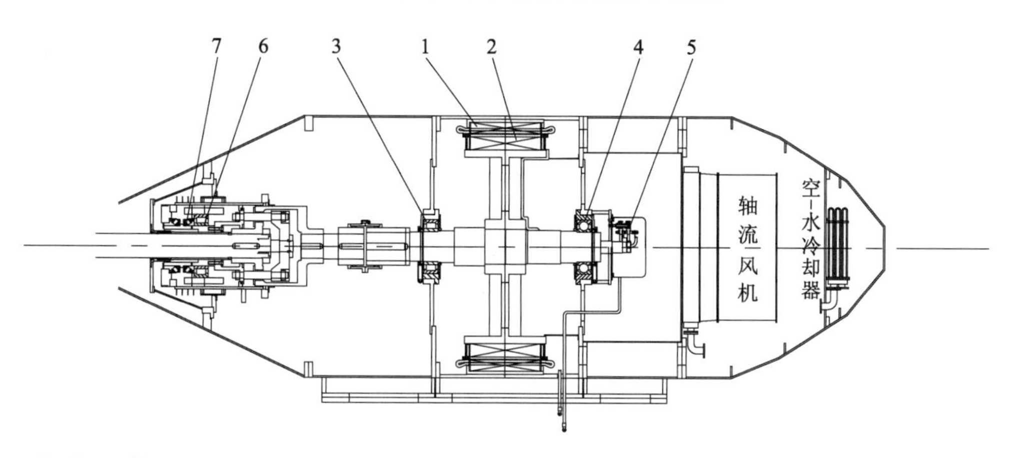

1—定子；2—转子；3—驱动端轴承；4—非驱动端轴承；5—集电环及刷架；6—径向轴承；7—推力轴承。

图 9-63　卧式电动机结构图(灯泡贯流泵型式 1)

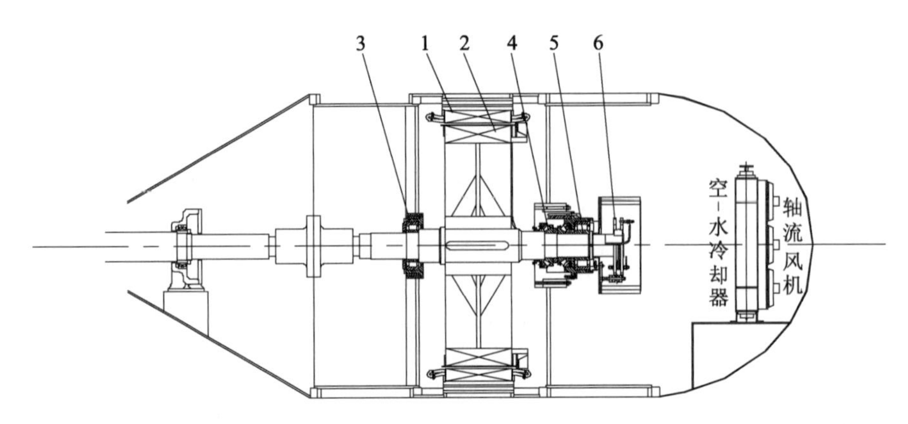

1—定子;2—转子;3—驱动端轴承;4—推力轴承;5—径向轴承;6—集电环及刷架。

图 9-64　卧式电动机结构图(灯泡贯流泵型式 2)

电动机驱动端轴承和非驱动端轴承一般选用滚动轴承,结构简单,没有复杂的油路系统,滚动轴承采用油脂润滑,设有加、排油装置,可以不停机加、排油。当选用滑动轴承时,采用稀油润滑。

水泵运行时产生的轴向力由推力径向组合轴承箱内推力轴承承受,水泵叶轮重量及运行时产生的径向力由水泵导轴承和推力径向组合轴承箱内径向轴承共同承受。推力径向组合轴承箱一般单独设置,对于竖井贯流泵,其安装于减速齿轮箱与水泵之间(见图 9-62);对于灯泡贯流泵,其可以设在电动机与水泵之间(见图 9-63),也可以设在电动机非驱动端侧(见图 9-64)。

2. 电动机冷却方式

电动机在运行过程中产生电磁损耗和机械损耗,这些损耗会转化为热量,如不及时散发出去,不但会降低电动机运行效率,还会因局部过热发生烧瓦事故或破坏线圈的绝缘,造成事故停机,缩短电动机的使用寿命。大中型电动机的冷却主要分为轴承的冷却和定、转子的冷却两部分。

电动机定、转子的冷却一般有半管道强迫通风冷却、空-水冷却及空-空冷却等方式。空-水冷却方式适用于卧式电动机,冷却器中的冷却管吸收电动机内循环风中的热量,由通入冷却管中的冷却水带走热量,冷却器亦置于卧式电动机机座顶部;空-空冷却方式也适用于卧式电动机,冷却器中的冷却管吸收电动机内循环风中的热量,由安装在非驱动端的外风扇吹入冷却管的冷空气带走热量,冷却器亦置于卧式电动机机座顶部。由于空-空冷却器的冷却效果和降噪效果不及空-水冷却器,所以采用空-空冷却器的相对较少。

(1) 轴承的冷却

由于卧式电动机驱动端轴承和非驱动端轴承通常选用滚动轴承,滚动轴承采用油脂润滑,一般采用自冷却方式。

(2) 定、转子的冷却

电动机定、转子的冷却是利用空气作为冷却介质,对定子、转子绕组以及定子铁芯表面进行冷却。卧式电动机采用空-水冷却方式时,按冷却空气的流向,分为径向、轴向及复合通风方式;根据建立风压的方法,分为自通风和强迫通风(又称外鼓风)方式。自通风的风压由电动机转子上的风扇产生,强迫通风的风压由单独拖动的风扇产生。

轴伸式和竖井式贯流泵配套的卧式电动机一般可采用空-水冷却和空-空冷却方式。在电动机内部进行冷却的是空气,进风和出风的风道用挡风板隔开,电动机运转时,转子上的风扇强制冷空气流过转子支架,冷空气通过转子磁轭风沟、磁极极间间隙和空气间隙,流经定子风沟,冷空气吸收热量后成为热空气,然后汇集到机座外壁进入外部冷却器,通过冷却器冷却后的冷空气重新进入电动机内,如此循环进行热交换。典型的卧式电动机空-水冷却方式如图 9-65 所示。

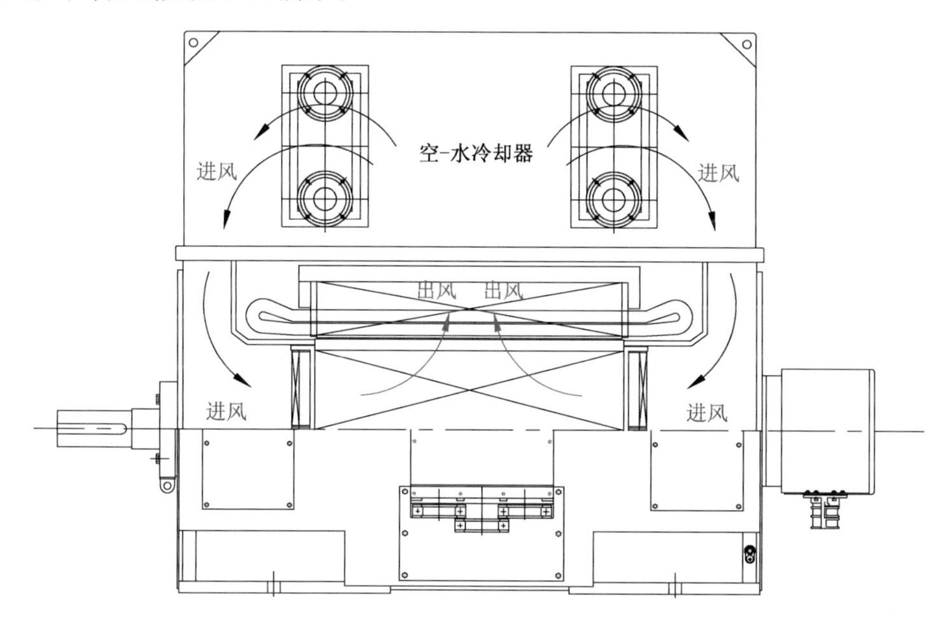

图 9-65　卧式电动机空-水冷却方式

灯泡贯流泵的灯泡体内通风冷却采用轴流风机加空-水冷却器相结合的方式,利用轴流风机使灯泡体内部空气流动起来,贴壁式结构的电动机外壳水冷与电动机内部强制风冷相结合,电动机发热量的一部分通过热传导的方式经机壳壁与流道中的冷水进行热交换并由流动的水流带走,另一部分发热量由灯泡体头部的冷空气经电动机后端的进气孔进入电动机内部,冷空气沿轴向通过定、转子之间的气隙与电动机进行热交换,热空气返回灯泡体头部,经空-水冷却器带走热量。典型的灯泡体内电动机空-水冷却方式如图 9-66 所示。

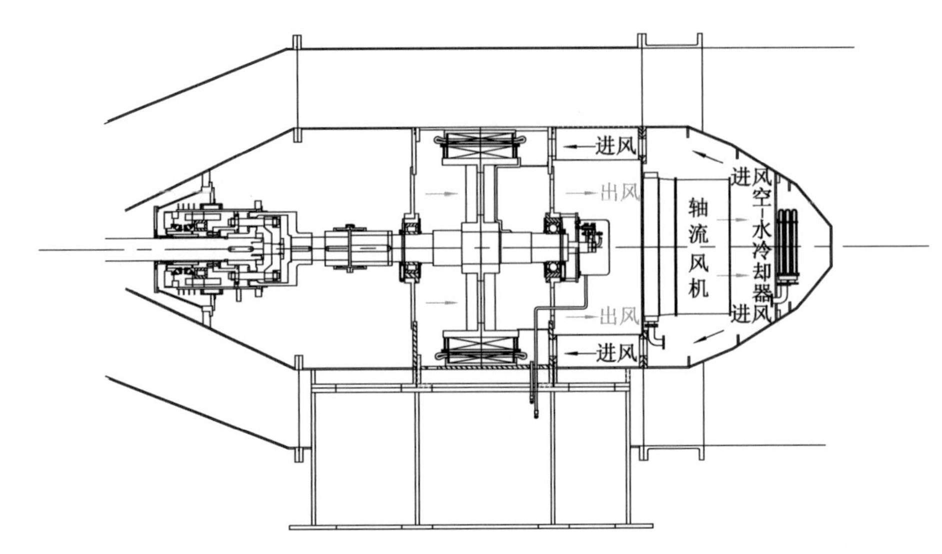

图 9-66　灯泡体内电动机空-水冷却方式

3. 电动机定、转子发热量分析

电动机有效部位和结构部分的发热是由损耗引起的，这些损耗主要为铁损、铜损、机械损耗和附加损耗，其中机械损耗包括轴承损耗和通风损耗。

某同步电动机，额定功率 5 000 kW，额定电流 561 A，转速 93.8 r/min，根据《三相同步电机试验方法》(GB/T 1029—2005)中 B 级绝缘计算电动机定、转子发热量(即电动机的总损耗)。

(1) 定子绕组铜损

$$\Delta P_{cu1}=3I_N^2 r_{1(95\ ℃)} \tag{9-1}$$

式中，I_N 为定子额定电流；$r_{1(95\ ℃)}$ 为定子每相电阻(95 ℃)。

因此，$\Delta P_{cu1}=3\times561^2\times0.092\ 04=86\ 900$ W。

(2) 定子铁损

定子齿部损耗：

$$\Delta P_z=1.7G_zP'_{0z} \tag{9-2}$$

式中，G_z 为定子齿部重；P'_{0z} 为定子齿部硅钢片单位损耗。

因此，$\Delta P_z=1.7\times2\ 453\times3.8=15\ 846$ W。

定子轭部损耗：

$$\Delta P_j=1.3G_jP'_{0j} \tag{9-3}$$

式中，G_j 为定子轭部重；P'_{0j} 为定子轭部硅钢片单位损耗。

因此，$\Delta P_j=1.3\times3\ 300\times2.55=10\ 940$ W。

转子极面损耗：

$$\Delta P_0=K_0\left(\frac{Zn_N}{10^4}\right)^{1.5}\left(\frac{B_0t_1}{10^4}\right)^2S_p \tag{9-4}$$

式中，$K_0=6$(1.5 mm 叠片磁极)；Z 为定子槽数；n_N 为额定转速；B_0 为转子极面脉振磁密；t_1 为定子齿距；S_p 为转子极面面积。

因此 $\Delta P_0=6\times\left(\frac{432\times93.8}{10^4}\right)^{1.5}\times\left(\frac{15\ 43\times32.94}{10^4}\right)^2\times6.885=8\ 704\ \mathrm{W}$。

定子总铁损 $\Delta P_{\mathrm{Fe}}=\Delta P_{\mathrm{z}}+\Delta P_{\mathrm{j}}+\Delta P_0=35\ 490\ \mathrm{W}$。

(3) 转子铜损

$$\Delta P_{f\mathrm{N}}=I_{f\mathrm{N}}^2R_{f(95\ ℃)}+2I_{f\mathrm{N}} \tag{9-5}$$

式中，$\Delta P_{f\mathrm{N}}$ 为转子铜损；$I_{f\mathrm{N}}$ 为额定励磁电流；$R_{f(95\ ℃)}$ 为励磁绕组电阻(95 ℃)。

因此，$\Delta P_{f\mathrm{N}}=284.5^2\times0.740\ 3+2\times284.5=60\ 489\ \mathrm{W}$。

(4) 机械损耗

$$\Delta P_{\mathrm{Me}}=0.4\left(\frac{D_i}{1\ 000}\right)^3\left(\frac{n_{\mathrm{N}}}{100}\right)^2\sqrt{\frac{l_t}{1\ 000}}\times10^3 \tag{9-6}$$

式中，D_i 为定子内径；n_{N} 为额定转速；l_t 为铁芯长度。

因此，$\Delta P_{\mathrm{Me}}=0.4\times\left(\frac{4\ 530}{1\ 000}\right)^3\times\left(\frac{93.8}{100}\right)^2\times\sqrt{\frac{640}{1\ 000}}\times1\ 000=26\ 173\ \mathrm{W}$。

(5) 附加损耗

$$\Delta P_{\mathrm{d}}=720P_s\frac{1+x_d}{\tau} \tag{9-7}$$

式中，P_s 为视在功率；x_d 为直轴同步电抗；τ 为极距。

因此，$\Delta P_{\mathrm{d}}=720\times5\ 830\times\frac{1+1.020\ 8}{222.37}=38\ 146\ \mathrm{W}$。

(6) 总损耗

$$\sum\Delta P=\Delta P_{\mathrm{cu1}}+\Delta P_{\mathrm{Fe}}+\Delta P_{f\mathrm{N}}+\Delta P_{\mathrm{Me}}+\Delta P_{\mathrm{d}}=247\ 198\ \mathrm{W}。$$

经计算分析，电动机总损耗即发热功率为 247.2 kW，约为电动机额定功率的 5%。

4. 空-水冷却器的冷却用水量计算分析

空-水冷却器的换热功率即为电动机定、转子的发热量，冷却器的冷却用水量按电动机的总损耗计算，电动机机座四周装设若干个空-水冷却器，计算每个空水冷却器的冷却用水量：

$$Q=\frac{3\ 600\sum\Delta P}{\rho C\Delta t} \tag{9-8}$$

式中，Q 为空-水冷却器总的冷却用水量；$\sum\Delta P$ 为电动机总损耗；ρ 为水的密度，1 kg/L；C 为水的比热容，$4.186\times10^3\ \mathrm{J/(kg\cdot K)}$；$\Delta t$ 为冷却水温升，$\Delta t=3\sim5\ ℃$，取决于散热条件。

取冷却水温升为 3 ℃，则冷却水量 $Q=71\ \mathrm{m^3/h}$。

空-水冷却器总的冷却用水量取 72 $\mathrm{m^3/h}$，共配置 6 个空-水冷却器，每个空-水冷却器用水量为 12 $\mathrm{m^3/h}$，其换热功率为 42 kW，总换热功率为 252 kW。冷却器计算结果见表 9-21。

表 9-21　冷却器计算结果

计算参数	计算结果		
内容	管程	壳程	
介质	水	空气	
流量/(m^3/min)	0.2	150	
入口温度/℃	33	55.02	
出口温度/℃	36	40	
流动阻力/kPa	9.51	0.186	
流速/(m/s)	0.995	1.71	
污垢热阻/(m^2·℃/W)	0.000 172	0	
基管规格/mm	ϕ 14.4×0.9 L=705		
基管材质	T2		
总传热系数/W/(m^2·℃)	56.3		
计算参数	计算结果		
管子排数	4	翅片间距/mm	1.71
每排管子数	27	对数平均温差/℃	12.01
管子总数	108	实际换热量/kW	42
管程流程数	4	翅片总外表面积/m^2	84.34
管间距/mm	34	换热富裕度/%	14.51
翅片外径/mm	25		

9.3.2　电动机冷却供水方式

卧式电动机冷却通常采用空-水冷却方式，对于轴伸式贯流泵机组，需要冷却的还有推力轴承箱、减速齿轮箱以及油压装置等。

1. 卧式电动机冷却方式

轴伸式贯流泵配套的卧式电动机采用的空-水冷却方式，是在电动机顶部安装空-水冷却器，外接冷却水进行循环冷却。以某泵站 1 250 kW 卧式同步电动机为例，计算定、转子冷却用水量。

根据电动机制造厂提供的出厂试验值，该电动机效率为 96.03%，其发热功率为

$$\Delta P=\left(\frac{1-\eta}{\eta}\right)P_{\mathrm{N}} \tag{9-9}$$

式中，ΔP 为电动机发热功率；P_{N} 为电动机额定功率；η 为电动机效率。

因此，额定功率为 1 250 kW 的电动机的发热功率 ΔP=51.7 kW，冷却器的换热功率即为电动机的发热功率 51.7 kW。根据式(9-8)，计算出电动机定子、转子冷却用水量为

14.8 m³/h。水泵轴向推力为35 t，经计算推力轴承损耗功率为3.88 kW，其冷却用水量为1.11 m³/h；减速齿轮箱冷却用水量很小，采用厂家建议值0.48 m³/h。因此，机组总冷却用水量 $Q=14.8+1.11+0.48=16.39$ m³/h。

2. 卧式电动机冷却供水方式

采用空-水冷却的卧式电动机主要适用于轴伸式贯流泵或竖井式贯流泵机组。由于电动机定、转子冷却采用空-水冷却方式，因此电动机空-水冷却器所需用水量相对较大。近几年新建的类似泵站工程电动机冷却供水多采用循环供水方式，只是冷却器的型式有所不同，现分别介绍采用冷水机组和板式热交换器作为冷却器的冷却供水方式的设计实例。

泵站A设计流量150 m³/s，安装有5台竖井式贯流泵机组，水泵叶轮直径3 250 mm，单机流量30 m³/s，配套电动机功率1 250 kW，电动机与水泵之间采用传动比为7.1的两级传动减速齿轮箱连接。电动机采用密闭循环通风方式，每台电动机装有空-水冷却器，所需用水量为16.39 m³/h。技术供水系统采用循环供水方式，冷却器选用冷水机组。循环供水装置主要由稳流罐、立式多级离心泵、控制柜以及管路和测量附件等组成。其中离心泵流量50 m³/h，扬程40 m，配套电动机功率11 kW(共3台，2台工作，1台备用)，泵站A技术供水系统如图9-67所示，循环供水装置如图9-68所示，冷水机组装置如图9-69所示。

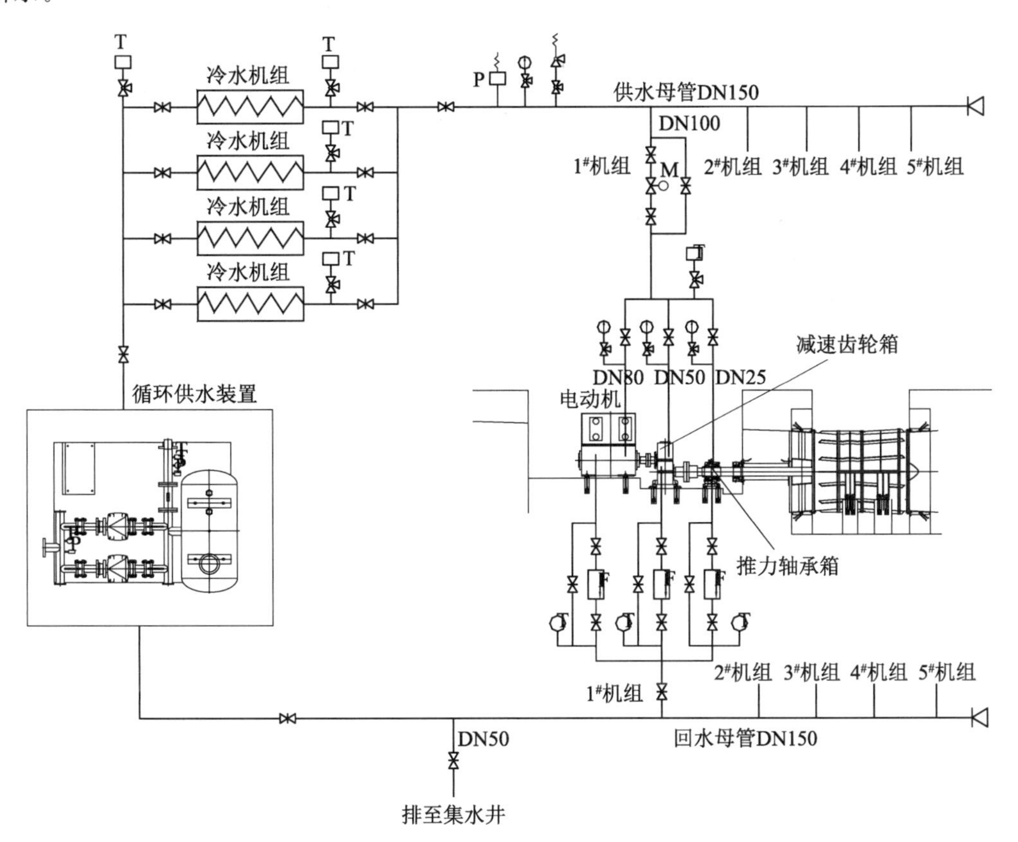

图9-67 泵站A技术供水系统图

图 9-68　泵站 A 循环供水装置

图 9-69　泵站 A 冷水机组装置

泵站 B 设计流量 100 m^3/s，装设 4 台套中置式全调节竖井式贯流泵机组，水泵叶轮直径 3 300 mm、单机流量 33.4 m^3/s，配套电动机功率 1 950 kW，电动机和水泵之间采用减速齿轮箱连接，传动比为 7.1。

泵站 B 技术供水系统采用密闭循环水冷却方式，泵房内设循环水池，由技术供水泵从循环水池取水加压，通过板式热交换器带走热量，然后经泵组用水设备后再流回循环水池。热交换器的冷却水由冷却供水泵取自泵站河道，冷却供水泵流量 120 m^3/h，扬程 30 m，配套电动机功率 18.5 kW。技术供水泵流量 85 m^3/h，扬程 46 m，配套电动机功率 18.5 kW。泵站 B 技术供水系统如图 9-70 所示。

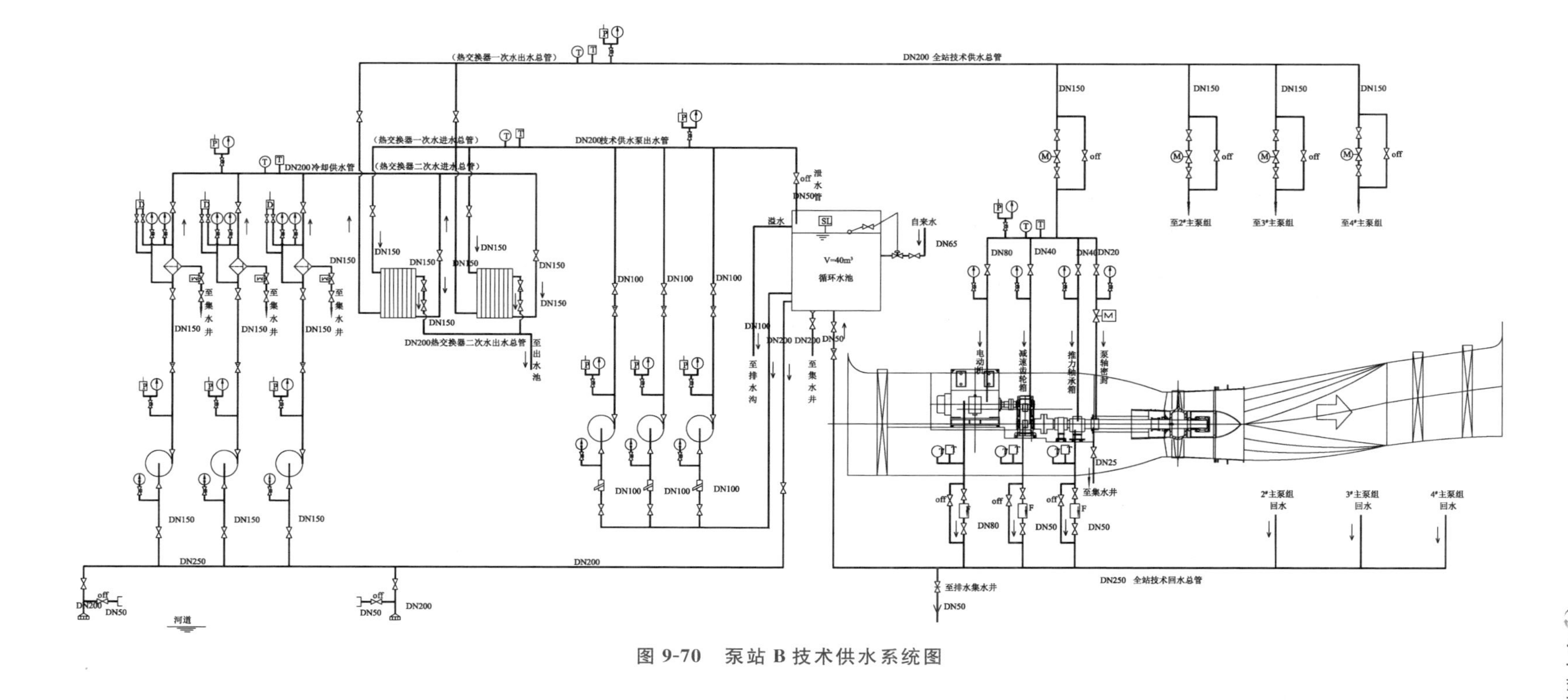

图 9-70 泵站 B 技术供水系统图

泵站 B 技术供水系统采用 2 台循环热交换器(1 台工作、1 台备用),型号为 JQ6M－24L 板式热交换器,其一次水量为 56.4～85 m^3/h,二次水量为 100～120 m^3/h。循环热交换器如图 9-71 所示。

图 9-71　泵站 B 循环热交换器

9.3.3　泵站循环供水装置研发

1. 循环供水装置的提出

循环供水装置是在江苏省金湖泵站应用的循环供水装置基础上,通过研究和开发,研制的一种新型的用于泵站冷却循环供水系统的设备。该循环供水装置的主要功能是向机组用水设备提供连续不断的冷却水并对其进行监控和保护,以保证电动机内部空气温度不高于限定值,冷却系统所需冷却水的流量、压力、温度等均由本装置来保证。循环供水装置主要由水箱、立式离心水泵、滤水器、防冻电加热器、控制柜、阀门、管路和测量附件组成,由通用公共底座连成一个整体模块。

2. 循环供水装置开发

(1) 循环供水装置工作原理

循环供水装置设有控制柜,柜内装设 PLC 和变频器。PLC 根据设定的温度、压力、流量自动调节回水电动阀开度,同时根据流量计和压力传感器的反馈信号控制变频器输出,自动调节离心泵转速,满足泵站机组用水设备进水口压力要求。PLC 根据回水管道温度传感器检测到的温度,自动比对机组用水设备的设定温度,根据要求控制供水装置工作;供水装置接收到指令后自动启停,满足泵站机组用水设备的冷却温度要求。出水压力传感器检测供水母管压力并向 PLC 反馈压力信号,变频器输出变频信号进行调速运行,满足泵站机组用水设备对进水口压力的要求。另外,系统可根据离心泵的运行时间自动切换运行,工作泵与备用泵交替运行。系统运行时会出现循环水量不足现象,在系统中设置稳流罐补充水量可保证供水。稳流罐安装液位传感器,当传感器检测到水位低于设置值时,PLC 指令补水电动阀工作以补充水源,当水值量补充到位后自动关闭补水电动阀。当 PLC 检测到系统有故障时发出报警信号,操作人员根据显示屏提示进行故障排除,提高了泵站运行的可靠性。循环供水装置工作原理如图 9-72 所示。

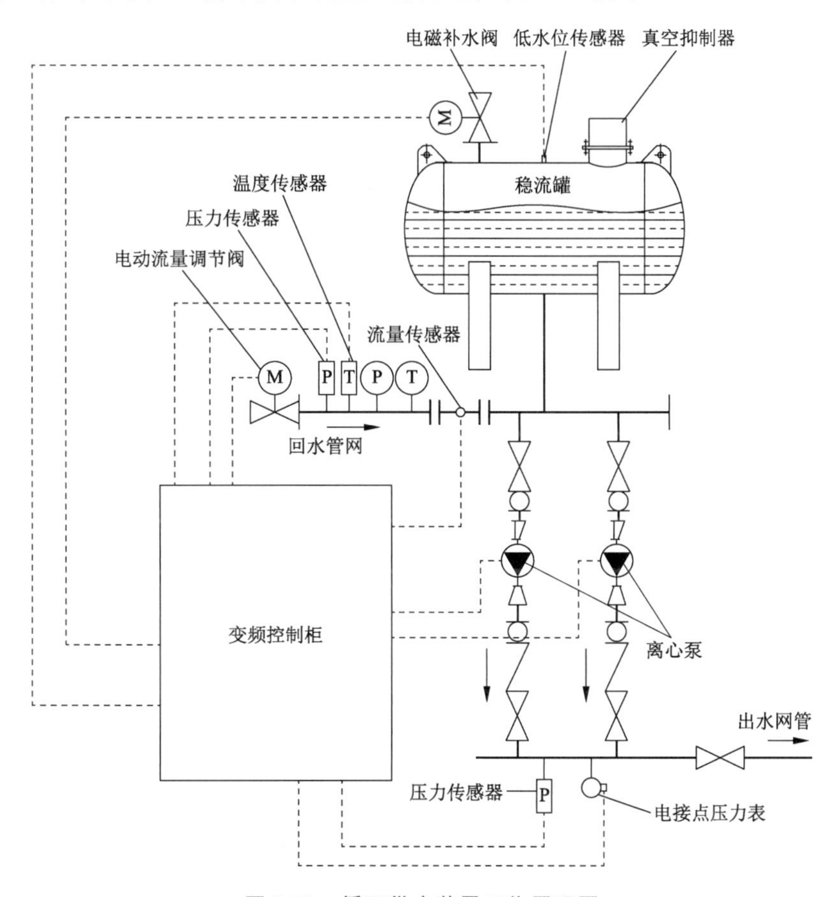

图 9-72　循环供水装置工作原理图

(2) 循环供水装置的特点

循环冷却水的流量与压力由智能控制器同时控制,流量与压力可同时满足使用要求,且安全可靠。

① 高效节能,运行成本低:可充分利用回水管网压力,出口管网压力差多少就补多少,比传统供水设备节能。

② 智能化、集成化程度高:该装置由智能控制器控制,根据用水量和水压进行调节,实行无人值守,采用人机界面显示,可直观地看到设备运行状况。

③ 安全卫生:装置全封闭运行,彻底消除水源污染。

④ 占地少、安装方便:整套装置通过一个公共底座连成整体模块,安装简单方便。

⑤ 保护功能齐全:装置具有过载、短路、过压、欠压、缺相、过流、短路、缺水等保护功能,在异常情况下可进行报警、自检、故障判断等。

⑥ 延长设备的使用寿命:对多台离心泵能可靠地实现变频启动和运行,轮流运转,可延长设备的使用寿命。

3. 循环供水装置设备组成

循环供水装置主要由稳流罐、立式多级离心泵(2 台,1 台工作 1 台备用)、控制柜、管路和测量附件组成,如图 9-68 和图 9-72 所示。

(1) 稳流罐

稳流罐采用不锈钢 304 材质制作,内置真空抑制器和低水位传感器、外接补水阀。稳流罐在系统循环水量增大时起到调节和补偿水量的作用;系统正常运行时为全封闭装置,回水管网内的水压可以叠加到水泵的进水端,达到节能效果;当低水位传感器感应到罐内水位降低时,外接补水阀打开,进行补水。真空抑制器在罐内水位降低,没有水补偿时与大气接通,防止管内出现负压。

(2) 立式多级离心泵

水泵与水接触的部分采用不锈钢 304 材质制作,泵轴采用不锈钢 316 材质;电动机采用独立风机冷却,包证水泵变频运行时风扇的冷却效果不变,并设有电气保护装置;系统设置 2 台水泵,互为备用,为冷却系统提供所需要的冷却水。每台泵的出口装有止回阀,系统正常运行时,对应的止回阀打开,另 1 台水泵的止回阀为关闭状态,防止水回流到备用泵里。立式多级离心泵配备变频器,能够根据管路压力调节水泵流量,为循环冷却装置提供稳定压力的冷却水。

(3) 控制柜

循环供水装置中冷却水的温度、压力、流量传感器的信号将传至控制柜。控制柜设有现场操作按钮及本地/远程转换开关,提供信号接点送至远程控制系统。

水泵具有启动、停止和紧急停机功能,并有相应指示。水泵运行过程中根据设定要求自动变频调速,调节冷却水流量。水泵运行可选择本地或远程操作,也可自动或手动操作。变频器采用 PLC 编程控制,控制精度高且可靠;具有自动加减工作泵台数功能,保证用水稳定;具有自动定时切换泵功能,防止出现单泵运行而其余水泵长期不工作的现象;具有小流量休眠、大流量自动唤醒、无水自动停机功能;具有故障时自动切换功能,当工作泵故障时自动将备用泵投入运行。

(4) 管路和测量附件

冷却水循环装置中装有压力、温度、流量传感器,电动流量调节阀等测量、调节装置,用来监控冷却水水温、流量及压力变化。

9.3.4 冷却器的选择和应用

1. 冷却器的类型与特点

目前用于泵站技术供水系统的冷却器型式主要有盘管热交换器、板式热交换器和冷水机组,它们根据自身的冷却特点、安装条件,应用在不同泵站的循环冷却供水系统中。

(1) 盘管热交换器

① 盘管热交换器的特点

盘管热交换器是指将金属管道弯曲形成盘状,置于自然水体中的热交换装置。根据管外水体流动与否,盘管热交换器分为静水热交换器和动水热交换器。静水热交换器一般安装于泵站排水廊道或空箱岸墙内,要求有较大的水体容量,做成具有较多弯头的蛇状盘管。由于周边水体处于静止状态，静水冷却器对管道的安装固定要求较低。动水热交换器可安装于出水流道中或进、出水池内，由于周边水体处于流动状态，动水热交换器对安装固定要求很高，通常做成较长的通道形式，利用站墩等大体积混凝土进行固定。典型盘管热交换器的结构及布置如图 9-73 所示。

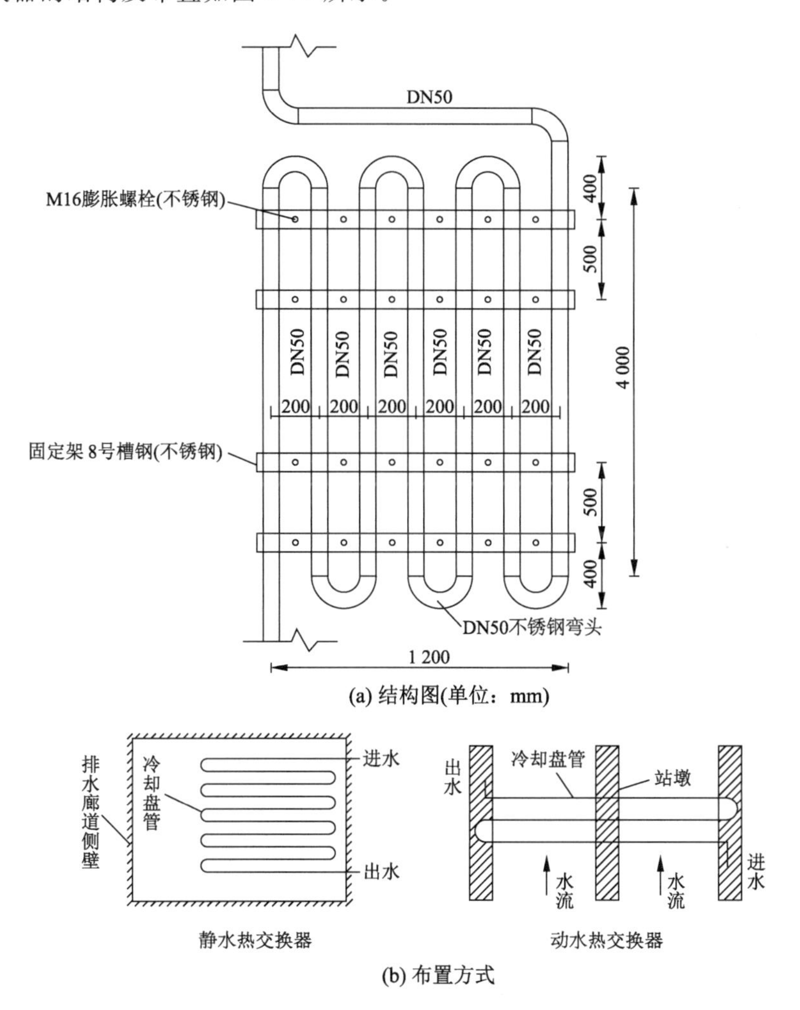

(a) 结构图(单位：mm)

(b) 布置方式

图 9-73　盘管热交换器结构及布置图

置于水中的盘管热交换器，通过热交换实现管内水体冷却。盘管热交换器属于间壁式热交换器，冷却盘管置于开放式水池中，无需冷流体，依靠自然水体冷却，具有节能环保，运行费用低的特点。

② 盘管热交换器的应用

早期的循环供水系统热交换器主要使用盘管热交换器，由于盘管热交换器需要置于自然水体中，因此盘管热交换器的安装位置很重要。江苏大套三站技术循环供水系统使用的盘管热交换器安放于泵站的排水廊道内，由于排水廊道内的水体有限，时间久了水体自身的散热问题也需要解决，因此机组循环冷却水用量比较小的泵站可采用这种形式。循环冷却水用量大的泵站需要的自然水体的容量也大，可将冷却盘管置于出水流道内，利用

流动的水体进行系统的热交换，如江苏淮安四站，但这种方式增加了出水流道的水力损失，对出水流道流态亦有影响，而且流动水体不利于冷却盘管的固定，维护也不方便，这种布置形式在后续泵站建设中很少采用。还有一种形式是将冷却盘管布置在翼墙边的进、出水池里，如江苏张家港枢纽泵站，其冷却盘管置于开放式水池中，依靠自然水体冷却，因此具有节能、环保的特点。但是如果冷却水用量大，则冷却盘管的布置不方便，并且一旦管路泄漏不容易发现问题，检修、维护也不方便。

在江苏金湖泵站循环冷却供水系统中，由于机组除了电动机定、转子需要冷却外，还有水泵推力轴承箱和油压装置等需要冷却，所需冷却水用量较大，因此其供水系统采用了冷却管式热交换器。这是一种集成式盘管热交换器，热交换器为无壳 U 形管式结构，采用了特殊的强化传热元件，这种热交换器冷却水用量较大，冷却效果明显。但热交换器放置在进水池内，进、出水管与热交换器连接管之间一旦出现泄漏，则检修、维护工作量大。

(2) 板式热交换器

① 板式热交换器的特点

板式热交换器是由一系列具有一定波纹形状的金属片叠装而成的一种高效热交换器，其各种板片之间形成薄矩形通道，通过板片进行热量交换。板式热交换器是进行液-液、液-气热交换的设备，具有换热效率高、热损失小、结构紧凑轻巧、占地面积小、安装清洗方便、应用广泛、使用寿命长等特点。典型的板式热交换器工作原理与结构如图 9-74 所示。

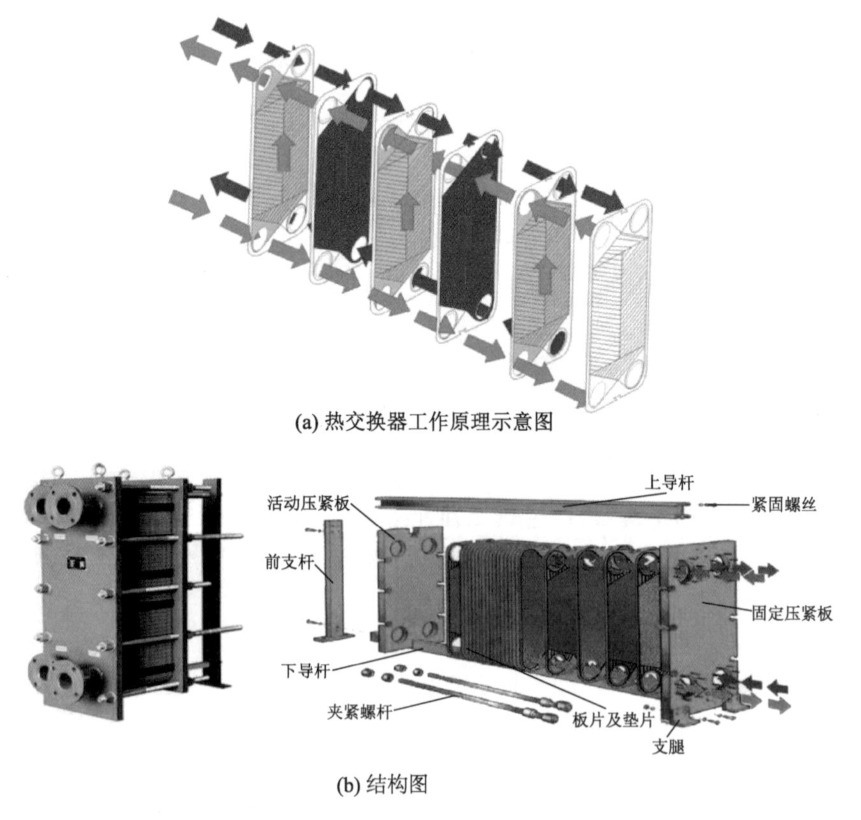

(a) 热交换器工作原理示意图

(b) 结构图

图 9-74 典型的板式热交换器工作原理与结构图

② 板式热交换器的应用

泵站技术供水系统采用板式热交换器，虽然解决了泵站冷却水的供水问题，但是板式热交换器自身需要通过水泵取用河水来冷却散热。这种型式避免不了河水直供带来的种种不利因素，因此近期泵站技术供水系统较少采用。

(3) 冷水机组

① 冷水机组的特点

泵站循环供水系统采用的冷水机组一般为风冷式冷水机组，其制冷系统的基本原理是液体制冷剂在蒸发器中吸收被冷却的物体热量之后，汽化成低温低压的蒸汽，被压缩机吸入压缩成高压高温的蒸汽后排入冷凝器，在冷凝器中向冷却介质(水或空气)放热，冷凝为高压液体，经节流阀节流为低压低温的制冷剂，再次进入蒸发器吸热汽化，达到循环制冷的目的。制冷剂在系统中经过蒸发、压缩、冷凝、节流 4 个基本过程完成一个制冷循环。

风冷式冷水机组主要由封闭式涡旋压缩机、冷凝器、蒸发器、风机、膨胀阀及控制系统组成。典型的冷水机组工作原理与结构如图 9-75 所示。

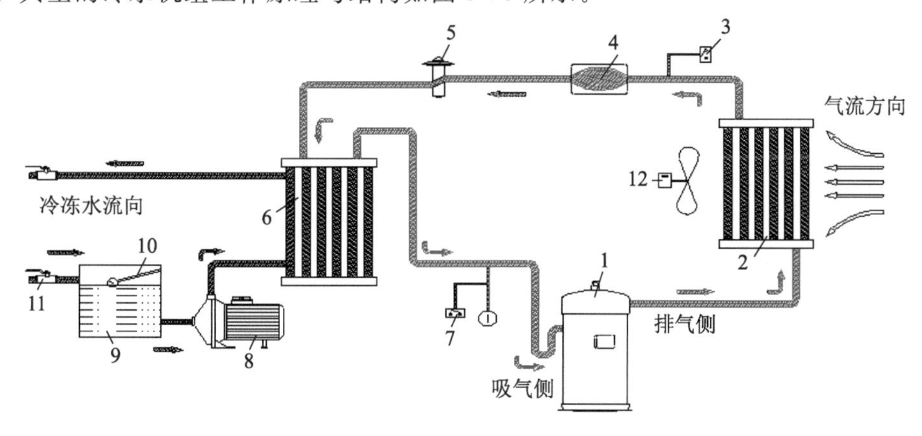

(a) 风冷式水冷机组工作原理图

(b) 结构图

1—压缩机；2—冷凝器；3—高压控制器；4—干燥过滤器；5—膨胀阀；6—蒸发器；7—低压控制器；8—水泵；9—水箱；10—浮球开关；11—球形阀；12—风机。

图 9-75 典型的冷水机组工作原理与结构图

② 冷水机组的应用

采用冷水机组作为泵站循环供水的热交换器，是空调制冷技术在水利工程上的应用，它的最大特点是进、出水温度可控制，运行、管理、维护方便，通过温度传感器的控制，可在不同的使用条件下控制冷水机组投入的数量，并且在系统设计时考虑备用机组，虽然一次性投入较大，但是系统的可靠性得到提高，不会因为冷却效果不佳而导致机组停机。

由于冷水机组自身存在散热要求，因此冷水机组通常放置在泵房外，敞开式布置。单台冷水机组的制冷量有限，如果机组所需的冷却水用量大，则配置的冷水机组台数会增多，安放区域的面积扩大，运行费用增加，因此机组冷却水用量过大的泵站不宜采用。

2. 不同类型热交换器性能综合比较

(1) 系统能耗

不同热交换器的能耗可分为热流循环系统能耗和冷流（或冷媒）系统能耗两部分，分析时将两部分分开计算。3 种热交换器技术供水系统能耗计算简图如图 9-76 所示。

由计算简图可以看出，若 3 种热交换器的管路系统和供水对象相同，则热流循环系统能耗的主要区别仅是与冷流介质换热设备的能耗差异。但对冷流（或冷媒）系统能耗而言，不同技术下供水系统存在明显差异。

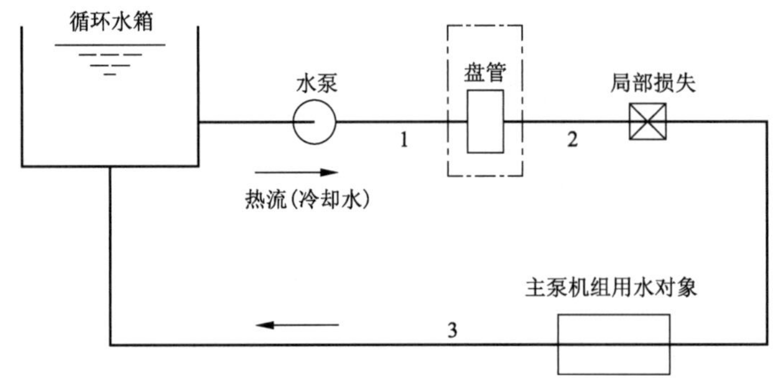

(a) 盘管热交换器技术供水系统

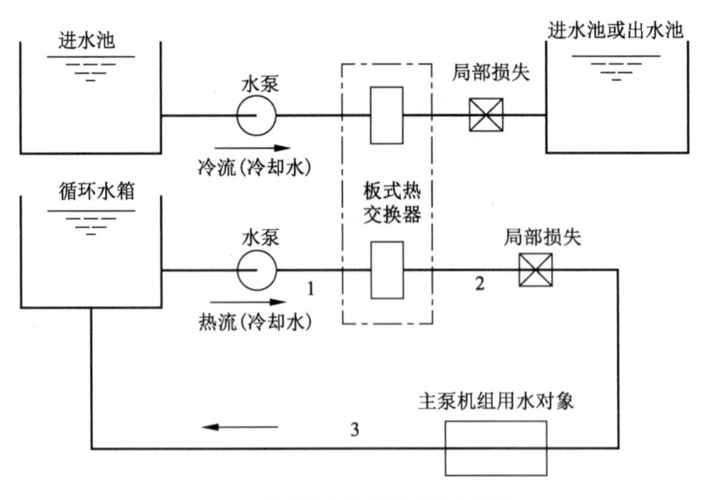

(b) 板式热交换器技术供水系统

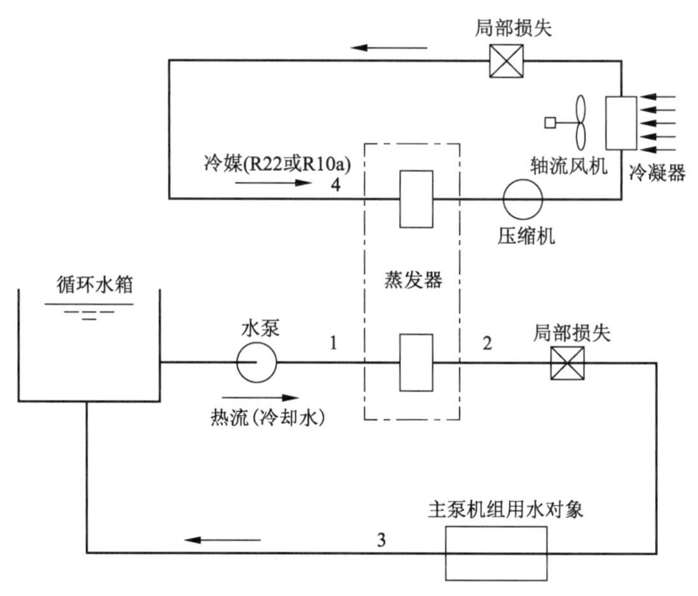

(c) 风冷式冷水机组技术供水系统

图 9-76　3 种热交换器技术供水系统能耗计算简图

① 板式热交换器技术供水系统能耗

热流循环系统能耗表现为循环水泵配套电动机的输入功率：

$$P_{h}=\frac{gQ_{h}H_{h}}{3.6\eta_{hp}\eta_{hi}\eta_{hm}} \tag{9-10}$$

式中，P_{h} 为热流能耗；Q_{h} 为循环供水泵流量；H_{h} 为循环供水泵扬程；g 为重力加速度；η_{hp}，η_{hi}，η_{hm} 分别为供水泵效率、传动效率和配套电动机效率。

在热流闭式系统中，水泵扬程是循环管路系统的水力损失：

$$\Delta H_{h}=\Delta h_{hf}+\Delta h_{hj1}+\Delta h_{hj2}+\Delta h_{hj3} \tag{9-11}$$

$$\Delta h_{hf}=\sum\lambda\ \frac{l}{d}\frac{v^{2}}{2g},\Delta h_{hj1}=\sum\xi\ \frac{v^{2}}{2g} \tag{9-12}$$

式中，Δh_{hf} 为热流循环管路的沿程水力损失；Δh_{hj1} 为热流循环管路中的阀、弯头、变径管等局部水力损失；Δh_{hj2} 为热流流过板式热交换器的水力损失；Δh_{hj3} 为冷却水流过主泵机组供水对象的水力损失，如电动机空-水冷却器、减速齿轮箱内的油冷却器、推力轴承冷却水箱等。

冷流系统能耗可用冷流供水泵配套电动机的输入功率表示：

$$P_{c}=\frac{gQ_{c}H_{c}}{3.6\eta_{cp}\eta_{ci}\eta_{cm}} \tag{9-13}$$

式中，P_{c} 为冷流能耗；Q_{c} 为冷流供水泵流量；H_{c} 为冷流供水泵扬程；η_{cp}，η_{ci}，η_{cm} 分别为供水泵效率、传动效率和配套电动机效率。

在冷流系统中，供水泵扬程为

$$H_{c}=H_{st}+\Delta h_{cf}+\Delta h_{cj1}+\Delta h_{cj2} \tag{9-14}$$

$$\Delta h_{cf}=\sum\lambda\ \frac{l}{d}\frac{v^{2}}{2g},\Delta h_{cj1}=\sum\zeta_{1}\ \frac{v^{2}}{2g} \tag{9-15}$$

式中，H_{st} 为水泵装置扬程；Δh_{cf} 为冷流管路的沿程水力损失；Δh_{cj1} 为冷流系统管路中的阀、弯头、变径管等局部水力损失；Δh_{cj2} 为流过板式热交换器的水力损失。

板式热交换器压降可用准则关联式或含摩擦系数的计算式计算。准则关联式为最常用形式，它是将因流体流过板式热交换器的流动阻力而造成的压降整理成欧拉数与雷诺数的关系，即流阻准则方程：

$$\begin{cases} Eu_{h}=C_{h}mRe_{h}^{a} \\ Eu_{c}=C_{c}mRe_{c}^{b} \end{cases} \tag{9-16}$$

式中，Eu 为欧拉数；m 为流程数；Re 为雷诺数；C 为系数，随不同型号的板式热交换器而定；上标 a，b 分别为指数，随不同型号的板式热交换器而定，其值为负值；下标 c，h 分别表示冷流和热流。

根据式(9-16)，热流、冷流流过板式热交换器的水力损失分别为

$$\Delta h_{hj2}=(2C_{h}mRe_{h}^{a})\frac{u_{h}^{2}}{2g} \tag{9-17}$$

$$\Delta h_{cj2}=(2C_{c}mRe_{c}^{b})\frac{u_{c}^{2}}{2g} \tag{9-18}$$

式中，u 为热交换器板内流速。

含摩擦系数的计算式，即分别计算管道压力降和角孔压力降，总压力降则为两者之和：

$$\Delta p=\Delta p'+\Delta p'' \tag{9-19}$$

式中，$\Delta p'$为管道压力降；$\Delta p''$为角孔压力降。

$$\Delta p'=2f_{1}\frac{L}{d_{e}}\rho u^{2}m\left(\frac{\mu}{\mu_{w}}\right)^{-0.14} \tag{9-20}$$

式中，f_1 为摩擦系数，如图 9-77 所示；L 为管道长度，该值为平面长度乘以波纹展开系数。

$$\Delta p''=mf_{2}\left(\frac{\rho u^{2}}{2}\right)\left(1+\frac{n}{100}\right) \tag{9-21}$$

式中，f_2 为压力损失系数，如图 9-78 所示；n 为 1 个流程中的通道数。

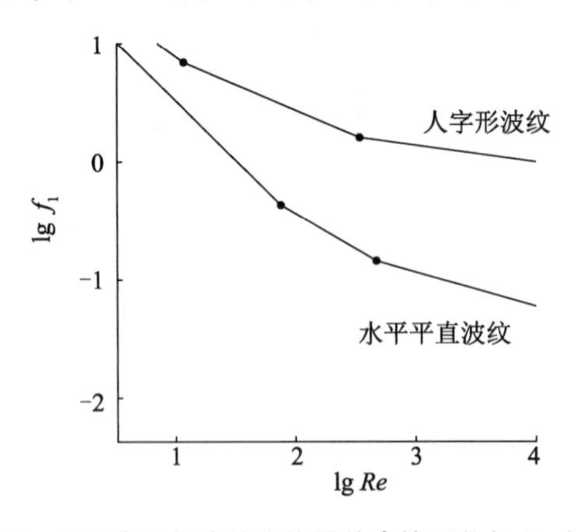

图 9-77　不同类型板式热交换器的摩擦系数与 Re 的关系

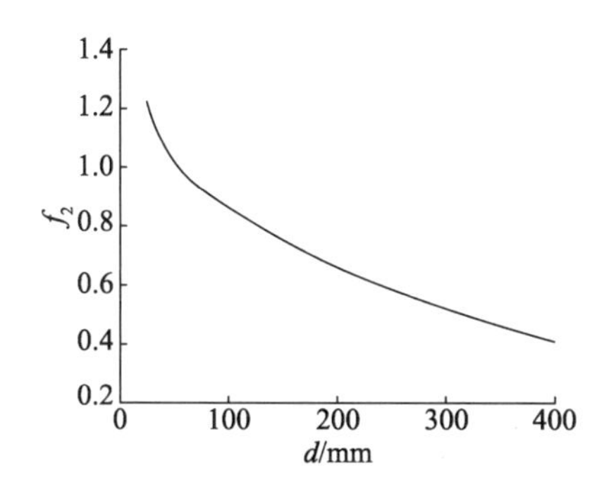

注：d 为角孔直径，角孔流速为 6 m/s。

图 9-78　角孔流道压力损失系数与角孔直径的关系

② 风冷式冷水机组技术供水系统能耗

该技术供水模式的能耗由两部分组成：一是风冷式冷水机组通过蒸发器吸热、压缩机压缩、冷凝器放热实现热能转换的能耗，即冷媒系统能耗；二是冷却供水泵循环冷却系统的能耗，即热流系统能耗。

冷媒系统能耗即为主机的输入功率（包括压缩机和风机），可表达为

$$N_z = P_N \mathrm{COP_c} \tag{9-22}$$

式中，N_z 为主机的输入功率；P_N 为额定制冷量；$\mathrm{COP_c}$ 为额定制冷量时的能效比，$\mathrm{COP_c}$ 随主机品牌不同而定，同一品牌同一冷却方式，主机制冷量变化时，$\mathrm{COP_c}$ 略有变化，常用品牌的能效比见表 9-22。

表 9-22　常用品牌风冷式冷水机组的 $\mathrm{COP_c}$

品牌	$\mathrm{COP_c}$	品牌	$\mathrm{COP_c}$
特灵	3.28	格力	3.02
约克	3.29	美的	3.00
日立	2.99	高林	2.72
东元	3.26	平均	3.08

风冷式冷水机组的制冷量应与技术供水对象的产热平衡，即

$$P_N = \frac{\rho c \Delta t Q_r}{1\ 000} = \sum P_{mi} \tag{9-23}$$

式中，ρ 为热流的密度；c 为热流的比热容；Δt 为热流进出冷水机组的温度差；Q_r 为供水量；P_{mi} 为主泵机组供水对象的最大产热量。

考虑轴伸式机组泵站的变工况运行及季节性环境温度变化的影响，冷媒系统能耗是变化的。为了综合表示冷水机组的能耗，可用主机的平均输入功率表示：

$$\overline{P}_N = \frac{P_N}{\sum_i^m [(\alpha_i \beta_i)\mathrm{COP}_i]} \tag{9-24}$$

式中，$\overline{P}_N$ 为平均输入功率；α_i 为机组负荷率的倒数，$\alpha_i = \dfrac{P_N}{P_i}$，$P_i$ 为第 i 工况的实际功率；

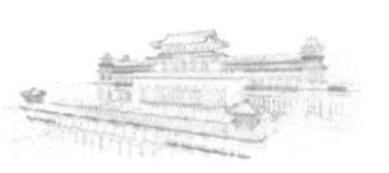

β_i 为与运行时间有关的系数，$\beta_i=\frac{T}{t_i}$；其中 T 为冷水机组总运行时间，t_i 为第 i 工况运行时间；COP_i 为第 i 工况的能效比，与冷水机组的部分负荷性能有关。图 9-79 为某品牌机型冷水机组的部分负荷性能曲线。

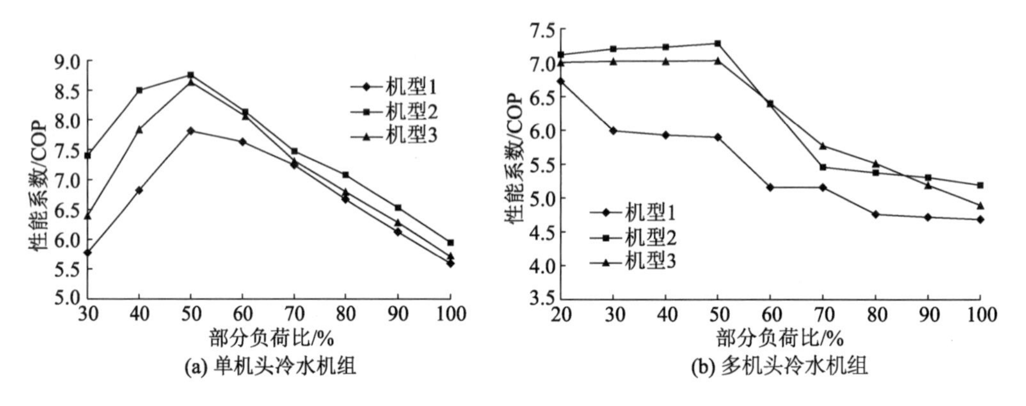

图 9-79　冷水机组的部分负荷特性曲线

热流循环系统能耗为循环水泵配套电动机的输入功率，其计算公式与板式热交换器技术供水系统相同，只是式(9-11)中的 Δh_{hj2} 为热流流过蒸发器的水力损失。蒸发器若为板式，则其水力损失计算与前述板式热交换器相同；若为管壳式，则其水力损失为

$$\Delta h_{hj2}=\frac{\Delta p_1+\Delta p_2+\Delta p_3}{\rho g} \tag{9-25}$$

式中，Δp_1，Δp_2，Δp_3 分别为沿程阻力、回弯阻力和进出口连接管阻力；ρ 为管内流体在平均温度下的密度。

沿程阻力可用下式计算：

$$\Delta p_1=4f\ \frac{l}{d}\frac{\rho u^2}{2}\varphi \tag{9-26}$$

式中，f 为曼宁(Manning)摩擦系数，与相对粗糙度和雷诺数有关；l 为管道总长；d 为管道内径；u 为管内流体流速；φ 为管内流体黏度校正因子：当 $Re>2\ 100$ 时，$\varphi=(\mu/\mu_w)^{-0.14}$；当 $Re<2\ 100$ 时，$\varphi=(\mu/\mu_w)^{-0.25}$。

回弯阻力和进出口连接管阻力可用下式计算：

$$\Delta p_2=4\ \frac{\rho u^2}{2}Z,\Delta p_3=1.5\rho\ \frac{\rho u^2}{2} \tag{9-27}$$

式中，Z 为管程数。

③ 盘管热交换器技术供水系统能耗

与盘管热交换器换热的水体是自然水体，因此冷流能耗可忽略。

当盘管热交换器布置在排水廊道时，应考虑因排水廊道水温增加而补充外部水源的能耗。热流循环系统能耗仍然表现为循环水泵配套电动机的输入功率，其计算公式见式(9-10)、式(9-11)和式(9-12)。

式(9-11)中的 Δh_{hj2} 为热流流过盘管的水力损失：

$$\Delta h_{hj2}=\frac{\Delta p_1+\Delta p_2}{\rho g} \tag{9-28}$$

式中，Δp_1 为沿程阻力；Δp_2 为局部阻力；ρ 为管内流体在平均温度下的密度。

3 种不同热交换器型式的技术供水系统，它们的热流系统均为供给主机组各用水对象的闭式系统，供水模式基本相同，主要分析冷流(或冷媒)系统能耗。盘管热交换器技术供水系统，由于热交换器安装在排水廊道或进、出水流道中，换热的水体是自然水体，因此系统能耗最低；板式热交换器技术供水系统，其冷流系统中用的水取自泵站进、出水池，通过供水泵将冷却水送至板式热交换器进行换热，需要考虑水泵的装置扬程，冷流管路的沿程水力损失，管路中的阀、弯头、变径管等局部水力损失，以及流过热交换器的水力损失，需配备合适功率的冷流供水泵，系统能耗居中；风冷式冷水机组技术供水系统，其冷媒系统是通过蒸发器吸热、压缩机压缩、冷凝器放热实现热能转换的，进、出水温度可控制，温差越大、制冷量越大，所需的冷水机组功率也越大，系统能耗较高。

(2) 安全可靠性

板式热交换器技术供水系统的热流系统为闭式系统，冷却水水质可以得到保证，但冷流系统中的水取自天然水源(如泵站进、出水池等)，水质难以控制，在实际运行中易出现污物堵塞取水口的现象，虽然在循环水泵后装设有滤水器，但仍有泥沙、污物、藻类等进入冷流管道系统，导致系统被腐蚀、结垢、内部菌藻滋生、异物堵塞等情况发生。板式热交换器板片之间的间隙很小，对水质要求很高，一旦形成水垢，其水力性能与传热性能将恶化。因此，在冷流水源水质得不到保证的情况下，该系统的技术供水可靠性难以得到保证。其优点是可以通过增加承载杆长度、板片数目来提高换热能力，但水流流过板式热交换器时的噪声比较大。目前泵站已较少采用板式热交换器，而改用其他技术供水模式。如江苏省无锡江尖泵站竖井式贯流泵原采用板式热交换器，现已改用空-水冷却器冷却方式。

盘管式热交换器技术供水系统中的盘管放置于自然水体中，受自然水质水流的影响较多。放置于河道或流道内的盘管外壁易被腐蚀，盘管受水流冲击、泥沙磨蚀等易受损，盘管外部水流的流量和温度不可控，导致泵机组冷却水的温度发生变化，且流动水体不利于盘管的固定，管路泄漏也不容易被发现，造成管理、维护不方便；另外，水生螺蛳等软体动物会吸附在盘管外壁，导致盘管热阻增大，换热性能变差；静止河水中放置的盘管表面易滋生菌藻，沉积淤泥或附着污物，影响换热效果。盘管冷却器放置于排水廊道内，会使廊道内水体因散热较慢而温度升高，使换热量减少，进而导致供水对象的进水温度变高，需要补充其他水源进行降温。因此，冷却水量比较小的泵站可采用这种型式。

风冷式冷水机组技术供水系统中的热流系统(冷却水系统)与板式热交换器技术供水系统相同，冷却水一般采用自来水，水质有保证。与冷却水换热的冷媒是新型环保 R410a 制冷剂，冷媒循环系统(即空调系统)是闭式的，其风机强迫冷凝器换热为开式系统，室外安装会受到风、雨、雪等环境因素影响，需定期对设备进行维护。风冷式冷水机组的最大特点是进、出水温度可控制，通过温度传感器进行调节控制，可在不同的使用条件下控制冷水机组的制冷量或机组投入数量，系统可靠性得到保证，运行管理和设备维护方便。采用该技术供水系统型式的泵站的运行实践表明，该技术供水模式的安全性、可靠性高。

(3) 安装检修与维护

① 板式热交换器

因板式热交换器冷流系统中的水取自自然水源,即热交换器自身的热量是通过水泵取用自然水源来冷却的,运行中易出现污物堵塞取水口,有泥沙、污物、藻类等进入冷流管道系统,导致系统被腐蚀、结垢、内部菌藻滋生、异物堵塞等情况发生,因此板式热交换器需经常进行清洗。清洗方法有两种:机械清洗和化学清洗。板式热交换器是由一系列具有一定波纹形状的板片组成,工艺复杂、安装精度要求高,机械清洗时需拆卸板片直接清洗,板片清洗完毕后再组装起来,安装检修工作量大。化学清洗是用清洗液(如酸、碱或一定化学成分的洗涤剂)在板片间循环流动清洗,在洗涤液分布均匀、湍流程度高时清洗效果较好,反之则清洗不到位。板式热交换器的常见故障有:

a. 外漏　主要表现为渗漏(量不大,水滴不连续)和泄漏(量较大,水滴连续)。外漏出现的主要部位为板片与板片之间的密封处、板片二道密封泄漏槽部位以及端部板片与压紧板内侧。

b. 串液　主要表现为压力较高一侧的介质串入压力较低一侧的介质中,系统会出现压力和温度异常。如果介质具有腐蚀性,会导致管路中其他设备被腐蚀。串液通常发生在导流区域或二道密封区域处。

c. 压降　压降大于介质进、出口压降允许值时会严重影响系统的流量和温度,导致出口温度不能满足要求。

② 盘管式热交换器

盘管式热交换器采用金属管道弯曲焊接成盘状,现场安装固定和管道焊接要求高;盘管置于开放式水池中,无需系统提供冷流体,依靠自然水体冷却,因此节能、环保,运行费用低。为延长热交换器的使用寿命,保证高效换热,需采取适宜的水质软化或水质稳定防垢措施,并且定期检查,清理盘管外壁的水垢。为防止安全阀工作失效,在热交换器顶部设置通大气的膨胀管,当不能安装膨胀管时设置膨胀水箱与热交换器相连。盘管式热交换器设于排水廊道时可以将廊道内水抽尽进行检查维修;设于流道底板上时可以利用上下游检修闸门挡水进行检查维修;设于翼墙边的进、出水池时可以采用临时钢围堰挡水或潜水员进行检查维修,其管理维护不方便,检修工作量大。

③ 风冷式冷水机组

采用风冷式冷水机组作为技术供水系统中的冷却器,其最大特点是进、出水温度可控制,可在不同的使用条件下控制冷水机组的制冷量或机组投入数量,系统可靠性大大提高,使运行、管理、维护更方便。由于冷水机组自身存在散热要求,因此冷水机组一般在泵房外敞开式布置。与家用空调室外机一样,冷水机组为成套装置,现场仅需设混凝土平台,整体吊装固定,安装简单,也不需要进行特殊维护,一般仅对设备和电气回路做定期检查,防止设备损坏或接线桩头发热;运行时注意监视压缩机的工作压力是否正常。图 9-80 为安装在室外的风冷式冷水机组。

图 9-80　室外风冷式冷水机组

(4) 设备投资

从热量传递方式看，盘管式热交换器属于间壁式热交换器的一种，采用金属管道弯曲焊接成盘状，冷却盘管置于开放式自然水体中，无需系统提供冷流体，依靠自然水体冷却，因此节能、环保，设备投资节省。板式热交换器由一系列具有一定波纹形状的板片，通过导杆、压紧板、密封件和夹紧螺栓等组装而成，工艺复杂、安装精度要求高，设备费用比盘管式热交换器高。冷水机组一次性投入较大，在系统设计时还需考虑备用机组，运行费用相应增加，但泵站主机组不会因为冷却效果不佳而导致停机，泵站运行的可靠性得到保证。

(5) 比较结果

通过对 3 种不同型式热交换器的技术供水模式系统能耗、安全可靠性、安装检修与维护及设备投资进行比较，发现风冷式冷水机组技术供水系统更适用于轴伸式以及其他型式机组冷却。该系统主要由 3 部分组成：循环供水装置、冷却装置和泵站可循环用水设备。循环供水装置和冷却装置根据泵站可循环用水设备的水量和水压确定，当水量和水压确定后，循环供水装置和冷却装置可直接进行选型。

9.4　工程综合应用实例

9.4.1　工程概况及布置型式

秦淮新河泵站位于江苏省南京市雨花区秦淮新河入江处，是秦淮新河水利枢纽的主

体工程之一。工程的主要作用是与武定门闸及武定门泵站一起共同解决江宁、句容、溧水三市、区和南京市郊区的灌溉、排涝，以及秦淮新河航运用水。秦淮新河泵站水位组合如表 9-23 所示，泵站设计流量 40 m^3/s。

表 9-23　秦淮新河泵站特征扬程

单位：m

工况	长江水位	秦淮河水位	水位差
灌溉期抽引长江水	3.0～4.0	6.5～7.0	2.5～4.0
冬季补水期抽引长江水	2.0(最低水位)	6.5	4.5
排涝期抽排秦淮河水	10.6(百年一遇)	7.0	3.6

秦淮新河泵站采用平面轴伸式贯流泵装置型式，安装 66QZW－100 型卧式轴流泵，配 JR－158－6 型 550 kW 高压卧式绕线异步电动机 5 台套，采用一级减速齿轮箱传动。泵站与节制闸结合布置，采用堤身式结构，工程总平面布置如图 9-81 所示。水泵叶片为单向叶片，通过叶片调节机构将叶片转 180°、机组正反向运转进行灌溉或排涝，设计扬程 3.5 m 时，设计流量 8.0 m^3/s。流道两端均布置平板直升式液压快速闸门，每扇闸门设有尺寸为 1.1 m×1.1 m 的小拍门。泵站装置纵剖面如图 9-82 所示，流道型线尺寸及机组布置如图 9-83 所示。

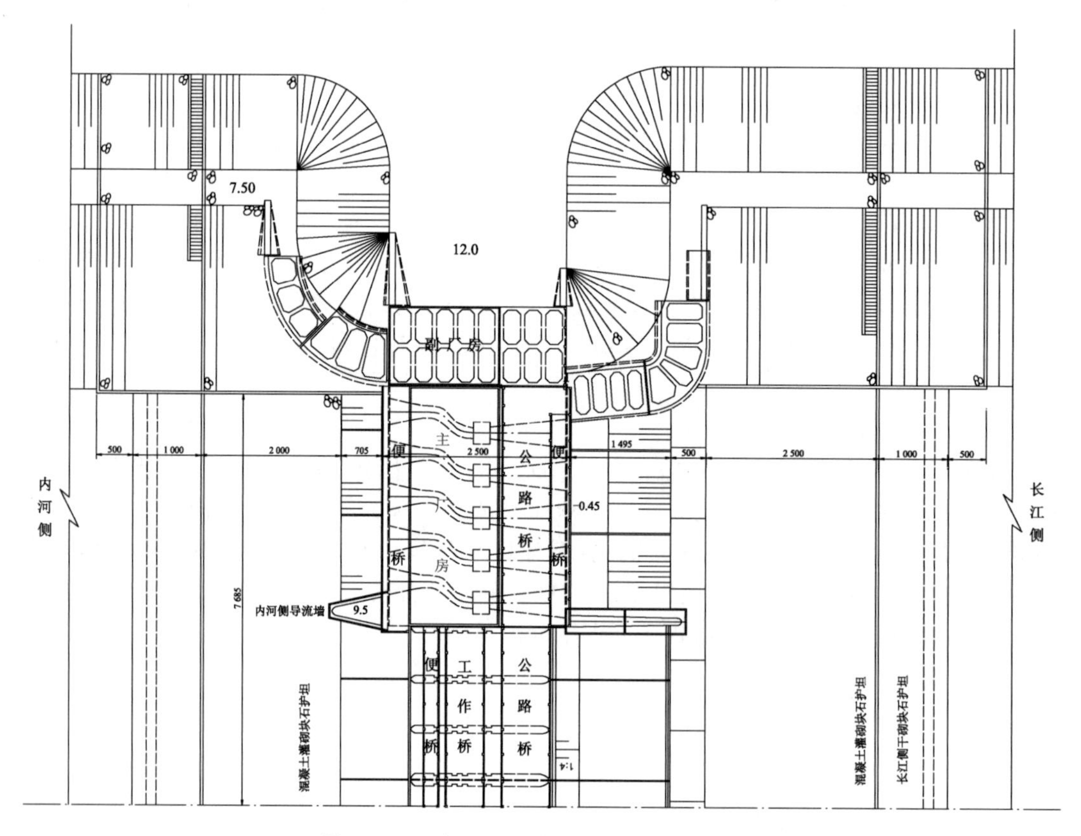

图 9-81　工程总平面布置图(长度单位:cm)

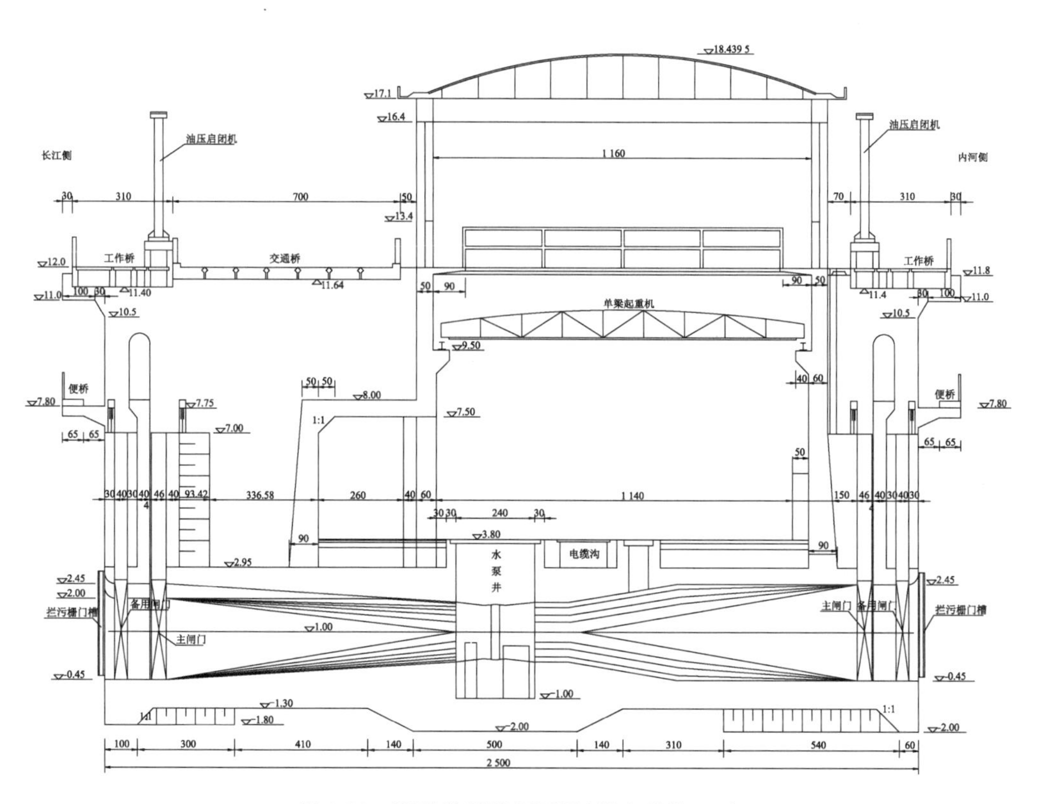

图 9-82 泵站装置纵剖面图(长度单位:cm)

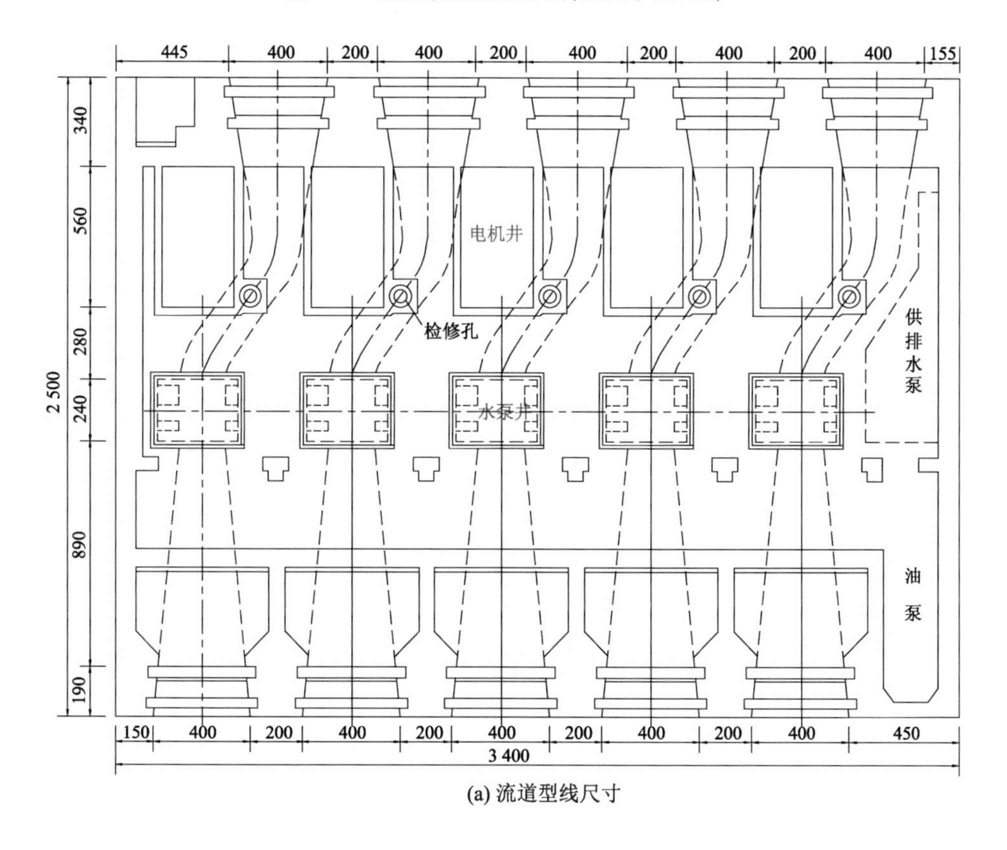

(a) 流道型线尺寸

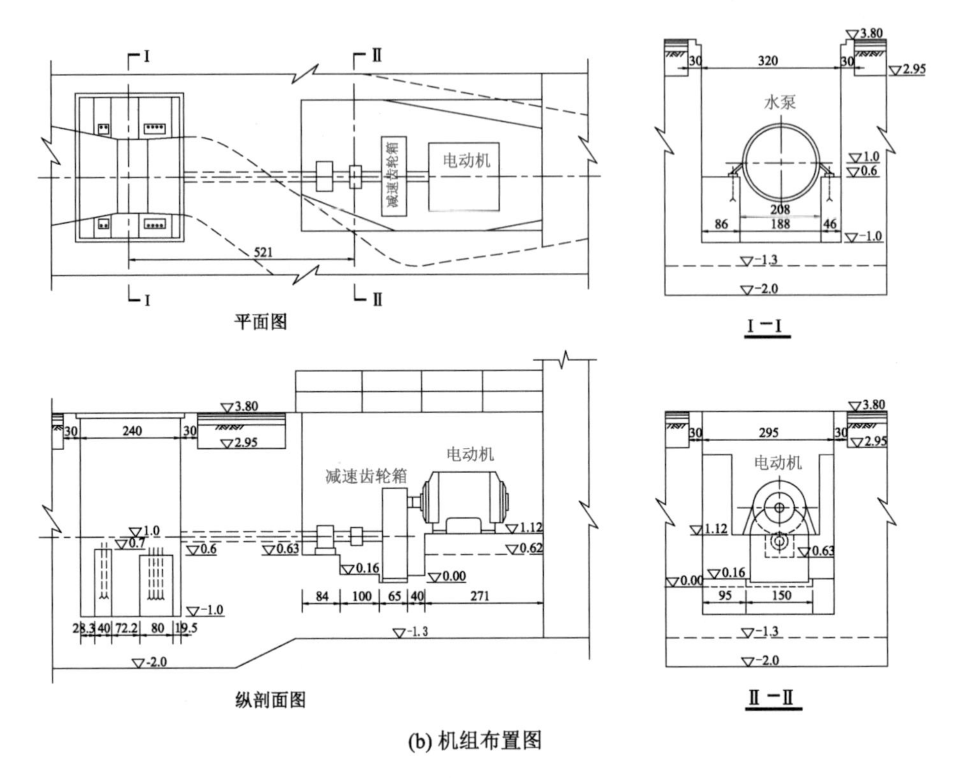

(b) 机组布置图

图 9-83　流道及机组布置图(长度单位:cm)

该泵站于 1978 年 10 月开工建设,1982 年 6 月投入运行。2002 年泵站进行加固改造,安装 1700ZWSQ10－2.5 型卧式轴流泵,水泵叶轮直径 1 700 mm,采用 S 形双向叶轮,单机设计流量增加到 10 m^3/s,正向设计扬程 2.5 m、反向设计扬程 2.0 m,叶轮中心高程不变。

9.4.2　工程设计中的关键技术

1. 泵型选择

秦淮新河泵站的泵型曾考虑 3 种型式,第 1 种采用小泵(类似于瓜洲泵站,直径 800 mm、配 80 kW 立式电动机),泵站结合在船闸闸室内;第 2 种采用中型立式泵(如武定门泵站,直径 1 150 mm、配 280 kW 电动机),泵站与节制闸结合;第 3 种采用中型卧式泵(当时华东水利学院正在设计,直径 1 650 mm、配 500～550 kW 电动机),泵站与节制闸结合。经过调查研究,认为第 1 种装置型式的优点是易实施,但因为长江水位变幅较大(最高 11.6 m、最低 2.0 m),船闸闸室结合泵站的布置很困难,即使成功,水泵台数太多(约 40 台),管理也不方便,因此不能采用。第 2 种装置型式,根据武定门泵站几年来的使用情况,直径 1 150 mm 立式轴流泵效率较低,平均效率在 47%左右,且土建工程量大,施工复杂,叶片不能调节,对不同扬程的适应性差,顶盖装拆困难,维修不便,因此也不被采用。第 3 种装置型式,根据华东水利学院在谏壁泵站设计的 2.2WZB－110 卧式轴流泵,配 S 形流道计算,其效率较立式轴流泵高。不同装置型式效率比较如表 9-24 所示。

表 9-24 不同装置型式效率比较

站名	进水型式	出水及断流型式	水泵效率/%	装置效率/%	效率差值/%
江都三站	90°肘形管	虹吸式	78	68	10
江都四站	90°肘形管	虹吸式	78	68	10
淮安一站	90°肘形管	直管,平板拍门	82	67	15
淮安二站	90°肘形管	虹吸式	81	68	13
驷马山站	90°肘形管	直管,平板拍门	78	67	11
南套沟站	90°肘形管	虹吸式	78	68	10
卧式泵站	S形弯管,2个35°	直锥形加快速闸门	82	79	3

中型卧式泵结构简单、土建较省,叶片可以调节,安装检修都在泵房同一平面内,运行维护都较方便,相应造价也节省,因此决定采用第3种型式。

水泵在2.2WZB－110卧式轴流泵的基础上,将直径改为1 650 mm,高效区设计在总扬程3.5 m附近。初步设计性能如下:直径 $D=1\ 650$ mm、转速 $n=280$ r/min、最大扬程时尚有流量7.0 m^3/s,特性曲线如图9-84所示。配套电动机型号为JSQ158－6异步电动机,功率550 kW、转速985 r/min。采用一级减速齿轮箱传动,传动比 $i=3.52$,中心距750 mm。

灌溉期间,长江最低水位在3.0～4.0 m之间,相应闸上蓄水位在6.5～7.0 m之间,净扬程为3.0～3.5 m,因此采用5台165QEWB－110卧式轴流泵,灌溉流量在42.5 m^3/s 左右。冬季补水期,长江最低水位2.0 m、相应内河水位6.5 m,净扬程为4.5 m。排涝期间,内河水位7.0 m、长江百年一遇水位10.6 m时,净扬程3.6 m,均在水泵允许扬程范围以内。

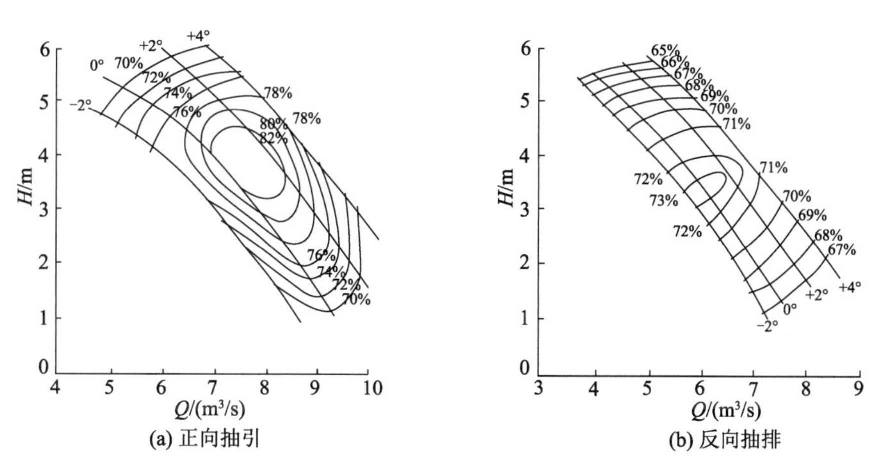

图 9-84 卧式装置性能曲线

2. 装置型式选择

对3种方案进行比选。

① 竖井式贯流泵装置(类似已建阜宁水电站流道),每台机组间距在 6.0 m 以上。因双向运行流态尚无试验资料,且施工复杂,所以没有采用该装置型式。

② 立面轴伸式装置(类似已建高良涧水电站流道),每台机组间距在 5.0 m 以上。底板高低不平,受力情况复杂,采用换土地基容易产生不均匀沉陷,对底板、站身、机组均不利,也没有采用该装置型式。

③ 平面轴伸式装置,底板的顶面、底面可布置在同一高程,底板为框架结构,刚度大、受力好,对换土地基更为适合。根据机组的安装要求,每台机组间距定为 6.0 m,对流道的宽度及门槽布置的要求均较宽松,水流在同一高程进出,流态平顺,经华东水利学院试验研究,不同叶片安放角下的最高装置效率如表 9-25 所示。研究认为这是最佳的一种装置型式,决定予以采用,流道型线及尺寸如图 9-83 所示。

表 9-25　不同叶片安放角下最高装置效率

叶片安放角/(°)	正向最高装置效率/%	反向(叶片转 180°)最高装置效率/%	反向(叶片不转)最高装置效率/%
−2	82.0	61.5	
0	79.8	56.7	42.7
+2	76.4	56.7	
+4	73.9	55.8	

3. 进出口闸门及启闭方式选择

本泵站为双向运行,因此对上、下游闸门的要求是既能迅速开启,又能迅速关闭,以保证开机或突然停机时的安全。单用一般平板闸门不能做到迅速开启,单用拍门流道内布置有困难,需要加长站身底板长度。经研究决定采用液压快速平板直升钢筋混凝土闸门,门上设置尺寸为 1.1 m×1.1 m 的小拍门 2 组。抽水运行时,先打开进水侧闸门,再打开出水侧闸门,同时开机投入运行。停机时,同时关出水侧闸门,然后关进水侧闸门。工作门的启闭机采用油压上拉式结构,布置在工作桥上。缸筒外径 219 mm、活塞缸外径 80 mm,最大启门力为 200 kN。

4. 机组结构

首次采用叶片转 180°泵结构型式的双向泵,在工程设计阶段与制造厂合作设计并开发蜗轮蜗杆叶片调节机构,通过电动机反转,保证在水泵反向运行时叶片的工作面仍为工作面,原来的后导叶变为前导叶,泵无后导叶工作。该调节机构采用蜗轮、蜗杆—大、小齿轮—蜗轮、蜗杆的三级传动,第一级与第二级之间传动杆长 5.70 m,第三级由 3 组蜗轮、蜗杆组成,通过三级传动机构才能将电动机扭矩传到叶片上。由于该调节机构制造精度较低、安装误差大、传动部件变形大,因此传动机构极易卡死。加之叶片根部密封效果不佳,运行后轮毂体内部易进水,造成部件锈蚀,叶片更加难以调节。因此在泵站运行一段时间后,由于操作失灵叶片无法转动 180°,因而将叶片直接焊死、不再转动,导致反向运行时的效率下降了 20 个百分点左右。后来在上海浦东引排水工程中,叶轮直径 2 000 mm 的双向泵采用的是伞齿轮传动结构,能保证叶片在 360°范围内任意转动。

9.4.3 加固改造设计

1. 加固改造缘由

(1) 泵站功能变化

泵站自1982年投入运行以来，至2002年已经运行近21年，其中前12年的主要作用是引水抗旱，引水开机22 803台时，引水总量8亿 m^3；排涝抽水开机11 994台时，排水总量3.5亿 m^3。该泵站为所在地区的工农业用水及生活用水提供了可靠的水源，也为秦淮河流域抵御长江洪水作出了贡献。随着经济的快速发展，流域内工情发生变化，突出问题是水环境污染严重。自1995年起，补水、排污成为泵站的新功能，且向外秦淮河补水成为泵站今后的重要任务之一，特别是在枯水期和干旱年份其年运行小时数将大幅增加，运行扬程也将相应调整，新的泵站运行特征水位组合情况如表9-26所列。

表9-26　更新改造时泵站运行特征水位组合　单位：m

工况		长江水位	秦淮河水位	扬程
抽引(正向)	最高	2.5	6.5	4.0
	设计	4.0	6.5	2.5
抽排(反向)	最高	11.5	8.5	3.0
	设计	10.5	8.5	3.0

(2) 主设备存在的问题

由于实际运行扬程较低，因此装置效率偏低，在1982年运行期间，引水扬程1.6 m时，流量9.35 m^3/s，电动机功率312.4 kW，装置效率为46.9%。排涝扬程很低，装置效率仅为15.3%。

① 由于机组设计的原因，在调节过程中不得不加力调节，致使4#和5#水泵叶轮内蜗杆支座断裂，蜗杆无法支撑，叶片不能自锁固定。1994—1997年水泵大修时分别将1#，3#，4#，5#机组叶片安放角固定在0°，2#机组叶片安放角固定在+3°。至此该站双向水泵成为单向水泵。由于该站仍担负着双向运行的任务，在反向运行时叶片空蚀破坏严重、效率极低。

② 叶片背面普遍被空蚀破坏，受损面积达叶片总面积的2/3，平均深度超过6 mm；叶片正面空蚀破坏面积超过叶片总面积的1/2，平均深度在5 mm以上。叶片边缘因间隙空蚀已成锯齿状，缺损深度在2～3 cm。

③ 水泵水导轴承原为黑橡胶轴承，因磨损严重，1995年汛期后更换为聚氨酯轴承，但磨损仍较严重。

④ 水泵推力轴承箱结构设计不合理，轴承间隙和同轴度难以调节，运行中推力轴承发热，致使润滑油油质劣化，严重时须停机冷却，影响正常运行。

⑤ 水泵主轴径向轴承处轴套磨损严重，磨损面积达80%以上，深度达2 mm。

⑥ 减速齿轮箱噪声大、振动幅值大，油温高，多处渗漏油。

⑦ 电动机绝缘老化严重，定子绝缘吸收比均小于1.3，起始放电电压数值较小，只有

1 500 V。

另外，还有水工建筑物多处存在裂缝，混凝土表面出现碳化、露筋、露石等现象；电气设备属于淘汰产品等问题。

综上所述，秦淮新河泵站存在的问题已严重影响到该站的安全、稳定运行，不能满足秦淮河流域特别是南京市的引水、抗旱、排涝、排污等要求，经批准，2002 年对秦淮新河泵站进行加固改造。

2. 机组更新改造

本次更新改造保持引、排两用功能不变，以引水工况为正向设计、排涝工况为反向设计，尽量扩大引、排设计流量，提高改造的社会效益和经济效益。

由于装置的流道型线难以调整，而且根据原先设计的计算结果可满足“平均流速”法设计要求，故流道尺寸不变，改造的关键是如何实现双向运行。为彻底解决叶片转 180°时存在的问题，拟选用 S 形叶片的双向叶轮作为主水泵改造方案。

(1) 双向装置性能研究

根据扬程特点选用 ZMS30 双向泵模型，模型泵性能曲线如图 9-85 所示。配秦淮新河泵站现有流道后在扬州大学试验台进行装置性能试验，试验结果如图 9-86 和图 9-87 所示。

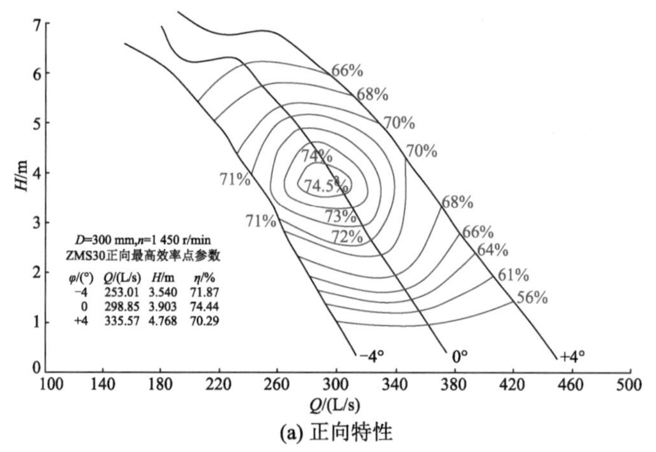

(a) 正向特性

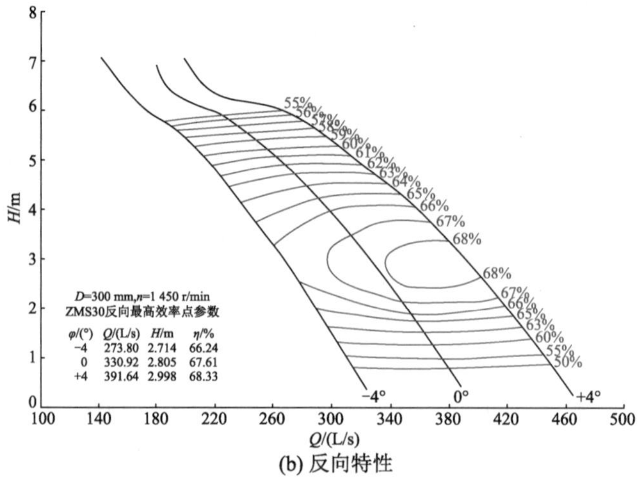

(b) 反向特性

图 9-85 ZMS30 双向泵模型综合性能曲线

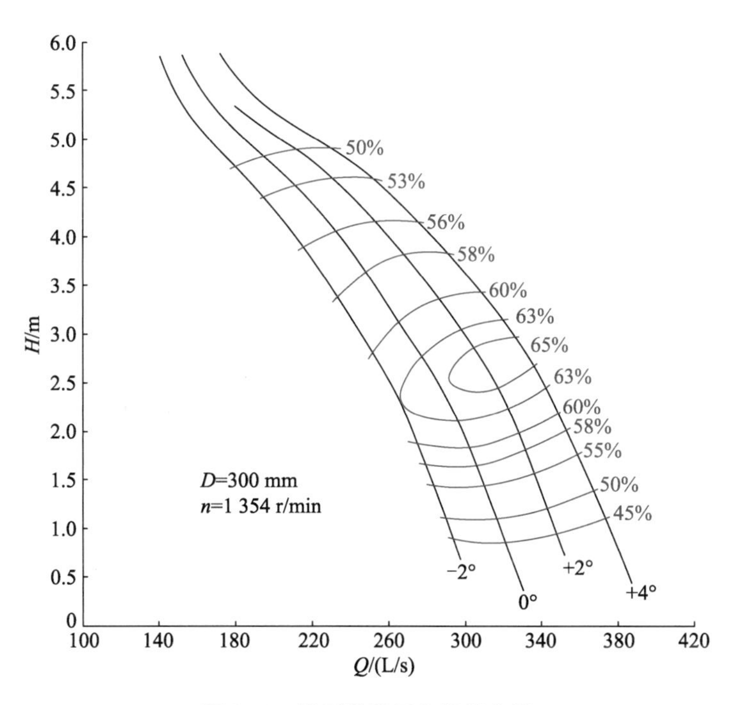

图 9-86 模型装置正向性能曲线

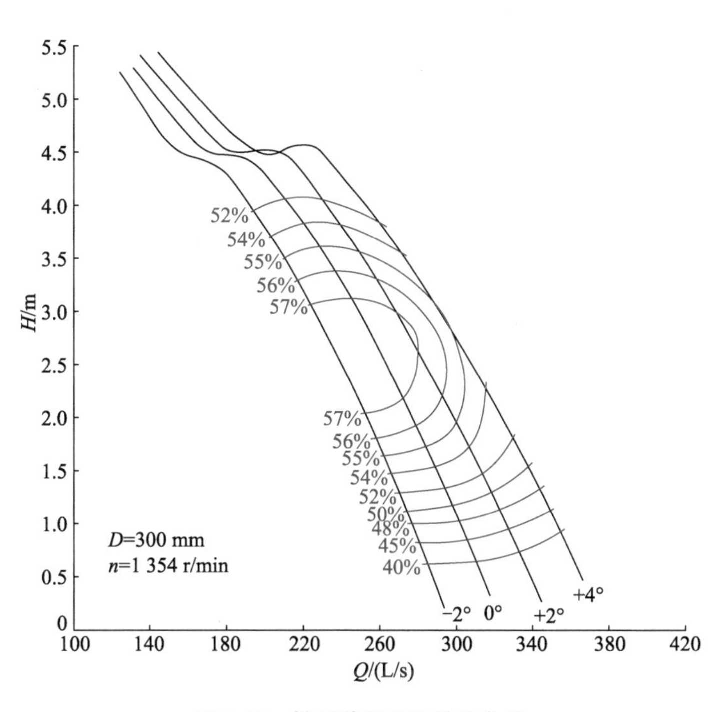

图 9-87 模型装置反向性能曲线

叶轮直径 D=1 700 mm、转速 n=250 r/min，原型机组装置性能曲线如图 9-88 所示，考虑拦污栅及门槽损失 0.4 m，主水泵技术参数如表 9-27 所示。

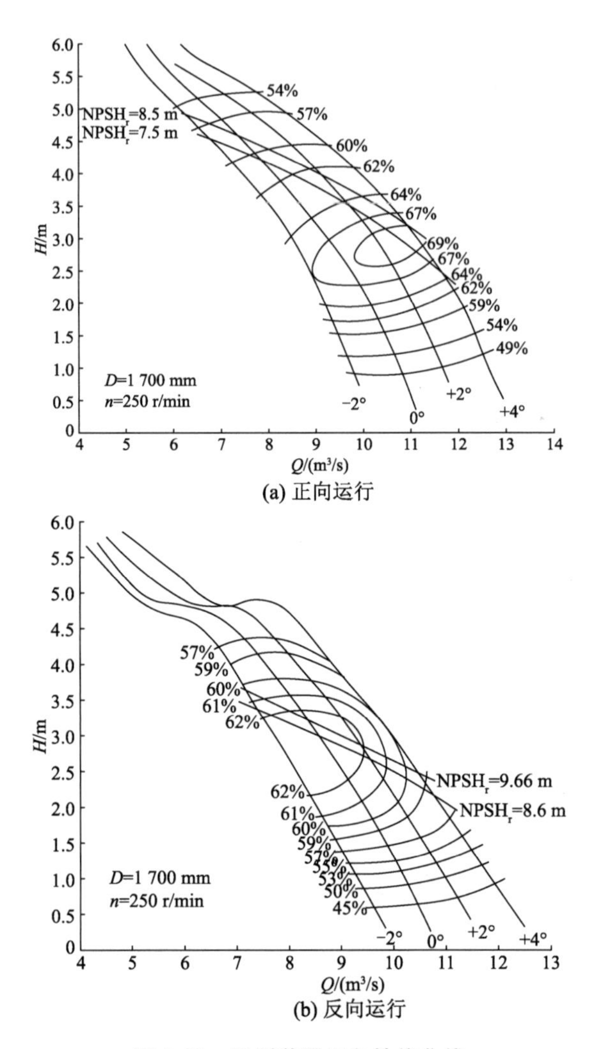

图 9-88　原型装置正向性能曲线

表 9-27　主水泵技术参数

工况	设计扬程 H/m	流量 Q/(m^3/s)	装置效率 η/%	$NPSH_r$/m	叶片安放角/(°)
引水(正向)	2.5(2.9)	10.2	72.0	7.0	+2
排涝、排污(反向)	2.0(2.4)	9.2	65.0	8.0	

减速齿轮箱的效率按92%考虑,选用Y500－6型额定功率为630 kW的深槽鼠笼式异步电动机,留有一定的安全裕量,主电动机技术参数如表9-28所示。

(2) 增设叶片全调节装置

根据空化性能试验结果,在叶片安放角为＋2°、最高扬程下运行时,水泵叶轮淹没深度不能满足要求,而叶轮中心线高程又无法降低,需将叶片安放角调整至0°以下运行。因此,增设叶片全调节装置,叶片调节机构结构如图9-89所示。正常运行时叶片安放角为＋2°,调节范围为－6°～＋2°。

表 9-28　主电动机技术参数

额定功率 N/kW	额定电压 U/kV	效率 η/%	功率因数 $\cos\varphi$	最大转矩倍数 T_{max}	堵转转矩倍数 T_K	堵转电流倍数 I_K	噪声/dB(A)	振动/(mm/s)	温升/K
630	10	94.5	0.862	2.2	0.74	5	105	2.8	58

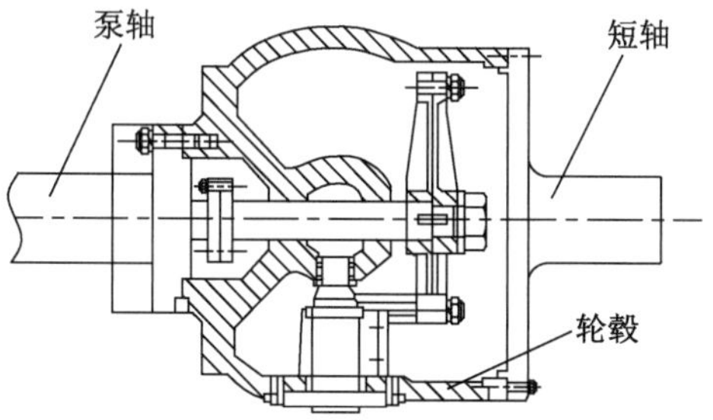

(a) 叶轮部件

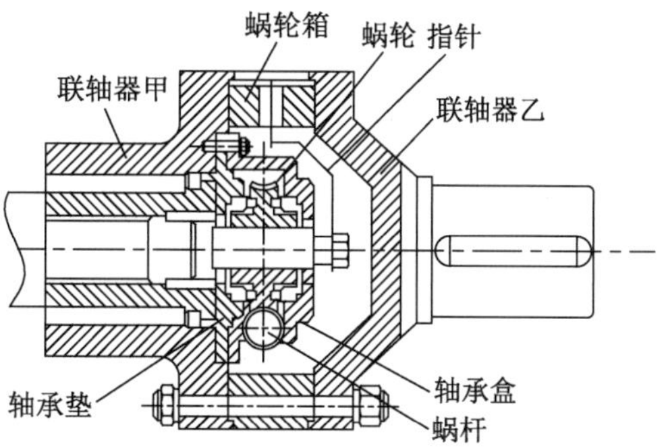

(b) 调节机构部件

(c) 调节机构内部结构

图 9-89　叶片调节机构图

(3) 导轴承及推力轴承改造

与立式机组不同，轴伸式机组的显著特点是机组转动部分的重量必须由导轴承承受，在秦淮新河泵站中，无论是早期的黑橡胶轴承，还是后期更换的聚氨酯轴承，其耐磨性均不满足要求，还会因承载而变形，使水泵运行时产生附加振动，影响水泵的稳定运行。因此选用耐磨性好、承载力高、使用寿命长、结构简单、维护管理方便的导轴承及推力轴承是加固改造任务之一。

通过综合比较，秦淮新河泵站加固改造采用稀油润滑巴氏合金导轴承。为对比验证水润滑非金属材料轴承的使用寿命，选用一台机组安装水润滑非金属材料轴承，其结构设计满足与巴氏合金导轴承互换的条件，在水润滑非金属轴承不能满足使用要求的情况下随时更换为巴氏合金导轴承。

组合推力轴承采用一对型号为 29352 的推力轴承和一个型号为 23156 的径向轴承组合，承受双向水推力和径向力。

加固改造后的秦淮新河泵站装置纵剖面如图 9-90 所示，机组结构如图 9-91 所示。

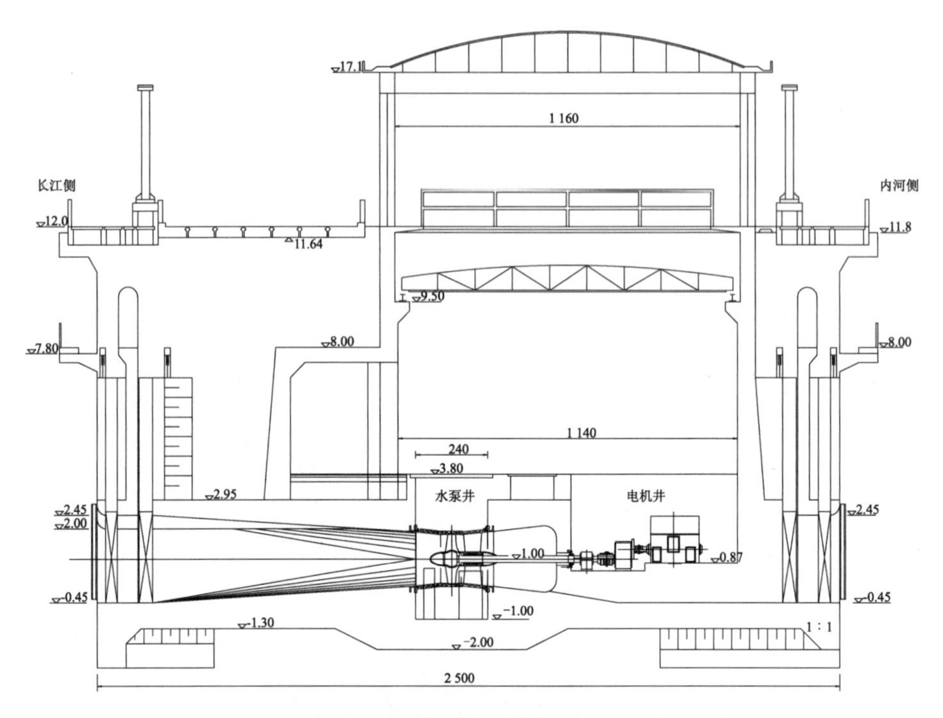

图 9-90　加固改造后的秦淮新河泵站纵剖面图(长度单位:cm)

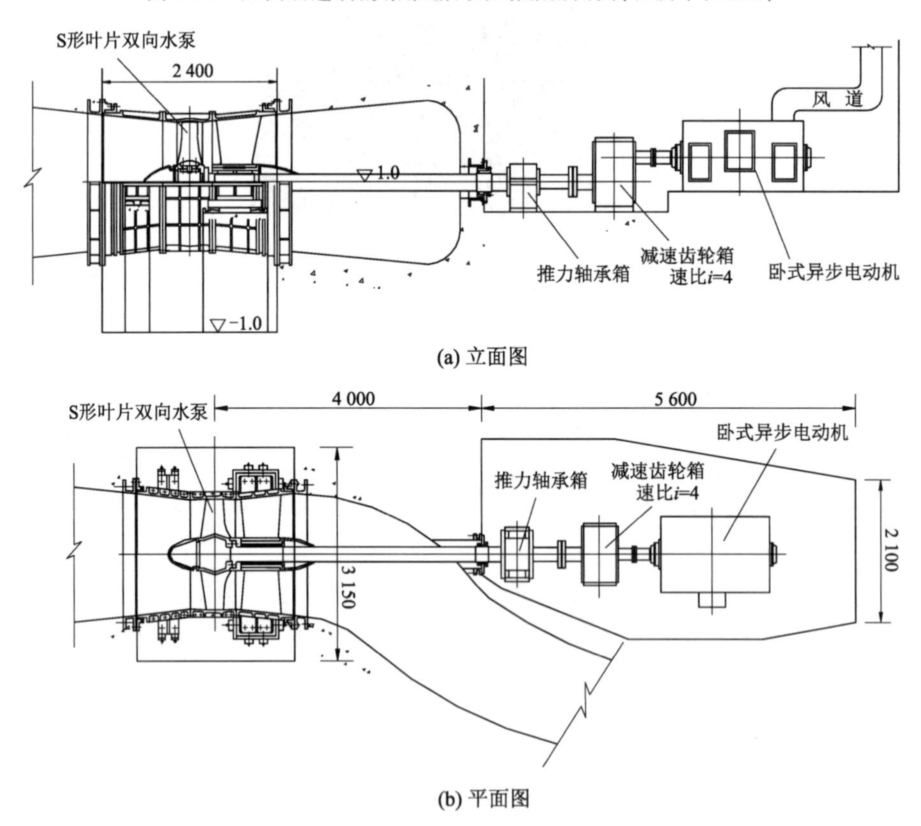

图 9-91　机组结构图(长度单位:mm)

9.4.4 更新改造中机组降温、降噪专题研究

1. 问题的提出

秦淮新河泵站由于其特殊的结构型式及老旧的机组设备，机组运行期间厂房噪声达90 dB以上，噪声源主要来自异步电动机及其散热风机；在夏季高温期间，电动机定子绕组温度达100 ℃以上，推力轴承运行温度常超过80 ℃。针对上述问题，本次更新改造中对电动机的冷却方式、电动机轴承结构、推力轴承冷却方式以及泵站技术供水系统进行了研究，并对机组进行适当改造，比对改造前后的测量参数，分析改造后机组在降温、降噪以及机组综合效率方面的成效，使机组在较优工况下运行，达到减噪、降温的目的。对3种不同技术供水模式的系统能耗、可靠性、运行维护、安装检修及设备投资几方面进行比较，认为风冷式冷水机组技术供水系统更适用于秦淮新河泵站轴伸式贯流泵机组降温、降噪改造工作。改造主要包括以下几方面内容：

① 将电动机原强迫通风冷却方式改为空-水冷却器方式。

② 改变电动机轴承结构，由原来的2轴承结构改为3轴承结构。

③ 将推力轴承自然冷却方式改为底部环绕式水冷却方式。

④ 对机组冷却供水方式进行改造，采用循环冷却供水系统。

2. 冷却系统的仿真分析

技术供水系统更新改造前，电动机采用管道强迫通风冷却方式，通过排风管道中的风机将电动机内部热量排出，冷却效果不佳，改造后采用空-水冷却器方式进行冷却。以下利用Flowmaster软件对技术供水系统进行建模仿真，分析其运行状况。

(1) 建模原则

① 建立的模型能真实反映实际系统的特点。

② 根据组件的类型，选择组件库中最合适的组件构建模型，组件必须完整且没有遗漏。

③ 构建的模型中的组件必须与实际系统中的组件相对应。

④ 适当简化对系统影响较小的部件，如弯头的流阻对系统压力的影响较小、管道的散热对系统温度的影响较小，则可以根据情况简化弯头或管道等；但是对系统有很大影响的组件不能简化。

⑤ 每个组件的参数必须与系统中每个组件的参数一一对应，并且必须全面。

⑥ 各元件的参数能准确反映系统中相应部件的几何特征与性能表现。

⑦ 环境参数设置准确。

⑧ 为了保证计算精度、缩短计算时间，可以适当修改收敛因子和数据。

(2) 泵站技术供水系统概化

秦淮新河泵站更新改造方案中采用的是风冷式冷水机组技术供水系统，供水系统为闭式循环系统，如图9-92所示。该系统由循环供水装置、风冷式冷水机组、管道与阀件(闸阀、截止阀等)、压力和温度传感器与仪表、示流信号器等组成。供水系统设有循环供水装置使冷却水循环使用，热水由循环供水装置加压，经过冷水机组冷却后送入供水母管，再由支管分配至每台机组的电动机空-水冷却器、减速齿轮箱和推力轴承做冷却用水；

各供水对象排出的热水汇流到回水母管，再进入冷水机组的蒸发器与冷媒介质换热冷却，形成闭式循环系统。当管道冷却水减少时，补水装置向管道自动补水。管道中的循环水由于气温变化或某些外界原因产生气体时，自动排气阀可及时地将气体排出，排除了水泵空蚀和换热效果不佳等情况的发生。冬天，主机组停机时可打开排水阀，放尽循环水以免由于气温下降等原因冻坏管道、闸阀等元件。

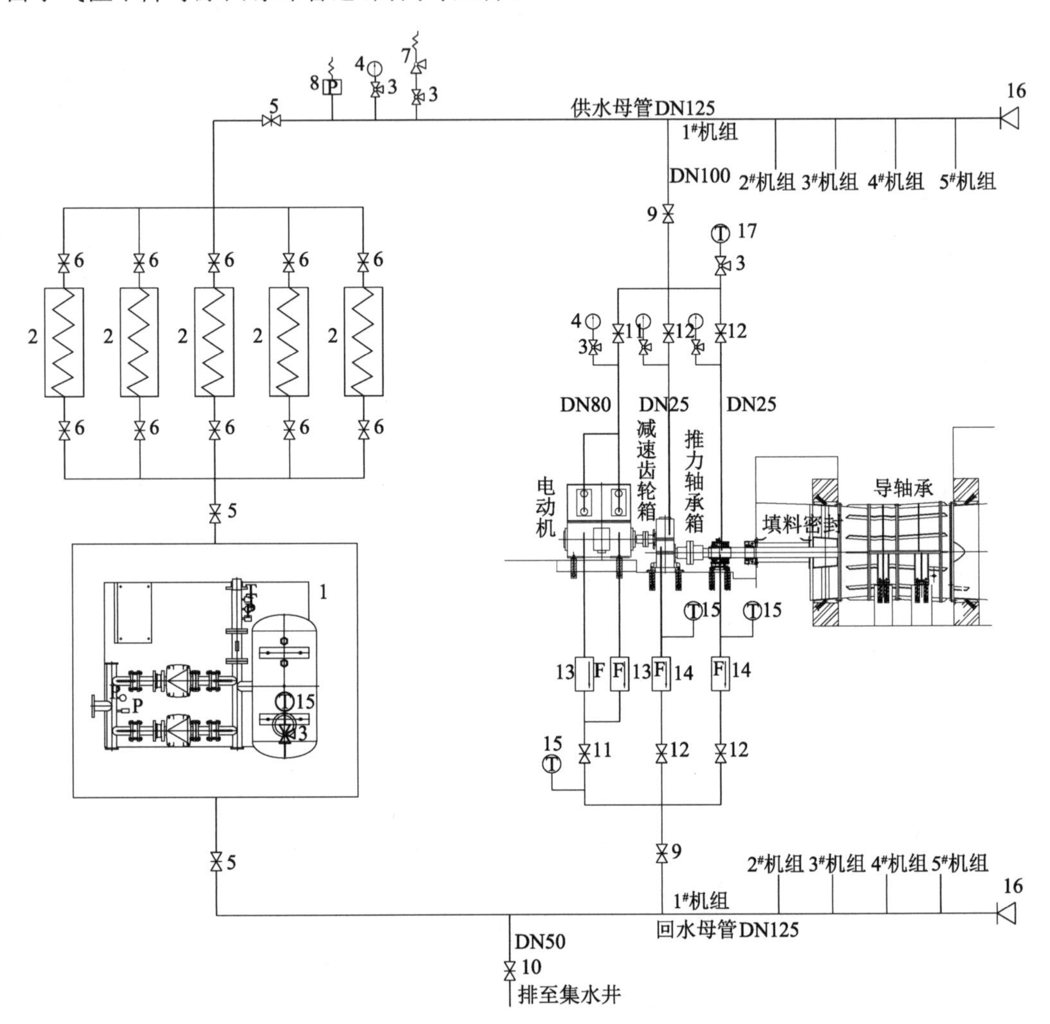

1—循环供水装置；2—冷水机组；3—仪表三通旋塞；4—压力表；5—闸阀；6—闸阀；7—自动排气阀；8—压力传感器；9—闸阀；10—截止阀；11—闸阀；12—截止阀；13—示流信号器；14—示流信号器；15—温度传感器；16—法兰闷板；17—温度传感器。

图 9-92　技术供水系统图

（3）技术供水系统建模分析

① 工况选取

研究选取 5 个不同的工况点，根据第 9.3.2 节所述的能耗计算方法得出机组损耗的能量，不同扬程工况点的机组散热量如表 9-29 所列。

表 9-29　不同扬程工况点的机组散热量

序号	扬程/m	散热量/kW
1	0.6	16.64
2	1.0	38.48
3	1.5	44.20
4	2.0	46.15
5	2.5	49.14

② 数学模型构建

一维流体流动控制方程及换热方程如下所示。

质量守恒方程：

$$Q=A_1u_1=A_2u_2 \tag{9-29}$$

流动阻力方程：

$$p_1-p_2=\xi\frac{\rho}{2}u^2 \tag{9-30}$$

压力损失方程：

$$\Delta p=\left(p_1+\frac{\rho v_1^2}{2}\right)-\left(p_2+\frac{\rho v_2^2}{2}\right)+\rho g(z_1-z_2) \tag{9-31}$$

换热方程：

$$T_2=T_1+\frac{Q}{mc_p} \tag{9-32}$$

式中，u，v 为流速；A 为过流的面积；p 为进、出口压力；ξ 为流动损失系数；ρ 为流体的密度；z 为标高；T 为进、出口温度；Q 为吸热/放热功率；m 为质量流量；c_p 为定压比热；下标 1 和 2 分别代表进口和出口。

③ 仿真模型构建

Flowmaster 软件包含许多求解模块，技术供水系统仿真选用 Heat Transfer Steady State 模块。

技术供水系统建模主要为循环供水系统，建模中所用的元件较多，按元件类型或局部构件可分为电动机、减速齿轮箱、推力轴承箱、循环水泵、热交换器、水箱、管道、弯头等局部构件等。

秦淮新河泵站技术供水系统的主要元件有循环水泵、弯头、阀门、电动机、减速齿轮箱、推力轴承箱、循环水箱和冷水机组共 8 种，对 8 种元器件及系统管路分别进行建模。

循环水泵建模　采用元件库 Pump 族中的 Radial Flow 径向流泵元件，设置冷却水泵流量、扬程、转速和功率。

弯头建模　采用元件库 Bend 族中的 Circular 元件，设置弯头内径、弯头度数和弯头粗糙度。

阀门建模　采用 Valve 族中的 Ball Valve 元件，设置阀门的直径、阻力系数和阀门开度。

电动机建模　电动机型号为 Y500－6，改造后电动机设有空-水冷却器。电动机运行时，风扇将空气压入定子通风槽内，经过空-水冷却器冷却降温后再回到定子，形成一个闭式循环换热模式。在电动机建模过程中将电动机简化，利用 Heat－Exchanger 族中的 Heater－Cooler 元件模拟电动机，利用 Heat－Exchanger 族中的 Radiator 元件模拟冷却器。

减速齿轮箱、推力轴承箱建模　将减速齿轮箱与轴承简化为发热源，利用 Heat－Exchanger 族中的 Heat－Cooler 元件模拟热源完成减速齿轮箱与推力轴承箱建模。

循环水箱建模　采用 Reservoir 元件，设置水箱的进出口管道直径、水箱体积、水箱高度、初始液位高度、进出口损失系数和水箱体积高度曲线。

冷水机组建模　采用 Heat－Exchanger 族中的 Thermal 元件，设置相应参数完成建模。

系统管路建模　采用元件库 Pipe 族中的 Cylindrical Rigid 管元件，管道材质为不锈钢，绝对粗糙度 0.15 mm，管道长度及安装高度按照设计图设置。

对冷却水系统元件建模后，根据泵站现场实际情况设置管道的长度和直径，连接各个元件，形成技术供水系统。

④ 仿真模型元件详述

a. 热源元件 Heat－Cooler

该元件代表电动机、减速齿轮箱及轴承损失的热量。对于电动机来说，即电动机传给空气的热量；对于减速齿轮箱和轴承来说，即它们传给水的热量。参数设置：

Pipe Area/管道面积　必填参数，指水流过的管道截面积。

Thermal Duty/换热量　必填参数，指电动机、减速齿轮箱和轴承损失的热量。

b. 损失元件 Loss

损失元件用于表示任意的流动损失部件。在本技术供水系统中有很多弯头元件，为了便于分析，将弯头元件简化为损失元件。参数设置：

Cross Section Area/流通面积　必填参数，指过流面积。

Forward/Reverse Flow Loss Coefficient/正/反向流动损失系数　必填参数，可以给出损失系数随雷诺数变化的曲线。损失系数的计算公式为

$$\Delta p=\varepsilon \frac{\rho}{2}v^2 \tag{9-33}$$

式中，Δp 为流过部件的压力损失；ε 为流动损失系数；ρ 为流体的密度；v 为流速。

c. 管道 Pipe

Cylindrical Rigid/刚性圆管　用来模拟技术供水系统中的管道。参数设置：

Length/长度　必填参数，指管道长度。

Diameter/管径　必填参数。

Pipe Wall Thickness/壁厚　必填参数。

Pipe Material Type/管道材质　必填参数。

Friction Data/摩擦阻力　必填参数，指绝对粗糙度。Flowmaster 软件根据公式自动计算得出摩擦系数。计算公式：

$$\Delta p=\frac{fL}{d}\frac{\rho}{2}v^{2} \tag{9-34}$$

式中，Δp 为管道进出口压降；f 为达西摩擦系数；L 为管长；d 为管径。

d. 水泵 Pump

Radial Flow/径流泵　该元件模拟技术供水系统中的循环水泵。参数设置：

Rated Head/额定扬程　必填参数。

Rated Flow/额定流量　必填参数。

Rated Power/额定功率　选填参数。

Rated Speed/额定转速　必填参数。

Rated Efficiency/额定效率　选填参数，与额定功率选填其一。

Initial Speed/初始转速　选填参数，该参数用于决定泵的初始状态。

Suter Head Curve/流量扬程曲线　必填参数，输入水泵的流量-扬程曲线，软件将其自动转化为 Suter 无量纲参数。

Suter Torque Curve/扭矩曲线　必填参数，输入水泵的流量-扭矩曲线，软件将其自动转换成 Suter 扭矩曲线。

曲线转换公式如下：

$$\begin{cases} Q^{*}=\dfrac{Q}{Q_{\mathrm{R}}} \\ H^{*}=\dfrac{H}{H_{\mathrm{R}}} \\ \omega^{*}=\dfrac{\omega}{\omega_{\mathrm{R}}} \\ T^{*}=\dfrac{T}{T_{\mathrm{R}}} \\ W_{\mathrm{H}}=\dfrac{H^{*}}{\omega^{*2}+Q^{*2}} \\ W_{\mathrm{T}}=\dfrac{T^{*}}{\omega^{*2}+Q^{*2}} \\ \vartheta=\tan^{-1}\left(\dfrac{\omega^{*}}{Q^{*}}\right) \end{cases} \tag{9-35}$$

式中，Q 为水泵流量；H 为水泵扬程；ω 为水泵转速；T 为水泵扭矩；下标 R 表示额定值，上标 * 表示此为无量纲参数，ϑ 决定水泵的运行性能，W_{H}，W_{T} 分别表示 Suter 形式的流量和转矩。

e. 水冷机组参数设置

Hydraulic Diameter d1/1－2 管道水力直径　必填参数。

Pipe Area1/1－2 管道截面积　必填参数。

Hydraulic Diameter d2/3－4 管道水力直径　必填参数。

Pipe Area2/3－4 管道截面积　必填参数。

Thermal Effectiveness/换热效率　必填参数。

Hot Side Reference Area/热流体换热面积　必填参数。

Air Side Reference Area/冷流体换热面积　必填参数。

上述热交换器的示意图如图 9-93 所示。

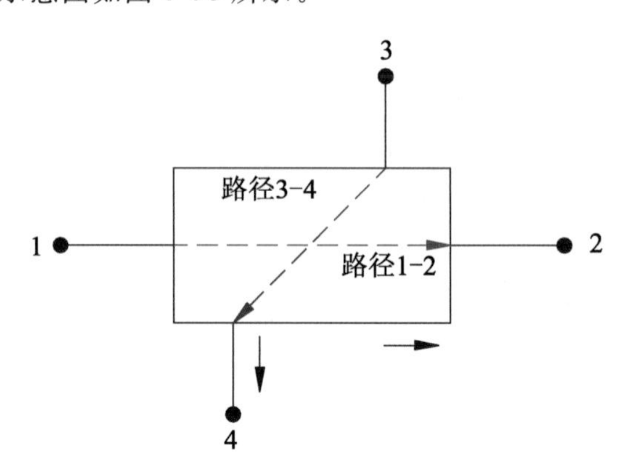

图 9-93　热交换器示意图

f. 热交换器 Heat Exchanger：散热 Radiator

在 Flowmaster 软件中，热交换器有加热器/冷凝器和流体/流体换热器两种形式。流体/流体换热器是根据两路进口压力和温度计算出口压力和温度的，该元件不能体现换热形式。参数设置：

Loss Coefficient 1/支路 1 管道流动损失系数　必填参数。

Pipe Area 1/支路 1 管道截面积　必填参数。

Hydraulic Diameter 1/支路 1 管道水力直径　必填参数。

Loss Coefficient 2/支路 2 管道流动损失系数　必填参数。

Pipe Area 2/支路 2 管道截面积　必填参数。

Hydraulic Diameter 2/支路 2 管道水力直径　必填参数。

Thermal Duty/换热负荷　选填参数。

Hot Stream Temperature Drop/热路流体温降　选填参数。

Cold Stream Temperature Rise/冷路流体温升　选填参数。

Hot Side Area/热路接触面积　选填参数。

Cold Side Area/冷路接触面积　选填参数。

Overall Heat Transfer Coefficient/全局换热系数　选填参数。

(4) 变工况仿真结果与分析

① 夏季变工况仿真结果

南京市夏季平均气温约为 33 ℃，在该环境温度下对技术供水系统进行仿真分析，得到其在不同工况条件下的温度分布情况。

电动机、轴承和减速齿轮箱进口水温相同，水温随着水泵扬程的增大而升高；电动机、轴承和减速齿轮箱出口水温随着水泵扬程的增大而升高，但轴承出口水温高于减速齿轮箱出口水温，减速齿轮箱出口水温高于电动机出口水温。

电动机进口水温最低为 33.7 ℃，最高为 34.3 ℃；出口水温最低为 36.39 ℃，最高为

40.4 ℃。

减速齿轮箱进口水温最低为 33.7 ℃，最高为 34.3 ℃；出口水温最低为 38.27 ℃，最高为 46.97 ℃。

轴承进口水温最低为 33.7 ℃，最高为 34.3 ℃；出口水温最低为 38.82 ℃，最高为 49.24 ℃。

技术供水系统夏季运行仿真模拟结果如图 9-94 所示。

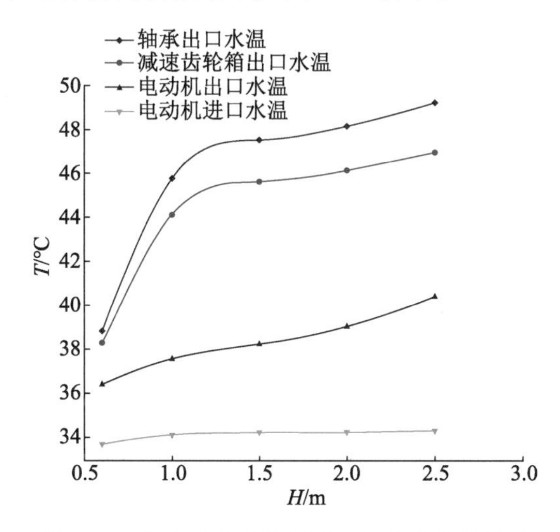

图 9-94　技术供水系统夏季运行仿真模拟结果

② 冬季变工况仿真结果

南京市冬季平均气温约为 2 ℃，在该环境温度下对技术供水系统进行仿真分析，得到其在不同工况条件下的温度分布情况。

电动机、轴承和减速齿轮箱进口水温相同，水温随着水泵扬程的增大而升高；出口水温随着水泵扬程的增大而升高，但轴承出口水温高于减速齿轮箱出口水温，减速齿轮箱出口水温高于电机出口水温。

电动机进口水温最低为 2.13 ℃，最高为 3.18 ℃；出口水温最低为 4.9 ℃，最高为 9.46 ℃。

减速齿轮箱进口水温最低为 2.13 ℃，最高为 3.18 ℃；出口水温最低为 8.34 ℃，最高为 17.05 ℃。

轴承进口水温最低为 2.13 ℃，最高为 3.18 ℃；出口水温最低为 8.95 ℃，最高为 18.58 ℃。

技术供水系统冬季运行仿真模拟结果如图 9-95 所示。

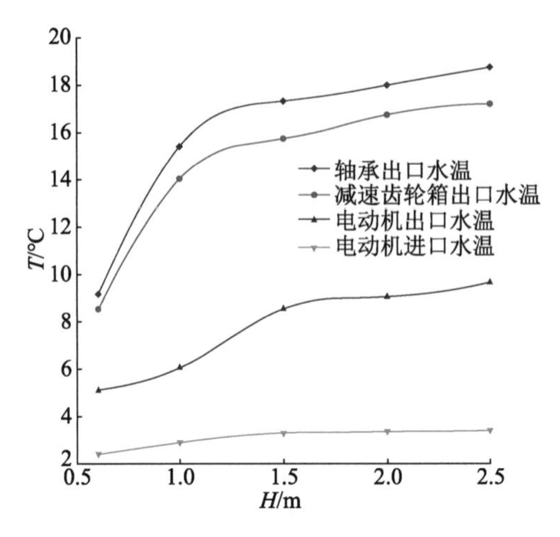

图 9-95　技术供水系统冬季运行仿真模拟结果

③ 仿真结果分析

使用 Flowmaster 软件对技术供水系统进行仿真建模，得出夏季运行的仿真模拟结果：在扬程 1.0 m 时，电动机散热量为 38.48 kW，进口水温为 34.2 ℃、出口水温为 37.4 ℃；减速齿轮箱出口水温为 44.1 ℃，轴承出口水温为 45.6 ℃。模拟空-水冷却器用水量为 10.34 m^3/h，冷却器进出水温差为 3.2 ℃，电动机内部空气温度为 55.4 ℃。通过模拟仿真分析可以预测技术供水系统改造能够达到预期效果。

3. 电动机冷却方式改造

(1) 现状及原因分析

改造前电动机采用管道强迫通风冷却方式，通过安装在排风管道中的风机将电动机内部的热量排出，在电动机内部是以空气作为冷却介质，采用内风扇强迫电动机内部空气流动进行热交换。

电动机在运行过程中产生电磁损耗和机械损耗，这些损耗转化为热量，如不及时散发出去，不但会降低电动机运行效率，还会因局部过热发生烧瓦事故，破坏线圈绝缘造成事故停机，影响电动机的使用寿命。造成电动机温度升高的主要原因是，夏季运行时由于厂房内外环境温度很高，电动机进出风的温差小，热交换效果差，不能有效散热，导致电动机温升很高。根据现场检测，在夏季高温期间，电动机运行时定子绕组温度在 100 ℃以上。

(2) 冷却方式改造

电动机各部件温度升高会影响电动机绝缘材料的使用寿命，所以温升是缩短电动机使用寿命的主要因素之一。电动机的绝缘材料按耐热等级分为 Y 级(90 ℃)、A 级(105 ℃)、E 级(120 ℃)、B 级(130 ℃)、F 级(155 ℃)、H 级(180 ℃)和 H 级以上共 7 个等级，电机绕组按 F 级绝缘要求制造、按 B 级绝缘要求考核，即绕组温度极限值不超过 130 ℃，绝缘材料性能参考温度不超过 100 ℃(见表 9-30)，以延长电动机的使用寿命。

表 9-30 不同等级绝缘材料的极限耐热温度

材料等级	Y 级	A 级	E 级	B 级	F 级	H 级	H 级以上
温度极限值/℃	90	105	120	130	155	180	>180
绕组温升限值/℃		60	75	80	100	125	
性能参考温度/℃		80	95	100	120	145	

如果电动机运行温度长期接近或超过材料的极限工作温度，则绝缘材料老化加剧，使用寿命缩短，因此要对电动机冷却方式进行改造。电动机冷却方式改造的主要措施是采用前述综合比较推荐的空-水冷却方式进行冷却，同时对电动机内部风路进行疏通、清理和改造，以降低电动机运行时的温升。

① 冷却器选用

卧式电动机空-水冷却器一般置于电动机机座顶部，在电动机内部进行热交换的介质是空气，装在转轴上的风扇强制空气流过线圈端部、转子表面、空气间隙、定子铁芯槽口处的空隙、径向风道进入电动机上部，热空气通过空-水冷却器的对流换热—传热—对流换热过程将热量传递给水体，由水体带走热量，热空气冷却后又被风扇吸入电动机内部，如此循环进行热量交换。

空-水冷却器主要由引风机（选配）、冷却芯体（换热元件为翅片管，管内流经冷却水，管外流经热空气）、集水盘、温度和漏水监控装置、上置式箱体等部件组成。根据需要可以装设加热器以防换热器表面凝露，以保证电动机的运行安全。冷却器用水作为冷却介质，把电动机出风口的热空气冷却后送入电动机进风口，冷空气进入电动机内部带走电动机产生的热量，由此进行热量交换循环冷却。热量交换的过程如图 9-96 所示。

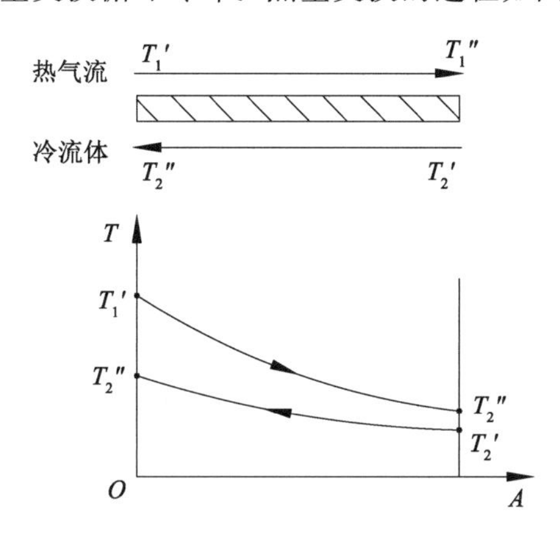

T_1'，T_1''—热气流的进、出口温度；T_2'，T_2''—冷流体的进、出口温度。

图 9-96 热量交换过程示意图

a. 冷却器传热方式

传热基本方程式：

$$Q = K \times S \times \theta \tag{9-36}$$

式中，Q 为换热量；K 为传热系数；S 为换热面积；θ 为对数平均温度。

根据传热基本方程式(9-36),首先要求所采用的冷却管型材具有较大的扩展表面积(即增大 S 值);其次要求所采用的冷却管型材具有较强的破坏气流边界层的能力,使气流在流速不高时即达到紊流状态,成为紊流换热,达到强化传热的目的(即增大 K 值)。

b. 冷却器材质

基于以上考虑,整体翅片管(外翅片管)对于气流的强化换热作用十分明显,翅片管片距均匀、传热性好、强度高、使用寿命长。常用的有绕片式翅片管、串片式翅片管和挤片式(轧片式)翅片管。由于挤片式翅片管的制作工艺简单、整体与基管过盈配合,增大了散热系数,冷却器一般选用挤片式翅片管。

翅片管的内衬管材质有紫铜管、黄铜管和白铜管等,通常采用紫铜管作为基管。紫铜具有优良的导热性、延展性和耐蚀性,热导率仅次于银。紫铜在大气、海水和含有无机盐等杂质的水中具有良好的耐蚀性,已成为冷却器基管应用最多的材质。

翅片管冷却器内部结构和装配后的冷却器结构分别如图 9-97 和图 9-98 所示。

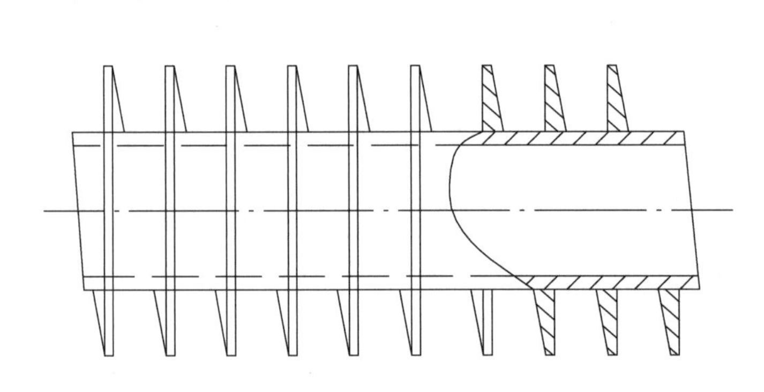
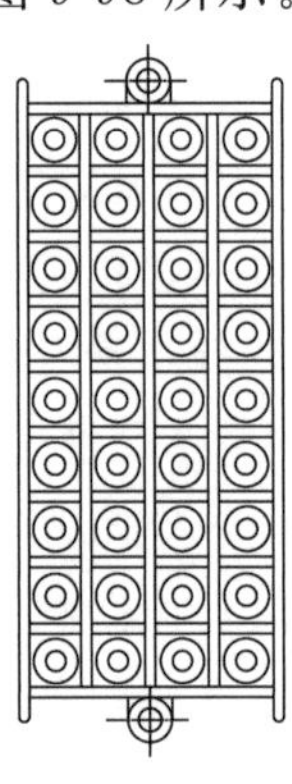

图 9-97 翅片管冷却器内部结构图

图 9-98 装配后的冷却器结构图

c. 冷却器技术特性

具有强大的换热能力:能将电动机运行中产生的热量由内部风路送至冷却器进行冷却,冷却器芯体是由许多密集排列的冷却水管和经特殊设计的散热翅片组成,换热效率高,能有效带走电动机的热耗,并有 15%以上的换热裕度。

满足使用条件:冷却器进水温度≤33 ℃,冷却后出风温度≤40 ℃,工作水压≥0.2 MPa。

热交换元件：冷却器芯体采用铜管套翅片胀管式结构，以提高进风紊流程度，减小对流换热盲区，提高传热效率；水路系统采用管板式结构，方便拆卸和清除水垢；过滤器为网门式，方便更换滤料。

外观及结构：外壳采用结构件，刚度和抗振性能高，散热能力好；外观与电动机整体协调，结构满足使用维护方便和使用寿命长的要求。

d. 冷却器型式

根据泵站机组布置型式，冷却器采用背包卧式空-水冷却器，安装于卧式电动机的顶部。背包卧式空-水冷却器有 4 种结构型式：

型式 1：背包冷却器不装设风机，空气动力由电动机自带风扇实现，通风型式为径向通风。

型式 2：背包冷却器不装设风机，空气动力由电动机自带风扇实现，通风型式为轴向通风。

型式 3：电动机不自带风扇，空气动力由背包冷却器装设风机实现，通风型式为径向通风。

型式 4：电动机不自带风扇，空气动力由背包冷却器装设风机实现，通风型式为轴向通风。

本次改造中空-水冷却器选用型式 2，也可以选用型式 4。两种型式的优缺点分析如下：

型式 2：冷却器不装设风机，电动机转子自带风扇使内部空气循环流动，满足换热要求，虽然比型式 4 的制造成本略高，但考虑到泵站运行的长期效益及运行人员的工作环境，本次改造选用了型式 2。机组运行时没有噪音源叠加，这对“降噪”是有益的。

型式 4：冷却器自带风机，即采用强制通风的箱体，其换热系数比型式 2 冷却器换热系数大（见表 9-31），相应冷却器所需换热面积小，换热管数量少，因此冷却器外形尺寸减小，制造成本有所降低，但冷却器用水量没有变化，且自带风机会产生噪声。

冷却器选用型式 2，不装设风机可减少噪声叠加源。电动机安装该型式的空-水冷却器后，现场噪声水平将会明显降低。

表 9-31　冷却器换热系数

冷却器形式	散热情况	换热系数 K/[W/(m^2 · ℃)]
型式 1	整体式箱体，通风差	11～28
型式 2	单体式箱体，通风较好	29～57
型式 3	上置式箱体，通风好	58～74
型式 4	强制通风的箱体	75～142

② 空-水冷却器设计计算

a. 冷却器额定功率

冷却器的换热功率为电动机的发热功率，该电动机额定效率为 93%，根据式(9-9)，其发热功率为 47.4 kW，即散热功率为 47.4 kW，对冷却器设计留有一定的换热裕量，取 P＝50 kW。

b. 热平衡计算

(i) 设计要求

换热功率　　　　　　$Q=P=50$ kW

电动机内空气温度　　$t_{i1}\leqslant 55$ ℃

电动机内空气流量　　$G_i=11\ 000$ m^3/h

冷却器水流量　　　　$G_o=15$ m^3/h

冷却器进水温度　　　$t_{o1}\leqslant 33$ ℃

(ii) 结构形式

背包卧式空-水冷却器安装于卧式电动机的顶部，冷却元件采用铜管套翅片胀管式结构，冷却水在冷却管内流动，空气在冷却管外翅片间流动，通过冷却元件完成热量交换。

(iii) 温度计算

空气出口温度 $t_{i2}=t_{i1}-\dfrac{Q}{G_i\rho_i c_{pi}}=55-\dfrac{50\times 3\ 600}{11\ 000\times 1.06\times 1.005}=39.64$ ℃；

出水口温度对数平均温度 $t_{o2}=t_{o1}+\dfrac{Q}{G_o\rho_o c_{po}}=33+\dfrac{50\times 3\ 600}{15\times 993.5\times 4.186}=35.96$ ℃；

$$对数平均温度\ \theta=\frac{(t_{i1}-t_{o2})-(t_{i2}-t_{o1})}{\ln\left(\dfrac{t_{i1}-t_{o2}}{t_{i2}-t_{o1}}\right)}=\frac{(55-35.96)-(39.64-33)}{\ln\left(\dfrac{55-35.96}{39.6-33}\right)}$$

$$=11.78\ ℃。$$

(iv) 换热面积计算

根据冷却器制造厂提供的参数及冷却器的结构设计，查 AWLJ－500/6 背包卧式冷却器相关参数：冷却管内水流速 $u=1.2$ m/s；迎风面空气流速 $u_k=6.5$ m/s。

查该冷却元件的热工性能曲线，其总换热系数 K 取 58 W/(m^2 · ℃)。冷却器换热系数见表 9-31。

根据式(9-36)计算冷却器所需换热面积 $S=\dfrac{Q}{K\theta}=\dfrac{50\times 1\ 000}{58\times 11.78}=73.2$ m^2。

(v) 冷却水量计算

按换热量为 50 kW、冷却器进口温度为 33 ℃、出口温度为 35.9 ℃，根据式(9-8)计算 $Q=14.8$ m^3/h。

根据以上计算结果，冷却器用水量为 14.8 m^3/h。每台电动机配置的空-水冷却器用水量取 15 m^3/h。

(vi) 管程数和传热管数计算

根据冷却器换热功率、电动机外形尺寸确定冷却管的管数和管程。管数的确定需综合考虑换热效果、生产成本和运行成本。从换热功率大而水压降小的角度考虑，管内水流速一般按 1～1.5 m/s 计算，选择合适的管数。管数过少则需要的用水量相应增大，运行成本高；反之管数过多，则生产成本增加。

在热交换器中，一种流体在管内流动，其行程称为管程，另一种流体在管外流动，其行程称为壳程。采用多管程的目的是使流体在管内依次往返流过多次，以提高管内流体的流速，从而增大管内膜传热系数，有助于换热强化，多管程与多壳程配合可使流体流动更接近于逆流换热。但随着管程数增多，流体的阻力会增大，平均温差降低；同时，管程数增多意味着隔板数量也相应增加，占去了部分排管的面积，即减少了传热面积，因此需综合考虑换热效果确定管程数。

根据传热管内径和流速确定单管程传热管数：$n=\frac{4Q}{\pi d^2 u}=\frac{4\times 15}{3\,600\times\pi\times 0.013\,5^2\times 1.2}=24.2\approx 24$。

按单管程计算，所需的传热管长度 $L=\frac{S}{\pi n d_o}=\frac{73.2}{\pi\times 24\times 0.014\,4}=67.4$ m。

按单管程设计，若传热管过长，则应采用多管程。根据电动机外形尺寸及冷却器定型产品规格，取传热管单根长 0.5 m，共计 25 根，即传热管长 $l=0.5\times 25=12.5$ m，换热器管程数 $N_i=\frac{L}{l}=\frac{67.4}{12.5}=5.4\approx 6$，传热管总根数 $\sum N=nN_i=25\times 6=150$ 根。

c. 复核计算

冷却器的实际换热面积：

$$S=\sum N(\pi d_o l)=150\times\pi\times 0.014\,4\times 12.5=84.8\ \text{m}^2>73.3\ \text{m}^2$$

即冷却器实际换热面积为 84.8 m^2，满足换热性能要求，且有 15.7%的换热裕度。冷却器计算结果汇总见表 9-32。冷却器选择背包卧式空-水冷却器(型式 2)，与 Y500－6 型卧式电动机相匹配，主要参数：冷却器用水量 15 m^3/h，冷却器进水温度≤33 ℃，冷却器出风温度≤40 ℃，工作水压 0.3～0.4 MPa，防护等级 IP54。

表 9-32　冷却器计算结果汇总

计算参数	计算结果	
内容	管程	壳程
介质	水	空气
流量/(m^3/h)	15	11 000
入口温度/℃	33	55
出口温度/℃	35.9	39.6
流速/(m/s)	1.2	6.5
污垢热阻/(m^2·℃/W)	0.000 172	0
基管规格/mm	ϕ14.4×0.9	
基管材质	T2	
换热系数/[W/(m^2·℃)]	58	

计算参数	计算结果		
管子排数 N_i	6	翅片间距/mm	1.71
每排管子数	25	对数平均温差/℃	11.76
管子总数$\sum N$	150	实际换热量/kW	50
管程流程数	6	换热面积/m^2	84.8
管间距/mm	34	换热富裕度/%	15.7
翅片外径/mm	25		

③ 改造措施

改造前管道强迫通风冷却方式如图 9-99 所示。电动机顶部安装排风管道，排风管道接至内河侧墩墙，通过墩墙上的排风机将热风排出，管程长，冷却效果差。

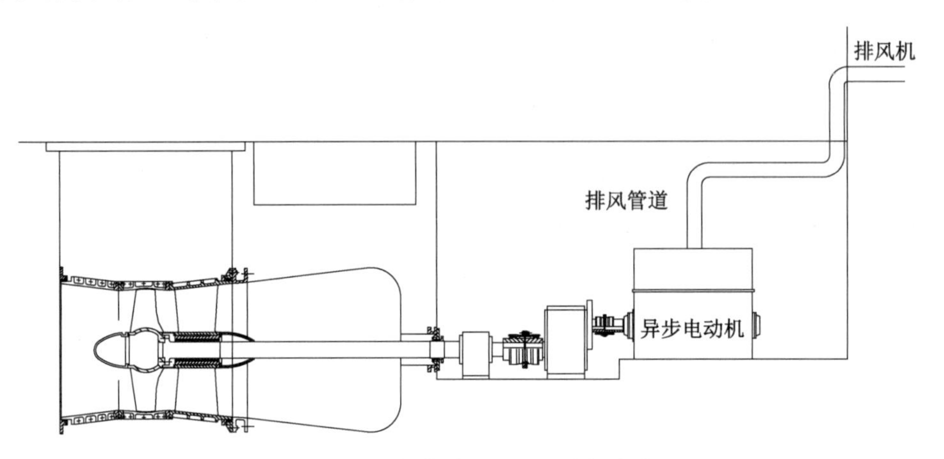

图 9-99　改造前管道强迫通风冷却方式图

a. 冷却方式改造

改造后，拆除排风管道及排风机，拆除电动机上部的防护顶罩。改造前电动机防护顶罩如图 9-100 所示。

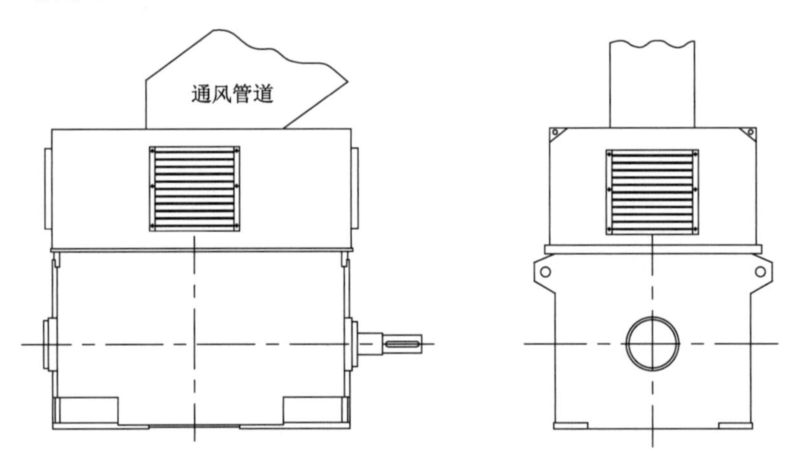

图 9-100　改造前电动机防护顶罩图

根据电动机外形尺寸及冷却水量要求定制空-水冷却器。冷却器外形尺寸：长 1 730 mm、宽 1 010 mm、高 1 250 mm，与电动机机座采用螺栓连接。冷却器的进风口和出风口与电动机的进风口和出风口相互对准，采用专用密封垫密封，要求密封性能好，使电动机内部形成一个封闭的循环系统。改造后电动机采用的空-水冷却器结构如图 9-101 所示。

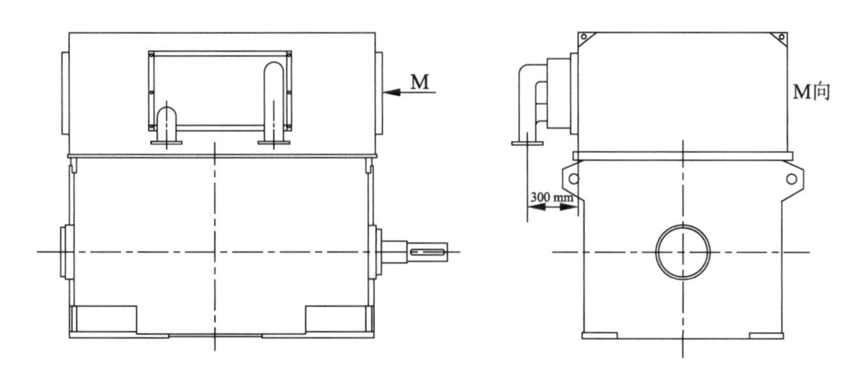

图 9-101 改造后电动机采用的空-水冷却器结构图

将冷却器的进、出水口布置于电动机主接线盒对面一侧，进水口位于下部，出水口位于上部。现场铺设供水管道，管道带有联接法兰，与冷却器的进水和出水口法兰采用螺栓连接。在进水管和出水管上装设温度传感器，现场显示进、出水温度，并将信号上传至计算机监控系统。

b. 电动机风路改造

对电动机内部进行风路疏通、清理和改造，对内风扇结构进行优化，以降低电动机运行时的温升。根据冷却器进风口和出风口位置，改变导风板型式，避免形成气流短路，使空气流动阻力减小，保证内部气流循环畅通，提高换热效率。

电动机采用径向对称内风路，由机座、端盖、内风扇挡风板、内风扇、转子轴向通风道、转子径向通风道和定子径向通风道组成。内风扇产生的风量主要对定子线圈端部及铁芯部位散热，定、转子铁芯设有径向通风道，铁芯和通风道宽度按一定比例间隔排列。内风路由两条并联的风路组成：一条风路由内风扇形成的风量经过定子线圈端部，对其进行冷却后形成热风，再经外冷却器降温后形成冷风流经内风扇重新循环；另一条风路由转子径向通风道形成的风量经过定、转子铁芯通风道，对定、转子表面进行冷却后形成热风，再经外冷却器降温后形成冷风流经转子径向通风道重新循环。

电动机热量损耗主要集中在定、转子铁芯部位，因此优化风路的重点是加强内风路铁芯部位的通风，增大其散热面积。改造步骤如下：

步骤 1：将电动机前后端盖打开，拆下前后端轴承，将转子和轴移出；使用自动清扫吹气装置对定子线圈端部及铁芯通风道等部位进行疏通、清理，对转子表面及铁芯通风道等部位进行疏通、清理。

步骤 2：原电动机内风扇的结构对线圈端部能进行有效散热，但对铁芯部位的散热作用小，需改变其结构。拆除原内风扇，改为机翼形扇叶铸铝轴流扇，机翼形扇叶在有限的空间内具有更高的通风效率，能产生更大的风量。

步骤 3：在内风扇轴向增加通风孔和隔风筒，电动机前后侧的两条并联内风路变成了混合并联内风路，使电动机内风路重新分配，将风扇形成的静压和动压直接作为转子通风道的起始风压，使转子通风道形成的风压与风扇形成的风压相互叠加，大大提高了定、转子通风道的流速，增强了铁芯的冷却效果，从而使电动机内部的通风散热能力得到提高，电动机温升降低。

步骤 4:根据外加空-水冷却器进风口和出风口位置,改变电动机内部导风板型式。原电动机流经定、转子通风道的风路长、风阻大,而流经线圈端部的风路短、风阻小,导致风量过多地从线圈端部通过,因此需增加线圈端部的风阻,使风量重新分配。即在机座上位于线圈端部的进风口处设置导风板,导风板采用圆弧形折弯导流板,将每个进风口分隔为两个不同风量的风路,一路风路导向线圈端部,另一路风路导向定、转子铁芯部位,减少流经线圈端部的风量,增大流经定、转子铁芯部位的风量,使内风路两条风路的风量与其带走的热量成正比。

通过以上 4 个步骤的改造,进一步增强了铁芯部位的冷却效果,提高了电动机内部的通风散热能力。

步骤 5:另外一种有效提高电动机通风散热能力的方法是通过改变铁芯和通风道宽度比例改善电动机通风散热能力。原电动机铁芯和通风道宽度按 40 mm,10 mm 间隔排列,现优化为 24 mm,6 mm 间隔排列,在不改变定、转子径向通风道总宽度的情况下,其散热表面积可增加 70%以上。根据传热基本方程式,电动机的传热能力与其通风散热面积成正比,因此定、转子铁芯的散热能力将明显提高。此改造方法涉及定、转子铁芯的重新加工,改造工作量大,难度也较大,改造成本高。

将 1 台电动机按前 4 个步骤改造,改造后现场进行安装调试,结合空-水冷却器的使用重新对机组进行测试,如果能达到预期的冷却效果,电动机运行温升和噪声明显降低,则后 4 台电动机按前述 4 个步骤改造;若冷却效果不明显,则全部 5 台电动机按照第 5 个步骤继续进行改造,以期达到良好的运行效果。

4. 电动机轴承结构改造

(1) 现状及原因分析

① 轴承结构型式现状

原电动机采用两轴承结构型式,即轴伸端轴承和非轴伸端轴承,轴伸端采用柱轴承 N330,非轴伸端采用球轴承 6330,电动机运行时噪声大,轴承温升高、使用寿命短。原电动机轴承配置示意如图 9-102 所示。

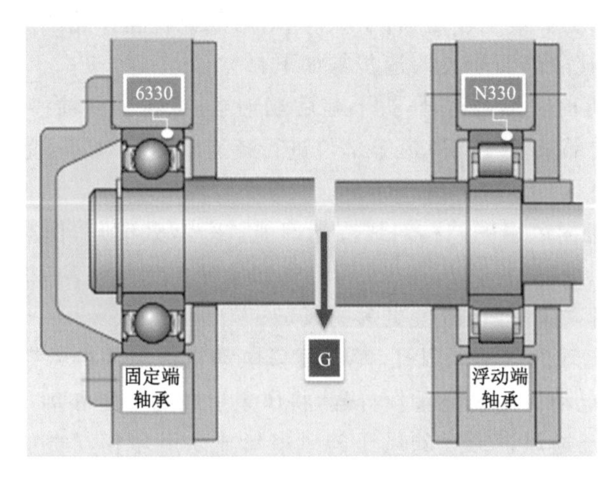

图 9-102　原电动机轴承配置示意图

② 问题产生原因初步分析

在原电动机设计中，由电动机转子、线圈绕组、深沟球轴承6330和短圆柱滚子轴承N330形成一个旋转系统，在实际运行中噪声大、轴承温升高，易出现轴承的早期失效。经过对现场电动机的检测和分析，发现造成电动机运行噪声大、轴承温升高的原因主要有以下5点：

a. 轴承抗不对中能力较差；

b. 电动机轴刚度不足，导致主轴弯曲，产生挠度；

c. 由于气隙不均匀产生额外的外力；

d. 由于对中不准确，产生额外的外力和端跳；

e. 由于动不平衡因素，带来额外的外力和端跳。

电动机运行时，上述因素都会使电动机转子产生挠度和端跳。由于转子和绕组自身的重量较重，主轴刚度不足会加大挠度，造成轴承更大的不对中。运转时轴承不对中示意如图9-103所示。

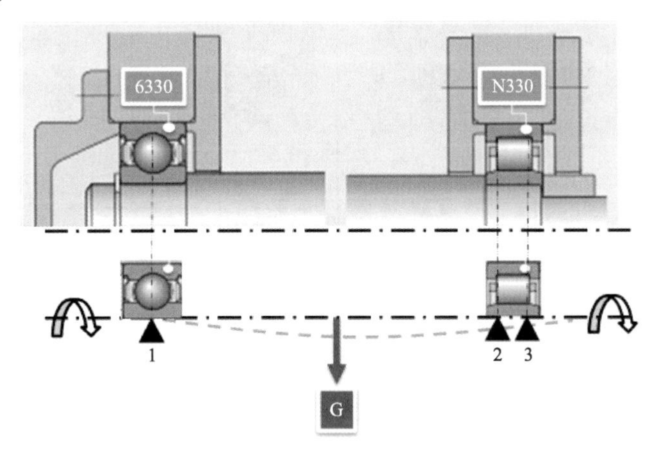

图9-103 运转时轴承不对中示意图

由图9-103可知，电动机在轴承不对中的情况下运转时，短圆柱滚子轴承对系统的刚度起到关键作用。另外，主轴挠度和动不平衡也是轴承产生噪声、发热、振动和应力集中的主要原因，其原理示意如图9-104所示。

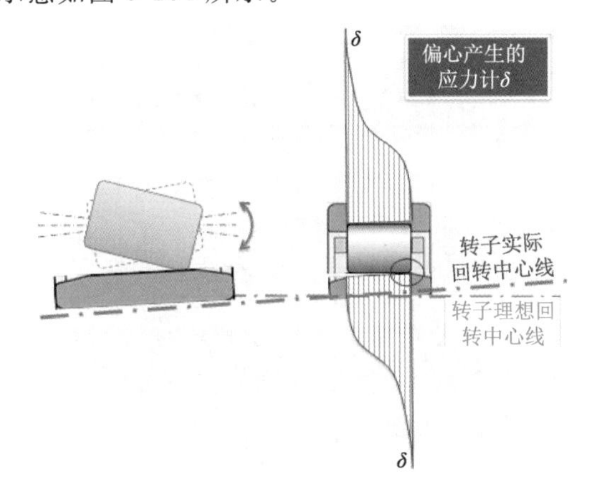

图9-104 偏心产生应力集中示意图

主轴挠度和偏心会导致滚子在沟道中滚动时不断跳动，而非平稳滚动，是形成噪声、温升和应力集中的主要原因。偏心也是造成轴承早期失效的主要原因。

(2) 结构改造

改变电动机的轴承结构，由原来的 2 轴承结构改为 3 轴承结构，以提升系统的刚度。采用 3 轴承结构：轴伸端采用一柱(NU228)加一球(6030)、非轴伸端采用一柱(NU228)的轴承结构，通过此方法对轴承进行改造可以减少主轴挠度和端跳，降低轴承因不对中产生的应力集中，从而降低电动机在轴承部位的机械损耗，提高电动机效率，同时也能达到减噪效果。改造前、后轴承布置对比如图 9-105 所示。

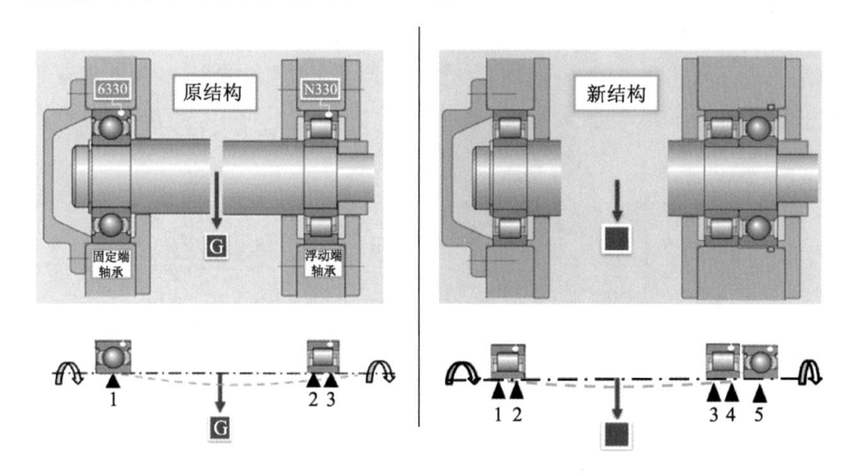

图 9-105　改造前、后轴承布置对比图

由图 9-105 可知，改造后，电动机轴伸端为一柱(NU228)加一球(6030)轴承由 3 点支撑、非轴伸端为一柱(NU228)轴承由 2 点支撑，整个轴系变为 5 点支撑，刚度得到改善，轴承使用寿命相应延长。

对短圆柱滚子轴承的廓形曲线进行优化处理，进一步增大滚子接触面，优化端部线型，优化前、后的轴承结构如图 9-106 所示。

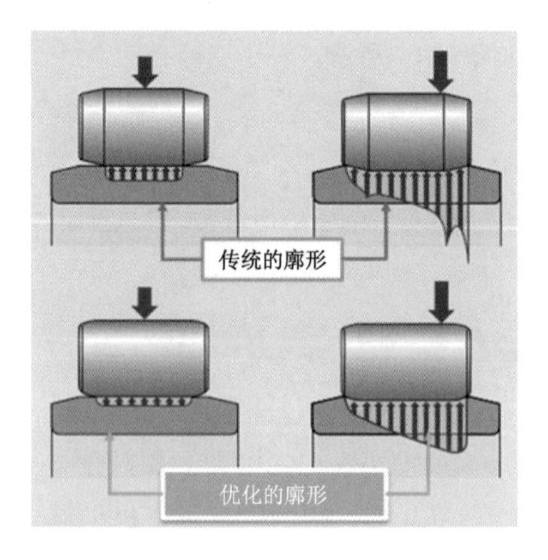

图 9-106　优化廓形曲线的短圆柱滚子轴承

由图 9-106 可知，优化廓形曲线后的短圆柱滚子轴承应力分布更合理，具有更大的承载能力，摩擦力矩降低，更易形成油膜，且能承受一定的不对中力矩，刚度得到提升，轴承使用寿命延长。同时，对短圆柱滚子轴承进行加强型设计，增加了滚子数量，滚子间距减小，使滚子尺寸相应加大，能进一步提升轴承径向承载能力。传统与加强型设计的短圆柱滚子轴承结构对比如图 9-107 所示。

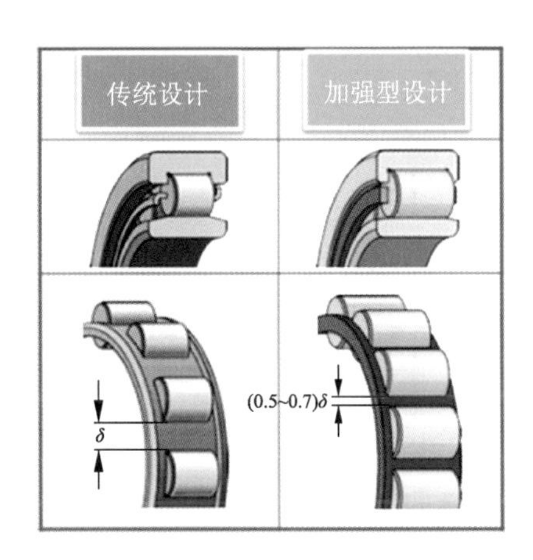

图 9-107　传统与加强型设计的短圆柱滚子轴承结构对比图

另外，保持架材料选择也是一个重要环节。滚动轴承在工作时，特别是在载荷复杂且高速旋转时，保持架需要承受较大的离心力冲击和振动，保持架和滚动体之间存在较大的滑动摩擦，并产生大量热。力和热共同作用的结果会导致保持架故障，严重时会造成保持架烧伤和断裂。因此要求保持架导热性高、耐磨性高、摩擦系数小，有较小密度，有一定的强度和韧性、较好的弹性和刚度，与滚动体相近的膨胀系数，以及良好的加工工艺性能。另外，保持架还要受到化学介质如润滑剂、润滑剂添加剂、有机溶剂和冷却剂等的作用。

保持架按材料划分主要有金属保持架和非金属保持架。钢保持架具有材料强度高、韧性好、易于加工等特点，所以在滚动轴承中被普遍采用，常采用碳素钢薄板冷冲压而成，通过热处理消除应力、恢复塑性；尼龙保持架具有良好的强度和弹性匹配，良好的滑动性能使保持架在运动时产生很小的摩擦，使轴承的发热量和磨损降到最低，且尼龙密度较低，保持架具有较小的惯性，极限转速高。采用尼龙保持架，可降低轴承运行时的噪声和温升；在运转温度较高场合可采用铜保持架，使轴承刚度进一步提升，轴承使用寿命延长。

改造步骤与方法如下：

① 拆除原电动机轴伸端和非轴伸端轴承，按原电动机主轴尺寸定制新轴承：轴伸端采用一柱（NU228）加一球（6030）轴承，非轴伸端采用一柱（NU228）轴承，形成 3 轴承结构体系。其中，短圆柱滚子轴承经廓形曲线优化，使滚子数量增加，进一步提升了轴承径向承载能力。改造前、后轴承结构对比如图 9-108 所示。

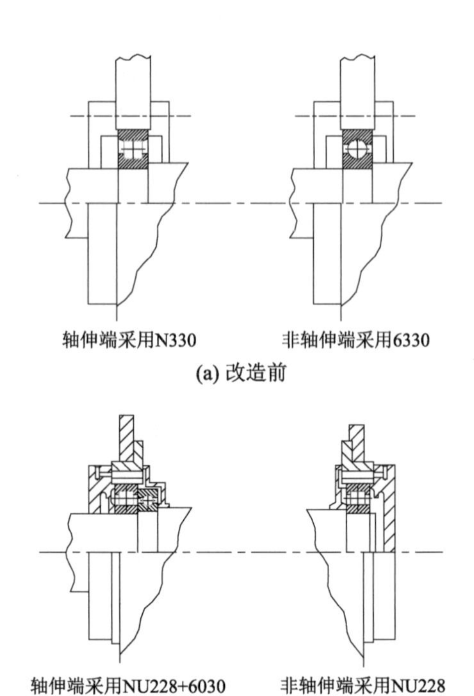

图 9-108　改造前、后轴承结构对比图

② 重新加工电动机主轴，轴伸端和非轴伸端轴承档之间部位及轴头尺寸不变，轴伸端和非轴伸端轴承部位按新轴承尺寸进行加工，加工图如图 9-109 所示。

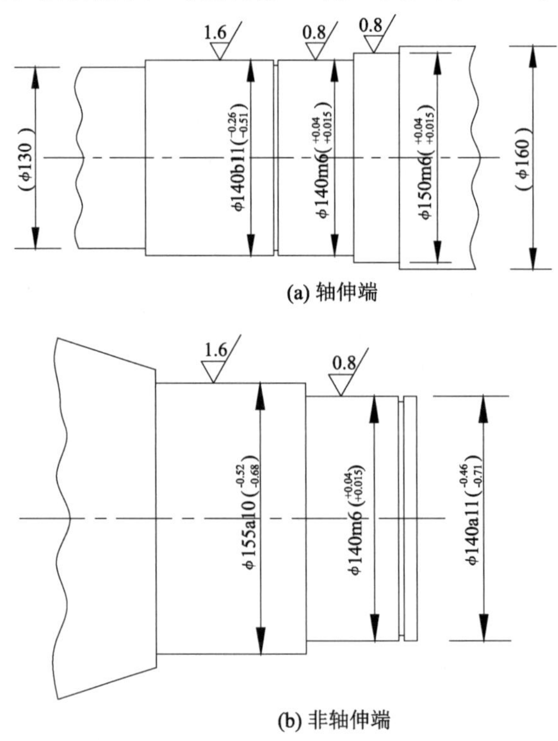

图 9-109　电动机主轴加工图(单位:mm)

③ 轴承体系和尺寸发生变化，轴伸端和非轴伸端的端盖重新进行制作加工，端盖采用 Q235A 钢板制作，加工图如图 9-110 和图 9-111 所示。

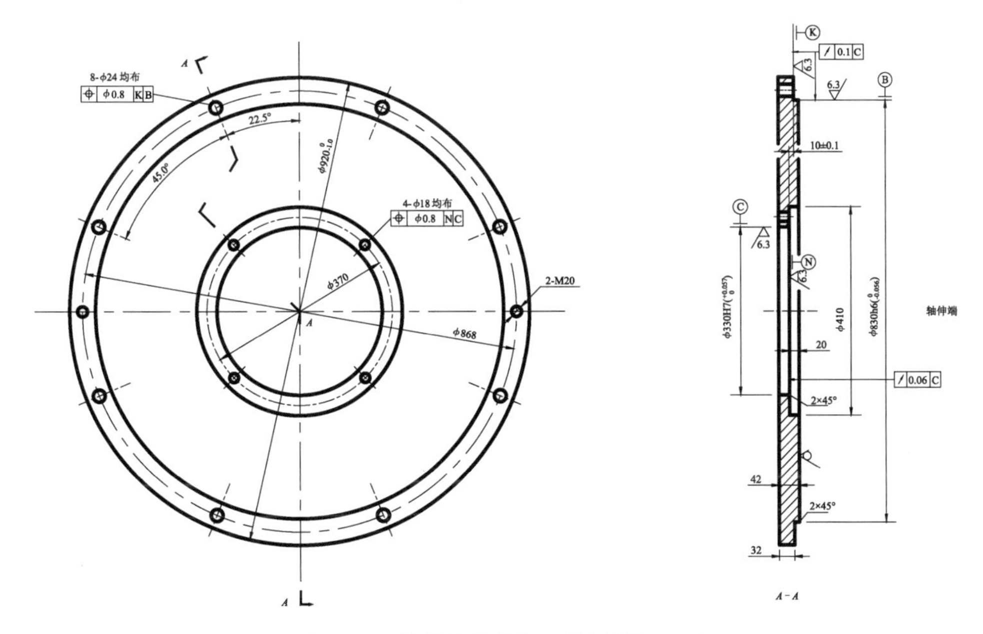

图 9-110　轴伸端端盖加工图(单位:mm)

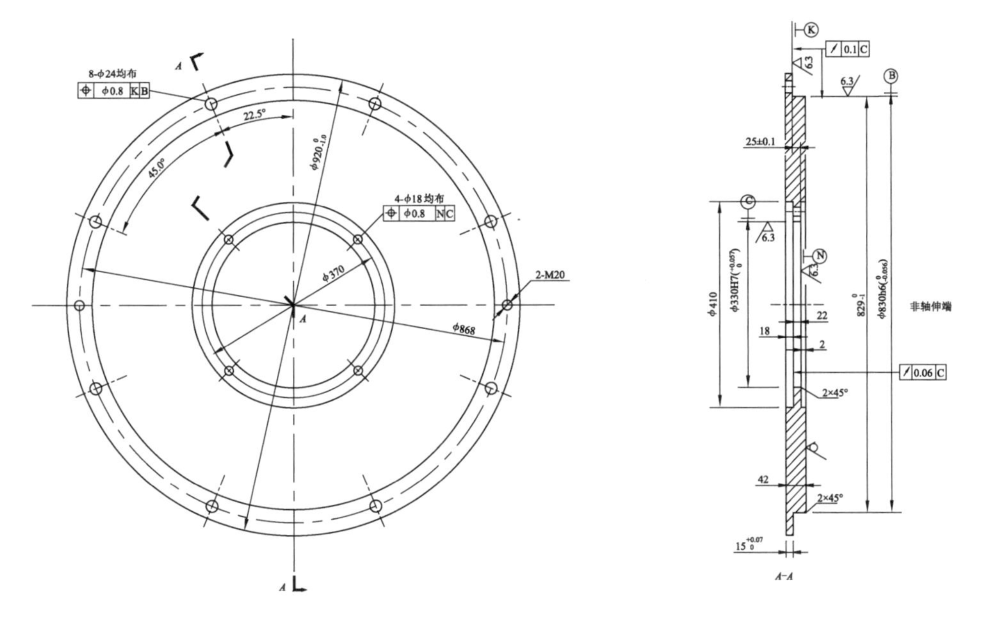

图 9-111　非轴伸端端盖加工图(单位:mm)

④ 3 轴承结构、电动机主轴及端盖加工完成后，进行整个轴系装配工作。装配前需在轴伸端和非轴伸端轴承各埋设 2 只单支测温元件(三线制 Pt100)，引线由轴承内部经端盖引出，用线夹固定在端盖及电动机外壳表面，信号线接入二次接线盒，具体布置如图 9-112 所示。

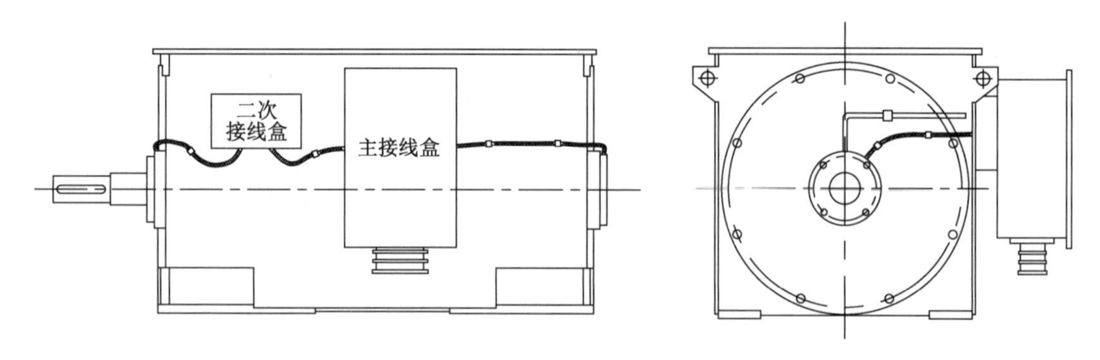

图 9-112　测温元件布置图

5. 推力轴承结构改造

(1) 现状及原因分析

秦淮新河泵站推力轴承箱安装于减速齿轮箱与水泵之间，原推力轴承采用油脂润滑、自然冷却，在夏季高温期间，推力轴承运行温度常超过 80 ℃，温度高不仅影响轴承的使用寿命，也加速了润滑脂的老化，严重时可能烧毁轴承。造成温升高的主要原因：一是电动机、减速齿轮箱及推力轴承箱位于狭小的空间中，电动机、减速齿轮箱及推力轴承在运行时会产生大量的热量，而其所处空间内无通风设施，致使周围的温度上升，影响了推力轴承的自然换热，导致轴承温度升高。二是泵站为双向运行模式，推力轴承箱中有 2 个推力调心滚子轴承和 1 个调心滚子轴承，轴承较多，轴承体加工精度低，加上现场安装调整过程中，难以将每个轴承的游隙保持在合理范围内，导致摩擦力矩加大，轴承偏工况运行，造成轴承温升很高。

(2) 结构改造

① 冷却水量计算

原推力轴承采用自然冷却方式，本次改造为水冷却方式，因此需对轴承冷却用水量进行计算。

轴承的摩擦损失在轴承内部转变为热量，致使轴承温度升高。轴承发热量按下式计算，即

$$Q=1.05\times10^{-4}Mn \tag{9-37}$$

式中，Q 为发热量；n 为轴承转速；M 为摩擦力矩，$M=0.5\mu Pd$，其中，μ 为轴承的摩擦系数，P 为当量动负荷，d 为轴承公称内径。

a. 当量动负荷

卧式机组轴向水推力和转动部件径向力是由推力轴承箱中的推力调心滚子轴承、调心滚子轴承和水泵水导轴承共同承担的，推力调心滚子轴承采用 29352E(推力轴承)，调心滚子轴承采用 23152CA(径向轴承)。

推力轴承承受的最大轴向力(水推力)：$F_a=10.2$ t$=100$ kN，承受的水泵径向力：$F_r\approx0$ t$=0$ kN，则当量动载荷：$P_{thr}=F_a+1.2F_r=100$ kN。

径向轴承承受的轴向力：$F_a\approx4.5$ t$=44$ kN(正常运转时为 0，按启动瞬间和反转时可能承受的轴向力计算)，承受的水泵径向力：$F_r=0.8$ t$=7.8$ kN(转子重量径向分力，由径

向轴承与水泵水导轴承共同承受)，计算系数：$e=0.31$，则当量动载荷：$P_{rad}=0.67F_r+(1.005/0.31)F_a=147.9$ kN。

推力轴承和径向轴承相关参数如表 9-33 所列。

表 9-33 轴承相关参数

轴承类型	摩擦系数 μ	内径/mm	外径/mm	厚度/mm
推力调心滚子轴承 29352E	0.0020～0.0030	260	420	95
调心滚子轴承 23152CA	0.0020～0.0025	260	440	144

推力轴承的摩擦系数 μ 取最大值 0.0030，则摩擦力矩 $M_{thr}=0.5\mu P_{thr}d=0.5\times0.0030\times100\times260=39$ N·m。

径向轴承的摩擦系数 μ 取最大值 0.0025，则摩擦力矩 $M_{rad}=0.5\mu P_{rad}d=0.5\times0.0025\times147.9\times260=48$ N·m。

b. 轴承发热量

根据式(9-37)计算得，推力轴承的发热量 $Q_{thr}=1\ 041.1$ W，径向轴承的发热量 $Q_{rad}=1\ 283.2$ W，则轴承总发热量为 2 324.3 W。

轴承冷却水量按式(9-38)计算：

$$G=\frac{1.88\times10^{-4}\mu dnP}{60c\gamma\Delta T} \tag{9-38}$$

式中，G 为冷却水量；μ 为摩擦系数；d 为轴承公称内径；n 为轴承转速；P 为轴承当量动负荷；c 为水的比热，4.2 kJ/(kg·℃)；γ 为水的密度；ΔT 为水的温升，取 5℃。

推力轴承的冷却水量为 2.96 L/min，径向轴承的冷却水量为 3.64 L/min，则轴承冷却水量为 6.6 L/min，即 0.396 m^3/h。每台机组推力轴承箱用水量取 0.4 m^3/h。

② 轴承结构改造

针对存在问题，主要采取两种措施改进轴承结构：一是用水冷却方式代替原来的自然冷却方式，轴承改用稀油润滑，解决轴承在换热过程中出现的温升高问题；二是调整轴承部件的内部结构，解决轴承游隙的问题。

推力轴承箱由底座、水箱、轴承座、轴承上盖、轴承端盖、油封压盖等组成，轴承箱内部转动部件为推力调心滚子轴承、调心滚子轴承、轴承衬套、水泵轴等，另设监控油温的温度传感器，油位指示标尺，水箱进、出水管等。推力轴承改造前、后的结构对比如图 9-113 所示。

轴承改造方法如下：

a. 将轴承润滑方式由油脂润滑改为稀油润滑，改善轴承润滑条件。

b. 增加外接水冷却，配合稀油润滑，使轴承产生的热量被快速带走。

c. 合理设计冷却水过流路径，最大限度增加热交换面积。在轴承体下部增加水箱，冷却水采用下进上出的形式，在水箱中增加一块隔板，使水箱在有限的空间内尽可能增加热交换面积，如图 9-114 所示。

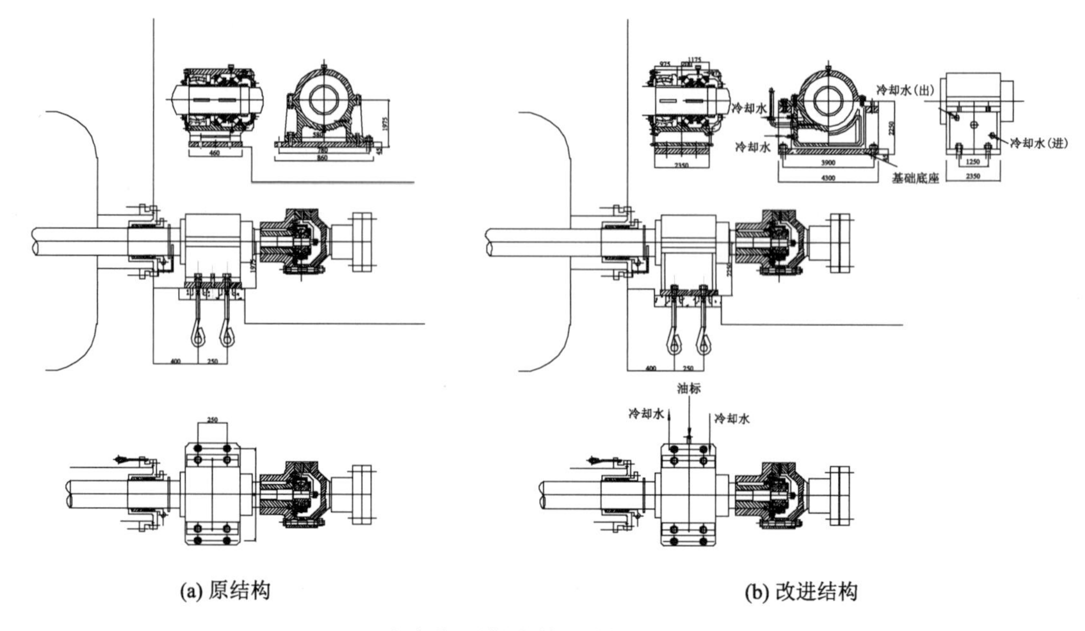

(a) 原结构　　(b) 改进结构

图 9-113　改造前、后推力轴承结构对比图(单位:mm)

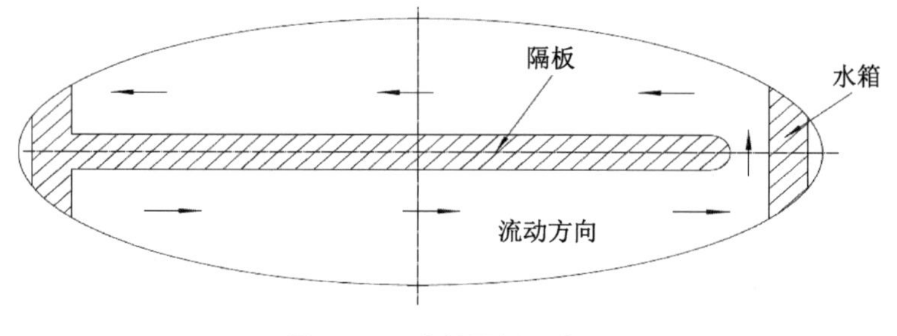

图 9-114　水箱隔板示意图

增加隔板后一方面可以迫使冷却水在水箱中形成一个完整的循环,另一方面也增加了换热面积。

d. 在推力调心滚子轴承端面增加预紧弹簧,控制轴承的游隙和轴承体零件的公差,使轴承游隙能够保持在合理的范围内,降低摩擦损耗,减少轴承发热量。

e. 增加杆式游标,以直观了解轴承油位。杆式游标靠近轴承体壳体布置,不伸出轴承体,防止零件碰坏。

因推力轴承靠近墙体,四周安装空间受限,增加水箱后若采用原来的底板和轴承体一体结构形式,现场无法满足安装精度要求。本次改造单独设置轴承底座,一方面可以最大限度地增加水箱容积,另一方面,泵站 5 台推力轴承地脚螺栓间距尺寸可能不尽相同,可以通过调整底座上的螺栓孔位置来满足不同安装要求。由于轴承高度增加、机组中心线高程保持不变,轴承座底下的混凝土支墩降低 55 mm。

6. 冷却供水方式改造

泵站原技术供水系统采用直接供水方式,由安装在翼墙上的潜水泵直接给供水系统供水,即采用传统的开式系统河水直供方式。其缺点是河道杂物、水生物及鱼类易堵塞取水口和滤水器，常导致系统腐蚀、结垢、菌藻滋生等问题，泵站运行可靠性得不到保证。

通过对板式热交换器换热技术供水系统、盘管式热交换器换热技术供水系统和风冷式冷水机组换热技术供水系统3种不同模式的系统能耗、可靠性、运行维护、安装检修及设备投资等方面的比较，认为采用风冷式冷水机组换热技术供水系统更适用于机组降温降噪改造工作。因此，对原技术供水系统进行改造，由直接供水方式改造为风冷式冷水机组换热技术供水方式。

(1) 冷却用水量统计

供水对象主要是电动机空-水冷却器、减速齿轮箱和推力轴承箱3部分，根据前述分析空-水冷却器用水量为15 m^3/h，推力轴承用水量为0.4 m^3/h，减速齿轮箱目前采用水冷却方式，用水量为0.48 m^3/h，工作水压为0.3～0.4 MPa。经统计，每台机组用水量为15.88 m^3/h，全站共5台机组，总用水量为79.4 m^3/h。

(2) 技术供水系统设计

根据上述参数要求，全站技术供水系统配1套循环供水装置和5套ZWLQ－20型水冷机组(1套备用)，系统主要由循环供水装置、冷水机组、管道及阀件、示流信号器、压力和温度监测传感器、显示仪表等组成。

① 循环供水装置

循环供水装置原理及功能见第9.3.3节，其结构如图9-115所示。其中2台立式多级离心泵的主要参数如下：

水泵　2台，流量80 m^3/h，扬程55 m。

电动机　2台，功率18.5 kW，电压380 V，防护等级IP55，B级温升，F级绝缘。

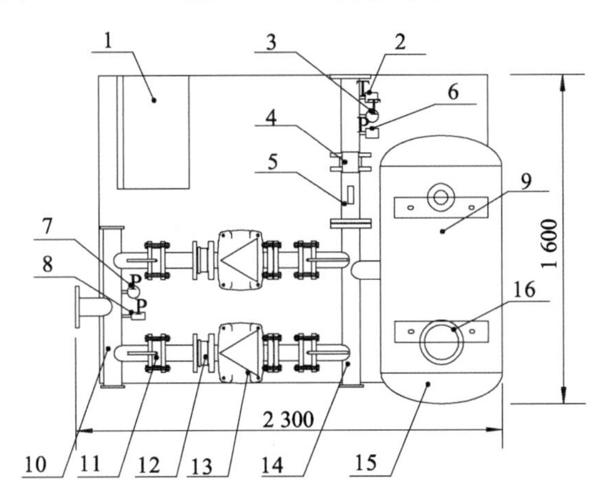

1—控制箱；2—温度传感器；3—温度表；4—电动调节阀；5—流量传感器；6—压力传感器；7—压力表；8—压力传感器；9—水位传感器；10—出水端排管；11—蝶阀；12—止回阀；13—水泵；14—回水端排管；15—稳流罐；16—电磁补水阀。

图9-115　循环供水装置结构图(单位：mm)

② 冷却器

采用风冷式冷水机组作为技术供水系统中的冷却器，型号为ZWLQ－20，单台冷却器水量为20 m^3/h，全站共选用5台冷却器，其中1台作为备用。

风冷式冷水机组由螺杆式压缩机、冷凝器、蒸发器、风机、膨胀阀及电控系统组成，装置外形如图 9-116 所示。冷凝器、蒸发器为二流程，采用翅片式紫铜管高效换热器，制冷剂采用 R22，配置低转速轴流风机，壳体采用 304 不锈钢材质。控制系统采用全自动微电脑控制，具备手动/自动切换，对吸排气压力、冷媒水、冷却水进出口温度等参数进行测量、控制和调节，显示运行时间，联动控制和制冷量控制等功能，具有压缩机高低压保护、过热保护、低水位报警、低水温防冰冻警报等安全保护功能；具备 RS485 通信接口，实现自动化管理。

主要技术参数：冷却水量 20 m^3/h，制冷量 78 kW，制冷负荷调节范围 10%～100%无级调节，温度调节范围 5～40 ℃，工作压力 0.3～0.4 MPa，总功率 22 kW。

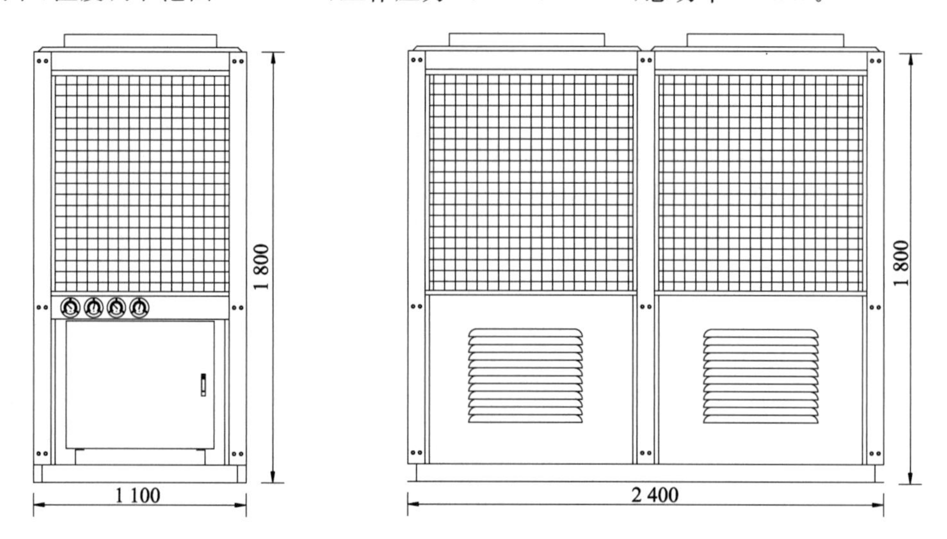

图 9-116　风冷式冷水机组外形图(单位：mm)

③ 供水水管

供水水管管径根据公式 $Q=vS=v\pi r^2$ 进行计算，则供水母管选用直径 DN125 供水管，支管选用直径 DN80 供水管。

④ 风冷式冷水机组技术供水系统

根据对冷却系统的仿真分析，将循环供水装置和冷水机组相结合形成一种恒温的闭式循环供水系统，该循环供水系统能提供满足机组水量和水压要求的冷却水，并使冷却水循环使用。循环冷却技术供水系统如图 9-92 所示。

循环冷却技术供水系统主要由 1 台循环供水装置、5 台冷水机组(1 套备用)、管道及阀件、示流信号器、压力和温度监测传感器、显示仪表等组成。

供水对象主要是电动机空-水冷却器、减速齿轮箱和推力轴承箱 3 部分，技术供水系统设供水母管和回水母管，从供水母管支接供水管道至空-水冷却器、减速齿轮箱和推力轴承箱；空-水冷却器、减速齿轮箱和推力轴承箱出水管道上分别装设示流信号器、温度监测传感器及显示仪表，三者汇合后接入回水母管。回水母管接入循环供水装置，装置设有变频器控制水泵转速，保证其出口压力达到管网压力设定值；装置设有流量传感器检测水量，控制电动流量调节阀使流量达到控制设定值。5 台冷水机组进、出口管道并联连接，其进口管道接入循环供水装置出口管道,其出口管道直接与供水母管连接,形成一个闭式循环系统。冷水机组控制系统采用微电脑控制,对进水管和出水管温度进行测量,根据预先设定的温度值(或温差)进行联动控制和调节,控制每台冷水机组的制冷量和投入台数,实现不同环境温度条件下的进、出水温度可设定、控制和调节。

(3) 技术供水系统改造

将冷水机组安装于泵站内河南侧翼墙平台上,5 台冷水机组呈"一"字形间隔 1 m 排列,底部支离地面 10 cm。室外所有管道采用保温材料包封,供水母管和回水母管均采用直径 DN125 供水管,上下间隔 40 cm 排列固定于南侧挡墙,5 台冷水机组进、出口管道并联连接,分别接入供水母管和回水母管;供水母管和回水母管沿挡墙、边墩由胸墙处进入室内,供水母管沿主厂房东侧墙体电机井上部位置由 1# 机组向北侧铺设至 5# 机组电机井处,回水母管接入南侧控制楼一楼内的循环供水装置,经循环供水装置后其出水管道接至冷水机组进水管,形成一个闭式循环系统。在每台机组电机井中部由供水母管支接一路 DN100 进水管道至电机井底部,再以 DN80 管道沿地面铺设接至电动机空-水冷却器、DN25 管道接至减速齿轮箱、DN25 管道接至推力轴承箱;空-水冷却器、减速齿轮箱和推力轴承箱出水管道上分别装设示流信号器、温度传感器及显示仪表,三者出水管道汇合后按原路径返回接入电机井上部回水母管。每台机组电机井里管道铺设方式相同。

更新改造完成后的技术供水系统如图 9-117 所示。

(a) 电动机空-水冷却器及供水管路

(b) 减速齿轮箱供水管路

(c) 推力轴承箱供水管路

(d) 室外冷水机组

(e) 循环供水装置

图 9-117　更新改造后的技术供水系统

9.4.5　更新改造效果

秦淮新河泵站实施全面更新改造，通过现场测试机组运行时的温升、噪声、效率等参数，并与技术改造前的测量参数进行比较，分析机组降温、降噪技术改造效果，以及改善泵站运行环境，提高机组综合效率。

统计机组改造前、后的运行数据，相关数据(相近工况下 3 d 平均值)对比如表 9-34 所列。

表 9-34　机组改造前、后运行数据对比

项目	改造前	改造后	差值
扬程/m	0.96	0.98	−0.02
流量/(m^3/s)	11.74	11.65	0.09
有功功率/kW	318	302	16
噪声/dB	91	85	6
减速齿轮箱轴承温度/℃	69	51	18
减速齿轮箱油温/℃	64	47	17
推力轴承瓦温/℃	80	53	27
推力轴承油温/℃	72	48	24
轴伸端轴承温度/℃	76	61	15
非轴伸端温度/℃	70	54	16
三相绕组温度/℃	97	71	26

1. 机组效率

秦淮新河泵站为双向泵站，安装 5 台 1700ZWSQ10 - 2.5 双向卧式轴流泵，配套 Y500 - 6 卧式异步电动机，采用 B2SH11 减速齿轮箱传动，传动比为 3.89。电动机额定功率为

630 kW,电压等级为 10 kV,额定转速为 989 r/min。泵站正、反向设计流量为 50 m^3/s,正向设计扬程 2.5 m,反向设计扬程 2.0 m。

泵站夏季主要为灌溉运行(正向),水泵原型装置正向通用性能曲线如图 9-88a 所示,影响机组效率的主要为水泵效率、电动机效率和减速齿轮箱传动效率。主机组系统损耗可由水泵配套电动机的输入功率计算得出,电动机输入功率由开关柜仪表读出。

电动机在将电能转化为机械能的过程中会产生铜损、铁损(磁滞损耗、涡流损耗等)、机械摩擦损耗及附加损耗(风阻损耗等),这些损耗影响电动机的效率。铜损随负载的变化而变化;铁损与负载无关,由电动机自身特性决定。提高电动机效率主要从降低机械摩擦损耗及附加损耗两方面进行。电动机轴承由原来的 2 轴承结构改为 3 轴承结构,刚度得到提升,减少了轴的挠度和端跳,提升了轴承的径向承载能力,从而减少了电动机在轴承部位的机械损耗,提高了电动机效率。电动机附加损耗主要是风阻损耗,对内风扇结构进行改造,对电动机内部进行风路疏通、清理和改造,减少风路中的障碍物,使风路变得平缓顺畅,降低风道粗糙度、缩短风路长度。通过以上措施,机组运行效率提高了约 2 个百分点。

2. 机组噪声

改造前机组运行期间厂房噪声达 90 dB 以上,噪声源主要来自异步电动机及其散热风机。

电动机噪声分为 3 类:电磁噪声、机械噪声和空气动力噪声。

电磁噪声由电动机气隙中定、转子磁场相互作用产生,定子铁芯和机座周期性变形引起振动产生噪声,电磁噪声大主要是因为磁路不平衡,定、转子气隙不均匀,气隙磁场存在高次谐波分量等。本次改造未涉及电动机定、转子,主要从机械噪声和空气动力噪声两方面进行。

机械噪声包括转子机械不平衡形成离心力引起振动产生的噪声和轴承振动产生的噪声。本次改造的主要措施是改变电动机轴承结构,将 2 轴承结构改为 3 轴承结构:原电动机轴伸端柱轴承 N330 由 2 点支撑、非轴伸端球轴承 6330 由 1 点支撑,整个轴系由 3 点支撑,刚度不足,转子运转产生挠度和端跳,在实际运行时轴承机械损耗大、噪声大、温升高。改造后,电动机轴伸端为一柱(NU228)加一球(6030)轴承,由 3 点支撑;非轴伸端为一柱(NU228)轴承,由 2 点支撑,整个轴系变为 5 点支撑,刚度得到提升,减少了轴的挠度和端跳,降低了电动机在轴承部位的机械损耗,达到减噪效果。电动机轴承结构改变后需重新加工轴承,轴承自身的加工精度要求高,如轴承内圈径向偏摆、套圈椭圆度、滚动体椭圆度、保持架间隙及滚道表面波纹度等的制造精度需得到保证;另外轴承的安装配合精度要求也高,主要包括轴承与端盖、轴承与转轴轴承档的配合精度,需对轴承端盖及轴承档重新进行设计及加工,以减少振动、降低噪声。

空气动力噪声包括电动机内风扇、旋转的转子和气流沿风路流动时形成的气流噪声。本次对内风扇结构进行改造,以及对电动机内部进行风路疏通、清理和改造。内风扇采用机翼形扇叶铸铝轴流扇,风扇轴向设置通风孔和隔风筒,进风口处设置导风板,导风板采用圆弧形折弯导流板。轴流式风扇所产生的噪声比径向风叶离心式风扇的要低,适当减小风扇外圆与定子之间的间隙,减小风叶进风口和出风口角度,减少风路中的障碍物,使风路变得平缓顺畅，这些措施有效降低了通风噪声。另外，本次改造拆除了排风管道及散热风机，取消了噪声叠加源，机组运行时现场测试噪声为 85 dB，降噪效果明显。

3. 机组温升

改造前电动机采用管道强迫通风冷却方式，电动机顶部安装排风管道，排风管道接至内河侧墩墙，通过墩墙上排风机将热风排出，管程长，冷却效果差。在夏季高温期运行时，由于厂房内外环境温度高，电动机进风口与出风口温差小，热交换效果差，导致电动机温升大，运行时定子绕组温度达 100 ℃以上，推力轴承运行温度常超过 80 ℃。

采取的机组降温措施主要是将电动机强迫通风冷却方式改为空-水冷却器冷却、电动机轴承结构由 2 轴承结构改为 3 轴承结构、推力轴承自然冷却方式改为底部环绕式水冷却方式，同时将泵站技术供水系统改为风冷式冷水机组技术供水系统。该供水系统设有供水装置使冷却水可循环使用，热水经风冷式冷水机组冷却后由循环水泵加压送入供水母管，由支管分配至每台机组的减速齿轮箱、推力轴承和电动机，各用水对象排出的热水汇入回水母管，再进入风冷式冷水机组的蒸发器与冷媒介质换热冷却形成闭式循环。由于供水系统中的冷却器采用冷水机组，其进、出水温度可控制，在不同的使用条件下控制冷水机组的制冷量可使用水对象进、出水温差基本保持稳定，提供满足流量和压力要求的冷却水，满足各用水对象冷却要求。

经测量，改造前电动机三相绕组平均温度为 97 ℃(A 相最高为 106 ℃)，改造后电动机三相绕组平均温度为 71 ℃(A 相最高为 75 ℃)，温度降幅达 26～31 ℃；另外，改造前推力轴承瓦温为 80 ℃，改造后为 53 ℃，温度降低 27 ℃；改造前电动机轴伸端轴承温度为 76 ℃，改造后为 61 ℃，温度降低 15 ℃。通过以上数据对比可知，冷却方式改造后的机组降温效果明显。

4. 结论

通过秦淮新河泵站轴伸式贯流泵机组降温降噪技术专题研究，以及机组改造，将电动机由强迫通风冷却方式改为空-水冷却器冷却方式，由 2 轴承结构改为 3 轴承结构，将推力轴承自然冷却方式改为底部环绕式水冷却方式；同时对机组冷却供水方式进行改造，采用循环冷却供水系统，有效降低了机组温升及噪声，减少了电动机轴承机械损耗，提高了机组运行效率。该项技术可以在类似泵站的更新改造中推广应用。

9.5 本章小结

水平轴伸式贯流泵装置是适合于低扬程和特低扬程泵站单向及双向运行的一种装置型式，由于电动机及其传动设备均布置在开敞的空间，对通风、冷却及防潮等均较有利。对工程设计中关键技术的研究和工程应用实践表明：

① 根据不同地质条件和工场布置要求，平面轴伸式和立面轴伸式的泵装置型式，以及电动机布置在进水侧和出水侧均能取得较佳的水力条件，具体的装置型式和电动机布置位置主要取决于水工结构和设备运行维护的便利性。

② 水平轴伸式贯流泵装置的出水弯管是影响装置性能的主要部位，而该部位又与机组的结构型式密切相关，根据具体泵站的运行要求，采用 CFD 模拟与内部流场测试相结

合的方法，能够有效改进装置流态，提高装置运行性能。

③ 贯流式机组的循环冷却水系统开发以及根据工程实例对冷却效果的数值模拟，表明采用循环冷却供水系统是满足贯流泵式机组安全、可靠运行的新型辅助设备系统，其在技术改造中的应用显著降低了机组不同部位的温升，可以在不同型式的泵站中推广应用，实现环保、节能的目标。

④ 轴伸式贯流泵机组的噪声源主要来自电动机、轴承等部位，通过改进电动机通风型式和轴承的结构等创新性技术措施，能够有效降低运行噪声，为泵站运行创造舒适的工作环境，提高机组运行稳定性。

参考文献

[1] 张仁田，周伟，卜舸．低扬程泵及泵装置设计理论方法与实践[M]．武汉：长江出版社，2021.

[2] 吴东磊，郑源，薛海朋，等.轴伸贯流泵多工况下的压力脉动特性[J].排灌机械工程学报，2021，39(3)：244－250.

[3] 张付林，郑源，李城易，等．双向轴伸泵装置反向运行流动及振动特性研究[J]．工程热物理学报，2020，41(10)：2452－2459.

[4] 郑源，李城易，顾晓峰，等．S型弯管对双向轴伸泵性能及稳定性的影响[J]．工程热物理学报，2019，40(2)：319－327.

[5] 蒋小欣，王玲玲，郑源，等．特低扬程泵站水力性能研究[J].水利水电科技进展，2007，27(5)：10－13，89.

[6] 江苏省秦淮河水利工程管理处，江苏省水利勘测设计研究院有限公司.大型卧式轴流泵降温降噪技术研究和应用技术报告[R].2019.

[7] 南水北调东线江苏水源有限责任公司，江苏省水利勘测设计研究院有限公司.大中型电动机冷却水系统研究技术报告[R].2017.

[8] 王冬生，孙勇．大型卧式轴流泵检修与安装[M].北京：中国水利水电出版社，2019.

[9] 江苏省水利勘测设计院．秦淮新河泵站初步设计报告[R].1982.

[10] 江苏省水利勘测设计研究院有限公司．秦淮新河泵站更新改造初步设计报告[R].2005.

10 斜轴伸式贯流泵装置关键技术

10.1 斜 15°轴伸式贯流泵装置优化设计与性能研究

10.1.1 研究背景

某特低扬程大型排涝泵站，设计扬程 0.81 m，最高扬程 5.01 m，最低扬程 0 m。总排涝流量 139.26 m^3/s，共装设 6 台套 2800ZXB－3 型斜 15°轴伸式半调节轴流泵，水泵叶轮直径 2 350 mm、额定转速 178.6 r/min，单机设计流量 23.5 m^3/s，电动机配套功率 1 600 kW，采用减速齿轮箱传动。斜 15°轴伸式贯流泵装置的立面图及流道型线尺寸如图 10-1 所示。

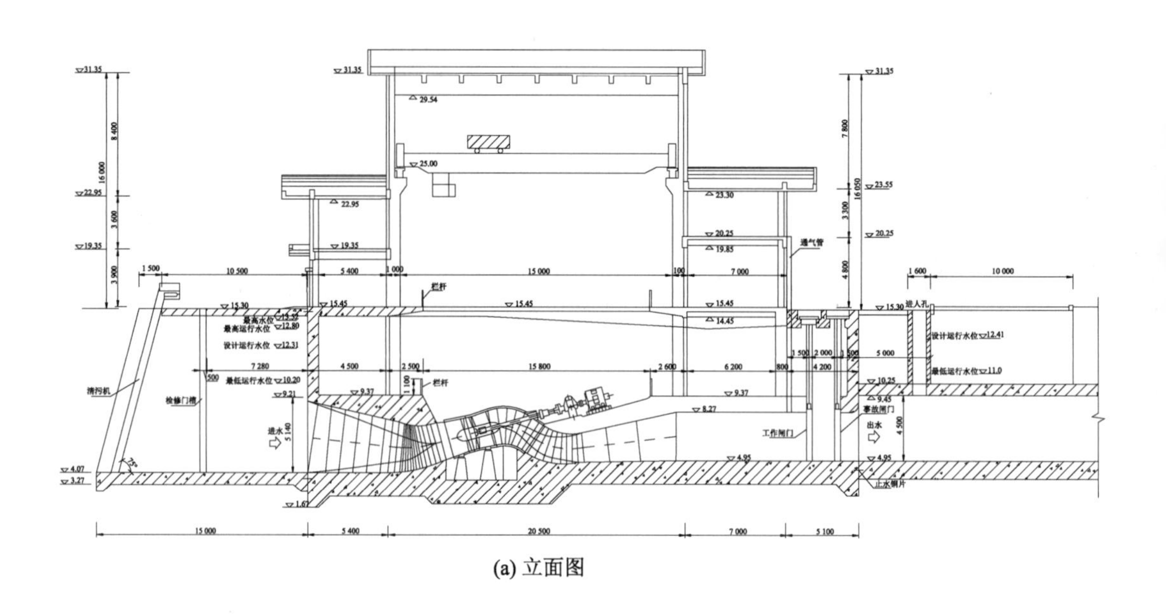

(a) 立面图

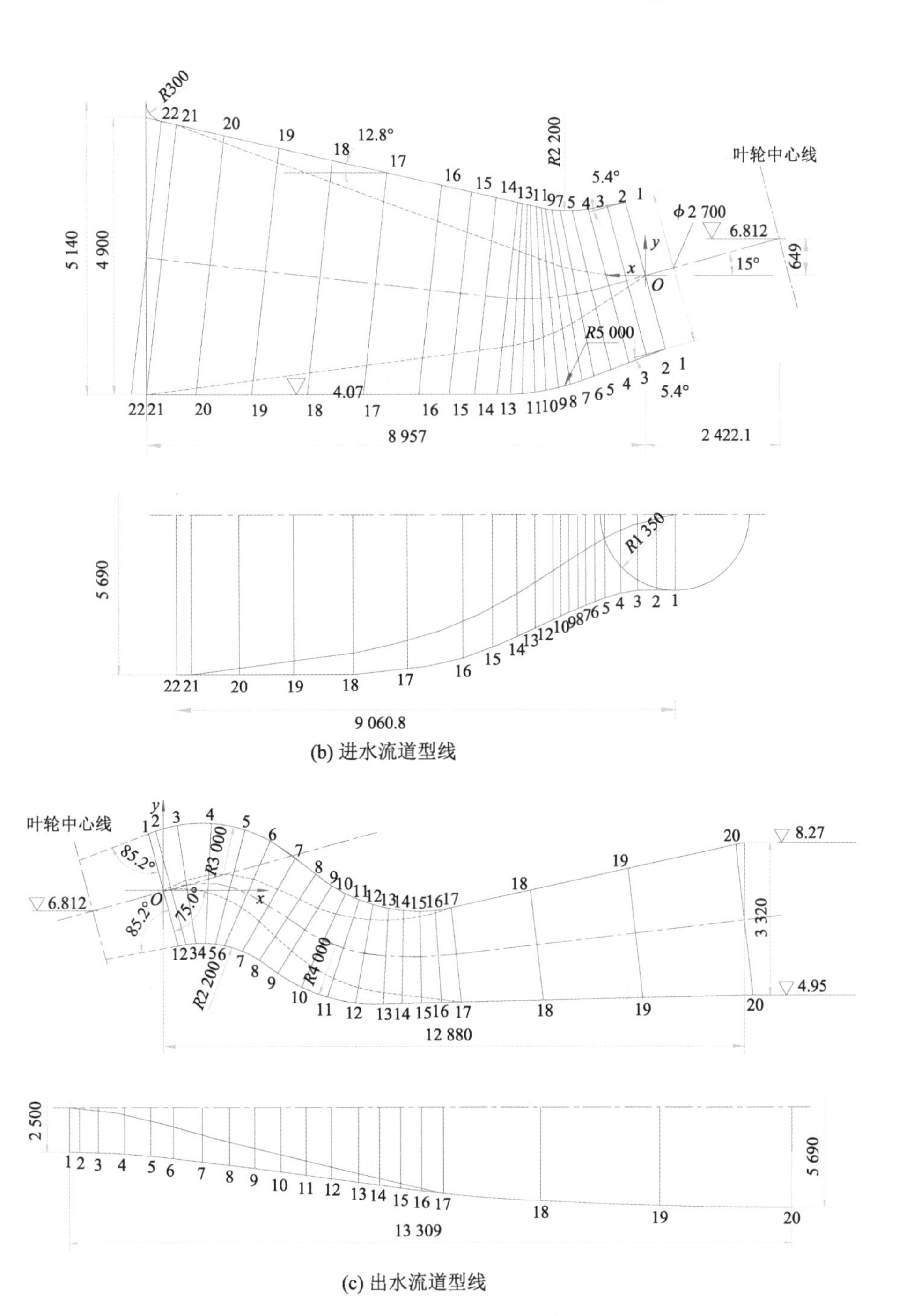

(b) 进水流道型线

(c) 出水流道型线

图 10-1　斜 15°轴伸式贯流泵装置的立面图和流道型线尺寸(长度单位:mm)

10.1.2　数值模拟研究

由于斜轴伸式轴流泵装置流道的特殊性,如何使水流平顺地进入水泵叶轮,出水流道又如何更好地回收水泵出口水流的动能、减少水力损失,这些都要求进行良好的水力设计,以达到装置性能最优的目标。在该装置型式的流道设计中,主要是确定经济合理的流

道长度、流道弯曲程度，以及进、出水流道的收缩角、扩散角等几何参数。采用 ZM3.0 - Y991(TJ04 - ZL - 23)水力模型，按照叶轮直径 300 mm、转速 1 399 r/min 进行模型装置数值模拟研究，不同部件的三维造型如图 10-2 所示。

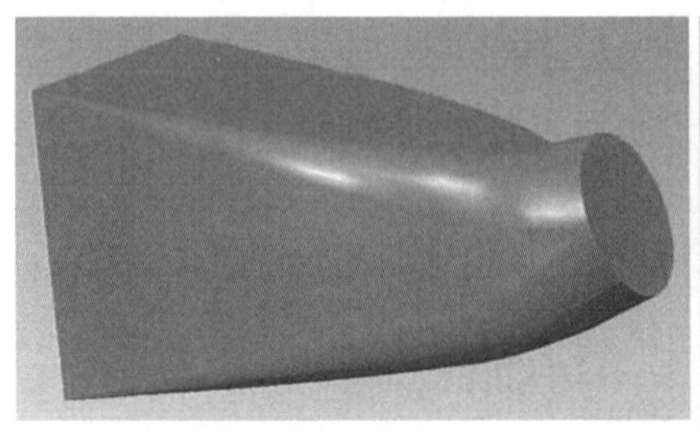

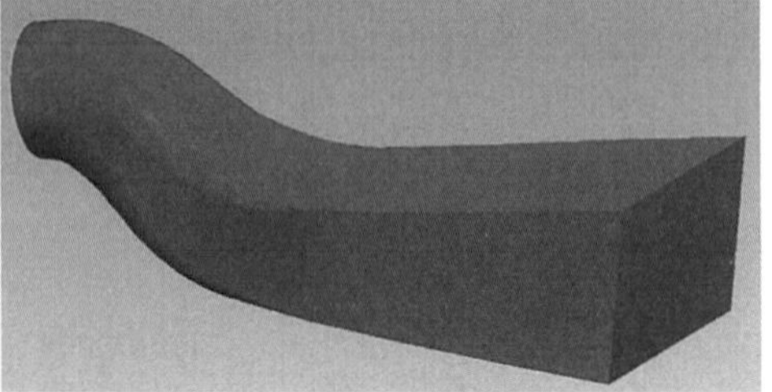

(a) 进、出水流道

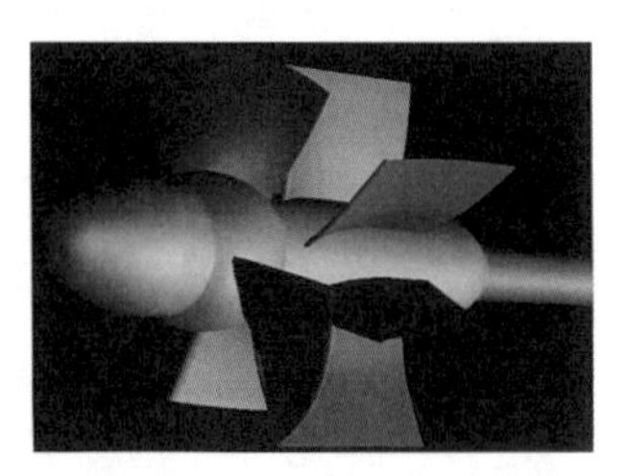

(b) 水泵叶轮、导叶

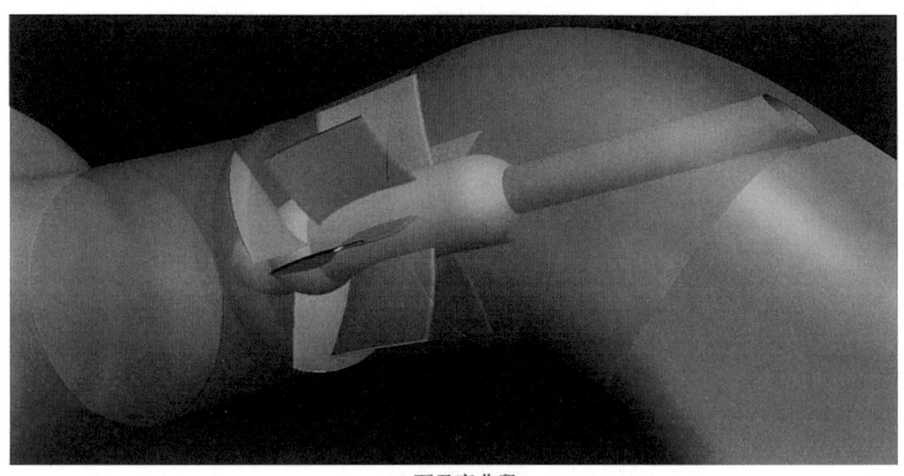

(c) 泵及弯曲段

图 10-2　斜 15°轴伸式模型泵装置造型图

1. 无泵流道数值模拟

(1) 进水流道流态分析

进水流道的网格剖分如图 10-3a 所示，设计工况下的纵剖面流速矢量和流线图如图 10-3b 至图 10-3d 所示；对应图 10-1b 的特征断面等流速分布如图 10-4 所示。从图中可以发现，在设计工况(H=0.81 m，Q=394 L/s)下，前池水流经过斜 15°进水流道调整后至水泵进口时流速分布已经均匀，满足水泵吸入口入流条件，流道流线平顺、无漩涡回流，流道型线设计合理。进一步分析表明，在不同流量工况下仍水流平稳、流线平顺、无漩涡回流，水泵进口处水流能满足水泵吸入口入流条件。当流量在 0.6～1.4 倍设计流量范围内变化时，水流均匀度和入流角数值变化较小，水泵叶轮进口水力条件较好。同时计算结果也表明进水流道的水力损失很小，性能良好。

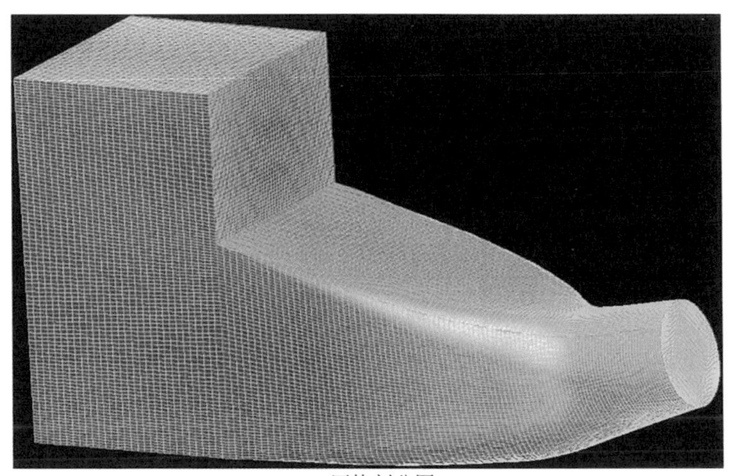

(a) 网格剖分图

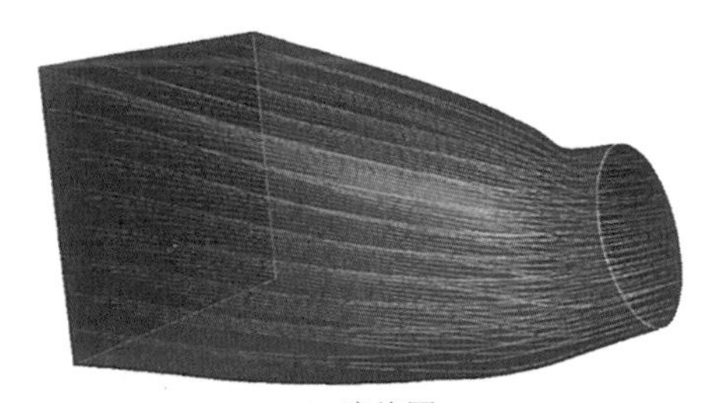

(b) 流线图

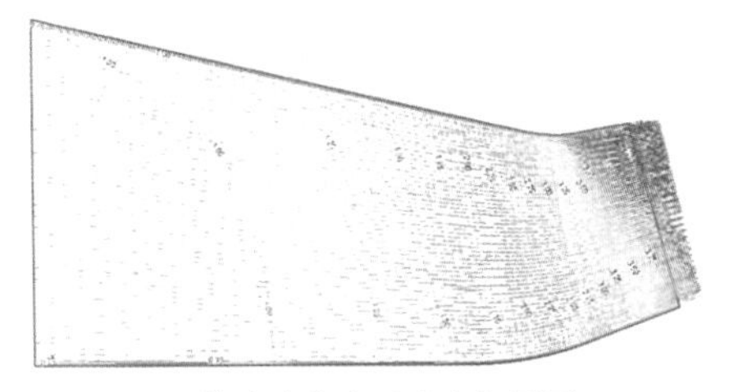

(c) 等流速分布及速度矢量图

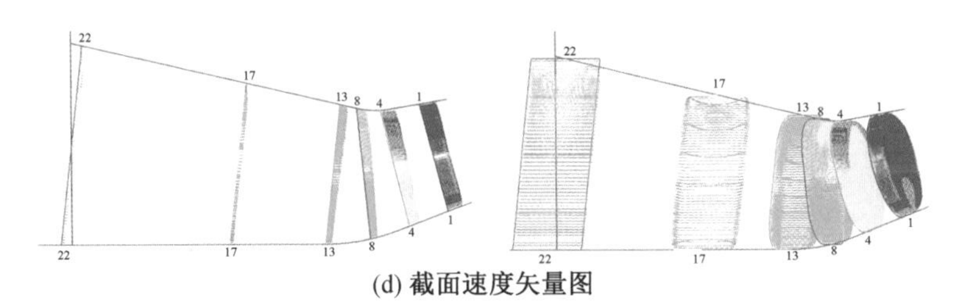

(d) **截面速度矢量图**

图 10-3　设计工况下进水流道纵剖面流速矢量和流线图(单位:m/s)

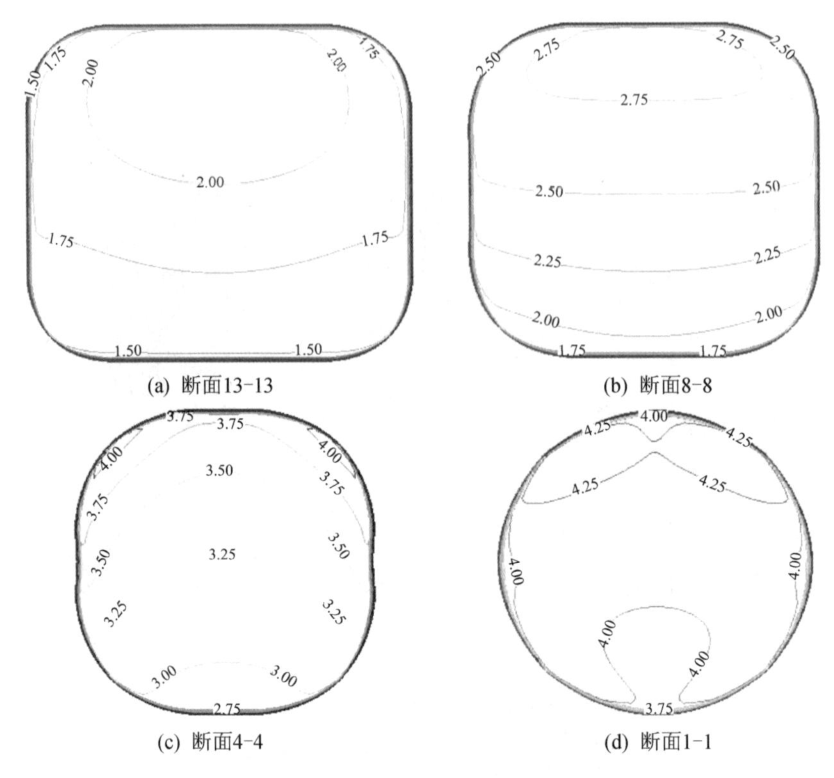

(a) 断面13-13　(b) 断面8-8

(c) 断面4-4　(d) 断面1-1

图 10-4　设计工况下进水流道特征断面等流速分布(单位:m/s)

根据5个不同流量工况下的数值模拟结果,得出进水流道出口断面的数据,采用式(1-1)和式(1-2)计算后得到流速均匀度和平均入流角,如表10-1和图10-5所示。

表 10-1　进水流道出口断面的流速均匀度和平均入流角

相对流量 q	$0.6Q_d$	$0.8Q_d$	$1.0Q_d$	$1.2Q_d$	$1.4Q_d$
流速均匀度 v_u/%	96.99	96.98	97.12	97.04	97.11
平均入流角 $\bar{\vartheta}$/(°)	60.52	60.67	60.96	60.51	60.55

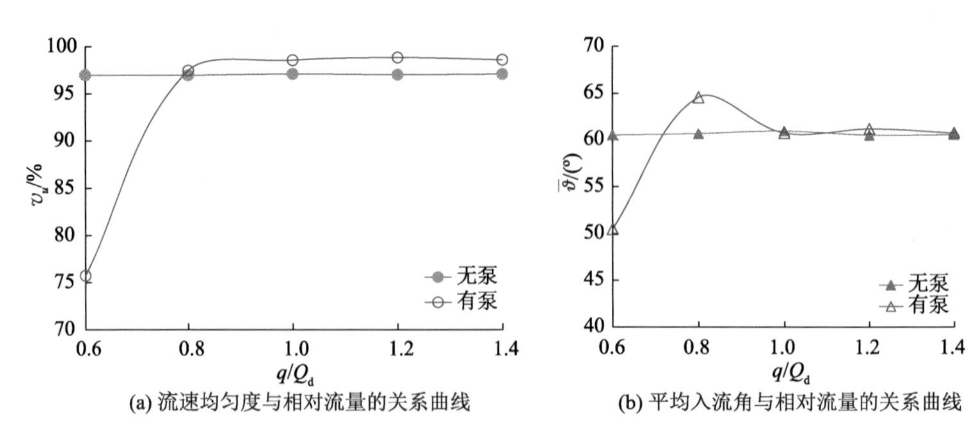

(a) 流速均匀度与相对流量的关系曲线　(b) 平均入流角与相对流量的关系曲线

图 10-5　流速均匀度和平均入流角与流量的关系曲线

（2）出水流道

出水流道的网格剖分如图 10-6a 所示，设计工况下的纵剖面速度矢量和流线图如图 10-6b 至图 10-6d 所示；对应图 10-1c 的特征断面等流速分布如图 10-7 所示。设计流量工况下的数值模拟结果表明，斜 15°出水流道的流线平顺、无漩涡回流、水力损失小，出水流道的型线设计合理。与进水流道类似，在流量变化时出水流道仍能很好地满足出水要求。

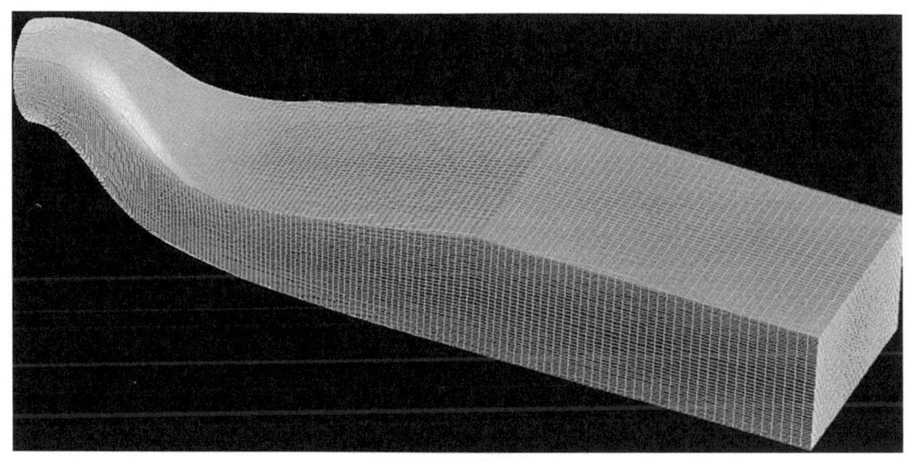

(a) 网格剖分图

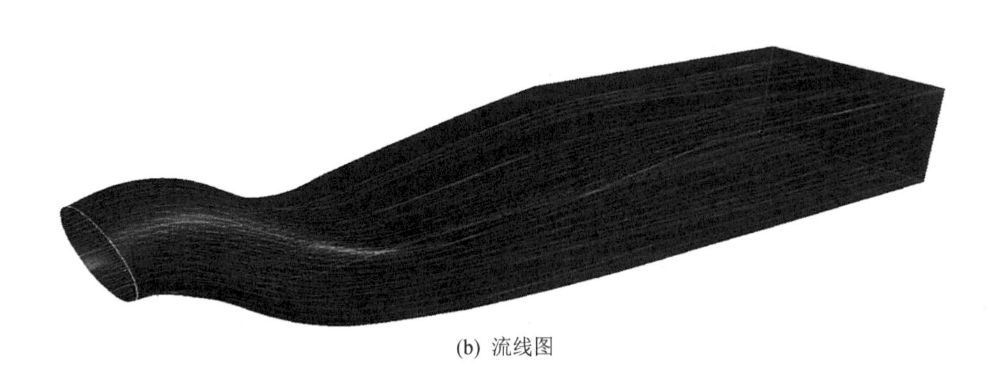

(b) 流线图

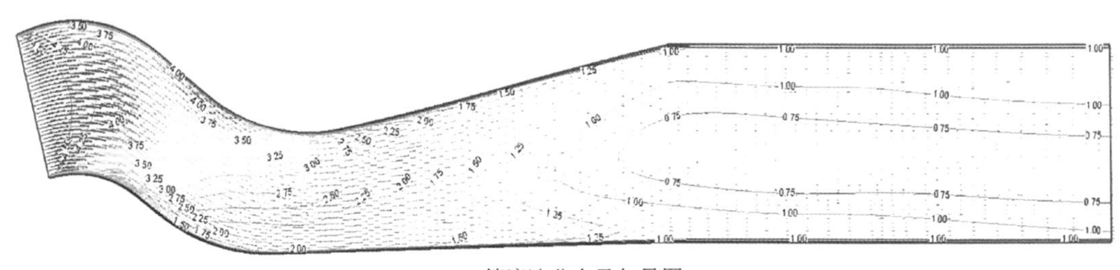

(c) 等流速分布及矢量图

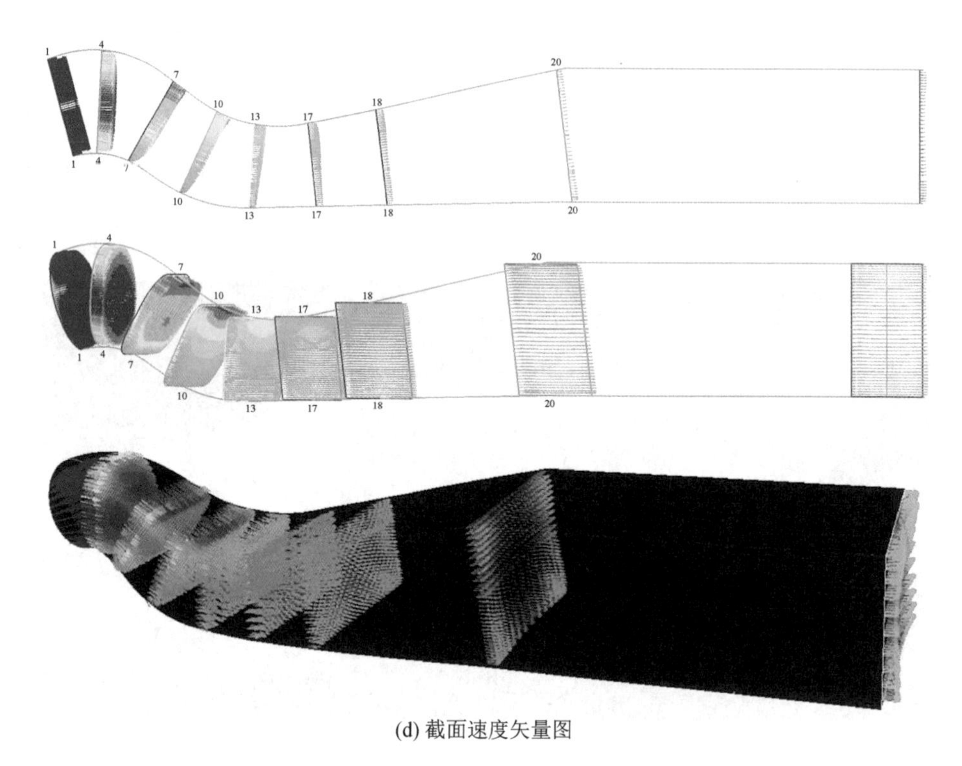

(d) 截面速度矢量图

图 10-6　设计工况下出水流道纵剖面速度矢量和流线图(单位:m/s)

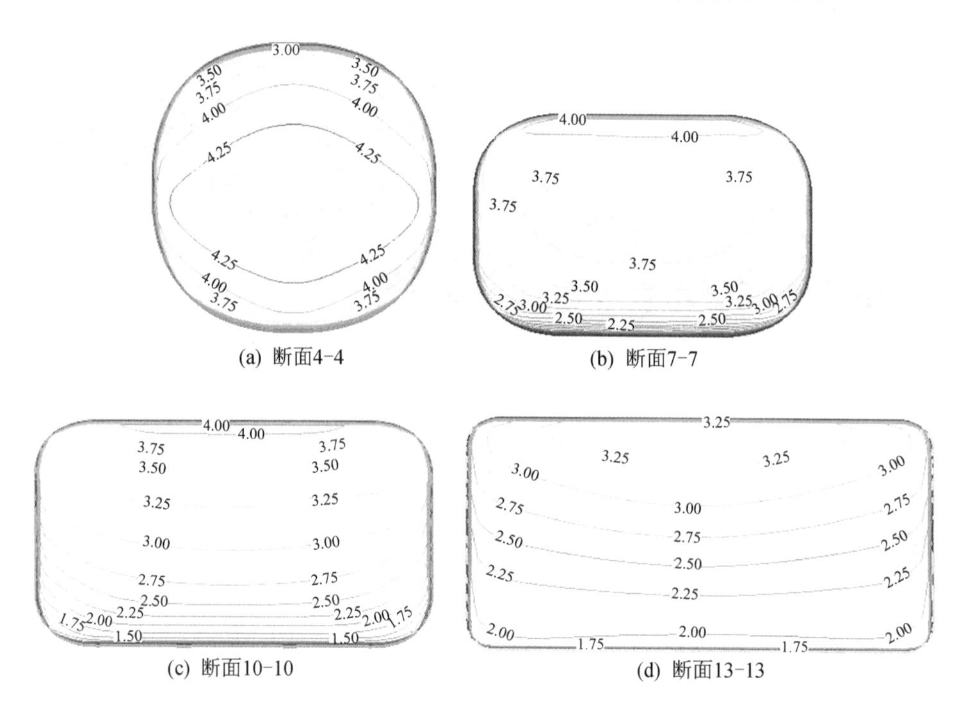

(a) 断面4-4　　(b) 断面7-7

(c) 断面10-10　　(d) 断面13-13

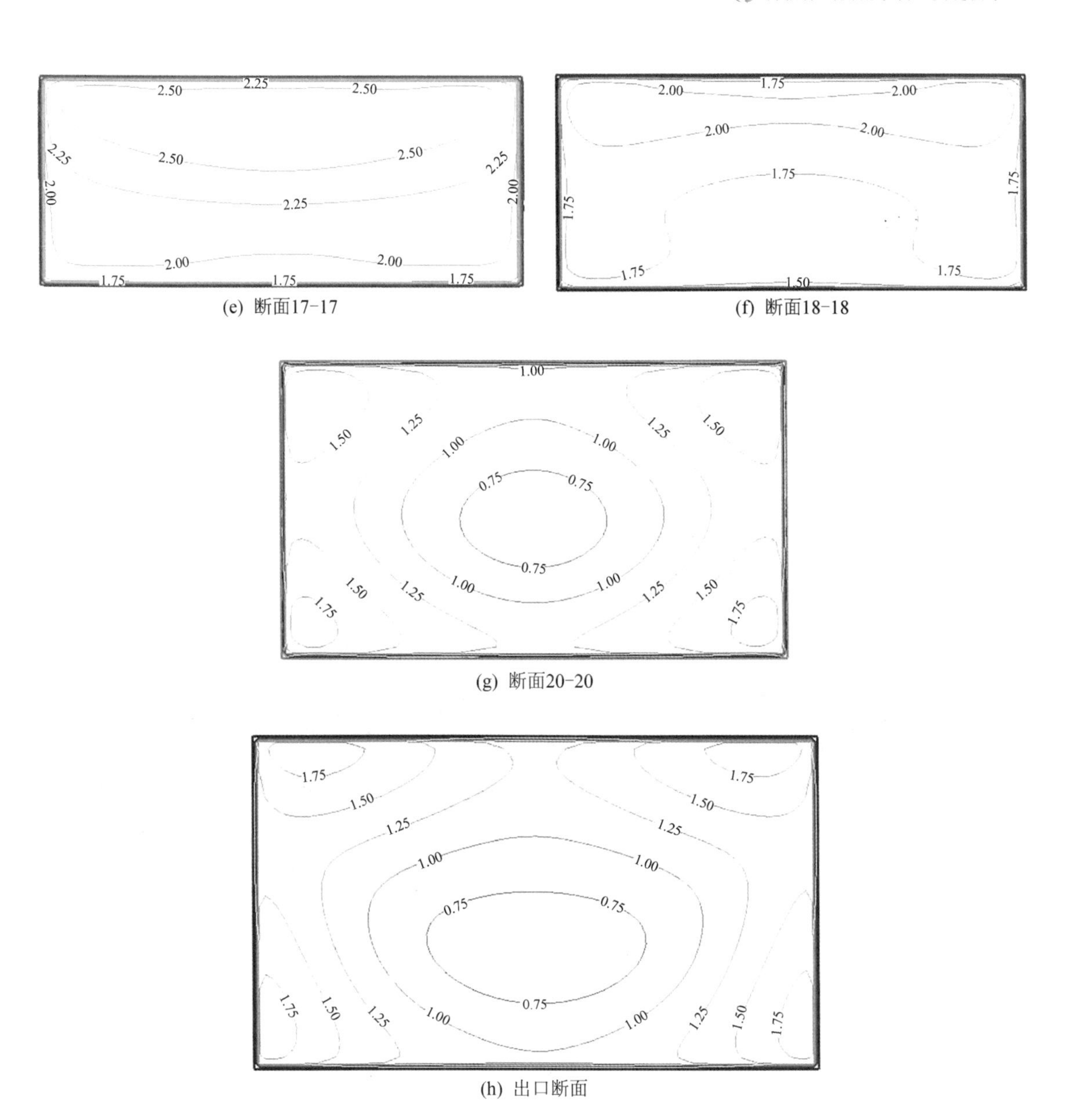

(e) 断面17-17

(f) 断面18-18

(g) 断面20-20

(h) 出口断面

图 10-7　设计工况下出水流道特征断面等流速分布(单位:m/s)

2．全流道装置数值模拟与优化设计

在叶片安放角为 0°、设计工况下进行内部流态分析。图 10-8 为泵装置内部粒子迹线图,由该图可以发现,泵装置内的水流从进水流道进口开始逐步收缩,进入水泵叶轮时流速较为均匀。从叶轮流出后,水流因受到导叶整流作用而逐渐变平顺。但由于导叶后弯管的影响,水流受到压迫使得粒子迹线发生偏转,尤其是在弯管的下部(下凹处)易产生边壁脱流。在经过其后较长的出水流道的调整,水流沿前行方向变化均匀,流速逐步降低,粒子迹线无明显的转折、偏转和绕流。计算结果表明,图 10-1 的装置型式在设计工况下出水流道内旋转环量较小,是可以获得较佳水力性能的装置型式。

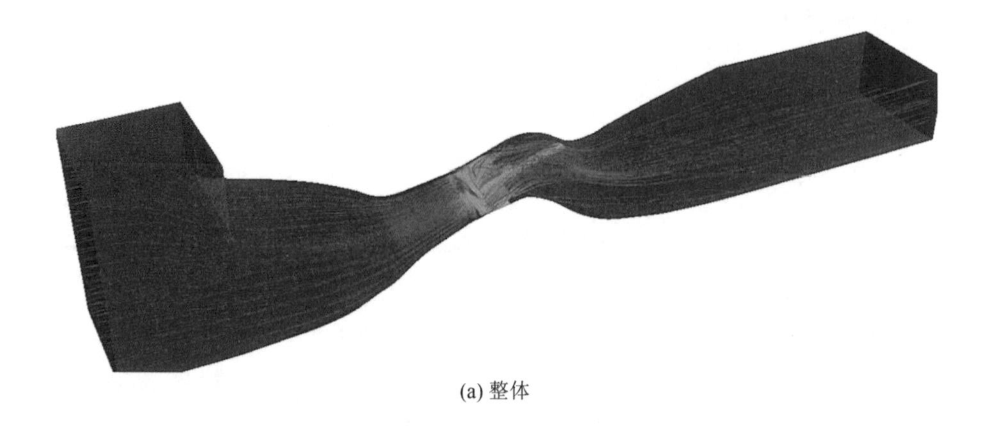

(a) 整体

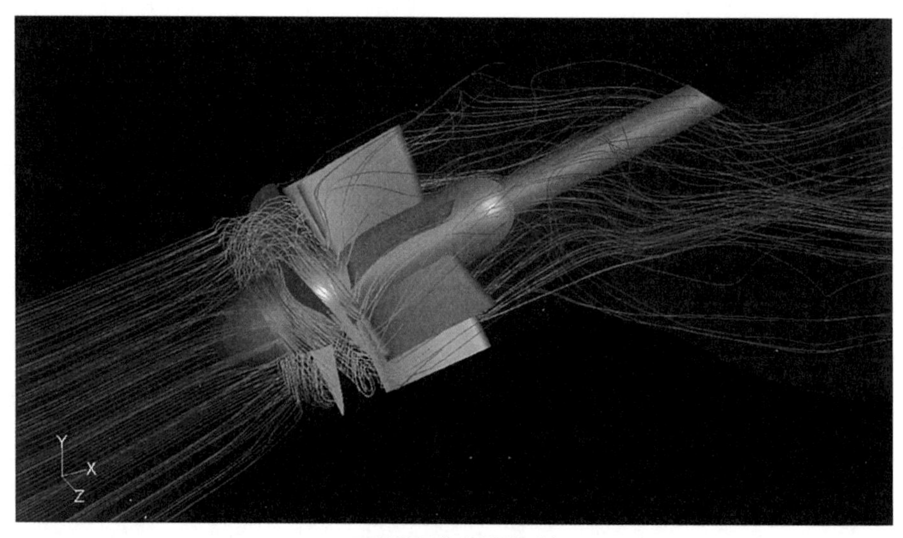

(b) 泵段部位(局部放大)

图 10-8　泵装置内部粒子迹线图

图 10-9 至图 10-11 为泵装置内部绝对流速矢量图,其中图 10-9 是泵装置纵剖面流速矢量图,从图中可以看出,进水流道中的水流流速沿程逐渐增大,进入水泵叶轮时较平顺,说明进水条件较好;出导叶后受到弯管的影响,水流较乱,在弯管顶部的水流受边壁压迫折向下方,在弯管上部形成一微小的回旋区;而在弯管下部的水流折向出口方向,可能存在脱流;出水流道直管段的水流流速沿程逐渐减小,出口水流均匀平稳。图 10-10 为水泵叶轮叶片表面的速度矢量图,从图中可以发现叶片表面流速分布合理,方向变化一致。从图 10-11 中可以看出由于叶轮与导叶之间的强烈耦合作用,在叶轮和导叶的交界处以及部分导叶片的表面存在一定的回流,这是水泵结构决定的,与装置型式无关。

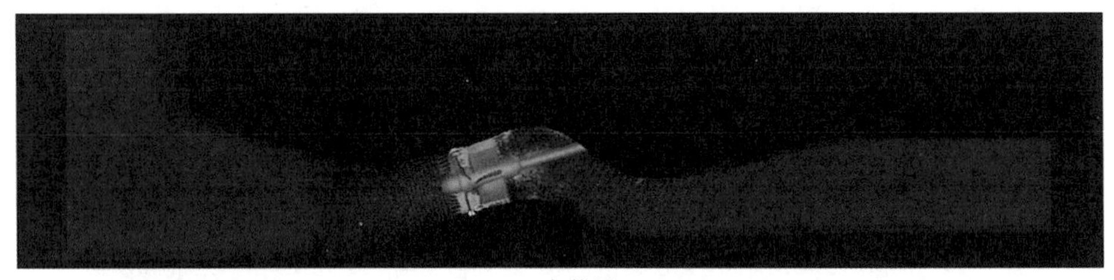

(a) 全装置

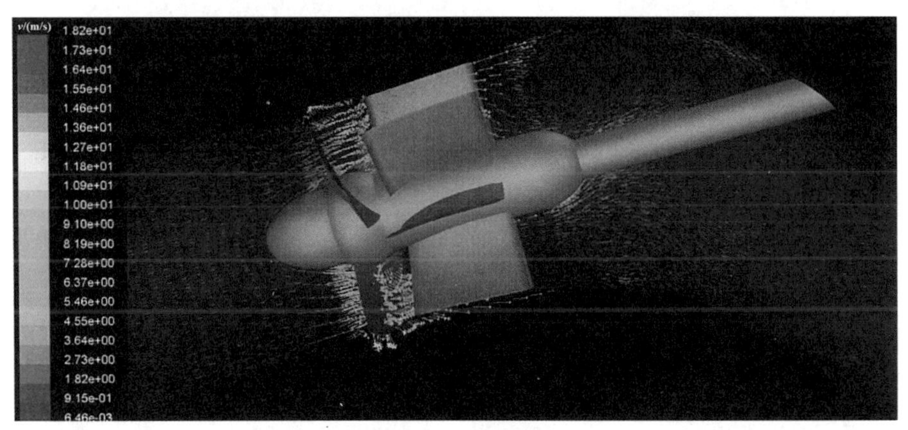

(b) 泵段(局部放大)

图 10-9　泵装置纵剖面速度矢量图

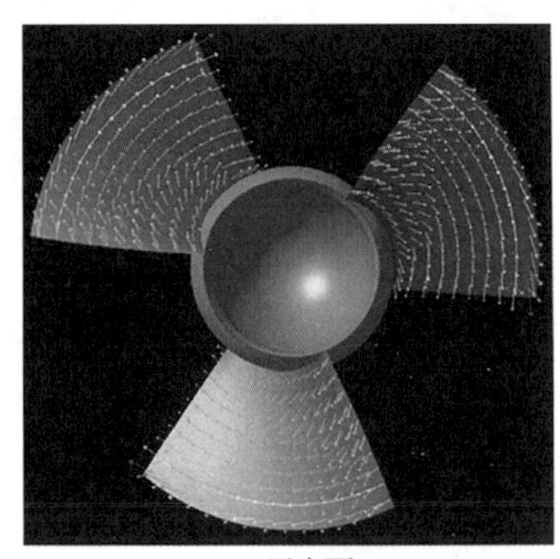

(a) 压力面

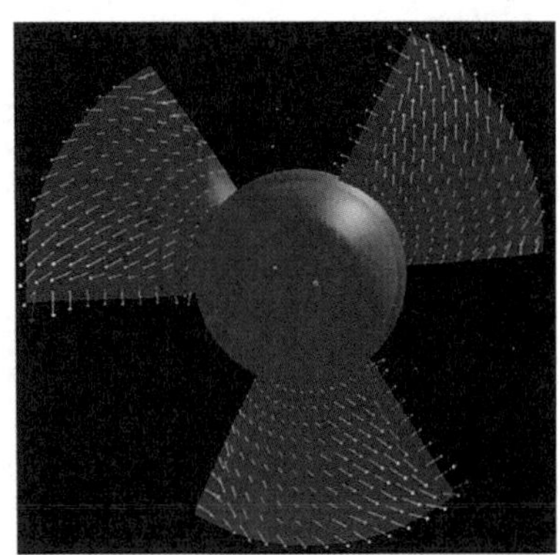

(b) 吸力面

图 10-10　水泵叶轮叶片表面速度矢量图

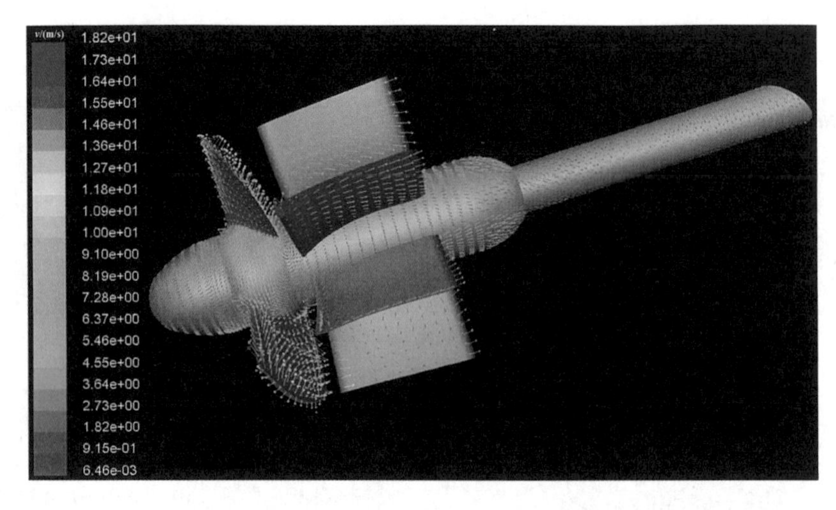

图 10-11　叶轮及导叶表面速度矢量图

图 10-12 为水泵叶轮叶片表面的压力云图，从图中可以发现叶片表面的压力分布合理，梯度变化均匀。吸力面静压小于压力面静压，在吸力面进水边出现压力最小值，压力面进水边出现压力最大值。总压分布规律近似于静压。图 10-13 为叶轮轮毂及导叶表面压力分布云图，由图可知，轮毂及导叶表面的压力分布较均匀，数值变化较小，叶轮前的压力低、叶轮后的压力高。

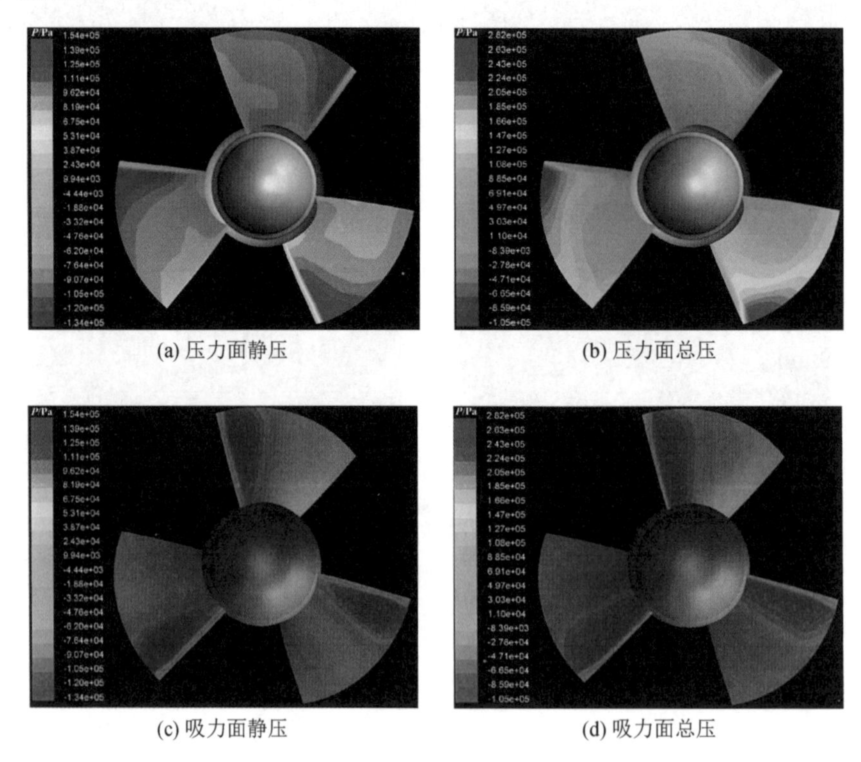

(a) 压力面静压　　(b) 压力面总压

(c) 吸力面静压　　(d) 吸力面总压

图 10-12　水泵叶轮叶片表面压力云图

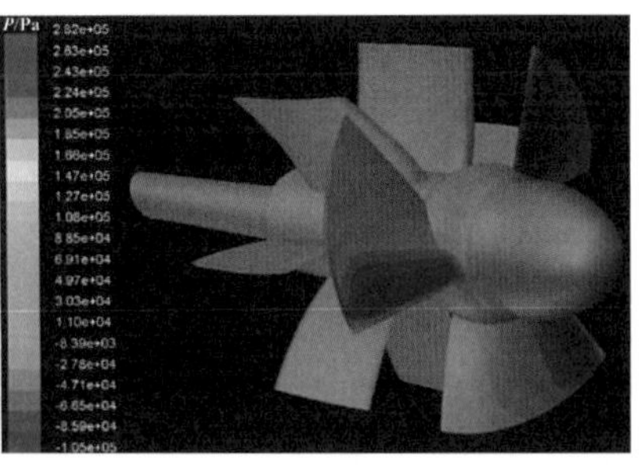

(a) 静压

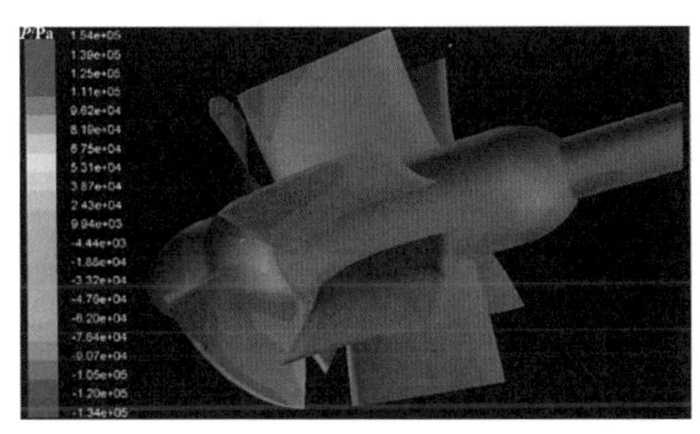

(b) 总压

图 10-13 叶轮轮毂及导叶表面压力分布云图

除设计工况外，分别进行小流量和大流量工况下进水流道出口断面的速度分布计算，采用式(1-1)和式(1-2)分析不同工况下流速均匀度和平均入流角，如表 10-2 所示。

表 10-2 进水流道出口断面的流速均匀度与入流角

相对流量 q	$0.6Q_d$	$0.8Q_d$	$1.0Q_d$	$1.2Q_d$	$1.4Q_d$
流速均匀度 v_u/%	75.71	97.45	98.56	98.84	98.60
平均入流角 $\bar{\vartheta}$/(°)	50.49	64.57	60.73	61.20	60.76

当流量在 0.8～1.4 倍设计流量范围内变化时，目标函数的变化幅度有限，水泵叶轮进口水力条件较好；但当流量小于 0.8 倍设计流量后，目标函数值迅速降低，水泵叶轮进口水力条件严重恶化。有泵全流道装置数值模拟与无泵进水流道单独数值模拟，在小流量工况下存在明显差别(见图 10-5)，因此在运行过程应尽量避免在小流量、高扬程工况下运行。

通过数值模拟研究和与现有肘形进水的立式装置对比可以得出结论，斜 15°轴伸式贯流泵装置的出水流道弯曲段是流道设计的重点。推荐采用的斜 15°轴伸式贯流泵装置流道型线如图 10-1 所示，流道断面如图 10-14 所示，进、出水流道坐标尺寸如表 10-3 和表 10-4 所列。

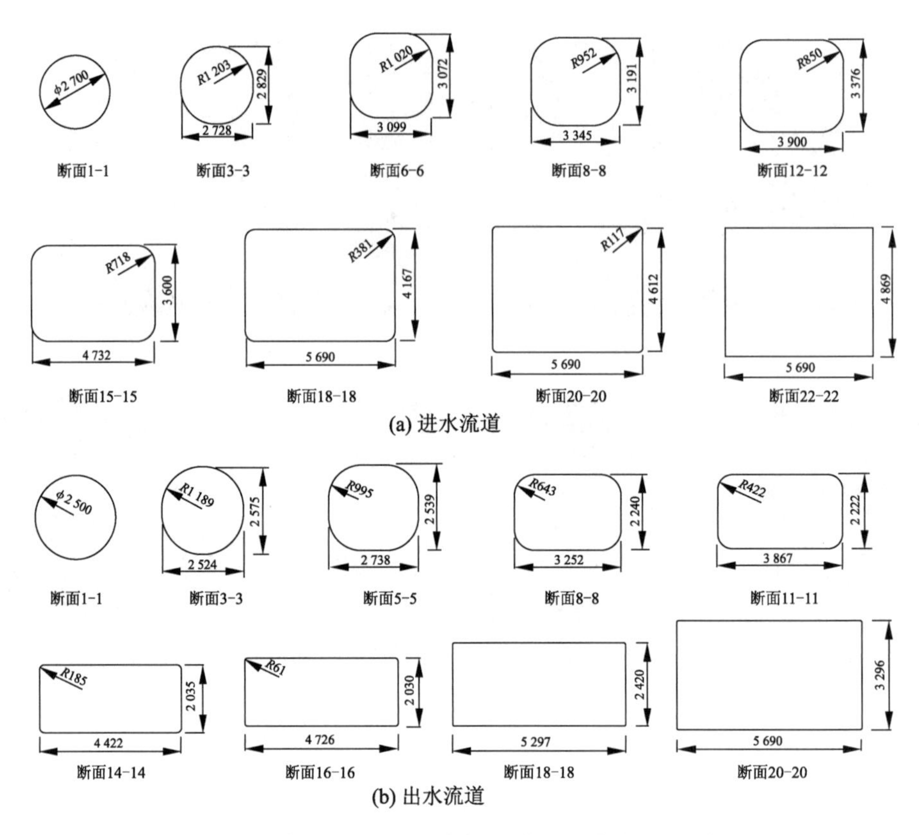

图 10-14 斜 15°轴伸式贯流泵装置进、出水流道断面图(单位:mm)

表 10-3 斜 15°轴伸式贯流泵装置进水流道型线参数 单位:mm

断面编号	上边线坐标		下边线坐标		过渡圆半径	断面高度	断面宽度
	x_1	y_1	x_2	y_2			
1	349	1 304	−349	−1 304	1 350	2 700	2 700
2	685	1 247	−30	−1 423	1 282	2 764	2 703
3	1 028	1 189	291	−1 542	1 203	2 829	2 728
4	1 310	1 157	612	−1 661	1 132	2 904	2 816
5	1 537	1 158	933	−1 781	1 062	3 000	2 972
6	1 684	1 171	1 143	−1 853	1 020	3 072	3 099
7	1 802	1 188	1 356	−1 917	982	3 137	3 225
8	1 887	1 205	1 572	−1 970	952	3 191	3 345
9	1 972	1 224	1 790	−2 015	921	3 244	3 475
10	2 060	1 244	2 009	−2 049	892	3 293	3 617
11	2 136	1 262	2 230	−2 073	868	3 336	3 759
12	2 213	1 279	2 452	−2 088	850	3 376	3 900

续表

断面编号	上边线坐标		下边线坐标		过渡圆半径	断面高度	断面宽度
	x_1	y_1	x_2	y_2			
13	2 293	1 297	2 672	−2 093	830	3 411	4 064
14	2 683	1 385	3 072	−2 093	777	3 500	4 350
15	3 122	1 485	3 522	−2 093	718	3 600	4 732
16	3 658	1 606	4 072	−2 093	645	3 722	5 118
17	4 633	1 827	5 072	−2 093	513	3 945	5 502
18	5 608	2 048	6 072	−2 093	381	4 167	5 690
19	6 584	2 269	7 072	−2 093	249	4 389	5 690
20	7 559	2 490	8 072	−2 093	177	4 612	5 690
21	8 422	2 686	8 957	−2 093	0	4 809	5 690
22	8 686	2 746	9 228	−2 093	0	4 869	5 690

表 10-4 斜 15°轴伸式贯流泵装置出水流道型线参数 单位：mm

断面编号	中心线距离	上边线坐标		下边线坐标		过渡圆半径	断面高度	断面宽度
		x_1	y_1	x_2	y_2			
1	0	−324	1 207	324	−1 207	1 250	2 500	2 500
2	183.6	−150	1 270	505	−1 175	1 232	2 531	2 502
3	528.2	311	1 395	715	−1 147	1 189	2 574	2 524
4	1 008.8	1 059	1 441	927	−1 140	1 103	2 584	2 606
5	1 492.1	1 800	1 297	1 138	−1 153	995	2 539	2 738
6	1 908.9	2 371	1 041	1 348	−1 187	886	2 452	2 867
7	2 446.0	2 917	669	1 752	−1 314	742	2 299	3 055
8	2 949.3	3 394	330	2 124	−1 515	643	2 240	3 252
9	3 413.8	3 747	89	2 540	−1 796	571	2 237	3 452
10	3 892.5	4 045	−75	3 077	−2 100	499	2 244	3 662
11	4 362.8	4 342	−205	3 654	−2 318	422	2 222	3 867
12	4 834.4	4 653	−308	4 258	−2 445	342	2 173	4 063
13	5 322.3	5 005	−389	4 875	−2 478	257	2 093	4 258
14	5 712.1	5 351	−433	5 308	−2 467	185	2 035	4 422
15	6 102.6	5 698	−443	5 742	−2 456	121	2 014	4 580
16	6 492.6	6 043	−420	6 176	−2 445	61	2 030	4 726
17	6 884.4	6 391	−362	6 609	−2 435	0	2 084	4 860
18	8 666.4	8 126	13	8 413	−2 390	0	2 420	5 297

续表

断面编号	中心线距离	上边线坐标		下边线坐标		过渡圆半径	断面高度	断面宽度
		x_1	y_1	x_2	y_2			
19	10 861.4	10 281	479	10 617	−2 336	0	2 834	5 581
20	13 309.3	12 684	998	13 075	−2 275	0	3 296	5 690

10.1.3 模型试验研究

1. 模型试验内容与技术要求

(1) 模型试验内容

选用水力模型 TJ04-ZL-23 完成泵装置能量特性试验、空化特性试验、飞逸特性试验。试验的具体内容包括：

① 能量特性试验。通过模型试验，得到模型泵装置在 5 个叶片安放角(−4°,−2°,0°,+2°,+4°)下的扬程特性、效率特性及功率特性结果。能量特性试验应在无空化条件下进行，试验范围应覆盖原型泵装置可能运行的装置扬程。在模型叶片最小安放角至最大安放角位置间隔不大于 2°的条件下进行，试验点数不少于 15 点。根据试验结果，提供泵装置综合特性曲线。

② 空化特性试验。完成叶片角在−2°,0°,+2°时，在设计扬程、最高扬程、最低扬程运行工况下的空化特性试验。空化特性试验按有关规范进行，测出每个不同运行条件下相应的 $NPSH_r$ 值，绘出空化特性曲线。

③ 叶片安放角为 0°时的飞逸特性试验。

(2) 模型试验执行标准

泵装置模型试验执行下列标准：

① 国际标准《离心泵、混流泵和轴流泵-水力性能试验规范-精密度》(ISO 5198—1987)；

② 国家标准《离心泵、混流泵、轴流泵和旋涡泵试验方法》(GB 3216—89)；

③ 水利部行业标准《水泵模型及装置模型验收试验规程》(SL 140—2006)；

④ 日本工业标准《利用模型泵测试性能的试验方法》(JIS B 8327:2002)。

原型和模型效率不换算；流量、扬程、轴功率和 $NPSH_r$ 值按相似律的公式换算。

2. 模型泵与泵装置

(1) 模型泵

TJ04-ZL-23 模型是国内为数不多的水力性能优秀的高比转速轴流泵水力模型(n_s=1 350)，已被广泛应用于低扬程泵站中。例如，湖南的苏家吉泵站、江苏无锡的江尖泵站等。模型泵几何参数：$D_m=300$ mm，$d_h/D_m=0.4$，$\beta_e=18.3°$；模型泵高效点性能参数：$Q=390$ L/s，$H=3.35$ m，$\eta=83.9\%$；空化特性参数：$NPSH_r=7$ m，$C=1\ 183$。试验用模型泵如图 10-15 所示。

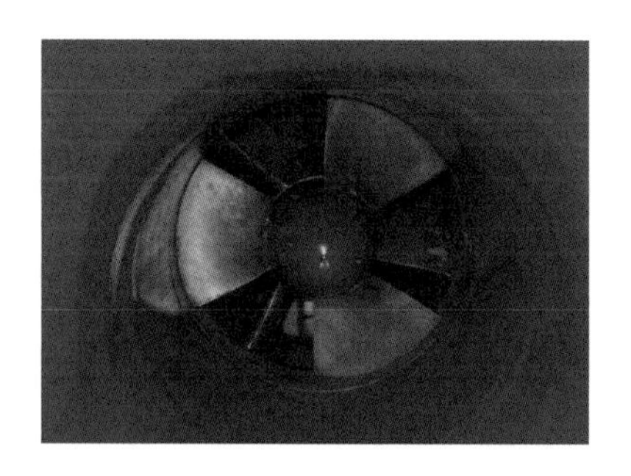

图 10-15　试验用模型泵

(2) 进、出水流道

① 进水流道

自 20 世纪 80 年代以来，斜式进水流道因其良好的水力性能在我国大型泵站中逐步得到应用。湖南黄盖湖和苏家吉、浙江盐官、上海太浦河等泵站均采用斜 15°进水流道。进水流道设计原则是流道出口断面流速分布均匀且无环量，流道中无回流及有害漩涡，水力损失小，土建工程投资省且便于施工等。优化设计的进水流道型线如图 10-1b 和图 10-14a 所示，加工的进水流道模型实物如图 10-16a 所示。

② 出水流道

研究表明，出水流道的水力损失占泵装置总水力损失的比例较大，出水流道型线优化设计对提高泵站运行经济性具有重要意义。采用正命题，并借助计算流体动力学优化设计的出水流道型线如图 10-1c 和图 10-14b 所示，加工的出水流道模型实物如图 10-16b 所示。

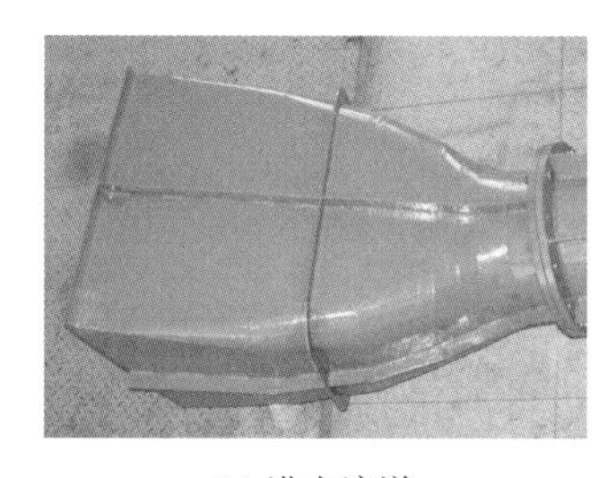

(a) 进水流道

(b) 出水流道

图 10-16　进、出水流道模型实物

(3) 泵装置

2800ZXB－3 型斜 15°轴伸式贯流泵机组纵剖面如图 10-17 所示，根据模型试验相似理论，模型泵装置按照几何相似、运动相似和动力相似的要求，模拟原型水泵、进水流道和出水流道。模型按欧拉相似准则(Eu＝idem)设计，在运行扬程范围内，模型泵装置内水流雷诺数 $Re>3\times10^6$，水流处于充分紊流区，符合有关规范要求。

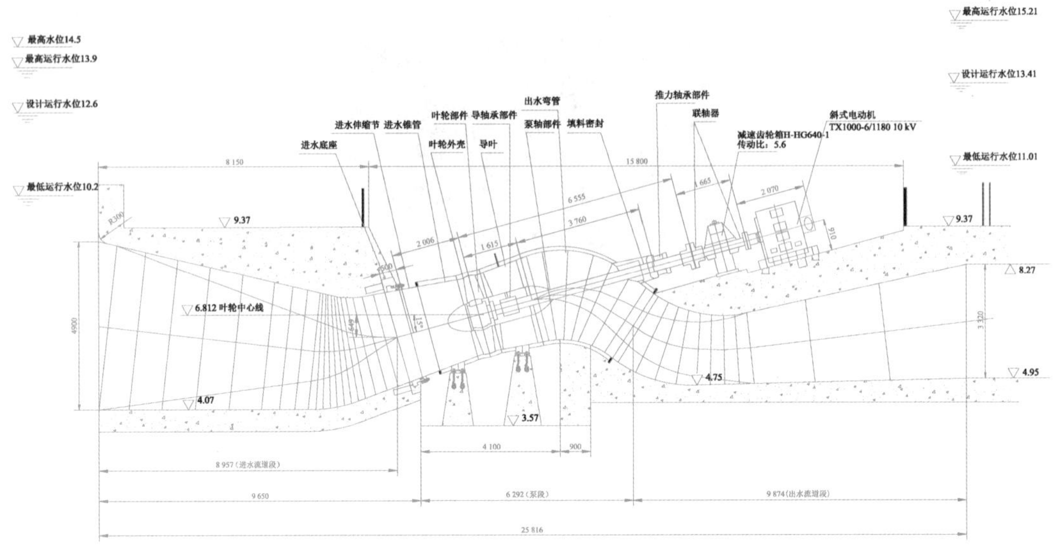

图 10-17　原型机组装置纵剖面图(长度单位:mm)

原型泵叶轮直径 D_p =2.35 m,模型泵叶轮直径采用标准尺寸 $D_m=300$ mm,模型几何比尺 $\lambda_l=D_p/D_m=2.35/0.3=7.833$,根据欧拉相似准则,原型、模型 nD 值相等,原型转速 $n_p=178.6$ r/min,则 $n_m=1\ 399$ r/min。

几何相似的模型泵叶轮室采用中开结构,以便于拆装及调节叶片安放角。模型进、出水流道以钢板焊接制作,根据相似原理,满足几何相似、阻力相似(糙率比尺 $\lambda_n=\lambda_l^{\frac{1}{6}}=1.41$)要求,模型泵装置如图 10-18 所示。

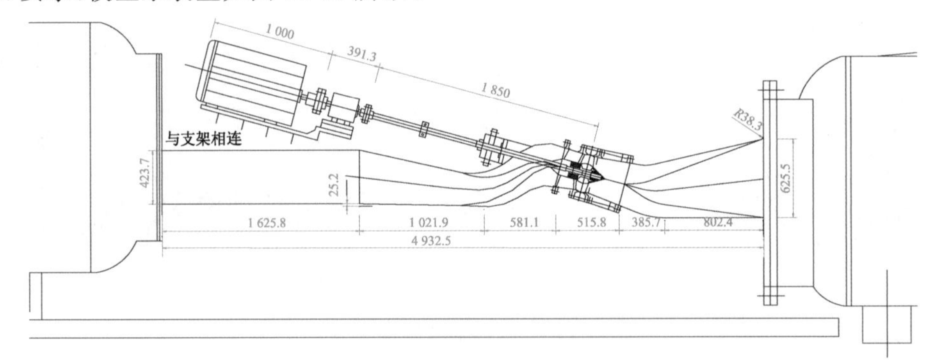

(a) 模型泵装置结构图

(b) 模型泵装置实物

图 10-18　模型泵装置图(单位:mm)

3. 模型泵装置试验结果与分析

(1) 泵装置能量特性试验

对 TJ04－ZL－23 水力模型与水力优化设计的斜 15°进、出水流道匹配成的贯流泵装置进行能量特性试验，分别测得叶片安放角在－4°，－2°，0°，＋2°，＋4°时的泵装置能量特性，如表 10-5 至表 10-9 所示，模型、原型泵装置综合特性曲线如图 10-19 所示。

表 10-5　叶片安放角为－4°时的能量特性

序号	流量 Q		扬程 H		功率 P		装置效率 η/%
	模型/(L/s)	原型/(m^3/s)	模型/m	原型/m	模型/kW	原型/kW	
1	354.27	21.74	0.140	0.140	4.784	293.59	10.13
2	347.27	21.31	0.442	0.442	5.423	332.75	27.67
3	339.87	20.86	0.754	0.754	6.102	374.44	41.02
4	332.29	20.39	1.030	1.030	6.750	414.23	49.56
5	323.86	19.87	1.328	1.328	7.343	450.62	57.23
6	315.99	19.39	1.621	1.621	7.918	485.87	63.19
7	305.81	18.77	1.939	1.939	8.527	523.29	67.92
8	298.97	18.35	2.278	2.278	9.312	571.43	71.45
9	293.38	18.00	2.526	2.526	9.772	599.65	74.10
10	284.14	17.44	2.844	2.845	10.333	634.10	76.42
11	279.89	17.17	3.028	3.028	10.673	654.96	77.57
12	271.11	16.64	3.296	3.296	11.103	681.32	78.64
13	258.74	15.88	3.671	3.671	11.724	719.42	79.16
14	241.65	14.83	4.097	4.098	12.362	758.59	78.25
15	228.63	14.03	4.493	4.493	13.026	799.37	77.05
16	219.31	13.46	4.853	4.853	13.654	837.89	76.15
17	199.77	12.26	5.142	5.143	13.767	844.80	72.91
18	178.94	10.98	5.534	5.534	14.364	881.47	67.36
19	155.69	9.55	5.759	5.759	14.772	906.50	59.30
20	133.22	8.17	5.838	5.839	15.176	931.26	50.07
21	115.46	7.09	6.685	6.685	16.980	1 041.98	44.41
22	103.13	6.33	7.172	7.172	18.055	1 107.94	40.02

表 10-6　叶片安放角为－2°时的能量特性

序号	流量 Q		扬程 H		功率 P		装置效率 η/%
	模型/(L/s)	原型/(m^3/s)	模型/m	原型/m	模型/kW	原型/kW	
1	374.12	22.96	0.125	0.125	5.233	321.10	8.73
2	366.98	22.52	0.439	0.439	5.936	364.25	26.52
3	357.72	21.95	0.774	0.775	6.800	417.30	39.80

续表

序号	流量 Q		扬程 H		功率 P		装置效率 η/%
	模型/(L/s)	原型/(m^3/s)	模型/m	原型/m	模型/kW	原型/kW	
4	350.83	21.53	1.045	1.045	7.427	455.76	48.23
5	343.08	21.05	1.319	1.319	8.007	491.35	55.22
6	332.84	20.42	1.647	1.647	8.698	533.75	61.58
7	325.37	19.97	1.943	1.943	9.285	569.79	66.51
8	316.52	19.42	2.283	2.283	10.009	614.23	70.51
9	311.21	19.10	2.542	2.542	10.627	652.12	72.74
10	303.20	18.61	2.832	2.832	11.137	683.45	75.32
11	294.57	18.08	3.123	3.124	11.717	719.00	76.71
12	283.26	17.38	3.498	3.499	12.328	756.52	78.53
13	270.99	16.63	3.882	3.882	12.931	793.52	79.48
14	257.71	15.81	4.213	4.213	13.535	830.61	78.36
15	245.25	15.05	4.553	4.553	14.205	871.69	76.79
16	238.13	14.61	4.798	4.798	14.656	899.38	76.16
17	221.00	13.56	5.302	5.302	15.844	972.29	72.25
18	198.20	12.16	5.521	5.521	15.302	939.01	69.86
19	176.21	10.81	5.819	5.820	15.861	973.33	63.16
20	149.79	9.19	5.788	5.788	16.064	985.79	52.72
21	131.48	8.07	6.383	6.383	17.562	1 077.72	46.68
22	112.80	6.92	7.161	7.161	19.372	1 188.75	40.74

表 10-7 叶片安放角为 0°时的能量特性

序号	流量 Q		扬程 H		功率 P		装置效率 η/%
	模型/(L/s)	原型/(m^3/s)	模型/m	原型/m	模型/kW	原型/kW	
1	413.56	25.38	0.093	0.093	6.487	398.06	5.80
2	404.74	24.84	0.446	0.446	7.359	451.58	23.99
3	395.81	24.29	0.739	0.739	8.138	499.41	35.14
4	388.78	23.86	1.029	1.029	8.919	547.33	43.85
5	380.03	23.32	1.332	1.332	9.567	587.06	51.72
6	371.62	22.80	1.608	1.608	10.236	628.15	57.06
7	361.24	22.17	1.929	1.929	10.868	666.95	62.67
8	353.49	21.69	2.225	2.225	11.426	701.16	67.28
9	342.76	21.03	2.541	2.541	12.148	745.46	70.06
10	336.46	20.65	2.854	2.854	12.952	794.82	72.47
11	327.16	20.08	3.144	3.144	13.503	828.60	74.46
12	320.62	19.67	3.410	3.410	14.022	860.45	76.20

续表

序号	流量 Q		扬程 H		功率 P		装置效率 η/%
	模型/(L/s)	原型/(m³/s)	模型/m	原型/m	模型/kW	原型/kW	
13	309.74	19.01	3.732	3.732	14.627	897.62	77.24
14	300.41	18.43	4.061	4.061	15.228	934.47	78.30
15	294.32	18.06	4.297	4.297	15.697	963.24	78.74
16	284.29	17.44	4.459	4.459	16.201	994.17	76.47
17	273.78	16.80	4.691	4.692	16.606	1 019.02	75.60
18	258.71	15.88	5.120	5.121	17.595	1 079.71	73.59
19	239.53	14.70	5.612	5.612	18.951	1 162.93	69.32
20	216.42	13.28	5.772	5.772	18.022	1 105.94	67.75
21	193.34	11.86	6.027	6.027	18.579	1 140.09	61.30
22	163.01	10.00	5.951	5.951	18.818	1 154.76	50.38
23	135.43	8.31	6.980	6.980	21.628	1 327.24	42.71

表 10-8　叶片安放角为+2°时的能量特性

序号	流量 Q		扬程 H		功率 P		装置效率 η/%
	模型/(L/s)	原型/(m³/s)	模型/m	原型/m	模型/kW	原型/kW	
1	438.60	26.91	0.117	0.117	7.652	469.56	6.54
2	429.99	26.39	0.444	0.444	8.464	519.41	22.03
3	421.08	25.84	0.757	0.757	9.318	571.78	33.42
4	414.28	25.42	1.041	1.041	10.050	616.73	41.92
5	404.64	24.83	1.362	1.362	10.939	671.27	49.22
6	395.38	24.26	1.663	1.663	11.658	715.39	55.13
7	387.14	23.76	1.940	1.940	12.193	748.25	60.18
8	376.40	23.10	2.242	2.242	12.829	787.23	64.28
9	366.21	22.47	2.555	2.555	13.483	827.38	67.81
10	357.87	21.96	2.840	2.840	14.046	861.96	70.71
11	349.14	21.42	3.236	3.236	15.180	931.53	72.72
12	340.32	20.88	3.517	3.517	15.828	971.29	73.89
13	327.97	20.13	3.863	3.863	16.508	1 013.04	75.00
14	320.78	19.68	4.195	4.195	17.184	1 054.51	76.53
15	317.13	19.46	4.404	4.404	17.585	1 079.08	77.61
16	307.42	18.86	4.556	4.556	18.031	1 106.49	75.90
17	297.76	18.27	4.743	4.743	18.684	1 146.57	73.86
18	282.80	17.35	5.120	5.120	19.788	1 214.27	71.51
19	259.90	15.95	5.432	5.432	19.082	1 171.00	72.30

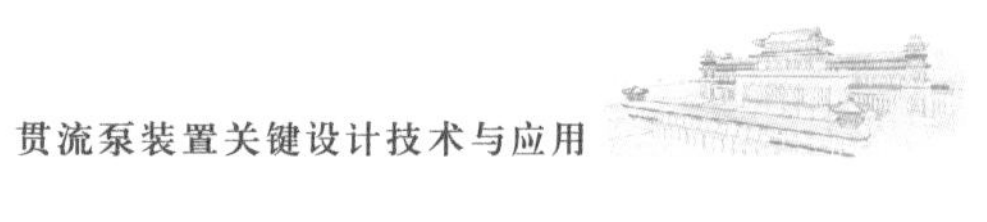

续表

序号	流量 Q		扬程 H		功率 P		装置效率 η/%
	模型/(L/s)	原型/(m^3/s)	模型/m	原型/m	模型/kW	原型/kW	
20	240.54	14.76	5.804	5.805	19.910	1 221.79	68.53
21	218.22	13.39	6.112	6.112	20.635	1 266.28	63.17
22	191.67	11.76	6.044	6.044	20.715	1 271.16	54.65
23	164.11	10.07	6.183	6.184	21.482	1 318.26	46.16
24	146.51	8.99	7.034	7.035	24.104	1 479.18	41.78

表 10-9 叶片安放角为+4°时的能量特性

序号	流量 Q		扬程 H		功率 P		装置效率 η/%
	模型/(L/s)	原型/(m^3/s)	模型/m	原型/m	模型/kW	原型/kW	
1	471.41	28.93	0.139	0.139	9.123	559.85	7.03
2	462.42	28.38	0.468	0.468	10.141	622.33	20.85
3	455.20	27.93	0.737	0.737	10.881	667.74	30.11
4	446.64	27.41	1.081	1.081	11.813	724.92	39.92
5	436.71	26.80	1.412	1.412	12.637	775.47	47.68
6	425.15	26.09	1.787	1.787	13.607	834.99	54.56
7	416.98	25.59	2.052	2.053	14.203	871.57	58.87
8	403.75	24.78	2.454	2.454	15.072	924.91	64.21
9	390.63	23.97	2.782	2.782	15.720	964.65	67.55
10	382.58	23.48	3.113	3.113	16.499	1 012.48	70.52
11	372.34	22.85	3.518	3.518	17.692	1 085.68	72.33
12	363.87	22.33	3.827	3.827	18.558	1 138.80	73.30
13	355.04	21.79	4.132	4.132	19.083	1 171.03	75.11
14	346.68	21.27	4.526	4.527	19.934	1 223.23	76.91
15	332.46	20.40	4.795	4.795	20.731	1 272.16	75.12
16	312.25	19.16	5.149	5.149	22.154	1 359.52	70.90
17	283.71	17.41	5.515	5.515	21.513	1 320.15	71.05
18	256.70	15.75	6.079	6.080	22.823	1 400.56	66.80
19	224.54	13.78	6.314	6.314	23.506	1 442.44	58.93
20	184.24	11.31	6.169	6.169	23.738	1 456.71	46.77
21	160.15	9.83	7.165	7.166	27.077	1 661.61	41.40

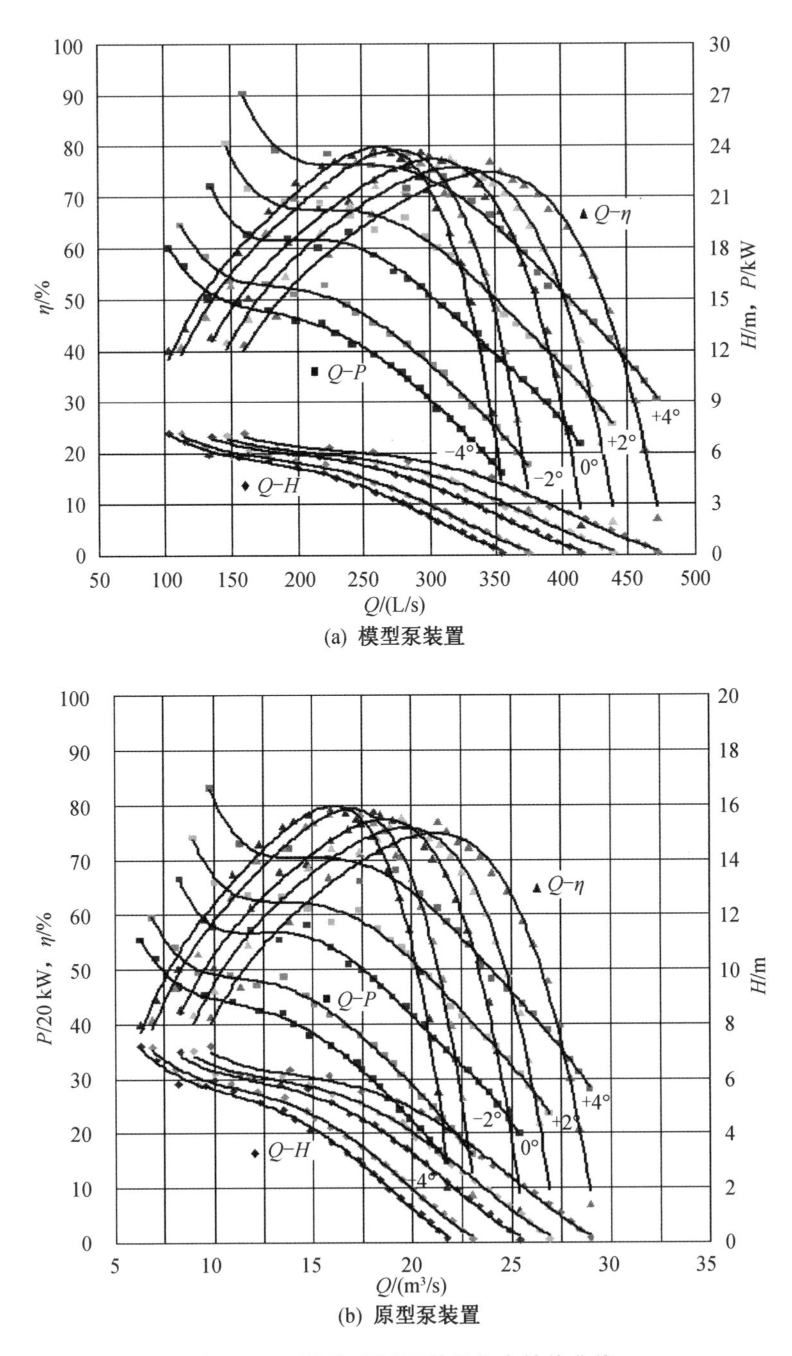

(a) 模型泵装置

(b) 原型泵装置

图 10-19　模型、原型泵装置综合性能曲线

（2）泵装置空化特性试验

按流量保持不变，效率下降1%的原则，测得叶片安放角为−2°，0°，+2°时的 $NPSH_r$ 值，如表 10-10 所示。

表 10-10 装置空化特性试验结果

叶片安放角/(°)	扬程 H/m		流量 Q/(m^3/s)		$NPSH_r$/m	
	模型	原型	模型	原型	模型	原型
−2	0.81	0.81	0.357	21.90	5.84	5.84
	5.01	5.01	0.231	14.17	9.48	9.48
	0	0	0.377	23.13	6.21	6.21
0	0.81	0.81	0.394	24.18	5.65	5.65
	5.01	5.01	0.263	25.52	10.26	10.26
	0	0	0.416	16.11	6.42	6.42
+2	0.81	0.81	0.420	25.76	7.25	7.25
	5.01	5.01	0.287	17.62	12.24	11.24
	0	0	0.442	27.10	5.52	8.52

(3) 飞逸特性试验

模型试验测试叶片安放角为 0°时的飞逸特性如表 10-11 所列。模型装置的飞逸特性曲线如图 10-20 所示。

表 10-11 叶片安放角为 0°时的飞逸特性

水头 H/m	流量 Q		飞逸转速 n_f/(r/min)		单位飞逸转速 n'_{1f}
	模型/(L/s)	原型/(m^3/s)	模型	原型	
2.854	456.13	27.99	1 911	243.9	339.3
2.623	437.28	26.83	1 830	233.6	339.0
2.225	389.32	23.89	1 685	215.1	338.9
1.828	365.05	22.40	1 527	194.9	338.8
1.630	344.71	21.15	1 428	182.3	335.5
1.429	312.00	19.14	1 321	168.6	331.5
1.361	304.49	18.68	1 281	163.5	329.4
1.306	308.56	18.93	1 249	159.5	327.9
1.111	275.10	16.88	1 150	146.8	327.3
0.850	240.63	14.77	968	123.6	315.0

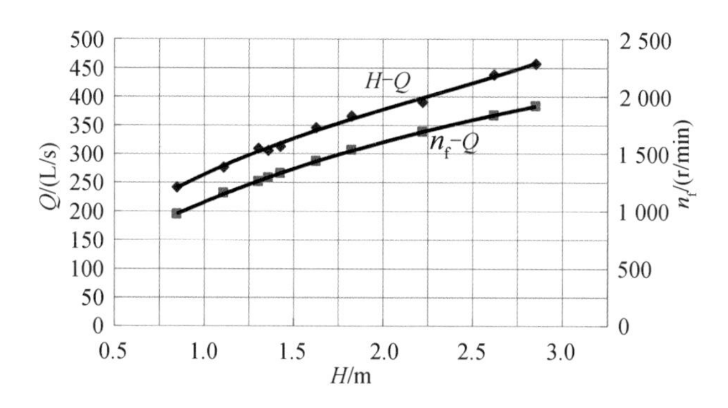

图 10-20　模型装置飞逸特性曲线

4. 结论和建议

① 相对应于泵站设计扬程 0.81 m,最高扬程 5.01 m 和最低扬程 0 m,在不同叶片安放角下的泵站特性参数如表 10-12 所列。从表 10-12 中可得出,在设计扬程下叶片安放角为 0°时,选择 TJ04－ZL－23 水力模型配优化设计流道方案,能满足工程设计要求。

② 泵装置空化特性试验结果表明,泵站运行扬程范围内不会产生危害性的空化。

③ 叶片安放角 0°时,最高扬程飞逸转速按 n'_{1f}＝idem(取 n'_{1f}＝332.2)换算得 n_f＝316 r/min,接近 1.8 倍额定转速,设计中设备强度及断流设施需按此考虑。

④ 建议原型流道按推荐的流道型线方案实施。

表 10-12　泵站特征扬程下的性能参数

叶片安放角/(°)	扬程 H/m	流量 Q		功率 P/kW		装置效率 η/%
		模型/(L/s)	原型/(m^3/s)	模型	原型	
－4	0.81	338	20.76	6.23	382.52	43.0
	5.01	209	12.81	13.7	841.64	74.4
	0	358	21.94	4.45	275.43	0
－2	0.81	357	21.90	6.9	422.34	41.0
	5.01	231	14.17	15.2	929.99	74.5
	0	377	23.13	5.0	303.93	0
0	0.81	394	24.18	8.3	511.09	37.5
	5.01	263	16.11	17.3	1 064.07	74.1
	0	416	25.52	6.3	383.96	0
＋2	0.81	420	25.76	9.5	580.21	35.0
	5.01	287	17.62	19.5	1 194.51	72.2
	0	442	27.10	7.4	451.79	0
＋4	0.81	453	27.82	11.1	679.92	32.2
	5.01	320	19.65	21.6	1 325.22	72.6
	0	475	29.16	8.7	533.39	0

10.2 斜 15°轴伸式双向贯流泵装置性能研究

10.2.1 研究背景

斜 15°轴伸式贯流泵装置的进、出水流道底部高程可设计为基本相同，为泵站的双向运行提供了可能，因此现以某低扬程泵站为例，进行斜轴伸式贯流泵双向运行性能的研究。该泵站双向运行特征扬程如表 10-13 所列。对于该泵站，引水工况为主要工况，兼顾排涝工况，并考虑利用流道实现双向泄流。

表 10-13 某低扬程泵站双向运行特征扬程 单位：m

特征工况	引水	排涝
设计	1.73	1.31
平均	0.55	0.78
最高	2.65	2.64
最低	−0.20	−0.28

泵站设计流量 180 m^3/s，单机流量 30 m^3/s。原型机组水泵叶轮直径为 3 000 mm，转速为 120～125 r/min。试验中模型水泵叶轮采用中国水利水电科学研究院研发的水力模型，其双向特性曲线如图 10-21 所示，装置模型试验在扬州大学试验台进行。

10.2.2 引水工况性能试验

1. 模型试验装置

模型水泵叶轮直径为 300 mm，试验转速为 1 200 r/min。模型装置包括进出水流道、叶轮、导叶、轴承及轴封等。过流部件型线与原型装置几何相似，过流表面仅铲除局部毛刺与凸台，不做打磨处理。叶轮室为分瓣结构，分别设置观察窗与叶片安放角调节窗。

转动部件为 2 点支撑，叶轮体为悬臂结构。2 点支撑为单列向心球轴承及叠装的双列角接触球轴承，转轴密封采用骨架橡胶密封。

叶片外缘与叶轮室之间的单边间隙在 0.15～0.20 mm，为了使出口测压稳定，在出水流道外增加 1.0 m×1.2 m×1.5 m 的水箱，测压断面如图 10-22 所示。

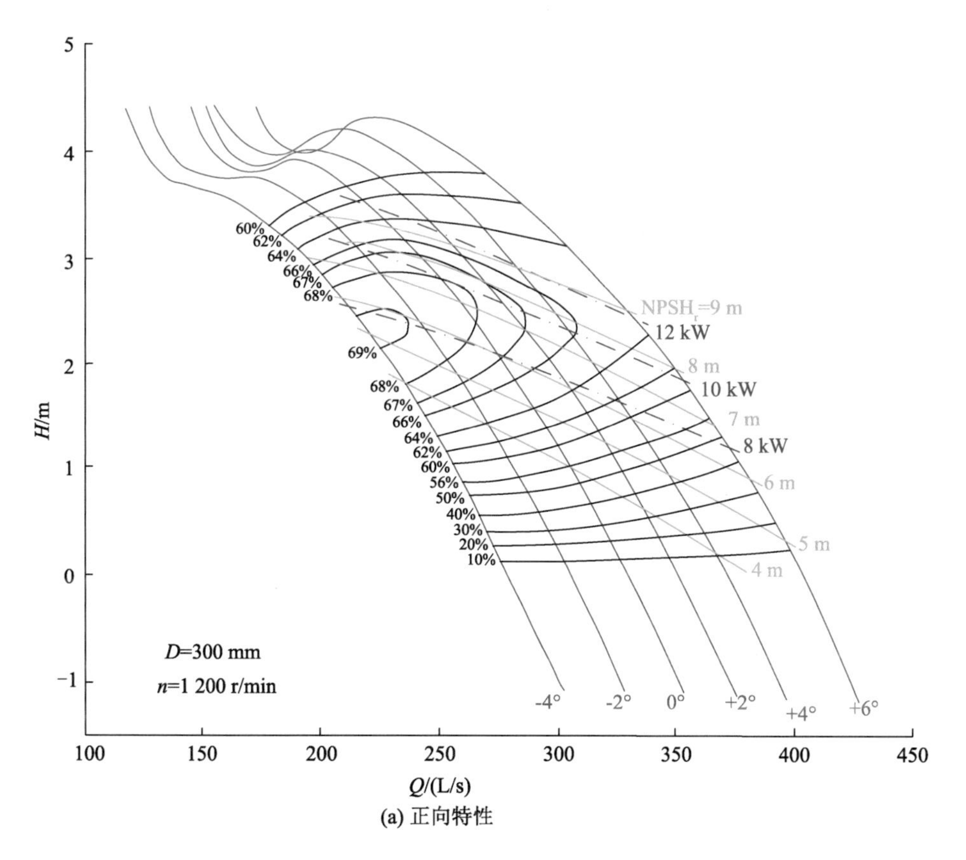

(a) 正向特性

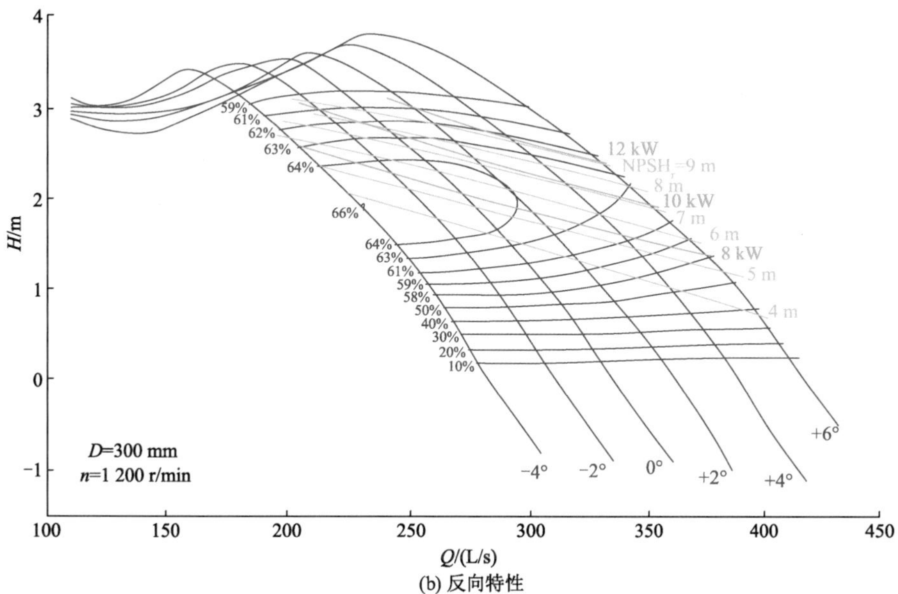

(b) 反向特性

图 10-21　双向模型泵性能曲线

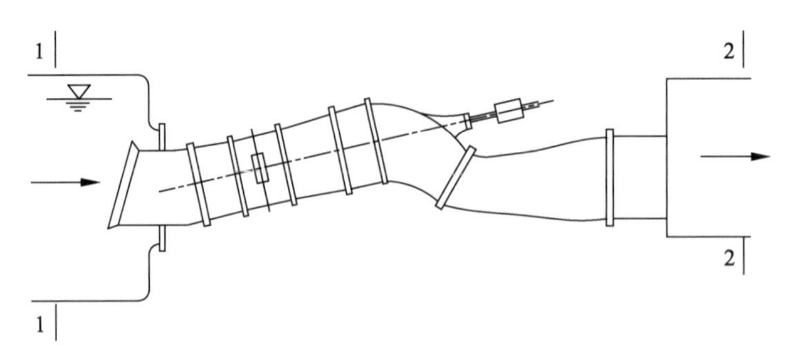

图 10-22　测压断面示意图

2. 试验内容与结果

(1) 能量特性试验

该模型为实现引水和排涝双向运行要求的试验装置，先进行引水工况试验，进行排涝工况试验时将模型装置调 180°安装。

引水工况试验选用 4 副叶轮、5 副导叶共 20 组不同组合方案进行优选并确定最佳组合，最终选择 4# 叶轮和 5# 导叶的组合。不同叶片安放角下模型装置的能量特性试验结果如表 10-14 至表 10-18 所列(空载损耗 0.2 kW)，综合特性曲线如图 10-23 所示，试验中对马鞍区也进行了测试，最高扬程 4.0 m、最低扬程 −0.5 m。

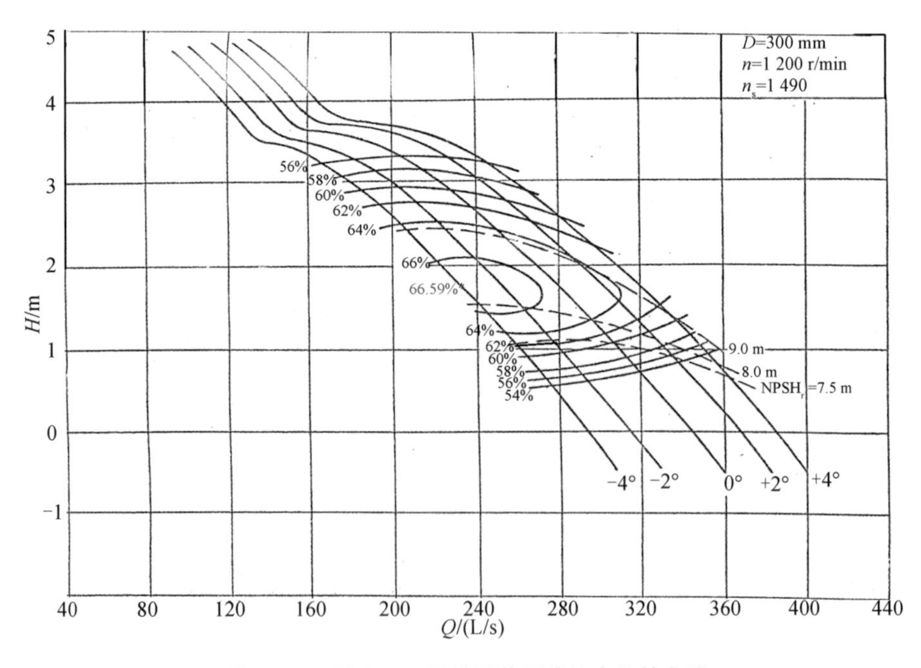

图 10-23　引水工况下模型装置的综合特性曲线

表 10-14 叶片安放角为－4°时的能量特性试验结果

序号	流量 Q/(L/s)	扬程 H/m	轴功率 P/ kW	装置效率 η/%
1	100.3	4.448	12.402	35.14
2	120.1	3.934	11.072	41.68
3	134.7	3.492	9.988	46.01
4	154.8	3.388	9.630	53.09
5	178.8	3.014	9.064	58.09
6	194.4	2.673	8.178	62.07
7	207.4	2.351	7.390	64.45
8	220.0	2.048	6.685	65.83
9	232.3	1.753	5.973	66.59
10	243.0	1.486	5.312	66.41
11	254.0	1.191	4.592	64.35
12	266.7	0.854	3.729	59.65
13	276.8	0.541	2.953	49.50
14	285.5	0.265	2.283	32.33
15	295.9	－0.081	1.408	
16	304.3	－0.387	0.602	

表 10-15 叶片安放角为－2°时的能量特性试验结果

序号	流量 Q/(L/s)	扬程 H/m	轴功率 P/ kW	装置效率 η/%
1	99.9	4.704	14.007	32.76
2	121.5	4.144	12.497	39.36
3	154.0	3.508	10.714	49.24
4	184.5	3.219	10.338	56.10
5	205.9	2.808	9.196	61.41
6	217.5	2.543	8.503	63.54
7	235.0	2.130	7.443	65.67
8	252.8	1.684	6.250	66.51
9	266.4	1.356	5.422	65.07
10	276.7	1.085	4.686	62.54
11	288.9	0.750	3.821	55.42
12	299.5	0.431	2.981	42.25

续表

序号	流量 Q/(L/s)	扬程 H/m	轴功率 P/ kW	装置效率 η/%
13	312.8	0.002	1.902	
14	318.4	−0.200	1.351	
15	344.8	−1.083	−1.084	

表 10-16 叶片安放角为 0°时的能量特性试验结果

序号	流量 Q/(L/s)	扬程 H/m	轴功率 P/ kW	装置效率 η/%
1	119.8	4.516	15.170	34.83
2	145.4	3.934	13.504	41.36
3	154.7	3.644	12.561	43.82
4	176.7	3.582	12.367	49.97
5	200.3	3.343	11.692	55.93
6	218.6	3.022	10.766	59.95
7	231.0	2.824	10.562	60.33
8	242.4	2.572	9.814	62.06
9	253.1	2.339	9.119	63.40
10	263.8	2.077	8.335	64.19
11	277.5	1.796	7.467	65.17
12	287.9	1.537	6.674	64.77
13	298.9	1.292	5.964	63.24
14	307.4	1.043	5.286	59.26
15	317.3	0.772	4.509	53.03
16	326.1	0.505	3.815	42.18
17	337.8	0.172	2.826	20.04
18	344.7	−0.057	2.212	
19	352.2	−0.292	1.499	
20	361.5	−0.590	0.631	

表 10-17 叶片安放角为+2°时的能量特性试验结果

序号	流量 Q/(L/s)	扬程 H/m	轴功率 P/ kW	装置效率 η/%
1	167.19	3.706	13.837	43.74
2	190.15	3.651	13.757	49.28
3	205.61	3.575	13.556	52.95

续表

序号	流量 $Q/(L/s)$	扬程 H/m	轴功率 P/kW	装置效率 $\eta/\%$
4	221.96	3.359	12.870	56.59
5	236.07	3.140	12.747	56.79
6	247.17	2.877	11.821	58.75
7	261.67	2.573	10.796	60.91
8	272.61	2.340	10.067	61.88
9	283.89	2.086	9.139	63.30
10	296.88	1.840	8.248	64.70
11	311.77	1.518	7.310	63.23
12	321.76	1.280	6.513	61.75
13	332.10	1.010	5.682	57.63
14	341.52	0.753	4.897	51.31
15	350.63	0.481	4.223	38.96
16	359.70	0.225	3.481	22.71
17	369.12	−0.086	2.548	
18	380.11	−0.410	1.513	

表 10-18　叶片安放角为+4°时的能量特性试验结果

序号	流量 $Q/(L/s)$	扬程 H/m	轴功率 P/kW	装置效率 $\eta/\%$
1	129.9	4.713	18.138	32.99
2	158.6	4.134	16.183	39.57
3	174.2	3.699	14.715	42.79
4	194.6	3.635	14.559	47.45
5	208.5	3.632	14.628	50.57
6	222.4	3.503	14.235	53.45
7	236.5	3.334	14.222	54.17
8	251.3	3.110	13.643	56.71
9	263.8	2.878	12.676	58.51
10	277.6	2.593	11.724	59.97
11	291.3	2.318	10.797	61.08
12	303.7	2.075	9.896	62.21
13	317.4	1.793	8.910	62.41

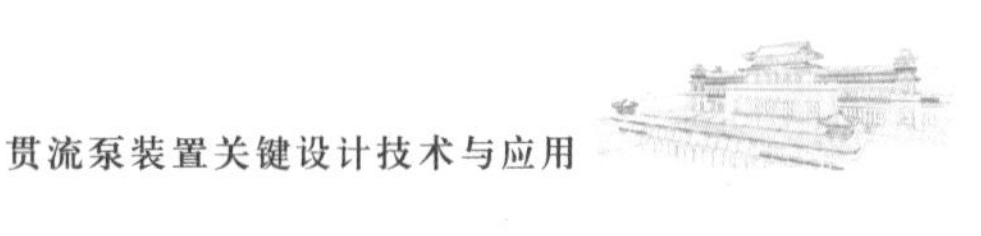

续表

序号	流量 Q/(L/s)	扬程 H/m	轴功率 P/ kW	装置效率 η/%
14	329.6	1.541	8.021	61.86
15	339.3	1.273	7.210	58.50
16	350.0	1.022	6.466	54.05
17	361.2	0.749	5.523	47.83
18	368.7	0.509	4.886	37.53
19	378.3	0.250	4.072	22.69
20	387.2	−0.051	3.149	

(2) 空化特性试验

分别在叶片安放角为−4°,−2°,0°,+2°和+4°时于高扬程(2.80 m左右)、最优工况扬程(1.70 m左右)、低扬程(1.0 m左右)3个典型工况下进行空化特性试验,按照装置效率下降1%确定不同工况的$NPSH_r$值,用等值线在综合特性曲线(见图10-23)中表示,相关数据如表10-19所列。

表10-19 不同引水工况下的$NPSH_r$值

叶片安放角/(°)	流量 Q/(L/s)	扬程 H/m	装置效率 η/%	$NPSH_r$/m
−4	191.1	2.75	60.45	8.30
	232.9	1.73	66.90	8.30
	260.2	1.02	62.23	7.10
−2	206.4	2.77	60.77	9.30
	251.6	1.71	66.30	8.35
	279.8	1.00	61.00	7.25
0	229.0	2.78	60.50	9.20
	275.3	1.72	64.38	8.60
	303.6	1.06	59.34	7.90
+2	248.1	2.78	58.96	8.70
	296.7	1.75	6.070	9.40
	323.6	1.01	56.14	7.75
+4	265.5	2.85	58.50	9.35
	323.5	1.67	58.50	9.12
	349.2	1.01	54.30	8.15

采用闪频仪对叶轮室观察窗进行观测发现,当扬程在3.0 m以下时叶片表面均无翼型空泡;当扬程大于2.3 m时出现间隙空泡,间隙空泡区随着扬程的增大而增大。同时由

于叶片安放角的加大，间隙空泡发生的强度也随之加大。

(3) 进口淹没深度试验

流道进口淹没深度的观察是在装置扬程稳定在某一固定扬程的情况下进行的，慢慢降低进口水位至出现进口水流进气漏斗并在叶轮室观察窗上观察到水流挟气时，这时的进口水位便定为该扬程和相应流量下的进口临界淹没水深。

试验中叶轮的叶片安放角为+4°，分 3 个不同扬程工况进行试验，结果如表 10-20 所列。原型进口淹没水深与扬程的比尺相同。

表 10-20　不同扬程下进口临界淹没水深

扬程 H/m	0.99	1.61	2.67
流量 Q/(L/s)	350.0	320.2	267.4
进口临界淹没水深 Δh/m	0.43	0.37	0.34

(4) 泄流能力试验

泄流能力试验时锁定水泵机组(转速为 0)，进行装置的泄流能力测试。试验时，由辅助水泵供水，在泵装置进口前形成水头，观测不同水头下相应的泄流量。不同水头下模型装置的泄流能力试验结果如表 10-21 和图 10-24 所示，试验时叶轮的叶片安放角为+4°。

表 10-21　模型装置泄流能力试验结果

试验水头 H/m	2.93	2.51	2.31	2.09	1.66	1.24	1.02	0.74	0.21
泄流量 Q/(L/s)	200.9	186.3	178.7	169.9	151.8	130.5	118.5	100.4	51.7

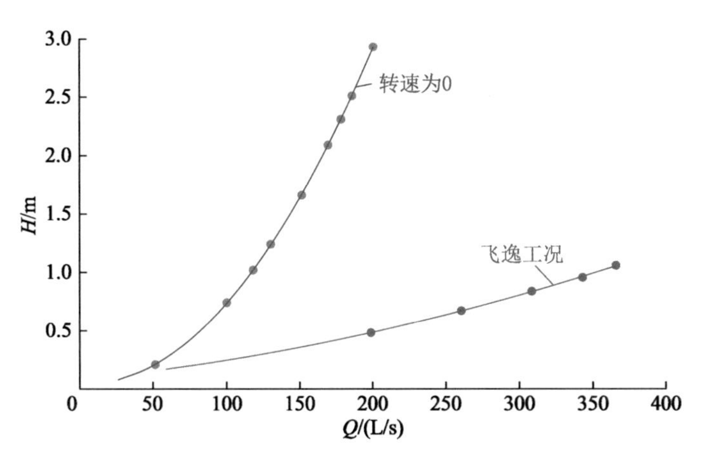

图 10-24　引水工况泄流特性

(5) 飞逸特性试验

试验时，由辅助水泵供水形成飞逸转速的水位差，在不同水位差情况下测得水泵机组(不包括电动机和传动装置)的稳定转速，由于模型机组难以模拟原型机组，故试验结果仅作为参考。

水泵机组的飞逸转速与叶片安放角有关，本次试验在叶片安放角为+4°时进行，不同试验水头下的飞逸转速如表10-22所列，飞逸特性曲线如图10-25所示。模型试验水头为1.059 m时转速n_f=1 035.7 r/min，单位飞逸转速n'_{1f}=301.93。当工作在最高扬程2.65 m时，原型机组断流失控时的飞逸转速n_f=156.9 r/min，相当于额定转速125 r/min的1.26倍。

表10-22 不同试验水头下的飞逸转速及泄流量

试验水头 H/m	0.483	0.671	0.838	0.957	1.059
飞逸转速 n_f/(r/min)	523.7	715.1	862.0	969.8	1 035.7
泄流量 Q/(L/s)	199.02	260.83	308.56	343.24	365.66

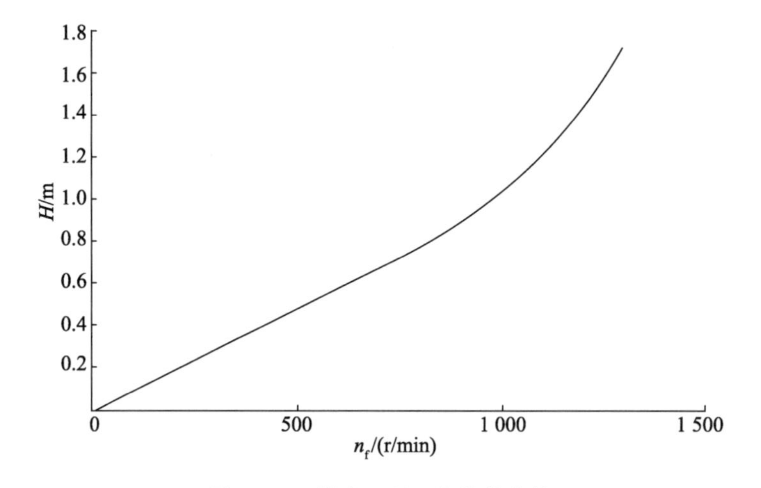

图10-25 引水工况飞逸特性曲线

3. 结论

根据引水工况模型试验结果可知，原型机组在设计扬程下的装置效率位于最高效率点附近。平均扬程及最高扬程时的效率在最高效率点两侧接近最高效率点，装置的高效区宽广。

分析模型装置在负扬程下的泄流特性及飞逸特性可知，在较小负扬程下(H>−0.7 m)，以开机泄流为宜，此时流量大，功耗很小，而且机组运转平稳；在较大负扬程下(H<−0.7 m)，可采用飞逸泄流。

在最优工况下，空化比转速C=720，扬程在−0.28～2.87 m范围内的任何工况下，叶片表面及叶轮室内无翼型空泡；当扬程H>2.3 m后，叶片表面及叶片室内开始逐渐出现间隙空泡，但无振动、噪声等异常现象，装置运转平稳。

10.2.3 排涝工况性能试验

1. 试验装置

排涝工况的试验装置与引水工况相同，仅将装置的试验段调180°以适应试验台的运行和测试。

2. 试验结果

(1) 能量特性试验

不同叶片安放角下的能量特性试验结果如表 10-23 至表 10-27 所列。排涝工况下模型装置的综合特性曲线如图 10-26 所示，与引水工况不同的是试验转速调整为 1 250 r/min。

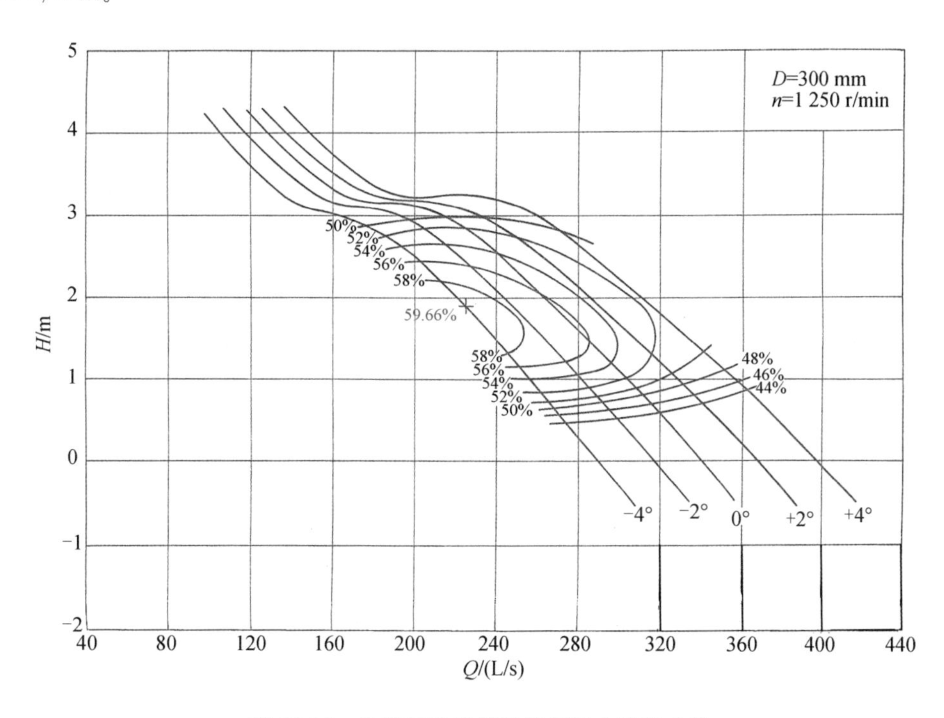

图 10-26 排涝工况下模型装置综合特性曲线

表 10-23 叶片安放角为−4°时的能量特性试验结果

序号	流量 Q/(L/s)	扬程 H/m	轴功率 P/ kW	装置效率 η/%
1	98.5	4.154	13.809	28.96
2	116.3	3.728	12.683	33.42
3	138.0	3.166	11.078	38.57
4	160.1	3.027	10.536	44.97
5	178.2	2.836	10.039	49.22
6	199.5	2.516	8.696	56.43
7	212.8	2.168	7.738	58.29
8	224.9	1.869	6.887	59.66
9	235.4	1.579	6.120	59.38
10	247.7	1.253	5.209	58.28
11	258.2	0.960	4.414	54.80

续表

序号	流量 Q/(L/s)	扬程 H/m	轴功率 P/ kW	装置效率 η/%
12	272.3	0.517	3.248	42.34
13	281.9	0.211	2.392	24.30
14	291.7	−0.077	1.471	
15	301.9	−0.419	0.470	

表 10-24 叶片安放角为−2°时的能量特性试验结果

序号	流量 Q/(L/s)	扬程 H/m	轴功率 P/ kW	装置效率 η/%
1	107.6	4.193	15.796	27.93
2	135.0	3.850	14.016	33.70
3	158.1	3.146	12.503	38.91
4	179.5	3.085	12.063	44.87
5	192.6	2.914	11.795	46.53
6	216.3	2.604	10.277	53.60
7	230.5	2.291	9.281	55.63
8	242.4	1.993	8.348	56.58
9	255.1	1.665	7.300	56.88
10	266.9	1.378	6.378	56.40
11	279.9	1.031	5.316	53.10
12	290.3	0.760	4.534	47.59
13	301.9	0.417	3.538	34.79
14	312.9	0.091	2.416	11.49
15	326.2	−0.278	1.084	

表 10-25 叶片安放角为 0°时的能量特性试验结果

序号	流量 Q/(L/s)	扬程 H/m	轴功率 P/ kW	装置效率 η/%
1	116.8	4.249	16.965	28.59
2	129.6	3.979	16.156	31.20
3	142.7	3.690	15.250	33.76
4	167.9	3.209	13.626	38.65
5	190.8	3.170	13.283	44.53
6	210.9	3.075	12.292	51.58
7	229.1	2.771	11.726	52.92

续表

序号	流量 Q/(L/s)	扬程 H/m	轴功率 P/ kW	装置效率 η/%
8	237.2	2.576	11.084	53.88
9	249.2	2.295	10.158	55.05
10	258.7	2.065	9.390	55.62
11	269.9	1.800	8.470	56.08
12	281.2	1.549	7.527	56.59
13	291.2	1.288	6.657	55.07
14	301.9	1.023	5.755	52.46
15	309.9	0.802	5.041	48.20
16	317.2	0.587	4.404	41.35
17	326.8	0.314	3.487	28.81
18	336.4	0.056	2.557	7.20
19	346.9	−0.243	1.465	
20	357.6	−0.546	0.350	

表 10-26 叶片安放角为+2°时的能量特性试验结果

序号	流量 Q/(L/s)	扬程 H/m	轴功率 P/ kW	装置效率 η/%
1	124.2	4.274	19.061	27.22
2	149.9	3.749	17.358	31.64
3	168.4	3.341	15.989	34.38
4	185.9	3.168	15.252	37.74
5	204.2	3.180	15.166	41.83
6	233.0	2.985	14.266	47.64
7	248.9	2.772	13.319	50.61
8	265.9	2.423	12.085	52.08
9	282.2	2.042	10.703	52.62
10	299.4	1.669	9.216	52.97
11	314.7	1.326	7.817	52.14
12	327.8	1.004	6.608	48.66
13	342.4	0.620	5.264	39.40
14	355.5	0.248	3.986	21.64
15	369.7	−0.117	2.503	
16	382.6	−0.450	1.152	

表 10-27　叶片安放角为+4°时的能量特性试验结果

序号	流量 Q/(L/s)	扬程 H/m	轴功率 P/ kW	装置效率 η/%
1	169.5	3.548	18.372	32.01
2	189.6	3.186	16.837	35.08
3	208.1	3.201	16.881	38.58
4	225.0	3.239	16.716	42.62
5	240.5	3.209	15.945	47.31
6	255.9	3.057	15.038	50.85
7	267.4	2.841	14.912	49.79
8	282.4	2.536	13.773	50.83
9	297.3	2.219	12.559	51.35
10	312.7	1.894	11.248	51.47
11	328.5	1.597	9.901	51.79
12	343.5	1.284	8.619	50.03
13	356.6	0.975	7.424	45.81
14	368.3	0.674	6.325	38.39
15	381.8	0.345	5.044	25.52
16	392.7	0.079	3.917	7.74
17	404.6	−0.231	2.642	

(2) 空化特性试验

不同叶片安放角下的空化特性试验结果如表 10-28 所列。与引水工况相同，采用闪频仪对叶轮室观察窗进行观测，扬程小于 2.9 m 时叶片表面无翼型空泡；当扬程大于 2.2 m 时叶片表面出现间隙空泡，间隙空泡区随着扬程的增大而增大。同时随着叶片安放角的加大，间隙空泡发生的强度也随之增强。

表 10-28　不同排涝工况下的 $NPSH_r$ 值

叶片安放角/(°)	流量 Q/(L/s)	扬程 H/m	装置效率 η/%	$NPSH_r$/m
−4	199.8	2.46	56.28	10.40
	218.2	1.99	58.40	10.35
	257.0	0.96	53.50	9.45
−2	219.8	2.55	54.40	10.50
	255.8	1.66	55.70	9.65
	287.2	0.86	48.45	7.55

续表

叶片安放角/(°)	流量 Q/(L/s)	扬程 H/m	装置效率 η/%	NPSH$_r$/m
0	231.6	2.84	45.47	11.00
	269.3	1.97	51.57	9.90
	306.0	1.16	49.30	9.55
+2	238.4	2.91	49.15	10.40
	282.0	1.98	50.90	10.00
	329.0	0.93	44.90	9.60
+4	281.7	2.50	49.90	11.80
	321.4	1.67	49.96	11.35
	356.7	0.90	42.50	10.50

(3) 进口淹没深度试验

叶片安放角为+4°时进口临界淹没水深试验结果如表10-29所示。进口淹没水深与扬程的关系曲线如图10-27所示。

表 10-29 不同扬程下进口临界淹没水深

扬程 H/m	1.041	1.696	2.517
流量 Q/(L/s)	353.59	322.86	282.94
进口临界淹没水深 Δh/m	0.40	0.36	0.32

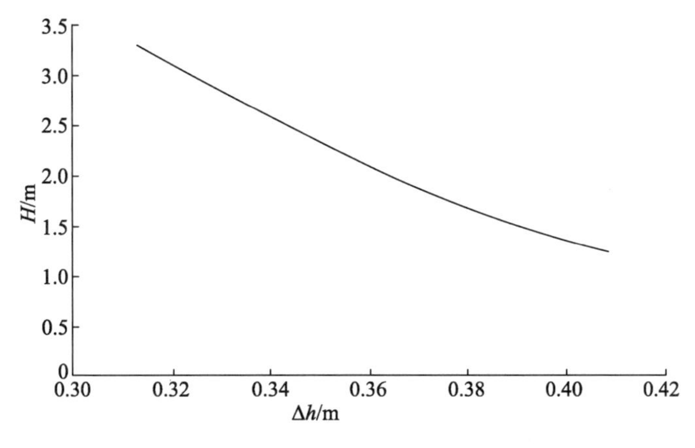

图 10-27 进口临界淹没水深与扬程的关系曲线

(4) 飞逸特性试验

排涝工况的飞逸特性试验亦在叶片安放角为+4°时进行，不同试验水头下的飞逸转速及飞逸泄流量如表10-30所列，飞逸特性曲线如图10-28所示，泄流特性曲线如图10-29所示。模型试验水头在1.81 m时转速 n_f=1 240 r/min，单位飞逸转速 n'_{1f}=277.6。当工作扬程为3.00 m时，原型机组断流失控时的飞逸转速 n_f=160.3 r/min，相当于额定转速125 r/min的1.28倍。

表 10-30　不同试验水头下的飞逸转速及泄流量

试验水头 H/m	1.81	1.62	1.44	1.30	1.19	1.07	0.92	0.72	0.52	0.37
飞逸转速 n_f/(r/min)	1240	1190	1138	1057	985	926	821	645	435	
泄流量 Q/(L/s)				390	365	344	308	249	182	102

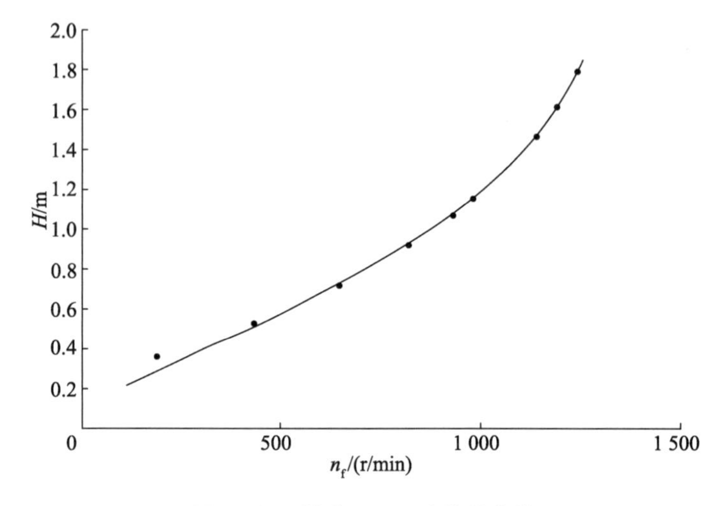

图 10-28　排涝工况飞逸特性曲线

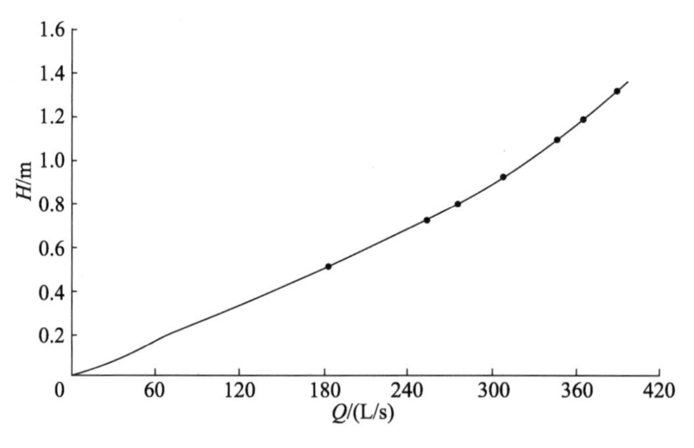

图 10-29　排涝工况泄流特性曲线

3. 结论

排涝工况模型装置试验结果显示，在叶片安放角为＋4°时，原型装置的扬程为设计扬程 1.73 m，考虑拦污栅等损失，在扬程为 2.03 m 时，模型装置效率为 51.40%，对应的流量为 306.8 L/s，换算至原型流量为 30.7 m^3/s。流量满足要求，设备运行在高效率点附近。平均扬程及最高扬程时的效率在最高效率点两侧接近最高效率点，装置的高效区广。

在最优工况下，空化比转速 C＝670，扬程在－0.20～2.90 m 范围内的任何工况下，叶片表面及叶轮室内无翼型空泡；当扬程 H＞2.2 m 后，叶片表面及叶轮室内开始逐渐出现间隙空泡，但无振动、噪声等异常现象，装置运转平稳。

10.2.4 原型装置的性能及分析

1. 原型装置性能

综合斜15°轴伸式贯流泵装置的引水工况和排涝工况试验结果，为了使泵站机组结构简单、运行维护便利，双向运行的转速均采用125 r/min。工况切换时仅需将电动机调换相序即可。

原型装置在引水工况和排涝工况下的性能曲线分别如图10-30和图10-31所示，其中装置效率进行了修正，引水工况 $\Delta\eta=13.4\%$，排涝工况 $\Delta\eta=17.9\%$。

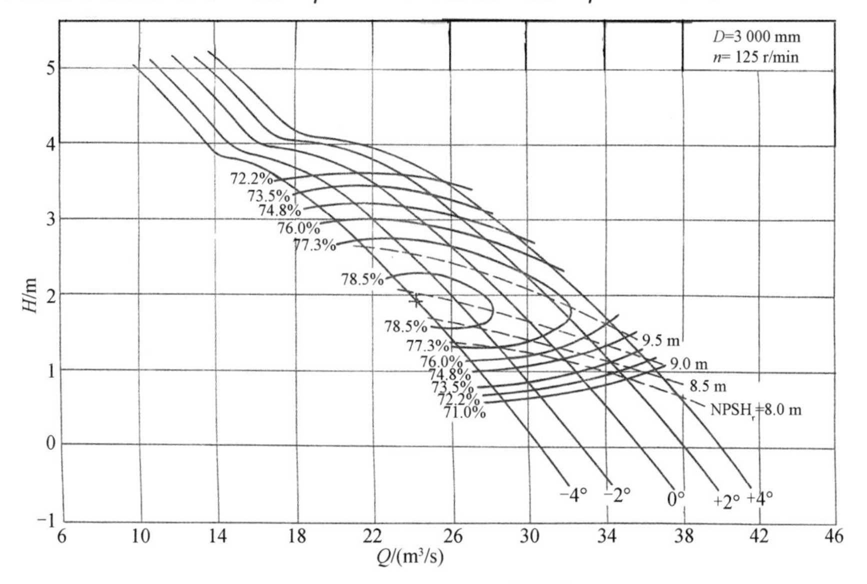

图 10-30 引水工况下原型装置性能曲线

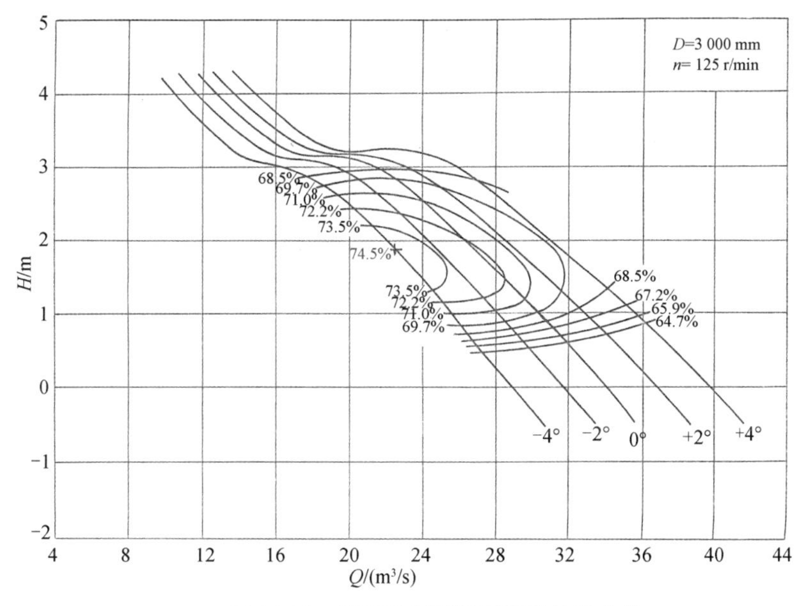

图 10-31 排涝工况下原型装置性能曲线

考虑到机组不调节运行，确定叶片安放角为＋4°，则在该叶片安放角下的原型装置性能曲线如图 10-32 所示。

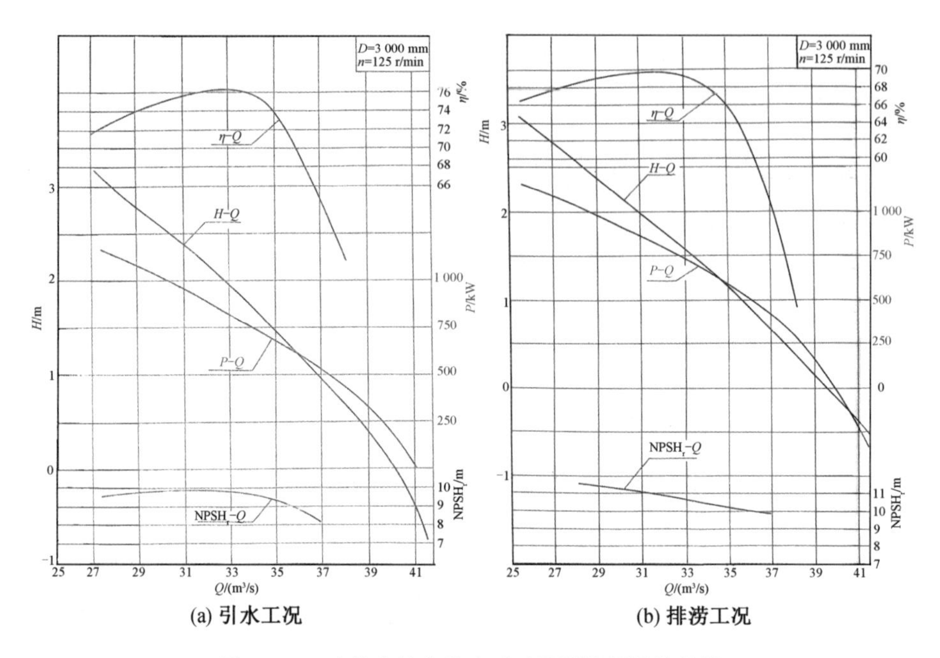

(a) 引水工况　　(b) 排涝工况

图 10-32　叶片安放角为＋4°时原型装置性能曲线

2. 正、反向性能对比分析

将叶片安放角为＋4°的泵及装置性能均换算至转速为 1 250 r/min 下的性能，其对比曲线如图 10-33 所示，从图中可以发现，采用斜 15°轴伸式贯流泵装置时流道的正、反向运行对装置性能的影响明显。正向运行时流道对性能的影响在大流量工况下是有利的，而反向运行则相反，因而导致装置性能的差异增加。其原因除了进、出水流道的作用改变外，主要是 S 弯管段的影响，因此弯管段的优化设计是该装置型式设计的重点。

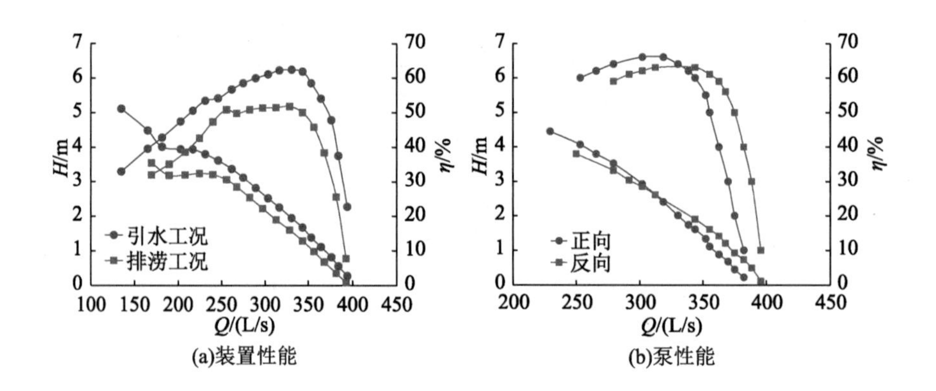

(a)装置性能　　(b)泵性能

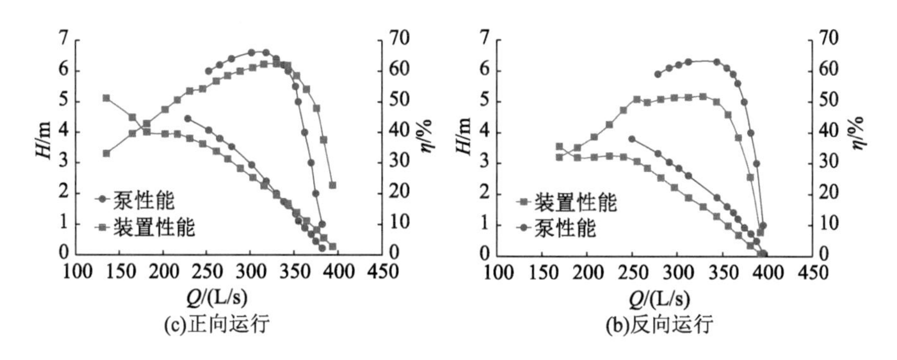

图 10-33　正、反向性能对比曲线

10.3　斜 15°轴伸式贯流泵机组结构与安装调试方案研究

某泵站选用 6 台单机流量 50 m^3/s 的斜 15°轴伸式贯流泵，水泵叶轮直径 4 100 mm，水泵转速 73 r/min。采用减速齿轮箱传动方式，电动机功率 1 600 kW，转速 1 000 r/min，减速齿轮箱的传递功率 1 600 kW，传动比 $i=13.7$，为两级传动的平行齿轮箱。

水泵由叶轮部件、泵轴部件、导轴承部件、泵体部件、泵轴密封部件、推力径向组合轴承部件组成，电动机通过减速齿轮箱与水泵连接。

10.3.1　叶轮部件

叶轮部件包括轮毂体、叶片、压板等，叶片由 ZG0Cr13Ni4Mo 不锈钢单片整体铸造，叶片的叶型根据模型泵叶片严格按照几何相似换算设计，铸件经热处理消除应力后，对叶片表面进行打磨清除夹砂及表面硬皮，在三轴坐标仪上打点画线，找出转动中心及叶片安放角 0°基准线。

叶片加工采用五轴数控加工方法，叶片加工精度大幅度提高，使叶片型线偏差从招标文件要求的±6.15 mm 提高到设计图纸要求的±4 mm，而且型面波浪度、叶片表面粗糙度及各叶片质量差等重要质量指标都得到提高，从而为泵站高效、稳定、可靠运行提供了良好保证。单个叶片的设计质量为 1 950 kg，经过数控加工后，两叶片之间的质量差仅为 6 kg，远小于 150 kg 的要求。轮毂体配重很小，使静平衡精度提高，机组运行的稳定性有了可靠保证。叶片进口边头部采用五截面样板检验，轮毂体为 ZG270－500 整体铸造，球体采用数控加工。叶片采用螺钉及压板固定于轮毂体上，叶片安放角采用圆柱销定位，并可根据工况要求调整叶片角度，调整范围为－4°～＋4°，出厂时叶片角度为＋2°。

10.3.2　泵轴部件

水泵轴为一端法兰的空心轴，泵轴的下法兰与轮毂体联接，采用螺栓联接横销传递扭矩，泵轴上端与鼓齿联轴器采用键联接，通过鼓齿联轴器与减速齿轮箱轴相连，鼓齿联轴器之间留有间隙，以便调整泵轴与减速齿轮箱轴的轴向距离及同心度；泵轴及水泵转动部分采用滑动轴承即球面调心滚子推力径向组合轴承支撑轴向力与径向力。泵轴材料为

35#钢整体锻件，长度为 8 085 mm，是机组中最长件；根据计算，泵轴直径原为ϕ 360 mm，已能保证轴的强度和刚度符合要求，且有足够的安全系数，但考虑到该泵为斜式安装，轴的刚度将影响水导轴承的受力情况及泵的运行稳定性，因此设计时为提高泵轴的刚度，泵轴直径加大到ϕ 410 mm，且在轴的中间打孔，消除锻造时内部疏散的金属并减小轴自身重量产生的挠度。在与水导轴承和填料密封接触的部位，泵轴上堆焊 3Cr13 硬质合金钢，以提高泵轴的表面硬度及抗磨性能，使表面硬度达到 HRC50 以上；并采用专用设备对轴颈部位进行打磨加工，使水导轴承部位轴颈的表面粗糙度小于 0.8 μm。

10.3.3 水导轴承部件的选用

1. 水导轴承的结构型式

水导轴承是斜轴伸式贯流泵机组的技术关键，也是影响机组可靠运行的关键部件。国内已建的斜轴伸式泵站机组在水导轴承上或多或少都出现过问题，在水导轴承的选用方面，在对国内外有关滑动轴承生产厂商的技术、产品进行了广泛深入的调研后，结合国内有关轴承专家的建议，决定采用西班牙塞德瓦(Cedervall España, S. A.)公司的船用尾轴轴承产品 CHOS－420 型水导轴承。该轴承采用稀油润滑轴承，轴瓦材料采用锡基白合金轴承材料，采用重力油轴承池油浴润滑，润滑油由外部通过导叶片内的孔注入轴承内部，整个轴承完全浸入润滑油中得到充分润滑，下部设有回油孔，可定期更换轴承内部的润滑油。轴承体和轴瓦均为轴向分瓣结构，轴承体与轴瓦采用球面接触，使轴瓦在轴承体内可以转动，具有自调节功能，可以消除因轴系对中不良和运行时产生的不平衡力而造成轴瓦受力不均现象。

塞德瓦公司的滑动轴承两端为 P 型橡胶密封结构，每道密封有 2 个橡胶圈，中间充有压力油，油压大于水压将 P 型橡胶密封顶起，使水不进入油中。厂商要求油压大于水压的 1.35 倍，为此在泵站的一定高度设置一个高位油箱，该油箱通过管路与轴承的进油口相连，保证油箱的油压与水压有恒定差值。由于泵站水位是变化的，如油位也随着调整，恒定差值难以控制，与厂商协商后将油箱安装在泵站 7.5 m 高程的位置，高于最高水位 5.5 m，确保水不进入油内。整个轴瓦的长度为 360 mm，轴径ϕ 410 mm，宽径比为 0.878，允许承载力为 443 kN。虽然宽径比较小，但整根轴很长，叶轮以悬臂形式固定在轴上，易产生弯曲，因此具有偏心自调节功能非常重要。水导轴承的结构如图 10-34 所示。

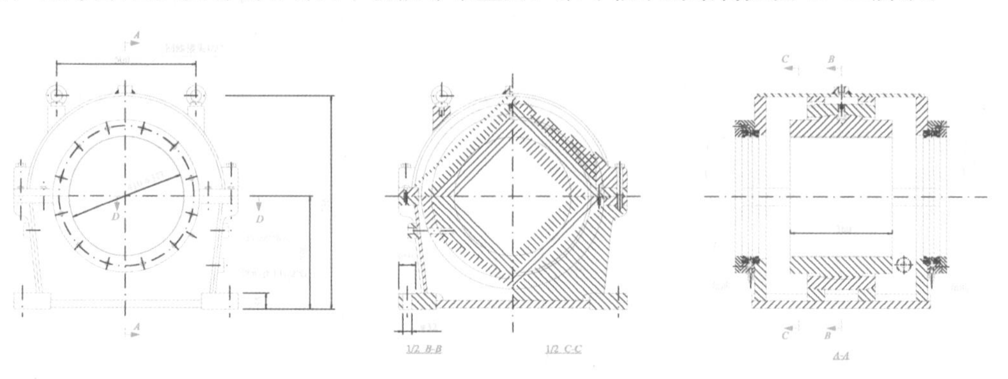

图 10-34 水导轴承结构图

一般情况下稀油润滑较多选用透平油，但考虑到泵站油品使用的统一性，更考虑到极压齿轮油的运动黏度远高于透平油，在水泵转动时易形成油膜，经与厂商协商，最终选用极压齿轮油。该油的主要技术性能指标如表 10-31 所列。

表 10-31　N220 重负载极压齿轮油特性

运动黏度(40 ℃)/(mm^2/s)	闪点(开口)/℃	凝点/℃	腐蚀铜片(100 ℃ 3 h)	机械杂质/%	四球机试验/kg	FZG 力级
220	200	−5	合格	≤0.01	>355	>12

2. 水导轴承的动压油膜和荷载

斜 15°轴伸式贯流泵的特点是低速重载，轴承承载能力和油膜形成是 2 个很重要的条件。由于水导轴承预留位置比较宽敞，在对斜轴伸式布置的轴承受力特点不完全了解的情况下，对轴承的承载能力尽可能留有余量。现选用的 CHOS－420 型轴承最大允许荷载 443 kN，远大于设计要求值，保证轴承允许的安全，该型号轴承的转速与最大允许荷载的关系曲线如图 10-35 所示。

滑动轴承动压油膜的形成与轴承几何参数、转速、轴的表面粗糙度等因素有关，塞德瓦公司在轴承结构设计上具有丰富的经验，考虑了形成油膜的结构要求，泵轴表面粗糙度为 0.8 μm 时的转速与最小油膜厚度的关系曲线如图 10-36 所示。从图中可知，在额定转速时形成动压油膜的最小厚度为 0.057 mm。

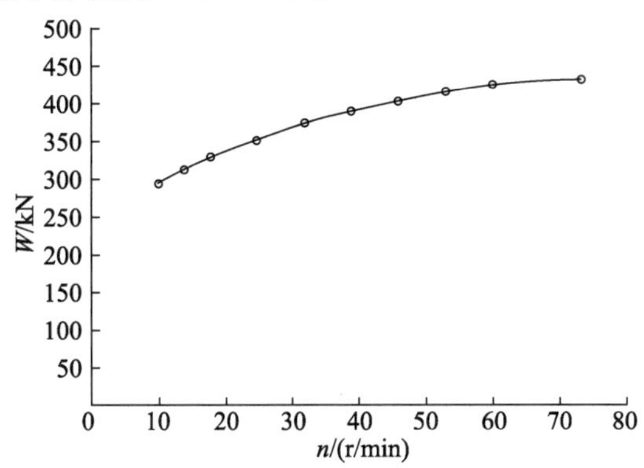

图 10-35　转速与最大允许荷载的关系曲线

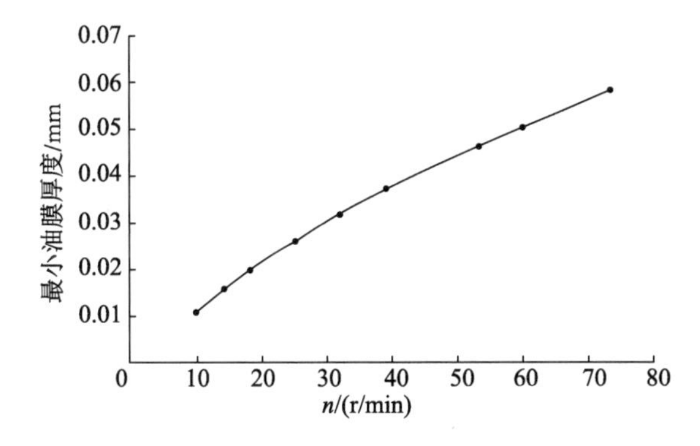

图 10-36　转速与最小油膜厚度的关系曲线

塞德瓦公司还提供了轴瓦承受的压力曲线(见图 10-37),从图中可见,轴瓦承受的压力与转速有关,随着转速的增大,轴瓦承受的压力减小,并且趋于平缓。水泵启动过程中,轴瓦将承受最大压力,转速为 10 r/min 时压力为 8.8 MPa,为启动过程中瞬时受力,是允许的。

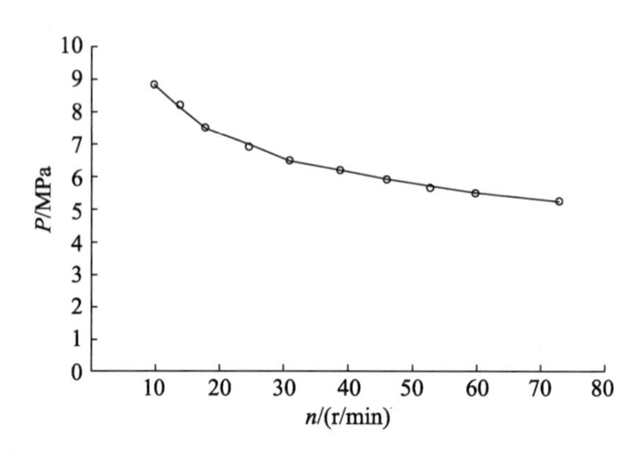

图 10-37　轴瓦承受的压力曲线

由于水导轴承置于流道内,外壳四周均为水流,具有良好的冷却效果,因此不采用油外循环方式。

10.3.4　泵体部分结构

1. 泵体部分

泵体部分包括前锥管、伸缩套管、叶轮室、导叶、变径弯管、延伸管等部件,其结合面采用法兰刚性联接、橡胶石棉板密封;其中叶轮室、导叶、变径弯管均为轴向分瓣结构,以便于安装、检修,其分瓣面采用螺栓联接、圆锥销定位、橡胶石棉板密封。叶轮室采用 ZG270－500 母体,内衬不锈钢,提高其抗空蚀性能,在叶轮室顶部及底部均设有观察孔,便于观察叶片运转情况和水导轴承磨损情况,及安装、检修时测量叶片间隙,叶片与叶轮室之间单面间隙为 4 mm 左右;导叶采用结构件,导叶的法兰及筒体采用 Q235－A 优质钢板焊接而成,可保证良好的外观质量和符合要求的表面粗糙度,对导叶模具进行检测,翼型符合图纸要求后导叶片采取单片铸造方式,材质为 ZG270－500 铸钢,对导叶片表面进行打磨加工,使表面粗糙度不大于 12.5 μm,再对导叶定位后焊接,从而确保部件与图纸一致,也保证了导叶的水力性能。其他部件均采用 Q235－A 结构件,在变径弯管顶部设有进人孔,供安装和检修时使用;在前锥管、叶轮室、导叶、变径弯管、延伸管上均设有支撑地脚,配置调整垫铁,便于安装时调整高程及水平;前锥管是进水流道与水泵的联接件,为方便安装,前锥管由一期混凝土预埋改为二期混凝土埋设,可有效防止出现浇筑二期混凝土后渗水现象,前锥管长度由 700 mm 加长到 1 000 mm,法兰外径由 ϕ 4 800 mm 加大到 ϕ 4 900 mm;前锥管、变径弯管(下)、延伸管在水泵上全部安装完毕后,须浇筑二期混凝土埋入基础中。

2. 泵轴密封部件

泵轴密封部件由填料盒、填料、填料环、填料压盖等组成。填料盒为整体铸铁件,填料盒须预先套装在泵轴上；填料环、填料压盖为中开分瓣件，填料为聚四氟乙烯石棉盘根，为改善填料润滑性能，采用压力清水润滑，压力水由外部专门供水装置供给，需水量 2 L/s，水压为 0.10 MPa。联接紧固件为不锈钢。

3. 推力径向组合轴承部件

组合轴承部件安装在变径弯管的尾部，主要承受水泵运行时的水推力、转动部分重量的径向分力，主要由轴承体、轴承压盖、轴套(2 个)、推力轴承、径向轴承即骨架密封组成。轴承体为轴向分瓣结构，推力轴承、径向轴承采用 SKF 轴承，以稀油润滑，油品型号与水导轴承相同，为 N220 极压齿轮油，并与减速齿轮箱共用稀油站，油压为 0.05 MPa，油量为 0.3 L/s，并设有稳定监测，轴承两端均设有 2 道骨架密封。除轴承体外，所有围圈零部件均须预先套装在泵轴上。

主水泵结构如图 10-38 所示。

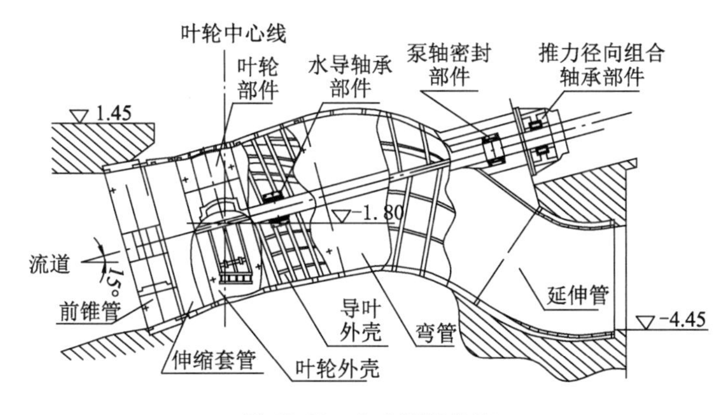

图 10-38　主水泵结构图

10.3.5　机组的安装与调试

由于斜 15°轴伸式贯流泵机组缺乏成功的安装、调试经验可借鉴，而且是非整体到货，因此该泵站的前锥管、伸缩套管、叶轮室 3 个部件采用整体吊装，并采用 10 t 倒链工具进行大部件斜 15°调整的新工艺和流水作业，提高了工效，缩短了水泵安装工期。

1. 工艺特点和工艺流程

斜轴伸式贯流泵机组在安装过程中有几个关键问题需要注意：首先要严格控制叶轮体中心安装位置，它是水泵安装的基准，水泵将根据基准位置进行安装。其次要严格控制导叶位置上水导轴承座和弯管位置上组合轴承座的同心度和中心位置，它们将决定水泵主轴的斜度和叶轮与叶轮室的间隙，与水泵运行工况密切相关。最后是电动机与减速齿轮箱、减速齿轮箱与水泵的同轴度要严格控制，以降低水泵运行的噪声。

斜 15°轴伸式贯流泵机组的结构如图 10-38 所示，其安装工艺流程：先安装水泵固定部分，后安装转动部分。根据土建结构特点并考虑到吊装就位的方便，首先将前锥管、伸缩套管和叶轮室在安装间进行组装，符合要求后整体吊装就位；其次吊装导叶；然后吊装延伸管(延伸管在弯管安装前必须预吊装放置，否则弯管安装完毕后延伸管已无空间位置可吊装就位)和弯管；最后安装转动部件。

2. 安装、调试要点

(1) 安装前的准备工作

① 测量基准点线

根据泵站测量基准点，测出用于水泵机组安装的水泵中心线、叶轮中心线、电动机中心线和高程测量基准点。

② 机组中心线架设置

斜 15°轴伸式贯流泵机组中心钢琴线的位置非常重要，其也是决定斜 15°轴伸式贯流泵安装的位置。而钢琴线线架小孔的位置决定钢琴线的位置，钢琴线线架小孔的位置是一个空间三维坐标点，位置很不容易确定。考虑到水泵中心线在水泵安装中要装卸多次，因此将线架制作为刚度较强的固定式线架，每次测量中心时，将 30# 钢琴线从线架上的 ϕ0.5 mm 孔中穿过即可，这样既保证了每次使用水泵中心线的一致性，又可节约每次设置水泵中心线的时间。

图 10-39 为机组中心线架设置示意图，将 2 个钢琴线线架固定，线架顶平面高程比实际中心线相应位置高程低 100～150 mm，按进水侧线架位置到叶轮中心线的距离在线架顶平面上画标志线。将经纬仪架设在机组中心线电动机端的基准中心线上，对准进水流道处机组中心线基准点进行调整，同时用水准仪配合，调整电动机端线架上的小孔钢板(用经纬仪对准小孔，在标志线上移动钢板使小孔中心的高程与图示计算好的高程相符)，固定小孔钢板，再次用经纬仪、水准仪复查小孔的位置无误。将经纬仪俯视 15°，测量电动机端小孔中心到俯视线的垂直距离，以此数据反复调整进水侧线架小孔的中心位置，确定无误后，用水准仪校核进水侧线架小孔中心高程与图示计算好的高程无误，固定小孔钢板，再次用经纬仪、水准仪复查小孔的位置无误。

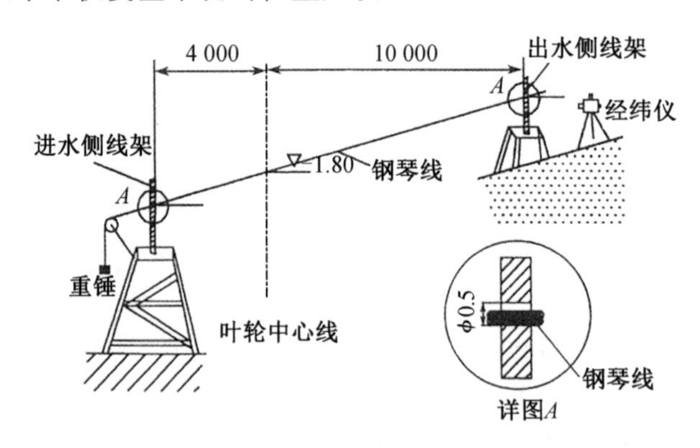

图 10-39 机组中心线架设置示意图(长度单位:mm)

叶轮中心线基准点设置在廊道地面上，测量叶轮室中心时，用经纬仪对准叶轮中心线基准点进行测量，校正叶轮室的安装位置。表 10-32 为 6 台机组钢琴线安装完毕后各位置的最终测量结果，测量点“1”号为出水侧线架位置，“2”号为进水侧线架位置，从钢琴线安装位置测量结果可以发现最大偏差为 1 mm，满足斜轴伸式贯流泵机组安装的位置精度要求，这说明机组中心线位置钢琴线的架设方法是成功的。由于钢琴线有挠度，在使用钢琴线进行水泵部件中心调整时，必须将按计算公式计算的钢琴线下挠度考虑进去。

表 10-32 6 台机组钢琴线安装完毕后各位置最终的测量结果

机组号	测量点号	设计值/m			实测值/m			偏差/mm		
		X	Y	Z	X	Y	Z	X	Y	Z
1	1	27.780	3.499	1.040	27.780	3.499 5	1.040	0	0.5	0
	2	27.780	−12.831	−3.336	27.780	−12.830	−3.335	0	1.0	1.0
2	1	17.280	3.499	1.040	17.280 5	3.499 5	1.040	0.5	0.5	0
	2	17.280	−12.857	−3.342	17.280 5	−12.856	−3.341	0.5	1.0	1.0
3	1	5.250	3.499	1.040	5.250	3.499 5	1.040	0	0.5	0
	2	5.250	−12.819	−3.332	5.2505	−12.818	−3.331	0.5	1.0	1.0
4	1	−5.250	3.499	1.040	−5.250	3.499 5	1.040	0	0.5	0
	2	−5.250	−12.855	−3.342	−5.250	−12.856	−3.343	0	1.0	1.0
5	1	−17.280	3.499	1.040	−17.280	3.499 5	1.040	0	0.5	0
	2	−17.280	−12.787	−3.324	−17.280	−12.787	−3.324	0	0	0
6	1	−27.780	3.499	1.040	−27.780	3.499	1.040 5	0	0	0.5
	2	−27.780	−12.854	−3.342	−27.780	−12.855	−3.343	0	1.0	1.0

(2) 前锥管、伸缩套管和叶轮室安装

① 前锥管、伸缩套管、叶轮室组装

按照 $+X$，$+Y$ 标记，在安装间组装前锥管、伸缩套管、叶轮室，将其调圆。组装叶轮室前，将叶轮径向中心线标记在组合法兰面外边缘上，作为叶轮室安装定位基准点，备测量之用。将前锥管进水口朝下放置在支墩上，吊装伸缩套管与前锥管组合，调整同心度；吊装叶轮室与伸缩套管组合，调整同心度。特别要注意的是，将伸缩套管调整到设计尺寸后并固定，方能组合。

② 前锥管、伸缩套管、叶轮室安装

将组装件吊起，调整为 15°倾斜（用 2 台 10 t 的倒链进行调整），吊入机坑，放置在临时支墩上就位，穿上地脚螺栓，垫好调整垫铁，调整高程水平，临时固定牢靠，组合体吊装如图 10-40 所示。

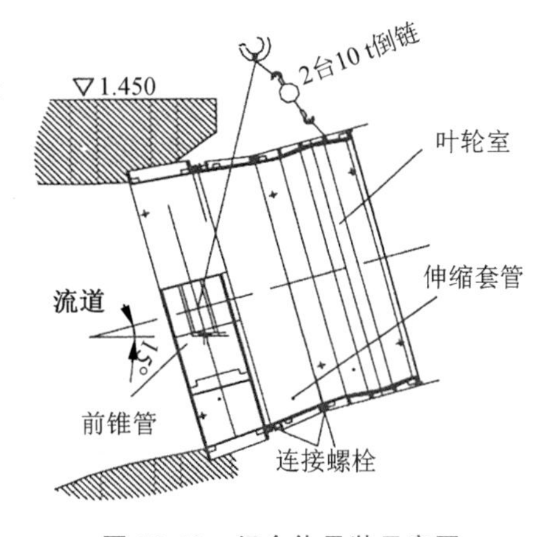

图 10-40 组合体吊装示意图

悬挂 30# 钢琴线，测量水泵中心，用经纬仪测量叶轮中心线，两者互相配合调整组合体安装位置。测量水泵中心时，用电测法测量组合体中心位置，测点位置应做好记号，根据测量值，再加上钢琴线下垂值，偏差控制在±0.15 mm 以内，否则继续调整组合体安装位置。电测法测量中心的示意图如图 10-41 所示。

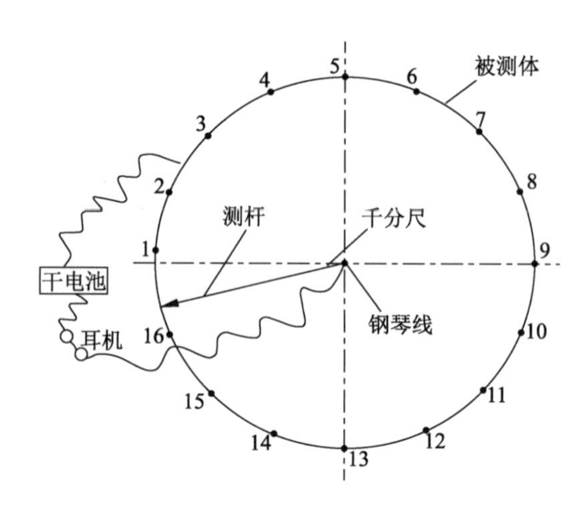

图 10-41　电测法测量中心

③ 前锥管二期混凝土浇筑防变形措施

组合体调整完毕后，前锥管外部用型钢加固牢靠，伸缩套管和叶轮室外部的两侧及下部用钢管拉紧器临时加固牢靠，以防止在浇筑前锥管二期混凝土的过程中发生位移；将前锥管与伸缩套管的连接螺栓松开，这样在二期混凝土浇筑过程中，前锥管一旦发生变形，不致于引起叶轮室发生位移，叶轮室是机组安装的关键；在混凝土浇筑过程中，浇筑高度接触到前锥管时，每次浇筑高度分层浇筑，以防止二期混凝土浇筑过快，混凝土的浮力或压力引起前锥管变形；在二期混凝土浇筑过程中，用经纬仪监测叶轮室法兰 X 轴、Y 轴线的变化，用水准仪监测叶轮室高程的变化，一旦发生变化，停止二期混凝土的浇筑，待已浇筑的混凝土凝固后方能继续浇筑。

(3) 导叶安装

组合分瓣的导叶，测量并记录导叶的内圆度，吊起时测量其变形值。将导叶调整为15°倾斜吊入机坑，放置在永久支墩上就位，垫好调整垫铁，调整高程水平。悬挂钢琴线，用电测法测量导叶中心、导叶与叶轮室同心度，精调整后使同心度误差符合设计要求。

(4) 弯管和延伸管安装

将延伸管吊入机坑，暂时放置在基础支墩上就位，预留出弯管的安装空间，这是因为延伸管在弯管安装前必须预吊装放置，否则弯管安装完毕后已无空间位置吊装延伸管就位。将上、下弯管在安装间组合好，整体将弯管吊入机坑放在支墩上就位，垫好调整垫铁，悬挂钢琴线，用电测法测量弯管上的组合轴承座中心，与叶轮室中心比较同心度，并调整至符合要求。调整延伸管的位置及高程，与弯管法兰组合面进行连接并固定。水泵固定部分安装完毕后，同时整体复查测量机组中心、高程和同心度。

(5) 水导轴承座与径向组合轴承盒安装

水导轴承座安装在导叶内部，径向组合轴承盒安装在弯管轴承座上。首先将水导轴承放置在导叶内，径向组合轴承盒吊装在弯管轴承座上，利用调整机组中心的钢琴线径向初步调整水导轴承座与径向组合轴承盒同心度，将15°标准块放置在水导轴承座和组合轴承盒的分瓣面上，测量两者的倾角是否为15°。其次在主轴吊装就位后，用塞尺检查水导轴承下瓦两端底部与轴颈的间隙，水导轴承座的最终位置必须以组合轴承和叶片与叶轮室间隙为基准径向调整。待主轴安装完毕后，安装水导轴承橡胶油密封圈，并进行油渗漏试验。

(6) 水泵转动部件安装

水泵转动部件安装的前提是拆除叶轮室、导叶和弯管的上半部分，将其吊出机坑。

① 水导轴承、径向组合轴承安装

对斜轴伸式贯流泵而言，水导轴承和径向组合轴承是关键性部件，水导轴承装配后，筒形瓦顶部间隙应符合技术要求，两侧间隙为顶部间隙的 1/2。测量径向组合轴承与主轴的安装位置相对制造公差，其值必须符合要求。根据图纸提供的安装方式，将推力轴承镶嵌在主轴上(在制造厂已经完成)。

② 叶轮安装

吊起叶轮至竖立位置，按主轴法兰面实际倾斜值调整叶轮法兰面垂直度与之相适应，同主轴进行对中；旋转叶轮对正销钉位置，对称用 4 个联轴螺栓将叶轮均匀拉入配合止口，直到两者的组合面相接触；装入销钉，测量螺栓伸长值以控制螺栓预紧力，对称拧紧所有联轴螺栓。

③ 主轴系吊装

在安装间进行主轴系试吊，使起吊中心与主轴系装配重心相一致，调整倒链，使径向组合轴承端缓缓升起，用 15°标准块测量主轴的倾角是否为 15°。将调整好的叶轮与主轴组合体吊置在水导轴承座和径向组合轴承座上。

测量叶片与叶轮室的间隙是否为设计值，如否，则进行整体调整直至符合要求。叶片与叶轮室的间隙非常重要，它直接影响水泵的运行工况。6 台水泵叶轮与叶轮室间隙实测值如表 10-33 所列，从表中可以看出，叶片与叶轮室的间隙，X 轴、Y 轴两侧的安装间隙是均匀的，说明主轴的安装位置居中。之所以出现 X 轴和 Y 轴的间隙不均匀，是因为叶轮室在安装时发生了弹性变形，上下直径变大，这在叶轮室制造上难以避免，最终的处理办法是打磨 X 轴方向的叶轮室内壁，使之符合每处的间隙在平均间隙的±20%之内的要求。从表 10-34 可以看到 1# 水泵的 1# 和 3# 叶片，和 5#、6# 水泵的 3 枚叶片，经打磨 X 轴方向的叶轮室内壁后，其安装间隙符合设计间隙的要求。

表 10-33　水泵叶片与叶轮室的安装间隙测量值　　单位:mm

机组号	叶片号	安装间隙				平均间隙
		$+X$	$+Y$	$-X$	$-Y$	
1#	1#	2.40	4.02	2.58	4.05	3.26
	2#	3.25	4.77	3.40	4.75	4.04
	3#	2.25	4.00	2.35	3.95	2.96
2#	1#	3.22	4.72	3.28	4.82	4.01
	2#	4.05	5.57	4.05	5.67	4.84
	3#	3.94	5.34	3.99	5.47	4.69

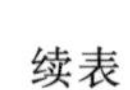
续表

机组号	叶片号	安装间隙				平均间隙
		+X	+Y	−X	−Y	
3#	1#	3.13	4.57	3.05	4.52	3.82
	2#	3.29	4.69	3.24	4.89	4.03
	3#	3.39	4.74	3.39	5.04	4.14
4#	1#	4.44	4.61	4.54	4.69	4.57
	2#	4.44	4.54	4.11	4.44	4.38
	3#	4.44	4.59	4.54	4.54	4.53
5#	1#	2.63	4.29	2.52	4.29	3.43
	2#	2.79	4.32	2.73	4.54	3.60
	3#	2.63	4.29	2.56	4.40	3.47
6#	1#	1.95	4.55	2.06	4.45	3.25
	2#	2.35	4.83	2.24	4.80	3.56
	3#	1.90	4.50	2.24	4.55	3.30

表 10-34　叶轮室打磨后与叶片的间隙值　　单位:mm

机组号	叶片号	安装间隙				平均间隙
		+X	+Y	−X	−Y	
1#	1#	3.15	4.02	3.23	4.05	3.61
	3#	3.00	4.00	3.00	3.95	3.49
5#	1#	3.00	4.29	3.00	4.29	3.65
	2#	3.16	4.32	3.21	4.54	3.81
	3#	3.00	4.29	3.04	4.40	3.68
6#	1#	3.13	4.55	3.12	4.45	3.80
	2#	3.45	4.83	3.26	4.80	4.08
	3#	3.08	4.50	3.26	4.55	3.84

④ 盘车方法

在联轴器位置安装盘轮,绕钢丝绳用 320 kN 桥式起重机进行机械盘车。

(7) 减速齿轮箱安装

减速齿轮箱安装方法:套装联轴器→吊装减速齿轮箱→粗调整安装位置→精调整同心度→基础固定。

① 联轴器套装前,分瓣测量联轴器内孔和输出轴的直径,如过盈量较大,可考虑将联轴器适当加温,套入轴颈,可轻轻敲入,切忌猛烈锤击。

② 安装减速齿轮箱时应以水泵为基准找正。将减速齿轮箱吊装到基础支墩上预先放置好的垫铁上，按机墩上已测放出的纵横坐标线和水泵主轴的实际中心线粗调减速齿轮箱的位置，初步调整输出轴中心位置。

③ 减速齿轮箱安装完成后，可采用在联轴器之间加等设计间隙厚的测量块来保证轴向位置；同轴度的保证，在减速齿轮箱侧的联轴器上安装测圆架，测量千分表指向水泵的主轴，盘动减速齿轮箱进行调整，同轴度测量示意图如图 10-42 所示。

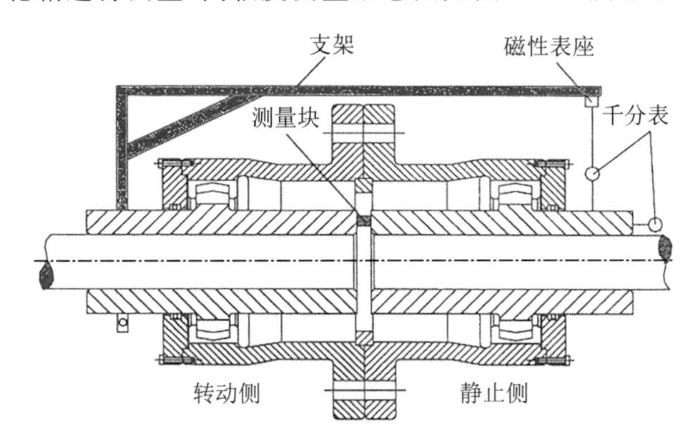

图 10-42　同轴度测量示意图

(8) 电动机的安装

电动机的安装找正方法与减速齿轮箱相同，底座应以减速齿轮箱的输入轴为基准找正。

10.4　斜 15° 轴伸式贯流泵机组运行稳定性研究

以第 10.3 节中的泵站为研究对象，采用 CFD 模拟及模型测试、现场测试等多种技术手段，分析不同工况下机组运行的稳定性。

10.4.1　装置内部非定常流动仿真模拟

1. 非定常流动计算特点

由于水泵机组叶轮的旋转和导叶等静止部件的流动干扰(rotor-stator interaction，RSI)现象，流道内的水流是一种非定常流动，其反映的是流道内的水压力脉动及其在水泵能量和空化等性能中的表现。

本研究进行叶轮机械从叶轮进口至导叶出口流道(导叶、叶轮体、叶片等)的三维黏性 RSI 现象流动分析。

2. 非定常流动计算结果

三维黏性非定常流计算区域如图 10-43 所示，非定常流动分析计算的目的主要是分析叶轮受到的轴向水推力和径向力的脉动情况，为轴承设计提供可靠的边界条件。为节省计算时间，计算区域有所减少。

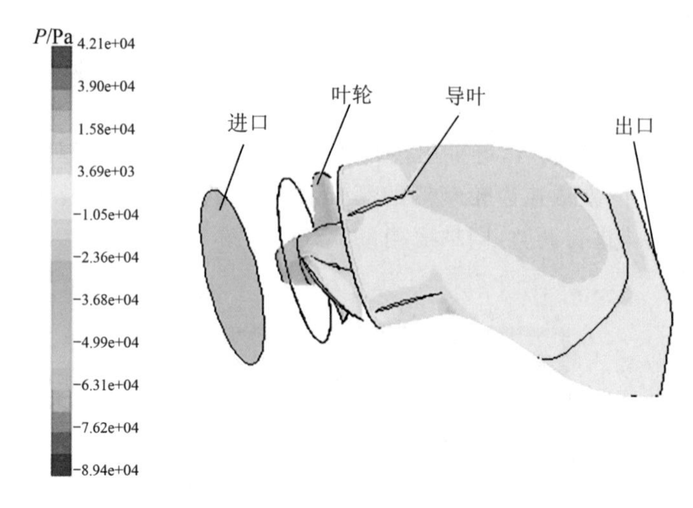

图 10-43 泵站叶轮进口至导叶出口流道计算区域

计算 2 个工况(流量为 40 m^3/s,50 m^3/s)的非定常流动,每个工况记录以下数据(见图 10-44):

① 叶轮水力矩随叶轮旋转时间的变化过程 cm-x;

② 叶轮水推力随叶轮旋转时间的变化过程 cd-x;

③ 叶轮纵向径向力随叶轮旋转时间的变化过程 cl-z;

④ 叶轮叶片压力面 p-bp1,p-bp2,p-bp3 和背面 p-bs1,p-bs2 点水压力随叶轮旋转时间的变化过程;

⑤ 导叶压力面 p-g11,p-g12,p-g13 和背面 p-g21,p-g22 点水压力随叶轮旋转时间的变化过程;

⑥ 叶轮压力面 p-bpav 和背面 p-bsav 水压力随叶轮旋转时间的变化过程;

⑦ 叶轮出口和导叶进口之间一个截面的水压力 p-bg2 随叶轮旋转时间的变化过程。

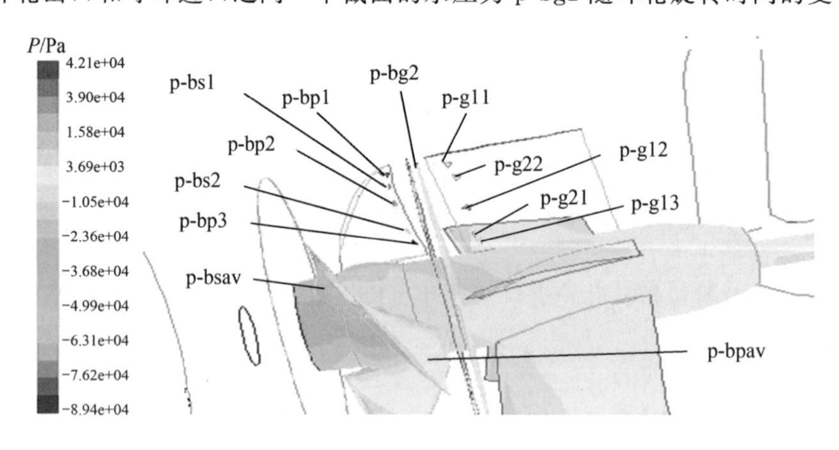

图 10-44 压力脉动数据记录位置

流量为 40 m^3/s 工况下的非定常流动特性如图 10-45 所示。2 个工况计算结果汇总见表 10-35 和表 10-36,其中基频(转频)$f=1.22$ Hz。

表 10-35 流量为 40 m³/s 时非定常流动仿真结果

特征量	最大值	最小值	转频幅值 $f=1.22$ Hz	3 倍转频幅值 $3\times f=3.66$ Hz	5 倍转频幅值 $5\times f=6.10$ Hz
cd-x/N	−330 097	−339 167	139 000	328 000	10 000
cl-z/N	3 647	−5 198	149 500	292 000	38 500
cm-x/(N・m)	231 361	224 397	94 000	276 000	10 000
p-bg2/Pa	−1 725	−3 733	52 400	4 000	2 000
p-bp1/Pa	−4 672	−9 600	185 100	48 000	124 000
p-bp2/Pa	−9 760	−14 063	158 000	47 500	95 560
p-bp3/Pa	−38 605	−41 871	434 000	90 000	40 000
p-bpav/Pa	1 504	−6 898	126 000	32 100	24 000
p-bs1/Pa	−4 529	−10 426	330 000	60 000	223 000
p-bs2/Pa	−17 950	−26 013	188 570	98 800	65 700
p-bsav/Pa	5 808	243	237 140	35 700	82 850
p-g11/Pa	16 542	4 256	34 000	1 000 000	34 480
p-g12/Pa	9 837	−1 307	80 000	900 000	30 000
p-g13/Pa	401	−8 172	272 000	378 000	21 000
p-g21/Pa	−5 064	−14 182	51 000	588 000	28 300
p-g22/Pa	−983	−12 397	44 000	392 000	12 000

表 10-36 流量为 50 m³/s 时非定常流动仿真结果

特征量	最大值	最小值	转频幅值 $f=1.22$ Hz	3 倍转频幅值 $3\times f=3.66$ Hz	5 倍转频幅值 $5\times f=6.10$ Hz
cd-x/N	−272 744	−277 093	31 000	159 200	13 400
cl-z/N	−3 187	−8 814	79 100	162 500	11 000
cm-x/(N・m)	194 870	192 152	9 500	116 670	53 000
p-bg2/Pa	−1 877	−3 788	20 000	6 000	3 320
p-bp1/Pa	−4 345	−10 671	295 000	30 000	78 000
p-bp2/Pa	−6 255	−12 186	292 400	25 000	59 500
p-bp3/Pa	−34 535	−38 934	425 100	35 000	29 000
p-bpav/Pa	1 502	−7 809	249 500	15 000	17 140
p-bs1/Pa	−700	−8 663	470 000	40 000	158 000
p-bs2/Pa	−10 131	−16 836	501 000	42 000	60 000
p-bsav/Pa	3 766	−3 943	510 000	45 100	67 000
p-g11/Pa	11 319	3 328	25 000	569 000	15 000

续表

特征量	最大值	最小值	转频幅值 f=1.22 Hz	3倍转频幅值 3×f=3.66 Hz	5倍转频幅值 5×f=6.10 Hz
p-g12/Pa	7 345	499	49 000	470 000	29 100
p g13/Pa	−945	−5 261	71 500	195 000	10 000
p-g21/Pa	−6 252	−22 049	240 000	1 050 000	30 000
p-g22/Pa	−11 738	−18 579	205 000	191 400	12 800

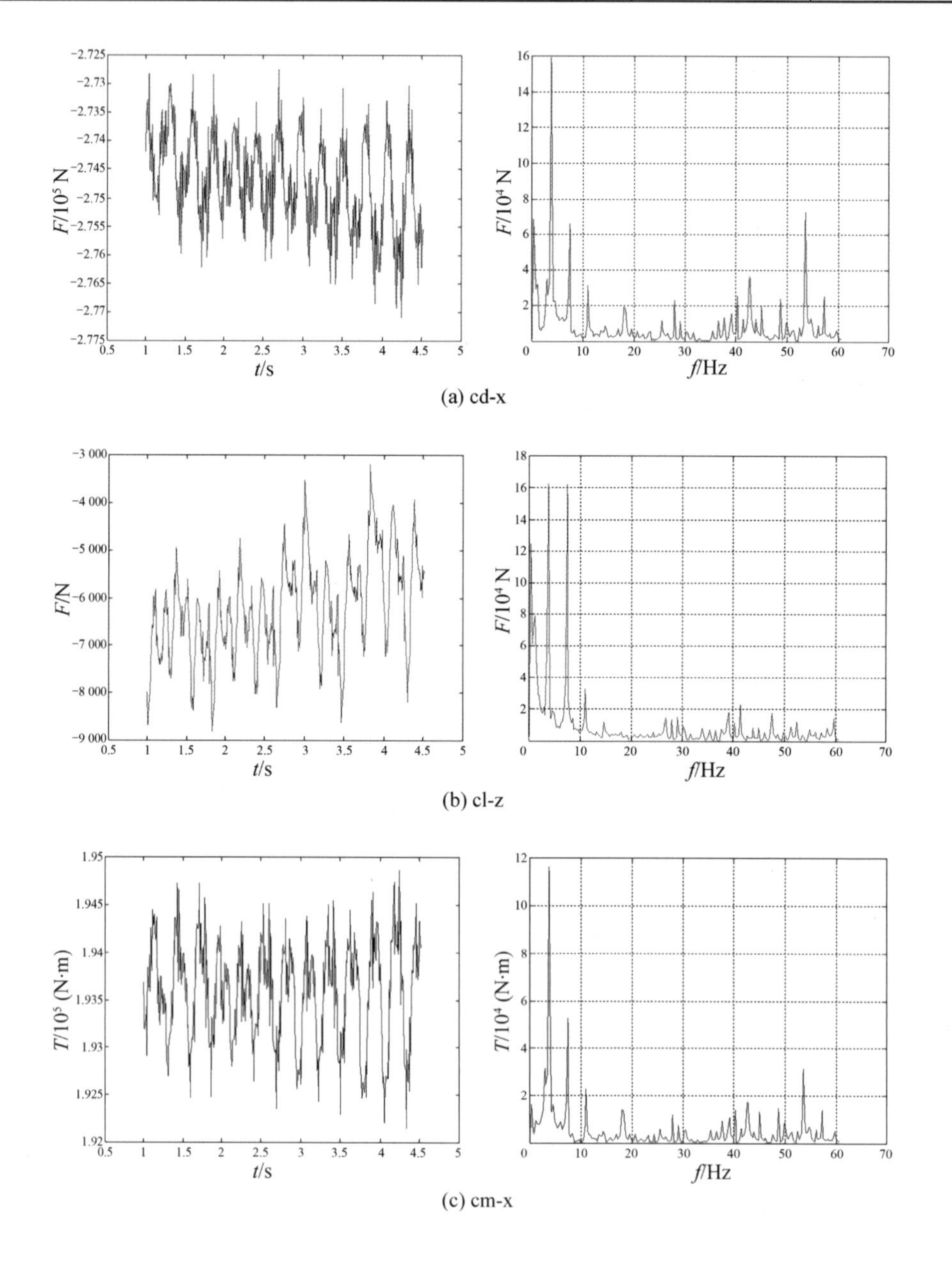

(a) cd-x

(b) cl-z

(c) cm-x

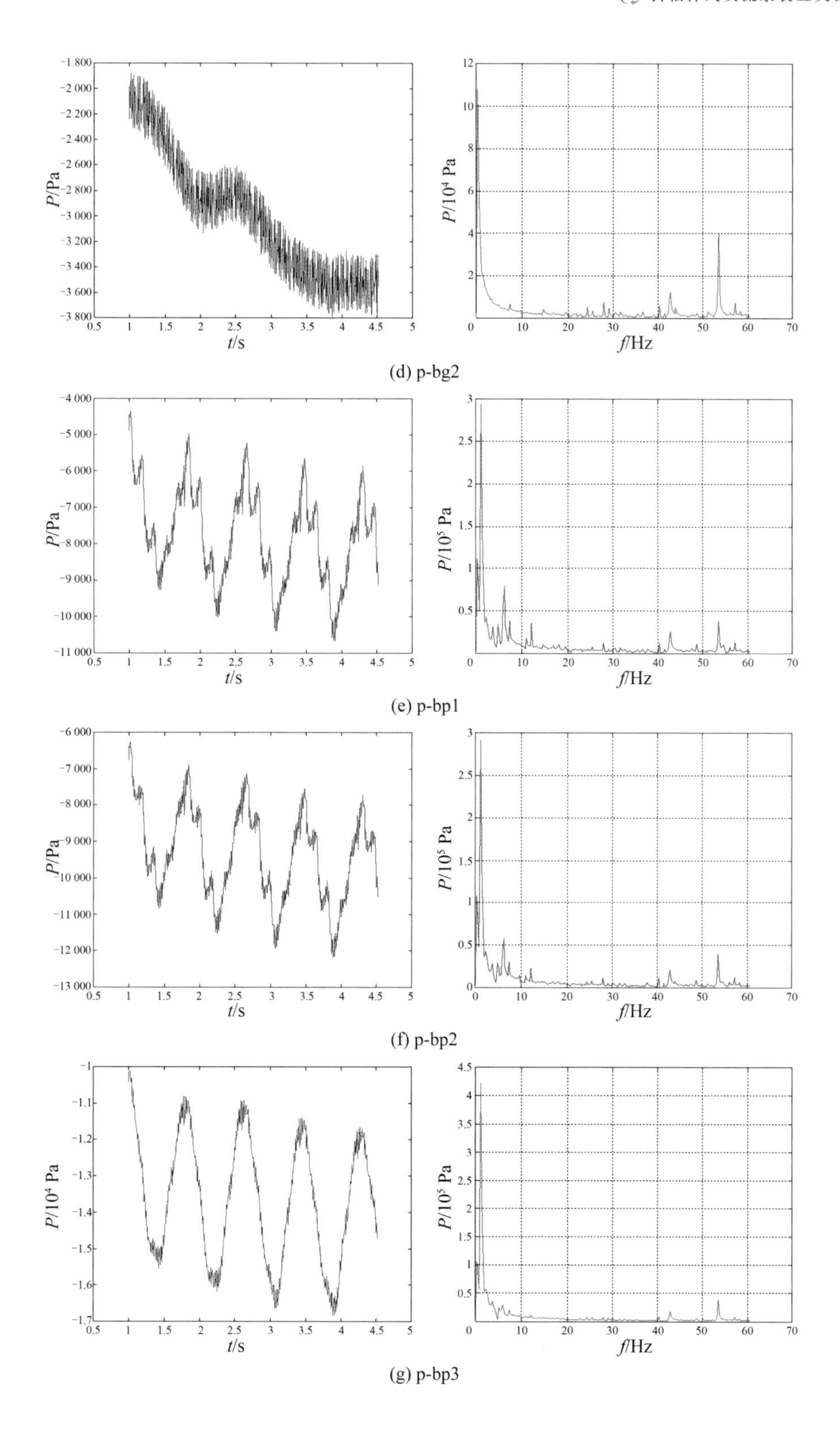

(d) p-bg2

(e) p-bp1

(f) p-bp2

(g) p-bp3

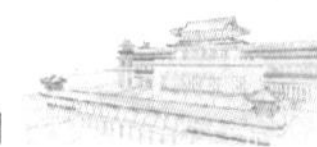

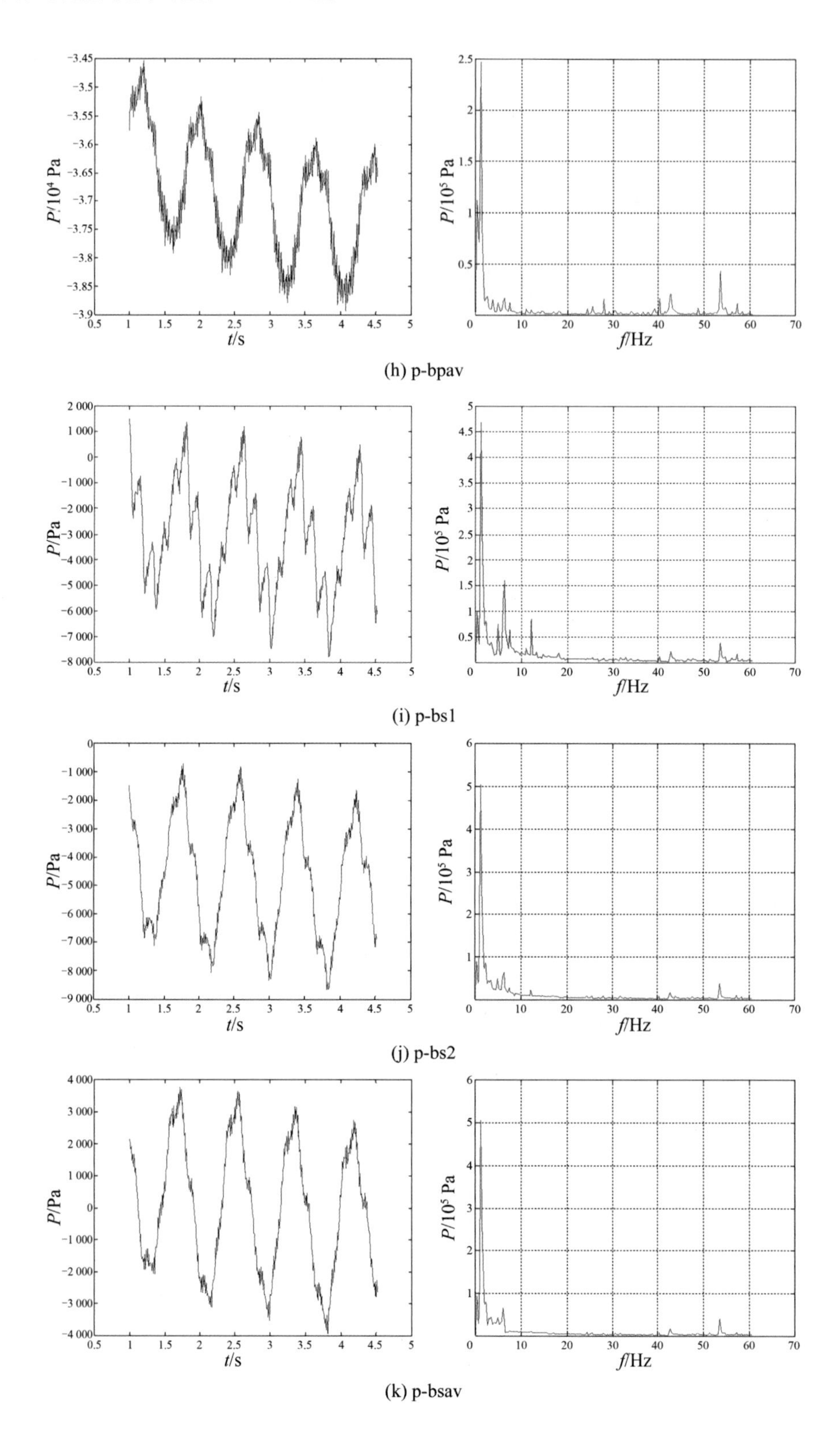

(h) p-bpav

(i) p-bs1

(j) p-bs2

(k) p-bsav

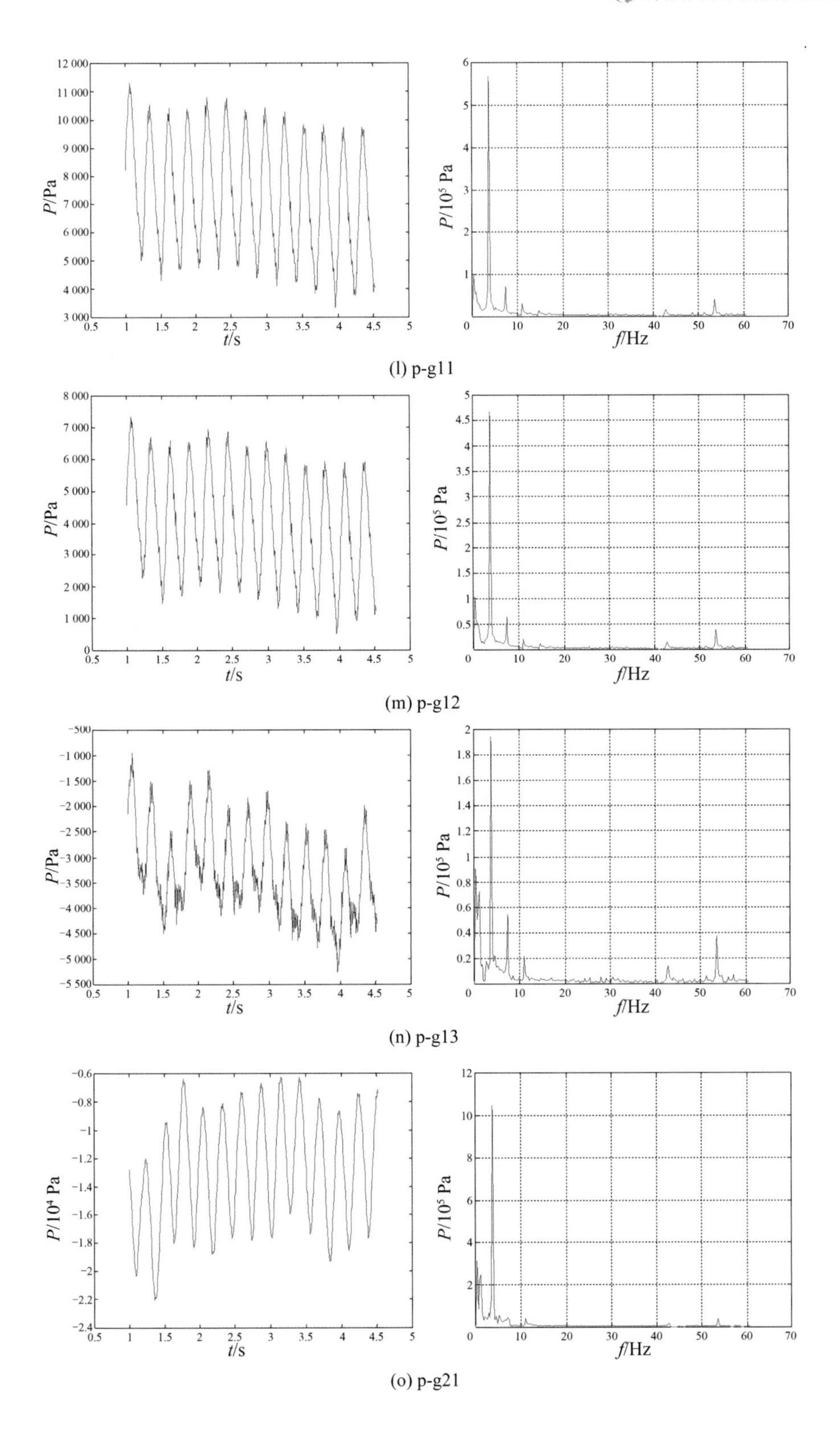

(l) p-g11

(m) p-g12

(n) p-g13

(o) p-g21

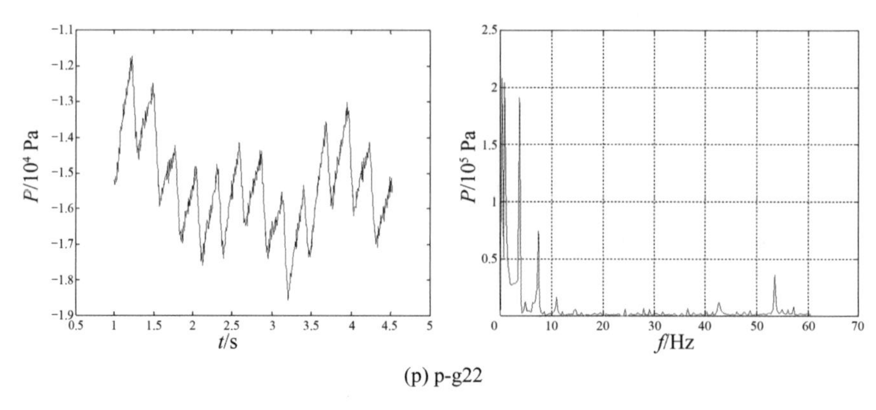

(p) p-g22

图 10-45 非定常流动特性图

3. 零扬程附近三维黏性非定常模拟计算

由于水泵在零扬程工况运行的效率很低，水力损失也很大，在这种情况下，导叶与叶轮旋转相互干涉会引起内部三维非定常黏性流动的水压力脉动，该压力脉动可能会影响机组的安全运行。

流量为 70 m^3/s 的工况已经与零扬程工况比较接近，其计算结果可以反映零扬程工况的特点。流量为 70 m^3/s 时非定常流动计算结果见表 10-37，各计算数据记录位置如图 10-44 所示。

表 10-37 流量为 70 m^3/s 时非定常流动仿真结果

特征量	最大值	最小值	转频幅值 $f=1.22$ Hz	3 倍转频幅值 $3\times f=3.66$ Hz	5 倍转频幅值 $5\times f=6.10$ Hz
cd-x/N	－85 883	－91 946	31 000	155 000	14 000
cl-z/N	－17 323	－23 018	61 500	54 500	2 000
cm-x/(N·m)	81 485	76 738	15 000	71 300	10 050
p-bg2/Pa	－4 460	－5 182	6 600	1 050	990
p-bp1/Pa	－207	－8 646	181 000	40 000	28 900
p-bp2/Pa	－2 059	－10 304	181 000	27 500	23 500
p-bp3/Pa	－2 838	－11 133	182 000	20 000	14 000
p-bpav/Pa	－21 140	－25 909	121 700	8 500	4 000
p-bs1/Pa	2 246	－11 337	290 000	40 000	45 000
p-bs2/Pa	3 464	－9 382	284 000	31 000	39 000
p-bsav/Pa	226	－13 827	365 000	29 500	25 000
p-g11/Pa	－1 934	－6 610	51 000	118 000	10 000
p-g12/Pa	－3 065	－7 933	63 600	104 100	10 500
p-g13/Pa	－4 677	－8 467	62 700	55 900	9 800
p-g21/Pa	－10 193	－17 552	184 000	79 580	19 000
p-g22/Pa	－14 112	－20 929	192 000	57 000	17 260

机组运行时在现场进行稳定性测试，测量 3 个位置(叶轮前、叶轮与导叶之间、导叶后)的水压力脉动，泵体的水平与垂直振动、泵轴摆度、噪声等。在零扬程工况附近 3 个位置的水压力脉动 CFD 分析结果与实测结果比较如图 10-46 所示。

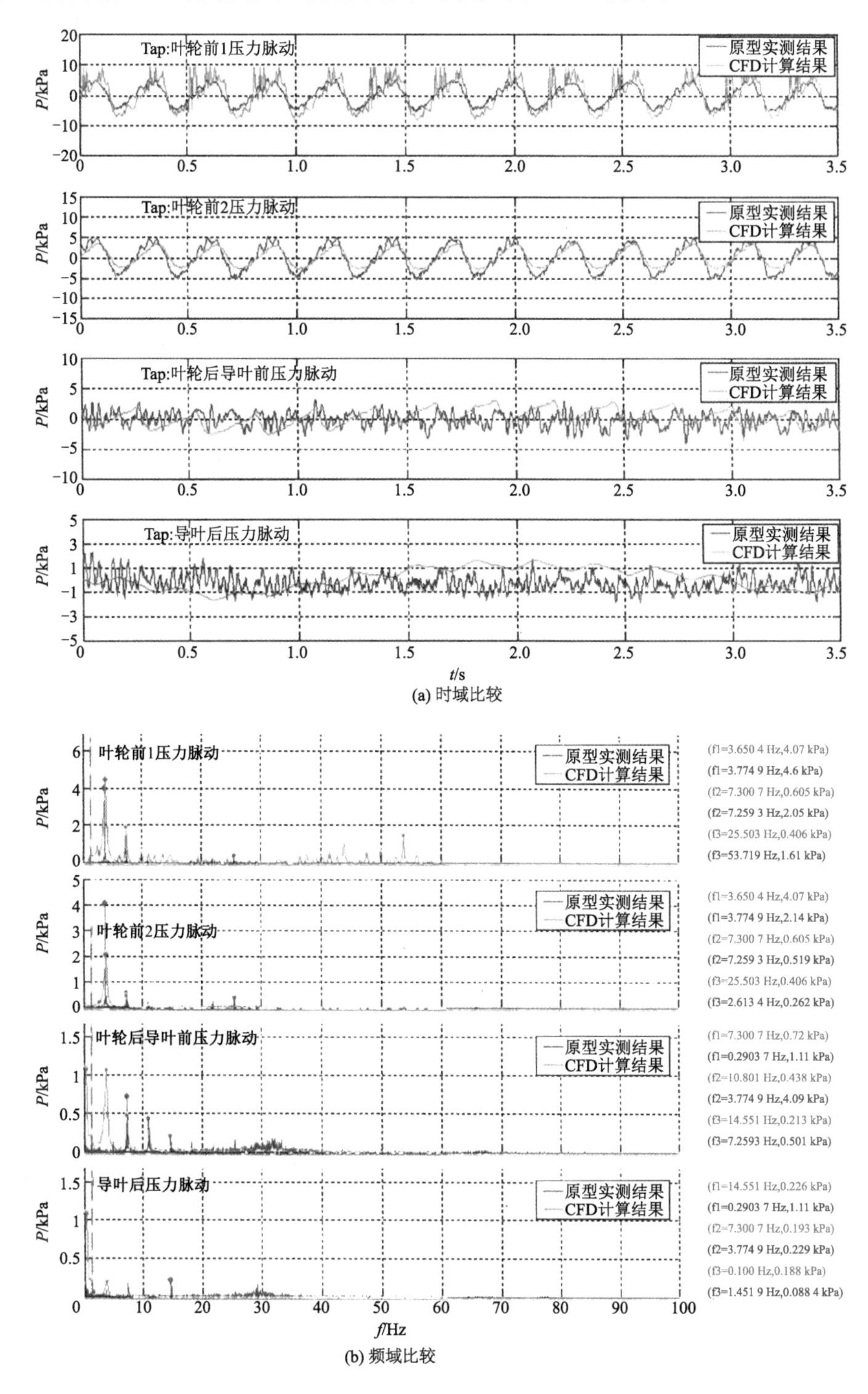

图 10-46　3 个位置水压力脉动计算与实测结果比较

实测点位置与计算对应点的位置比较接近，从实测与计算结果的比较看，频率及其幅值两者分析结果比较接近。水压力脉动具有随叶轮旋转而脉动的特性，主要表现在转频(1.22 Hz)、受叶片数影响的3倍转频和受导叶数影响的5倍转频方面。受当时(2004年)计算条件限制，计算网格不能取太多，计算区域也难以包括整个进、出水池，计算时间步长也不能取太小，是实测的10倍，这些都将带来计算误差，并且实测过程中也会受到干扰。即使如此，两者的结果还是较为吻合。这说明水压力脉动理论的分析结果是可靠的，同时也证明对水导轴承的动态力计算是可信的。

从计算结果看，水压力脉动的幅值不大，水压力脉动不会影响机组在零扬程工况的安全运行。

4. 结论

对泵站原型机组RSI现象进行分析，得出以下结论：

① 从泵装置非定常三维黏性流动分析结果来看，叶轮受到的水力径向力、水推力和力矩都具有随叶轮旋转而脉动的特性，由频谱特性可知，主要表现在转频、受叶片数影响的3倍转频和受导叶数影响的5倍转频方面，有关数据见表10-35至表10-37。零扬程工况出现在流量为72～73 m^3/s时，其碰撞、回流、扩散都不是太严重。在零扬程工况，进水池水位比较高，对水泵运行有利。现场运行的结果显示，在扬程为0.02 m时，机组运行比较平稳，振动比较小，这与预测结果吻合。零扬程工况运行流态并不紊乱，运行安全。

② 正常工况运行时，叶轮位置受到水体作用的最大径向力考虑为32.53 kN，脉动值约为13.12 kN。换算到水导轴承上最大径向力约为40 kN。

③ 从整体流动分析结果看，流道进口段水力损失很小，而从叶轮出口至出水池，水力损失比较大。优化设计导叶和流道出口段型线还可以提高效率，但试图从设计上达到理想的流动状态非常困难。

④ 不平衡的水动态力对机组运行的影响明显，在没有产生水力共振的情况下，其对叶片和轴系的周期性的力作用也易增加叶片和其他轴系相关部件疲劳破坏的可能。分析中没有考虑叶片表面的加工质量和每个叶片翼型的非一致性，而这些都会对水流有一定的干扰。由于泵扬程很低，水压力脉动绝对值并不大，分析认为在没有共振、轴承的承载能力足够的条件下，机组运行是稳定、安全的。

10.4.2 模型装置内部流场测试与压力脉动试验

1. 模型装置内部流场测试

为进一步了解装置内部流场的实际流态，并与数值模拟结果进行比较，在模型试验时进行模型水泵装置内部流场的测试。

(1) 测试工况

共进行3个工况的流态测试，即以设计流量为中心，上下各取一个测试点。原型水泵流量分别为40 m^3/s，50 m^3/s(设计流量)和58 m^3/s(模型装置最大流量限制)，根据相似换算得到模型装置的流量分别为214.2 L/s，267.7 L/s和310.5 L/s。

(2) 测试断面

根据数值模拟计算的结果和同类型泵站运行情况,斜 15°轴伸式贯流泵装置的流道在叶轮后至弯管出口处的流态较复杂,所以在叶轮出口与导叶进口之间(测点 3,4)、弯管段(测点 5,6)以及弯管出口后扩散管的支墩前(测点 7)取 3 个断面,并考虑到水泵叶轮进口流态对水泵的影响较大,增加了叶轮前一个断面(测点 1,2),整个进出水流道共测 4 个断面。装置内部流场测试断面及测点位置的具体布置如图 10-47 所示。

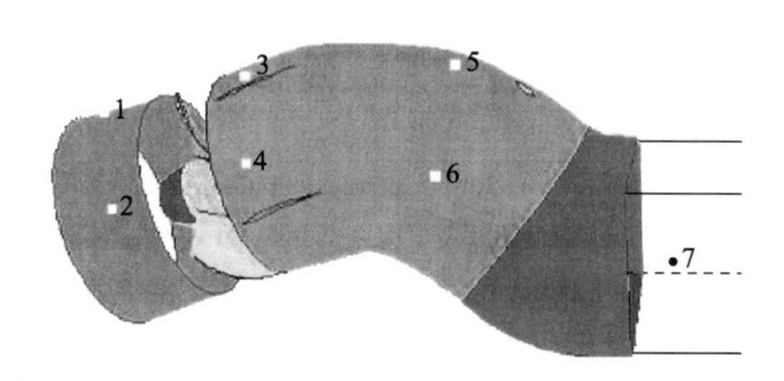

图 10-47　装置内部流场测试断面及测点位置布置图

每个测试断面分别在互成 90°的两个方向布置测孔,以便从垂直高度和水平方向测试流态。由于实际试验台装置结构和一些辅助设备所限,测孔难以很精确地按互成 90°的两个方向布置,测点的位置也有所变化。叶轮进口处的实际测孔布置在导水锥头部位置。叶轮和导叶之间刚好是法兰,实际测孔布置在导叶中部,且测孔不是成 90°布置,而是断面上大约成 75°,支墩前只有水平方向的一个测孔。

测试的主要设备与第 9.2.3 节相同,采用五孔毕托测针测量。

(3) 流速测试

流速测试根据管壁至断面中心或转动部分外壁的距离,大约每隔 20 mm 布置一个测试点,每个测孔在径向选择 5～8 个测试点。计算机控制调节流量,并对测压管进行排气处理,以保证测量的可靠性。待水流稳定后开始测试。

转动测针,使测孔 2,3 的压差为零。这时,来流方向即在测孔 1,4,5 所决定的测针的轴截面上。读取压差值(h_4-h_5)及(h_1-h_2),记录角度 γ,并记录测试点所在径向位置,以便分析速度分布。

(4) 测量结果

模型装置在流量分别为 214.2 L/s,267.7 L/s 和 310.5 L/s 的条件下,测量 4 个不同断面的速度及其中各分量的大小在径向位置的变化及速度空间分布图。典型示例如图 10-48 所示,图中给出了叶轮前水平方向测孔(图 10-47 中测孔 2)沿径向不同位置处的速度大小和速度方向。从图 10-48 中可以看出,小流量工况下,叶轮前速度分布均匀,受叶轮旋转作用影响,自边壁至中心 x,y 向速度分量增加,在装置抬高与导水锥旋转对水流影响叠加作用下,圆周向速度分量变化较小,径向速度分量变化较大。结果显示叶轮前进口来流为有预旋的不均匀流动。

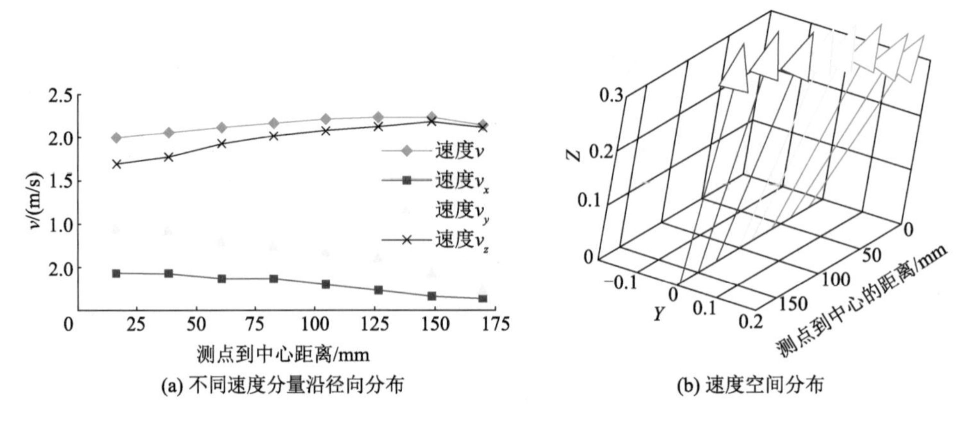

(a) 不同速度分量沿径向分布　　(b) 速度空间分布

图 10-48　$Q=214$ L/s 时测孔 2 测试的速度分布及矢量图

不同部位的测点在 3 种运行工况下的速度分布如图 10-49 至图 10-51 所示。

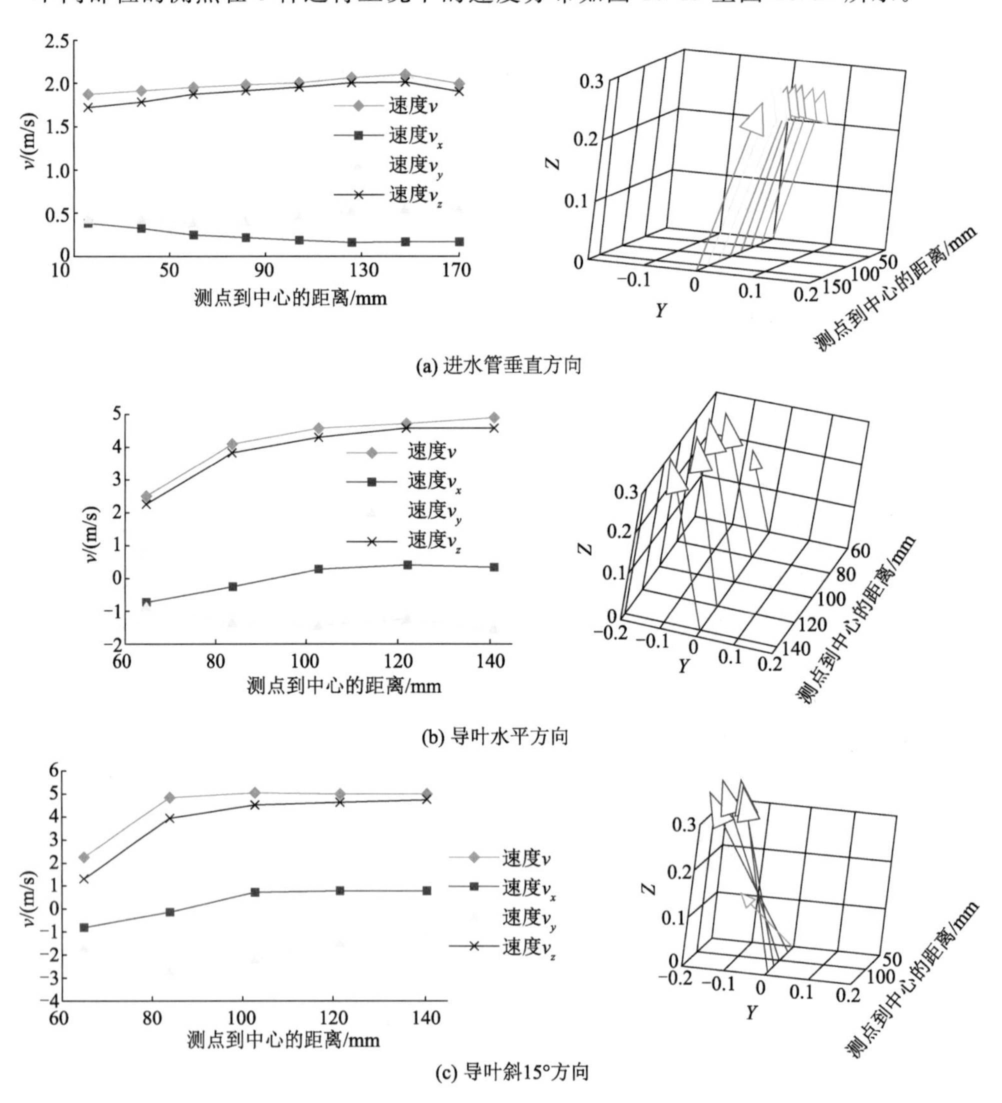

(a) 进水管垂直方向

(b) 导叶水平方向

(c) 导叶斜15°方向

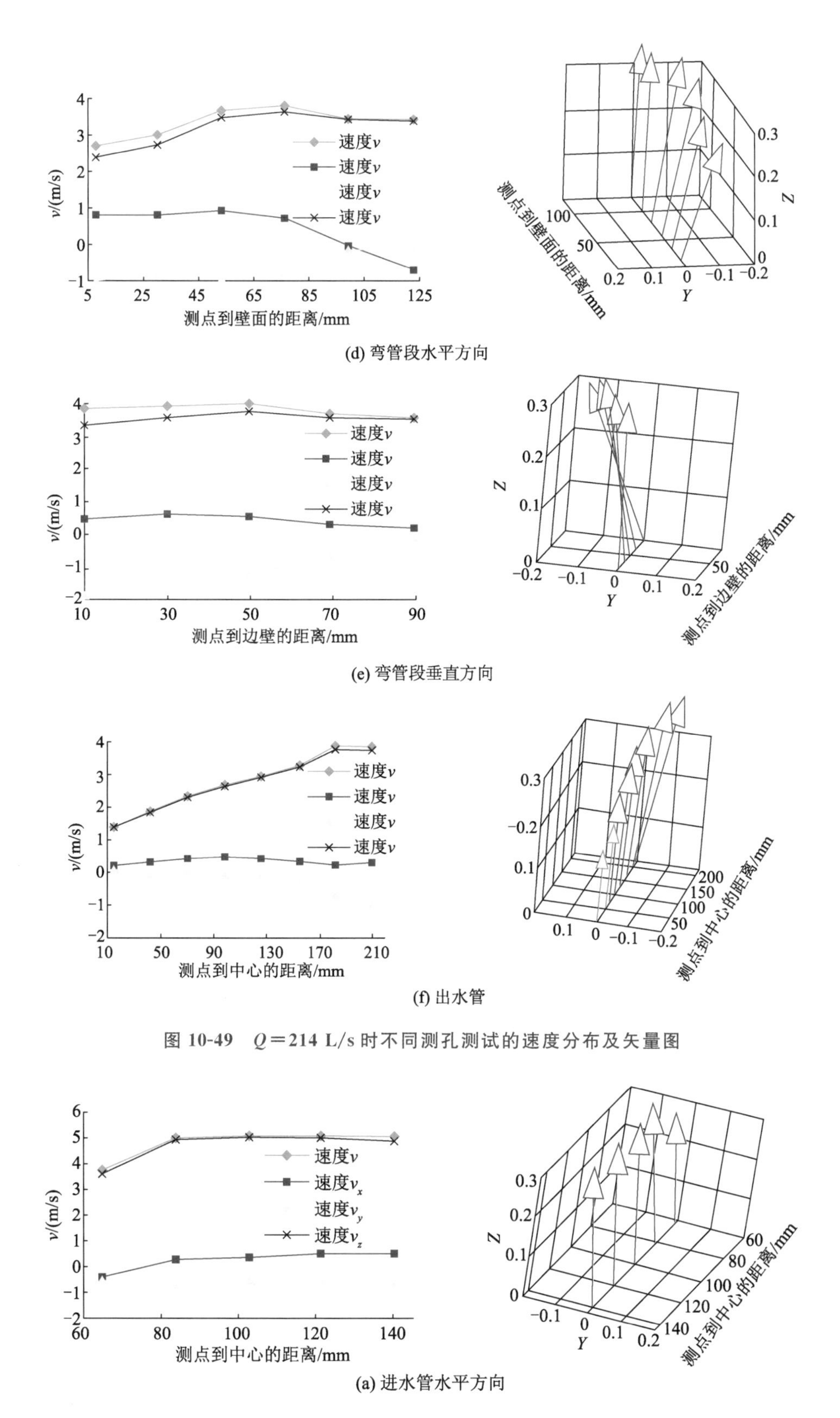

(d) 弯管段水平方向

(e) 弯管段垂直方向

(f) 出水管

图 10-49　$Q=214$ L/s 时不同测孔测试的速度分布及矢量图

(a) 进水管水平方向

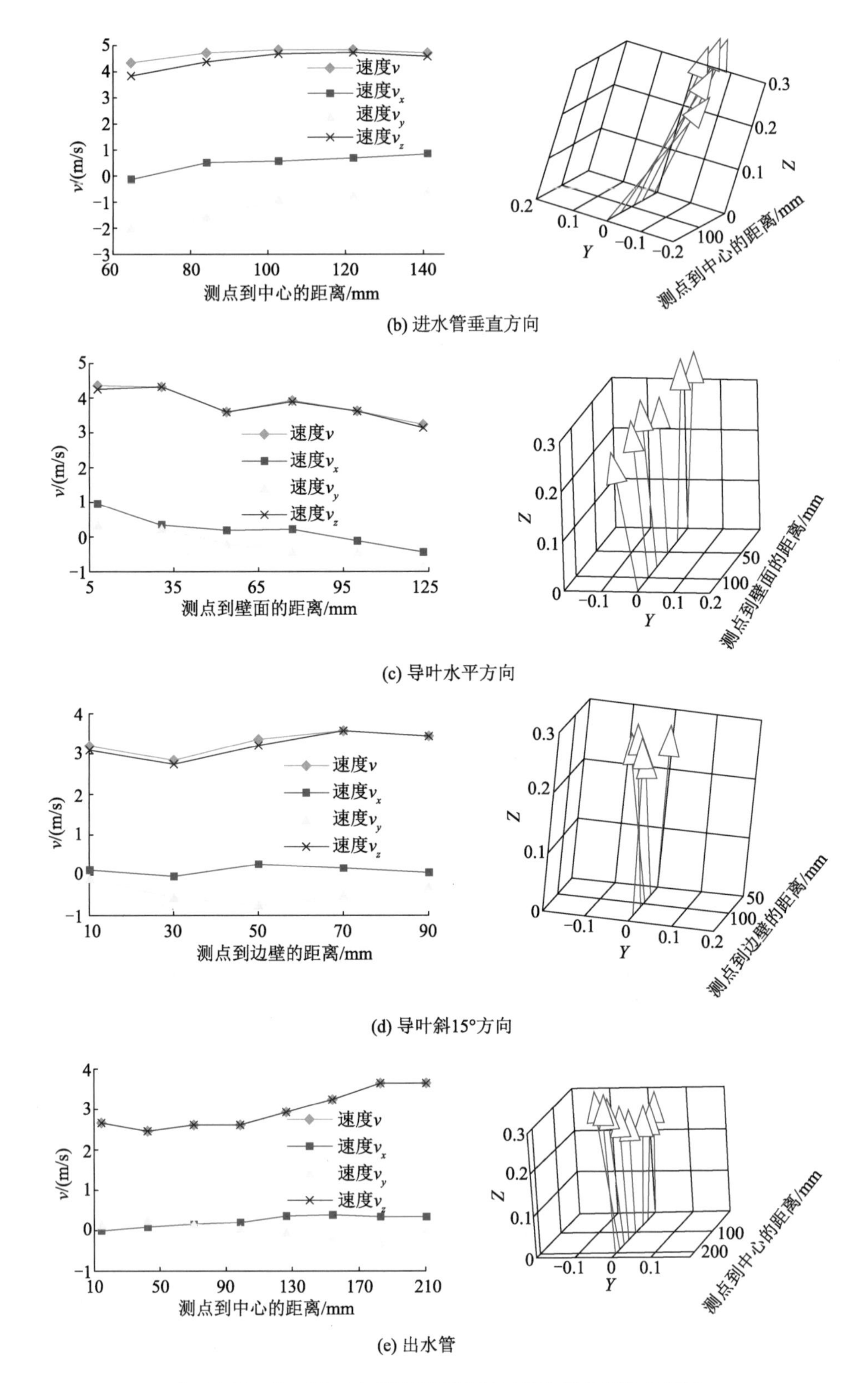

图 10-50　$Q=268$ L/s 时不同测孔测试的速度分布及矢量图

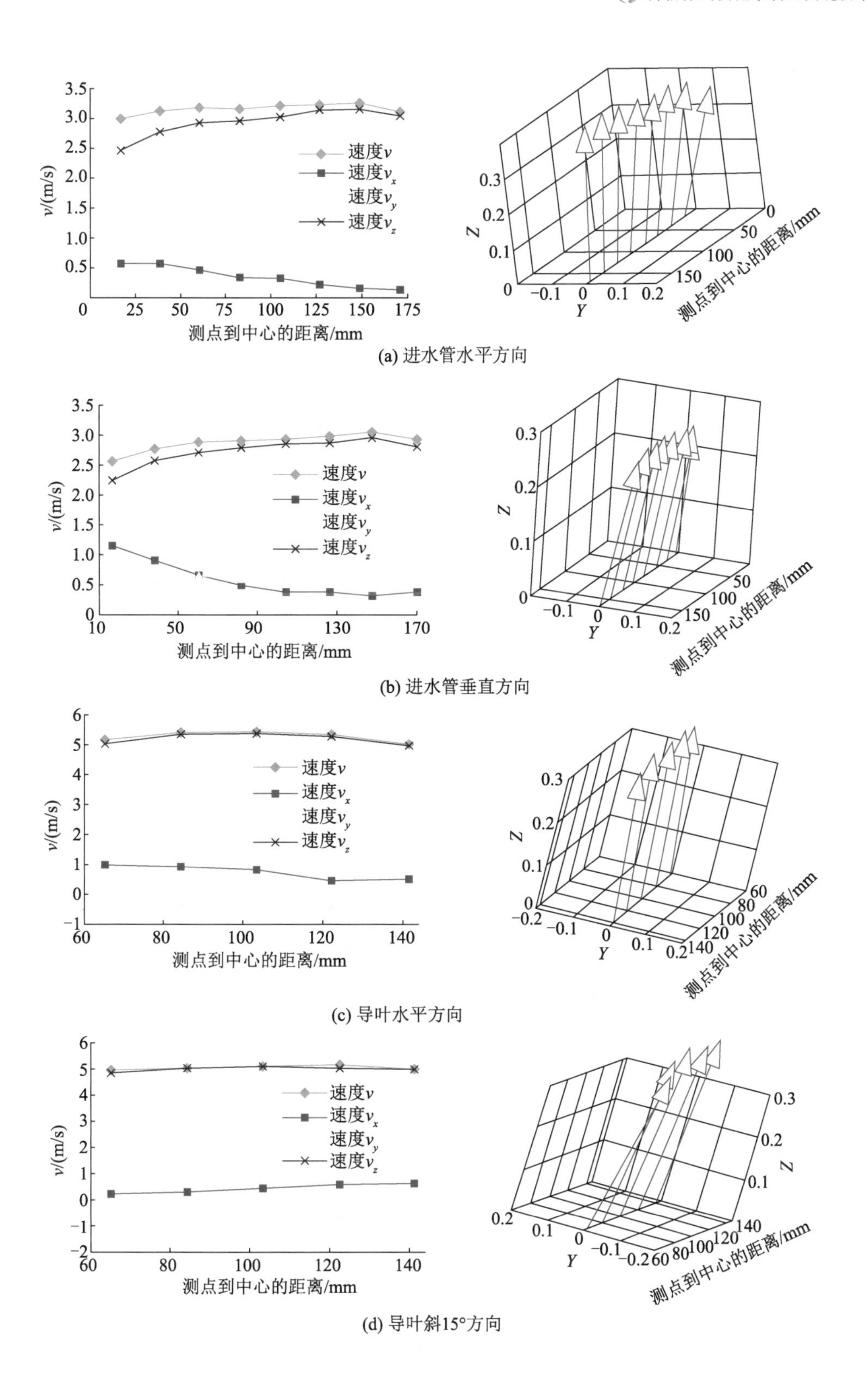

(a) 进水管水平方向

(b) 进水管垂直方向

(c) 导叶水平方向

(d) 导叶斜15°方向

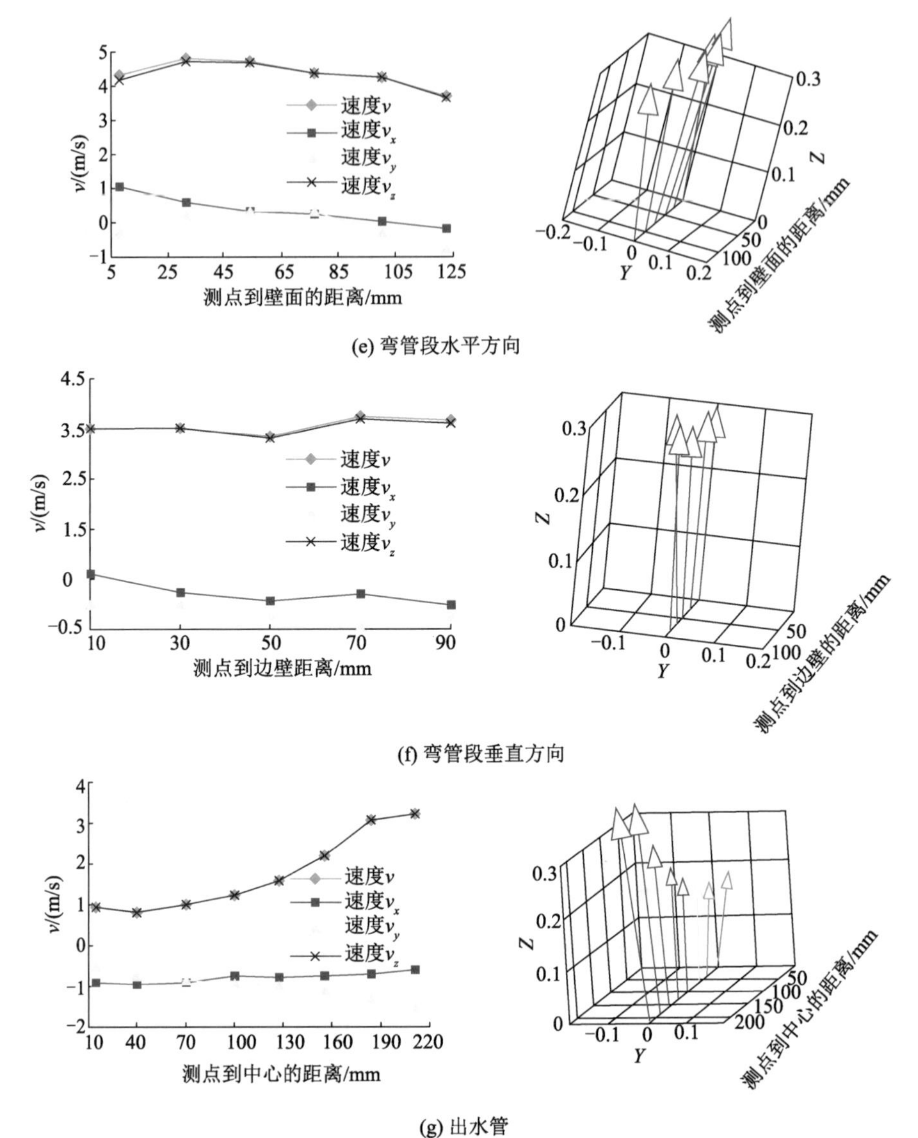

图 10-51　$Q=311$ L/s 时不同测孔测试的速度分布及矢量图

2. 装置压力脉动试验

在模型装置试验时，取速度场测试 4 个断面内(叶轮前、叶轮出口与导叶进口之间、弯管段断面、弯管出口后扩散段内支墩前断面)水平位置的 4 个测点(图 10-47 中的测点 2，4，6，7)，从边壁到中心(或轴位置)每 20 mm 为一个压力脉动测试点。

压力脉动测试 7 个工况，扬程在 0.612～2.537 m 之间，采样频率 $F_S=500$ Hz，采样时间 $T_S=20.48$ s，每个点的采样数据 $N=F_S\times T_S=10\ 240$ 个。叶轮前、导叶间及出口处(支墩前)带通为 200 Hz，弯管段带通为 40 Hz。

分析结果给出压力脉动频谱图，图 10-52 为同一工况不同安放角和测点的测试记录及 FFT 变换图。按 95%置信度给出压力脉动幅值及相对对应工况扬程压力脉动百分比，图 10-53 为叶轮进口测点的相对压力脉动值随流量变化的关系曲线。

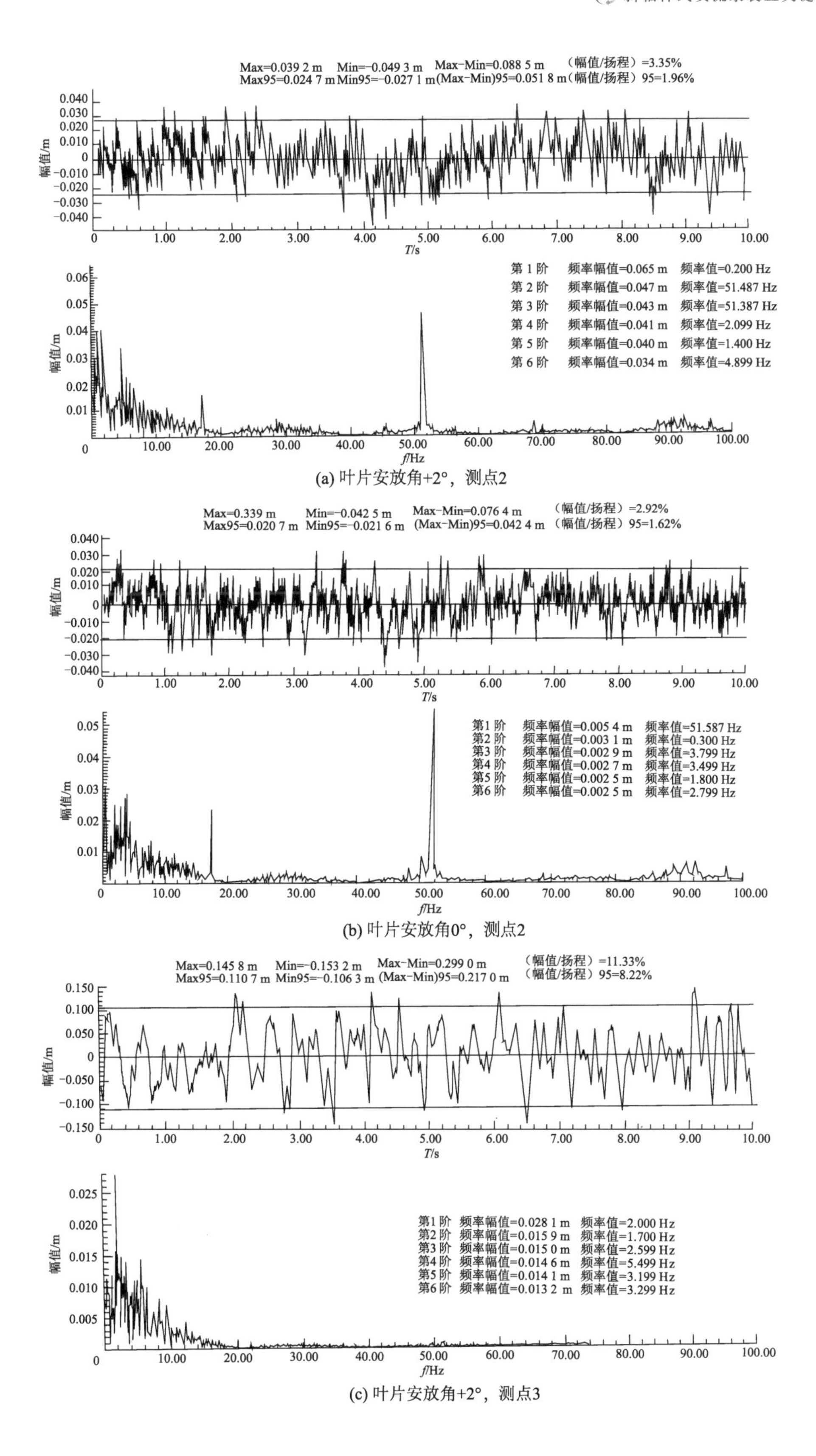

(a) 叶片安放角+2°，测点2

(b) 叶片安放角0°，测点2

(c) 叶片安放角+2°，测点3

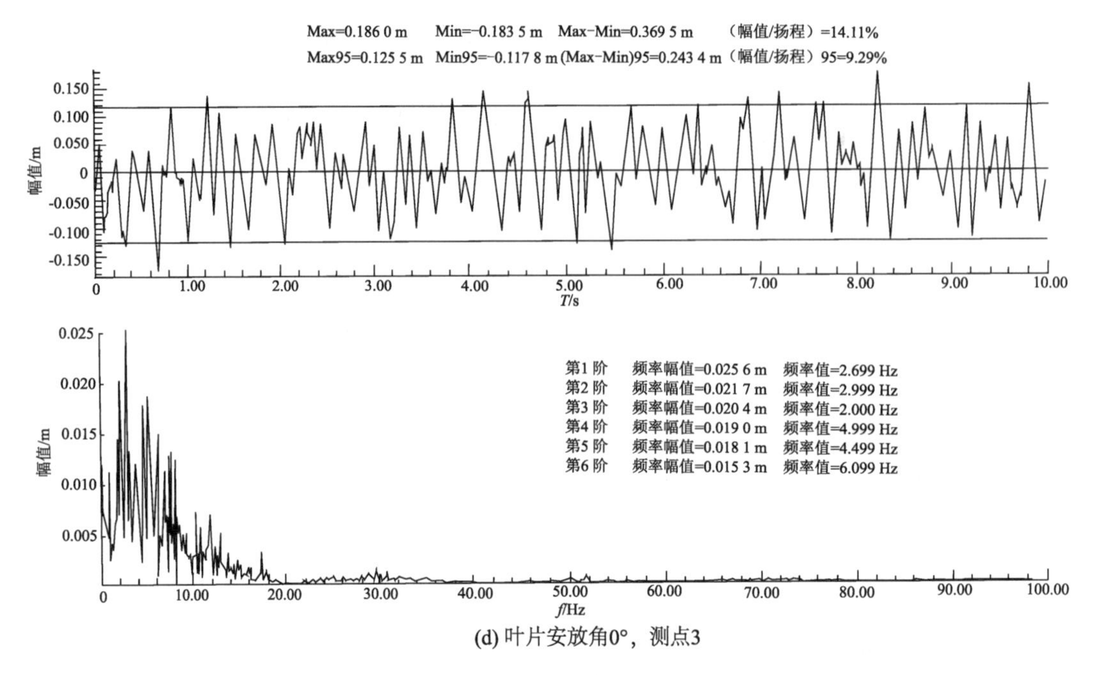

(d) 叶片安放角0°，测点3

图 10-52　同一工况不同安放角和测点的测试记录及 FFT 变换图

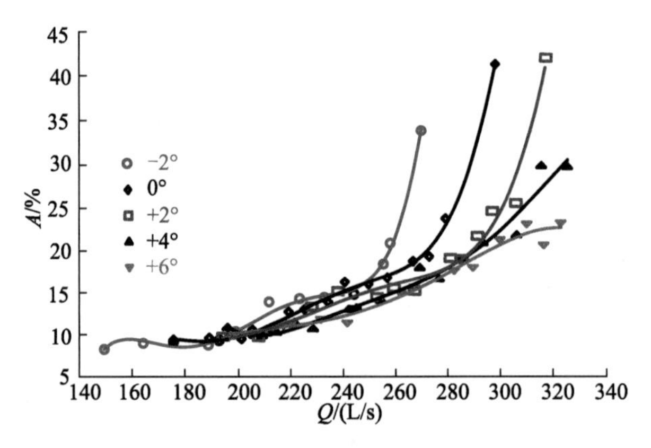

图 10-53　压力脉动相对幅值与流量的关系曲线

从图 10-53 中可以看出，压力脉动相对幅值随着流量的增大而增大，随着安放角的增大而减小。在设计流量附近压力脉动幅值相对扬程比值大约为 20%，但绝对值还是比较小，为 0.2～0.4 m。压力脉动主频比较低，在 2～6 Hz 之间。

3. 测试结果分析

（1）泵内部流速场分布规律

从所测的速度分布图可以发现，叶轮前受导水锥影响，速度最大值出现在近流道壁处，流道中心的速度最小。径向和周向速度分量都较小，且由边壁向中心增大。装置在进水流道至叶轮段先下降后抬高，导致竖直反向速度分量较大。在水平方向，叶轮顺时针方向旋转对水流的带动作用与装置抬高的影响作用叠加，使周向速度 v_y 自边壁至中心呈增大趋势，说明叶轮进口水流是有预旋流动，导水锥前预旋强度最大。在垂直方向，装置的抬高作用仅对径向速度有影响，v_x 较水平方向偏大，周向分速度基本上是由导水锥作用下的旋转流动产生的，沿径向变化的幅度较小，自边壁至中心稍有减小。

叶轮出口、导叶进口处，$v_u<0$，v_r 很小，大流量工况下流体的轴向速度分量很大，与总速度相当，沿径向分布也较为均匀；小流量工况下（设计工况与小于设计流量工况）接近导叶体处 v_r 有反向，表明导叶间存在回流现象，小流量工况下流态不佳。

弯管段流态较差，无论是总速度还是各分速度，规律性不强，径向和周向速度分量都有反向。水平和垂直方向的速度分布情况差别较大，竖直方向 v_x 接近零。从水平和垂直2个方向的速度分布看，导叶对流态的调整作用不明显。

扩散段中，至出水流道支墩前，流态有所恢复，受支墩影响，速度由边壁至中心减小，径向和周向速度分量较小，至中心处接近零，且流量越大影响越明显。受弯管出流影响，流量较大时 v_y 反向，且零点位置随着流量的减小向中心移动，由此，扩散段中可能存在大的漩涡。

综合以上特点分析，机组在流量 $Q>267.7$ L/s，即大于设计流量时，内部流态较好，沿径向速度分布较均匀，v_u 及 v_r 都较小。由于弯管段形状在空间上呈“Z”字形，存在两次大的转向，导致流态非常复杂，且导叶对流态的调整作用在不同的运行条件下差别比较大，如何更好地匹配叶型，从而有效地减少水力损失是低扬程斜轴伸式贯流泵设计的一个关键内容。

因为叶轮后至弯管段出口支墩处流道的流态较差，径向和周向速度分量较大，所以流道损失也就较大。

(2) 压力脉动测量分布规律

水泵叶轮进口位置测点压力脉动值较小，最大值沿径向接近流道中间位置，边壁与中心处压力脉动值相对较小。该断面的近流道中间位置在大流量、低扬程工况下最大相对压力脉动较大，扬程大于1.8 m的工况下，相对压力脉动均低于8%。脉动能量在频域分布上以3倍频（即50 Hz）成分为主，幅值在0.0326～0.126 m之间，大部分分布在0.05～0.08 m之间。转频及其倍频成分存在，幅值较小。大流量工况下能量较为分散，但主要集中在50 Hz以内。

叶轮出口、导叶进口端面处测点压力脉动值大为增加，最大值在截面径向中间位置略偏于中心处。边壁处压力脉动值较小，约为最大值的1/3，大流量工况下差别尤其大。中心处压力脉动值略小于最大值。一般相对压力脉动在15%～30%范围内。频域能量集中在4倍频范围内，转频、2倍频与3倍频突出，以转频为主，反映出叶轮旋转因素的影响。

弯管段测点的相对压力脉动值略低于导叶间测点的压力脉动值，沿径向截面上也表现出径向中间为主压力脉动大的特性，但边壁与轴中心处的压力脉动值差别不是很大。大流量下转频成分突出，能量较分散，小流量时1.5倍频为主要成分。

出水处、支墩前断面测点，受支墩前弯管2次改变方向的出流影响，脉动量很大，远大于导叶间脉动值。沿径向脉动值相当，变幅不大。能量集中在100 Hz以内，但相当分散。转频成分较明显，另外也存在3倍频和4倍频成分；但幅值都很小，一般都在0.05 m以下。

上述4个位置压力脉动测量结果均显示该类型泵装置内部水压力脉动相对值都较

大，但主要表现为转频、2倍频、3倍频的脉动，其中3倍频的脉动与3个叶片叶轮有密切关系。而由于通频带宽(40 Hz)的限制，导叶数的影响未能反映出来，但压力脉动绝对值都很小。

通过上述内部速度场及压力脉动实测分析，可以得到：

① 水泵叶轮进口来流是有旋流动，不是对称来流；

② 泵导叶内部存在回流现象，小流量时尤其严重；在弯管处由于周向和径向速度的存在，其内部流动是很复杂的三维有旋流动，这也导致叶轮出口至出水池这段流道的水力损失比较大。由于斜轴布置出水流道转弯是不可避免的，如果增大转弯曲率，出水流道就要加长，对泵站布置和水工建筑物有影响，因此导叶和出口弯管段形状改进会有利于改善水流状态。

③ 叶轮进口压力脉动较小，主要是进口水流受到叶轮旋转的影响比较小，进水池对进水的影响也不大，因而进口流动比较流畅。在叶轮出口至出水池这段，压力脉动相对值比较大，叶轮受力状况非常复杂，其径向力、水推力、周向力都是脉动的，应引起重视。

10.4.3 机组稳定性现场试验

在零扬程工况附近机组运行稳定性的研究，对掌握装置的水力性能具有很重要的理论和实践意义。机组稳定性现场试验的项目包括叶轮前、后和导叶后压力脉动，以及泵体水平和垂直振动、泵轴摆度及噪声测试，试验时所有测试项目同时进行并同步采集数据。试验工况包括：开机过程试验、正常停机过程试验和变扬程试验。

1. 试验测点布置及主要仪器设备

压力脉动、泵体振动、泵轴摆度及噪声测量的测点共10个，详细信息见表10-38，压力脉动测点位置如图10-54所示。

表10-38　压力脉动、泵体振动、泵轴摆度测点布置统计

序号	测量内容及测点位置	传感器类型及型号	数据采集通道编号
1	叶轮前压力脉动	英国 DURCK PTX1400 型压力传感器	美国 Nicolet CH1
2	叶轮后压力脉动	英国 DURCK PTX1400 型压力传感器	美国 Nicolet CH2
3	导叶后压力脉动	英国 DURCK PTX1400 型压力传感器	美国 Nicolet CH3
4	泵轴水平振动	美国 BENTLY7200 型电涡流位移传感器	美国 Nicolet CH4
5	泵轴垂直振动	美国 BENTLY7200 型电涡流位移传感器	美国 Nicolet CH5
6	泵轴 $+X$ 方向摆度	美国 BENTLY7200 型电涡流位移传感器	美国 Nicolet CH6
7	泵轴 $+Y$ 方向摆度	美国 BENTLY7200 型电涡流位移传感器	美国 Nicolet CH7
8	噪声	INV5633 型数字式声级计	美国 Nicolet CH8
9	泵体水平振动	美国 PCB353 型加速度传感器	美国 Nicolet CH9
10	泵体垂直振动	美国 PCB353 型加速度传感器	美国 Nicolet CH10

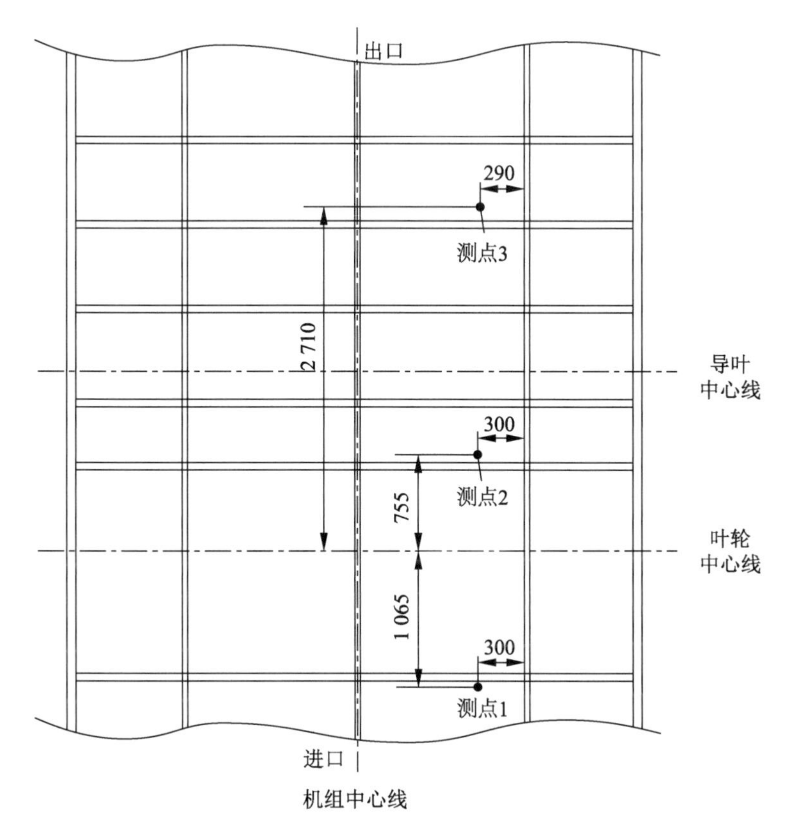

图 10-54　压力脉动测点位置示意图(单位:mm)

试验用各主要传感器分别在试验前采用便携式标定进行现场标定，压力传感器采用英国 DURCK(德鲁克)DP1610 压力校验仪进行现场标定，电涡流位移传感器采用北京测振仪器厂 DT-1 型静标台进行现场标定。

2. 试验结果及分析

(1) 开机过程试验结果

开机过程水压力脉动和振动试验结果如图 10-55 至图 10-60 所示。从图中可以看出，开机过程没有出现异常振动和摆动现象。

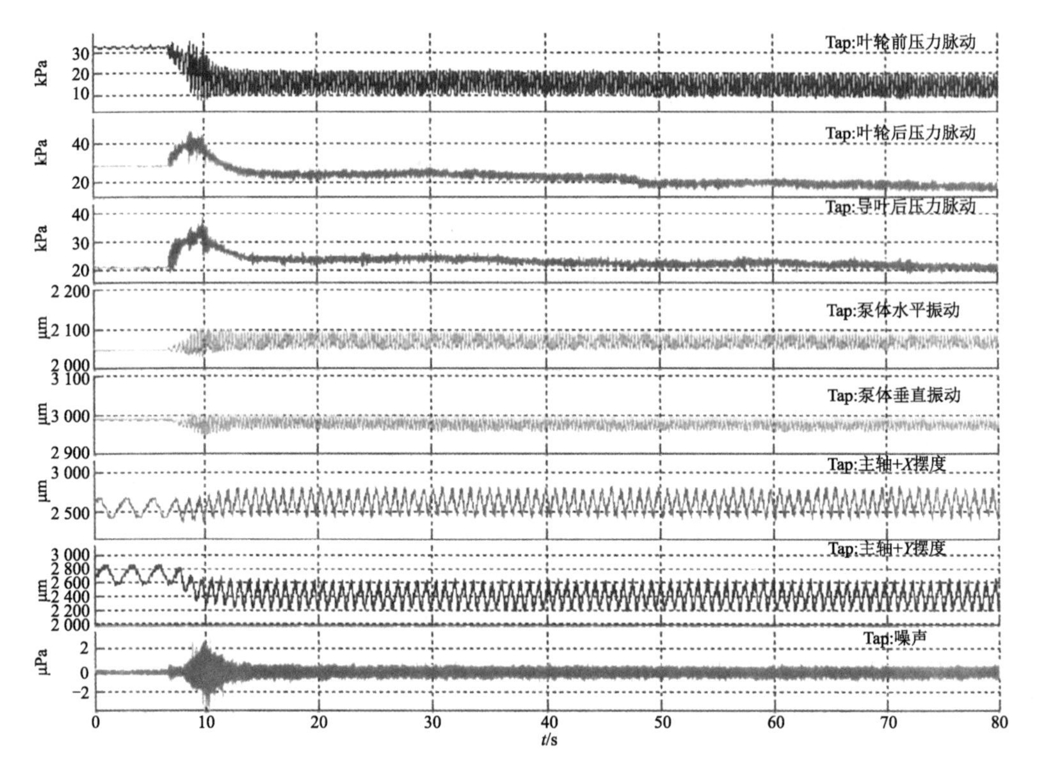

图 10-55　开机过程压力脉动和振动时域波形图

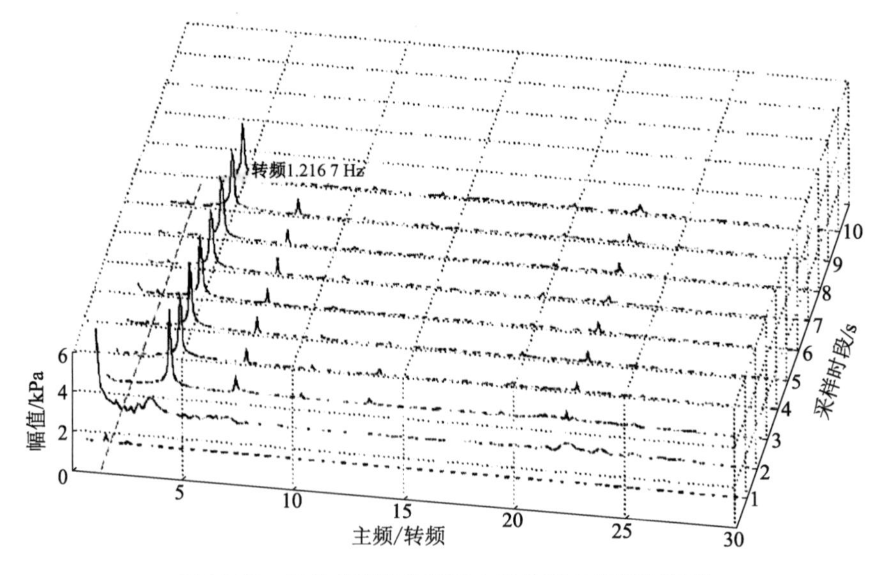

图 10-56　开机过程叶轮前压力脉动测点频域瀑布图

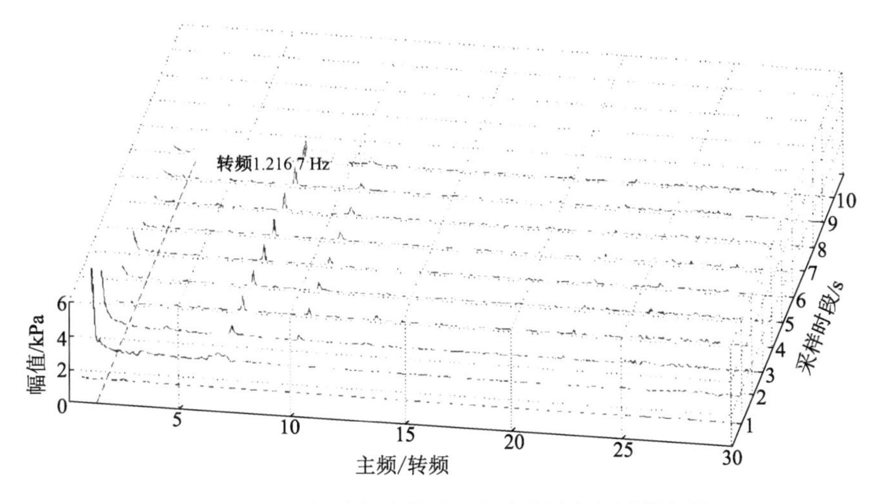

图 10-57　开机过程叶轮后压力脉动测点频域瀑布图

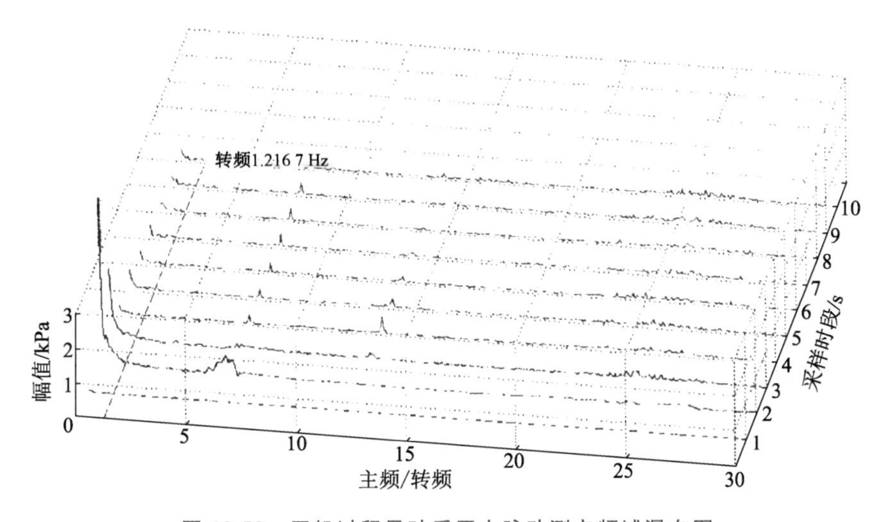

图 10-58　开机过程导叶后压力脉动测点频域瀑布图

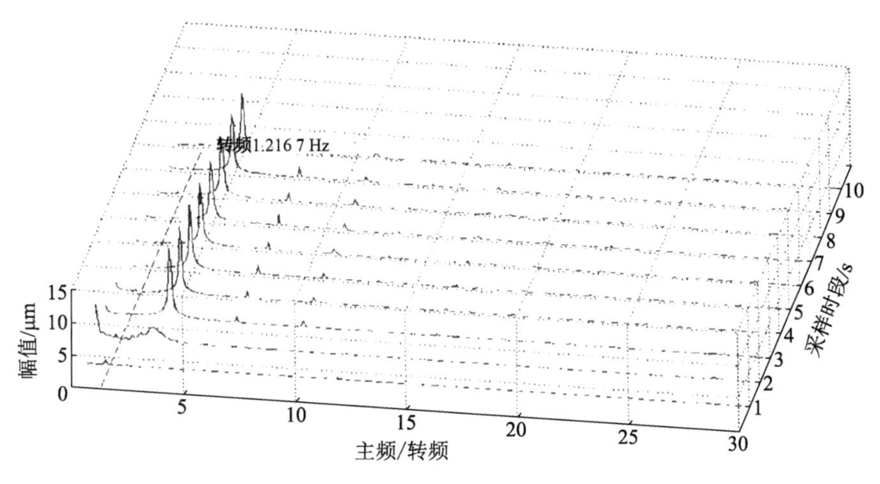

图 10-59　开机过程泵体垂直振动测点频域瀑布图

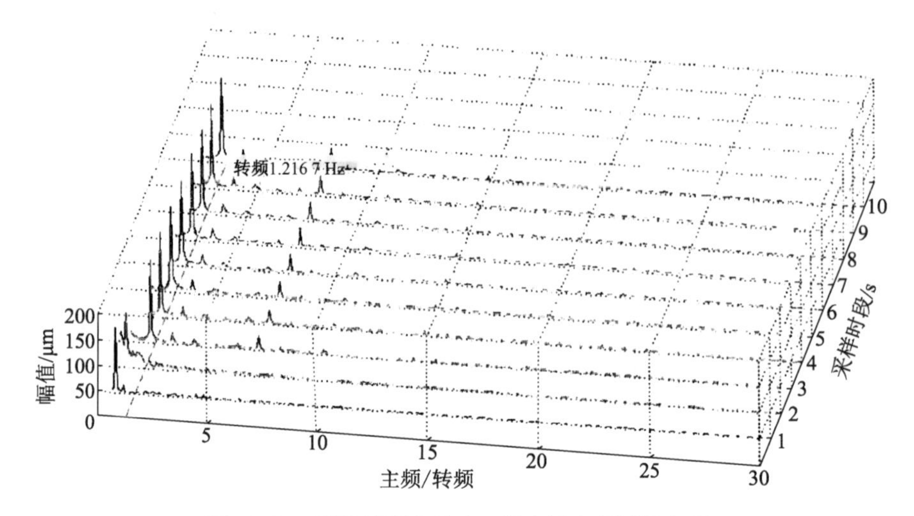

图 10-60　开机过程主轴+Y 摆度测点频域瀑布图

(2) 停机过程试验结果

正常停机过程的水压力脉动和振动试验结果如图 10-61 至图 10-64 所示，从图中可以发现，停机过程随着出口闸门缓慢落下压力脉动和振动、摆动平稳减小，未出现异常振动现象，机组停机过程中转速未出现倒转现象。在开始停机起约 67 s 时，在出口闸门最后快速落下瞬间泵段产生水锤现象，叶轮前、后最大压力约为 7.0 m(测点位置压力)。

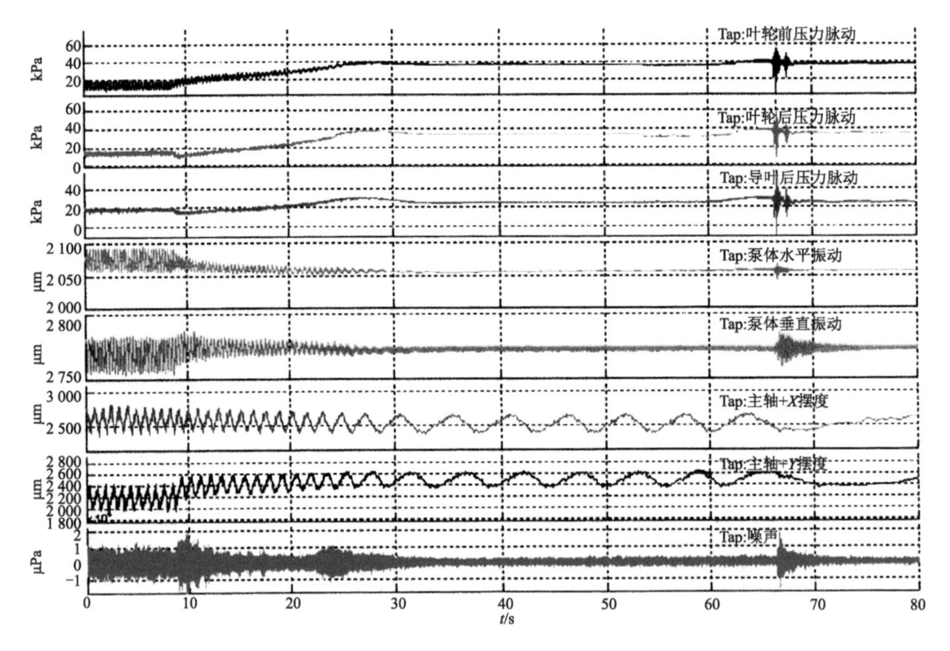

图 10-61　停机过程压力脉动和振动时域波形图

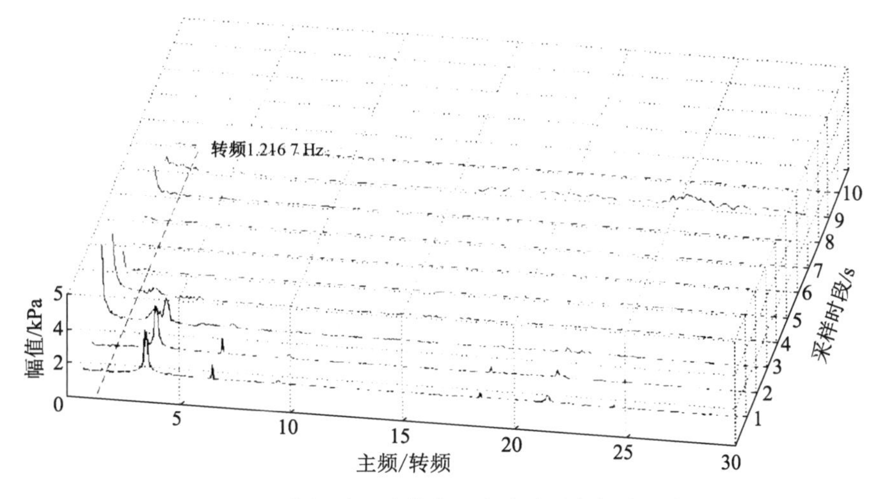

图 10-62　停机过程叶轮前压力脉动测点频域瀑布图

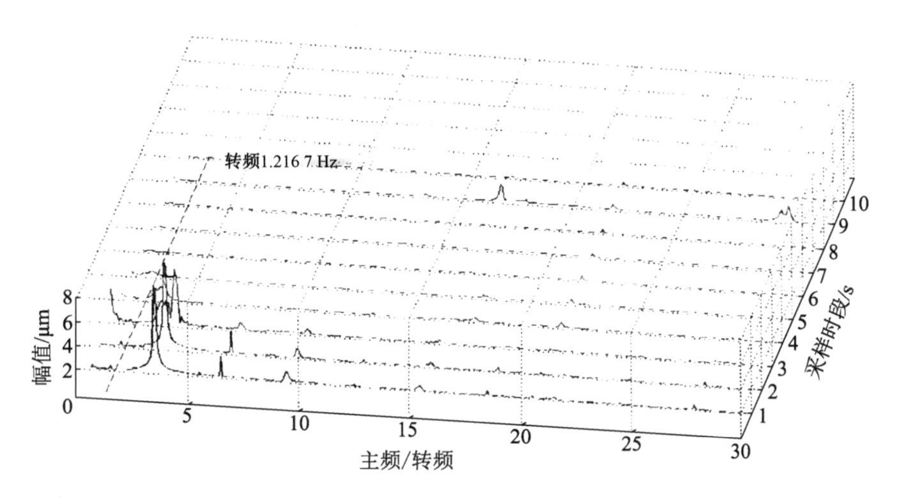

图 10-63　停机过程泵体垂直振动测点频域瀑布图

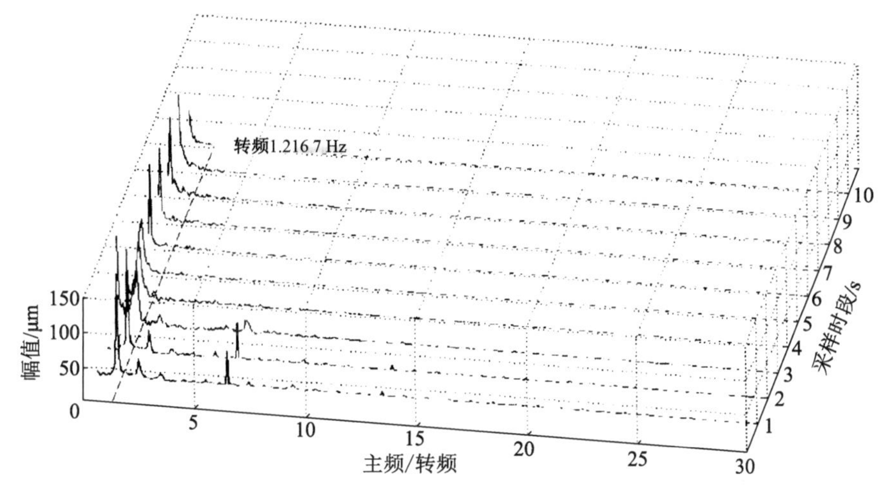

图 10-64　停机过程主轴 +*Y* 摆度测点频域瀑布图

(3) 压力脉动、振动和摆度试验结果分析

压力脉动、振动和摆度混频峰峰值取值和示值采用97%置信度方法，对计算机在采样时间内采集的压力脉动波形图进行分区，将每个分区的点数统计出来，求出每个分区点数概率，剔除3%不可信区域内的数据，求出混频双振幅幅值。主频幅值取值和示值方法采用单峰幅值。

各试验测点压力脉动混频峰峰幅值(97%置信度)、分频幅值最大的前3个分频幅值及其所对应的频率与转频的比值见表10-39至表10-41(表中P-P为97%置信度的压力脉动混频峰峰幅值；A_1，A_2，A_3为分频幅值最大的前3个分频幅值；f_1，f_2，f_3为A_1，A_2，A_3所对应的频率；f_n为转频1.217 r/min)。各测点压力脉动混频峰峰幅值(97%置信度)和压力脉动主频幅值与扬程的关系曲线如图10-65和图10-66所示，部分工况点时域和频域波形图如图10-67至图10-69所示。

表10-39 叶轮前测点压力脉动值试验结果

扬程 H/m	P-P/kPa	A_1/kPa	f_1/f_n	A_2/kPa	f_2/f_n	A_3/kPa	f_3/f_n
−0.55	9.62	3.94	3	0.84	6	0.43	21
−0.41	9.55	3.92	3	0.81	6	0.48	21
−0.35	9.71	3.92	3	0.69	6	0.43	21
−0.28	10.00	4.10	3	0.77	6	0.58	21
−0.23	9.86	4.19	3	0.84	6	0.44	21
0.19	9.98	4.07	3	0.61	6	0.41	21
0.23	10.23	4.35	3	0.73	6	0.43	21
0.34	10.29	4.33	3	0.71	6	0.47	21

表10-40 叶轮后测点压力脉动值试验结果

扬程 H/m	P-P/kPa	A_1/kPa	f_1/f_n	A_2/kPa	f_2/f_n	A_3/kPa	f_3/f_n
−0.55	5.77	1.17	6	0.67	9	0.39	3.00
−0.41	5.23	1.12	6	0.62	9	0.26	21.00
−0.35	5.05	0.94	6	0.46	9	0.37	0.04
−0.28	5.29	1.14	6	0.54	9	0.31	21.00
−0.23	5.35	1.18	6	0.68	9	0.26	3.00
0.19	4.87	0.73	6	0.44	9	0.21	12.00
0.23	5.26	0.80	6	0.51	9	0.39	0.04
0.34	4.79	0.77	6	0.40	9	0.26	0.04

表 10-41 导叶后测点压力脉动值试验结果

扬程 H/m	P-P/kPa	A_1/kPa	f_1/f_n	A_2/kPa	f_2/f_n	A_3/kPa	f_3/f_n
−0.55	3.77	0.38	6	0.37	24.00	0.27	0.08
−0.41	3.35	0.41	24	0.36	6.00	0.15	32.10
−0.35	3.46	0.46	24	0.30	6.00	0.27	0.04
−0.28	3.70	0.46	24	0.40	6.00	0.24	0.04
−0.23	3.48	0.36	6	0.28	24.00	0.23	0.08
0.19	3.01	0.23	12	0.19	6.00	0.19	0.08
0.23	3.34	0.33	24	0.33	0.04	0.23	6.00
0.34	3.20	0.40	24	0.23	0.04	0.20	12.00

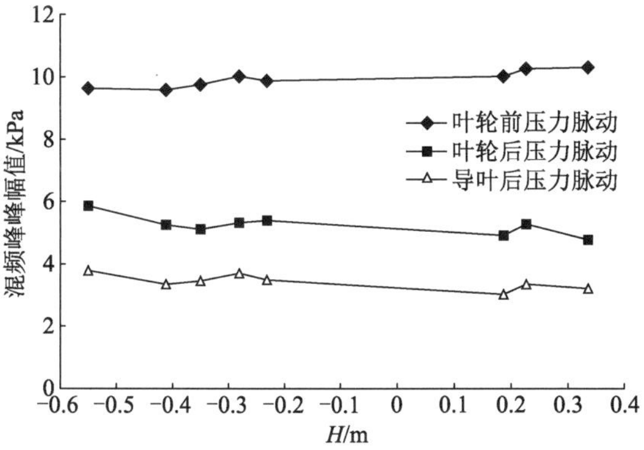

图 10-65 压力脉动混频峰峰幅值与扬程的关系曲线

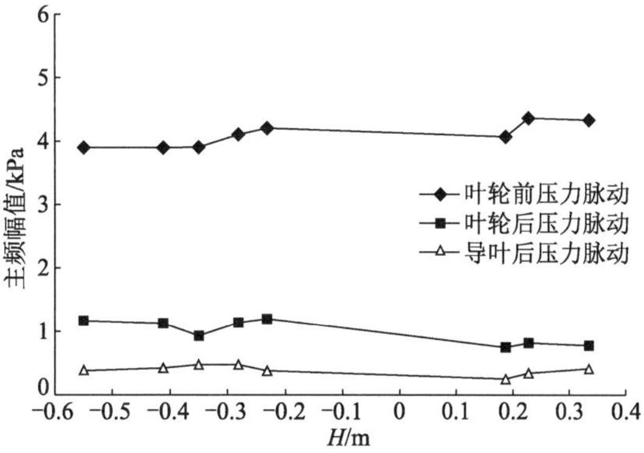

图 10-66 压力脉动主频幅值与扬程的关系曲线

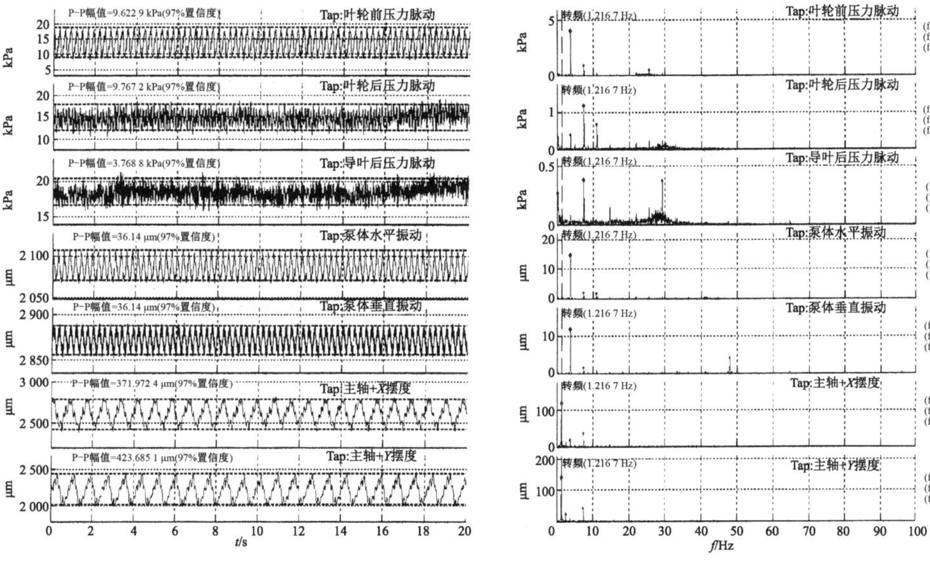

图 10-67 扬程−0.55 m 时压力脉动、振动和摆度时域频域波形图

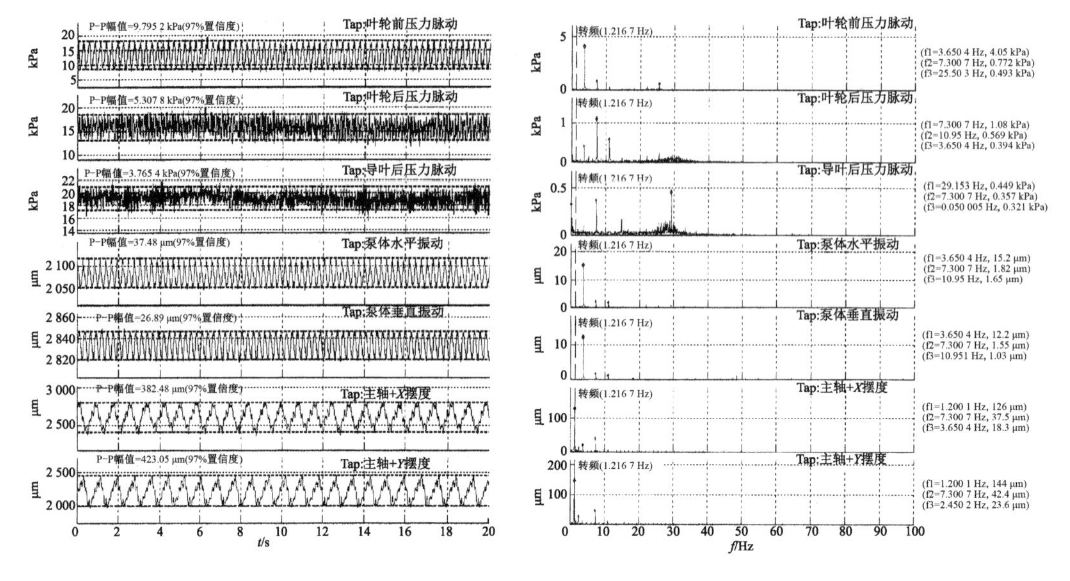

图 10-68　扬程－0.29 m 时压力脉动、振动和摆度时域频域波形图

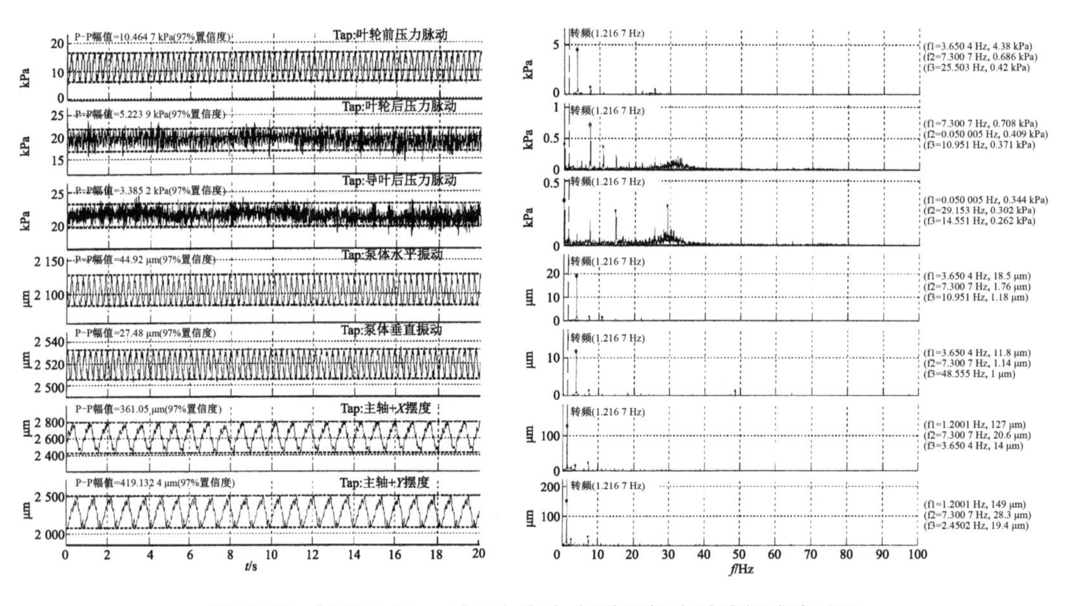

图 10-69　扬程 0.35 m 时压力脉动、振动和摆度时域频域波形图

从试验结果可看出，叶轮前压力脉动混频幅值约为 1.00 m，脉动频率以 3 倍转频为主，主频单峰幅值约为 0.40 m；叶轮后压力脉动混频幅值约为 0.55 m，脉动频率以 3，6，9 倍转频为主，主频单峰幅值约为 0.10 m；导叶后压力脉动混频幅值约为 0.35 m，脉动频率以 6，12，24 倍转频为主，主频单峰幅值约为 0.05 m。

泵体振动和泵轴摆度混频峰峰幅值（97％置信度）、分频幅值最大的前 3 个分频幅值及其所对应的频率与转频比值见表 10-42 和表 10-43（表中符号含义与前表相同），泵体振动和主轴摆度混频峰峰幅值、主频幅值与扬程的关系曲线如图 10-70 至图 10-71 所示。

表 10-42 泵体振动值试验结果

测点位置	扬程 H/m	P-P/μm	A_1/μm	f_1/f_n	A_2/μm	f_2/f_n	A_3/μm	f_3/f_n
水平振动	−0.55	36.14	14.52	3	1.89	6	1.62	9
	−0.41	36.06	14.50	3	1.82	6	1.51	9
	−0.35	36.31	14.32	3	1.69	6	1.22	9
	−0.28	37.74	15.30	3	1.59	6	1.45	9
	−0.23	37.98	15.80	3	1.94	6	1.91	6
	0.19	43.67	17.18	3	1.39	6	1.19	9
	0.23	43.76	18.54	3	1.71	6	1.19	9
	0.34	43.51	18.33	3	1.77	6	1.24	9
垂直振动	−0.55	33.72	11.76	3	4.10	39.4	1.55	6
	−0.41	25.88	11.76	3	1.66	6	0.87	9
	−0.35	27.48	11.81	3	1.47	6	1.28	39.6
	−0.28	27.48	12.08	3	1.46	6	0.90	39.9
	−0.23	26.47	12.40	3	1.65	6	1.09	9
	0.19	20.82	8.67	3	0.80	6	0.51	9
	0.23	20.91	9.19	3	0.89	6	0.54	9
	0.34	22.51	10.01	3	1.09	6	0.61	52.9

表 10-43 主轴摆度值试验结果

测点位置	扬程 H/m	P-P/μm	A_1/μm	f_1/f_n	A_2/μm	f_2/f_n	A_3/μm	f_3/f_n
X 方向摆度	−0.55	371.97	119.07	1	37.04	6	17.58	3
	−0.41	376.69	123.73	1	33.60	6	13.27	3
	−0.35	370.65	123.27	1	32.31	6	15.07	2
	−0.28	382.31	124.74	1	35.03	6	16.90	3
	−0.23	386.62	124.13	1	38.74	6	18.03	2
	0.19	363.78	134.71	1	24.65	6	18.30	2
	0.23	359.15	127.84	1	26.80	6	20.10	2
	0.34	362.05	127.73	1	25.63	6	15.12	2

续表

测点位置	扬程 H/m	P-P/μm	A_1/μm	f_1/f_n	A_2/μm	f_2/f_n	A_3/μm	f_3/f_n
Y 方向摆度	−0.55	423.69	138.90	1	40.18	6	23.78	2
	−0.41	428.90	140.83	1	42.44	6	25.06	2
	−0.35	435.03	143.59	1	38.82	6	23.17	2
	−0.28	435.44	140.47	1	42.66	6	25.46	2
	−0.23	434.69	132.58	1	46.22	6	26.16	2
	0.19	427.98	149.89	1	26.97	6	21.77	2
	0.23	426.58	145.89	1	33.75	6	21.74	2
	0.34	423.69	145.31	1	32.04	6	21.54	2

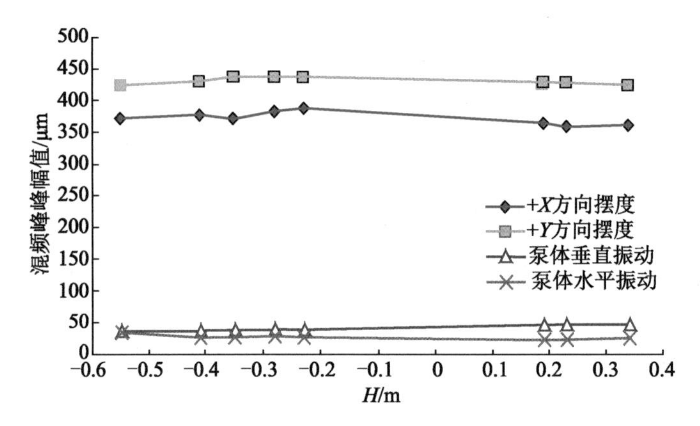

图 10-70　泵体振动和主轴摆度混频峰峰幅值与扬程的关系曲线

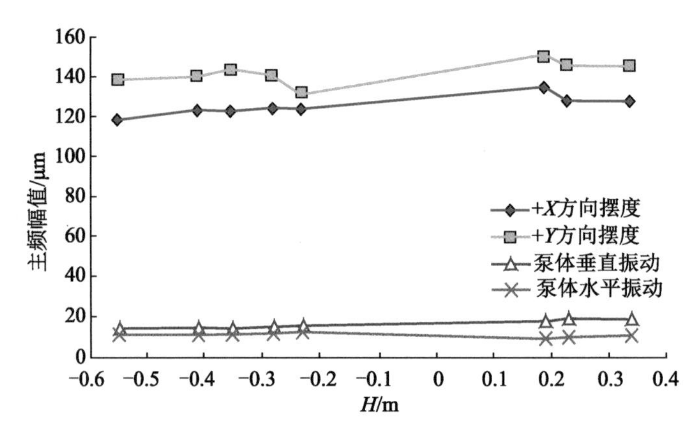

图 10-71　泵体振动和主轴摆度主频幅值与扬程的关系曲线

从试验实测结果可知，泵体振动幅值较小，泵体垂直振动混频峰峰幅值约为 40 μm，水平振动混频峰峰幅值约为 30 μm，振动频率以 3 倍频为主。泵轴的摆度也较小，摆度混频峰峰幅值约为 400 μm，摆度频率以转频为主，主频单峰幅值约为 130 μm。

(4) 噪声试验结果

噪声测量点位于叶轮室外右侧,距离叶轮约 1.0 m。噪声测量结果如图 10-72 所示,从测量结果看,不同扬程工况下的噪声均约为 90 dB,噪声主要来自减速齿轮箱和电动机,与前述章节分析一致。

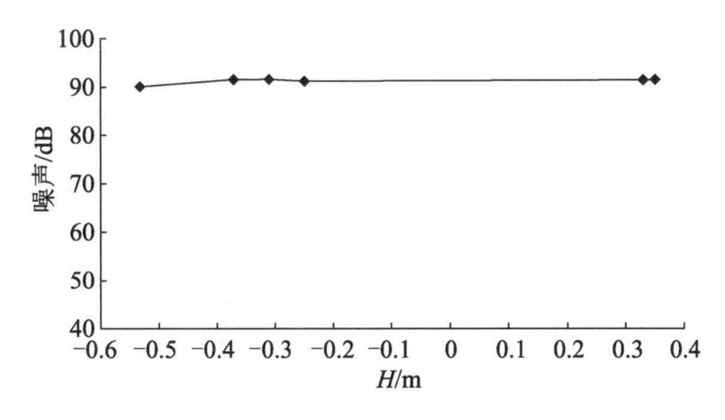

图 10-72 噪声与扬程的关系曲线

4. 结论与建议

试运行期间的现场实测以及机组稳定性现场测试按照 IEC 有关规范规程进行,试验结果可信,且有以下结论:

① 机组在零扬程附近开机、正常停机均未出现异常振动和摆动现象。

② 在测试范围内,机组各部位的温升均满足技术要求,说明采用巴氏合金稀油润滑水导轴承是成功的。

③ 现场测试表明,在扬程−0.55～0.35 m 范围内,机组叶轮前、叶轮后和导叶后的压力脉动、泵体水平和垂直振动、泵轴摆度随扬程的变化而变化,其混频幅值和主频幅值基本不变。

④ 现场测试表明,在扬程−0.55～0.35 m 范围内,各测点水压力脉动的绝对幅值较小,泵体振动情况较好,主轴摆度良好。

⑤ 从噪声测量结果看,各测试工况点的噪声约为 90 dB,噪声主要来自减速齿轮箱和电动机。

因此,对于特低扬程泵站,采用斜 15°轴伸式贯流泵装置是成功的,而且具有一定的技术优势,具有推广应用前景。

10.5 斜 15° 轴伸式贯流泵机组振动现场测试与分析

研究机组稳定性的另一直接手段是对机组不同部位的振动(摆度)进行实时监测,对测试数据进行分析,发现引起机组振动的原因。现以某泵站为例,研究机组的振动、摆度测试位置及测试结果。

泵站安装 4 台 3800ZXQ50－2.8 型斜 15°轴伸式贯流泵机组,泵站设计流量 200 m^3/s、设计扬程 2.43 m。单机流量 50 m^3/s,叶轮直径 3 800 mm,水泵转速 90 r/min,配套电动机功率 2 000 kW。泵站建于 1997 年,1999 年建成开始运行,具有优良的水力性能,较好地发挥了防洪排涝功能。然而,由于泵轴倾斜,出水流道前端呈 S 形弯曲,流道内存在二次流和偏流等，导致某些工况下发生压力脉动大、振动突出等问题。

10.5.1 泵机组及特点

该泵站的水泵机组是目前国内最大的斜15°轴伸式贯流泵机组之一，由水泵、减速齿轮箱、电动机三大部分组成，水泵与减速齿轮箱、减速齿轮箱与电动机之间均采用齿式联轴器连接，机组结构如图10-73所示。

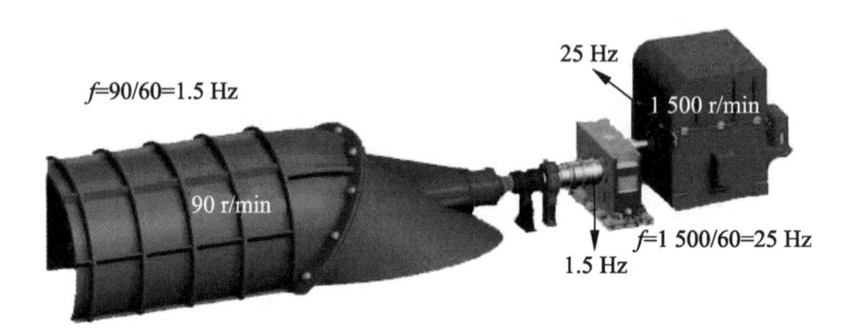

图10-73 机组结构图

1. 主水泵及轴承

水泵叶片数为3片，导叶数为8片。

水导轴承为水润滑的导轴承，轴承筒体内设置20片F201水导轴瓦。

推力径向组合轴承的型号：推力轴承29472、径向轴承23072。轴承的主要技术参数见表10-44。29472规格的SKF轴承有19颗滚动体；23072规格的SKF轴承有28对颗滚动体。

表10-44 轴承的主要技术参数

型号	轴承类型	内径/mm	外径/mm	质量/kg	宽度/mm	额定动荷载/kN	额定静荷载/kN	脂润滑转速/(r/min)	油润滑转速/(r/min)
29472	推力滚柱轴承	360	640	231	170	4 680	18 000	450	
23072	调心滚珠轴承	360	540	114	134	1 710	4 180	360	450

推力径向组合轴承与水泵外壳固为一体，水导轴承置于导叶的内筒中。

2. 减速齿轮箱

型式：平行轴两级斜齿的齿轮箱。

名义传动比：16.7。

齿轮箱的齿数：高速轴的齿轮齿数为15，中间轴的齿轮齿数为65和14，低速轴的齿轮齿数为54。

润滑冷却方式：强迫稀油润滑。

3. 电动机

型式：同步电动机。

电动机参数：同步转速1 500 r/min，额定功率2 000 kW。

冷却方式：自然进风，风机强迫出风。电动机转子上的风扇叶片为7片。

轴承类型：电动机两端支撑为座式轴承，电动机轴径ϕ160 mm，轴承座厚 160 mm；座式轴承的轴瓦为筒式瓦，轴承座内两端均有止推功能，可以承受两个方向的轴向力，正、反两个止推面的间隙均为 2 mm。

4. 联轴器

高速端和低速端均采用齿式联轴器，齿式联轴器允许在一定的偏转角度范围内传递扭矩。

10.5.2 存在的主要问题

由于设备的设计、制造、安装存在不足，设备的运行状态不佳，有关部件磨损比较严重，已确定机组需要进行大修改造。从 2016 年开始，各机组（3# 机组除外）相继出现振动超标的情况，对此专门组织有关生产厂家进行了各种测试和分析，但尚未找到原因。

泵站已建成 20 余年，虽然在 2016 年以前，机组也曾出现过一些问题，检修和更换了设备的一些部件，但运行的振动情况总体尚好。从 2016 年 6 月开始，1# 和 2# 机组主要表现出电动机滑动轴承轴向振动超标的问题，特别是电动机与减速齿轮箱两处超标严重。2017 年 4 月，4# 机组也在类似部位开始出现振动超标的情况。

机组在出现振动问题时有如下特点：

① 全站 4 台机组出现振动超标的时间和状况不同。首先是 1# 和 2# 机组出现振动超标，然后是 4# 机组出现振动超标，但 3# 机组尚未发现此类问题。

② 运行管理部门反映未发现与设备振动关联的因素，振动呈非稳定性特点，即有时候超标严重，有时候又正常，尚无规律可循。

③ 根据现场记录的振动数据，振动的最大值出现在水位差为 1.0～1.5 m 的范围内。但设备在其他水位差运行时也出现过较大的振动，即水位差并非振动的唯一影响因素。

④ 水泵叶片安放角采用机械调节，由于该结构存在问题，后将叶片安放角固定在 −8°运行，水泵运行时处在非高效区。但尚无法确定机组长期运行在非高效区是否会产生振动。

⑤ 全站 4 台机组的减速齿轮箱与水泵弯管区域的混凝土基础均出现裂纹，判断可能跟泵壳轴向拉力有关，需要对泵壳伸缩节的轴向位移进行检测。

引起机组振动的因素复杂，水力因素、空化空蚀可能会引起水泵振动，机组设备在机械和电气方面出现问题也是产生振动的潜在原因。由于 1# 机组最早出现振动，所以先对其进行检测。对通过振动监测获得的数据做进一步的判断和研究以发现引起机组振动的原因，为泵站更新改造提供技术支撑。

10.5.3 测试位置和传感器选择

1. 测试位置的选择

选择测试位置时考虑的因素如下：

① 由于机组的三大设备均存在一定的轴向位移，所以在减速齿轮箱的中间轴、低速轴和组合轴承 X 向、Y 向均安装了速度位移传感器；在减速齿轮箱的低速轴、组合轴承 Z 向安装涡流传感器。

② 由于泵站的水泵导轴承出现过严重损坏的情况，所以在水导轴承设置了振动传感器。

③ 由于泵站的水泵运转速度低，所以进行振动加速度传感器和振动速度传感器的测试数据对比分析，在相同的测试部位同时设置两种传感器。

④ 为监测水泵伸缩节在机组运行中的位移变化，在水泵伸缩节的上下部位分别设置一个电涡流传感器。

⑤ 压力脉动是影响水泵振动的一个水力因素，所以在容易产生和引起水压力脉动的部位设置 8 个压力脉动传感器。

综合以上考虑，振动传感器安装位置及传感器类型选择如表 10-45 所列。

表 10-45　振动传感器安装位置及传感器类型选择

序号	机组测点位置和要求	传感器输出	传感器类型
1	电动机自由端轴承 X 方向振动	加速度	压电加速度
2	电动机自由端轴承 Y 方向振动	加速度	压电加速度
3	电动机自由端轴承 Z 方向振动	加速度	压电加速度
4	电动机驱动端轴承 X 方向振动	加速度	压电加速度
5	电动机驱动端轴承 Y 方向振动	加速度	压电加速度
6	电动机驱动端轴承 Z 方向振动	加速度	压电加速度
7	电动机基础 Y 方向振动	加速度	压电加速度
8	电动机基础 Z 方向振动	加速度	压电加速度
9	电动机基础 Y 方向位移	位移	速度型位移输出
10	减速齿轮箱高速端 X 方向振动	加速度	压电加速度
11	减速齿轮箱高速端 Y 方向振动	加速度	压电加速度
12	减速齿轮箱高速端 Z 方向振动	加速度	压电加速度
13	减速齿轮箱中间轴 Y 方向振动	加速度	压电加速度
14	减速齿轮箱中间轴 Z 方向振动	加速度	压电加速度
15	减速齿轮箱中间轴 Y 方向位移	位移	速度型位移输出
16	减速齿轮箱中间轴 Z 方向位移	位移	速度型位移输出
17	减速齿轮箱低速端 X 方向振动	加速度	压电加速度
18	减速齿轮箱低速端 Y 方向振动	加速度	压电加速度
19	减速齿轮箱低速端 Z 方向振动	加速度	压电加速度
20	减速齿轮箱低速端 Y 方向位移	位移	速度型位移输出
21	减速齿轮箱低速端 Z 方向位移	位移	速度型位移输出
22	组合轴承 X 方向振动	加速度	压电加速度
23	组合轴承 Y 方向振动	加速度	压电加速度

续表

序号	机组测点位置和要求	传感器输出	传感器类型
24	组合轴承 Z 方向振动	加速度	压电加速度
25	组合轴承 X 方向位移	位移	速度型位移输出
26	组合轴承 Y 方向位移	位移	速度型位移输出
27	水导轴承 X 方向位移	位移	速度型位移输出
28	水导轴承 Y 方向位移	位移	速度型位移输出
29	叶轮外壳 X 方向振动	加速度	压电加速度
30	叶轮外壳 Y 方向振动	加速度	压电加速度
31	叶轮外壳 X 方向位移	位移	速度型位移输出
32	电动机驱动端连轴器轴 Z 方向位移	位移	电涡流
33	高速端联轴器 X 方向位移	位移	电涡流
34	高速端联轴器 Y 方向位移	位移	电涡流
35	减速齿轮箱低速端轴 Z 方向位移	位移	电涡流
36	组合轴承 Z 方向位移	位移	电涡流
37	水泵伸缩节 X 方向位移	位移	电涡流
38	水泵伸缩节 Y 方向位移	位移	电涡流

压力脉动传感器安装位置和要求如表 10-46 所列。

表 10-46　压力脉动传感器安装位置和要求

序号	测点编号	机组测点位置和要求	传感器输出
1	16#	叶轮进口 X 方向压力脉动	压力
2	16#	叶轮进口 Y 方向压力脉动	压力
3	17#	叶轮出口、导叶进口 X 方向压力脉动	压力
4	17#	叶轮出口、导叶进口 Y 方向压力脉动	压力
5	18#	导叶出口 X 方向压力脉动	压力
6	18#	导叶出口 Y 方向压力脉动	压力
7	19#	弯管 X 方向压力脉动	压力
8	19#	弯管 Y 方向压力脉动	压力

2. 传感器选择

(1) 振动和传感器类型

振动幅度具体地反映振动位移量的大小，振动速度反映能量的大小，振动加速度反映冲击力的大小。一般可以认为，在低频(≤10 Hz)范围内，振动强度与位移成正比；在中频(10～1 000 Hz)范围内，振动强度与速度成正比；在高频(>1 000 Hz)范围内，振动强度

与加速度成正比。由此在实际应用中，可以根据设备特点和需要选择振动位移、振动速度、振动加速度传感器。

这3种型式的传感器经过积分处理，可以通过加速度求得速度，进而通过速度可求得位移。但积分过程存在一定的误差，因此泵站在一些测试点同时使用不同类型的传感器进行监测，通过分析比较监测获得的数据，为合理选择机组监测传感器提供依据。

(2) 振动频率和影响因素

由于水泵转速比较低，若采取减速齿轮箱传递功率的方式，则电动机的转速比较高，所以在选择传感器时还需考虑机组设备不同部位的转速频率特点。

(3) 传感器参数

机组振动监测选择2种类型的传感器。振动速度传感器选用豪瑞斯(Holles)低频速度传感器(位移输出)，加速度传感器选择美国CTC通用加速度振动传感器，测试摆度和轴向位移选择电涡流传感器。

不同传感器的主要参数如表10-47至表10-49所示。

表10-47　豪瑞斯低频速度传感器主要参数

参数	说明	图片
型号	MLS-9	
灵敏度/(V/mm)	8±5%	
量程/mm	±1	
响应频率(-3 dB)/Hz	0.5～200	
幅值线性度/%	<5	
电压/VDC	±12	
温度范围/℃	-10～+50	

表10-48　美国CTC通用加速度振动传感器主要参数

参数	说明	图片
型号	AC102-1A	
通频加速度传感器	多功能加速度型 顶部输出连接/电缆	
灵敏度/(mV/g)	100	
响应频率/Hz	0.5～15 000	
动态范围/g(峰值)	±50	
电压/VDC	18～30	
温度范围/℃	-50～121	

表 10-49 涡流传感器主要参数

参数	说明	图片
型号	33 系列	
灵敏度(2 mm 量程)/(mV/μm)	8	
量程/mm	±1	
响应频率(−3 dB)/kHz	0～10	
平均灵敏度误差/%	≤±5	
互换性误差/%	≤5	
供电电压/VDC	−24	
探头温度范围/℃	−50～+175	
前置器温度范围/℃	−25～+85	

10.5.4 设备运行测试结果和分析

1. 测试基本情况

在安装振摆监测装置后,1# 机组开机 4 次,开机时间均在 2 h 左右,运行扬程均在 0.5 m 左右,运行功率在 500 kW 以下,并未满负荷运行。运行转速恒定在 89.92 r/min。

2. 监测结果

由于 4 次运行中机组均比较平稳,而且运行水位、扬程、功率差别不大,所以选择其中的一次检测数据进行分析比较即可。

(1) 机组振动监测

由于现有的规程规范没有对斜 15°轴伸式贯流泵作出专门的振动和摆度标准规定,因此参照《水力发电厂和蓄能泵站机组机械振动的评定》(GB/T 32584−2016)标准,从检测数值来看,设备运行情况符合标准要求。机组振动监测结果如表 10-50 所列。

从数据和整个机组测点的过程数据可以发现,在机组运行的 2 h 内,其振动变化的数值不是很大,设备运行较稳定。

通过有效值与峰峰值的比较可见,水泵部分(叶轮外壳、组合轴承)振动最小、电动机其次、减速齿轮箱振动最大。其中振动最大的部分在减速齿轮箱中间轴的 Z 向。

对减速齿轮箱中间轴的 Z 向数据进行分析:Z 向振动大约在 1 g 左右,比其他轴向振动稍大。传感器的安装位置为端盖的中间,该处并不贴近中间轴的轴承位置,且盖板中间刚度最差。该处传感器的信号明显增强,不利于对振动的整体数据分析,且易出现干扰信号。

表 10-50 机组振动监测结果汇总

测点编号	测点位置	转速/(r/min)	有效值/g	峰峰值/g	峭度	波峰因数
1#	电动机自由端轴承 X 加速度	89.82	0.15	0.57	2.33	2.62
1#	电动机自由端轴承 Y 加速度	89.82	0.13	0.64	2.56	3.16

续表

测点编号	测点位置	转速/(r/min)	有效值/g	峰峰值/g	峭度	波峰因数
1#	电动机自由端轴承 Z 加速度	89.82	0.18	0.61	2.74	2.50
2#	电动机驱动端轴承 X 加速度	89.82	0.12	0.72	2.79	3.39
2#	电动机驱动端轴承 Y 加速度	89.82	0.14	1.00	2.93	3.66
2#	电动机驱动端轴承 Z 加速度	89.82	0.16	0.93	2.36	3.26
4#	电动机基础 Y 加速度	89.82	0.29	1.82	2.56	2.98
4#	电动机基础 Z 加速度	89.82	0.11	0.62	2.50	3.15
7#	减速齿轮箱高速端 X 加速度	89.82	0.43	2.98	2.87	3.69
7#	减速齿轮箱高速端 Y 加速度	89.82	0.41	2.68	2.96	3.81
7#	减速齿轮箱高速端 Z 加速度	89.82	0.40	2.32	2.66	3.44
8#	减速齿轮箱中间轴 Y 加速度	89.82	0.30	2.11	3.07	3.05
8#	减速齿轮箱中间轴 Z 加速度	89.82	1.13	7.46	2.9	3.17
9#	减速齿轮箱低速端 Y 加速度	89.82	0.36	2.50	3.17	3.43
9#	减速齿轮箱低速端 Z 加速度	89.82	0.33	2.38	2.87	3.48
11#	组合轴承 X 加速度	89.82	0.15	0.8	2.98	3.36
11#	组合轴承 Y 加速度	89.82	0.24	0.71	3.12	2.33
11#	组合轴承 Z 加速度	89.82	0.16	0.4	3.05	2.23
14#	叶轮外壳 X 加速度	89.82	0.16	0.73	3.25	3.35
14#	叶轮外壳 Y 加速度	89.82	0.12	0.59	3.17	3.30

(2) 压力脉动监测

由于目前缺少水泵水压力脉动评价的规范，因此参照水轮机行业对尾水管压力脉动的要求，可将其控制在幅度的 7%～8%。低扬程水泵压力小，该变动幅度值对设备的影响很小。与振动同步监测的压力脉动监测结果如表 10-51 所列，压力脉动的数值比较小，与泵站运行扬程吻合，峰峰值在 20 kPa 以下。

表 10-51　压力脉动监测结果汇总

测点编号	测点位置	转速/(r/min)	平均值/kPa	峰峰值/kPa
16#	叶轮进口 X 压力脉动	89.82	15.71	10.61
16#	叶轮进口 Y 压力脉动	89.82	10.77	10.29
17#	叶轮出口、导叶进口 X 压力脉动	89.82	18.78	14.07
17#	叶轮出口、导叶进口 Y 压力脉动	89.82	2.11	15.59
18#	导叶出口 X 压力脉动	89.82	10.28	2.79
18#	导叶出口 Y 压力脉动	89.82	0.34	2.57
19#	弯管 X 压力脉动	89.82	−16.50	3.21
19#	弯管 Y 压力脉动	89.82	9.08	2.29

3. 测试结果分析

泵装置振动按激振源的性质分为水力激振、机械激振和电气激振 3 种。其中电气激振主要是由电磁力引发的机组振动；机械激振主要是由机组转动部分不平衡，或转动部分与固定部件之间的碰摩引发的振动；水力激振主要是由动静干涉、水力不平衡、二次流等导致的非稳定流场的压力脉动。根据机组振动(摆度)监测分析本水泵机组的振动以水力激振和机械激振为主，且在额定工况下，机械结构的振动为主要激振源，流体压力脉动为次要激振源。现根据监测结果和掌握的资料进行初步分析。由于水泵机组具有偶发性，4 次监测下机组运行均稳定，没有以往不正常现象出现，所以难以发现和掌握机组不稳定的根本原因。

(1) 水力因素

影响水泵振动的水力因素是水流流态，其可以体现在压力脉动方面。压力脉动与水压力的根本区别是压力脉动考虑动态值，所以压力脉动关注变幅和频率。

由于水泵机组运行在低扬程的非高效区，而且叶片不在最优安放角下，从水泵装置的流场角度分析，应该是流态较差，导致存在压力脉动。

① 水泵的压力脉动

在线监测装置可以监测水泵停止和运行的两种状态。监测数据表明，在水泵运行前，各测点存在水面微小频率波动现象，是水泵淹没水深的体现。水泵运行时出现的压力脉动是由叶轮转动引起的，无其他异常现象。典型工况下开机过程的压力脉动情况记录如图 10-74 所示。

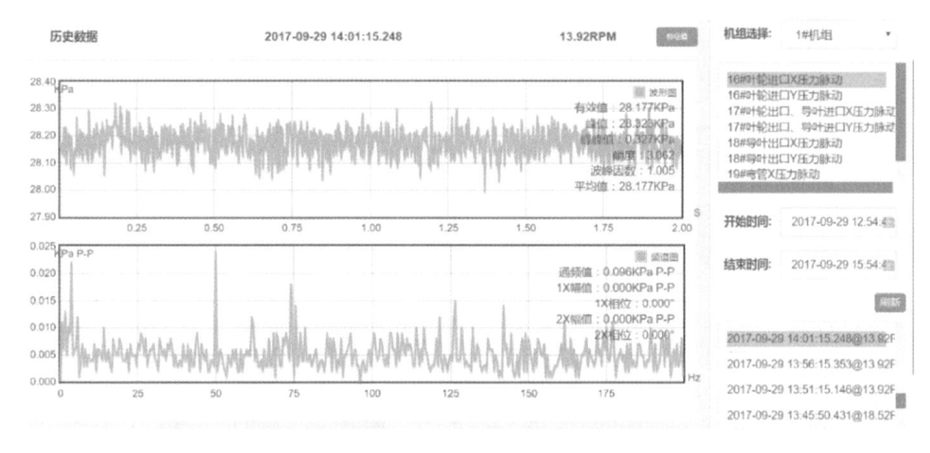

图 10-74　开机过程压力脉动

② 水泵运行时的压力脉动

典型工况下水泵机组不同部位的压力脉动情况如图 10-75 至图 10-82 所示。

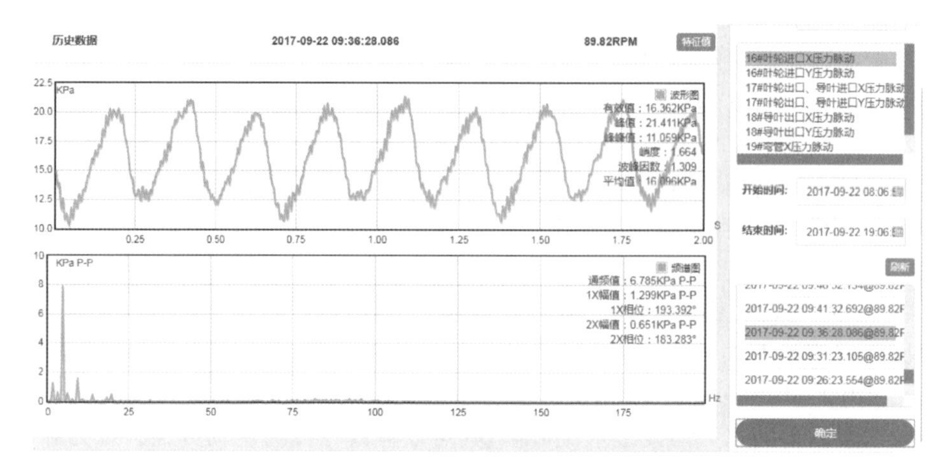

图 10-75　叶轮进口 *X* 方向压力脉动

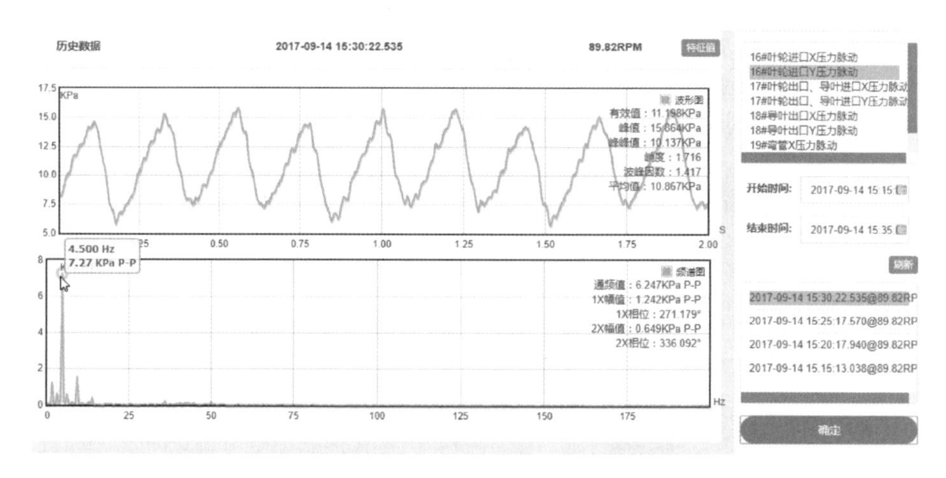

图 10-76　叶轮进口 *Y* 方向压力脉动

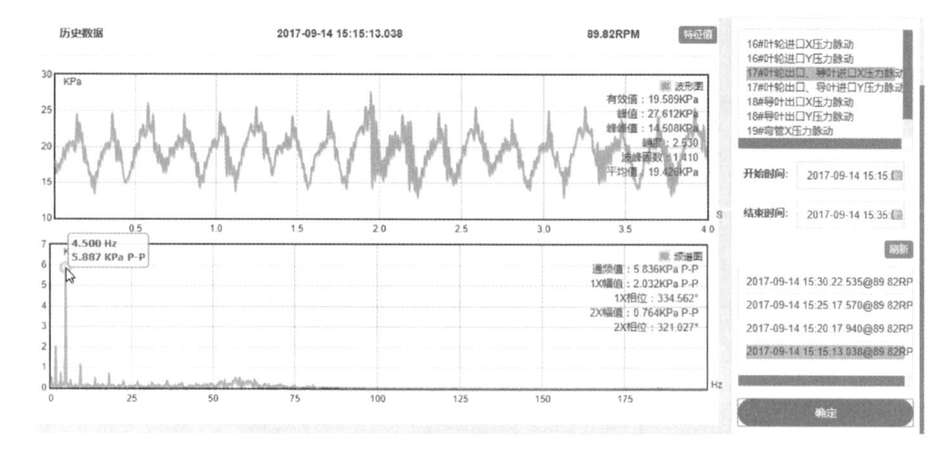

图 10-77　叶轮出口、导叶进口压力脉动(*X* 方向)

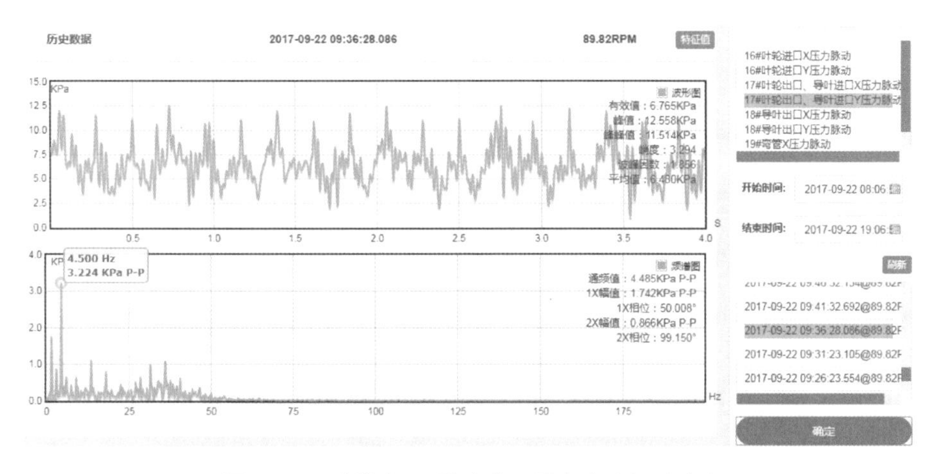

图 10-78　叶轮出口、导叶进口压力脉动(Y 方向)

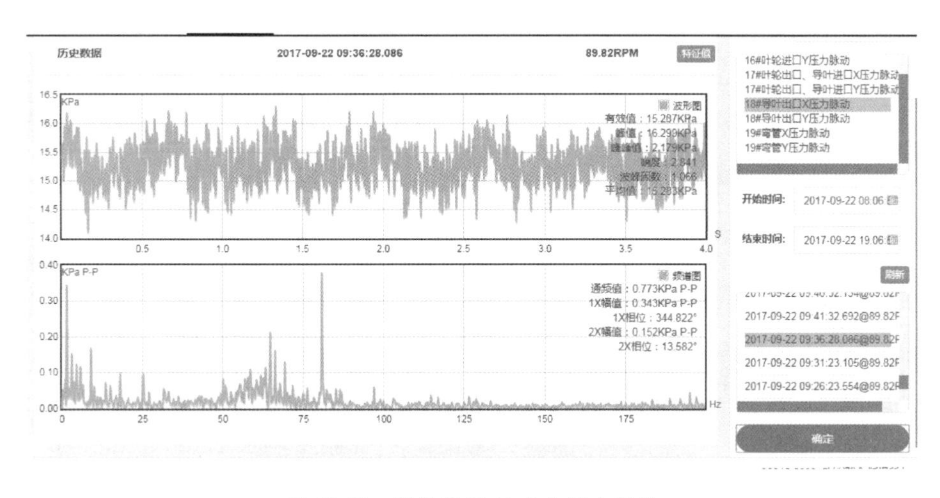

图 10-79　导叶出口 X 方向压力脉动

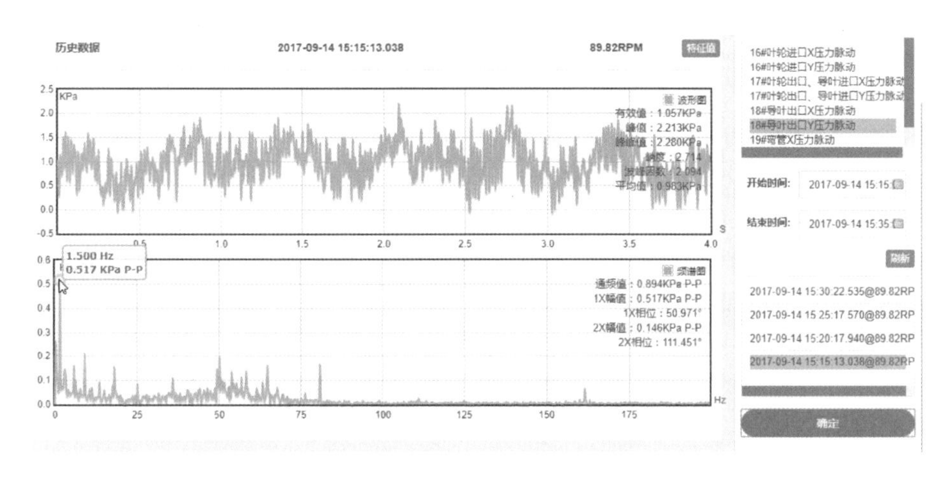

图 10-80　导叶出口 Y 方向压力脉动

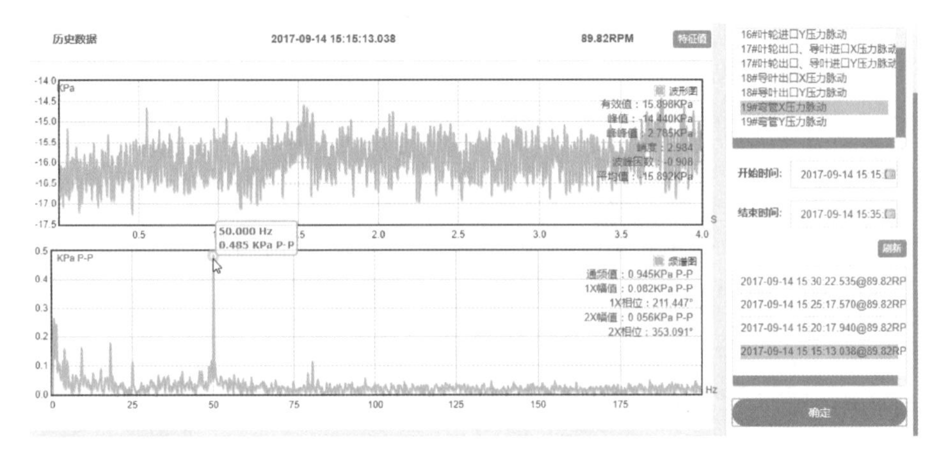

图 10-81　弯管压力脉动(左侧)

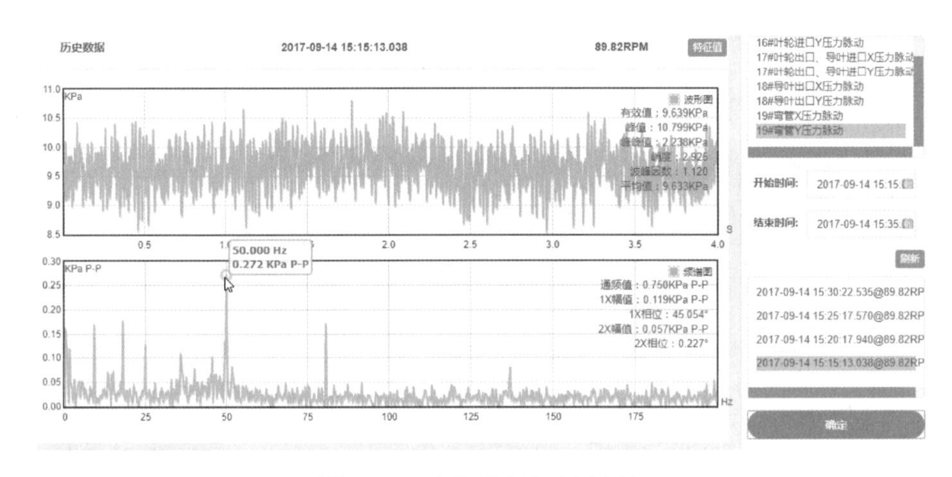

图 10-82　弯管压力脉动(右侧)

③ 水泵运行时压力脉动分析

水泵运行时的压力脉动具有以下特点：

压力脉动值体现该处压力的情况。叶轮进口的压力值为水泵淹没水深；叶片、导叶的 X 和 Y 两个方向的压力差值与斜轴伸式贯流泵的叶轮高差(水平面与垂直面的差)有关，水泵叶轮直径 3 900 mm，该差值应为 19.5 kPa。

压力脉动的特点是叶片出口、导叶进口的压力脉动峰值最大；导叶出口峰值变小，表示导叶具有消除环量的作用，使压力脉动有所减小；弯管的两个测点在水平面的左右两侧，具有明显偏流的特征。

各频谱图的频率显示，水泵水压脉动的频率比较有规律，存在与水泵转频(1.5 Hz)相近的频率，还有叶片数的频率(4.5 Hz，3 个叶片)、动静干涉因素(36 Hz，8 个导叶片)的频率，及其相应的倍频，可为水泵振动提供水力因素的分析依据。

④ 初步结论

低扬程水泵的扬程低，水压力或水位差数值都比较小，水力因素对设备的影响体现在压力脉动频率(包括倍频)与水泵设备部件频率接近和相同时，会出现拍振现象，此时设备的振动值迅速增大，并且出现危害。

水泵压力脉动频率基本表现为其特有频率，没有异常频率，便于对水力性能影响的判断。由于压力脉动的特征频率是固有的，水泵部件的固有频率也是明确的，所以在一般情况下不会出现水力因素引起的水泵振动。

由于不使用叶片调节机构，叶片固定在−8°，降低了压力脉动频率变动的可能性。但是如果改变叶片的安放角，导致进、出口水流角度变化，是否会进一步引起压力脉动变化还需观察和检测。

在导叶和弯管的波形图中，有周期性的撞击现象。这既与非最优工况有关，也与结构特点有关。水泵导叶与弯管之间无间隔或障碍物，所以这两处监测的频率和图形很相似，表示这两个部分的频率没有受到影响。弯管具有改变水流方向和流速的功能，同时此处又有偏流现象存在，所以对压力脉动数值有影响。文献[5]的CFD分析结论也表明，水流在出水弯管中经历了 Z 形的两段流线弯曲过程，在剩余环量和二次弯曲的共同作用下，流线从导叶出口就向左侧偏转，如图10-83所示。从图中可以看出，左侧流线的速度明显大于右侧，因此，形成左侧大于右侧的偏流特性，计算得到的偏流比达到2.3。

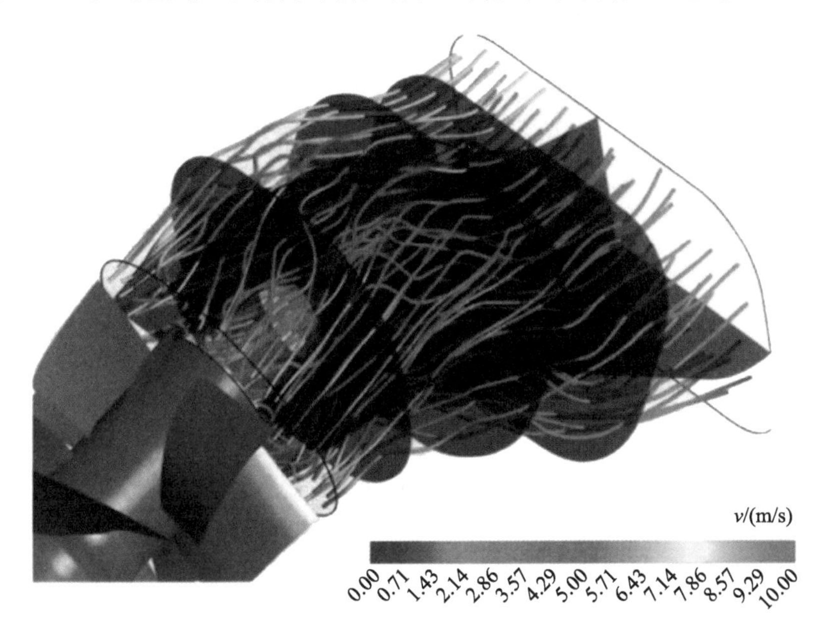

图 10-83 出水弯管中流线偏转现象CFD数值模拟结果

(2) 机械因素

① 机组轴向位移

a. 机组各部件本身的轴向移动

该泵站的水泵推力径向组合轴承结构如图10-84所示，向下的止推能力强，向上的止推能力弱。与现行的推力径向组合轴承(见图10-85)相比，该机组组合轴承呈单向止推的特点。

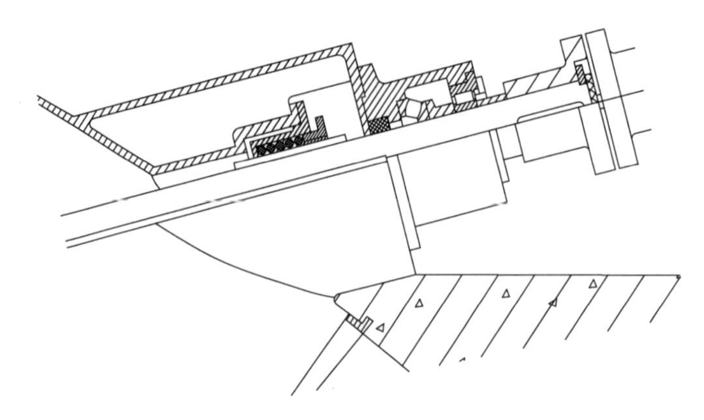

图 10-84　机组组合轴承结构

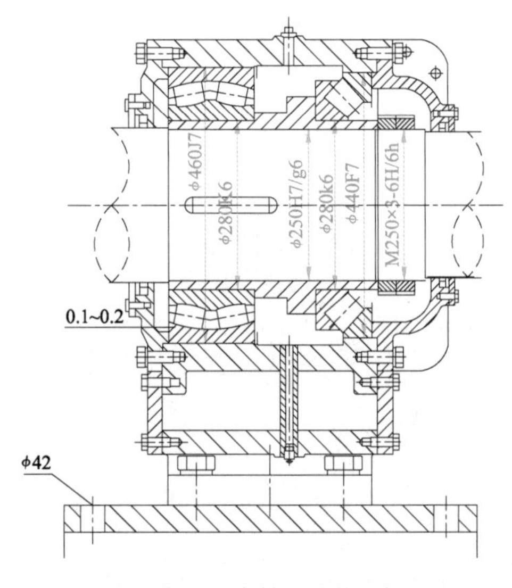

图 10-85　现行组合轴承结构(单位:mm)

由于斜轴伸式机组减速齿轮箱轴承均存在松动现象,斜齿齿间距偏大,齿式联轴器的内齿和外齿均为直齿,也存在轴向串动的可能。电动机的 2 个座式轴承轴向止推间隙有 2 mm,所以从机组的结构特点分析,同样存在轴向移动的可能。由于齿式联轴器的结构特点,可以将低速轴和高速轴沿轴向微量分开,机组的结构使高速端轴向串动大于低速轴的轴向串动,泵站的水泵机组运行也证明了这一点。

b. 机组轴向振动位移监测和分析

(i) 电动机驱动端轴承座 Z 向偏移

驱动端轴承座 Z 向电涡流传感器安装位置为面向电动机驱动端轴承座(减速齿轮箱侧),约 3 h 后设备平均位移值从未开机时的 2.66 μm 减小到 −132.01 μm,然后逐步缓慢增大恢复到初始未开机时的值,如图 10-86 和图 10-87 所示。停机状态下 Z 向偏移值如图 10-88 所示,8 d 后发现驱动端轴承座 Z 向电涡流传感器平均位移值仍从未开机时的 43 μm 先增大到 55 μm 再减小到 −54 μm,然后逐步缓慢增大恢复到初始未开机时的值。考虑机组运行时遵循热胀冷缩规律,持续监测可以对整体数据进行分析。

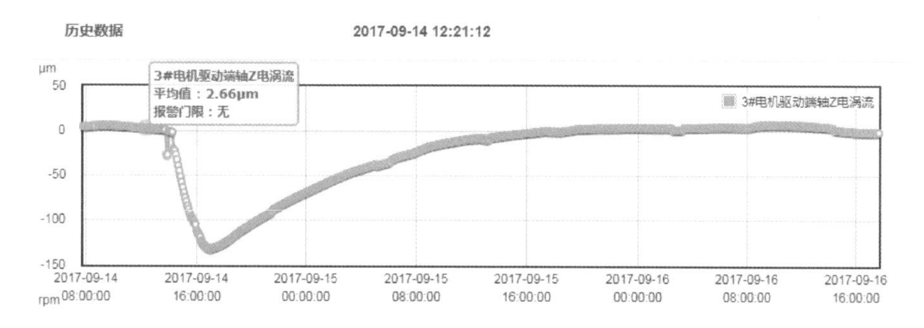

图 10-86　开机前设备平均位移值为 2.66 μm

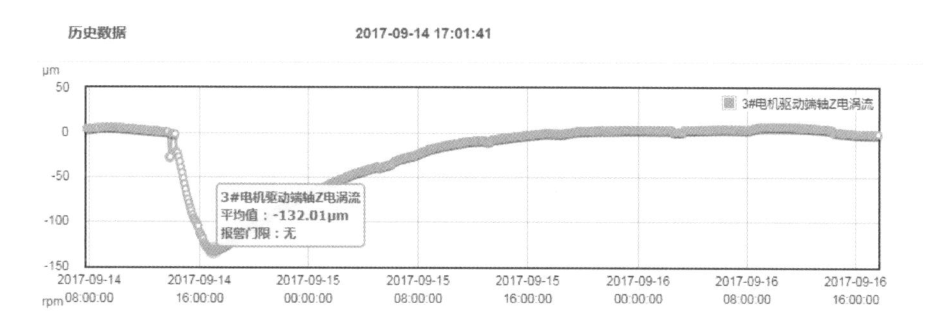

图 10-87　开机后设备平均位移值为－132.01 μm

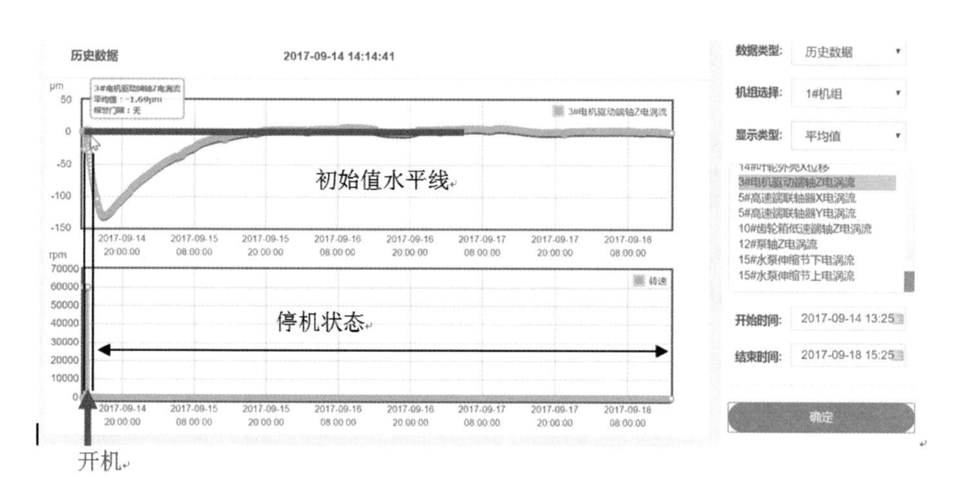

图 10-88　停机状态 Z 向偏移值监测结果

(ii) 减速齿轮箱轴向偏移

减速齿轮箱低速轴 Z 向和泵的 Z 向电涡流传感器位置为正对低速端联轴器安装，开机前减速齿轮箱低速轴 Z 向电涡流的位移值为 410.37 μm，开机后检测到位移值变为－711.62 μm，两者之间有 1 121.99 μm 的偏移量(见图 10-89)。该数据是一个正确的瞬时值，经过 4 次开机数据比较，停机和开机的初始值较为随机。分析认为，其原因是安装联轴器时，联轴器端面并未与轴成 90°，使得机组运转时存在明显的跳动；可能的原因是齿式联轴器允许一定的角偏移量，或者轴向有窜动。

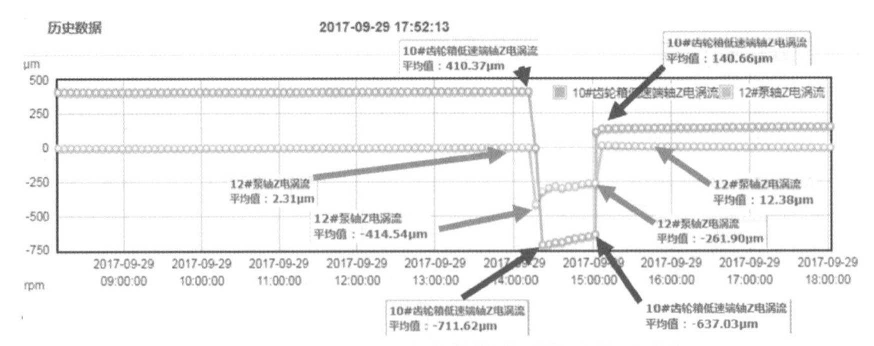

图 10-89　开机时减速齿轮箱典型偏移量瞬时值

减速齿轮箱低速端轴 Z 向电涡流波形如图 10-90 所示，传感器安装在减速齿轮箱低速轴 Z 向，从图中看出有一个周期约为 0.33 s 的脉冲信号，而机组本身的摆动幅值较小。由于泵轴的旋转周期约为 0.67 s，恰好为脉冲周期的 2 倍，故判断认为该脉冲可能是由电涡流探头所对的联轴器端面存在对称的测速孔造成的。

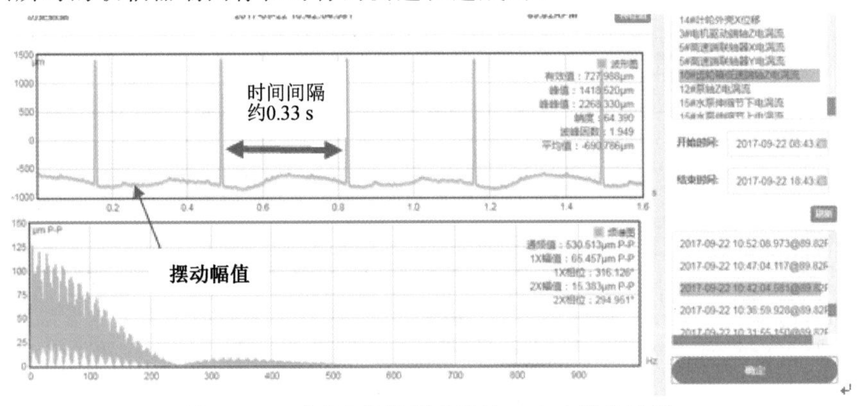

图 10-90　减速齿轮箱低速端轴 Z 向电涡流波形

水泵轴 Z 向电涡流波形如图 10-91 所示，从图中看出，水泵轴的轴向振动幅值基本很小，峰峰值仅为 44.055 μm。在机组的运行过程中，幅值基本在 44～53 μm 之间变化。泵轴轴向振动正常。

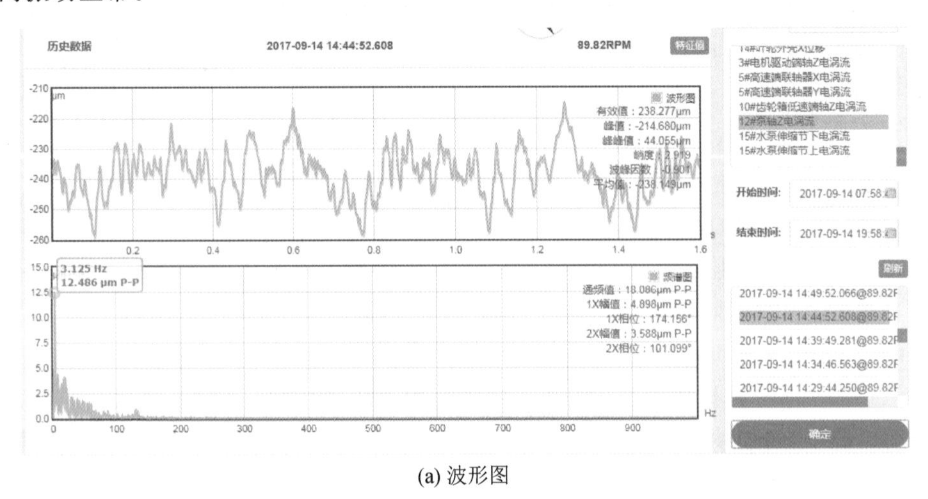

(a) 波形图

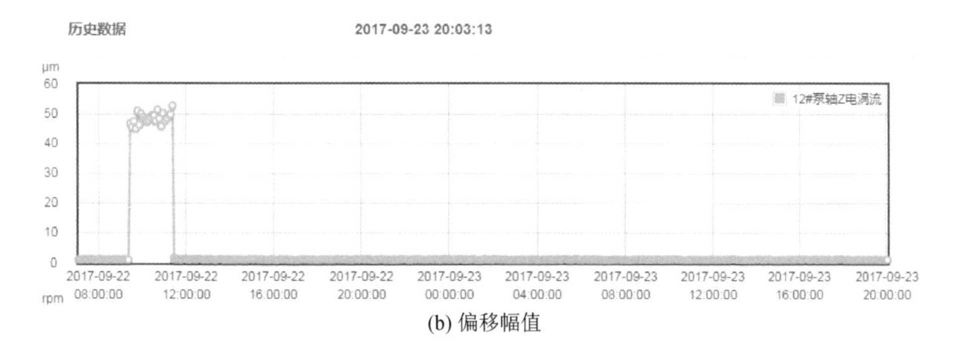

(b) 偏移幅值

图 10-91　水泵轴 Z 向电涡流波形

② 机组的特征频率

a. 电动机振幅

电动机整体振动较小，不同部位测试点的振动幅值测试结果如表 10-52 所列。分析了 4 次振动幅值测试结果发现，电动机轴向振动较为平稳[幅值在(0.1～0.2)g 之间]，未见明显的振动幅值变化。电动机各测试点的频谱图如图 10-92 至图 10-98 所示。

表 10-52　电动机不同部位测点的振幅值　　单位：g RMS

测量位置	采集定义	类型	幅值（第 1 次测试）	幅值（第 2 次测试）
电动机自由端轴承 X 向	加速度频谱 1 000 Hz	有效值	0.110	0.127
电动机自由端轴承 Y 向	加速度频谱 1 000 Hz	有效值	0.121	0.115
电动机自由端轴承 Z 向	加速度频谱 1 000 Hz	有效值	0.099	0.169
电动机驱动端轴承 X 向	加速度频谱 1 000 Hz	有效值	0.162	0.157
电动机驱动端轴承 Y 向	加速度频谱 1 000 Hz	有效值	0.152	0.167
电动机驱动端轴承 Z 向	加速度频谱 1 000 Hz	有效值	0.160	0.106

注：以上 2 次测试均在机组运行时进行。

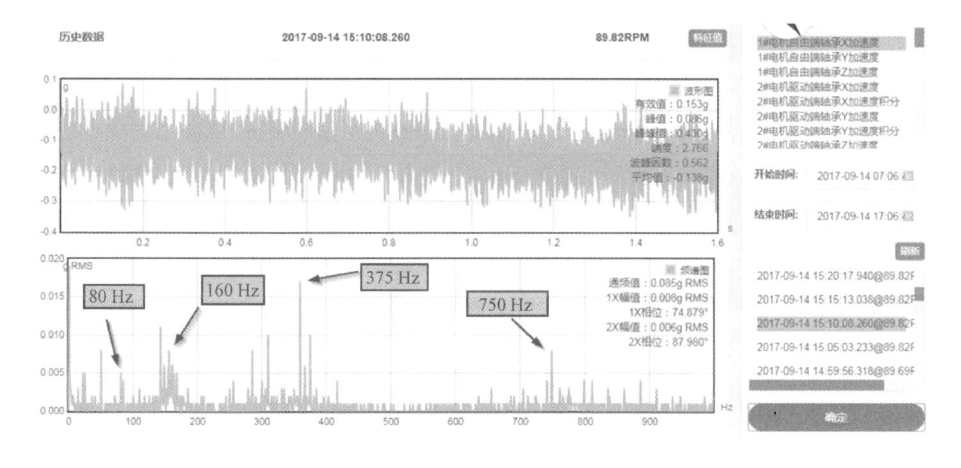

图 10-92　电动机自由端轴承 X 向频谱图

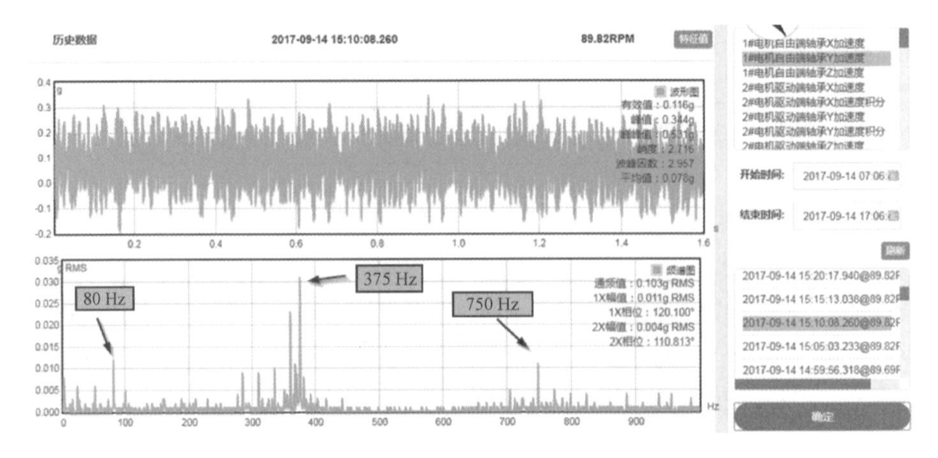

图 10-93　电动机自由端轴承 *Y* 向频谱图

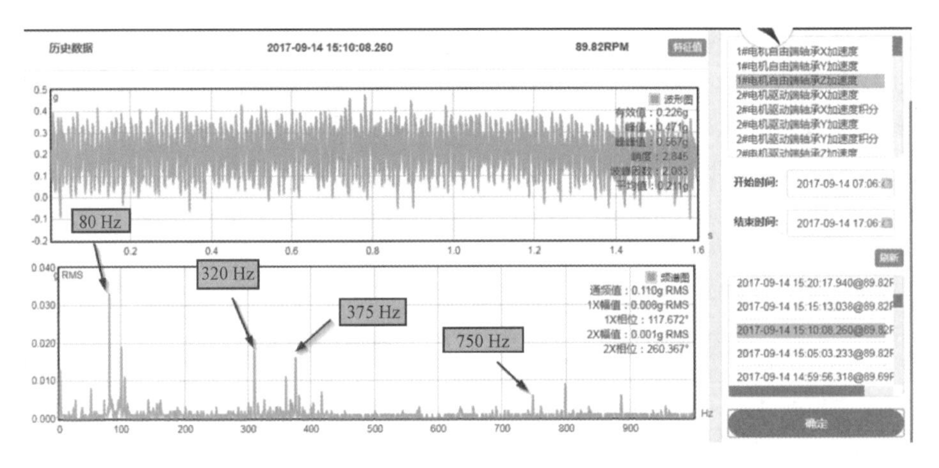

图 10-94　电动机自由端轴承 *Z* 向频谱图

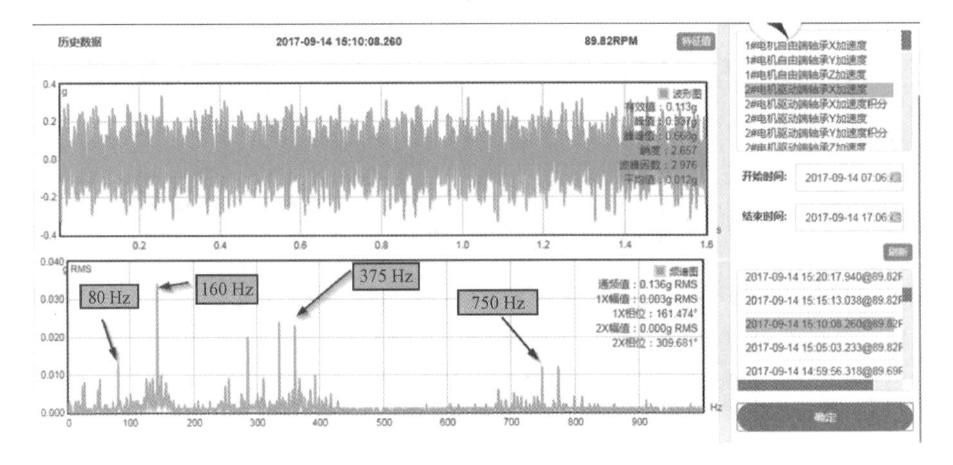

图 10-95　电动机驱动端轴承 *X* 向频谱图

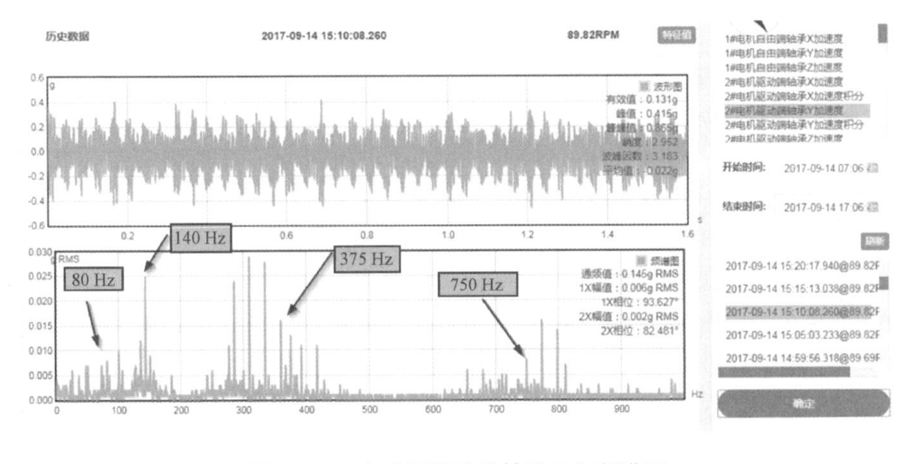

图 10-96　电动机驱动端轴承 Y 向频谱图

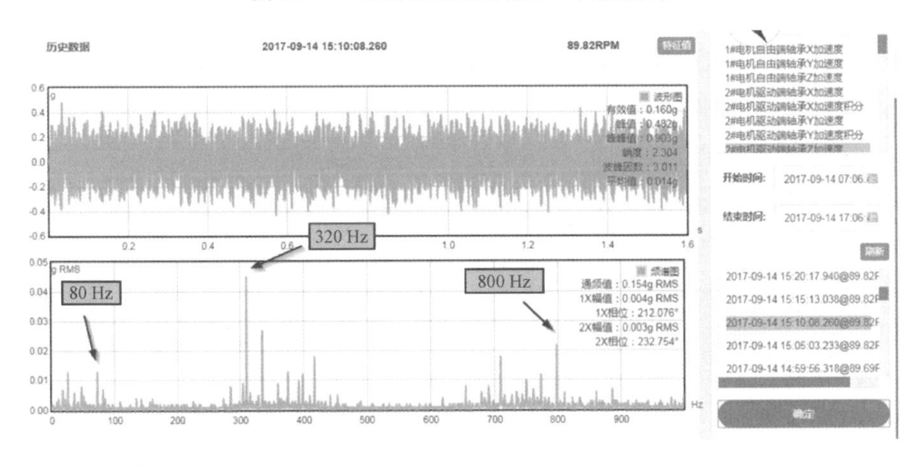

图 10-97　电动机驱动端轴承 Z 向频谱图

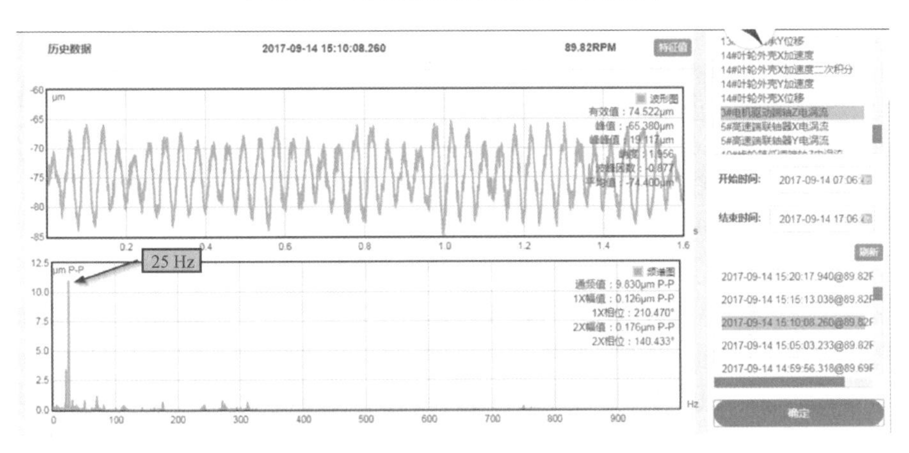

图 10-98　电动机驱动端 Z 向涡流传感器

在加速度频谱监测到的主要特征频率:电动机转速频率 25 Hz,2 倍的电动机转速频率 50 Hz,以及减速齿轮箱的低速轴齿轮啮合频率 80 Hz,减速齿轮箱的高速轴啮合频率 375 Hz。在电涡流传感器的频谱上,在电动机驱动端 Z 向主要检测到的频率为 25 Hz,是

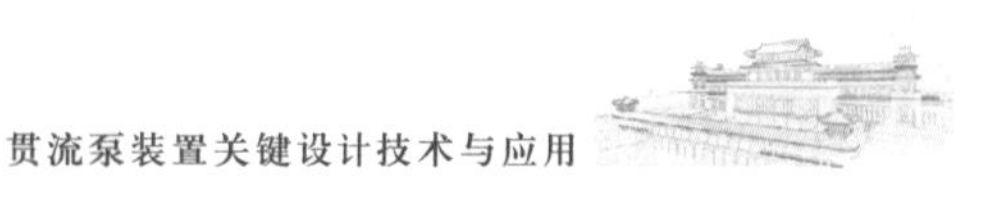

机组的转速频率。

b. 减速齿轮箱振幅及频谱

减速齿轮箱不同部位测点的振动幅值列于表 10-53，从振动幅值来看，减速齿轮箱除中间轴 Z 向外(下面有详细的分析)各测点的振动幅值正常。采用豪瑞斯传感器检测的减速齿轮箱不同部位测点的位移幅值如表 10-54 所示。

表 10-53 减速齿轮箱不同部位测点的振幅值 单位：g RMS

测量位置	采集定义	类型	幅值（第 1 次测试）	幅值（第 2 次测试）
减速齿轮箱高速轴 X 向	加速度频谱 1 000 Hz	有效值	0.427	0.500
减速齿轮箱高速轴 Y 向	加速度频谱 1 000 Hz	有效值	0.414	0.483
减速齿轮箱高速轴 Z 向	加速度频谱 1 000 Hz	有效值	0.742	0.549
减速齿轮箱中间轴 Y 向	加速度频谱 1 000 Hz	有效值	0.313	0.374
减速齿轮箱中间轴 Z 向	加速度频谱 1 000 Hz	有效值	1.728	2.066
减速齿轮箱低速轴 X 向	加速度频谱 1 000 Hz	有效值	0.595	0.575
减速齿轮箱低速轴 Y 向	加速度频谱 1 000 Hz	有效值	0.514	0.489
减速齿轮箱低速轴 Z 向	加速度频谱 1 000 Hz	有效值	0.479	0.446

注：以上 2 次测试均在机组运行时进行。

表 10-54 豪瑞斯传感器检测的减速齿轮箱不同部位测点的位移幅值 单位：μm P－P

测量位置	采集定义	类型	幅值（第 1 次测试）	幅值（第 2 次测试）
减速齿轮箱中间轴 Y 向	位移频谱 1 000 Hz	峰峰值	23.313	11.976
减速齿轮箱中间轴 Z 向	位移频谱 1 000 Hz	峰峰值	91.488	62.539
减速齿轮箱低速轴 Y 向	位移频谱 1 000 Hz	峰峰值	23.370	18.165
减速齿轮箱低速轴 Z 向	位移频谱 1 000 Hz	峰峰值	99.253	57.432

注：以上 2 次测试均在机组运行时进行。

从以上数据可以看出，减速齿轮箱中间轴的 Z 向加速度有效值比较大，达到(1～2)g，同样由速度型位移输出传感器上检测到减速齿轮箱中间轴有比较大的位移峰峰值，分别为 91.488 μm(第 1 次检测)和 62.539 μm(第 2 次检测)，同时在低速轴 Z 向同样有比较大的位移峰峰值，分别达到 99.253 μm(第 1 次检测)和 57.432 μm(第 2 次检测)。由于传感器安装在端盖的中间，该处并不贴近中间轴的轴承位置，且盖板中间刚度最差，其信号有明显的放大，不利于振动的整体数据分析，且易出现干扰信号。其他机组的减速齿轮箱中间轴传感器安装位置将会进行调整。

机组特征频率：高速轴转速频率 25 Hz，中速轴转速频率 5.8 Hz，低速轴转速频率 1.5 Hz，减速齿轮箱高速轴啮合频率 375 Hz，减速齿轮箱低速轴啮合频率 80.8 Hz。

减速齿轮箱中间轴 Z 向存在 425.125 Hz 的异常频率，其振动幅值为 0.709g，转化为速度有效值 RMS＝2.9 mm/s，该频率是高速轴啮合频率 375 Hz 的谐波频率(见图 10-99)。在 375 Hz 附近有明显的大小为 5.7 Hz 的边带[调制后的信号在中心载频的上下两侧各产生一个频带，称作边带(sideband)，详见图 10-100 和图 10-101]。

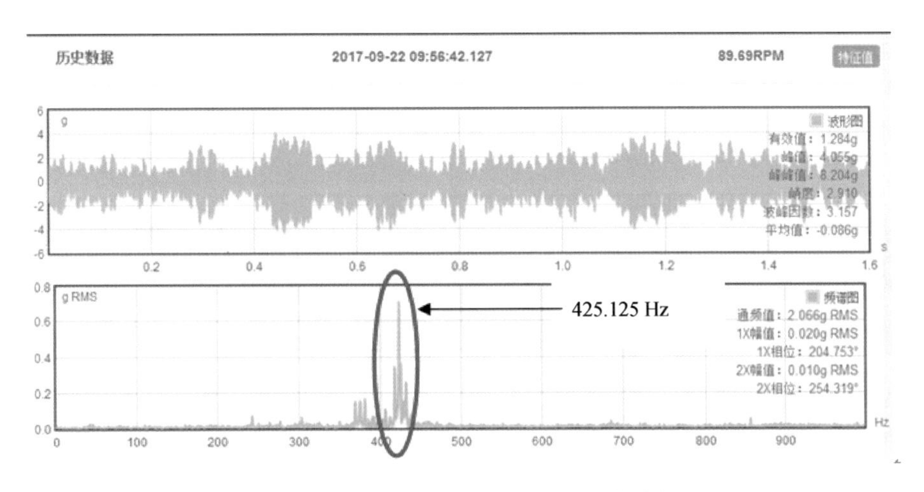

图 10-99　高速轴啮合频率 375 Hz 的谐波频率

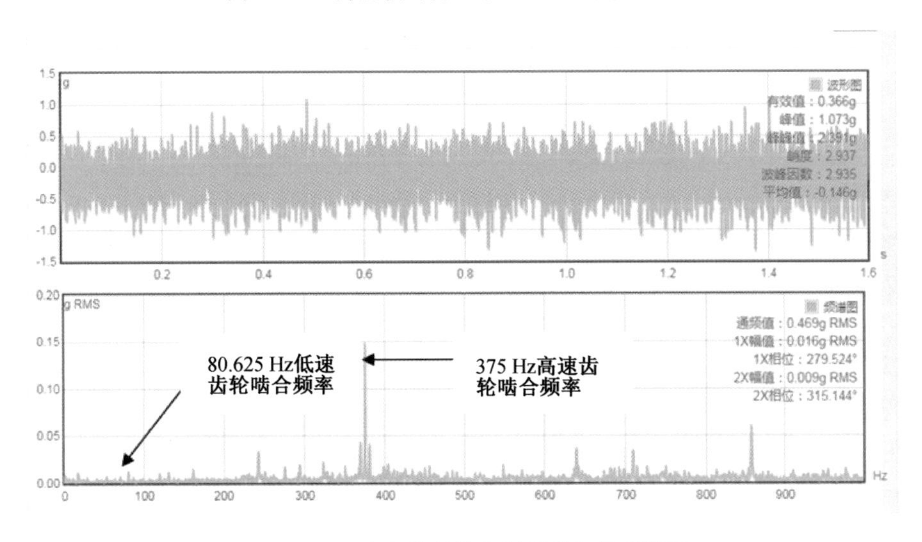

图 10-100　中心载频的上侧频带细化频谱图

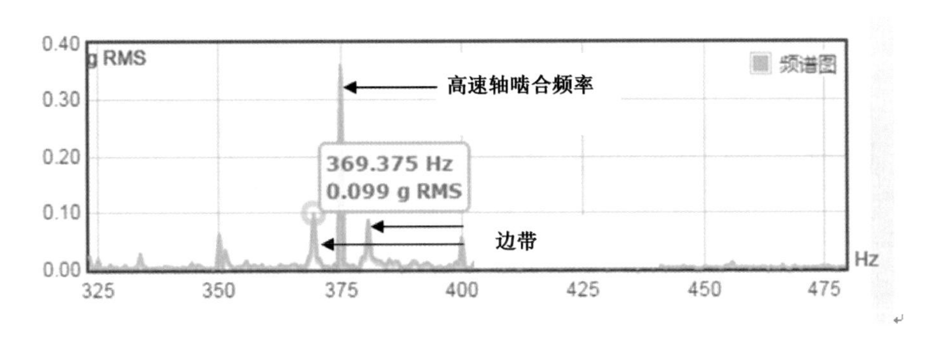

图 10-101　中心载频的下侧频带细化频谱图

判断分析：减速齿轮箱高速轴和中速轴的齿面存在一定的磨损，并且磨损信号的边带引起部件的固有频率，为齿轮轴明显不对中引起。由于减速齿轮箱是斜齿轮，可能是轴向间隙较大形成了轴向推力。由于运行时间不长，且经过 4 次检测振动幅值没有恶化，因此

继续监测，有条件时可以开盖检查齿面磨损。

图 10-102 至图 10-106 为减速齿轮箱各测点的频谱图。

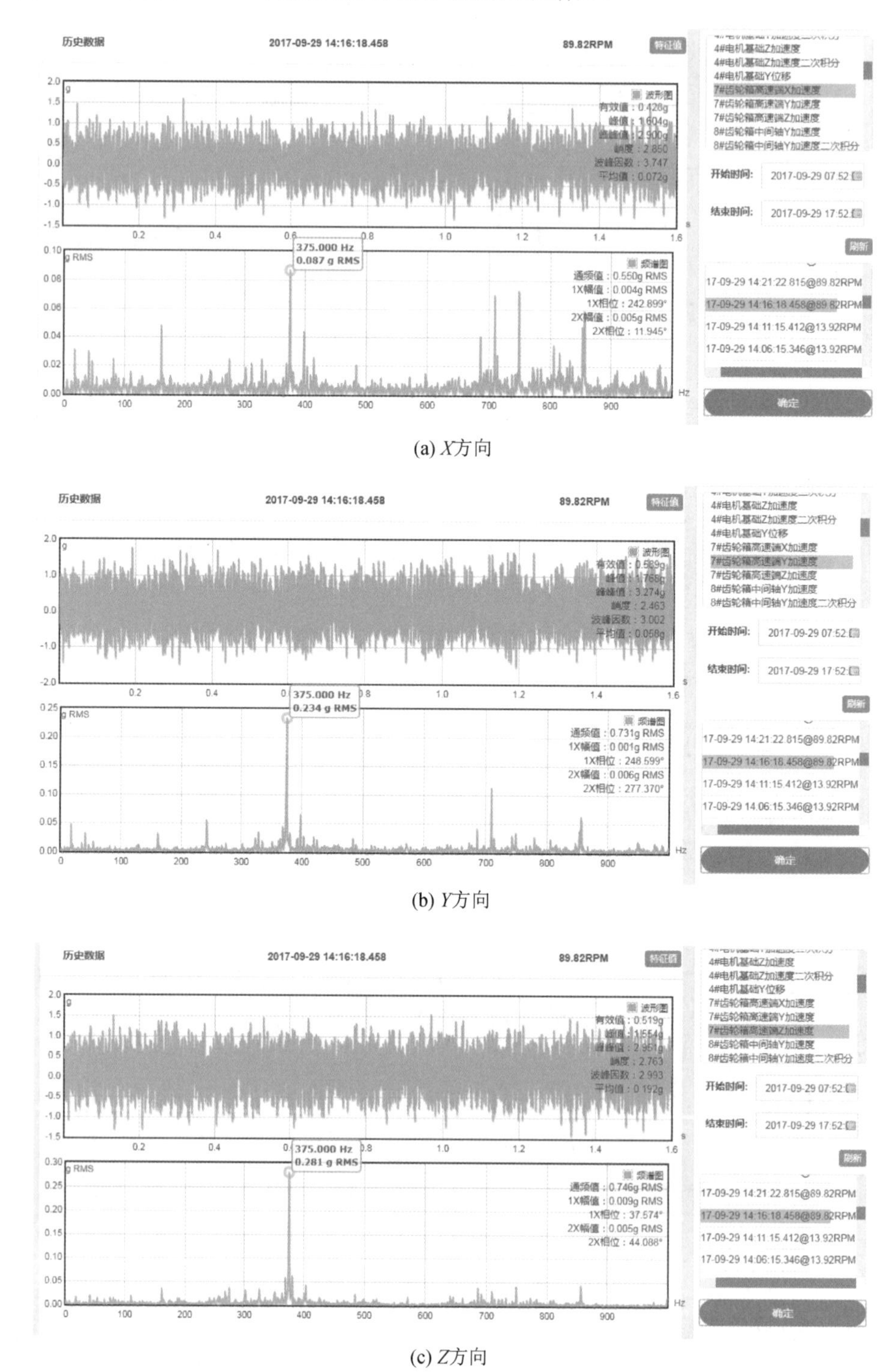

(a) X方向

(b) Y方向

(c) Z方向

图 10-102　减速齿轮箱高速轴加速度频谱图

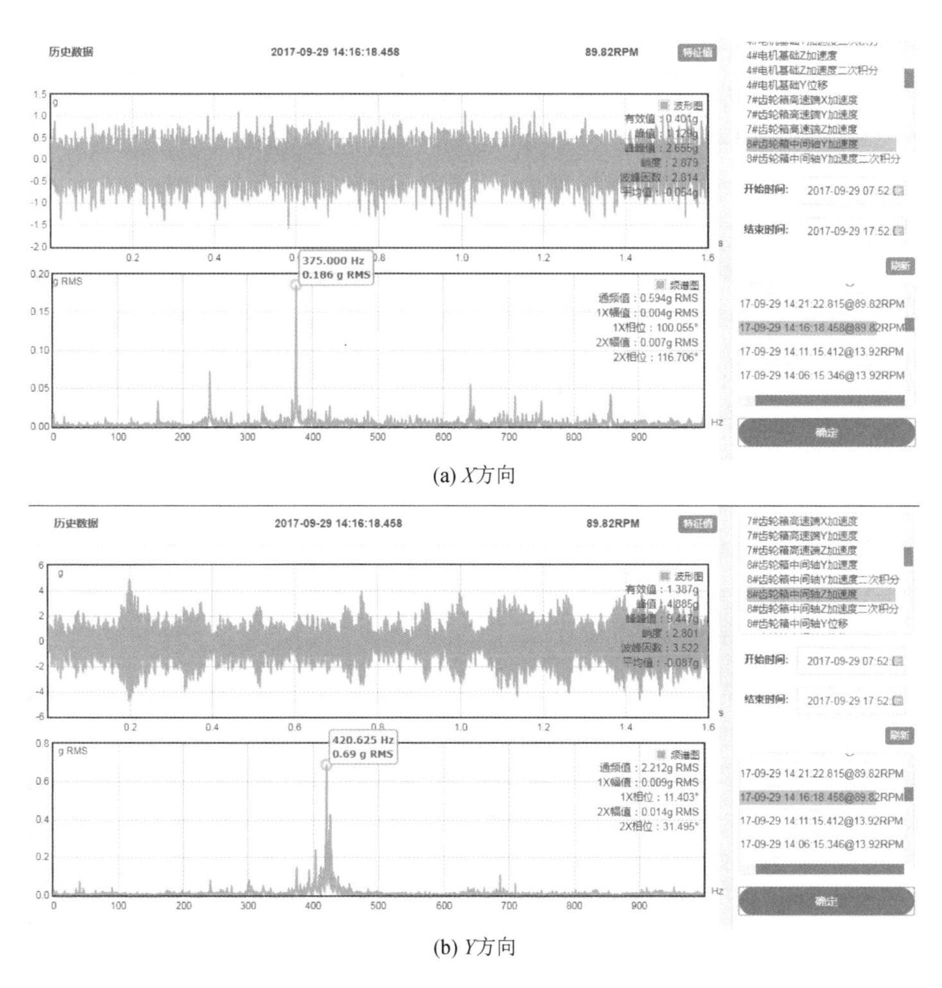

(a) X方向

(b) Y方向

图 10-103　减速齿轮箱中间轴加速度频谱图

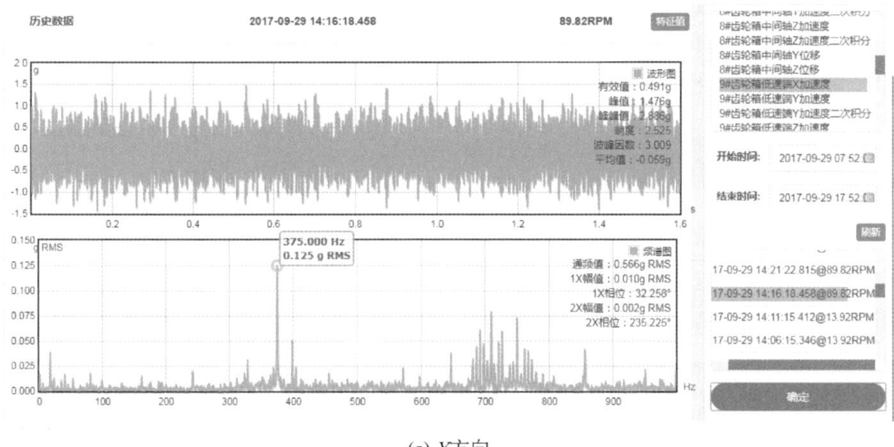

(a) X方向

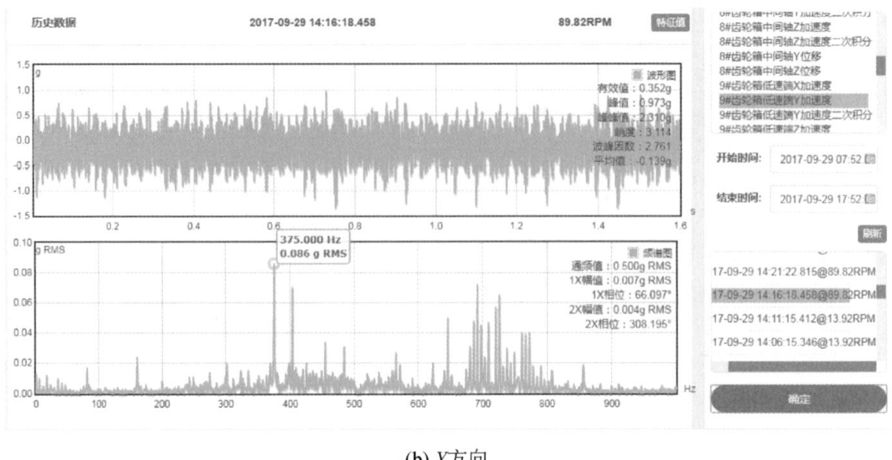

(b) Y方向

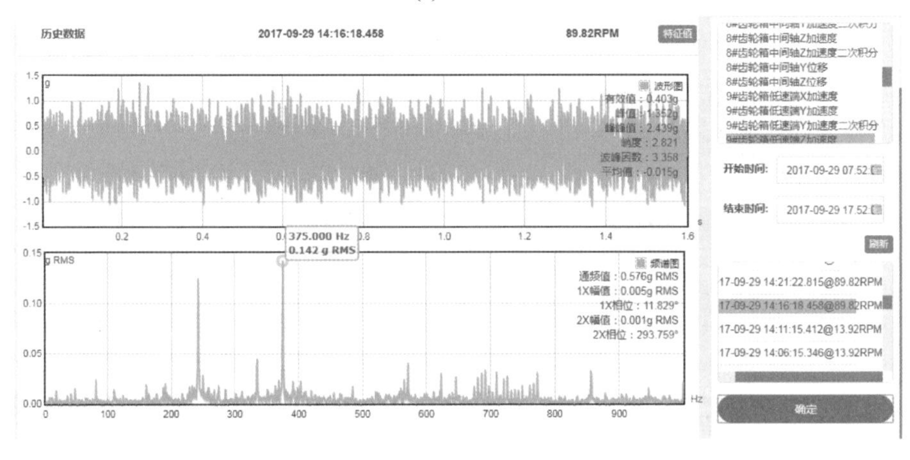

(c) Z方向

图 10-104　减速齿轮箱低速轴加速度频谱图

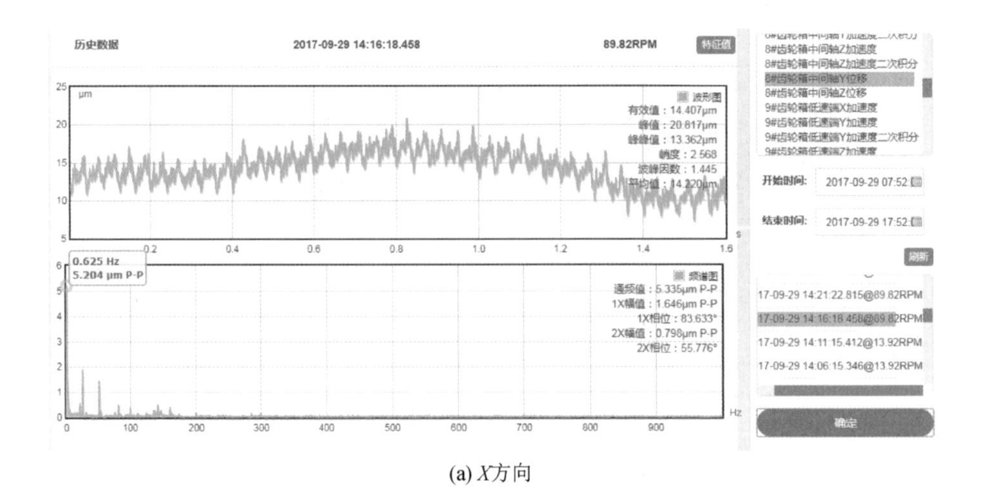

(a) X方向

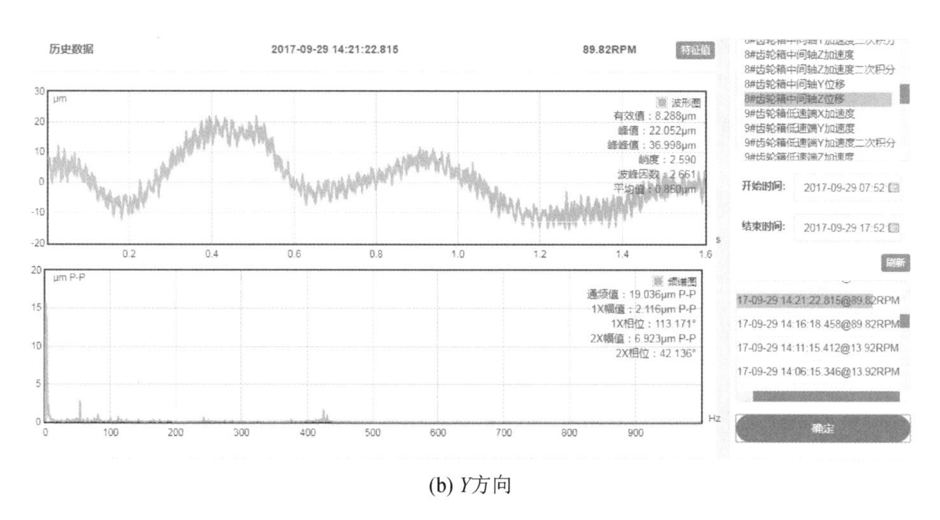

(b) Y方向

图 10-105　减速齿轮箱中间轴位移频谱图

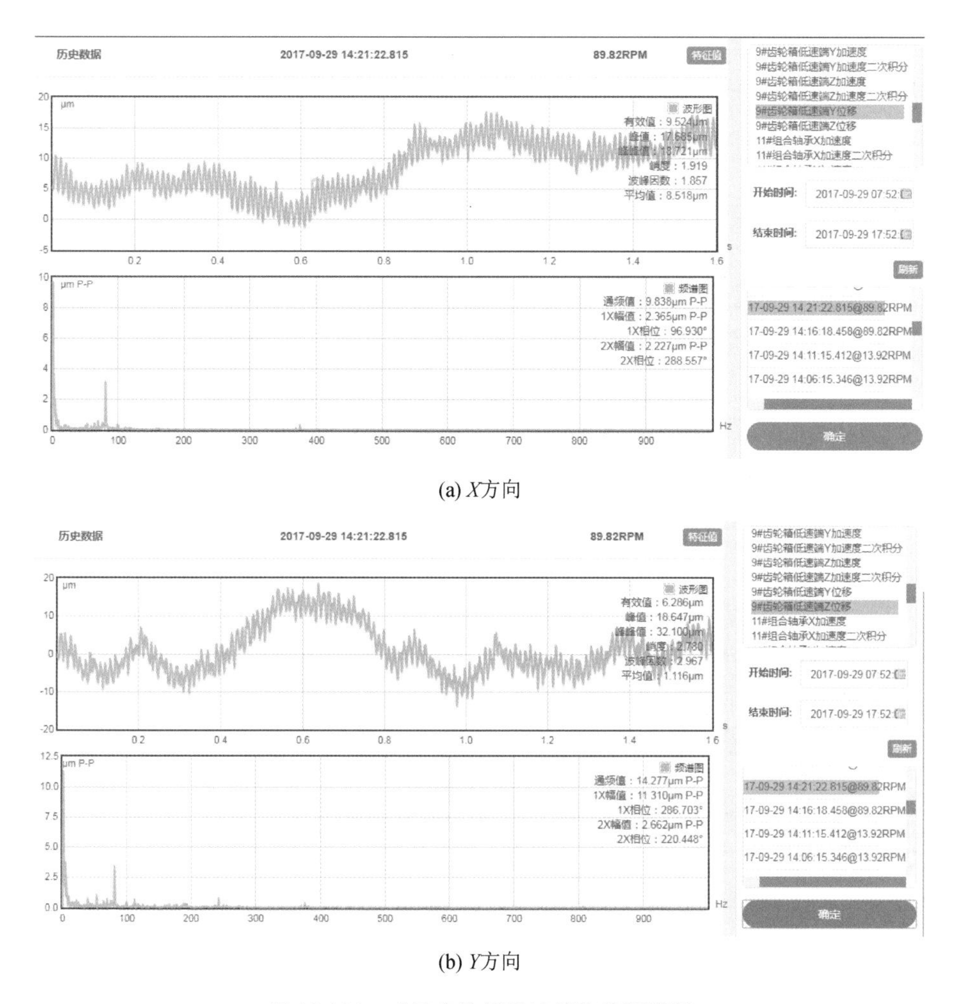

(a) X方向

(b) Y方向

图 10-106　减速齿轮箱低速端位移频谱图

c. 水泵振幅与频谱

在泵轴承内布置加速度传感器、速度位移输出传感器，通过频谱和时域波形图进行分析。目前加速度振动幅值都在 0.2g 以下，峰峰值也基本正常（见图 10-107）。在频谱图上组合轴承 X 向有 4.5 Hz 的 3 倍转速频率（图 10-108），和叶轮结构有关，目前叶片角度固定且未在高效区。持续监测能够对比叶轮的振动情况。

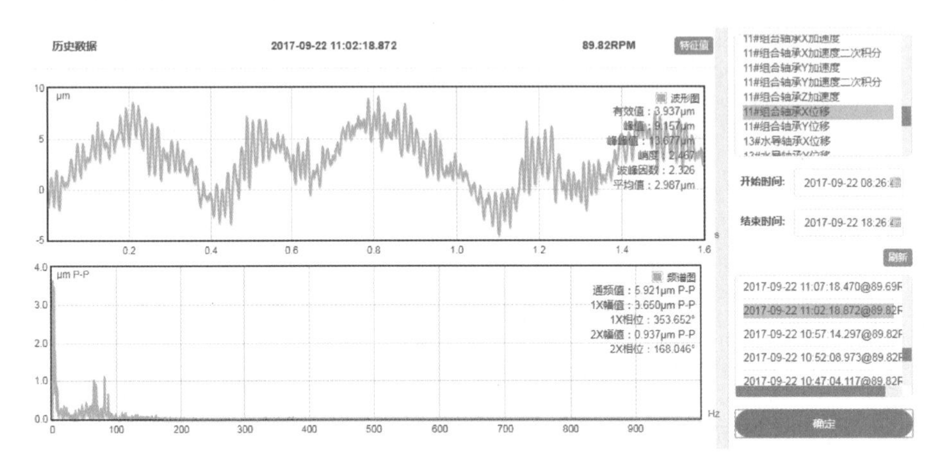

图 10-107　泵轴承振动频谱和时域波形图

泵的特征频率：泵转速频率 1.5 Hz，叶片通过频率 4.5 Hz，组合轴承损坏频率如表 10-55 所列。组合轴承的 X 方向振动加速度及幅值频谱图如图 10-108 所示。组合轴承和叶轮外壳的振动频谱及时域波形图分别如图 10-109 和图 10-110 所示。不同部位的位移频谱图如图 10-111 至图 10-113 所示。

表 10-55　组合轴承损坏频率频谱图

轴承型号	部件名称	损坏频率/Hz
28472	外圈	8.540
	内圈	10.460
	保持架	0.450
	滚动体	3.170
23072	外圈	12.680
	内圈	15.314
	保持架	0.453
	滚动体	5.129

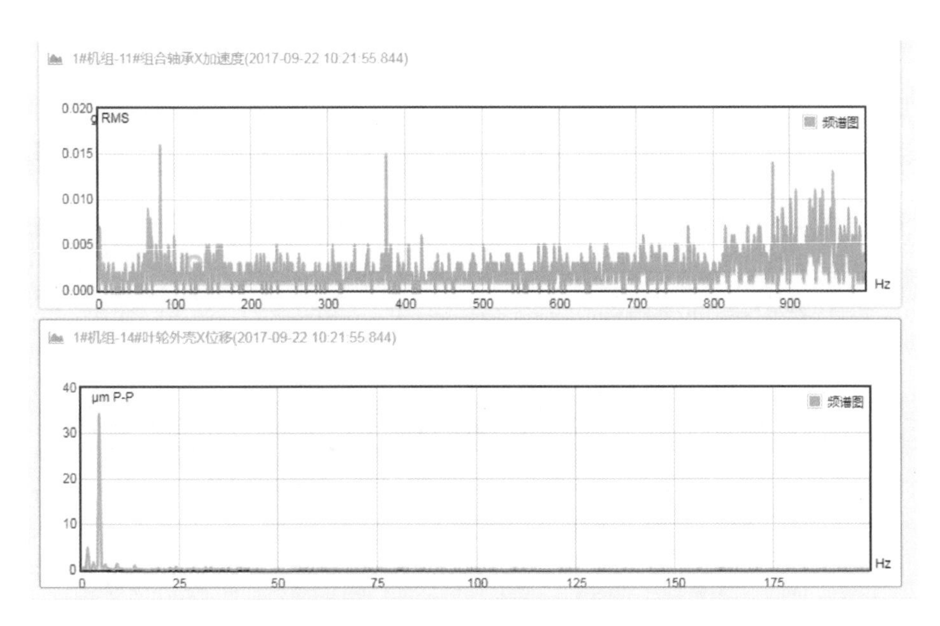

图 10-108 组合轴承 *X* 方向振动加速度及幅值频谱图

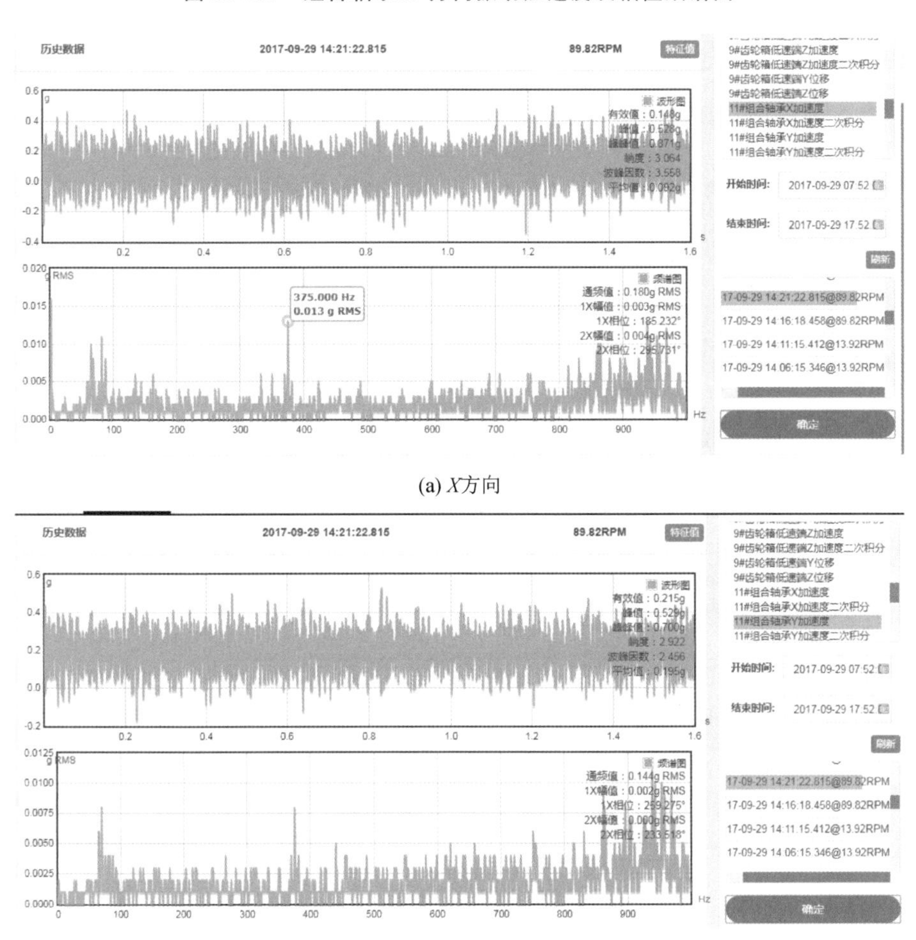

(a) *X*方向

(b) *Y*方向

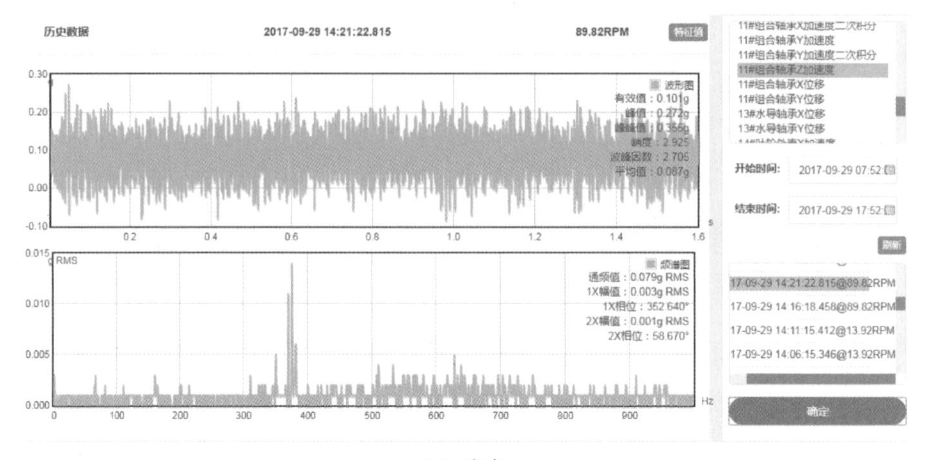

(c) Z方向

图 10-109　组合轴承振动频谱和时域波形图

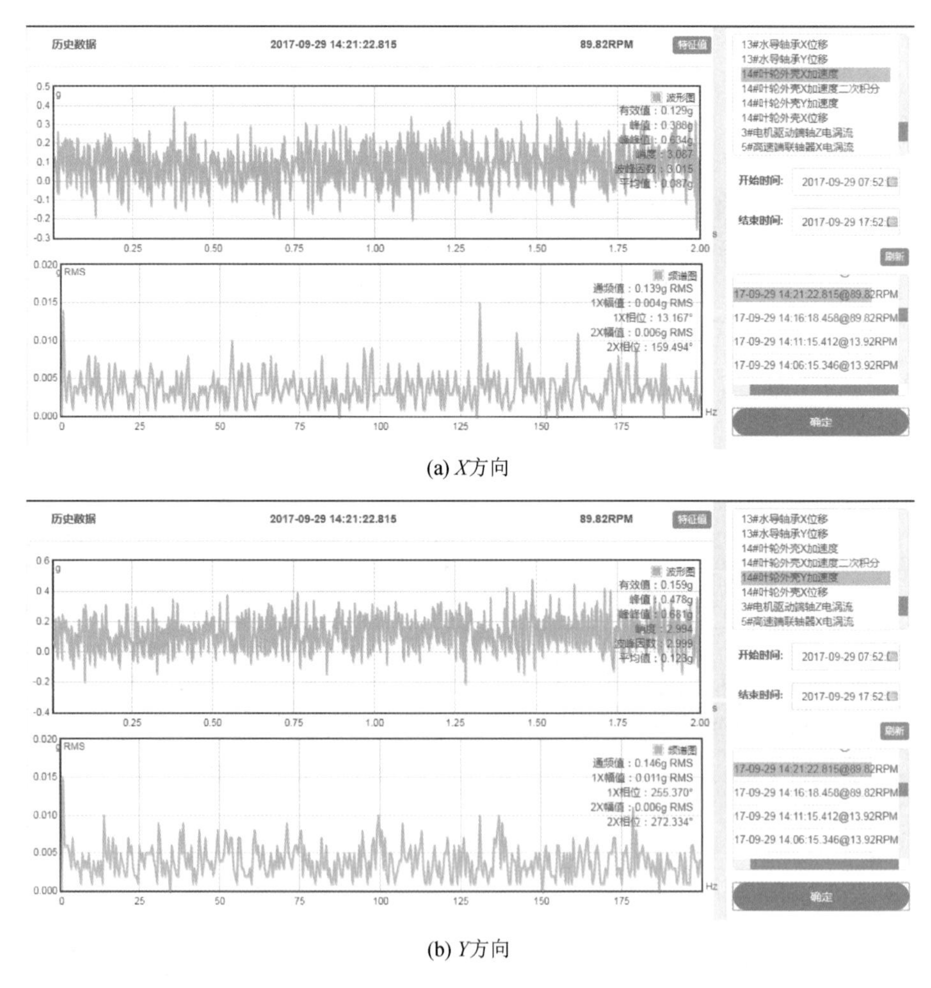

(b) Y方向

图 10-110　叶轮外壳振动频谱和时域波形图

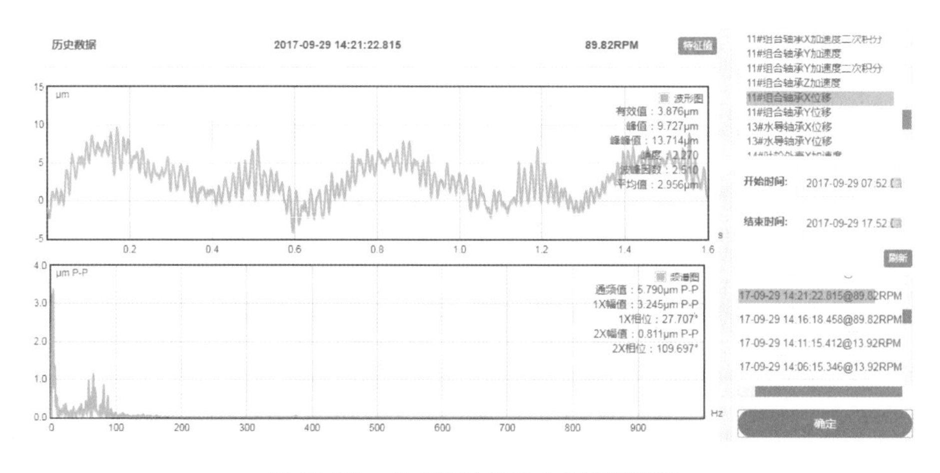

图 10-111　组合轴承 *X* 方向位移频谱图

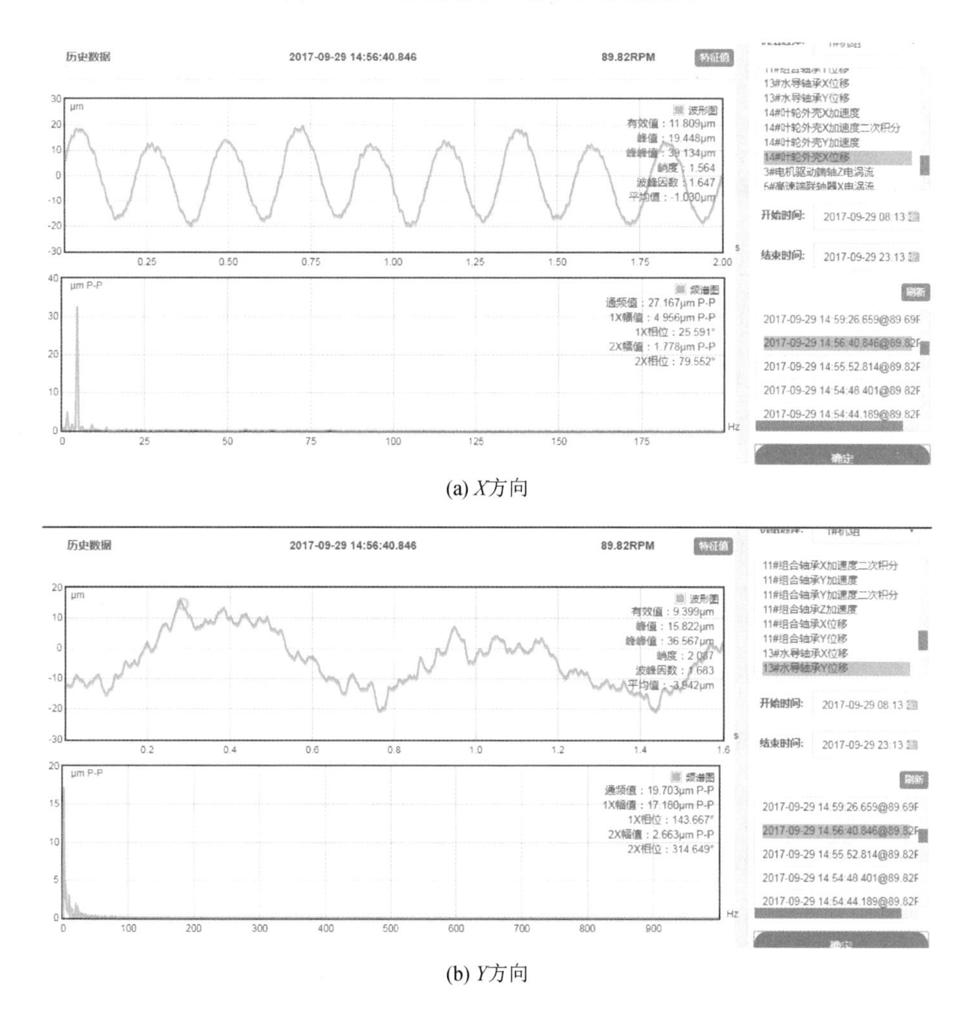

(a) *X*方向

(b) *Y*方向

图 10-112　水导轴承位移频谱图

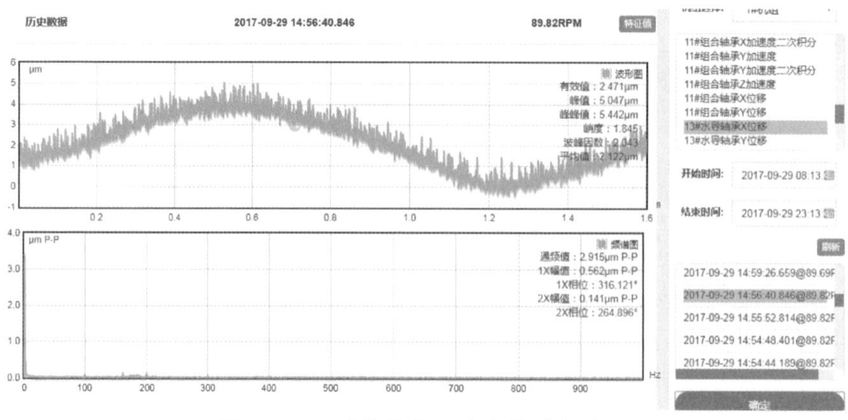

图 10-113　叶轮外壳 X 方向位移频谱图

③ 机组振摆监测结果

机组的振摆监测主要根据《泵站设备安装验收规范》(SL 317—2015)和制造厂提供的主轴摆度控制要求进行。监测机组振摆共安装 5 个电涡流传感器，其安装位置分别为电动机的驱动端轴承座 Z 方向，高速端联轴器径向 X 和 Y 方向，减速齿轮箱的低速端联轴器 Z 方向，水泵组合轴承 Z 方向。

高速联轴器在 X 和 Y 方向的摆度监测结果如图 10-114 所示。

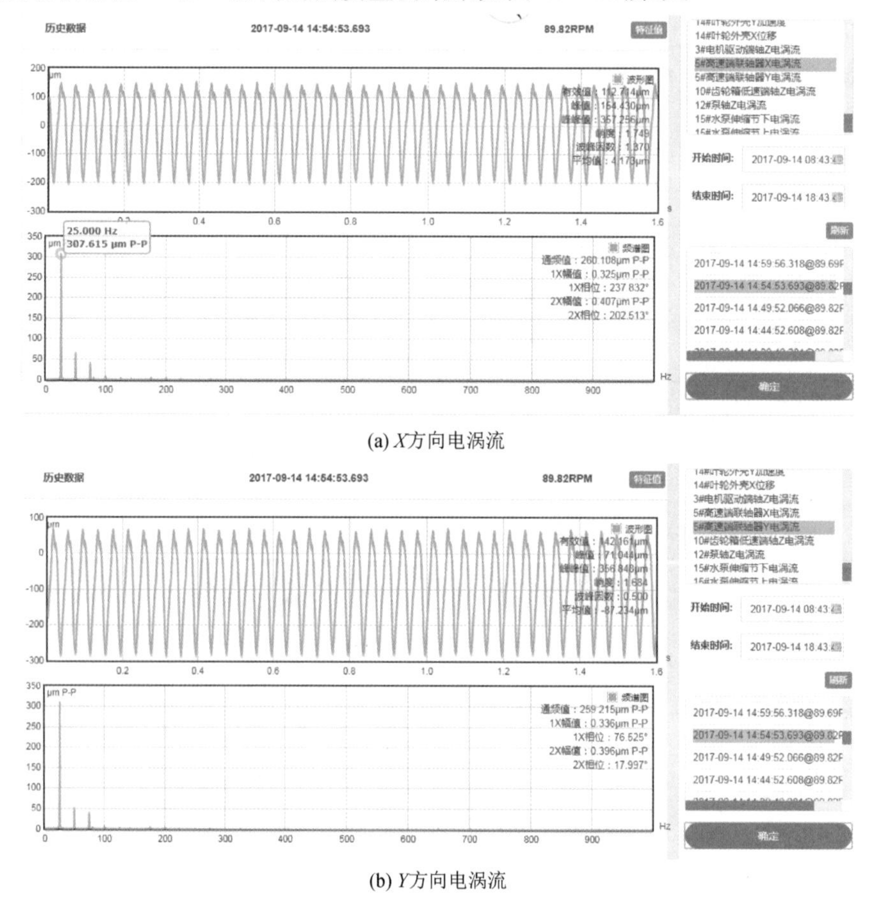

(a) X方向电涡流

(b) Y方向电涡流

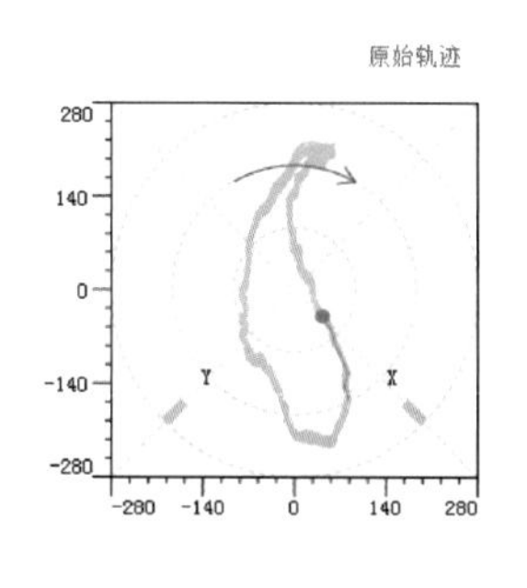

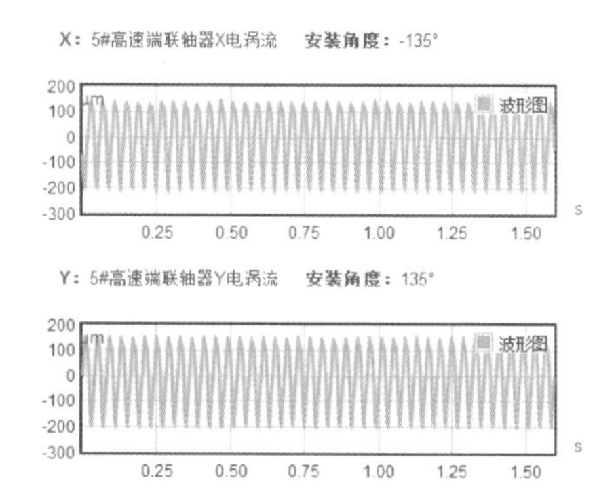

(c) 高速端轴心轨迹图

图 10-114 高速轴联轴器摆度监测结果

从图 10-114 中可以看出，电动机端的摆振量在 X 方向为 357 μm、Y 方向为 356 μm。4 次监测发现振动幅值基本没有变化，需长期比较。从图 10-114 中 X 和 Y 方向的轴心轨迹看，电动机与减速齿轮箱有轻微的对中不良情况。

(3) 伸缩节位移分析

监测泵壳伸缩节将近一个月的数据，机组在运行时伸缩节上、下 2 个传感器均有 6～10 μm 的细微变化。从整体看(见图 10-115)伸缩节的位移变化量在 0～10 μm 的范围内波动，变化很小，没有明显变大的趋势。

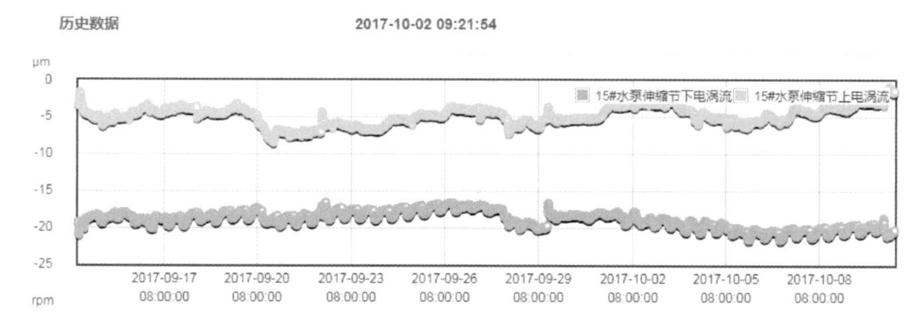

图 10-115 伸缩节位移监测结果

10.5.5 综合评价

通过 4 次开机运行的数据分析，1# 泵组目前运行较为稳定，未见异常振动。但机组整体轴向间隙较大(电动机允许轴向窜动 2 mm)；从减速齿轮箱中间轴频谱分析可知，减速齿轮箱内有明显的齿面磨损信号，需要加强趋势监测；从轴向位移数据分析可知，低速端联轴器在安装时，联轴器端面并未与轴成 90°，使得机组运转时存在明显的跳动，可能的原因是齿式联轴器允许一定角偏移量，或者轴向有窜动。

从压力脉动数据分析可知，泵站的水泵压力脉动频率基本表示其特有频率，没有异常频率。

根据目前的振动监测结果可以初步验证原来的设计方案基本合理，可为泵站其他 3 台机组的运行稳定性提供参考依据。

10.6 工程综合应用实例

10.6.1 工程概况

新夏港泵站位于江苏省江阴市，该工程为太湖流域治理十大骨干工程中武澄锡低片引排工程的重要组成部分。该泵站由单向抽排流量为45 m^3/s的抽水站和自排自引流量为45 m^3/s的单孔节制闸组成，兼有防洪、排涝、引水任务。枢纽总体布置采用闸、站结合的形式。该泵站装设型号为2000ZXB15－2.8的斜30°轴伸式贯流泵3台套，叶轮直径2 050 mm、转速187.5 r/min，单机流量15 m^3/s。泵站规划特征水位如表10-56所示，泵站装置纵剖面如图10-116所示。

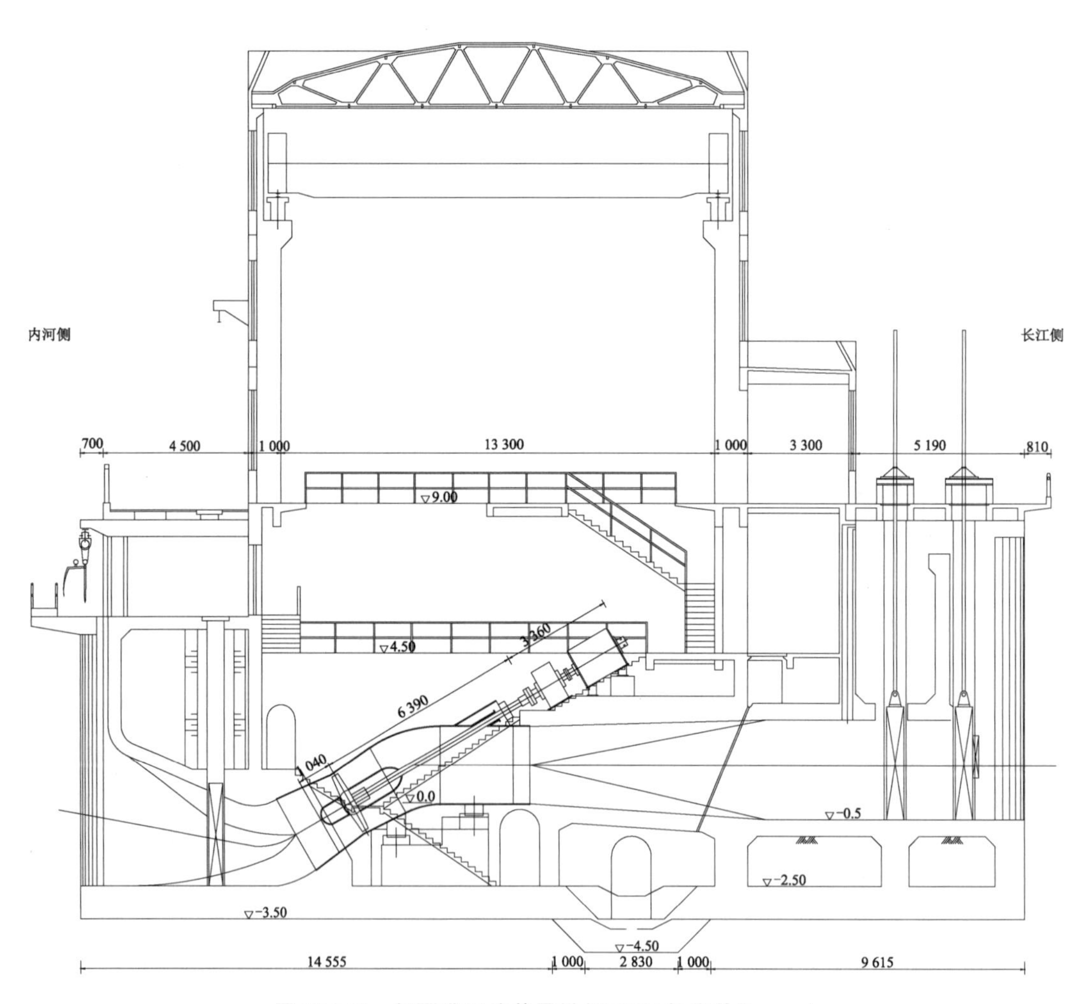

图10-116 新夏港泵站装置纵剖面图(长度单位:mm)

表 10-56 新夏港泵站特征水位及扬程 单位:m

特征工况	水位		扬程
	内河侧	长江侧	
设计			2.00
最高	5.05	6.96	4.00
最低	2.80	3.00	0.50

10.6.2 工程设计关键技术研究

1. 泵站进水流道水力计算

鉴于新夏港泵站是20世纪90年代江苏省内首座斜轴伸式贯流泵站、国内首座斜30°轴伸式贯流泵站,因此随着计算机技术的发展,设计单位联合高校尝试在该站采用势流假定下的大型泵站进水流道内部流动全三维直接边界元的解析方法,编制计算程序,对新夏港斜30°轴伸式贯流泵站进水流道的初步设计方案进行校核计算。

(1) 数值模拟原理及方法

对于进、出水流道内的流动,当泵运行在设计工况或偏离设计工况不多的情况下,可认为其内部流动为有势流动。目的在于求解泵站进、出水流道内的三维速度场和压力场,以便根据其压力分布和速度分布的均匀程度来分析其进水流道和出水流道设计的优劣,进而对其流道进行修改,故引入速度势函数。根据流体力学理论,若流动有势必存在速度势函数,它满足Laplace方程,即

$$\nabla^2 \Phi=\frac{\partial^2 \Phi}{\partial x^2}+\frac{\partial^2 \Phi}{\partial y^2}+\frac{\partial^2 \Phi}{\partial z^2}=0 \tag{10-1}$$

其速度势函数在某一方向的导数即为速度在该方向的投影,因此,若适当给出求解区域,可通过一定的方法求解式(10-1),得到全流场势函数值,再根据势函数值得到速度场和压力场,即

$$\begin{cases} v_x=\dfrac{\partial \Phi}{\partial x} \\ v_y=\dfrac{\partial \Phi}{\partial y} \\ v_z=\dfrac{\partial \Phi}{\partial z} \end{cases} \tag{10-2}$$

$$p_i=z_i-\frac{v^2}{2g} \tag{10-3}$$

式中,z 为区域内任一点距水平面的距离;$v^2=v_x^2+v_y^2+v_z^2$。

(2) Laplace方程数值求解

对Laplace方程进行数值求解已有许多有效方法,现采用计算量、耗时及内存占有均比较小的边界元法,其尤其适合求解边界形状复杂的空间三维问题。

求解区域取进水流道入口延伸至进水池到泵段入口间的一段封闭通道,如图10-117

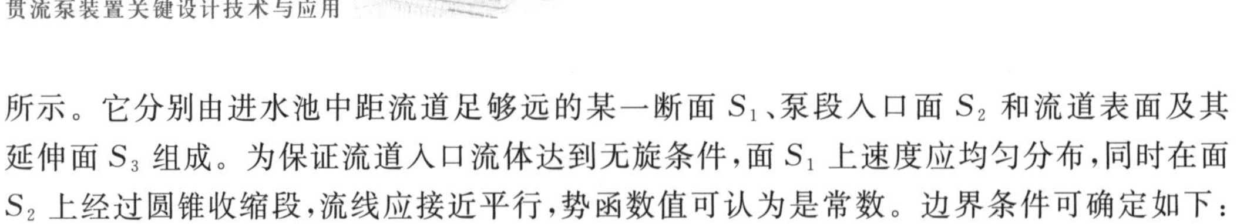

所示。它分别由进水池中距流道足够远的某一断面 S_1、泵段入口面 S_2 和流道表面及其延伸面 S_3 组成。为保证流道入口流体达到无旋条件，面 S_1 上速度应均匀分布，同时在面 S_2 上经过圆锥收缩段，流线应接近平行，势函数值可认为是常数。边界条件可确定如下：面 S_1 上，$\partial\Phi/\partial n=-Q/S_1$；面 S_2 上取 $\Phi=0$；面 S_3 是除面 S_1 和 S_2 的封闭流场的其余边界，取自然边界条件 $\partial\Phi/\partial n=0$。至此，问题归结成在给定的区域内求解满足上述边界条件的 Laplace 方程，即

$$\begin{cases}\nabla^2\Phi=0, & \text{区域内}\\ \dfrac{\partial\Phi}{\partial n}=-\dfrac{Q}{S_1}, & \text{面 } S_1 \text{ 上}\\ \Phi=0, & \text{面 } S_2 \text{ 上}\\ \dfrac{\partial\Phi}{\partial n}=0, & \text{面 } S_3 \text{ 上}\end{cases} \tag{10-4}$$

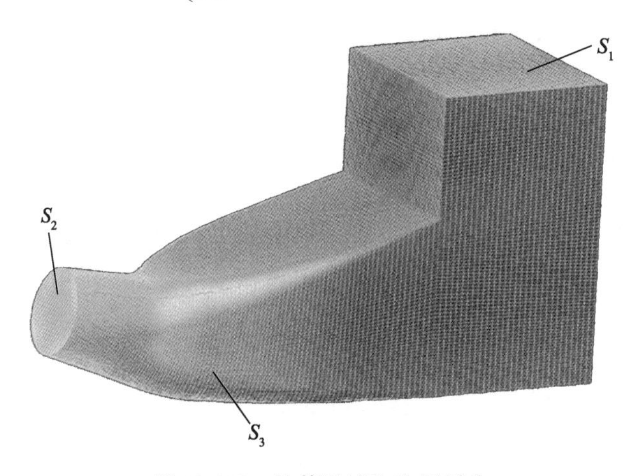

图 10-117　计算区域和边界划分

考虑三维 Laplace 方程的第三类边值问题，即

$$\begin{cases}\nabla^2\Phi=0, & \text{区域内}\\ \Phi=\Phi', & \text{边界的一部分 } S_\varphi\\ \dfrac{\partial\Phi}{\partial n}=0, & \text{边界的另一部分 } S_q\end{cases} \tag{10-5}$$

式(10-5)可根据边界元法原理变换成等价的边界积分方程：

$$C_i(\overrightarrow{r_i^*})\Phi_i(\overrightarrow{r_i^*})+\int_S\Phi(\overrightarrow{r^*})\frac{\partial}{\partial n}\left(\frac{1}{R^*}\right)\mathrm{d}S=\int_S\frac{1}{R^*}\frac{\partial\Phi(\overrightarrow{r^*})}{\partial n}\mathrm{d}S \tag{10-6}$$

式中，$R^*=|\overrightarrow{r^*}-\overrightarrow{r_i^*}|$；$S$ 为计算区域的边界；$\overrightarrow{r_i^*}$ 为考察点矢径；$\overrightarrow{r^*}$ 为源点矢径，考察点和源点均在边界 S 上；$C_i(\overrightarrow{r_i^*})$ 为考察点对边界 S 所张的立体角，当考察点处于光滑边界处时，$C_i(\overrightarrow{r_i^*})=2\pi$。

如图 10-117 所示，将边界 S 用一系列四边形单元划分，单元总数为 N。每个小单元为 S_j，当单元取得足够小时，可近似地认为每个小单元内势函数 Φ 和法向导数 $\dfrac{\partial\Phi}{\partial n}$ 值在该

单元内为常数。以单元中心点的势函数和法向导数值表示单元内任一点的势函数值和法向导数值，因此有

$$C_i(\overrightarrow{r_i^*})\Phi_i(\overrightarrow{r_i^*})+\sum_{j=1}^{N}\int_{S_j}\Phi(\overrightarrow{r^*})\frac{\partial}{\partial n}\left(\frac{1}{R^*}\right)\mathrm{d}S=\sum_{j=1}^{N}\int_{S_j}\left(\frac{1}{R^*}\right)\frac{\partial\Phi(\overrightarrow{r^*})}{\partial n}\mathrm{d}S(i=1,2,\cdots,N) \tag{10-7}$$

在第 j 个单元内，记 $\Phi_j(\overrightarrow{r^*})=\Phi_j$，$\left(\frac{\partial\Phi(\overrightarrow{r^*})}{\partial n}\right)_j=q_j$，它们在小单元内为常数，因此将式(10-7)变换为下列形式：

$$C_i\Phi_i+\sum_{j=1}^{N}\Phi_j\int_{S_j}\frac{\partial}{\partial n}\left(\frac{1}{R^*}\right)\mathrm{d}S=\sum_{j=1}^{N}q_j\int_{S_j}\left(\frac{1}{R^*}\right)\mathrm{d}S(i=1,2,\cdots,N) \tag{10-8}$$

令

$$\begin{cases}\hat{H}_{ij}=\int_{S_j}\frac{\partial}{\partial n}\left(\frac{1}{R^*}\right)\mathrm{d}S\\ G_{ij}=\int_{S_j}\left(\frac{1}{R^*}\right)\mathrm{d}S\end{cases} \tag{10-9}$$

故式(10-7)可写成

$$C_i\Phi_i+\sum_{j=1}^{N}H_{ij}\Phi_{ij}=\sum_{j=1}^{N}G_{ij}q_{ij}(i=1,2,\cdots,N) \tag{10-10}$$

令

$$H_{ij}=\begin{cases}\hat{H}_{ij},i\neq j\\ \hat{H}_{ij}+C_i,i=j\end{cases}$$

则式(10-10)可表示为

$$\sum_{j=1}^{N}H_{ij}\Phi_{ij}=\sum_{j=1}^{N}G_{ij}q_{ij}(i=1,2,\cdots,N)$$

用矩阵表示时为

$$[H]\{\Phi_{ij}\}=[G]\{q_{ij}\} \tag{10-11}$$

在每个单元 S_j 内，要么已知 Φ_j，要么已知 q_j，因此可通过求解代数方程(10-11)来求出边界上未知的 Φ_j 或 q_j，当边界 S 上所有的势函数值和法向导数值均已知后，即可将式(10-10)中的 C_i 换成 4π，R^* 换成 R。

$R=|\overrightarrow{r^*}-\overrightarrow{r_i^*}|$，其中 $\overrightarrow{r_i^*}$ 为区域内任一点的矢径，可以采用下式逐点计算任一点的势函数值：

$$\begin{cases}\Phi_{ij}=\left(\sum_{j=1}^{N}G_{ij}q_j-\sum_{j=1}^{N}H_{ij}\Phi_j\right)/4\pi\\ H_{ij}=\int_{S_j}\frac{\partial}{\partial n}\left(\frac{1}{R}\right)\mathrm{d}S\\ G_{ij}=\int_{S_j}\left(\frac{1}{R}\right)\mathrm{d}S\end{cases} \tag{10-12}$$

方程系数 H_{ij} 和 G_{ij} 一般采用数值积分的方式求得，如 Gauss 数值积分。在式(10-9)中，当 $i=j$ 时，积分将出现奇异，必须经过特殊处理方可求解。

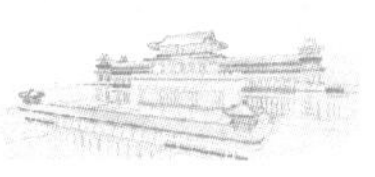

(3) 进水流道方案数值模拟

图 10-118 和图 10-119 给出了新夏港泵站进水流道的两种设计方案。计算工况为 $Q=15\ m^3/s$,将进水流道及其延伸面用四边形单元划分,共划分为 826 个单元。采用常单元进行计算,在江苏省水利勘测设计院 AST486 - 25 计算机上运行一次的时间约需 1.75 h。

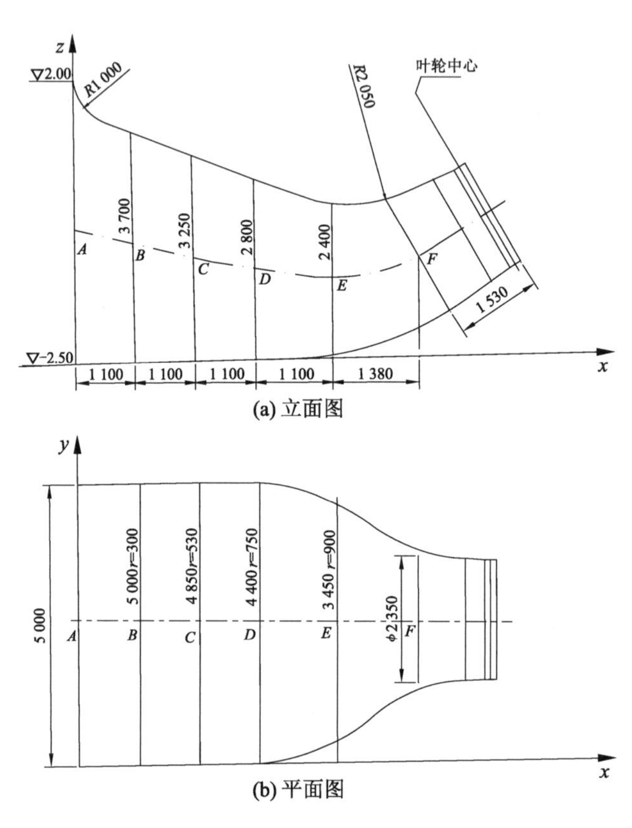

图 10-118 进水流道方案 1 尺寸图(单位:mm)

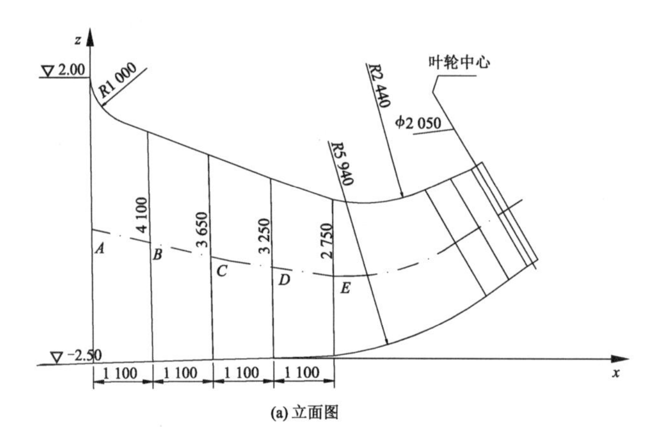

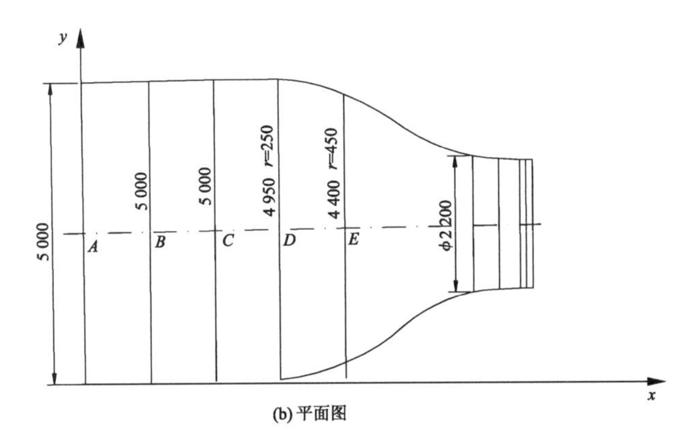

图 10-119　进水流道方案 2 尺寸图(长度单位:mm)

图 10-120 和图 10-121 分别为两种方案中进水流道的速度分布矢量图,由图可见,流道内速度分布比较均匀。流道出口的速度相对不均匀度的计算公式如下:

$$\begin{cases} \sigma_u = \sqrt{\dfrac{1}{K}\sum_{i=1}^{K}(u_i - \overline{u})^2} \\ N_u = \dfrac{\sigma_u}{\overline{u}} \times 100\% \end{cases} \tag{10-13}$$

在流道出口断面上,计算 72 个点的速度 $u_i(i=1,2,\cdots,72)$,速度不均匀度的计算结果是:方案 1 为 3.83%、方案 2 为 4.14%。从出口流速的均匀度来看,方案 1 略优于方案 2,建议对 2 种方案其他指标进行综合比较。由于流速分布比较均匀,因此可不进行紊流模型计算,加之受计算设备条件等限制,故未进行紊流模型计算。

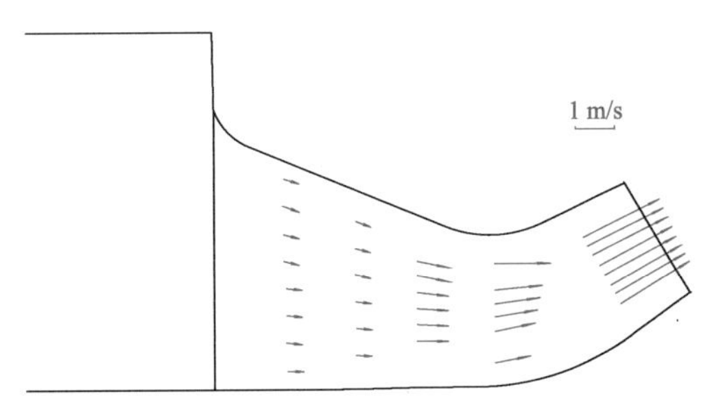

图 10-120　方案 1 中进水流道速度分布矢量图

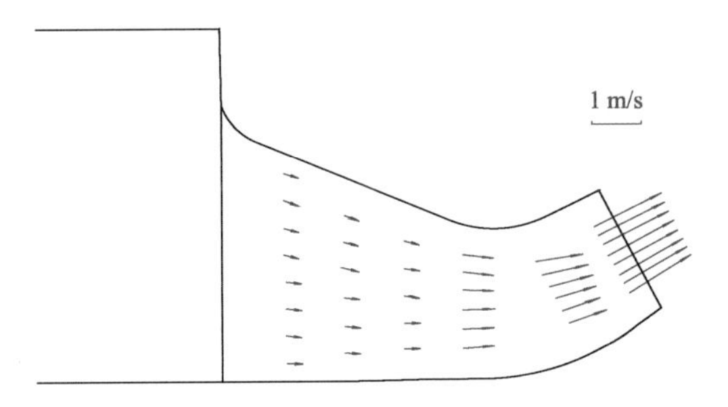

图 10-121　方案 2 中进水流道速度分布矢量图

2. 进水流道内部速度测量

斜轴伸式进水流道的设计合理与否直接关系到泵站的运行状态，因此通过模型装置采用五孔毕托测针对方案 1 的进水流道进行内部速度场测量。

试验测试模型进水流道 5 个过流断面上的流速，将测试值换算至原型并与计算值进行对比分析。出水流道由于扩散均匀对称，故没有测量。

进水流道 5 个断面为 x=1 100 mm、2 200 mm、3 300 mm、4 400 mm 和泵进口收缩段上一个断面（位置见图 10-118）。现给出根据模型进水流道测量值换算至原型 x=1 100 mm 和 x=3 300 mm 时断面轴向的速度值及分布图，分别如表 10-57 和表 10-58 所列及图 10-122 和图 10-123 所示。

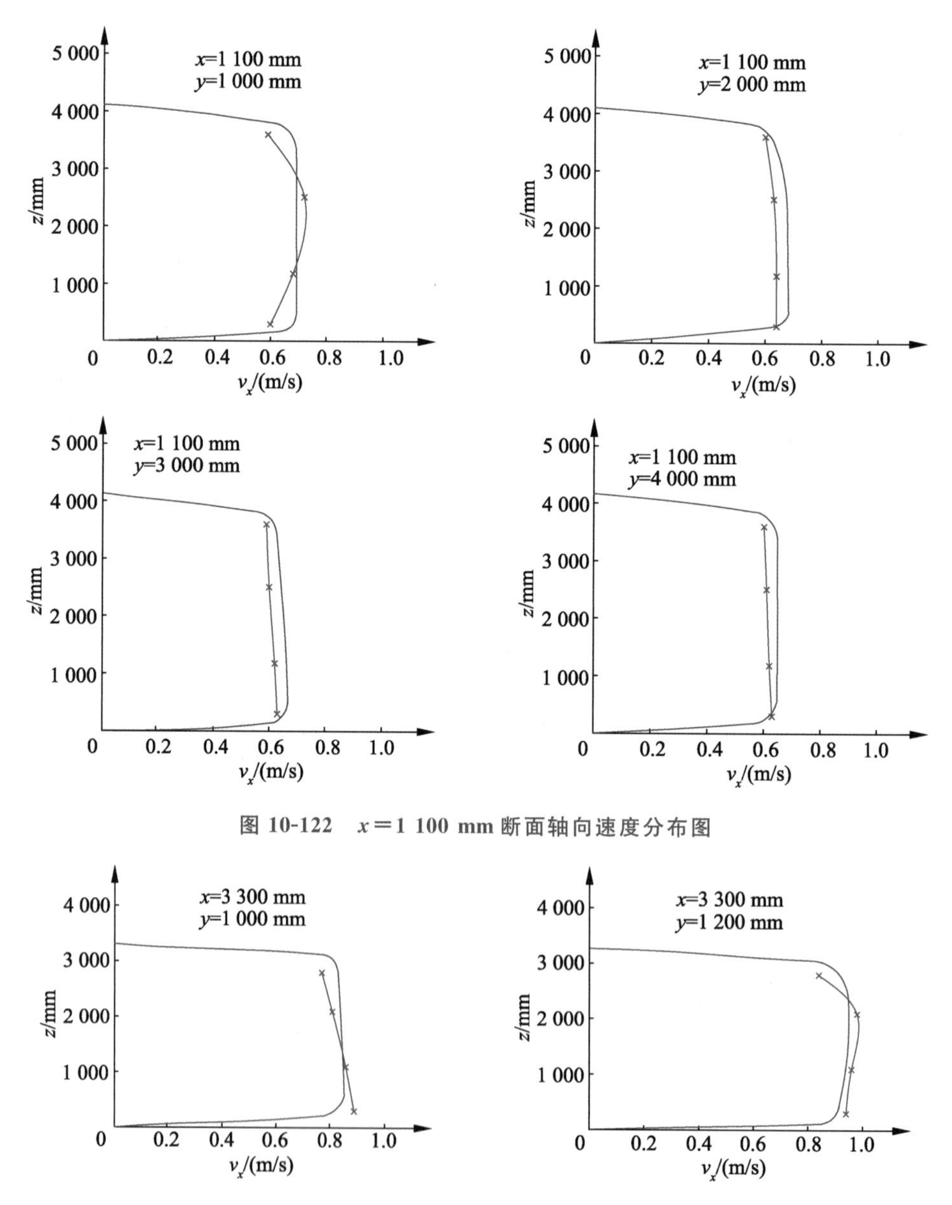

图 10-122　x=1 100 mm 断面轴向速度分布图

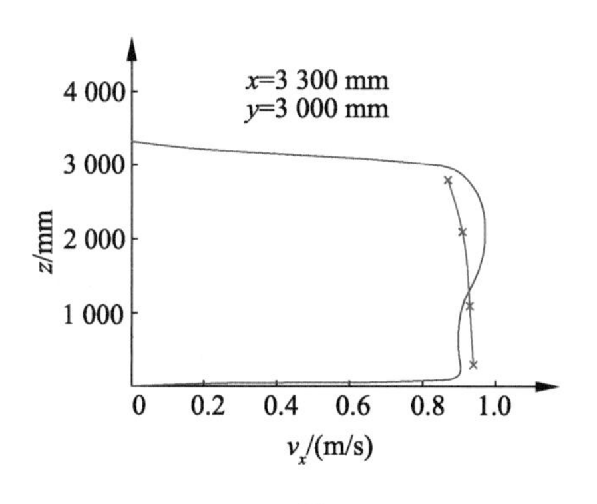

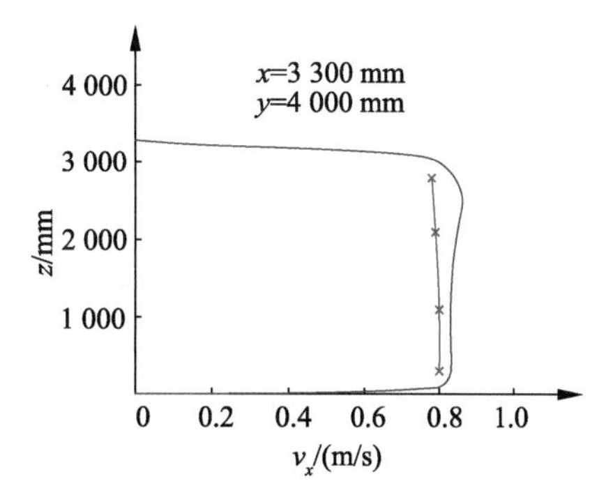

图 10-123　x＝3 300 mm 断面轴向速度分布图

表 10-57　x＝1 100 mm 断面轴向速度测量值　　单位：m/s

z/mm	y/mm			
	1 000	2 000	3 000	4 000
3 600	0.59	0.60	0.59	0.60
2 510	0.72	0.63	0.60	0.61
1 180	0.68	0.64	0.62	0.62
300	0.60	0.64	0.63	0.63

表 10-58　x＝3 300 mm 断面轴向速度测量值　　单位：m/s

z/mm	y/mm			
	1 000	2 000	3 000	4 000
2 800	0.77	0.84	0.87	0.78
2 100	0.81	0.98	0.91	0.79
1 100	0.86	0.96	0.93	0.80
300	0.89	0.94	0.94	0.80

在 x＝1 100 mm，y＝1 000 mm 的速度分布图中发现，速度的计算值和测量值相差较大，上部尤为严重，计算值 v_c＝0.67 m/s、测量值 v_p＝0.59 m/s，相对误差 δ＝11.9%。同样，在 x＝3 300 mm，y＝1 000 mm 时上部误差较大，计算值 v_c＝0.86 m/s、测量值 v_p＝0.77 m/s，相对误差 δ＝10.5%。导致这种情况主要是由于流体在流道上部收缩处流动较为复杂。

通过分析发现，计算结果与实测值基本吻合，因此采用势函数、边界元分析法计算斜轴伸式贯流泵装置进水流道流场是可行的，也是可信的。限于当时的技术水平，未进行出水流道优化，最终推荐采用的流道型线如图 10-124 所示，并采用平均流速法对进、出水流道的流速变化情况进行检验，如图 10-125 所示，由图可见流速分布均匀、没有突变，设计工况点进口流速为 0.67 m/s、出口流速为 1.0 m/s。

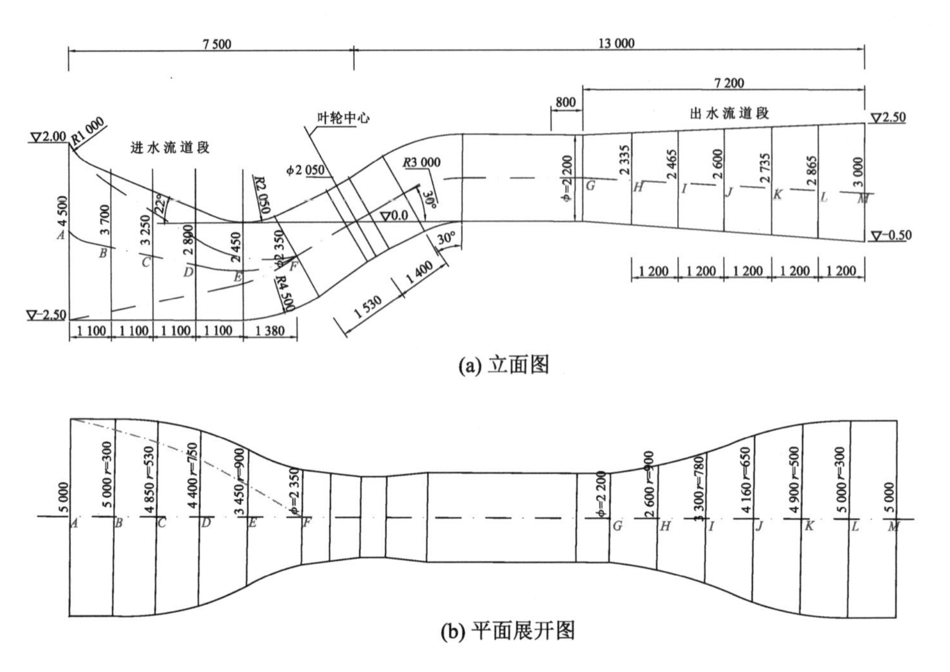

图 10-124　新夏港泵站流道型线图(长度单位:mm)

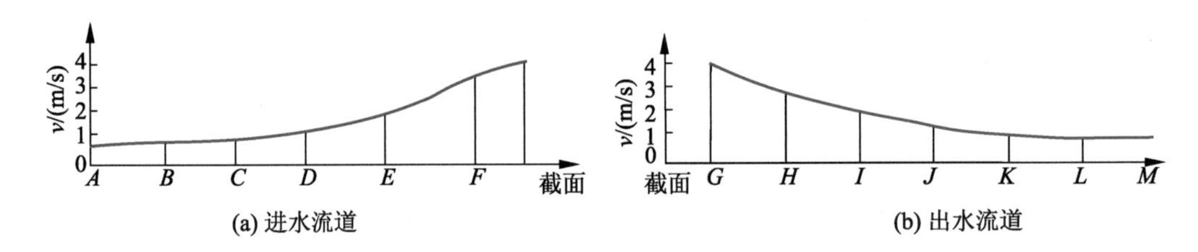

图 10-125　进、出水流道平均流速沿轴线分布图

3. 装置模型试验

(1) 能量特性试验

根据模型泵与原型泵 nD 值相等来确定模型泵的转速，并针对设计方案进行了±4°，±2°，0°共 5 个叶片安放角下的能量特性试验。每个叶片安放角进行 2 次能量特性试验，测量点多于 18 个，小流量区段(包括零流量)采用降速试验，大流量区段(包括零扬程和负扬程)借助增压泵试验，试验在江苏大学试验台进行。试验测量的原始数据全部由计算机处理后换算至额定转速为 1 450 r/min 时的数值。表 10-59 至表 10-63 为不同叶片安放角下模型装置的能量特性试验数据，表 10-64 和表 10-65 为模型装置在最优工况和设计工况下的能量特性试验数据，模型装置的综合特性曲线如图 10-126 所示。

表 10-59　叶片安放角为+4°时模型装置能量特性试验数据

序号	流量 Q/(L/s)	扬程 H/m	轴功率 P/kW	装置效率 η/%
1	405	1.97	15.2	51.17
2	399	2.08	15.5	52.36

续表

序号	流量 Q/(L/s)	扬程 H/m	轴功率 P/kW	装置效率 η/%
3	394	2.16	15.7	53.12
4	382	2.67	17.0	58.60
5	372	3.00	17.5	62.55
6	361	3.28	18.1	63.88
7	344	3.77	19.2	66.00
8	317	4.44	20.9	66.14
9	295	4.97	22.5	63.91
10	287	5.19	22.9	63.88
11	270	5.42	23.7	60.41
12	257	5.57	24.1	58.14
13	245	5.62	24.3	55.63
14	241	5.60	24.4	54.17
15	229	5.58	24.3	51.81
16	222	5.48	24.1	49.43
17	214	5.36	23.8	47.19
18	203	5.34	23.8	44.75
19	190	5.53	24.4	42.26
20	182	5.75	25.5	40.08
21	169	6.25	27.7	37.43

表 10-60 叶片安放角为+2°时模型装置能量特性试验数据

序号	流量 Q/(L/s)	扬程 H/m	轴功率 P/kW	装置效率 η/%
1	383	1.81	13.6	49.89
2	371	1.96	14.0	50.97
3	366	2.41	15.1	57.16
4	354	2.81	16.1	60.46
5	342	3.18	16.8	63.51
6	326	3.60	17.5	65.71
7	308	4.08	18.7	66.12
8	292	4.54	19.7	66.10
9	286	4.86	20.5	65.21

续表

序号	流量 Q/(L/s)	扬程 H/m	轴功率 P/kW	装置效率 η/%
10	258	5.26	21.5	61.88
11	245	5.49	22.1	59.71
12	239	5.51	22.3	57.84
13	215	5.44	22.4	51.30
14	200	5.30	22.1	47.10
15	181	5.36	22.1	42.96
16	169	5.72	24.0	39.39

表 10-61 叶片安放角为 0°时模型装置能量特性试验数据

序号	流量 Q/(L/s)	扬程 H/m	轴功率 P/kW	装置效率 η/%
1	365	1.72	10.9	55.20
2	352	2.00	11.9	57.55
3	347	2.15	12.5	58.44
4	337	2.47	13.2	61.71
5	326	2.74	13.7	64.04
6	315	3.10	14.6	65.57
7	302	3.48	15.2	67.73
8	285	3.88	16.3	66.68
9	271	4.20	17.2	64.77
10	260	4.54	17.9	64.67
11	247	4.71	18.4	61.94
12	234	5.06	19.3	59.88
13	215	5.29	19.7	56.55
14	195	5.15	19.9	49.34
15	180	5.06	19.7	45.65
16	164	5.13	20.3	40.69
17	154	5.59	21.8	38.62

表 10-62 叶片安放角为−2°时模型装置能量特性试验数据

序号	流量 Q/(L/s)	扬程 H/m	轴功率 P/kW	装置效率 η/%
1	399	1.42	9.7	48.58
2	336	1.51	9.8	51.06

续表

序号	流量 Q/(L/s)	扬程 H/m	轴功率 P/kW	装置效率 η/%
3	324	1.93	10.8	57.00
4	317	2.16	11.3	59.30
5	313	2.33	11.7	61.17
6	303	2.62	12.3	63.57
7	298	2.73	12.5	63.69
8	286	3.11	13.2	65.98
9	274	3.50	13.9	67.40
10	264	3.83	14.5	68.56
11	254	4.07	15.0	67.79
12	238	4.43	15.8	65.33
13	231	4.63	16.3	64.62
14	221	4.80	16.6	62.68
15	214	4.93	16.8	61.67
16	200	5.14	17.1	58.72
17	192	5.20	17.5	56.06
18	181	5.22	17.5	53.15
19	175	5.22	17.6	50.86
20	171	5.26	17.6	49.94
21	165	5.24	17.6	48.13
22	157	5.21	17.8	45.16
23	144	5.63	19.0	41.61
24	138	5.84	19.6	40.42

表 10-63 叶片安放角为−4°时模型装置能量特性试验数据

序号	流量 Q/(L/s)	扬程 H/m	轴功率 P/kW	装置效率 η/%
1	294	1.60	8.7	53.29
2	291	1.77	9.0	56.23
3	284	2.02	9.5	58.98
4	275	2.30	10.1	61.20
5	267	2.59	10.7	63.53
6	256	2.92	11.3	65.13

续表

序号	流量 Q/(L/s)	扬程 H/m	轴功率 P/kW	装置效率 η/%
7	249	3.17	11.7	66.62
8	240	3.38	12.0	66.08
9	230	3.73	12.6	66.92
10	218	3.99	13.1	64.97
11	205	4.26	13.5	63.34
12	199	4.45	13.7	63.49
13	193	4.55	14.0	61.66
14	181	4.81	14.3	59.50
15	174	4.91	14.4	58.16
16	150	5.06	14.8	50.30
17	141	5.16	15.0	47.70
18	130	5.37	15.9	42.94

表 10-64　最优工况下模型装置能量特性试验数据

叶片安放角/(°)	流量 Q/(L/s)	扬程 H/m	轴功率 P/kW	装置效率 η/%
−4	230	3.73	12.60	66.92
−2	260	3.83	14.50	68.56
0	285	3.88	16.30	66.68
+2	308	4.08	18.70	66.12
+4	307	4.44	20.90	66.14

表 10-65　设计工况下模型装置能量特性试验数据

叶片安放角/(°)	流量 Q/(L/s)	扬程 H/m	轴功率 P/kW	装置效率 η/%
−4	280	2.00	9.50	58.98
−2	320	2.00	11.01	57.00
0	352	2.00	11.90	57.55
+2	368	2.00	14.16	50.97
+4	400	2.00	15.50	52.36

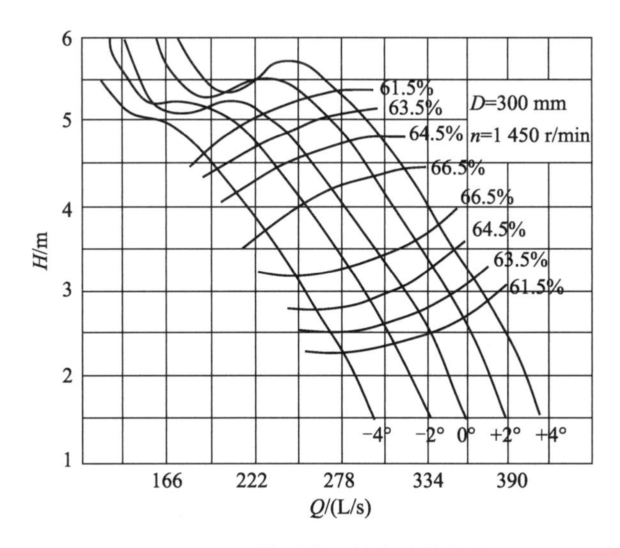

图 10-126 模型装置综合特性曲线

(2) 原型装置能量特性数据换算

原型装置的能量特性数据根据相似律换算，其中效率采用公式进行逐点修正，效率修正值在 10%～20%，原型装置的能量特性数据如表 10-66 至表 10-70 所列，最优工况和设计工况下原型装置的能量特性数据见表 10-71。原型装置综合特性曲线如图 10-127 所示。

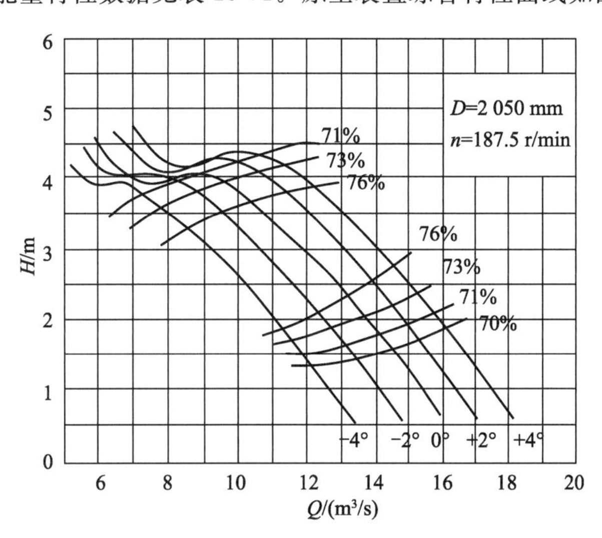

图 10-127 原型装置综合特性曲线

表 10-66 叶片安放角为＋4°时原型装置能量特性数据

序号	流量 $Q/(m^3/s)$	扬程 H/m	轴功率 P/kW	装置效率 $\eta/\%$
1	16.70	1.54	377.16	66.75
2	16.48	1.62	388.37	67.56
3	16.26	1.69	394.92	68.08
4	15.75	2.08	448.16	71.81

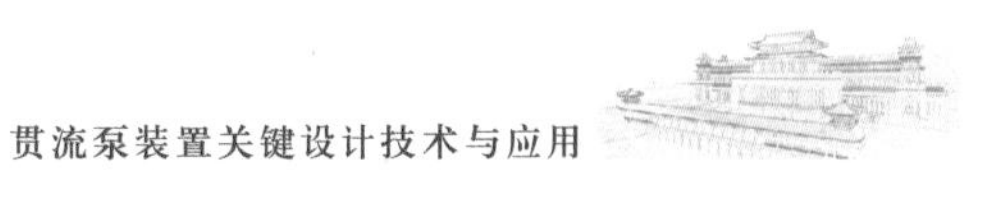

续表

序号	流量 $Q/(m^3/s)$	扬程 H/m	轴功率 P/kW	装置效率 $\eta/\%$
5	15.36	2.34	473.33	74.50
6	14.88	2.56	495.53	75.41
7	14.18	2.94	532.52	76.85
8	13.07	3.47	577.32	76.95
9	12.17	3.88	613.98	75.43
10	11.85	4.05	624.37	75.41
11	11.13	4.23	632.05	73.04
12	10.59	4.35	631.60	71.50
13	10.12	4.39	624.12	69.79
14	9.95	4.37	619.74	68.80
15	9.48	4.36	602.42	67.19
16	9.17	4.28	586.45	65.57
17	8.82	4.19	564.95	64.04
18	8.40	4.17	550.12	62.38
19	7.86	4.32	548.11	60.69
20	7.49	4.49	556.94	59.20
21	6.98	4.88	581.60	57.40

表 10-67　叶片安放角为＋2°时原型装置能量特性数据

序号	流量 $Q/(m^3/s)$	扬程 H/m	轴功率 P/kW	装置效率 $\eta/\%$
1	15.78	1.41	331.95	65.88
2	15.33	1.53	345.17	66.62
3	15.08	1.88	392.84	70.83
4	14.60	2.19	429.65	73.08
5	14.09	2.48	456.49	75.15
6	13.46	2.81	483.90	76.65
7	12.71	3.19	516.09	76.93
8	12.03	3.54	543.57	76.92
9	11.56	3.79	563.59	76.31
10	10.63	4.11	578.30	74.04
11	10.12	4.29	585.81	72.57
12	9.87	4.30	584.00	71.29
13	8.88	4.25	553.30	66.84
14	8.26	4.14	524.06	63.98
15	7.47	4.19	501.06	61.16
16	6.97	4.47	519.33	58.73

表 10-68　叶片安放角为 0°时原型装置能量特性数据

序号	流量 Q/(m^3/s)	扬程 H/m	轴功率 P/kW	装置效率 η/%
1	14.69	1.34	278.36	69.50
2	14.52	1.56	312.76	71.10
3	14.30	1.68	328.15	71.70
4	13.89	1.93	355.23	73.93
5	13.47	2.14	374.00	75.52
6	12.98	2.42	402.22	76.56
7	12.45	2.72	425.21	78.03
8	11.77	3.03	452.13	77.31
9	11.18	3.28	472.98	76.01
10	10.71	3.54	490.12	75.94
11	10.21	3.68	496.63	74.09
12	9.64	3.95	513.90	72.68
13	8.88	4.13	510.47	70.42
14	8.04	4.02	483.64	65.51
15	7.43	3.95	457.08	62.99

表 10-69　叶片安放角为－2°时原型装置能量特性数据

序号	流量 Q/(m^3/s)	扬程 H/m	轴功率 P/kW	装置效率 η/%
1	14.00	1.11	234.15	64.99
2	13.87	1.18	240.48	66.68
3	13.36	1.51	279.09	70.72
4	13.07	1.69	398.88	72.29
5	12.92	1.82	313.29	73.56
6	12.50	2.05	333.35	75.20
7	12.29	2.13	341.11	75.28
8	11.79	2.43	365.44	76.84
9	11.30	2.73	389.18	77.80
10	10.91	2.99	407.02	78.59
11	10.48	3.18	418.32	78.07
12	9.83	3.46	436.31	76.39
13	9.55	3.62	445.69	75.91
14	9.11	3.75	448.56	74.59
15	8.83	3.85	450.77	73.90
16	8.24	4.01	450.99	71.89
17	7.91	4.06	449.49	70.08
18	7.47	4.08	438.52	68.10

续表

序号	流量 $Q/(m^3/s)$	扬程 H/m	轴功率 P/kW	装置效率 $\eta/\%$
19	7.23	4.08	434.07	66.54
20	7.04	4.11	430.14	65.91
21	6.81	4.09	422.60	64.68

表 10-70　叶片安放角为−4°时原型装置能量特性数据

序号	流量 $Q/(m^3/s)$	扬程 H/m	轴功率 P/kW	装置效率 $\eta/\%$
1	12.13	1.25	217.90	68.20
2	12.00	1.38	231.65	70.20
3	11.71	1.58	251.21	72.07
4	11.33	1.80	271.19	73.58
5	11.01	2.02	290.38	75.17
6	10.58	2.28	309.97	76.26
7	10.28	2.48	322.88	77.27
8	9.88	2.64	332.46	76.90
9	9.48	2.91	349.22	77.48
10	9.00	3.12	361.14	76.15
11	8.45	3.33	367.27	75.04
12	8.22	3.47	372.84	75.14
13	7.98	3.55	376.14	73.89
14	7.46	3.76	379.26	72.42
15	7.17	3.83	376.72	71.51

表 10-71　原型装置能量特性数据汇总

叶　片安放角/(°)	工况	流量 $Q/(m^3/s)$	扬程 H/m	轴功率 P/kW	装置效率 $\eta/\%$	比转速 n_s
+4	最优工况	13.50	3.30	559.32	77.08	1 027
	设计扬程	15.70	2.00	428.69	71.81	1 612
+2	最优工况	12.71	3.19	516.09	76.93	1 022
	设计扬程	14.85	2.00	404.41	72.00	1 568
0	最优工况	11.77	3.03	452.13	77.31	1 022
	设计扬程	13.80	2.00	405.69	73.93	1 512
−2	最优工况	10.91	2.99	407.02	78.59	994
	设计扬程	12.55	2.00	366.01	75.10	1 442
−4	最优工况	9.48	2.91	349.22	77.48	946
	设计扬程	11.01	2.00	287.19	75.17	1 350

(3) 结论

① 根据模型试验,当该模型泵装置设计扬程为 2.0 m,叶片安放角为+4°时,其模型装置流量为 400 L/s,换算至原型泵的流量为 15.70 m^3/s,装置效率为 71.81%(效率修正值 $\Delta\eta=13\%$),轴功率为 428.69 kW,符合新夏港泵站的设计及运行要求。

② 如果该模型泵在装置设计扬程为 2.0 m 时取叶片安放角 0°作为设计的运行角度,则换算至原型泵的流量为 13.8 m^3/s,此时若欲达到设计流量,应适当增大叶轮直径,如增大至 2 100 mm。

③ 在最高扬程 4.0 m 工况下,原型泵的工况点接近扬程曲线的马鞍形区前端,泵在叶片安放角大于−2°时可以运行,但应尽量避免这种情况。

10.6.3 工程实施效果与更新改造

1. 工程实施效果

新夏港泵站于 1995 年 5 月开工建设,1996 年 9 月竣工投入运行,试运行期间发现减速齿轮箱发热严重,当时采用了冷却水进行喷淋降温,并在每台机组西侧安装了减速齿轮箱油冷却系统。

至 2011 年新夏港泵站机组已累计运行 5 856 台时,排水量 3.16 亿 m^3。其中 1999 年特大洪涝灾害时,泵站连续运行 30 d,排水量达 1.11 亿 m^3。多年来,每逢汛期及台风来袭,泵站都及时开机排水,有效减少了武澄锡低片地区的灾害损失,取得了巨大的经济效益和社会效益。

新夏港泵站是江苏省第一座斜轴伸式贯流泵站,在轴承的配置方面还缺少经验。设计时采用了 P23 酚醛树脂轴承,2001 年曾购置 F102 轴承准备用来更换水导轴承,但由于主水泵运行时间很少,发现轴承磨损不大,因此在检修时仅将轴瓦上下调整 180°方向后继续使用。

2. 主机组更新改造

2013 年初对主设备进行大修,并更换减速齿轮箱,改造辅助设备系统。

(1) 存在问题

① 新夏港泵站主水泵为 1995 年生产的 2000QZXB15-2.8 型斜轴伸式贯流泵,共计 3 台套。其主要存在以下问题:

a. 水泵内腔锈蚀现象严重。原水泵壳体采用 Q235 钢板焊接制作,并进行油漆防腐工艺处理,由于长时间使用以及浸泡在水下环境中,水泵壳体已出现锈蚀现象。

b. 水泵水导轴承轴瓦磨损。原水导轴承轴瓦材料为 P23 酚醛塑料,由于水泵为斜轴伸式设计,在长期使用过程中其单边磨损量已超过设计标准规定值,2001 年 3 台机组均发生水泵振动剧烈、有异常声响的情况,因此对水导轴承进行检修。检修时将轴瓦上下调整 180°继续使用,经过几年的使用,其磨损量又超标,水泵在运行过程中出现振动现象。

② 电动机为 1995 年生产的 TDXZ-800-8 型卧式同步电动机,单机容量 800 kW。经现场检测,电动机的绝缘电阻、直流电阻均符合要求,电动机外观检查不符合要求,电动机运行情况尚好,本次做适当保养维护,不进行改造。

③ 减速齿轮箱为 1994 年生产的 ZDY500 型减速齿轮箱,运行时噪声大、振动大,出现联轴器跳动等现象。联轴器由于长时期运行,联接柱销已磨损、变形。减速齿轮箱密封

件质量差，出现渗漏油现象；减速齿轮箱冷却系统采用内部水冷方式，效果差，在安装时虽改为外部水冷方式，但效果不明显；2003年更换为外循环油冷却系统，但冷却问题依然没有完全解决，运行时油温偏高。

④ 辅助设备系统中的泵站机组技术供水采用深井水，因长期使用，深井已出现堵塞淤积现象，供水量不足，不能满足机组技术供水的需求。深井泵电机绝缘性能降低，供水管道锈蚀，出现渗漏现象。

排水系统潜水电泵长期浸泡在集水坑内，已严重锈蚀，绝缘值降为零，无法使用。

(2) 水力机械更新改造

针对主水泵存在问题，此次更新改造主要对主水泵进行大修。改造内容包括：水泵水导轴承更换；泵轴轴颈修复；叶轮室、叶片空蚀破坏修补；填料密封更换和其他部件修补等。

① 水导轴承更换

在水泵上应用的水润滑非金属轴承有橡胶轴承、P23酚醛塑料轴承、F102复合材料轴承、弹性金属塑料轴承和赛龙轴承。橡胶轴承主要用于立式泵，其承载能力和耐磨性较差。P23酚醛塑料轴承在一些排涝泵站使用过，其运行稳定性不高，累计运行2 000 h以上时，泵轴与轴承接触面已有拉毛痕迹，而且酚醛塑料脆性较大，一旦有碎屑脱落，会磨损并拉毛大轴。F102复合材料轴承的制造材料是混合纤维增强树脂的混杂纤维自润滑复合材料，其中填加了适量的固体润滑剂和抗磨剂等，具有良好的摩擦磨损特性，可在干摩擦下或油、水、乳化液等润滑剂中工作。国内使用该类轴承的泵站不多，该类轴承还没有在大型卧式泵上成功运行的经验。弹性金属塑料瓦用于替代巴氏合金瓦，在油润滑推力轴承上已取得成功应用经验。水润滑水导轴承在卧式水轮机上有过应用案例，但只在秦淮新河泵站改造中的一台水泵上试用(第9.4.3节)，还没有运行经验。

赛龙轴承是加拿大赛龙轴承公司专门研制生产的，其制造材料为三次交叉结晶热凝性树脂聚合物，是一种自恢复性和弹性较好的材料，能耐冲击，易加工，耐污水，耐磨损，对泥砂杂质不敏感。赛龙轴承在立式泵水导轴承上已有广泛的应用，其性能优于其他传统的水润滑轴承。而且其化学性能稳定，抗老化性强，使用寿命长，摩擦系数小，对轴的磨损也小，可延长轴的使用寿命，降低维护费用。赛龙轴承因具有弹性，对泵运行中振动的适应性也比金属轴承好，压力分布更均匀。根据以上比较，此次新夏港泵站改造采用水润滑赛龙轴承。

② 泵轴轴颈修复

泵轴轴颈已有严重磨损，需对轴颈进行修复，以提高泵轴表面的硬度和光洁度，确保水导轴承运行时不磨损泵轴。泵轴修复采用在不锈钢上镀铬的方法，在轴颈磨损部位电镀一层铬合金，再通过磨光，以保证光洁度和符合原来泵轴轴颈的尺寸。

③ 叶轮室、叶片空蚀破坏修补

水泵拆开后，对叶轮室、叶片等空蚀部位进行补焊、打磨，对泵壳锈蚀严重部位进行修补。

④ 减速齿轮箱更换

减速齿轮箱为20世纪90年代初生产的产品，当时的设计选型标准低，减速齿轮箱的冷却效果很差，渗漏油现象严重，加上长期运行联接柱销已磨损、变形。本次改造更换全部3台减速齿轮箱。

由于水泵和电动机不更换，因此更换的减速齿轮箱仍维持原来的功率和传动比，即额定功率为 800 kW，传动比 $i=4$，更换后的减速齿轮箱采用水冷却方式。

⑤ 辅助设备系统更新改造

泵站技术供水对象有水导轴承润滑用水、填料函润滑用水、推力轴承冷却用水及减速齿轮箱冷却用水。其中每台机组水导轴承润滑用水量为 1.8 m^3/h，填料函润滑用水量为 0.3 m^3/h，推力轴承冷却用水量为 1.2 m^3/h，减速齿轮箱冷却用水量为 0.6 m^3/h，全站 3 台机组总用水量约为 12 m^3/h。推力轴承冷却用水和减速齿轮箱冷却用水采用类似于第 9 章中秦淮新河泵站的循环水冷却系统，采用风冷式冷水机组作为技术供水系统中的冷却器；水导轴承润滑用水和填料函润滑用水仍采用深井水，对深井进行清淤，更换深井泵。排水系统将渗漏排水与检修排水分开设置，更换渗漏排水系统 2 台潜水电泵，更换检修排水系统 2 台离心泵。

更新改造前后机组、减速齿轮箱的安装布置如图 10-128 所示。

(a) 改造前机组的安装布置图

(b) 改造后机组的安装布置图

(c) 改造前减速齿轮箱的安装布置图

(d) 改造后减速齿轮箱的安装布置图

图 10-128　更新改造前后机组、减速齿轮箱的安装布置

3. 电气设备更新改造

(1) 电气设备存在问题

35 kV 高压开关柜为 JYN1－35 型移开式开关柜，其操作机构的结构复杂，缺乏“五防”措施。一些部件磨损严重、老化严重，操作不灵活且不可靠；35 kV 进线侧采用户内型隔离开关，操作安全性和可靠性低。断路器采用 FP4016B 型六氟化硫断路器，无泄漏检测装置；所变进线采用隔离开关控制，除熔丝外无任何保护；电压互感器为油浸式互感器，漏油严重；避雷器采用阀型避雷器，属淘汰型号产品；35 kV 开关柜柜体变形、漆皮脱落。

原 6 kV 高压开关柜为 JYN2－10 型移开式开关柜，手车机构磨损严重，操作不灵活，缺乏“五防”措施；6 kV 断路器采用电磁操作机构，机构动作不灵活，缺少备品备件；柜内零部件缺损，二次线插座损坏，接地刀闸分合不到位，维修困难；柜体变形、漆皮脱落。

主变压器(主变)、所用变压器(所变)为 S7 系列油浸式变压器，变压器损耗大，存在漏油现象。变压器属于淘汰型号产品。

检测报告中的主要检测意见有：

主变压器绕组绝缘电阻及吸收比符合要求，绕组直流电阻、直流耐压及泄漏电流、介质损失角等主要电气性能指标均符合要求；主变压器局部漏油，不符合要求，外观检查不符合要求；变压器属淘汰产品，不合格。

高压开关柜内真空断路器绝缘电阻、交流耐压符合要求；导电回路电阻测量严重超标，不合格；真空断路器开关特性较差，分合闸电压、动作时间超差不合格。电压互感器试验项目合格，套管渗油严重，不合格；阀型避雷器绝缘电阻符合要求、电导电流超差不合格；电容器试验项目合格，外部检查锈蚀严重，不合格。

(2) 电气更新改造设计

根据机电设备现场安全检测报告、安全鉴定评价报告、泵站安全鉴定报告以及工程存在的问题，电气部分更新改造的主要内容有：更换主变和所变；更换 35 kV 和 6 kV 高压开关柜；改造直流屏；更换辅机控制柜；增设视频监视系统；完善水位观测设施。

① 电气主接线

新夏港泵站由江阴市西郊变电所架设的长 5 km 的 35 kV 专用输电线路供电。泵站共装设 3 台卧式同步电动机，单机功率为 800 kW，全站总装机容量为 2 400 kW，电动机电压等级为 6 kV。35 kV 采用架空进线方式，经穿墙套管进入室内，采用隔离开关(墙壁安装)隔离分断，采用铜排上进线方式进入 35 kV 高压开关柜。

泵站电气主接线仍维持现状不变。35 kV 侧采用单母线接线方式，分别设有 35 kV 所变开关柜、计量柜、电压互感器柜和主变进线开关柜；6 kV 侧采用单母线接线方式，分别设有 6 kV 进线开关柜、电压互感器柜、电容器避雷器柜和主机开关柜。计量采用高压计量方式。主变采用 1 台干式变压器，容量为 3 150 kVA，电压变比为 35/6 kV；所用变采用 1 台容量为 250 kVA 干式变压器，电压变比为 35/0.4 kV，与泵站 35 kV 母线连接；泵站设有 120 kW 柴油发电机组作为所用电的备用电源与消防保安电源，在低压系统上进行切换供电。

新夏港泵站电气主接线如图 10-129 所示。

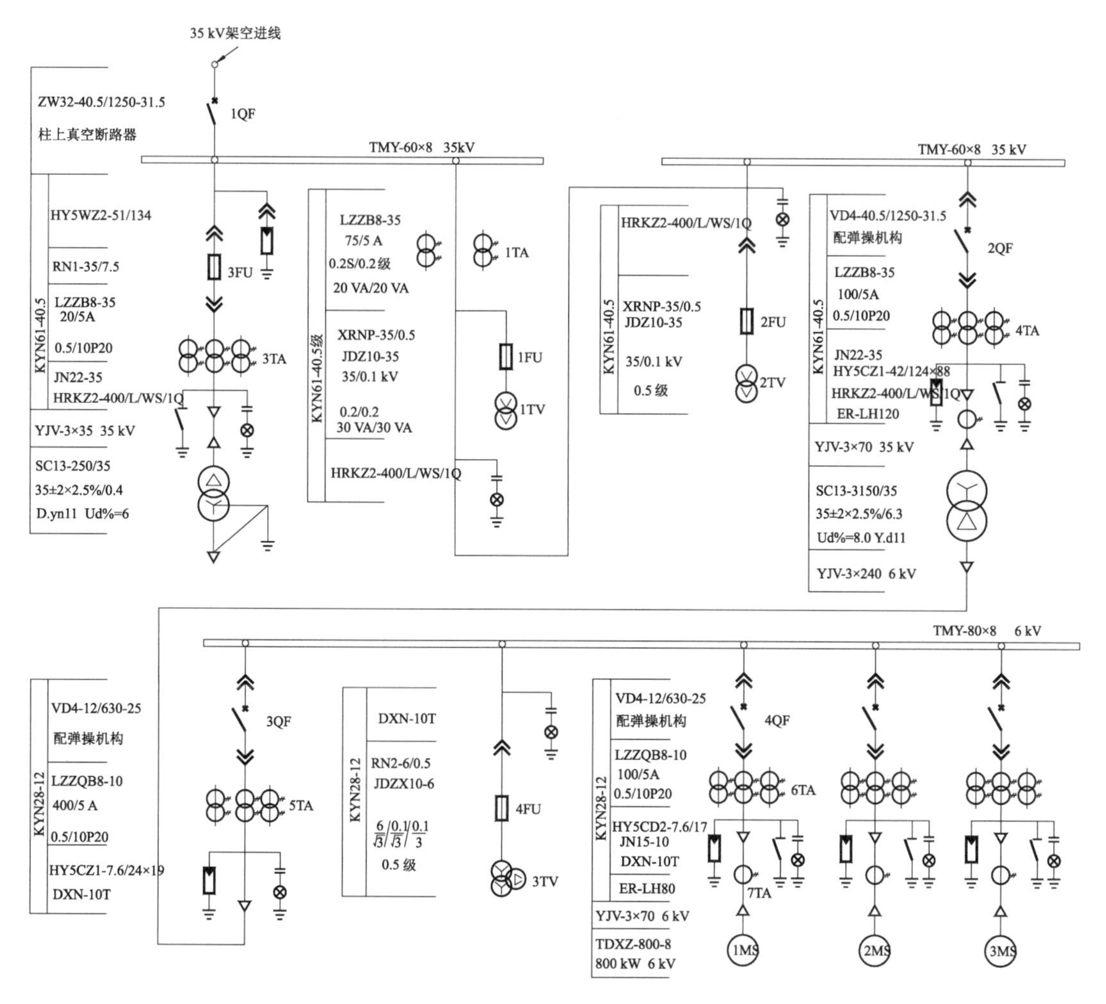

图 10-129　新夏港泵站电气主接线

② 短路电流计算

泵站为单一电源供电，电网参数为上级变电所 35 kV 系统在最大运行方式下电抗标幺值 0.255 1、最小运行方式下电抗标幺值 0.313 5，据此进行短路电流计算，并对高压电器及导体进行选型和校验。

泵站安装 3 台 800 kW，6 kV 的同步电动机，根据有关设计规程和手册的规定，在计算 6 kV 母线短路容量时应将 3 台机组的容量作为附加电源来考虑，而对 35 kV 母线短路电流的计算，可不考虑电动机反馈电流的影响。根据式(6-1)至式(6-3)以及电动机制造厂提供的参数：电动机额定功率 $P_{ed}=800$ kW，额定电压 $U_{ed}=6$ kV，额定效率 $\eta=0.95$，功率因数 $\cos\varphi=0.9$，启动电流倍数 $K_{qd}=4.72$，得出短路电流及相关成果如表 10-72 所列，并据此选择不同电压等级的高压电器，并按表 8-34 的要求对高压电器及导体的动、热稳定度进行校验。

表 10-72　短路电流计算及相关成果

短路点		电网参数	
		最大运行方式下 电抗标幺值 0.255 1	最小运行方式下 电抗标幺值 0.313 5
35 kV 母线	I''/kA	3.31	2.95
	i_{ch}/kA	8.44	7.52
	S''/MVA	212.11	189.05
6 kV 母线	I''/kA	6.35	5.03
	i_{ch}/kA	16.19	12.83
	S''/MVA	69.29	54.89

③ 电动机启动压降计算

根据《泵站设计规范》(GB 50265—2010)的规定，当同一母线上全部连接同步电动机时，应按最大的一台机组首先启动进行启动计算。电动机全压直接启动时，母线电压降不宜超过额定电压的 15%。启动压降的计算方法与第 6.4.3 节异步电动机的计算方法相同，根据式(6-6)至式(6-9)进行计算，结果为 6 kV 母线电压降为 7.53%，满足规范的要求，电动机采用全压直接启动方式。

④ 主要电气设备选择

a. 主变压器

主变压器的容量按照下式计算：

$$S=\frac{n\times P_{ed}\times K_1}{\cos\varphi\times\eta} \tag{10-14}$$

式中，n 为电动机台数，共 3 台；K_1 为电动机负荷系数，可按式(10-15)计算。

$$K_1=\frac{P_z}{P_{ed}}\times K_2 \tag{10-15}$$

式中，P_z 为水泵最大轴功率，根据表 10-66 可知叶片安放角为 +4°时的最大轴功率为 632.05 kW；K_2 为修正系数，按表 10-73 确定。

表 10-73　修正系数

$\frac{P_z}{P_{ed}}$	0.8～1.0	0.7～0.8	0.6～0.7	0.5～0.6
K_2	1.00	1.05	1.10	1.20

根据式(10-14)和式(10-15)可得到：

$$S=\frac{n\times P_{ed}\times K_1}{\cos\varphi\times\eta}=\frac{3\times800\times\frac{632}{800}\times1.05}{0.9\times0.95}=2\ 328\ \text{kVA}$$

主变容量选择为 3 150 kVA，与原主变容量相同。主变采用干式变压器(带外壳)，型号为 SC13－3150/35，电压变比为(35±2×2.5%/6) kV，联结组别为 Y. d11，阻抗电压百分值为 8.0。

b. 所用变压器

所用电负荷主要有主机励磁用电、液压系统用电、直流系统用电、辅机系统用电、行车和检修用电、站内与管理区照明用电等，经统计负荷约为 227 kW。所变容量的计算公式如下：

$$S_b = 1.05K\sum P/\cos\varphi = 1.05\times0.7\times227/0.9 = 185\ \text{kVA}$$

式中，1.05 为网络损失系数；K 为同时系数，取 0.7；$\sum P$ 为所用电统计负荷，取 227 kW；$\cos\varphi$ 为补偿后功率因数，取 0.9。

所变容量选择为 250 kVA，与原所变容量相同。所变采用干式变压器（带外壳），型号为 SC13－250/35，电压变比为（35±2×2.5%/0.4）kV，联结组别为 D. yn11，阻抗电压百分值为 6.0。

c. 35 kV 高压开关柜

35 kV 高压开关柜选用 KYN61－40.5 铠装移开式开关柜，共计 4 台。柜内装设真空断路器，配套弹簧操作机构，操作电源采用直流 220 V。主要技术参数如下：

额定电压　　40.5 kV
额定电流　　1 250 A
额定短路开断电流　　31.5 kA
额定热稳定电流（4 s）　　31.5 kA
额定动稳定电流（峰值）　　80 kA

d. 6 kV 高压开关柜

6 kV 高压开关柜选用 KYN28－12 中置型开关柜，共计 5 台。柜内装设真空断路器，配套弹簧操作机构，操作电源采用直流 220 V。主要技术参数如下：

额定电压　　12 kV
额定电流　　630 A
额定短路开断电流　　25 kA
额定热稳定电流（4 s）　　25 kA
额定动稳定电流（峰值）　　63 kA

⑤ 电气设备布置

电气设备采用户内配电装置，集中布置在泵站西侧控制楼中，设备布置维持原格局布置不变，主变、6 kV 高压开关柜、低压开关柜与所变、控制室布置在一楼；35 kV 高压开关柜、励磁屏、直流屏布置在二楼；控制室集中布置计量屏、保护屏和控制屏。

更新改造后的电气设备布置如图 10-130 所示。

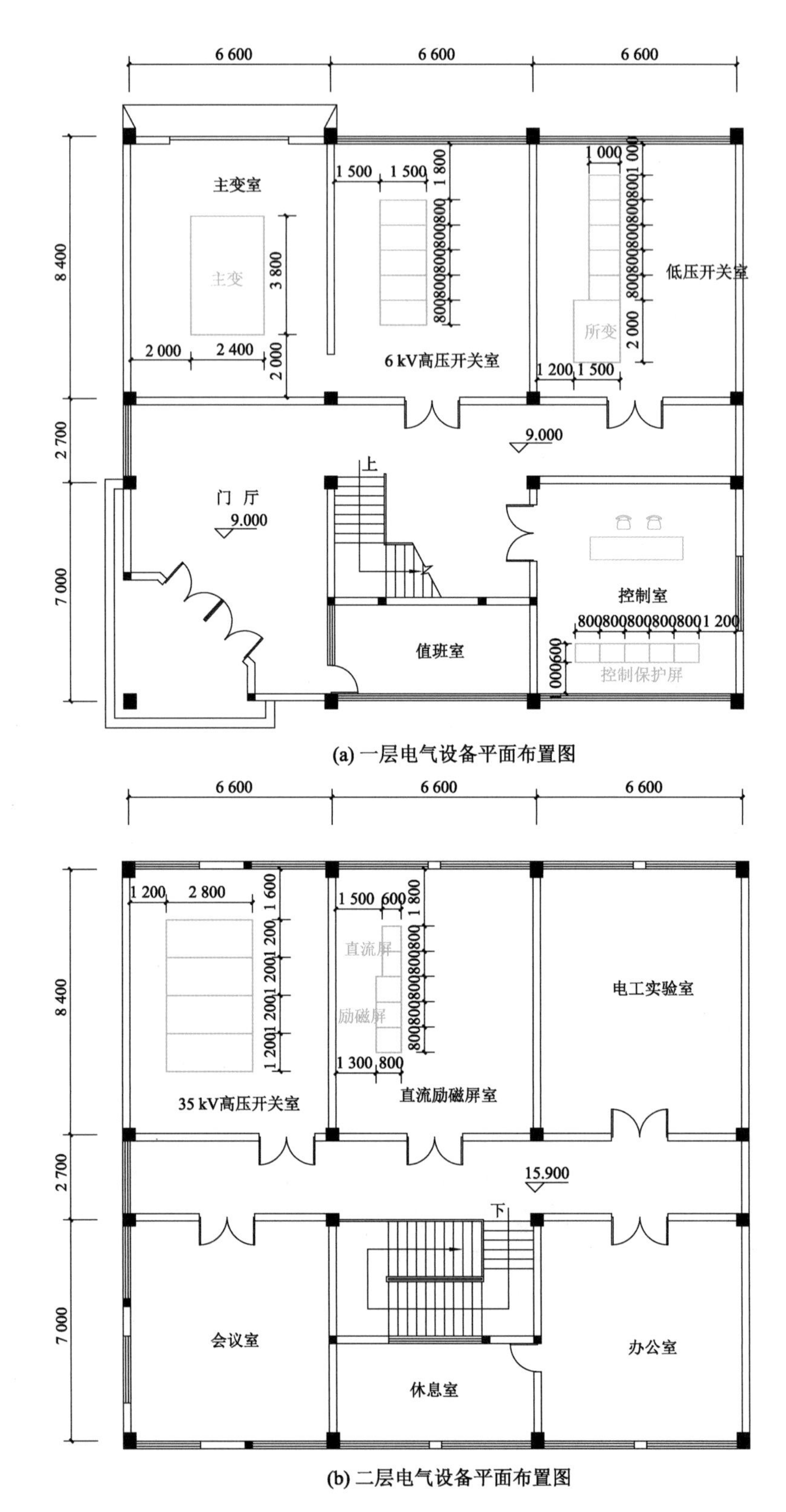

(a) 一层电气设备平面布置图

(b) 二层电气设备平面布置图

图 10-130　电气设备布置图(长度单位:mm)

2013 年底,新夏港泵站的更新改造工程全部完成,通过竣工验收。泵站近几年的运行实践证明,水润滑赛龙轴承的磨损小,水泵运行平稳,减速齿轮箱温升低,噪声小,技术供排水系统运行正常。运行结果表明泵站的更新改造达到预期效果。

10.7 本章小结

对斜轴伸式贯流泵装置水力性能、结构型式与安装方式、运行稳定性等设计关键技术的研究以及工程设计的实际应用结果表明,斜轴伸式贯流泵装置可以适应低扬程单向和双向泵站的运行,且具有电动机运维简单,通风、散热效果好等优点,小倾角时可以实现双向运行。

① 斜轴伸式贯流泵装置采用与立式肘形相似的进水流道,其关键在出水弯管,由于倾角不同,出水弯管对水力性能的影响也不同,同时涉及电动机和减速齿轮箱(如果需要的话)的布置和水工结构。因此,工程设计中需要根据上游水位的变幅等具体特点合理选择倾角。

② 斜轴伸式贯流泵装置机组结构的受力相对复杂,因此水泵导轴承的结构型式是工程设计中需要重点关注的。同时出水弯管的流态较为紊乱,是影响机组运行稳定性的主要因素之一,因此在水力优化设计时,需要特别研究出水段的压力脉动特性和流场分布,尽可能降低不同工况下的压力脉动幅值。

③ 早期建成的斜轴伸式贯流泵站更新改造时,在对主设备进行更换的同时,应考虑应用新技术对供水系统、控制与保护及监测系统进行升级换代,提升泵站运行管理水平。

参考文献

[1] 谢伟东. 30°斜轴泵站水力机械设计体会[J]. 江苏水利, 1998(7):36－39.

[2] 谢伟东. 新夏港抽水站水泵装置设计[J]. 水泵技术, 1998(1):38－42.

[3] 施卫东, 关醒凡. 30°斜轴泵模型装置的试验研究[J]. 中国农村水利水电, 1997(3):28－30.

[4] 施卫东. 新夏港泵站轴流泵模型装置的研究[J]. 佳木斯工学院学报, 1997,15(3):202－206.

[5] 谢丽华, 王福军, 何成连, 等. 15 度斜式轴流泵装置水动力特性实验研究[J]. 水利学报, 2019,50(7): 798－805.

[6] 胡德义, 王为人, 李庆生, 等. 太浦河泵站斜 15°轴伸泵水力动态力分析[J]. 水力发电学报, 2002(3):81－87.

[7] 王本宏,王福军,谢丽华,等. 斜式轴流泵装置出水流道偏流特性研究[J]. 水利学报,2021,52(7):829－840.

[8] 扬州大学. 低扬程大型泵站装置特性研究报告[R]. 2007.

[9] 上海勘测设计研究院,等. 低扬程大型斜轴伸泵 CFD 研究[R]. 2004.

[10] 江苏欣皓测试技术有限公司.盐官泵站 1# 机组振摆测试初步分析报告[R].2017.

[11] 江苏省水利勘测设计院.新夏港泵站初步设计报告[R].1992.

[12] 江苏省水利勘测设计研究院有限公司.江苏省无锡市白屈港泵站(新夏港站)更新改造工程初步设计报告[R].2012.

附录

相关课题资助及成果

一、 资助项目

1. “十一五”国家科技支撑计划重大项目“大型贯流泵关键技术与泵站联合调度优化”(2006BAB04A03).

2. “十二五”国家科技支撑计划项目“南水北调东线工程泵站(群)优化调度关键技术集成与示范”(2015BAB07B01).

3. “十二五”国家科技支撑计划项目“矿山用大型主排水泵电机系统节能技术研究与应用”(2013BAF01B01).

4. “十三五”国家重点研发计划项目“高效高可靠性大流量抢险排水技术与装备”(2017YFC0804107).

5. 国务院南水北调办公室科技创新项目“南水北调东线一期工程低扬程大流量水泵装置水力特性、模型开发及试验研究”(JGZXJJ2006－17).

6. 国务院南水北调办公室科技创新项目“贯流泵装置模型同台试验”(JGZXJJ2008－9).

7. 江苏省水利科技项目“大型卧式轴流泵降温降噪技术研究与应用”(2016033).

8. 江苏省水利科技项目“立式双向泵站数据监测与机组运行状态智能化分析技术研究”(2019018).

9. 安徽省重大科技专项项目“大型装备(潜水电泵机组)远程服务系统”(1301021017).

10. 安徽省自然科学基金项目“高效率潜水电机电磁设计研究”(1408085MKL81).

11. 安徽省自然科学基金项目“基于物联网的复杂装备(潜水电泵机组)数据挖掘技术”(1408085MKL82).

二、 获奖情况

1. “新夏港河口枢纽抽水站装置”获 2002 年江苏省水利科技进步二等奖.

2. “梅梁湖竖井式贯流泵站开发设计与关键技术研究”获 2006 年江苏省水利科技优秀成果二等奖.

3. “梅梁湖竖井式贯流泵站开发设计与关键技术研究与应用”获 2006 年无锡市科学

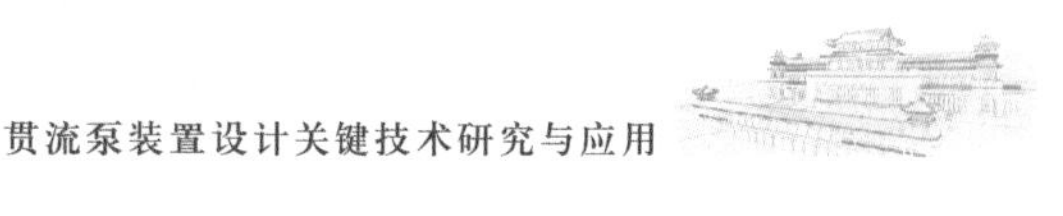

技术进步奖二等奖.

4.“特大型节能轴流潜水电泵”获2006年安徽省科学技术奖三等奖.

5.“灯泡贯流泵装置研究开发”获2010年江苏省水利科技优秀成果奖一等奖.

6.“潜水电泵大型化关键技术设备研制及产业化”获2010年安徽省科学技术奖一等奖.

7.“大型灯泡贯流泵关键技术研究与应用”获2011年大禹水利科技成果奖一等奖.

8.“大型潜水贯流泵装置及泵站结构型式研究”获2011年江苏省水利科技优秀成果奖一等奖.

9.“南水北调工程大型高效泵装置优化水力设计理论与应用”获2012年江苏省科技奖一等奖.

10.“大型潜水泵站关键技术研究与应用”获2015年大禹水利科学技术奖二等奖.

11.“矿山用大型潜水电泵”获2015年安徽省第二届“江淮杯”工业设计大赛金奖.

12.“特大型混流泵和轴流泵节能关键技术研究与应用”获2016年中国机械工业科技奖一等奖.

13.“南水北调工程大型高性能低扬程泵关键技术研究及推广应用”获2017年江苏省科技奖一等奖.

14.“南水北调工程用低扬程泵关键技术研究与产业化”获2017年中国产学研合作创新成果奖一等奖.

15.“南水北调工程大型高性能低扬程泵内流机理、设计技术及工程应用”获2017年教育部科技进步奖二等奖.

16.“矿山大型排水泵站节能技术、产品研发与应用”获2018年中国机械工业科学技术奖二等奖.

17.“GZBW(S)大型双向潜水贯流泵”获2018年合肥市第五届职工技术创新成果二等奖.

18.“南水北调工程大流量泵站高性能泵装置关键技术集成及推广应用”获2019年江苏省科技奖一等奖.

19.“带行星齿轮减速器大型潜水电泵关键技术及应用”获2019年第六届安徽水利科学技术奖二等奖.

20.“大型潜水电泵关键技术及产业化应用”获2019年中国产学研合作创新成果奖一等奖.

21.“一种叶轮内置式潜水轴流泵(ZL201310423364.6)”获2019年第六届安徽省专利优秀奖.

22.“GZBW(S)大型双向潜水贯流泵应用及产业化”获2020年安徽省机械工业科学技术奖一等奖.

23.“通榆河北延送水工程”获2012年江苏省“第十五届优秀工程设计”二等奖(潜水贯流泵).

24.“南水北调东线一期工程金湖站工程”获2016年江苏省“第十七届优秀工程设计”一等奖(灯泡贯流泵).

25. “南水北调东线一期工程泗洪站枢纽工程”获2016年江苏省“第十七届优秀工程设计”二等奖、全国优秀水利水电工程勘测设计奖银质奖(灯泡贯流泵).

26. “南通市九圩港提水泵站工程”获2020年江苏省“第十九届优秀工程设计”二等奖(竖井贯流泵).

27. “无锡市梅梁湖泵站枢纽工程”获2009年优质工程(大禹)奖(竖井贯流泵、工程监理).

28. “南水北调东线工程金湖泵站”获2017—2018年度中国水利工程优质(大禹)奖(灯泡贯流泵、工程设计、工程监理).

29. “南水北调东线一期工程淮阴三站工程”获2015—2016年优质工程(大禹)奖(灯泡贯流泵、建设管理).

三、 发表论文

1. 张仁田. 贯流式机组在南水北调工程中的应用研究[J]. 排灌机械,2004, 22(5):1-6.

2. 张仁田, 单海春, 卜舸, 等. 南水北调东线一期工程灯泡贯流泵结构特点[J]. 排灌机械工程学报, 2016,34(9):774-782,789.

3. 张仁田, 朱红耕, 卜舸, 等. 南水北调东线一期工程灯泡贯流泵性能分析[J]. 排灌机械工程学报, 2017,35(1):32-41.

4. 张仁田, 朱红耕, 姚林碧. 竖井贯流泵不同出水流道型式的对比研究[J]. 水力发电学报, 2014,33(1):197-201.

5. 张仁田, 朱红耕, 姚林碧, 等. 用能量特性评价水泵机组水力稳定性[J]. 排灌机械,2008,26(6):50-54.

6. 张仁田, 邓东升, 朱红耕, 等. 环保型叶片调节系统的开发与应用[J]. 排灌机械工程学报, 2013,31(11):948-953.

7. 张仁田, 李慈祥, 姚林碧, 等. 变频调速灯泡贯流泵站的起动过渡过程[J]. 排灌机械工程学报, 2012,30(1):46-52.

8. 张仁田, 朱红耕, 李慈祥, 等. 变频调速灯泡贯流泵站停机过渡过程研究[J]. 农业机械学报, 2013,44(3):45-49.

9. 张仁田, 岳修斌, 朱红耕, 等. 基于CFD的泵装置性能预测方法比较[J]. 农业机械学报, 2011, 42(3):85-90.

10. 张仁田, Jaap Arnold, 朱红耕, 等. 变频调速灯泡贯流泵装置结构开发与优化[J]. 水力发电学报, 2010,29(5):226-231.

11. 张仁田, 姚林碧, 朱红耕, 等. 基于CFD的低扬程泵装置变速特性及相似性[J]. 排灌机械工程学报, 2010,28(2):107-111.

12. 张仁田, 朱红耕, 姚林碧. 低扬程泵装置效率与泵效率关系研究[J]. 农业机械学报, 2010, 41(S1):15-20.

13. 张仁田, 张平易. 齿轮箱传动在泵站中应用分析与选择方法[J]. 排灌机械, 2005,23(2):11-15,35.

14. 张仁田. 南水北调工程中大型泵站泵型选择的若干问题[J]. 水力发电学报, 2003, 22(4):119 - 127.

15. ZHANG R T, ZHU H G, ARNOLD J, et al. Development and optimized design of propeller pump system & structure with vfd in low-head pumping station[C]. The 10th Asian International Conference on Fluid Machinery, Kuala Lumpur Malaysia, 2009:162 - 168.

16. ZHU H G, ZHANG R T, DENG D S. Numerical analysis and comparison of energy performance of shaft tubular pumping systems[C]. 24th Symposium on Hydraulic Machinery and Systems, Foz Do Iguassu, BRAZIL, 2004.

17. ZHU H G, ZHANG R T, DENG D S, et al. Numerical simulation of tubular pumping systems with different regulation methods[C]. The 10th Asian International Conference on Fluid Machinery, Kuala Lumpur Malaysia, 2009:162 - 168.

18. ZHU H G, ZHANG R T. Numerical simulation of internal flow and performance prediction of tubular pump with adjustable guide vanes[J]. Advances in Mechanical Engineering, 2014, Article ID:171504.

19. ZHU H G, ZHANG R T, ZOU J R. Optimal hydraulic design of new-type shaft tubular pumping system[C]. Proceedings of 26th IAHR Symposium on Hydraulic Machinery and Systems(IAHR2012), Beijing, China, 2012:19 - 23.

20. ZHU H G, ZHANG R T, XIA J, et al. Influence of design parameters of discharge passage on the performance of shaft tubular pumping system[C]//Proceedings of 6th International Conference on Pumps and Fans with Compressor and Wind Turbines (ICPF2013), Beijing, China, 2013.

21. ZHU H G, ZHANG R T, XI B, et al. Internal flow mechanism of axial-flow pump with adjustable guide vanes[C]//ASME 2013 Fluids Engineering Division Summer Meeting, 2013. DOI:10. 1115/fedsm2013 - 16613.

22. ZHU H G, ZHANG R T. Numerical analysis on the distribution features of velocity circulation of axial-flow pump[J]. Revista Técnica de la Facultad de Ingeniería Universidad del Zulia, 2014, 37(3):14 - 21.

23. ZHU H G, ZHANG R T, ZHOU W. Model test and numerical analysis on intake design of a forced lateral water diversion pump station[J]. Revista Técnica de la Facultad de Ingeniería Universidad del Zulia, 2015, 38(3):36 - 42.

24. XIE C L, TANG F P, ZHANG R T, et al. Numerical calculation of axial-flow pump's pressure fluctuation and model test analysis[J]. Advances in Mechanical Engineering, 2018, 10(4):1 - 13.

25. ZHU H G, DAI L Y, ZHANG R T, et al. Numerical simulation of the internal flow of a new-type shaft tubular pumping system[C]. Proceedings of ASME-JSME-KSME Joint Fluids Engineering Conference 2011, Hamamatsu, Shizuoka, JAPAN, 2011.

26. 朱红耕，张仁田，冯旭松，等. 不同型式贯流泵装置结构特点与水力特性分析[J]. 灌溉排水学报，2009，28(5):58-60,85.

27. 朱红耕，张仁田，邓东升，等. 对角泵叶轮基本流态研究[J]. 水力发电学报，2010，29(1):229-234.

28. 朱红耕，戴龙洋，张仁田，等. 新型竖井贯流泵装置研发与数值分析[J]. 排灌机械工程学报，2011,29(5):418-442.

29. 周伟，刘雪芹，唐秀成. 金湖泵站贯流泵机组水力性能及结构特点分析[J]. 人民黄河，2015,37(7):104-106.

30. 周伟，卜舸. 泗洪泵站贯流泵机组水力性能及结构特点分析[J]. 治淮，2015(5):32-34.

31. 刘新泉. 换相隔离手车在双向运行泵站中的开发与应用[J]. 中国农村水利水电，2016(10): 189-190,195.

32. 刘新泉，刘雪芹. 关于泵站工程应用故障相接地法消弧装置的探讨[J]. 治淮，2017(5):35-36.

33. 刘新泉，刘雪芹，梁云辉. 大中型立式电机油缸冷却器形式与冷却方式研究[J]. 中国农村水利水电，2017(7):196-199.

34. 刘新泉，刘雪芹. 合适的清污设备控制方式分析[J]. 江苏水利，2015(12):20,22.

35. 石丽建，刘新泉，汤方平，等. 双向竖井贯流泵装置优化设计与试验[J]. 农业机械学报，2016，47(12): 85-91.

36. 龚玉栋，刘新泉，姚怀柱，等. 解台泵站计算机自动控制系统设计[J]. 水电自动化与大坝监测，2007，31(4): 77-79.

37. 刘雪芹，刘新泉，梁云辉. 通榆河北延送水工程自动化系统设计与实现[J]. 水利技术监督，2018,26(3):50-52,143.

38. 刘雪芹,梁云辉,孙勇,等. 秦淮新河泵站卧式电动机冷却方式研究与改造[J]. 水利规划与设计,2019(11):108-111.

39. 戴景,刘雪芹,袁聪,等. 斜式泵装置负扬程飞逸过渡过程内部流动特性分析[J]. 水电能源科学,2022,40(6):122-126.

40. 朱庆龙,单丽. 超大型潜水电泵主要特征及其在煤矿中的作用[C]//2011 年全国煤矿水害防治技术研讨会论文集,2011:278-283.

41. 徐翌翔，鲍晓华，朱庆龙. 潜水电机电磁噪声分析和对比[J]. 电机与控制应用，2021，48(9)62-66.

42. 夏斌,金雷,朱庆龙,等. 贯流泵站多工况水力特性与稳定性分析[J]. 水泵技术，2022(5):25-29.

四、 授权专利

1. 张仁田，朱红耕，孙壮壮. 一种带副翼的低空化系数轴流式叶片泵:

201611019717.6[P].2019-03-15.

2. 张仁田，朱红耕，姚林碧. 一种叶片进水边可折转的轴流式水泵:201510927014.2[P].2018-02-06.

3. 张仁田，朱红耕，单海春，等. 一种变频永磁电动机驱动整体式空轴叶片泵:201520956584.X[P].2016-04-06.

4. 张仁田，朱红耕，姚林碧. 一种环保型全调节叶片泵:201320107273.7[P].2013-08-14.

5. 张仁田，朱红耕. 叶片型线分段可调的轴流式水泵:201220091533.1[P].2012-10-24.

6. 张仁田，朱红耕，姚林碧，罗建勤. 一种叶轮进口有活动导叶的贯流泵:201020560554.4[P].2011-04-27.

7. 张仁田，朱红耕，姚林碧. 三侧进水的前置竖井贯流泵装置:200920283754.7[P].2010-08-25.

8. 谈强，张仁田，林其文. 对角叶片泵:200820037312.X[P].2009-04-29.

9. 谈强，张仁田，林其文. 水泵叶片调节机构:200820032837.4[P].2009-02-04.

10. 朱红耕，张仁田，周 伟. 一种泵壳带凹槽的轴流泵:201420616219.X[P].2015-04-22.

11. 朱红耕，张仁田. 一种可更换导叶的双向贯流泵:201420616335.1[P].2015-02-18.

12. 朱红耕，张仁田. 一种改进的双向贯流泵:201420382644.7[P].2014-12-03.

13. 朱红耕，张仁田. 一种滑动调节的叶片泵:201420127440.9[P].2014-08-20.

14. 朱红耕，张仁田. 一种滑动调节的叶轮:201420096448.3[P].2014-08-20.

15. 朱红耕，张仁田. 一种新型的轴流泵:201320065977.2[P].2013-08-21.

16. 朱红耕，张仁田. 一种带前导叶的后置竖井贯流泵装置:201320065978.7[P].2013-08-21.

17. 朱红耕，张仁田，夏军，周红兵，唐秀成. 一种后导叶入流角可调节的贯流泵:201320031195.7[P].2013-07-17.

18. 朱红耕，张仁田. 一种改进的后轴伸式贯流泵装置:201320031193.8[P].2013-07-17.

19. 朱红耕，张仁田，吴昌新. 一种改进的贯流泵:201320022090.5[P].2013-07-03.

20. 朱红耕，张仁田. 虹吸式出水的前轴伸式水泵装置:201220165389.1[P].2012-11-21.

21. 朱红耕，张仁田. 虹吸式出水的后轴伸式水泵装置:201220165396.1[P].2012-11-21.

22. 朱红耕，张仁田. 一种改良的复合式贯流泵装置:201220058326.6[P].2012-09-26.

23. 朱红耕，张仁田，朱国贤，骆国强，魏军. 一种新型的潜水贯流泵装置:201220058332.1[P].2012-09-26.

24. 朱红耕，张仁田，吕赛军，费海蓉，罗建勤，姚林碧. 一种新型的水泵装置结构型式:201120301590.3[P].2012－05－09.

25. 朱红耕，张仁田，罗建勤，姚林碧. 一种后置导叶可调节的贯流泵:201020560543.6[P].2011－05－04.

26. 朱红耕，张仁田，姚林碧. 三侧出水的后置竖井贯流泵装置:200920283755.1[P].2010－08－25.

27. 朱红耕，戴龙洋，张仁田，吕赛军，费海蓉，姚林碧，罗建勤. 一种虹吸式出水的灯泡贯流泵装置结构型式:201020558187.4[P].2011－05－11.

28. 朱红耕，卜舸，张仁田. 一种新型潜水泵站:201720281421.5[P].2017－09－29.

29. 朱红耕，卜舸，张仁田. 一种分段组装抽芯式潜水泵:201720182628.7[P].2017－09－29.

30. 朱红耕，刘雪芹，王岩，张仁田. 一种流道对称型双向贯流泵装置:201922020637.8[P].2020－07－14.

31. 朱红耕，罗建勤，朱国贤，张仁田，姚林碧，张勇. 复合式出水结构的贯流泵装置:201120189714.3[P].2011－12－28.

32. 刘新泉. 闸门启闭机控制系统:201520077132.4[P].2015－08－12.

33. 刘新泉，刘雪芹，梁云辉，余淼. 换相隔离手车:201520917376.9[P].2016－04－06.

34. 朱庆龙，梁樑，李星，胡薇，李朝政，张帅，江涵，魏庆军. 同步旋转式叶片角度调节装置:202011480212.6[P].2021－08－31.

35. 朱庆龙，梁樑，荚小健，舒雪辉，钱凤辉，汪冰，江涵，魏庆军. 一种潜水闸门泵:202011459646.8[P].2021－03－26.

36. 朱庆龙，梁樑，程康恒，陈震，龚昌明，孔令杰，孙圣年. 一种全贯流泵转子铁芯及转轮组吊装装置:202011601857.0[P].2021－07－27.

37. 朱庆龙，梁樑，胡薇，汪冰，金雷，魏庆军. 一种高效耐腐蚀的充水式电机转子:202011459631.1[P].2021－07－20.

38. 朱庆龙，梁樑，李明锋，陈波波，叶卫宁. 一种方便安装的绝缘监控仪保护器:202020769402.9[P].2021－01－05.

39. 朱庆龙，梁樑，金雷，龚昌明，荚小健，叶卫宁，王宁，宋天涯，李连颖，胡薇，钱凤辉. 一种高效散热的大型潜水泵用多功能电机:201710893596.6[P].2018－02－02.

40. 朱庆龙，盛海军，单丽，鲍晓华，金雷. 一种贯流潜水电泵:201310211621.X[P].2016－04－27.

41. 程康恒，梁樑，朱庆龙，金雷，宋飞，舒雪辉. 一种全贯流泵转轮组件焊接设备:202021982847.1[P].2020－12－04.

42. 孙圣年，梁樑，朱庆龙，程康恒，孔令杰. 一种加强定子铁芯刚度的定子结构:202021215662.8[P].2020－12－15.

43. 金雷，朱庆龙，梁樑，魏庆军，胡薇. 一种定子压圈:202020447509.1[P].2020－11－03.

44. 金雷，梁樑，胡薇，朱庆龙，李连颖. 一种耐水绕组线:201921658681.5[P].2020－

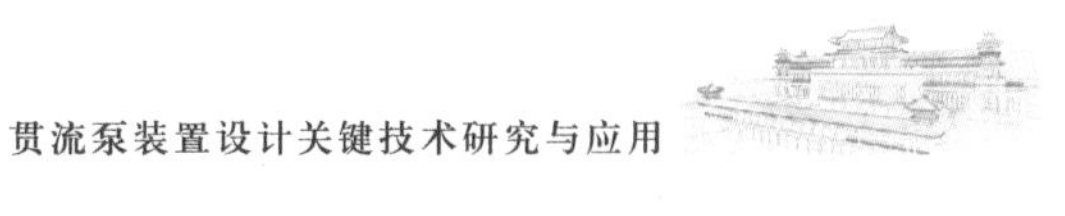

05－19.

45. 胡薇，梁樑，金雷，朱庆龙，杨华松，陈凡东．一种大电流接线端子：201910746325.7[P]. 2020－03－31.

46. 胡薇，金雷，朱庆龙，梁樑，王宁，荚小健．一种潜水电泵用可调心的径向轴承：201821319768.5[P]. 2019－04－19.

47. 张勇，梁樑，朱庆龙，胡薇，金雷．一种大型电机定子冲片的叠压工艺：201710825305.X[P]. 2018－09－11.

48. 梁樑，朱庆龙，金雷，龚昌明，王宁，叶卫宁，周莹，张瑾，宋天涯，李连颖，胡薇．一种定量灌溉输送的潜水电泵控制系统：201710893540.0[P]. 2018－09－11.

49. 梁樑，朱庆龙，金雷，龚昌明，王宁，叶卫宁，周莹，张瑾，宋天涯，李连颖，胡薇．一种用于水泵作业连接的快速关断阀门：201710893612. 1[P]. 2018－09－11.

50. 荚小健，梁樑，朱庆龙，金雷，周莹，李连颖，胡薇，宋天涯，王宁，叶卫宁，李星．一种可防倾斜和转动的潜水电泵：201710894258.4[P]. 2018－02－23.

51. 张帅，朱庆龙，梁樑，周莹，张瑾，李连颖，张勇，宋天涯，王宁，叶卫宁，李星．一种泵轴联轴结构：201710894531.3[P]. 2017－12－15.

52. 李连颖，梁樑，朱庆龙，金雷，胡薇，宋天涯，荚小健，宋飞，王诚成，周莹，张瑾．一种高效耐用的定子铁芯：201721250370.6[P]. 2018－04－20.

53. 金雷，朱庆龙，龚昌明，杨勇．一种两级叶轮内置式潜水轴流泵：201410646345.4[P]. 2015－03－04.

54. 金雷，胡薇，朱庆龙，单丽，荚小健．一种湿坑安装的潜水贯流电泵：201310033601.8[P]. 2013－04－24.

55. 夏林，肖靖东，卜舸，刘新泉，刘雪芹，梁云辉．一种轴瓦恒温供水系统：201620385621.0[P]. 2017－02－08.

56. 梁甜，陈云，李启军，李鹏飞，叶连胜，刘新泉，刘雪芹，梁云辉，吴文平，于正委，王海伟，马士磊．一种数字式线路保护测控装置：201720093184.X[P]. 2017－09－12.

57. 朱丽向，胡彦明，刘新泉，刘雪芹，梁云辉，吉庆伟，谈震，翟鸣竹，赵梦，房飞，徐明波，王平．一种电动机测控装置：201720100946.4[P]. 2017－09－12.

58. 陈云，胡彦明，刘新泉，刘雪芹，梁云辉，薛萍萍，宗志华，鲜凡凡，翟鸣竹，房飞，李鹏飞，叶连胜，耿争，巩伦岗，章道强．一种闸门监控装置：201720103839.7[P]. 2017－09－12.